吉林省矿产资源潜力评价系列成果，

是所有在白山松水间

辛勤耕耘的几代地质工作者

集体智慧的结晶。

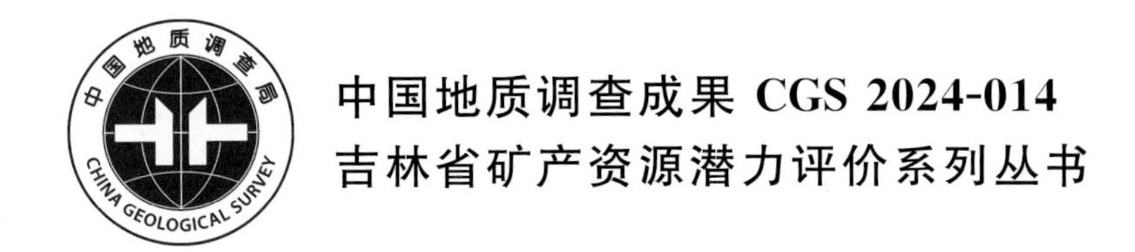

吉林省金矿矿产资源潜力评价

JILIN SHENG JINKUANG KUANGCHAN ZIYUAN QIANLI PINGJIA

薛昊日　松权衡　于 城　王 信　等编著

图书在版编目(CIP)数据

吉林省金矿矿产资源潜力评价/薛昊日等编著.—武汉:中国地质大学出版社,2024.5.
(吉林省矿产资源潜力评价系列丛书)—ISBN 978-7-5625-5942-9
Ⅰ.①P618.510.622.6
中国国家版本馆 CIP 数据核字 20241H982V 号

吉林省金矿矿产资源潜力评价　　薛昊日　松权衡　于　城　王　信　等编著

责任编辑:舒立霞　　选题策划:毕克成　段　勇　张　旭　　责任校对:徐蕾蕾

出版发行:中国地质大学出版社(武汉市洪山区鲁磨路388号)　　邮编:430074
电　　话:(027)67883511　　传　　真:(027)67883580　　E-mail:cbb@cug.edu.cn
经　　销:全国新华书店　　http://cugp.cug.edu.cn

开本:880毫米×1230毫米　1/16　　字数:966千字　　印张:30.5
版次:2024年5月第1版　　印次:2024年5月第1次印刷
印刷:湖北新华印务有限公司

ISBN 978-7-5625-5942-9　　定价:298.00元

吉林省矿产资源潜力评价系列丛书
编委会

《吉林省金矿矿产资源潜力评价》

编写人：薛昊日　松权衡　于　城　王　信

张廷秀　杨复顶　王立民　庄毓敏

李任时　徐　曼　张　敏　苑德生

李春霞　张红红　李　楠　袁　平

任　光　王晓志　曲红晔　宋小磊

前　言

吉林省矿产资源潜力评价为国土资源部（现自然资源部）中国地质调查局部署实施的“全国矿产资源潜力评价”省级工作项目，主要目标是在现有地质工作程度的基础上，充分利用吉林省基础地质调查和矿产勘查工作成果与资料，充分应用现代矿产资源评价理论方法和GIS评价技术，开展全省重要矿产资源潜力评价，基本摸清全省矿产资源潜力及其空间分布。开展吉林省成矿地质背景、成矿规律、物探、化探、遥感、自然重砂、矿产预测等项工作的研究，编制各项工作的基础和成果图件，建立全省重要矿产资源潜力评价相关的地质、矿产、物探、化探、遥感、自然重砂空间数据库。

吉林省金矿矿产资源潜力评价是吉林省矿产资源潜力评价的工作内容，提交了《吉林省金矿矿产资源潜力评价成果报告》及相应图件。系统地总结了吉林省金的勘查研究历史、存在的问题及资源分布，划分了矿床成因类型，研究了成矿地质条件及控矿因素。以桦甸市夹皮沟金矿床等21个矿床作为典型矿床研究对象，从吉林省大地构造演化与金矿时空的关系、区域控矿因素、区域成矿特征、矿床成矿系列、区域成矿规律研究，以及物探、化探、遥感信息特征等方面总结了预测工作区及全省金矿成矿规律，预测了吉林省金资源量，总结了重要找矿远景区地质特征与资源潜力。

松权衡

2023年3月

目　录

第一章 概 述

吉林省金矿矿产资源潜力评价是吉林省矿产资源潜力评价的重要矿种潜力评价之一，其目的是在现有地质工作程度的基础上，充分利用吉林省基础地质调查和矿产勘查工作成果与资料，充分应用现代矿产资源评价理论方法和GIS评价技术，开展全省金矿资源潜力评价，基本摸清金矿资源潜力及其空间分布。开展本省与金矿有关的成矿地质背景、成矿规律、物探、化探、遥感、自然重砂、矿产预测等项工作的研究，编制各项工作的基础和成果图件，建立全省矿产资源潜力评价相关的地质、矿产、物探、化探、遥感、自然重砂空间数据库，培养一批综合型地质矿产人才。

完成的主要任务是，对吉林省已有的区域地质调查和专题研究等资料包括沉积岩、火山岩、侵入岩、变质岩、大型变形构造等各个方面，按照大陆动力地学理论和大地构造相工作方法，依据技术要求的内容、方法和程序进行系统整理归纳。以1∶25万实际材料图为基础，编制吉林省沉积（盆地）建造构造图、火山岩相构造图、侵入岩构造图、变质建造构造图，以及大型变形构造图，从而完成吉林省大地构造相图编制工作；在初步分析成矿大地构造环境的基础上，按矿产预测类型的控制因素以及分布，分析成矿地质构造条件，为矿产资源潜力评价提供成矿地质背景和地质构造预测要素信息，为吉林省重要矿产资源评价项目提供区域性和评价区基础地质资料，完成吉林省成矿地质背景课题研究工作。

在现有地质工作程度的基础上，全面总结吉林省基础地质调查和矿产勘查工作成果与资料，充分应用现代矿产资源预测评价的理论方法和GIS评价技术，开展金矿资源潜力预测评价，基本摸清吉林省重要矿产资源潜力及其空间分布。

重点是研究金典型矿床，提取典型矿床的成矿要素，建立典型矿床的成矿模式；研究典型矿床区域内地质、物探、化探、遥感和矿产勘查等综合成矿信息，提取典型矿床的预测要素，建立典型矿床的预测模型；在典型矿床研究的基础上，结合地质、物探、化探、遥感和矿产勘查等综合成矿信息确定金矿的区域成矿要素与预测要素，建立区域成矿模式和预测模型。深入开展全省范围的金矿区域成矿规律研究，建立金矿成矿谱系，编制金矿成矿规律图；按照全国统一划分的成矿区（带），充分利用地质、物探、化探、遥感和矿产勘查等综合成矿信息，圈定成矿远景区和找矿靶区，逐个评价Ⅴ级成矿远景区资源潜力，并进行分类排序；编制金矿成矿规律与预测图。以地表至2000m以浅为主要预测评价范围，进行金矿资源量估算。汇总全省金矿预测总量，编制单矿种预测图、勘查工作部署建议图、未来开发基地预测图。

以成矿地质理论为指导，为吉林省区域成矿地质构造环境及成矿规律研究，以及建立矿床成矿模式、区域成矿模式及区域成矿谱系研究提供信息，为圈定成矿远景区和找矿靶区、评价成矿远景区资源潜力、编制成矿区（带）成矿规律与预测图提供物探、化探、遥感、自然重砂方面的依据。

建立并不断完善与矿产资源潜力评价相关的物探、化探、遥感、自然重砂数据库，以及省级资源潜力预测评价综合信息集成空间数据库，为今后开展矿产勘查的规划部署奠定扎实的基础。

对1∶50万地质图数据库、1∶20万数字地质图空间数据库、全省矿产地数据库、1∶20万区域重力数据库、1∶20万航磁数据库、1∶20万化探数据库、1∶20万自然重砂数据库、全省工作程度数据库、典型矿床数据库进行全面系统维护，为吉林省重要矿产资源潜力评价提供基础信息数据。用GIS技术服务于矿产资源潜力评价工作的全过程（解释、预测、评价和最终成果的表达）。资源潜力评价过程中针对各专题开展信息集成工作，建立吉林省重要矿产资源潜力评价信息数据库。

第二章　以往工作程度

第一节　区域地质调查及研究

20 世纪 60 年代完成吉林省 1∶100 万地质调查编图；自国土资源大调查以来，完成 1∶25 万区域地质调查 13 个图幅，面积 13.5 万 km^2；完成 1∶20 万区域地质调查 32 个图幅，面积约 13 万 km^2；1∶5 万区域地质调查工作开始于 20 世纪 60 年代，大部分部署于重要成矿区(带)上，累计完成面积约 6.5 万 km^2。见工作程度图 2-1-1、图 2-1-2、图 2-1-3。

吉林省基础地质研究于 20 世纪 60 年代开始，至今在持续工作，可大致划分如下几个时期。第一时期为 20 世纪 60 年代，利用已有的 1∶20 万区域地质资料研究编制 1∶100 万区域地质图及说明书。第二时期为 20 世纪 80 年代，利用已有的 1∶20 万、1∶5 万区域地质资料和 1∶100 万区域地质研究成果编制 1∶50 万区域地质志，同时提交了 1∶50 万地质图、1∶100 万岩浆岩地质图、1∶100 万地质构造图。第三时期为 20 世纪 90 年代，针对吉林省岩石地层进行了清理。

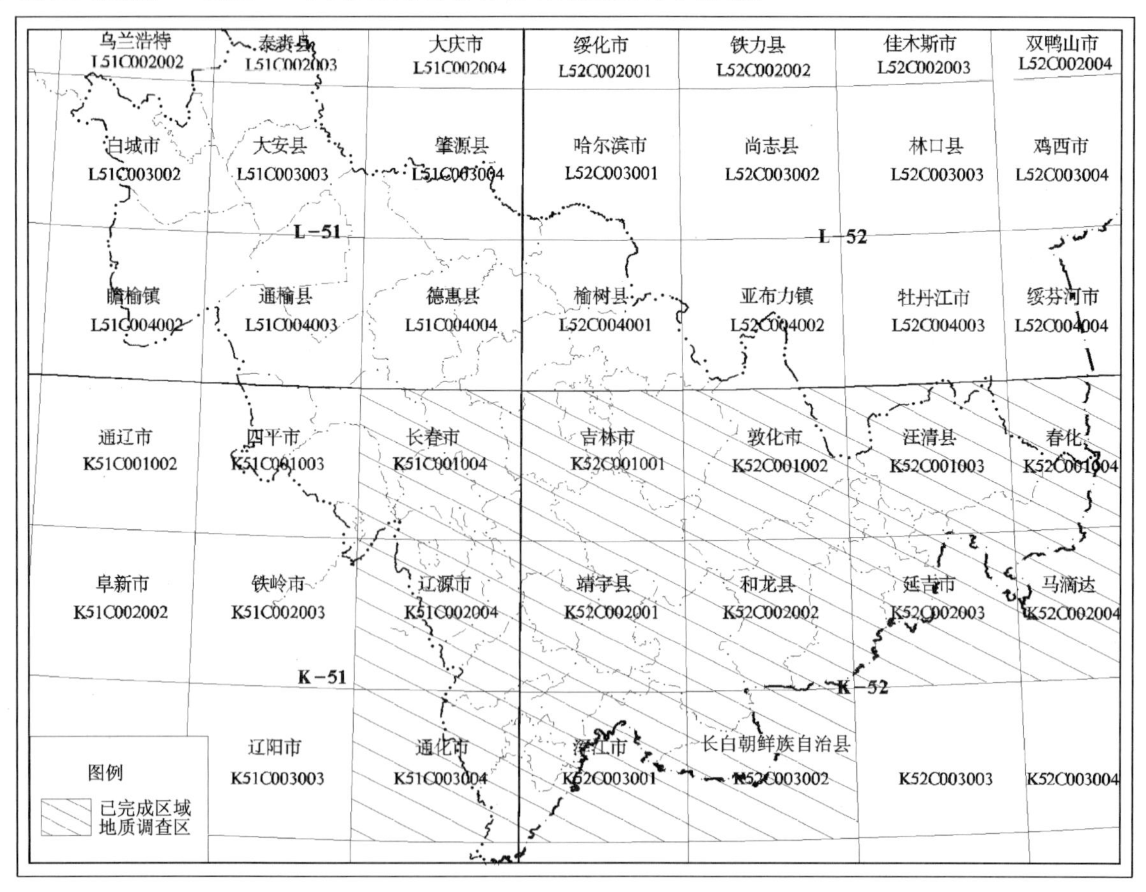

图 2-1-1　吉林省 1∶25 万区域地质调查工作程度图

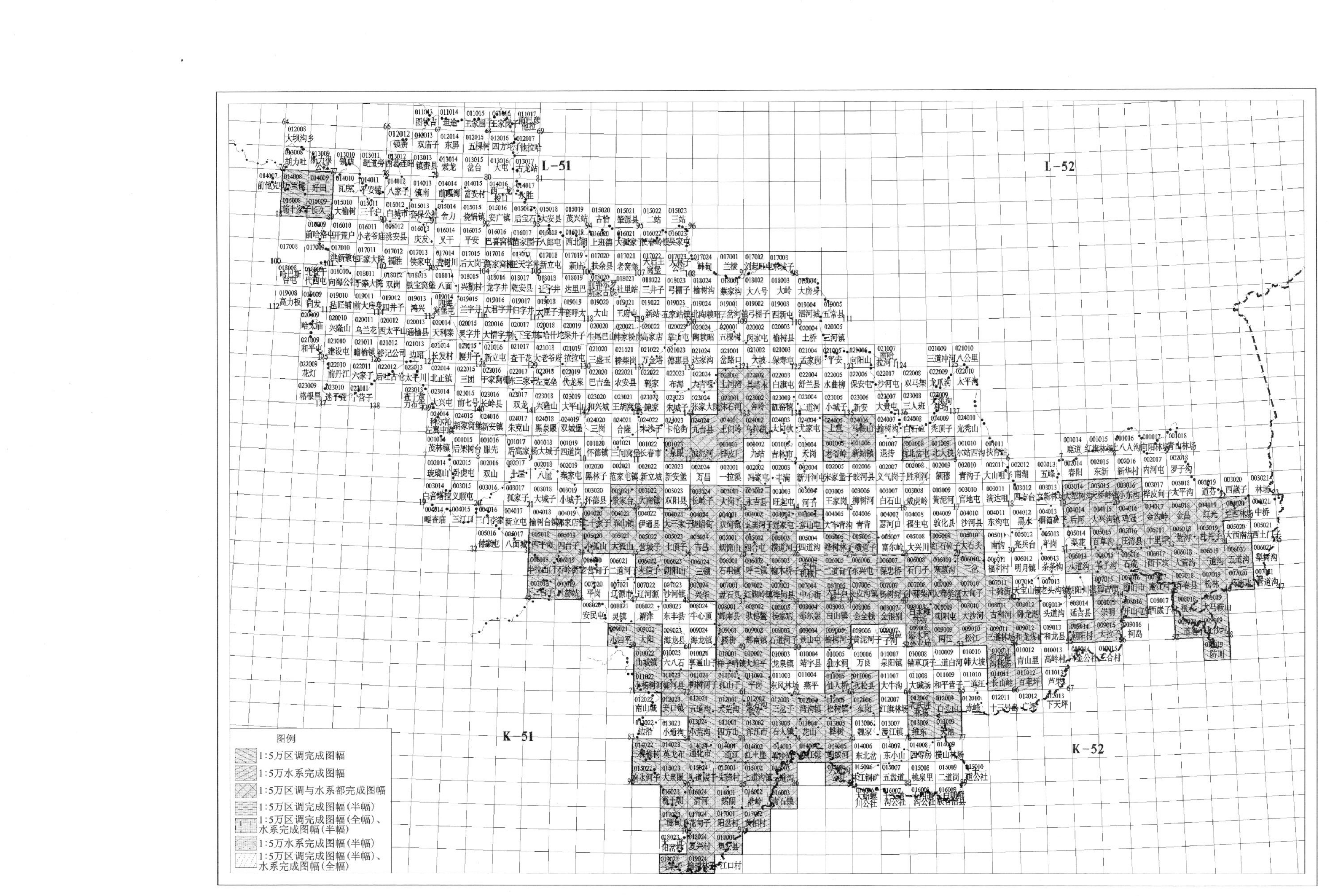

图2-1-2　吉林省1:5万区域地质调查工作程度图

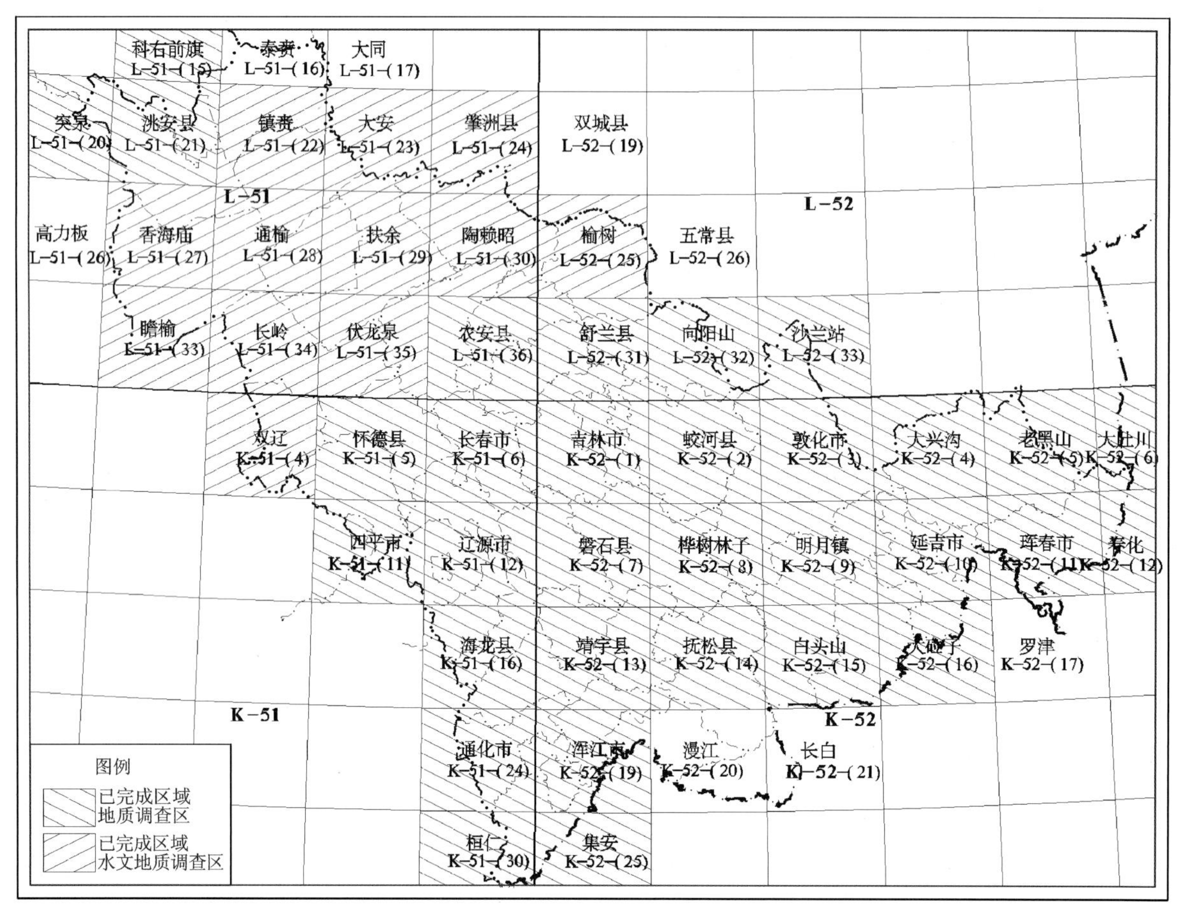

图 2-1-3　吉林省 1∶20 万区域地质调查工作程度图

第二节　重力、磁测、化探、遥感、自然重砂调查及研究

一、重力

吉林省 1∶100 万区域重力调查 1984—1985 年完成外业实测工作，采用 1∶5 万地形图解求 X、Y、Z，完成吉林省 1∶100 万区域重力调查成果报告。

1982 年吉林省首次按国际分幅开展 1∶20 万比例重力调查，至今在吉林省东部、中部地区共完成 33 幅区域重力调查，面积约 12 万 km^2。在 1996 年以前重力测点点位求取采用航空摄影测量中电算加密方法，1997 年后重力测定点位求取采用 GPS 求解。见工作程度图 2-2-1。

吉林省 1∶100 万区域重力调查解释推断出 66 条断裂，其中 34 条断裂与以往断裂吻合，新推断出了 32 条断裂。结合深部构造和地球物理场的特征，划分出 3 个Ⅰ级构造区和 6 个Ⅱ级构造分区。

吉林省东部 1∶20 万区域重力调查通过资料分析，综合预测贵金属及多金属找矿区 38 处；通过居里等温面的计算，地温梯度在长春—吉林以南、辽源—桦甸以北均属于高地温梯度区；通过深部剖面的解释，伊舒断裂带西支断裂 F32、东支断裂 F33、四平-德惠断裂带东支断裂 F30，断裂走向北东向，与伊舒断裂平行。以上断裂均属深大断裂。

在吉南推断 71 条断裂构造，圈定 33 个隐伏岩体和 4 个隐伏含煤盆地。

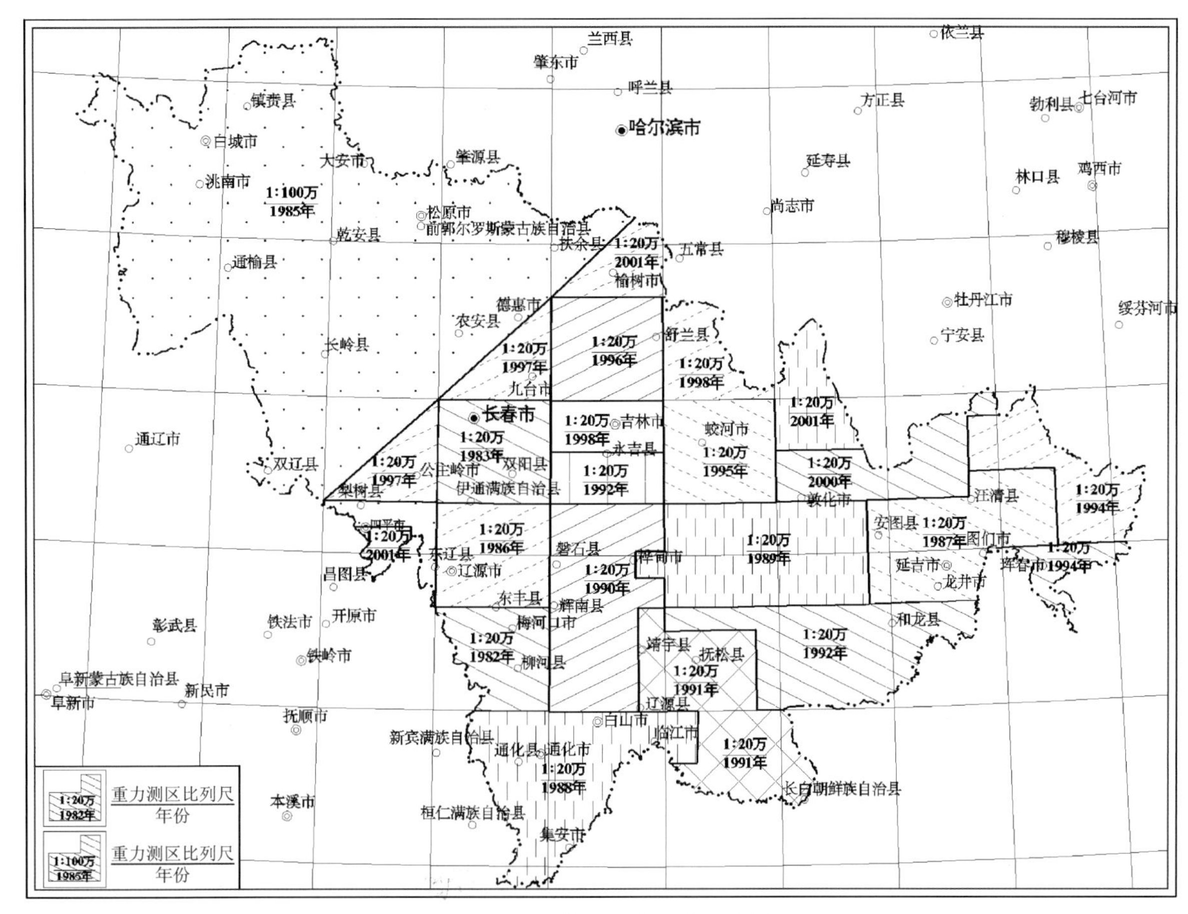

图 2-2-1　吉林省重力工作程度图

二、磁测

吉林省的航空磁测是由原地质矿产部航空物探总队实施的。1956—1987 年间,进行不同地质找矿目的、不同比例尺、不同精度的航空磁测工区(覆盖全省)共计 13 个。完成 1∶100 万航磁 15 万 km^2,1∶20 万航磁 20.9 万 km^2,1∶5 万航磁 9.749 万 km^2,1∶5 万航电 9000km^2。见工作程度图 2-2-2。

由原吉林省地质矿产局物探大队编制的 1∶20 万航磁图,是吉林省完整的统一图件,对吉林省有关的生产、科研和教学等单位具有较大的实用意义,为寻找黑色金属、有色金属、能源矿产等方面提供了丰富的基础地球物理资料。

吉中地区航磁测量结果发现航磁异常 250 个,为寻找与异常有关的铁、铜等金属矿提供了线索。经检查,52 个异常中,见矿或与矿化有关的异常 6 个,与超基性岩或基性岩有关的异常 15 个,推断与矿有关的异常 57 个。

由通化西部地区航磁测量结果发现航磁异常 142 处,推断与寻找磁铁矿有关的异常 20 处;基性—超基性岩体引起的异常 14 处;接触蚀变带引起,具有寻找铁铜矿及多属矿有望异常 10 处。航磁图显示了本区构造特征。以异常为基础,结合地质条件,划出了 6 个找矿远景区。

由延边北部地区航磁测量结果发现编号异常 217 处,逐个进行了初步分析解释,其中有 24 处与矿(化)有关。航磁资料中明显地反映出本区地质构造特征,如官地-大山咀子深断裂、沙河沿-牛心顶子-王峰楼村大断裂、石门-蛤蟆塘-天桥岭大断裂、延吉断陷盆地等,并对本区矿产分布远景进行了分析,提出了 1 个沉积变质型铁磷矿成矿远景区和 4 个矽卡岩型铁、铜、多金属成矿远景区。

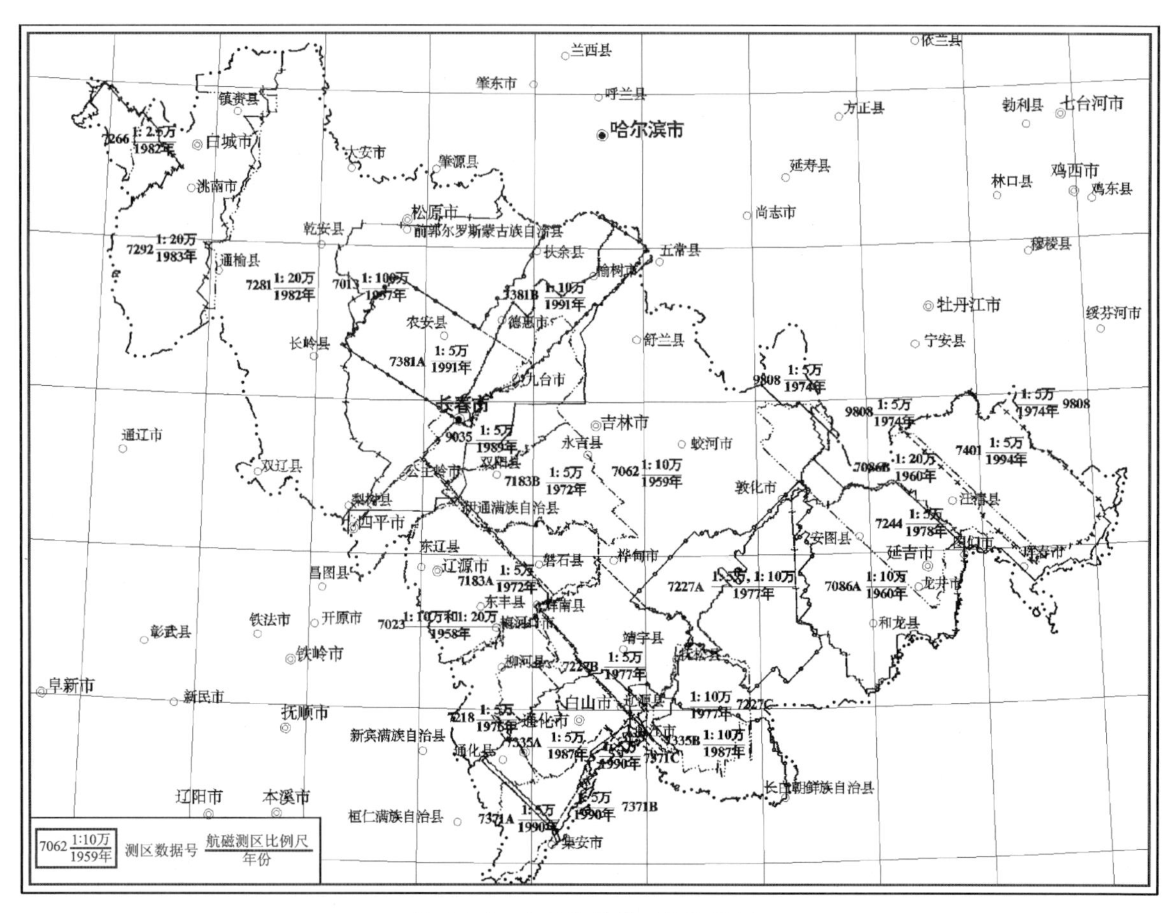

图 2-2-2　吉林省航磁工作程度图

由鸭绿江沿岸地区航磁测量结果发现异常 288 处，其中 75 处异常为间接、直接找矿指示信息。确定了全区地质构造的基本轮廓，共划分 5 个构造区，确定了 53 条断裂(带)，其中有 10 条是对于本区构造格架起主要作用的边界断裂。根据异常分布特点，结合地质构造的有利条件、已知矿床(点)分布，以及化探资料划分 14 个成矿远景区，其中 8 个 Ⅰ 级远景区。

三、化探

完成 1∶20 万区域化探工作 12.3 万 km^2，在省重要成矿区(带)完成 1∶5 万化探约 3 万 km^2，1∶20 万与 1∶5 万水系沉积物测量为吉林省区域化探积累了大量的数据及信息。见工作程度图 2-2-3。

中比例尺成矿预测，较充分地利用 1∶20 万区域化探资料，首次编制了吉林省地球化学综合异常图、吉林省地球化学图；根据元素分布分配的分区性，从成因上总结出两类区域地球化学场，一是反映成岩过程中的同生地球化学场，二是成岩后的改造和叠生作用形成后生或叠生地球化学场。

四、遥感

目前，吉林省遥感调查工作主要有“应用遥感技术对吉林省南部金-多金属成矿规律的初步研究”“吉林省东部山区贵金属及有色金属矿产预测”项目中的遥感图像地质解译、吉林省 ETM 遥感图像制作，以及 2005 年由吉林省地质调查院完成的吉林省 1∶25 万 ETM 遥感图像制作。见工作程度图 2-2-4。

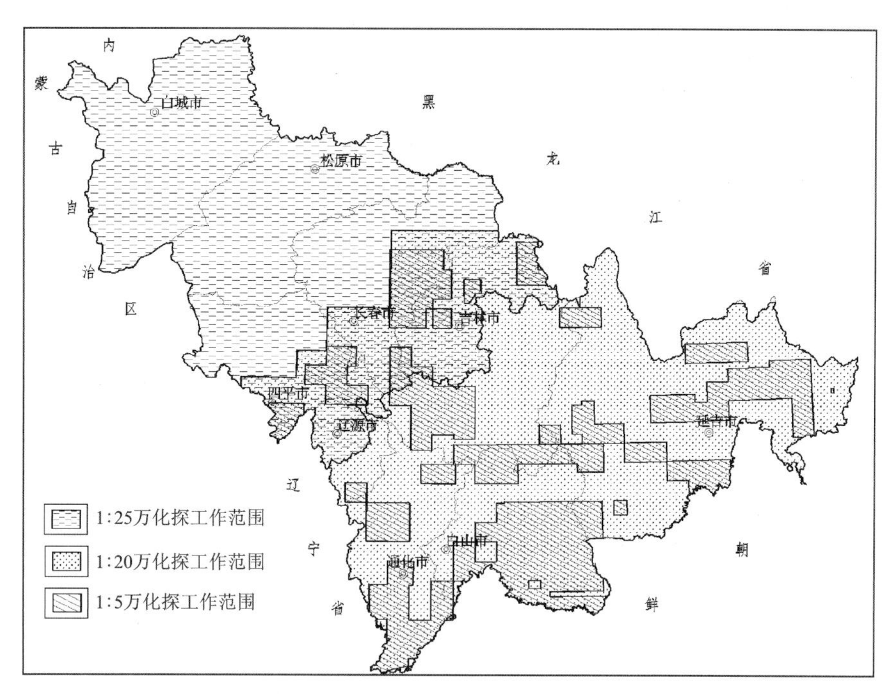

图 2-2-3 吉林省地球化学工作程度图

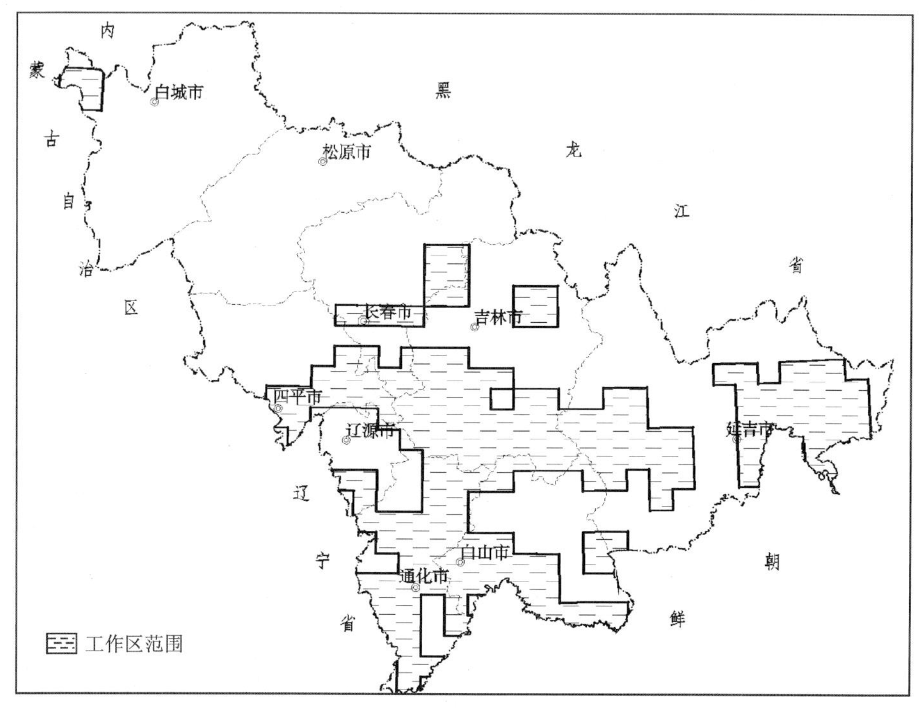

图 2-2-4 吉林省遥感工作程度图

1990 年，由吉林省地质遥感中心完成的“应用遥感技术对吉林省南部金-多金属成矿规律的初步研究”项目中，利用 1∶4 万彩红外航片，以目视解译及立体镜下观察为主，对吉林省南部(420 以南)的线性构造、环状构造进行解译，并圈定一系列成矿预测区及找矿靶区。

1992 年由吉林省地质矿产局完成的“吉林省东部山区贵金属及有色金属矿产成矿预测”项目中，以美国 4 号陆地卫星 1979 年、1984 年及 1985 年接收的 TM 数据 2、3、4 波段合成的 1∶50 万假彩色图像为基础进行了目视解译。地质图上已划分出的断裂构造带均与遥感地质解译线性构造相吻合。而遥感解译地质图所划的线性构造比常规地质断裂构造要多，规模要大一些。因而绝大部分线性构造可以看成是各种断裂、破碎带、韧性剪切带的反映。区内已知矿床、矿点多位于规模在几千米至几十千米的线性构造上。而规模数百千米的大构造带上，往往矿床、矿点分布得较少。

遥感解译出621个环形构造，这些环形构造的展布特征复杂，形态各异，规模不等，成因及地质意义也不尽相同。解译出岩浆侵入环形构造94个、隐岩浆侵入体环形构造24个、基底侵入岩环形构造6个、火山喷发环形构造55个及弧形构造围限环形构造57个，尚有成因及地质意义不明的环形构造388个。

用类比方法圈定出Ⅰ级成矿预测区10个、Ⅱ级成矿预测区18个、Ⅲ级成矿预测区14个。

五、自然重砂

1∶20万自然重砂测量工作覆盖了吉林省东部山区。1∶5万重砂测量工作完成了近20幅，大比例尺重砂工作很少。2001—2003年对1∶20万数据进行了数据库建设；吉林省在开展金刚石找矿工作时，对全省重砂资料进行过的分析研究，仅限于针对金刚石找矿方面的研究。

1993年完成的《吉林省东部山区贵金属及有色金属矿产成预测报告》中，对全省重砂资料进行了全面系统的研究工作。

第三节　矿产勘查及成矿规律研究

截至2008年底，全省提交矿产勘查地质报告3000余份，已发现各种矿（化）点2000余处，矿产地1000余处。发现矿种158种（包括亚矿种），查明资源储量的矿种115种；全省共发现金矿床点248处，其中大型矿床6处，中型矿床17处，小型矿床129处，矿点及矿化点96处。金矿成因类型主要有绿岩型、岩浆热液改造型、火山沉积-岩浆热液改造型、矽卡岩型-破碎蚀变岩型、火山岩型、火山爆破角砾岩型、侵入岩浆热液型、砾岩型和沉积型。

吉林省金矿地质矿产勘查研究及开发有悠久的历史，汉代末年就有“扶余产金”之说，辽金时代（公元921—1240年）开始采掘金；清初嘉庆年间，以夹皮沟为中心，松花江、挥发河两岸以采金为主的民众矿产开发蓬勃发展；1949年前，我国地质学家翁文灏、丁文江、谢家荣、侯德封等先后到吉林省进行地质调查，但多以煤炭调查为主，并对地层、岩浆岩、构造进行了研究。1931年日本侵占我国东北，对吉林省矿产资源进行了长达14年之久的掠夺性开采。

1949—1957年，重要的成果有详查、勘探了先期发现的二道甸子金矿，初步勘探了小西南岔金铜矿。

1958—1966年，吉林省地质矿产局开展珲春河砂金矿的勘探，发现并评价了海沟金矿，对小西南岔金铜矿和刺猬沟金矿进行重新评价；冶金地质队在夹皮沟金矿外围发现了三道岔、二道沟、八家子、菜抢子等金矿产地。

1967—1978年，由于受“文化大革命”的干扰，该期金矿找矿进展不大。

1979—1999年，吉林省地质矿产局在通化—白山地区的古元古代地层中找到并评价了南岔金矿、荒沟山金矿、下活龙金矿等；在大黑山条垒多金属成矿带中长春地区首次发现并勘探了兰家矽卡岩型金矿；在延边发现并评价了闹枝金矿、杨金沟金矿，重新评价并扩大了九三沟金矿、小西南岔金矿的储量；海沟金矿的储量有大幅度的增长，有色地质队在夹皮沟金矿外围找到板庙子、二道沟等中型金矿床。

2000年至今，吉林省地质矿产局在白山板庙子青白口系赤铁矿化石英砂岩层位中首次发现具规模的金矿富集带，有色地勘局在夹皮沟金矿外围三道溜河一带找到具一定规模的蚀变岩型金矿，老岭成矿带的金资源评价在大松树一带已获得明显的找矿成果。

第四节　矿产预测评价

为了科学地部署矿产勘查工作，自1980年以来吉林省相继开展镍、金、铁、铅锌等矿种成矿区划和资源总量预测，同时对吉林省重要成矿区带开展专题研究，如华北地台北缘和地槽区早古生代、中生代火山岩区等的成矿规律和找矿方向研究；1987—1992年完成吉林省东部山区金、银、铜、铅、锌、锑和锡7种矿产的1∶20万成矿预测，该成果在收集、总结和研究大量地、物、化、遥资料的基础上，以"活动论"的观点和多学科相结合的方法，对吉林省成矿地质背景、控矿条件和成矿规律进行了较深入的研究和总结，较合理地划分成矿区（带）和找矿远景区，为科学部署找矿工作奠定了较扎实的基础。1990年吉林省地质矿产局第二地质调查所完成了《吉林省吉林地区金、银、铜、铅、锌、锑、锡中比例尺成矿预测报告》，吉林省地质矿产局第四地质调查所完成了《吉林省通化—浑江地区金、银、铜、铅、锌、锑、锡中比例尺成矿预测报告》，吉林省地质矿产局第六地质调查所完成了《吉林省延边地区金、银、铜、铅、锌、锑、锡中比例尺成矿预测报告》，吉林省地质矿产局第三地质调查所完成了《吉林省四平—梅河地区金、银、铜、铅、锌、锑、锡中比例尺成矿预测报告》，为第一轮区划成果。1992年吉林省地质矿产局完成了《吉林省东部山区贵金属及有色金属矿产成矿预测报告》，为第二轮区划成果。2001年陈尔臻主编了《中国主要成矿区（带）研究（吉林省部分）》，为第三轮区划成果。

第五节　地质基础数据库现状

一、1∶50万数字地质图空间数据库

1∶50万数字地质图空间数据库由吉林省地质调查院于1999年12月完成，该图在原吉林省1∶50万地质图、《吉林省区域地质志》附图的基础上补充了少量1∶20万和1∶5万地质图资料及相关研究成果，结合现代地质学、地层学、岩石学等新理论和新方法，地层按岩石地层单位、侵入岩按时代加岩性和花岗岩类谱系单位编制，适合用于小比例尺的地质底图。目前没有对其进行更新维护。

二、1∶20万数字地质图空间数据库

1∶20万数字地质图空间数据库，计有33个标准和非标准图幅，由吉林省地质调查院完成，经中国地质调查局发展中心整理汇总后返交吉林省。该库图层齐全、属性完整，建库规范，单幅质量较好。总体上因填图过程中认识不同，各图幅接边问题严重。按本次工作要求进行了更新维护。

三、吉林省矿产地数据库

吉林省矿产地数据库于2002年建成。该库采用DBF和ACCESS两种格式保存数据。矿产地数据库更新至2004年。按本次工作要求进行了更新维护。

四、物探数据库

1. 重力

吉林省完成东部山区 1∶20 万重力调查区 26 个图幅的建库工作，入库有效数据 23 620 个物理点。数据采用 DBF 格式且数据齐全。

重力数据库只更新到 2005 年，主要是对数据库管理软件进行更新，数据内容与原库内容保持一致。

2. 航磁

吉林省航磁数据共由 21 个测区组成，总物理点数据 631 万个，比例尺分为 1∶5 万、1∶20 万、1∶50 万，在省内主要成矿区带多数有 1∶5 万数据覆盖。

存在问题：测区间数据没有调平处理，且没有飞行高度信息，数据采集方式有早期模拟的和后期数字的。精度从几十纳特到几纳特。若要有效地使用航磁资料，必须解决不同测区间数据调平问题。本次工作采用中国国土资源航空物探遥感中心提供的航磁剖面和航磁网格数据。

五、遥感影像数据库

吉林省遥感解译工作始于 20 世纪 90 年代初期，由于当时工作条件和计算机技术发展的限制，缺少相关应用软件和技术标准，没能对解译成果进行相应的数据库建设。在此次资源总量预测期间，应用中国国土资源航空物探遥感中心提供的遥感数据，建设吉林省遥感数据库。

六、区域地球化学数据库

吉林省化探数据主要以 1∶20 万水系测量数据为主并建立数据库，共有入库元素 39 个，原始数据点以 $4km^2$ 内原始采集样点的样品做一个组合样。此库建成后，吉林省没有开展同比例尺的地球化学填图工作。因此没有做数据更新工作。由于入库数据是采用组合样分析结果，因此入库数据不包含原始点位信息，这给通过划分汇水盆地确定异常和更有效地利用原始数据带来一定困难。

七、1∶20 万自然重砂数据库

自然重砂数据库的建设与 1∶20 万地质图库建设基本保持同步。入库数据 35 个图幅，采样 47 312 点涉及矿物 473 个，入库数据内容齐全，并有相应空间数据采样点位图层。数据采用 ACCESS 格式。目前没有对其进行更新维护。

八、工作程度数据库

吉林省地质工作程度数据库由吉林省地质调查院 2004 年完成，内容全面，涉及地质、物探、化探、矿产、勘查、水文等内容。库中基本反映了自中华人民共和国成立后吉林省地质调查、矿产勘查工作程度。采集的资料截至 2002 年。按本次工作要求进行了更新维护。

第三章　地质矿产概况

第一节　成矿地质背景

一、地层

吉林省与金矿有关的地层发育，其分布和时间演化主要受古亚洲洋与太平洋两大构造体制的制约。总体上前中生代属于古亚洲东段南北分异，近东西向的古构造格局；中生代以来，由于受洋-陆两大构造体系相互作用的结果，在前中生代构造格架之上叠加形成了大致平行的北东—北北东向盆、隆相间的构造带，形成了中国东部东西向和北北东向两组主干构造交叉叠置的格局。

（一）太古宇

太古宙火山沉积岩分布于吉南龙岗复合地块边缘，残存于太古宙 TTG 岩系中。划分为四道砬子岩组（$Ar_2s.$）、老牛沟岩组（$Ar_3ln.$）和三道沟岩组（$Ar_3sd.$），与金矿关系最密切的为三道沟岩组。

三道沟岩组：由绢云石英片岩、磁铁石英岩、绢云绿泥片岩、斜长角闪岩组成。厚度为 1277～2800m。原岩为火山质含硅铁质沉积。时代厘定为新太古代。在吉林省其他地层分区目前尚未发现太古宙地层。

（二）元古宇

元古宇主要分布在吉林省南部，北部陆缘带分布零星，呈捕虏体产出。与金矿成矿关系比较密切的有古元古代集安岩群蚂蚁河岩组（$Pt_1m.$）、荒岔沟岩组（$Pt_1h.$）、临江岩组（$Pt_1l.$）、大粟子岩组（$Pt_1dl.$），老岭岩群新农村岩组（$Pt_1x.$）、板房沟岩组（$Pt_1b.$）、旱沟碳质板岩（Pt_1h）、珍珠门岩组（Pt_1z），新元古代青白口系钓鱼台组（Qb_2d），色洛河岩组（$Pts.$）。

1. 蚂蚁河岩组

本岩组由斜长角闪岩、黑云变粒岩、钠长浅粒岩、电气石变粒岩、蛇纹橄榄大理岩及混合岩组成，以含硼而不含石墨为特征。厚度大于 786.6m。

2. 荒岔沟岩组

本岩组以含石墨为特点的岩石组合，下部为石墨变粒岩、含墨透辉变粒岩、浅粒岩夹斜长角闪岩，中部为含墨大理岩，上部为含墨变粒岩和大理岩。总厚度为 737m。

3. 临江岩组

本岩组由长石石英岩、石英岩、变粒岩、片麻岩、石英片岩和二云片岩组成，其中常见夕线石、石榴石和十字石等变质矿物。厚度为773.4m。

4. 大粟子岩组

本岩组以二云片岩、千枚岩为主，夹大理岩、石英岩。其中赋存赤铁矿、菱铁矿。厚度为2586m。

5. 新农村岩组

本岩组以钠长浅粒岩、细晶黑云变粒岩为主，夹白云质大理岩。厚度为570.6m。

6. 板房沟岩组

本岩组由钙硅酸盐岩、硅质条带大理岩、透闪变粒岩和大理岩组成。厚度为191.9m。

7. 旱沟碳质板岩

旱沟碳质板岩指由粉晶石墨片岩和碳质板岩组成的一组岩石。厚度为778m。

8. 珍珠门岩组

本岩组指旱沟板岩之下青白口系白房子组或钓鱼台组之上，由碳质白云质大理岩、白云质大理岩、透闪石化硅质白云质大理岩组成的一组岩石。厚度为952.2m。

9. 钓鱼台组

本岩组以灰白色、浅褐色石英岩为主，下部含常有铁矿层，中部夹有细砂岩，上部有多层海绿石石英砂岩。厚度为388.4m。

10. 色洛河岩组

本岩组下部以变质中基性—中性火山岩为主，上部为变质酸性火山岩占主导，厚度大于2583m。同位素年龄为1616～1654Ma。

(三)寒武系—奥陶系

寒武系—奥陶系在全省均有分布。与金矿化有关的主要有头道沟岩组(∈*t.*)，下二台岩群(OX.)的盘岭岩组(O*p.*)、黄顶子岩组(O*h.*)、烧锅屯岩组(O*s.*)，呼兰岩群(O*H.*)的黄莺屯岩组(O*hy.*)、小三个顶子组(O*sx*)，青龙村岩群(O*Q.*)的新东村岩组(O*xd*)、长仁大理岩(O*c*)。

1. 头道沟岩组

本岩组下部以斜长阳起石岩为主，夹数层变质砂岩和变质火山岩；上部以变质砂岩、斜长阳起石岩为主，夹有千枚状板岩和大理岩。厚度大于1 628.1m。

2. 盘岭岩组

本岩组由角闪变粒岩、黑云斜长变粒岩、变质流纹岩组成，底部出露不全。厚度为793.8m。

3. 黄顶子岩组

本岩组以含细粒石英屑大理岩、粉砂质大理岩、条带状含硅质结核大理岩为主，夹数层变质粉砂岩、石英砂岩和碳质板岩。厚度为336.3m。

4. 烧锅屯岩组

本岩组为由黑云变粒岩、角闪变粒岩、石英片岩、二云石英片岩组成的一套地层。厚度为166m。

5. 黄莺屯岩组

本岩组由含电气石石榴二云斜长片麻岩、黑云斜长变粒岩、角闪斜长变粒岩、蓝晶石片岩夹数层硅质条带大理岩组成。厚度为4 251.7m。

6. 小三个顶子岩组

本岩组以含燧石条带大理岩、厚层含石墨大理岩、白云质大理岩为主，夹少量变粒岩、石英岩。厚度为914m。

7. 新东村岩组

本岩组由石墨黑云角闪斜长片麻岩、混合岩化含石墨黑云斜长片麻岩、黑云斜长片麻岩等变质岩组成，底部不全。厚度为285m。

8. 长仁大理岩

长仁大理岩由含石墨条带状硅质大理岩、含燧石结核大理岩、条带状硅质结晶灰岩组成，其中常有脉岩侵入。厚度为287.5m。

（四）志留系—泥盆系

志留系—泥盆系主要分布在南北古陆之间的陆缘带，是在古亚洲洋扩张阶段、造山后伸展期形成的。与金矿成矿关系密切的地层为志留系桃山组（S_1t）、石缝组（Ss）、弯月组（Sw）、椅山组（Sy）、张家屯组（S_3z）、二道沟组（S_4r）、马滴达组（Sm）、杨金沟组（Sy）、香房子组（Sx），泥盆系王家街组（D_2w）。

1. 桃山组

桃山组为笔石页岩相地层，由灰色、深灰色细砂岩、薄层粉砂岩，深灰色厚层粉砂岩夹数层泥灰岩透镜体组成，上部有条带状结晶灰。产大量笔石，可划分7个笔石带，时代为早志留世鲁丹期、埃列奇期。厚度为252.9m。

2. 石缝组

石缝组为以变质砂岩、粉砂岩与结晶灰岩为旋回层的一套地层，结晶灰岩中产床板珊瑚。厚度为2 102.6m。

3. 弯月组

弯月组以片里化流纹岩、流纹凝灰熔岩、中酸性熔岩、中性熔岩为主，夹结晶灰岩。结晶灰岩中有床板珊瑚。厚度为1 312.7m。

4. 椅山组

椅山组为以碎屑岩和碳酸盐岩为主的一套地层，下部砂岩与灰岩互层，上部为红柱石板岩、千枚状板岩夹数层变质砂岩。厚度为1 926.8m。

5. 张家屯组

张家屯组由砾岩、含砾砂岩、砂岩和粉砂岩夹灰岩透镜体组成。上部为紫色层，下部有砾岩不整合在花岗岩之上。在灰岩中有珊瑚、腕足类化石。厚度为380m。

6. 二道沟组

二道沟组下部由砂岩、粉砂岩为主，夹灰岩透镜体，上部以灰色、灰白色厚层灰岩、生物屑灰岩为主，夹薄层砂岩、粉砂岩。富含珊瑚、腕足类、三叶虫、牙形石和层孔虫等多门类化石。厚度大于555m，时代为志留纪普里道利世。

7. 马滴达组

马滴达组以变质砂岩、粉砂岩为主，夹有变安山岩、英安质火山岩和火山碎屑岩。厚度大于227.6m。

8. 杨金沟组

杨金沟组由灰黑色角闪石英片岩、绿色角闪片岩、黑云片岩夹条带状大理岩和变质砂岩组成。厚度为570.4m。

9. 香房子组

香房子组以黑色板状红柱石二云片岩、红柱石二云石英片岩、黑云角闪石英片岩为主，夹变质砂岩和粉砂岩。厚度为1 225.4m。

10. 王家街组

王家街组下部为灰色、灰紫色粗粒长石砂岩、粉砂岩；上部为灰色、深灰色，中厚层灰岩，含燧石结晶灰岩，生物屑灰岩，产珊瑚和层孔虫。厚度为876.7m。

（五）石炭系—二叠系

吉林省石炭系—二叠系十分发育，与金矿成矿关系比较密切的有石炭系通气沟组(C_1t)、余富屯组(C_1y)、窝瓜地组(C_1w)、石咀子组(C_2s)，二叠系范家屯组(P_2f)、开山屯组(P_3k)、庙岭组(P_2m)、哲斯组(P_2zs)、杨家沟组(林西组)(P_3y)、影壁山组(P_3—T_1yb)。

1. 通气沟组

通气沟组下部为黄绿色中粒砂岩、细砂岩；上部由黄绿色中粒砂岩与粉砂岩互层组成。产腕足类、双壳类及苔藓虫。厚度大于313.2m。

2. 余富屯组

余富屯组下部为石英角斑岩、细碧岩、角斑质凝灰岩互层夹凝灰质砂岩；上部为石英角斑岩、凝灰岩互层夹细碧岩及大理岩。岩石普遍有硅化和青磐岩化蚀变，在灰岩中有珊瑚和腕足类化石。厚度大于309.4m。

3. 窝瓜地组

窝瓜地组下部为灰白色英安岩、英安质火山角砾岩及凝灰岩，夹灰岩透镜体；上部由以黄白色流纹岩及凝灰岩夹薄层灰岩为基本层序组成。产动物化石。厚度为700.7m。

4. 石咀子组

石咀子组为以碎屑岩为主夹有数层薄层灰岩的一套地层，产蜓类化石，厚度为578m。

5. 范家屯组

范家屯组下部为深灰色、灰黑色砂岩、粉砂岩、板岩；中部为厚层生物屑灰岩透镜体和凝灰质砂岩；上部由黑色、灰色板岩夹砂岩组成。厚度为862m。

6. 开山屯组

开山屯组下部以花岗质砾岩为主夹有碳质粉砂岩和砂岩；上部砾岩变少，由砂岩、碳质粉砂岩组成，其中产大量植物化石。厚度为351m。

7. 庙岭组

庙岭组下部为灰色、绿灰色长石石英砂岩，杂砂岩、粉砂岩夹薄层灰岩透镜体；上部由砂岩、粉砂岩，板岩夹厚层灰岩透镜体组成，在庙岭一带灰岩厚度较大。灰岩中产丰富的蜓、珊瑚化石。厚度为702.6m。

8. 哲斯组

哲斯组以含砾杂砂岩、长石砂岩、细砂岩为主，夹粉砂岩及灰岩透镜体，产腕足类、头足类化石。厚度为2 095.4m。

9. 杨家沟组(林西组)

杨家沟组(林西组)以黑灰色砂岩、板岩为主，夹含砾砂岩，局部夹薄层砾屑灰岩、泥灰岩透镜体，产动植物化石。厚度大于568.8m。

10. 影壁山组

影壁山组为原卢家屯组的下段和中段，即影壁山砾岩段和漏斗山杂色岩段之和，由紫色、青灰色、灰绿色和黄色砾岩、砂岩和页岩组成。厚度为3 989.9m.

(六)三叠系、侏罗系—白垩系

与金矿成矿和矿化关系比较密切的有三叠系天桥岭组(T_3tq)，侏罗纪果松组($J_{2\text{-}3}g$)、鹰嘴砬子组(J_3y)、林子头组(J_3l)、屯田营组(J_3t)、南楼山组(J_1n)。

1. 天桥岭组

天桥岭组为一套酸性火山岩系，以流纹岩为主，夹凝灰岩，产少量植物化石。厚度为852m。

2. 果松组

果松组下部以砾岩、砂岩为主，产少量植物化石；上部为安山岩、安山质凝灰熔岩，局部有流纹岩、凝灰岩,产植物化石。厚度为1610m。

3. 鹰嘴砬子组

鹰嘴砬子组为含煤碎屑岩系,由砾岩、砂岩、粉砂岩、页岩及煤组成,产动植物化石。厚度为413.1m。

4. 林子头组

林子头组为凝灰质砾岩、砂岩、粉砂岩及中酸性凝灰岩互层,组成酸性火山岩系,产双壳类。厚度为213.7m。

5. 屯田营组

屯田营组为安山岩、集块岩、安山质凝灰岩夹凝灰质砂岩,产少量植物化石。厚度为1 585.3m。

6. 南楼山组

南楼山组下部以安山岩、安山质凝灰质砾岩为主;上部以中酸性熔岩为主。厚度为1 876.0m。

(七)新生代

与金矿成矿关系比较密切的有古近纪土门子组(N_1t)和新近系全新统。

1. 土门子组

土门子组为以砾岩、砂岩、黏土岩为基本层序的岩石序列,夹有玄武岩及硅藻土层,产植物和孢粉。厚度为419.6m。

2. 全新统

全新统为冲洪积砂砾石层、沼泽砂泥、泥炭、风积砂、黏土、黑土等。厚度为5~50m。与砂金关系密切。

二、火山岩

吉林省火山活动频繁,按其喷发时代、喷发类型、喷发产物、构造环境等特征,自太古宙至新生代,共有6期火山喷发旋回。自老至新为阜平期、中条期、加里东期、海西期、晚印支期—燕山期。

1. 阜平期火山喷发旋回

主要发育在胶辽古陆块,为四道砬子、杨家店、老牛沟和三道沟期喷发的基性和中酸性火山岩类。这套火山岩经过多期变质、变形,形成麻粒岩(局部)相、角闪岩相的变质岩石,以表壳岩特征分布。原岩以拉斑玄武岩为主,间或有科马提岩,吉林省浑江、桦甸、抚松、通化、靖宇等广大"台区"均有出露。

2. 中条期火山喷发旋回

大陆边缘岛弧增生阶段形成的火山产物,为钙碱性系列的玄武岩-安山岩-流纹岩组合。初步划分为两幕:第Ⅰ幕仅见于胶辽古陆北缘色洛河一带,第Ⅱ幕见于南部陆缘区西保安一带,还出露于松佳兴地块北缘机房沟和塔东一带。受变质后成为斜长角闪岩、蚀变安山岩、片理化流纹岩。

3. 加里东期火山喷发旋回

加里东期火山喷发作用仅见于华北陆块北缘孤盆系中，可划分为3个火山幕。第Ⅰ幕为头道沟基性、中性火山喷发，第Ⅱ幕为盘岭火山活动，时代为奥陶纪，第Ⅲ幕火山喷发活动强烈，有弯月安山岩类和巨厚的放牛沟安山岩-英安岩及凝灰岩组成的多次喷发旋回。加里东期火山旋回的主要岩石类型是钙碱性系列的中性—酸性火山岩。

上述岩石经广泛的区域变质作用，成为低角闪岩相—绿片岩相的变质岩。这套岩石虽经变质，但由于变质较浅，普遍保留了原火山结构特征。

4. 海西期火山喷发旋回

海西火山喷发作用分布较广，在华北陆块北缘、松嫩拼贴地块南缘及小兴安岭-锡林浩特孤盆系中均有出露。泥盆纪省内无火山活动，自石炭纪—二叠纪火山活动可划分为3个火山幕。第Ⅰ幕为石炭纪早中期发生的余富屯细碧岩系和石头口门细碧角斑岩系及安山岩类。第Ⅱ幕为南部陆缘带的窝瓜地英安质火山岩系，火山活动较弱。第Ⅲ幕发生于二叠纪中晚期，分布于中间岛孤和孤陆拼合造山带。除五道岭英安岩和流纹岩外，主要以英安质凝灰岩为主，夹在碎屑岩系中。分布于松佳拼贴地块南缘的满河安山岩及凝灰岩属一套钙碱性火山岩。

5. 晚印支期—燕山期火山喷发旋回

中生代始，本区已上升为陆地，成为欧亚大陆板块的东缘部分。在太平洋板块的北西方向俯冲作用下，出现了一系列近北东走向的断裂与褶皱，形成一系列的隆拗带，伴随裂隙式、中心式为特点的火山活动，其产物为以钙碱性系列的安山岩、英安岩、流纹岩及火山碎屑岩等过渡类型岩石为特征的玄武安山岩-安山岩-流纹岩组合，广泛分布在洮安、长春、舒兰、蛟河延边等地。本旋回火山岩可划分为4个火山幕。第Ⅰ火山幕发生于晚三叠世到早侏罗世早期，分布于张广才岭-哈达岭火山盆地和太平岭-老岭火山盆地，长白山中、酸性火山岩，天桥岭酸性火山岩，托盘沟安山岩，四合屯、玉兴屯英安岩类属第Ⅰ幕的火山产物。第Ⅱ幕，中、晚侏罗世火山岩，发育于全省，包括付家洼子、火石岭德仁、屯田营和果松安山岩及凝灰岩类等。第Ⅲ幕发生于晚侏罗世晚期到白垩纪早期，分布于全省晚中生代盆地中，主要岩性为酸性及英安质火山岩、凝灰岩。第Ⅳ幕发生在白垩纪晚期至古近纪早期，仅分布于松辽盆地、大黑山火山盆地和太平岭-老岭火山盆地，主要岩性为中性、基性火山岩。

三、侵入岩

吉林省各时代的侵入岩，对金矿的成矿均有一定的作用，按构造岩浆旋回叙述如下。

1. 阜平期岩浆活动

主要分布于新太古代裂谷及辽吉地块上壳岩中，岩性为英云闪长岩-奥长花岗岩。该期成矿作用不太明显，仅在夹皮沟矿田中显示了对矿源层的改造，使之初步富集。

2. 中条期钾质花岗岩

主要分布于新太古代裂谷之中。该期花岗岩主要对产于绿岩中的金成矿起一定影响。夹皮沟矿田中13处大、中、小型金矿均坐落于钾质花岗岩附近或其中。该期花岗岩主要提供热源，对矿源层进行改造,使成矿物质活化、富集成矿。

3. 海西期花岗岩、闪长岩

与矿关系较密切者,有二道甸子金矿、小西南岔金矿、杨金沟金矿等。这期岩体也是改造矿源层使金进一步富集,尚有些如小西南岔闪长岩含金丰度较高,为以后成矿提供成矿物质。

4. 燕山期岩体

与全省内生含金矿关系密切,矿床周围均有燕山期酸性侵入岩。如金厂沟、西岔金矿有燕山期闪长岩、斜长花岗斑岩、钠长斑岩;头道川附近有黑云母花岗岩;活龙金矿附近有二长花岗岩;荒沟山金矿有老秃顶子岩体;海沟金矿赋存于二长花岗岩中等。吉林省金矿床绝大部分是燕山期成矿,有些矿床如夹皮沟金矿田,具有多期成矿特征,但主要成矿期为燕山期。而且有些类型金矿成矿物质以地层来源为主,而燕山期岩浆活动,主要提供热源(包括热液),加热古大气降水,两者汇合,并在流经过程中摄取围岩中成矿物质,富集成矿。另外一些金矿,如中生代火山-次火山岩金矿,其物质来源于中生代火山喷发作用,可见燕山期岩浆活动控制成矿。

四、变质岩

根据吉林省存在的几期重要的地壳运动及其所产生的变质作用特征,将吉林省划分为迁西期、阜平期、五台期、兴凯期、加里东期、海西期 6 个主要变质作用时期。

(一)迁西期、阜平期变质岩

太古宙变质岩原岩以中酸性、基性火山岩及其碎屑岩为主,而沉积碎屑岩和超镁铁质岩次之,有着从超基性—基性—中酸性的岩浆成分演化趋势。

1. 变质岩特征

迁西期变质岩:迁西期变质岩主要分布于华北陆块龙岗陆核区,在通化地区最发育,延边地区有少量出露。迁西期变质作用是吉林省最早的区域热事件,发育于南部陆核区,使中太古代岩石发生变质作用,形成一套深变质岩石并伴有强烈混合岩化作用。包括原四道砬子河岩组及杨家店岩组。岩石组合主要有麻粒岩类、片麻岩类、变粒岩类、斜长角闪岩类、超镁铁质岩类。桦甸杨家店小桥北头西侧中太古代斜长角闪岩的 9 个样品的 Pb-Pb 全岩等时线年龄为 2910Ma,桦老金厂-会全栈太古宙片麻岩 Rb-Sr 全岩等时线年龄为(2972±190)Ma(刘长安,1987),可见靖宇陆核变质年龄为 2.9Ga 左右。

阜平期变质岩:阜平期变质作用发育在省内南部原陆块区,使新太古代变质形成一套深变质岩,包括原老牛沟组、三道沟组所构成的新太古代绿岩带。岩石组合主要有细粒片麻岩类、细粒斜长角闪岩、磁铁石英岩、片岩类。浑江板沟新太古代绿岩带斜长角闪岩和黑云斜长变粒岩中获 Rb-Sr 全岩等时线年龄(2 585.225 5±67.27)Ma。张福顺(1982)获斜长角闪岩中锆石 U-Tb-Pb 年龄 2.7Ga。毕守业(1989)在板石沟李家堡子获斜长角闪岩中锆石 U-Pb 年龄为(2519±21)Ma。因此认为该绿岩带区域变质年龄在 2.5~2.7Ga 之间。夹皮沟新太古代绿岩带 9 个锆石的 $^{207}Pb/^{206}Pb$ 表面年龄为 2479~2639Ma,经计算 Pb-Pb 等时线年龄为(2525±12)Ma,斜长角闪岩全岩 Rb-Sr 等时线年龄为(2766±266)Ma。上述表明该绿岩带区域变质年龄应在 2.5~2.7Ga 之间。

2. 太古宙岩石变质作用及变形构造特征

变质作用特征：区内中新太古代变质地层分别经历了角闪岩相、麻粒岩相和绿片岩相变质作用，变质作用的演化规律反映在不同时期及阶段形成的变质岩石类型、矿物共生组合、相互包裹、改造关系，并依据岩相学、岩石化学、变质温度压力等相关数据综合分析，本区中新太古代变质作用可划分为角闪岩相进变质作用、麻粒岩期进变质作用、绿片岩相退变质作用3种变质作用类型。可大体判定古中太古代变质作用类型应属区域热动力变质作用。

变形构造特征：中太古代杨家店岩组、四道砬子河岩组可识别出两期变形。第一期在地壳深部中—高温变质作用条件下，受区域构造运动影响，形成区域性片理；第二期变形使先期片理形成褶皱构造。新太古代绿岩带中同样可识别出两期变形：第一期片理为长英质条带 S_1，具透入性特点，一般情况置换 S_0；第二期变形改造第一期变形，致使 S_2 置换 S_0、S_1。

（二）五台期变质岩

五台期变质作用发育在吉林省南部，这期变质作用使古元古代变质形成一套极其复杂的变质岩石，包括集安群蚂蚁河岩组、荒岔沟岩组、临江岩组、大栗子岩组，老岭群板房沟岩组、新农村岩组、珍珠门岩组。

1. 变质岩特征

集安岩群变质岩：区域变质岩石类型有片岩类、片麻岩类、变粒岩类、斜长角闪岩类、石英岩类、大理岩类。集安岩群下部原岩由基性火山岩、中酸性火山岩、陆源碎屑岩为主，夹少量泥质、砂质及镁质碳酸盐岩组成，其硼元素含量较高，局部地段富集成硼矿床，为潟湖相含硼蒸发盐、双锋火山岩建造。上部由中基性火山岩类、中—酸性火山碎屑岩、正常沉积碎屑岩和碳酸盐类组成，为浅海相非稳定型含碎屑岩、碳酸盐岩、基性火山岩建造。综合上述特点，集安岩群形成于活动陆缘的裂谷环境。蚂蚁河岩组透辉变粒岩中的锆石有两组U-Pb和谐年龄数据，一组是(2476±22)Ma，代表太古宙锆石结晶年龄，另一组是(2108±17)Ma，代表该组锆石结晶年龄，说明蚂蚁河岩组形成晚于21亿年。荒岔沟岩组斜长角闪岩锆石U-Pb年龄为(1850±10)Ma，代表锆石封闭体系年龄。采自黑云变粒岩残留锆石U-Pb年龄数据不集中，和谐年龄有两组，一组是(1838±25)Ma，代表岩石变质年龄，另一组是(2144±25)Ma，代表锆石结晶年龄。该组形成于18.4亿～21.4亿年间，且18.4亿年左右有一次强烈变质作用。

老岭群变质岩：区域变质岩石类型有板岩类、千枚岩类、片岩类、变粒岩类、大理岩类、石英岩类。老岭岩群原岩底部为一套碎屑岩，中部为碳酸盐岩，上部为碎屑岩夹碳酸盐岩，构成了完整的沉积旋回，为裂谷晚期滨海—浅海相碎屑岩-碳酸盐岩沉积建造。采自大栗子岩组的6个样品，得全岩等时代年龄(1727±10)Ma。采自花山岩组的5个样品，得全岩等时代年龄(1861±127)Ma。侵入临江组的电气白云母伟晶岩的白云母样得K-Ar年龄为1800Ma、1813Ma、1823Ma。老岭岩群沉积时限为1700～2000Ma。

2. 岩石变质作用及变形构造特征

岩石变质作用：集安岩群普遍发生高角闪岩相变质作用，局部低角闪岩相变质作用，P 为(2～5)×10^8Pa，T 为500～700℃，应属低压变质作用。老岭群变质岩系主要经受了高绿片岩相变质作用，局部(花山组)可达低角闪岩相变质作用。

变形构造特征：根据集安岩群中发育的面理(片理、片麻理)、线理、褶皱以及韧性变形的交切和叠加关系，推断该时代至少存在3期变形。第一期变形作用表现为透入性片麻理和长英质条带形成，为塑性剪切机制;第二期变形作用表现为长英质条带与片麻理同时发生褶皱并伴有构造置换现象,形成新的片麻理、钩状褶皱、无根褶皱等;第三期变质变形作用表现为早期形成的长英质条带与片麻理同时发生褶皱,形成新的宽缓褶皱。老岭群变质岩发生两期变形改造,早期变形表现为透入性片理、片麻理,晚期变形使早期片理、片麻理发生褶皱及原始层理被置换。

(三)兴凯期变质岩

兴凯期变质作用主要发育在吉林省北部造山系中,变质作用使新元古代岩石变质形成一套区域变质岩石,包括青龙村岩群新东村岩组、长仁大理岩,张广才岭岩群红光岩组、新兴岩组,机房沟岩群达连沟岩组,塔东岩群拉拉沟岩组、朱敦店岩组,五道沟岩群马滴达岩组、杨金沟岩组、香房子岩组。

岩石类型:区域变质岩石类型有板岩类、千枚岩类、变质砂岩类、片岩类、片麻岩类、变粒岩类、斜长角闪岩类、大理岩类、石英岩类。兴凯期变质岩原岩可以构成一个较完整的火山喷发旋回,下部以基性火山喷发开始,上部则出现一套中酸性火山喷发而告终,晚期则出现一套沉积岩石组合。火山岩是从拉斑系列演化到钙碱系列。

变质作用:兴凯期变质作用特征是属低压条件下的低角闪岩相—绿片岩相变质作用。

变形构造特征:该期可能遭受两期以上变形改造。

年代地质学:青龙村岩群的黑云斜长片麻岩全岩 K-Ar 年龄为 669.5Ma。

(四)加里东期变质岩

加里东期变质作用发育在吉林省北部造山系中,变质作用使早古生代变质形成一套区域变质岩石。在吉林地区称呼兰岩群黄莺屯岩组、小三个顶子岩组、北岔屯岩组及头道沟岩组。四平地区为下二台岩群磐岭岩组、黄顶子岩组,早志留世石缝岩组、桃山岩组、弯月岩组。

岩石类型:主要变质岩石类型有变质砂岩类、板岩类、千枚岩、片岩类、变粒岩类、大理岩类。

变质作用:本期经历了绿片岩相变质作用。

(五)海西期变质岩

海西期变质作用发育在吉中—延边一带,变质作用使上古生界,尤其是二叠系发生浅变质作用。

岩石类型:主要变质岩石类型有板岩类、片岩类。海西期变质岩原岩建造的类型为浅海相碎屑岩建造。

变质作用:本期变质作用最高达高绿片岩相。

五、大型变形构造

吉林省自太古宙以来,经历了多次地壳运动。在各地质历史阶段都形成了一套相应的断裂系统,包括地体拼贴带、大断裂、走滑断裂、推覆-滑脱构造-韧性剪切带等。

1.辉发河-古洞河地体拼贴带

该拼贴带横贯吉林省东南部东丰至和龙一带,两端分别进入辽宁省和朝鲜,规模巨大,它是海西晚期辽吉台块与吉林-延边古生代增生褶皱带的拼贴带。由西向东可分 3 段,即和平—山城镇段、柳树河子—大蒲柴河段、古洞河—白金段。该拼贴带两侧的岩石强烈片理化带，形成剪切带，航磁异常、卫片影像反映都很明显，显示平行、密集的线性构造特征。两侧具有地质发展历史截然不同的两个大地构造单元，也反映出不同的地球物理场，不同的地球化学场。北侧是吉林-延边古生代增生褶皱带，为以海相火山-碎屑岩及陆源碎屑岩、碳酸盐岩为主的火山沉积岩系。南侧前寒武系广泛分布，基底为太古宙、古元古代的中深变质岩系，盖层为新元古代—古生代的稳定浅海相沉岩系。反映出两侧具有完全不同的地壳演化历史。

2. 伊舒断裂带

伊舒断裂带是一条地体拼接带，即在早志留世末，华北板块与吉林古生代增生褶皱带相拼接。它位于吉林省二龙山水库—伊通—双阳—舒兰一线，呈北东方向延伸，过黑龙江省依兰—佳木斯—罗北进入苏联境内。在吉林省内是由南东、北西两支相互平行的北东向断裂带组成。省内长达260km，具左行扭动性质。该断裂带两侧地质构造性质明显不同，这条断裂的南东侧重力高，航磁为北东向正负交替异常，西侧重力低，航磁为稀疏负异常。两侧的地层发育特征、岩性、含矿性等截然不同。从辽北到吉林该断裂两侧晚期断层方向明显不一致，东南侧以北东向断层为主，北西侧以北北东向断层为主。北西侧北北东向断裂与华北板块和西伯利亚板块间的缝合线展布方向一致，反映继承了古生代基底构造线特征；南东侧的北东向断裂与库拉、太平洋板块向北俯冲有关。说明在吉林省境内，早古生代伊舒断裂带两侧属于性质不同的两个大地构造单元，西部属于华北板块，东部总体上为被动大陆边缘。它经历了早志留世末华北板块与吉黑古生代增生褶皱带发生对接的走滑拼贴阶段、新生代库拉-太平洋板块向亚洲大陆俯冲的活化阶段和古近纪—第四纪初亚洲大陆应力场转向，使伊舒断裂带接受了强烈的挤压作用，导致两侧基底向槽地推覆并形成了外倾对冲式冲断层构造带的挤压阶段。

3. 敦化-密山走滑断裂带

该断裂带是我国东部一条重要的走滑构造带，它对大地构造单元划分及金、有色金属成矿具有重要意义。经辉南、桦甸、敦化等地进入黑龙江省，省境内长达360km，宽10～20km，习惯称之为辉发河断裂带。该断裂带活动时间较长，沿该断裂带岩浆活动强烈。自早侏罗世形成以来，其演化具明显的阶段性，可分为中生代早期左旋平移走滑阶段、侏罗纪造山阶段、晚白垩世—新生代裂谷阶段、新近纪—第四纪逆冲推覆阶段。

左旋平移走滑阶段：于海西晚期，在辽吉台块北移定位后，在早侏罗世水平剪切应力作用下，该断裂带发生大规模左行剪切滑动，造成了辽吉台块北缘的辉发河-古洞河地体拼贴带活化，早古生代地层发生左行平移错断，在断裂带两侧形成大量牵引构造。

造山阶段：侏罗纪晚期以后，吉林省处于欧亚板块边缘地带，亦属环太平洋构造岩浆活动带一部分。在太平洋板块向欧亚大陆板块的俯冲作用影响下，该断裂带复活，沿带出现大规模火山岩浆喷发，形成晚侏罗世—早白垩世的火山沉积作用。

裂谷阶段（或称盆、岭阶段）：早白垩世晚期—新生代早期在太平洋板块俯冲反弹作用的影响下，该断裂带地壳处于伸展阶段，形成明显的盆岭式构造。新近纪末期，地壳收缩，裂谷回返。

逆冲推覆阶段：新近纪—第四纪阶段由于太平洋板块俯冲方向由北北西转向北西西，因板块俯冲方向的调整而使挤压作用增强，故这一时期断裂带出现了短暂的逆冲推覆作用，形成了两条平行的对冲逆断层，分别称为东支断裂和西支断裂，总体为外倾对冲，倾角30°～80°，沿断裂多处见有太古宙地层逆冲到中新生代地层之上，并发育有一定规模的剪切作用。

4. 鸭绿江走滑断裂带

该断裂带是吉林省规模较大的北东向断裂之一，由辽宁省沿鸭绿江进入吉林省集安经安图两江至王清天桥岭进入黑龙江省，省内长达510km，断裂带宽30～50km，纵贯辽吉台块和吉黑古生代陆缘增生褶皱带两大构造单元，对吉林省地质构造格局及贵金属、有色金属矿床成矿均有重要意义。断裂带总体表现为压剪性，沿断面发生逆时针滑动，相对位移为10～20km。断裂切割中生代及早期侵入岩体，并控制侏罗纪、白垩纪地层的分布。

5.韧性剪切带

吉林省的韧性剪切带广泛发育于前寒武纪古老构造带及不同地体的拼贴带中。

太古宙高级区中韧性剪切带：产于太古宙地块边部的柳河-安口镇韧性剪切带，其北西毗邻于柳河中生代盆地，分布于龙岗陆核中部的有王家店-靖宇-光华弧形韧性剪切带和大方顶子-光华-通南山韧性剪切带。与金矿关系比较密切。

新太古代绿岩带中的韧性剪切带：其出露多沿绿岩带片理分布，自西而东有石棚沟韧性剪切带、老牛沟韧性剪切带、夹皮沟韧性剪切带、金城洞韧性剪切带、金城洞沟口韧性剪切带、古洞河站韧性剪切带、西沟韧性剪切带、东风站韧性剪切带。对金矿成矿具有重要的控制作用。

古元古代裂谷中韧性剪切带：多分布于不同岩石单元接触带上。沿珍珠门岩组与花山岩组接触带上出现一条规模巨大的韧性剪切带，这一剪切带是在上述两组地层间的同生断裂基础上发展起来的一条北东向"S"形构造带，长百余千米；松树-错草沟韧性剪切带，位于浑江市荒沟山铅锌矿区的珍珠门岩组和太古宙地层接触部位，走向北东，长60km，宽1～2km；银子沟-刘家趟子韧性剪切带，位于珍珠门岩组与太古宙岩层接触部位，长7～8km，宽300～400m，南北向展布。板庙-双岔韧性剪切带，位于珍珠门岩组大理岩中，长5km，宽50～100m，南北向展布。与金矿关系比较密切。

不同大地构造单元接合带中或地体拼接带中的韧性剪切带：如在金银别-四岔子复杂构造带中出现多条相互平行的韧性剪切带，延长几十千米，北西向展布。与金矿关系比较密切。

吉林省与金矿关系比较密切的大型变形构造主要有红石-板庙子-二道沟-三道溜河-五道砬子河韧性剪切带。

第二节　区域矿产特征

一、成矿特征

吉林省金矿成因类型主要有9种，即绿岩型、岩浆热液改造型、火山沉积-岩浆热液改造型、矽卡岩型-破碎蚀变岩型、火山岩型、火山爆破角砾岩型、侵入岩浆热液型、砾岩型、沉积型。

1.绿岩型

该类型金矿赋矿层位为新太古代火山沉积-变质建造(表壳岩)，为受后期多期岩浆热液改造，且受区域韧性剪切带控制的金矿，典型矿床选桦甸市夹皮沟金矿床、桦甸市六批叶金矿床(六批叶金矿，为产在太古宙深成变质侵入岩体内，受后期多期岩浆热液改造，且受区域韧性剪切带控制的金矿，也暂归入此类)。

2.岩浆热液改造型

(1)受古元古代荒岔沟组辉变粒岩、石墨黑云变粒岩、黑云斜长片麻岩、斜长角闪岩及燕山期中酸性岩类控制的金矿，典型矿床选集安市西岔金矿床。

(2)受古元古代大东岔组斜长角闪岩、含墨矽线石榴黑云变粒岩、硅质蚀变岩与燕山期岩浆岩控制的金矿，典型矿床选集安下活龙金矿床。

(3)受古元古代珍珠门岩组底部片岩和大理岩、荒沟山-南岔构造带、后期岩浆热液控制的金矿床，典型矿床选通化县南岔金矿床、白山市荒沟山金矿床。

(4)受新元古代钓鱼台组褐红—紫红—紫灰色构造角砾岩及钓鱼台组石英砂岩与珍珠门岩组硅化白云质大理岩间的不整合面控制的金矿，典型矿床选白山市金英金矿床。

3. 火山沉积-岩浆热液改造型

(1)受寒武纪—奥陶纪碳质云英角页岩与长石角闪石角页岩互层、燕山期花岗岩类、北西向冲断层控制，典型矿床选桦甸市二道甸子金矿床。

(2)早古生代火山-沉积建造及后期岩浆热液改造控制的金矿床，典型矿床选辽源弯月金矿。

4. 矽卡岩型-破碎蚀变岩型

受二叠纪范家屯组变质粉砂岩、杂砂岩、泥质粉砂质板岩、斑点板岩组合，大理岩(灰岩)，燕山期花岗岩控制。典型矿床选长春市兰家金矿床。

5. 火山岩型

(1)受海相火山岩控制的金矿，即受石炭纪细碧岩、细碧玢岩层位控制的金矿，典型矿床选永吉头道川金矿床。

(2)受侏罗纪屯田营组、南楼山组(三叠纪托盘沟组)安山岩、次安山、安山质角砾凝灰岩和集块岩、安山质角砾凝灰熔岩和次火山岩、晶屑岩屑凝灰岩及含砾晶屑岩屑凝灰岩与火山口构造控制的金矿，典型矿床选汪青县刺猬沟金矿床、汪清县五凤金矿床、汪青县闹枝金矿床，永吉县倒木河金矿床。

6. 火山爆破角砾岩型

受侏罗纪流纹质含角砾岩屑晶屑凝灰岩、流纹质熔结凝灰岩及火山口构造控制的金矿，典型矿床选梅河口市香炉碗子金矿床。

7. 侵入岩浆热液型

该类型金矿受中生代侵入岩浆控制，可分为岩浆热液型、斑岩型及火山次火山热液型，典型矿床选安图县海沟金矿床、珲春市小西南岔金铜矿床、珲春市杨金沟金矿床。

8. 砾岩型

该类型金矿受土门子组巨粒质中粗砾岩、中细砾岩控制。典型矿床选珲春市黄松甸子金矿床。

9. 沉积型

该类型金矿受现代河床沉积相控制。典型矿床选珲春河砂金矿四道沟矿段。

沉积型金矿又可分为古砾岩型金矿和现代砂金矿，代表型矿床为黄松甸子砾岩型金矿床、珲春和砂金矿床。吉林省矿产地成矿特征见表 3-2-1。

表 3-2-1 吉林省矿产地成矿特征一览表

序号	矿产地名	矿床成因类型	共伴生矿	矿床规模	时代	
1	兰家金矿床	交代矿床	铅铋	小		
2	八面石金矿床	热液矿床	铜铅	小		
3	长春市双阳兰家金矿	接触交代矿床	硫铁矿铜银	小		
4	双阳区国旗山金矿	火山热液矿床		矿点		
5	后太阳沟多金属矿点	热液矿床	铅锌	矿点		
6	九台上河湾姜家沟金矿	变质矿床		小		
7	九台上河湾镇三台金矿	热液矿床		小		
8	永吉县两家子乡黑背村	中温热液矿床	银汞铅锌	小	时代不明	
9	永吉头道川金矿	变质成矿床		小	印支	Pz
10	永吉县八台岭金银矿床	中温热液矿床		小	时代不明	Mz
11	磐石县宝山乡帽山金矿	中温热液矿床		小	海西	C_2
12	老爷岭银矿点	热液矿床	铅锌铜锑	矿点	时代不明	
13	磐石县官马金矿	火山热液矿床		小	印支	T_3
14	磐石县官马上鹿村金矿	热液矿床		矿点	时代不明	
15	磐石县小锅盔金矿	低温热液矿床		小	时代不明	J—K
16	磐石烟筒山镇粗榆金矿	热液矿床		小	时代不明	J
17	磐石黑石镇黄瓜营砂金	河谷砂矿		小	喜马拉雅	Q
18	桦甸市老金厂镇	变质矿床	铜锌	矿点	前寒武	Ar
19	桦甸徐家屯砂金矿	冲积砂矿		小	时代不明	E
20	桦甸苇厦子河砂金矿	冲积砂矿		小	喜马拉雅	Q
21	桦甸市二道甸子金矿	叠生矿床		大	燕山	Pt_1—Mz
22	桦甸市夹皮沟镇板庙子	叠生矿床		中	前寒武	Pz—Mz
23	桦甸王家店金矿	叠生矿床		小	前寒武	Ar—Pz
24	桦甸市夹皮沟镇三道岔	叠生矿床	铜	大	前寒武	Pt—Mz
25	桦甸市夹皮沟镇二道沟	叠生矿床	铜铅	中	前寒武	Pt—Mz
26	桦甸市苇沙河砂金矿	河谷砂矿		小	喜马拉雅	Q
27	桦甸市夹皮沟金矿床	叠生矿床	铜铅	大	前寒武	Pt—Mz
28	桦甸红旗沟金矿	热液矿床		小	前寒武	Pt
29	桦甸市菜抢子金矿	热液矿床		小	前寒武	Ar—Mz
30	桦甸市头道岔金矿	叠生矿床		小	前寒武	Ar—Mz
31	桦甸市小北沟金矿	叠生矿床		小	前寒武	Ar—Mz
32	桦甸市夹皮沟镇大线沟	叠生矿床		小	前寒武	Ar—Mz
33	桦甸市夹皮沟庙岭金矿	叠生矿床		小	前寒武	Ar—Mz
34	桦甸市夹皮沟镇四道岔	叠生矿床		中	前寒武	Ar—Mz

续表 3-2-1

序号	矿产地名	矿床成因类型	共伴生矿	矿床规模	时代	
35	桦甸市夹皮沟镇八家子	叠生矿床		中	前寒武	Ar—Mz
36	桦甸夹皮沟北大顶子金矿	热液矿床		矿点	时代不明	T—J
37	桦甸市西板庙子金矿	热液矿床		小	前寒武	Pt
38	桦甸市老岭矿区金矿	热液矿床		小	时代不明	Pt—Pz
39	桦甸县小二道沟铜金矿	中温热液矿床		矿点	时代不明	J
40	桦甸市老岭金矿	热液矿床		小	时代不明	J
41	桦甸市金峰金矿云峰矿区	热液矿床		小	时代不明	
42	桦甸市老牛沟村金矿	热液矿床		小	时代不明	J
43	桦甸市二道金矿铜矿	热液矿床		小	时代不明	J
44	桦甸市六批叶金矿	热液矿床		中	喜马拉雅	J
45	桦甸市清水河金矿	热液矿床		小	时代不明	Pz—J
46	桦甸老金厂小东沟金矿	热液矿床		小	时代不明	P—J
47	桦甸市五响地金矿	热液矿床		小	时代不明	P_2—J
48	桦甸市桦南金矿 39 号脉	中温热液矿床		小	燕山	J1
49	桦甸市隆廷砷金矿	热液矿床		小	燕山	J1
50	桦甸市奶子沟金矿	热液矿床		小	燕山	
51	桦甸市大线沟鑫田金矿	热液矿床		小	时代不明	Pz—J
52	桦甸市大线沟金矿(245)区	热液矿床		小	时代不明	Pz—J
53	桦甸市大西沟金矿	热液矿床		矿点	时代不明	T—J
54	桦甸六批叶大架金矿	热液矿床		中	前寒武	J
55	桦甸市大金牛金矿	热液矿床		小	前寒武	T—J
56	桦甸市大洋岔金矿	热液矿床		矿点	前寒武	T—J
57	桦甸市二道岔 812 区金矿	热液矿床		小	前寒武	P—J
58	桦甸市二道岔 813 区金矿	热液矿床		小	前寒武	P—J
59	桦甸市二道岔 303-329 区金矿	热液矿床		小	前寒武	P—J
60	桦甸市东驼腰子坑金矿	热液矿床		小	前寒武	P
61	桦甸小北沟十四坑金矿	热液矿床		小	前寒武	P—J
62	桦甸市借灯桥坑金矿	热液矿床		小	前寒武	P—J
63	桦甸二道岔 332 区金矿	热液矿床		小	前寒武	P—J
64	桦甸二道岔 811 区金矿	热液矿床		矿点	前寒武	P—J
65	张家屯十七区金矿	热液矿床		小	前寒武	T—J
66	桦甸二道岔 820 区金矿	热液矿床		矿点	前寒武	P
67	桦甸大线沟(351)区金矿	热液矿床		小	前寒武	P—J
68	桦甸市大线沟(208)区金矿	热液矿床		小	前寒武	P—J
69	桦甸市板庙子金矿 816 区	热液矿床		小	前寒武	P—J

续表 3-2-1

序号	矿产地名	矿床成因类型	共伴生矿	矿床规模	时代	
70	桦甸金峰 301、303、304 区金矿	热液矿床		小	前寒武	P—J
71	桦甸市张家屯 2 号区金矿	热液矿床		矿点	前寒武	P
72	桦甸市夹皮沟北沟金矿	热液矿床		小	前寒武	P—J
73	桦甸市夹皮沟 406 区金矿	热液矿床		小	前寒武	P—J
74	桦甸市万良河砂金矿	河谷砂矿		小	喜马拉雅	Qh
75	桦甸市三道沟金矿	叠生矿床		中	前寒武	Pz—Mz
76	梨树县叶赫河金矿	冲积砂矿		小	喜马拉雅	Q
77	梨树县叶赫镇大窝铺村	低温热液矿床		矿点	时代不明	Mz1
78	梨树团山子矿段银金矿	热液矿床		矿点	时代不明	J
79	伊通县新家乡	热液矿床	汞锑	矿点	时代不明	O—D
80	伊通县新家乡 358 高地	沉积变质矿床		矿点	时代不明	O—D
81	伊通县新家乡二道岭	中温热液矿床	汞	小	时代不明	J
83	伊通县新家乡青咀子屯	热液矿床	汞锑	矿点	时代不明	O—D
84	伊通县新家乡新洪村	低温热液矿床	锑汞	矿点	时代不明	D—P
85	伊通县头道乡李家屯	沉积变质矿床	汞锑	矿点	时代不明	J
86	伊通县莫里乡孟家沟	低温热液矿床		矿点	时代不明	S
87	辽源弯月东山金矿	火山热液矿床		小	时代不明	Pz
88	东丰县横道河子乡鲜光	中温热液矿床		矿点	前寒武	Pt
89	东辽县辰隆金矿	热液矿床		矿点	时代不明	J
90	通化市大庙沟河砂金矿	河谷砂矿		矿点	喜马拉雅	Qh
91	通化市后刀条背金矿点	中温热液矿床	铅锌	矿点	时代不明	Pt
92	通化市跃进金矿点	中温热液矿床	铜铅	小	前寒武	Ar
93	通化市小米营金矿点	中温热液矿床	铜	矿点	前寒武	Ar
94	通化市宋家街金矿点	中温热液矿床		矿点	前寒武	Ar
95	通化市江沿四队金矿点	中温热液矿床		矿点	前寒武	Ar
96	通化市江沿三队金矿点	中温热液矿床		矿点	前寒武	Ar
97	通化市金厂江沿金矿点	中温热液矿床		矿点	前寒武	Ar
98	通化市刀条背金矿点	变质矿床	铅	矿点	时代不明	Pt
99	通化市石家铺子金矿	变质矿床	铅锌铜	小	时代不明	Pt
100	通化市南二亩地金矿点	变质矿床	铅	矿点	时代不明	Pt
101	吉林省通化南金矿	岩浆期后矿床		小	前寒武	Ar
102	通化县砬古角区金矿	热液矿床		矿点	时代不明	Pt
103	辉南县西顺堡金矿	热液矿床	铅	小	时代不明	D—K
104	通化县复兴村金矿	热液矿床		矿点	时代不明	J
105	通化县新农砂金矿	河谷砂矿		小	喜马拉雅	Q

续表 3-2-1

序号	矿产地名	矿床成因类型	共伴生矿	矿床规模	时代	
106	通化县河口金矿	中温热液矿床	银	小	前寒武	Ar
107	通化县先锋金矿	中温热液矿床	铜铅	矿点	时代不明	Pt
108	通化县南岔金矿点	中温热液矿床		小	前寒武	Pt
109	通化县西北天金矿床	中温热液矿床	银	矿点	前寒武	Ar
110	通化县大旺金矿点	中温热液矿床	铜铅	矿点	时代不明	Pt
111	通化县郭家沟金矿点	中温热液矿床	铅	矿点	前寒武	Ar
112	通化县龙胜金矿	中温热液矿床	银铅铜锌	小	前寒武	Ar
113	通化市马鞍山金矿点	中温热液矿床		矿点	前寒武	Ar
114	吉林省通化县南岔金矿	热液矿床		中	时代不明	Mz
115	通化县泉源沟金矿点	中温热液矿床	铜	矿点	前寒武	Ar
116	通化县马当沟金矿	热液矿床		小	时代不明	Mz
117	通化县西北天金矿	热液矿床		小	时代不明	Mz
118	通化县河口金矿	热液矿床		小	时代不明	Mz
119	通化县新农砂金矿	河谷砂矿		小	喜马拉雅	Qh
120	辉南县石大院金矿	中温热液矿床	铅	矿点	前寒武	Ar
121	辉南县芹菜沟金矿点	热液矿床	银铜	矿点	时代不明	
122	辉南县老鹰沟金矿	中温热液矿床	铅	矿点	前寒武	Ar
123	辉南县石棚沟金矿点	中温热液矿床	铅	矿点	前寒武	Ar
124	辉南县石棚沟杉松金矿	中温热液矿床	铅	矿点	前寒武	Ar
125	辉南县风鸣屯金矿点	中温热液矿床	铅	矿点	前寒武	Ar
126	辉南楼街-石道河子金矿	热液矿床		矿点	时代不明	Pz-J
127	辉南县柳毛沟金矿	热液矿床		矿点	时代不明	J
128	辉南县芹菜沟金矿点	中温热液矿床	铅	矿点	前寒武	Ar
129	通化市梨树沟门金矿点	热液矿床		矿点	前寒武	Ar
130	辉南县石棚沟金矿	叠生矿床		小	时代不明	Mz
131	柳河县金厂沟Ⅲ-1号、Ⅳ-1号金矿体	火山次火山热液		小	时代不明	J
132	柳河县向阳金厂沟金矿点	中温热液矿床		矿点	时代不明	K
133	柳河县回头沟金矿	中温热液矿床	铅	矿点	前寒武	Ar
134	柳河县金厂沟砂金矿	河谷砂矿		小	喜马拉雅	Qh
135	梅河口市海龙区水道乡	低温热液矿床	铅	小	时代不明	T
136	梅河口市烟囱桥子金矿	火山热液矿床		小	时代不明	J
137	海龙县香炉碗子金矿	低温热液矿床	铅	矿点	燕山	K
138	梅河口市香炉碗子金矿	火山次火山热液	银	中	燕山	Ar—Mz
139	梅河口市水道砂金矿	河谷砂矿		小	燕山	Kz

续表 3-2-1

序号	矿产地名	矿床成因类型	共伴生矿	矿床规模	时代	
140	集安市天桥沟金及多金属矿	火山沉积矿床		小	时代不明	Pt
141	集安市金厂沟金矿床	中温热液矿床	铅	小	时代不明	Pt
142	集安县西岔金矿床	中温热液矿床	铅	小	时代不明	Pt
143	集安县水清沟金、银矿点	中温热液矿床	铜	矿点	时代不明	Pt
144	集安市西岔-金厂沟	岩浆期后矿床	银铅	中	时代不明	Mz
145	集安市下活龙金矿	叠生层控矿床		小	时代不明	Mz
146	集安市古马岭金矿	热液矿床	银	小	时代不明	Mz
147	集安市马家东沟金矿点	变质矿床	铅	矿点	时代不明	Pt
148	集安市板房沟金矿点	变质矿床	铅	矿点	时代不明	Pt
149	集安市委子沟金矿点	变质矿床	铅	矿点	时代不明	Pt
150	集安复兴屯铜金矿	中温热液矿床		小	时代不明	Mz
151	浑江市乱泥塘	再生层控矿床	银汞锌	小	前寒武	Pt
152	白山五道阳岔 4 号金矿	热液矿床	铜铅锌	小	时代不明	T
153	刘家堡子-狼洞沟金银矿	中温热液矿床		中	时代不明	K
154	白山大青沟金矿氧化矿	热液矿床		小	前寒武	PT
155	白山市金英金矿	热液矿床		大	前寒武	J
156	白山市五道阳岔金矿点	中温热液矿床		小	时代不明	T
157	白山市老顶子金银矿点	中温热液矿床	银	矿点	时代不明	Pt
158	白山市湾沟镇平川砂金矿	机械沉积矿床		小	喜马拉雅	
159	白山市小四平砂金矿点	砂矿床		小	喜马拉雅	Q
160	湾沟镇小干沟金矿点	中温热液矿床		矿点	时代不明	Pt
161	白山市天桥金点	中温热液矿床		矿点	时代不明	Ar
162	白山市板庙子金矿床	热液矿床		小	时代不明	Mz
163	刘家堡-狼洞沟金银矿	气化热液矿床		中	时代不明	Mz
164	江源县大阳岔金矿床(Ⅳ)	气化热液矿床		矿点	时代不明	Mz
165	江源县榆木桥子河砂金	河谷砂矿		小	喜马拉雅	Qh
166	白山市汤河矿区砂金矿	河谷砂矿		小	喜马拉雅	Qh
167	浑江市双顶岭金矿化点	热液矿床		矿化点	前寒武	
168	浑江市大横路金矿	热液矿床	铜铅汞	矿点	前寒武	
169	抚松县西林河金矿	叠生层控矿床		小	时代不明	Pt
170	靖宇县那尔轰区金银矿	热液矿床		矿点	时代不明	J
171	靖宇县大院金矿	热液矿床		矿化点	时代不明	J
172	靖宇县东大沟金矿	热液矿床		小	时代不明	Mz
173	江源县西川金矿	热液矿床		矿点	时代不明	Pt
174	江源县小四平金矿	中温热液矿床		小	时代不明	Mz

续表 3-2-1

序号	矿产地名	矿床成因类型	共伴生矿	矿床规模	时代	
175	江源县天桥村金矿	热液矿床		矿点	时代不明	Mz
176	江源县平川金矿	河谷砂矿		小	燕山	Kz
177	江源县小石人金矿	热液矿床		矿点	时代不明	Mz
178	江源县石青沟金矿	热液矿床		矿点	时代不明	Mz
179	江源县五道阳岔金矿	热液矿床	银	小	时代不明	Mz
180	江源县六道阳岔金矿	热液矿床		矿点	时代不明	Mz
181	临江市八里沟金矿点	中温热液矿床	铜铅	小	前寒武	Pt
182	临江市高丽沟金矿床	热液矿床		小	时代不明	J
183	临江市三道沟门金矿	中温热液矿床	铜铅	矿点	前寒武	Pt
184	花山乡老三队金矿点	中温热液矿床		矿点	前寒武	Pt
185	临江市荒沟山金矿床	中温热液矿床		中	前寒武	Pt
186	临江市干饭盆金矿床	中温热液矿床	铜铅	矿点	前寒武	Ar
187	临江市荒沟山金矿	热液矿床		中	前寒武	Mz
188	临江市三道沟门金矿	中温热液矿床		矿点	前寒武	
189	临江市花山镇老三队	热液矿床		小	前寒武	Mz
190	临江市花山镇淘金沟	热液矿床	银	小	前寒武	Mz
191	临江市八里沟金矿	低温热液矿床		矿点	前寒武	Mz
192	临江市银子沟金矿	热液矿床		矿点	前寒武	Mz
193	临江市错草沟金矿	热液矿床	银	小	前寒武	Mz
194	临江市花山乡臭松沟金矿	热液矿床		矿点	时代不明	
195	临江市二道阳岔金矿	中温热液矿床		矿点	时代不明	
196	临江市前八里沟金矿	热液矿床		矿点	时代不明	Mz
197	临江市老秃顶子金矿	热液矿床		矿点	时代不明	
198	临江市聂家沟金矿	热液矿床		矿点	时代不明	Mz
199	临江市大松树金矿点	热液矿床		矿点	前寒武	
200	延吉五星山金矿	火山热液矿床		小	燕山	Mz
201	敦化市杨树河	热液矿床	铅汞	矿点	时代不明	
202	敦化市六合金矿	热液矿床		矿化点	印支	T1
203	珲春杨金沟屯金矿	热液矿床		小	时代不明	Pz
204	珲春市珲春河砂金矿校园洞段	冲积砂矿		小	喜马拉雅	Q
205	珲春县大六道沟金矿	热液矿床		矿点	时代不明	Pz
206	珲春市春化砂金矿	冲积砂矿		小	喜马拉雅	Q
207	珲春市瓦岗寨金矿	火山热液矿床		小	时代不明	J
208	珲春四道沟金矿化点	中温热液矿床		矿化点	时代不明	D
209	珲春市前山金矿	热液矿床		小	时代不明	J

续表 3-2-1

序号	矿产地名	矿床成因类型	共伴生矿	矿床规模	时代	
210	珲春市小西南岔铜金矿	次火山热液矿床	银铜	大	时代不明	Mz
211	珲春市黄松甸子金矿	冲积砂矿	钛锆	中	燕山	Kz
212	珲春草坪河谷砂金矿	河谷砂矿		小	喜马拉雅	Q
213	珲春市柳树河子砂金矿	冲积砂矿		中	燕山	Kz
214	珲春市 228 马滴达砂金矿	河谷砂矿		小	喜马拉雅	Q
215	珲春县一部落砂金矿	河谷砂矿		小	喜马拉雅	Qh
216	珲春市太平沟砂金矿	河谷砂矿		小	喜马拉雅	Qh
217	珲春县西土门子河砂金	河谷砂矿		小	喜马拉雅	Qh
218	珲春市东南岔金铜矿	变质成矿床		小	时代不明	Pz
219	龙井市开山屯金谷山	气化热液矿床	锌汞	小	时代不明	P
220	龙井市五凤山金矿	火山热液矿床	银	小	燕山	Mz
221	龙井市金谷山金矿床	叠生矿床		小	时代不明	Pz—Mz
222	龙井市后底洞金矿床	热液矿床		小	海西 3	P1
223	和龙县上大洞金矿点	中温热液矿床		矿点	时代不明	P
224	和龙县卧龙砂矿西沟	中温热液矿床	铜铅	矿点	时代不明	
225	和龙县砂金沟西沟金矿	热液矿床		矿点	时代不明	Pz—J
226	和龙市城子沟地区金矿	热液矿床		小	时代不明	J
227	和龙金城洞金矿	叠生矿床		小	前寒武	Mz
228	和龙县二道河砂金矿	河谷砂矿		小	喜马拉雅	Qh
229	和龙县木兰屯砂金矿	河谷砂矿		小	喜马拉雅	Q4
230	汪清县金沟岭	低温热液矿床		矿化点	时代不明	J
231	汪清县明星屯金矿点	热液矿床	铜锌	矿化点	时代不明	J
232	汪清金仓砂金矿	冲积砂矿		小	喜马拉雅	Q
233	汪清县杜荒岭金铜矿	次火山热液矿床		矿点	燕山	Mz
234	吉林省汪清县闹枝金矿	次火山热液矿床	银	小	时代不明	Mz
235	汪清县刺猬沟金矿	次火山热液矿床	银	中	燕山	Mz
236	汪清九三沟金-多金属	火山次火山热液	铜铅锌	小	时代不明	Mz
237	汪清县吉青岭金矿	热液矿床		矿点	时代不明	J
238	汪清县头道沟金矿	热液矿床		小	时代不明	J
239	汪清县杜荒岭金矿 6 号、7 号、9 号矿体	热液矿床		小	燕山	J
240	安图县两江湾勾金矿点	低温热液矿床	铜锌	矿点	时代不明	J
241	安图县湾沟金矿点	中温热液矿床	铜铅锌	矿点	时代不明	k
242	安图县三岔子北山金矿	热液矿床		矿点	时代不明	J
243	安图县东方红 37 号金矿脉	岩浆期后矿床		小	燕山	J

续表 3-2-1

序号	矿产地名	矿床成因类型	共伴生矿	矿床规模	时代	
244	安图县海沟金矿 38 号脉岩带	岩浆期后矿床		小	燕山	J
245	吉林省安图县海沟金矿	岩浆期后矿床	银	大	燕山	Mz
246	安图县大沙河砂金矿	河谷砂矿		小	喜马拉雅	Q
247	安图县永庆乡穷棒子沟	热液矿床		小	时代不明	Mz
248	安图县古洞河砂金矿	河谷砂矿		小	喜马拉雅	Q

二、金矿预测类型划分及其分布范围

1. 金矿预测类型及其分布范围

吉林省金矿预测类型划分为有 10 种，即绿岩型、岩浆热液改造型、热液改造型、火山沉积-岩浆热液改造型、矽卡岩型-破碎蚀变岩型、火山岩型、火山爆破角砾岩型、侵入岩浆热液型、砾岩型、沉积型。见表 3-2-2。

2. 金矿预测方法类型及其分布范围

吉林省金矿预测方法类型划分复合内生型、层控内生型、火山岩型、侵入岩型、沉积型。见表 3-2-2。

表 3-2-2　金矿预测类型、金矿预测方法类型及其分布范围

典型矿床	预测类型	特征	预测方法类型	预测工作区
桦甸市夹皮沟金矿床	绿岩型	新太古代火山沉积-变质建造，受后期岩浆热液叠加改造及北西向的剪切构造带控制	复合内生型	夹皮沟—溜河、金城洞—木兰屯、安口镇、石棚沟—石道河子、四方山—板石。无典型矿床预测工作区，预测参照夹皮沟模型区
桦甸市六批叶金矿床	蚀变岩型	受北西向、近东西向的剪切构造带和晚期岩浆控制，围岩为蚀变花岗质碎斑（粉）岩、糜棱岩、蚀变微晶闪长岩等	复合内生型	夹皮沟—溜河
集安市市西岔金矿床	岩浆热液改造型	受古元古代荒岔沟组辉变粒岩、石墨黑云变粒岩、黑云斜长片麻岩、斜长角闪岩、印支期及燕山期中酸性岩类控制	层控内生型	正岔—复兴屯
集安市下活龙金矿床	岩浆热液改造型	受古元古代大东岔组斜长角闪岩、含墨矽线石榴黑云变粒岩、硅质蚀变岩与燕山期岩浆岩控制	层控内生型	古马岭—活龙
通化县南岔金矿床、白山市荒沟山金矿床	岩浆热液改造型	受古元古代珍珠门组底部片岩和大理岩、荒沟山-南岔构造带、后期岩浆热液控制	层控内生型	荒沟山—南岔、冰湖沟、六道沟—八道沟、长白—十六道沟。无典型矿床预测工作区，预测参照荒沟山—南岔模型区

续表 3-2-2

典型矿床	预测类型	特征	预测方法类型	预测工作区
白山市金英金矿床	热液改造型	新元古代褐红—紫红—紫灰色构造角砾岩及钓鱼台组石英砂岩与珍珠门组硅化白云质大理岩间的不整合控制	层控内生型	浑北
桦甸市二道甸子金矿床	变质火山岩型	受寒武—奥陶纪碳质云英角页岩与长石角闪石角页岩互层,燕山期花岗岩类,北西向冲断层控制	层控内生型	漂河川
长春市兰家金矿床	矽卡岩型	受二叠纪范家屯组变质粉砂岩、杂砂岩、泥质粉砂质板岩、斑点板岩组合,大理岩(灰岩),燕山期花岗岩控制	层控内生型	兰家、山门、万宝。无典型矿床预测工作区,预测参照兰家模型区
永吉头道川金矿床	变质火山岩型	石炭纪细碧岩、细碧玢岩	火山岩型	头道沟—吉昌、石咀—官马。无典型矿床预测工作区,预测参照石咀—官马模型区
汪青县刺猬沟金矿床、汪清县五凤金矿床、汪青县闹枝金矿床、永吉县倒木河金矿床	火山热液型	受侏罗纪屯田(三叠纪托盘沟组)营组南楼山组安山岩、次安山、安山质角砾凝灰岩和集块岩、安山质角砾凝灰熔岩和次火山岩、晶屑岩屑凝灰岩及含砾晶屑岩屑凝灰岩及火山口构造控制	火山岩型	刺猬沟—九三沟、五凤、闹枝—棉田、杜荒岭、地局子—倒木河、香炉碗子—山城镇。无典型矿床预测工作区,预测参刺猬沟模型区
梅河口市香炉碗子金矿床	火山热液型	受侏罗纪流纹质含角砾岩屑晶屑凝灰岩及流纹质熔结凝灰岩及火山口构造控制	火山岩型	香炉碗子—山城镇
安图县海沟金矿床	侵入岩浆热液型	受燕山期二长花岗岩、闪长玢岩控矿	侵入岩型	海沟
珲春市小西南岔金铜矿床	斑岩型及火山次火山热液型	与燕山早期火山-深成杂岩晚期中酸性次火山岩有关,尤其是中基性次火山岩与成矿关系密切	侵入岩型	小西南岔—杨金沟、农坪—前山。无典型矿床预测工作区,预测参杨金沟模型区
珲春市黄松甸子金矿床	砾岩型	受土门子组巨粒质中粗砾岩、中细砾岩控制	沉积型	黄松甸子
珲春河砂金矿四道沟矿段	沉积型砂矿	第四纪河谷砂及砾石,间夹有中细砂或粗砂透镜体	沉积型	珲春河

第三节　区域地球物理、地球化学、遥感、自然重砂特征

一、区域地球物理特征

（一）重力

1.岩(矿)石密度

(1)各大岩(矿)石类的密度特征:沉积岩的密度值小于岩浆岩和变质岩。不同岩性间的密度值变化情况为:沉积岩,$(1.51\sim2.96)\times10^3 kg/m^3$;变质岩,$(2.12\sim3.89)\times10^3 kg/m^3$;岩浆岩$(2.08\sim3.44)\times10^3 kg/m^3$;喷出岩的密度值小于侵入岩的密度值。见图3-3-1。

(2)不同时代各类地质单元岩石密度变化规律:不同时代地层单元岩系总平均密度存在密度的差异,其值大小由时代从新到老增大的趋势,地层时代越老,密度值越大的特点;新生界$(2.17\times10^3 kg/m^3)$,中生界$(2.57\times10^3 kg/m^3)$,古生界$(2.70\times10^3 kg/m^3)$,元古宇$(2.76\times10^3 kg/m^3)$,太古宇$2.83\times10^3 kg/m^3)$,由此可见,新生界的密度值均小于前各时代地层单元的密度值,各时代均存在着密度差。见图3-3-2。

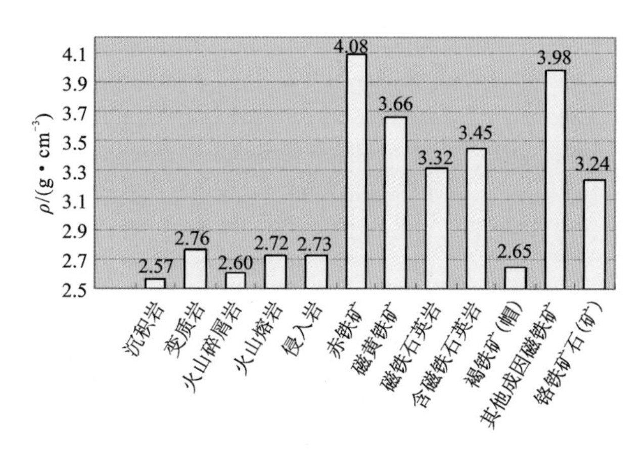

图3-3-1　吉林省各类岩(矿)石密度参数直方图

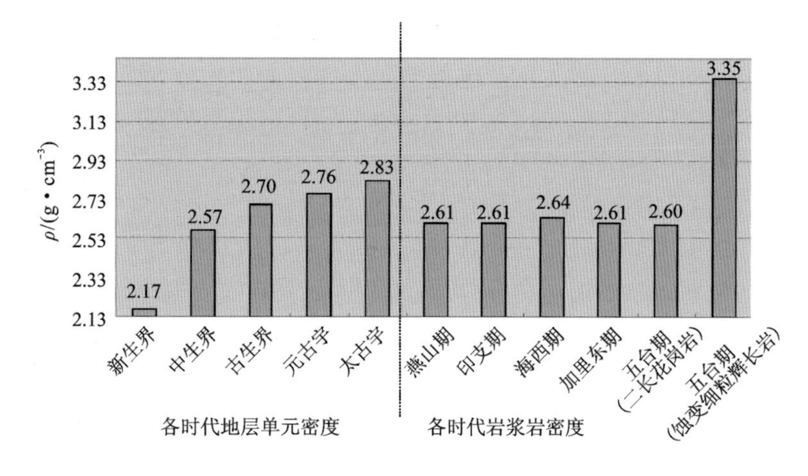

图3-3-2　吉林省各时代地层、岩浆岩密度参数直方图

2. 区域重力场基本特征及其地质意义

（1）区域重力场特征。在吉林省重力场中，宏观呈现二高一低重力区，位于西北部及中部为重力高、东南部为重力低的基本分布特征。最低值在长白山一线；高值区出现在大黑山条叁区；瓦房镇一东屏镇为另一高值区；洮南、长岭一带异常较为平缓，呈局域特点分布；中部及东南部布格重力异常等值线大多呈北东向展布，大黑山条垒，尤其是辉南—白山—桦甸—黄泥河镇一带，等值线展布方向及局部异常轴向均呈北东向。北部桦甸—夹皮沟—和龙一带，等值线则多以北西向为主，向南逐渐变为东西向，至漫江则转为南北向，围绕长白山天池呈弧形展布，延吉、珲春一带也呈近弧状展布。

（2）深部构造特征。重力场值的区域差异特征反映了康氏面及莫霍面的变化趋势，曲线的展布特征则反映了明显地质构造及岩性特征的规律性。从莫霍面图上可见，西北部及东南部两侧呈平缓椭圆或半椭圆状，西北部洮南—乾安为幔坳区，中部松辽为幔隆区，中部为北东走向的斜坡，东南部为张广才岭-长白山地幔坳陷区，而东部延吉珲春汪清为幔凸区。安图—延吉、柳河—桦甸一带所出现的北西向及北东向等深线梯度带表明，华北板块北缘边界断裂，反映了不同地壳的演化史，以及形成的不同地质体，见图3-3-3、图3-3-4。

3. 区域重力场分区

依据重力场分区的原则，划分为南北2个Ⅰ级重力异常区，见表3-3-1。

4. 深大断裂

吉林省地质构造复杂，在漫长的地质历史演变中，经历过多次地壳运动，在各个地质发展阶段和各个时期的地壳运动中，均相应形成了一系列规模不等、性质不同的断裂。这些断裂，尤其是深大断裂一般都经历了长期的、多旋回的发展过程，它们与吉林省地质构造的发展、演化及成岩成矿作用有着密切的关系。根据《吉林省地质志》中的深大断裂一章将吉林省断裂按切割地壳深度的规模大小、控岩控矿作用以及展布形态等大致分为超岩石圈断裂、岩石圈断裂、壳断裂和一般断裂及其他断裂。

（1）超岩石圈断裂：吉林省超岩石圈断裂只有一条，称中朝准地台北缘超岩石圈断裂。它系指“赤峰-开源-辉南-和龙深断裂”。这条超岩石圈断裂横贯吉林省南部，由辽宁省西丰县进入吉林省海龙、桦甸，过老金厂、夹皮沟、和龙、向东延伸至朝鲜境内，是一条规模巨大、影响很深、发育历史长久的断裂构造带。实际上它是中朝准地台和天山-兴隆地槽的分界线。总体走向为东西向，省内长达260km；宽5～20km。由于受后期断裂的干扰、错动，使其早期断裂痕迹不易辨认，并且使走向在不同地段发生北东向、北西向偏转和断开、位移，从而形成了现今平面上具有折断状的断裂构造。见图3-3-5。

重力场基本特征：断裂线在布格重力异常平面图上呈北东向、东西向密集梯度带排列，南侧为环状、椭圆形，西部断裂以北东向的重力异常为主。这种不同性质重力场的分界线，无疑是断裂存在的标志。从东丰到辉南段为重力梯度带，梯度较陡；夹皮沟到和龙一段，也是重力梯度带，水平梯度走向有变化，应该是被多个断裂错断所致，但梯度较密集。在重力场上延10km、20km，以及重力垂向一导、二导图上，该断裂更为显著，东丰经辉南到桦甸折向和龙。除东丰到辉南一带为线状的重力高值带外，其余均为线状重力低值带，它们的极大值和极小值便是该断裂线的位置。从莫霍面等深度图上可见：该断裂只在个别地段有某些显示，说明该断裂切割深度并非连续均匀。西丰至辉南段表现同向扭曲，辉南至桦甸段显示不出断裂特征，而桦甸至和龙段有同向扭曲，表明有断裂存在。莫霍面上表示深度为37～42km，从而断定此断裂在部分地段已切入上地幔。

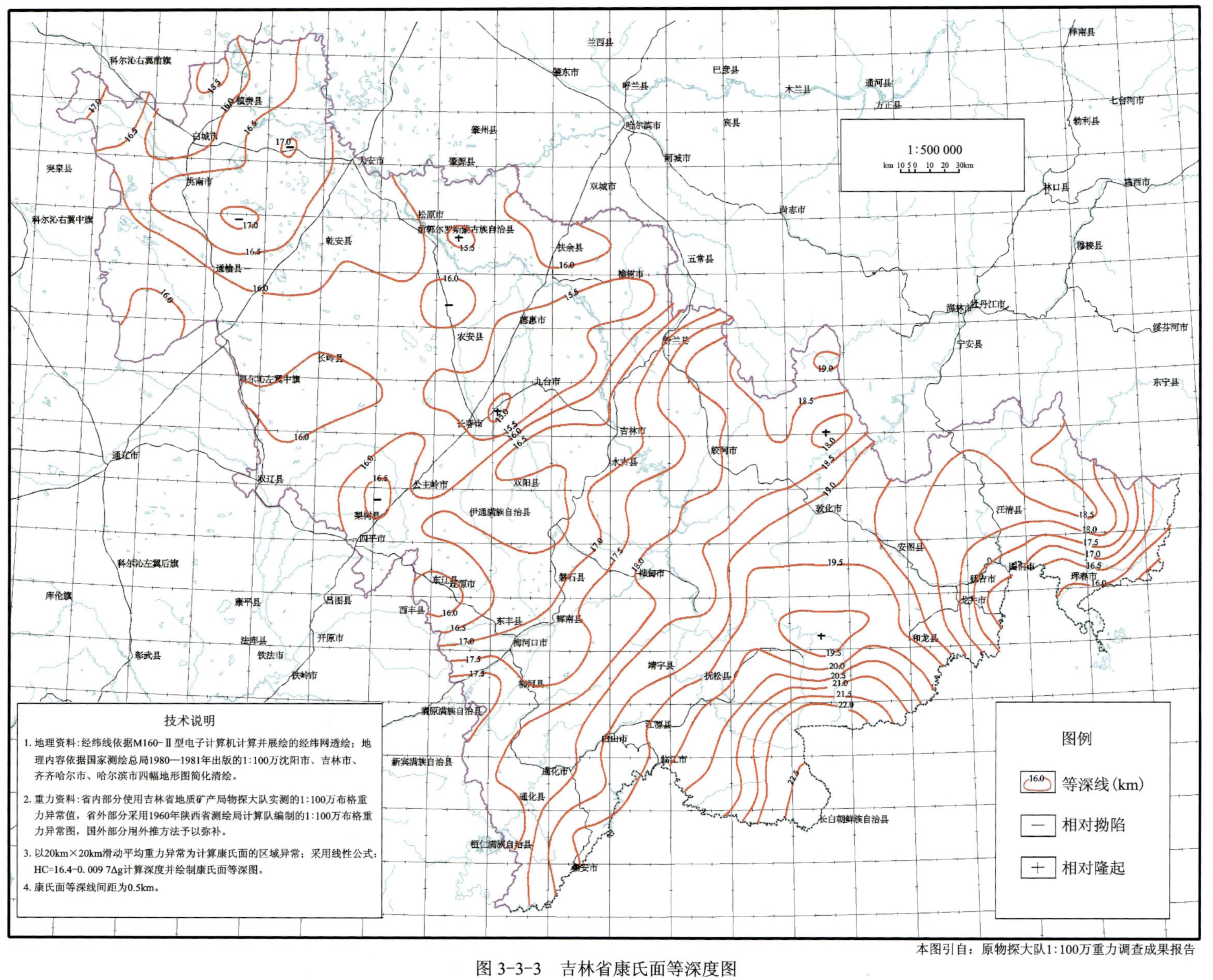

图 3-3-3 吉林省康氏面等深度图

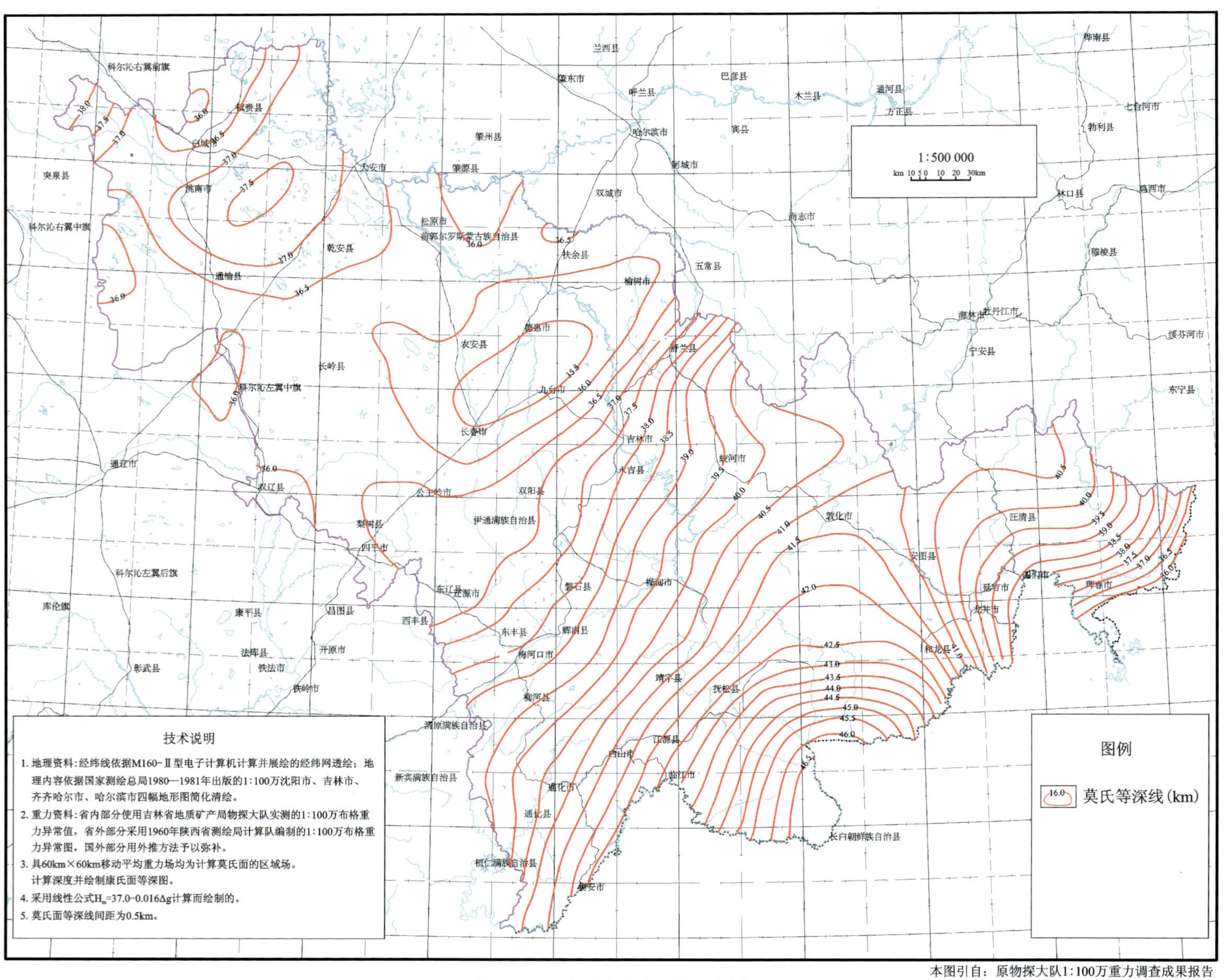

本图引自:原物探大队1:100万重力调查成果报告

图 3-3-4 吉林省莫氏面等深度图

表 3-3-1　吉林省重力场分区一览表

Ⅰ	Ⅱ	Ⅲ	Ⅳ
Ⅰ1 白城-吉林-延吉复杂异常区	Ⅱ1 大兴安岭东麓异常区	Ⅲ1 乌兰浩特-哲斯异常分区	Ⅳ1 瓦房镇-东屏镇正负异常小区
	Ⅱ2 松辽平原低缓异常区	Ⅲ2 兴龙山-边昭正负异常分区	(1)重力低小区;(2)重力高小区
		Ⅲ3 白城-大岗子低缓负异常分区	(3)重力低小区;(4)重力高小区;(5)重力低小区;(6)重力高小区
		Ⅲ4 双辽-梨树负异常分区	(7)重力高小区;(11)重力低小区;(20)重力高小区;(21)重力低小区
		Ⅲ5 乾安-三盛玉负异常分区	(8)重力低小区;(9)重力高小区;(10)重力高小区;(12)重力低小区;(13)重力低小区;(14)重力高小区;
		Ⅲ6 农安-德惠正负异常分区	(17)重力高小区;(18)重力高小区;(19)重力高小区
		Ⅲ7 扶余-榆树负异常分区	(15)重力低小区;(16)重力低小区
	Ⅱ3 吉林中部复杂正负异常区	Ⅲ8 大黑山正负异常分区	
		Ⅲ9 伊-舒带状负异常分区	
		Ⅲ-10 石岭负异常分区	Ⅳ2 辽源异常小区
			Ⅳ3 椅山-西堡安异常低值小区
		Ⅲ$_{11}$ 吉林弧形复杂负异常分区	Ⅳ4 双阳-官马弧形负异常小区
			Ⅳ5 大黑山-南楼山弧形负异常小区
			Ⅳ6 小城子负异常小区
			Ⅳ7 蛟河负异常小区
		Ⅲ12 敦化复杂异常分区	Ⅳ8 牡丹岭负异常小区
			Ⅳ9 太平岭-张广才岭负异常小区
	Ⅱ4 延边复杂负异常区	Ⅲ13 延边弧状正负异常区	
		Ⅲ14 五道沟弧线形异常分区	
Ⅰ2 龙岗-长白半环状低值异常区	Ⅱ5 龙岗复杂负异常区	Ⅲ15 靖宇异常分区	Ⅳ10 龙岗负异常小区
			Ⅳ11 白山负异常小区
			Ⅳ12 和龙环状负异常小区
		Ⅲ16 浑江负异常低值分区	Ⅳ13 清和复杂负异常小区
			Ⅳ14 老岭负异常小区
			Ⅳ15 浑江负异常小区
	Ⅱ6 八道沟-长白异常区	Ⅲ17 长白负异常分区	

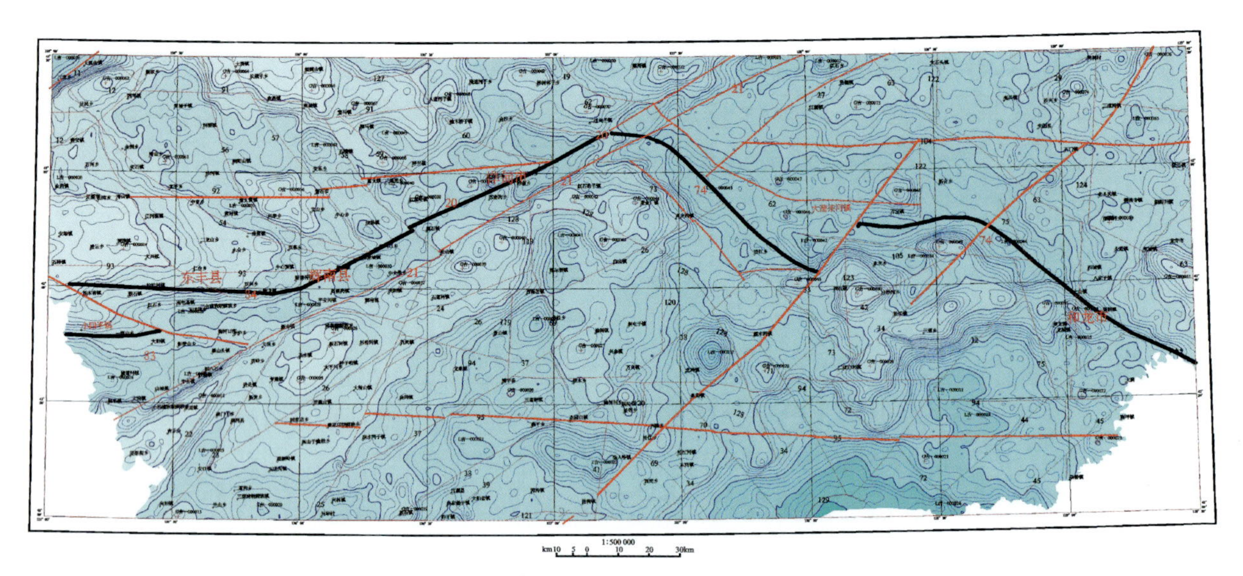

图 3-3-5　开源-桦甸-和龙超岩石圈断裂布格重力异常图

地质特征：小四平—海龙一带，断裂南侧为太古宙夹皮沟群、中元古代色洛河群，北侧为早古生代地槽型沉积。断裂明显，发育在海西期花岗岩中。柳树河子至大浦柴河一带有基性—超基性岩平等断裂展布，和龙至白金一带有大规模的花岗岩体展布。

因此，此断裂为超岩石圈断裂。

(2)岩石圈断裂：该断裂带位于二龙山水库—伊通—双阳—舒兰呈北东方向延伸，过黑龙江依兰—佳木斯—箩北进入俄罗斯境内。该断裂于二龙山水库，被冀东向四平-德惠断裂带所截。在省内由 2 条相互平行的北东向断裂构成，宽 15～20km，走向 45°～50°。省内长达 260km。在其狭长的“槽地”中，沉积了厚达 2000 多米的中新生代陆相碎屑岩，其中第三纪(古近纪＋新近纪)沉积物应有 1000 多米，从而形成了狭长的依兰-伊通地堑盆地。

重力场特征：断裂带重力异常梯度带密集，呈线状，走向明显，在吉林省布格重力异常垂向一阶导、二阶导平面图，以及滑动平均(30km×30km、14km×14km)剩余异常平面图上可见，延伸狭长的重力低值带，在其两侧狭长延展的重力高值带的衬托下，其异常带显著，该重力低值带宽窄不断变化，并非均匀展布，而在伊通至乌拉街一带稍宽大些，这段分别被东西向重力异常隔开，这说明在形成过程中受东西向构造影响所致。见图 3-3-6。

从重力场上延 5km、10km、20km 等值线平面图上看，该断裂显示得尤为清晰、醒目，线状重力低值带与重力高值带相依为伴，并行延展，它们的极小值与极大值便是该断裂在重力场上的反映。重力二次导数的零值及剩余异常图的零值，为我们圈定断裂提供了更为准确可靠的依据。

再从莫霍面和康氏面等深图上及滑动平均 60km×60km 图可知，该断裂有显示：此段等值线密集，存在重力梯度带十分明显；双阳至舒兰段，莫霍面及康氏面等厚线密集，形状规则，呈线状展布。沿断裂方向莫霍面深度为 36～37.5km，断裂的个别地段已切入下地幔，由上述重力特征可见此断裂反映了岩石圈断裂定义的各个特征。

(二)航磁

1. 区域岩(矿)石磁性参数特征

根据收集的岩(矿)石磁性参数整理统计，吉林省岩(矿)石的磁性强弱可以分成 4 个级次。极弱磁

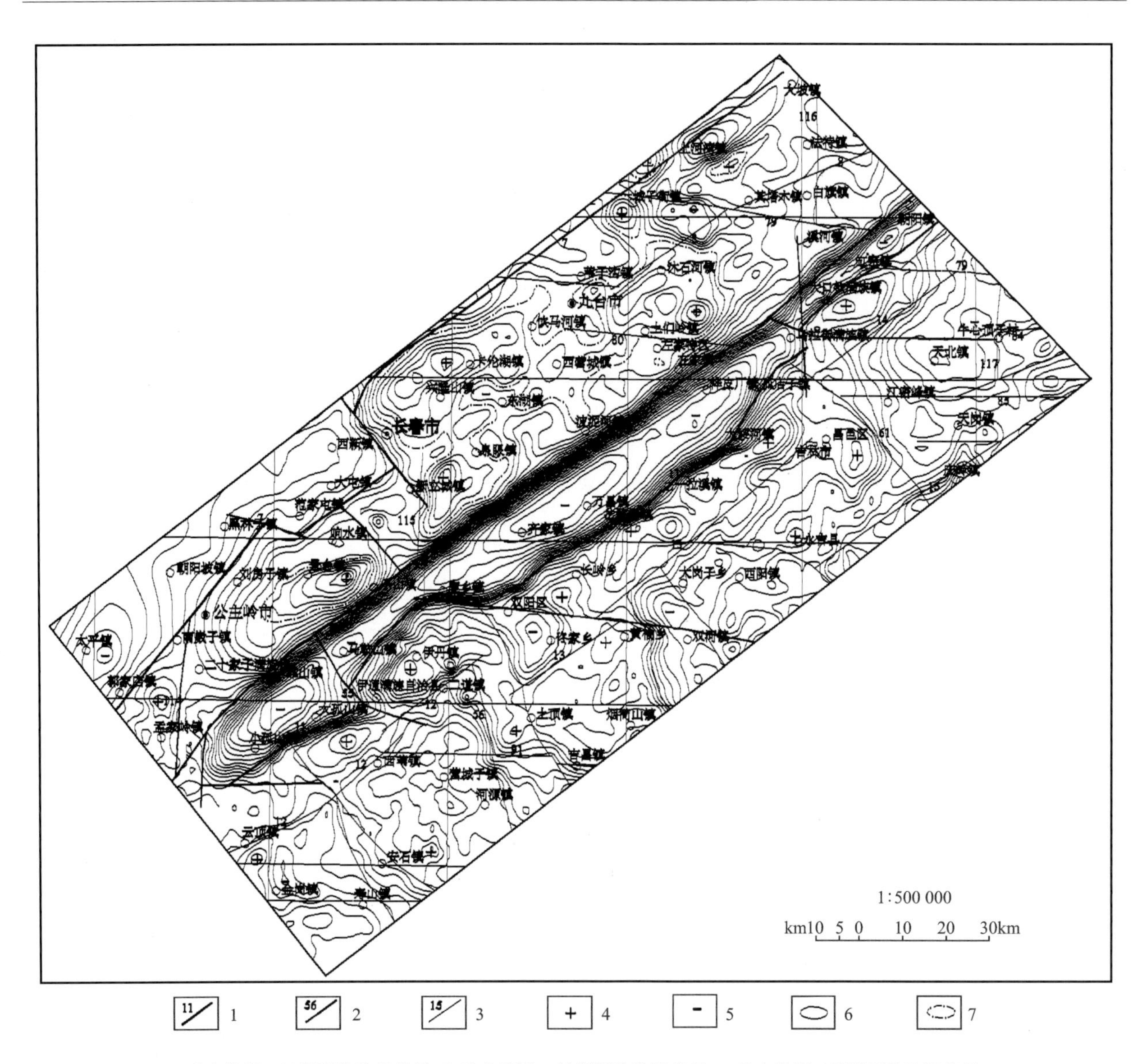

1.重力推断一级断裂构造及编号;2.重力推断二级断裂构造及编号;3.重力推断三级断裂构造及编号;
4.布格重力高符号;5.布格重力低符号;6.布格重力异常等值线;7.布格重力异常零值线。

图 3-3-6 依兰-伊通岩石圈断裂带布格重力异常图

性($\kappa < 300\times4\pi\cdot10^{-6}$SI,弱磁性($300\times4\pi\cdot10^{-6}\mathrm{SI}\leqslant\kappa<2100\times4\pi\cdot10^{-6}$SI),中等磁性($2100\times4\pi\cdot10^{-6}\mathrm{SI}\leqslant\kappa<5000\times4\pi\cdot10^{-6}$SI),强磁性($\kappa\geqslant5000\times4\pi\cdot10^{-6}$SI)。

沉积岩基本上无磁性。但是四平、通化地区的砾岩、砂砾岩有弱的磁性。

变质岩类,正常沉积的变质岩大都无磁性,角闪岩、斜长角闪岩普遍显中等磁性,而通化地区的斜长角闪岩,吉林地区的角闪岩只具有弱磁性。

片麻岩、混合岩在不同地区具不同的磁性。吉林地区该类岩石具较强磁性,延边及四平地区则为弱磁性,而在通化地区则无磁性。总的来看,变质岩的磁性变化较大,有的岩石在不同地区有明显差异。

火山岩类岩石普遍具有磁性,并且具有从酸性火山岩→中性火山岩→基性、超基性火山岩由弱到强的变化规律。

岩浆岩中酸性岩浆岩磁性变化范围较大,可由无磁性变化到有磁性。其中吉林地区的花岗岩具有中等程度的磁性,而其他地区花岗岩类多为弱磁性,延边地区的部分酸性岩表现为无磁性。

四平地区的碱性岩-正长岩表现为强磁性。吉林、通化地区的中性岩磁性为弱—中等强度，而在延边地区则为弱磁性。

基性—超基性岩类除在延边和通化地区表现为弱磁性外，其他地区则为中等—强磁性。

磁铁矿及含铁石英岩均为强磁性，而有色金属矿矿石一般来说均不具有磁性。

以总的趋势来看，各类岩石的磁性基本上按沉积岩、变质岩、火成岩的顺序逐渐增强。见图 3-3-7。

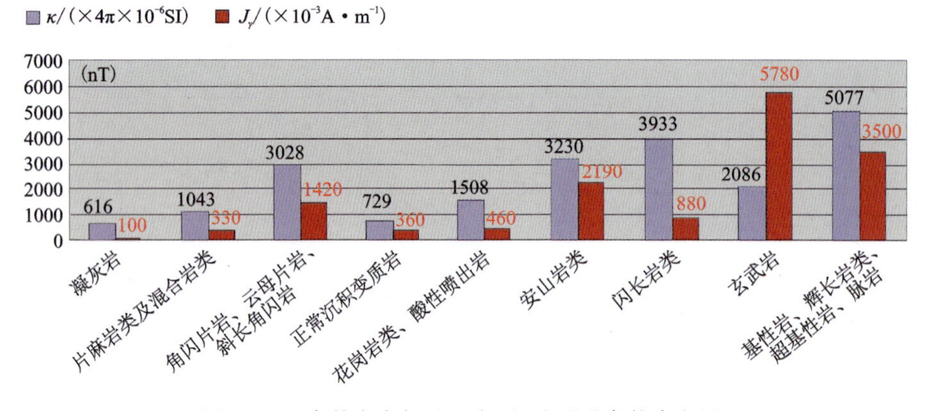

图 3-3-7　吉林省东部地区岩石、矿石磁参数直方图

2. 吉林省区域磁场特征

吉林省在航磁图上基本反映出 3 个不同场区特征，东部山区敦化-密山断裂以东地段，以东升高敦化-密山断裂以西，四平、长春、榆树以东的中部为丘陵区，磁异常强度和范围都明显低于东部山区磁异常，向南向北分别进入辽宁省和黑龙江省境内；西部为松辽平原中部地段，为低缓平稳的松辽磁场区，向南北亦分别进入辽宁省及黑龙江省。

(1)东部山区磁场特征：东部山地北起张广财岭，向西南沿至柳河，通化交界的龙岗山脉以东地段，该区磁场特征是以大面积正异常为主，一般磁异常极大值为 500～600nT，大蒲柴河—和龙一线为华北地台北缘东段一级断裂(超岩石圈断裂)的位置。

①大蒲柴河—和龙以北区域磁场特征：在大蒲柴河—和龙以北区域，航磁异常整体上呈北西走向，两块宽大北西走向正磁场区之间夹北西走向宽大的负磁场区，正磁场区和负磁场区上的各局部异常走向大多为北东向。异常最大值为 300～550nT。航磁正异常主要是晚古生代以来花岗岩、花岗闪长岩及中新生代火山岩磁性的反映。磁异常整体上呈北西走向，主要是与区域上的一级、二级断裂构造方向及局部地体的展布方向为北西走向有关，而局部异常走向北东向主要是受次级的二级、三级断裂构造及更小的局部地体分布方向所控制。

②大蒲柴河—和龙以南区域磁场特征：在大蒲柴河—和龙以南区域，是东南部地台区，西部以敦密断裂带为界，北部以地台北缘断裂带为界，西南到吉林和辽宁省界，东南到吉林省和朝鲜国界。

靠近敦密断裂带和地台北缘断裂带的磁场以正场区为主，磁异常走向大致与断裂带平行。

西部正异常强度为 100～400nT，走向以北东向为主，正背景场上的局部异常梯度陡，主要反映的是太古宙花岗质、闪长质片麻岩，中、新太古代变质表壳岩及中新生代火山岩的磁场特征。

北部靠近地台北缘断裂带的磁场区，以北西走向为主，强度为 150～450nT，正背景场上的局部异常梯度陡，靠近北缘断裂带的磁异常以串珠状形式向外延展，总体呈弧形或环形异常带。

西支的弧形异常带从松山、红石、老金厂、夹皮沟、新屯子、万良到抚松，围绕龙岗地块的东北侧外缘分布，主要是中太古代闪长质片麻岩、中太古代变质表壳岩、新太古代变质表壳岩、寒武纪花岗闪长岩磁性的反映，中太古代变质表壳岩、新太古代变质表壳岩是含铁的主要层位。

东支的环形异常带从二道白河、两江、万宝、和龙到崇善以北区域，主要围绕和龙地块的边缘分布，各局部异常则多以东西走向为主，但异常规模较大，异常梯度也陡。大面积中等强度航磁异常主要是中太古代花岗闪长岩的反映，强度较低异常主要是由侏罗纪花岗岩引起，半环形磁异常上几处强度较高的局部异常则是强磁性的玄武岩和新太古代表壳岩、太古宙变质基性岩引起。对应此半环形航磁异常，有一个与之基本吻合的环形重力高异常，说明环形异常主要为新太古代表壳岩、太古宙变质基性岩引起。特别在半环形磁异常上东段的几处局部异常，结合剩余重力异常为重力高的特征，推断为半隐伏、隐伏新太古代表壳岩、太古宙变质基性岩引起的异常，非常具备寻找隐伏磁铁矿的前景。

中部以大面积负磁场区为主，是吉南元古宙裂谷区内的碳酸盐岩、碎屑岩及变质岩的磁异常的反映，大面积负磁场区内的局部正异常主要是中生代中酸性侵入岩体及中新生代火山岩磁性的反映。

南部长白山天池地区，是一片大面积的正负交替、变化迅速的磁场区，磁异常梯度大，强度为350～600nT。是大面积玄武岩的反映。

③敦密断裂带磁场特征：敦化-密山深大断裂带，省内长度250km，宽5～10km，走向北东，是一系列平行的、成雁行排列的次一级断裂组成的一个相当宽的断裂带。它的北段在磁场图上显示一系列正负异常剧烈频繁交替的线性延伸异常带，是一条由第三纪玄武岩沿断裂带喷溢填充的线性岩带。这条呈线性展布的岩带，恰是断裂带的反映。

(2)中部丘陵区磁场特征：东起张广财岭—富尔岭—龙岗山脉一线以西，四平、长春、榆树以东的中部为丘陵区。该区磁场特征可分为4种场态特征，叙述如下。

①大黑山条垒场区：航磁异常呈楔形，南窄北宽，各局部异常走向以北东为主，以条垒中部为界，南部异常范围小，强度低，北部异常范围大，强度大，最大值达到350～450nT。航磁异常主要是由中生代中酸性侵入岩体引起的。

②伊通-舒兰地堑为中新生代沉积盆地，磁场为大面积的北东走向的负场区，西侧陡，东侧缓，负场区中心靠近西侧，说明西侧沉积厚度比东侧深。

③南部石岭隆起区，异常多数呈条带状分布，走向以北西为主，南侧强度为100～200nT。南侧异常为东西走向，这与所处石岭隆起区域北西向断裂构造带有关，这些北西走向的各个构造单元控制了磁异常分布形态特征。异常主要与中生代中酸性侵入岩体有关。石岭隆起区北侧为盘双接触带，接触带附近的负场区对应晚古生代地层。

④北侧吉林复向斜区内航磁异常大部分为晚古生代、中生代中酸性侵入岩体引起的。

(3)平原区磁场特征：吉林西部为松辽平原中部地段，两侧为一宽大的负异常，表明该地段中新生代正常沉积岩层的磁场。这是岩相岩性较为典型的湖相碎屑沉积岩，沉积韵律稳定，厚度巨大，产状平稳，火山活动很少，岩石中缺少铁磁性矿物组分，松辽盆地中中新生代沉积岩磁性极弱，因此在这套中新生代地层上显示为单调平稳的负磁场，强度为从－150～－50nT。

二、区域地球化学特征

(一)元素分布及浓集特征

1.元素的分布特征

经过对全省1∶20万水系沉积物测量数据以及依据地球化学块体的元素专属性的系统研究，编制了中东部地区地球化学元素分区及解释推断地质构造图，并在此基础上编制了主要成矿元素分区及解释推断图。见图3-3-8、图3-3-9。

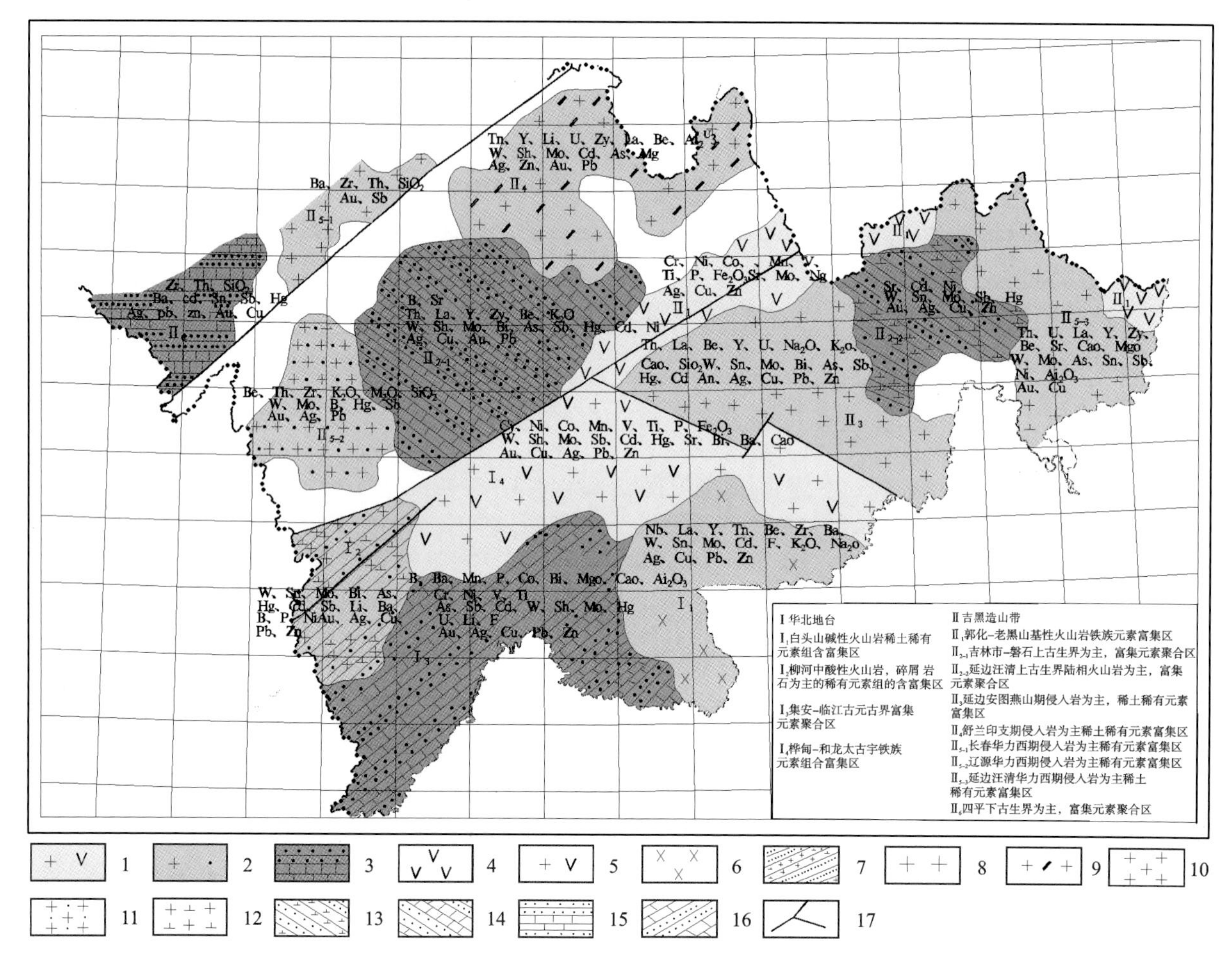

1. 内生作用铁族元素组合特征富集区；2. 内生作用稀土，稀有元素组合特征富集区；3. 外生与内生作用元素集合特征富集区；4. 新生代基性火山岩；5. 太古宙花岗-绿岩；6. 新生代碱性火山岩；7. 中生代酸性火山岩、碎屑岩；8. 燕山期花岗岩，碱长花岗岩为主，早古生代海相碎屑分布；9. 印支期二长花岗岩为主，晚古生代陆相碎屑分布；10. 海西期花岗岩为主，晚古生代陆相碎屑岩分布；11. 海西期黑云母斜长花岗岩为主，中生代陆相碎屑岩分布；12. 海西期花岗闪长岩为主，晚古生代海相碎屑岩分布；13. 晚古生代陆相中酸性火山岩，碎屑岩为主，海西期花岗岩分布；14. 晚古生代海相碎屑岩，碳酸盐岩为主，燕山期花岗岩分布；15. 早古生代海相碎屑岩，碳酸盐岩为主，加里东期花岗岩分布；16. 台内裂陷，古元古代海相碎屑岩，碳酸盐岩为主；17. 地球化学特征线，解释为已知深大断裂带。

图 3-3-8　中东部地区地球化学元素分区及解释推断地质构造示意图

图 3-3-8 中，以 3 种颜色分别代表内生作用铁族元素组合特征富集区；内生作用稀有、稀土元素组合特征富集区；外生与内生作用元素组合特征富集区。

铁族元素组合特征富集区的地质背景是本省新生代基性火山岩、太古宙花岗-绿岩地质体的主要分布区，主要表现的是 Cr、Ni、Co、Mn、V、Ti、P、Fe_2O_3、W、Sn、Mo、Hg、Sr、Au、Ag、Cu、Pb、Zn 等元素（氧化物）的高背景区（元素富集场），尤以太古宙花岗-绿岩地质体表现突出。是吉林省金、铜成矿的主要矿源层位。

图 3-3-9 更细致地划分出主要成矿元素的分布特征。如：太古宙花岗-绿岩地质体内，划分出 5 处 Au、Ag、Ni、Cu、Pb、Zn 成矿区域，构成本省重要的金、铜成矿带。

内生作用稀有、稀土元素组合特征富集区，主要表现的是 Th、U、La、Be、Li、Nb、Y、Zr、Sr、Na_2O、K_2O、MgO、CaO、Al_2O_3、Sb、F、B、As、Ba、W、Sn、Mo、Au、Ag、Cu、Pb、Zn 等元素（氧化物）的高背景区。主要的成矿元素为 Au、Cu、Pb、Zn、W、Sn、Mo，尤以 Au、Cu、Pb、Zn、W 表现优势。地质背景为新生代碱性火山岩、中生代中酸性火山岩、火山碎屑岩，以及海西期、印支期、燕山期为主的花岗岩类侵入岩体。

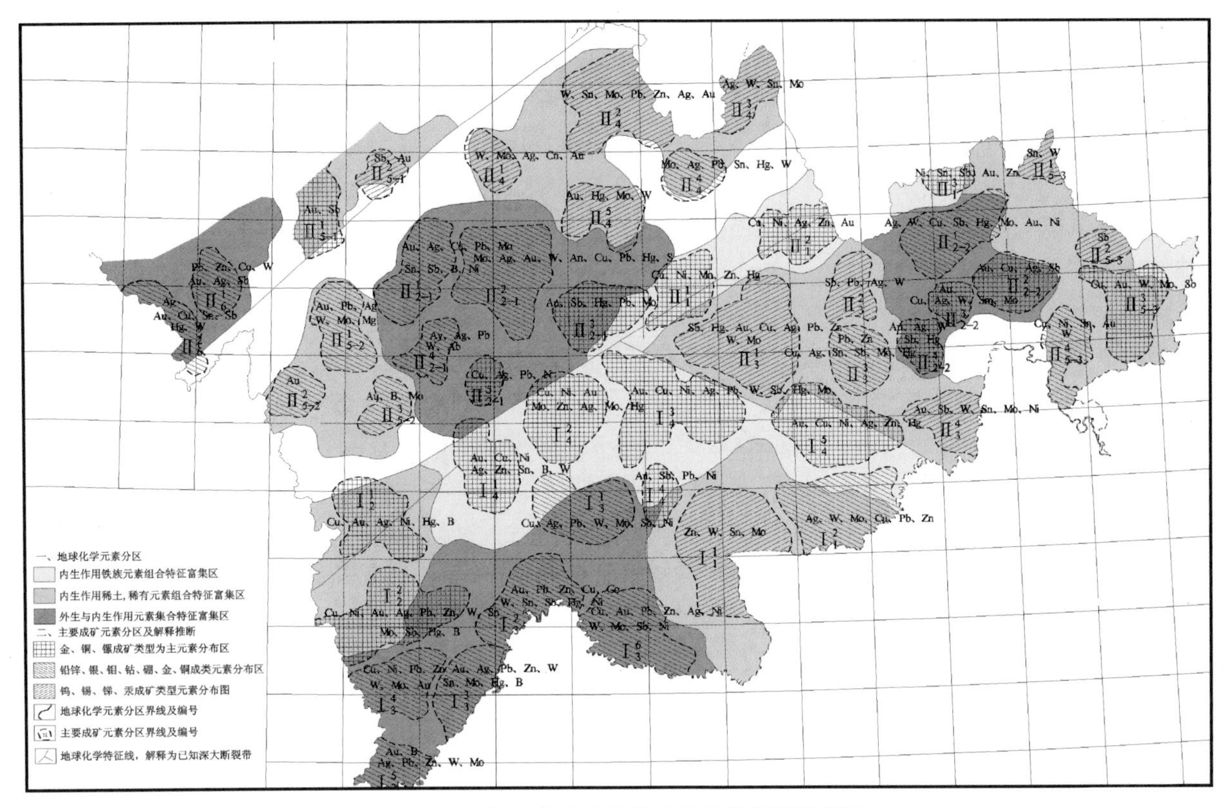

图 3-3-9　主要成矿元素分区及解译推断示意图

外生与内生作用元素组合特征富集区，以槽区分布良好。主要表现的是 Sr、Cd、P、B、Th、U、La、Be、Zr、Hg、W、Sn、Mo、Au、Cu、Pb、Zn、Ag 等元素富集场，主要的成矿元素为 Au、Cu、Pb、Zn。地质背景为古元古代、古生代的海相碎屑岩、碳酸盐岩以及晚古生代中酸性火山岩、火山碎屑岩，同时有海西期、燕山期的侵入岩体分布。

2. 元素的浓集特征

应用 1∶20 万化探数据，计算全省 8 个地质子区的元素算术平均值，见图 3-3-10。通过与全省元素算术平均值和地壳克拉克值对比，可以进一步量化吉林省 39 种地球化学元素区域性的分布趋势和浓集特征。

图 3-3-10　吉林省地质子区划分

全省39种元素(包括氧化物)在中东部地区的总体分布态势及在8个地质子区当中的平均分布特征。按照元素(氧化物)平均含量从高到低排序为:SiO_2—Al_2O_3—F_2O_3—K_2O—MgO—CaO—NaO—Ti—P—Mn—Ba—F—Zr—Sr—V—Zn—Sn—U—W—Mo—Sb—Bi—Cd—Ag—Hg—Au,表现出造岩元素—微量元素—成矿系列元素的总体变化趋势,说明全省39种元素(包括氧化物)在区域上的分布分配符合元素在空间上的变化规律,这对研究本省元素在各种地质体中的迁移富集贫化有重要意义。

从整体上看,主要成矿元素Au、Cu、Zn、Sb在8个地质子区内的均值比地壳克拉克值要低。Au元素能够在本省重要的成矿带上富集成矿,说明Au元素的富集能力超强,而且在另一方面也表明在本省重要的成矿带上,断裂构造非常发育,岩浆活动极其频繁,使得Au元素在后期叠加地球化学场中变异、分散的程度更强烈。

Cu、Sb元素在8个地质子区内的分布呈低背景状态,而且其富集能力较Au元素弱,因此Cu、Sb元素在本省重要的成矿带上富集成矿的能力处于弱势,成矿规模偏小。

而Pb、W、稀土元素均值高于地壳克拉克值,显示高背景值状态,对成矿有利。

特别需要说明的是,7地质子区为白头山火山岩覆盖层,属特殊景观区,Nb、La、Y、Be、Th、Zr、Ba、W、Sn、Mo、F、Na_2O、K_2O、Au、Cu、Pb、Zn等元素(氧化物)均呈高背景值状态分布,是否具备矿化富集需进一步研究。

8个地质子区均值与地壳克拉克值的比值大于1的元素有As、B、Zr、Sn、Be、Pb、Th、W、Li、U、Ba、La、Y、Nb、F,如果按属性分类,Ba、Zr、Be、Th、W、Li、U、Ba、La、Nb、Y均为亲石元素,与酸碱性的花岗岩浆侵入关系密切。在2地质子区、3地质子区、4地质子区广泛分布。As、Sn、Pb为亲硫元素,是热液型硫化物成矿的反映,查看异常图,As、Sn、Pb在2地质子区、3地质子区、4地质子区亦有较好的展现。尤其是As(4.19)、B(4.01),显示出较强的富集态势,而As为重矿化剂元素,来自于深源构造,对寻找矿体具有直接指示作用。B、F属气成元素,具有较强的挥发性,是酸性岩浆活动的产物,As、B的强富集反映出岩浆活动、构造活动的发育,也反映出吉林省东部山区后生地球化学改造作用的强烈,对吉林省成岩、成矿作用影响巨大。这一点与Au元素富集成矿所表现出来的地球化学意义相吻合。

8个地质子区元素平均值与全省元素平均值比值研究表明,主要成矿元素Au、Ag、Cu、Pb、Zn、Ni相对于省均值,在4地质子区、5地质子区、6地质子区、7地质子区、8地质子区的富集系数都大于1或接近1,说明Au、Ag、Cu、Pb、Zn、Ni在这5个地质区域内处于较强的富集状态,即主要于本省的台区为高背景值区,是重点找矿区域。区域成矿预测证明4地质子区、5地质子区、6地质子区、7地质子区、8地质子区是吉林省贵金属、有色金属的主要富集区域,有名的大型矿床、中型矿床都聚于此。

在2地质子区Ag、Pb富集系数都为1.02,Au、Cu、Zn、Ni的富集系数都接近1,也显示出较好的富集趋势,值得重视。

W、Sb的富集态势总体显示较弱,只在1地质子区、2地质子区和6地质子区、7地质子区表现出一定富集趋势。表明在表生介质中元素富集成矿的能力呈弱势。这与本省W、Sb矿产的分布特点相吻合。

稀土元素除Nb以外,Y、La、Zr、Th、Li在1地质子区、2地质子区和7地质子区、8地质子区的富集系数都大于1或接近1,显示一定的富集状态,是稀土矿预测的重要区域。

Hg是典型的低温元素,可作为前缘指示元素用于评价矿床剥蚀程度。另一方面,作为远程指示元素,是预测深部盲矿的重要标志。富集系数大于1的子区有3地质子区、5地质子区、6地质子区,显示Hg元素在本省主要的成矿区,用于Au、Ag、Cu、Pb、Zn可起到重要作用。

F作为重要的矿化剂元素,在6地质子区、7地质子区、8地质子区中有较明显的富集态势,表明F元素在后期的热液成矿中,对Au、Ag、Cu、Pb、Zn等主成矿元素的迁移、富集起到非常重要的作用。

(二)区域地球化学场特征

全省可以划分为以铁族元素为代表的同生地球化学场;以稀有、稀土元素为代表的同生地球化学场,以及亲石、碱土金属元素为代表的同生地球化学场。本次根据元素的因子分析图示,对以往的构造地球化学分区进行适当修整。见图 3-3-11。

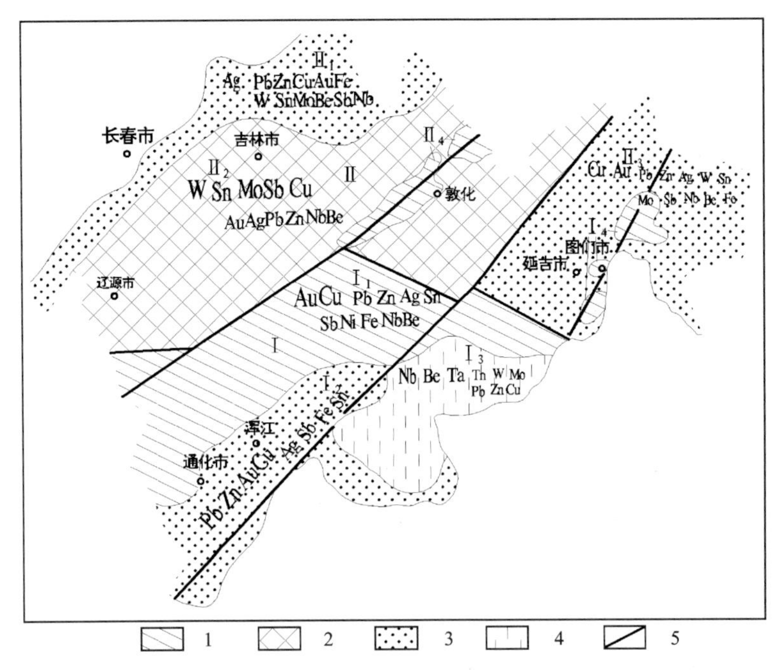

1. 亲铁元素区;2. 亲石、稀有、稀土分散元素区;3. 亲石、碱土金属元素区;

4. 亲石、亲铁、稀有元素区;5. 地球化学特征线。

图 3-3-11　吉林省中东部地区同生地球化学场分布图

注:图中大号字体元素为主要成矿元素。

三、区域遥感特征

(一)区域遥感特征分区及地貌分区

吉林省遥感影像图是利用 2000—2002 年接收的吉林省境内 22 景 ETM 数据经计算机录入、融合、校正并镶嵌后,选择 B7、B4、B3 共 3 个波段分别赋予红、绿、蓝后形成的假彩色图像。

吉林省的遥感影像特征可按地貌类型分为长白山中低山区,包括张广才岭、龙岗山脉及其以东的广大区域,遥感图像上主要表现为绿色、深绿色,中山地貌。除山间盆地谷地及玄武岩台地外,其他地区地形切割较深,地形较陡,水系发育;长白低山丘陵区,西部以大黑山西麓为界,东至蛟河-辉发河谷地,多为海拔 500m 以下的缓坡宽谷的丘陵组成,沿河一带发育成串的小盆地群或长条形地堑,其遥感影像特征主要表现为绿—浅绿色,山脚及盆地多显示为粉色或藕荷色,低山丘陵地貌,地形坡度较缓,冲沟较浅,植被覆盖度为 30%～70%;大黑山条垒以西至白城西岭下镇,为松辽平原部分,东部为台地平原区,又称大黑山山前台地平原区,地面高度在 200～250m 之间,地形呈波状或浅丘状;西部为低平原区,又称冲积湖积平原或低原区,该区地势最低,海拔为 110～160m,为大面积冲湖积物,湖泡周边及古河道发生极强的土地盐渍化,遥感图像上显示为粉色、浅粉色及粉白色,西南部发育土地沙化,呈沙垄、沙丘等,遥感图像上为砖红色条带状或不规则块状；岭下镇以西，为大兴安岭南麓，属低山丘陵区，遥感图像上显示为红色及粉红色，丘陵地貌，多以浑圆状山包显示，冲沟极浅，水系不甚发育。

（二）区域地表覆盖类型及其遥感特点

长白山中低山区及低山丘陵区，植被覆盖度高达70%，并且多以乔、灌木林为主，遥感图像上主要表现为绿色、深绿色；盆地或谷地主要表现为粉或藕荷色，主要被农田覆盖；松辽平原区，东部为台地平原，此区为大面积新生代冲洪积物，为吉林省重要产粮基地，地表被大面积农田覆盖，遥感图像上为绿色或紫红色；西部为低平原区，又称冲积湖积平原或低原区，该区地势最低，海拔为110～160m，为大面积冲湖积物，湖泡周边及古河道发生极强的土地盐渍化，遥感图像上显示为粉色、浅粉色及粉白色，西南部发育土地沙化，呈沙垄、沙丘等，遥感图像上为砖红色条带状或不规则块状；岭下镇以西，为大兴安岭南麓，属低山丘陵区，植被较发育，多以低矮草地为主，遥感图像上显示为浅绿色或浅粉色。

（三）区域地质构造特点及其遥感特征

吉林省地跨两个构造单元，大致以开原—山城镇—桦甸—和龙连线为界，南部为中朝准地台，北部为天山-兴安地槽区，槽台之间为一规模巨大的超岩石圈断裂带（华北地台北缘断裂带），遥感图像上主要表现为近东西走向的冲沟、陡坎、两种地貌单元界线，并伴有与之平行的糜棱岩带形成的密集纹理。吉林省境内的大型断裂全部表现为北东走向，它们多为不同地貌单元的分界线，或对区域地形地貌有重大影响，遥感图像上多表现为北东走向的大型河流、两种地貌单元界线，北东向排列陡坎等。吉林省的中型断裂表现在多方向上，主要有北东向、北西向、近东西向和近南北向，它们以成带分布为特点，单条断裂长度十几千米至几十千米，断裂带长度几十千米至百余千米，其遥感影像特征主要表现为冲沟、山鞍、洼地等，控制二级、三级水系。小型断裂遍布吉林省的低山丘陵区，规模小，分布规律不明显，断裂长几千米至十几千米或数十千米，遥感图像上主要表现为小型冲沟、山鞍或洼地。

吉林省的环状构造比较发育，遥感图像上多表现为环形或弧形色线、环状冲沟、环状山脊、偶尔可见环形色块，其规模从几千米到几十千米，大者可达数百千米，其分布具有较强的规律性，主要分布于北东向线性构造带上，尤其是该方向线性构造带与其他方向线性构造带交汇部位，环形构造成群分布；块状影像主要为北东向相邻线性构造形成的挤压透镜体以及北东向线性构造带与其他方向线性构造带交汇，形成菱形块状或眼球状块体，其分布明显受北东向线性构造带控制。

四、区域自然重砂特征

区域自然重砂矿物特征及其分布规律如下。

1. 族矿物：磁铁矿、黄铁矿、铬铁矿

磁铁矿在中东部地区分布较广，以放牛沟地区、头道沟—吉昌地区、塔东地区、五凤预地区以及闹枝—棉田地区集中分布。

磁铁矿的这一分布特征与吉林省航磁 ΔT 等值线相吻合；黄铁矿主要分布在通化、白山及龙井、图们地区。铬铁矿分布较少，只在香炉碗子—山城镇地区、刺猬沟—九三沟地区和金谷山—后底洞地区展现。

2. 有色金属矿物:白钨矿、锡石、方铅矿、黄铜矿、辰砂、毒砂、泡铋矿、辉钼矿、辉锑矿

白钨矿是本省分布较广的重砂矿物,主要分布于吉林省中东部地区中部的辉发河-古洞河东西向复杂成矿构造带上,即红旗岭-漂河川成矿带、柳河-那尔轰成矿带、夹皮沟-金城洞成矿带和海沟成矿带上。在辉发河-古洞河成矿构造带的西北端的大蒲柴河-天桥岭成矿带、百草沟-复兴成矿带和春化-小西南岔成矿带上也有较集中的分布。在吉林地区的江蜜峰镇、天岗镇、天北镇,及白山地区的石人镇、万良镇亦有少量分布。

锡石主要分布在中东部地区的北部,以福安堡、大荒顶子和柳树河—团北林场最为集中,中部地区的漂河川及刺猬沟—九三沟有零星分布。

方铅矿作为重砂矿物主要分布在矿洞子—青石镇地区、大营—万良地区和荒沟山—南岔地区,其次是山门地区、天宝山地区和闹枝—棉田地区。而夹皮沟—溜河地区、金厂镇地区有零星分布。

黄铜矿集中分布在二密—老岭沟地区,部分分布在赤柏松—金斗地区、金厂地区和荒沟山—南岔地区;在天宝山地区、五凤地区、闹枝—棉田地区呈零星分布状态。

辰砂在中东部地区分布较广,山门-乐山、兰家-八台岭成矿带;那丹伯-一座营、山河-榆木桥子、上营-蛟河成矿带;红旗岭-漂河川、柳河-那尔轰、夹皮沟-金城洞、海沟成矿带;大蒲柴河-天桥岭、百草沟-复兴、春化-小西南岔成矿带,以及二密-靖宇、通化-抚松,集安-长白成矿带都有较密集的分布,是金矿、银矿、铜矿、铅锌矿评价预测的重要矿物之一。

毒砂、泡铋矿、辉钼矿、辉锑矿在中东部地区分布稀少,其中,毒砂在二密—老岭沟地区以一小型汇水盆地出现,刺猬沟—九三沟地区、金谷山—后底洞地区及其北端以零星状态分布。泡铋矿集中分布在五凤地区和刺猬沟—九三沟地区及其外围。辉钼矿以零星点分布在石咀—官马地区、闹枝—棉田地区和小西南岔—杨金沟地区中。辉锑矿以 4 个点异常分布在万宝地区。

3. 贵金属矿物:自然金、自然银

自然金与白钨矿的分布状态相似,以沿着敦密断裂及辉发河-古洞河东西向复杂构造带分布为主,在其两侧亦有较为集中的分布。从分级图上看,整体分布态势可归纳为四部分:一是沿石棚沟—夹皮沟—海沟—金城洞一线呈带状分布,二是矿洞子—正岔—金厂—二密一带,三是布五凤—闹枝—刺猬沟—杜荒岭—小西南岔一带,四是沿山门—放牛沟到上河湾呈零星状态分布。第一带近东西向横贯吉林省中部区域称为中带,第二带位置在吉林省南部称为南带,第三带在吉林省东北部延边地区称为北带,第四部分在大黑山条垒一线称为西带。

自然银只有 2 个高值点异常,分布在矿洞子—青石镇地区北侧。

4. 稀土矿物:独居石、钍石、磷钇矿

独居石在本省中东部地区分布广泛,分布在万宝-那金成矿带;山门-乐山、兰家-八台岭成矿带;那丹伯-一座营、山河-榆木桥子、上营-蛟河成矿带;红旗岭-漂河川、柳河-那尔轰、夹皮沟-金城洞、海沟成矿带;大蒲柴河-天桥岭、百草沟-复兴、春化-小西南岔成矿带;二密-靖宇、通化-抚松、集安-长白等Ⅳ级成矿带,整体呈条带状分布。

钍石分布比较明显,主要集中在五凤地区、闹枝—棉田地区,山门—乐山、兰家—八台岭地区,那丹伯—一座营、山河—榆木桥子、上营—蛟河地区。

磷钇矿分布较稀少,而且零散,主要分布在福安堡地区、上营地区的西侧;大荒顶子地区西侧;漂河川地区北端;万宝地区。

5.非金属矿物:磷灰石、重晶石、萤石

磷灰石在本省中东部地区分布最为广泛,主要体现在整个中东部地区的南部。以香炉碗子—石棚沟—夹皮沟—海沟—金城洞一带集中分布,而且分布面积大,沿复兴屯—金厂—赤柏松—二密一带也分布有较大规模的磷灰石;椅山—湖米预测工作区及外围、火炬丰预测工作区及外围、闹枝—棉田预测工作区有部分分布。其他区域磷灰石以零散状态存在。

重晶石亦主要存在于东部山区的南部,呈两条带状分布,即古马岭—矿洞子—复兴屯—金厂和板石沟—浑江南—大营—万良。椅山—湖米地区、金城洞—木兰屯地区和金谷山—后底洞地区以零星状分布。

萤石只在山门地区和五凤地区以零星点形式存在。

以上20种自然重砂矿物均分布在吉林省中东部地区,其分布特征与不同时代的岩性组合、侵入岩的不同岩石类型都具有一定的内在联系。以往的研究表明:这20种自然重砂矿物在白垩系、侏罗系、二叠系、寒武—石炭系、震旦系以及太古宇中都有不同程度的存在。古元古代集安群和老岭群地层作为吉林省重要的成矿建造层位,其重砂矿物分布众多,重砂异常发育,与成矿关系密切。燕山期和海西期侵入岩在本省中东部地区大面积出露,其重砂矿物如自然金、白钨矿、辰砂、方铅矿、重晶石、锡石、黄铜矿、毒砂、磷钇矿、独居石等都有较好展现,而且在人工重砂取样中也达到较高的含量。

第四章　预测评价技术思路

一、指导思想

以科学发展观为指导，以提高吉林省铁矿矿产资源对经济社会发展的保障能力为目标，以先进的成矿理论为指导，以全国矿产资源潜力评价项目总体设计书为总纲，以 GIS 技术为平台规范而有效的资源评价方法、技术为支撑，以地质矿产调查、勘查以及科研成果等多元资料为基础，在中国地质调查局及全国项目组的统一领导下，采取专家主导，产学研相结合的工作方式，全面、准确、客观地评价吉林省铁矿矿产资源潜力，提高对吉林省区域成矿规律的认识水平，为吉林省及国家编制中长期发展规划、部署矿产资源勘查工作提供科学依据及基础资料。同时通过工作完善资源评价理论与方法，并培养一批科技骨干及综合研究队伍。

二、工作原则

坚持尊重地质客观规律实事求是的原则；坚持一切从国家整体利益和地区实际情况出发，立足当前，着眼长远，统筹全局，兼顾各方的原则；坚持全国矿产资源潜力评价"五统一"的原则；坚持由点及面，由典型矿床到预测区逐级研究的原则；坚持以基础地质成矿规律研究为主，以物探、化探、遥感、重砂多元信息并重的原则；坚持由表及里的原则，由定性到定量的原则；以充分发挥各方面优势尤其是专家的积极性，产学研相结合的原则；坚持既要自主创新，符合地区地质情况，又可进行地区对比和交流的原则，坚持全面覆盖、突出重点的原则。

三、技术路线

充分收集以往的地质矿产调查、勘查、物探、化探、自然重砂、遥感以及科研成果等多元资料；以成矿理论为指导，开展区域成矿地质背景、成矿规律、物探、化探、自然重砂、遥感多元信息研究，编制相应的基础图件，以Ⅳ级成矿区(带)为单位，深入全面总结主要矿产的成矿类型，研究以成矿系列为核心内容的区域成矿规律；全面利用物探、化探、遥感所显示的地质找矿信息；运用体现地质成矿规律内涵的预测技术，全面全过程应用 GIS 技术，在Ⅳ级、Ⅴ级成矿区内圈定预测区基础上，实现全省铁矿资源潜力评价。

四、工作流程

预测工作流程见图 4-4-1。

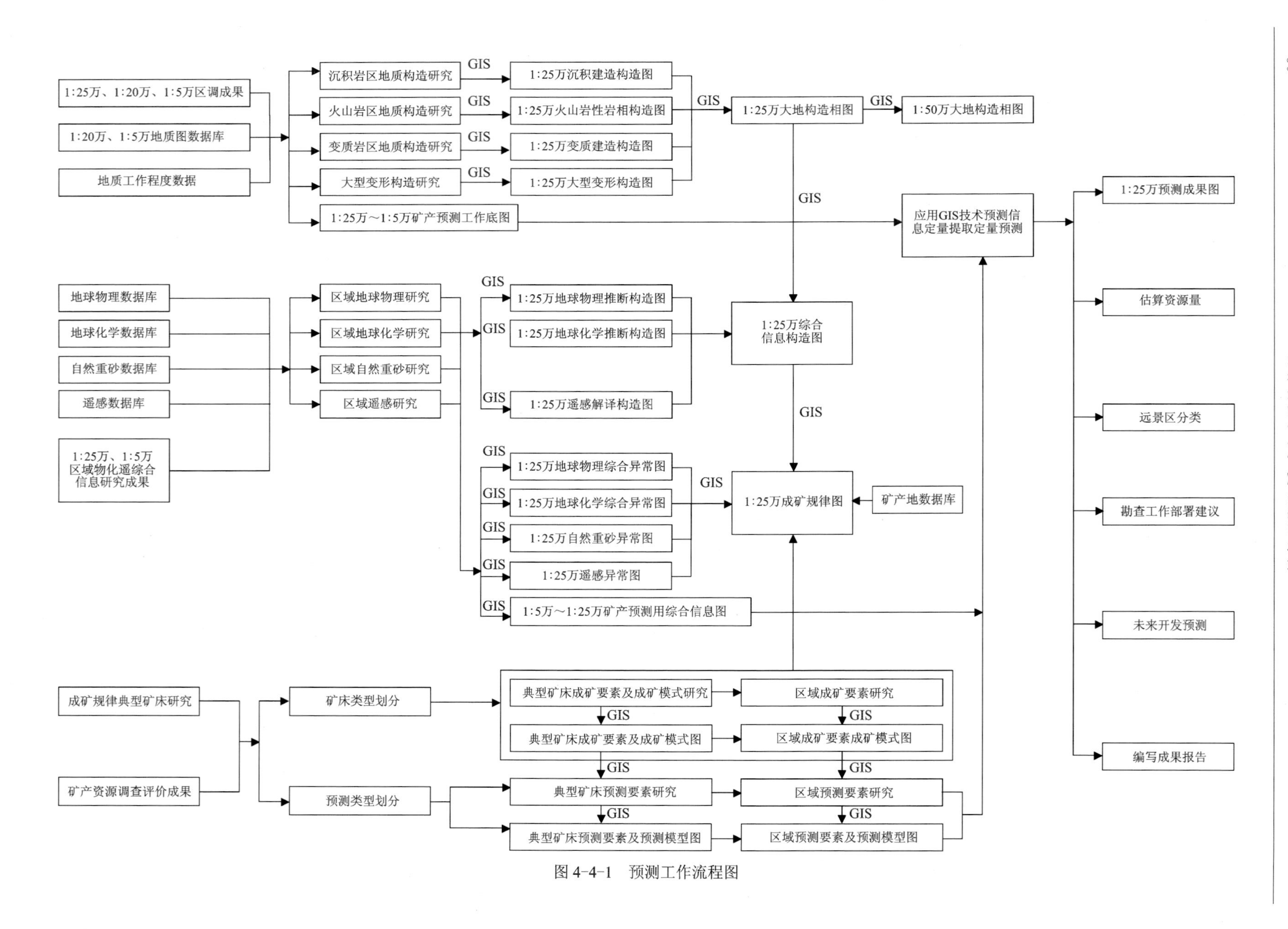

图 4-4-1　预测工作流程图

第五章 成矿地质背景研究

第一节 技术流程

(1)明确任务,学习全国矿产资源潜力评价项目地质构造研究工作技术要求等有关文件。

(2)收集有关的地质、矿产资料,特别注意收集最新的有关资料,编绘实际材料图。

(3)编绘过程中,以 1∶25 万综合建造构造图为底图,再以预测工作区 1∶5 万区域地质图的地质资料加以补充,将收集到的与火山岩型、岩浆热液型、沉积变质-改造型、侵入岩型金矿有关的资料编绘于图中。

(4)明确目标地质单元,划分图层,以明确的目标地质单元为研究重点,同时研究控矿构造,矿化、蚀变等内容。

(5)图面整饰,按统一要求,制作图示、图例。

(6)编图。遵照沉积、变质、岩浆岩研究工作要求进行编图。要将与相应类型金矿形成有关的地质矿产信息较全面地标绘在图中,形成预测底图。

(7)编写说明书。按照统一要求的格式编写。

(8)建立数据库。按照规范要求建库。

第二节 建造构造特征

一、绿岩型金矿预测工作区建造构造特征

(一)夹皮沟—溜河预测工作区

1. 区域建造构造特征

该预测区位于龙岗复合陆块的北缘的夹皮沟地块,呈带状展布。出露地层为新太古界,其由表壳岩(也称花岗-绿岩地体)和 TTG(英云闪长岩、奥长花岗岩、花岗闪长岩)组成。表壳岩岩性主要有斜长角闪岩、黑云变粒岩、角闪磁铁石英岩及少量超镁铁质变质岩。其原岩为镁铁质火山岩、长英质火山岩及硅铁质和碎屑沉积,并有少量超镁铁质侵入岩。

2. 预测工作区建造构造特征

1)火山岩建造

预测区内火山岩不甚发育,仅见有:

(1)早白垩世安民组:为灰色安山岩夹黄绿色砂岩、粉砂岩夹煤。

(2)上新世船底山组:为灰黑色斑状玄武岩,橄榄玄武岩。

(3)军舰山组:为紫色、灰黑色斑状玄武岩、橄榄玄武岩,构成玄武岩火山台地。

2)侵入岩建造

预测区内侵入岩较为发育,并且具有多期多阶段性特点。由老至新分别为早侏罗世石英闪长岩、花岗闪长岩、二长花岗岩;中侏罗世花岗闪长岩、二长花岗岩;早白垩世二长花岗岩;区域上构成大致呈近北东向展布的构造岩浆岩带。

3)沉积岩建造

预测区内沉积岩地层不甚发育,均零星出露。由老至新分别有:

(1)晚三叠世小河口组:为灰—灰黄色砾岩、砂岩、粉砂岩。

(2)早白垩世长财组:为灰色砂岩、含砾砂岩、砾岩、粉砂岩夹煤。

(3)早白垩世大拉子组:为灰黄色砾岩、砂岩。

(4)晚白垩世龙井组:为紫色、土黄色粗砂岩、细砂岩夹泥岩、泥灰岩。

(5)第四系全新统:为Ⅰ级阶地及河漫滩堆积。

4)变质岩建造

区内变质岩极为发育,是区内主要的地质单元,由区域变质深成侵入体和变质表壳岩组成,即TTG组合,在区域上总体为北东向展布,局部呈北西向展布。由老到新分别为:

(1)中太古代龙岗岩群的四道砬子河岩组:为灰—深灰色斜长角闪岩、黑云变粒岩、石榴二云片岩夹磁铁石英岩。

(2)中太古代杨家店岩组:为灰—深灰色斜长角闪岩、黑云斜长片麻岩、黑云二长变粒岩夹磁铁石英岩、石榴二辉麻粒岩、紫苏麻粒岩,以及英云闪长质片麻岩。

(3)新太古代夹皮沟岩群老牛沟岩组:为灰黑色斜长片麻岩、黑云变粒岩、绢云石英片岩、绢云绿泥片岩夹磁铁石英岩。

(4)新太古代三道沟岩组:为灰—深灰色斜长角闪岩、角闪片岩、绢云绿泥片岩夹角闪磁铁石英岩、石榴二辉麻粒岩,以及英云闪长质片麻岩、变二长花岗岩、变钾长花岗岩、紫苏花岗岩等。

(5)古元古代变质辉长辉绿岩和古元古代张三沟岩组:为深灰色、灰绿色黑云变粒岩、黑云角闪片岩、角闪片岩、角闪变粒岩夹变质砂岩。

(6)新元古代色洛河岩群:红旗沟岩组灰白色大理岩、白云质大理岩夹灰—灰黑色变质粉砂岩、粉砂岩泥(板)岩、绢云石英片岩;达连沟岩组灰—深灰色变质砂岩、粉砂岩、绢云石英片岩;金银别岩组绿黑色角闪石岩、灰绿色绢云绿泥片岩、暗灰绿色角闪片岩;团结岩组变质粉砂岩、长石石英砂岩、含角砾大理岩、硅质大理岩、绢云石英片岩。

(二)金城洞—木兰屯预测工作区

1. 区域建造构造特征

该预测区位于龙岗复合陆块的北缘的官地地块,呈带状展布。出露地层为新太古界,其由表壳岩(也称花岗-绿岩地体)和TTG(英云闪长岩、奥长花岗岩、花岗闪长岩)组成。表壳岩岩性主要有斜长角闪岩、黑云变粒岩、角闪磁铁石英岩及少量超镁铁质变质岩。其原岩为镁铁质火山岩、长英质火山岩及硅铁质和碎屑沉积,并有少量超镁铁质侵入岩。

2. 预测工作区建造构造特征

1)火山岩建造

(1)晚侏罗世屯田营组(J_3t)。岩石组合为灰黑色蚀变安山岩、灰绿色气孔状安山岩、杏仁状安山岩。

火山建造：安山岩建造。

火山岩相：喷溢相。

火山构造：吉林东部长白山-罗子沟-金仓-杜荒子火山构造洼地，烟筒砬子-和龙复式火山。

(2)中更新世船底山组(N_1ch)。岩石组合为灰黑色斑状玄武岩、橄榄玄武岩。

火山建造：玄武岩建造。

火山岩相：喷溢相。

火山构造：泛流玄武岩、闹枝-长白山火山洼地。

2)侵入岩建造

(1)新太古代变质辉长岩($Ar_3\nu$)：以小岩株产出，侵入新太古代鸡南岩组。岩性为中细粒变质辉长岩。

(2)新太古代变质英云闪长岩($Ar_3\gamma_0\delta$)：主要出露于预测区东部，岩性为中细变质英云闪长岩。

(3)早二叠世英云闪长岩($P_1\gamma_0\delta$)：分布于预测区最南部，岩性为中细粒变质英云闪长岩。同位素测年值为281Ma(K-Ar)。

(4)早侏罗世花岗闪长岩($J_1\gamma\delta$)：主要分布于预测区的北部，以岩基产出，侵入新太古代鸡南组、官地组，被早侏罗世二长花岗岩侵入，岩性为中细粒花岗闪长岩。同位素测年值为189Ma(U-Pb)，(171±5)Ma(U-Pb)。

(5)早侏罗世二长花岗岩($J_1\eta\gamma$)：分布于和龙市西部，以岩基产出。侵入新太古代鸡南岩组和早侏罗世花岗闪长岩，岩性为中粒二长花岗岩。该岩体同位素年龄值为(186±1)～192Ma(U-Pb)。

(6)早侏罗世花岗斑岩($J_1\gamma\pi$)：出露于预测区东部，以岩株、岩脉产出，侵入新太古代鸡南岩组和官地岩组，同时侵入新太古代英云闪长质片麻岩。岩性为花岗斑岩，其年龄值为175Ma(K-Ar)。

(7)早白垩世石英二长岩($K_1\eta o$)：分布于预测区中部，以岩株产出，该岩体侵入新太古代官地组、新太古代英云闪长质片麻岩，同时侵入晚侏罗世屯田营组，岩性为中细粒石英二长岩，同位素测年值为110Ma(K-Ar)。

(8)脉岩：区内的脉岩比较发育，其中有闪长岩脉，闪长玢岩、花岗斑岩、煌斑岩、石英脉等，脉岩多形成于燕山期，与金的成矿有比较密切的关系，燕山期岩浆活动带来含Au元素的岩浆，同时萃取围岩中的Au而成矿。

3)沉积岩建造

(1)侏罗纪长财组(K_1ch)：分布于预测区东部，主要岩性为黄灰色砾岩、砂岩、粉砂岩夹煤，厚度为240m。

沉积建造：砂砾岩夹煤建造。

沉积相：火山洼地河湖相。

(2)白垩纪大砬子组(K_1dl)：分布于预测区东部，岩性为灰黄色砾岩、砂岩，水平层理、斜层理发育，厚度为766m。

沉积建造：砂砾岩建造。

沉积相：火山洼地河湖相。

(3)全新世冲洪积砂砾(Qh)：分布于3～4级河流和小沟谷，为冲洪积砂砾和亚砂土。厚度大于1m。

4)变质岩建造

预测区内变质岩包括新太古代南岗群鸡南岩组和官地岩组。

(1)鸡南岩组(Ar_3j)：岩石组合为灰黑色斜长角闪岩、黑云变粒岩夹磁铁石英岩。

变质建造：斜长角闪岩夹变粒岩及磁铁石英岩调质建造。

原岩建造：火山岩-硅铁质岩建造。

变质相：绿片岩相—角闪岩相。

变质矿物组合：Hb＋Bi＋Pl＋Qz。

(2)官地岩组(Ar_3g)：岩石组合为灰色浅粒岩、深灰色黑云变粒岩夹磁铁石英岩。

变质建造：黑云变粒岩与浅粒岩互层夹磁铁石英岩。

原岩建造：火山岩-硅铁质岩建造。

变质相：绿片岩相—角闪岩相。

变质矿物组合：Hb＋Bi＋Pl＋Qz。

(3)英云闪长质片麻岩($Ar_3\gamma\delta o$)：岩性为灰白色英云闪长质片麻岩。

变质建造：英云闪长质片麻岩建造。

原岩建造：酸性侵入体。

变质相：绿片岩相—角闪岩相变质矿物组合：Pl＋Hb＋Bi＋Qz；Pl＋Hb＋Bi＋Qz＋Prx。

依据前人的同位素测年资料，鸡南岩组的年龄分别为 2 704.5Ma/U-Pb(刘洪文，1995)、2520Ma/U-Pb(天津地质矿产研究所，1985)、2490Ma/U-Pb(吉林省地质志，1988)，官地岩组年龄值分别为2535Ma/U-Pb(天津地质矿产研究所，1985)、2511Ma/U-Pb(吉林省地质志，1988)。以上同位素测年数据均反映鸡南岩组、官地岩组的形成时代为新太古代。

(三)安口镇预测工作区

1.区域建造构造特征

该预测区位于龙岗复合陆块的北缘会柳河-清源地块，呈带状展布。出露地层为新太古界，其由表壳岩(也称花岗-绿岩地体)和TTG(英云闪长岩、奥长花岗岩、花岗闪长岩)组成。表壳岩岩性主要有斜长角闪岩、黑云变粒岩、角闪磁铁石英岩及少量超镁铁质变质岩。其原岩为镁铁质火山岩、长英质火山岩及硅铁质和碎屑沉积，并有少量超镁铁质侵入岩。

2.预测工作区建造构造特征

1)火山岩建造

预测区内火山岩仅发育有3期火山活动。由老至新分别为：

(1)中生代晚侏罗世果松组：下部为砂岩、砾岩，上部为玄武安山岩、安山岩。

(2)新生代新近纪军舰山组：橄榄玄武岩、玄武岩。

(3)第四纪全新世金龙顶子组：灰黑色橄榄玄武岩、紫色气孔状玄武岩。

2)侵入岩建造

预测区内侵入岩不发育，仅见有古元古代辉长岩、二辉橄榄岩；巨斑状花岗岩；早白垩世碱长花岗岩。脉岩仅见有闪长玢岩，呈脉体出露。

3)沉积岩建造

预测区内沉积岩地层极为发育，由老至新分别为：

(1)南华纪细河群南芬组：紫色、灰绿色页岩、粉砂质页岩夹泥灰岩。

(2)震旦系：桥头组和万隆组为碎屑灰岩、藻屑灰岩、泥晶灰岩；八道江组为浅色碎屑和灰岩、叠层石灰岩、藻屑灰岩夹硅质岩。

(3)寒武系：下统碱厂组为紫色质纯灰岩、泥质灰岩、结晶灰岩，黑灰色豹皮状沥青质灰岩；馒头组紫红色含铁泥质白云岩、含石膏白云岩、暗紫色粉砂岩夹石膏，暗紫色含云母片粉砂岩、粉砂质页岩夹薄层灰岩；中统张夏组为青灰色、灰色、紫色厚层状生物碎屑灰岩，青灰色厚层状鲕状灰岩，薄层灰岩夹页岩；上统崮山组为紫色、黄绿色页岩，粉砂岩夹薄层灰岩，竹叶状灰岩；炒米店组薄板状泥晶灰岩、泥晶粒屑灰岩、泥晶—亮晶生物碎屑灰岩夹黄绿色页岩。

(4)奥陶系：下统冶里组为中层、中薄层灰岩夹紫色、黄绿色页岩和竹叶状灰岩；亮甲山组为豹皮状灰岩夹燧石结核灰岩。分布在预测区东北部。

(5)侏罗系：中统小东沟组为杂色砂岩、砾岩、页岩；上统鹰咀砬子组为砾岩、砂岩、粉砂岩、页岩夹煤；分布在预测区西北部。

(6)白垩系：下统石人组为砾岩、砂岩、凝灰质砂岩、碳质页岩夹煤，小南沟组为紫色、黄色砾岩、杂色砂岩、粉砂岩。

(7)第四系全新统：阶地及河漫滩松散砂、砾石堆积。

4)变质岩

预测区内变质岩较为发育，是区内主要的岩石类型。主要为新太古代变质二长花岗岩($Ar_3\eta\gamma$)，变质钾长花岗岩($Ar_3\xi\gamma$)含紫苏辉石的石英闪长岩-二长花岗岩($Ar_3\nu\gamma$)，古元古代变质辉长-辉绿岩($Pt_1\nu$)，以及红透山岩组斜长角闪岩、角闪斜长变粒岩夹磁铁石英岩。分布于测区的中部—南部，构成区内变质岩带。

(四)石棚沟—石道河子预测工作区

1.区域建造构造特征

该预测区位于龙岗复合陆块的北缘的会全栈地块，呈带状展布。出露地层为新太古界，其由表壳岩(也称花岗-绿岩地体)和TTG(英云闪长岩、奥长花岗岩、花岗闪长岩)组成。表壳岩岩性主要有斜长角闪岩、黑云变粒岩、角闪磁铁石英岩及少量超镁铁质变质岩。其原岩为镁铁质火山岩、长英质火山岩及硅铁质和碎屑沉积，并有少量超镁铁质侵入岩。

2.预测工作区建造构造特征

1)火山岩建造

预测区内火山岩发育。主要为白垩纪安民组灰色安山岩，新近纪船底山组深灰色玄武岩、气孔状玄武岩等。

2)侵入岩建造

预测区内侵入岩不发育。中侏罗世灰白色石英闪长岩、早白垩世肉红色碱长花岗岩，构成大致近北东向展布的敦-密构造岩浆岩带。

3)沉积岩建造

预测区内沉积岩地层不发育，由老至新分别为：

(1)南华纪钓鱼台组：灰白色石英砂岩、含海绿石石英砂岩、含赤铁矿石英砂岩。

(2)侏罗纪长安组：紫色、黄色砾岩杂色砂岩、页岩、粉砂岩夹煤，

(3)早白垩世石人组：灰色砾岩、砂岩、凝灰质砂岩、碳质页岩夹煤。

(4)第四系更新统Ⅱ级阶地堆积，为灰黄色黄土。全新统Ⅰ级阶地及河漫滩堆积，松散砂砾石堆积。

4)变质岩

区内中太古代杨家店岩组变质岩较为发育，岩性为灰—深灰色斜长角闪岩、黑云斜长片麻岩、黑云二长变粒岩夹磁铁石英岩，石榴二辉麻粒岩，紫苏麻粒岩，英云闪长质片麻岩、新太古代变质二长花岗岩，古元古代变质辉长岩-辉绿岩。

(五)四方山—板石预测工作区

1. 区域建造构造特征

该预测区位于辽-吉古陆块(Ⅱ级),龙岗古陆($Ar—Pt_2$)与浑江拗陷盆地(Nh—P)接壤地带。西部为太古宙变质花岗岩和表壳岩组成的古老岩块,其上有古、中元古代光华裂谷闭合期后形成的碳酸盐岩变质组合(珍珠门岩组)。新元古代青白口纪始图区东部进入拗陷盆地发展阶段,形成石英砂砾岩建造、铁质岩建造、碳酸盐岩建造和碎屑岩建造。古生代形成叠加盆地,形成含磷碎屑岩建造、燕发岩建造、碳酸盐岩建造和有机岩建造。中生代在坳陷盆地局部形成火山-沉积断陷盆地。总之,区内沉积地层十分发育,岩浆活动微弱,以脆性变形构造发育为特点,是成矿条件较有利的区域之一。

2. 预测工作区建造构造特征

1)侵入岩和火山岩建造

区内侵入岩只有六道江镇北西分布的花岗斑岩类,在桥头组与万隆组之间呈脉状(似层状)产出,长约4km。其同位素测年资料为(31.6±13)Ma/(SHRMP锆石U-Pb)。

区内火山活动发生于晚中生代和新生代。前者见于白山市和江源县一带,呈北东向分布,有晚侏罗世果松组、林子头组,属安山岩及其碎屑岩建造和流纹岩及其碎屑岩建造。后者分布于三岔子镇以北,呈岩背状分布,有新近纪船底山玄武岩、军舰山玄武岩和全新世金龙顶子玄武岩。

2)沉积岩建造

预测区内沉积岩十分发育,包括南华系、震旦系、古生界和中、新生界沉积建造。

(1)南华系沉积建造:包括钓鱼台组石英角砾岩、石英砂岩夹赤铁矿建造,南芬组页岩夹硅泥质灰岩建造和桥头组石英砂岩与页岩互层建造,总厚度约1600m,属于后滨—前滨—远滨—前滨相沉积。其中底部的石英角砾岩、石英砂岩夹赤铁矿建造为吉林省重要的沉积型铁矿床的载体。中部的页岩夹硅泥质灰岩建造中,局部地区赋存沉积型铜和膏岩。

(2)震旦系沉积建造:包括万隆组灰岩建造、八道江组藻礁碳酸盐岩建造和青沟子组黑色页岩建造,构成浑江向斜的西翼。万隆组灰岩建造由粒屑灰岩、藻屑灰岩、泥砂质灰岩组成,厚度为233～711m。八道江组藻灰岩建造由叠层石灰岩、藻屑灰岩、粒屑亮晶灰岩组成,厚度为220～530m。青沟子组黑色页岩夹灰岩建造由黑色页岩夹含菱铁矿灰岩、纹层藻灰岩组成,厚度为60～90m。震旦系古沉积环境为碳酸盐岩滨浅海。

(3)寒武-奥陶系沉积建造:仅分布于六道江至白山市一带东缘。由寒武纪水洞组磷质建造、馒头组东热段膏盐(燕发岩)沉积建造、河口段砂岩夹白云岩建造、张夏组灰岩建造、崮山组砂岩夹灰岩建造、炒米店组和冶里组灰岩夹页岩建造组成,总厚度达1000m。在寒武系、奥陶系沉积建造中值得重视的是寒武纪底部水洞组和馒头组东热段是重要的沉积型磷矿和膏岩的赋存载体。

(4)侏罗-白垩系沉积建造:仅分布于白山市及其以北地区,小型火山-沉积断陷盆地中。由中侏罗世小东沟组、晚侏罗世鹰咀砬子组、早白垩世石人组和小南沟组组成。小东沟组和小南沟组为红色(杂色)碎屑岩建造,鹰咀砬子组和石人组为含煤碎屑岩建造,尤其石人组是重要的煤层载体。

(5)第四系:更新统和全新统主要沿浑江及其支流分布,由阶地堆积和河漫滩堆积砂、砾石、黏土和亚砂土等组成。

3)变质岩建造

(1)栗子岩组千枚岩夹大理岩变质建造:分布于板石镇珍珠门一带,呈断块产出。由千枚岩、大理岩、枚岩夹大理岩、石英岩组成,原岩为滨海屑岩-泥质粉砂岩-碳酸盐岩建造。邻区取自本组的同位素年龄为1861Ma、1768Ma、1727Ma(锆石Rb-Sr),时代为古元古代。

(2)门岩组厚层大理岩变质建造:分布较广,见于四方山、旱沟村、大安乡至板石镇珍珠门一带,呈北东带状分布,沿走向被北西向扭性断裂错移。大安乡一带出露最宽,达7km,形成复杂的褶皱构造。大理岩变质建造由白色厚层大理岩,条带状、角砾状大理岩,白云质大理岩和白云岩组成。原岩为白云岩-碳酸盐岩建造。大顶子铜矿点、板庙子金矿点赋存于大理岩建造中。本组的全岩Pb-Pb等时年龄为1905Ma,Sm-Nd等时年龄为1829Ma,时代为古元古代。

(3)钾长花岗岩、变质二长花岗岩、变质云英闪长质片麻岩为中太古代花岗岩类侵入岩变质产物,其原岩分别相当钾长花岗岩、二长花岗岩和英云闪长岩或石英闪长岩类。

(4)牛沟岩组(三道沟岩组)斜长角闪岩夹黑云变粒岩、磁铁石英岩建造:主要分布于八道羊岔以北地区,在新太古代变质二长花岗岩或变质英云闪长质片麻岩中呈残块存在,由灰黑色斜长角闪岩、黑云变粒岩、绢云石英片岩、绢云绿泥片岩夹磁铁石英岩组成,变质程度属角闪岩相。原岩为中基性、酸性火山岩-火山碎屑岩及硅铁质沉积岩建造。

(5)家店岩组黑云片麻岩夹斜长角闪岩及磁铁石英岩变质建造:分布于板石镇西北,呈残块保存于变质英云闪长质片麻岩之中,是沉积变质铁矿的重要载体。

(6)道砬子河岩组斜长角闪岩与黑云变粒岩互层夹磁铁石英岩变质建造:在板石镇以北长条状残存于变质英云闪长质片麻岩中,由灰—深灰色斜长角闪岩、黑云变粒岩、石榴二云片岩夹磁铁石英岩组成,斜长角闪岩、二云片岩沿走向断续出现。在邻区本组所获Nd(TDH)3038～3032Ma,3033～2972Ma,时代为中太古代。

以上老牛沟岩组、杨家店岩组和四道沟岩组为表壳岩,是在太古宙大陆裂解或汇聚过程中形成的,但是受后期花岗岩类侵入,呈花岗岩化和多次变形,呈小残体存在于太古宙变质花岗岩中,原岩多为中、基性火山岩,其中含有沉积变质磁铁矿床,是重要的磁铁矿载体。

二、岩浆热液改造型金矿预测工作区建造构造特征

(一)正岔—复兴屯预测工作区

1.区域建造构造特征

区内集安岩群荒岔沟岩组的变粒岩-斜长角闪岩类含石墨大理岩变质建造与成矿关系较为密切。其中含石墨变粒岩金的丰度值达0.0586×10^{-6},高出克拉克值一个数量级,含石墨大理岩金的丰度值高达67×10^{-6},铅的丰度值为65×10^{-6},其中含碳质较高的岩石对金等成矿有益元素有强烈的吸附作用,致使沿该岩层有金属元素的初步富集,形成初步的矿源层,在后期的构造活动和岩浆热液作用下进一步富集而成矿。总的来说本区金的成矿具有多期多次多阶段的特点。此外,区内老岭岩群珍珠门岩组厚层大理岩变质建造亦为金、多金属矿产的赋存部位。

从区内已知的金矿床、矿点、矿化点等矿产地的实际情况分析,其矿均与断裂构造有关。区内北东—北北东向断裂和断裂破碎带是区内的主要控矿断裂、容矿断裂,北北东向断裂与北西向断裂及东西向断裂的交汇部位是成矿的有利部位。

2.预测工作区建造构造特征

1)火山岩建造

预测区内主要发育有中侏罗世果松组安山质火山角砾岩、安山质岩屑晶屑凝灰岩、玄武安山岩、安山岩等。同位素年龄值(150～140)Ma(K-Ar)、144Ma(Rb-Sr)。

2)侵入岩建造

预测区内侵入岩较发育,具有多期多阶段性特点。分别为古元古代辉长岩、二辉橄榄岩、正长花岗岩、石英正长岩、花岗闪长岩、角闪正长岩、巨斑花岗岩;晚三叠世闪长岩、二长花岗岩;早白垩世花岗斑岩,还有较发育的钠长斑岩、闪长斑岩、闪长玢财等脉岩。石英闪长岩、中细粒二长花岗岩;早白垩世花岗斑岩。

3)沉积岩建造

预测区内沉积岩主要为侏罗纪小东沟组紫灰色粉砂岩,局部夹劣质煤、杂色砂岩、粉砂岩、砾岩砂岩互层;第四系全新统,Ⅰ级阶地及河漫滩堆积。

4)变质岩建造

区内变质岩较发育,其中有古元古代集安岩群蚂蚁河岩组、荒岔沟岩组、大东岔岩组,老岭岩群林家沟岩组、珍珠门岩组、花山岩组。

(1)蚂蚁河岩组(Pt_1m):岩石组合为黑云变粒岩、钠长浅粒岩、斜长角闪岩夹白云质大理岩、含硼蛇纹石大理岩电气石变粒岩等。

变质建造:黑云变粒岩-浅粒岩夹大理岩、斜长角闪岩变质建造。

原岩建造:中酸性火山碎屑岩-基性火山岩建造、镁质碳盐岩-砂泥质岩建造。

变质矿物组合:Sc+Di+Ti+Ol+Mu+Phl。

变质相:角闪岩相。

(2)荒岔沟组(Pt_1h):岩石组合为石墨变粒岩、含石墨透辉变粒岩,含墨大理岩夹斜长角闪岩。

变质建造:变粒岩-斜长角闪岩夹含石墨大理岩变质建造。

原岩建造:基性火山岩-碳酸盐岩-类复理石建造。

变质矿物组合:Hb+Bi+Pl+Qz+Di+Ep+Ti+Cal+Tl。

变质相:角闪岩相。

(3)大东岔岩组(Pt_1d):岩石组合为含矽线石石榴石变粒岩夹含榴黑云斜长片麻岩。

变质建造:黑云变粒岩夹含榴石黑云斜长片麻岩变质建造。

原岩建造:陆源碎屑岩-泥质粉砂岩建造。

变质矿物组合:Bi+Pl+Gr+Mu+Qz。

变质相:角闪岩相。

(4)林家沟岩组:依据岩石组合特征划分两个岩性段。

新农村岩段(Pt_1lx):岩石组合为钠长变粒岩、黑云变粒岩夹白云质大理岩。

变质建造:钠长变粒岩夹白云质大理岩变质建造。

原岩建造:中酸性火山碎屑岩夹碳酸盐岩建造。

变质矿物组合:Ab+Qz+Du+Cal。

变质相:绿片岩相。

板房沟岩段(Pt_1lb):岩石组合为透闪石变粒岩、黑云变粒岩夹大理岩、硅质条带大理岩。

变质建造:黑云变粒岩夹大理岩变质建造。

原岩建造:中酸性火山碎屑岩夹碳酸盐岩建造。

变质矿物组合:Bi+Pl+Cal+Qz+Hb。

变质相:绿片岩相。

(5)珍珠门岩组($Pt_1\hat{z}$):岩石组合为灰白色厚层大理岩、条带状大理岩、角砾状大理岩。

变质建造:厚层大理岩变质建造。

原岩建造:白云岩-碳酸盐岩建造。

变质矿物组合：Ab+QZ+Do+Cal。

变质相：绿片岩相。

(6)花山岩组(Pt_1hs)岩石组合为二云母片岩、大理岩。

变质建造：二云母片岩夹大理岩变质建造。

原岩建造：泥质粉砂岩-碳酸盐岩建造。

变质相：绿片岩相。

(二)古马岭—活龙预测工作区

1.区域建造构造特征

区域上与金矿有关的建造应为变质变形建造，尤其是古元古代集安群，特别是荒岔沟岩组，是主要的含矿建造，也即是区内主要的含矿目的层位。上述岩组为金矿的形成提供了充足矿源，在经过后期构造和岩浆热液活动，以及区域变质变形作用的影响和改造，使矿源层中的金元素和有用矿物成分发生迁移，在有利的构造部位沉淀、富集成矿；区内与矿产有关的构造主要为北东向断裂和北西向断裂，以及北西向带状展布的变质变形构造带。

2.预测工作区建造构造特征

1)火山岩建造

预测区内火山岩不甚发育，仅见有晚侏罗世果松组，出露于预测区的南部和北部，为砾岩、玄武安山岩、安山岩、安山质火山角砾岩、安山质岩屑晶屑凝灰岩，构成陡峭的高山。

2)侵入岩建造

预测区内侵入岩较为发育，并且具有多期多阶段性特点。由老至新分别为：古元古代正长花岗岩，片麻状中细粒黑云母二长花岗岩、巨斑状花岗岩；胶辽构造岩浆带、辽吉东部火山岩-岩浆岩带、吉南-辽东段的中生代晚三叠世中粒二长花岗岩，早白垩世二长花岗岩、花岗斑岩；构成大致呈近北西向展布的构造岩浆岩带。

3)沉积岩建造

预测区内沉积岩地层较发育，主要集中出露于测区的北部，而西部、西南部则零星出露。由老至新分别有：

(1)南华纪钓鱼台组：灰紫色含砾粗粒石英砂岩、灰白色石英质角砾岩夹赤铁矿，灰白色石英砂岩、含海绿石石英砂岩、含赤铁矿石英砂岩：南芬组：紫色、灰绿色页岩、粉砂质页岩夹泥灰岩。

(2)寒武纪水洞组：黄绿色、紫红色含磷粉砂岩，含海绿石和胶磷矿砾石细砂岩；碱厂组：灰色质纯灰岩、泥质灰岩、结晶灰岩、石英砂岩，黑灰色厚层状、豹皮状沥青质灰岩；馒头组：东热段紫红色含铁泥质白云岩、含石膏泥质白云岩，暗紫色粉砂岩夹石膏；河口段暗紫色含云母片粉砂岩、粉砂质页岩夹薄层灰岩：张夏组：青灰色厚层鲕状灰岩，中厚层灰岩夹页岩青灰色、灰色、紫色厚层状生物碎屑灰岩；崮山组：紫色、黄绿色页岩、粉砂岩夹薄层灰岩、竹叶状灰岩、砾屑灰岩；炒米店组：薄板状泥晶灰岩、泥晶砾屑灰岩、泥晶—亮晶生物碎屑灰岩夹黄绿色页岩。

(3)奥陶纪冶里组：中层、中薄层灰岩夹紫色、黄绿色页岩和竹叶状灰岩。

(4)早白垩世小南沟组：杂色砂岩、粉砂岩、紫色砾岩。

(5)第四系阶地堆积和现代河流、河漫滩松散砂砾岩堆积。

4)变质岩建造

区内变质岩较发育，构成区域上呈北西向，局部近东西向展布。为古元古代集安岩群，由老到新分别为：

(1)蚂蚁河岩组：黑云变粒岩、钠长浅粒岩、斜长角闪岩夹白云质大理岩、含硼蛇纹石化大理岩、斜长角闪岩、电气石变粒岩，以含硼为特征。

(2)荒岔沟岩组石墨变粒岩、含墨透辉变粒岩、含墨大理岩夹斜长角闪岩，以含墨为特征。

(3)大东岔岩组：含矽线石榴黑云斜长片麻岩。

(三)荒沟山—南岔预测工作区

1. 区域建造构造特征

该预测区主要受辽吉裂谷的控制，系其中段，该成矿带内成矿地质构造背景复杂。出露的地层主要有古元古界老岭群，分布于老岭背斜两翼，主要出露于南岔、大横路、荒沟山、临江、大粟子一带，大粟子以东被新古近纪玄武岩所覆盖，为一套碳酸盐岩-碎屑岩建造，其原岩是镁质碳酸盐、浊积岩及富铁铝沉积岩类。

区域上著名的控矿断裂是南岔-荒沟山-小四平"S"形构造带，总体上沿珍珠门组与大粟子组接触带发生、发展和演化。长度大于80km，宽0.1～0.5km。沿该带发生显著的岩溶作用，形成较大规模的岩溶角砾岩带。区域变质岩系经历3期变质变形，第1期褶皱变形控制"检德"式铅锌矿，第2期变形控制大横路钴矿的矿体形态。

2. 预测工作区建造构造特征

1)火山岩建造

预测区内火山岩主要有三叠纪长白组玄武安山岩、安山岩，安山质角砾岩，安山质岩屑晶屑凝灰岩夹芙按岩、流纹岩、流纹质岩屑晶屑凝灰岩、流纹质火山角砾岩夹英安岩。侏罗纪果松组玄武安山岩、安山岩、安山质角砾岩、安山质岩屑晶屑凝灰岩；林子头组流纹质岩屑晶屑凝灰岩、流纹质火山角砾岩夹流纹岩。新近纪军舰山组橄榄玄武岩、玄武岩等。

2)侵入岩建造

预测区内侵入岩不甚发育，并具有多期多阶段性。主要为中生代侏罗纪中粒二长花岗岩、中细粒闪长岩、中细粒石英闪长岩；白垩纪中细粒碱性花岗岩、花岗斑岩等。

3)沉积岩建造

预测区内地层自下而上为：

(1)南华系：马达岭组紫色砾岩、长石石英砂岩、含砾长石石英砂岩；白房子组灰色细粒长石石英砂岩、杂色含云母粉砂岩；粉砂质页岩夹长石石英砂岩；钓鱼台组灰白色石英质角砾岩夹赤铁矿、灰白色石英砂岩、含海绿石石英砂岩；南芬组紫色、灰绿色页岩粉砂质页岩夹泥灰岩；桥头组含海绿石石英砂岩、粉砂岩、页岩。

(2)震旦系：万隆组碎屑灰岩、藻屑灰岩、泥晶灰岩；八道江组浅灰碎屑灰岩、叠层石灰岩、藻屑灰岩夹硅质岩；清沟子组黑色页岩夹灰岩、白云质厚层状沥青质灰岩及菱铁矿化白云岩透镜体等。

(3)寒武系：水洞组黄绿色、紫红色粉砂岩、含海绿石和胶磷矿砾石细砂岩；碱厂组灰色质纯页岩、泥质灰岩、结晶页岩、黑灰色厚层状豹皮状沥青质灰岩；馒头组东热段紫红色含铁泥质白云岩、含石膏泥质白云岩、暗紫色粉砂岩夹膏；河口段上部青灰色和黄绿色页岩、粉砂质页岩夹薄层页岩；张夏组青灰色厚层鳞状生物碎屑页岩、薄层灰岩夹少量页岩；崮山组紫色、黄绿色页岩、粉砂岩、竹叶状灰岩；炒米店组薄板状泥晶灰岩、泥晶砾屑灰岩、泥晶—亮晶生物碎屑灰岩夹黄绿色页岩。

(4)奥陶系:冶里组中层、中薄层灰岩,夹紫色、黄绿色页岩和竹叶状灰岩;亮甲山组豹皮状灰岩夹燧石结核白云质灰岩;马家沟组白云质灰岩、灰岩夹豹皮状灰岩、燧石结核页岩。

(5)石炭系:本溪组黄灰色、灰白色砾岩夹黄绿色含铁质结核粉砂岩,青灰色,黄色石英砂岩,杂砂岩,粉砂岩,灰黑色碳质,黄绿色粉砂质页岩夹煤线;太原组灰色、灰绿色页岩,粉砂质页岩,铝土质页岩夹灰岩,泥灰岩,局部夹透镜状薄层煤;山西组暗色粗砂岩粉砂岩、页岩夹煤。

(6)二叠纪石盒子组杂色中粗粒砂岩、细砂岩、页岩夹铝土质岩;孙家沟组红色、砖红色砂岩、粉砂岩夹铝土质页岩。

(7)侏罗纪小东沟组紫灰色粉砂岩夹页岩;鹰嘴砾子组铁胶质砾岩,黄绿色页岩夹煤线,灰色、灰绿色混灰岩,黄绿色厚层砂岩,长石砂岩夹混灰岩;石人组黄绿色厚层砾岩夹粗砾岩。

(8)白垩纪小南组杂色砂岩、粉砂岩、紫色砾岩。

(9)第四系Ⅱ级阶地灰黄色黄土、亚粒土;Ⅰ级阶地及河漫滩松散砂、砾石堆积。

4)变质岩建造

预测区内变质岩有中太古代英云闪长质片麻岩。新太古代变二长花岗岩。古元古代集安岩群荒岔沟岩组石墨变粒岩、含石墨透辉变粒岩、含大理岩夹斜长角闪岩;大东岔岩组含矽线石榴变粒岩、片麻岩夹含榴黑云斜长片麻岩。老岭岩群珍珠门岩组白色厚层白云质大理岩、条带状角砾状大理岩。花山岩组云母片岩、大理岩。临江岩组二云片岩、黑云变粒岩夹灰白色中厚层石英岩。大栗子组千枚岩夹大理岩及石英石。

(四)冰湖沟预测工作区

1.区域建造构造特征

冰湖沟预测区位于早古生代老岭"隆起"西北缘,与长白山新生代火山隆起接壤部位。其周围(除西部)大面积覆盖着新近纪—早更新世玄武岩。区内主要出露晚印支期—早燕山期火山-沉积建造和早燕山期二长花岗岩类,此外零星散布古元古代老岭岩群变质岩建造块体和南华纪石英砂岩建造块体。

2.预测工作区建造构造特征

1)火山岩建造

预测区内火山岩建造主要有晚三叠世长白组和新近纪军舰山组。

(1)长白组火山岩建造:自上而下包括流纹质火山碎屑岩建造、流纹岩建造、安山质火山碎屑岩建造和安山岩建造。流纹质火山碎屑岩建造主要分布于闹枝镇流纹岩建造周围,主体在北部。由流纹质岩屑晶屑凝灰岩、流纹质火山角砾岩夹英安岩组成;流纹岩建造主要分布于闹枝镇,可能属火口相,火口被流纹斑岩所充填,此外在图区东部黑瞎子沟北1414高地近东西向分布。岩性包括流纹岩、岩屑晶屑流纹岩等。流纹质火山碎屑岩建造与流纹岩建造厚度为1414m;安山质火山碎屑岩建造分布于图区西部,菜园子、冰湖村一带,由安山质火山角砾岩、集块岩、安山质岩屑晶屑凝灰岩夹英安岩组成;安山岩建造在义和火山-沉积断陷盆地中分布面积最广,见于黑瞎子沟、天桥沟一带,近东西向分布。由黑灰色玄武岩、安山岩组成,包括安山质火山碎屑岩建造总厚度大于2000m。

(2)军舰山组玄武岩建造:出露于图区东南部三硼湖村以南和东北部桦树镇以东。在图区外则分布极广,呈岩背状上覆在新近纪地质体之上。军舰山玄武岩由墨绿色橄榄玄武岩、灰黑色玄武岩组成。厚度为3～330m,时代为新近纪上新世—早更新世。

2)侵入岩建造

预测区内侵入岩主要分布于南部,有二长花岗岩和石英闪长岩,此外还有少量流纹斑岩类。

(1)中侏罗世二长花岗岩建造,分布于图区南部石头河子,东、西毕家木,南岗一带,呈岩基状产出,北部侵入晚三叠世长白组,南和西部侵入元古宙变质岩系和中侏罗世石英闪长岩体(高丽沟岩体)。

(2)中侏罗世石英闪长岩建造,分布于图区东南部,砬子沟、高丽沟子、三硼湖村一带,其南部和东部被新近纪玄武岩覆盖。

(3)此外还有古元古代球斑巨斑花岗岩和流纹斑岩类,前者仅在图区东南角三兴村小面积出露,后者在闹枝镇西长白组流纹岩中呈脉状产出。

3)沉积岩建造

沉积建造为早侏罗世义和组含煤矿碎屑岩建造。此外还有零星分布的南华纪钓鱼台组石英砂岩和中更新统阶地堆积层。

(1)义和组含煤建造:分布于义和火山-沉积断陷盆地,由于后期构造作用被分割为数块。划分为下部砾岩夹砂岩、页岩建造和上部砂岩夹煤建造。前者分布于盆地边缘,由灰色、灰黄色砾岩夹砂岩、页岩、碳质页岩组成,厚度为369m;后者分布于盆地的中部,由灰色、灰黄色杂砂岩、长石石英砂岩、粉砂岩、页岩夹煤层组成,厚度为236m。在义和组中产丰富的植物化石,为网叶蕨-格子蕨植物群,时代为早侏罗世,其下限也可能跨晚三叠世。

(2)钓鱼台组石英砂岩建造仅分布于图区东部桦树镇西,不整合上覆在滹沱纪珍珠门岩组之上。主要由灰白色石英质角砾岩、铁质石英砂岩夹赤铁矿组成。

(3)中更新统Ⅱ级阶地堆积层,由灰黄色黄土、亚砂土及砂、砾石层组成,桦树镇坐落于Ⅱ级阶地上。

4)变质岩建造

变质岩建造由中太古代英云闪长质片麻岩和古元古代老岭岩群组成。

(1)英云闪长质片麻岩:仅分布于东南三星村一带,大部被玄武岩覆盖。原岩为深成酸性侵入岩。

(2)珍珠门岩组厚层大理岩变质建造:分布于东部墩子场,西北部冰湖村以北,呈块体出现。珍珠门岩组由白色厚层白云质大理岩、条带状大理岩、角砾状大理岩组成。原岩为白云岩、灰岩建造。

(3)花山岩组云母片岩夹大理岩建造:仅分布于西北角,呈块体出现。该建造由黑云母片岩、二云母片岩夹大理岩组成。原岩为泥质粉砂岩夹碳酸盐岩建造。

(4)临江岩组二云母片岩夹长石石英岩变质建造:仅分布于东南部小母猪沟一带。由二云片岩、黑云变粒岩夹白色中厚层石英岩组成。原岩为滨浅海碎屑岩-泥质粉砂岩建造。

(五)六道沟—八道沟预测工作区

1.区域建造构造特征

与含矿有关的建造应为沉积岩建造,即产于围岩钓鱼台组与大栗子岩组接触带附近,附近的火山岩为其提供了矿液的热源,使有用矿物迁移、沉淀,局部富集成矿;区内与矿产有关的构造主要为北东向鸭绿江断裂,以及北西向次级断裂。

2.预测工作区建造构造特征

1)火山岩建造

(1)晚三叠世长白组:为安山岩、安山质火山碎屑岩;流纹岩、流纹质火山碎屑岩。

(2)晚侏罗世果松组:其下部以砾岩、砂岩为主,上部为中性熔岩、安山岩、安山质凝灰熔岩,局部出现少量流纹岩、流纹质凝灰岩。

(3)林子头组:其下部为凝灰质砂岩、砾岩,中部为草绿色凝灰质页岩、凝灰岩,上部为凝灰质砂岩、凝灰岩。

(4)新近纪军舰山组:为橄榄玄武岩、气孔状玄武岩等。

上述火山岩构成长白山火山洼地。

2)侵入岩建造

预测区内侵入岩发育,并且具有多期、多阶段性。分别为古元古代花岗岩;晚侏罗世闪长岩、二长花岗岩;早白垩世花岗斑岩。构成长白山构造岩浆岩带。脉岩仅见有闪长玢岩,呈脉状产出。

3)沉积岩建造

预测区内沉积岩地层较发育,由老至新分别为:

(1)南华系:钓鱼台组灰白色石英砂岩、含海绿石石英砂岩;南芬组紫色、灰绿色页岩、粉砂质页岩夹泥灰岩。

(2)震旦系:万隆组碎屑灰岩、藻屑灰岩、泥晶灰岩;八道江组灰白色灰岩、生物屑灰岩。

(3)寒武系:馒头组暗紫色、猪肝色、黄绿色含云母片粉砂岩、粉砂质页岩为主夹有薄层碎屑灰岩和鲕状灰岩;张夏组青灰色厚层状鲕状生物碎屑灰岩、薄层灰岩夹少量页岩、青灰色、灰色、紫色厚层状生物碎屑灰岩;崮山组紫色、黄绿色页岩、粉砂岩夹薄层灰岩、竹叶状灰岩;炒米店组薄板状泥晶灰岩、泥晶粒屑灰岩、泥晶—亮晶生物屑灰岩夹黄绿色页岩。

(4)奥陶系:冶里组为灰岩;亮甲山组为灰色含燧石结核灰岩、白云岩夹少量粒屑灰岩;马家沟组为白云质灰岩、灰岩夹豹皮状灰岩、燧石结核灰岩。

(5)第四系:更新统阶地砂砾石、黏土堆积和河流—河漫滩相砂砾石松散堆积。

4)变质岩建造

区内变质岩仅见有古元古代滹沱河纪老岭岩群大栗子岩组千枚岩、大理岩,千枚岩夹大理岩及石英岩。

(六)长白—十六道沟预测工作区

1. 区域建造构造特征

主要受辽吉裂谷的控制,系其中段,该成矿带内成矿地质构造背景复杂,主要为中生代岩浆活动区,出露的地层主要为中生代火山岩沉积建造,古元古界、下古生界零星分布于其中。岩浆岩主要为燕山期的斑状花岗岩和正长花岗岩体。

2. 预测工作区建造构造特征

1)火山岩建造

预测区内火山岩主要发育有两期,主要为晚三叠世长白组安山岩、安山质火山碎屑岩,流纹岩、流纹质火山碎屑岩;其次为新近纪军舰山组橄榄玄武岩、气孔状玄武岩等。上述构成了长白山火山洼地。

2)侵入岩建造

预测区内侵入岩比较发育,具有多期多阶段性。分别形成为古元古代花岗岩,晚侏罗世辉长岩、花岗闪长岩,早白垩世辉长岩,在预测区内构成大致近东西向展布的鸭绿江构造岩浆岩带。

3)沉积岩建造

沉积岩地层较发育,由老至新分别为:

(1)南华系:钓鱼台组灰白色石英砂岩、含海绿石石英砂岩;南芬组紫色、灰绿色页岩、粉砂质页岩夹泥灰岩;桥头组含海绿石石英砂岩、粉砂岩、页岩。

(2)震旦系:万隆组碎屑灰岩、藻屑灰岩、泥晶灰岩。

(3)寒武系:张夏组青灰色厚层状鲕状生物碎屑灰岩、薄层灰岩夹少量页岩,青灰色、灰色、紫色厚层状生物碎屑灰岩;崮山组紫色、黄绿色页岩、粉砂岩夹薄层灰岩、竹叶状灰岩;炒米店组薄板状泥晶灰岩、泥晶粒屑灰岩、泥晶—亮晶生物屑灰岩夹黄绿色页岩。

(4)奥陶系:冶里组灰岩,中层、中薄层灰岩夹紫色、黄绿色页岩和竹叶状灰岩;亮甲山组豹皮状灰岩、白云质灰岩夹燧石结核灰岩;马家沟组白云质灰岩、灰岩夹豹皮状灰岩、燧石结核灰岩。

(5)上石炭统—下二叠统:山西组粗砂岩、粉砂岩、页岩夹煤。

(6)第三系:马鞍山村组砾岩、砂岩、细砂岩、黏土质页岩夹硅藻土。

(7)第四系:更新统阶地砂、砾石、黏土堆积和现代河流—河漫滩相松散砂、砾石堆积。

4)变质岩建造

区内变质岩不甚发育,仅见有古元古代滹沱河纪老岭岩群大栗子岩组的千枚岩、大理岩,千枚岩夹大理岩及石英岩类等岩石组合。

三、热液改造型金矿预测工作区建造构造特征

浑北预测工作区

1. 区域建造构造特征

该预测区位于辽-吉古陆块(Ⅱ级),龙岗古陆($Ar—Pt_2$)与浑江坳陷盆地(Nh—P)接壤地带。西部为太古宙变质花岗岩和表壳岩组成的古老岩块,其上有古、中元古代光华裂谷闭合期后形成的碳酸盐岩变质组合(珍珠门岩组)。新元古代青白口纪始图区东部进入坳陷盆地发展阶段,形成石英砂砾岩建造、铁质岩建造、碳酸盐岩建造和碎屑岩建造。古生代形成叠加盆地,形成含磷碎屑岩建造、燕发岩建造、碳酸盐岩建造和有机岩建造。中生代在坳陷盆地局部形成火山-沉积断陷盆地。总之,区内沉积地层十分发育,岩浆活动微弱,以脆性变形构造发育为特点,是成矿条件较有利的区域之一。

2. 预测工作区建造构造特征

1)侵入岩和火山岩建造

图区内侵入岩只有六道江镇北西分布的花岗斑岩类,在桥头组与万隆组之间呈脉状(似层状)产出,长约4km。其同位素测年资料为(31.6±13)Ma/(SHRMP锆石U-Pb);区内火山活动发生于晚中生代和新生代。前者见于白山市和江源县一带,呈北东向分布,有晚侏罗世果松组、林子头组,属安山岩及其碎屑岩建造和流纹岩及其碎屑岩建造。后者分布于三岔子镇以北,呈岩背状分布,有新近纪船底山玄武岩、军舰山玄武岩和全新世金龙顶子玄武岩。

2)沉积岩建造

预测区内沉积岩十分发育,分布于图区的东部,包括南华系、震旦系、古生界和中新生界沉积建造。

(1)南华系沉积建造,包括钓鱼台组石英角砾岩、石英砂岩夹赤铁矿建造,南芬组页岩夹硅泥质灰岩建造和桥头组石英砂岩与页岩互层建造,总厚度约1600m,属于后滨—前滨—远滨—前滨相沉积。其中底部的石英角砾岩、石英砂岩夹赤铁矿建造为吉林省重要的沉积型铁矿床的载体。中部的页岩夹硅泥质灰岩建造中,局部地区赋存沉积型铜和膏岩。

(2)震旦系沉积建造,包括万隆组灰岩建造;八道江组藻礁碳酸盐岩建造和青沟子组黑色页岩建造,构成浑江向斜的西翼,即在编图区的东部北东向带状分布。万隆组灰岩建造由粒屑灰岩、藻屑灰岩、泥砂质灰岩组成,厚度为233~711m。八道江组藻灰岩建造由叠层石灰岩、藻屑灰岩、粒屑亮晶灰岩组成,

厚度为220～530m。青沟子组黑色页岩夹灰岩建造由黑色页岩夹含菱铁矿灰岩、纹层藻灰岩组成，厚度为60～90m。震旦系古沉积环境为碳酸盐岩滨浅海。

(3)寒武-奥陶系沉积建造，仅分布于六道江至白山市一带图区东缘。由寒武纪水洞组磷质建造、馒头组东热段膏盐(燕发岩)沉积建造、河口段砂岩夹白云岩建造、张夏组灰岩建造、崮山组砂岩夹灰岩建造、炒米店组和冶里组灰岩夹页岩建造组成，总厚度达1000m。在寒武、奥陶系沉积建造中值得重视是寒武系底部水洞组和馒头组东热段是吉林省重要的沉积型磷矿和膏岩的赋存载体。

(4)侏罗-白垩系沉积建造，仅分布于白山市及其以北地区，小型火山-沉积断陷盆地中。由中侏罗世小东沟组、晚侏罗世鹰咀砬子组、早白垩世石人组和小南沟组组成。小东沟组和小南沟组为红色(杂色)碎屑岩建造，鹰咀砬子组和石人组为含煤碎屑岩建造，尤其石人组是吉林省重要的煤层载体。

(5)第四系，包括更新统和全新统主要沿浑江及其支流分布，由阶地堆积和河漫滩堆积砂、砾石、黏土和亚砂土等组成。

3)变质岩建造

(1)大栗子岩组千枚岩夹大理岩变质建造：仅分布于板石镇珍珠门一带，呈断块产出。由千枚岩、大理岩，千枚岩夹大理岩、石英岩组成，原岩为滨崖碎屑岩-泥质粉砂岩-碳酸盐岩建造。邻区取自本组的同位素年龄为1861Ma、1768Ma、1727Ma(锆石Rb-Sr)，时代为古元古代。

(2)珍珠门岩组厚层大理岩变质建造：分布较广，见于四方山、旱沟村、大安乡至板石镇珍珠门一带，呈北东向带状分布，沿走向被北西向扭性断裂错移。大安乡一带出露最宽，达7km，形成复杂的褶皱构造。大理岩变质建造由白色厚层大理岩，条带状、角砾状大理岩，白云质大理岩和白云岩组成。原岩为白云岩-碳酸盐岩建造。大顶子铜矿点、板庙子金矿点赋存于大理岩建造中。本组的全岩Pb-Pb等时年龄为1905Ma，Sm-Nd等时年龄为1829Ma，时代为古元古代。

(3)变质钾长花岗岩、变质二长花岗岩、变质云英闪长质片麻岩为中太古代花岗岩类侵入岩变质产物，其原岩分别相当钾长花岗岩、二长花岗岩和英云闪长岩或石英闪长岩类。

(4)老牛沟岩组(三道沟岩组)斜长角闪岩夹黑云变粒岩、磁铁石英岩建造：主要分布于八道羊岔以北地区，在新太古代变质二长花岗岩或变质英云闪长质片麻岩中呈残块存在，由灰黑色斜长角闪岩、黑云变粒岩、绢云石英片岩、绢云绿泥片岩夹磁铁石英岩组成，变质程度属角闪岩相。原岩为中基性、酸性火山岩-火山碎屑岩及硅铁质沉积岩建造。

(5)杨家店岩组黑云片麻岩夹斜长角闪岩及磁铁石英岩变质建造：分布于板石镇西北，呈残块保存于变质英云闪长质片麻岩之中，是沉积变质铁矿的重要载体。

(6)四道砬子河岩组斜长角闪岩与黑云变粒岩互层夹磁铁石英岩变质建造：在板石镇以北长条状残存于变质英云闪长质片麻岩中，由灰—深灰色斜长角闪岩、黑云变粒岩、石榴二云片岩夹磁铁石英岩组成，斜长角闪岩、二云片岩沿走向断续出现。在邻区本组所获Nd(TDH)3038～3032Ma，3033～2972Ma，时代为中太古代。

以上老牛沟岩组、杨家店岩组和四道砬子河岩组为表壳岩，是在太古宙大陆裂解或汇聚过程中形成的，但是受后期花岗岩类侵入，呈花岗岩化和多次变形，呈小残体存在于太古宙变质花岗岩中，原岩多为中、基性火山岩，其中含有沉积变质磁铁矿床，是重要的磁铁矿载体。

四、火山沉积-岩浆热液改造型金矿预测工作区

漂河川预测工作区

1.区域建造构造特征

区内与含矿有关的建造应为变质岩建造及侵入岩建造，变质建造即寒武纪黄莺屯组，其本身富含金

元素，受后期岩浆热液活动的影响，使有用矿物迁移、沉淀，局部富集形成矿体。区内与矿产有关的构造主要为近东西向呈弧形分布的二道甸子构造带，以及北西向、北北西向、北北东向的次级断裂，而与压扭性、张扭性断裂有关的矿（化）体，其规模大、矿体形态稳定，含矿品位高且均匀；而与压性、张性断裂有关的矿（化）体形态变化大，含矿不均，多呈透镜状，尤以张性断裂控制的矿体，含矿偏低，工业价值小。

2. 预测工作区建造构造特征

1）火山岩建造

预测区内火山岩主要分布于北西和南东两侧，沿着敦-密断裂带分布，为中—新生代火山岩。

（1）早白垩世安民组（K_1a）：主要岩石组合以安山岩为主夹砂岩、页岩，以喷溢相为主，期间具有火山喷发间断。

（2）中新世船底山组（N_1c）：岩石组合类型为致密块状玄武岩、气孔状玄武岩及橄榄玄武岩。

（3）上新世军舰山组（Qp_1j）：主要岩石类型为橄榄玄武岩、玄武岩。

2）侵入岩建造

预测区内侵入岩发育，具有多期、多阶段性特点。晚三叠世辉长岩（$T_3\nu$）、早侏罗世辉长岩（$J_1\nu$）、早侏罗世二长花岗岩（$J_1\eta\gamma$）、中侏罗世花岗闪长岩（$J_2\gamma\delta$）、早白垩世二长花岗岩（$K_1\eta\gamma$）、早白垩世晶洞花岗岩（$K_1\gamma\nu$）、早白垩世闪长玢岩（$K_1\delta\mu$）、早白垩世花岗斑岩（$K_1\gamma\pi$），各期次侵入岩沿北东向分布，其中早侏罗世花岗闪长岩与二长花岗岩呈岩基状产出，其余均以小岩株状、岩瘤状产出，构成吉林东部火山-岩浆岩带的一部分。

3）沉积岩建造

预测区内沉积岩地层分布较少，除第四纪全新统河漫滩相砂砾石松散堆积外，出露的地层仅见有下白垩统小南沟组（K_1x）：为一套砾岩夹砂岩建造，分布于预测区东南部，构成红石东沉积盆地及二道甸子沉积盆地。

4）变质岩建造

区内变质岩呈大面积分布，为寒武纪黄莺屯组（$\in hy$）：变粒岩与大理岩为主，夹斜长角闪岩变质建造；奥陶纪小三个顶子岩组（Oxs）：大理岩夹变粒岩建造。

五、矽卡岩型-破碎蚀变岩型金矿预测工作区建造构造特征

（一）兰家预测工作区

1. 区域建造构造特征

区域上与含矿有关的建造主要应为沉积岩建造和侵入岩建造，即晚二叠世范家屯组碎屑岩和石英闪长岩，受范家屯组层控明显。后者为其提供了热源和矿源，使有用矿物局部富集成矿；在两者接触带附近形成为层控内生型金矿。区内与矿产有关的构造主要为北西向兰家倒转向斜，以及北西向、北东向次级断裂构造，是主要的控矿和容矿构造。

2. 预测工作区建造构造特征

1）火山岩建造

（1）晚侏罗世火石岭组：上部为安山岩、安山质凝灰岩、凝灰质角砾岩、砂岩、粉砂岩、泥质粉砂岩夹煤，中部为安山质凝灰岩、凝灰质角砾岩为主，夹砂岩、粉砂岩、泥质粉砂岩及煤线，下部为流纹岩、安山岩；安民组：流纹岩、安山岩、安山质凝灰岩、凝灰质角砾岩。

(2)早白垩世营城组:安山岩、流纹岩、泥质粉砂岩夹煤。

2)侵入岩建造

预测区内侵入岩发育,具有多期、多阶段性特点。中二叠世橄榄岩;晚二叠世闪长岩;晚三叠世石英闪长岩;中侏罗世花岗闪长岩、二长花岗岩;早白垩世正长花岗岩、正长岩;脉岩有花岗斑岩。上述侵入岩在区内构成北东向展布的大黑山构造岩浆岩带。

3)沉积岩建造

预测区内沉积岩地层较发育,由老至新分别为:

(1)早石炭世余富屯组:细碧岩、角斑岩夹灰岩、砂岩。

(2)下—中石炭世磨盘山组:灰岩、含燧石结核灰岩、泥晶灰岩、亮晶灰岩夹硅质岩。

(3)二叠纪范家屯组:底部为深灰色、黑色砂岩、粉砂岩、板岩,中部为厚层生物屑灰岩透镜体和凝灰质砂岩,上部为黑色、灰色板岩、夹砂岩。

(4)二叠纪哲斯组:砂岩、粉砂岩、泥质粉砂岩夹灰岩扁豆体。

(5)二叠纪杨家沟组:砂岩、粉砂岩、粉砂质泥岩夹灰岩透镜体。

(6)早白垩世沙河子组:上部灰白色砂岩、粉砂岩、泥质粉砂岩、泥岩夹煤,下部砂岩、凝灰质砂岩、砂砾岩。

(7)早白垩世泉头组:以紫色砂岩、泥岩为主,夹灰白色含砾砂岩、细砂岩。

(8)古近纪古新世缸窑组:黄灰色复成分砾岩为主,夹砂岩、粉砂岩。

(9)第四纪早更新世白土山组:灰白色、灰紫色砂砾石层(冰水堆积);第四纪中更世世东风组和荒山组:黄土层、亚砂土、砂砾石层;晚更新世青山头组和顾乡屯组:亚黏土、粗砂砾;全新统现代河流砂砾石冲积层。

(二)山门预测工作区

1. 区域建造构造特征

区内含矿主要为变质岩建造,即与区内的黄莺屯组,其次为火山岩和侵入岩,以及侵入岩与地层接触带。受层控明显。含矿热液主要来源于上述地质体之中。区内发育的脆性断裂构造是成矿和控矿构造,主要有北西向、北东向、东西向,尤其是在断裂带附近和两组断裂交汇部位是成矿的最佳部位。

2. 预测工作区建造构造特征

1)侵入岩建造

区内侵入岩较发育,具有多期、多阶段性特点。其特征分别为:

(1)晚志留世:片麻状石英闪长岩($S_3\delta o$),灰色,粒状结构,片麻状构造;片麻状花岗闪长岩($S_3\gamma\delta$):灰色,粒状结构,片麻状构造;二长花岗岩($S_3\eta\gamma$):肉红色,斑状结构,块状构造。

(2)中二叠世:石英闪长岩($P_2\delta o$),灰色,以中细粒为主,粒状结构,块状构造。

(3)晚二叠世:辉石角闪岩($P_3\varphi o$),黑色,柱粒状结构,块状构造。

(4)中三叠世:花岗闪长岩($T_2\gamma\delta$),灰色,花岗结构,块状构造。

(5)晚三叠世:辉长岩($T_3\nu$),为灰绿色辉长岩,辉长辉绿结构,块状构造。

(6)早侏罗世:花岗闪长岩($J_1\gamma\delta$),为灰—灰白色中粒花岗闪长岩。

(7)中侏罗世:石英闪长岩($J_2\delta o$),灰色,以中细粒为主,局部有似斑状结构,块状构造,弱片麻状构造;花岗闪长岩($J_2\gamma\delta$):灰色,花岗结构,块状构造。二长花岗岩($J_2\eta\gamma$):浅肉红色,以中细粒为主,粒状结构,局部有似斑状结构,块状构造。

(8)晚侏罗世闪长岩($J_3\delta$):灰色,柱粒结构,块状构造;早白垩世正长花岗岩($K_1\xi\gamma$):浅肉色,花岗结构,块状构造。

2)沉积岩建造

区内出露地层较发育,由老至新为:

(1)志留-泥盆纪徐家屯组:上部为砂岩、灰岩、含生物碎屑灰岩,下部为砾岩、含砾砂岩、砂岩、粉砂岩夹灰岩。

(2)早泥盆世前坤头组:上部为结晶灰岩夹板岩,下部为安山岩、流纹岩夹大理岩透镜体。

(3)中石炭世磨盘山组:由灰岩、含燧石结核灰岩,泥晶灰岩、亮晶灰岩夹硅质岩组成。

(4)早二叠世寿山沟组:上部为粉砂岩夹灰岩透镜体,下部为黄绿色砂岩、泥质粉砂岩,产动物化石。

(5)早侏罗世登楼库组:由深灰色、灰绿色、灰白色砂砾岩、长石砂岩、粉砂岩及泥岩组成。

(6)早侏罗世泉头组:主要以紫色砂岩、泥岩为主,夹灰白色含砾砂岩、细砂岩。

(7)第四纪中更新世东风组、荒山组:由黄土层、亚砂土、砂砾石层组成。

(8)第四世晚更新世哈尔滨组、东岗组:由黄土层、亚砂土组成。青山头组、顾乡屯组:由亚黏土、粗砂砾组成。

(9)全新世前郭组、温泉河组:由亚黏土、黑色淤泥组成。现代堆积:由现代河流松散砂砾石冲积层组成。

3)变质岩建造

区内变质岩较发育,由老至新有:

(1)新元古代新保安岩组:黑云斜长变粒岩、角闪斜长片麻岩夹黑云片岩、绢云石英片岩、大理岩及锰磁铁矿。

(2)古生代奥陶纪黄顶子组:条带状大理岩夹二云石英片岩、含石榴石红柱石片岩、变质长石石英砂岩、黑云变粒岩。

(3)古生代奥陶纪盘岭组:绢云石英片岩、黑片岩、长石云母片岩、绿泥片岩长石石英片岩夹大理岩及磁铁石英岩。

(4)古生代志留纪石缝组:上部千枚状板岩夹结晶灰岩,下部变质砂岩与大理岩互层。

(三)万宝预测工作区

1. 区域建造构造特征

该预测区位于中朝准地台与吉黑造山带接触带槽区一侧,二道松花江断裂带金银别-四岔子近东西向脆性-韧性剪切带东端与两江-春阳北东向断裂带交会处北端。含矿建造与构造:新元古代万宝岩组黑色板岩夹大理岩等,燕山期二长花岗岩、闪长玢岩成群成带分布区,槽台边界超岩石圈断裂与北东向深断裂交会处控制岩浆侵入,北东向断裂、裂隙带属压扭性断裂发育地段与岩体周边内外接触带是控矿有利部位。

2. 预测工作区建造构造特征

1)侵入岩建造

区内侵入岩较发育,且具有多期、多阶段性特点。形成大面积分布的侵入岩浆带,分别为:

(1)泥盆纪辉长岩($D\nu$):零散分布在图幅中部。岩性为灰绿色辉长岩,辉长辉绿结构。

(2)中二叠世闪长岩($P_2\delta$):主要分布在万宝岩组分布区。岩性为灰色闪长岩。

(3)晚三叠世花岗闪长岩($P_3\gamma\delta$):分布在图幅西侧。岩性为灰白色中细粒花岗闪长岩。

(4)晚三叠世二长花岗岩($P_3\eta\gamma$):分布在图幅东南侧。岩性为肉红—浅肉红色中细粒二长花岗岩。

(5)早侏罗世花岗闪长岩($J_1\gamma\delta$):图幅主体岩性。岩性为灰—灰白色中粒花岗闪长岩。

(6)早侏罗世二长花岗岩($J_1\eta\gamma$):分布在图幅北东。岩性为肉红色二长花岗岩。

(7)中侏罗世二长花岗岩($J_2\eta\gamma$):以小岩株形式分布。岩性为中粒肉红色二长花岗岩。

(8)早白垩世石英闪长玢岩($K_1\delta\mu$):主要以小的岩株分布在早白垩世花岗闪长岩中。岩性为石英闪长玢岩,斑状结构。斑晶为斜长石。

(9)早白垩世花岗斑岩($K_1\gamma\pi$):以脉状或小的侵入体分布。具斑状结构。

2)沉积岩建造

出露地层局限,由老至新为新元古代万宝岩组、晚白垩世大拉子组及龙井组,以及第四纪全新世现代松散堆积。

(1)新元古代万宝岩组($Pt_3w.$):分布在图幅中部。呈北东向展布,出露面积12km^2。为一套陆源碎屑-碳酸盐建造。岩性为大理岩、变质砂岩、变质粉砂岩。

(2)早白垩世大拉子组(K_1d):主要在图幅中、南部分布,大蒲柴河镇附近也有小面积零星出露,出露面积为3.5km^2,为一套砂砾岩建造。岩性组合为灰黄色砾岩、砂岩,发育有水平层理和斜层理。*Yanjiestheria-Orthestheria* 组合,*Trigonioides-Plicatounio-Nippononaia* 动物群。

(3)早白垩世龙井组(K_2l):仅见大蒲柴河镇附近,出露面积小于0.2km^2,为一套砂岩建造。岩性为紫色、土黄色粗砂岩、细砂岩,发育交错层理。

(4)第四系全新统(Qh^{al}):分布在沟谷两侧,Ⅰ级阶地及河漫滩堆积、冲洪积。

3)变质岩建造

区内变质岩不发育。仅见有万宝岩组,岩性为灰色变质细砂岩、粉砂岩互层夹大理岩透镜体、青灰色红柱石二云片岩。变质相带为绿片岩相。

六、火山岩型金矿预测工作区建造构造特征

(一)石咀—官马预测工作区

1.区域建造构造特征

该预测区位于吉林省中部,二级构造岩浆带属于小兴安岭-张广才岭构造岩浆带的西缘,省内通常称为南楼山-悬羊砬子火山构造隆起(Ⅳ级)。区内印支晚期、燕山早期火山活动十分强烈,并有同期的中酸性侵入岩。火山岩及其沉积岩占据研究区的东部,西部出露晚古生代基底岩层。

2.预测工作区建造构造特征

1)火山岩建造

窝瓜地组酸性火山熔岩夹灰岩建造,由片理化流纹岩、凝灰熔岩、英安质凝灰岩夹灰岩组成。系沿近南北向断裂海底喷溢的产物。在灰岩夹层中有蜓类化石,时代为晚石炭世—早二叠世。本建造为窝瓜地铜矿的载体。

四合屯组安山岩夹安山质火山碎屑岩建造和安山质集块岩建造,上部由深灰色安山岩夹安山质凝灰岩、安山质火山角砾岩、火山集块岩组成;下部由安山质凝灰角砾岩、流纹质凝灰角砾岩组成。在悬羊砬子、杨木顶子火山口附近夹有大量的火山集块岩、火山角砾岩。悬羊砬子火口呈北北东向椭圆形,目前尚未发现环状断裂或放射状构造。组成南楼山-悬羊砬子火山构造隆起的早期喷溢—喷发相,其基底为早古生代呼兰群或晚古生代"吉林群"。本组在图区北倒木沟一带碎屑岩夹层中曾觅得植物化石,时

代为晚三叠世。

玉兴屯组由上部为凝灰质砂岩建造、中部为流纹质—安山质火山碎屑岩建造和底部的凝灰质砂砾岩建造组成。分布于图区东北部细木河，南东部的联合一带。主体在图区西部，西祥沟、大榆树一带。属于钙碱性系列的火山喷发-沉积建造。

南楼山组顶部为流纹岩建造，由深灰色、暗红色流纹岩、晶屑玻屑流纹岩组成，属于溢流相；上部为安山岩、英安岩、安山质火山碎屑岩建造，岩性包括灰黑色、灰绿色安山岩、英安质含角砾凝灰岩，属溢流—喷发相；下部为安山质集块岩建造，底部为安山质凝灰角砾岩建造，岩性包括安山质集块岩、安山质凝灰角砾岩和流纹质凝灰角砾岩，属火山口相。后者分布较局限，见于图区东南双鸭子一带 854.09 高地。南楼山组中酸性火山岩及其碎屑岩为壳幔混源的钙碱性系列。在官马镇本组安山质凝灰熔岩、安山岩中有热液型金矿床。该矿床与南楼山期火山活动期后的热液活动紧密相关。此外在火山岩中还有热液型磁铁矿点。

2)侵入岩建造

岩浆活动包括火山活动与侵入作用，侵入岩与火山活动紧密相伴。目前在图区内尚未发现与印支期有关的侵入岩，但在图区之西，东胜利屯一带有印支期白云母花岗岩[218.54Ma(K-Ar)]。图区内出露的主要是燕山早期钙碱系列花岗岩。

闪长岩，出露于晚三叠世四合屯组杨木顶子火口附近，岩株状产出，岩石呈深灰色，斜长石含量 50%～60%，暗色矿物为黑云母、角闪石。

石英闪长岩，分布于取紫河-官马断裂带和烟筒山-驿马断裂带，其长轴呈北西或南北向，与火山岩的展布方向大体相同。石英闪岩呈灰色、灰白色，柱粒结构，斜长石占 50%～60%，石英 15%，暗色矿物 25%～30%。在石嘴镇北窝瓜地石英闪长岩与窝瓜地组接触带形成铜矿床。可能与石英闪长岩侵入后的热液活动有关。

花岗闪长岩，图区内分布面积较广，见于石嘴镇东，永宁、新开岭一带，此外在自由屯、驿马西等地零星分布。花岗闪长岩呈肉红色，似斑状结构，斑晶为斜长石、少量碱长石，斑晶含量 10%，基质为中—中粗粒，其中有闪长岩包体。

二长花岗岩，在南楼山火山-侵入岩亚带二长花岗岩类是分布面积最广的侵入岩之一，但在图区仅分布于西部余庆、蛤蚂河及杨木岗、安乐乡一带。二长花岗岩呈肉红色，矿物粒径为 1～3mm，主要矿物为斜长石、钾长石，各含 35%，石英他形粒状，占 25%，其余为黑云母等暗色矿物。二长花岗岩类与火山岩的关系目前尚不清。

正长花岗岩，分布于图区西部，属于太平岭岩体的一部分，与图外的吉昌铁矿等有成因联系。正长花岗岩肉红色，主要由正长石、少量斜长石和石英组成，含少量黑云母等暗色矿物。同样正长花岗岩类与火山岩的关系也不清楚。

上述花岗岩类的时代在图区内尚无时代依据，只根据岩性对比，依邻区的测年资料置于中侏罗世。

早白垩世花岗斑岩，分布于图区的西部明城、七间房和小西沟一带，均呈小岩株产出。岩石呈斑状，斑晶为斜长石、角闪石和石英，含量约 15%，基质为长英质。花岗斑岩类侵入印支期花岗岩和中侏罗世碱长花岗岩和花岗闪长岩，属于后中侏罗世的产物，但是否为早白垩世侵入岩，依据不充分。

3)沉积岩建造

沉积岩建造为石炭—二叠纪碎屑岩-碳酸盐岩-碎屑岩建造，分布于编图区西部，可能构成南楼山-悬羊砬子火山隆起的基底之一。

鹿圈屯组砂岩夹灰岩建造与灰岩互层建造，下部为粗砂岩、砂岩夹生物屑灰岩，上部由砂岩、生物屑灰岩互层组成，产大量的珊瑚、腕足类、牙形石，厚度为 1185m，时代为早石炭世。属潮坪相，退积型沉积。

磨盘山组灰岩建造，由厚层结晶灰岩、含燧石生物屑灰岩、燧石条带灰岩组成，产大量的䗴类化石。

厚度自南而北变大，南部大于350m，北部超过1000m，时代为早、晚石炭世。

石嘴子组砂岩与页岩互层夹灰岩建造，由细砂岩、砂质页岩含砾砂岩夹灰岩组成，产蜓类化石，厚度南厚，北薄，在石嘴子一带厚度为578m。时代为晚石炭世—早二叠世。本建造为石嘴子铜矿的重要载体。

寿山沟组砂岩夹灰岩建造，上部为砂质板岩、含砾粉砂岩、粉砂岩，下部为细砂岩、砂质板岩、粉砂岩夹生物屑灰岩，产蜓、珊瑚、牙形石等，厚度316m，时代为早二叠世。

此外还有更新世Ⅱ级阶地堆积和全新世Ⅰ级阶地和河漫滩冲洪积、残坡积层，厚度大于2m。局部冲洪积层中有砂金。

4)变质岩建造

变质岩出露于驿马以西，西安屯、后自然屯一带。主要是黄莺屯岩组变质岩系，构成南楼山火山盆地的基底岩层。

黄莺屯岩组变粒岩与大理岩互层夹斜长角闪岩建造，由灰色黑云斜长变粒岩、黑云角闪斜长变粒岩与硅质条带大理岩互层夹斜长角闪蓝晶石十字石白云母片岩组成。属于低温区域变质的高绿片岩—低角闪岩相。在中段大理岩夹变粒岩中测得同位素年龄为(524±16)Ma(Rb-Sr)，时代为寒武纪。原岩为基性—中酸性火山碎屑岩、陆缘碎屑岩、碳酸盐岩建造。

(二)头道沟—吉昌预测工作区

1. 区域建造构造特征

该预测区位于华北地台北部活动陆缘区，新元古—晚古生代经历了复杂的地质发展史。

2. 预测工作区建造构造特征

1)沉积建造

王家街组：分布于黄榆乡王家街、碱草甸子、常家街等地。上部为由珊瑚、层孔虫筑积加积形成的生物礁、生物屑亮晶灰岩、白云质生物屑灰岩组成；下部由杂砂岩、长石石英砂岩夹生物屑灰岩组成，厚870m。上部属礁碳酸盐岩建造，下部属砂岩粉砂岩夹灰岩建造。本组多数地区与石炭系呈构造接触，在常家街东山王家街组推覆在石炭纪磨盘山组之上，呈外来岩块。本组中当前尚未发现矽卡岩化。

鹿圈屯组：鹿圈屯组分布较广，桦甸—磐石以北直至双阳—永吉一带，可划分为两种岩石组合；其一为砂岩、粉砂岩-生物屑灰岩建造，或砂岩、粉砂岩-生物屑灰岩互层建造。主要岩石为砂岩、粉砂岩、生物屑灰岩、粒屑灰岩，厚度为1100m。该建造是重要的矽卡岩型铁矿的成矿围岩。著名的吉昌铁矿、新立屯铁矿等围岩均系鹿圈屯组砂岩、粉砂岩-生物屑灰岩建造。吉昌铁矿勘查证明，灰岩与碎屑岩互层带是良好的成矿环境，细的碎屑岩层对岩浆气、热起到屏障作用，使有用矿物质富集。其二为杂砂岩夹含砾砂岩建造(兰家网砂岩)，分布于磐石以南兰家网、德胜、车家、蛟河口一带。主要由砂岩、杂砂岩、粉砂岩、含砾砂岩组成，局部有灰岩透镜体。1∶5万桦甸市幅南岗屯—姜家屯一带分布的"南岗屯砂砾岩"相当于兰家网砂岩。

磨盘山组：磨盘山组与鹿圈屯组相伴出现，分布范围与其相同。自北而南可划分为：燧石条带碳酸盐岩建造、燧石结核碳酸盐岩建造、礁碳酸盐岩建造、白云岩建造。在光屁股山一带还有硅质岩建造和流纹岩楔，代表磨盘期不同的古地理环境。厚度自南而北增加，由大于350m(磨盘山)变为2379m(常家街)。燧石条带碳酸盐岩建造分布于烟筒山—吉昌以北，黄榆、羊圈顶子、光屁股山一带，在黄榆、王家街一带除细小的硅质条带外，较厚的硅质条带有9层，硅质条带最厚达22m，在将军岭一带巨厚的硅质岩呈岩楔状产出。燧石结核碳酸盐岩建造分布于烟筒山—吉昌以南广大地区，是吉林省重要的石灰石矿源;礁碳酸盐岩建造分布于磐石孤顶子、草明山一带由筑积形成的块状和丛状群体珊瑚为骨架,之间加积形成的生物屑灰岩、粒屑灰岩组成的珊瑚礁碳盐岩建造。另外在磐石地区局部还有白云质灰岩、白云岩,形成白云岩矿(封文友,1986),为白云岩建造。

石嘴子组:石嘴子组呈北薄南厚的楔状体分布于磐石、官马、烟筒山一带,厚约600m,由细砂岩、砂岩、页岩、生物碎屑灰岩组成,灰岩中产蜓类化石,时代为晚石炭—早二叠世。属砂岩-页岩夹生物屑灰岩建造。在石嘴子一带,与花岗岩接触带形成矽卡岩型铜矿床。

寿山沟组:寿山沟组分布于桦甸市小天平岭、火龙岭、贾家屯一带,近南北向弧形分布;在磐石县窝瓜地、杨柳屯、富太河及双阳区光屁股山一带也有出露。本组以陆源碎屑岩类为主,灰岩呈透镜体产出。灰岩大致有两个层位:下部灰岩见于太平屯—李大屯一线;上部灰岩层分布于寿山沟、冰湖沟、吕家屯一带。两层灰岩变化较大,其中上部灰岩厚度较大,达200m(寿山沟),并且由南而北变薄。本组最大厚度为1269m,在灰岩中有珊瑚、蜓类、牙形石等,砂岩中产头足类化石,时代为早二叠世。属于砂岩与板岩(夹生物屑灰岩)互层建造。

1∶5万红旗岭幅中的寿山沟组为石榴绢云片岩、红柱石板岩、碳质板岩和变细砂岩类,属绿片岩相,与寿山沟组不同,时代可能偏老,暂置于寿山沟组,待以后处理。

大河深组:分布于桦甸市常山、大河深、大天平岭、吕家屯、徐家屯一带。由海相钙碱性火山岩、火山碎屑岩夹砂岩和灰岩透镜体组成。其变化规律是南部相对北部熔岩减少,碎屑岩类增多,而灰岩类相对较少,厚度为3400m,在灰岩和砂岩夹层中产珊瑚、蜓类和植物化石,时代为早、中二叠世。属于钙碱性火山岩(夹砂岩、灰岩)建造。

范家屯组:分布于永吉县双河镇、范家屯,桦甸县双胜屯、山河屯、四合屯、大河深等地。下部为深灰色粉砂岩、板岩;中部为厚层生物屑灰岩透镜体和凝灰质砂岩;上部为黑色板岩、砂岩组成。灰岩透镜体变化较大,在范家屯石灰矿厚100余米,沿走向仅延伸数百米,即尖灭;在榆木桥子东山灰岩亦呈透镜状。本组厚约860m,灰岩和砂岩中有苔藓虫、珊瑚和蜓类,时代为中二叠世。属砂岩板岩(夹灰岩)互层建造。

2)侵入岩建造

预测区内侵入岩十分发育,属于钙碱性系列的壳幔源、壳源类型的花岗岩、花岗闪长岩和闪长岩类。从时代和大地构造属性而言,有二叠纪陆缘弧辉长岩建造;侏罗纪后碰撞期形成的闪长岩、花岗闪长岩和花岗岩建造;白垩纪陆内伸展期形成的闪长岩和花岗岩建造。

(三)刺猬沟—九三沟预测工作区

1.区域建造构造特征

预测区域位于延边中生代火山构造岩浆岩带上,区域建造以陆相火山岩建造和侵入岩浆建造为主。

2.预测工作区建造构造特征

1)火山岩建造

(1)晚三叠世托盘沟组(T_3t):以中性火山岩为主,其中有深灰色安山岩,灰绿色、紫灰色安山质凝灰角砾岩,具有轻微的片理化,有别于侏罗纪、白垩纪火山岩。火山岩相:以安山岩居多的溢流相为主,而爆发相的火山角砾岩分布不稳定,出露局限。值得重视的是该期火山岩普遍具有片理化、绿泥石化和碳酸盐化。

火山建造:安山岩建造、安山质火山碎屑岩建造。

火山构造:在东光乡南东2km处有一火山口,为爆破角砾岩筒,呈圆锥形,直径250m,爆破角砾岩具有凝灰结构,集块成分为安山岩和闪长玢岩。角砾成分为板岩、安山岩、闪长玢岩。围绕角砾岩筒断裂和次安山岩脉发育。

该期火山岩同位素测年值:214.03Ma(Rb-Sr)(1∶5万十里坪幅)。

(2)中侏罗世满河组(J_2mh):岩性以安山质凝灰角砾岩、安山质凝灰岩为主,还有安山岩。

火山岩相:安山质火山碎屑岩-喷发相。

安山岩:喷溢相。

火山建造:安山岩建造、安山质火山碎屑岩建造。同位素测年值(174.19±3.61)Ma(K-Ar)。

(3)早白垩世刺猬沟组(K_1cw):主要岩性为安山岩、英安岩、含角砾安山岩,局部见安山质凝灰角砾岩、集块岩。同位素测年值111.48～109.81Ma(K-Ar)。

火山岩相:喷溢相、喷发相、爆发相。

火山建造:安山岩、英安岩建造、安山质火山碎屑岩建造。

火山构造:刺猬沟组火山机构很多,火山口有4处,多数火山口被次安山岩、闪长玢岩或花岗斑岩充填,在火山口或火山口附近多有Au或Cu的矿化,并有黄铁矿化、硅化等多种蚀变。

火山机构实例:

马冲沟火山机构:位于刺猬沟北山,火山通道相由钾长辉石闪长岩、石英闪长玢岩及爆发角砾岩组成。岩石普遍具有强烈的蚀变。爆发相的火山碎屑岩和喷溢相的熔岩围绕火山通道相呈环状展布。

刺猬沟火山机构:位于刺猬沟南山,喷发中心位于709.5高地附近。火山通道被次安山岩和次玄武岩充填,以其中心,向外依次有安山岩、凝灰岩、安山质角砾岩、安山质集块岩,构成喷溢相和爆相,呈环形展布、产状内倾。上述岩石普遍具有硅化、绢云母化、黄铁矿化等矿化蚀变现象。

(4)早白垩世金沟岭组(K_1j):岩性有闪长玢岩、块状安山岩、安山质角砾凝灰岩、安山质集块岩、安山质角砾岩、凝灰角砾岩,局部为砂砾岩。

火山岩相:次火山岩相、喷溢相、爆发相、喷发相。

火山岩建造:闪长玢岩建造、安山岩夹安山质火山碎屑岩建造、安山质火山集块岩建造、安山质火山碎屑岩建造、陆源碎屑砂砾岩建造。

火山构造:在金沟岭组火山岩中存在8个火山机构,仅以白岩火山机构为例介绍如下。

白岩火山机构:位于白岩村南东东方向2.6km,九号铁路桥附近,火山中心被次辉石安山岩充填,构成火山通道相。爆发相的安山质集块角砾岩、安山质凝灰角砾岩、安山质角砾凝灰岩以通道相为中心依次向外分布,同时围绕喷发中心放射状断裂发育。在地貌上也反映出以火山通道为中心的特殊环形地貌。

(5)中新世老爷岭组(N_1l):岩性为深灰色、黑灰色块状玄武岩、气孔状玄武岩。同位素测年值5.89Ma(K-Ar)、12Ma(K-Ar)。

2)侵入岩建造

区内侵入岩有晚三叠世石英闪长岩、晚三叠世花岗斑岩,早侏罗世花岗闪长岩、晚侏罗世辉长岩,还有比较发育的晚期脉岩。

(1)晚三叠世石英闪长岩($T_3\delta o$):分布于预测区之东南,岩性为细粒石英闪长岩,以岩基产出,该岩体侵入中二叠世解放村组和关门嘴子组,被早侏罗世花岗闪长岩侵入。

(2)晚三叠世花岗斑岩($T_3\gamma\pi$):分布于十里坪东侧,岩性为花岗斑岩,以岩株产出。侵入中二叠世庙岭组中。

(3)早侏罗世花岗闪长岩($T_3\gamma\delta$):在区内的东部和西南部均有分布,岩性为中细粒花岗闪长岩,以岩基产出。侵入中二叠世关门嘴子组、庙岭组,亦侵入晚三叠世石英闪长岩,其上被早白垩世刺猬沟组、金沟岭组火山岩及大砬子组砂砾岩不整合覆盖。同位素测年值164.91Ma(K-Ar)、187±Ma(S)。

(4)晚侏罗世辉长岩($J_3\upsilon$):位于983高地上,岩性为中细粒辉长岩,以岩株产出,侵入晚三叠世托盘沟组。其同位素测年值为150.75Ma(K-Ar)。

(5)脉岩：区内脉岩比较发育，其中有辉绿玢岩、闪长岩脉、闪长玢岩、花岗斑岩、细晶岩脉、次安山岩、次玄武岩、煌斑岩、石英脉等。

3)沉积岩建造

(1)寒武-奥陶纪马滴达岩组(∈—Om)：岩性为变质粉砂岩夹变质安英岩。

(2)中二叠世关门嘴子组(P_2g)：岩性以灰色片理化安山岩为主，局部安山质火山碎屑岩夹灰岩。厚度为2521m。建造类型：安山岩夹灰岩建造。

(3)中二叠世庙岭组(P_2m)：岩性为深灰色细砂岩、粉砂岩夹灰岩，厚度为702m。沉积建造：细砂岩与粉砂岩互层夹灰岩建造。

(4)晚三叠世山谷旗组(T_3s)：岩石组合下部为灰色砾岩夹砂岩。上部为灰色、深灰色粗砂岩夹粉砂岩。厚度为1040m。沉积建造：下部为砂岩夹砂岩建造，上部为粗砂岩夹粉砂岩建造。

(5)晚三叠世滩前组(T_3ta)：岩性为灰色、深灰色细砂岩、粉砂岩夹泥灰岩，厚度为1536m。沉积建造：砂岩夹泥灰岩建造。

(6)早白垩世大砬子组(K_1dl)：岩性组合下部为灰黄色砾岩、砂岩，上部为土黄色细砂岩、粉砂岩夹油页岩。厚度为1 012.36m。沉积建造：下部为砂砾岩建造；上部为砂岩夹油页岩建造。

(7)上更新统Ⅱ级阶地：岩性灰黄色砂砾、土黄色亚黏土。厚度为5～20m。

(8)全新统Ⅰ级阶地、河漫滩堆积：岩性为冲洪积砂砾岩、亚黏土、亚砂土。厚度为1～15m。

4)变质岩建造

区内变质岩仅有马滴达岩组小面积分布。

岩石组合：变质砂岩、变质粉砂岩夹变质英安岩。

变质建造：变质砂岩夹变质英安岩。

原岩建造：砂岩夹英安岩建造。

变质矿物组合：Bi＋Pl＋Qz＋Hb。

(四)五凤预测工作区

1.区域建造构造特征

预测区域位于延边中生代火山构造岩浆岩带上，区域建造以陆相火山岩建造和侵入岩浆建造为主。

2.预测工作区建造构造特征

1)火山岩建造

(1)屯田营组(J_3t)：该组主要岩性为紫色、深灰色角闪安山岩、无斑安山岩、安山集块岩、安山质凝灰角砾岩、安山质凝灰岩等，厚度为1 581.3m。同位素测年值为141Ma(K-Ar)(邻区)。

火山岩相：依据岩性特征及其空间分布特征，可划分出爆相(安山集块岩、安山质凝灰角砾岩)，喷发相(安山质凝灰岩)和喷溢相(角闪安山岩、无斑安山岩)。其中安山集块岩和安山质凝灰角砾岩的集中分布部位应为火山口或近火山口的位置。

火山建造：屯田营组火山岩可划分出3个火山建造，火山碎屑岩建造(安山质凝灰岩)、安山岩建造(角闪安山岩、无斑安山岩)、安山质火山集块岩建造(安山集块岩及少量安山质凝灰角砾岩)。

火山构造：屯田营组火山岩处于吉林省东部罗子沟-金仑-杜荒子火山洼地中，为屯田营-堡格子复式火山构造。区内屯田营组火山岩即为含Au的目的层，对Au的成矿因素和控矿因素将在后面进行重点分析。

(2)老爷岭组(N_1l)。该组岩性为深灰色、黑灰色块状玄武岩、气孔状玄武岩。同位素测年值12Ma(K-Ar)(邻区)。

火山岩相:喷溢相。

火山建造:玄武岩建造。

火山构造:闹枝沟-长白火山构造洼地,泛流玄武岩。

2)侵入岩建造

区内仅分布有早侏罗世侵入岩和早白垩世侵入岩。

早侏罗世花岗闪长岩:中细粒花岗闪长岩,以岩基产出,被早侏罗世二长花岗岩和早白垩世石英闪长岩侵入,其上被晚侏罗世屯田营组火山岩不整合覆盖。同位素测年值(187±1)Ma(S)(1∶25万延吉市幅)。

早侏罗世二长花岗岩:中粒二长花岗岩,以岩基产出,侵入早侏罗世花岗闪长岩,被晚侏罗世屯田营组火山岩不整合覆盖。同位素测年值(186±1)Ma(S)(1∶25万延吉市幅)。

早白垩世石英闪长岩:分布于预测区的东北边缘,岩性为中细粒石英闪长岩,以岩株产出,侵入早侏罗世花岗闪长岩。

区内的脉岩主要有安山斑岩和闪长玢岩。

安山斑岩($\alpha\pi$):分布于五凤金矿之北东早侏罗世花岗闪长岩中,脉岩长300~600m,宽50~80m,往往成群出现,总体走向多为北北西向。

闪长玢岩($\delta\mu$):分布于五凤金矿东北部早侏罗世花岗闪长岩中,脉岩长300~500m,宽40~60m,其走向为北东向或北西向。

3)沉积岩建造

(1)大砬子组(K_1dl):仅在预测区南部有小面积出露,主要岩性为黄灰色砂砾岩、砂岩、粉砂岩,厚度大于800m。沉积建造:砂砾岩建造。

(2)龙井组(K_2l):分布于预测区东南边缘,面积小于$2km^2$ 主要岩性为紫色、土黄色粗砂岩、细砂岩夹粉砂岩、泥岩。厚度为127~420m。沉积建造:砂岩夹泥岩建造。

(3)珲春组(Eh):分布于预测区的东南边缘,面积小于$0.5km^2$,以角度不整合覆于龙井组之上,主要岩性为灰黄色砾岩、砂岩、粉砂岩夹煤,厚度大于958m。沉积建造:砂砾岩夹煤建造。

(4)河漫滩及Ⅰ级阶地堆积:分布于朝阳河支流小溪及沟谷,主要为砂砾堆积物和亚砂土、亚黏土堆积物。厚度小于15m。

沉积建造:砂砾、亚黏土冲洪积建造。

(五)闹枝—棉田预测工作区

1.区域建造构造特征

预测区域位于延边中生代火山构造岩浆岩带上,区域建造以陆相火山岩建造和侵入岩浆建造为主。

2.预测工作区建造构造特征

1)火山岩建造

(1)早白垩世刺猬沟组(K_1cw)。

岩石组合:安山岩、英安岩、含角砾安山岩。

火山岩相:喷溢相。

火山建造:安山岩、英安岩建造。

火山构造：吉林东部罗子沟-金仓-杜荒子火山构造洼地，刺猬沟复式火山构造。

(2)早白垩世金沟岭组(K_1j)。

岩石组合：安山岩、安山质角砾凝灰岩、安山质凝灰角砾岩、安山质角砾岩。

火山岩相：喷溢相、喷发相。

火山岩建造：安山岩建造、安山岩夹安山质火山碎屑岩建造。

火山构造：吉林省东部罗子沟-金仓-杜荒子火山构造洼地，金仓杜荒子复式火山。

(3)新近纪中新世老爷岭组(N_1l)。

岩石组合：深灰色、灰黑色块状玄武岩、气孔状玄武岩。

火山岩相：喷溢相。

火山岩建造：玄武岩建造。

火山构造：闹枝沟-长白山火山构造洼地，泛流玄武岩。同位素测年值5.89Ma(K-Ar)。

2)侵入岩建造

区内的侵入岩比较发育，主要有早侏罗世侵入岩和早白垩世侵入岩。

(1)早侏罗世闪长岩($J_1\delta$)：仅在新兴村西南有小面积出露，岩性为细粒闪长岩，以岩株产出，侵入寒武-奥陶纪马滴达岩组，被早侏罗世花岗闪长岩侵入。

(2)早侏罗世花岗闪长岩($J_1\gamma\delta$)：在区内有大面积分布，以岩基产出，该侵入岩侵入马滴达岩组、庙岭组、滩前组，侵入闪长岩($J_1\delta$)，被早白垩世石英闪长岩侵入。岩性为中细粒花岗闪长岩，同位素测年值163.5Ma(K-Ar)、189±3Ma(U-Pb)(1∶25万荒沟岭)。

(3)早侏罗世二长花岗岩($J_1\eta\gamma$)：仅在该预测区西部有小面积出露，该岩体在西邻梨花幅分布面积较大，以岩基产出，侵入早侏罗世花岗闪长岩，被早白垩世石英闪长岩侵入。岩性：中粒二长花岗岩。同位素测年值为(187±1)Ma(U-Pb)(北邻大兴沟幅)。

(4)早侏罗世碱长花岗岩($K_1\xi\gamma$)：分布于安阳村之西北及之东，出露面积小，以岩株产出，侵入马滴达岩组，侵入早侏罗世花岗闪长岩，岩性为中粒碱长花岗岩。

(5)早白垩世石英闪长岩($K_1\delta o$)：分布于西南部，以岩基产出，侵入早侏罗世花岗闪长岩、二长花岗岩。岩性为中细粒石英闪长岩。同位素测年值为123.5Ma(K-Ar)、129.4Ma(U-Pb)。

(6)脉岩：区内脉岩比较发育，其中有花岗斑岩、闪长斑岩、闪长玢岩、煌斑岩、石英脉等。其中闪长玢岩脉、石英脉与金的成矿有密切关系。

3)沉积岩建造

(1)寒武-奥陶纪马滴达岩组：分布于长兴村、长德间、安阳村一带，岩性为灰色变质砂岩、变质粉砂岩夹变质英安岩，变质年龄540～440Ma(据1∶25万汪清县幅)。

(2)中二叠世庙岭组：仅在中坪村一带零星出露，在早侏罗世花岗闪长岩中以捕虏体产出。岩性为深灰色细砂岩、粉砂岩夹灰岩。沉积建造：细砂岩与粉砂岩互层夹灰岩建造。

(3)晚三叠世滩前组：出露于汪清县西北部，岩性为灰色、深灰色细砂岩、粉砂岩夹泥灰岩。沉积建造：砂岩夹泥灰岩建造。

(4)早白垩世大砬子组下段：分布于百草沟、汪清县等地，岩性为土黄色细砂岩、粉砂岩夹油页岩，底部为砾岩和中粗粒砂岩。沉积建造：砂岩夹油页岩建造、砂砾岩建造。

(5)晚白垩世龙井组：出露于百草沟西部，岩性为紫色、土黄色粗砂岩、细砂岩夹泥岩、泥灰岩，斜层理、交错层理发育。沉积建造：砂岩夹泥灰岩建造。

(6)第四系更新统Ⅲ级阶地(Qp_2^{al})：在昌村一带嘎呀河曲南侧发育有Ⅲ级阶地，主要岩性为冲洪积砂砾、亚黏土和暗土黄色亚黏土，厚度大于8m。

(7)第四系更新统Ⅱ级阶地(Qp_3^{al})：沿嘎呀河流域分布，岩性为冲洪积砂砾石、亚砂土及土黄色亚黏土。厚度大于8m。

(8)第四系更新统Ⅰ级阶地及河床河漫滩(Qh^{al}):主要为冲洪积砂砾、砂、亚黏土堆积物,厚度为1～5m。

4)变质岩建造

区内变质岩仅出露有五道沟群马滴达岩组。

岩石组合:灰色变质砂岩、变质粉砂岩夹变质英安岩。

变质建造:变质砂岩夹变质英安岩,变质英安岩建造。

原岩建造:碎屑岩-变质火山岩。

变质矿物组合:Bi+Pl+Qz+Hb。

变质相:绿片岩相。

(六)杜荒岭预测工作区

1. 区域建造构造特征

预测区域位于延边中生代火山构造岩浆岩带上,区域建造以陆相火山岩建造和侵入岩浆建造为主。

2. 预测工作区建造构造特征

1)火山岩建造

(1)托盘沟组:岩性主要有灰绿色流纹质含角砾凝灰熔岩、灰黄色流纹岩、深灰色(黑灰色)安山质含角砾凝灰熔岩夹安山质凝灰岩、安山岩、安山质角砾凝灰熔岩、安山质角砾岩和安山集块岩。

火山岩相:爆发相、喷发相、溢流相。

火山建造:流纹质火山碎屑岩建造、流纹岩建造、安山岩建造、安山质火山碎屑岩建造。

火山机构:在托盘沟组保留有3处火山机构,其中西南岔西山的火山岩性安山集块岩、安山质角砾熔岩和安山质凝灰角砾岩等,均为爆发相近火山口的堆积物。火山口在北西向和北东向断裂的交会处。杜荒子北岩火山口主要岩性为安山质熔接角砾岩,亦受北东向和北西向断裂的交会部位控制。

(2)金沟岭组(K_1j):主要岩性为安山岩、安山质角砾凝灰岩、安山质集块岩、安山质角砾岩、安山质凝灰角砾岩、闪长玢岩等。

火山岩相:爆发相、喷发相、溢流相。

火山建造:安山岩夹安山质火山碎屑岩建造、安山质火山集块岩建造、安山质火山碎屑岩建造、闪长玢岩建造。

火山构造:在区内金沟岭组火山岩中保留有7处火山机构,其中以杜荒岭、雪岭为代表的4处火山口以安山质集块岩为主。另有3处火山口被闪长岩或次安山岩充填。7处火山机构均受北东、北西断裂交会部位控制,与金矿和金矿化关系密切。

2)侵入岩建造

区内侵入岩比较发育,其中有新元古代侵入岩、晚三叠世侵入岩、早侏罗世侵入岩、早白垩世侵入岩。

(1)新元古代英云闪长岩($Pt_3\gamma\delta o$)。

仅在预测区零下分布,变质较深,片麻理发育,并有叠加变形构造。U-Pb法测年值为1 179.7Ma。

(2)晚三叠世侵入岩:晚三叠世闪长岩($T_3\delta$)位于区内的东南部,以岩株产出。晚三叠世石英闪长岩($T_3\delta o$)分布于西南部和中东部,以岩株产出。晚三叠世花岗闪长岩($T_3\delta\gamma$)以岩基产出,主要中细粒花岗闪长岩。测年值为216.8～209.5Ma(U-Pb)。晚三叠世二长花岗岩($T_3\eta\gamma$)分布于东北部,以岩株产出,主要为中粒和中细粒二长花岗岩。

(3)早侏罗世花岗闪长岩($J_1\delta\gamma$)。

分布于预测区的西南边缘,以岩基产出,岩性以中细粒花岗闪长岩。邻区年龄值(203±2)Ma。

(4)早白垩世侵入岩:早白垩世辉长岩($K_1\upsilon$)在区内零星分布,以小岩株产出,岩性为辉长岩、橄榄辉长玢岩。早白垩世闪长岩($K_1\delta$)在区内零星分布,以小岩株或脉状产出,岩性为中细粒闪长岩、闪长玢岩。早白垩世碱长花岗岩以小岩株产出,岩性为中粒碱长花岗岩。

(5)花岗斑岩($K_1\gamma\pi$):以小岩株或脉状产出,花岗斑岩,斑晶为斜长石、石英、角闪石等,占30%;基质为长英质,占70%。

(6)碱长花岗岩:以岩株或岩墙产出,灰白色,块状构造,矿物粒径1~2.5mm,由斜长石、石英、碱长石和黑云母组成。其中石英大于20%,呈他形粒状,斜长石60%~70%,半自形板状,并可见环带结构和聚片双晶。碱长石柱状或不规则状,含量8%~10%,黑云母片状,3%~5%,局部见角闪石。岩石具有轻微的绢云母化和绿泥石化.

(7)脉岩:区内脉岩比较发育,其中有花岗斑岩、花岗细晶岩、次安山岩、石英脉等。区内的脉岩和次火山岩与金的形成有密切关系。

3)沉积岩建造

(1)解放村组(P_2j):深灰色砂岩、粉砂岩为主,局部夹板岩,厚度为2874m。其与上覆地层晚三叠世大东沟组呈整合关系。沉积建造:细砂岩与粉砂岩互层夹板岩建造。

(2)马路沟组(T_3m):仅在杜荒子北3km一带有小面积出露,岩性以灰色细砂岩、含砾砂岩为主,厚度为1200m,其下伏地层为托盘沟组(T_3t)火山岩,上覆地层为天桥岭组火山岩(T_3tg)。沉积建造:砂岩建造。

(3)亮子川组(P_2l):灰黑色凝灰质砂岩、碳质粉砂岩、长石砂岩,厚度大于350m。沉积建造:砂岩建造。

(4)大东沟组(P_2ld):灰色、深灰色复成分砂岩、长石岩屑砂岩、泥质岩、砂质泥岩。沉积建造:砂岩与泥岩互层建造。

(5)珲春组(Eh):岩性以黄灰色砂岩、砾岩为主,局部夹煤线,厚度大于958m。沉积建造:砂砾岩夹煤建造。

(6)第四系全新统Ⅰ级阶地和河漫滩(Qh^{al}):主要以冲积砂砾石和亚黏土为主,局部堆有亚黏土。厚度1~15m。沉积建造:冲洪积物建造。

(七)金谷山—后底洞预测工作区

1.区域建造构造特征

区内大地构造位置处于和龙地块与兴凯地块之间的复合部位,经历了新元古代至中、新生代的构造演化过程。一部分金矿体产于中二叠世庙岭组砂岩、粉砂岩中,另一部分金矿体产于晚三叠世柯岛群滩前组砂岩、粉砂岩中,还有一部分金矿体产于早白垩世金沟岭组中性火山岩和火山碎屑岩中,上述赋含金的岩石具有一个共同的特性,就是均具有一定程度的蚀变作用,蚀变源于区内发育的断裂构造和韧性剪切带。图们江断裂带规模较大,持续活动时间长,具有多期多次活动的特点,造成区内新元古代地层,古生代地层及中生代地层及侵入岩的局部地段出现挤压、破碎、片理化,形成的破碎带中的岩石蚀变现象普遍。

2.预测工作区建造构造特征

1)火山岩建造

区内火山岩有晚三叠世托盘沟期火山岩、早白垩世金沟岭期火山岩、新近纪船底山期火山岩。

(1)晚三叠世托盘沟期火山岩:主要岩石类型为安山岩类,其中以安山岩为主,其次还见有安山质晶屑岩屑凝灰岩、安山质角砾熔岩。

火山岩相：该期火山岩主要以喷溢相为主，同时还出现有喷发相。

火山构造：由于花岗岩的侵入和后期风化破坏，火山口难以确定，依据其岩性分布，可确定有喷发相和喷相的存在。

（2）早白垩世金沟岭期火山岩：岩石类型以安山岩类为主，其中有灰绿色安山岩、紫色安山岩、灰绿色含气孔安山岩、灰白色英安岩，局部地段见有凝灰质细砂岩、凝灰质粉砂岩。

火山岩相：以喷溢为主，局部可见火山喷发沉积相。

火山构造：金沟岭期火山岩明显受北东向断裂制约，没见有典型的火山机构，火山喷发裂隙式喷发。

（3）南坪组（QP_3n）：该期火山岩为玄武岩，其中有玄武岩、气孔状玄武岩等。

火山岩相：基底涌流相。

2）侵入岩建造

主要出露于预测区南部，北部出露比较零星。其中有晚二叠世的基性—超基性岩，亦有早侏罗世花岗闪长岩、二长花岗岩，还有早白垩世形成的一些脉岩。

（1）晚二叠世基性—超基性岩（$P_3\Sigma$）：主要分布于彩秀洞一带，由8个小岩株构成。主要岩性为橄榄岩、斜辉橄榄岩、角闪橄榄岩、角闪辉长岩等，由于露头较差，与围岩关系不清，U-Pb法的测年值为260Ma。

（2）晚二叠世闪长岩（$P_3\delta$）：被早侏罗世花岗闪长岩和二长花岗岩侵入，而该闪长岩侵入早二叠世庙岭组。主要岩性为细粒闪长岩，其中U-Pb同位素测年值为251Ma。

（3）早侏罗世花岗闪长岩（$J_1\gamma\delta$）：该期花岗岩侵入晚二叠世细粒闪长岩、侵入晚三叠世山谷旗组，被早侏罗世二长花岗岩侵入。岩性为中细粒花岗闪长岩，其主要特征是含有较多黑云母，亦称之为中细粒黑云母花岗闪长岩。其中U-Pb同位素测年值190.3Ma。

（4）早侏罗世二长花岗岩（$J_1\eta\gamma$）：这期二长花岗岩侵入早侏罗世中细粒花岗闪长岩，侵入晚三叠世托盘沟组，锆石U-Pb同位素测年值为196.7Ma。岩性为中粒二长花岗岩，具有电气石化，亦称之为电气石化中粒二长花岗岩。

（5）始新世次角闪安山岩（$E_2\alpha$）：呈小岩株状产出，长轴方向为北西向，明显受北西向断裂控制。该期次安山岩侵入晚白垩世龙井组，其上被古近纪珲春组砂砾岩覆盖，其时代置于晚白垩世依据比较充分。该安山岩中角闪石含量达15%，故定名为角闪安山岩。

（6）脉岩：区内脉岩比较发育，分布较广，主要呈北东向或北西向展布，明显受区内断裂控制。主要脉岩有煌斑岩（χ）、闪长玢岩（$\delta\mu$）、花岗细晶岩（$\gamma\tau$）、花岗斑岩（$\gamma\pi$）、石英脉（q）等。

3）沉积岩建造

地层由老至新有元古宙地层、早古生代地层、晚古生代地层、中生代地层、新生代地层。

（1）新元古代江域岩组：主要由石英片岩、角闪片岩夹磁铁石榴矽卡岩、片麻岩及变粒岩组成，厚度大于59.4m。

（2）奥陶-寒武纪马滴达岩组：主要岩石组合为中酸性凝灰熔岩夹变质杂砂岩，厚度为1181m。

（3）晚石炭世山秀岭组（$C_2\hat{s}$）：岩性以灰色结晶灰岩为主，局部夹灰岩、黑灰色砂岩、粉砂岩，山秀岭组构成山秀岭复式背斜的核部。厚度为518m。

（4）晚石炭一早二叠世大蒜沟组（P_1d）：构成山秀岭复式背斜的两翼，由粉砂岩、砂岩、砂砾岩及砾岩夹粉砂岩组成，厚度为563m。

（5）早二叠世庙岭组（P_2m）：与其上部柯岛群山谷旗组呈不整合关系。岩性主要为砂岩、粉砂岩夹含生物碎屑结晶灰岩，厚度为589.6m。

（6）晚三叠世柯岛群及托盘沟组：柯岛群山谷旗组（$T_3\hat{s}$），岩性主要由灰色、灰紫色砾岩、砾岩夹砂砾岩，含砾粗砂岩夹细砂岩和粉砂岩组成，厚度为712.1m。柯岛群滩前组（T_3ta），岩性以灰绿色、灰黑色、灰紫色粉砂岩为主夹细砂岩和含砾粗砂岩。厚度为 1 237.5m。托盘沟组(T_3t)岩性为黑灰色、灰绿色安山岩、角砾安山岩、安山质角砾熔岩、安山质集块岩、凝灰岩、英安岩，总体看，以中性火山熔岩为主，还有少量火山碎屑岩，厚度为 683.2m。U-Pb 法测年值 211Ma。

(7)早白垩世金沟岭组(K_1j)、大砬子组(K_1dl)：金沟岭组(K_1j)岩性为灰绿色安山岩、紫色安山岩、灰绿色气孔状安山岩、灰白色英安岩，局部地段夹凝灰质砂岩、凝灰质粉砂岩，厚度为 604.4m。大砬子组为不整合于早白垩世金沟岭组之上，晚白垩世龙井组之下的一套粗碎屑岩-细碎屑岩的沉积岩。下部由砾岩、砂砾岩、含砾粗砂岩组成，上部主要岩性为灰色、灰黄色粉砂岩、泥岩、页岩、油页岩及多层石膏层。该组厚度大于 481.6m。大砬子组的沉积环境由盆地形成初期的冲积扇—河流相—湖盆相，经历了从盆地形成到湖盆地鼎盛时期，直至消亡的全过程。

(8)晚白垩世龙井组：龙井组不整合于大砬子组之上，上为珲春组不整合覆盖。主要岩性为紫色、杂色砂砾岩、细砂岩及粉砂岩，厚度为 319m。龙井组的沉积环境以山间河流为主，以断陷盆地沉积为辅的沉积特征。

(9)古近纪始新-渐新世珲春组(Eh)：主要岩性为褐色、黄褐色的砂砾岩、含砾粗砂岩、砂岩、粉砂岩、泥岩等，主要特点是含煤或夹煤线，厚度大于 195.2m。

(10)第四纪晚更新世南坪组(Qp_3n)：主要岩性为夹黑色块状玄武岩、气孔状玄武岩、拉斑玄武岩。第四纪冲洪积在图们江沿岸可见Ⅳ级阶地、Ⅲ级阶地和Ⅱ级阶地，均为基座阶地，沉积物多为亚砂土、粗砂、细砂及砂砾石。Ⅰ级阶地和漫滩在区内大小河流沿滩均较发育。

4)变质岩建造

(1)元古宙江域岩组变质岩：主要岩石类型有磁铁石英岩、含榴二云石英片岩、阳起石片岩、绢云绿泥片岩、黑云石英片岩，角闪片岩等。岩石组合属绿片岩相。

(2)奥陶-寒武纪马滴达岩组变质岩：主要岩石类型为片理化安山质凝灰熔岩、片理化英安质凝灰熔岩、变质砂岩。该套岩石属于绿片岩相。

(八)地局子—倒木河预测工作区

1. 区域建造构造特征

预测区位于吉林省中部，二级构造岩浆带属于小兴安岭-张广才岭构造岩浆带的西缘，省内通常称为南楼山-悬羊砬子火山构造隆起(Ⅳ级)。区内印支晚期、燕山早期火山活动十分强烈，并有同期的中酸性侵入岩。

2. 预测工作区建造构造特征

1)火山岩建造

预测区内火山岩较发育，主要为中生代陆相火山岩，分布于预测区中南部。

早侏罗世玉兴屯组(J_1yx)，为一套中酸性火山碎屑岩及陆源碎屑岩建造，主要岩性有安山质火山角砾岩、流纹质凝灰岩、含角砾凝灰岩、火山角砾岩、砂岩等。

早侏罗世南楼山组(J_1n)，为中酸性火山熔岩及其碎屑岩建造，主要岩石类型有流纹岩、色安山岩、英安质含角砾凝灰岩、安山质集块岩、安山质凝灰角砾岩、流纹质凝灰角砾岩等。

早白垩世安民组(K_1a)，为中性火山熔岩夹碎屑岩及含煤建造，主要岩石类型有安山岩、砂岩、页岩，局部含煤。

2)侵入岩建造

预测区内侵入岩发育，具有多期、多阶段性特点。分别为：中二叠世辉长岩($P_3\nu$)、晚二叠世二长花岗岩($P_3\eta\gamma$)、早侏罗世闪长岩($J_1\delta$)、早侏罗世花岗闪长岩($J_1\gamma\delta$)、早侏罗世二长花岗岩($J_1\eta\gamma$)、中侏罗世闪长岩($J_2\delta$)、早侏罗世石英闪长岩($J_1\delta o$)中侏罗世花岗闪长岩($J_2\gamma\delta$)、中侏罗世二长花岗岩($J_2\eta\gamma$)、早白垩世花岗斑岩($K_1\gamma\pi$)。

各期次侵入岩沿北东向分布,其中早侏罗世花岗闪长岩与二长花岗岩呈岩基状产出,其他以小岩株状、岩瘤状产出,构成吉林东部火山-岩浆岩带的一部分。

3)沉积岩建造

预测区内沉积岩地层分布较广泛,除第四系全新统河漫滩相砂砾石松散堆积外,出露的地层有晚石炭世四道砾岩(C_2sd),为一套砾岩夹砂岩、灰岩建造,主要岩石类型为灰色钙质砾岩、中细粒钙质砂岩、含砾粉砂岩夹灰岩透镜体。中二叠世大河深组(P_2d),为一套海-陆交互相火山-沉积建造,主要岩石类型有流纹质凝灰岩、安山质凝灰岩夹流纹岩,凝灰质砾岩、砂岩夹流纹质凝灰岩。范家屯组(P_2f)为一套浅海相陆源碎屑岩及火山碎屑岩建造,主要岩性有细砂岩、粉砂岩,凝灰质砂岩、细砾岩、砂砾岩、砾岩。

4)变质岩建造

区内变质岩不发育,在预测区西南角有少量分布,为寒武纪黄莺屯组($\in hy$):岩性为变粒岩夹大理岩、斜长角闪岩及片岩变质建造。

七、火山爆破角砾岩型金矿预测工作区建造构造特征

香炉碗子—山城镇预测工作区

1. 区域建造构造特征

香炉碗子—山城镇预测工作区位于敦-密裂谷(断裂)以东,姜家街-水道微地块(也称清源微地块)的东缘,与晚中生代柳河断陷盆地接壤部位。西部大面积分布新太古代变云英闪长岩和变二长花岗岩,其中有小面积新太古代表壳岩红透山岩组(省内称三道沟岩组)残块。东部为晚中生代柳河群,呈北东向展布。在姜家街—水道微地块香炉碗子一带,有沿断裂带分布的超浅层侵入岩,称香炉碗子酸性火山岩,其中有石英脉型金矿床。

2. 预测工作区建造构造特征

1)火山岩建造

香炉碗子次火山岩,酸性晶屑岩屑凝灰熔岩、流纹岩建造:分布于柳河县水道乡爱林村香炉碗子,属于超浅成侵入的次火山岩体。岩体呈北东 70°方向展布,东西长约 2000m,南北宽约 600m,北缘界线规整,南缘界线变化较大。次火山岩体侵入新太古代变云英花岗闪长岩中,接触带有硅化和钾长石化蚀变。次火山岩中流面构造发育,走向北东-南西,与岩体的长轴方向大致相同,倾向北西,倾角 40°～85°。香炉碗子次火山岩主要有酸性晶屑岩屑凝灰熔岩、酸性熔岩,两者不规则状分布。在香炉碗子次火山岩侵入之后发生与火山岩有关的成矿事件。

在次火山岩体中北西向张裂隙发育,是矿体主要的赋存空间。单脉一般规模小,长度多为 20～30m,个别大于 100m,宽度一般 2～10cm,最厚 34～70cm。部分矿脉沿走向分支复合,形态变化较大。矿石类型有石英硫化物型和碳酸盐硫化物型,还有硫化物矿化岩石(流纹岩)。金品位一般较高,最高达 493g/t,此外还伴生银、铜、铅、锌,属于以金为主的多金属矿床。

矿床的成因类型为火山岩型以金为主的多金属矿床。

香炉碗子次火山岩目前发现仅此一处，在1∶20万区域地质调查中提出，应在区域棋盘格子式构造展布的部位寻找类似的矿化(次火山岩体)。

军舰山组玄武岩建造：分布于柳河断陷盆地安口镇以南，长安、鱼亮子、大北岔村一带。由紫色、灰黑色斑状玄武岩、墨绿色气孔状橄榄玄武岩组成，厚度189m。在图区外测得本期玄武岩的K-Ar同位素年龄为1.7～2.9Ma，时代为新近纪上新世。

2)侵入岩建造

太古宙侵入岩均经区域变质，呈变云英闪长岩、变二长花岗岩类，只有早白垩世碱长花岗岩类未经变质，在本节中描述。

早白垩世碱长花岗岩建造，分布于柳河断陷盆地西北缘亨通山一带，分布面积约5km²。碱长花岗岩呈肉红色，块状构造，主要矿物为碱性长石他形，含量55%～60%，石英他形，充填于其他矿物中，含量大于20%，斜长石半自形，部分呈粒状，含量20%～25%，此外含少量暗色矿物。在图区外测得同类花岗岩的年龄为(125±4)Ma，时代为早白垩世。碱长花岗岩属碱性系列的浅成花岗岩类。

3)沉积岩建造

亮甲山组粒屑灰岩夹含燧石结核灰岩建造：图区的东北部跨古生代样子哨坳陷盆地的一部分。该建造的主要岩性包括豹皮状粒屑灰岩、生物屑灰岩夹燧石结核灰岩，产头足类、三叶虫化石，时代为早奥陶世。

小东沟组粉砂岩、砾岩建造，分布于柳河断陷盆地的西缘，大北岔村、候家屯、复兴堡一带，长条状分布。小东沟组沉积建造由紫色、黄绿色粉砂岩、钙质粉砂岩夹碳质页岩和薄煤层组成，底部有砾岩与下伏地层不整合接触。厚度为392m，产植物化石，时代为中侏罗世。

大沙滩组沉积建造，划分为下段和上段沉积建造。下段，砾岩-砂岩夹火山碎屑岩建造由砾岩、砂岩、粉砂岩夹层凝灰岩组成，厚度为782m，产保存不好的双壳类化石，与小东沟组平行展布。上段，粉砂岩夹页岩建造，由凝灰质、钙质粉砂岩夹泥质页岩、含砾砂岩组成，产丰富的双壳类、植物化石，时代为晚侏罗世。大沙滩组为滨湖—浅湖亚相。

亨通山组沉积建造，分布于柳河断陷盆地中、东部，榆木桥、安口镇、柳河亨通山一带，呈北东向带状分布。亨通山组进一步划分为上、下两个建造。下段，砾岩-砂岩夹页岩建造，由砾岩、含砾砂岩与砂岩互层夹页岩、粉砂岩组成。厚度为512m，产丰富的鱼类、双壳类化石，时代为早白垩世。上段，粉砂岩-砂岩夹煤、碳质页岩建造，由粉砂岩、砂岩夹页岩及薄层煤层组成，厚度为411m，产植物化石，时代为早白垩世。亨通山组为湖滨—浅湖相沉积。

小南沟组，砾岩-砂岩建造，由紫色复成分砾岩、紫色杂砂岩夹粉砂岩组成，其中产双壳类化石，时代为早白垩世。

梅河组(桦甸组)碎屑岩夹煤建造，在图区内仅分布于圣水子镇以东，再往北和东即为梅河断陷盆地(敦-密断裂)和桦甸盆地，广泛出露梅河组。在钻孔剖面本组可进一步划分为下部砾岩夹砂岩建造；中部砂岩、泥岩夹煤建造；上部砂岩夹粉砂岩、泥岩建造。

此外区内还有中更新统、上更新统和全新统Ⅰ—Ⅲ级阶地和河床相冲洪积砂、砾石、黏土(黄土)和亚砂土等堆积层。

4)变质岩建造

在柳河晚中生代断陷盆地两侧广泛分布着太古宙花岗质岩为原岩的片麻岩组合，其中零星分布不同岩性的表壳岩，前者占绝对优势。变质花岗质岩石有：变质二长花岗岩、变英云闪长岩、变质辉长岩等，表壳岩有红透山岩组(三道沟岩组)斜长角闪岩、斜长变粒岩夹磁铁石英岩建造等。

八、侵入岩浆型金矿预测工作区建造构造特征

（一）海沟预测工作区

1.区域建造构造特征

180～160Ma的二长花岗岩，侵入新元古代团结岩组的斜长角闪岩、二云片岩夹大理岩中，在岩浆热液和大气降水的参与下，在弱酸性还原环境下，岩浆热液的围岩，即团结岩组中萃取金及其他有用元素，沿北东向断裂构造沉淀而形成金矿。

2.预测工作区建造构造特征

1)火山岩建造

区内火山岩较发育，中生代—新生代均有出露。

(1)晚三叠世托盘沟组(T_3t)：分布在图幅西南侧。出露面积约为$15km^2$。为一套流纹岩-流纹质火山碎屑岩建造。岩性有浅灰色流纹岩、流纹质角砾凝灰岩。

(2)晚侏罗世屯田营组(J_3t)：分布在海沟西侧。出露面积$1.6km^2$。为一套安山岩建造。灰黑色蚀变安山岩、灰绿色气孔杏仁状安山岩。

(3)新近纪中新世船底山组(N_1c)：以小的火山筒形式分布在早侏罗世花岗闪长岩中。属高位玄武岩。出露面积小于$2km^2$。为玄武岩建造。灰黑色斑状玄武岩、橄榄玄武岩。

(4)新近纪上新世军舰山组(N_2j)：分布在图幅西侧江边。出露面积仅$0.5km^2$。为玄武岩建造。紫色、灰黑色斑状玄武岩、橄榄玄武岩。

(5)第四纪更新世漫江组(Qp_1m)：分布在图幅西侧松花江两岸。北西向展布。出露面积约为$8km^2$。为玄武岩建造。岩性为灰黑色气孔状、块状玄武岩。

2)侵入岩建造

区内侵入岩发育，具有多期、多阶段性特点。

(1)新太古代英云闪长质片麻岩($Ar_3\gamma\delta o$)：分布在图幅东南角。出露面积$5.2km^2$。岩性为灰白色英云闪长质片麻岩。

(2)新太古代变质二长花岗岩($Ar_3\eta\gamma$)：分布在图幅西南角。出露面积$10.8km^2$。岩性为浅肉红色变质二长花岗岩。

(3)晚三叠世碱长花岗岩($T_3\kappa\rho\gamma$)：分布在图幅中南部。出露面积$15km^2$。岩性为肉红色碱长花岗岩。

(4)早侏罗世石英闪长岩($J_1\delta o$)：主要分布在西南侧，侵入到晚三叠世托盘沟组以及小河口组地层中。海沟西侧也有出露。出露面积小于$0.8km^2$。岩性为灰色石英闪长岩。

(5)早侏罗世花岗闪长岩($J_1\gamma\delta$)：图幅内出露面积最大的地质体。出露面积约为$180km^2$。岩性为灰—灰白色花岗闪长岩。

(6)早侏罗世二长岩($J_1\eta$)：分布在海沟金矿西侧，小岩株，出露面积约为$3.5km^2$。岩性为浅肉红色二长岩。

(7)早侏罗世二长花岗岩($J_1\gamma$)：分布在海沟金矿西侧，与早侏罗世二长岩位置相当。出露面积$3.5km^2$。岩性为肉红—浅肉红色二长花岗岩。

(8)中侏罗世二长花岗岩($J_2\gamma$)：主要以小岩株形式分布在早侏罗世花岗闪长岩中。出露面积$3km^2$。岩性为中粒肉红色二长花岗岩。

3)沉积岩建造

本区位于中朝准地台与吉黑造山带接触带槽区一侧，二道松花江断裂带近东西向脆-韧性剪切带东端与两江-春阳北东向断裂带交会处。区内出露的地层由老至新为太古宇、元古宇及中生界。

(1)新太古代老牛沟岩组($Ar_3l.$)：出露在图幅中部偏东，面积3.3km^2。为一套火山岩-硅铁质岩石建造。岩石类型有黑云角闪变粒岩、斜长角闪岩以及磁铁石英岩。

(2)古元古代张三沟岩组($Pt_1zs.$)：出露在图幅北东。面积25.7km^2。为一套中基性火山岩、火山碎屑岩-陆原碎屑岩建造。岩石类型有黑云变粒岩与角闪变粒岩互层夹变质砾岩。

(3)新元古代东方红岩组($Pt_3df.$)：出露在图幅中部。为一套中酸性火山岩、火山碎屑岩-陆原碎屑岩建造。岩石类型有变质流纹岩、黑云石英云母片岩、角闪片岩、绿泥片岩等；新元古代金银别岩组($Pt_3j.$)分布在图幅西北部，出露面积5.4km^2。为一套中基性火山岩-火山碎屑岩建造，岩性组合为灰绿色角闪石岩、灰绿色绿泥绢云片岩、暗灰色角闪片岩；新元古代团结岩组($Pt_3t.$)分布在图幅中南部，为一套陆源碎屑-碳酸盐建造。岩性组合为大理岩、变质砂岩、变质粉砂岩；新元古代新东村岩组($Pt_3x.$)分布在图幅东侧，出露面积为1.4km^2，为一套中基性火山岩-火山碎屑岩、陆源碎屑岩-碳酸盐建造，主要岩性组合为黑云斜长片麻岩、含石墨方解石大理岩、细粒斜长角闪岩、黑云斜长变粒岩、黑云长石浅粒岩等。

(4)南华纪钓鱼台组(Nhd)：分布在海沟金矿南部，出露面积大于1.0km^2。为一套石英砂岩建造。岩性为黄色厚层石英砂岩；南芬组(Nhn)分布在海沟金矿南部，出露面积小于0.5km^2。为一套页岩夹泥灰岩建造，岩性组合为紫—黄绿色页岩夹泥灰岩。

(5)晚三叠世小河口组(T_3x)：分布在图幅东南侧。出露面积3.5km^2。为一套砂砾岩夹煤层建造，岩性为灰色、灰黄色砂岩、砾岩、粉砂岩夹煤层，含 *Pityophyllum* sp. *Equiseties* sp.

(6)早白垩世长财组(K_1c)分布在海沟金矿附近，出露面积4.7km^2。为一套砂砾岩夹煤层建造，岩性为灰黄色砂岩、砾岩、粉砂岩夹煤层，*Ruffordia-Onychiopsis* 组合；早白垩世大拉子组(K_1d)在图幅东侧和西侧均有分布，出露面积较大，约为15km^2。为一套砂砾岩建造，岩性为灰黄色砾岩、砂岩，发育有水平层理和斜层理，*Yanjiestheria-Orthestheria* 组合，*Trigonioides-Plicatounio-Nippononaia* 动物群。

(7)晚白垩世龙井组(K_2l)：分布在图幅西侧，出露面积3.4km^2。为一套砂岩夹泥灰岩建造，岩性为紫色、土黄色粗砂岩、细砂岩夹泥岩、泥灰岩，发育交错层理。

(8)第四系更新统(Qp_3^{pal})：分布在松花江两岸，Ⅱ级阶地堆积，冲洪积。

(9)第四系全新统(Qh^{al})：分布在大的沟谷两侧，Ⅰ级阶地及河漫滩堆积，冲洪积。

4)变质岩建造

区内太古宙、元古宙地质体出露区即为变质岩发育地段。主要岩性有黑云长石变粒岩、黑云角闪斜长片麻岩、黑云长石浅粒岩、灰绿色斜长角闪岩，角闪变粒岩，灰白色英云闪长质片麻岩，浅肉红色变质二长花岗岩，深灰—灰绿色黑云变粒岩、黑云角闪片岩、角闪片岩、角闪变粒岩夹变质砾岩，变质流纹岩、黑云母石英片岩、绿泥角闪片岩，绿黑色角闪石岩、灰绿色绢云绿泥片岩、暗灰绿色角闪片岩，变质粉砂岩、长石石英砂岩、含角砾大理岩、硅质大理岩、绢云石英片岩，黑云斜长片麻岩、含石墨方解石大理岩、细粒斜长角闪岩、黑云长石变粒岩、黑云角闪斜长片麻岩、黑云长石浅粒岩等。变质相带为绿片岩相，绿片岩相—角闪岩相。

(二)小西南岔—杨金沟预测工作区

1.区域建造构造特征

五道沟群变质岩系是矿体主要围岩之一马滴达岩组、杨金沟组、香房子岩组的变质建造与成矿有关，可能为成矿提供物质来源。中二叠世闪长岩和晚三叠世花岗闪长岩是矿体的直接围岩之一，该两期岩浆热液可能带来成矿的Au的有益组分。酸性次火山隐伏岩体、花岗斑岩类岩体中含矿。闪长玢岩和石英闪长岩小岩株、岩脉和花岗斑岩脉在时空关系上与成矿关系最为密切，矿体产于其上下盘或穿插于其中。区内的断裂构造十分发育，其中有东西向断裂、北北东向断裂、北西向断裂和南北向断裂。已知金矿床、矿点、矿化点均受上述4组断裂构造控制，4组断裂的交会部位是成矿最有利的部位，已知大型金矿床处在断裂的交会部位。具体地说北北东向断裂和东西向断裂是控矿构造，北西向断裂是容矿构造。

2. 预测工作区建造构造特征

1)火山岩建造

区内火山岩主要为晚三叠世托盘沟组和中新世老爷岭组。

(1)晚三叠世托盘沟组(T_3t)：岩石组合为灰黄色流纹岩、灰绿色安山质含角砾凝灰熔岩、深灰色安山质、暗紫色灰绿色含斑安山岩、灰黑色安山质含角砾凝灰熔岩、灰黑色安山质角砾凝灰熔岩夹少量层凝灰岩。

火山岩相：喷溢相—喷发相。

火山建造：流纹岩建造、安山质火山碎屑岩建造、安山岩建造。

火山构造：杜荒岭-大西南岔西山火山。未见火山机构。

(2)中新世老爷岭组(N_1l)：岩石组合为橄榄玄武岩、气孔状玄武岩及致密块状玄武岩。同位素年龄为(12.4±0.6)Ma(K-Ar)。

火山岩相：喷溢相。

火山建造：玄武岩建造。

火山构造：气流玄武岩。

2)侵入岩建造

区内属西拉木伦构造岩浆岩带侵入岩较发育，其中有二叠纪闪长岩、花岗闪长岩；三叠纪闪长岩、花岗闪长岩、二长花岗岩；脉岩为侏罗纪、白垩纪的一些脉岩。

(1)中二叠世闪长岩($P_2\delta$)：中细粒闪长岩，呈岩株产出，侵入五道沟群，被中二叠世花岗闪长岩侵入，同时被晚三叠世花岗闪长岩侵入。该期闪长岩与金铜的成矿关系密切，小西南岔Au矿体多赋存该闪长岩中。同位素年龄(270.3±5.9)Ma(U-Pb)、(271.4±8.8)Ma(U-Pb)。

(2)中二叠世花岗闪长岩($P_2\gamma\delta$)：中细粒花岗闪长岩，以岩基产出，侵入五道沟群和中二叠世闪长岩，被晚三叠世花岗闪长岩侵入。同位素测年值为(261.5±5.3)Ma(U-Pb)、(267.1±4.8)Ma(U-Pb)。

(3)晚三叠世闪长岩($T_3\delta$)：细粒闪长岩，以岩株产出，侵入五道沟群中二叠世解放村组、早三叠世托盘沟组，被晚三叠世花岗闪长岩侵入，亦被早白垩世闪长玢岩侵入。

(4)晚三叠世花岗闪长岩($T_3\gamma\delta$)：中细粒花岗闪长岩，以岩基产出，侵入五道沟群、中二叠世关门咀子组、解放村组，晚三叠世托盘沟组，同时侵入晚三叠世闪长岩、花岗闪长岩，被早白垩世闪长玢岩侵入。岩石同位素测年值为(203±2)Ma(U-Pb)。

(5)晚三叠世二长花岗岩($T_3\eta\gamma$)：中细粒二长花岗岩，分布于预测区西南隅，以岩基产出，侵入五道沟群、侵入晚三叠世闪长岩和花岗闪长岩。同位素测年值为(205±5)Ma(U-Pb)。

(6)早白垩世闪长玢岩($K_1\delta\mu$)：闪长玢岩(包含有石英闪长玢岩、辉长玢岩)，以岩株或岩墙(脉)产出。侵入五道沟群和解放村组，同时侵入中二叠世闪长岩，这期闪长玢岩即为Au的含矿侵入岩，与Au矿产的形成有密切关系，可称之为目的层。同位素测年值为130.1Ma(K-Ar)。

(7)脉岩：区内的主要脉岩有闪长玢岩脉、花岗斑岩脉和石英脉。

3)沉积岩建造

(1)寒武-奥陶纪五道沟群：五道沟群为一条变质岩系，包括有马滴达岩组、杨金沟岩组、香房子岩组。马滴达岩组岩性为变色变质砂岩、变质粉砂岩夹变质英安岩；杨金沟岩组岩性组合为黑灰色角闪石英片岩、绿色角闪黑云片岩、黑云石英片岩夹条带状大理岩及片理化变质粉砂岩，局部夹变质英安岩；香房子岩组岩性主要为黑灰色红柱石二云石英片岩、含榴黑云母石英片岩，红柱石二云片岩，角闪石英片岩夹变质细砂岩。

(2)中二叠世关门咀子组(P_2g)：主要岩性为灰色片理化安山岩，局部安山质碎屑岩夹灰岩，厚度2521m。—

(3)中二叠世解放村组(P_2j)：主要岩性为深灰色细砂岩、粉砂岩夹粉砂质板岩。厚度2874m。

(4)晚三叠世托盘沟组(T_3t)：岩性主要为黄灰色流纹岩，灰绿色安山质含角砾凝灰熔岩、深灰色安山岩、暗紫色灰绿色含斑安山岩，黑灰色安山质含角砾凝灰熔岩夹少量层凝灰岩。厚度大于1180m。

(5)中新世土门子组(N_1t)：岩性为土黄色半固结粗砂岩、砾岩。厚度为419.56m。

(6)中新世老爷岭组(N_1l)：岩性为橄榄玄武岩、气孔状玄武岩、致密块状玄武岩。

(7)全新统Ⅰ级阶地及河漫滩堆积(Qh^{al})：全段为冲洪积砂砾石、粗砂、亚砂土、亚黏土等。

4)变质岩建造

区内的变质岩主要五道沟亲区域变质岩系。

(1)马滴达岩组：岩性为灰色变质砂岩、变质粉砂岩夹变质英安岩。

变质矿物组合：Bi+Pl+Qz+Hb。

原岩建造：碎屑岩-中酸性火山岩建造。

变质建造：变质砂岩夹变质英安岩建造。

变质相：绿片岩相。

(2)杨金沟岩组：岩性为灰色角闪石英片岩、绿色角闪黑云片岩、黑云石英夹薄层状变质英安岩。

变质矿物组合：Bi+Pl+Qz+Hb。

原岩建造：中性火山岩、火山凝灰岩夹碳酸盐岩及碎屑岩建造。

变质建造：片岩夹大理岩及变质砂岩建造。

变质相：绿片岩相。

(3)香房子岩组：岩性为灰黑色红柱石二云石英片岩、含榴石黑云石英片岩、红柱石二云片岩、角闪石英片岩夹变质细砂岩。

变质矿物组合：Bi+Pl+Qz+Hb、Bi+Mu+Qz+Ad。

原岩建造：泥岩、粉砂岩建造。

变质建造：二云片岩与石英片岩互层夹变质砂岩建造。

变质相：绿片岩相。

Au矿多产于五道沟群变质岩系中或其边缘地带，推测该套变质岩系很可能是Au矿的矿源层。

(三)农坪—前山预测工作区

1.区域建造构造特征

五道沟群变质岩系是矿体主要围岩之一马滴达岩组、杨金沟组、香房子岩组的变质建造与成矿有关，可能为成矿提供物质来源。中二叠世闪长岩和晚三叠世花岗闪长岩是矿体的直接围岩之一，该两期岩浆热液可能带来成矿的Au、Cu的有益组分。酸性次火山隐伏岩体，花岗斑岩类岩体中含矿。闪长玢岩和石英闪长岩小岩株、岩脉和花岗斑岩脉在时空关系上与成矿关系最为密切，矿体产于其上下盘或穿插于其中。

2. 预测工作区建造构造特征

1)侵入岩建造

预测区内属小兴安岭-张广才岭构造岩浆岩带，侵入岩较发育，其中有二叠纪闪长岩、花岗闪长岩；三叠纪闪长岩、花岗闪长岩、二长花岗岩；脉岩为侏罗纪、白垩纪的一些脉岩。

(1)中二叠世闪长岩($P_2\delta$)：中细粒闪长岩，呈岩株产出，侵入五道沟岩群，被晚三叠世花岗闪长岩侵入。该期闪长岩与Au、Cu的成矿关系密切。同位素年龄(270.3±5.9)Ma(U-Pb)、(271.4±8.8)Ma(U-Pb)。

(2)中二叠世辉长岩($P_2\gamma\delta$)：中细粒花岗闪长岩，以岩基产出，被中二叠世闪长岩和晚三叠世花岗闪长岩侵入。

(3)晚三叠世辉长岩($P_3\nu$)：呈岩株产出，被晚三叠世花岗闪长岩侵入。

(4)晚三叠世闪长岩($T_3\delta$)：细粒闪长岩，以小岩株产出，侵入五道沟群中二叠世关门咀子组、早三叠世托盘沟组，被晚三叠世花岗闪长岩侵入。

(5)晚三叠世花岗闪长岩($T_3\gamma\delta$)：中细粒花岗闪长岩，以岩基产出，侵入五道沟群，中二叠世关门咀子组、解放村组，晚三叠世托盘沟组。岩石同位素测年值为(203±2)Ma(U-Pb)。

(6)晚三叠世二长花岗岩($T_3\eta\gamma$)：中细粒二长花岗岩，分布于预测区西北隅，以岩基产出，侵入五道沟群、解放村组，侵入晚三叠世闪长岩和花岗闪长岩。同位素测年值为(205±5)Ma(U-Pb)。

(7)早白垩世闪长玢岩($K_1\delta\mu$)：闪长玢岩(包含有石英闪长玢岩、辉长玢岩)，以岩株或岩墙(脉)产出。侵入五道沟群和解放村组，同时侵入中二叠世闪长岩，这期闪长玢岩即为AuCuW的含矿侵入岩，与Au、Cu矿产的形成有密切关系，可称之为目的层。同位素测年值为130.1Ma(K-Ar)。

⑧脉岩：预测区内的主要脉岩有闪长玢岩脉、花岗斑岩脉和石英脉。闪长玢岩脉、花岗斑岩脉与金铜钨矿关系密切。

2)沉积岩建造

(1)寒武-奥陶纪五道沟群：五道沟群为一条变质岩系，包括有马滴达岩组、杨金沟岩组、香房子岩组。马滴达岩组岩性为变色变质砂岩、变质粉砂岩夹变质英安岩；杨金沟岩组岩性组合为黑灰色角闪石英片岩、绿色角闪黑云片岩、黑云石英片岩夹条带状大理岩及片理化变质粉砂岩，局部夹变质英安岩；香房子岩组岩性主要为黑灰色红柱石二云石英片岩、含榴黑云母石英片岩、红柱石二云片岩、角闪石英片岩夹变质细砂岩。

(2)中二叠世关门咀子组(P_2g)：主要岩性为灰色片理化安山岩，局部安山质碎屑岩夹灰岩。

(3)中二叠世解放村组(P_2j)：主要岩性为深灰色细砂岩、粉砂岩夹粉砂质板岩。

(4)晚三叠世托盘沟组(T_3t)：主要岩性为黄灰色流纹岩，灰绿色安山质含角砾凝灰熔岩。

(5)中新世土门子组(N_1t)：岩性为土黄色半固结粗砂岩、砾岩。

(6)中新世老爷岭组(N_1l)：岩性为橄榄玄武岩、气孔状玄武岩、致密块状玄武岩。

(7)全新统Ⅰ级阶地及河漫滩堆积(Qh^{al})：全段为冲洪积砂砾石、粗砂、亚砂土、亚黏土等。

3)变质岩建造

预测区内的变质岩主要五道沟亲区域变质岩系。

(1)马滴达岩组：岩性为灰色变质砂岩、变质粉砂岩夹变质英安岩。

变质矿物组合：Bi+Pl+Qz+Hb。

原岩建造：碎屑岩-中酸性火山岩建造。

变质建造：变质砂岩夹变质英安岩建造。

变质相：绿片岩相。

(2)杨金沟岩组：岩性为灰色角闪石英片岩、绿色角闪黑云片岩、黑云石英夹薄层状变质英安岩。

变质矿物组合：Bi＋Pl＋Qz＋Hb。

原岩建造：中性火山岩、火山凝灰岩夹碳酸盐岩及碎屑岩建造。

变质建造：片岩夹大理岩及变质砂岩建造。

变质相：绿片岩相。

(3)香房子岩组：岩性为灰黑色红柱石二云石英片岩、含榴石黑云石英片岩、红柱石二云片岩、角闪石英片岩夹变质细砂岩。

变质矿物组合：Bi＋Pl＋Qz＋Hb、Bi＋Mu＋Qz＋Ad。

原岩建造：泥岩、粉砂岩建造。

变质建造：二云片岩与石英片岩互层夹变质砂岩建造。

变质相：绿片岩相。

Au 矿多产于五道沟群变质岩系中或其边缘地带，推测该套变质岩系很可能是 Au 矿的矿源层。

九、砾岩型金矿预测工作区建造构造特征

黄松甸子预测工作区

1. 区域建造构造特征

区内砾岩金矿赋存于新近纪中新世土门子组中，含矿建造即为砂砾岩建造，砂砾石的成分较为复杂，其中有花岗岩、安山岩、流纹岩脉、石英等，推测金的来源与中生代火山岩或更古老的含金岩石有关，古新纪之前形成的含金岩系风化剥蚀成碎屑，通过河流冲刷搬运，在适合的汇水盆地沉积，这属于蚀余堆积形成的岩石，属于蚀余堆积相。

2. 预测工作区建造构造特征

1)火山岩建造

区内火山岩仅有老爷岭玄武岩分布。岩石组合：灰黑色块状玄武岩、气孔状玄武岩、橄榄玄武岩。

火山建造：玄武岩建造。

火山岩相：喷溢相。

2)侵入岩建造

区内的侵入岩有中二叠世闪长岩、中二叠世花岗闪长岩、晚二叠世辉长岩、晚三叠世花岗闪长岩。

3)沉积岩建造

区内地层主要有寒武-奥陶纪香水河子岩组、二叠纪解放村组、新近纪中新世土门子组、新近纪中新世老爷岭玄武岩及第四纪全新统Ⅰ级阶地及河漫滩堆积。

(1)香水河子岩组：在区内零星分布，出露面积小于 $1km^2$，岩性为灰黑色红柱石二云片岩、角闪石石英片岩夹变质细砂岩。

(2)解放村组：分布于该区中部偏北的区域。岩性主要为深灰色细砂岩、粉砂岩夹粉砂质板岩。走向呈北北东向，厚度大于 1500m。

沉积建造：细砂岩与粉砂岩互层夹板岩建造。

(3)土门子组：在区内有较大面积出露，岩性为灰白色、灰黄色砾岩、砂岩、含砂砾岩。其中含植物化石：*Carpinus* cf. *megabracteata-Fagusstrxber* 组合。厚度为 142～420m。

沉积建造：砂砾岩建造。

(4)全新统Ⅰ级阶地及河漫滩：分布于区内的河流流域，岩性以冲洪积松散砂砾石和亚砂土、亚黏土

为主，均为松散堆积物，厚度大于 15m。

沉积建造：冲积-洪积物建造。

4）变质岩建造

仅有香水河子岩组零星出露。

岩石组合：黑灰色含红柱石二云片岩、角闪石英片岩夹变质细砂岩。

变质建造：二云片岩与石英片岩互层夹变质砂岩建造。

原岩建造：泥岩、粉砂岩。

变质矿物组合：Bi＋Pl＋Qz＋Hb、Bi＋Mu＋Qz＋Ad。

变质相：绿片岩相。

十、沉积型金矿预测工作区建造构造特征

珲春河预测工作区

1. 区域建造构造特征

在珲春河上游五道沟、杨金沟一带（本预测区之北），已知金矿床、金矿点有多处，说明砂金的矿源层在预测区之外的北部区域，含原生金的岩石经风化剥蚀，游离出的金粒混于河流的砂砾中顺流而下，在河曲发育的地段流速变慢，沉积下来，形成砂金矿，区内马滴达至上杨树河沟恰为河贡较为发育的区段，具备砂金的成矿条件，形成了砂金矿床。

2. 预测工作区建造构造特征

1）区域地貌特征

预测区地貌显现北东高、南西低，在东北部局部为低山区，大部分山地海拔小于 500m，属于丘陵区，珲春河自北东向南西顺流而下，河谷平均宽度为 1500～2000m，其中上游河东村—闹枝沟段平均宽度小于 1500m，下游闹枝沟—河北村段平均宽度在 2000m 左右，落差小于 100m。

（1）地貌单元：依据区内的地貌特征，可划分出 4 个地貌单元。

低山区：分布于预测区东北部，最高山海拔为 898m，在 534～700m 之间，按照我国山地分类表（据 1980 中国科学院地理研究所）海拔在 500～1000m 为低山区，小于 500m 为丘陵区。区内低山区分布于东北部，面积较小，小于 50km^2。

丘陵区：区内大部分山地海拔小于 500m，属于丘陵区，一般在 150～500m 之间。

Ⅱ级阶地：一般形成于河曲发育的部位，为比较典型的冲积阶地，在小红旗沟、上杨树沟、柳树河子村、闹枝等地分布，由亚黏土，砂、砂砾石构成，一般高出水面 8～10m。

Ⅰ级阶地河床河漫滩：沿珲春河分布，其上游河东村至闹枝段河谷相对较平直，河曲不够发育，下游闹枝沟至河北村段相对开阔，河曲发育。由于季节性洪水的冲刷，Ⅰ级阶地保留极不完整，故不能够将Ⅰ级阶地单独划分出来。

（2）低山-丘陵区的基石特征：该区域的基岩有中二叠世—晚三叠世的花岗岩类、晚三叠世—早白垩世的火山岩类，寒武纪—奥陶纪的变质岩类及中二叠世的砂板岩类，仅在胡芦鳖以南有小面积古近纪珲春组砂砾岩的分布区，多数基岩硬度相对较大，抗风化剥蚀能力较强。

（3）侵蚀特征：区内山地并不十分陡峭，珲春河谷属于 U 形河谷，珲春河在近 50km 的流动过程中落差小于 100m。总的来看侵蚀程度不十分强烈，属于中等侵蚀程度。

2)火山岩

托盘沟组(T_3t):出露于松亭村之东北部及庙岭村,岩性为黄灰色流纹岩、灰绿色安山质含角砾凝灰熔岩、含斑安山岩、灰黑色安山质含角砾凝灰熔岩、凝灰角砾岩夹凝灰岩。厚度大于1580m。

岩石组合:流纹岩、安山岩、安山斑岩及安山质凝灰熔岩夹少量凝灰岩,总体具有喷溢相特点。

早白垩世金沟岭期火山岩:岩石组合为深灰色玄武安山岩、安山岩,火山岩相为喷溢相,同位素测年值为100Ma(K-Ar)(该同位素测年值取于汪清县赤卫沟金沟岭组)。

3. 沉积岩建造

马滴达岩组:分布于马滴达及其以北区域,岩性为灰色变质砂岩,变质粉砂岩夹英安岩。

杨金沟岩岩组:分布于塔子沟及河东村以西一带,岩性为黑灰色角闪石英片岩,角闪黑云母片岩,黑云石英片岩夹条带大理岩及片理化变质粉砂岩,局部夹薄层变质英安岩。

香房子岩组:分布于上四道沟、西北沟等地,岩性为灰黑色红柱石二云石英片岩,含榴石黑云石英片岩,角闪石英片岩夹变质细砂岩。

关门咀子组:分布于平安村一带,岩性为灰色片理化安山岩,局部为安山质火山碎屑岩夹灰岩。厚度为2521m。

解放村组:分布于干沟子、泡子沿村一带,岩性为深灰色细砂岩、粉砂岩夹粉砂质板岩,厚度为2784m。

珲春组:分布于庙岭村,烟筒砬子村—胡芦鳖之南一带,岩性为灰黄色砾岩、砂岩、粉砂岩夹煤,胶结松散、抗风化能力较弱,厚度大于958m。

Ⅱ级阶地堆积:在小红旗沟、上杨树沟、柳树河子村、闹枝沟等地分布,岩性为冲洪积堆积物,其中有粉砂质亚黏土、亚黏土、砂砾岩石等,厚度大于8m。

Ⅰ级阶地及河漫滩河床堆积:沿珲春河谷分布,主要为冲洪积砂砾岩石、亚黏土、粉砂质亚黏土,厚度大于5m。

4. 侵入岩

区域内的侵入岩较为发育,其中有中二叠世侵入岩、晚三叠世侵入岩和早白垩世侵入岩。

中二叠世侵入岩:区域内中二叠世侵入岩有细粒辉长岩、中细粒闪长岩、中细粒花岗闪长岩。

晚三叠世侵入岩:主要有细粒闪长岩、中细粒花岗闪长岩、中粒二长花岗岩,其中以中细粒花岗闪长岩出露面积最大,以岩基产出,主要分布于北部的低山—丘陵区。

早白垩世侵入岩:仅出露有闪长玢岩,以岩株产出,主要分布于白虎山之西一带。

5. 变质岩

区内变质岩为寒武-奥陶纪的变质岩,其中有马滴达岩组、杨金沟岩组和香房子岩组。

马滴达岩组:岩石组合为变质砂岩、变质粉砂岩夹变质英安岩。变质建造为变质砂岩夹变质英安岩变质建造。变质相为绿片岩相。

杨金沟岩岩组:岩石组合为角闪石英片岩、黑云石英片岩夹条带状大理岩及变质粉砂岩。变质建造为片岩夹大理岩及变质砂岩变质建造。变质相为绿片岩相。

香房子岩组:岩石组合为红柱石二云石英片岩、含榴石黑云石英片岩、角闪石英片岩平变质细砂岩。变质建造为二云片岩与石英片岩互层平变质砂岩变质建造。变质相为绿片岩相。

第三节　大地构造特征

一、吉林省大地构造特征

吉林省大地构造位置处于华北古陆块(龙岗地块)和西伯利亚古陆块(佳木斯-兴凯地块)及其陆缘增生构造带内。由于多次裂解、碰撞、拼贴、增生,岩浆活动、火山作用、沉积作用、变形变质作用异常强烈,形成若干稳定地球化学块体和地球物理异常区,相对应出现若干大型—巨型成矿区(带),它们共同控制着吉林省重要的贵金属、有色金属、黑色金属、能源、非金属和水汽等不同矿产的成矿、矿种种类、矿床规模和分布。

省内出露有自太古宙—元古宙—古生代—新生代各时代多种类型的地质体,地质演化过程较为复杂,经历太古宙陆块形成阶段、古元古代陆内裂谷(坳陷)阶段、新元古代—古生代古亚洲构造域多幕陆缘造山阶段、中新生代滨太平洋构造域阶段的地质演化过程。

1.太古宙陆核形成阶段

吉南地区位于华北板块的东北部被称为龙岗地块中,地质演化始于太古宙,近年来研究发现原龙岗地块是由多个陆块在新太古代末拼贴而成,包括夹皮沟地块,白山地块、清原地块(柳河)、板石沟地块、和龙地块等。这些地块普遍形成于新太古代并于新太古代末期拼合在一起。

其表壳岩都为一套基性火山-硅铁质建造,以含铁、含金为特征;变质深成侵入体以石英闪长质片麻岩-英云闪长质片麻岩-奥长花岗质片麻岩、变质二长花岗岩为主。成矿以铁、金、铜为主,代表性矿床有夹皮沟金矿、老牛沟铁矿、板石沟铁矿、和龙鸡南铁矿、官地铁矿、金城洞金矿等。

2.古元古代陆内裂谷(坳陷)演化阶段

新太古代末期的构造拼合作用使得吉南地区形成统一的龙岗复合陆块,在古元古代早期以赤柏松岩体群侵位为标志,开始裂解形成裂谷,并伴有铜、镍矿化,形成赤柏松铜镍矿床。裂谷主体即为所谓的"辽吉裂谷带",裂谷早期沉积物为一套蒸发岩-基性火山岩建造,以含铁、硼为特征,代表性矿床有集安高台沟硼矿床、清河铁矿点;裂谷中期沉积物为一套硬砂岩、钙质硬砂岩夹基性火山岩、碳酸盐岩建造,以含铅锌为特点,代表性矿床为正岔铅锌矿;上部为一套高铝复理石建造,以含金为特点,代表性矿床为活龙盖金矿;古元古代中期裂谷闭合,伴有辽吉花岗岩侵入,完成了区域地壳的二次克拉通化。

古元古代晚期已形成的克拉通地壳发生坳陷,形成坳陷盆地,其早期沉积物为一套石英砂岩建造;中期为一套富镁碳酸岩建造,以含镁、金、铅锌为特点,代表性矿床有荒沟山铅锌矿、南岔金矿、遥林滑石矿、花山镁矿等,上部为一套页岩-石英砂岩建造,富含金、铁,代表性矿床有大横路铜钴矿、大栗子铁矿床。古元古代末期盆地闭合,见有巨斑状花岗岩侵入。

古元古代早期在延边松江地区沉积了一套变粒岩、浅粒岩、石英岩、大理岩组合,以往地质填图一般将之与吉南地区集安群、老岭岩群对比,因多数地质体被新生代火山岩覆盖,出露极不连续,研究程度极低。

3.新元古代—晚古生代古亚洲构造域多幕陆缘造山阶段

新元古代—古生代吉南地区构造环境为稳定的克拉通盆地环境,其沉积物为典型的盖层沉积,其中新元古代地层下部为一套河流红色复陆屑碎屑建造;中部为一套单陆屑碎屑建造夹页岩建造,以含金、铁为特点,代表性矿床有板庙子(白山)金矿、青沟子铁矿;上部为一套台地碳酸盐岩-藻礁碳酸盐岩-礁后盆地黑色页岩建造组合。早古生代地层下部为一套红色页岩建造,红色页岩夹浅海碳酸盐岩建造,以含磷、石膏为特征,代表性矿床有东热石膏矿、水洞磷矿等;上部为台地碳酸盐岩建造,大多可作为水泥灰岩利用。晚古生代地层早期为含煤单陆屑建造,构成了浑江煤田的主体,晚期为一套河流相红色多陆屑建造。

在吉黑造山带上晚前寒武纪末期至早寒武世,吉中地区处于华北板块稳定大陆边缘的中亚-蒙古洋扩张中脊形成阶段,早寒武世在九台的机房沟、四平的下二台一带具有拉张过渡壳特征,主要形成了一套大洋底基性火山喷发,夹有碎屑岩,少量碳酸盐岩和含铁、锰沉积,构成一套完整的火山沉积旋回。

延边地区的海沟地区、万宝地区的粉砂岩及板岩和龙白石洞地区的大理岩均见有具刺凝源类或波罗的刺球藻等化石,敦化地区的塔东岩群一般认为也可与黑龙江的张广才岭群对比,时代为新元古代晚期。塔东岩群以 Fe、V、Ti、P 成矿为主,代表性矿床为塔东铁矿。加里东期侵入岩以 Cu、Ni、Pt、Pd 成矿作用为主,代表性矿床有仁和洞铜镍矿。

中晚石炭世—早二叠世地层主要为一套碳酸盐岩建造,中二叠世为一套海相陆源碎屑岩夹火山岩建造,晚二叠世—早三叠世为陆相磨拉石建造。海西早期形成两条花岗岩带,一条为和龙百里坪-敦化六棵松二叠纪花岗岩带,为一套钙碱性—碱性花岗岩组合;另一条为延吉依兰-敦化官地二叠纪花岗岩带,同样为一套钙碱性系列花岗岩。同时,可见有超铁镁岩侵入,见有 Cr 矿化,代表性矿床有龙井彩秀洞铬铁矿点。海西晚期在所谓的槽台边界构造带内形成一条东起龙井江域经和龙长仁、海沟直至桦甸色洛河的几千米至十几千米宽的构造岩片堆叠带,带内堆叠了不同时代不同性质的构造岩片,以富含 Au 为特点。

古亚洲多幕造山运动结束于三叠纪,其侵入岩标志为长仁-獐项镁铁—超镁铁质岩体群的就位,在区域上构造了长仁-漂河川-红旗岭镁铁质—超镁铁质岩浆岩带,以 Cu、Ni 成矿作用为主,代表性矿床有长仁铜镍矿。而同期沉积作用的标志为白水滩拉分盆地的陆相含煤碎屑岩建造。

4. 中新生代滨太平洋构造域演化阶段

晚三叠世以来,吉林省进入滨太平洋构造域的演化阶段,受太平洋板块向欧亚板块的俯冲作用的影响。

在吉南地区浑江小河口、抚松小营子等地形成断陷含煤盆地,同时,在长白地区发育有长白组火山岩,在通化龙头村等地见有石英闪长岩-花岗闪长岩-二长花岗岩侵入;早侏罗世的构造活动基本延续晚三叠世的活动特征,其中主要沉积物为一套陆相含煤建造,代表性盆地有临江的义和盆地、辉南杉松岗盆地等,但火山岩不发育。侵入岩为一套石英闪长岩-花岗闪长岩-二长花岗岩-白云母花岗岩组合;中侏罗—早白垩世受太平洋板块斜俯作用的影响,区内形成一系列北东向走滑拉分盆地,沉积一系列火山-陆源碎屑岩,其中中侏罗世为一套红色细碎屑岩,晚侏罗世为一套钙碱性火山岩,早白垩世为一套钙碱性—偏碱性火山岩夹陆源碎屑岩,局部夹煤(如石人盆地),与火山岩相伴出现有一套岩石地球化学相当的侵入岩,局部地段见有碱性花岗岩侵入。

晚三叠世早期,在吉黑造山带上,沿两江构造而形成安图两江-汪清天桥岭幔源侵入岩带,主要出露在安图两江、三岔、青林子、亮兵、汪清天桥岭等地大致沿两江断裂带的北段呈小岩株状出露,岩性为一套碱性辉长岩、角闪正长岩、石英正长岩、碱长花岗岩组合。以 Fe、V、Ti、P 成矿作用为主,代表性矿床有三岔铁矿点、南土城子铁矿点。晚三叠世中晚期形成钙碱性岩系侵位,构成了和龙三合-珲春-东宁老黑山晚三叠世花岗岩带,岩性为闪长岩-石英闪长岩-花岗闪长岩-二长花岗岩组合。以 Au、Cu、W 成矿作用为主,代表性矿床有小西南岔金铜矿、杨金沟钨矿。与此同时,伴生有大量火山喷发,形成一系列火山盆地,代表性盆地有天宝山盆地,天桥岭盆地等。两者共同构成了滨西太平洋的晚三叠世岩浆弧,与之相关的次火山岩具有多金属成矿作用,代表性矿床有天宝山多金属矿。

早侏罗世—中侏罗世基本上继承了晚三叠世岩浆弧的特点，但火山作用不明显，未见有火山岩及沉积岩层，而钙碱性侵入岩较发育，但有两条侵入岩带，一条为和龙崇善-汪清春阳早侏罗世花岗岩带，岩性为闪长岩-石英闪长岩-花岗闪长岩-二长花岗岩-碱长花岗岩组合；另一条为大蒲柴河中侏罗世花岗岩带，岩性为花岗闪长岩-似斑状花岗岩闪长岩-二云母花岗组合。

晚侏罗世岩浆作用以火山喷发为主，形成一套钙碱性火山岩系(屯田营组)，侵入岩仅在火山盆地周边局部发育，具有次火山岩的特点。及至早白垩世随着欧亚板块的向外增生，受太平洋板块俯冲的远距离效应的影响，地壳明显处于拉分作用的状态，具有向裂谷系方向演化的特点，形成一系列断陷盆地，沉积了一系列陆相含煤建造(长财组)，偏碱性火山岩建造(泉水村组)及含油建造(大拉子组)，同时伴生有碱性花岗岩侵入(和龙仙景台岩体)。

晚白垩世盆地的裂谷性质已趋成熟，其中罗子沟等盆地发现有覆盖在大拉子组之上的一套安山玄武岩-流纹岩组合，具有双峰式火山岩的特点；而龙井组可能代表了该时期的类磨拉石建造。

晚侏罗世—白垩纪是吉黑造山带的一个重要成矿期，成矿以金铜为主，矿产地众多，代表性的有五凤金矿、刺猬沟金矿、九三沟金矿等。

新生代以来火山作用加剧，火山喷发物为大陆拉斑玄武岩-碱性玄武岩-粗面岩-碱流岩组合。

新生代地质体主要分布在长白山地区，为一套裂谷型大陆拉斑玄武岩-碱性玄武岩-碱流岩组合，以及少量河湖相砂砾岩夹硅藻土，另外在敦密构造带见有少量古近纪辉长岩侵入，同位素年龄为32Ma左右。

二、预测工作区大地构造特征

(一)绿岩型金矿预测工作区大地构造特征

1.夹皮沟—溜河预测工作区

该预测区位于前南华纪华北东部陆块(Ⅱ)龙岗-陈台沟-沂水前新太古代陆块(Ⅲ)，夹皮沟新太古代地块(Ⅳ)内。处于辉发河-古洞河深大断裂向北突出弧形顶部。区内构造主要以韧性变质变形构造为主，构成夹皮沟大型韧性走滑型剪切带，总体呈北西向，局部呈近东西向展布。其次为脆性断裂构造，按照断裂构造在区内总体展布方向划分，主要有北东向和北西向，其次为近东西向。区域韧性变质变形构造对含矿层起到控制作用。

2.金城洞—木兰屯预测工作区

该预测区位于前南华纪华北东部陆块(Ⅱ)龙岗-陈台沟-沂水前新太古代陆块(Ⅲ)，官地新太古代地块(Ⅳ)内。至少经历了3期变形，局部发育万韧性剪切带。区内脆性断裂比较发育，主要有北东向断裂、北西向断裂和南北向断裂。

3.安口镇预测工作区

该预测区位于前南华纪华北东部陆块(Ⅱ)龙岗-陈台沟-沂水前新太古代陆块(Ⅲ)，会全栈中太古代地块(Ⅳ)内。处于辉发河-古洞河深大断裂南侧。区内地质构造较为复杂，主要以断裂构造为主，其次为褶皱构造和韧性变形构造。

4.石棚沟—石道河子预测工作区

该预测区位于前南华纪华北东部陆块(Ⅱ)龙岗-陈台沟-沂水前新太古代陆块(Ⅲ)，会全栈中太古代地块(Ⅳ)内。处于辉发河-古洞河深大断裂向北凸出弧形顶部。区内构造主要以断裂构造为主,按照断裂展布方向划分,主要有北东向、北西向,在区域上北东向断裂被北西向断裂切割。

5. 四方山—板石预测工作区

该预测区位于前南华纪华北东部陆块(Ⅱ)龙岗-陈台沟-沂水前新太古代陆块(Ⅲ),板石新太古代地块(Ⅳ)内。区内区域应力作用下形成具有一定规模的多种变形构造。有韧性剪切带,断层(逆冲、走滑、正滑)、褶皱等构造。

(二)岩浆热液改造型金矿预测工作区大地构造特征

1. 正岔—复兴屯预测工作区

该预测区位于前南华纪华北东部陆块(Ⅱ)胶辽吉古元古代裂谷带(Ⅲ),集安裂谷盆地(Ⅳ)内。正岔复式平卧褶皱转折端。区内的构造较为复杂,断裂构造很发育。其中有近东西向断裂,北东—北北东向断裂和北西向断裂,其中以北东—北北东向断裂最为发育,亦是区内金、多金属矿产最重要的控矿构造和容矿构造。

2. 古马岭—活龙预测工作区

该预测区位于华北东部陆块(Ⅱ)胶辽吉古元古代裂谷带(Ⅲ),集安裂谷盆地(Ⅳ)内。区内构造主要以脆性断裂构造为主,其次为韧性变形构造。脆性断裂构造主要有北东向和北西向,其次为近南北向。区域韧性变质变形构造对含矿层起到控制作用,区域韧性变形构造方向为北西向,发育在古元古代变质岩中。

3. 荒沟山—南岔预测工作区

该预测区位于前南华纪华北东部陆块(Ⅱ)、胶辽吉古元古代裂谷带(Ⅲ)老岭坳陷盆地内。荒沟山"S"形断裂带中部。预测区内断裂构造较发育,主要有北东向、北北东向、北西向、近东西向、近南北向。

4. 冰湖沟预测工作区

该预测区位于前南华纪华北东部陆块(Ⅱ)、胶辽吉古元古代裂谷带(Ⅲ)老岭坳陷盆地内。荒沟山"S"形断裂带中部。预测区内断裂构造较发育,主要有北东向、近东西向。

5. 六道沟—八道沟预测工作区

该预测区位于华北叠加造山-裂谷系(Ⅰ)胶辽吉叠加岩浆弧(Ⅱ)、吉南-辽东火山盆地区(Ⅲ)、长白火山-盆地群(Ⅳ)。区内构造主要以断裂构造为主,主要有北东向、北北东向和北西向,在区域上北东向断裂有错断北西向断裂现象。

6. 长白—十六道沟预测工作区

该预测区位于华北叠加造山-裂谷系(Ⅰ)胶辽吉叠加岩浆弧(Ⅱ)、吉南-辽东火山盆地区(Ⅲ)、长白火山-盆地群(Ⅳ)。区内构造主要以脆性断裂构造为主,主要有北东向、北西向,在区域上北西向断裂错断北东向断裂。

(三)热液改造型金矿预测工作区大地构造特征

浑北预测工作区

该预测区位于前南华纪华北东部陆块(Ⅱ)、胶辽吉古元古代裂谷带(Ⅲ)老岭坳陷盆地(Ⅳ)内。区内区域应力作用下形成具有一定规模的多种变形构造。有韧性剪切带,断层(逆冲、走滑、正滑)、褶皱等构造。砬门里-林家沟韧性剪切带,卷入的地质体为太古宙变质英云闪长质片麻岩、变质二长花岗岩和大粟子岩组片岩类和珍珠门岩组大理岩。形成时代可能是南华纪。浑江盆地为巨型向斜构造,卷入的地质体有南华系、震旦系、寒武系、奥陶系和石炭系、二叠系,其上叠加中生代火山-沉积断陷盆地。区内断层众多,主要有北东向,同褶皱轴向断层,北西向横切褶皱轴向的断层。前者多属逆冲断层,后者属走滑或斜冲断层。

(四)火山沉积-岩浆热液改造型金矿预测工作区大地构造特征

漂河川预测工作区

该预测区位于南华纪—中三叠世天山-兴蒙-吉黑造山带(Ⅰ),包尔汉图-温都尔庙弧盆系(Ⅱ),下二台-呼兰-伊泉陆缘岩浆弧(Ⅲ),磐桦上叠裂陷盆地(Ⅳ)内,二道甸子-漂河岭复背斜构造南西倾没端。区内构造主要以断裂构造为主,其展布方向主要以北东向为主,北西向次之,于二道甸子附近,在黄莺屯组中发育有北东走向的倾没背斜褶皱构造,于预测区东南角,有大型敦-密断裂带通过。

(五)矽卡岩型-破碎蚀变岩型金矿预测工作区大地构造特征

1. 兰家预测工作区

该预测区位于东北叠加造山-裂谷系(Ⅰ)小兴安岭-张广才岭叠加岩浆弧(Ⅱ),大兴安-哈达岭火山盆地区(Ⅲ),大黑山条垒火山-盆地群(Ⅳ)。区内构造主要以断裂构造和褶皱构造均较发育。断裂构造主要有北东向、北北东向、北西向。预测区内断裂构造以北东向为主,其次为北西向。在兰家金矿区的构造主要有褶皱构造,其次为小型断裂构造。褶皱构造有后辛家窑向斜、杜家大屯东背斜、郑家油房向斜、团山子背斜、兰家倒转向斜。在兰家倒转向斜内发育有北西向、北西西向、北北东向断裂,断裂规模较小。区内金矿体、铁矿体、含铜硫铁矿体均赋存在该构造内。

2. 山门预测工作区

该预测区位于东北叠加造山-裂谷系(Ⅰ)小兴安岭-张广才岭叠加岩浆弧(Ⅱ),大兴安-哈达岭火山盆地区(Ⅲ),大黑山条垒火山-盆地群(Ⅳ)。区内构造主要为脆性断裂构造主要有北东向、北西向,在区域上北东向断裂错断了北西向断裂。且预测区内的断裂构造对矿产起到明显的控制作用,尤其是两组断裂交会、复合部位,是成矿的有利地段。

3. 万宝预测工作区

该预测区位于天山-兴蒙-吉黑造山带(Ⅰ)包尔汉图-温都尔庙弧盆系(Ⅱ),清河-西保安-江域岩浆弧(Ⅲ),图门-山秀岭上叠裂陷盆地(Ⅳ)。区内构造主要为断裂构造。主要有北东向、北西向和近东西向,在区域上北东向断裂错断北西向断裂。

(六)火山岩型金矿预测工作区大地构造特征

1. 石咀—官马预测工作区

该预测区位于南华纪—中三叠世天山-兴安-吉黑造山带(Ⅰ),包尔汉图-温都尔庙弧盆系(Ⅱ),下二台-呼兰-伊泉陆缘岩浆弧(Ⅲ),磐桦上叠裂陷盆地(Ⅳ)内的明于-石咀子向斜东翼,地质构造复杂。

2. 头道沟—吉昌预测工作区

该预测区位于南华纪—中三叠世天山-兴蒙-吉黑造山带(Ⅰ),包尔汉图-温都尔庙弧盆系(Ⅱ),下二台-呼兰-伊泉陆缘岩浆弧(Ⅲ),磐桦上叠裂陷盆地(Ⅳ)内,沿头道川-烟筒山韧性剪切构造带上。含金石英脉,受细碧岩、细碧玢岩层位和韧性剪切褶皱构造控制。

3. 刺猬沟—九三沟预测工作区

该预测区位于晚三叠世—新生代东北叠加造山-裂谷系(Ⅰ)、小兴安岭-张广才岭叠加岩浆弧(Ⅱ)、太平岭-英额岭火山盆地区(Ⅲ)、罗子沟-延吉火山盆地群(Ⅳ),延吉盆地北缘。在中二叠世庙岭组存在有轴向近南北的3个向斜构造和3个背斜构造,每个褶皱两翼倾角相对较陡,多在40°～70°之间,枢纽向南倾伏。在西部早白垩世大砬子组分布区存在一个向斜构造。褶皱轴向为北北西,两翼倾角为20°～30°,枢纽近水平。区内的断裂构造比较发育。其中有东西向断裂、南北向断裂、北东向断裂和北西向断裂区内的断裂具有多期多次活动的特点,不但控制刺猬沟断陷盆地,而且对区内Au成矿作用和矿化蚀变起到了控制作用和促进作用。

4. 五凤预测工作区

该预测区位于晚三叠世—新生代东北叠加造山-裂谷系(Ⅰ)、小兴安岭-张广才岭叠加岩浆弧(Ⅱ)、太平岭-英额岭火山盆地区(Ⅲ)、罗子沟-延吉火山盆地群(Ⅳ),延吉盆地北缘。在预测区南部大砬子组中存在一个向斜构造,为一个轴向北北西的一个较开阔的向斜构造,由于大砬子组出露面积较小,褶皱规模亦很小,不做详细阐述。区内的断裂主要为北东向断裂和北西向断裂。

5. 闹枝—棉田预测工作区

该预测区位于晚三叠世—新生代东北叠加造山-裂谷系(Ⅰ)、小兴安岭-张广才岭叠加岩浆弧(Ⅱ)、太平岭-英额岭火山盆地区(Ⅲ)、罗子沟-延吉火山盆地群(Ⅳ),延吉盆地北缘。汪清盆地向斜是由早白垩世大砬子组构成的向斜构造,向斜两翼较缓,向斜轴走向315°。百草沟向斜是一个褶皱轴走向近340°的残破向斜构造,西翼保存尚好,东翼被第四纪浮土掩盖,向斜核部为晚白垩世龙井组,依次还有大砬子组和长财组。区内断裂构造比较发育,其中有近东西向断层、南北向断层、北东向断层、北西向断层。

6. 杜荒岭预测工作区

该预测区位于晚三叠世—新生代东北叠加造山-裂谷系(Ⅰ)、小兴安岭-张广才岭叠加岩浆弧(Ⅱ)、太平岭-英额岭火山盆地区(Ⅲ)、罗子沟-延吉火山盆地群(Ⅳ),延吉盆地北缘。仅在杜荒岭一带珲春组中发育有比较宽缓的向斜构造。区内断裂构造有东西向断裂、南北向断裂、北西向断裂、北东向断裂,这些实测断裂多数延伸距离很短,而且分布相对比较分散。

通过遥感解译判定的断层主要为近东西向、北西向和北北西向。已知金矿床、金矿点恰好位于东西向、北北西向断裂的交会部位。

7. 金谷山—后底洞预测工作区

区内大地构造位置处于和龙地块与兴凯地块之间的复合部位，经历了新元古代至中、新生代的构造演化过程。山秀岭复式背斜构造是以晚石炭世山秀岭组为核部的复式背斜构造，西翼大蒜沟组，轴向近南北，其西翼为正常翼，东翼为倒转翼，西翼大蒜沟组发育一个背斜和向斜的次级构造。褶皱轴北端倾覆，被庙岭组覆盖。金谷山向斜以滩前组为核部的向斜构造，轴向北东至厚底洞一带，该向斜被大砬子组覆盖。区内的断裂有东西向断裂、南北向断裂、北东向断裂、北西向断裂，其中以沿图们江南北向断裂和东西向断裂规模大，延伸长。

8. 地局子—倒木河预测工作区

该预测区位于东北叠加造山-裂谷系（Ⅰ）、小兴安岭-张广才岭叠加岩浆弧（Ⅱ）、张广才岭-哈达岭火山-盆地区（Ⅲ）、南楼山-辽源火山-盆地群（Ⅳ）。吉中弧形构造的外带北翼。区内构造主要以断裂构造为主，主要以北东向为主，北西向次之。其矿脉多沿岩体与地层接触带展布，而热液型矿产，矿脉受控于北西向、北北西向断层。

（七）火山爆破角砾岩型金矿预测工作区大地构造特征

香炉碗子—山城镇预测工作区

该预测区位于胶辽吉叠加岩浆弧（Ⅱ）吉南-辽东火山-盆地群（Ⅲ）柳河-二密火山-盆地区。北东向柳河断裂与北西向水道-香炉碗子西山断裂交叉部位。

（八）侵入岩浆型金矿预测工作区大地构造特征

1. 海沟预测工作区

该预测区位于晚三叠世—新生代东北叠加造山-裂谷系（Ⅰ）、小兴安岭-张广才岭叠加岩浆弧（Ⅱ）、太平岭-英额岭火山-盆地区（Ⅲ）敦化-密山走滑-伸展复合地堑（Ⅳ）内。二道松花江断裂带金银别-四岔子近东西向韧-脆性剪切带东端与两江-春阳北东向断裂带交会处。区内构造主要以断裂构造为主，有北东向、北西向、东西向，每条断裂带又是许多平行似等间距分布的北北东向、北东向断裂组成。在平面、剖面上具有舒缓波状延展特点。

2. 小西南岔—杨金沟预测工作区

该预测区位于晚三叠世—新生代东北叠加造山-裂谷系（Ⅰ），小兴安岭-张广才岭叠加岩浆弧（Ⅱ），太平岭-英额岭火山-盆地区（Ⅲ），罗子沟-延吉火山-盆地群（Ⅳ）。褶皱构造区内仅在五道沟群中发育有残破的向斜构造，向斜核部为香房子组。东翼有杨金沟岩组，两翼为杨金沟岩组和马滴达岩组。区内断裂十分发育，其中有东西向、北北东向、北西向和南北向断层。层面都倾向于矿田。

3. 农坪—前山预测工作区

该预测区位于晚三叠世—新生代东北叠加造山-裂谷系（Ⅰ），小兴安岭-张广才岭叠加岩浆弧（Ⅱ），太平岭-英额岭火山-盆地区（Ⅲ），罗子沟-延吉火山-盆地群（Ⅳ）。预测区内断裂较发育，主要有东西向、北东向和南北向断层。预测区内环形构造较发育，见有多处。其中位于柳树河子、白虎山和烟筒砬子村的环形构造，内见有金、铜矿床及砂金矿点。说明环形构造与成矿可能有一定的关系，在今后的工作中要引起注意。

（九）砾岩型金矿预测工作区大地构造特征

黄松甸子预测工作区

该预测区位于晚三叠世—新生代东北叠加造山-裂谷系（Ⅰ），小兴安岭-张广才岭叠加岩浆弧（Ⅱ），太平岭-英额岭火山-盆地区（Ⅲ），罗子沟-延吉火山-盆地群（Ⅳ）。有桦树咀子-兰家趟子背斜构造、珲春市春化金矿向斜。由于区内有较大面积老爷岭玄武岩的覆盖，加之岩石露头极少，造成区内断层极少。

（十）沉积型金矿预测工作区大地构造特征

珲春河预测工作区

该预测区位于晚三叠世—新生代东北叠加造山-裂谷系（Ⅰ），小兴安岭-张广才岭叠加岩浆弧（Ⅱ），太平岭-英额岭火山-盆地区（Ⅲ），罗子沟-延吉火山-盆地群（Ⅳ）。区内断裂构造不十分发育，主要有近东西向断裂、北北东向断裂。

第六章　典型矿床与区域成矿规律研究

第一节　技术流程

一、典型矿床研究技术流程

（1）典型矿床的选取，选取具有一定规模、有代表性、未来资源潜力较大、在现有经济或选冶技术条件下能够开发利用，或技术改进后能够开发利用的矿床。

（2）从成矿地质条件、矿体空间分布特征、矿石物质组分及结构构造、矿石类型、成矿期次、成矿时代、成矿物质来源、控矿因素及找矿标志、矿床的形成及就位演化机制9个方面系统地对典型矿床进行研究。

（3）从岩石类型、成矿时代、成矿环境、构造背景、矿物组合、结构构造、蚀变特征、控矿条件8个方面总结典型矿床的成矿要素，建立典型矿床的成矿模式。

（4）在典型矿床成矿要素研究的基础上叠加地球化学、地球物理、重砂、遥感及找矿标志，形成典型矿床预测要素，建立预测模型。

（5）以典型矿床≥1∶1万综合地质图为底图，编制典型矿床成矿要素、预测要素图。

二、区域成矿规律研究技术流程

广泛搜集区域上与磷矿有关的矿床、矿点、矿化点的勘查、科研成果，按如下技术流程开展区域成矿规律研究。

（1）确定矿床的成因类型。

（2）研究成矿构造背景。

（3）研究控矿因素。

（4）研究成矿物质来源。

（5）研究成矿时代。

（6）研究区域所属成矿区带及成矿系列。

（7）编制成矿规律图件。

第二节　典型矿床研究

一、典型矿床选取及其特征

1.绿岩型

该类型金矿赋矿层位为新太古代火山沉积-变质建造（表壳岩），受后期多期岩浆热液改造，且受区域韧性剪切带控制的金矿。典型矿床选桦甸市夹皮沟金矿床、桦甸市六批叶金矿床（六批叶金矿，为产在太古代深成变质侵入岩体内,受后期多期岩浆热液改造,且受区域韧性剪切带控制的金矿,也暂归入此类)。

2. 岩浆热液改造型

(1)受古元古代荒岔沟组辉变粒岩、石墨黑云变粒岩、黑云斜长片麻岩、斜长角闪岩,印支期及燕山期中酸性岩类控制的金矿,典型矿床选集安市西岔金矿床。

(2)受古元古代大东岔组斜长角闪岩、含墨矽线石榴黑云变粒岩、蚀质蚀变岩与燕山期岩浆岩控制的金矿,典型矿床选集安下活龙金矿床。

(3)受古元古代珍珠门组底部片岩和大理岩、荒沟山-南岔构造带、后期岩浆热液控制的金矿床,典型矿床选通化县南岔金矿床、白山市荒沟山金矿床。

(4)受新元古代钓鱼台组褐红—紫红—紫灰色构造角砾岩及钓鱼台组石英砂岩与珍珠门组硅化白云质大理岩间的不整合面控制的金矿,典型矿床选白山市金英金矿床。

3. 火山沉积-岩浆热液改造型

(1)受寒武—奥陶系碳质云英角页岩与长石角闪石角页岩互层,燕山期花岗岩类,北西向冲断层控制。典型矿床选桦甸市二道甸子金矿床。

(2)早古生代火山-沉积建造及后期岩浆热液改造控制的金矿床,典型矿床选辽源弯月金矿。

4. 矽卡岩型-破碎蚀变岩型

受二叠纪范家屯组变质粉砂岩、杂砂岩、泥质粉砂质板岩、斑点板岩组合,大理岩(灰岩),燕山期花岗岩控制。典型矿床选长春市兰家金矿床。

5. 火山岩型

(1)受海相火山岩控制的金矿床,即受石炭纪余富屯组细碧岩、细碧玢岩层位控制的金矿,典型矿床选永吉头道川金矿床。

(2)受侏罗纪屯田营组(三叠统托盘沟组)南楼山组安山岩、次安山、安山质角砾凝灰岩和集块岩、安山质角砾凝灰熔岩和次火山岩、晶屑岩屑凝灰岩及含砾晶屑岩屑凝灰岩及火山口构造控制的金矿,典型矿床选汪青县刺猬沟金矿床、汪清县五凤金矿床、汪青县闹枝金矿床、永吉县倒木河金矿床。

6. 火山爆破角砾岩型

受侏罗纪流纹质含角砾岩屑晶屑凝灰岩及流纹质熔结凝灰岩及火山口构造控制的金矿,典型矿床选梅河口市香炉碗子金矿床。

7. 侵入岩浆热液型

该类型金矿受中生代侵入岩浆控制,可分为岩浆热液型、斑岩型及火山次火山热液型,典型矿床选安图县海沟金矿床、珲春市小西南岔金铜矿床、珲春市杨金沟金矿床。

8. 砾岩型

该类型金矿受土门子组巨粒质中粗砾岩、中细砾岩控制。典型矿床选珲春市黄松甸子金矿床。

9. 沉积型

该类型金矿受现代河床沉积相控制。典型矿床选珲春河砂金矿四道沟矿段。

沉积型,沉积金矿又可分为古砾岩型金矿和现代砂金矿,代表型矿床为黄松甸子砾岩型金矿床、珲春和砂金矿床。

(一)桦甸市夹皮沟金矿床特征

1.成矿地质背景及成矿地质条件

矿床位于前南华纪华北东部陆块(Ⅱ)龙岗-陈台沟-沂水前新太古代陆块(Ⅲ),夹皮沟新太古代地块(Ⅳ)内。处于辉发河-古洞河深大断裂向北突出弧形顶部。

(1)地层:矿区内主要出露花岗岩-绿岩带,西南侧分布有古太古代高级区深变质地体,北部及东南部零星出露有元古宙色洛河群和中侏罗系。见图 6-2-1。

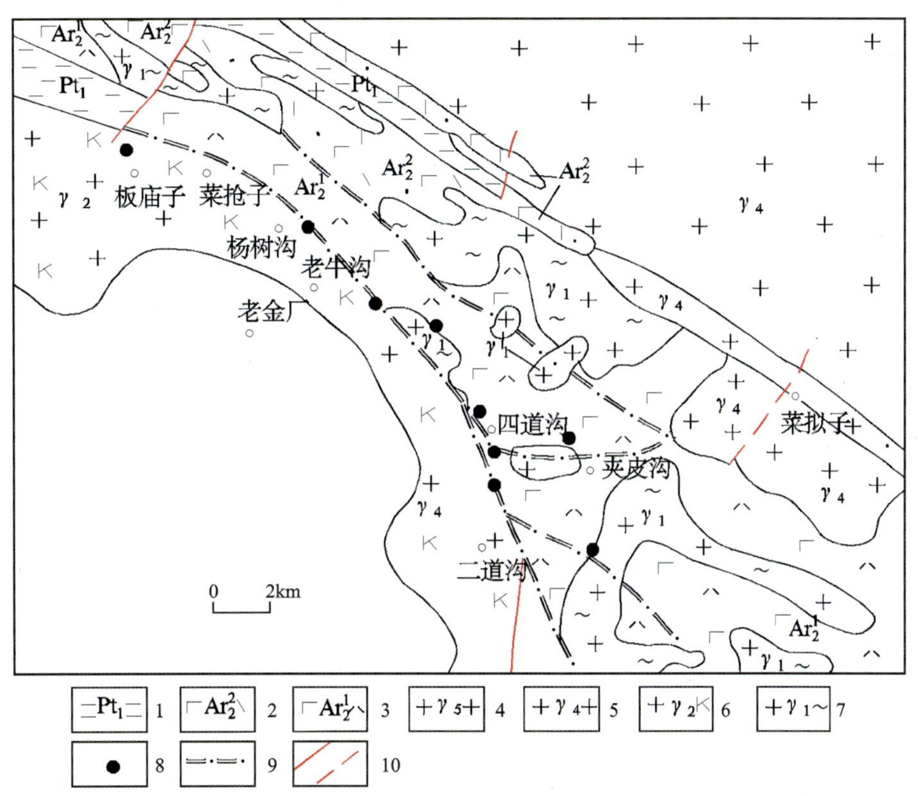

1.色洛河群;2.夹皮沟绿岩带上部层位;3.夹皮沟绿岩带下部层位;4.燕山期花岗岩;5.海西期花岗岩;6.五台-中条期钾质花岗岩;7.阜平期英云闪长岩-奥长花岗岩;8.金矿床;9.韧性剪切带;10.断层及推断断层。

图 6-2-1　桦甸市夹皮沟金矿田地质略图

矿床赋存于夹皮沟绿岩带之中,由于英云闪长岩、奥长花岗岩的侵入,使整个绿岩带被分割成若干长条状断块。分为两个层序:下部层序相当于原三道沟群下含铁层,其原岩为镁铁质火山岩夹超镁铁质岩,沿该层底部被元古宙的板庙岭钾质花岗岩侵入。主要变质岩为斜长角闪岩,底部夹少量超镁铁质变质岩,顶部夹黑云变粒岩和条带状磁铁石英岩,金矿床赋存于镁铁质火山岩之中。上部层序大致相当于三道沟组上含铁层,为镁铁质—长英质火山岩及火山碎屑岩-沉积岩。岩性主要有黑云变粒岩、黑云片岩,磁铁石英岩、斜长角闪岩等。为含铁层位,老牛沟铁矿即赋存其中。

(2)构造复杂,主要以阜平期的褶皱构造和韧性剪切带为基础构造,其褶皱轴及韧性剪切带展布方向总体上都为北西向,在韧性剪切带中有多次脆性构造叠加,形成了多条理行的挤压破碎带。大部分金矿床位于褶皱构造轴部、陡翼或倾没端,并与韧性剪切带空间呈现协调性。

韧性剪切带是在褶皱变形过程形成的,矿田内主要有老牛沟和腰仓子两条韧性剪切带,走向北西。矿田内所有金矿床都产在韧性剪切带中。

矿田脆性构造，从早元古至中生代均有发育，古洞河超岩石圈断裂呈北西向展布，后期构造使其继续活动，并伴有多条新的脆性构造产生，这些脆性构造是本区容矿构造，按含矿断裂产状展布方向可划分两类：①矿体走向与韧性剪切带走向大致平行，但倾向上有较小交角，或倾向相反；②矿体走向与韧性剪切带走向斜交或垂直。一般说来，平行韧性剪切带那组矿脉规模大，为各矿床主要矿体。

按含矿断裂的方向可将其分为两类：一类是矿体走向与韧性剪切带大致平行，但在倾向上有较小的交角（如夹皮沟本区大露头脉、老一、二、三、五、六号脉，新一、三、四、六、八号脉等）或两者倾向相反，如夹皮沟本区聚宝山矿脉，新六号脉等。另一类含矿断裂走向与韧性剪切带片理走向斜交或垂直，如夹皮沟本区聚宝山段的老二号脉等。其中前一类矿脉规模大，连续性好、构成主矿体。

（3）区内岩浆活动频繁，以阜平期、中条期和海西期最为剧烈，燕山期次之。阜平期英云闪长岩-奥长花岗岩带围绕并侵入绿岩带；中条期钾质花岗岩和海西期花网岩分别出露于矿区的西南和北东部；燕山期钾长花岗岩仅在东南及东北部出露，另外，燕山期及海西期的脉岩广布，与金矿关系密切，主要表现在含金石英脉赋存于岩脉裂隙之中或其上下盘，含金石英脉与岩脉相互穿插，甚至岩脉本身构造成矿体，表明二者形成时间相近。

2.矿体三度空间特征

夹皮沟金矿，矿体以含金石英脉为主，其次破碎蚀变。含金石脉多以单脉和复脉产出，呈脉状、似脉状及透镜状、串珠状。沿走向及倾向变化复杂，分支复合、尖来再现明显。矿脉产关变化较大，自南向北走向由 NE→NEE→NNW→NW→NNE→EW，倾角由缓（20°～45°）逐渐变陡（75°～85°），而倾向则由 SE 变为 SW 向。倾向与围岩剪切理有一定交角，走向与韧性剪切带基本一致。

含金石英脉的厚度变化较大，最薄 0.1m，最厚达 22m，一般 0.5～1.5m，长度一般为 50～200m，最长为 770m，延深往往大于延长，一般为 100～300m，最大可达 670m。见图 6-2-2～图 6-2-4。

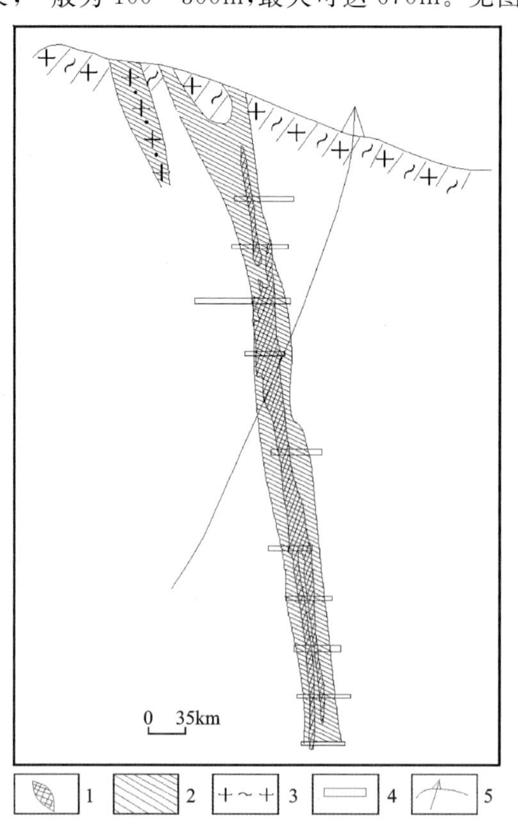

1.含金石英脉；2.糜棱岩化带；3.角闪斜长片麻岩；4.坑道；5.钻孔。

图 6-2-2 三道岔金矿地质剖面图

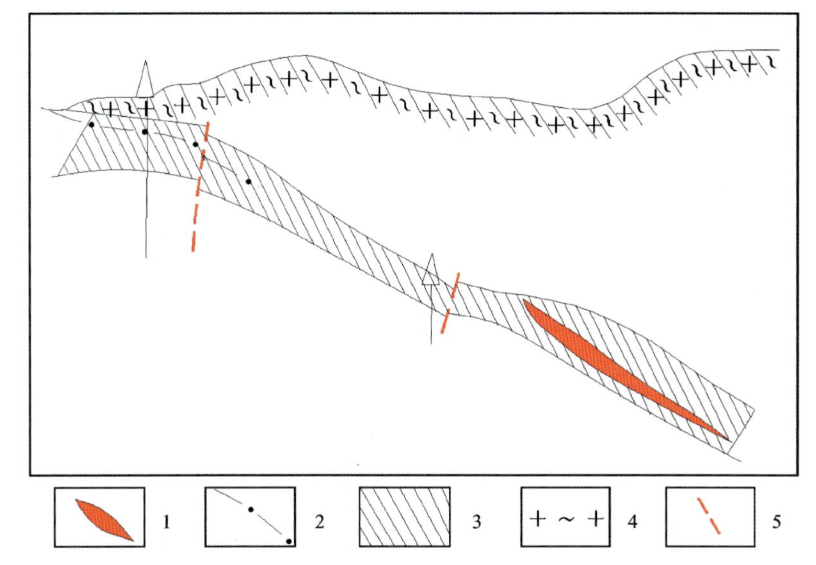

1. 含金石英脉；2. 石英脉；3. 糜棱岩化带；4. 角闪斜长片麻岩和斜长角闪片麻岩；5. 断层。
图 6-2-3 夹皮沟(本区)金矿地质剖面示意图

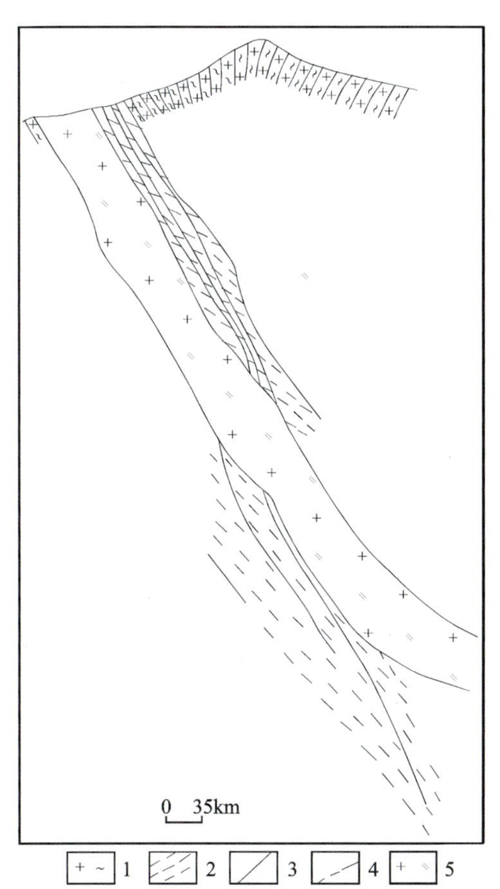

1. TTG 质片麻岩；2. 韧性剪切带；3. 含金石英脉；
4. 实测及推测韧性剪切带边界；5. 海西期花岗闪长岩。
图 6-2-4 夹皮沟(本区)金矿地质剖面图

近矿围岩为斜长角闪岩、绿泥片岩、角闪斜长片麻岩。
控矿构造为北西向韧性剪切带外缘、夹皮沟向斜陡翼。

3.矿石矿物成分

矿石成分：含金矿物为自然金、银金矿、针碲金矿，自然金主要为包裹金，次为裂隙金，少数为晶隙金形式赋存于石英、黄铁矿、黄铜矿、方铅矿、磁铁矿、赤铁矿中，有时见与黄铜矿银金矿连生。其中，赋存于石英、黄铁矿、磁铁矿、赤铁矿中金的成色最好；在黄铜矿、方铅矿中的较差。矿石金品位为(4.0～50)×10^{-6}，伴生银、铅、铜等，银、铜、铅、铋与金呈正消长关系，主要成矿元素、伴生元素及微量元素从矿体到近矿围岩，金、银、铜、铅、锌等递减，钒、钛、钡、锶递增。特征元素矿上部为金、银、铅，矿体本身为金、铜、锰、钴，矿下部金、钼、银、铅、钒、钛，钴、钼、锰、钒、铜、钨、钡、锶逐渐增高。其中铜、钴在含金石英脉中部富集，钼、钡、锶在其下部富集。

矿石类型：金-黄铁矿型、金-黄铁矿-黄铜矿-方铅矿型。

矿石矿物组合：矿石矿物成分较复杂，主要金属矿物为黄铁矿、黄铜矿、方铅矿，次为磁黄铁矿、闪锌矿、磁铁矿、白铁矿、白钨矿、黑钨矿、辉铋矿、辉银矿、铜银铅铋矿、菱铁矿；金矿物有自然金、银金矿、针碲金矿、碲金矿；脉石矿物有石英、绿泥石、孔雀石和蓝铜矿。

矿石结构构造：结构以自形、半自形粒状，交代残余结构为主，尚有碎裂结构构造有条纹、条带状、浸染状、角砾状、网脉状、脉状等，条带状是构成矿体的主要类型。

4.围岩蚀变

近矿围岩多为动力变质岩，并为热液蚀变叠加，通常热液蚀变较窄，矿体内侧较强烈的蚀变为1～2m，最大亦不超过数米。蚀变主要有绿泥石化、绢云母化、黄铁矿化、硅化、方解石化、铁白云石化等。其中前3种秘金矿化关系密切。蚀变带规模与构造裂隙的发育程度有关，蚀变矿物类型又受围岩岩性控制。

5.成矿阶段

矿床成矿共分为5个阶段。

Ⅰ石英阶段：早期脉状石英，构成石英脉的主体。

Ⅱ多属氧化物阶段：由白钨矿、菱铁矿开始以黑钨矿、磁铁矿结束。

Ⅲ石英-黄铁矿阶段：石英与黄铁矿呈充填的条带切穿金属氧化物并出现含铋硫化物，为金的富集阶段。

Ⅳ多金属硫化物阶段：由多金属硫化物组成的细脉或网脉，切穿石英-黄铁矿脉，为金的主要富集期；

Ⅴ石英—碳酸盐阶段：碳酸盐矿物及晚期石英成脉状穿切含金石英脉或成团块沿含金石英脉两侧的片理带分布。其中Ⅲ、Ⅳ为金的主要富集阶段，形成工业矿体；Ⅰ、Ⅴ阶段一般不含金。

6.地球化学特征

(1)微量元素地球化学特征：晚期太古宙绿岩带高于早太古宙高级区变质地体，绿岩带下部层位，其含量近克拉克值的10倍。从三叠纪—白垩纪一些岩体含金丰度较高是克拉克值的6～110倍，见表6-2-1、表6-2-2。

(2)硫同位素地球化学特征：据夹皮沟矿区目前已积累的387件矿石硫同位素数据统计，见表6-2-3，其$\delta^{34}S$的变化范围为-2.7×10^{-3}～$+11.9\times10^{-3}$，其中80%以上的样品的$\delta^{34}S$集中在$+3\times10^{-3}$～$+6.4\times10^{-3}$之间，平均为$+5.7\times10^{-3}$，为正向偏离。同围岩硫比较，矿石硫略大于围岩硫，一般为(0.5～4)×10^{-3}，这种重化现象符合硫同位素的热力效应。

表 6-2-1　夹皮沟地层含金丰度

	位置	样品数	平均含量/$\times10^{-6}$
晚太古宙	绿岩带上部	18	0.004
	绿岩带下部	10	0.039
早太古宙	上壳岩	6	0.003
	TTG	26	0.002 8

表 6-2-2　岩浆岩微量分析结果表(据 604 队,1977)

岩体名称	微量金/10^{-6}	克拉克值倍数	时代
北大顶子花岗岩	0.55	110	三叠纪
四道岔花岗岩	0.39	66	三叠纪
黄泥岭花岗岩	0.04	8	石炭-三叠纪
二道沟花岗闪长岩	0.40	80	二叠-三叠纪
八家子正长斑岩	0.05	10	二叠-三叠纪
四道岔正长斑岩	0.05	10	二叠-三叠纪
大金牛花岗斑岩	0.08	16	三叠纪
兴安屯花岗斑岩	0.03	6	白垩纪

表 6-2-3　夹皮沟矿区围岩硫同位素组成对比表

岩(矿)石名称	变化范围(‰)	平均值(X)	极差(R)
斜长角闪岩	+3.0～+5.2	+2.17(18)	2.2
英云闪长岩	+1.8～+2.4	+2.00(3)	0.6
黑云处岩	−0.2～+3.0	+1.68(5)	3.2
磁铁石英岩	+0.4～+6.0	+2.46(10)	5.6
绿岩带总体	−0.2～+6.0	+2.17(36)	6.2
矿石	−2.7～+11.9	+5.76(387)	14.6
辉绿岩	+0.2～+0.4	+0.16(3)	0.6

(3)铅同位素组成特征:铅同位素变化较大,$^{206}Pb/^{204}Pb$ 为 15.31～18.13,$^{207}Pb/^{204}Pb$ 为 15.22～16.22,$^{208}Pb/^{204}Pb$ 为 36.64～40.99,这种铅同位素差异反映了该区金矿石铅多是异常铅,见表 6-2-4。

表 6-2-4　矿(岩)石铅同位表组成及模式年龄

顺序号	样品号	测定单位	采样位置	测定矿物	$^{206}Pb/^{204}Pb$	$^{207}Pb/^{204}Pb$	$^{208}Pb/^{204}Pb$	年龄值/Ma	资料来源
1	75-4	长春地院	夹皮沟本区大猪圈坑	黄铜矿	16.578	15.431	37.627	1151	地研所
2	8-1	北京三所	夹皮沟本区万宝山坑	方铅矿	17.82	16.07	40.63	1062	王义文
3	8-2	北京三所	夹皮沟本区	方铅矿	17.31	15.64	39.68	1000	王义文

续表 6-2-4

顺序号	样品号	测定单位	采样位置	测定矿物	$^{206}Pb/^{204}Pb$	$^{207}Pb/^{204}Pb$	$^{208}Pb/^{204}Pb$	年龄值/Ma	资料来源
4	8-3	北京三所	夹皮沟本区	方铅矿	16.41	15.29	36.64	1300	王义文
23	Pb-1	长春地院	夹皮沟绿岩带下部层位斜长角闪岩	全岩	17.242	15.578	38.118	1010	地研所
24	Pb62-1	长春地院	夹皮沟绿岩带下部层位斜长角闪岩	全岩	16.765	15.253	36.255	755	地研所
25	R-7	长春地院	夹皮沟绿岩带下部层位斜长角闪岩	全岩	17.667	15.564	38.069	425	地研所
26	T34-8	长春地院	夹皮沟绿岩带下部层位斜长角闪岩	全岩	17.420	15.566	37.541	648	地研所
27	Pb48	长春地院	夹皮沟岭上英云闪长岩	全岩	16.537	15.273	36.779	952	地研所
28	Pb196	长春地院	夹皮沟地区板庙岭钾质花岗岩	全岩	16.520	15.541	36.078	1245	地研所

(4)矿石中、岩石中石英包裹体中氢氧同位素测定结果见表 6-2-5，从表中看出，矿石中石英包裹体 $\delta^{18}O$‰变化范围为-6.7‰～-14.4‰，平均为-10.46‰，说明成矿过程中对 $\delta^{18}O$ 改造特别强烈，并有大气水的($\delta^{18}O$ 为-11‰)参与；矿石中石英包裹体 δD‰变化于-74.2‰～-92.4‰之间，平均为-87.32‰，与该区变质岩系 δD‰(平均值-84.35‰)大致相近，也接近该区太古宙及中生代花岗岩的 δD‰值，表明了成矿溶液乃至重熔花岗岩形成过程中都继承了绿岩带变质水同位素特征。

表 6-2-5　石英包裹体的 δD‰、$\delta^{18}O$‰测定结果

样号	采样位置	测定矿物	δD‰(SMOW)	$\delta^{18}O$‰(SMOW)	资料来源
75-3	夹皮沟本区大猪圈坑含金石英脉	石英	-89.8	-10.3	戴新义等
G-8	夹皮沟绿岩带岩石	石英	-92.4		吴尚全
64-5	夹皮沟绿岩带铁矿层中石英	石英	-76.3	-5.9	戴新义等
G-1	早太古英云闪长岩	石英	-84.7		吴尚全
G-22	中生代花岗岩	石英	-86.7		吴尚全

注:"戴新义等"样品由地矿部矿床所刘裕庆等测定(1987)

7. 成矿物理化学条件

(1)成矿温度:矿石中共生硫同位素组成，计算硫同位素平衡温度为 206～445℃，与包裹体相等。见表 6-2-6。

表 6-2-6　硫同位素平衡温度表

矿床	采样位置及编号	共生矿物对	$\triangle\delta^{34}S$	平衡温度/℃	包裹体温度/℃
夹皮沟区	万宝山 1102、1101	py-Gn	2.9	323	210～355
	第三号脉 1107、1108	Cp-Gn	1.6	329	

(2)包裹体成分：见表 6-2-7，含矿石英成分不太一致，成矿热液性质为 Na^{+}-K^{+}-SO_4^{3-}-Cl^{-} 型，金主要以$[AuCl]^{-1}$、$[AuS_2]^{-2}$、$[AuS_2O_3]^{-3}$等氯硫络合物形式运移。

表 6-2-7　夹皮沟矿田各类石英包裹体成分数据表

序号		1	2	3	4	5
样品号		75-3	G-1	G8	64-5	G22
采样位置		夹皮沟本区大猪圈坑	早太古代地体	绿岩带	绿岩带磁铁石英岩	显生宙花岗岩
阳离子组 (μg/10g)	K^{+}	15.68	1.8	4.0	4.39	4.5
	Na^{+}	12.98	1.6	15.0	46.9	8.3
	Ca^{2+}	2.79	88.7	0.00	40.3	
	Mg^{2+}	0.48	18.7	7.5	0.00	2.0
阴离子组 (μg/10g)	F^{-}	9.99	4.3	12.5	0.55	3.4
	Cl^{-}	20.27	23.9	20.0	48.58	25.8
	SO_4^{2-}	35.54	40.0	200.0	41.97	59.4
	HCO_3^{-}		71.7	42.0		
	NO_3^{-}	0.00				
	PO_4^{3-}	0.00				
气相成分 (μg/kg)	H_2O	2 248.84	4.4	4.0	1 585.38	5.8
	CO_2	828.68	0.874	0.33	185.22	0.16
	H_2	0.960			0.000	
	O_2	0.000			0.000	
	N_2	0.000			4.427	
	CH_4	6.951			1.35	
	CO	0.000			0.648	

8. 成矿物质来源

晚太古代裂谷形成以后，深大断裂切穿地壳深部，引发火山喷发产生以拉斑玄武岩为主的镁铁质-长英质-碱质火山岩建造，形成了底部含金丰度较高的初始矿源层。经阜平期、中条期构造-岩浆活动，提供了热源，使成矿物质活化、迁移进一步富集，形成变质后的矿源层，局部形成小矿体。又经海西—燕山期构造-岩浆活动，侵入岩为成矿提供部分成矿物质及充足的热源，进一步地改造矿源层并加热部分下渗天水，形成含矿的复合热液、热液在循环过程继续萃取地层中成矿物质，迁移至有利地段富集成矿。

9. 成矿时代

夹皮沟金矿为多阶段成矿，始于太古宙晚期变质变形，终于燕山期。但主成矿期各家说法不一，本报告采用据八家子和二道沟含金石英脉中水热锆石铀一铅一致线上交点年龄值(2469±33)Ma 及(2475±19)Ma(李俊建等，1996)作为夹皮沟金矿的主成矿期；省冶金研究所王义文研究认为，夹皮沟主成矿期为晚太古和早元古(1900～1800Ma)，与我国北方主要两次变质作用时期相吻合；戴薪义等(1986)对板庙子金矿的含金石英脉钾—氩稀释法获得年龄值为(1 864.34±45.44)Ma，也表明矿田某些金矿形成与古元古代构造岩浆活动有关。1050Ma 年板庙子花岗片麻岩、938Ma 年鹿角沟变闪长岩及一些矿床1000Ma年左右年龄等数据表明,中元古代晚期可能又是一次较主要的成矿期;燕山期脉岩与矿体密切的空间关系表明,燕山期构造岩浆活动对夹皮沟金矿的再富集起到重要的作用。

矿床成因类型:火山沉积变质热液矿床,后期热液叠加。

10.控矿因素及找矿标志

(1)控矿因素:矿体赋存于大陆边缘裂谷中的绿岩带下部层位,该层含金丰度较高,为矿源层。深大断裂、韧性剪切带控制了矿田的展布,叠加于韧性剪切带之上的线性构造为容矿构造。各期的中酸性岩体发育,与矿空间关系密切。晚期岩体及脉岩含金丰度较高。

(2)找矿标志:花岗绿岩建造出露区,蚀变是本区的重要找矿标志,蚀变类型有硅化、绿泥石化、绢云母化、黄铁矿化、方解石化及白铁矿化为主。地球化学标志:1∶20万、1∶5万水系沉积异常,1∶1万土壤化探异常,主要以金、银、铅、锌、铜、铋等元素异常为主。重砂异常标志:金重砂异常明显。地球物理标志:矿体具有高阻、低激化异常特征。

(二)桦甸市六批叶金矿床特征

1.地质构造环境及成矿条件

矿区位于华北东部陆块(Ⅱ)、龙岗-陈台沟-沂水前新太古代陆核(Ⅲ)夹皮沟新太古代陆块(Ⅳ)南部,该区是一个经历了多期构造活动及热事件的太古宙高级变质岩区。

(1)地层:区域出露的地层主要为上壳岩,区域内显生宙盖层稀少,仅局部见下白垩统火山碎屑岩和第四系玄武岩等。

主要是少量上壳岩类。上壳岩时代最老为3.1~3.4Ga,变质变形强烈,呈规模很小的残块产出,主要有变粒岩类、含榴斜长角闪岩、黑云角闪磁铁石英岩、变粒岩类、暗色麻粒岩等,出露面积仅数平方米。显生宙盖层零星出露,仅在迎风沟一带见有小面积的下白垩统酸性熔结凝灰岩和砂砾岩。

(2)岩浆岩:区域出露的岩石以花岗质岩石为主,占太古宇分布面积的80×10^{-6}以上。常见奥长花岗岩类(2537Ma,U-Pb等时线,刘大瞻,1990),二长花岗岩类(2457Ma,U-Pb等时线,刘大瞻,1990),其次是少量的黑云(角闪)斜长片麻岩(2932Ma,Rb-Sr全岩等时线,徐公愉,1985),黑云二长片麻岩等。区域内太古宙的花岗岩类侵入体历经多次岩浆侵入和变质作用,已演化为区内的灰色片麻岩(TTG)。但新太古代的花岗质岩石大多属于弱变形和未变形,说明矿区在太古宙晚期属于低应变带。矿区除大面积分布的是中—新太古代的花岗质岩石外,主要侵入岩类是中生代的二长花岗岩呈较大的岩株分布在矿区的北部,并且有新太古代的辉长岩类,中生代的微晶闪长岩、石英闪长岩、辉绿玢岩、闪长玢岩、安山玢岩等。而矿区各种构造岩类,主要分布在线性构造内,常见各种糜棱岩化岩石、初糜岩、糜棱岩、片糜岩、千枚状糜棱岩以及碎粒岩、碎斑岩、碎粉岩、构造角砾岩等。上述构造岩类主要分布在韧-脆性剪切带和脆性断裂内,往往是矿体的主要围岩。而出露于该区北东、南西侧的二长花岗岩岩株,规模较小的中生代侵入的各种脉岩在区内零星分布。

(3)构造:区域内除在上壳岩中见有方向各异片麻理及规模很小的褶皱构造外,各种断裂构造广泛发育并伴有大量的片理化、挤压破碎现象;尤其是NW向、近EW向的剪切构造带内,既有早期韧性变形特征,又有大量晚期脆性断裂叠加的特点,同时伴有各种中基性脉岩侵入,而且矿化蚀变广泛而强烈,是区域内最重要的控矿构造。

矿区构造的主体是NW向韧-脆性剪切构造带,该剪切带是夹皮沟金矿田北西向控矿构造的南东延长部分,在中生代五道溜河二长花岗岩体西侧的外接触带呈多条相互平行展布。西部规模较大的韧-脆性剪切带穿过矿区,一直向南东方向延伸。经物探、槽探、钻探工程证明,其延长达10km以上,主剪切带宽130～240m，走向320°～330°，倾向SW，倾角70°～80°。其边界平直，沿走向、倾向常呈舒缓波状，局部有膨缩现象，常见规模不等的沿C面理形成的晚期构造破碎带。

剪切带内岩石组合复杂多样，常见沿C面理侵入的辉绿玢岩、闪长玢岩、细粒闪长岩、石英闪长岩等。但主要是太古宙的灰色片麻岩（TTG）及少量的镁铁质岩石经剪切作用所形成的各种糜棱岩类及碎裂岩类。

带内矿化蚀变较为普遍，且以中—低温热液矿化蚀变为主，一般是剪切带中心矿化蚀变较强，向两侧则变弱。

2. 矿体特征

金矿体主要分布在Ⅰ号矿化带及Ⅱ号矿化带内，且集中在8—11线间和韧脆性剪切带上盘至Ⅱ号矿化带东部边缘宽约150m范围内。目前已圈出金矿体10条。赋矿围岩主要是蚀变花岗质碎斑（粉）岩、糜棱岩、蚀变微晶闪长岩等。金矿体呈脉状、似脉状、长扁豆状平行侧列产出，局部膨缩现象明显，深部有分支复合现象。一般矿体与围岩无明显界线。

Ⅰ号矿化带：矿化带出露在NW向六批叶沟韧-脆性剪切带上盘部位，由大架沟至大西沟呈NW向带状产出，向SE收敛，延长1200m，幅宽20～80m，总体走向330°，倾向SW，倾角65°～83°。有后期脆性断裂叠加和细粒闪长岩脉侵入，并且蚀变花岗质碎裂碎斑岩以及花岗质碎粒碎粉岩沿矿化带呈北西向展布。蚀变以硅化、绢云母化、高岭土化为主，次为绿泥石化和碳酸盐化。金属矿化以黄铁矿化为主，局部见条带、细脉、浸染、角砾、团块状方铅矿、闪锌矿、黄铜矿等。在此矿化带中已发现6条矿体，矿体均呈脉状，平行并列产出，间隔在20～40m间，有向SE侧伏和剖面上呈侧列产出特点。其中2-1、2-1-1出露地表，其他金矿体以隐伏形式产出。

Ⅱ号矿化带：与Ⅰ号矿化带平行带状产出，并且位于Ⅰ号矿化带下盘，沿走向有膨缩现象，延长1200m，宽20～80m，走向330°～340°，倾向SW，倾角75°～85°，有两期脉岩侵入和后期构造叠加，并且脉岩和花岗质碎裂岩沿矿化带呈北西向展布。蚀变以硅化、绿泥石化、碳酸盐化为主，次为绢云母化、高岭土化。金属矿化以黄铁矿化为主，局部见条带、细脉、浸染、角砾、团块状方铅矿、闪锌矿、黄铜矿。在此矿化带中赋存有四条金矿体，其中2-2号金矿体NW端出露地表，而大部分为隐伏矿体其他3条金矿体为隐伏矿，三者呈平行并列产出，间隔10～20m，均有向SE侧伏特点。

2-1号金矿体：是矿区主矿体之一，位于基线附近8—15线间，产在主剪切带上盘Ⅰ号矿化带中，是矿床内最大的金矿体，占资源/储量的32×10^{-2}。地表控制延长270～498m，控制延深270～320m。矿体总体走向330°，倾向SW，倾角75°～83°，局部直立或反倾。矿体平均品位9.56×10^{-6}，地表出露最大宽度14.40m，平均水平厚度4.66m。形态呈脉状、长扁豆状；在剖面上，矿体向深部具有分支复合现象。矿体围岩为各种构造碎裂岩类，主要为蚀变花岗质碎粒碎粉岩、花岗质碎斑岩及硅化石英岩，在矿体有分枝、复合部位，有规模较小夹石。矿体及近矿围岩主要蚀变为硅化（包括石英细脉、网脉）、绢云母化、高岭土化、绿泥石化、碳酸盐化。常见金属矿化有黄铁矿化、方铅矿化、闪锌矿化及黄铜矿化、褐铁矿化。多金属硫化物常呈细脉及网脉，局部见多金属硫化物团块及条带。

2-2号金矿体：位于2-1号金矿体下盘100m处，赋存在Ⅱ号矿化带中，是已知金矿体中品位最富的矿体，资源/储量占矿床的33×10^{-2}。地表控制延长100m，平均水平厚度3.65m，深部工程控制延长95～625m，平均水平厚度0.87～1.43m，控制延深410m。矿体总体走向330°，倾向SW，倾角75°～85°，局部直立或反倾。矿体平均水平厚度1.47m，金平均品位8.50×10^{-6}，银平均品位24.45×10^{-6}。矿体呈脉状，有向SE侧伏特点，且大部分属盲矿体。矿体上盘围岩为蚀变细粒闪长岩，下盘为蚀变石英闪长岩。近矿围岩蚀变以硅化、绢云母化为主，伴有绿泥石化、高岭土化、碳酸盐化；金属矿化以黄铁矿化为主，可见多金属硫化物细脉及条带，局部见致密金属硫化物条带或团块，其分布于石英脉两侧。矿体明显标志是：上、下盘有0.3～3.0m±含花岗质碎粒岩角砾，胶结物为石英方解石细脉、网脉及碳酸盐化、硅化的蚀变岩。见图6-2-5、图6-2-6。

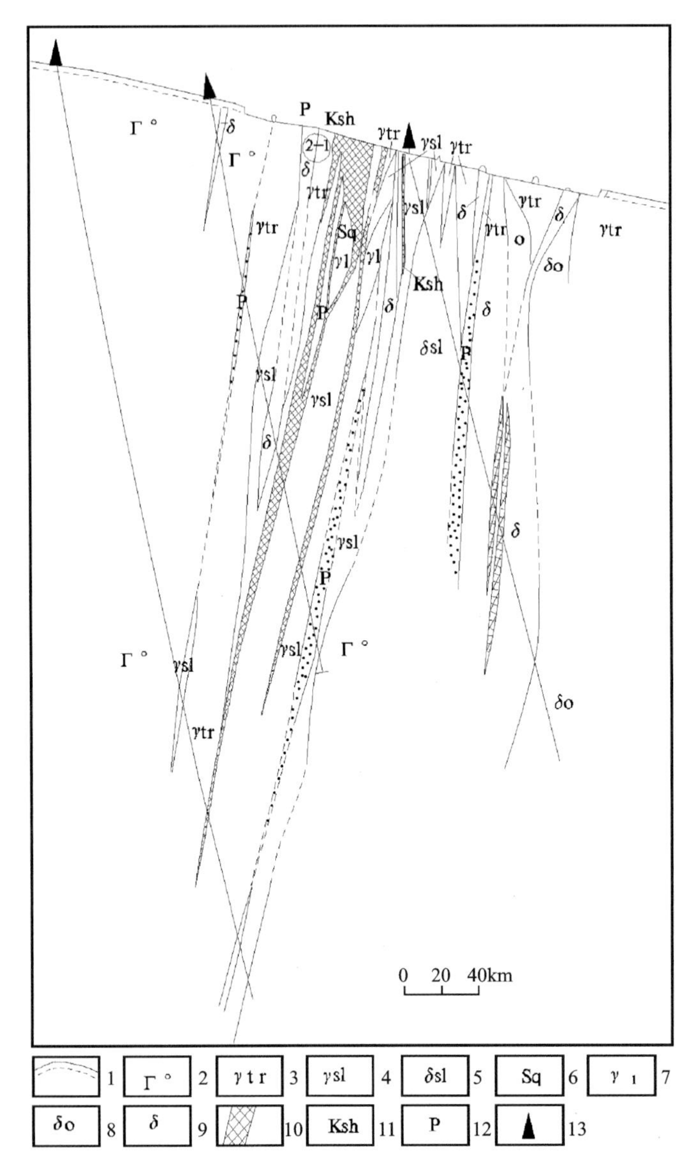

1. 表土及残坡积物；2. 奥长花岗岩；3. 花岗质破碎碎裂岩；4. 花岗质破碎碎粉岩；
5. 闪长质破碎碎粉岩；6. 硅化石英脉；7. 花岗质糜棱岩；8. 石英闪长岩；9. 细粒闪长岩；
10. 金矿体及编号；11. 矿化蚀变带；12. 破碎带；13. 钻孔。

图 6-2-5　桦甸市六批叶金矿区 0 号勘探线地质剖面图

3. 矿床物质成分

（1）物质成分：金矿石中金属矿物的质量分数为 3.43×10^{-2}，脉石矿物的质量分数为 96.57×10^{-2}。自然金中除 Ag 含量较高外，尚有 Fe、Ni、Co 及 Cu、S 等杂质，但总体上看其杂质种类较少，含量也较低。自然金皆属于自然元素类金一银系列矿物中的银金矿。

（2）矿石类型：蚀变岩型。

（3）矿物组合：金属矿物主要是黄铁矿，其次是闪锌矿、方铅矿、褐铁矿、赤铁矿、黄铜矿、黝铜矿、辉铜矿、斑铜矿、铜蓝、银金矿、自然金、自然银、辉银矿、深红银矿等，少量的磁铁矿、赤铁矿、白铁矿、磁黄铁矿、镍黄铁矿、针镍矿、雄黄、雌黄等；脉石矿物以石英、绿泥石、长石类、绢云母为主，其次是少量的方解石、石墨、角闪石、辉石等。

（4）矿石结构构造：矿石以自形、半自形、他形显微粒状晶质结构为主，其次为压碎结构，局部见交代

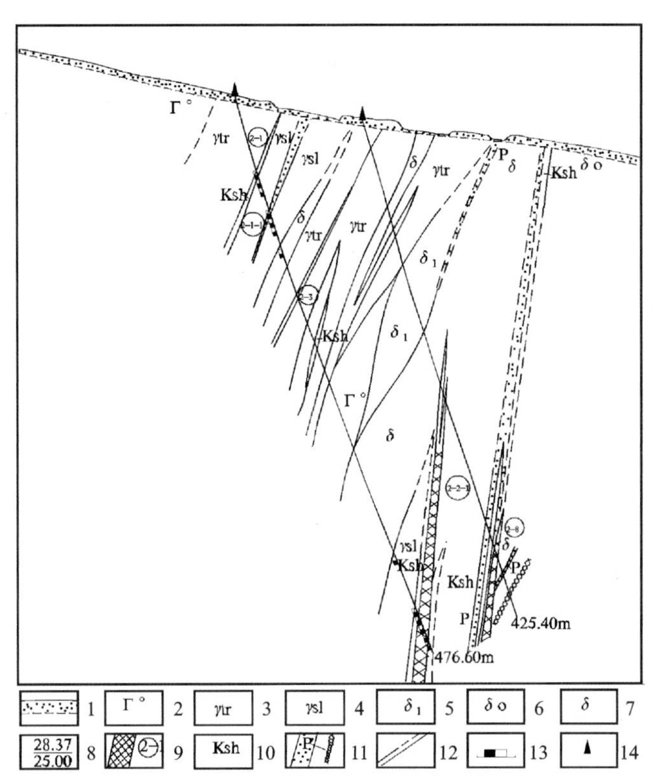

1.表土及残坡积物;2.奥长花岗岩;3.花岗质破碎碎裂岩;4.花岗质破碎碎粉岩;5.闪长质糜棱岩;6.石英闪长岩;7.细粒闪长岩;8.金品位;9金矿体及编号;10.矿化蚀变带;11.破碎带;12.实测及推测地质界线;13.取样位置;14.钻孔。

图 6-2-6　桦甸市六批叶金矿区 11 号勘探线地质剖面图

结构、固熔体分离结构和包含结构;矿石构造复杂多样,常见块状、团块状构造,浸染状构造,角砾状构造,亦有细脉—网脉状构造,局部可见晶簇、晶洞构造,地表或氧化带可见蜂巢状构造等。

4.蚀变类型及分带性

区内金矿体产于韧-脆性剪切带内,矿体的围岩主要是各种碎裂岩、糜棱岩和中基性脉岩类。一般来说,含铁镁的暗色矿物经热液蚀变常形成绿泥石、绿帘石、阳起石、方解石及含铁矿物,而长石类浅色矿物常形成绢云母、方解石、钠黝帘石等。

本矿区因受长期区域构造作用和热液活动的影响,导致岩石变质变形强烈。围岩蚀变沿 NW 向韧脆性剪切带呈带状分布。常见硅化、绢云母化、绿泥石化、绿帘石化、碳酸盐化、高岭土化、钾化。与金、银矿关系密切的蚀变主要为硅化、绢云母化。与铅矿关系密切的蚀变主要为硅化。

矿体的围岩蚀变大致可分为内带、中带和外带。在矿体的上下盘附近的近矿围岩中(属内带),主要以硅化、黄铁绢英岩化、多金属矿化为主,伴有绿泥石化、绿帘石化、碳酸盐化,多呈线状蚀变特征。而中带则表现为面状蚀变逐渐增强,且以绢云母化、硅化为主,其次是碳酸盐化、黄铁矿化和绿帘石化等。离矿体稍远的外带则以面状蚀变为主,常见较弱的绢云母化、硅化、绿泥石化、钾化,有时可见高岭土化。总体上看,矿体围岩蚀变以中温热液蚀变为主。但目前所见的围岩蚀变,往往有蚀变叠加现象,是深部含矿热水溶液多次沿构造带上升,不断与围岩进行水岩反应的结果。

5.成矿阶段

依据野外地质勘查对各矿体(石)详细观察和大量光薄片鉴定结果,把矿床成矿期分为沉积变质期、内生热液成矿期和表生氧化期。

(1)沉积变质期:在大陆边缘裂谷下形成了富含的金火山-沉积建造,在区域变质作用下,金元素随变质热液向韧性剪切带迁移,形成了构造矿源层或初始贫金矿化体。

(2)内生热液成矿期:氧化物阶段,主要形成黄铁矿、石英、绿泥石、褐铁矿等;硫化物阶段,主要形成黄铁矿、黄铜矿、方铅矿、闪锌矿、自然金、银金矿、自然银、石英、绢云母,少量的绿泥石、方解石。金矿化主要出现在金属硫化物阶段;碳酸盐阶段,主要形成黄铁矿、石英、绿泥石、方解石等。

(3)表生氧化期:主要形成褐铁矿、赤铁矿、辉铜矿和铜蓝。

6. 成矿时代

在六批叶沟金矿石中选择与金矿物属同一成矿作用下生成的绢云母作为测年样品,经中国科学院地质与地球物理研究所桑海清等用较先进的^{40}Ar-^{39}Ar快中子活化法测年,获得8个相连一致的凹形中高温绢云母年龄谱,tp=(190.28±0.30)Ma,据此确定六批叶沟金矿床主要成矿年代是190Ma左右,属燕山早期。

7. 地球化学特征

(1)岩石中Au、Ag含量特征:矿区花岗质碎斑岩Au含量平均值9.53×10^{-9},Ag含量平均值0.74×10^{-6};花岗质碎粒碎粉岩Au含量平均值74.94×10^{-9},Ag含量平均值0.85×10^{-6};蚀变岩Au含量平均值76.14×10^{-9},Ag含量平均值1.17×10^{-6};石英脉Au含量平均值184.5×10^{-9},Ag含量平均值3.96×10^{-6};硅化石英岩Au含量平均值5.82×10^{-9},Ag含量平均值0.33×10^{-6};闪长质碎斑岩Au含量平均值4.08×10^{-9},Ag含量平均值0.74×10^{-6};斜长角闪岩Au含量平均值12.54×10^{-9},Ag含量平均值0.29×10^{-6}。

(2)稀土特征:五道溜河序列岩石与矿区金矿石稀土元素含量都很低($\Sigma REE<100\times10^{-6}$),同属轻稀土富集,重稀土亏损型,$\delta Eu$均显示为负异常($\delta Eu$矿石=0.60~0.90,$\delta Eu$岩石=0.56~0.74);二者具有相似或较一致的稀土元素特征。

(3)硫同位素特征:矿石硫同位素变化范围较小,$\delta^{34}S$为2.6×10^{-3}~5.2×10^{-3},说明矿石硫同位素组成比较均一,应属同岩浆源或酸性侵入岩范围。

8. 成矿物理化学条件

根据石英晶体包裹体研究,估算出成矿流体被捕获时的温度、盐度、密度、压力及成矿深度等。

(1)流体包裹体气相成分以H_2O、CO_2为主,含少量CH_4、C_2H_6、N_2及微量的H_2S和Ar。其中H_2O的含量占绝对优势,CH_4等还原性气体种类少,含量低,导致氧化还原参数值(0.034~0.121)也较低;反映出成矿流体具有较弱的还原性。

把成矿期与成矿期后包裹体气相成分进行比较,除H_2O略有上升之外,其余6种气相组分均呈下降态势,这种现象表明,随着流体内的化学反应不断进行,温度、压力等物理、化学条件也在不断变化,气相组分或参与化学反应,或逃逸,因而导致其含量降低。而气相H_2O在成矿期后略有增加,也符合热液矿床的成矿规律。

包裹体液相成分以Na^+、K^+、Cl^-、SO_4^{2-}为主,其次为Mg^{2+}、F^-,而Ca^{2+}仅为痕量,未检测出NO_3^-、PO_4^{3-}、Br^-等。说明成矿流体属富含Na^+、K^+、Cl^-、SO_4^{2-}及少量Mg^{2+}、F^-的热水溶液,具有较强的溶解成矿物质的能力。

氯离子含量占阴离子总量的78×10^{-2}~91×10^{-2},表明成矿流体中的络合物是以金氯络合物为主;而成矿期后流体Na^+、Cl^-、SO_4^{2-}呈上升趋势,K^+、Mg^{2+}、F^-呈下降态势,是成矿流体运移过程中,由于物理、化学条件的改变,使金络合物离解的结果,矿体中常见的金与黄铁矿、多金属硫化物等共生,并有钾化、绢云母化等蚀变现象。

(2)显微测温统计,石英气液两相包裹体均一温度变化较大,最低为100℃,最高为352℃,集中分布于 180～300℃之间，大体显示出 3 个峰值范围，即 360～300℃、300～180℃、180～100℃。上述 3 个峰值范围与矿区早、中、晚 3 个成矿阶段大体上相互对应。

(3)根据 $NaCl-H_2O$ 体系的盐度计算公式，求得六批叶沟金矿床成矿流体盐度变化范围为 $0.88\times10^{-2}\sim81.55\times10^{-2}$，但主要集中于 $5.11\times10^{-2}\sim6.88\times10^{-2}$ 之间。

(4)大量气液两相包裹体的存在，表明该区流体主要是 $NaCl-H_2O$ 体系，而成矿早期 CO_2 三相包裹体的出现，则说明此区早期成矿阶段除 $NaCl-H_2O$ 体系外，尚存在 $CO_2-H_2O-NaCl$ 或 H_2O-CO_2 体系的流体。

根据包裹体测温数据及推算的盐度，利用刘斌等(1987)的经验公式计算出流体密度，六批叶沟金矿流体密度范围为 0.356～0.997g/cm^3，平均 0.797g/cm^3。

(5)求得流体成矿期的压力为 55.62～71.29MPa，成矿期后的压力为 48.83MPa。若按静岩压力 3.3km/10^8Pa 进行成矿深度估算，六批叶沟金矿床的成矿深度大致在 1.62～2.34km 之间。

9. 成矿物质成分来源

(1)成矿物质来源：在大陆边缘裂谷下形成了富含金的火山-沉积建造，在区域变质作用下，金元素随变质热液向韧性剪切带迁移，形成了构造矿源层或初始贫金矿化体。三叠纪晚期，区域东部有二长花岗岩沿东西向断裂侵入，不但带来了大量的热能和气水溶液，并有可能沟通了深部“流态矿源层”(张秋生和杨振升，1991)，使气水溶液中含有较多的 Au^+，大量的 SiO_2、H_2O、CO_2、Ca^{2+}、HS^-、HCO_3^- 等组分变成真正的矿液，在各种动力的驱使下，沿韧—脆性剪切构造带上升，并不断与围岩发生化学反应，萃取 Au 等有益元素。

(2)成矿流体的来源：六批叶沟金矿床矿石石英包裹体 Na^+/K^+ 均值为 1.32，$Na^+/(Ca^{2+}+Mg^{2+})$ 均值为 100.61，表明该矿床属岩浆热液成因范畴。而 CO_2/H_2O 摩尔比值较低(0.027～0.048)，也显示出岩浆热液的特征。推测成矿流体可能主要来源于初始混合岩浆水，并发展成再平衡混合岩浆水。但流体盐度[ω(NaCl)]较低，平均值为 5.21%，尤其 W4 样品，石英包裹体盐度平均值仅为 2.39%(大多数在 0.88%～2.07%之间)，且流体中富含有机质(CH_4，C_2H_6)及 N_2 等，反映出矿区成矿阶段曾有相当数量的大气降水混入含矿流体中。综上认为该区成矿流体主要来源于初始混合岩浆水，并有变质水和大气降水叠加。

10. 控矿因素及找矿标志

(1)控矿因素。

构造控矿：目前所发现的金矿体、银矿体、铅矿(化)体，均产在韧(脆)性剪切带内。构造不但是储矿空间，而且经多期的构造活动，还能使分散有益元素活化、迁移，富集成矿，是元素迁移的驱动力。因此，构造是区内重要控矿因素。

岩性控矿：显生宙辉绿岩、辉石闪长岩等，经微量元素分析，铅、银含量是维氏值数倍至几十倍，为铅、银矿体形成可能提供矿质。铅、银矿体的产出位置与上述岩体、岩脉存在相关性。晚期石英硫化物脉是载金脉体。因此，矿质来源丰富程度和岩性因素密切相关，也是形成工业矿体的必要因素。

(2)找矿标志。

构造标志：NW 向韧性剪切带是金、银、铅矿体的主要赋存部位。如Ⅰ、Ⅱ、Ⅲ号矿化带。

蚀变标志：已知矿体都伴有围岩热液蚀变，尤其是硅化与金、银、铅矿体的关系非常密切，硅化强或石英网脉密集的部位，一般都预示着有金、银、铅矿体产出。

脉岩标志：金、银、铅矿体与脉岩在空间上相伴生，所以脉岩密集分布地段也往往为金、银、铅矿体产出部位。

矿物学标志：细粒他形黄铁矿、方铅矿与石英细脉伴生，是金、银、铅矿体直接找矿标志。如果只见呈浸染状立方体黄铁矿，一般含金性差。

地球化学标志：次生晕 Au、Ag 元素异常，已视为一种直接的找矿信息。Au、Ag 元素异常强度高，元素组合好，浓集中心明显的异常，见矿几率高。

地球物理标志：物探电法异常对区内深部找矿也具有指示意义，通常矿体规模比较大，硫化物含量相对较高，一般有激电异常反映，异常呈低阻高极化特征；个别矿体，硅化强或石英网脉密集出现的部位，一般呈高阻高极化特征。

（三）集安市西岔金矿床特征

1. 地质构造环境及成矿条件

矿区位于华北东部陆块（Ⅱ）胶辽吉古元古裂谷带（Ⅲ），集安裂谷盆地（Ⅳ）内。辽吉裂谷中段北部边缘，北东—北北东向花甸子-头道-通化断裂带横切“背斜”中段的交会部位。见图 6-2-7。

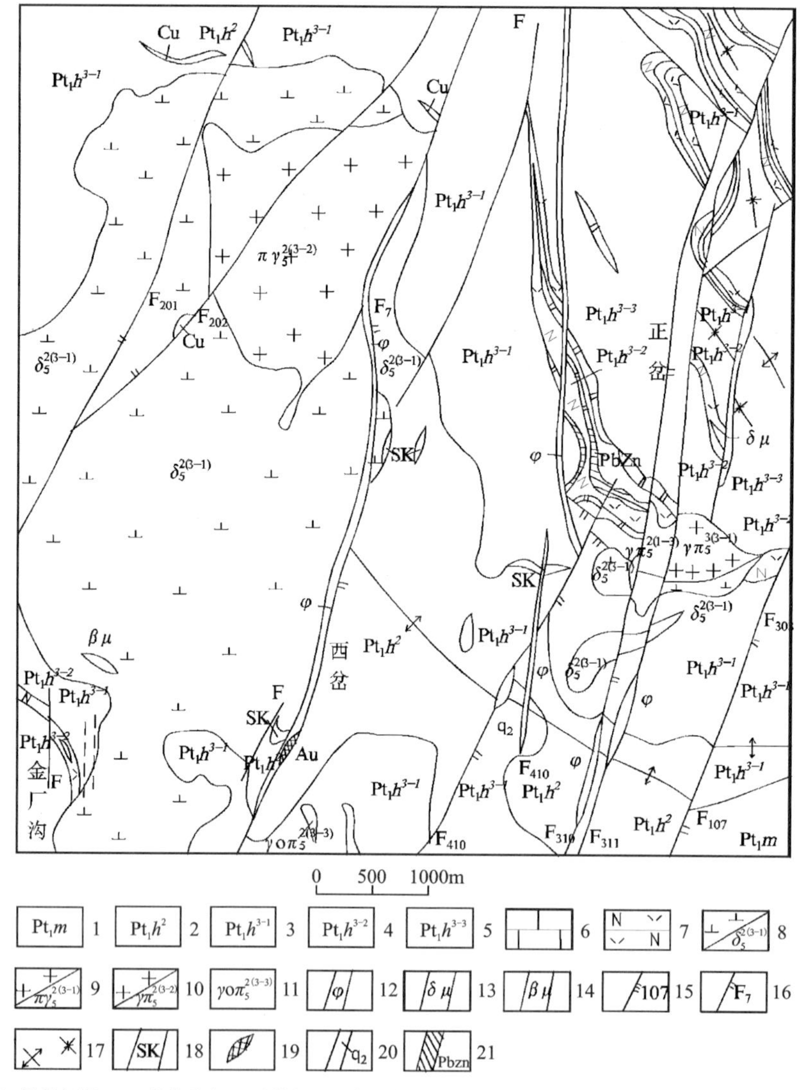

1. 蚂蚁河组，1-5 荒岔沟组：2. 厚层石墨大理岩夹斜长角闪岩；3. 石墨透辉变粒岩、石墨黑云变粒岩、黑云斜长片麻岩层；4. 斜长角闪岩夹大理岩；5. 石墨透辉变粒岩、石墨黑云变粒岩夹斜长角闪岩；6. 石墨大理岩；7. 斜长角闪岩；8. 闪长岩；9. 斑状花岗岩；10. 花岗斑岩；11. 斜长花岗斑岩；12. 钠长斑岩；13. 闪长玢岩；14. 辉绿岩；15. 东西向断裂；16. 北东向断裂；17. 小背斜、小向斜；18. 矽卡岩；19. 金矿脉；20. 含铜石英脉；21. 矿体及编号。

图 6-2-7 集安市西岔金矿床地质图

(1)地层：矿区内出露地层为集安群荒岔沟组中段、上段。中段以厚层含石墨大理岩夹斜长角闪岩为特征，局部夹有黑云变粒岩，分布于“背斜”轴部附近；上段于“背斜”两翼对称分布，矿区内仅出露该段下层，主要以石墨透辉变粒岩、石墨黑云变粒岩、黑云斜长片麻岩、斜长角闪岩为主。金矿床分布于中、上段变粒岩层中。位于“背斜”南西翼。

(2)岩浆岩：区内岩浆侵入活动强烈，西侧有复兴屯闪长岩，北部有斑状花岗岩，南东侧有斜长花岗斑岩，北东侧有花岗斑岩。脉岩十分发育，有钠长斑岩、闪长玢岩、安山岩脉等。

(3)构造。

①褶皱构造，虾蟆沟—四道阳岔倾没背斜属二期变形。轴向北西，向南东倾没，北东翼倾向19°，倾角28°，南西倾角较陡。

②断裂构造，以北东、北北东向为主，规模大者为F7(花甸子-头道-通化断裂，南西段矿区称F7)，倾向127°，陡倾斜，以压性为主略兼扭性，宽10～80m，走向呈舒缓波状，矿区一段呈略向东突出的弧形，在转弯处次级分支断裂、平行断裂发育，主干断裂中有多期脉岩充填，而后又遭破碎。故此，F7具多期次活动特点，西岔金矿床即赋存于F7弧形转弯处上盘次级分枝断裂及平行断裂中。

其次为南北向断裂，为F7主干断裂次一级扭性断裂，分布于金厂沟一带，规模小，长几百米，个别达千米。宽0.5～5.2m。倾向西，倾角60°～80°，金厂沟金矿床即赋存在该组断裂中。

2.矿体三度空间分布特征

西岔金矿体赋存于主干断裂(F7)上盘及分支断裂、平行断裂中，矿体处于隐伏半隐伏状态，只有3号矿体中部露出地表，由Tc496号槽控制。矿体分布见图6-2-8。

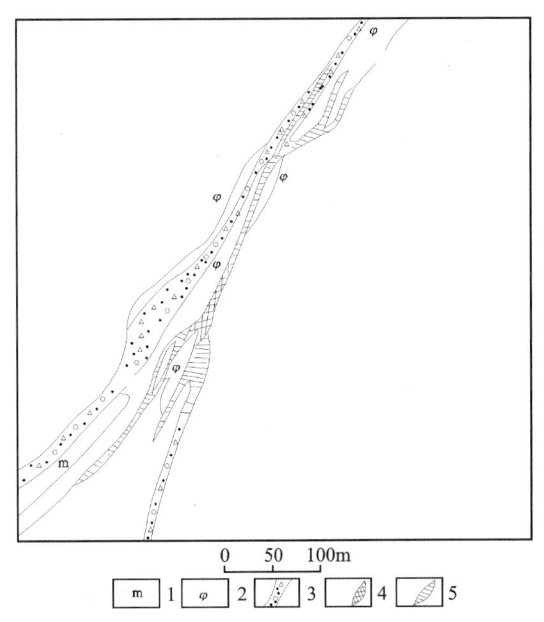

1.黑云母；2.辉石；3.破碎带；4.矿体；5.蚀变带。

图6-2-8　集安市西岔金矿床3号矿体平面图

矿体呈扁豆状、脉状分支复合。矿体倾向南东127°，倾角60°～75°。矿体长100～572m，厚0.5～7.3m，厚度变化系数68%。最大延深550m。Au平均品3.3×10^{-6}，品位变化系数107%。Ag平均品30.55×10^{-6}，Au∶Ag=1∶11。赋矿标高529～21m。

西岔金矿床3号矿体最大，空间上各中段平面图反映出地表南西段为矿化蚀变带，向深部矿体连续，具分支现象(图6-2-9)。倾向上略有舒缓波状，走向上有膨缩和分支现象。南西段矿体变厚，且出现多条隐伏平行矿体。矿体多隐伏地下(图6-2-10)。

矿床剥蚀程度：西岔矿床距正岔铅锌矿床较近(4.5km)同属一个矿田。正岔铅锌矿床经计算剥蚀深度为0.6km，成矿时间都是燕山期。因此，推断西岔金矿床剥蚀深度也应在0.6km左右。

3.矿床物质成分

(1)物质成分：以金为主，伴少量Cu、Pb、Zn、Ag。

主要金属矿物含量：黄铁矿15.36×10^{-2}，毒砂11.56×10^{-2}，黄铁矿0.704×10^{-2}，自然金0.0079×10^{-6}，银黝铜矿0.5168×10^{-2}，深红银矿0.0276×10^{-2}。金粒度0.005～0.032mm，分布于方解石、石英粒间金粒度0.005～0.032mm，分布于方解石、石英粒间及胶状黄铁矿、毒砂边部，早期黄铁矿裂隙中或泥碳质物边部。

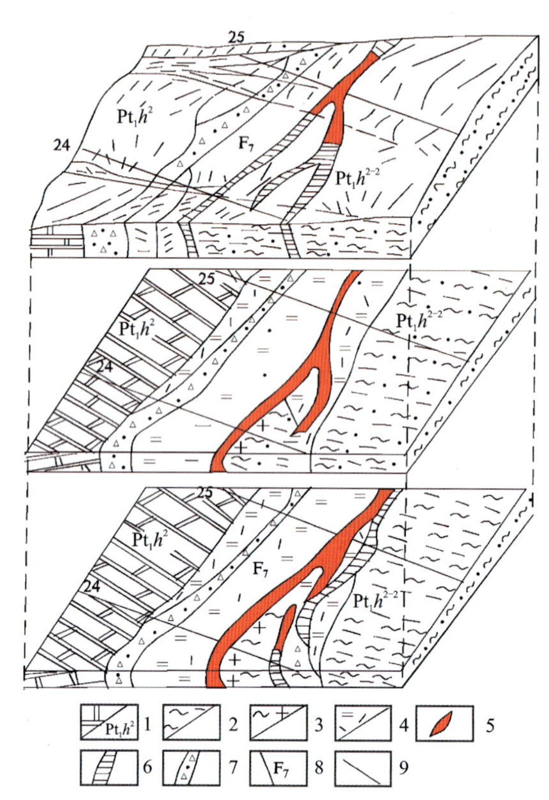

1.大理岩;2.黑云变粒岩;3.混合岩;4.钠长斑岩;
5.矿体;6.矿化体;7.破碎带;8.断裂;9.勘探线及编号。

图 6-2-9　集安市西岔金矿床 3 号矿体水平断面图

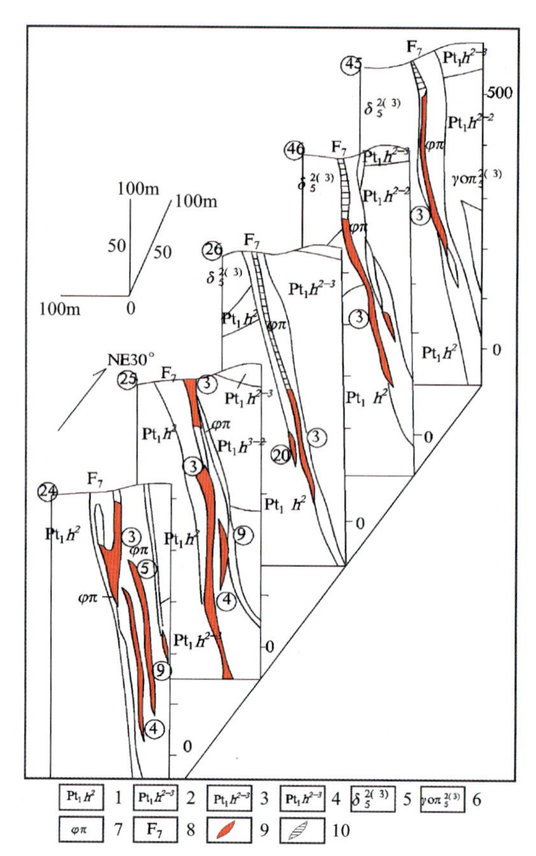

1.荒岔沟组中段;2.中段大理岩层;3.中段粒岩层;
4.中段大理岩;5.闪长岩;6.斜长花岗岩;7.钠长斑岩;
8.断裂带;9.矿体;10 矿化体。

图6-2-10　集安市西岔金矿床 3 号矿体勘探线联合剖面图

(2)矿石类型:毒砂黄铁矿金矿石,由毒砂、黄铁矿、石英方解石、泥碳质物、自然金、银黝铜矿、黄铜矿、深红银矿等组成;铅银矿石,由方铅矿、黄铁矿、黄铜矿、闪锌矿、辉铜矿、深红银矿、方解石、石英组成。

(3)矿物组合:矿石矿物主要为黄铁矿、毒砂、方铅矿。少量自然金、自然银黝铜矿、辉银矿、黄铜矿、闪锌矿、深红银矿。极少量碲金矿(?)、白钛石;脉石矿物有石英、方解石、重晶石、绢云母、绿泥石。

(4)矿石结构构造:矿石结构主要为半自形—他形晶结构、骸晶结构、交代结构;矿石构造为胶结角砾状构造,浸染状。

4.蚀变类型及分带性

矿区常见硅化、碳酸盐化、毒砂、黄铁矿化、绢云母化、重晶石化绿泥石化。毒砂黄铁矿化、硅化与金关系密切。

5.成矿阶段

根据矿石结构构造、矿物组合特征,将矿床划分为 3 个成矿期。

(1)沉积变质期:主要形成集安群荒岔沟组中段、上段含金丰度较高的原始矿源层。

(2)热液期:毒砂黄铁矿金银成矿阶段,主要生成石英,其他为重晶石、绢云母、黄铁矿、毒砂、方解石、绿泥石、自然金、银黝铜矿,少量的闪锌矿、黄铜矿、深红银矿、方铅矿;铅银成矿阶段,生成的主要矿物有石英、重晶石、绢云母、黄铁矿、方解石、绿泥石、闪锌矿、黄铜矿、深红银矿、方铅矿、辉银矿、碲金银矿、辉铜矿,为方铅矿、辉银矿主要生成阶段;黄铁矿脉阶段,主要生成石英、黄铁矿、方解石、黄铜矿,不含金。

(3)表生期:主要形成次生氧化物矿物。

矿物的生成顺序:黄铁矿—毒砂—银黝铜矿—自然金—黄铜矿—闪锌矿—深红银矿—方铅矿—辉银矿—碲金银矿—辉铜矿。

6. 成矿时代

印支—燕山期中—酸性岩浆侵入,伴强烈构造活动,为成矿提供了大量热能,活化地层中 Au 等成矿元素。岩浆期后热液会同活化的 Au 等元素形成矿液,在热动力驱赶下,含矿热液向有利构造空间运移,充填交代、沉淀成矿,形成层控破碎带蚀变岩型金矿。就位时间为印支至燕山期。见图 6-2-11。

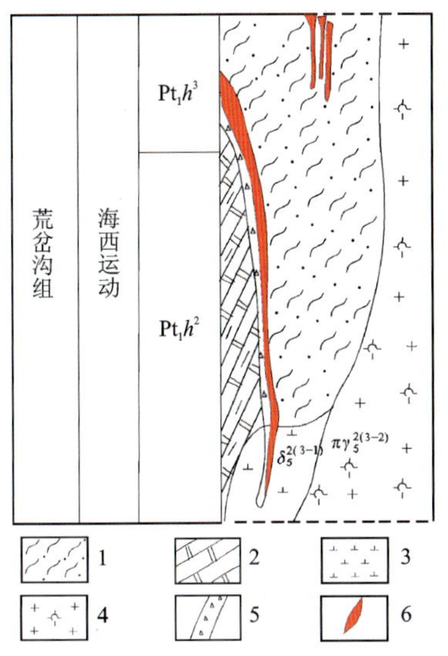

1. 石墨黑云变粒岩;2. 石墨大理岩;3. 复兴闪长岩;4. 南岔斑状花岗岩;5. 构造破碎带;6. 金矿体。

图 6-2-11　集安市西岔金矿床成矿时代柱状图

7. 地球化学特征

(1)硫同位素:西岔金矿床硫同位素组成与区域变质岩中硫同位素组成相似。西岔金矿床 $\delta^{34}S$ 值变化范围 $1.9\times10^{-3}\sim7.4\times10^{-3}$,离差 5.5,地层 $\delta^{34}S$ 值与矿床基本一致,都以富重硫为特点。因为地层为变粒岩,原岩为中酸性火山岩,其硫同位素组成呈现深源硫特点。表明地层与矿床硫来源相似,可能性为地层硫与岩浆硫的混合,高度均一化结果。塔式效应明显,见图 6-2-12。

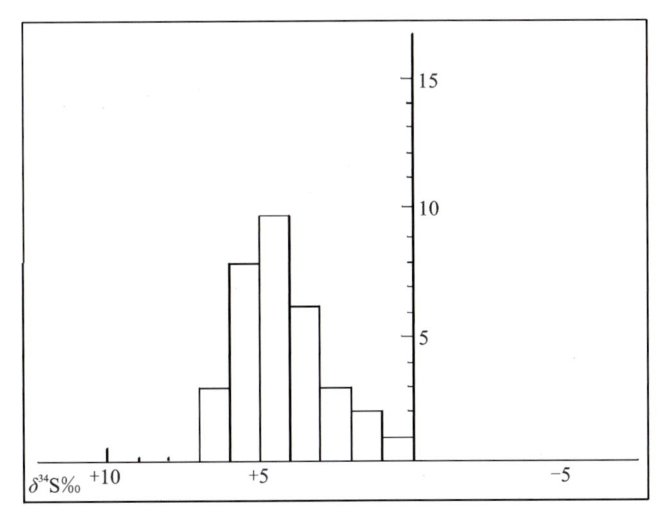

图 6-2-12　集安市西岔金矿床 $\delta^{34}S$ 塔式效应图

(2)微量元素特征:据区调资料,荒岔沟组变粒岩层 41 个变粒岩样品测定,金均丰度为 3.888×10^{-9}。高于其他几种岩石的金丰度($0.6\times10^{-9}\sim2.13\times10^{-9}$)。另外,与金关系密切的指示元素 As、Sb、Bi、Hg 在该层中也高;本区岩浆岩都含有一定量造矿元素及其伴生元素。

(3)矿床氧、碳同位素特征:西岔金矿没做过这方面工作,缺少资料,但与金厂沟金矿床相距 2000m,矿床又产生于同一层位,矿床特征大致相似。金厂沟金矿中方解石、石英与矿液平衡水的 $\delta^{18}OH_2O$ 值为 $5.3\times10^{-3}\sim6.4\times10^{-3}$,属岩浆水($5\times10^{-3}\sim10\times10^{-3}$)范围,但近岩浆水下限,这可能在成矿过程中,有贫 O^{18} 的大气降水渗入。故推断矿液水可能是岩浆水与大气降水的混合水;矿石中方解石 $\delta^{13}C$ 值为 -6.1×10^{-3},与本区硬岩中($-1.9\times10^{-3}\sim3.1\times10^{-3}$)比较接近,推测矿液中碳可能来源于地层。

8. 成矿物理化学条件

金厂沟金矿床成矿流体主要为氯化物水型，即(K．Na)Cl＋(Ca．Mg)Cl_2＋H_2O 型。CO_2/H_2O 为 0.027～0.628。与正贫铅锌矿床 CO_2/H_2O 值(0.002 2～0.614)基本一致，这可能是压力不足以使 CO_2 成分为液态混溶于 H_2O 中缘故。进而表明成矿压力低，与浅成有关。

中国地质科学院矿床所对西岔金矿床矿物均一法测定成矿温度资料表明，西岔矿床成矿温度为 142～290℃，西岔金矿成矿温度略高于金厂沟金矿。

9. 成矿物质来源

由硫同位素特征，结合金厂沟金矿炭氧同位素特征、气液包体特征、微量元素特征分析，荒沟组变粒岩层为本区金的富集层位，也可能有部分来自岩浆岩。

10. 控矿因素及找矿标志

(1)控矿因素。

地层、岩性控矿：荒岔沟组变粒岩层为赋矿层位，该层为本区矿源层。

侵入岩：印支及燕山期中酸性岩类的侵入活动，与金成矿关系密切。是主要热事件，它不仅进一步活化了地层中 Au 等物质，本身也为成矿提供了部分含矿热液。

构造控矿：矿体均产于矿化蚀变破碎带中。北北东向主干断裂(F7)横切“背斜”一段的略向东突出的弧形地段控制矿区。主干断裂在该地段的次级分支断裂和平行断裂以及南北向断裂或主干断裂本身是容矿构造。本区主干断裂即导矿又容矿。

(2)找矿标志。

荒岔沟组变粒岩层出露区。

荒岔沟组变粒岩层内蚀变破碎带。

断裂附近的褐铁矿化、黄铁矿化石英脉及铁帽转石。

胶状黄铁矿化、硅化、灰黑色碳酸盐化的构造角砾岩、碎裂岩为金的矿化岩石或金矿石。

荒岔沟组变粒岩层硅化、碳酸盐化、黄铁矿化、毒砂化、黄铜矿化等蚀变是重要的找矿标志。

1∶5 万化探异常分布区。孤立的弱的化探异常，金异常可以作为直接找矿标志，砷、银异常可以作为金的指示元素。

(四)集安下活龙金矿床特征

1. 地质构造环境及成矿条件

矿区位于华北东部陆块(Ⅱ)胶辽吉古元古裂谷带(Ⅲ)，集安裂谷盆地(Ⅳ)内。

(1)地层：区域内地层主要为早元古宙集安群蚂蚁河组和大东岔组。见图 6-2-13。

蚂蚁河组，下部为斜长角闪岩及浅粒岩；中部为角闪质片麻岩，并见斜长角闪岩残留体；上部为斜长角闪岩夹薄层透辉石大理岩透镜体。

大东岔组，下部以含矽线石、石榴黑云变粒岩为主，夹浅粒岩；中部以浅粒岩为主，夹黑云变粒岩及长石石英岩；上部以含墨黑云矽线变粒岩为主，夹少量黑云变粒岩。

(2)岩浆岩：区内岩浆活动十分频繁，主要见有燕山早期的中—粗粒二长花岗岩(榆林岩体)，燕山晚期晶洞钾长花岗岩(老虎哨岩体)及花岗斑岩(通沟岩体)。脉岩主要见有花岗斑岩、闪长玢岩、石英钠长斑岩及正长闪长斑岩。

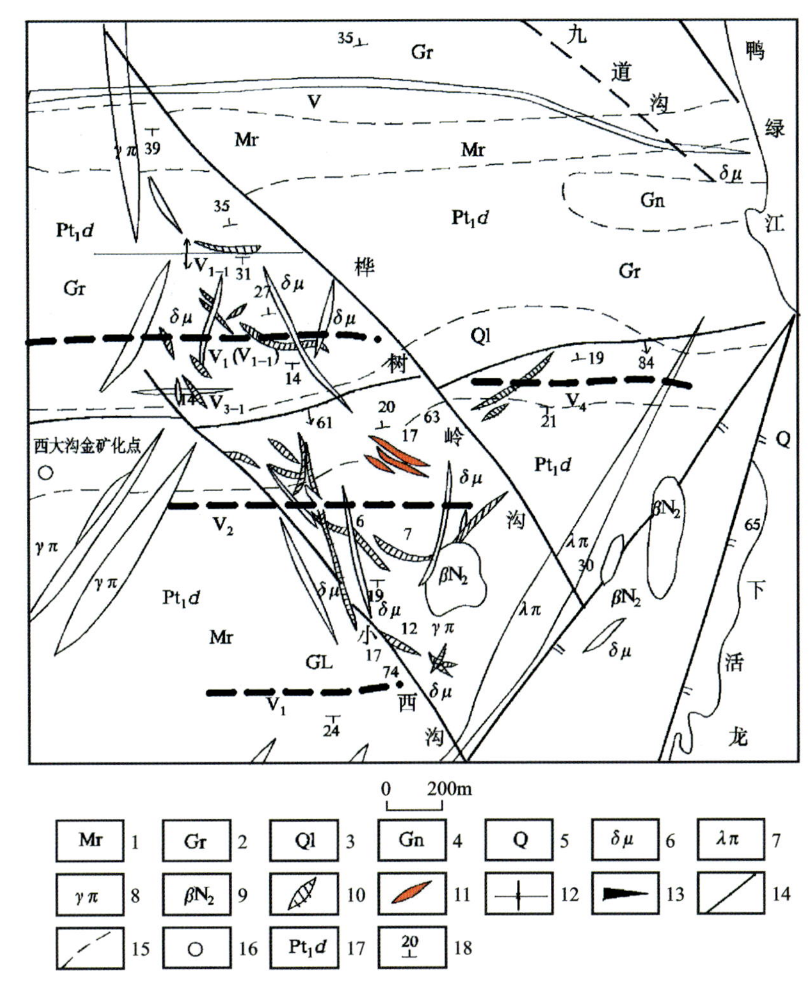

1. 花岗岩；2. 黑云变粒岩；3. 矽线变粒岩；4. 浅粒岩；5. 第四系；6. 闪长玢岩；7. 正长斑岩；8. 花岗斑岩；9. 玄武岩；10. 蚀变岩；11. 矿体；12. 向斜；13. 背斜；14. 断层；15. 岩性界线；16. 矿点；17. 大东岔组；18. 产状。

图 6-2-13　集安下活龙金矿床地质构造图

(3)构造。

褶皱构造：桦树岭向斜，核部位于矿区北侧五道沟—桦树岭—太平一带，轴向 285°，两翼地层向内倾斜，倾角 40°～50°，轴部向东倾伏，倾伏角 15°左右；核部出露大东岔组Ⅲ段，两翼为Ⅱ、Ⅰ段，金矿位于向斜南翼。

成矿前构造：北东向鸭绿江断裂，分布于矿区西北部，是区域控矿构造，具长期活动、多次继承特点，控制岩浆活动，也控制区域矿床分布，活龙金矿位于其上盘，受其次一级断裂控制。

成矿期构造：东西向断裂，属鸭绿江断裂的低序级断裂属扭性，走向近东西，倾向与地层一致，倾角略小于地层倾角，规模大小不等，规模较小者断裂带常被含金热液充填交代，形成含金蚀变带；规模较大者，具明显金矿化，是主要容矿构造；北西向断裂，属张扭性，也是鸭绿江断裂低序次断裂，走向北西 310°～330°，倾角 40°～65°，断裂规模大小不等，规模较小者多被含金热液充填，形成含金蚀变带；近水平断裂，早期被闪长玢岩脉充填，成矿期继续活动，被含金热液充填交代，形成含金蚀变带；断裂总体呈北西走向，北东倾斜，倾角一般 2°～5°，局部达 8°～10°。

成矿后构造：近南北向断裂，走向 330°～350°，切割蚀变带及矿体。

2. 矿体三度空间分布特征

矿区可划分3个蚀变脉带,14个蚀变带,它们分别受近东西、北西向及近水平3组断裂控制;金矿化皆赋存于蚀变带中,共圈出27个金矿体,其中13个矿体赋存在7号蚀变带内,6个矿体赋存在17号蚀变带内,其余零星分布于其他蚀变带内。见图6-2-14。

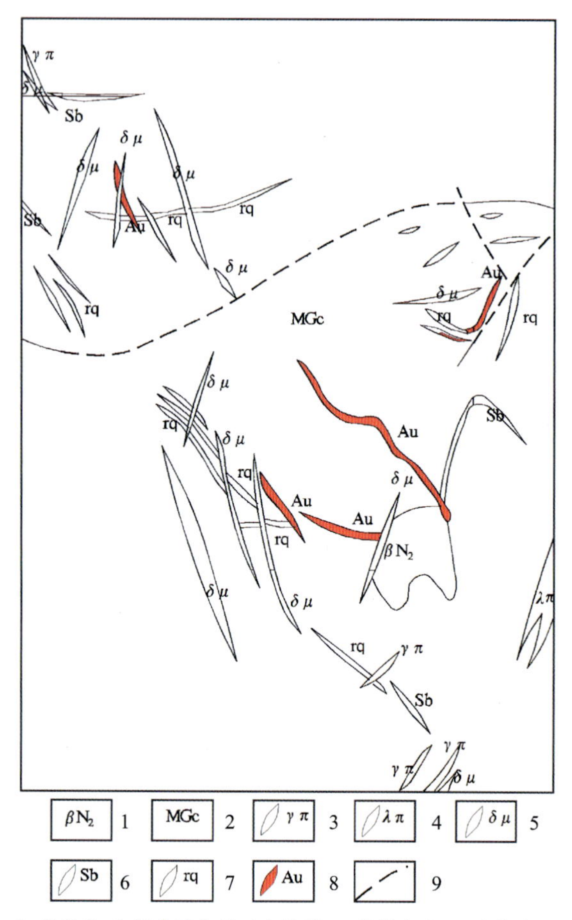

1. 玄武岩;2. 混合岩化黑云变粒岩;3. 花岗斑岩;4. 流纹岩;5. 闪长玢岩;6. 蚀变岩;7. 网状石英脉;8. 矿体;9. 推测断层。

图6-2-14　集安下活龙金矿床地质图

金矿体呈脉状、扁豆状分布于蚀变带内,沿倾向上矿体具有平行产出,尖灭再现、尖灭侧现特征,矿体长40～120m,最大者360m,斜深长50～100m,最长者240m,厚度0.26～3.19m,金品位1.57×10^{-6}～19.34×10^{-6},矿体多分布于150m标高以上。特征见表6-2-8。

(1)矿体特征。

2-1矿体:赋存于2号蚀变带浅部,矿体呈扁豆状,上部宽,下部窄而尖灭,走向340°,倾向北东,倾角45°～65°。延长32m,延深150m,矿体向北侧伏,侧伏角40°。厚1～2.25m,平均1.52m,金品位$(2.51\sim19.89)\times10^{-6}$,平均$8.85\times10^{-6}$,银品位$(6.3\sim27.5)\times10^{-6}$,平均$14.11\times10^{-6}$。

7-1矿体,矿体呈脉状,厚度变化较大,膨缩明显,走向近东西,倾向北,倾角30°。长120m,延深112m,厚0.49～2.30m,平均1.35m,金品位$(1.73\sim12.8)\times10^{-6}$,平均$4.17\times10^{-6}$,银品位$(3.17\sim57.2)\times10^{-6}$,平均$23.29\times10^{-6}$。

7-4矿体,为盲矿体,倾向北,倾角30°,矿体向北东侧伏明显,长120m,延深180m,厚0.3～1.55m,平均1.04m,金品位$(1.36\sim48.50)\times10^{-6}$,平均$19.34\times10^{-6}$,银品位$(2.25\sim32.32)\times10^{-6}$,平均$14.83\times10^{-6}$。

17-1矿体,矿体呈似板状,走向北西,倾向北东,倾角近水平,最大8°。长360m,延深50～240m,厚0.5～1.55m,平均1.23m,金品位$(1.12\sim23.9)\times10^{-6}$,平均$3.64\times10^{-6}$,银品位$(1.25\sim33.09)\times10^{-6}$,平均$13.73\times10^{-6}$。

(2)矿床剥蚀程度:矿体多分布于150m标高以上,个别矿体亦不低于0m标高,故矿体埋深浅,反映了矿床剥蚀深度较大。

3. 矿床物质成分

(1)物质成分:经对矿石中Au、Ag、V、Sn、Be、C、S、Ti、Cu、Pb、Zn、Ni、Co、Cr、Mn、Mo、As、Hg、Sb、Bi、Sr、Ba共22种元素和原矿Au、Ag、SiO_2、Al_2O_3、Fe_2O_3、FeO、CaO、MgO、K_2O、Na_2O、Cu、Zn、S、MnO、As、C、Co、Mo、Ni Ca共21种元素和氧化物分析,Si、Al、Fe的氧化物含量大于1×10^{-2},Ca、Mg、K、Na在$(0.1\sim1)\times10^{-2}$之间,Cu、Pb、Zn低于0.5×10^{-2}。

矿石中有用组分为Au、Ag。矿床Au平均品位6.77×10^{-6}。伴生银平均品位22.52×10^{-6}。Au与Ag有明显的正相关关系。

表 6-2-8　活龙金矿床矿体统计表

蚀变带号	矿体号	规模/m					品位/(×10⁻⁶)					
		长度	厚度			斜深	Au			Ag		
			最大	最小	平均		最高	最低	平均	最高	最低	平均
2	2-1	22	2.23	1.00	1.52	150	19.88	2.51	8.85	27.50	6.30	14.14
	2-2	80	1.80	0.81	1.32	50	2.06	1.50	1.68			
	2-3	60			1.00	65			3.62			14.48
7	7-1	126	2.30	0.19	1.22	112	12.80	1.73	4.17	57.20	3.17	23.29
	7-3	80	1.00	0.80	0.90	80	3.11	3.00	3.23			9.44
	7-4	120	1.55	0.30	1.01	180	18.50	1.30	19.34	32.32	2.25	14.83
	7-6	40			3.00	50			7.53			6.75
	7-9	180	8.19	0.89	1.71	175	17.75	1.46	9.93	64.67	2.00	41.75
	7-11	40			1.26	80			17.08			18.00
	7-13	40	2.00	1.60	1.85	108	5.50	1.49	3.53			5.30
	7-15	100	2.00	0.40	1.20	92	31.51	6.30	10.50	42.00	21.63	25.03
	7-16	40	2.00	0.74	1.40	120	2.05	1.33	1.58			3.76
	7-17	140	1.00	0.78	0.91	213	12.70	1.35	5.26	9.00	2.25	16.49
	7-18	60			1.00	90			1.63			2.25
	7-19	80			1.87	53			2.36			3.13
	7-21	60			0.55	63			3.74			7.00
9	9-1	105	2.00	1.00	1.50	130	9.69	1.18	5.32	33.19	4.88	18.42
13	13-1	80			1.12	65			5.38			21.52
17	17-1	360	3.26	0.50	1.23	210	25.90	1.12	3.64	38.09	1.25	13.73
	17-2	68	0.80	0.26	0.53	35	16.39	6.17	19.63			78.51
	17-3	22			0.36	20			9.8			
	17-4	40	3.00	1.00	2.00	127	6.64	1.31	1.74	16.75	10.83	12.31
	17-5	60			1.00	50			3.26	6.83	3.25	6.50
	17-6	60	3.00	0.62	1.81	105	6.00	2.59	5.42			6.22
19	19-1	35			0.59	40			10.88			
	19-2	80			1.30	93			8.12			4.38
20	20-1	43			1.11	29			2.45			

金主要以银金矿独立矿物存在，赋存状态主要有晶细金、裂隙金、包裹金和显微金。

银主要以银金矿独立矿物形式赋存于细粒黄铁矿和其他硫化物中，或以类质同像形式存在于黄铁矿、方铅矿及其他硫化物中。

(2)矿石类型：含金硅质蚀变岩型，含金网脉状石英型。

(3)矿物组合：金属矿物主要有银金矿、黄铁矿、毒砂，次要有方铅矿、闪锌矿、黄铜矿、磁黄铁矿、辉钼矿、黝铜矿；脉石矿物主要有石英、金云母，次要有绿泥石、石墨、方解石。

(4)矿石结构构造：矿石结构以自形粒状、半自形粒状、他形粒状结构为主，其次为压碎、交代溶蚀、乳滴、包含结构；矿石构造以浸染状、细脉浸染状、角砾状构造为主，其次是脉状、团块状构造。

4.蚀变类型及分带性

矿区内的14个蚀变带分别受近东西向、北西向及近水平3组断裂控制，金矿（化）体都赋存于蚀变带中。蚀变带按矿物组合划分为暗灰色硅质蚀变岩和网状石英脉2类。以绢云母、硅化石英（或硅质）、黄铁矿、毒砂等构成的硅质蚀变岩是蚀变带主体，也是主要赋金蚀变岩，网状石英脉分布在硅质蚀变岩中及两侧，由石英细脉网脉及硅质蚀变岩角砾组成，金矿化弱。

矿区主要蚀变为硅化、绢云母化、黄铁矿化、毒砂化。

根据蚀变特征进一步划分为：成矿前蚀变，主要绢云母化，其次是绿泥石化；成矿期蚀变，主要硅化、绢云母化、黄铁矿化，以硅化为主；成矿后蚀变，主要方解石化，呈细脉状。

5.成矿阶段

根据矿石矿物共生组合、结构、构造、蚀变特征及相互穿插关系，将矿床划分为热液和表生2个成矿期。

(1)热液成矿期。

第一阶段，石英—绢云母阶段。是成矿的早期阶段，热液活动沿着断裂构造带交代形成强绢云母化、弱硅化和量黄铁矿化。这一阶段含金微量。

第二阶段，富硫化物—石英—金矿阶段。是主成矿阶段，含矿热液活动比较广泛，形成含金富硫化物硅质蚀变岩。含矿热液所形成的硫化物以黄铁矿和毒砂为主，占硫化物总量的90×10^{-2}。银金矿多包裹于黄铁矿或毒砂中，或与其他硫化物连生。矿物共生组合生成顺序为石英—黄铁矿—银金矿—毒砂—（方铅矿—闪锌矿）—黄铜矿—辉钼矿。形成温度290～320℃。

第三阶段，黄铁矿—石英阶段。是热液活动最强烈大量硅质沿早期硅质蚀变岩及围岩裂隙充填交代，形成网脉石英。硫化物明显减弱，主要为黄铁矿、方铅矿、毒砂等。矿物共生组合生成顺序为石英—黄铁矿—毒砂—（方铅矿—闪锌矿）。形成温度190～230℃。

第四阶段，碳酸盐阶段。是热液活动的尾声，碳酸盐呈细脉状充填于上述个阶段蚀变带内及围岩中，含少量硫化物，不含金银。

(2)表生成矿期：主要形成铁、铅、砷、铜的氧化物和金银的次生富集。

6.成矿时代

钾-氩法同位素地质年龄测定充填于矿化蚀变带内并遭受热液蚀变及金矿化的闪长玢岩年龄(116.8±4.2)Ma，代表了成矿年龄。切穿矿体的闪长玢岩脉年龄(109.0±2.8)Ma，代表了成矿作用上限年龄，据此证实金矿主要成矿期为燕山期。

矿床成因类型为沉积变质-岩浆热液矿床。

7.地球化学特征

矿床位于古元古界集安群大东岔组变质岩内，其金的丰度平均值为1.45×10^{-9}，而下伏蚂蚁河组为一套受区域变质作用中—基性海相火山-沉积岩系，其中斜长角闪岩金丰度高，平均为21.5×10^{-9}，最高达520×10^{-9}，是地壳平均含量的120倍。

对矿体石英、方铅矿及两期黄铁矿、毒砂用爆裂法测得温度260～330℃，据此，确定矿床主成矿阶段形成温度为290～320℃。属中高温热液矿床。

8.成矿物质来源

(1)成矿物质来源:根据地层微量元素分析,该地层中金的含量分布方差明显大于其他元素,反映部分斜长角闪岩中金的富集程度大,推测金在区域变质作用过程中产生过定向扩散。

(2)硫来源:对矿床中含金蚀变岩及围岩的硫化物硫同位素分析,$\delta^{34}S$ 值变化范围为 $5.7\times10^{-3}\sim8.8\times10^{-3}$,平均值为 7.63×10^{-3},其中黄铁矿 $\delta^{34}S$ 变化范围为 $6.8\times10^{-3}\sim8.8\times10^{-3}$,平均值为 7.73×10^{-3},塔式效应明显,围岩硫同位素与矿体基本一致,富集重硫。反映地层中的硫在成矿过程中随同成矿热液迁移集中时进一步均一化结果。

(3)铅来源:对矿石中方铅矿进行了铅同位素测定,$^{207}Pb/^{204}Pb$-$^{206}Pb/^{204}Pb$ 坐标图反映,回归直线具有线性关系,斜率为 0.458 8,相关系数为 0.69,属异常铅。利用二次等时线公式计算得出原始铅的年龄为 27 亿年左右,接近于古元古界地层年龄,反映矿石中部分铅来自地层。综合分析得出本矿床中的异常铅是由地层中的铅和后期岩浆热液带来的铅混合形成。据此推断成矿物质不是单源的。

9.控矿因素及找矿标志

(1)控矿因素。

构造对成矿控制:鸭绿江断裂带控制了区域矿产的分布,其上盘低序次东西向、北西向、近水平的断裂控制了活龙金矿床的矿体展布,断裂在成矿前及成矿期多次活动,是矿液活动的直接通道和有益组分的沉积场所。成矿期断裂的性质、形态决定了蚀变带及矿体的规模和形态。成矿期断裂主要为压扭性,矿体多呈脉状或平行脉,受张扭性断裂控制的蚀变带及矿体多呈扁豆状。

围岩性质对成矿的控制:矿体主要围岩为集安群大东岔组含矽线石榴黑云变粒岩,岩石中含石墨及黏土矿物(伊利石),尤其断裂带中石墨及黏土矿物更加富集,吸附含矿热液中 Au、Ag 元素并使其沉淀。下伏集安群蚂蚁河组中斜长角闪岩是金的主要来源。对成矿更有利。

(2)岩浆活动对金矿控制:区域内大规模的燕山期岩浆活动形成了酸性侵入体及浅成脉岩,是矿床形成的热源和热液来源,并提供了部分成矿物质。根据原生晕研究,榆林岩体和江口岩体的微量元素组合特征及含量分别与暗灰色硅质蚀变岩和网状石英脉具有一定的相似特点。

矿石同位素年龄研究表明,主要成矿时期为 110Ma,成矿作用与燕山期构造岩浆活动有密切关系。矿体与蚀变闪长玢岩脉紧密伴生,蚀变闪长玢岩脉赋存于蚀变带内,具硅化、绢云母化、黄铁矿化及金矿化,局部构成金矿体,该脉岩常为矿体直接围岩或近矿围岩。

(3)找矿标志。

构造标志:鸭绿江构造带与低序次北西向、东西向断裂构造交会处,是成矿的有利部位。

岩浆岩:矿区含金硅质蚀变岩与蚀变闪长玢岩脉空间上密切相伴,时间上含金硅质蚀变岩稍晚于蚀变闪长玢岩脉。蚀变闪长玢岩脉为间接找矿标志。

地层标志:蚂蚁河组斜长角闪岩、大东岔组含墨矽线石榴黑云变粒岩,是含矿有利部位。

蚀变标志:硅化、绢云母化、黄铁矿化、毒砂化是寻找金矿重要标志。

地球化学标志:Au、Ag、As 及 Pb、Mo 为矿床的特征元素组合。As 异常明显地指示蚀变带的存在,Au、Ag、As 异常可指示矿体赋存的具体部位。

(五)通化县南岔金矿床特征

1.地质构造环境及成矿条件

矿床位于前南华纪华北东部陆块(Ⅱ)、胶辽吉元古代裂谷带(Ⅲ)老岭坳陷盆地(Ⅳ)内。荒沟山“S”

形断裂带西南端。见图 6-2-15。

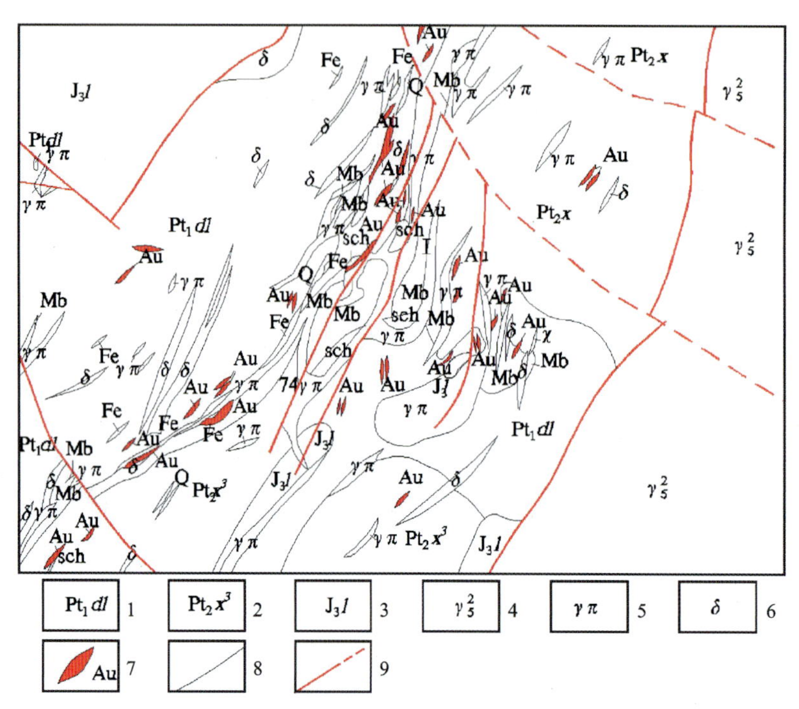

1. 大栗子组；2. 珍珠门组；3. 侏罗系林子头组；4. 燕山期黑云母花岗岩；5. 辉长玢岩；6. 闪长岩；7. 矿体；8. 地质界线；9. 断层。

图 6-2-15　通化县南岔金矿床地质图

（1）地层：区域出露的地层以中元古界老岭群珍珠门组和大栗子组为主，珍珠门组为金的富矿层位，上覆青白口系钓鱼台组及上侏罗统林子头组。

珍珠门组为一套海相碳酸盐建造。下段以浅灰色厚层状白云质大理岩为主；中段以浅灰色白云质大理岩，局部夹薄层状透闪白云质大理岩及钙质绢云片岩为主；上段以石榴钙质绢云片岩、绢云片岩千枚岩、绿泥片岩为主。

大栗子组为一套海相泥质碎屑建造。自下而上划分为 4 个岩性段。下部以石榴绿泥片岩、钙质片岩夹薄层大理岩及石英岩为主，为主要金铁含矿层；中下部以钙质片岩与薄层状大理岩互层为主；中上部以绢云片岩夹数层透镜状大理岩为主；上部以绢云千枚岩为主。

钓鱼台组主要岩性为含砾石英粗砂岩、石英砂岩。

林子头组主要岩性为凝灰岩、流纹岩、安山岩、火山角砾岩、凝灰质砂页岩。

（2）岩浆岩：区内岩浆活动频繁，自印支期到燕山晚期，具多期次活动特点。幸福山岩体，岩性为花岗闪长岩，同位素年龄 198Ma（据 1∶20 万区测资料）；头道沟岩体，岩性为钾长花岗岩，分布于幸福山岩体东侧，呈小岩株状。本区脉岩发育，闪长岩脉为（72.39±2.31）Ma（钾-氩法，吉林省地质科学研究所），安山岩脉为 1127Ma，霏细岩脉为（87.64±21.97）Ma（钾-氩法，吉林省地质科学研究所）；另外少量煌斑岩脉。

（3）构造。

褶皱构造：大南沟-老营沟复式背斜枢纽方向为北东 40°，向北东倾没，倾伏角 35°。核部为珍珠门组下段，两翼依次为珍珠门组中、上段及大栗子组。背斜长 4.5km，北西侧被大面积侏罗系火山岩覆盖；南东侧被头道沟岩体侵入，加之后期构造破坏而不完整。背斜北西翼Ⅰ矿段出露较完整，倾向北西，倾角 17°～18°，一般轴部陡 70°～80°，远离轴部逐渐变缓 17°～50°。南东翼缺失花山组，倾向南东，倾角 35°。

背斜轴部及两翼次级褶皱十分发育，南东翼有一个次级向形构造，延伸稳定，展布方向与主背斜轴一致。背斜北西翼及核部附近形成一系列轴面向北西的同斜褶皱，轴面倾角 10°～60°。已知片岩型矿体均赋存于背形构造部位，见图 6-2-16。

断裂构造：层间断裂，发育在珍珠门组大理岩与花山组片岩接触界面及附近地层中的褶皱的转折部位和地层产状变化部位，断裂面与上下盘地层产状一致。走向 30°～40°，倾向北西或南东，倾角 10°～60°，断裂内由角砾岩、片理化岩石组成。该断裂是主要容矿构造。片岩型矿体多产于此断裂中，呈厚大的似层状、鞍状矿体；北东向韧性剪切断裂带，该断裂带系指沿背形核部发育的被闪长岩脉、霏细岩脉充填的构造，断裂带长 1100m，宽几十米至 250m，走向与背斜轴平行展布，倾向一般南东，局部北西，倾角浅部缓(30°～50°)，深部陡(60°～80°)，控制闪长岩型矿体；成矿后断裂，成矿后的北东向断裂与成矿北东向断裂在平面、剖面上彼此平行或小角度斜交。北西向断裂为矿区最晚的一次断裂活动，规模亦较大，走向 290°～350°，见图 6-2-16。

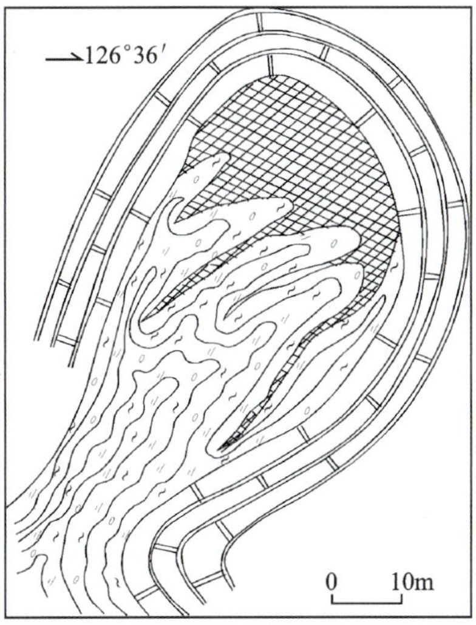

1. 含榴绿泥绢云片岩；2. 白云质大理岩；3. 矿体。

图 6-2-16 通化县南岔金矿床 14 剖面线矿体形态图

2. 矿体三度空间分布特征

南岔金矿床共分Ⅰ、Ⅱ、Ⅲ、老营沟、大南岔 5 个矿段，其中Ⅰ矿段为主矿段。Ⅰ矿段内发现 19 个矿体，Ⅱ矿段 3 个矿体，Ⅲ矿段 2 个矿体，老营沟矿段、大南岔矿段各发现一个矿体。

片岩型金矿赋存在珍珠门组上段与大栗子组下段接触界面近片岩一侧，受层间断裂控制，已控制接触界面长 1100m，走向 35°～40°，倾向北西，倾角 55°～70°，西部近直立，倾向南东，深部沿倾斜方向呈褶曲状。片岩型金矿体主要赋存背形褶曲鞍部见图 6-2-17。共发现 14 个矿体，除 1-2、1-3 及 1-8 号矿体出露地表外，其余均为盲矿体，以 1 号矿体规模最大，1-2、1-1 居次。

闪长岩型金矿体赋存在侵入于珍珠门组上段白云质大理岩中蚀变闪长岩中，位于片岩型矿体的下部，为盲矿体，有 5 个矿体，以 2、2-1 号矿体规模最大，呈脉状，北东-南西方向延伸，倾向南东，倾角一般为 60°～80°。

(1)矿体三度空间分布特征。

1 号矿体：为盲矿体，为矿区最大矿体。分布于 8～28 线之间，控制矿体长 385m，最大延深不足百米，矿体向南西侧伏，侧伏角 10°～20°。矿体位于背形褶曲的鞍部，呈鞍状、似层状，见图 6-2-17。矿体平均厚度 8.76m，平均品位 9.00×10^{-6}。

1-1 号矿体：为盲矿体，矿体分布于 28—32 线之间，控制矿体长 154m，最大延深 90m，矿体向南西侧伏，侧伏角 30°。矿体位于背形褶曲的翼部，呈鞍状、似层状，见图 6-2-17。矿体平均厚度 5.06m，平均品位 4.33×10^{-6}。

1-2 号矿体：部分出露地表，矿体规模较大，分布于 4—7 线之间，控制矿体长 250m，最大延深 90m。矿体自 0 线起向北东和南西

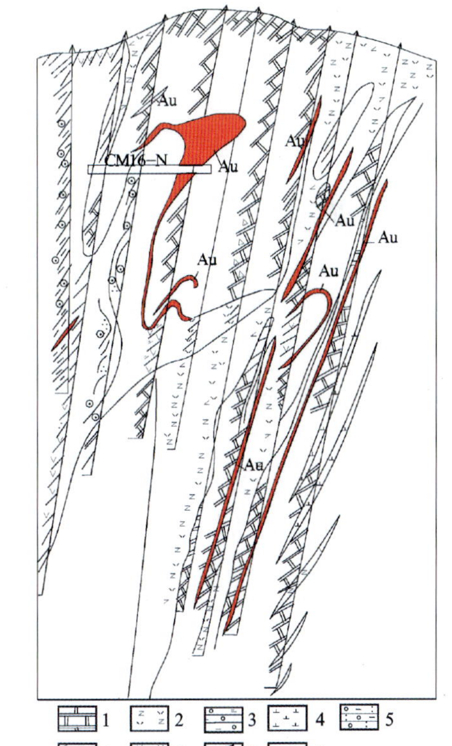

1. 珍珠门组大理岩；2. 霏细岩；3.5.6.7. 大栗子组片岩；4. 闪长岩脉；8. 金矿体；9. 坑道。

图 6-2-17 通化县南岔金矿床 16 线勘查剖面图

侧伏,侧伏角分别为30°和5°～10°。矿体呈囊状和似层状。矿体平均厚度4.98m,平均品位4.95×10^{-6}。

1-3号矿体:部分出露地表,矿体规模较小,分布于3—7线之间,控制矿体长60～167m,最大延深56m。矿体位于褶曲翼部,呈似层状。矿体平均厚度2.33m,平均品位5.29×10^{-6}。7线上为闪长岩脉而成工业矿体。

2号矿体:为盲矿体,规模较大,分布于3—10线之间,呈北东35°～40°方向展布,倾向南东,倾角60°～80°。控制矿体长410m,最大延深130m。矿体呈脉状。矿体平均厚度5.05m,平均品位5.81×10^{-6}。

(2)矿床剥蚀程度。

矿区大部分矿体为隐伏矿体,推测矿床剥蚀深度较浅。

3. 矿床物质成分

(1)物质成分。

金的赋存状态:片岩型金矿矿石Au、Ag赋存于相应矿物中,少量金包在石英、黄铁矿、毒砂中;闪长岩型金矿石Au赋存于自然金中,Cu赋存于黄铜矿中。

金矿物种类:片岩型金矿矿石以银金矿为主,少量自然金,金银矿;闪长岩型金矿石为自然金。

金矿物分布特征:他形显微金,分布于石英颗粒、毒砂与非金属矿物间,也见有包体金于毒砂、黄铁矿、石英、黄铜矿中。银金矿与毒砂密切共生,自然金与硅化密切,金银矿与黝铜矿共生。金粒度一般为0.05～0.004mm。

有益有害组分:片岩型金矿石、闪长岩型金矿石金属矿物组合基本相同,但含量各异,片岩型矿体属富硫化物(富砷)矿石,闪长岩型矿体属贫硫化物矿石(贫砷);片岩型金矿矿石化学成分,有益组分以Au为主,伴有Ag。并含微量Cu、Pb、Co、Ni等。Au、Ag间关系无规律。有害组分为As、As与Au呈正消涨关系。As含量为4.7×10^{-2}～24×10^{-2};闪长岩型金矿石化学成分有益组分以Au为主,伴少量Ag、Sb、Bi,微量Cu、Co、Pb、Zn。有害组分As。

(2)矿石类型:片岩型金矿矿石据矿石组构,硫化物含量分为块状矿石、稀疏浸染状矿石、细脉状浸染型矿石;闪长岩型金矿石分为星点浸染状矿石、细脉浸染状矿石。

(3)矿物组合:片岩型矿石主要有黄铁矿、毒砂、白铁矿、自然金、金银矿-银金矿、石英、白云石、绢云母;次要的有磁黄铁矿、黄铜矿、深红银矿、螺状硫银矿、磁铁矿、褐铁矿、斜长石、电气石、重晶石、石榴石、黏土矿物、铜蓝方解石;微量有方铅矿、闪锌矿、黝铜矿、菱铁矿、软锰矿。蚀变及氧化矿物有石英、方解石(白云石)、重晶石、黏土矿物、铜蓝、褐铁矿、黄钾铁矾和绿帘石;闪长岩型矿石主要有毒砂、黄铁矿、白铁矿、自然金、斜长石、角闪石、绿泥石、石英;次要的有钛铁矿、磁铁矿、磁黄铁矿、黄铜矿、次闪石、白云石(方解石);微量有磷灰石、锆石。蚀变及氧化矿物有褐铁矿、次闪石、绿泥石、白云石(方解石)和石英。

(4)矿石结构构造:片岩型矿石主要有自形—他形粒状结构、交代结构、包含结构、浸染状结构。闪长岩型矿石主要有包含结构、浸染状结构;矿石构造主要为块状构造、星点浸染状构造、细脉浸染状构造。

4. 蚀变类型及分带性

矿区主要有硅化,毒砂化、黄铁矿化、碳酸盐化,绿泥石化、绢云母化、褐铁矿化等,金矿主要与硅化、毒砂化、黄铁矿化关系密切。

(1)硅化:是区域内与成矿关系密切而普遍的蚀变。脉状硅化,脉状石英伴生硫化物与金矿化相一致,石英细脉中尤为普遍;细粒均匀硅化,石英呈微细粒状均匀分布,此种硅化伴生微细粒毒砂、黄铁矿化。在矿体附近尤为明显。

(2)毒砂黄铁矿化:与片岩型金矿化关系极为密切,是热液蚀变过程中暗色矿物的铁与热液中的硫、砷络合物结合而成。毒砂粒度较细,呈脉状、浸染状分布,金矿化与这类毒砂矿化相关;黄铁矿化呈他形微细粒状,金矿化与这类黄铁矿化也有一定联系。成矿后的黄铁矿多为细脉状,一般不含金。

(3)碳酸盐化:区域内普遍发育,以长期性和多阶段性为特点。

(4)绿泥石化、绢云母化:是成矿期普遍发育的面型交代蚀变。

(5)类矽卡岩化:主要发育于片岩型金矿近矿围岩与白云质大理岩接触带中,是早期成矿作用蚀变产物,分布不普遍。

矿石毒砂、黄铁矿包裹体爆裂法测温结,硫化物温变范围为140～400℃,主要成矿温度140～300℃,其次是340～380℃。

5.成矿阶段

根据成岩、成矿及表生作用划分为沉积成矿期、变质期、气成-热液期及表生期,又以矿物主要晶出时间划分为硅酸盐阶段、硅化-硫化物阶段、碳酸盐阶段及氧化作用阶段。

(1)沉积成矿期:古元古代海相沉积,形成金丰度值较高的初始的泥岩-碳酸盐岩矿源层。

(2)变质期:硅酸盐阶段,形成的矿物组合为石英、斜长石、云母、电气石、石榴石、绿泥石、白云石、方解石、锆石、黏土矿物、磁铁矿;硅酸盐阶段的形成温度为500℃以上。围岩蚀变主要有黏土矿化、绢云母化、纤闪石化。

(3)气成-热液期:硅化-硫化物阶段,矿物组合为石英、毒砂、磁黄铁矿、自然金-银金矿、黄铁矿、黄铜矿、黝铜矿、螺状硫银矿、白铁矿。硅化-硫化物阶段的形成温度为140～410℃。围岩蚀变主要以硅化为主;碳酸盐阶段,形成的矿物组合为石英、白云石、方解石、自然金-银金矿、方铅矿、闪锌矿。碳酸盐阶段的形成温度小于150℃。围岩蚀变主要以碳酸盐化为主。

(4)表生期:氧化作用阶段形成的矿物组合为铜蓝、褐铁矿、黄钾铁矾。氧化作用阶段的形成温度小于50℃。围岩蚀变主要以褐铁矿化为主。

6.成矿时代

天津所王魁元等测试蚀变闪长岩铷-锶法等时代年龄为(1 313.06±7.09)Ma,岩脉中石英硫化物黄铁矿普通铅模式年龄为1 244.35Ma,通化四所测试蚀变闪长岩全岩钾-氩法年龄为(72.39±31)Ma,说明该矿床成矿期为二期,早期应为中元古代(1200Ma左右),晚期为燕山期,但以晚期为主。

7.地球化学特征

(1)岩石地球化学特征:区域内各类岩浆岩中11种常量元素与中国同类岩浆岩相比FeO、CaO、MgO偏高,SiO_2、Na_2O偏低。片岩与通常片岩相比CaO、Na_2O和P_2O_5高出几倍到一个数量级以上,MnO、K_2O、TiO_2也偏高,SiO_2、Al_2O_3、Fe_2O_3、FeO略有降低。

(2)微量元素特征:区内各类岩石中的14种微量元素中,Au、Ag、As、Sb、Bi丰度值较高,浓集克拉克值为90～8.33,Ni、Co、Cr、Hg、Mo、Zn、Pb丰度值较低,浓集克拉克值为0.24～0.94;在不同的岩石中,含Au的丰度值各有不同,相应的指示元素也有所差异。在珍珠门组白云质大理岩和花山组一段的绿泥片岩中,Au、Ag、As、Sb、Bi、Cu高,其中Au、Ag、As高一个数量级以上,Pb、Zn、Ni、Co、Cr、Mo低;在岩浆岩中,闪长岩与通常闪长岩丰度值比,除Pb、Zn相当外,其他12种元素均高,其中Au、Ag、As、Sb、Bi高一个数量级以上。在花岗岩中As、Sb、Bi、Ag、Zn、Ni、Co、Cr、Mo、Sn高于通常花岗岩平均值,其中As、Sb、Bi高一个数量级以上。在霏细岩中Au、Ag、As、Sb、Bi、Zn、Sn高,其中As、Sb高出一个数量级,而Cu、Pb、Ni、Co、Cr、Hg比相应岩石平均值低。

根据上述资料，区内的地层和岩浆岩，Au及其伴生元素Au、As、Sb、Bi、Cu丰度值较高，特别是Au有较高的丰度值，为金矿的成矿提供了充足的矿质来源，区内的大理岩、绿泥片岩是本区的矿源层，闪长岩是金的矿源岩。

(3)硫同位素：含金钙质片岩、含榴绿泥片岩、含金片岩、绿泥片岩、蚀变片岩、含黄铁矿片岩、含针状毒砂片岩的$\delta^{34}S$值为$-6.15\times10^{-3}\sim1.107\times10^{-3}$，极差$7.257\times10^{-3}$，平均值$-2.447\times10^{-3}$；含金闪长岩、含针状毒砂闪长岩$\delta^{34}S$值为$-4.94\times10^{-3}\sim-2.56\times10^{-3}$，极差$2.38\times10^{-3}$，平均值$-3.75\times10^{-3}$；致密块状硫化物矿石、致密块状矿石、黄铁矿岩$\delta^{34}S$值为$-5.90\times10^{-3}\sim0.07\times10^{-3}$，极差$5.97\times10^{-3}$，平均值$-2.58\times10^{-3}$；全矿区25个硫同位素$\delta^{34}S$平均值为$-2.74\times10^{-3}$，波动于$-7.24\times10^{-3}\sim1.10\times10^{-3}$之间，极差$8.34\times10^{-3}$，标准差$2.79\times10^{-3}$，塔式效应不明显。见图6-2-18。

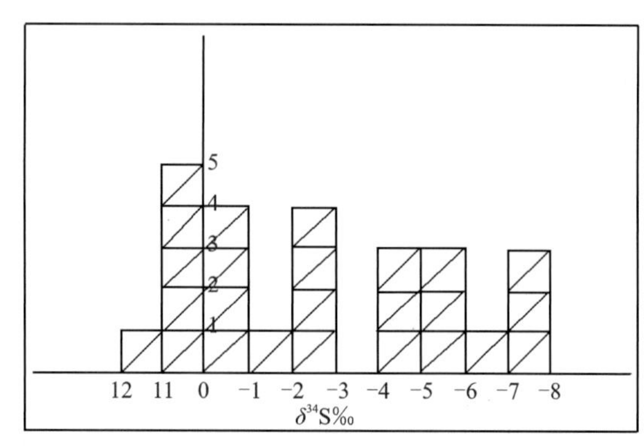

图6-2-18　通化县南岔金矿床片岩型矿体矿石硫同位素组成图

(4)成矿温度：矿石毒砂、黄铁矿包裹体爆裂法测温结果表明，硫化物温变范围为140～400℃，主要成矿温度140～300℃，其次是340～380℃。

8.物质来源

(1)硫同位素：反映硫来源不是单一的，但从明显富集轻硫类看，硫来源于地层，其次是岩浆。

(2)微量元素：据区内岩石的原生晕资料，大栗子组一段绿泥片岩Au丰度最高达69×10^{-9}，高于相应岩石丰度值近10倍，闪长岩珍珠门组白云质大理岩分别为64×10^{-9}、26×10^{-9}，分别高出相应岩石的8.5倍及2倍。可见南岔金矿主要来源是大栗组一段绿泥片岩及珍珠门组白云质大理岩及闪长岩脉。

近矿围岩、蚀变岩、构造破碎带中的Au及大部分伴生元素均高于背景值，说明在成矿过程中，Au与蚀变、构造活动有密切关系。

综上，南岔金矿物质来源于地层，其热液主要来自后期岩浆活动，成因类型应属沉积-岩浆热液改造型矿床。

9.地球物理及地球化学异常特征

(1)地球物理特征：①老岭群大栗子组为弱磁性，珍珠门组为极弱磁性，侵入岩为中等磁性。大栗子组片岩由于黄铁矿化较为普遍，呈现低阻、高极化特征，珍珠门组大理岩呈现高阻、低极化特征。珍珠门组与大栗子组之间有明显电性界面，破碎蚀变岩型金矿体充电率高于围岩，电阻率虽然明显低于大理岩，但与片岩不易区分。蚀变后闪长岩脉电阻率也变低。②区内磁场呈明显的北东-南西带状异常，异常轴部极值为1000～5nT，两侧为正常场，带状异常是大栗子组底部磁铁矿体为主磁性体引起的。地电场，大栗子组片岩为低阻、高极化。珍珠门组大理岩为高阻低极化，两种场的过渡带是两组地层的接触带。③甚低频电磁场，断裂或地层接触带形成低阻。为甚低频电磁法圈定断层或接触带提供前提，并圈出9条特征线。④激电异常，在南岔矿区Ⅰ矿段发现与金矿可能有关的硫化物富集地段异常5处。

(2)地球化学异常特征：圈定了以Au为主，伴有Ag、As、Sb、Pb、Zn等元素组合异常，其中金异常17处，Ht-1号异常与Ⅰ矿段片岩型金矿体相吻合，规模居全区之首，异常呈带状分布，西起大南岔沟东至老营沟一带，大致呈北东方向延伸，Au异常带总长5km，异常与Ⅰ、Ⅱ、Ⅲ矿段、老营沟矿段、大南岔矿段套合较好，Ht-1、Ht-2、Ht-3、Ht-4、Ht-5、Ht-6、Ht-7、Ht-8等土壤异常系金矿(化)体引起。

10. 控矿因素及找矿标志

(1)控矿因素。

地层:矿体及矿化多分布于白云质大理岩与片岩接触面近片岩一侧。少量矿体分布于白云质大理岩中。

构造:矿体多产于片岩与大理岩接触界面背形褶曲转折部位的层间断裂、层间剥离及裂隙中,少量矿体赋存于大理岩内北东向闪长岩脉上盘接触带断裂中近闪长岩一侧。

(2)找矿标志:片岩型金矿,珍珠门组上段白云质大理岩与花山组下段片岩接触界面的背形褶曲鞍部是容矿的有利部位。毒砂矿化,尤其是针状毒砂矿化是直接的找矿标志。Au、Ag、As、Sb、Bi、Hg 组合异常带是重要找矿标志。在电法 M_s、ρ_s 由高异常区(低异常)转化为低异常(高异常)区变化带上出现磁法 ΔE 异常附近,地电断面上 M_s 高异常圈闭内,往往是金属硫化物富集地段;闪长岩型金矿,珍珠门组上段白云质大理岩层中的蚀变闪长岩脉是直接找矿标志。北东向构造,尤其同北西向断裂构造复合部位是构造找矿标志。强烈蚀变带,其中硅化、绢云母化、绿泥石化、碳酸盐化以及岩石退色等蚀变岩是找矿标志。

(六)白山市荒沟山金矿床特征

1. 地质构造环境及成矿条件

矿床位于前南华纪华北东部陆块(Ⅱ)、胶辽吉元古代裂谷带(Ⅲ)老岭坳陷盆地(Ⅳ)内。

(1)地层:区域内主要见有古元古界老岭群珍珠门组和花山组。

珍珠门组分布在矿区中部和北部,自下而上划分为 3 个岩性阶段,一段为碳质条带状的白云石大理岩;二段为薄层白云石大理岩夹中厚层白云石大理岩和角闪绿片岩,上部具条带状大理岩和中厚层大理岩石;三段下部为块状白云石大理岩、硅化白云石大理岩,局部层内夹褐铁矿化角砾状白云石大理岩,是铅锌矿赋存层位。上部为巨厚-块状碎裂化、硅化白云石大理岩,局部出现糜棱岩化,碎裂构造发育。荒沟山金矿床矿体主要含矿层位为珍珠门组第三段巨厚层(块状)白云石大理岩顶部的碎裂化、构造角砾岩化、硅化白云石大理岩,含矿层厚 80～240m,而与白云石大理岩接触的大栗子组片岩中矿体极少,仅在断裂面边部零星成矿。

花山组出露在矿区东南侧,自下而上划分为 3 个岩性段。一段为二云片岩、千枚岩,底部为二云片岩夹薄层大理石英岩;二段为二云片岩,绢云千枚岩夹数层大理岩及菱铁矿;三段下部为厚层大理岩及绢云千枚岩与薄层大理岩互层,为主要含铁层,上部为千枚状片岩夹薄层大理岩或石英岩。

(2)侵入岩:区内出露的侵入岩体为老秃顶子岩体,岩体侵位时间为 197～215Ma。为印支期花岗岩。脉岩主要有闪长岩、闪长玢岩、石英闪长玢岩、闪长细晶岩、辉绿岩及云斜煌斑岩,集中分布在石灰沟-荒沟山-杉松岗断裂两侧,形成时间为 145～206Ma,展布方向为北东。区内的老秃顶子岩体以及脉岩为成矿物质的迁移富集提供了热源。

(3)构造:区域内控矿主要有北东向的褶破构造及北东向韧性、韧脆性断裂构造。

区内发育有 3 条北东向韧脆性断裂,其一为花山组片岩与珍珠门组大理岩接触构造带,发育在石灰沟-荒沟山-杉松岗一带,为荒沟山"S"形断裂一部分。矿区内出露长 8km,空间展布呈舒缓波状,总体走向为北北东向,倾角陡,近直立,北段倾向南东,南段倾向北西,属压扭性构造。在断裂带珍珠门组大理岩一侧,岩石多碎裂化和角砾岩化,形成构造角砾岩和碎裂岩;在大栗子组片岩一侧,岩石多表现为片理化,形成片理化带。构造具多期活动和被晚期断裂构造叠加、改造的特征。局部见硅化蚀变,为本区控矿、容矿构造。

在矿区内可见两期变形构造,第一期主要表现为区域片理构造,第二期表现为复式背形和向形构造,荒沟山金矿就位于荒沟山-板庙子复式向形构造的南东翼,其次一级褶皱为石灰沟复式向形,东部为荒沟山复式背形。

2.矿体三度空间分布特征

荒沟山金矿床分为南大坡矿段、石灰沟矿段、杉松岗矿段,由8个矿组,32个矿体组成,具工业意义的矿体23个,其中的Ⅱ矿组Ⅱ-4、Ⅱ-3、Ⅱ-6、Ⅱ-5号矿体规模最大,Ⅱ-2、Ⅱ-1、Ⅱ-11、Ⅰ-2、Ⅱ-12号次之。其中以南大坡矿段为主。

(1)南大坡矿段:位于矿区中部,矿段长1200m,从南西向北东划分为Ⅰ、Ⅱ、Ⅲ号矿组。

Ⅰ矿组:位于13-0号勘探线间330m区段内,地表仅0线有矿体出露,自下而上为Ⅰ-3、Ⅰ-1、Ⅰ-2号矿体,矿体相距15～20m,赋存于距石灰沟-荒沟山-杉松岗断裂30～50m范围内碎裂化、硅化白云石大岩中。各矿体产状基本一样,与石灰沟-荒沟山-杉松岗断裂带近似平行,500m标高以上倾向南东,500m标高以下倾向北西,倾角65°～70°,深部矿体有北东侧状之势,具尖再现特点。矿体形态为柱状,走向长∶倾向深=1∶3～1∶7,矿体与围岩界线清楚,品位(1.13～22.84)$\times10^{-6}$,厚度为0.80～4.39m。

Ⅱ矿组:位于4—24号勘探线间500m区段内,共圈出13个矿体,以隐状矿体为主,赋存于石灰沟-荒沟山-杉松岗断裂下盘70～150m的范围内。近矿围岩为碎裂化、角砾岩化、硅化白云石大理岩,受石灰沟-荒沟山-杉松岗或平行石灰沟-荒沟山-杉松岗断裂次一级断裂控制,见图6-2-19、图6-2-20,总体走向北北东,倾向南东或北西,倾角60°～80°。矿体自上而下依次为Ⅱ-1至Ⅱ-10号,矿体相互近似平行排列,间距3～20m不等,矿体形态为脉状、透镜状。金矿体有向北东侧伏趋势,倾伏角30°～65°左右,矿体长26～275m,倾向最大延深380m,厚度0.8～9.25m,品位(1.02～50.73)$\times10^{-6}$。

Ⅲ矿组:位于南大坡矿段东端26—34线间95m的区段内,大部分为盲矿体,矿体赋存于石灰沟-荒沟山-杉松岗断裂下盘5～40m范围内的裂化、角砾岩化、硅化白云石大理岩层中,自下而上圈出Ⅲ-1、Ⅲ-2两个矿体,矿体呈透镜状,沿倾向具有尖灭再现特征,走向北北东,倾向南东,倾角60°～65°,矿体长18～60m,垂向

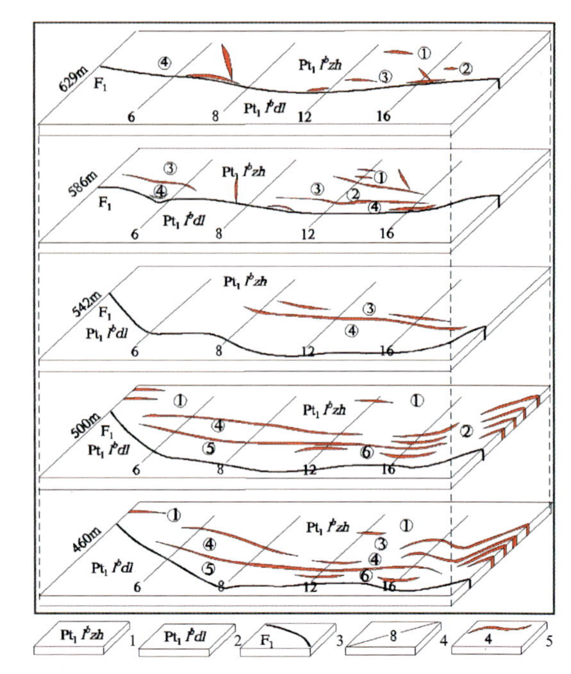

1.珍珠门组;2.花山组;3.分组界线;4.勘探线及编号;5.矿体及编号。

图6-2-19　荒沟山金矿床Ⅱ矿组立体图

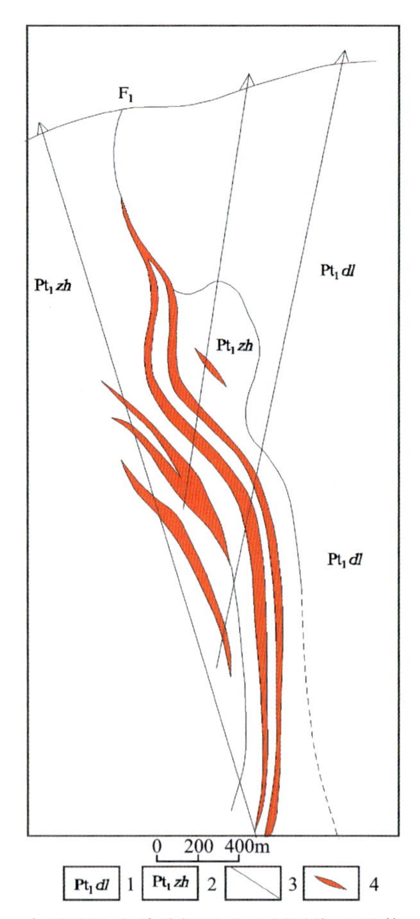

1.大栗子组;2.珍珠门组;3.地层界线;4.矿体。

图6-2-20　荒山沟金矿16勘探线剖面图

延深 60～120m，厚度 0.32～3.84m，品位(1.13～45.50)$\times10^{-6}$。

(2)石灰沟矿段：位于矿区南西段 13 线至高丽沟间，从南西向北东划分出Ⅶ、Ⅷ、Ⅳ、Ⅴ等 4 个矿组，计 8 个矿体，矿组间距 300m 左右，其中Ⅷ矿组赋矿层位与南大坡矿段相当，属南西沿走向再现部分。而Ⅶ、Ⅳ、Ⅴ矿组则远离石灰沟-荒沟山-杉松岗断裂，属第二含矿带矿体。矿体形态呈小脉状、透镜状。走向北北东，倾向北西，倾角 57°～76°，矿体地表控制长几十米到百余米，垂向延深几十米至 170m，厚度 0.5～4.51m，矿石品位(1.34～19.37)$\times10^{-6}$。

(3)矿床剥蚀程度：矿区次生晕可划分为 Au、Ag、As、Sb、Hg 和 Pb、Zn、Cu 两个元素组合系列，南大坡矿段的异常组合为 Au、As、Sb，杉松岗矿段的异常元素组合为 Hg、As、Sb，为一套低温元素组合，反映矿床剥蚀深度较浅；从矿体剖面上分析既有盲矿体，又有出露矿体，反映矿体剥蚀深度较浅，基本为隐伏矿床。

3. 矿床物质成分

(1)物质成分：矿石中主要有益成分金，伴生有益成分银，有害元素为砷、锑等。

金以独立的金银卤化物形式存在，以自然金为主，少量银金矿物，金银卤化物显微状、次显微状，多数粒径小于 0.004mm，0.001～0.003mm 占绝大多数，最大粒径可达 0.04mm，以粒间金为主，包裹金、裂隙金次之。其形态以显微粒状、乳滴状、角砾状为主。有不规则粒状、树枝状、亚铃状、月牙状、长条带状、仿锤状、长柱状、球状、厚板状等。载金矿物为黄铁矿、毒砂、褐铁矿、辉锑矿、蓝铜矿等。矿物包裹连生或粒间嵌布。

伴生有益成分银，除与金成金银互化物外，尚有辉银矿、深红银矿、银黝铜矿、硫银矿、硫锑铜银矿、辉锑银矿、银砷黝铜矿独立含银矿物。品位(4.94～38.64)$\times10^{-6}$。

(2)矿石类型：矿床类型为破碎带蚀变岩型金矿床。矿石类型依据矿石矿物组合及硫化物含量，为贫硫化物型金矿石。依据矿石组成及结构，构造划分为角砾状硅化矿石、致密状硅化矿石。按工业类型划分为氧化矿石和原生矿石。

(3)矿物组合：矿石矿物为自然金、银金矿、自然砷、自然铜、黄铁矿、毒砂、白铁矿、闪锌矿、方铅矿、辉锑矿、黄铜矿、黝铜矿、辉锑银矿、硫锑银矿、硫锑铜银矿、辉砷镍矿、辉砷铅矿、硫镍钴矿、方硫铁矿、针镍矿、辉银矿、磁黄铁矿、硫钴矿、胶黄铁矿、辰砂、雄黄、磁铁矿、金红石、钛铁矿、褐铁矿、孔雀石、蓝铜矿、臭葱石、铜兰、辉铜矿；脉石矿物为石英、白云石、方解石、绢云母、角闪石、透闪石、斜长石、萤石、黏土类矿物(蒙托石、伊利石)、榍石、重晶石、磷灰石、石榴石、辉石、绿帘石、十字石。

(4)矿石结构构造：矿石结构有自形、半自形粒状结构，他形粒状结构，显微粒状结构，交代结构，假象结构，胶状结构，纤粒状结构，显微团粒结构，此外还见有片状结构、充填状结构、交代残留结构等；矿石构造有稀疏浸染状构造、浸染状构造、角砾状构造、细脉状构造、蜂巢状构造。

4. 蚀变类型及分带性

矿区内围岩蚀变类型以硅化、黄铁矿化、褐铁矿化为主，其次有毒砂化、绢云母化及碳酸盐化、黄铜矿化、辉锑矿化、方铅矿化、闪锌矿化等，偶见重晶石化。

(1)硅化：早期为大颗粒硅化石英，呈他形及不规则粒状，该期硅化伴随有金矿化；中期以玉髓、蛋白石质状态出现，粒径细小，穿切早期石英，多呈网脉状分布，该期硅化与金矿化关系密切，金属矿化发育；晚期多呈微细脉状，未见金属矿化，与金无关。

(2)碳酸盐化：多发生在断裂带内及脉岩与围岩接触地段，以方解石细脉形式沿裂隙生成或以硅化蚀变岩(矿体)胶结物状态出现，是热液末期产物，与金矿化无关。

(3)黄铁矿化、褐铁矿化、黄铜矿化、毒砂矿化、辉锑矿化、方铅矿化、闪锌矿化：以黄铁矿化较为普遍，在断裂带附近、硅化蚀变岩中及脉岩蚀变部位更为明显。褐铁矿化大部分为黄铁矿氧化产物，呈粒状集合体或脉状分布，局部可见黄铁矿碎斑。黄铜矿化、毒砂矿化、辉锑矿化、方铅矿化、闪锌矿化多发生在硅化蚀变岩（矿体）中，含量极少。毒砂与金矿关系密切，可作为本区找金的矿物学标志。

5.成矿阶段

荒沟山金矿矿石矿物成分复杂，且种类多达50余种。根据不同类型的矿石中矿物组合的差异，以及空间的交切关系，荒沟山金矿可以划分为3个成矿期6个成矿阶段。

（1）沉积成矿期：在珍珠门组碳酸岩沉积阶段，形成了富含Au的初始矿源层。

（2）热液期。

①热液成矿早期：石英-黄铁矿阶段，形成石英、黄铁矿和自然金。

②热液主成矿期：石英-硫化物早期阶段，形成的矿物有石英、玉髓、绢云母、黄铁矿、毒砂、自然金、黑云母、重晶石、萤石、方铅矿、磁铁矿、黄铜矿；石英-硫化物晚期阶段，形成的矿物有石英、玉髓、绢云母、黄铁矿、毒砂、自然金、黑云母、重晶石、萤石、方铅矿、磁铁矿、银金矿、白铁矿、辉锑矿、闪锌矿、黄铜矿、黝铜矿；石英-硫化物-方解石阶段，形成的矿物有石英、玉髓、绢云母、黄铁矿、毒砂、自然金、黑云母、重晶石、萤石、方铅矿、磁铁矿、银金矿、白铁矿、辉锑矿、闪锌矿、黄铜矿、黝铜矿、银黝铜矿、砷黝铜矿、辉锑银矿、硫锑铅矿、辉银矿、深红银矿、硫铜银矿、白云石、方解石。

③热液成矿晚期：石英-方解石阶段，形成的矿物有石英、黄铁矿、白云石、方解石、雄黄、辰砂。

（3）表生期：褐铁矿阶段，为表生氧化阶段，形成的矿物有辉铜矿、铜蓝、孔雀石、锑华、臭松石、褐铁矿。

在上述的6个成矿阶段中石英-硫化物早期阶段、石英-硫化物晚期阶段、石英-硫化物-方解石阶段为主要成矿阶段。

6.成矿时代

天津所王魁元等测试蚀变闪长玢岩铷-锶法等时线年龄为(1 313.06±7.93)Ma，岩脉中石英硫化黄铁矿普通铅模式年龄为1 244.35Ma；矿区内可见到金矿体产于脉岩碎裂带之中或在脉岩与围岩接触边缘产生金矿化现象，通化四所测试矿化蚀变闪长岩及老秃顶子岩体钾-氩法年龄为(72.39±31)Ma，属燕山早期。因此该矿床成矿期为二期，早期为中元古代；晚期为燕山早期，以后者为主。

7.地球化学特征

（1）岩石化学特征：矿区内珍珠门组大理岩中常量元素平均含量分别为SiO_2 6.76×10^{-2}、Al_2O_3 1.02×10^{-2}、MgO 19.92×10^{-2}、CaO 27.91×10^{-2}、CO_2 43.08×10^{-2}、MnO 0.03×10^{-2}。以贫SiO_2、Al_2O_3和高MgO、CaO为特征。CaO/MgO一般为1.40，反映其原岩应属白云岩一钙质白云岩系列。B/Ga大于4.5，反映正常浅海相沉积特点。脉岩中以MgO、TiO_2、FeO、P_2O_5偏高，其他元素偏低为特点。

（2）微量元素特征：根据岩石化学分析资料计算结果，金矿体中Sb、Hg、As、Au、W、Ag强烈富集，反映了成矿元素组合特点；Li、Cu、Bi、Sr、Co较为富集；而Sn、V、Ni、Zr、Hf、Nb、Ta、Be等接近正常大理岩丰度值，绿片岩、片岩、脉岩中F、Rb、Zr、Hf、Nb、Ta、B、Be、Ba、Sr等元素相对富集。

（3）稀土元素特征：矿体取得的稀土元素含量资料除片岩外，分布模式相似，尤其是硅化蚀变岩、近矿大理岩、远矿大理岩分布模式基本一致，其轻稀土与重稀土比值大，表明大理岩的硅质具局部熔融特点。见图6-2-21。

（4）硫同位素特征：从矿床及其外围硫同位素的组成来看，矿区地层中硫同位素$\delta^{34}S$数值区间为$(7.3\sim31.8)\times10^{-3}$，极差为$24.5\times10^{-3}$，$\delta^{34}S$值均为分布范围大的正值，具重硫特点，反映半封闭浅海岩相古地理环境。而矿区外围地层中硫同位素多为大于 -1.0×10^{-3} 的负值，具生物硫的特点，反映生物繁盛的干涸浅海环境。矿区脉岩硫同位素分布范围为 $2.57\times10^{-3}\sim8.10\times10^{-3}$，极差为 5.53×10^{-3}，塔式效应较明显，接近陨石硫而向正向偏离，说明有地层硫的混入。矿体中硫同位素 $\delta^{34}S$ 分布范围为 $2.05\times10^{-3}\sim9.16\times10^{-3}$，均值为 5.84×10^{-3}，极差为 7.11×10^{-3}，变化范围较小，与脉岩硫类似，但塔式效应不明显。

(5)碳、氧同位素特征：从矿体碳、氧同位素组成来看，矿体围岩白云石大理岩 $\delta^{18}O$ 值为 $18.91\times10^{-3}\sim21.0\times10^{-3}$，与变质作用300℃时平衡水 $\delta^{18}O$(300℃)值为 $10.67\times10^{-3}\sim12.75\times10^{-3}$，具典型区域变质水特点。而矿体中 $\delta^{18}O$ 值为 $9.77\times10^{-3}\sim14.64\times10^{-3}$，与地层中变质水 $\delta^{18}O$ 相近，当成矿温度为205℃时，平衡水 $\delta^{18}O$ 值为 $-1.74\times10^{-3}\sim2.53\times10^{-3}$，值偏低，说明大气降水在成矿过程中参加了热液活动。

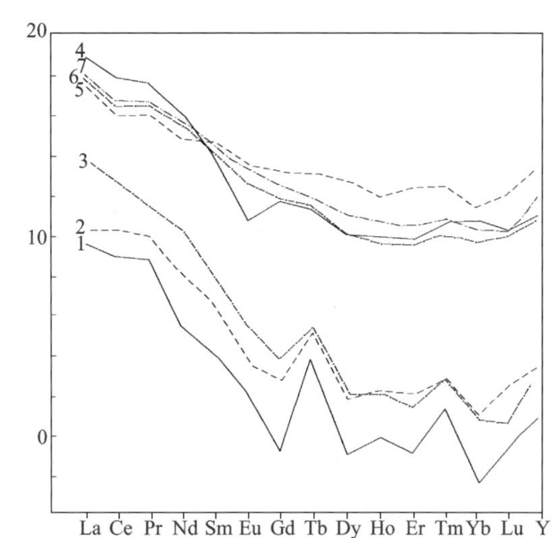

1.白云石大理岩；2.近矿白云石大理岩；3.硅化蚀变带；4.片岩；5绿片岩；6闪长岩脉；7.辉绿岩脉。

图 6-2-21　荒山沟金矿床矿区岩石稀土分布模式图

8.成矿温度

据爆裂法和均一法测试结果，成矿温度分别为270～230℃，其主成矿期温度分别为304℃、230℃，基本高于中低—中温范畴。

9.成矿物质来源

(1)金的来源：荒沟山地区岩石中金元素丰度值为 $0.0059\times10^{-6}\sim0.013\times10^{-6}$，高于地壳克拉克值($0.004\times10^{-6}$)3～5倍，可以认为它是金矿形成的“矿源层”。据硫同位素分析，成矿硫的来源除地层中硫之外，尚有来自深部岩浆硫的加入，说明有深部岩浆活动带来的金。

(2)硫的来源：从矿床及其外围硫同位素的组成来看，矿区地层中硫具重硫特点，反映半封闭浅海岩相古地理环境。而矿区外围地层中硫具生物硫的特点，反映生物繁盛的干涸浅海环境。矿区脉岩硫同位素分布范围为 $2.57\times10^{-3}\sim8.10\times10^{-3}$，极差为 5.53×10^{-3}，塔式效应较明显，接近陨石硫而向正向偏离，说明有地层硫的混入。

(3)热液流体来源：综观硫、碳、氧同位素的特征，成矿热液中的水来自深部岩浆岩并加热了地层中的残留水及围岩中的大气降水，形成了热水溶液。在沿断裂形成的通道上升过程中，地下水不断补充，深部岩浆不断加热构成了地下循环热液系统，同时淋滤和萃取了流经围岩中的成矿物质，形成了成矿热液，就其围岩蚀变及矿石组分分析，成矿热液带来的组分有 CO_2、SiO_2、K_2O、Na_2O、Al_2O_3 以及 H_2S、SO_3、Au、Ag、As、Sb、Ti、Bi、Hg、Fe等，另有少量Cu、Pb、Zn。

稀土元素的特征也证明了成矿物质主要来自珍珠门组白云石大理岩层中，并有岩浆活动所带来的物质加入。

荒沟山金矿成因应为中低—中温热液矿床。

10.控矿因素及找矿标志

(1)控矿因素。

地层控矿：主要表现在矿床产在金丰度值较高的珍珠门组大理岩地层中，其次为上部花山组的片岩盖层起到屏蔽及还原作用。

构造控矿：矿区内珍珠门组白云石大理岩与花山组片岩接触带，由于两侧岩石力学性质的差异，造成薄弱地带，在区域构造应力场作用下，沿此带形成了区域性的韧-脆性断裂，而向深部切割较深，矿区内 F_1 即属此种断裂，它展布在杉松岗-荒沟山-石灰沟，向南延伸到大横路三道阳岔一带，是本区金矿重要成矿带，也是成矿热液运移通道。该断裂带及分支构造或闪长岩（闪长玢岩）脉的接触带，围岩特别是大理岩透入性裂隙系统以及沿断裂形成的岩溶溶隙及溶洞均是良好的容矿空间。片岩在本区则表现为矿液运移的天然屏蔽，并因含少量碳质和黄铁矿而成弱还原环境，利于成矿物质的沉淀。

岩浆控矿：岩浆活动不仅为矿床的形成提供了能源，同时并带来了大部分成矿物质。

(2)找矿标志。

珍珠门组厚层角砾状大理岩，含金丰度值较高，并且富含碳质，是有利的找矿层位；

珍珠门组与大栗子组韧脆性构造接触带及其次级构造是控矿及赋矿的有利空间，是找矿的构造标志；

有重熔型花岗岩体及派生各类脉岩，特别是闪长玢岩、细晶闪长岩发育，为成矿提供了热液及热源，是找矿的岩浆岩标志；

围岩蚀变，即从矿体到围岩其分带是硅化-碳酸盐化-绢云母化。矿体为强硅化蚀变岩，具有棕红色、黄褐色、灰黑色、杂色多孔洞粗细角砾的硅化蚀变岩是找矿直接标志；

化探异常是重要找矿标志，1∶20万、1∶5万水系沉积物异常、土壤化探异常，其元素组合是金、银、砷、锑、汞套合异常。

（七）白山市金英金矿床特征

1.地质构造环境及成矿条件

矿区位于前南华纪华北东部陆块（Ⅱ）、胶辽吉元古代裂谷带（Ⅲ）老岭坳陷盆地（Ⅳ）内。

(1)地层：矿区出露的地层有老岭群珍珠门组，青白口系的钓鱼台组和南芬组。

珍珠门组：地表主要分布于矿区西北部和26线以西，F102断裂的上盘近断裂带地段。矿区东北部36线至52线一带在施工钻孔的深部也见到了该层大理岩，即26线北东。该层大理岩在F102上盘，附存于石英砂岩之下，向北东深部有很大的延伸。主要岩性有条带状白云石大理岩，含石英白云石大理岩和角砾状白云石大理岩。角砾状白云石大理岩指白云石大理岩破碎成尖棱角状角砾，被褐红—赤红色铁质白云石混合物等碎屑所胶结。靠近不整合面附近发育，多受硅化蚀变，厚度可达数十米。硅化蚀变大理岩只有局部含矿，局部赋存有工业矿体，绝大部分矿体赋存于上伏的石英砂岩中。珍珠门组顶部与上伏的钓鱼台组石英砂岩接触部位，发育有白云石大理岩质构造角砾岩带。该角砾岩带呈褐红—赤红—紫红色，多受硅化蚀变，厚度可达数十米，矿体主要赋存于上伏的石英砂岩中。

钓鱼台组石英砂岩：是矿区内出露面积最广的岩层。主要分布于矿区中部，F102断裂南东侧，呈宽带状北东向延伸，在F102北西侧也有长条带状出露。岩层走向北东35°，倾向南东，倾角35°～40°。钓鱼台组石英砂岩，顶部为含海绿石石英砂岩，中部为厚层状中粒石英砂岩，底部为赤铁石英砂岩（含赤铁矿层），与下伏珍珠门组大理岩呈角度不整合接触或断层接触。沿不整合面由于早期的隆-滑构造作用和晚期的逆冲构造应力作用，形成厚大硅化构造角砾岩带，是金矿的主要赋矿层位。底部的赤铁石英砂岩与下伏的大理岩接触部位发育有构造角砾岩，岩石为褐红—紫红—紫灰色，角砾构造。角砾成分主要有赤铁石英砂岩，石英砂岩，少量赤铁矿，石英岩和石英大理岩的角砾，并见有少量闪长玢岩角砾。经矿化蚀变后，称硅化构造角砾岩带，是矿区主要的赋矿层位。

南芬组：分布于矿区东南部和F102断裂北西侧。上部为紫色、黄绿色钙质页岩，中部为绿灰色薄层泥晶灰岩，下部为绿灰色页岩夹薄层泥质粉砂岩。与下伏钓鱼台组呈整合接触。在接触部位多形成薄层含海绿石中粒石英砂岩。薄层泥晶灰岩为绿灰—深灰色，薄层条带状构造，微晶结构。矿物成分主要为钙泥质矿物,含少量碳质。常见泥质粉砂岩夹层。受构造应力作用后常形成揉皱和片理化带构造。

(2)构造:单斜构造,矿区出露地层属"浑江褶断束"北西翼的单斜构造。在F102断裂的两侧,同层位的岩层重复出现,是由于F102断裂深切地层,其上盘(南东盘)向北西逆冲抬升,再经剥蚀所至。同时由于这种逆冲的构造应力作用,使上盘地层产生层间破碎带、片理化和揉皱构造,使F100在邻近F102和与其交会部位(走向交会地段)受到强烈的叠加改造(角砾岩厚度变大、产状变陡、产生强硅化),有利于成矿作用发生。

断裂构造:矿区内断裂构造十分发育,主要有北东向的和北西向的两组。其中北东向的规模较大,与成矿关系密切;北西向的多横切地层和北东向断裂。

北东向断裂:F102断裂:是矿区内最大的断裂,北东38°~50°,倾向南东,倾角62°~76°,由南西到北东斜贯矿区,在矿区内长6000多米,沿走向和倾向均呈舒缓波状。地表26线南西,其南东侧(上盘)为珍珠门组大理岩,北西侧(下盘)为南芬组页岩和泥晶灰岩。26线北东,形成在钓鱼台组石英砂岩和南芬组页岩、薄层泥晶灰岩之间。从断层面上发育的斜冲擦痕、定向排列的断层角砾和构造透镜体及其下盘泥晶灰岩中发育的片理化带等强烈挤压特征来看,该断裂显压扭性,为陡倾斜的逆冲断裂,并有多期次和继承性活动特点。该断裂的断层角砾岩、断层泥和片理化带,在很大范围内(32—52线间)均受硅化、褐铁矿化、黄铁矿化蚀变,局部有0.4~1.0g/t的金矿化,是矿区内的重要控矿构造,但至今未见工业矿体。

F100断裂:该断裂带总体走向北东40°~50°,倾向南东,倾角43°~73°。该断裂叠加在钓鱼台组石英砂岩与珍珠门组大理岩之间的古不整合面上,性质为陆台边缘的隆-滑(拆离)层间断裂构造,分布于F102断裂的南东侧(上盘)。较F102倾角较缓。在矿区的南西部地表,二者相距约500m,随着向北东延伸,二者则逐渐靠近。于26线在地表交汇复合后,向北东延伸到矿区之外,矿区内长6000多米。在与F102断裂交会、复合部位附近产状变陡,形成有利成矿部位,向深部逐渐变缓。全部金矿体均赋存于F100断裂带中,但该断裂也只是局部含矿。由于早期的隆-滑作用和断裂活动沿不整合面间多次发生,在不整合面间形成了构造角砾岩;又由于F102断裂的深切和上盘的逆冲作用,使不整合面间构造角砾岩受到强烈的叠加改造,逐渐形成了规模很大的构造角砾岩带。由于中生代晚期本区深部的潜火山-岩浆热液活动,使构造角砾岩带遭到构造破碎,同期产生硅化和矿化蚀变,在其有利成矿地段形成金的工业矿体。故该断裂是区域上的重要控矿构造,更是本区的主要控矿和容矿构造。本区金矿化主要与沿着珍珠门组大理岩与钓鱼台组石英砂岩之间的不整合面叠加形成的硅化构造角砾岩带有关。原生的赤铁矿呈网脉状穿切构造角砾岩带,应属高氧逸度成矿环境下的产物。

北西向断裂:矿区内比较发育,多为数条断裂大致平行密集分布,形成北西向断裂带。特征是:每条断裂长度都不大(150~250m),但陡倾、横切北东向岩层、北东向断裂和矿体,并有错移。其成矿后活动显著。

(3)矿区岩浆活动:矿区内岩浆活动弱,仅在聚龙山庄北东有闪长玢岩小岩体,出露面积长约250m,宽约70m。与围岩侵入接触(薄层状灰岩),地表尚未发现其他岩体。在7号钻孔孔深50.80m处,见有蚀变成灰白色的石英闪长玢岩脉体,其与含金硅化构造角砾岩接触的两侧矿化蚀变强。另外,在10号孔、14号孔、16号孔、30号孔深部矿层中,均见有矿化蚀变的石英闪长玢岩角砾(已蚀变成浅灰白色、外观类似流纹斑岩)。但60线至84线之间见到的闪长玢岩并无矿化蚀变现象。位于该地段的矿区内唯一出露的岩体,聚龙山庄北东闪长玢岩小岩体,也没有矿化与蚀变。即使矿化与岩浆活动有关,也是隐伏岩体。金英金矿不具有典型与侵入岩有关的金矿特征。

2. 矿体三度空间分布特征

金英金矿主要受区域性的断裂F102以及局部性的断裂F100的联合控制。F100断层叠加在先期存在的钓鱼台组石英砂岩与珍珠门组硅化白云质大理岩间的不整合面附近,表现为宽窄不一的硅化构造角砾岩带。金矿体赋存于硅化构造角砾岩带中的局部地段。

已控制的矿体在走向上长 1376m，在倾向上延伸 550m，在走向上及倾向上都有膨缩现象。由于 F102 的影响，矿体上部产状陡且走向上连续性好，沿倾向方向往深部产状变缓且变为多条矿体，但仍然位于沿不整合面发育的 F100 断裂构造角砾带中。局部性的北西向断裂多数切割矿化构造，表现为成矿后构造的特点。F100 是矿体直接容矿和控矿构造，F102 则是控矿构造，整个矿构造蚀变带连续性很好。矿床大致分为 4 个矿体。

(1) Ⅰ号矿体：位于矿床的中间部位，属隐伏矿体，其头部埋深在地表以下 70m，赋存空间位置在 30—50 线间、F102 断裂带与硅化构造角砾岩带交会构造附近。矿体赋存标高 700～330m。形态呈"T"字形不规则的厚大透镜状体。在不同勘探线、不同标高，矿体走向长度、倾斜延深和厚度均有很大变化。矿体走向最长 390～60m，平均长度 193m。矿体倾斜延深最大 360m。矿体形态的这种变化反映了赋存在张性构造角砾岩带中矿体边界的"锯齿"状张性形态特点。从 600m、400m 标高所切矿体水平断面图看，浅部从 32—46 线间矿体紧贴 F102 压扭性断裂带，矿体呈走向上边界比较平直的似层状体，形态较规则。显然是原硅化构造角砾岩带在主成矿期受 F102 断裂强烈叠加改造的结果。该部位矿体厚度大，含金品位高，矿体边界形态变化较规则。从 400m 标高所切水平断面看，I 号矿体赋存于边界形态呈锯齿状变化的张性硅化构造角砾岩带中，矿体呈厚大的囊状体。矿体水平厚度 7.1～66.60m，矿体真厚度 1.20～48.60m，平均真厚度 16.10m。矿体平均品位 3.17×10^{-6}。见图 6-2-22。

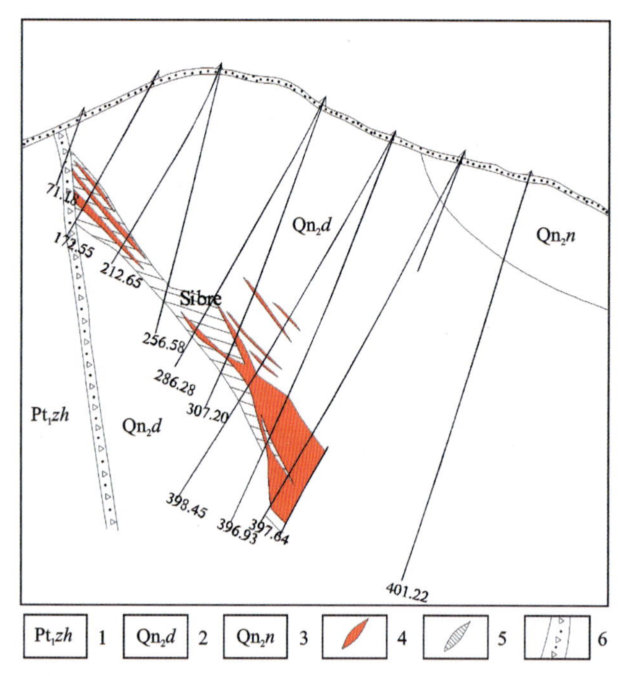

1. 珍珠门岩组大理岩；2. 钓鱼台组石英砂岩；3. 南芬组页岩；4. 矿体；5. 蚀变带；6. 破碎带。

图 6-2-22　白山市金英金矿床 34 线地质剖面图

(2) Ⅱ号矿体：该矿体位于 16a—30 线间硅化构造角砾岩带中。赋存标高在 680～270m 之间。矿体头部于 16a—28 线间出露于地表，但向下延深不大(15～80m)即尖灭，只在矿体南西端 16a—22 线间，矿体沿硅化构造角砾岩带向南东侧伏延深，至 28—30 线间 300～230m 标高间形成不连续透镜状矿体。矿体走向上最长 110m，倾斜延深最大 420m(断续)，平均 113m。矿体水平厚度 6.3～26.3m，矿体平均真厚度 10.5m，矿体倾向南东，倾角为 45°～50°。金品位 1.10×10^{-6}～65.20×10^{-6}，平均品位 3.74×10^{-6}。见图 6-2-23。

(3) Ⅲ号矿体：赋存于 52—60 线间，350～500m 标高的隐伏矿体。矿体呈短透镜状，走向长 220m，倾斜延深仅 40～100m。矿体走向 NE 25°，倾向南东，倾角 50°。矿体平均真厚度 10.1m，金平均品位 2.01×10^{-6}。

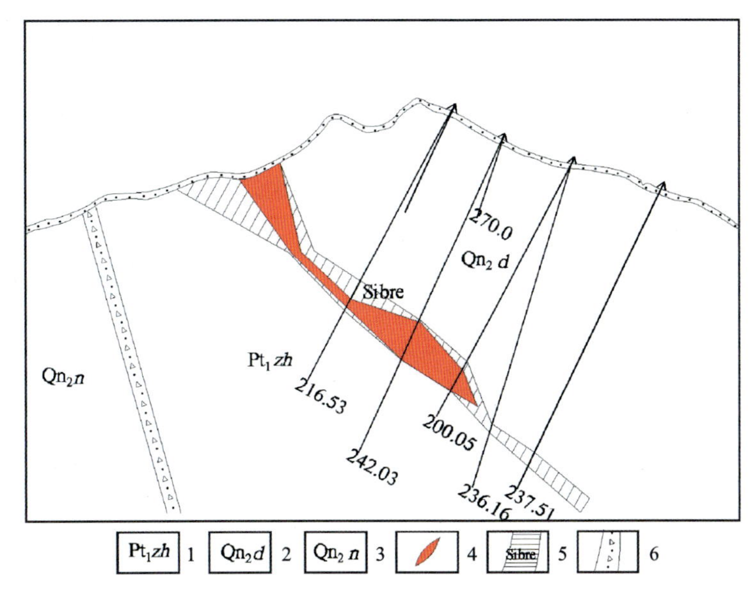

1.珍珠门组大理岩;2.钓鱼台组石英砂岩;3.南芬组页岩;4.矿体;5.蚀变带;6.破碎带。

图 6-2-23　白山市金英金矿床 18a 线地质剖面图

(4)Ⅳ号矿体:该矿体为隐伏矿体,矿体头部埋深在地表以下 200～260m 之间,赋存空间位置在 62—84 线之间,350～450m 标高之间。现控制矿体走向延长 500m,倾斜延深最大 160m(74 线),一般 110～160m。矿体形态呈较大的似层状体。走向北东 45°～50°,倾向南东,倾角 43°～60°。矿块平均真厚度 7.30m。金品位最高 61.43×10^{-6},一般 $1.26\times10^{-6}\sim15.76\times10^{-6}$。矿体平均品位达 5.32×10^{-6}。该矿体赋存于张扭性硅化构造角砾岩带中,头部以近 20°角向 NE 侧伏延深,与 F102 断裂在该位置附近的侧伏延伸一致。相对于其他矿体,该矿体硫化物含量很低,硅化、重晶石化发育,产状稳定。

3. 矿床物质成分

(1)物质成分:由于本矿区矿体形成于北东向断裂接触断面靠近赤铁石英砂岩一侧的硅化蚀变带中,受北东向断裂构造控制。矿石主要成分为多期次石英组成,局部存在赤铁矿化、褐铁矿化、黄铁矿化、重晶石化等。矿石成分简单。主要有益成分为金,其他有益有害组分含量较低。

(2)矿石类型:主要为蚀变岩型。

(3)矿物组合:金属矿物主要有自然金、含银自然金和极少量银金矿、黄铁矿、胶状黄铁矿、白铁矿,极少量或微量的毒砂、方铅矿、闪锌矿、黄铜矿、磁黄铁矿、金红石、褐铁矿、赤铁矿。脉石矿物主要有石英、玉髓、白云石、重晶石,极少量的方解石、绢云母、白云母、绿泥石等。

(4)矿石结构构造:矿石结构主要有自形结构、半自形结构、他形粒状结构、他形粒状变晶结构、填隙结构、镶边结构、重结晶交代结构等;矿石构造主要有角砾状构造、脉状构造、团块状构造、浸染状构造、致密块状构造、胶状构造。

4. 蚀变类型及分带性

矿床中蚀变带总的走向为北东 45°,总体倾角为 40°～50°。矿化蚀变带厚度变化较大,最厚处达 87m,最薄处厚度变为 0m,大多数为 10～30m。但沿延展方向走向变化较大。走向的变化表现在两种尺度上。一是相邻勘探线间走向常呈现较大角度反复转折。这种转折,在不同标高,不同的勘探线间都有显示,它们看似无规律,但又普遍出现(即是规律)。所以,这体现的实际上是张性断裂的特点,是张性断层面的不规则性或锯齿状形态在矿床尺度上的一定程度的表现。

围岩蚀变以上盘围岩赤铁石英砂岩最为明显。硅化黄铁矿化较为发育,有时星点状黄铁矿化范围可达数十米宽。下盘围岩大理岩中主要发育硅化，但范围明显较上盘窄。下盘围岩为泥灰岩时可见星点状及脉状黄铁矿化，这些黄铁矿化蚀变不构成工业矿体。

与矿化有关的蚀变主要是硅化、重晶石化、黄铁矿化和赤铁矿化。绢英岩化（极少）和含铁质碳酸盐化是热液活动的产物，但不具有代表性。硅化蚀变最为普遍，但是不同地段其蚀变强度有所不同，以硅化构造角砾岩带最强。重晶石化、赤铁矿化亦较为普遍。多金属矿化有黄铁矿化、白铁矿化，黄铜矿、方铅矿、闪锌矿化等金属矿化和金矿化。上述各金属矿物在含金构造角砾岩带中所见极少，而且多呈小细脉浸染状、分散（星散）浸染状分布于构造角砾岩中。只有局部黄铁矿、白铁矿化呈细粒稠密浸染状和团块状出现。

矿石中金矿化富集主要与硅化蚀变的强度关系密切，一般是在孔洞发育的、紫红—紫灰—深灰色的强硅化的构造角砾岩中，矿石含金品位较高。

5. 成矿阶段

依据矿石结构、矿物共生组合、矿物生成顺序、矿脉间的穿切包容关系，将矿床划分为 4 个成矿阶段。

（1）早期硅化石英—金—烟灰色黄铁矿阶段：是继张性构造角砾岩带形成之后，早期发生的比较广泛的矿化作用。其特点是：整个张性构造角砾岩带普遍发生构造破碎和硅化作用，一些碎粒和张性角砾被硅化石英集合体胶结，形成含金硅化构造角砾岩带，其上、下盘的石英砂岩和大理岩层，在一定范围内，沿构造破碎裂隙也遭受较强烈的硅化作用。在上盘石英砂岩中，局部硅化强烈地段形成交代石英岩透镜体。该阶段随硅化作用的发育，沿裂隙面发生早期阶段的黄铁矿化。黄铁矿多呈小细脉状、薄膜状或细粒星散浸染状分布于硅化岩石的解理裂隙中。该阶段有金矿化作用发生，矿化面分布较广而含金品位低。

（2）微细粒硅化石英—金—星散浸染状黄铁矿阶段：是在主成矿期控矿构造又一次强烈的脉动活动，使早期矿化蚀变的硅化构造角砾岩带又遭受强烈的构造破碎，导致本区深部处于高温高压状态的富含硅质和金的成矿热液沿导矿构造上升到张性构造角砾岩带中进行充填、胶结、交代。在矿质将要发生结晶、沉淀的过程中，由于又一次遭受到强烈的构造破坏作用，造成浅成成矿环境温压发生骤变（骤降），使金和极少量金属硫化物发生急速沉淀，形成大量的微细粒状自然金和极少量金属硫化物（肉眼不可见，主要是黄铁矿），呈星散浸染状赋存于硅化石英空洞和晶隙间；是本区金成矿的重要矿化阶段，矿床中金矿体主要在这一阶段形成。

（3）重晶石、玉髓—金—赤铁矿阶段：为矿床形成的第三矿化阶段。该阶段主成矿期构造脉动活动强度有所减弱，矿化蚀变主要发生在硅化构造角砾岩带范围内，局部地段波及上下盘。本阶段重晶石化发育，重晶石呈不规则脉状充填、并胶结硅化构造角砾岩的张性角砾和早期烟灰色黄铁矿角砾、胶结赤铁石英砂岩和赤铁矿张性角砾。在“空腔”和空洞中常形成自形—半自形板柱状晶体、或在腔壁形成晶簇。镜下观察重晶石脉、玉髓脉、赤铁矿脉可相伴生成，并互有穿切，其边部常伴有微细粒金属矿物生成；见有微细粒自然金粒，赋存于重晶石中或在重晶石与硅化石英微粒间。重晶石化是矿床中金成矿的重要矿化阶段，见矿钻孔中凡重晶石化发育的矿层含金品位较高，就是明证。

（4）微含金细粒黄铁矿—白铁矿叠加矿化阶段：是本矿区成矿活动晚期阶段，主控矿构造又一次脉动活动，其构造活动应力强度已相对减弱，构造破碎范围相对窄小。本区深部经多次分异活动的残余热液亦变为富含有多金属硫化物，该种热液沿导矿构造上升，充填并胶结破碎的矿石角砾和碎粒，形成细脉—网脉状—稠密浸染状、富含黄铁矿和白铁矿的矿石，属成矿作用晚期的叠加矿化阶段。经镜下鉴定、电子探针点定量分析和电镜光面扫描，该阶段黄铁矿和白铁矿虽和金矿化活动有关，但不含可见金。该阶段晚期有无色石英-碳酸盐小细脉生成，赋存于矿石微细裂隙中，无金属矿物伴随、也没有金矿化作用发生，标志本区热液活动的尾声和金成矿作用的结束。

6. 成矿时代

推测成矿时代为燕山期。

7. 物质来源

成矿物质主要来源于含金硅化构造角砾岩。矿床类型为低温热液(改造)型。

8. 地球物理及地球化学特征

(1)地球物理特征:针对矿化强度与硅化强度成正比特点,电阻率成为地球物理测量的重点。研究表明,矿化带有突出的电阻率异常。硅化构造角砾岩带具有明显的电阻率异常。

(2)地球化学特征在剖面上隐伏硅化构造角砾岩带也表现为电阻率异常,只有局部有极化率异常。金矿化硅化构造角砾岩带的地球化学研究表明,矿化带有明显的地球化学异常,且表现出较好的分带性,前缘晕异常明显,结果深部有较好的盲矿体。构造原生晕异常元素组合为 Au、Ag(Cu、Pb、Zn)As、Sb、Hg、V、Mo、Co、Ni 共 12 种元素;其中 As、Sb、Hg、V 为矿体的前缘晕。在矿体顶部的覆盖层中前缘晕异常明显,可作为隐伏金矿的找矿标志。

9. 控矿因素及找矿标志

(1)控矿因素:钓鱼台组褐红—紫红—紫灰色构造角砾岩带,是金矿的主要赋矿层位;北东向 F100 断裂是区域上的重要控矿和容矿构造。

(2)找矿标志:硅化构造角砾岩的标志;颜色为褐红—紫红色—赤红—紫灰色;蚀变为强硅化、褐铁矿化和重晶石化发育(局部黄铁矿化发育);裂隙、孔穴、晶洞发育的强硅化构造角砾岩带;较规则带状的、柱状的高阻(>300Ω)、高极化率(3×10^{-2})综合异常。规模较大的带状金次生晕异常与硅化构造角砾岩带相吻合;构造原生晕异常元素组合为 Au、Ag(Cu、Pb、Zn)As、Sb、Hg、V、Mo、Co、Ni 共 12 种元素,其中 As、Sb、Hg、V 为矿体的前缘晕。

(八)桦甸市二道甸子金矿床特征

1. 地质构造环境及成矿条件

矿床位于南华纪—中三叠世天山-兴蒙-吉黑造山带(Ⅰ),包尔汉图-温都尔庙弧盆系(Ⅱ),下二台-呼兰-伊泉陆缘岩浆弧(Ⅲ),磐桦上叠裂陷盆地(Ⅳ)内,二道甸子-漂河岭复背斜构造南西倾没端。

(1)地层:矿区主要分布为寒武-奥陶纪变质岩系,地层产状变化较大,由北到南,地层走向由北东-北北东转向南北-北北西-北西,呈弧状产出,倾向南西,倾角较陡,一般为 60°~80°,由于黑云母花岗岩侵入,使地层遭受接触变质。矿区范围内自下而上划分 8 层,即黑云母片麻岩层;黑云母片岩层;长石角闪石角岩夹薄层石英角页岩层;碳质云英角页岩与长石角闪石角页岩互层,该层为含矿层;长石角闪石角页岩层;碳质云母石英角页岩层;石榴子石云母石英角页岩层;厚层泥板岩、含碳板岩、红柱石板岩角页岩、混染云母石英角页岩层。见图 6-2-24。

(2)岩浆岩:矿区出露岩浆岩主要为燕山期黑云母花岗岩,围绕矿区东、南、西三面侵入于石炭系、寒武-奥陶系中,测定钾氩同位素年龄为 184~227.7Ma。燕山期闪长岩分布矿区南西,呈岩株状产出,呈北西向侵入于黑云母花岗岩中。

脉岩主要有变余辉长岩脉、斜长花岗岩脉花岗细晶岩脉、花岗伟晶岩脉及煌斑岩墙。

(3)构造:①成矿前构造主要表现为顺地层走向北东-北北东转向南北-北北西-北西向西突出弧形

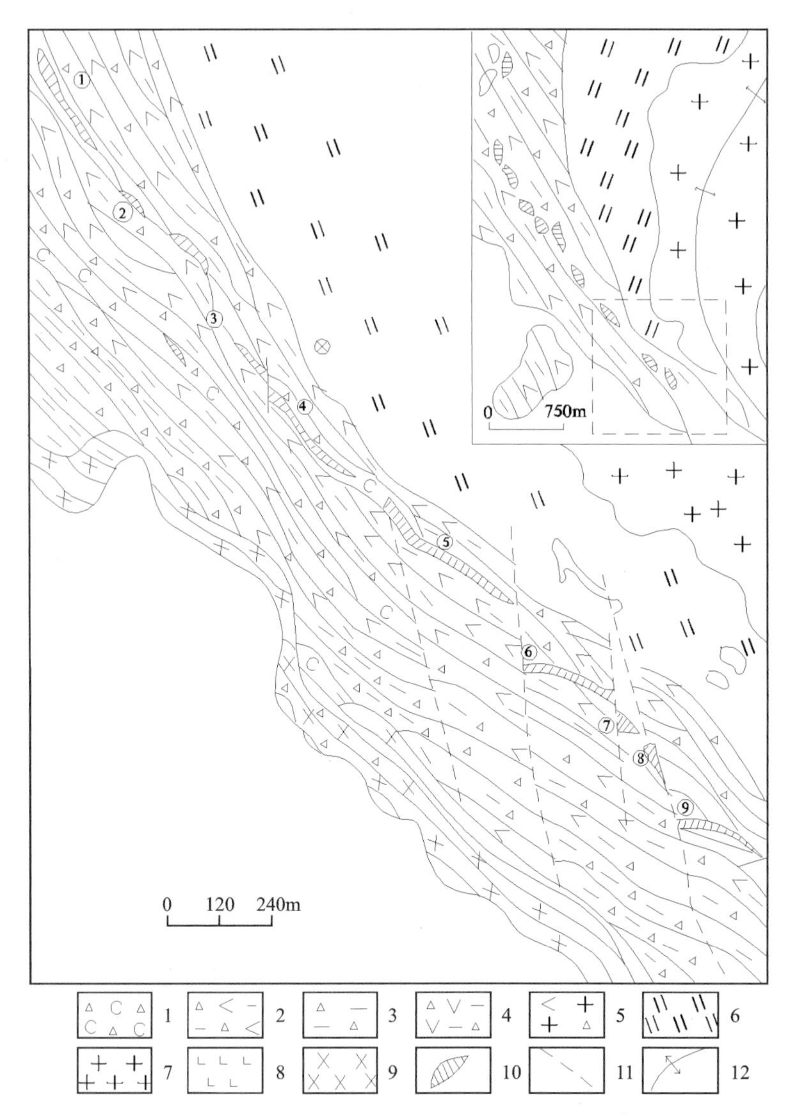

1. 含碳云母石英角页岩；2. 长石角闪石角页岩；3. 云母石英角页岩；4. 石榴子石云母石英角页岩；5. 混染岩；6. 黑云母片麻岩；7. 花岗岩；8. 煌斑岩；9. 细晶岩；10. 含金石英脉及其编号；11. 破碎带；12. 复背斜。

图 6-2-24　桦甸市二道甸子金矿床地质图

构造。②成矿期(控制含金石英脉)构造，北西向冲断层为主要控矿构造，控制石英脉长 3000m，宽 20～50m，延深约 500m，地表由 12 条斜列石英脉组成，由南至北呈右行斜列构成首尾相迭雁行状。断裂产状南山走向为 300°～330°，北山大致与地层线状构造一致，呈向西突出弧形。断层中充填石英脉平面呈右行斜列，单脉呈舒缓波状，较规整，局部有收缩膨胀现象，石英脉产状变陡时脉变薄，反之变厚。石英脉斜切岩层，含矿裂隙面平直，延长较远，相互平行。控制脉岩的断裂构造为北西向。③成矿后构造活动强烈，主要见二组，北西向压扭性构造表现为斜冲断层和平移断层，部分重叠石英脉体的侧壁。近南北向和近东西向两组共轭断层，断面紧密平直，延伸比较稳定，见方解石脉充填。

2. 矿体三度空间分布特征

矿体多呈脉状产于碳质云英角岩与长石角闪石角页岩岩互层带中，以产于片岩中为主。矿体在平面上呈脉状，剖面上呈板状或偏豆状。矿带由 12 条含金石英脉组成，单脉长 80～650m，多数为 100～150m，厚度几十厘米至几十米。控制深度 500～600m。走向 315°，倾向南西或北东，倾角 60°～90°。金品位平均 10.5×10^{-6}，最高 331.7×10^{-6}。矿体特征见表 6-2-9，见图 6-2-25。

表 6-2-9　二道甸子金矿脉特征表

矿脉号	产状/(°)	规模/m			平均品位/($\times 10^{-6}$)		金最高品位/($\times 10^{-6}$)
		延长	延深	水平厚度	Au	Ag	
新 1 号脉	325NE∠80	300	300	1.89	15.44	12.45	331.7
新 2 号脉	330NE∠85	58.6	50	1.43	8.44		71.00
新 3 号脉	350NE∠80	53	50	0.98	68.00		172.22
老 1 号脉	315NE∠75～85	100	150	0.70	11.67	6.6	
老 2 号脉	315NE∠75～85	125	100	1.73	9.41	2.93	74.2
老 3 号脉	320NE∠80	80		0.86	20.74		
老 4 号脉	330NE∠80	75	50	1.18	13.65		43.5
老 5 号脉	305NE∠80	70	50		地表金品位达 308×10^{-6}，深部无资料		
老 6 号脉	310NE∠80	20	40	1.73	6.4		33.5
老 7 号脉	310NE∠80	20	30	3.65	13.49		51.07
老 8 号脉	310NE∠80	50	75	3.84	9.48		26.66
老 9 号脉	300NE∠80	52	50	2.76	8.79		39.00

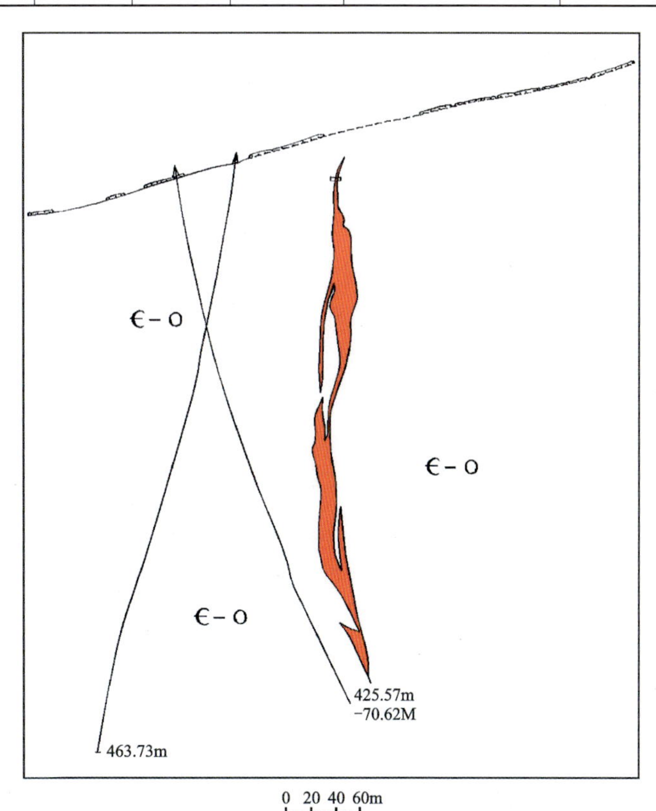

图 6-2-25　二道甸子金矿床 19 号勘探线剖面图

其中老 1-4 号脉、新 1-3 号脉分布于矿区北山，老 5-9 号脉分布于矿区南山，上述矿脉受北西斜冲断层控制。从南东至北西呈右行斜列。矿体形态一般呈脉状、扁豆状、透镜状、脉体膨缩现象明显。在 350～450m 标高及 150～250m 标高，矿脉集中，品位较高。

3. 矿床物质成分

(1)物质成分:矿石矿物成分金属硫化物占 5×10^{-2}左右。矿石化学成分,金一般为 $4\times10^{-6}\sim25\times10^{-6}$,铅、锌为 $0.001\times10^{-2}\sim0.1\times10^{-2}$,砷为 $0.01\times10^{-2}\sim36\times10^{-2}$。金的赋存状态,含金磁黄铁矿-毒砂阶段,为主成矿期,其中自然金占总含量 90.9×10^{-2},而含金黄铁矿阶段只占 4.2×10^{-2}。矿石中金以微粒(0.001~0.01mm)金为主存在形式,占金的总含量的 91.4×10^{-2}。

(2)矿石类型:闪锌矿-方铅矿型、磁黄铁矿型、磁黄铁矿-黄铁矿型。

(3)矿物组合:毒砂、黄铁矿、黄铁矿、闪锌矿、方铅矿、黄铜矿、白铁矿、磁铁矿、自然金等;脉石矿物主要为石英,其次为云母、角闪石、绿泥石等。

(4)矿石结构构造:矿石结构有乳滴状结构、粒状结构、压应结构、交代结构;矿石构造有蜂窝状构造、块状构造、网脉状构造、交代构造、团块状构造。

4. 蚀变类型及分带性

矿区蚀变型主要有绢云母化、黄铁矿化、绿泥石化及黑云母化,由于围岩性质不同蚀变也不同,绢云母化、绿泥石化发育于碳质岩层及石英脉体中,黑云母化仅发育在绿色岩层地段。绢云母化与黄铁矿化和含金黄铁矿化阶段有关。

5. 成矿阶段

根据矿体出露的矿体空间特征、矿化蚀变特征、矿物的组合特征,将矿床的成矿划分为 3 个成矿期,6 个成矿阶段。

(1)早期火山沉积成矿期:早古生代火山沉积建造形成了含 Au 丰度较高的地质体,为后期的热液改造提供了成矿的物质基础。

(2)热液成矿期:为主要成矿期。

①无矿石英脉阶段,主要生成大量石英,无矿化;

②含金磁黄铁矿-毒砂阶段,主要生成石英、毒砂、磁黄铁矿、闪锌矿、黄铜矿、方铅矿、自然金等矿物;

③含金黄铁矿阶段,主要生成石英、毒砂、菱铁矿、黄铁矿、磁铁矿、自然金、闪锌矿、黄铜矿、方铅矿、白铁矿等矿物;

④碳酸盐阶段,主要生成白云石、磁黄铁矿、方解石等。含金磁黄铁矿-毒砂阶段、含金黄铁矿阶段为主要成矿阶段。

(3)表生氧化期:主要形成表生氧化矿物。

6. 成矿时代

二道甸子金矿的成矿时代,经两个强蚀变岩样品中的绢云母钾-氩法测定,年龄数据分别是(173.25±3.91)和(195.26±4.48)Ma,主成矿期应为燕山期。

7. 地球化学特征

(1)硫同位素特征:二道甸子金矿床已分析矿物硫同位素 51 个,外围 12 个样,见表 6-2-10。矿石中硫同位素组成变化范围较大,这是地层硫同位素混入的结果,而有些值又与外围产于岩浆岩中的辉锑矿硫同位素相近,说明与岩浆热液有一定关系。因此可以认为矿石中硫主要来自围岩地层,部分来自岩浆热液。

表 6-2-10　二道甸子金矿硫同位素组成特征表

采样位置	样品数	硫同位素组成($\delta^{34}S$‰)				矿物	备注
		平均值	变化范围	极差	标准差		
矿床	38	−4.5	−7.8～−1.2			磁黄铁矿	吉林有色地质勘查局研究所分析(1978，1991)，围岩中分析矿物为磁黄铁矿和黄铁矿
矿床	7	4.5	−5.2～−2.8	2.4		毒砂	
矿床	4	−4.2	−8.3～2.0	6.3		黄铁矿	
矿床	1	−4.7				闪锌矿	
矿床	1	−5.3				方铅矿	
矿床	51	−4.5	−8.3～−1.2	7.1	1.5	矿床平均	
围岩	12	−3.15	−12.0～−3.2	15.2	1.2	围岩平均	
外围矿点	3	−7.16	−6.50～−7.6	1.13		辉锑矿	

(2)氧同位素：矿区共测定17个石英样品氧同位素组成，其结果见表6-2-11。从数据看出，石英水的氧同位素组成可分3个组，第一组为花岗岩中的含金锑的石英，爆裂温度为300℃，氧同位素组成(+8.23～10.59)$\times10^{-3}$，其成矿水接近岩浆水；第二组为含金石英爆裂温度为300～320℃，成矿水的氧同位素组成在(+6.64～9.40)$\times10^{-3}$范围内，亦落在氢氧同位素组成图解岩浆水区域内；第三组为晚期不含金石英脉，爆裂温度为285～300℃。氧同位素变化较大(+2.29～8.02)$\times10^{-3}$。这是由随着温度下降氧同位素组成发生分馏或是大气降水渗入的结果。

表 6-2-11　二道甸子矿区石英的氧同位素组成

样号	矿物	爆裂温度/℃	$\delta^{18}O$/‰(SMOW)	$\delta^{18}O$水/‰	备注
10-5	南山10坑含金石英	295	+15.97	+8.89	由长春地质学院同位素室测定(1991)
四十万	地表民采坑石英	320	+14.56	+8.53	
八-5	八坑含金石英	320	+12.85	+6.64	
19-2	一中段含金石英	300	+13.96	+7.07	
八-6	八坑含金石英	310	+15.94	+9.40	
206	二坑含金石英	315	+14.95	+8.57	
2-99-1	二中段含金石英	310	+14.34	+7.80	
7-4	东侧平行石英脉	280	+9.94	+2.29	
红-1	不含金石英	310	+11.01	+4.47	
1-S-1	NE向晚期石英	295	+15.10	+8.02	
二-1	花岗岩中含长石石英	305	+10.96	+4.24	
8W-2	不含金石英	285	+13.78	+6.32	
7-6	不含金石英	295	+11.39	+4.31	
2-S-4	不含金石英	305	+14.13	+7.41	
秃-3	花岗岩中含锑石英	300	+15.83	+8.93	
腰-1	花岗岩中含锑石英	305	+16.46	+9.74	
植林	花岗岩中含锑石英	300	+17.49	+10.59	

(3)铅同位素:矿床铅同位素组成见表 6-2-12,图 6-2-26。含金石英脉中的方铅矿的铅同位素组成很不均匀,具地槽褶皱回返时造山带中地层的铅同位素特征,与典型的岩浆热液矿床有显著的差别,可以说明二道甸子金矿床矿质来源并非是岩浆提供的,岩浆只为金矿的形成提供了能量及流体,而提供矿源的是地层。

表 6-2-12 矿石矿物的铅同位素组成表

序号	采样位置	$^{206}Pb/^{204}Pb$	$^{207}Pb/^{204}Pb$	$^{208}Pb/^{204}Pb$	模式年龄/亿年	资料来源
1	矿石中方铅矿	18.62	15.42	39.64		黄键(1978)
2	矿石中方铅矿	18.17	15.60	40.56	4	黄键(1978)
3	矿石中方铅矿	20.99	15.99	39.35		黄键(1978)
4	矿石中方铅矿	18.357	15.542	38.141	1	王义文(1978)
5	矿石中方铅矿	18.414	15.623	38.371	2	王义文(1978)
6	矿石中方铅矿	18.20	15.45	38.35	1	王秀璋(1982)
7	矿石中方铅矿	18.134	15.581	36.660	1	吴尚全和张文启(1991)
8	花岗岩中辉锑矿	16.884	15.456	38.366	9	吴尚全和张文启(1991)
9	花岗岩中辉锑矿	17.608	15.593	38.366	5	吴尚全和张文启(1991)
10	花岗岩中黄铁矿	17.142	15.574	37.733	8	吴尚全和张文启(1991)
11	围岩中磁黄铁矿	16.721	15.572	37.532	11	吴尚全和张文启(1991)

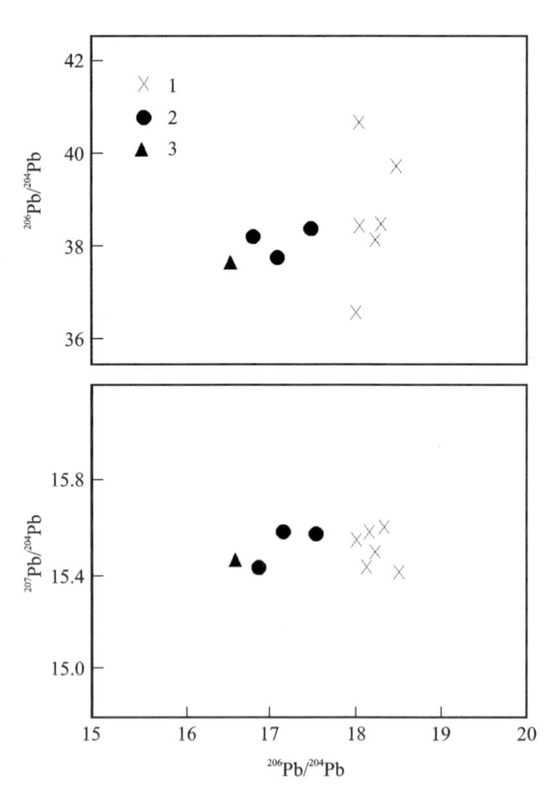

图 6-2-26 二道甸子金矿床铅同位素组成图解

矿体围岩中层纹状磁黄铁矿的铅同位素组成,代表了地层沉积时的铅同位素组成特征(如前述),说明寒武—奥陶纪地层可能是南部古老地台上升剥蚀,沉积进入到北部古生代海槽的结果。并非代表成矿时地层铅同位素特征，与整个围岩中经过聚集的铅同位素组成应有更大的区别，因此，层纹状磁黄铁矿的铅同位素特征，不能否定围岩是二道甸子金矿的物质来源。

(4)微量元素特征：在二道甸子矿区对不同岩石中的金含量值进行了测定，数据见表6-2-13，可以看出，含层纹状硫化物碳质角岩有较高的含金量，尤其是在经过构造破碎之后，金有较显著的富集，证明在构造活动中的金确实有重新活化迁移的迹象。

表6-2-13　矿区岩石中的金含量($\times10^{-9}$)

岩石名称	云英闪长岩	花岗岩	辉绿岩	晚期石英脉	斜长角闪角岩	碳质云英角岩	碳质破碎带	含层纹状硫化物角岩
样品数	2	3	2	3	5	11	4	4
含金量	127	142	1.00	26	14.5	2.33	198.75	201.50

注：由吉林地勘局研究所化验室分析(1991)。

8.成矿物理化学条件

成矿温度为300～320℃，据气液包裹体研究资料，金矿的成矿深度为1.38～1.5km。

9.成矿物质来源

上述同位素地质学特征，该区成矿作用中的硫源和铅源主要来自周围的地层，部分来自于岩浆，而岩浆主要提供了热源及水源。同时微量元素特征亦说明，物质主要来源于地层。

10.控矿因素及找矿标志

(1)控矿因素：寒武-奥陶系长石、角闪石角页岩、碳质云母角页岩等为含矿围岩，特别是条带状含碳围岩含金性更好，且为金矿的形成提供了成矿物质；燕山期闪长岩侵入，提供热源及岩浆水；北西向压扭性断层是主控矿构造，为金矿提供就位空间，尤其产状变陡部位，石英脉变薄但金品位提高，产状变缓，脉宽，品位低。

(2)找矿标志：物探、化探、遥感异常是寻找金矿的找矿标志。石英脉呈钢灰—烟灰色、暗绿色油质光泽强，性脆含金性好。围岩蚀变主要为绢云母化、黄铁矿化、绿泥石化及黑云母化，是寻找金矿重要标志，特别是细粒、结晶差的硫化物常与金共生。矿脉在空间出现分带和富集中心。

(九)东辽县弯月金矿床特征

1.地质构造环境及成矿条件

矿区位于东北叠加造山-裂谷系(Ⅰ)小兴安岭-张广才岭叠加岩浆弧(Ⅱ)张广才岭-哈达岭火山-盆地区(Ⅲ)南楼山-辽源火山-盆地群(Ⅳ)。

(1)地层：矿区内出露的地层主要为晚奥陶世石缝组，晚志留—早泥盆世椅山组，晚侏罗世安民组。

石缝组：分布于老耗洞、东柳河子、芦茸沟一带，面积约5.5km²，呈北西向带状分布，倾向南西，倾角45°～70°。以变质砂岩为主，夹有大理岩、片岩，在与花岗岩接触部位和构造带上见有角岩化。

椅山组：主要分布在依云至弯月一带，面积约6.5km²，呈东西向和北西向展布，倾向分别为南西和北，倾角60°～80°。主要岩性为大理岩、板岩、变粒岩、角岩、变质砂岩等。

安民组：分布在弯月五队至火烧里、安北一带，面积约5.0km²。呈近北西向展布，与古生代地层呈角度不整合接触。主要岩性为玄武岩、粗面安北岩、粗砂岩，夹煤层、砂砾岩、砾岩等。

(2)岩浆岩:岩浆岩在椅山一带主要分布在测区四周,主体在沙河镇一带。矿区范围内主要见有二叠纪大榆树单元黑云母钾长花岗岩,河北屯单元黑云母斜长花岗岩,及侏罗纪片理化流纹岩。侏罗纪侵入岩呈岩株状分布在矿区的北部和东部,主要有牛心顶屯单元钾长黑云母花岗岩,安北屯单元钾长花岗岩和片理化流纹岩。

区域内脉岩较为发育,主要有花岗细晶岩、化岗伟晶岩、细粒闪长岩、闪长玢岩、石英脉等。

(3)构造:矿区断裂构造较为发育,以北西向和近东西向为主体,并派生出一系列与此平行或与其应力场相配套的断裂和裂隙,次为北北东和北东东向,区内褶皱构造不发育。

弯月东山北西向压扭性断裂:该断裂时区内规模较大的断层,延长约 2000m,宽 2～20m,倾向以南为主,局部可见有北东倾,倾角 65°～85°。在弯月银矿点附近被近东西向张扭性构造切错,水平断距约 35m。在断裂带附近,岩石产生破碎或片理化,断裂带内从地表到深处均可见到构造破碎岩、角砾岩透镜体、构造泥等。断裂面呈舒缓波状,弯月金矿床中的金铜矿脉、弯月东山金矿点的金矿脉及弯月北山的金矿体均赋存在该断裂上下盘的平行断裂和裂隙中。

弯月东西向张扭性断裂:长 400～600m,宽 30m,走向近东西,总体向南倾,倾角 50°～65°,断裂带内出露有不同岩性的角砾岩,砾石棱角分明,泥质胶结,沿断裂带有后期不规则石英细脉充填。根据错动方向属于左行,断裂带附近,岩石破碎明显,裂隙发育,并在与其平行的次级裂隙中见有脉状金铅银矿体。

2. 矿体三度空间分布特征

矿体围岩为大理岩、闪长岩、流纹岩。矿体厚度较小,矿体内夹石量较少,夹石类型不复杂,主要为大理岩及铁白云石细脉。

区内共有 7 条矿体,见表 6-2-14。2 号为主要矿体。2 号矿体产于北西向构造带中,矿体围岩为大理岩、流纹岩及闪长岩脉。矿体较薄,延深大于延长。矿体走向北西 310°,倾向南西,倾角 80°;矿体规模为小型,形态呈脉状;地表控制矿体长 40m,坑道控制最大长度 44m,钻孔控制斜深 63.25m,坑道控制垂深 95m,推测延深约 115m;矿体厚度 0.60～2.08m,矿体平均厚 1.23m。矿体品位 1.41×10^{-6}～19.03×10^{-6},平均品位 9.14×10^{-6}。

表 6-2-14　东辽县弯月金矿床矿体特征表

矿体编号	矿体形态	矿体产状	矿体规模/m			平均品位/($\times10^{-6}$)	近矿围岩	围岩蚀变	矿化特征
			长	宽	厚				
1	脉状	60°∠65°	38	9.5	0.61	16.32	片理化流纹岩	绢云母化、硅化	褐铁矿化、黄铁矿化
2	脉状	60°∠65°	50	12.5	1.95	11.45	片理化流纹岩	绢云母化、硅化	褐铁矿化、黄铁矿化
3	透镜状	50°∠65°	34	8.5	1.73	10.39	片理化流纹岩	绢云母化、硅化	褐铁矿化、黄铁矿化
4	脉状	65°∠65°	40	10	1.73	1.96	片理化流纹岩	绢云母化、硅化	褐铁矿化、黄铁矿化
5	脉状	70°∠55°	40	10	0.82	5.09	片理化流纹岩	绢云母化、硅化	褐铁矿化、黄铁矿化
15	透镜状	260°∠85°	30	7.5	0.8	34.2	片理化流纹岩	绢云母化、硅化	褐铁矿化、黄铁矿化
16	透镜状	10°∠70°	20	5	0.6	3.82	片理化流纹岩	绢云母化、硅化	褐铁矿化、黄铁矿化

3. 矿石物质成分

(1)矿石物质成分:见表 6-2-15。矿石平均品位 Au 10.60×10^{-6},Cu 0.91×10^{-6}。银-铅矿脉含 Au 54.50×10^{-6},Pb 1.95×10^{-6}。

表 6-2-15　东辽县弯月金矿床矿石化学分析表($\times10^{-6}$)

Au	Ag	Cu	Pb	Zn	WO_3	Sn
14.6	11.0	0.08	0.13	0.08	0.01	0.004
Mo	Bi	S	Sb	CaF_2	As	Cd
0.00	0.001	1.6	0.3	0.15	0.1	0.001

(2)矿石类型:矿石的工业类型为含金石英脉型,自然类型为金-黄铁矿-黄铜矿-石英脉型矿石。

(3)矿物组合:矿石矿物为黄铁矿、黄铜矿、自然金方铅矿、闪锌矿等。脉石矿物为石英,次要脉石矿物为长石、方解石、绢云母、绿泥石等。

(4)矿石结构构造:矿石结构有交代残留结构、交代熔蚀结构、他形粒状结构;矿石构造有角砾状构造、细脉或网脉状构造、团块状构造、细脉浸染状构造。

4. 蚀变类型及分带性

区内围岩蚀变类型较多,而且较为发育,其特点主要决定于围岩特征,气液性质、交代作用方式。区内蚀变作用方式以渗透作用为主,贯入充填为辅。主要有硅化、黄铁矿化、黄铜矿化、闪锌矿化、菱铁矿化、红化、绢云母化、碳酸盐化、黝帘石化、绿泥石化、重晶石化。其中硅化、黄铁矿化、黄铜矿化、闪锌矿化、菱铁矿化、红化、绢云母化与成矿关系密切。

5. 成矿阶段

区域上矿床大多经历了火山喷发沉积—区域变质—岩浆热液 3 个成矿阶段的作用。该矿床划分为 3 个成矿期,5 个成矿阶段。

早期石英脉阶段:含微量金,而银较高。矿化温度 280～380℃。

中期:黄铁铁矿-方解石阶段,含微量金;金属硫化物-石英阶段,主要生成自然金和少量银金矿、金银矿、伴生金属矿物有黄铁矿(五角十二面体)、磁黄铁矿、黄铜矿、硫锑铅矿、方铅矿、白铁矿、斑铜矿、脉石矿物石英、方解石;方解石-黄铁矿阶段,矿化微弱,主要形成方解石和黄铁矿(立方体)。另方铅矿化增强。矿物生成顺序为磁黄铁矿→黄铁矿→毒砂→闪锌矿(部分方铅矿)→黄铜矿→自然金→银矿物。金铜含量呈正消长关系。

晚期表生作用阶段:主要生成方解石、褐铁矿、铜兰、孔雀石、辉铜矿、黄钾铁矾。

6. 成矿时代

东辽弯月金矿的成矿年代为 173～410.23Ma。

7. 地球化学特征

(1)氧同位素:$\delta^{18}O$‰从花岗岩(石英)4.68、9.44 到矿体(石英)4.68、9.44、(方解石)8.86、9.36、11.85 再到围岩(石英)12.88、(重晶石)16.4、(方解石)19.29。

(2)硫同位素:$\delta^{34}S$‰+0.5～-12.5,相对富轻硫,但有岩浆硫的反映。

(3)碳同位素:矿石$^{206}Pb/^{204}Pb$=18.316 7、$^{207}Pb/^{204}Pb$=15.553 8、$^{208}Pb/^{204}Pb$=38.254 5。

(4)微量元素:放牛沟地区桃山组与石缝组中的 Ag 高出地壳维氏值的 2.3 倍,石缝组片理化安山岩、片理化流纹岩、板岩中的 Pb 高于维氏值的 1.36 倍(陈友第,1988);西大城号桃山组下段片理化安山质凝灰岩中 Au 的丰度达(0.05～0.15)$\times10^{-6}$(权东日等,1983)新家地区石缝组大理岩、变粒岩、浅粒岩、变质砂岩、板岩中 Au 平均丰度从(0.039～0.185)$\times10^{-6}$,分别为地壳丰度值 3～60 倍(藏友顺和徐文儒，1985。王景惠和孟庆华于1986年所作的大量测定取得相似的数据）；山门地区石缝组大理岩、变粒岩、变质粉砂岩中的Au、Ag丰度据1989年周贵纯统计Au平均$(0.0013\sim0.009)\times10^{-6}$，富集倍数0.33～2.25，Ag平均$(0.207\sim0.741)\times10^{-6}$，富集2.1～12.9倍。Cu、Pb、Zn元素的丰度各家所得数据与同类岩石维氏值相近或略高，有的则略偏低。其中山门一带石缝组变质粉砂岩、大理岩的Cu、Pb、Zn分别富集1.7～2.4倍、1.4～1.7倍和4.7～2.3倍。

元素在岩石中的分布特征：对不同地质单元不同岩石样品分析结果进行统计可以看出Cu、Pb、Zn、Ag元素在大理岩内的含量显著高于克拉克值。由数倍至几十倍，说明有关异常与大理岩有较密切关系。

各元素的均值高峰主要集中于各种矿石、蚀变岩、砂质板岩及大理岩中（早古生代地层）。而岩体的均值较地层低。这说明下古生代地层是成矿元素的次要矿源层。

元素在土壤中的分布特征：从样品分析结果统计中可以看出，土壤中的Cu、Zn、Ag、Bi、As、Ba、Mn、Sb等元素含量和水系沉积物中的Cu、Pb、Zn、Ag、Bi、Sn、As、Sb等元素含量的均值高峰仍主要集中在早古生代层内，这与各元素含量在岩石中的分布是基本一致的，这说明岩石、土壤与水系沉淀物中高丰度是相吻合的。

8. 成矿物理化学条件

（1）矿物包裹体特征：包体数量多且大，一般小于5μm，部分为10～15μm，大者达20μm，以液态多，亦有气液共存。包体溶液成分有K^+、Ca^{2+}、HCO_2^-、SO_4^{2-}、Na^+、Mg^{2+}、Cl^-、F^-气体成分有H_2、CO_2、水蒸气等。Na/K为2.8～6.0，Na/Ca+Mg为0.56～0.89，F/Cl为0.12～0.18，CO_2/H_2O为0.01～0.03。pH为6.56～7.03，*Eh*为－0.53～－0.58伏。系富钠、氯、中偏酸、还原环境。

（2）成矿温度：包体爆裂温度225～250℃，以中温为主。

（3）成矿压力：压力$(198\sim226)\times10^5$Pa。

9. 物质来源

燕山早期的次火山岩（流纹岩）提供主要的物质和热源，下古生界提供成矿的部分物质来源，北西向构造为矿液运移通道和沉淀场所。

10. 控矿因素及找矿标志

（1）控矿因素：奥陶系石缝组的大理岩和燕山期的片理化流纹岩，燕山期的花岗岩控矿，北西向压扭性断裂，东西向张扭性断裂控矿。

（2）找矿标志：近矿围岩蚀变，如硅化、绢云母化、孔雀石化、黄铁矿化、碳酸岩化、褐铁矿化等。地表所见矿体原生露头和转石、铁锰帽。地球物理标志：视极化率、视电阻率为高阻、高极化之反映。地球化学标志：原生晕指示元素为Au、Ag、Cu、Pb、Zn等。

（十）长春市兰家金矿床特征

1. 地质构造环境及成矿条件

矿区位于晚三叠世—新生代华北叠加造山-裂谷系（Ⅰ）小兴安岭-张广才岭叠加岩浆弧（Ⅱ）张广才岭-哈达岭火山-盆地区（Ⅲ）大黑山条垒火山-盆地群（Ⅳ）内。

（1）地层：矿区出露地层为范家屯组一段，共分4层，1层分布在地碾张一带（矿区外）；2～4层在矿区内均有出露。第4层中产古生代化石。北西-南东向分部，倾向南西，西部受褶皱构造影响，走向变为近南北，倾向东，倾角 40°～75°。该段由老至新的规律由粗变细，变质过程由深变浅。金矿床(点)主要赋存在该段中。

1 层：分布在地碾张—大牟林子一带，北西南东向分布，倾向南西，倾角 40°左右，南东方向倾角变陡，达 75°左右。主要岩石组合为二云母石英变粒岩、石榴石红柱石变粒岩、千枚岩、千枚状板岩夹一层大理岩。厚度为 500～1340m。

2 层：分布在矿区中东部，北西-南东向分布，倾向南西，倾角 35°～68°，兰家屯处走向北北东。主要岩石组合为变质粉砂岩、杂砂岩、泥质粉砂质板岩、斑点板岩，受热接触变质作用形成角岩。蒋家矿段 1 号金矿体赋存在该层中。厚度为 300～840m。

3 层：分布矿区西部。北北东向分布，受兰家倒转向斜褶皱构造作用，该层兰家屯处倾向南东东，倾角 56°～80°。周家窑处倾向西，倾角 80°。该层主要由一层大理岩(灰岩)组成，局部尖灭再现，膨缩明显，厚度变化较大。兰家屯处大理岩大部分被交代形成矽卡岩，兰家金矿床东风矿段 20、19 号金矿体赋存于该层中，厚度为 10～30m。

4 层：岩石组合为变质粉砂岩、杂砂岩、泥质粉砂质板岩、斑点板岩，12 线以北该层下部夹 1～2 层大理岩层，厚 20m 左右。

范家屯组一段的碎屑岩成分除部分是正常沉积黏土外，大部分是由火山岩碎屑沉积而成，以凝灰岩、安山岩碎屑为主，其次有流纹岩。碎屑岩次棱角状，分选磨圆较差，搬运距离不远。

(2)构造。

兰家金矿床内褶皱构造、断裂构造均较发育。断裂构造发育在范家屯组中，有兰家倒转向斜、兰家向形，兰家倒转向斜为兰家向形的一部分。断裂构造可分为 3 组：北西向、北西西向、北北东向。矿床内断裂构造规模均很小。

褶皱构造：主要为兰家倒转向斜，其次为兰家向形及后期的小型褶皱构造。北部褶皱构造被石英闪长岩吞没。该区构造经历了 3 次变形，第一次变形形成兰家倒转向斜；第二次变形是兰家倒转向斜轴面二次变形形成的兰家向形；第三次变形是垂直褶皱轴线方向变形。近岩体处褶皱构造发育。上述褶皱构造及褶皱构造发育处对矿体赋存有利。兰家倒转向斜枢纽走向北北东，轴面倾向北北西。矽卡岩型金矿体、铁矿体、含铜硫铁矿体均赋存在该构造中。倒转向斜上翼较平缓，倾角 50°～52°，赋存矽卡岩型金矿体、铁矿体；下翼较陡，倾角 80°～84°，呈舒缓波状，赋存含铜硫铁矿体。兰家向形与兰家倒转向斜互相平行，20 号金矿体赋存该向形北部西翼，向形西翼倾角变化较大，由南向北倾角逐渐变陡(52°～84°)。东翼倾角较缓，倾角 10°～20°。

断裂构造：区内存在一组北西向断裂构造，是一组大致顺层间断裂构造，该构造为容矿构造，1 号金矿体赋存在该组断裂构造中，走向 330°～350°，倾向 200°～270°，倾角 25°～56°，长 640m，厚 0.5～10m，断裂带由碎裂岩、糜棱岩组成，层面呈舒缓波状，断层性质为压性；矿区内主要为北西西断层 F101、F102，分布于 6—10 线之间铁矿采坑内，一组相互平行、间距密集的断裂构造，长 25m 左右，宽几十厘米，倾向 14°～42°，倾角较陡(82°～88°)，属正平移或逆平移断层，横切含矿层位，最大水平断距几米。断裂带内有阳起石矽卡岩充填及构造角砾岩。断层面光滑，擦痕明显。成矿前断裂对成矿有利，成矿后也有活动，但活动规模较小；北北东向断裂构造(F301、F302、F303)，该组断裂分布兰家向形中，走向与褶皱枢纽一致，相互平行。断层规模小，长 130～280m，倾向 88°，倾角 70°，最宽 7m，断层内有碎裂岩、构造角砾岩、断层泥等。F302 断层内有斜长花岗斑岩充填。断层性质属张性断层。断距几米，为成矿后断裂，对矿体起破坏作用，因断距小，对矿体破坏不大。

(3)岩浆岩：南泉眼单元石英闪长岩，该岩体侵入到范家屯组一段 2～4 层中。分布在矿区西部，岩体内外接触带赋存兰家金矿、东风铁矿、含铜硫铁矿；安山质隐爆角砾岩，出露于大蒋家屯北山，形如"蝌蚪状"，头部圆形，直径 390m，尾长 220m，侵入到范家屯组一段 2 层中，大致顺层间侵入，接触带处有毒砂矿化、闪锌矿化。外接触带有 1 号金矿体。

2. 矿体三度空间分布特征

该矿区共有21条矿体，12条金矿体分布于矿区西部(东风矿段)，主要为矽卡岩型金矿，9条金矿体分布于矿区东部(蒋家矿段)，为破碎蚀变岩型金矿，详见表6-2-16。从表中可见，矽卡岩型金矿中19号、20号为工业矿体，余者均为单孔控制，与20号主矿体平行，品位与厚度均低于工业指标的矿体。破碎蚀变岩型金矿中工业矿体为1号矿体，余者品位或厚度均低于工业指标的矿体。

表6-2-16　矿体特征一览表

矿体号	长度/m	延深/m	厚度/m		$A_U/(\times10^{-6})$		倾角/倾向	矿石类型
			最大 最小	平均	最高 最低	平均		
1	70	130.0	3.2/0.94	2.15	20.7/1.00	5.16	35°/255°	破碎蚀变岩型
2	120	60.0		0.95		2.35	63°/170°	破碎蚀变岩型
3	60 55	30 28		1.00 1.30		3.51 1.05	46°/244°	破碎蚀变岩型
4				1.73		1.38	33°/250°	破碎蚀变岩型
5	187	115		4.50		1.38	49°/255°	破碎蚀变岩型
6	100	50		0.98		1.47	61°/210°	破碎蚀变岩型
7	60	30		1.10		1.59	60°/225°	破碎蚀变岩型
9	60	205		6.89		4.52	40°/240°	破碎蚀变岩型
12	75 63	55 32		3.00 1.80		3.12 3.62	49°/255°	破碎蚀变岩型
18				3.35	2.17/1.08	1.67	20°/102°	矽卡岩型
19	130	63	6.15/1.66	3.49	71.56/1.00	10.85	50°/50°～100°	矽卡岩型
20	366	140	19.22/1.39	7.27	51.50/1.03	8.51	70°/90°～110°	矽卡岩型
21				0.80		1.25	73°/102°	矽卡岩型
22				0.47		1.91	73°/102°	矽卡岩型
23				0.47		5.47	73°/102°	矽卡岩型
24				0.94		2.61	73°/102°	矽卡岩型
25				0.38		2.16	73°/102°	矽卡岩型
26				0.52		4.99	73°/102°	矽卡岩型
27				1.08		2.19	80°/102°	矽卡岩型
28				1.56		2.01	73°/102°	矽卡岩型
29				0.54		5.74	80°/102°	矽卡岩型

(1)20号金矿体：位于兰家倒转向斜、兰家向形构造中，石英闪长岩凹陷部位的外接触带阳起石矽卡岩中。矽卡岩下部赋存20号金矿体，上部赋存19号金矿体。矿体分布4—22线间。走向0°～22°，倾向90°～110°，倾角由南向北总体上由缓变陡，其变化规律是6线52°、8线53°、10线50°、12线67°、14线62°30′、16线85°、18线86°、20线84°。矿体南部出露地表，北部倾伏地下，“呈喇叭形”向北北东向侧

伏，侧伏角 20°，矿体向北延深增大。地表矿体长 146.50m，深部西北扩展 219.50m，矿体总长 366.00m，斜深 100.00m 左右，见矿标高 20.00～210.99m。见图 6-2-27。

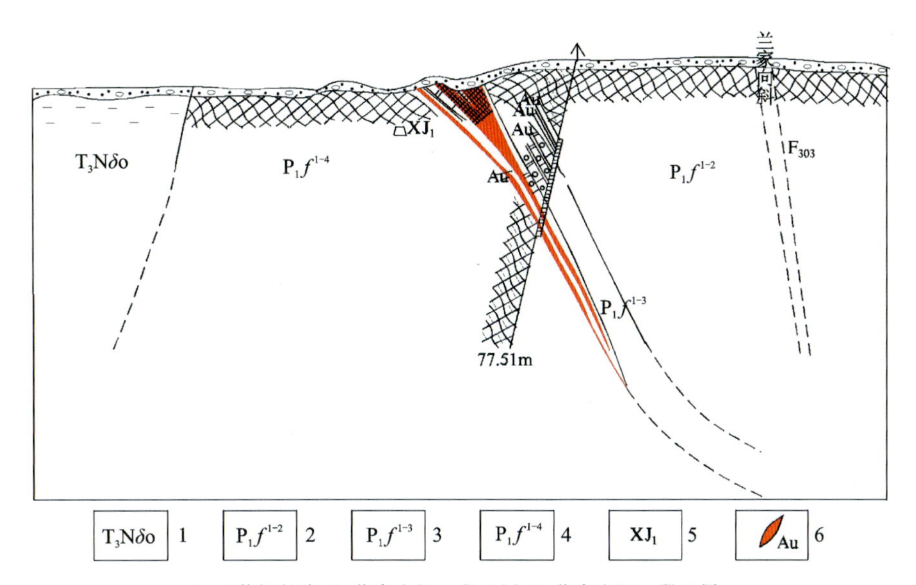

1. 石英闪长岩；2. 范家屯组一段 2 层；3. 范家屯组一段 3 层；
4. 范家屯组一段 4 层；5. 斜井及编号；6. 金矿体。

图 6-2-27　长春市兰家金矿床东风矿段 20 号矿体 6 勘探线剖面图

矿体形态复杂，主要由两个主分支矿体复合而成。膨缩明显，呈不规则脉状。矿体南部分支向北部复合，深部分支，向浅部复合。

矿化与构造关系密切，一组北西西向平行断裂、节理与矽卡岩交会处矿体厚度变大，品位增高；一组北北东向断裂对矿体起破坏作用，因断距小，对矿体破坏不大。

矿体与围岩界限不清，需样品圈定。矿体厚度为 1.39～19.22m，平均厚度为 7.27m，厚度变化系数 72×10^{-2}，厚度变化属较稳定。品位 1.03×10^{-6}～51.50×10^{-6}，品位变化系数 110×10^{-2}，品位变化属不均匀；银平均品位 5.7×10^{-6}。金银比值 1∶0.67。

(2)19 号金矿体：19 号矿体与 20 号矿体特征基本相同，19 号矿体为隐伏矿体，分布于 10—18 线间的 155m 中段上下，长 130.00m，斜深 63.00m，矿体规模小。见矿标高 123.00～186.50m。矿体形态复杂，扁豆状、脉状。矿体真厚度 1.66～6.15m，厚度变化系数 58×10^{-2}，厚度变化属较稳定。金品位 1.00×10^{-6}～70.56×10^{-6}，平均品位 10.85×10^{-6}，品位变化系数 148×10^{-2}，品位变化属不均匀；银平均品位 6.10×10^{-6}。金银比值 1∶0.56。

(3)1 号金矿体(破碎蚀变岩型)：矿体位于矿段东部，石英闪长岩外接触带层间断裂带中，沿倾向及走向均呈舒缓波状尖灭再现，矿体产状与层间断裂带产状基本一致。走向 345°，倾向南西，倾角 35°左右。矿体分布在 19—12 线间。南贫北富，地表矿体长 70m，沿倾向延伸 130m。矿体规模较小。见矿标高 146.00～229m。矿体形态简单，呈脉状。矿化蚀变岩与围岩界线清楚，矿体在蚀变岩中，需用样品圈定。矿体真厚度 0.94～3.20m，平均厚度 2.15m，厚度变化系数 51×10^{-2}，厚度变化较稳定。金品位 1.00×10^{-6}～20.07×10^{-6}，平均品位 5.16×10^{-6}，品位变化系数 86×10^{-6}，品位变化较均匀；银平均品位 9.1×10^{-6}。金银比值 1∶1.76。见图 6-2-28。

3. 矿石物质成分

(1)矿石成分：矿石中金的赋存状态，通过人工重砂组合大样矿物的研究，以及对矿石、矿物进行了光片、薄片、电镜能普、单矿物分析、化学分析、X 光分析等手段进行研究，作为矿石中的元素金，主要呈

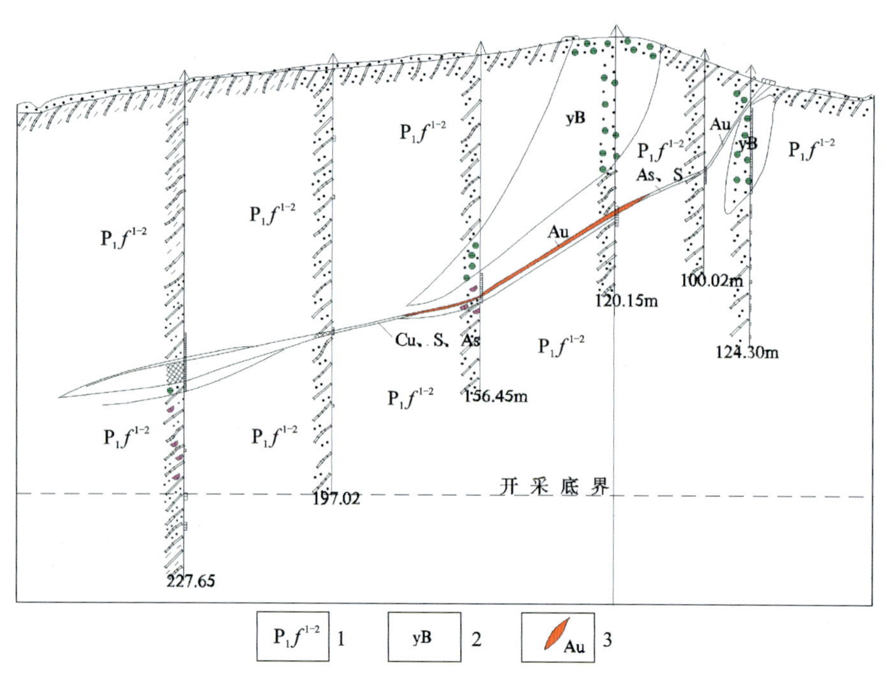

1.范家屯组一段2层；2.安山质隐爆角砾岩；3.金矿体。

图6-2-28　长春市兰家金矿床蒋家矿段1号矿体0勘探线剖面图

独立的自然金形式而存在。东风矿段19、20号矿体中的有用元素为金，伴生有益元素为银、铁，银平均品位为4.43×10^{-6}，可综合利用；20号矿体含有磁铁矿，其局部TFe品位大于20%，选金同时可回收铁。有害元素为铋，对金的冶炼有一定影响，但影响不大；蒋家矿段1号金矿体中有用元素金，伴生有益元素为银，其平均品位为9.10×10^{-6}，可综合利用。有害元素砷含量较高，对选矿影响较大，需在选矿过程当中进一步研究。

(2)矿石类型：自然类型，东风矿段19、20矿金体自然类型属贫硫化物型、微细粒浸染状、致密块状原生金矿石。蒋家矿段1号金矿体属破碎蚀变岩型金矿石；工业类型，东风矿段19、20金矿体为矽卡岩型金矿石及矽卡岩型金铁矿石，以前者为主。蒋家矿段1号金矿体属Au-As岩型金矿石。

(3)矿物组合：矽卡岩型金矿体主要矿石矿物组合为磁铁矿、黄铁矿、赤铁矿、磁黄铁矿、方铅矿、闪锌矿、毒砂、斜方辉铅铋矿、辉砷钴矿、黄铜矿、辉铋矿、自然铋、辉铅铋矿(硫铋铅矿)、黝铜矿、辰砂、白乌矿、自然金等，其在矿石中占2×10^{-2}左右。脉石矿物组合为透灰石(钙铁辉石-透灰石系列)、石榴石(钙铝榴石-铁铝榴石系列)、阳起石(阳起石、透闪石系列)、黑柱石、绿帘石等。约占矿石中的矿物98×10^{-2}左右。以透灰石、石榴石为主，阳起石次之。黑柱石、绿帘石少量；破碎蚀变岩型金矿体的主要矿石矿物有磁黄铁矿、黄铁矿、黄铜矿、方铅矿、闪锌矿、毒砂、自然金等，硫化物含量$(5\sim10)\times10^{-2}$。破碎蚀变岩型矿石的脉石矿物主要为绢云母、石英、方解石。

(4)矿石结构构造：矽卡岩型矿石以他形晶粒状结构为主，半自形粒状结构、胶状结构次之，包含似乳滴结构、骸晶结构少见。破碎蚀变岩型金矿石以鳞片变晶结构、他形晶粒状为主，压碎结构少见。矿石构造，矽卡岩型矿石见有细脉状构造、显微细脉状构造、显微网脉状构造、放射状、束状构造、浸染状构造、块状、斑点状构造、条纹状构造。破碎蚀变岩型金矿石以细脉状构造、块状为主，角砾状构造少见。

4.蚀变类型及分带性

(1)矽卡岩型金矿：围岩蚀变主要有绿帘石化、钠长石化、赤铁矿化、水云母化、硅化、电气石化、沸石-萤石化、碳酸盐化等。其中赤铁矿化、硅化与金成矿关系密切。

（2）蚀变岩型金矿：围岩蚀变强烈，种类较多，主要有阳起石化、硅化、绢云母化、电气石化、矽卡岩化、绿泥石化、碳酸盐化、钾长石化等蚀变作用。

5.成矿阶段

根据野外观察及矿物学研究表明，尽管成矿阶段有叠加，但不同成矿阶段的矿物组合是不同的，由此将矿床划分为矽卡岩期、矽卡岩热液期、晚期热液3个成矿期。

（1）矽卡岩期：为成矿早期，第一阶段形成的矿物主要有透辉石、石榴石、钠长石和钾长石。第二阶段形成的矿物主要有透辉石、石榴石、磁铁矿、钠长石和钾长石。第三阶段形成的矿物主要有透辉石、石榴石、阳起石、绿帘石、黑柱石、磁铁矿、白钨矿、电气石、磁黄铁矿、闪锌矿、黄铜矿、石英、方解石、钠长石。该期无金矿化。

（2）矽卡岩热液期：为金的主要成矿期。氧化物阶段形成的主要矿物有阳起石、绿帘石、黑柱石、磁铁矿、白钨矿、电气石、赤铁矿、辉砷钴矿、自然铋、自然金、伊利石、萤石、方解石等。石英硫化物阶段主要形成辉砷钴矿、自然铋、自然金、辉铋矿、斜方辉铅铋矿、方铅矿、黄铁矿、石英、萤石、方解石。该期金矿化普遍。

（3）晚期热液期：硫化物阶段主要矿物有自然金、方铅矿、磁黄铁矿、闪锌矿、黄铜矿、黄铁矿、石英、伊利石。碳酸盐阶段主要矿物有赤铁矿、黄铁矿、石英、伊利石、方解石。该期为金的矿化晚期阶段，到碳酸盐阶段矿化结束。

6.成矿时代

张文博等对兰家金矿床方铅矿做的铅模式年龄为205Ma，王登红等锆石年龄为（160.1±2.3）Ma。为燕山早期。

7.地球化学特征

（1）微量元素特征：区域内与成矿作用有关的岩石有范家屯组一段的泥质粉砂质板岩、大理岩、石英闪长岩。由表6-2-17可知，主成矿元素Au、Ag、Zn在石英闪长岩中呈弱度富集，地层中只有Ag浓集克拉克值大于1，呈弱度富集。其余元素含量均低于和接近地壳克拉克值。因此金的成矿物质来源与石英闪长岩的关系密切。

表6-2-17　岩石中微量元素含量及浓集克拉克值统计表

岩石类型	样品数	地化参数	元素					
			Au	Ag	Bi	Sb	Cu	Pb
粉砂质板岩	108	平均值	2.20	0.13	0.37	4.84	22.40	12.80
		浓集克拉克值	0.51	1.86	41.11	9.68	0.48	0.80
大理岩	13	平均值	3.08	0.12	0.72	3.96	12.80	8.60
		浓集克拉克值	0.72	1.71	80.00	7.92	0.27	0.54
石英闪长岩	33	平均值	5.27	0.15	0.21	2.87	24.96	15.04
		浓集克拉克值	1.23	2.14	23.33	5.74	0.53	0.94
岩石类型	样品数	地化参数	元素					备注
			Zn	Sn	As	Mo	Hg	

续表 6-2-17

岩石类型	样品数	地化参数	元素					
			Au	Ag	Bi	Sb	Cu	Pb
粉砂质板岩	108	平均值	67.60	2.14	54.80	0.89	0.014	据侯启满。维氏克拉克值(1962)。Au×10^{-6}，其他×10^{-2}
		浓集克拉克值	0.81	0.86	32.24	0.81	0.17	
大理岩	13	平均值	10.50	0.90	42.20	1.34	0.11	
		浓集克拉克值	0.13	0.36	24.82	1.22	1.33	
石英闪长岩	33	平均值	92.78	1.76	21.00	1.24	0.08	
		浓集克拉克值	1.12	0.70	12.35	1.13	0.96	

(2)稀土元素特征：有轻稀土富集，重稀土亏损。石英闪长岩、20 号金矿体、1 号金矿体的科勒尔曲线分布模式，均表现出极好的相似性，表现出分馏作用一致性，即成因上的同源性，金矿床与石英闪长岩具有密切的成因关系。脉状分布的硫铁矿体，与金矿体的科勒尔曲线的分布表现出明显的差异性，显示成矿作用的多期性。

(3)同位素特征：矿床内硫同位素样品分析结果可以看出，见表 6-2-18，硫同位素 $\delta^{34}S$ 值变化范围较窄，为-3.91×10^{-3}～$+3.37\times10^{-3}$，极差 7.28×10^{-3}。绝对值较小，具有塔式分布规律，靠近陨石硫的标准值($\delta^{34}S=0\times10^{-3}$)，反映出金矿床的幔源特征。另外不同矿物的测定结果存在一定的差异，黄铁矿、磁黄铁矿 $\delta^{34}S$ 平均值为$+2.50\times10^{-3}$，方铅矿-3.90×10^{-3}，反映了成矿作用的多期性。

表 6-2-18　兰家金矿床硫同位素测试结果表

样品编号	岩石名称	测试矿物	$\delta^{34}S(\times10^{-3})$	备注
DL90-461	石英闪长岩	黄铁矿	+3.21	引自侯启满等,《吉林省双阳县兰家金矿床勘探报告(1992—1993 年)》
DL90-435	含铜硫铁矿石	磁黄铁矿	+3.32	
DL90-456	含铜硫铁矿石	磁黄铁矿	+2.78	
DL90-337	含铜硫铁矿石	黄铁矿	+1.94	
DL90335	含铜硫铁矿石	磁黄铁矿	+2.03	
DL90-334	矿化大理岩	黄铁矿	−1.00	
DL91-30	含铜硫铁矿石	黄铁矿	+2.93	
DL91-30-1	含铜硫铁矿石	磁黄铁矿	+2.86	
DL91-31	含铜硫铁矿石	黄铁矿	+3.32	
DL91-31-1	含铜硫铁矿石	磁黄铁矿	+3.49	
DL91-32	黄铁矿化大理岩	黄铁矿	+1.80	
DL91-32-1	黄铁矿化大理岩	磁黄铁矿	+2.51	
DL91-33	含铜硫铁矿石	磁黄铁矿	+2.94	
DL91-34	含铜硫铁矿石	磁黄铁矿	+3.37	
DL91-36	阳起石矽卡岩	方铅矿	−3.91	

8. 成矿物理化学条件

矿床内与成矿有关单矿物做了爆裂法测温结果表明，钙铁榴石为 280～330℃，属中—高温阶段。

通过对矿石及矿化作用的研究，金的矿化阶段明显晚于钙铁榴石矽卡岩，说明金的成矿温度低于280℃。从金的赋存状态及成色上看，与自然铋、辉铋矿及含铋的硫盐矿物共生的，其金的成色高达950，与方铅矿、黄铜矿、闪锌矿的共生晶出的，其金的成色相应要低一些，在900左右。上述事实表明，金的成色高，其成矿温度高；金的成色低，其成矿温度相应低一些，反映出成矿热液活动可分为两个阶段，矽卡岩热液成矿阶段，成矿温度为300～270℃，晚期热液成矿阶段成矿温度为250～200℃。

9. 物质来源

石英闪长岩体内金丰度值为5.27×10^{-6}，高出板岩、大理岩金丰度值1倍多。石英闪长岩、矽卡岩、1号金矿体的稀土元素科勒尔曲线分布均表现出极好的相似性，成因上具有同源性，矿石中的硫同位素组成特征反映出金矿的幔源特征。所以成矿物质主要来源于岩浆热液。20号、19号金矿体为矽卡岩型伴有中温热液叠加型金矿。1号金矿体为中温热液破碎蚀变岩型金矿。

10. 控矿因素及找矿标志

（1）控矿因素：范家屯组一段地层控矿，1号金矿体赋存在该层变质粉砂岩、杂砂岩、泥质粉砂质板岩、斑点板岩中。20、19号金矿体赋存于该层大理岩（灰岩）中；走向北北东向褶皱控矿，矽卡岩型金矿体、铁矿体、含铜硫铁矿体均赋存在该构造中。北西向、北西西向断裂构造控矿。石英闪长岩控矿。

（2）找矿标志：臭松石、黄钾铁矾、铁帽、褐铁矿化板岩、角岩、石英脉等是破碎蚀变岩型金矿氧化矿石标志；阳起石化矽卡岩、金属硫化物矿化矽卡岩、磁铁矿化阳起石化矽卡岩是矽卡岩型原生金矿找矿标志；磁异常、激电异常、重力异常，特别是套合异常是金矿的间接找矿标志；金及指示元素组合复杂，又具分带特征的套合异常，是金矿的化探找矿标志。

（十一）永吉头道川金矿床特征

1. 地质构造环境及成矿条件

矿床位于南华纪—中三叠世天山-兴蒙-吉黑造山带（Ⅰ），包尔汉图-温都尔庙弧盆系（Ⅱ），下二台-呼兰-伊泉陆缘岩浆弧（Ⅲ），磐桦上叠裂陷盆地（Ⅳ）内，沿头道川-烟筒山韧性剪切构造带上。

（1）地层：矿区出露的地层主要为石炭纪余富屯组，为一套海相火山-沉积岩系。变质火山-沉积岩系的原岩为细碧角斑岩组合，它的沉积岩为灰岩、页岩及砂岩。细碧角斑岩组合的岩石类型有细碧岩、细碧玢岩、角斑岩、石英角斑岩及其相应成分的凝灰岩、火山角砾岩及其凝灰熔岩，次火山岩有辉绿岩、石英钠长斑岩等。由于变形变质作用，褶皱十分发育，形成了以糜棱岩为主体，具有各项韧性剪切作用特征的韧性剪切带。岩石普遍遭受了绿片岩相、绿帘角闪岩相的变质作用。岩石的热液蚀变也较发育。细碧角斑岩系全岩Rb-Sr等时年龄为（301Ma±27）Ma。

（2）构造：金矿位于头道川-烟筒山韧性剪切带北端，韧性剪切构造强度较弱。含金石英脉，受细碧岩、细碧玢岩层位和韧性剪切褶皱构造控制，主矿体产于韧性剪切褶皱主界面旁沿褶皱枢纽分布，呈NE40°方向延长，倾向310°，倾角70°±，向NE45°方向侧伏，侧伏角30°，矿体沿褶皱转折端分布。除主矿体外，大量石英脉及细脉受韧性剪切褶皱形成的片理构造控制，石英脉主要产状，走向为NE30°～50°，向SE作陡倾斜，也有少量石英脉沿断裂裂隙构造分布。斜切片理，多呈NW50°走向，倾向NE或SW，倾角40°±。

2. 矿体三度空间分布特征

金矿体由含金硫化物石英脉及其矿化围岩组成，矿体与围岩多呈整合产出，接触界线清楚，少数呈渐变过渡，含金石英脉主要受韧性剪切褶皱构造转折端控制，沿着柔性的片理化带充填，并表现为同生的特点，由于韧性剪切褶皱构造形态变化复杂多样，含金石英脉的形态也复杂多样，产状变化颇大，见图6-2-29。

主矿体沿韧性剪切带主界面旁褶皱枢纽分布，矿体呈鞍状，矿体地表出露长轴方向呈NE40°，NW翼矿体倾向NW，倾角60°，SE翼矿体倾向SE，倾角65°，含金石英脉，总体向NE45°方向侧伏，侧伏角30°。

在主矿体向NE及SW延长方向，出现受韧性剪切褶皱翼部片理构造控制的脉状、透镜状矿体，矿体呈NE30°～50°方向延长，倾向SE，40°～60°倾斜。

矿体围岩主要为下石炭统余富屯组细碧岩及其凝灰岩。地表已圈出的15条矿体，分布范围总长460m，宽70～100m，矿体最长80m。含金石英脉沿北北东向挤压断裂带分布，组成石英脉带，其展布方向为北东40°。已控制脉带长460m，幅宽10～30m。南部脉体群地表出露长为135m左右，幅宽10～30m，据钻孔资料，总长200m，以单脉为主；中部石英脉群长100m左右，幅宽10～30m；北部石脉群，已控制长160m，幅宽5～10m，以复脉为主。3组石英脉群左行雁行排列与石英脉还带总体走向夹角为5°左右。石英脉单体形态以不规则的脉状分为主，次为网脉带状及透镜状，多具分枝复合，尖来再现现象。最大的脉体长80m左右，短者10～20m或断续长不足几米，脉体最宽者3～6.5m，一般不足1m。矿体以透镜状为主，次为脉状。矿体长一般为7～8m，矿体最长为120m，矿体一般厚1～3m。

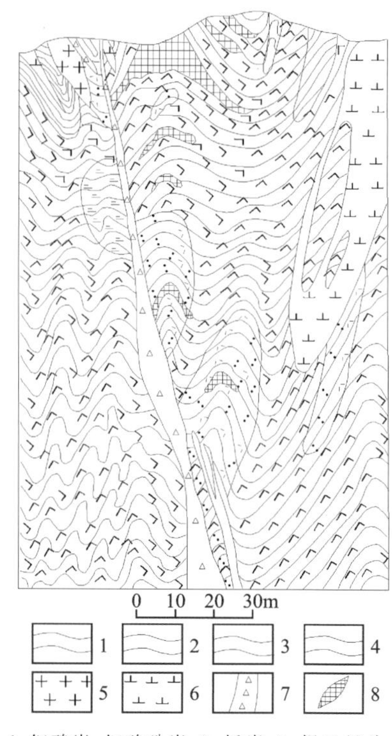

1.细碧岩、细碧玢岩；2.板岩；3.绢云母片岩；4.凝灰岩；5.花岗斑岩；6.闪长玢岩；7.破碎带；8.矿体。

图6-2-29 头道川金矿床地质剖面图

3.矿床物质成分

（1）物质成分：矿石的化学成分主要是SiO_2。据光谱分析，As、Be、Ba、Cu、Cr、Co、Cd、Ga、Mn、Mo、Ni、Pb、Ti、V、W、Zn、Zr等元素均有一定含量。主要成分Au含量一般为3×10^{-6}～20×10^{-6}，最高达562.4×10^{-6}。有益组分Ag、Cu、Pb含量分布不均，Ag一般低于50×10^{-6}，少数达100×10^{-6}～200×10^{-6}，铜一般含量很低，少数达0.2×10^{-2}～0.31×10^{-2}，个别大于1×10^{-2}，矿石铅含量低于铜含量。金主要赋存在自然金、碲金银矿中。

（2）矿石类型：主要矿石类型为金贫硫化物石英型矿石，少数为金硫化物石英型矿石，个别出现金矿化细碧质糜棱岩，按金属种类属金-碲建造。矿床类型属石英脉型金矿床。

（3）矿物组合：金属矿物有自然金、碲金矿、碲金银矿、碲银矿、辉银矿、硫锑银矿、黄铜矿、斑铜矿、铜蓝、方铅矿、含银碲铅矿、六方碲银矿、闪锌矿、毒砂、黄铁矿、磁铁矿，次生矿物有褐铁矿、孔雀石、蓝铜矿、辉铜矿、赤铁矿、铅矾、锰土等；脉石矿物有石英、绿泥石、绿帘石、绢云母、长石及碳酸盐矿物等。

（4）矿石结构构造：矿石结构有粒状结构、花岗变晶结构、显微细脉、网脉状结构、交代残余结构、包含结构、压碎结构、熔蚀结构、复聚片双晶结构，固熔体分解结构、胶状结构；矿石结构有块状构造、晶洞构造、细脉状构造、薄膜状构造、网脉状构造、胶状构造，局部呈团块状或斑点状构造，时而见土状、蜂窝状、粉末状、角砾状构造等。

4.蚀变类型及分带性

矿体的围岩为细碧岩、细碧玢岩、细碧质糜棱岩，围岩蚀变以硅化、绿帘石化、绿泥石化、碳酸盐化等蚀变为主。与矿体有关的蚀变类型主要有硅化、绿帘石化、绿泥石化、黄铁矿化及碳酸盐化。其中硅化、黄铁矿化、绿帘石化与成矿关系密切。

(1)硅化:围绕矿体分布,蚀变范围由几公分到几米宽度不等。蚀变强烈岩石变得致密、怪硬、颜色变浅,由矿体至正常围岩蚀变由强逐渐变弱,硅化以石英细脉、网脉及不规则团块交代围岩,石英与绿帘石密切共生,原岩中的长石和暗色矿物绝大部分被交代,交代作用是以均匀的渗透交代为特点,硅化较强部位含金 $0.1\times10^{-6}\sim0.5\times10^{-6}$,硅化与金矿化关系密切。

(2)绿帘石化:与硅化伴生,围绕矿体分布,蚀变范围比硅化范围要大些,原岩中单间色矿物经交代作用形成绿帘石,呈脉状及团块状分布,由矿体向正常围岩蚀变逐渐变弱。

(3)绿泥石化:区内变质火山岩绿泥石化普遍,与金矿化有关的绿泥石化与区域变质作用的绿泥石化有明显区别,区域变质作用的绿泥石化分布均匀,与矿有关的绿泥石化多围绕矿脉及矿脉尖部位出现,尤其是网脉状石英周围绿泥石化更为强烈,常见绿泥石脉切穿石英脉、绿帘石脉,生成比石英及绿帘石要晚,常与硅化、黄铁矿化伴生。

(4)黄铁矿化:见于矿体及围岩中,矿化普遍,分布范围较宽,呈浸染状及细脉浸染状,与热液活动关系密切,经常与黄铜矿等伴生,伴有金矿化。

(5)碳酸盐化:见于矿体两侧围岩,分布较广,呈脉状及不规则状,沿节理裂隙分布。切穿石英细脉及绿泥石脉,比石英、绿帘石、绿泥石生成时间要晚,为最晚期形成。

5.成矿阶段

矿床是在区域韧性剪切变形变质作用过程中形成的,基本上属于 2 个成矿期即韧性剪切变形变质成矿期和表生成矿期,根据成矿构造,结合包裹体特征和矿物生成温度可划分 3 个成矿阶段。

(1)变形变质成矿期(热液):硅化、绿帘石化阶段,主要生成磁铁矿、磁黄铁矿、毒砂及黄铁矿,伴有微弱金矿化;含金石英脉形成阶段,伴有绿泥石化黄铁矿化,沿着石英脉小裂隙发生金硫化物矿化,为主要矿化阶段;成矿晚期黄铁矿化-碳酸盐化阶段,生成的主要矿物有黄铁矿、方解石,伴有微弱金矿化。

(2)表生成矿期:主要是多金属矿物经氧化形成褐铁矿、孔雀石、蓝铜矿及锌矾等次生矿物。

6.成矿时代

永吉头道川金矿床成矿模式年龄为 200Ma 和 338Ma,分别属印支期和海西中期。

7.地球化学特征

(1)微量元素地球化学特征:矿区内细碧岩、细碧质糜棱岩富 Au、Ag、Cu、As 等成矿元素,金含量比大理岩、凝灰岩高 180 倍,为金的矿源层。大理岩、结晶灰岩 Pb 元素含量较高。微晶灰岩中 Au、Ag、Cu、Pb、Zn、As 和 Sb 较地壳碳酸盐岩中同类元素含量高得多;结晶灰岩和大理岩中 Au、Ag、Cu 与之相近,而 Pb、Zn、As 和 Sb 很高。由微晶灰岩经一定程度变质成为结晶灰岩或大理岩时,Au、As 和 Cu 含量明显降低。可能,其在成矿作用过程中被热液萃取、运移、富集,并在有利构造部位沉淀成矿。同样,在此过程中,Pb、As 和 Sb 亦明显降低,它们也可能参与了成矿作用。细碧岩中 Au、Ag 和 Sb 高出地壳基性岩同类元素含量几十倍,而 Cu 和 Zn 较低。产于韧性剪切带内细碧质糜棱岩类 Au、Ag 较维氏值明显偏低,Cu、Zn 亦低,而 As、Sb 较高。也就是说,经韧性剪切变形之后,Au、Ag 丰度降低,Cu、Zn 基本未变,Pb、As、Sb 增高。因此,余富屯组变质海相火山沉积岩系在成矿作用所提供的有效成矿元素主要是 Au 及少量的 Ag。本区头道川和小风倒金矿就产出于这种围岩之中。

(2)稀土元素地球化学特征:火山岩稀土元素总量由 $110.08\times10^{-6}\sim255.90\times10^{-6}$,稀土元素含量明显随岩石硅不饱和程度和碱金属含量的增加而增大,$(\sum Ce/\sum y)_N$比值为 2.017~4.822,曲线右倾属轻稀土富集型,δEu 为 0.5~0.93,具弱 Eu 负异常,δCe 为 +1.03~+1.12,具有 Ce 弱正异常;$(Gd/Yb)_N$为 1.77~3.53,说明重稀土亏损型,$(La/Sm)_N$为 2.24~3.98,说明轻稀土之间有分馏相当

E 型、洋脊玄武岩。见图 6-2-30。

大理岩$\sum$REE＝6.380×10^{-6}含量低，($\sum$Ce/$\sum$Y)$_N$＝2.311 相对富重稀土，曲线右倾，属轻稀土富集型，δEu＝1.11，具弱正异常，δCe＝0.67，为弱负异常，(La/Sm)$_N$＝3.98，(Gd/Yb)$_N$＝3.17，轻稀土间、重稀土间都有分馏。

(3)硫同位素特征：δ^{34}S 变化为－7.50×10^{-3}～＋6.7×10^{-3}，极差 14.2×10^{-3}，平均值－1.66×10^{-3}。硫同位素组成说明硫具有多源特征，硫均一化程度较低，硫同位素分馏作用不明显。头道川金矿硫同位素组成与地槽褶皱区金矿床的硫化物富含轻硫同位素相一致，而与产生在中生代构造岩浆活动带里的金矿床硫化物富含重硫同位素不一致。

(4)氢氧同位素：石英脉型金矿石中石英 δ^{18}O 为 10.466×10^{-3}，与区内产于石英闪长岩体中含铜石英脉中石英 δ^{18}O 的 9.427×10^{-3}有差别。与民主屯银矿条带状石英型矿石中石英 δ^{18}O 的 15.679×10^{-3}也有明显差别。区内矿床水不是岩浆水[岩浆水 δ^{18}O 限定在(＋5.5～10.0)×10^{-3}]，而只能是大气降水或变质水，见图 6-2-31。金矿石英包裹体 δD117.899×10^{-3}，偏离中国已知变质水分布范围较大，这可能与韧性剪切作用特殊构造环境有关。因此头道川的石英氧同位素仍具有变质分泌的特点。

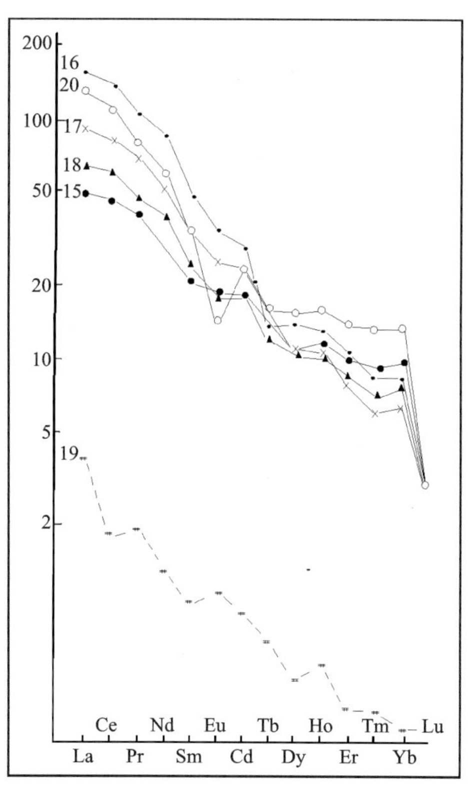

图 6-2-30 头道川金矿床细碧岩、英安质糜棱岩、大理岩稀土元素分布模式图

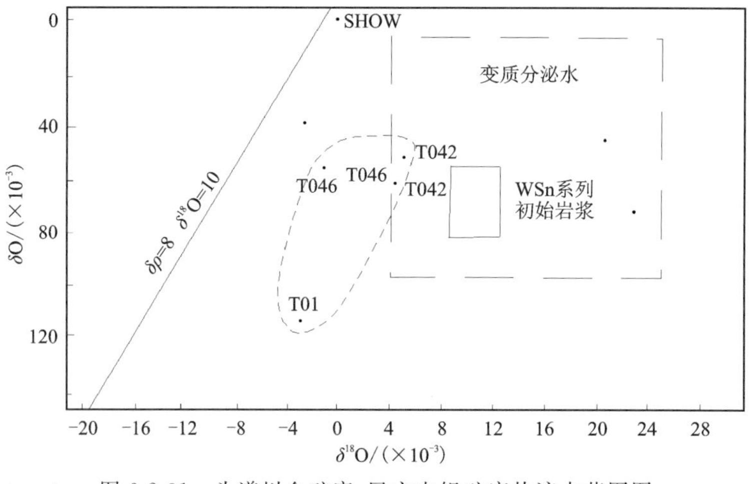

图 6-2-31 头道川金矿床、民主屯银矿床热液水范围图

(5)碳同位素：头道川金矿床方解石碳同位素 δ^{13}C 为－5.899×10^{-3}，碳主要来源蚀变的细碧岩、细碧玢岩，属岩浆岩中氧和碳范围。

(6)铅同位素：矿石铅同位素组成^{206}Pb/^{204}Pb 为 17.46～18.82、^{207}Pb/^{204}Pb 为 14.65～15.42、^{208}Pb/^{204}Pb 为 36.33～37.51，与花岗岩铅同位素组成^{206}Pb/^{204}Pb 为 18.57～18.92、^{207}Pb/^{204}Pb 为 15.73～16.07、^{208}Pb/^{204}Pb 为 38.02～39.03 明显不同，说明矿石铅与花岗岩无关。间接证明成矿物质来源于细碧岩、细碧玢岩。

8. 包裹体特征

(1)气液包裹体：矿石中包裹体多为气液两相包裹体，气液比 5～20×10^{-2}。含少量 CO_2 包裹体，均一温度为 26℃，个别为单相液体包裹体。包裹体呈长圆形、近圆形、圆形、不规则形、石英负晶形，大小

1～8μm，一般为3～5μm，包裹体比较多，成群出现，呈定向排列，均一温度为178～315℃，可分为两期，一期为245～315℃，气液比较大，另一期为178～212℃。

(2)石英包裹体成分：头道川金矿含金与不含金石英脉中的石英包裹体成分基本相似，含量较稳定，这与热液形成于封闭的变质环境相一致，热液以富Na^+离子为其特征，以重量计，钠是钾的1.12～12.29倍，平均为7.2倍，这种热液不可能是周围富硅、钾岩浆结晶分异演化形成的热液，如果是其演化的热液应富钾、钠。而这种富钠离子热液与富钠的细碧玢岩变质作用所产生的变质热液成分相一致。

含金与不含金石英脉中石英包裹体的成分虽然无明显差别，但CO_2所占气相成分的比例和CO_2/H_2O比值还是有区别的，含Au石英脉中石英包裹体CO_2的含量占气体成分10×10^{-2}～13×10^{-2}。CO_2/H_2O比值大于0.10，不含金石英脉中石英包裹体CO_2的含量占气体成分7×10^{-2}～8×10^{-2}。CO_2/H_2O比值小于0.10。

9. 成矿物理化学条件

金矿矿石中石英爆裂温度236℃、239℃、250℃、255℃、301℃、309℃，不含矿石英脉石英爆裂温度258℃、27℃、4316℃，据吉林省冶金地质研究所岩矿室的15个石英爆裂温度测定结果，含金石英脉中，石英爆裂温度170～214℃、平均温度189℃±，不含金石英脉石英爆裂温度为170～196℃，花岗岩中含金石英脉爆裂温度215～225℃，头道川金矿黄铁矿爆裂温度：150℃、238℃。矿床形成温度为178～315℃，主要成矿阶段温度为180～250℃、盐度为0.6×10^{-2}～1.13×10^{-2}、pH为3.49～6.07，*Eh*为－0.22～0.47，还原系数*R*为0.61～0.78，成矿压力为90MPa。

10. 物质来源

根据微量元素、稀土元素、硫同位素、氢氧炭同位素、铅同位素、包裹体等特征分析，头道川金矿床，成矿物质主要来源于围岩中的细碧岩、细碧玢岩矿源层。

11. 控矿因素及找矿标志

(1)控矿因素：地层控矿，含金石英脉受细碧岩、细碧玢岩层位控制；构造控矿，主矿体产于韧性剪切褶皱主界面旁沿褶皱枢纽分布。

(2)找矿标志：石英脉露头及其转石是直接找矿标志，区域内硅化、绿泥石化、黄铁矿化等蚀变较强部位常含微量金；挤压断裂带是找金的重要标志。

(十二)汪青县刺猬沟金矿床特征

1. 地质构造环境及成矿条件

矿区位于晚三叠世—中生代小兴安岭-张广才岭叠加岩浆弧(Ⅱ)、太平岭-英额岭火山盆地区(Ⅲ)罗子沟-延吉火山盆地群(Ⅳ)内。受北北东向图门断裂带与北西向嘎呀河断裂复合部位控制。

(1)地层：矿区出露有二叠系和中侏罗统屯田营组火山岩。二叠系零星出露，为一套浅变质的海相-海陆交互相沉积岩，并夹有少量火山碎屑岩。大部分地区被侏罗系火山岩所覆盖，并与下伏二叠系呈角度不整合接触。

屯田营组火山岩Rb-Sr等值线年龄为147.5Ma。其岩性为安山质集块岩、角砾凝灰熔岩夹安山岩。其中有次安山岩、次安山玄武岩、次粗面安山岩等次火山岩体呈脉状侵入。中酸性火山喷发岩大面积分布于尖山子以东，总体呈东西向展布，受东西向断陷盆地控制，刺猬沟金矿就产于该组火山岩之中。见图6-2-32。

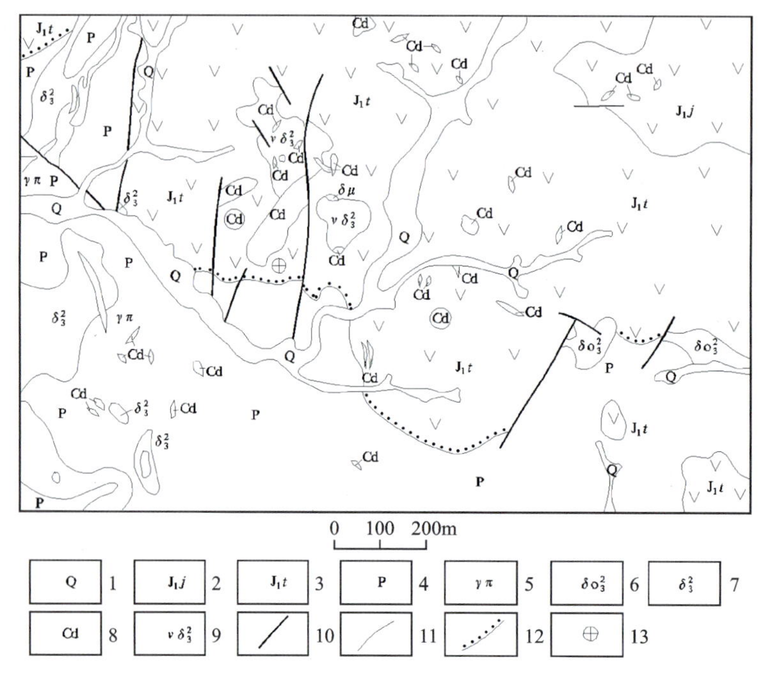

1.第四系；2.侏罗系火山岩；3.屯田营组火山岩；4.二叠系浅变质岩；5.花岗岩；6.石英闪长岩；7.闪长岩；8.次安山岩；9.辉石闪长岩；10.断裂；11.地质界线；12.不整合地质界线；13.刺猬沟金矿点。

图 6-2-32　汪清县刺猬沟地区地质图

(2)侵入岩：燕山期花岗岩闪长岩小侵入体在矿区东部二叠系中有出露，距矿区约 4km，推测在矿区深部存在隐伏岩体。矿区内有闪长岩、辉石闪长岩、花岗斑岩和次安山岩脉，均受近东西向与北西向、北东向构造交会部位控制。在空间上和时间上与成矿有较密切的关系。

(3)构造：矿区位于百草沟-苍林东西向断裂、新和屯-西大坡北东向断裂和大柳河-海山北西向断裂交会处。围绕矿区四周有安山质角砾岩和集块岩成环带状分布。其中东山见有多层熔结凝灰岩和松脂岩，并有次火山岩相当发育，因此，刺猬沟矿床所处部位可视为一个寄生埋藏火山口。

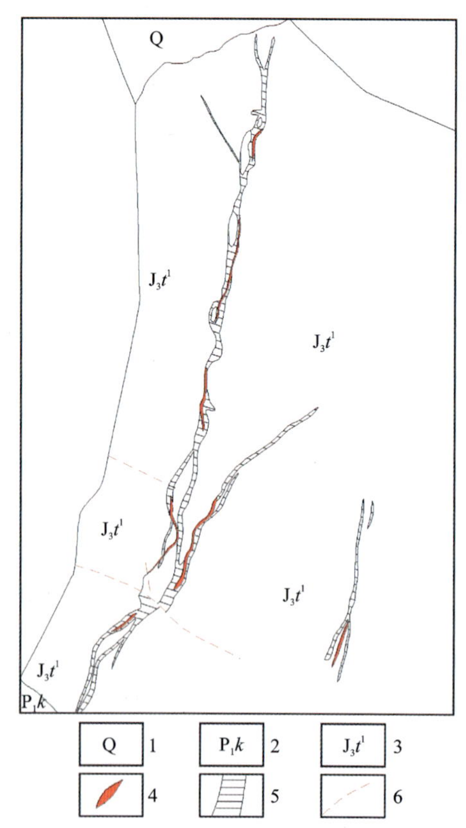

1.第四系；2.二叠系柯岛组凝灰质板岩、砂岩、凝灰岩；3.侏罗系屯田营组火山岩；4.金矿体；5.蚀变带；6.断层。

图 6-2-33　刺猬沟金矿床地质图

成矿构造：矿体受近火山口相辐射状断裂即沿成矿前的北西向(被次火山岩脉充填)和北北东向(次安山玄武岩充填)两组剪裂形成的追踪张裂控制。矿区有成矿断裂带 3 条，从西向东依次编号为Ⅰ、Ⅱ、Ⅲ号断裂带，见图 6-2-33。Ⅰ号断裂带，地表出露长 1320m，宽 10～20m，延深 750m，总体走向北东 10°近直立，沿走向、倾向均呈 S 形波状展布；Ⅱ号断裂带，地表出露长 940m，宽 0.5～10m，延深 300m，总体走向北东 30°，倾向南东，倾角 65°～80°，沿走向呈 S 形展布；Ⅲ号断裂带，地表出露长 340m，宽 0.05～0.90m，总体走向北东 10°，倾向不定，倾角大于 60°。

成矿构造生成时代：成矿构造发育在屯田营组火山喷发岩下段安山质角砾熔岩和安山质熔集块角砾岩中，侵入该岩段之中次安山岩被成矿断裂切割，充填成矿断裂中含矿脉体同位素年龄为(178.3±1)Ma,确定刺猬沟金矿成矿断裂生成于中侏罗世。

成矿构造生成与发展:刺猬沟金矿成矿断裂在成矿热液期内主要有四次生成及活动。第一次生成阶段,为充填冰长石、石英脉的断裂。第二次生成阶段为充填中一粗一巨粒方解石的断裂,形成规模大,延伸稳定。第三次生成阶段为充填细粒暗灰一灰白色石英脉的断裂,主要发育在中一粗一巨粒方解石脉中,并将其切割和破碎。第四次生成阶段为充填含白云石方解石脉的断裂,断裂切割前三个阶段脉体或将其脉体破碎成角砾。后两个阶段为成矿阶段。

成矿构造与火山构造的关系:七〇四火山构造形成于中侏罗世,而刺猬沟金矿成矿断裂也形成中侏罗世晚期,成矿断裂发育在火山口附近,但从走向和特征看其既不是火山口原生放射状断裂,也不是火山环状断裂。同时,形成时间也晚于分布火山口附近次火山岩。因此,成矿断裂不是伴随火山喷发作用形成,而是在火山喷发和次火山岩侵入之后,由区域构造应力场活动产生断裂,成矿断裂仅是叠加在火山口的断裂构造。

成矿后断裂:按方向分有北北东向、北北西向和北西向 3 组,切割和破碎矿体,但错距均不大。

2. 矿体三度空间分布特征

金矿床由 3 条含金方解石石英脉组成,脉体产在中侏罗世第一次火山喷发旋回的安山质凝灰角砾熔岩和安山岩中,沿走向和倾向延至二叠纪地层中,但脉体迅速变窄、尖灭。

3 条含金方解石石英脉很近,其中Ⅰ、Ⅱ号脉相距 80m,Ⅱ、Ⅲ号脉相距 400m,3 条脉走向上近平行,Ⅰ号脉规模最大,Ⅱ号脉次之,Ⅲ号脉最小。含矿脉体类型有冰长石-石英脉。

粗晶方解石脉,脉体规模大,以单脉和复脉产出,是Ⅰ、Ⅱ号脉主体,但含金性差。中细粒石英方解石脉,多沿主脉体裂隙充填,走向上呈串珠状,多为单脉,具分支、复合特征,含金性好,是主含金脉体。含硫化物石英方解石脉,规模小,不连续,充填在中细粒石英方解石脉体中。含白云石、重晶石方解石脉,脉体规模小,形成晚,穿切以上 4 种类型。

金矿体严格受石英方解石脉制约,并产于其中,金矿主要赋存于细粒方解石脉和冰长石-石英脉体之中。脉体的围岩主要为安山岩、安山质角砾熔岩和次火山岩。

矿体沿走向不连续,每个独立矿体之间隔 70~120m,矿体之间由低品位石英方解石脉连接,矿体厚度小于或等于脉体厚度,见图 6-2-34、图 6-2-35。

矿体赋存于脉体上部,一般距地表 50~200m,矿体与脉体侧伏方向一致,并且矿体底界与不整合面近于平行,相距 200m 左右,矿体出露最大标高 624.4m,最低标高 180m,延深 100~200m,矿体多赋存于脉体分支、复合、转弯、膨大部位,其形态与脉体一致。矿区共圈出 7 个矿体,其中 1 号脉 4 个矿体;Ⅱ号脉 2 个矿体;Ⅲ号脉 1 个矿体。以Ⅰ号脉 3 个矿体为主。矿体品位北富南贫,近地表富,深部贫,矿体出现 3 个浓集中心,具有等距性,每浓集中心间距 200m。

Ⅰ-1 号矿体:位于Ⅰ号脉体的北段转弯处的分支复合部位,矿体长 70m,厚 0.6~5.63m,平均 2.49m,垂深 212m。矿体从南往北走向由 10°逐渐变为 35°,倾向东,倾角 85°,呈近直立的大扁豆状。品位 $3.46\times10^{-6}\sim78\times10^{-6}$,平均 16.99×10^{-6}。伴生银品位 $3.50\times10^{-6}\sim46.00\times10^{-6}$,平均 15.00×10^{-6}。

Ⅰ-2 号矿体:位于Ⅰ号脉体中段,矿体长 520m,厚 0.55~8.50m,平均 2.52m,垂深 80m。矿体走向 10°,倾向西,倾角 80°,呈近脉状。品位 $2.14\times10^{-6}\sim39.70\times10^{-6}$,平均 8.74×10^{-6}。伴生银品位 $2.0\times10^{-6}\sim32.00\times10^{-6}$,平均 9.71×10^{-6}。

Ⅰ-3 号矿体:位于Ⅰ号脉体南段,矿体长 200m,厚 0.44~5.30m,平均 1.66m,矿体走向自南往北由 35°变为 335°之后又逐渐变为 10°、5°,总体倾向西,倾角 74°~85°,呈近脉状。品位 $1.50\times10^{-6}\sim40.96\times10^{-6}$,平均 7.73×10^{-6}。伴生银品位 $1.6\times10^{-6}\sim11.5\times10^{-6}$,平均 3.43×10^{-6}。

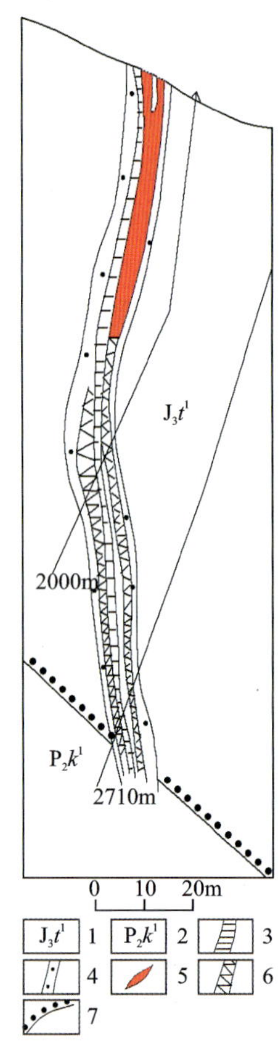

1.屯田营组火山岩;2.二叠系变质岩;3.蚀变带;
4.破碎带;5.矿体;6.石英方解石脉;7.不整合界面。

图 6-2-34　刺猬沟金矿 1 线剖面图

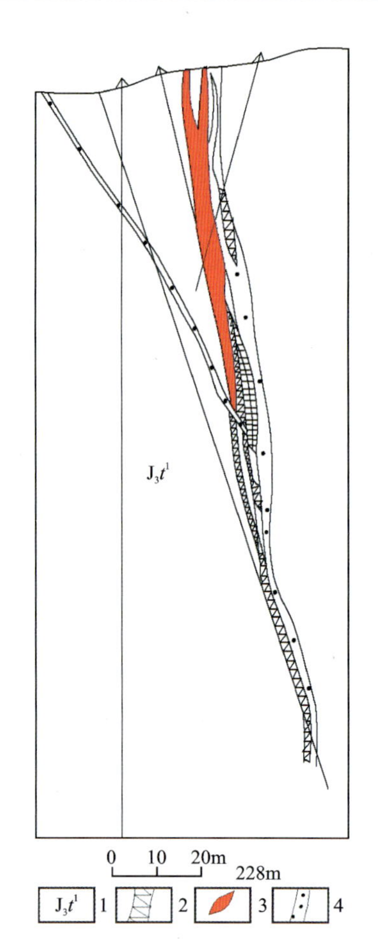

1.屯田营组火山岩;2.破碎带;3.矿体;
4.石英方解石脉。

图 6-2-35　刺猬沟金矿 1 线剖面图

3.矿床物质成分

(1)矿石物质成分:主要含金矿物为银金矿、自然金、针碲金矿,含银矿物有银金矿、自然银、辉银矿。主要赋存石英颗粒间裂隙中,呈显微金矿物,金成色为 547～826,多数在 700 左右。金与银、金与 Al_2O_3、金与(K_2O+Na_2O)含量总体上呈正相关。

(2)矿石类型:属贫硫化物石英-方解石型矿石。

(3)矿物组合:矿石中金属硫化物含量少,主要是黄铁矿、辉银矿、银金矿,其次为闪锌矿、方铅矿、黝铜矿、针碲金矿、碲银矿、自然银、自然金、辉铜矿,局部出现硬锰矿、辰砂、硫锑铅矿、孔雀石、褐铁矿、菱铁矿等。脉石矿物主要是方解石、石英,其次有白云母、钾长石、重晶石、钠长石、绢云母、明矾石、冰长石、玉髓等。

(4)矿石结构构造:矿石结构有自形、半自形结构,浸染状结构,他形粒状结构,固溶体溶离结构,压碎结构,隔板状和交代状、港湾状结构。矿石构造有角砾状构造、晶洞(晶簇)构造、梳状构造。

4.蚀变类型及分带性

刺猬沟金矿围岩蚀变受断裂控制,可分为 3 期。

(1)早期蚀变:主要有青磐岩化作用,形成有绿泥石、绢云母、碳酸盐、钠长石、石英等蚀变矿物组合。

(2)成矿期蚀变:成矿期蚀变有两种,开始为钾质泥化,由伊利石-水云母、碳酸盐等矿物组成;晚期硅化、碳酸盐化蚀变,往往叠加于钾质黏土化带上,并常形成复脉体,是矿区主要矿化蚀变类型,矿物组合有方解石、石英及少量明矾石、泥质物等,呈带状分布于脉体两侧。

(3)成矿期后蚀变:主要有绿泥石化、叶蜡石化等,沿裂隙分布。

5. 成矿阶段

刺猬沟金矿划分 2 个成矿期,5 个成矿阶段。

(1)热液成矿期。

第一阶段冰长石-石英脉阶段,规模小;生成的矿物主要有黄铁矿、石英、方解石。以浸染状、角砾状、网脉状为组构特征,含矿性不好。

第二阶段冰长石-石英阶段,分布广泛,规模大;生成的矿物主要有磁铁矿、黄铁矿、石英、方解石。以粗粒巨粒镶嵌结构块状构造为组构特征,不含矿。

第三阶段中细粒石英方解石脉阶段,分布于脉体拐弯、膨大部位,沿走向呈串珠状分布,是该矿床主要成矿阶段;生成的矿物主要有石英、方解石、碲金矿。以浸染状,中粒镶嵌结构,脉状构造为组构特征,含矿性好。

第四阶段微粒石英多金属阶段,规模小,分布不广。生成的主要矿物有石英、方解石、闪锌矿、黄铜矿、方铅矿、斑铜矿、辉铜矿、黝铜矿、辉锑矿、碲金矿、银金矿。以浸染状他形微粒结构,网状构造为组构特征,含矿性最好。

第五阶段重晶石白云石-方解石阶段,脉体规模小,分布不广。生成的主要矿物有石英、方解石、重晶石、白云石、碲金矿。以粗粒镶嵌结构脉状构造为组构特征,不含矿。

(2)表生期:主要生成褐铁矿。

6. 成矿时代

充填在成矿断裂中含矿脉体的 $^{40}Ar/^{39}Ar$ 年龄为 (178.0±3)Ma;赋矿屯田营组火山岩其 Rb-Sr 等值线年龄为 147.5Ma。由此推断成矿时代为燕山早期。

7. 地球化学特征

(1)微量元素地球化学特征:将矿石元素平均值与维氏(1962)克拉克值比较得出浓度克拉克值,由浓度克拉值大小得出元素浓集序列为 Te—Au—Ag—B—As—Sb—Se—Tb—Pb,这些富集元素组合显示了该矿床成矿作用地球化学特征;尤其是碲的高度富集,反映了一般火山热液矿床特征。

(2)稀土元素地球化学特征:①金矿石英中∑REE 为 $0.18\times10^{-6}\sim0.23\times10^{-6}$,平均 0.21×10^{-6},具有低含量特点,不同矿化阶段∑REE 变化不大。石英 REE 分馏很弱,其中含矿石英的 $(La/Sm)_N$ 为 6.80、8.22,而不含矿石英都小于 3.5,REE 分馏强度极弱,石英 REE 的 Eu/Sm 变化为 0.72~1.29,表现出具有正 Eu 异常,并随石英中含金量增加而增高趋势。REE 模式曲线大致平行,反映具有同源演化关系。Sm/Nd 比值 0.11~0.25,反映矿液具有明显深源和浅源混合特点。②黄铁矿∑REE 为 $24.2\times10^{-6}\sim36.32\times10^{-6}$,∑REE 总量较高。La/Yb=5.65、$(La/Sm)_N$ 为 2.85~2.83 均为弱分馏。黄铁矿 REE 模式曲线,位置高于单矿物石英,但仍属于低丰度弱分馏具有弱负铕亏损特征。见图 6-2-36。

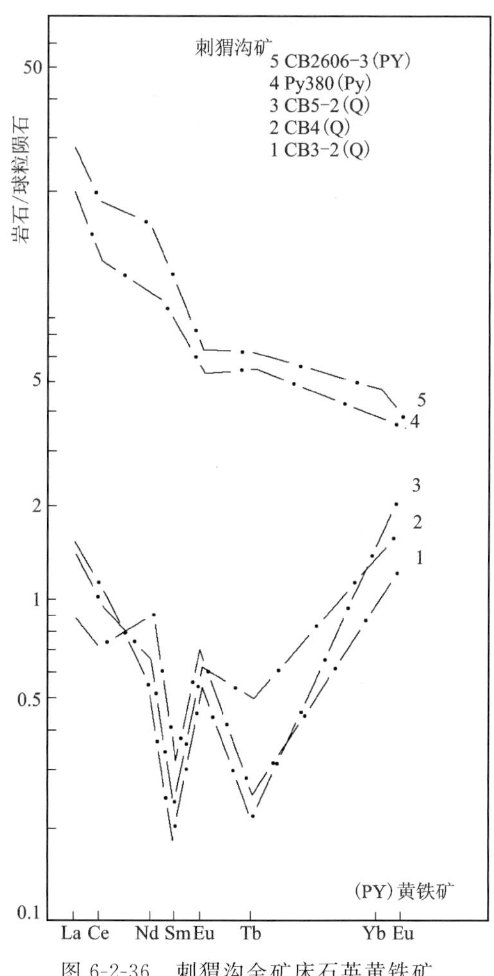

图 6-2-36　刺猬沟金矿床石英黄铁矿 REE 模式图

(3)同位素地球化学。

氢氧同位素：成矿流体中 $\delta^{18}O$ 均小于 0，变化于 $-13.002\times10^{-3}\sim-0.56\times10^{-6}$ 之间，δD 值变化于 $-93.616\times10^{-3}\sim-104.74\times10^{-3}$ 之间，在 δD-$\delta^{18}O$ 图投点落在天水演化线与岩浆水之间，总体上天水的作用比较大，见图 6-2-37。有关岩石中的氧氢同位素数据显示，火山与侵入岩有同源性，即均为深部幔源岩浆的产物。

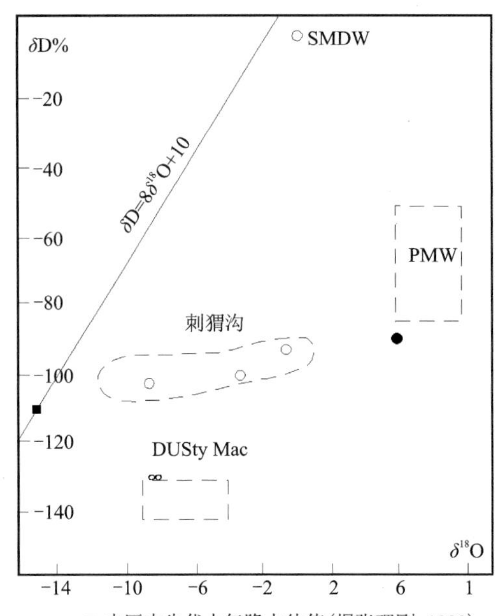

图 6-2-37　刺猬沟金矿床 δD-$\delta^{18}O$ 图

硫同位素：共有 10 个数，除去 $+4.9\times10^{-3}$ 和 $+13\times10^{-3}$ 两样品之外，其余 8 件样品平均值为 -1.725×10^{-3}，变化范围 $-3.4\times10^{-3}\sim0.043\times10^{-3}$，极差 3.44×10^{-3}，总体特征变化范围小，偏负值区集中，具有较明显塔式效应，见图 6-2-38，接近陨石硫值，说明硫同位素具有深成特点。

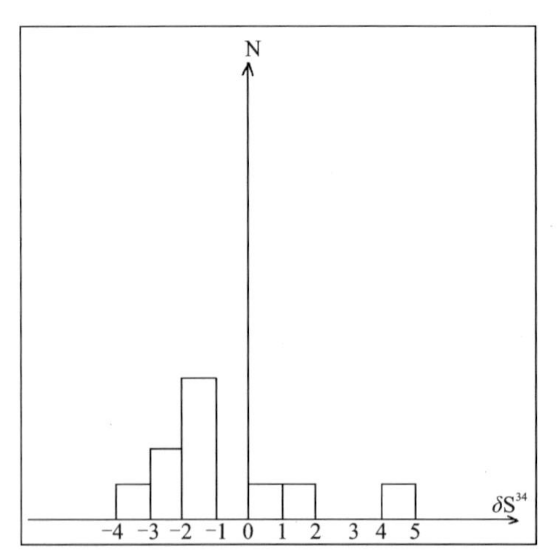

图 6-2-38　刺猬沟金矿床黄铁矿硫同位素直方图

碳同位素：矿床碳酸盐 $\delta^{18}C$、$\delta^{18}O$ 组成，$\delta^{13}C$-PDB 值变化范围为 $-9.5\times10^{-3}\sim5.6\times10^{-3}$，$\delta^{18}O$-SMOW 值变化在 $-4.44\times10^{-3}\sim-0.992\times10^{-3}$ 之间，从硫体包裹体成分测定结果看，成矿流体主要是碳型 H_2CO_3，加之矿物沉淀温度多在 200℃以上。因此 $\delta^{13}C_{方解石}=\delta^{13}C_{H_2O}=\delta^{13}C$ 流体(Rye and Ohmoto，1974)即大致可用方解石碳同位素代替成矿流体碳同位素组成。这种同位素组成接近纯岩浆碳同位素

值$-3\times10^{-3}\sim-7.5\times10^{-3}$，反映矿床碳的可能来源。

岩石中碳酸盐的同位素组成特征，区域二叠纪地层中碳酸盐$\delta^{13}C$为$2.46\times10^{-3}\sim3.05\times10^{-3}$，$\delta^{18}O$为$-18.52\times10^{-3}\sim-7.72\times10^{-3}$，二叠系庙岭组大理岩$\delta^{13}C$为$3.582\times10^{-3}$，$\delta^{18}O$(PDB)为$-9.93\times10^{-3}$，说明刺猬沟金矿床碳源不是来源区域含碳层位-二叠系，而是来源于岩浆。

铅同位素：刺猬沟金矿方铅矿同位素组成为：$^{206}Pb/^{204}Pb=18.29\sim18.39$、$^{207}Pb/^{204}Pb=15.41\sim15.56$、$^{208}Pb/^{204}Pb=37.84\sim38.09$，在铅的构造图中，位于地幔演化线附近，反映铅的深源性，说明该矿床属于广义岩浆热液矿床。

8. 成矿物理化学条件

(1)包裹体地球化学。

包裹体测温度：采集不同阶段及不同空间样品的包体均一温度，统计出1号矿体不同阶段温度平均值，第一阶段含冰长石、方解石网脉状沉淀，平均温度为221.4℃，第三成矿阶段石英方解石脉形成温度平均为240.3℃，第四阶段含硫化物石英方解石脉平均温度为304.5℃，由此可见，该矿床成矿流体沉淀温度升高过程，也说明能量(热源)补给作用。

成矿流体盐度成分：由包裹体成分计算盐度，统计数据表明，该矿床盐度介于0～5wt%NaCl当量。另外，利用冷冻法测得部分盐度数值明显较低。第一阶段在0.4～0.7wt%NaCl当量，第三期阶段在0.1～0.3wt%NaCl当量，反映了该矿床成矿流体盐度特征。

测定10种包体成分样品，主要成分有K^+、Na^+、Ca^{2+}、Mg^{2+}、HCO_3^-、F^-、Cl^-、SO_4^{2-}，该矿床成矿硫体成分类型为K^+-Ca^{2+}-HCO^-。且Ca、HCO^-浓度逐渐升高，早期富K^+、Na^+，晚期富Cu^+离子，早期富Cl^-、SO_4^{2-}，晚期富HCO_3^-；Ca^{2+}/Mg^{2+}、CO_2/H_2O及CO/CO_2比值逐渐增大，反映了流体成矿演化特征，尤其Na^+/K^+比值系数小于1，说明具岩浆热液特点。

矿床pH、*Eh*值不同阶段成矿流体变化值总是pH值逐渐升高，从6.57增至7.34，*Eh*值降低，由66.32MV降到20.77MV。反映矿床沉淀环境，在当时*T*、*P*条件下属偏碱性和低氧化状态。

(2)成矿压力及深度估算：该矿床包裹体盐度较低，均小于1wt%NaCl，当成矿温度为220～300℃，利用Hass(1971)不同盐度深度-温度图解(图6-2-39)。来估测深度范围，得出矿床形成深度为263～1063m，压力范围为73～295bar。

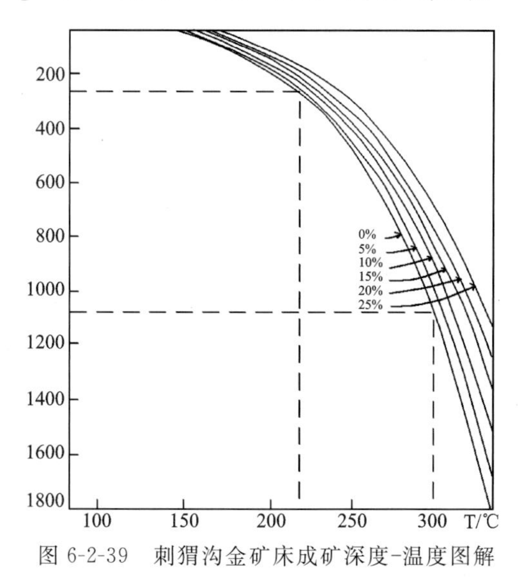

图6-2-39　刺猬沟金矿床成矿深度-温度图解

9. 物质来源

从同位素、包裹体、微量元素、稀土地球化学特征看出，刺猬沟金矿的成矿物质来源于广义的岩浆热液-火山热液。

成矿流体水的来源：从石英包体δD测定值看，略高于推测大气降水的值，投点中生代岩浆平衡水与大气降水之间，大体呈线性相关，成矿流体水系天水与岩浆水作用结果，算得天水与岩浆水比值大体为7∶3～3∶7。总体上大气降水(或地下水)作用较明显。

10. 控矿因素和找矿标志

(1)控矿因素：区域上受近东西向百草沟-苍林断裂和北东向亲合屯-西大坡断裂及北西向大柳树河-海山断裂交会处形成的火山盆地控制；矿体赋存在中侏罗世屯田营组钙碱性安山质岩-次火山侵入杂岩

及火山口相和断陷部位，主要含矿岩石为安山质角砾凝灰熔岩和次火山岩；矿体受叠加在火山口附近的北北东向断裂构造控制。

(2)找矿标志：主要蚀变类型为青磐岩化、沸石化、赤铁矿化、冰长石化、黄铁矿化。碳酸盐化及硅化等。地球化学标志：1∶20 万、1∶5 万水系沉积异常，土壤化探异常，前缘元素为 Hg、Sb，中部元素为 W、Ti、Cu、Bi、As 等，下部元素为 Cr、Ni、Mo、Pb、Be、Ag、Au 等。地球物理标志：电性是低阻、高激化异常。

(十三)汪清县五凤金矿床特征

1.地质构造环境及成矿条件

矿床位于晚三叠世—新生代东北叠加造山-裂谷系(Ⅰ)、小兴安岭-张广才岭叠加岩浆弧(Ⅱ)、太平岭-英额岭火山盆地区(Ⅲ)、罗子沟-延吉火山盆地群(Ⅳ)，延吉盆地北缘。

(1)地层：矿区出露上三叠统托盘沟组安山质火山岩。其下部为角闪安山岩夹火山碎屑岩；中部为安山质熔岩与火山碎屑岩与层，其底部有砂砾岩；上部为角闪安山岩、无斑安山岩、石英角闪安山岩。火山活动由强烈喷发和喷溢相的交替向平静喷溢相过渡。矿床赋存在中、上部安山岩、安山质角砾凝灰岩和集块岩中。见图 6-2-40。

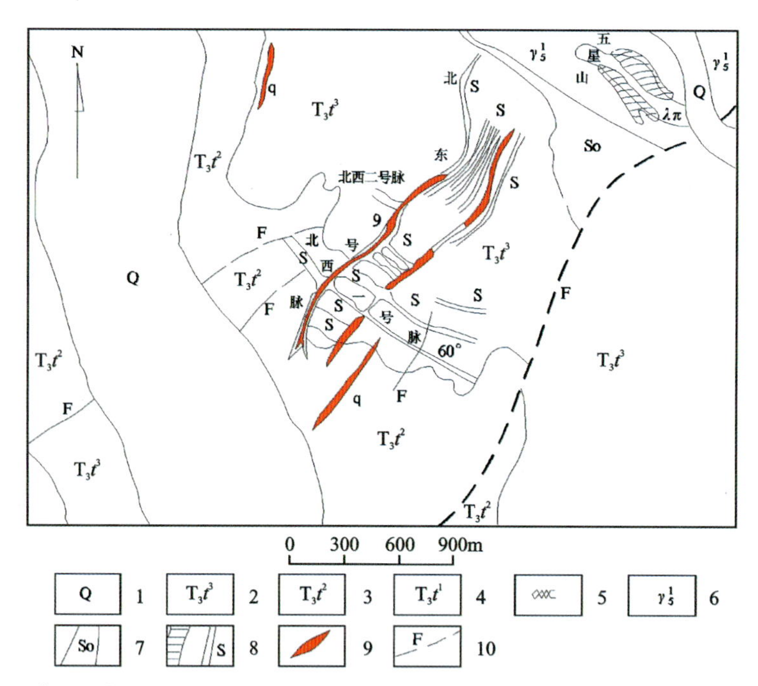

1.第四纪冲积层；2.托盘沟组上段角闪安山岩；3.托盘沟组中段安山质熔岩、火山碎屑岩互层；4.托盘沟组上段角闪安山岩夹火山碎屑岩层；5.粗安-粗面岩；6.印支期碱长花岗岩；7.蚀变带；8.矿化蚀变带；9.石英脉或石英方解石脉；10.断层。

图 6-2-40 五凤金矿床地质图

(2)侵入岩：仅在矿区东北部五星山地段呈岩株状产出，矿区部钻孔中也见到该岩体，岩石类型为粗粒碱长花岗岩，与火山岩侵入接触带形成有强烈的蚀变带。

(3)构造：矿区位于延吉盆地北部边缘。受北东向卧龙-八道断裂与北西向朝阳川断裂控制，形成了五凤晚三叠世火山岩盆地，矿床即位于该火山岩盆地的西部，受破火山口构造控制。北东向辐射状断裂和北西向环状断裂则控制了矿体。

北东向断裂带长 2000m，带宽 170m，总体走向北东 40°，倾向北西，倾角 40°～60°。无论走向或倾向均呈舒缓波状，断裂性质由压剪向张剪变化。

北西向断裂带在北东断裂带两侧由20余条平行断裂组成。走向300°～330°，倾向南西，倾角70°左右。其规模长数十至二三百米，个别近1km。沿走向和倾向均有分支复合及膨缩现象，局部过渡为网状或交叉裂隙带。断层内常有棱角状角砾出现，脉体中晶洞状构造发育，断层具张或张剪性质。

2. 矿体三度空间分布特征

矿体为含金方解石石英脉型，严格受北东、北西两组断裂构造控制，呈脉状充填于近火山口相火山岩中，剖面上穿切火山岩层，见图6-2-41。

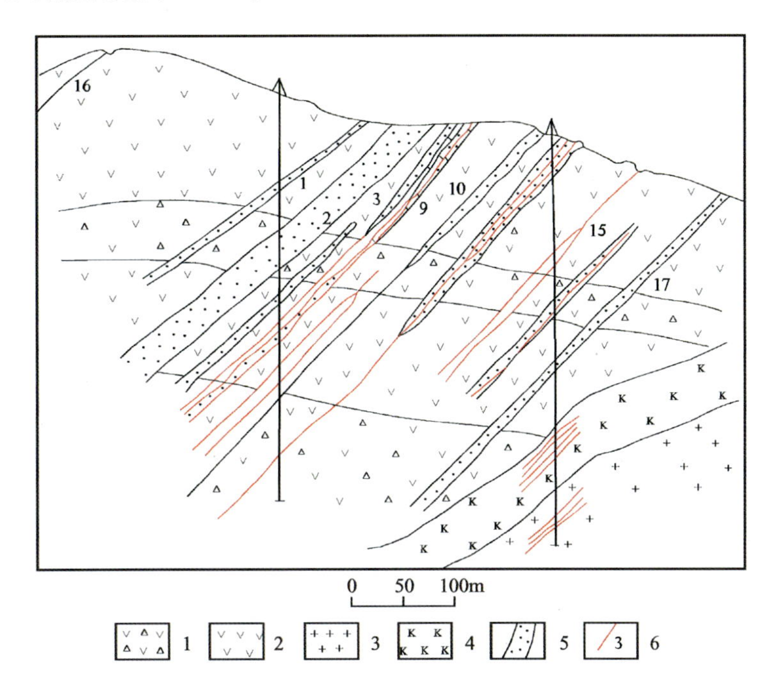

1. 安山质集块岩、安山质凝灰岩；2. 安山岩、石英安山岩；3. 中粗粒碱长花岗岩；
4. 高岭土化带；5. 近脉蚀变带；6. 矿脉及其编号。

图6-2-41 五凤金矿床北东向矿体剖面图

北东脉组：共有十多条矿脉。以北东一号为代表，主脉长近2km，由断续单脉构成。单脉长数米至百余米不等，厚0.5～1m，局部膨大3～4m。走向北东30°～40°，倾向北西，倾角40°～60°。沿走向和倾向均有尖灭再现，南端分支成3～4条。金矿主要富集于标高370～580m处，其上或下均有变贫趋势，与北西脉组交会处往往形成富矿体（"闹堂"）。Au品位最高22.20×10^{-6}，平均1.00×10^{-6}。

北西脉组：共20余条矿脉。以北西一、二号为代表，长数十米至近千米，单脉厚度为0.3～2m，平行网脉带厚度为0～6m，与北东脉汇合处局部膨大为4～10m。走向北西310°～320°，倾向南西，倾角45°～75°。形态不规则，沿走向膨缩、分支复合变化显著。脉体常呈单脉、平行脉以至网状脉交替出现。含金一般较富，尤其与北东脉交叉处品位及厚度明显增大。北西一号Au品位最高15.40×10^{-6}，平均2.35×10^{-6}；北西二号Au品位最高31.27×10^{-6}，平均1.00×10^{-6}。

矿脉按矿物组合分为5种，其特征如表6-2-19所示。

3. 矿床物质成分

(1)物质成分：以中低温矿物的大量出现和贫硫化物（小于1×10^{-2}）为其特点。金的矿化不均匀，往往在脉体拐弯或两组矿脉交叉处形成明显的局部富集。由地表到深部金的品位由低—高（370～580m标高，相当"闹堂"）—低变化。

表 6-2-19　五凤金矿区矿脉类型及其特征表

矿脉类型	分布特征	矿物组合	构造特征	含金性 Au/(g/t)	其他特征
致密块状石英脉	多充填于北东向主断裂带中	主要为细晶隐晶质石英，偶见冰长石、黄铁矿	致密块状构造有时具条带状、角砾状构造	金矿化普遍且较均匀，但品位低，1.8×10^{-6}	规模较大，形态和产状稳定，多呈单脉，围岩碎块较多
玉髓状石英脉	与致密状石英脉伴生，数量少	隐晶质石英、玉髓、蛋白石，有时见黄铁矿，偶见银金矿	同上	矿化稍强于致密状石英脉，6×10^{-6}	呈不规则或平行带状，规模不大，形成略晚于致密状石英脉
方解石石英脉可分：冰长石方解石石英脉、含方解石石英脉、含沸石石英方解石脉等	分布普遍，主要在北东主脉中段两侧及北西向脉中	石英、方解石、冰长石、萤石、沸石，少量黄铁矿、银金矿、辉银矿、闪锌矿、黄铜矿等	块状、糖粒状、晶洞晶簇、隔板状、胶体带状构造	为主要含金脉体，冰长石方解石石英脉 5.8×10^{-6}，含方解石石英脉 2.6×10^{-6}，冰长石方解石石英（沸石脉 72.3×10^{-6}	规模大，围岩角砾较多，切穿上两种脉体
含萤石方解石石英脉	北东主脉底盘	萤石、方解石、石英		含金极微，0.6×10^{-6}	呈密集的羽毛状，脉幅小，为矿化晚期产物
方解石脉、沸石脉	普遍分布在各矿脉及其顶底板围岩裂隙中	方解石、沸石		基本不含金，0.19×10^{-6}	脉幅大小不一，多呈细脉或网脉带，为矿化期后产物

金银赋存状态：含金矿物主要为银金矿，次为碲金矿和碲金银矿；含银矿物主要为辉银矿和银金矿，次为碲银矿和碲金矿。银金矿多交代黄铁矿等硫化物及石英颗粒间隙结晶。辉银矿常与银金矿连生，并被其浸染交代。

黄铁矿形成于成矿前和成矿阶段的始终，自形晶细粒黄铁矿多在青磐岩化岩石中星散分布，含金较少，而破碎状他形黄铁矿分布在脉体中，含金很高，成为金的主要载体矿物。

金银比值及金的成色：矿石含银较高，如北西一号脉含银一般 $30\times10^{-6}\sim70\times10^{-6}$，最高达 125×10^{-6}。与金呈正相关关系，但银的梯度变化相对较大。不同脉体 Au/Ag 为 1∶5～1∶10(有时可达 1∶20～1∶60)。金的成色低，据两个银金矿的纯度分析结果为 556～620，平均 589，显示了低温成矿特征。

(2)矿石类型：致密块状石英脉，玉髓状石英脉，方解石石英脉。

(3)矿物组合：金属矿物有黄铁矿、黄铜矿、黝铜矿、闪锌矿、方铅矿、银金矿、辉银矿、碲金矿、碲金银矿、碲银矿及磁铁矿、褐铁矿等；脉石矿物有石英、方解石、玉髓、蛋白石、冰长石、萤石、沸石、绢云母、绿泥石等。

(4)矿石结构构造：大量出现裂隙充填交代及近地表低温环境下的特征性结构构造类型。

矿石结构以他形—半自形粒状结构、交代结构、填隙结构为主，还有显微粒状结构、镶嵌结构、压碎结构等不常出现；矿石构造有块状构造、晶洞晶簇构造、隔板状构造、浸染状构造、显微条带构造及角砾状构造等。浸染状和晶洞状构造含金性最好。

4. 蚀变类型及分带性

矿区火山岩早期弱青磐岩化较为发育，主要有钠长石化、绿泥石化、黄铁矿化及碳酸盐化等，岩石普遍具褪色现象。

成矿期热液蚀变沿含矿断裂两侧呈带状叠加于青磐岩化之上，往往呈对称状分布。由近脉向外依次分为：内带（强硅化带），主要为硅化、黄铁矿化、冰长石化，次有绿泥石化、高岭土化及绢云母化；中带（硅化钾化带），为硅化、绢云母化、黄铁矿化、冰长石化、绿泥石化及碳酸盐化；外带（绿泥石化带），由绿泥石化、黄铁矿化、纳长石化及硅化等组成；成矿期后有碳酸盐化和沸石化等。

5. 成矿阶段

根据矿物共生组合及矿体分布特征，以及蚀变特征、规划石英脉的穿插关系，将矿床划分为早期热液成矿期和晚期热液成矿期，共5个成矿阶段。

（1）早期热液成矿期：包括矿化前青磐岩化阶段、致密状石英脉阶段、玉髓状石英脉阶段、方解石石英脉阶段。

矿化前青磐岩化阶段：主要为矿化前热液活动形成的区域面型青磐岩化，形成的主要蚀变矿物为绿泥石、钠长石、碳酸盐、黄铁矿。基本不含金。

致密状石英脉阶段：形成的主要矿物为粗晶石英、细晶石英、微晶-隐晶石英、玉髓、冰长石、黄铁矿等。该阶段普遍具有金矿化，但品位一般很低。

玉髓状石英脉阶段：空间上叠加在致密状石英脉之上，主要矿物为微晶-隐晶石英、玉髓、黄铁矿等。未发现富矿地段。

方解石石英脉阶段：粗晶石英、细晶石英、微晶-隐晶石英、玉髓、方解石、冰长石、黄铁矿、闪锌矿、黄铜矿、辉银矿、银金矿等；银金矿、辉银矿等主要含金银矿物形成于方解石石英脉阶段，该阶段为主要矿化阶段。

（2）晚期热液成矿期：矿化后萤石方解石沸石阶段，形成的主要矿物为萤石、方解石、沸石。金矿化到此阶段基本结束。

6. 成矿时代

矿体形成年龄127.8～130.1Ma。

7. 地球化学特征

（1）微量元素：安山质角砾岩、集块岩、角闪安山岩等，含Au丰度为$12.2\times10^{-9}\sim205.8\times10^{-9}$，平均$87.52\times10^{-9}$。

（2）微量元素组成：矿脉中几乎所有的亲硫元素都出现，但主要的元素组合为（Sb、Pb）-Hg、（Co、Ni）-Zn-Bi、（As、Cu）-Ag-Au。Au与Ag表现出较大的相关性，它们都与As、Cu关系密切，显示贫硫化物型元素组合特征。各种含金脉体中微量元素有一定的变化。矿石中Mn含量随Au含量的增高而增高，冰长石方解石石英脉中Hg与Au成正比。

（3）矿石硫同位素特征：矿石中黄铁矿$\delta^{34}S$变化范围为0～+3.1‰，极差3.1‰，均值+1.2‰，接近陨石值，显然矿石硫来自上地幔。

（4）氢氧同位素组成：五凤矿床δD变化范围为－98‰～－87‰，平均值为－91‰；$\delta^{18}O_{H_2O}$变化为－6.68‰～－3.18‰，平均值为－4.93‰。表明成矿流体为岩浆水和大气降水的混合。成矿流体以大气降水为主。

(5)碳氧同位素组成 $\delta^{18}O‰SMOW$ 变化范围为＋0.8～＋4.5，$\delta^{18}O‰SMOW$ 平均值为＋3.1；$\delta^{13}C‰PBD$ 变化范围为－9.4～－6.9，$\delta^{13}C‰PBD$ 平均值为－8.0。碳同位素组成与 Taylor(1967)等的“初生碳”值($\delta^{13}C$＝－5‰～－8‰)接近或一致，表明为深源岩浆成因碳；而这些矿床的氧同位素组成则受到大气降水的强烈交换。

(6)锶同位素组成：五凤矿床次火山岩 $^{87}Sr/^{86}Sr$ 初始值为 0.701 9，位于大洋拉斑玄武岩初始锶的范围内(0.702～0.706)，表明该区与金铜矿床成矿有关的中生代火山-次火山岩浆来源于地幔源区。

(7)成矿温度：主成矿阶段石英包裹体的均一温度为 177℃，方解石为 156℃；石英的爆裂温度为 300℃，黄铁矿为 257℃。包体温度以中低温为主，个别样品温度稍偏高，反映多期成矿作用叠加的特征。从矿物共生组合、结构构造及矿床地质特征等各方面来看，本矿床无疑是在中低温条件下形成的。

8. 成矿物理化学条件

(1)成矿温度：主成矿阶段石英包裹体的均一温度为 177℃，方解石为 156℃；石英的爆裂温度为 300℃，黄铁矿为 257℃。包体温度以中低温为主，个别样品温度稍偏高，反映多期成矿作用叠加的特征。从矿物共生组合、结构构造及矿床地质特征等各方面来看，本矿床无疑是在中低温条件下形成的。

(2)成矿压力：成矿过程中，压力大致变化于 40～70MPa，成矿深度大致为 1～2km，属浅成—超浅成。

(3)pH 值、*Eh* 值：pH 值为 5～6，其水的中性线为 5.6～5.8(温度 300～150℃)，所以溶液随温度降低渐从弱酸性向中性、偏碱性演化，Au 的沉淀发生在近中性—弱碱性环境。*Eh* 值为－0.375，反映了成矿介质处于还原环境。

9. 物质来源

从矿床的硫同位素、氢氧同位素、碳同位素、锶同位素组成均具有幔源特征，矿床的分布与中生代火山岩-次火山岩关系密切，反映成矿物质主要来源于火山岩浆热液。

10. 控矿因素及找矿标志

(1)控矿因素：矿体呈脉状受破火山口构造的辐射状断裂和环状断裂控制，北东向辐射状断裂和北西向环状断裂则控制了矿体；受三叠系托盘沟组中上部安山岩、安山质角砾凝灰岩和集块岩层位控制。

(2)找矿标志：三叠系托盘沟组中上部安山岩、安山质角砾凝灰岩和集块岩层位；火山盆地边缘，破火山口放射状、环状裂隙；叠加于青磐岩化之上的硅化、绢云母化、黄铁矿化、冰长石化，钠长石化、绿泥石化及碳酸盐化、高岭土化带；重力低值带(－12～24 毫伽)，航磁负异常和正异常低值区，高阻异常带；1∶20 万和 1∶5 万化探 Au、Ag 异常区。

(十四)汪青县闹枝金矿床特征

1. 地质构造环境及成矿条件

矿床位于晚三叠世—新生代东北叠加造山-裂谷系(Ⅰ)、小兴安岭-张广才岭叠加岩浆弧(Ⅱ)、太平岭-英额岭火山盆地区(Ⅲ)、罗子沟-延吉火山盆地群(Ⅳ)，近东西向百草沟-金仓断裂带之南部隆起区内，区内北西向断裂发育。

(1)地层：区内出露地层包括下古生界青龙村群上部层位的一套浅变质的海相沉积陆源碎屑岩，碳酸岩海底喷发的火山岩；中生界中、上侏罗统屯田营组和金沟岭组陆相火山喷出岩；下白垩统大砬子组内陆盆地沉积岩；新生界第三系船底山组玄武岩和第四系河湖、沼泽相沉积物。矿区内仅有侏罗系屯田营组火山岩出露，分布矿区东部，岩性有安山质含角砾凝灰熔岩、安山岩、角闪安山岩、辉石安山岩、安山质熔凝灰岩、英安质角砾熔凝灰岩等。

中生界中、上侏罗统火山喷出岩和次火山岩金丰度值较高，金含量 $0.128\times10^{-6}\sim0.0004\times10^{-6}$，平均为 0.013×10^{-6}，金元素的标准离差为3.10～26.46，且火山岩含水量平均为 2.67×10^{-2}；最高可达 7×10^{-2}。并与矿床有着密切的时空关系。

(2)岩浆岩：本区岩浆活动始于海西早期，经历燕山期，结束于喜马拉雅期。海西期岩浆活动主要以基底深成花岗岩浆侵入形成规模较大的岩基为特点，与本区成矿作用关系不大；燕山期岩浆活动显示了多期次的火山作用与岩浆侵入活动交替进行的特点，并与金的多金属成矿关系密切。在闹枝地区，含金破碎蚀变带（矿体）与安山岩、次安山岩在空间上相依，时间上相近[矿石铅年龄为140Ma，次安山岩铷-锶等时线年龄为(130±20)Ma]。区内安山岩、次安山岩金丰度值高于其他类型岩石几倍，且离散程度较大。安山岩、次安山岩及含金破碎蚀变带的稀土元素特征有明显的相似性，反映了三者的同源性。锶同位素初始比值（$^{87}Sr/^{86}Sr$ 为0.70386～0.70515）反映了幔源特点；燕山期主要为玄武岩浆喷溢。

(3)构造：闹枝矿区位于延边地区东西向构造带和南北向构造带的交会处。区内北西向断裂（嘎呀河断裂）发育，该矿区的次火山岩及主矿体的展布受向北西撒开，向南东收敛的压扭性帚状构造控制。成矿前构造，即矿区范围内的次火山岩脉充填的与火山活动有关的环状放射状断裂构造，成矿期构造即矿体及矿化破碎蚀变带充填的帚状断裂构造，成矿后构造主要为水平剪切断裂构造，主要是继承成矿前和成矿期构造，对矿体破坏性较小。

遥感线性构造、环形构造特征解译：闹枝金矿床位于北西向与东西向和北北东向线性构造之复合部位发育的侏罗系火山机构中，在火山机构的四周有半环状和涡轮状断裂分布。

闹枝火山机构主要受北西向线性构造控制。北西向线性构造与其他方向的线性构造的复合部位为火山喷发提供了良好的通道。伴随火山活动形成了一系列环绕火山口分布的半环状和涡轮状断裂。这些火山断裂由于线性构造和继承性活动的叠加改造作用，形成了良好的控矿和储矿构造，继之而来的火山热液活动，形成了含金蚀变破碎带型金矿体。

从上述可看出，北西向线性构造与其他方向线性构造的复合部位控制着闹枝火山机构的形成与发展。这些继承性活动的线性构造与火山断裂系统的叠加部位，是有利的控矿和储矿构造。强烈的火山岩浆热液活动则提供了矿质来源。

2. 矿体三度空间分布特征

矿体呈不规则脉状，赋存在海西期花岗闪长岩中的破碎蚀变带内，并严格受其控制。空间上与次火山岩脉密切伴生。闹枝金矿床共有含金脉体8条，展布方向为北西、北西西向，受北西向大断裂派生的次级的帚状断裂控制。其中10号矿脉规模较大，含金性好；9号矿脉规模较小，但局部含金性较好。唯有10号脉为工业矿体，C级储量为916kg，D级储量为3748kg，矿体沿走向长450m，延深560m，厚度0.38～12.35m，一般为1～2m，矿体赋存标高361～87m，Au品位变化范围为 $0.10\times10^{-6}\sim74.88\times10^{-6}$，一般为 $2\times10^{-6}\sim10\times10^{-6}$，沿走向和倾向均具膨缩、分支、复合、尖灭再现之现象，矿体产状基本与破碎蚀变带产状一致，呈北西-南东方向延展，总体倾向南西200°～235°，倾角50°～60°，南东侧伏，侧伏角50°～65°。

3. 矿床物质成分

(1)物质成分：金赋存状态以包体金为主（72%），次为裂隙金（23%）、连生金（5%）。呈粒状者，一般呈包体金分布于黄铁矿、方铅矿、黄铜矿、闪锌矿中；不规则粒状的金矿物大部分沿黄铁矿或脉石矿物间隙和破碎裂纹充填分布，少数与黄铁矿、闪锌矿连生；脉状或树枝状的金矿物主要沿破碎黄铁矿裂隙充填分布。

伴生元素为 Ag,Cu,Pb,Zn,As,Sb,Bi,Hg,Ca,Mo 等分别为维氏地壳平均值的 61,10.6,38,12,23.5,28.5,675,2.45,2.3 倍。聚类分析结果表明:Au,Ag,Bi,Sb,As,Hg 为一群;Cu,Pb,Zn 为一群,其中 Au 与 Bi 的相关性最大,为 0.844 8,Ag 与 Sb 相关性最大,为 0.897。故 Bi,Ag 可作为该类金矿的指示元素。

(2)矿石类型:按金属硫化物含量及矿物组合分为:中硫化物(硫化物含量 5%~15%),自然金-黄铁矿-黄铜矿型;富硫化物(硫化物含量>15%),自然金-黄铁矿-黄铜矿-方铅矿-闪锌矿型矿石。

(3)矿物组合:金属矿物有黄铁矿、黄铜矿、方铅矿、闪锌矿、黝铜矿、方黄铜矿、斑铜矿、方铅矿、自然金、自然银、银金矿、碲金矿、辉银矿、螺状硫银矿、深红银矿、黄锡矿、别捷赫金矿、自然铜、磁铁矿、钛铁矿、白铁矿、岩株等。脉石矿物有石英、绢云母、方解石、斜长石、钾长石、黑云母、绿泥石、磷灰石、锆石等。

(4)矿石结构构造:矿石结构主要为自形—半自形、他形粒状结构、碎裂—碎斑状结构、充填交代—交代胶结结构、溶蚀交代结构、固熔体分解结构;矿石构造为浸染状构造、细脉侵染状构造、块状构造及角砾状构造。

4. 蚀变类型及分带性

围岩蚀变,呈狭长弯曲的带状分布于含金破碎蚀变带及其两侧,矿区和外围发生了广泛的青磐岩化,近矿围岩蚀变较强,位于矿脉两侧,主要是硅化、绢云母化、碳酸盐化、钾化、黄铁矿化,局部有砂卡岩化。蚀变是多次叠加,无明显分带现象。

(1)含金破碎蚀变带:主要蚀变类型为硅化绢云母化、碳酸盐化、高岭土化、黄铁矿化等,矿体位于该带中。

(2)黄铁绢英岩化蚀变带:为成矿期的近矿蚀变带,分布在含金破碎带的两侧,蚀变类型为硅化、绢云母化、黄铁矿化等,以交代为主。

(3)青磐岩化蚀变带:是成矿早期形成的远矿蚀变带,在火山岩中发育较普遍,主要蚀变类型为绿泥石化、绿帘石化、钠长石化、黄铁矿化等,以交代为主。

5. 成矿阶段

根据矿物组合、矿物结构构造、空间穿插分布关系将矿床成矿划分为热液期和表生期,热液期划分5个成矿阶段。

(1)热液期。

贫硫化物黄铁矿石英阶段,其矿物共生组合为石英-绢云母-黄铁矿;自然金-硫化物黄铁矿阶段,矿物共生组合为石英-黄铁矿-黄铜矿-方铅矿-闪锌矿-自然金-银金矿-方解石;自然金-银金矿自然银富硫化物石英脉阶段,矿物共生组合为石英-方解石-黄铜矿-方铅矿-闪锌矿-黄铁矿-自然金-银金矿-金银矿-自然银-黝铜矿-斑铜矿-辉银矿-碲金矿-方黄铜矿-螺状硫银矿-深红银矿-黄锡矿-别杰赫琴矿;贫硫化物方解石石英脉阶段,矿物共生组合为石英-方解石-黄铁矿。

(2)表生期:矿物组合为褐铁矿-蓝铜矿-孔雀石。

6. 成矿时代

矿石铅年龄为 140Ma,次安山岩铷-锶等时线年龄为(130±20)Ma。确定成矿年龄为 140Ma,为燕山晚期。

7. 地球化学特征

(1)微量元素:矿区内各类岩石微量金分析结果表明次安山岩含金最高,为 0.017×10^{-6},其次为石英闪长岩。

(2)稀土元素地球化学:矿石稀土元素含量有一定的变化范围,稀土总量火山岩类为 $110.28\times10^{-6}\sim159.79\times10^{-6}$,平均 134.51×10^{-6};次火山岩类为 $158.40\times10^{-6}\sim251.57\times10^{-6}$,平均 192.65×10^{-6};近矿蚀变岩为 $119.35\times10^{-6}\sim187.23\times10^{-6}$,平均 155.81×10^{-6};而矿石为 $32.60\times10^{-6}\sim61.38\times10^{-6}$,平均 45.02×10^{-6},比前三类岩石低得多。在球粒陨石标准化模式图上,各岩矿石的模式曲线的形态很相似,都表现为较光滑的右倾斜轻重稀土强分馏型;LREE/HREE 和 $(La/Yb)_n$ 比值大且数值相近,平均值分别为火山岩 9.26 和 11.12,次火山岩 11.01 和 15.87,近矿蚀变岩 10.63 和 13.69,矿石 7.29和 8.11。铕负异常较弱,δEu 平均值为 0.66~0.785。相似的稀土元素配分特征反映它们可能具有相似的演化历程,显示金矿与火山岩系的同源性。

(3)锶同位素:闹枝金矿区只有次火山岩 1 个数值,$^{87}Sr/^{86}Sr$ 为 0.703 42(吉林地质六所,1986),与 Faure 统计得到的洋岛玄武岩的 $^{87}Sr/^{86}Sr$ 比值(平均为 0.703 86)一致,也与 Dickison(1970)报道环太平洋的玄武岩-安山岩-流纹岩组合火山岩系的 $^{87}Sr/^{86}Sr$ 比值(0.703 0~0.705 0)相一致,据此认为该区的火山岩系可能来源于上地幔或深部地壳。

(4)硫同位素:吉林地质六所在 10 号矿体中采 19 个硫同位素样品,测定矿物有黄铁矿、方铅矿、闪锌矿,$\delta^{34}S$ 为 $-1.5‰\sim2.8‰$,其差值小于 4.3‰,反映硫源是单一的,并且具幔源的特点。矿石硫同位素矿物说明成矿是在动荡和速冷环境下进行的。

(5)氢氧同位素:该矿床石英包体水测定的 $\delta D=-94‰$,$\delta^{18}O$ 石英的测定结果采用 $1000\text{Ln}\alpha_{石英-水}=3.38\times10^{-6}/T^{-2}-3.4$,处理(采用温度为 350℃)$\delta^{18}O_{H_2O}=5.87‰$投影在 $\delta^{18}O$-δO 相关图上,靠近初始岩浆水,但略偏向雨水线,表明成矿热液以岩浆水为主,但有少量天水混入。

(6)铅同位素:该矿床中的矿石铅具有单阶段演化历史的年轻正常铅特征,而且与刺猬沟金矿相比,除了矿石铅同位素 $^{208}Pb/^{204}Pb$ 和 $^{207}Pb/^{204}Pb$ 值均相近。另外矿石与火山岩稀土模式一致,说明成矿质来自火山岩。

8. 成矿的物理化学条件

(1)温度:包裹体均一温度变化范围 260~340℃,平均 320℃,属中—高温热液矿床。

(2)盐度与密度:包裹体盐度为 5%,与温度正相关关系变化。成矿流体密度为 $0.68\sim0.89g/cm^3$ 与温度呈反相关系变化。

(3)成矿压力和深度:根据计算结果成矿压力为 30 397.5kPa,成矿深度为 1km。

(4)pH:石英中包裹体实测 pH=5.78,根据包裹体气液相成分分析结果计算的 pH=4.959,二者基本一致,表明成矿时的 pH 为弱酸性。

(5)*Eh*:利用还原参数公式计算氧化还原参数为 0.15,利用矿石氧化物测定结果计算的氧化系数为 0.89,矿石中石英包裹体液相的 *Eh* 为 $113.06\mu/m$,三者一致的表明成矿时为弱氧化环境。

由此可见,金矿物及主要含金矿物是在 320℃±,*P* 为 300b±,距古地表 1km 的深度,pH 由碱性向弱酸性演化到 5.6,*Eh* 值由还原演化到弱氧化的环境下沉淀的。

9. 物质来源

(1)矿源及热源:据矿床与火山岩在时空上关系密切;火山岩中 Au 丰度值较高,Au 分布不均,离散度大;矿石与火山岩稀土模式一致,矿石(铅年龄为 140Ma)与火山岩年龄[铷-锶等时线年龄为(130±20)Ma]相似以及矿石硫同位素值近陨石值,可以认为矿质来源深部火山岩浆期后热液,热源主要为火山岩浆。

(2)水源:根据氢氧同位素测定结果表明,该矿床成矿流体中水除主要来自火山岩浆期后热液外,还有少量地表水参与成矿作用。包裹体盐度较低也反映了上述特点。

10. 控矿因素及找矿标志

(1)控矿因素:屯田营组安山岩、次安山岩组合控矿。在闹枝地区,含金破碎蚀变带(矿体)与安山岩、次安山岩在空间上相依,时间上相近;闹枝火山机构主要受北西向线性构造控制。北西向线性构造与其他方向的线性构造的复合部位为火山喷发提供了良好的通道。伴随火山活动形成了一系列环绕火山口分布的半环状和涡轮状断裂。这些火山断裂由于线性构造和继承性活动的叠加改造作用,形成了良好的控矿和储矿构造,继之而来的火山热液活动,形成了含金蚀变破碎带型金矿体;燕山期强烈的火山岩-浆热液活动则提供了矿质和热水来源。

(2)找矿标志:百草沟-金仓断裂带之南部隆起区内,屯田营组安山岩、次安山岩出露区;北西向线性构造与其他方向的线性构造的复合部位;面型的青磐岩化带叠加硅化、绢云母化、碳酸盐化、钾化、黄铁矿化区域。

(十五)永吉县倒木河金矿床特征

1. 地质构造环境及成矿条件

矿区位于东北叠加造山-裂谷系(Ⅰ)、小兴安岭-张广才岭叠加岩浆弧(Ⅱ)、张广才岭-哈达岭火山-盆地区(Ⅲ)、南楼山-辽源火山-盆地群(Ⅳ)。吉中弧形构造的外带北翼,北西向桦甸-岔路河断裂与北东向口前断裂交会处,永吉-四合屯火山岩盆地的中部,倒木河破火山口构造的北东边缘。

(1)地层:区域出露的地层主要有早古生代头道沟岩群和早侏罗世南楼山组。见图 6-2-42。

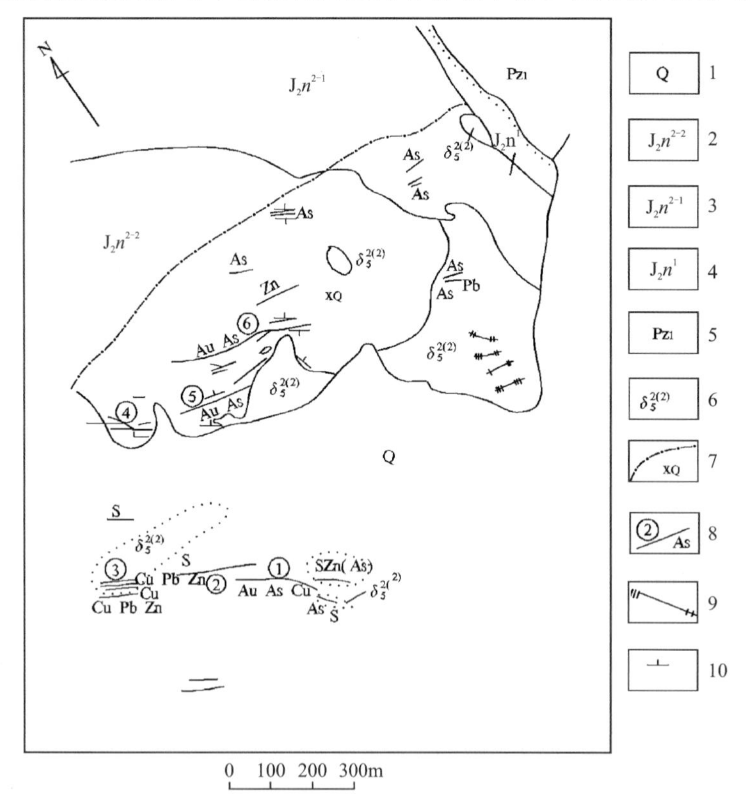

1. 第四纪冲积层;2. 南楼山组晶屑岩屑凝灰岩夹少量含砾晶屑岩屑凝灰岩;3. 南楼山组含砾晶屑岩屑凝灰岩夹少量晶屑岩屑凝灰岩;4. 南楼山组碳质板岩;5. 下古生界斜长角闪片岩;6. 闪长岩;7. 蚀变矿化带;8. 矿(化)体;9. 挤压破碎带;10. 产状。

图 6-2-42　倒木河金矿床地质图

头道沟岩群：以近东西向带状分布于倒木河矿区北部，从五里河三家子至大黑山、吊水壶，延续到芹菜沟至双河镇西部，断续长约25km，宽3～5km。头道沟群下部为斜长阳起石岩段，以斜长阳起石岩、斜长角闪岩为主，夹绿泥片岩。上部为变质碎屑岩段，由变质细砂岩、铁硅质板岩夹大理岩透镜体构成。头道沟群目前没有确切的时代依据，但从变质程度和建造组成看，推测其时代为新元古代至寒武纪。建造中赋存有塞浦路斯型块状硫化物矿床、豆荚状铬铁矿床，以及金、铜、钼等矿点，是贵金属及有色金属相对富集的层位。

南楼山组：主要分布于稗子沟、倒木河、小城子、鸦鹊沟等地，呈面型分布。建造顶部以流纹质晶屑岩屑凝灰岩为主；中部为晶屑岩屑凝灰岩及火山角砾岩；下部为含砾晶屑岩屑凝灰岩、火山角砾岩；底部夹薄层碳质板岩。按区调成果其时代属于早侏罗世。例木河金、砷、多金属矿床赋存于该建造中。在芹菜沟、一面山、稗子沟、小城子等地可见晶屑岩屑凝灰岩中局部具有较强的面型黄铁矿化和毒砂化。

(2)岩浆岩：区内岩浆活动强烈，但与成矿关系密切的岩浆岩主要为黑云母斜长花岗岩、黑云母斜长花岗斑岩和石英闪长岩、闪长岩，前者与岩浆热液型铜矿和斑岩型钼矿及多金属矿有关，后者主要与砷、多金属矿和金矿有关。矿区出露闪长岩侵入体，岩体呈陡倾角浅成相，出露面积为0.5km^2，具辉绿结构，并有蚀变和矿化现象，显示出充填火山管道相的次火山侵入体特征，即闪长岩体所占空间部位为寄生火山口。闪长岩体是倒木河砷、金、多金属矿体的主要物质来源。

(3)构造：倒木河金矿不同勘查阶段的结果表明，矿区褶皱构造发育程度相对较弱，而断裂和裂隙是主要的导岩，导矿和容矿构造，并且不同序次构造对矿体的控制程度不同。

矿区导岩、导矿断裂构造：控制区内岩浆活动及矿产分布的断裂主要有北东向、近东西向和北西向断裂。而北东向断裂对矿产起主要的控制作用。北东向控制断裂主要有口前-小城子断裂和西阳-双河镇断裂，是两条近于平行的断裂，倒木河金矿位于两条断裂之间。断裂长约70km，宽约1.5～2km，总体走向30°。具有左旋剪切的性质，它切割了东西向断裂和头道沟组，断裂南部切割了晚三叠世火山岩盆地，沿断裂两侧有南楼山组火山岩和燕山早期花岗岩分布。受古太平洋伊泽奈奇板块北北西斜向俯冲的影响，在活动陆缘形成北东走向的左行剪切断裂。区内两条主要断裂既导致早侏罗世中酸性火山岩大面积喷发，又导致燕山早期中酸性岩浆的广泛侵入。区内砷、金及多金属矿多位于该组断裂中间及断裂附近。两条断裂的左旋剪切产生力偶使断裂带内形成不同方向的次级剪切断裂和裂隙，为成矿提供了良好的导岩、导矿通道和空间。因此，区内该组左旋剪切断裂是主要控岩、控矿构造；北西向断裂以倒木河矿区小城子-双河镇断裂为代表，长6km，宽约1km。断裂南侧相对向北西运动，北侧有相对的抬升运动。北西向断裂为与北东向剪切断裂受同一剪切应力作用而形成的同序次的断裂，区域上表现出两方向断裂的相互交切关系。小城子-双河镇断裂控制了与倒木河砷、金、多金属矿有关的闪长岩体的分布，矿体分布于该断裂两侧。因此，小城子-双河镇断裂是倒木河金矿的导岩、导矿断裂；东西向断裂属区域内早期断裂，多受后期构造作用改造而呈断续分布，主要有双河镇-五里河子断裂、姜大背断裂和庙岭水库-小城子断裂。断裂主要控制头道沟群的展布，控制了区内铬铁矿，块状硫化物矿床及铜、钼矿床的产出。

矿区容矿构造：在导岩、导矿断裂构造的控制作用下，倒木河金、砷、多金属矿赋存于北东向小城子-口前和西阳-双河镇两大左旋剪切断裂带与北西向小城子-双河镇断裂的交会部位。然而，倒木河金矿已探明的6个矿体并不直接赋存于上述导岩、导矿断裂内，而是赋存于导岩、导矿断裂活动时所形成的次一级裂隙构造中。倒木河矿区有北西向、近东西向和近南北向3个方向的矿脉，矿脉均受先期裂隙控制，含矿热液沿裂隙充填、交代形成蚀变及矿化体，其中北西向和近东西向矿脉构成矿床的主矿脉。因此，两条北东向剪切断裂内，次一级的裂隙构造是倒木河金矿的容矿构造。

2. 矿体三度空间分布特征

矿体主要产在闪长岩体南北两侧接触带附近的晶屑岩屑凝灰岩中，个别矿体产于闪长岩体内部。

已知 59 条大小矿脉组成南北两脉群带。脉体严格受断裂构造控制，多呈平行复脉状，并具尖灭再现现象。矿体走向 0°～35°，倾向北—北西，倾角 80°左右，从矿体规模、品位可见，该矿主要为砷-多金属矿床，金的品位低，规模也小。体分带性明显，金砷矿体多在北带出现，南带则以硫、铜、铅、锌为主，局部出现砷金矿体。矿体均赋存于 180～300m 标高以上，略具有垂直分带，上部为砷、金或硫、铜、铅、锌，下部则以硫为主，还有砷、金、锌等。

Ⅰ号矿体：为金砷多金属矿体，长 105m，宽 0.55m，金品位 3.29×10^{-6}，砷 6.00×10^{-2}，硫 9.19×10^{-2}，铜 0.57×10^{-2}，铅 0.02×10^{-2}，锌 0.21×10^{-2}。

Ⅱ号矿体：为硫铁矿体，长 170m，宽 0.29m，金品位 0.03×10^{-6}，砷 0.01×10^{-2}，硫 10.30×10^{-2}，铜 0.09×10^{-2}，铅 0.08×10^{-2}，锌 0.94×10^{-2}。

Ⅲ号矿体：为铜矿体，长 100m，宽 0.26m，金品位 0.96×10^{-6}，砷 0.34×10^{-2}，硫 6.90×10^{-2}，铜 0.90×10^{-2}，铅 0.23×10^{-2}，锌 0.22×10^{-2}。

Ⅳ-1 号矿体：为金砷多金属矿体，长 200m，宽 1.04m，金品位 1.67×10^{-6}，砷 4.67×10^{-2}，硫 9.79×10^{-2}，铜 0.18×10^{-2}，铅 0.15×10^{-2}，锌 0.40×10^{-2}。见图 6-2-43。

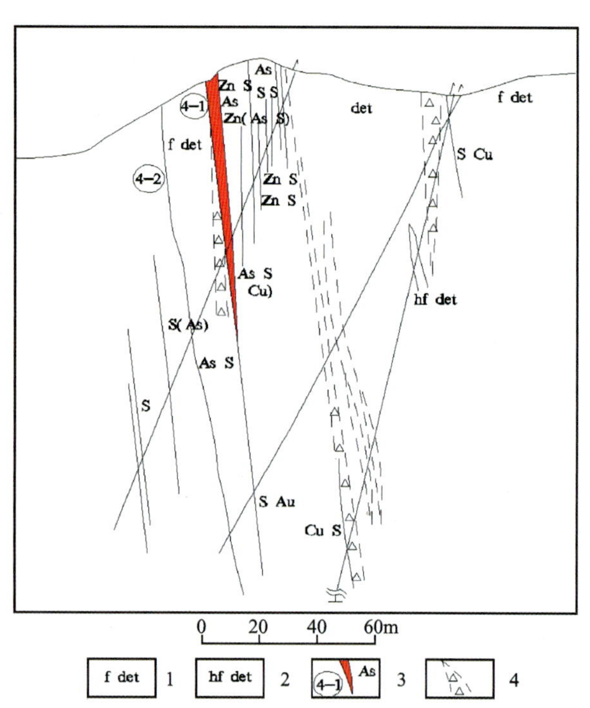

1. 晶屑岩屑凝灰岩；2. 含砾晶屑岩屑凝灰岩；3. 矿（化）体；4. 断层角砾岩。

图 6-2-43　倒木河金矿床第 X 勘探线剖面图

Ⅳ-2 号矿体：为砷矿体，长 50m，宽 0.55m，砷品位 3.25×10^{-2}。

Ⅳ-3 号矿体：为砷矿体，长 60m，宽 0.45m，砷品位 1.35×10^{-2}。

Ⅴ号矿体：为砷金矿化体，长 180m，宽 0.3～0.5m，金品位 0.57×10^{-6}，砷 2.42×10^{-2}，硫 3.63×10^{-2}，铜 0.11×10^{-2}，铅 0.07×10^{-2}，锌 0.11×10^{-2}。

Ⅵ为砷金矿化体，长 300m，宽 0.42m，金品位 2.96×10^{-6}，砷 2.04×10^{-2}，硫 0.28×10^{-2}，铜 0.05×10^{-2}，铅 0.17×10^{-2}，锌 0.11×10^{-2}。

矿体分带性明显。金砷矿体多在北带出现，南带则以硫、铜、铅、锌为主，局部出现砷金矿体。矿体均赋存于 180～300m 标高以上，略具有垂直分带，上部为砷、金或硫、铜、铅、锌，下部则以硫为主，还有砷、金、锌等。

3. 矿床物质成分

(1)物质成分:金以自然金状态与毒砂、黄铜矿、方铅矿等硫化物共生,尤其与毒砂关系密切,据毒砂单矿物分析含金 14×10^{-6},含银 10.2×10^{-6}。据Ⅳ号矿体少数样品的分析,含金 $1.72\times10^{-6}\sim30.29\times10^{-6}$,含银 $22.5\times10^{-6}\sim55\times10^{-6}$,Au∶Ag=1∶3.5。

(2)矿石类型:多金属硫化物矿石。

(3)矿物组合:金属矿物以黄铁矿、毒砂、样黄铁矿、方铅矿、闪锌矿、黄铜矿、自然金为主,黝铜矿、斑铜矿、磁铁矿、钛铁矿、辉铅铋矿、辉铅铋银矿、自然砷铋矿等次之;脉石矿物以石英、方解石、绿泥石为主,黑云母、绿帘石、阳起石、沸石、绢云次之,局部还有透闪石、透辉石、电气石等。

(4)矿石结构构造:矿石结构以半自形—他形粒状结构为主,乳滴状固溶体分离、溶蚀、压碎、变胶结构交之。矿石结构以浸染状构造为主,网脉状、角砾块、块状构造次之。

4. 蚀变类型及分带性

围岩蚀变严格受控矿断裂构造控制,矿脉两侧蚀变增强而常形成褪色带,带宽一般 0.2～1m,最宽达 3～5m。以硅化、绢云母化为主,绿泥石化、绿帘石化、阳起石化、碳酸盐化、黑云母化等次之。矿化与围岩蚀变有着十分密切的关系,随着蚀变作用的加强,金及其他成矿物质的含量明显增高。毒砂、黄铜矿、黄铁矿、自然金多与硅化、绢云母化有关,粗粒黄铁矿、磁黄铁矿多与绿泥石化有关,闪锌矿、方铅矿一般与石英脉、碳酸盐脉及比如帘石化关系密切。

5. 成矿阶段

从该矿床自然金与毒砂、黄铜矿、方铅矿等硫化物常共生的特征判断,划分为热液成矿期和表生成矿期,4 个矿化阶段。

(1)热液成矿期:早期硫化物阶段,主要生成黄铁矿、黄铜矿、磁黄铁矿、石英及绿泥石,矿化较弱或无矿化;中期硫化物-石英脉-方解石脉阶段,主要生成毒砂、黄铁矿、黄铜矿、自然金、方铅矿、闪锌矿磁黄铁矿、石英、绿泥石及少量方解石,为主要矿化阶段;晚期硫化物-石英脉阶段:主要生成黄铁矿、石英、绿泥石,矿化较弱或无矿化;方解石脉阶段,主要生成方解石,无矿化。

(2)表生成矿期:主要为地表氧化-淋滤,形成次生氧化物矿物。

6. 成矿时代

根据区域成矿地质条件,区域区调成果资料和前人研究成果,确定该矿床的成矿时代为中侏罗世,即 164～175Ma。

7. 矿石硫同位素及成矿温度特征

矿区 $\delta^{34}S$ 变化范围为+3.8～+4.5‰,极差 0.7,$\delta^{34}S$ 平均值为+4.1‰。显然,$\delta^{34}S$ 变化范围小,接近陨石值,说明硫来自深源。

测定含矿石英脉石英包裹体均一温度为 241℃,毒砂爆裂温度上限为 360℃,属中高温。

8. 物质来源

根据硫同位素组成特征和矿体的空间分布特征,确定成矿物质主要来源于岩浆。区域上的闪长岩侵入体显示出充填火山管道相的次火山侵入体特征,即闪长岩体所占空间部位为寄生火山口。闪长岩体是倒木河砷、金、多金属矿体的主要物质来源。

9. 控矿因素及找矿标志

(1)控矿因素:燕山期闪长岩体是倒木河砷、金、多金属矿体的主要物质来源,成矿受该岩体控制;而断裂和裂隙是主要的导岩,导矿和容矿构造,并且不同序次构造对矿体的控制程度不同。北东向断裂对矿产起主要的控制作用,倒木河金矿位于两条北东向断裂之间,区内砷、金及多金属矿多位于该组断裂中间及断裂附近,赋存于断裂活动时及破火山口所形成的次一级裂隙构造中,次一级的裂隙构造是倒木河金矿的容矿构造。

(2)找矿标志:构造标志,南楼闪火山洼地中的北东向构造带的次级构造;燕山期闪长岩体于南楼山组接触带内外,具有以硅化、绢云母化为主,绿泥石化、绿帘石化、阳起石化、碳酸盐化、黑云母化等次之的带状蚀变。

(十六)梅河口市香炉碗子金矿床特征

1. 地质构造环境及成矿条件

矿区位于胶辽吉叠加岩浆弧(Ⅱ)吉南-辽东火山-盆地群(Ⅲ)柳河-二密火山-盆地区。北东向柳河断裂与北西向水道-香炉碗子西山断裂交叉部位。

(1)地层:矿区内出露的主要是龙岗群杨家店组,岩性有石榴石、黑云斜长片麻岩、角闪斜长片麻岩、黑云变粒岩及斜长角闪岩,局部夹磁铁石英岩。其原岩可能是一套超基性—中基性火山喷发岩,后经变质而形成含金普遍较高的绿岩层。见图 6-2-44。

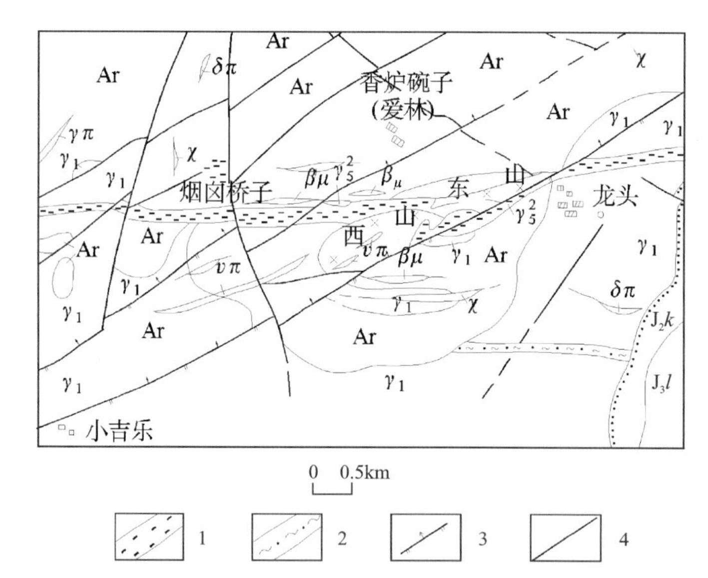

J_3l. 侏罗系拉门子组;J_2h. 侏罗系侯家屯组;Ar. 太古代变质岩;γ_5^2. 燕口期隐爆角砾岩体;γ_1. 太古代花岗岩;$\beta\mu$. 辉绿岩脉;χ. 煌斑岩脉;$\delta\pi$. 闪长期岩脉;$\upsilon\pi$. 霏细岩脉;
1. 东西向脆-韧性剪切带;2. 构造片理化带;3. 压扭性断裂;4. 性质不明断裂。

图 6-2-44　香炉碗子金矿区地质图

(2)构造:矿区以 EW 向和 NE 向断裂为主,其次为近 SN 向和 NW 向断裂。

烟囱桥子-龙头东西向脆-韧性剪切带横贯矿区,是区内最主要的控岩控矿构造。该剪切带具规模大,活动期次多,形成时间长,多期次脉岩充填且控岩控矿的特征,带内岩石均为遭受强烈变形的变晶糜棱岩,具典型的糜棱岩组构。太古代侵入的辉绿岩脉规模较小,严格受东 EW 向构造控制。由于长期复合作用,致使辉绿岩脉所在空间形成一个多期次复合改造的矿化蚀变带。在该带的西段为一条脉岩带,带内由霏细岩、辉绿岩、煌斑岩等组成。东段与龙头-吉乐 NE 向断裂相交,香炉碗子东山、西山次火山隐爆角砾岩体就产在该部位。东山岩体、西山岩体及荷包褶子和烟囱桥子西山一带的 2 个较小规模的隐爆次火山角砾凝灰岩岩体,均呈脉状或岩墙状,具岩性相同、形成时间相同的特征,可见并非是中心爆发式的角砾岩筒,而是一个同源的严格受烟囱桥子-龙头 EW 向剪切带控制的裂隙式爆发隐爆角砾岩体。矿床赋存于中生代火山爆发角砾岩筒中。

该剪切带控制了区内已知金矿床(点)的分布,其控矿作用主要表现在 2 个方面:第一,由于该带长期强烈活动,导致太古宙变质杂岩中矿源岩的金不断活化、迁移和富集。根据对香炉碗子金矿床 S、Pb、H、O 和 C 同位素测定结果表明,金来源于龙岗群变质岩系中。第二,控制了矿床的产出,表现为:

①对金矿体产状的控制。在带内东段所见的 6 条矿体其产状走向近 EW 向,倾向 N,仅局部有反倾现象,倾角为 68°～85°,与剪切带产状基本一致;

②对金矿床在平面分布的控制。该带的东山、西山、荷包褶子、烟筒桥子 4 个地段,正是 4 个隐爆角砾岩体所在位置,在平面上岩体膨胀部位,矿化相对富集,岩体收缩部位,矿化相对变贫。

③对金矿体具体部位的控制。剪切带在延深方向上具陡缓变化,在缓的部位,剪切带处于相对张剪膨胀状态,利于矿液沉淀,矿化相对富集,陡倾部位处于压剪封闭状态,不利于矿液沉淀,矿化相对变弱,这种陡缓变化控制着金矿体的具体产出。

从熔结凝灰岩的大量出现及岩体形态、产状特征看,矿区属火山口充填构造,在岩浆活动期后又有了爆发作用,形成了震碎角砾岩及断裂裂隙,为矿脉的填充创造了有利条件。

(3)岩浆岩:主要形成于太古宙、海西期和燕山期。太古宙主要为石英闪长质－英云闪长质－花岗质片麻岩和变辉绿岩,变辉绿岩呈脉状分布于剪切带内,是矿床赋矿围岩之一。海西期主要为辉绿岩、辉绿玢岩、闪长岩、闪长玢岩等脉岩。燕山期主要为浅成－超浅成的次火山隐爆角砾岩体、霏细岩脉。

角砾岩筒由流纹质火山喷出岩和斜长花岗岩侵入体构成。

火山喷出岩为流纹质含角砾岩屑晶屑凝灰岩及流纹质熔结凝灰岩。岩性略呈对称状,边缘接触带为中性角砾凝灰岩,内部以含角砾流纹质凝灰岩及流纹质熔结凝灰岩为主,下部常有含角砾流纹质凝灰岩。属晚侏罗世喷发产物,与林子头组相当。

含角砾火山岩体地表出露长 1700 多米,宽 400～500m,长轴北东东向展布。在平面上呈纺锤状,断面上呈向中心倾斜的喇叭状,岩石具流动构造,倾角 40°～85°,显示了火山通道相特征。

斜长花岗岩呈小岩株状侵入于火山岩体中心部位,主要见于坑道中,地表仅在东山局部地方出露。后期脉岩有霏细岩,多北西和北东向分布。

2. 矿体三度空间分布特征

香炉碗子金矿床由香炉碗子东山、西山、烟囱桥子和荷包褶子矿段组成,共圈定 6 条矿带 27 个矿体。矿体主要产于次火山隐爆角砾岩体(脉)和太古宙花岗质岩石破碎蚀变带内及霏细岩脉的上、下盘。在东山次火山隐爆角砾岩体(脉)中圈定的 3 个矿带,16 个矿体,其产状与岩体产状基本一致,走向 75°～105°,倾向北,倾角 68°～85°,矿体沿走向、倾向呈波状弯曲,膨缩现象明显,矿体呈似脉状、网脉状、板状、透镜状。

Ⅲ号矿带的Ⅲ号矿体是矿带的主矿体,也是矿床中规模最大的矿体,占矿床储量的 35.9×10^{-2}。矿体长度 630m,平均厚度 1.52m,平均品位 6.84×10^{-6},属有用组分不均匀的矿体。4 号勘探线以东,位于含矿主岩中上部,受黄铁绢英岩化碎裂岩带控制。矿体走向 90°,倾向北,倾角 80°,矿体长 160m,延深 280m,矿体厚 0.77～6.86m,平均厚 4.92m,品位 3.224×10^{-6}～9.834×10^{-6},平均 5.514×10^{-6}。4 号勘探线以西,矿体受东西向构造蚀变带控制,含矿主岩为角砾凝灰岩和霏细岩,矿体走向 90°,倾向北,倾角 70°～80°,矿体长 275m,延深 255m,矿体厚 0.70～2.25m,平均厚 1.71m,品位 2.544×10^{-6}～19.234×10^{-6},平均 11.794×10^{-6}。见图 6-2-45、图 6-2-46。

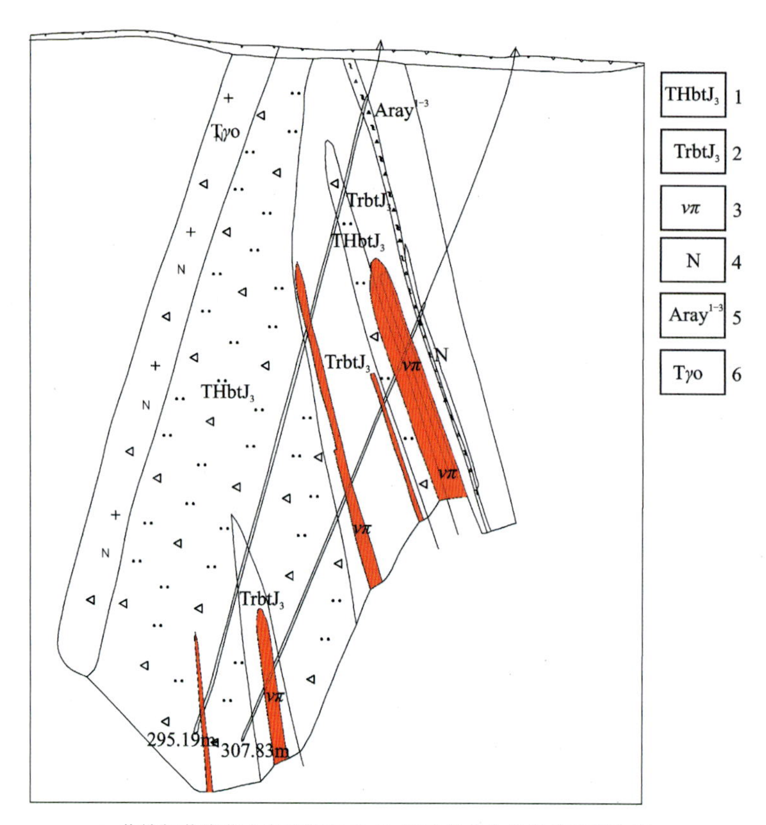

1. 黄铁绢英岩化含角砾凝灰岩；2. 绢云母化含角砾熔结凝灰岩；
3. 霏细岩脉；4. 中基性岩脉 5. 混合岩；6. 斜长花岗岩。
图 6-2-45　香炉碗子金矿床东段 11 号勘探线剖面图

3. 矿床物质成分

(1)物质成分：含金矿物为银金矿，呈粒状和细脉状两种，前者粒径一般 0.01～0.14mm，后者脉宽 0.005～0.025mm。金与黄铁矿关系密切，有时与闪锌矿共生。地表金和黄铁矿较富，深部铜、铅、锌有增多趋势。银的赋存状态尚待进一步查明。

全矿区矿石品位变化一般较大，矿化极不均匀。矿脉常沿走向和倾向具膨缩、分支复合现象。往往是在两缚裂隙交叉处或"S"形矿脉陡倾角处厚度变大。矿石含银量一般与金呈正相关关系，25.91×10^{-6}～299.66×10^{-6}。另外还有铜 0.01×10^{-2}～0.28×10^{-2}，铅 0～0.94×10^{-2}，锌 0.03×10^{-2}～1.11×10^{-2}。

(2)矿石类型：主要有黄铁矿-石英型矿石、硫化物-石英型矿石、硫化物-石英-碳酸盐型矿石，以黄铁矿-石英型矿石为主。

(3)矿物组合：金矿物有自然金、银金矿、金银矿等。金属矿物以黄铁矿为主，其次有方铅矿、闪锌矿、毒砂、辉铋铅矿、辉锑矿、黄铜矿等；脉石矿物有石英、绢云母、方解石、水云母等。

(4)矿石结构构造：矿石结构有自形—半自形结构、他形晶结构、包含结构、交代结构、固熔体分解结构、显微碎裂结构等；矿石构造以块状构造，条带状，网脉状构造，细脉浸染状构造，角砾状构造，斑杂状构造为主。

4. 蚀变类型及分带性

围岩蚀变特征：主要有黄铁矿化、硅化、绢云母化、绿泥石化、碳酸盐化等蚀变。在空间上具有水平分带现象，蚀变强度由矿化带中部向两侧逐渐减弱。由中心向外可分为黄铁绢英岩化带、弱黄铁绢英岩化带、绢云母化带 3 个蚀变带。

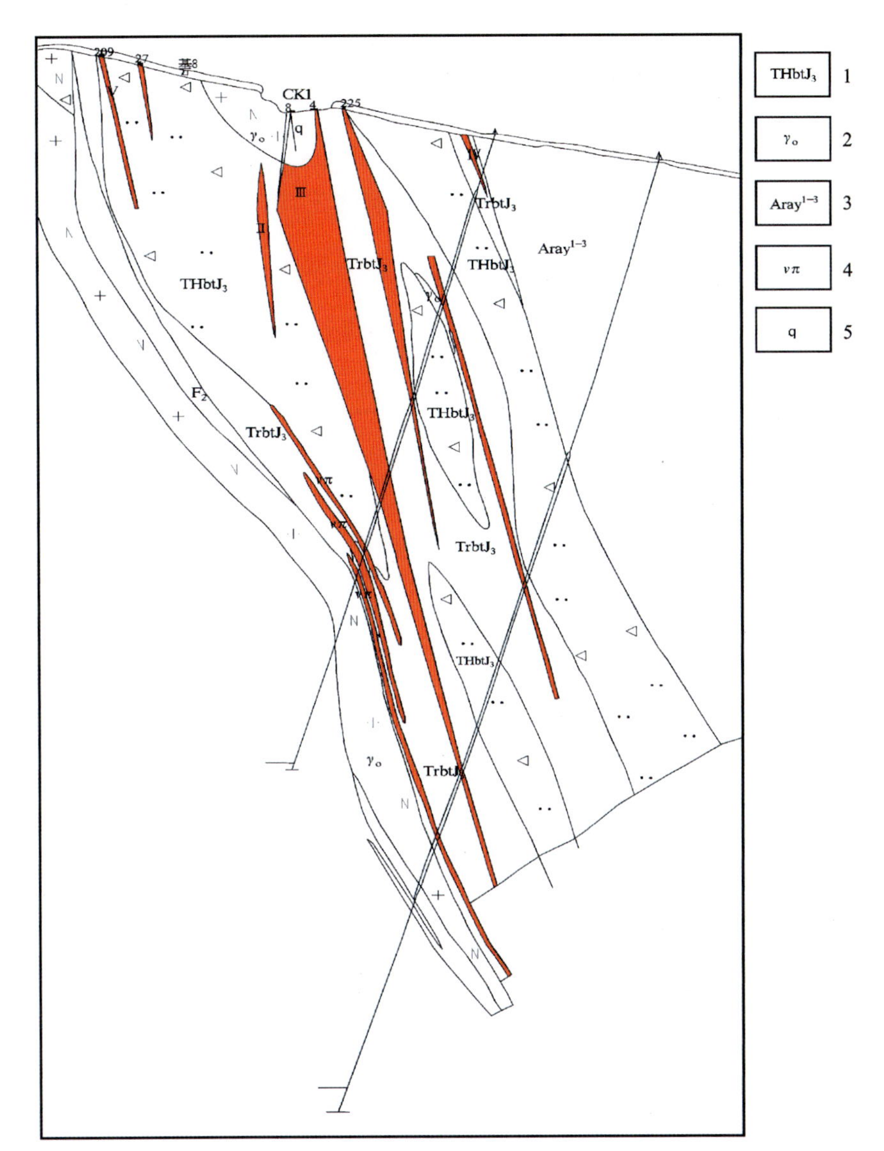

1. 黄铁绢英岩化含角砾凝灰岩；2. 斜长花岗岩；3. 混合岩；
4. 霏细岩脉；5. 石英脉。
图 6-2-46 香炉碗子金矿床东段 8 号勘探线剖面图

5. 成矿阶段

(1)石英一硫化物阶段：主要生成石英、黄铁矿、银金矿、闪锌矿、黄铜矿、方铅矿、黝铜矿、晚期石英、方解石等；

(2)碳酸盐一硫化物阶段：方解石、黄铁矿、银金矿、方铅矿、闪锌矿、黄铜矿。

6. 成矿时代

据中国地质科学研究院矿床研究所测得香炉碗子太古代混合花岗岩 U-Pb 法同位素年龄为(2492±15)Ma，海西期石英闪长岩株为(277±24)Ma。K-Ar 法测得香炉碗子次火山隐爆角砾岩体(脉)的年龄为 160～170Ma；霏细岩脉的年龄为 124Ma。成矿年龄为 124～157Ma，表明成矿发生在次火山隐爆角砾岩体形成之后，一直持续到霏细岩脉侵入结束。

7. 地球化学特征

（1）硫同位素组成特征：矿床 $\delta^{34}S$ 变化范围在 $-3.98\times10^{-3}\sim10.7\times10^{-3}$，大多数集中在 $-3.98\times10^{-3}\sim4.1\times10^{-3}$，极差为 14.68×10^{-3}，平均值为 2.17×10^{-3}，接近陨石硫，表明硫主要来自深源。硫同位素分布具明显的塔式效应，说明硫源较均一，以岩浆硫为主，但少数样品较为弥散，有的偏向重硫，反映有其他成分硫的混入。

黄铁矿 $\delta^{34}S$ 值为 $03.98\times10^{-3}\sim10.7\times10^{-3}$，极差为 14.68×10^{-3}，平均值为 2.16×10^{-3}；闪锌矿 $\delta^{34}S$ 值为 $1.8\times10^{-3}\sim2.97\times10^{-3}$，极差为 1.17×10^{-3}，平均值为 2.39×10^{-3}；方铅矿 $\delta^{34}S$ 值为 $0.80\times10^{-3}\sim4.10\times10^{-3}$，极差为 3.3×10^{-3}，平均值为 2.13×10^{-3}，三者平均值十分接近，处于非平衡状态。

（2）氢氧同位素组成特征：石英的 $\delta^{18}O$ 值为 $9.11\times10^{-3}\sim13.94\times10^{-3}$，平均值为 11.02×10^{-3}，$\delta^{18}O_{H_2O}$值为 $0.72\times10^{-3}\sim6.2\times10^{-3}$，平均值为 3.33×10^{-3}；水云母的 δD 值为 $-121.0\times10^{-3}\sim-72.9\times10^{-3}$，显示出矿床的成矿流体除了岩浆水外，还有大气降水加入。

（3）铅同位素组成特征：矿石 $^{206}Pb/^{204}Pb$ 为 15.825～16.332；$^{207}Pb/^{204}Pb$ 为 14.891～15.443；$^{208}Pb/^{204}Pb$ 为 36.013～37.500，其数值变化范围较小，组成均一，表明铅来源单一。铅同位素 μ 值为 8.99～9.55，东山平均值为 9.09，西山平均值为 9.08，两者数值十分接近，说明东、西山具有相同的铅源。将样品投影到铅同位素组成图解上，见图 6-2-47，大多数点落在上地幔与下地壳之间，说明铅具深源特征。

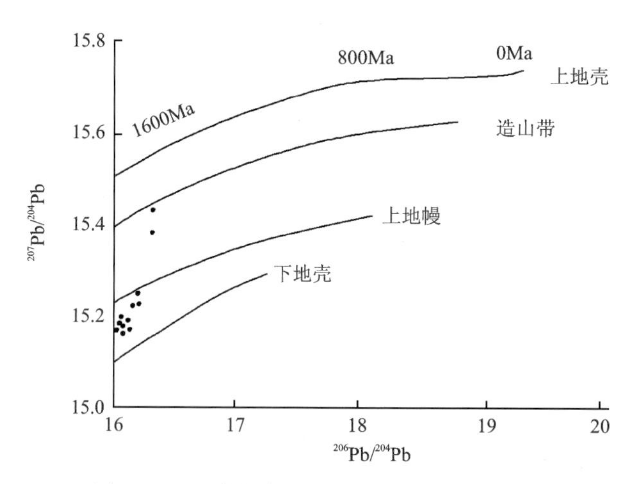

图 6-2-47　香炉碗子金矿铅同位素组成图解

所有矿石铅同位素单阶段模式年龄接近，处于 1262～1455Ma 范围内，燕山期次火山隐爆角砾岩体年龄（160～170Ma），老于成矿年龄（124～157Ma），比基底年龄（2492Ma）新。表明铅同位素组成所反映的年龄是铅从源区分离出来的年龄，而不是矿石矿物结晶或岩石形成的年龄，应属来源物质年龄。说明铅经历了多阶段演化，初始来源可能与太古宙基底岩石有关，在燕山期岩浆活动中被带入次火山隐爆角砾岩体及霏细岩脉内。

（4）锶同位素组成特点：从矿区隐爆角砾岩体中取 6 件样品进行 Sr 同位素测定，$^{87}Sr/^{86}Sr$ 初始比值为 0.714 546（平均值），按有关文献划分标准壳源花岗岩≥0.719，幔源花岗岩为 0.703～0.706，两者中间为壳幔混合型，本区属壳幔混合型而接近壳源型。将锶同位素初始比值投到上地幔及大陆壳锶同位素演化图解上，其位置处于玄武岩源区与大陆壳的过渡区上方，也说明矿区火山隐爆角砾岩体的岩浆主要来源于幔源与壳源的混合岩浆。

（5）稀土元素特征：香炉碗子金矿床和矿石围岩的稀土总量变化较大，ΣREE 为 $45.19\times10^{-6}\sim183.30\times10^{-6}$，LREE/HREE 及 ΣCe/ΣY 分别为 8.51～9.74 和 3.69～4.46，轻重稀土分异显著，稀土

元素配分模式均呈右倾的轻稀土富集型，具较弱的铕负异常，δEu 为 0.75～0.90，金矿石与霏细岩脉、次火山隐爆角砾岩之间的配分曲线非常相近，且 LREE/HREE、$\Sigma Ce/\Sigma Y$、Sm/Nd、La/Sm、$(La/Yb)_N$ 及 $(Ce/Yb)_N$ 比值接近，这些特征显示出矿区内霏细岩脉及次火山隐爆角砾岩体与成矿关系密切，提供了成矿物质的来源。

在 Σ(Sm-Ho)-Σ(La-Nd)-Σ(Er-Lu)三元图解上，矿石与岩石的投影点比较集中，并且分布在同一演化趋势线上，显示出它们之间的密切关系。

(6)微量元素特征：矿床围岩变辉绿岩 Au1.5×10^{-9}～7.0×10^{-9}，平均 3.9×10^{-9}，Ag0.15×10^{-6}～3.25×10^{-6}，平均 1.02×10^{-6}，Cu68×10^{-6}～107×10^{-6}，平均 82×10^{-6}，Pb27×10^{-6}～196×10^{-6}，平均 56×10^{-6}，Zn91×10^{-6}～156×10^{-6}，平均 103×10^{-6}，As4.5×10^{-6}～16.4×10^{-6}，平均 10.3×10^{-6}，Sb0.5×10^{-6}～2.8×10^{-6}，平均 1.3×10^{-6}；次火山隐爆角砾岩 Au6.0×10^{-9}～13.0×10^{-9}，平均 8.0×10^{-9}，Ag0.45×10^{-6}～13.5×10^{-6}，平均 5.4×10^{-6}，Cu6.3×10^{-6}～666×10^{-6}，平均 186×10^{-6}，Pb26×10^{-6}～155×10^{-6}，平均 68×10^{-6}，Zn19×10^{-6}～414×10^{-6}，平均 190×10^{-6}，As27×10^{-6}～369×10^{-6}，平均 222×10^{-6}，Sb2.6×10^{-6}～87×10^{-6}，平均 27.4×10^{-6}；霏细岩 Au5.2×10^{-9}～190×10^{-9}，平均 86.7×10^{-9}，Ag2.0×10^{-6}～6.05×10^{-6}，平均 4.4×10^{-6}，Cu12×10^{-6}～34×10^{-6}，平均 24×10^{-6}，Pb39×10^{-6}～337×10^{-6}，平均 142×10^{-6}，Zn42×10^{-6}～528×10^{-6}，平均 225×10^{-6}，As74.3×10^{-6}～1448×10^{-6}，平均 550×10^{-6}，Sb3.2×10^{-6}～10.9×10^{-6}，平均 6.7×10^{-6}。次火山隐爆角砾岩及霏细岩中的 Au、Ag、Pb、Zn、As、Sb 含量明显高于地壳丰度，表明它们提供了成矿物质来源。

8. 成矿物理化学条件

对矿区的石英、黄铁矿、方解石等矿化样品的包裹体进行均一法和爆裂法测温，主矿化期爆裂温度为 180～360℃；均一温度为 150～250℃，平均 198℃，矿化后期爆裂温度为 150～180℃。成矿压力为 35.0～50.5MPa。据压力换算的成矿深度为 1.17～1.68km，表明该矿床属于浅成矿床。

9. 物质来源

(1)成矿物质来源：香炉碗子金矿区内已发现的蚀变岩型金矿体和石英脉型金矿体主要产于次火山隐爆角砾岩体(脉)内的断裂构造中和霏细岩脉的上、下盘及附近，其次产于次火山隐爆角砾岩(脉)及霏细岩脉附近的太古宙花岗质岩石的破碎蚀变带内，空间上与成矿关系密切。从时间上看，次火山隐爆角砾岩形成年龄为 160～170Ma，成矿年龄为 124～157Ma，霏细岩形成年龄为 124～129Ma，并且霏细岩脉本身具有矿化，表明区内成矿发生在次火山隐爆角砾岩体(脉)形成之后，持续到霏细岩脉侵入结束。矿区内金矿的形成与次火山作用密切相关，为同源、同期、同成因、不同空间成矿。

(2)成矿热液来源：矿床中氢氧同位素组成特征表明，成矿热液来自岩浆，并有大气降水加入；硫铅同位素组成特征表明，岩浆热液以深源为主，有部分壳源成分的加入，属壳幔混合成因。

10. 控矿因素及找矿标志

(1)控矿因素：流纹质含角砾岩屑晶屑凝灰岩及流纹质熔结凝灰岩；烟囱桥子-龙头东西向脆-韧性剪切带是区内最主要的控岩控矿构造，剪切带控制的裂隙式爆发隐爆角砾岩体。矿床赋存于中生代火山爆发角砾岩筒中。

(2)找矿标志：流纹质含角砾岩屑晶屑凝灰岩及流纹质熔结凝灰岩出露区；岩烟囱桥子-龙头东西向脆-韧性剪切带是区内最主要的控岩控矿构造。区域上强黄铁矿化、硅化、绢云母化、绿泥石化、碳酸盐化等蚀变边区，特别是见有黄铁绢英岩化带。

(十七)安图县海沟金矿床特征

1.地质构造环境及成矿条件

海沟矿床位于吉林省晚三叠世—新生代东北叠加造山-裂谷系(Ⅰ)、小兴安岭-张广才岭叠加岩浆弧(Ⅱ)、太平岭-英额岭火山-盆地区(Ⅲ)敦化-密山走滑-伸展复合地堑(Ⅳ)内。二道松花江断裂带金银别-四岔子近东西向韧-脆性剪切带东端与两江-春阳北东向断裂带交会处。

(1)地层:矿区出露地层主要为中元古宙色洛河群红光屯组和木兰屯组。其东侧四岔子分布中侏罗统中性火山岩及含煤岩系。见图6-2-48。

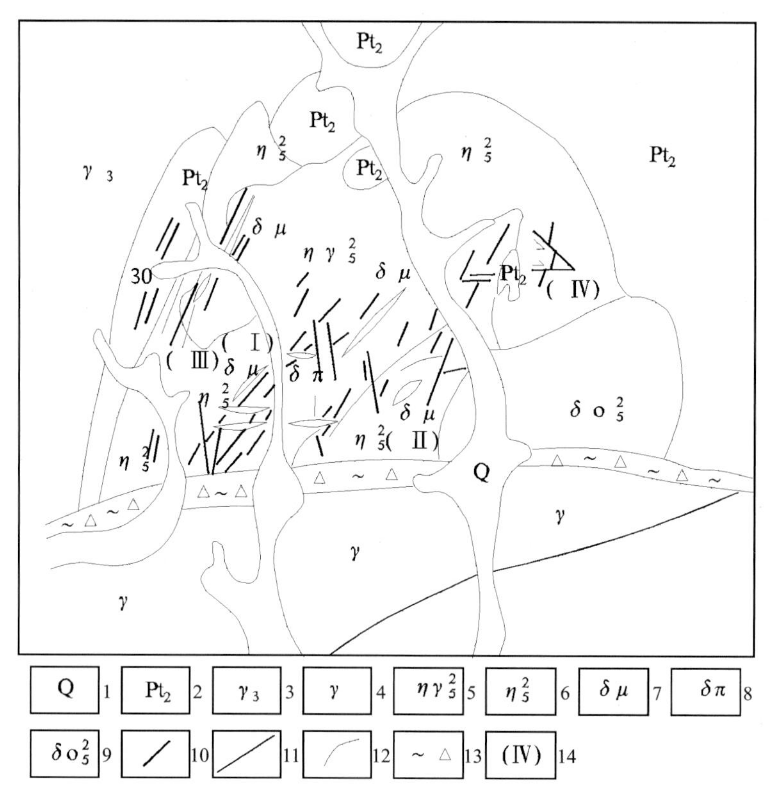

1.现代河床冲击物;2.中元古界色洛河群;3.加里东期黑云母花岗岩;4.细粒花岗岩;5.二长花岗岩;6.二长岩;7.闪长玢岩;8.正长闪长斑岩;9.次安山岩;10.石英山长岩;11.构造千枚岩;12.平推断层;13.逆断层;14.破碎带。

图6-2-48　安图县海沟金矿床地质图

红光屯组:下段下部为含砾黑云斜长角闪片麻岩、斜长角闪岩、绢云片岩夹镁质大理岩及磁铁石英岩,中部为斜长角闪岩夹变粒岩、含石榴石斜长变粒岩,上部黑云斜长片岩、二云片岩、绢云绿泥片岩。上段下部为变凝灰质板岩、变质砂岩夹钙质板岩,上部为含碳泥质板岩。

木兰屯组:下部为变质底砾岩、安山质凝灰岩,中部变英安岩、变英安质角砾凝灰岩,上部为变流纹岩及变流纹质凝灰岩。

在矿区镁质大理岩层和矿区西部外围石人沟大理岩层铅-铅同位素年龄值分别为1162Ma、1153Ma,属中元古代。

色洛河群红光屯组中各岩性微量元素平均值较高,与维氏值比富集系数较大。Au平均值18.89×10^{-9},Ag平均值1.35×10^{-6},U平均值1.99×10^{-6},Th平均值8.88×10^{-6},Cu平均值40.5×10^{-6},Pb

平均值 27.5×10^{-6}，Zn 平均值 88.13×10^{-6}，As 平均值 35.85×10^{-6}，Bi 平均值 0.50×10^{-6}，Sb 平均值 3.92×10^{-6}，Hg 平均值 12.13×10^{-6}。Au、Ag、As、Bi、Sb 都富集 4 倍以上。为此，把色洛河群红光屯组确定为金的矿源层。

(2)岩浆岩：矿区中部分布的燕山早期二长花岗岩为主要成矿围岩，岩体内脉岩发育，其成群成带分布；矿区西部和西北部分布大面积岩基状加里东期花岗闪长岩-黑云母花岗岩。燕山早期二长花岗岩 SiO_2 含量平均为 65.70×10^{-2}；Al_2O_3 平均 16.39×10^{-2}；K_2O+N_2O 平均 9.50×10^{-2}；$Na_2O/K_2O=1.29$，$Fe_2O_3/FeO=1.10$，A/N. K. C=0.95，$^{87}Sr/^{86}Sr$ 初始比值为 0.706 86±0.000 15。表明岩石具富硅富碱富铝贫钙，$Na_2O>K_2O$，属同熔型花岗岩类。

从海沟岩体及脉岩相的成矿元素含量来看，二长花岗岩金丰度值为 2.44×10^{-9}，铜 8.70×10^{-6}，锌 32.69×10^{-6}，均低于维氏值。但经蚀变后，浓集系数很高，金含量可增高 37.59 倍。在脉岩相中只有成矿前的闪长玢岩金丰度值为 129.85×10^{-9}，高于维氏值的 28.9 倍。

二长花岗岩中锆石铀-铅年龄值为 185.6～167Ma，全岩铷-锶年龄值为 181Ma，角闪石钾-氩年龄值为 161.3Ma，主岩体时代应属燕山早期，脉岩相钾-氩年龄值为 142.3～120.94Ma，含金石英脉绢云母钾-氩年龄值为 143.95Ma。

(3)构造：可以划分为成矿前构造，成矿期构造、成矿后构造。

成矿前构造：金银别-四岔子东西向断裂带经过矿区南部，倾向南，倾角陡，容矿断裂构造发育于此断裂带北部，在海沟岩体内由西向东，大体上以等间距展布 4 条北东向断裂带。每条断裂带又由许多平行似等间距分布的北北东、北东向断裂组成。在平面、剖面上具有舒缓波状延展特点。根据断裂发生顺序可划分为早期、中期、晚期。早期北东向压剪性片理化带。中期片理化带中贯入大量闪长玢岩脉。晚期闪长玢岩贯入后，又有构造片理化。

成矿期构造：按形成顺序又可分为早、中、晚三期。早期沿北北东或北东向片理化带上充填含金石英脉。中期大量含金石英脉贯入后，沿断裂裂隙充填交代形成硫化物细脉。黄铁矿细脉产状为北西向与北东向两组共轭组成。晚期方铅矿及铀矿化形成。

成矿后构造：一期以次安山岩脉北东向贯入为主。二期正长斑岩、煌斑岩、次安山岩近东西向贯入。三期北西向正断层广泛展布。

2. 矿体三度空间分布特征

矿区共有 4 条矿带，15 条矿脉，35 个矿体。见图 6-2-49。

Ⅰ号矿带：位于矿区中心，沿着Ⅰ号容矿断裂带分布，矿带长 1900m，宽 220m，由 28、27、29、37 号等矿脉组成，共有 8 个矿体。矿体呈脉状，走向 50°，倾向 310°～330°，倾角 40°～85°。其中 28-Ⅰ、28-Ⅱ、28-Ⅲ、28-Ⅳ、28-Ⅴ号矿体长 200～800m，厚 0.2～17.70m，平均厚 3.90m。品位 $3\times10^{-6}\sim10\times10^{-6}$，最高 59.82×10^{-6}，平均 8.04×10^{-6}。28-Ⅵ、Ⅶ号矿体长 120～240m，厚 0.63～11.08m，平均厚3.72m。品位 $1.39\times10^{-6}\sim34.70\times10^{-6}$，平均 5.42×10^{-6}。

Ⅱ号矿带：位于矿区中心偏东，沿着Ⅱ号容矿断裂带分布，长 1600m，宽 460～500m，由 33、34、36、38、32、40 号等矿脉组成，共 10 个矿体。矿体呈脉状，走向 40°，倾向 300°～320°，倾角 40°～60°。其中 38-1、38-4 号矿体长 90～480m，厚 0.3～20.20m，平均厚 4.31m。品位 $3\times10^{-6}\sim5\times10^{-6}$，最高 60.60×10^{-6}，平均 6.05×10^{-6}。

Ⅲ号矿带：位于矿区西部，沿着Ⅲ号容矿断裂带分布，长 1800m，宽 600m，共有 30、31、42、43 号等矿脉，共 7 个矿体。矿体呈脉状，走向 30°，倾向 300°～330°，倾角 65°～80°。其中 43-1、43-2、43-3、43-4、43-5 号矿体长 600～1000m，厚 0.2～1.70m。品位 $1\times10^{-6}\sim2.5\times10^{-6}$，最高 20.61×10^{-6}。30 号矿体长 160m，厚 0.3～2.50m。品位 $0.42\times10^{-6}\sim4.16\times10^{-6}$。

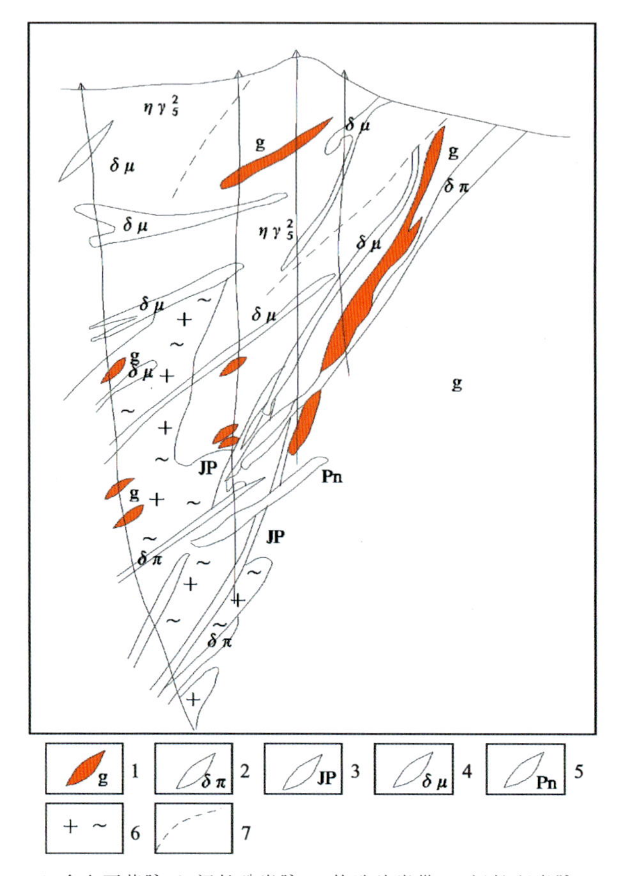

1. 含金石英脉；2. 闪长玢岩脉；3. 构造片岩带；4. 闪长斑岩脉；
5. 辉绿岩脉；6. 二长花岗岩；7. 断层。

图 6-2-49　安图县海沟金矿床第 7 号勘探线地质剖面图

Ⅳ号矿带：位于矿区东部，沿着Ⅳ号容矿断裂带分布，长 250m，宽 20m 共有 1 条矿脉(41 号)，10 个矿体。矿体呈脉状，走向 20°，倾向 110°，倾角 40°。其中 41-1、41-3、41-4、41-8、41-9、41-10 号矿体长 20～210m，厚 0.1～6.000m，平均厚 2.46m。品位 1×10^{-6}～2.5×10^{-6}，最高 42.78×10^{-6}，平均 2.51×10^{-6}。

3. 矿床物质成分

(1)物质成分：伴生元素有 Pb、Zn、Ag、Cu、Mo、Se、Te、U 等。其中 U 主要富集于 0 勘探线附近。矿石的微量元素含量及其富集序列来看，Au 富集系数最高，达 682.2，其余依次排列为 Bi、Ag、Sb、Mo、Pb、Hg、As、B、Cr、W、Sb…，其中前 6 种为成矿元素，具有标志性特征。Au 与 Bi、Hg、Pb、Ag、As、Sb、Cu、Co 呈密切的正相关关系，反映出自然金与方铅矿、黄铜矿、辉银矿、毒砂、黄铁矿、自然银等紧密伴生。

(2)矿石类型：以贫硫化物石英脉型金矿石和细粒浸染状金矿石为主，次为浸染状金银矿石和金-铅-碲矿石等。

(3)矿物组合：矿石矿物组合主要为自然金、方铅矿、黄铜矿，次之闪锌矿、磁黄铁矿、磁铁矿、白铁矿、铜兰、蓝辉铜矿、黝铜矿、沥青铀矿、晶质铀矿、碲金矿、斜方碲金矿、碲铅矿等。脉石矿物主要为石英、方解石，少量为绢云母、绿泥石等。

(4)矿石结构构造：矿石结构为结晶结构，自形晶粒状结构、他形晶粒状结构、滴状结构、填隙结构，出溶结构(乳浊状结构、骨晶结构)，交代结构(浸蚀结构、交代残余结构)，动力结构(揉皱结构、压碎结构)等。矿石构造为细脉状和网脉状构造，稀疏浸染状构造等。

4. 蚀变类型及分带性

围岩蚀变划分为3个阶段：

(1)成矿前硅化-碱交代阶段：主要发育于二长花岗岩中，分布面积大，但不均匀。此期以面型蚀变为主，主要蚀变以钾长石化、钠长石化为主，晚期交代形成的红色钾长石斑晶较多晶体较大；此外，还有电气石化、绿帘石化、绢云母化、绿泥石化、黄铁矿化等蚀变。经过碱质蚀变后大量金被活化、迁移。这是使二长花岗岩中金丰度值贫化的原因。

(2)成矿期硅化-绢云母化-绿泥石化-黄铁矿化阶段：以线型蚀变为主，在近矿脉处形成平行发育的硅化、绢云母化、绿泥石化、黄铁矿化等。以矿脉为中心其两侧形成带状蚀变，蚀变宽窄不一，宽度为0.5～15m不等。强蚀变带可分为近矿蚀变、远矿蚀变。近矿蚀变以硅化为主，远矿蚀变以绿泥石化为主；硅化主要以硅质细脉和蠕虫状分布于长石中或节理裂隙面上；绿泥石化多为显微鳞片状集合体分布；黄铁矿化多呈立方体浸染状分布于蚀变岩中。

(3)成矿后绿泥石化-碳酸盐化阶段：该阶段无矿化。

5. 成矿阶段

主要成矿期为燕山早期二长花岗岩及其脉岩相热液期和表生期。

(1)热液期：该期又可划分5个阶段。

自然金-石英阶段：石英脉为白色—烟灰色，含微量金。自然金呈长条形、椭圆形分布于石英粒间，含量0.01×10^{-6}～1×10^{-6}，金成色高(946～999)。偶见黄铁矿，多呈立方体，粒径1～5mm，不均匀地浸染于石英中。

自然金-硫化物阶段：以金、铅矿化为特征，主要为自然金、硫化物、碲化物，共生矿物组合为自然金、方铅矿、黄铁矿、黄铜矿、闪锌矿、磁黄铁矿、白铁矿、赤铁矿、碲金矿、碲铅矿等。脉石矿物以石英、绢云母为主，少量方解石、绿泥石等。从早到晚的矿物组合可分为2个组合类型。

①石英-黄铁矿组合：第一世代黄铁矿为主，偶见微量自然金(第一世代)，黄铁矿为粗粒自形晶，含金较低。自然金呈长条形，长1～5μm，金成色为920～934；

②自然金-硫化物组合：形成大量自然金(第二世代)，黄铁矿(第二世代)，黄铜矿、方铅矿和少量磁黄铁矿、白铁矿、闪锌矿、碲铅矿。自然金最高的组合为黄铁矿、黄铜矿、方铅矿。此种硫化物均为他形细粒，含量均为该组合金属矿物总量的90×10^{-2}～95×10^{-2}。碲铅矿(第一世代)普遍，但含量极微，多呈粒状，粒度1～10μm，圆滴状，呈他形粒状沿方铅矿解理或颗粒边缘分布。碲铅矿较多时自然金也较富集。

自然金-碲化物阶段：自然金、碲金矿(第二世代)，伴有少量的硫化物。自然金呈不规则粒状(5～22μm)与方铅矿等硫化物连生。自然金-碲化物组合，多呈浸染状分布于早期石英粒间，但多出现在自然金-硫化物细脉附近，大约50×10^{-2}～70×10^{-2}自然金分布于方铅矿粒间或裂隙中。自然金主要呈不规则粒状，树枝状、椭圆状。金成色为873～997。

自然金-贫硫化物含铀矿物阶段：含有少量硫化物(黄铁矿、黄铜矿、方铅矿、磁黄铁矿)和自然金、赤铁矿、磁铁矿、晶质铀矿、沥青铀矿、方解石、绿泥石组合。该组合主要为赤铁矿、磁铁矿、晶质铀矿、沥青铀矿组合。赤铁矿呈板状自形晶沿早期晶出的黄铜矿、方铅矿等硫化物边缘生长。磁铁矿是交代赤铁矿而成，多分布于赤铁矿边缘。在磁铁矿中常见赤铁矿残留。晶质铀矿为八面体、立方体晶形沥青铀矿为非晶质的小球状或贤状颗粒，粒度4～10μm，前者多与黄铁矿连生，后者多与磁黄铁矿连生。

石英-方解石阶段(无矿阶段)，形成孔雀石、蓝铜矿等。

(2)表生成矿期：主要为氧化物形成阶段。

6.成矿时代

与成矿关系密切的二云花岗岩全岩铀-铅年龄值 185.6～167.0Ma,铷-锶年龄为 181Ma,钾-氩法年龄 161.3Ma,属燕山期。

7.地球化学特征

(1)硫同位素:海沟金矿床硫同位素具有以下特点:矿石硫同位素组成变化范围为－23.2‰～－0.5‰,平均－7.8‰;二长花岗和闪长玢岩 $\delta^{34}S$ 值变化范围为－10.1‰～0.5‰,平均 4.1‰,表明矿石与围岩硫均以富集 ^{32}S 为特征。方铅矿和黄铁矿的 $\delta^{34}S$ 差别不大,具有硫源单一,并且经历了相同的地质演化。

(2)碳酸盐岩碳和氧同位素:大理岩和方解石脉的碳、氧同位素测定列表中 $879D_{21}$-B_1 中元古宙色洛河群大理岩,经历了多次变质作用和大气降水的交换,使 $\delta^{18}O$ 降为 13.9‰,但是 $\delta^{13}C$ 值仍为 6.1‰,保持着前寒武纪碳盐 ^{13}C 的特点(区域大理岩的 $\delta^{13}C$ 值为－2.5‰～4‰,$\delta^{18}O$ 为 12‰～19‰)。二长花岗岩中的捕虏体大理岩,它不仅受到历次变质作用,而且遭受二长花岗岩的强烈交代作用,使之失去了沉积变质特征,显示出岩浆深源碳和氧同位素组成的特点,$\delta^{13}C$ 近于－5‰,$\delta^{18}O$ 近于 8.0‰,方解石脉 $\delta^{13}C$值降到－12.7‰,但 $\delta^{18}O$ 值增高到 22.1‰,是成矿后大气降水从不同围岩淋滤出来的 CO_3^{2-} 离子和 Ca^{2+} 离子结合而形成,CO_3^{2-} 中的碳部分为富 ^{12}C 的有机碳。

(3)硅酸盐石英氧同位素:二长花岗岩的 $\delta^{18}O$(全岩,钾长石为 7.7‰),混合岩化片麻岩中的斜长石 $\delta^{18}O$ 值为 8.3‰。这些数据与正常花岗岩类或金-铜系列花岗岩类特征值基本一致。含金石英脉石 $\delta^{18}O$值变化范围为 12.2‰～13.2‰,平均 12.6‰;不含金石英脉石英和蚀变绢英片岩中的石英 $\delta^{18}O$ 值为 11.7‰～11.6‰。总之花岗岩类岩石→近矿蚀变岩→含金石英脉,其 $\delta^{18}O$ 值依次增高。

(4)矿物包裹体气、液及成矿流体的氢、氧、碳同位素:海沟金矿床的成矿介质水的 δD、$\delta^{18}O$ 和 CO_2 气体的 $\delta^{13}C$ 值变化范围较大。碳以深源岩浆碳和有机碳过渡为特征。大部分石英的 $\delta^{18}O$ 值近似于花岗岩浆水,部分为大气降水。说明成矿流体应属混合岩浆水。

(5)铅同位素:12 个样品铅同位素组成变化范围为 $^{206}Pb/^{204}Pb$ 为 15.095 1～18.346,平均值 16.944;$^{207}Pb/^{204}Pb$ 为 15.126 7～15.615,平均 15.452 5,$^{208}Pb/^{204}Pb$ 为 36.328 2～38.404,平均 37.151 2。除燕山期闪长岩富含的放射成因的 ^{206}Pb 和色洛河群样品中含较多的放射成因的 ^{208}Pb 外,大多数样品的铅同位素组成仍比较集中,均落在正常铅演化曲线附近。在图 6-2-50 中 4 个方铅矿铅同位素、2 个矿石铅同位素、二长花岗岩及闪长岩铅同位素均落在造山带演化曲线或其附近,次之落在地壳或下地壳演化曲线上。说明此矿床铅主要形成于造山带环境中。

8.成矿物理化学条件

(1)成矿温度、压力和深度:成矿温度以均一温度为准,其变化范围为 120～420℃,金矿化最佳温度为 220～300℃。第Ⅰ成矿阶段为 420～350℃,成矿压力 30～50MPa;第Ⅱ成矿阶段为 370～290℃,成矿压力 43～136MPa;第Ⅲ成矿阶段为 300～210℃,成矿压力 61～102MPa;第Ⅳ成矿阶段低于 220℃,成矿压力 15～60MPa;第Ⅴ成矿阶段 140℃。成矿压力变化范围为 30～136MPa,表明成矿中期金矿化高峰期,其压力也最大,平均为 87.3MPa。无矿石英脉和方解石脉的压力为 12～80MPa,平均为 45.1MPa。根据垂深 30MPa/km 增压率计算,其成矿深度为 0.5～4.5km,平均 2.45km。

(2)成矿流体酸碱度、氧化还原电位和还原参数:成矿流体的 pH 为 4.1～5.5,平均 4.8,第Ⅰ成矿阶段为 4.1,第Ⅱ、Ⅲ成矿阶段为 4.4～5.1,平均 4.7±,流体属酸性—弱酸性。从成矿早期至晚期,流体由酸性→弱酸性→近似中性过渡。流体的氧逸度(fo_2)变化范围为 10^{-25}～$10^{-42.5}$ MPa,平均为 $10^{-33.8}$ MPa。

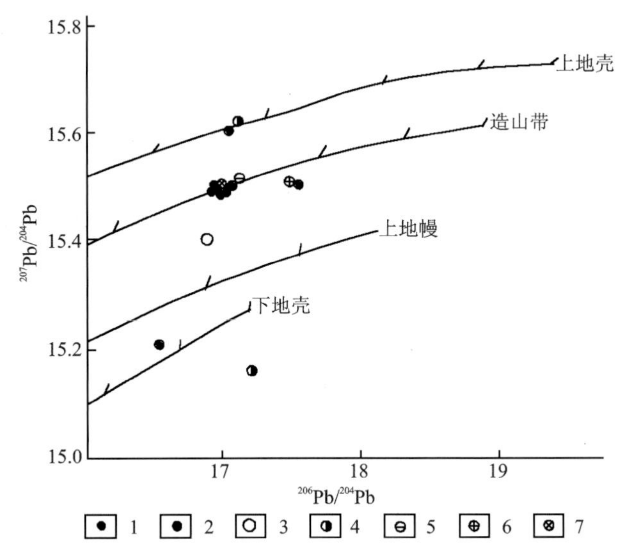

1. 方铅矿；2. 矿石；3. 大理岩；4. 绢云片岩；5. 二长花岗岩；

6. 黑云闪长花岗岩；7. 闪长岩。

图 6-2-50 海沟金矿床$^{207}Pb/^{204}Pb$-$^{206}Pb/^{204}Pb$图

温度 380℃时达 10^{-25}MPa，200℃时降至 10^{-45}MPa。流体的 *Eh* 为 0.55～－0.3，平均－0.42，从成矿早期至晚期 *Eh* 由小变大。含金石英脉的还原参数为 0.41～0.95，平均 0.57，表明成矿环境属还原性质。

(3)地层中金的活化与迁移：海沟金矿床的主要围岩在区域变质作用过程中，存在于固态岩石中分散着的金，在温度 300～350℃，压力 1000Pa 2000Pa 条件下，金可以络合物$[AuCl_3]^-$形式存在，在富含 Cl^- 的溶液中它可以“$Na[AuCl_2][H_2O]_n^-$”的形式存在于溶液中。通过海沟岩体成岩作用时的岩石包体和矿物包裹体的成分对比，发现成岩期溶液中的 Cl^- 的浓度比成矿期 Cl^- 的浓度高 2 倍。海沟岩体在成矿期充分具备高温(573～850℃)条件，且溶液富含 Cl^-、F^-、SO^{2-}、H_2、K^+、Na^+、Ca^{2+}、Mg^{2+} 等元素离子，而岩浆期的初生热液性质略显弱碱性(pH＝7.5)氧化环境(*Eh*＝0.75)，有着较高氧逸度，这就具备了从围岩中浸出金的足够能力。

9. 物质来源

从地球化学原生晕分布特征来看：主要成矿元素金的分布，除了在矿化带内形成了正晕场和矿化场外，而在矿化带以外的围岩中形成了面积较大的亏损场。尤其是成矿前碱交代阶段，面状蚀变带中金的含量都很低，一般为 2.33×10^{-9}～4.00×10^{-9}。其中包括色洛河群变质岩系中变流纹质凝灰岩(Au 为 2.29×10^{-9}，浓集系数 0.54)，砂质板岩(Au 为 2.77×10^{-9})，绢云石英片岩(Au 为 2.331×10^{-9})，斜长角闪岩(Au 为 2.431×10^{-9}，浓集系数为 6.56)，大理岩(Au 为 4.1×10^{-9}，浓集系数为 0.93)和花岗闪长岩(Au 为 107.8×10^{-9})等。与区域同层岩性相比，除矿床正晕场外，主要围岩 Au 含量都低于地壳丰度值近 1 倍。该亏损场(或低景场)中的金在长期多次的地质构造成矿作用中已迁移到矿化带内，所以说海沟金矿床中的金主要来源于中元古界色洛河群变质岩系和花岗闪长岩。

10. 控矿因素及找矿标志

(1)控矿因素：中元古代色洛河群红光屯组斜长角闪岩、二云片岩、黑色板岩夹大理岩；燕山期二长花岗岩、闪长玢岩成群成带。槽台边界超岩石圈断裂与北东向深断裂交会处控制岩浆侵入，北东向断裂、裂隙带属压扭性断裂发育地段与岩体周边内外接触带是控矿有利部位。

(2)找矿标志：中元古代色洛河群红光组分布区。区域上北西向深大断裂与北东向深大断裂交会处，矿体受次一级北东向压扭性构造控制。燕山期二长花岗岩、闪长玢岩。硅化、钾长石化、钠长石化、电气石化、绿帘石化、绢云母化、绿泥石化、黄铁矿化，特别是线型分布的硅化-绢云母化-绿泥石化-黄铁矿化是找矿直接标志。化探异常主要指示元素 Au、U、Pb、Bi、Mo，次要指示元素 Ag、Cu、Zn、Sn、Ni、Co、V、As、Sb 异常区，异常内带为 Au、U、Pb。

（十八）珲春市小西南岔金铜矿床特征

1. 地质构造环境及成矿条件

矿区位于晚三叠世—新生代东北叠加造山-裂谷系（Ⅰ），小兴安岭-张广才岭叠加岩浆弧（Ⅱ），太平岭-英额岭火山-盆地区（Ⅲ），罗子沟-延吉火山-盆地群（Ⅳ）构造单元内。

（1）地层：本区出露地层主要是下古生界五道沟群变质岩，二叠系及侏罗系地层。见图 6-2-51。

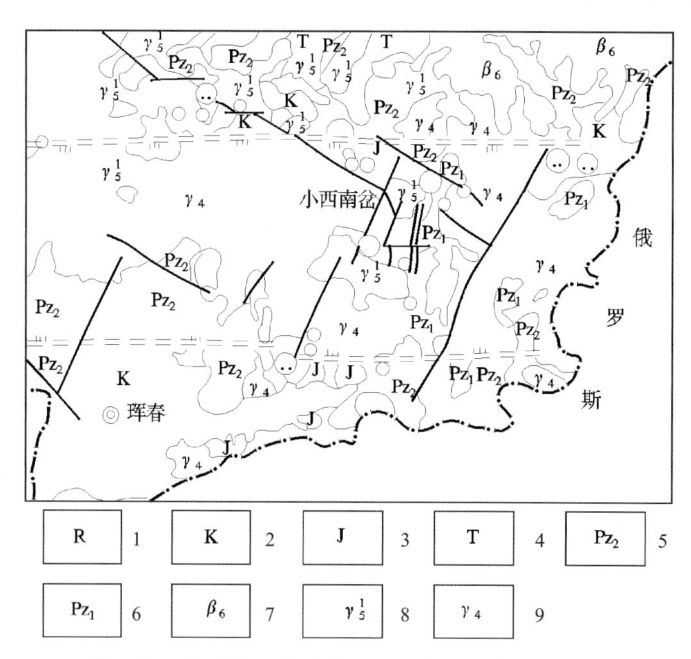

1. 第三系；2. 白垩系；3. 侏罗系；4. 三叠系；5. 上古生界变质岩；
6. 下古生界变质岩；7. 喜马拉雅期玄武岩；8. 燕山期岩；9. 印支期花岗岩。

图 6-2-51　珲春市小西南岔金铜矿床区域地质图

青龙村群：主要分布于矿田东部，呈南北向狭长带状分布，在矿区中部呈捕虏体零星分布于海西晚期花岗岩体中。五道沟群下部以斜长角闪岩、斜长角闪片麻岩为主，中部以黑云母片岩、石墨片岩、二云片岩为主，上部为红柱石、矽线石板岩、砂质板岩等。

二叠系：矿区范围内主要出露下统柯岛组和上统开山屯组，主要分布在北部边缘。

柯岛组上部为紫红色、灰绿色中酸性火山凝灰岩、火山角砾岩及熔岩，夹灰色砂岩、板岩等。下部以灰紫色浅海相砂砾岩为主，夹粉砂岩、板岩等。

开山屯组上部为黑色板岩，中下部为海陆交互相粗砂岩和灰黑色板岩等。

侏罗系：主要分布矿田南部和西北部的断陷盆地中，出露有上统屯田营组、金沟岭组，主要为一套中酸性火山岩夹正常沉积碎屑岩类。

（2）岩浆岩：矿区及外围广泛出露，可划分海西期、印支期、燕山期、喜山期四个构造岩浆旋回。以海西晚期和燕山早期侵入岩最为发育。

海西晚期侵入岩：是区域巨大岩基的一部分，由岩体中心到边缘其岩性变化为黑云母斜长花岗岩、片麻状黑云母斜长花岗岩、花岗闪长岩、闪长岩，显示不甚明显岩相分带。闪长岩和斜长花岗岩同位素年龄分别 210.2Ma 和 206Ma(钾-氩法)。

燕山早期侵入岩：中性岩类包括闪长岩、石英闪长岩等，多呈小岩株分布于东西向深断裂带及其附近，如小西南岔岩体群，杜荒岭岩体群等。侵入于古生代变质岩系及侏罗系火山岩中。多见隐爆角砾岩带；花岗岩类包括花岗岩、斜长花岗岩、花岗闪长岩、钾长花岗岩、二长花岗岩等。如小西南岔、白虎山、三道沟、杜荒岭等，均为岩株状小侵入体，侵入到海西期花岗岩及侏罗系火山岩中。岩体内外接触带见矽卡岩型、热液型铜、铁矿化；次火山岩，可分为成矿前酸性、中性次火山岩及成矿后中酸性次火山岩类。这些次火山岩与燕山早期火山—深成杂岩为侵入接触，往往成群、成带分布于区域性断裂带附近，成矿前与金、铜矿化有密切的空间关系；酸性次火山岩，包括花岗斑岩、花斑岩、流纹斑岩、石英钠长斑岩等。如小西岔花岗斑岩、杜荒岭石英钠长斑岩，东南岔流纹斑岩等，岩体一般呈岩株状，部分呈岩墙状、岩脉状产出；中性火山岩类，岩石类型有次安山岩、闪长玢岩、角闪闪长玢岩、辉石闪长玢岩、石英闪长玢岩等，一般呈脉状，少见角砾岩筒状，在小西南岔、东南岔、白虎山、杨金沟等矿区成群分布。小西南岔花岗斑岩集中分布在矿区中部，在时间上、空间上与矿体关系极为密切，矿体一般产于次火山岩脉上下盘接触带或穿插于其中。

(3)构造：汪清—珲春燕山期内陆断陷盆地延边五凤-刺猬沟-小西南岔火山-次火山型金矿带的东段。

褶皱构造：发育在由早古生代浅—中深变质岩系组成的结晶基底中，构成线性延伸或紧闭型褶皱。主要褶皱构造有五道沟向斜，轴向近南北，小西南岔金、铜矿位于向斜的西翼。

断裂构造：断裂构造十分发育，主要有 4 组构造。

东西向断裂，主要发育矿田南北两端的马滴达和杜荒子—大北坡一带，它们是延吉-图们-马滴达壳断裂和敦化-汪清-春化壳断裂的东延部分，是一系列高角度近东西走向冲断层，倾向隆起一侧，片理化及糜棱岩化发育。

北北东向断裂，主要发育于三道沟-小西南岔一带，由一系列北北东走向、平行密集的挤压破碎带和右斜列的冲断层组成。三道沟断裂倾向西，沿断裂有闪长玢岩、花岗闪长斑岩等多期次火山岩充填。该断裂带与北西向、东西向断裂交切处，集中分布燕山早期的火山—深成杂岩，分布有金铜矿床、矿点。如小西南岔金铜矿床、白虎山金矿点等。

北西向断裂，主要发育在大、小六道沟—大西南岔一带，沿断裂带有燕山早期中酸性侵入岩、次火山岩零星出露，并分布有大西南岔、豹虎岭等金铜矿。小西南岔金铜矿位于与北北东向断裂交会处，此组断裂倾向西南或近直立，西南盘下降并右行扭动，属平移正断层。

南北向断裂，发育较差，主要见于四道沟、五道沟地区，为近南北向片理化带和断层角砾岩，属早期挤压片理化带被中生代东西向断裂共轭的南北向张性断层沿袭改造而成。部分燕山早期侵入岩和次火山岩及四道沟金矿点受其控制。

矿床构造："成矿前"断裂构造，以燕山早期花岗岩派生的花岗细晶岩、花岗伟晶岩脉充填为标志。有 3 组断裂构造，即东西向、北北东向、北西向断裂；成矿期断裂构造，以中酸性火山岩和含矿脉体充填为标志，又进一步划分为成矿早期和主成矿期断裂构造。成矿早期构造控制早期细脉浸染状铜钼矿化的隐伏构造，东西向延伸。北北东向张性断裂，倾向南东，倾角 50°～74°，被乳白色石英脉充填，主要分布北山矿段西部 6 号矿组附近。受后期断裂破坏甚重，只见零星片断。北北西向压扭性断裂，倾向东，倾角 70°～80°，多呈反"多"字方形斜列，被乳白色石英脉充填，为 6 号矿组主要组成部分。且有含矿石英脉、石英方解石脉，主成矿期产物充填于乳白色石英脉上下盘接触带，说明该带在主成矿期还有活动；主要成矿期构造，北北西向压扭性断裂是控制闪长玢岩等中基性次火山岩主要容矿构造，另外，北北西向压性断裂的次一级断裂，亦控制了一些工业矿体，有以下两种类型。北西向压扭性断裂走向 330°，倾南西，倾角较陡，断裂构造规模较大，断裂呈舒缓波状延伸，可见到反"多"字形斜列和分支复合现象，多发育在主断裂上盘，控制 11 号矿体。北西向扭（压）性断裂，倾向北东，倾角 20°～25°，由密集的剪切裂隙带或片理化带组成，主要发育在主断裂上盘，0 号矿体就受此断裂控制；成矿后断裂，以充填晚期花岗闪长斑岩及破坏矿体为标志。沿袭主容矿构造形成复合断裂，沿破碎带发育有断层角砾，另外还有东西向压扭性断裂，北东—北北东向和北西向张扭性断裂等。

2. 矿体三度空间分布特征

矿体严格受北北西向压性断裂及其次级断裂控制。总的矿化范围长 2.51km，宽 0.8km，已圈出大小矿体 34 个，略呈"S"形北北西向延伸，以香房沟为界，分北山矿段和南山矿段见图 6-2-52。

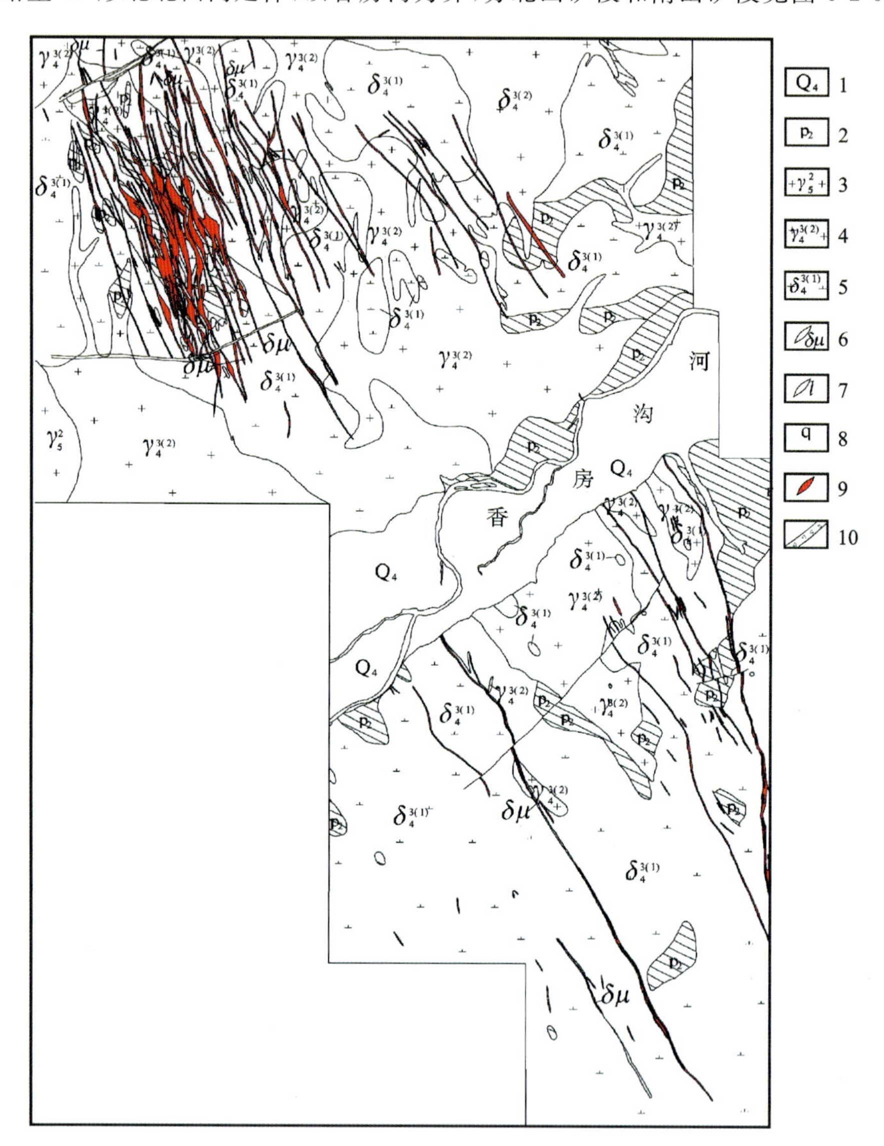

1. 第四系；2. 二叠系片岩、角岩；3. 燕山期花岗岩；4. 海西期闪长花岗岩；
5. 闪长岩；6. 闪长玢岩；7. 细晶岩脉 8. 石英脉；9. 金铜矿体；10. 断层。

图 6-2-52　珲春市小西南岔金铜矿床矿区地质图

北山矿段 12 个矿组，共 22 个矿体，自西向东依次为 10、6、1、2、3、4、5、7、8、9、25 矿组，0 号矿体位于矿段中心部位，矿体多向东倾或近直立，见图 6-2-53。根据矿体形态、产状等特点分复脉型、单脉型、密脉型和网脉或细脉浸染型等 4 种矿体类型，其特征见表 6-2-20。

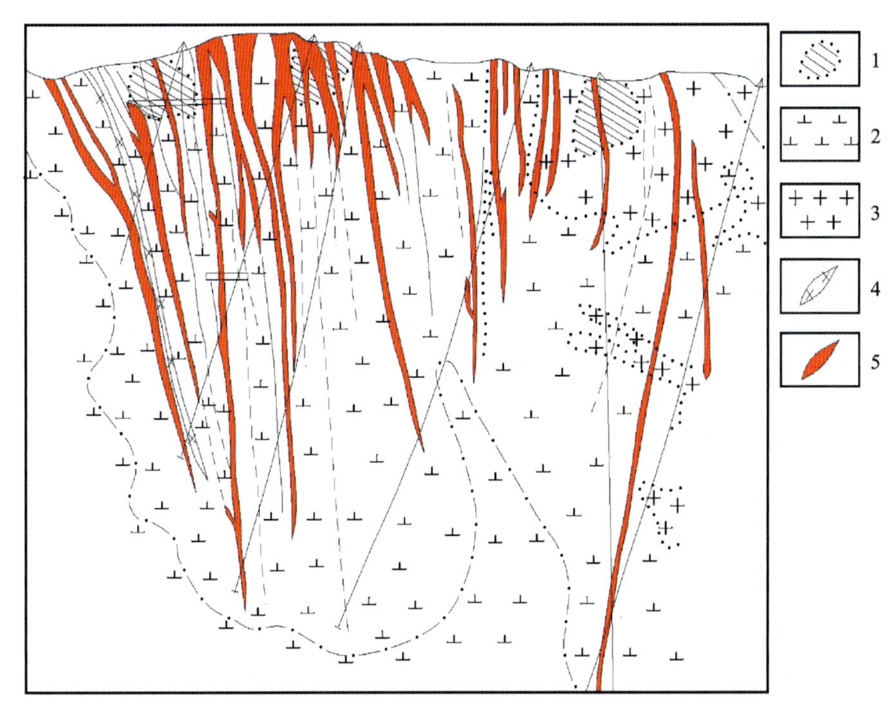

1.角岩片岩；2.闪长岩；3.花岗岩；4.闪长玢岩；5.矿体。

图 6-2-53　珲春市小西南岔金铜矿床矿区 3 号勘探线剖面图

表 6-2-20　北山矿段矿体规模、产状特征表

矿组号	矿体类型	矿体编号	产状/(°)		规模/m					备注
			倾向	倾角	长度	厚度			延深	
						平均	最大	最小		
1	石英脉蚀变带	1-1		65～70	535	1.71	11.21	0.37	680	深部趋向与 1-2 汇合
		1-2	73～86	80～90	680	4.43	17.85	0.44		
		1-3			450	1.37	2.82	0.42		
2	石英脉蚀变带	2-1			490	1.40	9.31	0.53		
		2-2	85	75～88	600	2.17	12.05	0.25	290	产状稳定
3	石英脉、方解石脉和蚀变带	3-1	70～80	75～80	450	2.64	12.67	0.34	320	
		3-2			700	1.86	12.92	0.43		
		3-3			370	1.14	10.76	0.40		
		3-4			340	1.67	21.12	0.67		
4	石英脉、方解石脉和蚀变带	4-1	65	陡	595	1.65	3.50	0.57	330	局部向西倾
		4-2			300	0.80	1.74	0.34		
		4-3			250	0.76	2.14	0.40		
5	同 1	5	255	85	780	2.09	8.06	0.45	290	
6	石英脉蚀变带	6-1			600	2.71	17.41	0.50		深部趋向与 5 汇合
		6-2	80～75	60～75	600	2.21	7.75	0.69	190	深部趋向与 1-2 汇合
		6-3			980	1.37	3.35	0.52		

续表 6-2-20

矿组号	矿体类型	矿体编号	产状/(°)		规模/m					备注
			倾向	倾角	长度	厚度			延深	
						平均	最大	最小		
7	石英脉蚀变带	7-1			565	0.70	1.71	0.31		
		7-2			450	3.03	5.27	0.34		
		7-3			335	2.02	2.45	0.52		
		7-4	115～225	70～90	335	3.55	7.70	0.63	320	2线以北倾向115°
8	同1	8			375	1.45	3.48	0.54	240	
9	石英脉蚀变带	9-1			415	0.92	1.81	0.52		
		9-2	225	45～70	590	1.98	3.30	0.40		
		9-3			310	1.97	0.90	0.46		
		9-4			335	2.57	4.20	0.65		
0	密脉型	0	50～65	24～36	290	1.75	2.70	0.80	100	隐伏矿体产状稳定，550m标高矿体尖灭
10	密脉型细脉状	10	60	40	100	50				隐伏矿体

南山矿段已圈出7个矿体，由东到西依次为11、12、13、14、15、21、22号矿体，其中11号矿体、22号矿体为主矿体，12、13、14、15号矿体是11号矿体上盘分支矿脉。该矿段矿体产状稳定、连续性好，规模大，均为单脉型矿体，特征见表6-2-21。

表 6-2-21　南山矿段矿体规模、产状特征表

矿组号	矿体类型	产状/(°)		规模/m			备注
		倾向	倾角	长度	平均厚度	延深	
11	石英脉、方解石脉和角砾岩带	主脉 265～272	50～63	1500	2.38	>450	1.主矿体上部陡，向下缓。2.矿体主要分布在次火山岩脉两侧断裂破碎带中。3.主岩脉走向、倾向皆为舒缓波状。4.上盘支脉较多，与支脉呈入字形相交，其另端向北撒开。5.支脉远离主脉，很快变窄尖灭
		支脉 230～245	70～85	20～150	1.09	>101	
12	石英脉	245	68	600	1.42	150	近地表缓，深部陡
13	石英脉				1.23	>310	
14	蚀变带石英脉	240～250	85～75	750	0.67	>265	地表为蚀变带
21	同11号	240	75～80	1200	1.24	>400	矿体分布在次火山岩脉两侧，产状稳定
22	同上细脉浸染状矿化	240	70～80	1200	1.89	>230	矿体南部见次火山岩脉

3. 矿床物质成分

(1)矿石成分:主要有益组分,Cu平均含量 0.86×10^{-2},Au平均含量 3.81×10^{-2},主要伴生有益组分元素Ag、Te、Mo、Bi、Ga、Ge、In等。有害杂质有 $MgO<5.35\times10^{-2}$,$As<0.007\times10^{-2}$,$Zn<0.03\times10^{-2}$,不影响铜、金的选矿与冶炼。

金的赋存状态:金与银常形成置换的固体溶液的连续系列,金成色最高达930,一般在814～873范围内,主要可见金嵌布于黄铜矿、磁黄铁矿、辉铅铋矿、斜方辉铅铋矿、辉锑铋矿及石英中,而微细粒金主要赋存在黄铁矿中,其次赋存在毒砂、磁黄铁矿和辉钼矿中。金主要与成矿晚期阶段金属硫化物密切共生。

(2)矿石类型:主要为氧化矿石和硫化矿石。根据矿化蚀变及矿物组合硫化矿石又划分四种类型:硫化物型、少硫化物型、中硫化物型及高硫化物型。

(3)矿物组合:主要金属矿物有黄铜矿、黄铁矿、磁黄铁矿、自然金、银金矿;其次有毒砂、胶黄铁矿、斑铜矿、闪锌矿、方铅矿、斜长辉铅铋矿等;表生矿物有褐铁矿、针铁矿、孔雀石、铜兰、自然铜、白铁矿、辉铜矿、沥青铜矿等。非金属矿物以石英、方解石为主,次要有绢云母、绿泥石、绿帘石、阳起石、沸石等。

(4)矿石结构构造:矿石结构主要有半自形晶结构、文象结构、乳滴状结构、交代溶蚀结构、包含结构、填隙结构、胶结结构、斑状压碎结构、揉皱结构;矿石构造主要有块状构造、细脉浸染状构造、条带状构造、梳状构造、多孔状构造。

4. 蚀变类型及分带性

(1)钾长石化及黑云母化,有两种蚀变,一是成矿前与燕山早期花岗岩侵入有关的钾长石化和黑云母化,分布广泛。二是成矿早期的酸性次火山岩-花岗闪长斑岩中产生钾长石化和黑云母化,往往伴生有绢云母化、硅化及黄铁矿化、黄铜矿化、辉钼矿化等,主要发现于北山矿段西部隐伏花岗斑岩中。

(2)阳起石化及透闪石化,是成矿早期一种蚀变,见于6号矿组为代表乳白色石英脉的脉壁或脉体内围岩捕虏体,多见于斜长角闪岩、角闪石角岩围岩接触处,呈放射状、球状集合体。

(3)硅化及绢云母化,是矿区最发育近矿围岩蚀变,主要分布容矿断裂带。石英呈网脉状、团块状、浸染状。绢云母化与硅化伴生。

(4)碳酸盐化,是主成矿期硫化物—石英方解石脉阶段和硫化物—方解石脉阶段产生的蚀变类型。

(5)绿泥石化,成矿前的蚀变多分布于燕山早期花岗岩体中断裂带和细晶岩脉中。成矿期的绿泥石化产于容矿断裂带中,呈微细网脉状或浸染状、团块状分布于蚀变岩中,绿泥石化一般与绢云母化、硅化伴生,分带较明显,构成弱蚀变带的主要蚀变类型,称远矿蚀变。

5. 成矿阶段

可划分两个成矿期,即热液成矿期和表生成矿期。

(1)热液成矿期:分金-石英阶段和金-石英-硫化物阶段。

金-石英阶段:早期细脉浸染铜钼矿化亚阶段,生成的矿物主要有石英、辉钼矿、毒砂、黄铜矿及少量黄铁矿。典型构造为浸染状构造,典型结构为半自形晶结构。围岩蚀变类型为钾长石化、绢云母化。标型元素为Cu、Mo;晚期贫硫化物乳白色石英脉亚阶段,生成的矿物主要为大量的石英,少量的辉钼矿、毒砂、黄铁矿、黄铜矿和自然金。典型构造为细脉浸染状、条带状构造,典型结构为半自形晶结构。围岩蚀变类型为阳起石化、透闪石化、硅化。标型元素为Cu、As。

金-石英-硫化物阶段:早期硫化物石英脉亚阶段,生成的矿物主要为大量的石英,黄铁矿、黄铜矿、磁黄铁矿、自然金,少量的辉钼矿、毒砂、斑铜矿、钛铁矿、闪锌矿、方铅矿和胶黄铁矿。典型构造为条带状构造,典型结构为半自形—他形晶结构。围岩蚀变类型为绢云母化、硅化。标型元素为As、Cu、Pb、

Au;中期富硫化物石英方解石脉亚阶段,生成的矿物主要为大量的石英、黄铜矿、磁黄铁矿、方解石,黄铁矿、自然金、银金矿、胶黄铁矿,以及少量的斜方辉铅铋矿、方铅矿、辉铅铋矿、碲银矿。典型构造为块状构造、梳状构造,典型结构为胶状结构。围岩蚀变类型为绿泥石化、碳酸盐化。标型元素为 Au、Ag、Bi、Cu。晚期贫硫化物方解石脉亚阶段,生成的矿物主要为大量方解石,少量的黄铁矿、黄铜矿。典型构造为梳状构造、脉状构造。围岩蚀变类型为碳酸盐化、沸石化。标型元素为 Cu、CO_3^{2-}。

(2)表生成矿期:主要生成方解石、褐铁矿、臭松石、孔雀石、自然铜、辉铜矿、铜蓝。

6. 成矿时代及成因

小西南岔金矿床,成因上主要与燕山早期的中酸性次火山岩有关。花岗斑岩、闪长玢岩的钾-氩法年龄分别为 107.2Ma 和 130.1Ma,除了上述主要成矿期外,还与早期花岗斑岩铜矿化有关,这一期花岗岩钾-氩年龄为 137Ma,可见小西南岔矿床形成延续了几百万年的时间。

小西南岔金铜矿床的形成,具有多期、多类型成矿作用叠加特点,如与闪长岩、花岗斑岩有关斑岩型铜、金矿化,与中基性次火山岩-闪长玢岩有关的火山岩型金铜矿化,主成矿期为后者。矿体形态以脉状和复脉状为主,网脉状、细脉浸染状矿体为次,主要成矿期围岩蚀变为硅化、绢云母化、绿泥石化、碳酸盐化,包裹体测温主成矿期为中温环境,矿床形成深度 1.5km 左右,压力 250～500bar 等。据上述特点,小西南岔矿床成因类型归属于斑岩型及火山次火山热液单脉—复脉状金铜矿床。

7. 地球化学特征

(1)硫同位素组成:矿石 $\delta^{34}S‰$ 为 $3.3\times10^{-3}\sim4.8\times10^{-3}$,为不大正值,均值为 4.1×10^{-3},变异系数极低(0.095),具单一硫源-上地幔的特点和深成均一化特点。花岗闪长岩 $\delta^{34}S‰$ 为 4.5×10^{-3}。

(2)锶同位素组成:矿区花岗闪长岩和闪长玢岩的 $^{87}Sr/^{86}Sr$ 比值分别为 0.704 825 和 0.705 036,略大于大西洋岛屿的玄武岩平均的 $^{87}Sr/^{86}Sr$ 初始值 0.703 7±0.001,大于混染的新西兰安山岩的 $^{87}Sr/^{86}Sr$ 初始值 0.705 5,可认为这些岩石是同源于玄武岩熔浆经结晶分离作用和受不同程度壳层混染的产物。

(3)微量元素地球化学特征:燕山早期中性次火山岩和青龙村群变质岩的 Au 含量高于岩石 Au 平均含量值 4～5 倍。因此可认为金矿来源主要与中酸性火山岩有关。

各类岩石蚀变岩除了增加 Au、Cu、Ag 元素外,还有 Co 和 Ni。Co、Ni、Cu 等属基性岩类型的极性元素,其主要来源于玄武岩浆。对矿体、闪长玢岩、燕山期侵入岩、海西期侵入岩 4 组样品进行 Ni+Co 与 Au 相关分析,其相关系数分别为 0.49、0.67、−0.26、−0.31,说明 Au 与闪长玢岩关系密切,可以认为 Cu、Au 等主要成矿物质与闪长玢岩都是来自深部—上地幔的玄武岩浆。

8. 成矿物理化学条件

(1)围岩蚀变及矿物组合共生组合标志:在成矿早期阶段,围岩蚀变主要有钾长石化、黑云母化、绿帘石化、阳起石化等,矿石矿物主要有黄铜矿、辉钼矿、毒砂、黄铁矿等,为典型高温热液蚀变矿物组合。在主成矿阶段,蚀变主要有硅化、绢云母化、绿泥石化、碳酸盐化、沸石化,矿物主要组分为黄铜矿、黄铁矿、磁黄铁矿、胶黄铁矿、闪锌矿、辉碲铋矿、碲化物、自然金和银金矿等,是较典型中温—中低温型蚀变和矿物组合。也说明成矿温度从早到晚经历从高温到低温变化。

(2)矿体包裹体测温:爆裂法成矿温度变化范围为 160～400℃,平均值变化范围 251～280℃,证明成矿作用经历了从高温到低温的变化过程,而主要在中温阶段成矿。

(3)成矿压力条件分析:矿床处于中—新生代隆起区,侏罗系火山岩层不发育,厚度变化为 1000～1500m,由于长期处于剥蚀环境、剥蚀深度在 1500m 左右,如果热液柱平均密度按 2.5g/cm^2,成矿压力为 400bar 左右。

9. 物质来源

根据矿床地球化学特征，小西南岔矿床的形成，与燕山早期的火山-深成杂岩关系密切，尤其演化晚期阶段的中酸性次火山岩（花岗斑岩、闪长玢岩等）有极密切时间、空间关系。燕山早期—深成作用不同阶段均有不同矿化作用，特别晚期潜火山岩阶段，矿化、蚀变更强烈。主要成矿物质来源于燕山早期的火山-深成杂岩岩浆。

燕山早期花岗岩、闪长玢岩等和矿石中的硫具有同源性特点，可以认为金等主要矿物质与岩浆同源的。

10. 控矿因素及找矿标志

（1）控矿因素：区域上东西向大断裂和其共轭断裂控制中生代火山盆地和隆起构造格架，在隆折带、断陷盆地带次级隆起区，主要出现铜-钼和金-铜系列成矿作用。而断陷带中次级凹陷区，则出现铅-锌和金-铜成矿系列。矿床受区域性断裂交切构造控制。在两组构造交切部位发育有燕山早期火山-深成杂岩体。岩浆控矿，小西南岔矿床形成主要与燕山早期火山-深成杂岩晚期中酸性次火山岩有关，尤其是中基性次火山岩与成矿关系密切。

（2）找矿标志：小西南岔矿床是多期阶段成矿作用叠加而成，早期钾长石-黑云母-绿帘石和阳起石-透闪石-绿泥石，是早期花岗闪长岩、花岗斑岩有关铜、铜-钼矿化阶段产物，蚀变范围广。中期硅化-绢云母化、碳酸盐化是与金铜矿化阶段产物，是近矿蚀变组合，晚期碳酸盐化-绿泥石化为近矿蚀变外带。原生晕标志：如果金 $0.1\times10^{-6}\sim1\times10^{-6}$，铜 $500\times10^{-6}\sim1000\times10^{-6}$ 高异常边部出现 Hg、Pb、Sb，可作为找矿直接标志。金自然重砂标志：在Ⅲ级河流中出现大于 0.003×10^{-6} 和水源头出现大于 0.03×10^{-6} 金自然重砂高异常，并在重砂中出现黄铜矿-磁黄铁矿组合时是近矿标志。

（十九）珲春市杨金沟金矿床特征

1. 地质构造环境及成矿条件

矿区位于晚三叠世—新生代东北叠加造山-裂谷系（Ⅰ），小兴安岭-张广才岭叠加岩浆弧（Ⅱ），太平岭-英额岭火山-盆地区（Ⅲ），罗子沟-延吉火山-盆地群（Ⅳ）构造单元内。

（1）地层：区内出露的地层主要为下古生界五道沟群。

分布于矿区中部和东部，面积约占全区的 3/5。北东部被海西晚期闪长岩、石英闪长岩侵入，呈残留体零星分布；西部被海西晚期斜长花岗岩侵入而吞蚀。地层总体走向呈近南北向，向斜西翼倾向东，东翼向西倾，倾角 40°～60°，依据实测地质剖面，按沉积韵律将地层划分为 3 个岩性段，分述如下。

五道沟群下段：分布于矿区西北部，西部被斜长花岗岩侵入吞蚀后，接触界线不规则。地层呈南北走向，向东倾，倾角 58°～700°，地层中褶皱发育。其下部为变质砂岩与砂质板岩互层；上部为斜长角闪片岩与变质砂岩、变质砂岩与砂质板岩互层。总厚度大于 318m。

五道沟群中段：分布于矿区中部，呈北部窄、南部宽的条带状，地层中的小褶皱、劈理发育。其底部由于斜长花岗岩的侵入，使接触界线呈港湾状。岩性主要由斜长角闪片岩及角闪片岩夹少量变流纹岩和黑云母绿泥片岩、绢云石英片岩（二云石英片岩）组成。前者主要分布在矿区东部和东北部；而二云石英片岩主要分布在矿区中部，其厚度较大，且成为矿体的主要围岩；在东沟北部此段岩石中，则见有大理岩透镜体。总厚度大于 50m。

五道沟群上段：分布于矿区的东南部及北部，即为杨金沟向斜核部，呈南北向条带状分布，北部被闪长岩、石英闪长岩侵入而吞蚀，呈零星捕虏体存在，而且其中间部位，由于 NW 向断层的影响，地层层序紊乱，向斜核部地层出露零散，其轴线大致向北西向转折。岩性主要为黑色碳质板岩、红柱石板岩夹变质砂岩(粉砂质板岩、砂质板岩)、角闪片岩等。总厚度大于368m。

除此以外，矿区内还见有少量的绿泥片岩、含碳质二云石英片岩、含碳质十字石片岩、含石榴子石黑云母片岩等。从尼氏图解中不难看出，上述诸岩石的原岩系陆相黏土质沉积岩，是属负变质岩石类。五道沟群地层的金平均丰度值为0.021 6×10^{-6}，比地壳同类岩石丰度值高5～7倍；其他铜、铅、锌、钨、锑、砷等元素丰度值也不同程度地偏高。

(2)侵入岩：以海西晚期为主，燕山期次之。岩石均属中酸性深成相和浅成相。

海西晚期第一阶段侵入岩主要为闪长岩、石英闪长岩，呈岩株状产出，侵入到五道沟群地层中，其岩性变化较大，尤其是石英含量变化更悬殊。在大杨金沟西南岩体中取一条Rb-Sr等时线样品，测试结果其年龄值为(577±194)Ma，相当于寒武纪(早寒武世—早泥盆世)，相差很悬殊，有待今后再研究。

第二侵入阶段为黑云母斜长花岗岩，呈岩基状产出，侵入到五道沟群中。在矿区西部取一条Rb-Sr等时线样品，其年龄值为(168±13)Ma，相当于中—晚侏罗世(应属γ_5^2)，比现定时代值偏新。

燕山期侵入岩：矿区内燕山期侵入岩多呈脉状，主要分布在1号脉附近，侵入于五道沟群地层及黑云母斜长花岗岩之中，故对其侵入相对时代，暂视为燕山期。按其侵入先后顺序有：(片麻状)斜长花岗斑岩、细粒闪长岩、闪长玢岩、石英脉及次安山岩等。1984年省局区调队在杨金沟地区采集了该岩脉的铀铅同位素样品，测试结果其年龄值为82Ma，故把斜长花岗斑岩归属燕山晚期侵入岩。

石英脉：区内出露的石英脉主要有两期：其一，成矿期石英脉。即为1号含金蚀变带的组成部分；其二，成矿前北西向石英脉主要出露在杨金沟金矿区1号含金蚀变带附近和3号脉带。

除上述主要脉岩以外，矿区内还见有少量次安山岩脉、安山玢岩及细粒闪长岩脉等，矿区内一般都呈北北西向展布，与地层产状基本一致。

(3)构造：褶皱构造以杨金沟向斜为主，贯通全区，断裂构造较复杂。

杨金沟向斜分布在矿区中部，其总体走向近南北，在1号脉附近北北西，往南略有翘起之势。向斜核部为五道沟群上段，其两翼分别为中、下段组成。在海西晚期岩浆侵入活动和后期构造的影响下，向斜东翼保存甚少，相对西翼则出露面积较广，也较完整。西翼倾向东-北东，倾角40°～60°；东翼倾向西一北西，倾角65°～80°。属中等紧闭的褶皱。其中的岩石均遭受不同程度的变质作用，岩石类型以片岩类为主，岩石片理发育，常出现揉皱和片理化带及层间断裂等。

成矿前断裂：其走向为北西或北北西，因多沿地层层面展布，故亦称之为层间断裂。此组断裂的多数，已由斜长花岗斑岩、闪长玢岩、石英脉、细粒闪长岩及次安山岩等脉岩充填。断裂规模较大，一般长300～500m，早期形成的斜长花岗斑岩长达800余米；晚期成的中性脉岩类其规模较小，常呈断续脉状产出。产状较稳定，延续性较好，多数倾向北-北北东，倾角40°～60°；断裂密集成群出现，平行展布，一般每隔20～50m出现一条，在1号脉附近其密度更大，有时20m范围内竟出现4条平行脉体；多数断裂呈舒缓波状，断层带内常见断层泥、构造透镜体及糜棱岩化现象等。据有些断层擦痕、阶步等特征判断断层北东盘往北西方向斜冲，其倾角35°～50°；断裂内所充填的各种脉岩，其相对侵入顺序依次为细粒闪长岩、斜长花岗斑岩、闪长玢岩、石英脉。说明此组断裂具有多期次长期活动的特点。

成矿期断裂：1号含金蚀变带(简称1号脉)，位于矿区中部，受北北东或北东向断裂所控制；沿走向长大于1000m，宽一般3～5m，局部宽达10余米，延深大于435m；断层走向15°～40°之间变化，总体走向为30°左右，倾向北西，倾角38°～70°，产状较稳定；在平面上看呈不明显的折线状，剖面上看呈舒缓波状。沿其延伸方向上常有膨缩现象和分枝分叉等现象；断裂面参差不平，断裂带内所充填的蚀变岩(或矿体)与围岩界限不清晰。矿体赋存于蚀变带内，其产状基本上与蚀变带一致，一般呈断续脉状分布，其形态较复杂，往往呈不规则板状或透镜状、扁豆状等；所充填的蚀变岩，主要由构造角砾岩和不规则石英脉组成，角砾呈次棱角状—浑圆状，成分较杂，除石英脉角砾外，还有二云石英片岩、斜长花岗斑岩及少量闪长岩、次安山岩等；胶结物以硅质为主，胶结比较坚固；断裂通过黑云母斜长花岗岩区时，其宽度显著变窄，沿断裂充填的就是石英单脉，泳壁平直，围岩蚀变不强；而通过五道沟群地层时，则出现较宽的蚀变带，蚀变也较强，并且往往沿地层层理、片理或裂隙而产生北西-南东向羽状或锯齿状分枝蚀变。

成矿后断裂：在1号脉附近主要见有五条成矿后断裂或破碎带，断层带内均可见到断层泥，断层角砾等，胶结较松散，断层层面不平直，并往往沿延伸方向上出现分支分叉现象，属张扭性断层；

2.矿体三度空间分布特征

杨金沟金矿区1号含金蚀变带(简称1号脉)，位于矿区中部，是区内已知的唯一具有工义的含金蚀变带，地表控制长大于1000m，一般宽为4～5m；最大宽达14m，平均6.5m，最大延深435m。总体走向为北北东30°左右，倾向北北西—北西，倾角在38°～70°之间变化，一般为50°～55°，产状稳定。从地表形态上看，其轮廓为带锯齿状(或羽状)的不规则脉状；从剖面上看，呈舒缓波状的厚板状或透镜状。矿体主要赋存于含金蚀变带或石英脉中，其形态产状与蚀变带基本一致。

1号脉(矿体)，主要由蚀变岩及石英脉组成。整个1号含金蚀变带的围岩可分为3个区段：13—33线以南为黑云母斜长花岗岩；13—8线间以二云石英片岩和斜长花岗斑岩为主；8—24线以北主要为斜长角闪片岩、绢云绿泥片岩等。

1号脉由3个矿体构成：1-1号矿体，位于13—8线间；1-2号矿体，位于16线上；1-3号矿体位于17—15线附近。其中1-1和1-2号矿体为蚀变岩型金矿体，具有工业储量，而1-3号矿体为石英脉型金矿体，则没有工业储量。

1-1号矿体出露于13—8线间。由于工业指标的限制，在含金蚀变带内，大量金品位≥1.0g/t而<3.0g/t的样品，按夹石被剔除，而置于矿体外。虽然整个含金蚀带，形态较整，产状稳定，连续性很好，但其中的矿体，则连续性差，分布零散，且使形态复杂化。平面上看，矿体呈断续脉状；从剖面上看，矿体呈舒缓波状的厚板状或透镜状；从矿体垂纵投影图上看，地下矿体基本上连续，但矿体边界极不规整，呈板金边角料状。矿体断续延长380m，最大延深305m。其走向在15°～40°之间变化，总体走向为30°左右，倾向北北西—北西，倾角38°～67°，平均54°；最大水平宽度为6.01m，最小0.52m，平均2.06m；最高金品位为21.79g/t，最低3.15g/t，平均5.36g/t。金品位普遍不高，无高品位，品位厚度变化不大，比较均匀稳定，其变化系数均小于90%。

1-2号矿体，地表主要出露于9—7线间，其次在3、0、4、8等线附近零星出露，其余则为无矿段；地下在7线240～350m标高间(即ZK706、ZK703附近)和5线280m标高以下(即ZK503附近)及360m中段CM101附近等处为无矿段，但其上下、左右都以蚀变带相连通，可见地表矿体连续性差，分布零散，矿体线含矿系数仅为0.38；地下虽然矿体形态不规整，但基本上连成一体，矿体线含矿系数达0.80。

矿体沿走向和垂深方向上，其品位、厚度变化，基本上呈正相关系即品位高，厚度也大，品位低，厚度也小的趋势。反之亦然。从图上曲线的分布状态和品位，厚度值的变化规律来看，无论沿其走向或沿其垂深方向上，都出现品位、厚度值较高的区段：在沿走向变化曲线图上，品位高，厚度大者，主要集中出现在11—1线间；在沿垂深方向变化曲线图上看，主要出现于150～300m标高范围内。矿体中主要工业储量，也正是在这些区段内。

上述区段在各勘探线上出现的标高则是不一致的，且具有一定的方向性。即从地表7线附近，经过地下5线坑道，到3线、0线，依次其标高降低，似乎具有向北东侧伏的迹象，其侧伏角为30°左右。这与整个矿体的延深方向也是基本吻合的。

另外，矿体沿其走向及倾向，具有尖灭再现或局部可见分支复合等现象。

3.矿床物质成分

(1)矿石物质成分：Au的含量17.5～32.5g/t，Ag含量6.3～7.9g/t。毒砂中含有一定量的Cu、Zn、Pb、Co、Ni等微量元素和Au、Ag等。并且具有毒砂粒度细、含量高的优势。矿石中As含量均高于

S;绢云母中 Au 含量达 3.75g/t,说明绢云母含量的多少与金品位高低是有密切关系的。另外,从分析结果中看,SiO_2 含量比正常白云母高,而 Al_2O_3 和 K_2O 含量偏低,这可能由于绢云母中混入石英等杂质引起。石英中含 Au1.8Og/t,Ag3.3g/t,把该样品分成 3 份,分别测定含量得 2.00g/t、1.50g/t、6.25g/t。说明石英中 Au 的分布是很不均匀的,进一步说明,Au 多数以超显微金状态分布于石英中。

除自然金、银金矿以外,黄铁矿、毒砂和绢云母、石英等矿物中也含金,而且是含金量较高的矿物。黄铁矿含金量高于毒砂;绢云母中含金量高于石英。

(2)矿石类型:磁铁矿-辉钼矿-石英型,金-贫硫化物-石英、绢云母型,金-富硫化物-石英、绢云母型,贫磷化物-绿泥石-石英(方解石)型。

(3)矿物组合:金属矿物主要有自然金、银金矿、磁铁矿、钛铁矿、辉钼矿、黄铁矿、黄铜矿、黝铜矿、方铅矿、闪锌矿、磁黄铁矿及菱铁矿、锐钛矿、少量的白钨矿;脉石矿物有石英、绢云母、绿泥石、方解石、电气石、毒砂等。

(4)矿石结构构造:矿石结构主要有他形粒状结构、半自形—自形粒状结构,次要结构有交代残余结构、环边结构、骸晶状结构、固熔体分解结构;矿石主要构造为稀疏浸染状构造,次要构造为细状构造、团块状构造、带状构造等。

4. 蚀变类型及分带性

北东 1 号脉的中段金矿化与黄铁矿化、毒砂矿化有关,而黄铁矿化,毒砂矿化与硅化、绢云母化关系密切,往往硅化、绢云母化强烈地段,伴随有较强的黄铁矿化和毒砂矿化,并且金品位也明显提高。1 号脉的主要工业储量,也就在此段内。

北东 1 号脉的北段蚀变矿化以绿泥石化、绿帘石化和黄铁矿化、磁黄铁矿化为主,绢云母化,硅化、碳酸盐化和磁铁矿化、黄铜矿化次之。此段岩石中蚀变虽然较深,但蚀变带宽度明显变窄,一般 2～3m,而且沿走向有分支现象,含金微量,没有工业矿体。

北东 1 号脉的南段矿体主要赋存于石英脉中,蚀变也围绕石英脉两侧发育。其矿化蚀变有褐铁矿化、绢云母化、高岭土化、硅化、黄铁矿化,局部还可见绿泥石化、绿帘石化和辉钼矿化等。金矿化主要与黄铁矿化关系密切,而且这些金属硫化物主要在石英脉中。

5. 成矿阶段

根据矿石类型和矿物组合及石矿物的各种标型特征,结合体形态产状、组构特征等,将矿床划分为 2 个成矿期 5 个成阶段。

(1)热液期:含 B、Mo 石英阶段:系期热液活动,往往与早期形成岩浆岩及岩脉密切相关,形成度为 329°,矿物组合有磁铁矿、辉钼矿(局白钨矿)和电气石、石英等,在此阶段含金少量。

贫硫化物石英阶段:此阶段开始含金热液活动,但其含量甚微,主要以沿北西向断裂带而充填的石英脉为代表,还有其他脉岩等,其形成温度为 280°(8 个样品平均),主要矿物组合为粗粒黄铁矿、磁黄铁矿、粗粒毒砂和自然金及石英。

含金多硫化物阶段:系主要热液阶段,含矿热液主要沿北东或北北东向断裂带充填,热液中含有较多的金属硫化物和含金矿物,是属主要成矿阶段。其形成温度为 250°(16 个样品平均),矿物组合有细粒他形粒状黄铁矿、毒砂、自然金、银金矿及黄铜矿、闪锌矿、方铅矿和石英、绢云母等。

石英碳酸盐阶段:系热液活动的末期,矿体中见有细石英脉或网脉状石英脉,有的还可见方解石脉等,形成温度为 200°左右或更大些,矿物组合为黄铁矿、磁黄铁矿、菱铁及锐钛矿和石英、方解石、绿泥石等,此阶段含金甚微。

(2)表生期:表生期不发育,主要矿物组合有褐铁矿、偶见孔雀石,另外高岭土、绿泥石、绢云母等。

6. 成矿时代

从岩体和各种岩脉的形成顺序上看，黑云母斜长花岗岩形成时间（168±3）Ma，侵入到五道沟群中，并且 NE 向石英脉和含金蚀变带（矿体）切割了前两者，而且也切割了黑云母斜长花岗岩派生的斜长花岗斑岩和 NW 向石英脉等。斜长花岗斑岩形成时间为 82Ma。

如此看来，断裂构造和热液活动经历了较长时间，具有多期多阶段活动的特点。那么，矿体形成时间，最早在黑云母斜长花岗岩形成之后；最晚可能在斜长花岗斑岩形成时期或稍晚些时候，也就是燕山早一晚期形成。

7. 地球化学特征及成矿物理化学条件

（1）微量元素特征：二云石英片岩中的金的丰度值达到克拉克值的 4 倍；斜长花岗斑岩接近克拉克值；而其他岩石都不及克拉克值或低到克拉克值的 3～10 倍。说明矿床中的金的来源，很可能与二云石英片岩和黑云母斜长花岗岩派生的斜长花岗斑岩有关。

（2）硫同位素：$\delta^{34}S$ 的变化范围为－3‰～＋5.74‰；平均值为－0.62‰，说明硫同位素组成接近陨石硫位素组成的硫源，但偏负值，具有轻微的分馏作用，可能成矿的过程中与围岩的交代作用和天水加入有关；其离差 9.04％，$\delta^{34}S$‰集中区为－3＋1 之间，虽然样品数并不多但也能显示出塔式效应。说明来源是均一的，反映来自原生混合岩浆的硫特征，说明矿床中的硫主要是岩浆热液形成硫。

（3）氧同位素：在矿区内 2 个含金石英脉和 1 个不含金石英脉中采集氧同位素样品。根据所测得 $\delta^{18}O$‰结果，结合形成温度，求得 $\delta^{18}O_{H_2O}\leqslant 0$‰。说明含矿热液来自岩浆水的成因特征。

（4）稀土元素：黑云母斜长花岗岩与矿区内所出露的各种岩脉如：斜长花岗斑岩矿化蚀变岩及北东、北西向石英脉和闪长玢岩等，关系较密切，尤其前两者。可以看出既有某些继承性特征，又具一些较明显的差异。但总的来看，无论其稀土元素含量、曲线形态，参数特征等都具有相似性和一致性。因此，我们认为，这些脉岩是黑云母斜长花岗岩派生的，而且形成矿床的热液来自岩浆，成矿热液是来自岩浆期后热液。

至于闪长岩体，无论从其形成时代上，还是从图表中反映的特征上看，与上述岩体和各种岩脉差异较明显，故认为成矿及岩脉的形成与此无关或关系不大。

（5）成矿温度：不同类型矿石的石英及黄铁矿、毒砂等矿物的包体测温结果表明成矿温度的变化范围为 200～330℃，多数在 250～290℃之间，属中温或中温稍偏高的热液成矿温度范畴。

8. 物质来源

根据微量元素特征、硫同位素组成特征、氧同位素特征、稀土元素特征等综合分析，成矿物质主要来源于岩浆。

9. 控矿因素及找矿标志

（1）控矿因素：矿床受五道沟-大城断褶带的杨金沟向斜内的 NNE 向构造或 NE 向构造控制；矿床产出于五道沟群与燕山期黑云母斜长花岗岩体的接触部位，即矿床形成受五道沟群地层与燕山期黑云母斜长花岗岩体的控制。

（2）找矿标志：五道沟-大城断褶带的杨金沟向斜内的 NNE 向构造或 NE 向构造或构造的交会部位；五道沟群与燕山期黑云母斜长花岗岩体的接触部位；以硅化、绢云母化黄铁矿化、毒砂矿化为主，次有绿泥石化、碳酸盐化、叶蜡石化、绿帘石化、电气石化、岭土化和褐铁矿化、黄铜矿化、方铅矿化、闪锌矿化等蚀变是找矿的蚀变标志；原生晕主要指示元素为 Au、Ag、Pb、Zn、As、Hg、W 主，次要元素有 Cu、Mn、Co、Ni 等。

(二十)珲春市黄松甸子金矿床特征

1.地质构造环境及成矿条件

矿区位于晚三叠世—新生代东北叠加造山-裂谷系(Ⅰ),小兴安岭-张广才岭叠加岩浆弧(Ⅱ),太平岭-英额岭火山-盆地区(Ⅲ),罗子沟-延吉火山-盆地群(Ⅳ)构造单元内。

(1)地层:矿区出露的地层有二叠系亮子川组,古近系珲春组、土门子组,新近系船底山组。

二叠系亮子川组:出露于矿区的西北部边缘。岩性为板岩、变质粉砂岩、细砂岩互层夹变质火山岩,厚度为984.6m。

古近系珲春组:出露于矿区的西部、南部及东部边缘。岩性为灰色砂岩、泥岩夹可采煤层,厚度为510m。角度不整合覆盖于二叠系亮子川组之上,与亮子川组及海西期花岗闪长岩共同组成土门子组的基底。

古近系土门子组:主要为泥岩、各粒级砂岩,细—巨砾砾岩,上部夹玄武岩,褐煤层、凝灰岩。钻孔所见最大厚度134.95m。地层产状倾向北西,倾角1°～5°,近水平,不整合于珲春组之上。矿区内的土门子组相当于土门子组的下段和中段。下段岩性为巨粒质中粗砾岩、中细砾岩、各粒级砂岩,底部粗粒级岩层为主要含金层位。中段岩性为中粗砂岩、中细砂岩、粉砂岩、泥岩组成的韵律层,夹1～2层玄武岩及凝灰岩、褐煤层。2线以西—老头沟区底部有一层细砾岩层,厚度为1.0m,最厚2.25m,含金,局部达工业品位。

新近系船底山组:主要分布在矿区北部四方顶子一带,为一套基性火山熔岩。厚度为287.20m。

(2)岩浆岩:矿区出露侵入岩不多,仅在矿区西部的老头沟矿段见有海西晚期闪长岩和花岗岩,呈岩基产出。构成土门子组沉积基底。新生代以来,矿区的岩浆活动主要为火山喷发形成的玄武岩,形成了土门子组中段层间玄武岩层。到新近纪喷发达到高潮,形成船底山组玄武岩。新生代玄武质岩浆火山活动具有继承性多期次同源的特点。

(3)构造:矿区仅见一些对砾岩型金矿起破坏作用的小断层,规模不大,延长在200m左右,这些断层多数为北东向,北西向次之,倾角较陡,多为正断层。

(4)岩相古地理特征。

①岩相类型:黄松甸子矿区能够识别的岩相类型有扇积相、河流相、湖泊相、沼泽相、火山岩及火山碎屑岩相。有扇积相位于土门子组下段底部砾岩层,岩性为黄褐—浅黄—黄绿色中粗砾岩。砾石成分复杂,以花岗岩、闪长岩、变质岩、板岩为主,次为脉石英。砾石磨圆中等,多为次园状或次棱角状,形态为椭圆或扁平园体,分选差,孔隙式胶结,胶结物为泥砂质。砾石层一般不具明显层理,但砾石排列呈叠瓦状,略具方向性。反映了高能搬运、快速堆积的特点;河流相叠置于扇积砾岩相之上,呈冲刷接触。沉积物以黄色中细粒砾岩、砂岩为主,顶部发育粉砂质泥岩,具典型的二元结构,由河床亚相和边滩亚相组成。河流亚相以中细粒砾岩为主,斜层理、大型槽状层理发育,多数由层理方向不同的砾岩透镜体叠置而成,局部与心滩相不易区分。河床亚相砾石成分复杂,成熟度低,以花岗岩、闪长岩、变质岩、板岩为主。砾石呈椭圆体、扁平体居多,磨圆较好,分选一般。河床亚相底部具有冲刷面。边滩亚相粉砂岩位于河床亚相顶部,厚度不定,一般比河床亚相厚度小。河流相属于蛇曲河流,河流极不稳定,它既是扇上堆积的主要形式,同时破坏着扇的形态;湖泊相主要发育在土门子组上段和下段顶部,其沉积以粉砂岩、泥岩为主,具有水平层理、波状层理。颗粒成分以长石、石英为主,岩屑次之,云母少量,局部湖水深,形成硅藻土堆积;沼泽相为湖泊淤塞、沼泽化形成,以形成褐煤为标志。发育在土门子组中段下部;火山岩及火山碎屑岩相主要发育在中段,为沉积期间盆地北部周边火山活动喷溢的火山物质流入和落入盆地所致。该相分布广泛。

②古地理景观:矿区土门子组底部扇的中轴线位于矿区的中部,即北土门子一草坪一带,方向由西向东,厚度由24m变为8m,砾石砾径最大由1m变为0.3m左右,砾石含量由78.44×10^{-2}降至63.36×10^{-2},砾石磨圆度从西向东由次棱角状变为次圆状,砾石成分变化不大,均以浅变质岩、花岗岩、火山岩为主。从金的含量高这一特点代表着高能搬运砾石堆积,对金的搬运、分选、富集影响较大,金含量由西向东有所降低。土门子组的沉积基底形态为珲春组细碎屑岩系形成的向东、向北倾斜、舒缓波状的宽缓的古斜坡。

2.矿体三度空间分布特征

黄松甸子砾岩型金矿床赋存层位主要为古近系土门子组下段含金砾岩层的底部砾岩层,该砾岩层赋存有下部Ⅰ号矿体、上部Ⅱ号矿体,Ⅰ号矿体、Ⅱ号矿体间有粉砂岩、泥岩、砂岩透镜体为夹石,最大夹石厚度2.75m,最小2.00m,平均2.35m。Ⅰ号矿体又分Ⅰ-1、Ⅰ-2两个矿体,Ⅰ-1矿体为黄松甸子砾岩型金矿床的主要矿体,分布于8—19线间。Ⅰ-2两个矿体分布于Ⅰ-1矿体的西端,分布于12—16线间。Ⅱ号矿体位于Ⅰ号矿体的上部,位于1-11线间,分为Ⅱ-1、Ⅱ-2号矿体。Ⅲ号矿体赋存于老头沟西部砾岩层中。

(1)Ⅰ-1号矿体:呈层状、似层状,矿体产状平缓,倾向北东,倾角0°~5°。矿体长2600m,宽1000m,厚1.87m,金平均1.001 6g/m^3。矿体厚度比较稳定,总体看有西厚东薄特点,从西向东厚度由2.31m减小到1.69m;从南北向看,矿体具有中部厚,向两侧变薄的趋势,中部矿体最厚5.25m,最薄1.50m,平均3.15m。南部矿体平均厚1.63m,北部矿体平均厚1.42m。矿体金品位也具有西高东低的特点,西部平均品位1.189 4g/m^3,东部平均品位0.839 4g/m^3;从南北向看,中部品位高,平均品位1.146 3g/m^3,最高1.505 4g/m^3,最低0.762 2g/m^3。南部平均品位0.808 7g/m^3,北部平均品位0.687 4g/m^3。

(2)Ⅰ-2号矿体:为Ⅰ-1号矿体的西延部分。由于近北东向冲沟造成矿体剥蚀,将Ⅰ号矿体分成Ⅰ-1、Ⅰ-2两个矿体。Ⅰ-2号矿体平面上呈三角形,呈层状,东西长600m,中部南北最宽320m。矿体南部厚,北部薄,平均厚度1.52m。品位也为南部高北部低,平均品位0.861 8g/m^3。其原因北部砾岩层黑色板岩明显增厚,证明已接近山麓堆积。

(3)Ⅱ-1号矿体:分布于3线的偏北部,呈南北向长方形,东西宽100m,南北长200m。矿体呈层状、透镜状。矿体厚1.50m,品位0.864 6g/m^3。

(4)Ⅱ-2号矿体:分布于5—11线,呈三角形,东西长600m,南北宽266m。矿体呈层状、透镜状。矿体厚1.19m,品位1.040 6g/m^3。

(5)Ⅲ号矿体:位于老头沟西部,南北长820m。东西宽310m。呈层状,金富集于砾岩层的底部,平均厚度1.67m,品位0.907 7g/m^3。

3.矿床物质成分

(1)物质成分:矿石为含金砂砾岩、砾岩、巨砾岩。金主要呈不均匀状态分布在砾石的填隙物和胶结物中,与砂、泥填隙物呈胶结关系,少数与石英连生。金的形态以板状为主,次为粒状,不规则状、片状、柱状较少,金的粒度为0.074~1.0mm。伴生的有益组分有钛铁矿,平均品位2 265.46g/m^3,锆石,平均品位94.39g/m^3,它们同样呈不均匀状态分布在砾石的填隙物和胶结物中,与砂、泥填隙物呈胶结关系。

(2)矿石类型:矿石类型为古砾岩型。

(3)矿物组合:金属矿物主要为自然金、钛铁矿、磁黄铁矿、黄铁矿、赤铁矿、褐铁矿、锆石,脉石矿物主要为长石、石英、绢云母、角闪石、黑云母、绿帘石、绿泥石、石榴石、辉石、磷灰石、榍石。

(4)矿石结构构造:矿石结构为砂状、砾状结构;矿石构造为层状、块状构造。

4.成矿阶段

该矿床成矿主要为沉积阶段,形成了矿床所有的矿石矿物和脉石矿物。

5. 成矿时代

新生代古近纪。

6. 物质来源

通过重砂矿物组合和人工重砂矿物组合看，金与钛铁矿、锆石、角闪石、石榴石、榍石等关系密切，从表 6-2-22 看出这些矿物多来源与中性—中酸性岩类有关，所以金矿成矿物质主要来源于中性—中酸性岩类及其赋存于其中的热液脉状金矿化体。

表 6-2-22　黄松甸子砾岩型金矿床围岩矿物含量表

<table>
<tr><td rowspan="2">样号</td><td rowspan="2">岩性</td><td rowspan="2">样品重/kg</td><td colspan="2">自然金</td><td colspan="5">金属矿物/(g/t)</td><td>备注</td></tr>
<tr><td>粒数</td><td>重量/(g/t)</td><td>磁铁矿</td><td>钛铁矿</td><td>磁黄铁矿</td><td>黄铁矿</td><td>毒砂</td><td rowspan="9">+++含量很多，++含量较多，+较少</td></tr>
<tr><td>2S-1</td><td>花岗岩</td><td>14.80</td><td>19</td><td>0.035 8</td><td>20.07</td><td>466.89</td><td></td><td>6.75</td><td></td></tr>
<tr><td>2</td><td>闪长岩</td><td>16.50</td><td>1</td><td>0.000 8</td><td>75.76</td><td>393.94</td><td>45.45</td><td>6.06</td><td>1.18</td></tr>
<tr><td>3</td><td>变质岩</td><td>17.10</td><td>5</td><td>0.006 4</td><td>38.01</td><td>21.05</td><td></td><td>8.77</td><td>3.51</td></tr>
<tr><td rowspan="2">样号</td><td rowspan="2">岩性</td><td rowspan="2">样品重/kg</td><td colspan="7">副矿物/(g/t)</td></tr>
<tr><td>锆石</td><td>磷灰石</td><td>独居石</td><td>磷钇矿</td><td>金红石</td><td>重晶石</td><td>石榴石</td></tr>
<tr><td>2S-1</td><td>花岗岩</td><td>14.80</td><td>6.76</td><td>微</td><td>0.34</td><td>微</td><td></td><td></td><td>512.16</td></tr>
<tr><td>2</td><td>闪长岩</td><td>16.50</td><td>6.06</td><td>1.82</td><td></td><td></td><td>几粒</td><td></td><td></td></tr>
<tr><td>3</td><td>变质岩</td><td>17.10</td><td>1.17</td><td>微</td><td></td><td></td><td></td><td>几十粒</td><td></td></tr>
<tr><td rowspan="2">样号</td><td rowspan="2">岩性</td><td rowspan="2">样品重/kg</td><td colspan="8">造岩矿物</td></tr>
<tr><td>长石</td><td>石英</td><td>黑云母</td><td>白云母</td><td>角闪石</td><td>辉石</td><td>绿帘石</td><td>绿泥石</td></tr>
<tr><td>2S-1</td><td>花岗岩</td><td>14.80</td><td>+++</td><td>++</td><td>++</td><td>++</td><td>+</td><td></td><td>+</td><td>++</td></tr>
<tr><td>2</td><td>闪长岩</td><td>16.50</td><td>+++</td><td></td><td>+</td><td></td><td>+++</td><td>+</td><td></td><td>+</td></tr>
<tr><td>3</td><td>变质岩</td><td>17.10</td><td>+++</td><td></td><td></td><td></td><td>+++</td><td></td><td>+</td><td>++</td></tr>
</table>

7. 控矿因素及找矿标志

(1)控矿因素：区域上中性—中酸性岩类及其赋存于其中的热液脉状金矿化体；土门子组巨粒质中粗砾岩、中细砾岩；珲春组细碎屑岩系形成的向东、向北倾斜、舒缓波状的宽缓的古斜坡。

(2)找矿标志：土门子组巨粒质中粗砾岩、中细砾岩出露区；珲春组细碎屑岩系形成的向东、向北倾斜、舒缓波状的宽缓的古斜坡构造区。

(二十一)珲春河砂金矿四道沟矿段特征

1. 地质构造环境及成矿条件

矿区位于晚三叠世—新生代东北叠加造山-裂谷系(Ⅰ)，小兴安岭-张广才岭叠加岩浆弧(Ⅱ)，太平岭-英额岭火山-盆地区(Ⅲ)，罗子沟-延吉火山-盆地群(Ⅳ)构造单元内，沿珲春河谷及其支流分布。

(1)地层：区域矿区出露的地层有二叠系亮子川组，古近系珲春组、土门子组，新近系船底山组。

①下古生界五道沟群中—浅变质岩系：展布在上四道沟—南别里沟一带，南北向延伸。中上部为一套以浅海陆源碎屑沉积为主，中下部夹有中基性海底喷发火山岩及凝灰岩层的变质岩系。

②下二叠统柯岛组、寺洞沟组浅变质岩系：西起老龙口，东至塔子沟，呈东西向展布在珲春河谷两岸。柯岛组在中西部，寺洞沟组在东部。该岩系属海陆交互相碎屑沉积，间夹变质安山岩层，其中褶皱、断裂发育，多形成北东向复式褶曲。岩石破碎，热液活动明显，金，铜矿化普遍，是形成岩金矿产的有利围岩之一。

③三叠系托盘沟组：产出在西部老龙口及柳树河子至桃园洞间，岩性为英安岩、英安质凝灰角砾岩、安山岩、辉石安山岩等。该岩石普遍具有绿帘石化、绿泥石化、绢云母化及硅化等蚀变。

④古近系珲春组上段：展布在矿区西南部，呈北东东向不整合于托盘沟组之上，其北东端延伸到珲春河床之下。

⑤第四系：区内第四系地层按成因划分有残积、坡积、洪积、冲积等类型，现对冲积层简介如下：

上更新统：系指河谷两侧Ⅱ级阶地上发育的河流冲积物和岩石碎屑所组成的堆积物。在工作区内闹枝沟—四道沟的河西岸及四道沟—上四道沟的河谷北侧均有分布，呈带状顺河谷延伸，最大厚度15m，高出Ⅰ级阶地表面10m左右，下部基座往往裸露在外。沉积物为二元结构，下部为含砂碎石层，成分简单，碎石由斜长角闪岩、绢云母石英片岩等组成，呈次棱角一棱角状，砾径2～50mm不等，砂为中细粒级，无层理，厚约1.5m；上部为含砾石黏土层，呈棕黄色，主要由黏土、亚黏土组成，含少量稍具磨圆的砾石，砾石岩性为斜长角闪岩、片岩等：分布无规律，黏土略具垂直节理，厚3.5m。

全新统：系指河谷中分布的Ⅰ级阶地和漫滩堆积物。Ⅰ级阶地堆积物分布于珲春河谷评价地段的西侧、北侧，下部为砂砾石层，黄褐色，由砾石、砂和少量黏土所组成，微具斜层理，厚3m。上部为黏土层，黄色，具小孔隙和垂直节理，厚5m；高漫滩堆积物分布于现代河床两岸，宏观上具有明显的二元结构。下部为砂砾石含金层，主要由砂及砾石所组成，间夹有中细砂或粗砂透镜体，其底部是砂金的主要赋存部位。本层下界平坦，与基底岩石呈不整合接触。顶面受后期表生地质作用影响而凸凹不平。层厚在1.0～7.5m之间。上部为泥沙层，主要由中细砂、亚砂土、亚黏土所组成，它一般自河床向河岸两侧堆积物由粗粒级向细越级逐渐过渡，局部地段发育有砂砾石或含砾移层之夹层。在纵向上由于河流的侧向侵蚀作用和流速的变化，导致堆积物有规律的变化，即每段河曲由上向下，其堆积物由粗变细。层厚0～4.5m；低漫滩堆积物主要由砂砾石含金层组成，沿现代河床两侧分布，层位上可与高浸滩下部之砂砾石含金层相连接，它就是正在发育中的砂砾石含金层，其展布同现代河流走向一致，多呈半月形发育在堆积岸的一侧。上部发育有条带状活动砂垅，局部也有亚砂土层覆盖，层厚2～5m。

(2)岩浆岩：区内岩浆岩广泛出露，具有多期多阶段侵入特征，岩石种类繁多，其中以海西构造-岩浆旋回为主，印支、燕山构造-岩浆旋回次之。

第一侵入阶段为辉长岩、辉石闪长岩、闪长岩。第二侵入阶段以花岗闪长岩、似斑状斜长花岗岩及斜长花岗岩为主，呈岩基产出。该期侵入体与铜、金、钨矿化有成因联系。

海西晚期脉岩有闪长玢岩、斜闪煌斑岩和斜长花岗岩等。

印支期侵入岩为二长花岗岩，呈岩株状产出，长轴北北东向。脉岩有蚀变闪长岩和少量花岗斑岩。

燕山期侵入岩浆活动频繁，但岩体规模不大，呈岩株、岩脉产出，岩性为闪长岩、花岗斑岩、二长花岗岩和花岗岩等，受断裂控制。燕山期侵入岩与金、多金属矿化关系甚为密切。

(3)构造：珲春河断褶带东西向展布，西起老龙口，东至塔子沟，长达20余千米，宽2～4km。断裂主要由下杨树沟，柳树河子，农坪，塔子沟等断层带、挤压带所组成，多数倾向南，个别倾向相反，具有右行扭动的特征。马滴达至塔子沟段珲春河谷北侧，山势陡峻，三角面发育，也是纬向断层的形迹。褶曲有农坪向斜，发育在二叠系中，北翼地层比较完整，南翼仅有寺洞沟组出露。珲春河沿岸二叠系、三叠系十分发育，南北两侧海西晚期岩浆岩广泛分布，显示了南北隆起，中部凹陷，构成了全区之构造骨架。它的成生时期定在海西晚期一印支期。在塔子沟、四道沟，它将五道沟群中段斩为三截，说明它成生在经向构造体系之后；它又控制着珲春河的形成、发展，左右了砂金矿体的展布特征。说它发展历史悠久，至新生代仍在强烈活动，根据也是比较充分的。

(4)地貌：地貌按其成因可划分为河谷浸蚀堆积和构造剥蚀低山两种类型。

①浸蚀堆积类型：系指地表流水侵蚀、搬运及堆积作用所塑造的各种地貌景观，主要有高、低漫滩，一级阶地，二级基座阶地以及切沟，冲积扇等微地貌形态。它们的发育情况完全受各个侵蚀旋回的制约。

区域性的构造运动塑造了沟谷的基本形态，水流作用控制了砂金矿的运移规律，倾向挖深侵蚀堆积作用，为砂金成矿、富集创造了必要的条件。

高漫滩：发育在现代河床两侧，一般呈条带状分布，不对称出现，前缘一般高出低漫滩 0.5～2.5m，坡度 45°～75°，滩面宽 100～550m，沿走向单体长 2500～3500m，一般向河床一侧倾斜，而 301—311 线间呈脊状，中间高，向两侧倾斜。坡降 5‰～15‰，沿走向平均坡降 3‰。高漫滩上沉积物特征表现为前缘比后缘粒度粗，下部比上部粒度粗。而本河谷砂金矿多富集于下部粗粒级之砂砾层中。

低漫滩：在现代河床两侧均有分布，总体走向与河流一致，多呈半月状沙垅产出，由中细砂和砂砾石构成，一般裸露地表，局部形成稀疏的林带或湿草地。前缘高出河水面 0～1.5m，坡角 0°～85°，其规模沿走向长 1000～2000m，滩面宽 50～700m，坡降 5‰～7‰。它常被一般洪水淹没，是现代河流侧蚀、堆积作用活动的产物。

一级阶地(内叠阶地)：断续分布在河谷北西翩及北侧，总体走向与河谷一致，前缘一般高出高漫滩 2～5m，坡角 70°～80°，阶面宽 100～300m，闹枝沟宽度最大达 700m。阶面向河床倾斜，平均坡降 8‰，沿走向平均坡降 1‰。从阶地分布的不均衡性看，说明本段河谷北西侧具有相对升高的特点，也是新华夏系继续活动的例证。阶地砂砾石层中普遍含有砂金，但品位甚低，尚未构成工业矿体。

二级阶地(基座阶地)：主要分布在闹枝沟—四道沟河谷西侧，在四道沟—上四道沟河谷北侧也有分布。呈弯月状或条带状，阶面一般宽 100～300m，最大宽度 600m，前缘高出一级阶地 10 余米，基座裸露，构成陡崖，坡度 70°～80°，阶面向河床倾斜，平均坡降达 60‰，沿走向坡降 2‰。阶面局部见有含砾黏土层残存，后缘往往被坡积物所覆盖。

②构造剥蚀低山类型：沿珲春河谷两侧展布，以南北走向的山脊为主，河谷东侧、北侧山势陡峻，构造三角面处处可见。西侧、南侧遭受剥蚀较强，地势平缓，山顶多呈浑圆状，说明受构造作用影响，河谷两岸上升不均衡，造成了不对称的箱形河谷地貌形态。海拔高程 130～587m，地形坡度 30°～45°，支谷多呈南北向、北西向。这些低山的构造剥蚀作用，对砂金的富集、矿物质的搬运，起着重要的作用。

2.矿体三度空间分布特征

(1)矿体特征：依据工业指标，四道沟段共圈出 7 个砂金矿体，其中 5 个矿体含有工业矿块。Ⅰ—Ⅴ号矿体分布在珲春河主河谷中，Ⅵ、Ⅶ号矿体分布在四道沟支谷中。Ⅰ、Ⅱ号为主矿体，其储量占本段储量的 67.5%，其次为Ⅵ号矿体，其储量占本段储量的 14.1%。

Ⅰ号矿体总体走向北东 50°，呈条带状，矿体南端及中部两次出现分支，总长 3350m，平均宽 72.30m，平均厚 4.84m，平均品位 0.135 6g/m^3。本矿体由 8 个块段组成，仅有 2 个块段可以计算表内储量，其余 6 个块段均属暂不能利用储量，品位变化系数为 175%，属于很不均匀类型。

Ⅱ号矿体系由主河谷矿体及四道沟支谷矿体两部分组成，呈“入”字形产出。主河谷矿体走向北东 30°，呈“S”形条带状展布，主要产出在高漫滩中。矿体长 4250m，北东段有分支，平均宽 86.80m，平均厚 4.86m，平均品位 0.173 3g/m^3。它由 13 个块段组成，其中 10 个块段可以计算表内储量，另外 3 个块段为暂不能利用储量，分布在矿体两头及中间，品位变化系数 119%，为不均匀类型；四道沟分支矿体走向近东西，长度 1350m，平均宽 70m，平均厚 3.32m，平均品位 0.193 2g/m^3。该分支矿体由 3 个块段所组成，除西端 1 个块段属暂不能利用储量外，其余 2 个块段均可圈入工业矿块。

Ⅲ号矿体走向北东 25°，呈条带状产出在Ⅱ号矿体北段东侧的高低侵滩中，长 1880m，平均宽 55.30m，平均厚 5.51m，平均品位 0.116 4g/m^3，它由 5 个块段组成，北端两个块段可以组成工业矿块，南端 3 个块段列入了暂不能利用储量，品位变化系数为 72%，属于不均匀类型。

Ⅳ，Ⅴ号矿体位于四道沟村东北，产出河谷西北侧高漫滩中，呈带状北东向平行展布。长度 1650m，均由 3 个块段组成。Ⅳ号矿体平均宽 91.30m，平均厚 5.03m，平均品位 0.077 9g/m³，品位变化系数 59%，属于不均匀型。

Ⅴ号矿体平均宽度 68.88m，平均厚度 5.59m，平均品位 0.140 1g/m³，其中有两个块段为表内踣量，品位变化系数 92%，属于不均匀型。

Ⅵ号矿体展布在四道沟近沟口的北侧漫滩中，走向近东西，长 800m，宽 35m，平均厚 5.14m，平均品位 0.618 6g/m³，是 7 个矿体中品位最富的一个，品位变化系数 123%，属于很不均匀类型。

Ⅶ号矿体展布在四道沟支谷中，呈南北向条带状产出，矿体长 800m，宽 35m，平均厚 4.50m，平均品位 0.116 7g/m³，由两个暂不能利用储量块段组成，品位变化系数 16%，属于不均匀型。

(2)混合砂金矿石特征：混合砂金矿石系指由地表向下，至基岩风化层含金＜0.05g/m³部分以上的全部松散堆积物而言，当风化基岩不含金时，其下界划定在冲积层的最底部。混合砂金矿石除基岩风化层外，具有明显的二元结构，上部为细粒物质，下部为粗粒物质，其岩性如下：

基岩风化层：经钻孔验证，斜长角闪岩、片岩、变粒岩等中浅变质岩类，占圈定矿体基岩总面积的 66%，花岗闪长岩、闪长岩及其派生脉岩占 34%。一般钻孔控制基岩深度 0.1～0.3m，深达 0.6m，基岩风化层呈灰绿色、黄绿色，多为泥状物，它起到了阻隔金粒不使其沉入岩裂缝的作用，再就是对砂金起了“黏着剂"作用，有利于金粒赋存、富集。但也有部分钻孔所见基岩坚硬、裂隙发育，风化泥甚少，致使金粒坠入岩石裂缝，给评价、开采带来不便。该区段有 18%的钻孔风化基岩单样砂金品位≥0.05g/m³，已圈入了矿层，其中岩浆岩基岩含金性远远高于变质岩的基岩风化层。

矿砂层：由含金砂砾石组成。呈层状，松散单粒结构，根据探井(钻孔上部挖掘部分)和钻孔观察，从上往下，粒度逐渐变粗，上部由中粗砂、砾石组成，中下部由砂、砾、巨砾组成。砾石磨圆度较好，一般呈次棱角状、半滚圆状，主要成分为花岗岩、板岩、片岩、斜长角闪岩、变粒岩、闪长岩等，砾石产状多倾向于上游。在砂砾石层顶部 0.15m 内，由于细粒物质的沉积覆盖，使砂砾石层中含有 5%～10%的泥质。在接近潜水水位线附近，砂砾石表层多染上棕红色，属氧化铁染现象，为地下水位升降变幅带铁质氧化所引起。在支沟口洪积扇上，砂砾粒度明显增大，磨圆度也较差。该层为含金层，厚度 1.0～6.8m，平均厚度 3.24m，其下部接近基岩的 1m 厚度内，为主要含金层位。

泥沙层：由腐殖土层、亚砂土层或黄色细粉砂层组成，局部夹有淤泥层。一般具有黏性和可攀性，淤泥具流塑性。该层在河谷横向上的分布，一般是一级阶地和高漫滩上较厚，低漫滩及河床上很薄或缺失。根据取样实验几乎不含金，邻段开采时均将此重砂层剥离掉，因此今年施工中对此层未进行取样。本层厚 0～4.50m，平均 1.27m。

3. 矿床物质成分

(1)矿石类型：混合砂矿。
(2)矿物组合：主要矿物砂金，伴生主要矿物有锆石、磷灰石、白钨矿、黄铁矿、钛铁矿、磁铁矿等。

4. 成矿阶段

该矿床成矿主要为沉积阶段，形成了矿床所有的矿石矿物和脉石矿物。

5. 成矿时代

第四纪。

6. 物质来源

珲春河上有处于小西南岔金铜成矿集中区上，岩金矿产比较丰富，为砂金矿的形成提供了一定的物质基础;第三纪砾岩金及新老阶地的砂金,也为河漫滩砂金矿的形成提供了物质;总之,该矿床的成矿物质来源极其复杂。

7. 控矿因素及找矿标志

(1)控矿因素:珲春河上有的金矿床、含金地质体控制了成矿物质的来源;区域上处于长期隆起大地构造环境,致使区域上的含金层位长期遭受剥蚀,成矿物质随流水不断的搬运汇集到珲春河谷;珲春河不断的更新改道,形成了现今的壮年期河谷地形,为漫滩砂金矿的形成提供了良好的赋存场所。

(2)找矿标志:珲春河谷。

二、典型矿床成矿要素特征

(一)绿岩型金矿成矿要素特征

该类型矿床成矿要素图编图重点是突出表达新太古代火山-沉积建造、各时代侵入岩建造、控矿构造。

1. 桦甸市夹皮沟金矿床成矿要素

桦甸市夹皮沟金矿床成矿要素见表 6-2-23。

表 6-2-23　桦甸市夹皮沟金矿床成矿要素表

成矿要素		内容描述	类别
特征描述		火山沉积变质热液矿床,后期热液叠加	
地质环境	岩石类型	斜长角闪岩、超镁铁质变质岩、夹黑云变粒岩和条带状磁铁石英岩,金矿床赋存于镁铁质火山岩之中	必要
	成矿时代	新太古代—燕山期	必要
	成矿环境	前南华纪华北东部陆块(Ⅱ)龙岗-陈台沟-沂水前新太古代陆块(Ⅲ),夹皮沟新太古代地块(Ⅳ)内	必要
	构造背景	辉发河-古洞河深大断裂向北突出弧形顶部。北西向阜平期褶皱轴及韧性剪切,在韧性剪切带中有多次脆性构造叠加,形成了多条理行的挤压破碎带。大部分金矿床位于褶皱构造轴部、陡翼或倾没端,并与韧性剪切带空间呈现协调性	重要
矿床特征	矿物组合	矿石矿物成分较复杂,主要金属矿物为黄铁矿、黄铜矿、方铅矿,次为磁黄铁矿、闪锌矿、磁铁矿、白铁矿、白钨矿、黑钨矿、辉铋矿、辉银矿、铜银铅铋矿、菱铁矿;金矿物有自然金、银金矿、针碲金矿、碲金矿;脉石矿物有石英、绿泥石、孔雀石和蓝铜矿	重要
	结构构造	结构以自形、半自形粒状,交代残余结构为主,尚有碎裂结构构造有条纹、条带状、浸染状、角砾状、网脉状、脉状等,条带状是构成矿体的主要类型	次要
	蚀变特征	绿泥石化、绢云母化、黄铁矿化、硅化、方解石化、铁白云石化等	重要
	控矿条件	大陆边缘裂谷中的绿岩带下部层位。深大断裂、韧性剪切带控制了矿田的展布,叠加于韧性剪切带之上的线性构造为容矿构造。各期的中酸性岩体发育,与矿空间关系密切。晚期岩体及脉岩含金丰度较高	必要

2. 桦甸市六批叶金矿床成矿要素

桦甸市六批叶金矿床成矿要素见表6-2-24。

表6-2-24　桦甸市六批叶金矿床成矿要素表

成矿要素		内容描述	成矿要素类别
特征描述		中—低温热液型金矿	
地质环境	岩石类型	蚀变花岗质碎斑(粉)岩、糜棱岩、蚀变微晶闪长岩等	必要
	成矿时代	主要成矿年代是190Ma左右,属燕山早期	必要
	成矿环境	NW向、近EW向的剪切构造带的带内,既有早期韧性变形特征,又有大量晚期脆性断裂叠加的特点,同时伴有各种中基性脉岩侵入,而且矿化蚀变广泛而强烈,是区域内最重要的控矿构造	必要
	构造背景	矿区位于华北东部陆块(Ⅱ)、龙岗-陈台沟-沂水前新太古代陆核(Ⅲ)夹皮沟新太古代陆块(Ⅳ)南部,该区是一个经历了多期构造活动及热事件的太古宙高级变质岩区	重要
矿床特征	矿物组合	金属矿物主要是黄铁矿,其次是闪锌矿、方铅矿、褐铁矿、赤铁矿、黄铜矿、黝铜矿、辉铜矿、斑铜矿、铜蓝、银金矿、自然金、自然银、辉银矿、深红银矿等,少量的磁铁矿、赤铁矿、白铁矿、磁黄铁矿、镍黄铁矿、针镍矿、雄黄、雌黄等;脉石矿物以石英、绿泥石、长石类、绢云母为主,其次是少量的方解石、石墨、角闪石、辉石等	重要
	结构构造	矿石以自形、半自形、他形显微粒状晶质结构为主,其次为压碎结构,局部见交代结构、固熔体分离结构和包含结构;矿石构造复杂多样,常见块状、团块状构造,浸染状构造,角砾状构造,亦有细脉—网脉状构造,局部可见晶簇、晶洞构造,地表或氧化带可见蜂巢状构造等	次要
	蚀变特征	本矿区因受长期区域构造作用和热液活动的影响,导致岩石变质变形强烈。围岩蚀变沿NW向韧脆性剪切带呈带状分布。常见硅化、绢云母化、绿泥石化、绿帘石化、碳酸盐化、高岭土化、钾化。与金、银矿关系密切的蚀变主要为硅化、绢云母化。与铅矿关系密切的蚀变主要为硅化	重要
	控矿条件	目前在矿内所发现的金矿体、银矿体、铅矿(化)体,均产在韧(脆)性剪切带内,构造是区内重要控矿因素;岩性控矿:显生宙辉绿岩、辉石闪长岩等,经微量元素分析,铅、银含量是维氏值数倍至几十倍,为铅、银矿体形成可能提供矿质。铅、银矿体的产出位置与上述岩体、岩脉存在相关性。晚期石英硫化物脉是载金脉体。因此,矿质来源丰富程度和岩性因素密切相关,也是形成工业矿体的必要因素	必要

(二)岩浆热液改造型金矿成矿要素特征

该类型矿床成矿要素图编图重点是突出表达古元古代火山-沉积建造及各时代侵入岩建造。

1. 集安市西岔金矿床成矿要素

集安市西岔金矿床成矿要素见表6-2-25。

表 6-2-25 集安市西岔金矿床成矿要素表

成矿要素		内容描述	成矿要素类别
特征描述		破碎带蚀变岩型金矿	
地质环境	岩石类型	石墨透辉变粒岩、石墨黑云变粒岩、黑云斜长片麻岩、斜长角闪岩	必要
	成矿时代	为印支—燕山期	必要
	成矿环境	华北东部陆块(Ⅱ)胶辽吉古元古裂谷带(Ⅲ),集安裂谷盆地(Ⅳ)内。辽吉裂谷中段北部边缘,北东—北北东向花甸子-头道-通化断裂带横切"背斜"中段的交会部位	必要
	构造背景	横切"背斜"北北东向主干断裂略向东凸出的弧形地段控制矿区。主干断裂在该地段的次级分支断裂和平行断裂以及南北向断裂本身是容矿构造	重要
矿床特征	矿物组合	矿石矿物主要为黄铁矿、毒砂、方铅矿。少量为自然、自然银黝铜矿、辉银矿、黄铜矿、闪锌矿、深红银矿。极少量碲金矿(?)、白钛石;脉石矿物有石英、方解石、重晶石、绢云母、绿泥石	重要
	结构构造	矿石结构主要为半自形—他形晶结构、骸晶结构、交代结构;矿石构造为胶结角砾状构造,浸染状	次要
	蚀变特征	硅化、碳酸盐化、毒砂、黄铁矿化、绢云母化、重晶石化绿泥石化。毒砂黄铁矿化、硅化与金关系密切	重要
	控矿条件	荒岔沟组变粒岩层为赋矿层位;印支及燕山期中酸性岩类的侵入岩;横切"背斜"北北东向主干断裂略向东突出的弧形地段控制矿区。主干断裂在该地段的次级分支断裂和平行断裂以及南北向断裂或主干断裂本身是容矿构造	必要

2. 集安下活龙金矿成矿要素

集安下活龙金矿成矿要素见表 6-2-26。

表 6-2-26 集安下活龙金矿床成矿要素表

成矿要素		内容描述	成矿要素类别
特征描述		沉积变质-岩浆热液矿床	
地质环境	岩石类型	斜长角闪岩、含墨矽线石榴黑云变粒岩,硅质蚀变岩与蚀变闪长玢岩脉	必要
	成矿时代	(116.8±4.2)Ma~(109.0±2.8)Ma	必要
	成矿环境	鸭绿江构造带与低序次北西向、东西向断裂构造交会处	必要
	构造背景	矿区位于华北东部陆块(Ⅱ)胶辽吉古元古裂谷带(Ⅲ),集安裂谷盆地(Ⅳ)内。南侧鸭绿江断裂带中段	重要
矿床特征	矿物组合	金属矿物主要有银金矿、黄铁矿、毒砂,次要有方铅矿、闪锌矿、黄铜矿、磁黄铁矿、辉钼矿、黝铜矿。 脉石矿物主要有石英、金云母,次要有绿泥石、石墨、方解石	重要
	结构构造	矿石结构以自形粒状、半自形粒状、他形粒状结构为主,其次为压碎、交代溶蚀、乳滴、包含结构;矿石构造以浸染状、细脉浸染状、角砾状构造为主,其次是脉状、团块状构造	次要

续表 6-2-26

成矿要素		内容描述	成矿要素类别
特征描述		沉积变质-岩浆热液矿床	
矿床特征	蚀变特征	硅化、绢云母化、黄铁矿化、毒砂化	重要
	控矿条件	鸭绿江断裂带低序次东西向、北西向、近水平的断裂;集安群大东岔组含矽线石榴黑云变粒岩对成矿更有利;燕山期岩浆活动是矿床形成的热源和热液来源,并提供了部分成矿物质	必要

3. 通化县南岔金矿床成矿要素

通化县南岔金矿床成矿要素见表 6-2-27。

表 6-2-27 通化县南岔金矿床成矿要素表

成矿要素		内容描述	要素类别
特征描述		沉积-岩浆热液改造型矿床	
地质环境	岩石类型	石榴绿泥片岩、钙质片岩、白云质大理岩、蚀变闪长岩	必要
	成矿时代	早期为中元古代(1200Ma)左右,晚期为燕山期[(72.39±31)Ma],但以晚期为主	必要
	成矿环境	矿床位于前南华纪华北东部陆块(Ⅱ)、胶辽吉元古代裂谷带(Ⅲ)老岭坳陷盆地(Ⅳ)内。荒沟山“S”形断裂带西南端	必要
	构造背景	发育在珍珠门组大理岩与花山组片岩接触界面的断裂构造,背形褶曲、层间断裂、层间剥离构造	重要
矿床特征	矿物组合	片岩型矿石主要有黄铁矿、毒砂、白铁矿、自然金、金银矿-银金矿、石英、白云石、绢云母;次要有磁黄铁矿、黄铜矿、深红银矿、螺状硫银矿、磁铁矿、褐铁矿、斜长石、电气石、重晶石、石榴石、黏土矿物、铜蓝方解石;微量有方铅矿、闪锌矿、黝铜矿、菱铁矿、软锰矿。蚀变及氧化矿物有石英、方解石(白云石)、重晶石、黏土矿物、铜蓝、褐铁矿、黄钾铁矾和绿帘石;闪长岩型矿石主要有毒砂、黄铁矿、白铁矿、自然金、斜长石、角闪石、绿泥石、石英;次要有钛铁矿、磁铁矿、磁黄铁矿、黄铜矿、次闪石、白云石(方解石);微量有磷灰石、锆石。蚀变及氧化矿物有褐铁矿、次闪石、绿泥石、白云石(方解石)和石英	重要
	结构构造	片岩型矿石主要有自形—他形粒状结构、交代结构、包含结构、浸染状结构。闪长岩型矿石主要有包含结构、浸染状结构;矿石构造主要为块状结构、星点浸染状结构、细脉浸染状结构	次要
	蚀变特征	主要有硅化,毒砂化、黄铁矿化、碳酸盐化,绿泥石化、绢云母化、褐铁矿化等,金矿主要与硅化、毒砂化、黄铁矿化关系密切	重要
	控矿条件	地层控矿,矿体及矿化多分布于白云质大理岩与片岩接触面近片岩一侧,少量矿体分布于白云质大理岩中;构造控矿,发育在珍珠门组大理岩与花山组片岩接触界面是主要容矿构造,片岩型矿体多产于此断裂中背形褶曲转折部位的层间断裂、层间剥离及裂隙中,呈厚大的似层状、鞍状矿体;脉岩控矿,少量矿体赋存于大理岩内北东向闪长岩脉上盘接触带断裂中近闪长岩一侧	必要

4. 白山市荒沟山金矿床成矿要素

白山市荒沟山金矿床成矿要素见表 6-2-28。

表 6-2-28 白山市荒沟山金矿床成矿要素表

成矿要素		内容描述	成矿要素类别
特征描述		中低—中温热液矿床	
地质环境	岩石类型	厚层(块状)白云石大理岩顶部的碎裂化、构造角砾岩化、硅化白云石大理岩	必要
	成矿时代	矿体形成年龄 1 244.35Ma,(72.39±31)Ma,具有两期成矿特征	必要
	成矿环境	花山组片岩与珍珠门组大理岩接触构造带,即 S 形构造带	必要
	构造背景	前南华纪华北东部陆块(Ⅱ)、胶辽吉元古代裂谷带(Ⅲ)老岭坳陷盆地(Ⅳ)	重要
矿床特征	矿物组合	矿石矿物为自然金、银金矿、自然砷、自然铜、黄铁矿、毒砂、白铁矿、闪锌矿、方铅矿、辉锑矿、黄铜矿、黝铜矿、辉锑银矿、硫锑银矿、硫锑铜银矿、辉砷镍矿、辉砷铅矿、硫镍钴矿、方硫铁矿、针镍矿、辉银矿、磁黄铁矿、硫钴矿、胶黄铁矿、辰砂、雄黄、磁铁矿、金红石、钛铁矿、褐铁矿、孔雀石、蓝铜矿、臭葱石、铜蓝、辉铜矿;脉石矿物为石英、白云石、方解石、绢云母、角闪石、透闪石、斜长石、萤石、黏土类矿物(蒙托石、伊利石)、榍石、重晶石、磷灰石、石榴石、辉石、绿帘石、十字石	重要
	结构构造	矿石结构有自形、半自形粒状结构,他形粒状结构,显微粒状结构,交代结构,假象结构,胶状结构,纤粒状结构,显微团粒结构,此外还见有片状结构、充填状结构、交代残留结构等;矿石构造有稀疏浸染状构造、浸染状构造、角砾状构造、细脉状构造、蜂巢状构造	次要
	蚀变特征	矿区内围岩蚀变类型以硅化、黄铁矿化、褐铁矿化为主,其次有毒砂化、绢云母化及碳酸盐化、黄铜矿化、辉锑矿化、方铅矿化、闪锌矿化等,偶见重晶石化。毒砂与金矿关系密切,可作为本区找金的矿物学标志	重要
	控矿条件	珍珠门组第三段巨厚层(块状)白云石大理岩顶部的碎裂化、构造角砾岩化、硅化白云石大理岩,含矿层厚 80~240m;区域内的印支期花岗质岩浆活动及后期脉岩侵入为成矿物质的迁移富集提供了热源;花山组片岩与珍珠门组大理岩接触构造带为区域内的导矿和容矿构造	必要

(三)热液改造型金矿成矿要素特征

该类型矿床成矿要素图编图重点是突出表达中元古代钓鱼台组碎屑岩建造。

白山市金英金矿床成矿要素见表 6-2-29。

表 6-2-29 白山市金英金矿床成矿要素表

成矿要素		内容描述	成矿要素类别
特征描述		矿床类型为热液(改造)型	
地质环境	岩石类型	褐红—紫红—紫灰色构造角砾岩。角砾成分主要有赤铁石英砂岩,石英砂岩,少量赤铁矿,石英岩和石英大理岩的角砾	必要
	成矿时代	推测成矿时代为燕山期	必要

续表 6-2-29

成矿要素		内容描述	成矿要素类别
特征描述		矿床类型为热液(改造)型	
地质环境	成矿环境	矿区位于前南华纪华北东部陆块(Ⅱ)、胶辽吉元古代裂谷带(Ⅲ)老岭坳陷盆地(Ⅳ)内	必要
	构造背景	主要受区域性的断裂 F102 以及局部性的断裂 F100 的联合控制。F100 断层叠加在先期存在的钓鱼台组石英砂岩与珍珠门组硅化白云质大理岩间的不整合面附近,表现为宽窄不一的硅化构造角砾岩带。金矿体赋存于硅化构造角砾岩带中的局部地段	重要
矿床特征	矿物组合	金属矿物主要有自然金、含银自然金和极少量银金矿、黄铁矿、胶状黄铁矿、白铁矿,极少量或微量的毒砂、方铅矿、闪锌矿、黄铜矿、磁黄铁矿、金红石、褐铁矿、赤铁矿。脉石矿物主要有石英、玉髓、白云石、重晶石,极少量的方解石、绢云母、白云母、绿泥石等	重要
	结构构造	矿石结构主要有自形结构、半自形结构、他形粒状结构、他形粒状变晶结构、填隙结构、镶边结构、重结晶交代结构等;矿石构造主要有角砾状构造、脉状构造、团块状构造、浸染状构造、致密块状构造、胶状构造	次要
	蚀变特征	围岩蚀变以上盘围岩赤铁石英砂岩最为明显。硅化黄铁矿化较为发育,有时星点状黄铁矿化范围可达数十米宽。下盘围岩大理岩中主要发育硅化,但范围明显较上盘窄。下盘围岩为泥灰岩时可见星点状及脉状黄铁矿化,这些黄铁矿化蚀变不构成工业矿体	重要
	控矿条件	钓鱼台组褐红—紫红—紫灰色构造角砾岩带,是金矿的主要赋矿层位;北东向 F100 断裂是区域上的重要控矿和容矿构造	必要

(四)火山沉积-岩浆热液改造型金矿成矿要素特征

该类型矿床成矿要素图编图重点是突出表达寒武-奥陶系碳质云英角页岩与长石角闪石角页岩互层建造,中生代花岗岩类及构造特征。

1. 桦甸市二道甸子金矿床成矿要素

桦甸市二道甸子金矿床成矿要素见表 6-2-30。

表 6-2-30 桦甸市二道甸子金矿成矿要素表

成矿要素		内容描述	类别
特征描述		属于火山沉积-岩浆热液型矿床	
地质环境	岩石类型	寒武-奥陶系碳质云英角页岩与长石角闪石角页岩互层。燕山期花岗岩类	必要
	成矿时代	(173.25±3.91)Ma 和 195.26±4.48Ma,主成矿期应为燕山期	必要
	成矿环境	二道甸子-漂河岭复背斜构造南西倾没端。北西向冲断层为主要控矿构造	必要
	构造背景	南华纪—中三叠世天山-兴蒙-吉黑造山带(Ⅰ),包尔汉图-温都尔庙弧盆系(Ⅱ),下二台-呼兰-伊泉陆缘岩浆弧(Ⅲ),磐桦上叠裂陷盆地(Ⅳ)内	重要

续表 6-2-30

成矿要素		内容描述	类别
特征描述		属于火山沉积-岩浆热液型矿床	
矿床特征	矿物组合	毒砂、黄铁矿、黄铁矿、闪锌矿、方铅矿、黄铜矿、白铁矿、磁铁矿、自然金等；脉石矿物主要为石英，其次为云母、角闪石、绿泥石等	重要
	结构构造	矿石结构有乳滴状结构、粒状结构、压应结构、交代结构；矿石构造有蜂窝状构造、块状构造、网脉状构造、交代构造、团块状构造	次要
矿床特征	蚀变特征	主要有绢云母化、黄铁矿化、绿泥石化及黑云母化，由于围岩性质不同而蚀变也不同，绢云母化、绿泥石化发育于碳质岩层及石英脉体中，黑云母化仅发育在绿色岩层地段。绢云母化与黄铁矿化和含金黄铁矿化阶段有关	重要
	控矿条件	寒武-奥陶系长石、角闪石角页岩、碳质云母角页岩等为含矿围岩，特别是条带状含碳围岩含金性更好，且为金矿的形成提供了成矿物质；燕山期闪长岩侵入，提供热源及岩浆水；北西向压扭性断层是主控矿构造，为金矿提供就位空间，尤其产状变陡部位，石英脉变薄但金品位提高，产状变缓，脉宽，品位低	必要

2. 东辽县弯月金矿床成矿要素

东辽县弯月金矿床成矿要素见表 6-2-31。

表 6-2-31　东辽县弯月金矿床成矿要素表

成矿要素		内容描述	类别
特征描述		沉积-次火山-热液金矿床	
地质环境	岩石类型	奥陶系的大理岩和燕山期的片理化流纹岩，燕山期的花岗岩	必要
	成矿时代	173Ma	必要
	成矿环境	矿区位于东北叠加造山-裂谷系(Ⅰ)小兴安岭-张广才岭叠加岩浆弧(Ⅱ)张广才岭-哈达岭火山-盆地区(Ⅲ)南楼山-辽源火山-盆地群(Ⅳ)	必要
	构造背景	北西向压扭性断裂，东西向张扭性断裂控矿	重要
矿床特征	矿物组合	矿石矿物为黄铁矿、黄铜矿、自然金方铅矿、闪锌矿等。脉石矿物为石英，次要脉石矿物为长石、方解石、绢云母、绿泥石	重要
	结构构造	矿石结构有交代残留结构、交代熔蚀结构、他形粒状结构；矿石构造有角砾状构造、细脉或网脉状构造、团块状构造、细脉浸染状构造	次要
	蚀变特征	区内围岩蚀变类型较多，而且较为发育，其特点主要决定于围岩特征，气液性质、交代作用方式。区内蚀变作用方式以渗透作用为主，贯入充填为辅。主要有硅化、黄铁矿化、黄铜矿化、闪锌矿化、菱铁矿化、红化、绢云母化、碳酸盐化、黝帘石化、绿泥石化、重晶石化。其中硅化、黄铁矿化、黄铜矿化、闪锌矿化、菱铁矿化、红化、绢云母化与成矿关系密切	重要
	控矿条件	奥陶系的大理岩和燕山期的片理化流纹岩，燕山期的花岗岩控矿，北西向压扭性断裂，东西向张扭性断裂控矿	必要

(五)矽卡岩型—破碎蚀变岩型金矿成矿要素特征

该类型矿床成矿要素图编图重点是突出表达二叠纪变质粉砂岩、杂砂岩、泥质粉砂质板岩、斑点板岩组合,大理岩(灰岩),燕山期花岗岩建造。

长春市兰家金矿床成矿要素见表6-2-32。

表6-2-32　长春市兰家金矿床成矿要素表

成矿要素		内容描述	成矿要素类别
特征描述		矽卡岩型-破碎蚀变岩型金矿	
地质环境	岩石类型	二叠纪变质粉砂岩、杂砂岩、泥质粉砂质板岩、斑点板岩组合,大理岩(灰岩),燕山期花岗岩建造	必要
	成矿时代	205Ma	必要
	成矿环境	矿区位于晚三叠世—新生代华北叠加造山-裂谷系(Ⅰ)小兴安岭-张广才岭叠加岩浆弧(Ⅱ)张广才岭-哈达岭火山-盆地区(Ⅲ)大黑山条垒火山-盆地群(Ⅳ)内	必要
	构造背景	走向北北东向褶皱,北西向、北西西向断裂构造	重要
矿床特征	矿物组合	矽卡岩型金矿体主要矿石矿物组合为磁铁矿、黄铁矿、赤铁矿、磁黄铁矿、方铅矿、闪锌矿、毒砂、斜方辉铅铋矿、辉砷钴矿、黄铜矿、辉铋矿、自然铋、辉铅铋矿(硫铋铅矿)、黝铜矿、辰砂、白乌矿、自然金等,其在矿石中占2×10^{-2}左右。脉石矿物组合为透灰石(钙铁辉石-透灰石系列)、石榴石(钙铝榴石-铁铝榴石系列)、阳起石(阳起石、透闪石系列)、黑柱石、绿帘石等,约占矿石中矿物的98×10^{-2}左右,以透灰石、石榴石为主,阳起石次之,黑柱石、绿帘石少量;破碎蚀变岩型金矿体的主要矿石矿物有磁黄铁矿、黄铁矿、黄铜矿,方铅矿、闪锌矿、毒砂、自然金等,硫化物含量为$(5\sim10)\times10^{-2}$,破碎蚀变岩型矿石的脉石矿物主要为绢云母、石英、方解石	重要
	结构构造	矽卡岩型矿石以他形晶粒状结构为主,半自形粒状结构、胶状结构次之,包含似乳滴结构、骸晶结构少见。破碎蚀变岩型金矿石以鳞片变晶结构、他形晶粒状为主,压碎结构少见。矿石构造,矽卡岩型矿石见有细脉状构造,显微细脉状构造,显微网脉状构造,放射状,束状构造,浸染状构造,块状、斑点状构造,条纹状构造。破碎蚀变岩型金矿石以细脉状构造、块状为主,角砾状构造少见	次要
	蚀变特征	(1)卡岩型金矿:围岩蚀变主要有绿帘石化、钠长石化、赤铁矿化、水云母化、硅化、电气石化、沸石-萤石化、碳酸盐化等。其中赤铁矿化、硅化与金成矿关系密切。(2)蚀变岩型金矿:围岩蚀变强烈,种类较多,主要有阳起石化、硅化、绢云母化、电气石化、矽卡岩化、绿泥石化、碳酸盐化、钾长石化等蚀变作用	重要
	控矿条件	范家屯组一段地层控矿,1号金矿体赋存在该层变质粉砂岩、杂砂岩、泥质粉砂质板岩、斑点板岩中。20、19号金矿体赋存于该层大理岩(灰岩)中;走向北北东向褶皱控矿,矽卡岩型金矿体、铁矿体、含铜硫铁矿体均赋存在该构造中,北西向、北西西向断裂构造控矿,石英闪长岩控矿	必要

(六)火山岩型金矿成矿要素特征

该类型矿床成矿要素图编图重点是突出表达石炭纪细碧岩、细碧玢岩建造。

1. 永吉头道川金矿床成矿要素

永吉头道川金矿床成矿要素见表 6-2-33。

表 6-2-33　永吉县头道川金矿床成矿要素表

成矿要素		内容描述	成矿要素类别
特征描述		火山沉积-中—低温变质热液石英脉型金矿床	
地质环境	岩石类型	石炭纪细碧岩、细碧玢岩	必要
	成矿时代	模式年龄为 200Ma 和 338Ma,分别属印支期和海西中期	必要
	成矿环境	沿头道川-烟筒山韧性剪切构造带上。含金石英脉受韧性剪切褶皱构造控制,主矿体产于韧性剪切褶皱主界面旁沿褶皱枢纽分布,矿体沿褶皱转折端分布。除主矿体外,大量石英脉及细脉受韧性剪切褶皱形成的片理构造控制	必要
	构造背景	南华纪—中三叠世天山-兴蒙-吉黑造山带(Ⅰ),包尔汉图-温都尔庙弧盆系(Ⅱ),下二台-呼兰-伊泉陆缘岩浆弧(Ⅲ),磐桦上叠裂陷盆地(Ⅳ)内	重要
矿床特征	矿物组合	金属矿物有自然金、碲金矿、碲金银矿、碲银矿、辉银矿、硫锑银矿、黄铜矿、斑铜矿、铜蓝、方铅矿、含银碲铅矿、六方碲银矿、闪锌矿、毒砂、黄铁矿、磁铁矿,次生矿物有褐铁矿、孔雀石、蓝铜矿、辉铜矿、赤铁矿、铅矾、锰土等;脉石矿物有石英、绿泥石、绿帘石、绢云母、长石及碳酸盐矿物等	重要
	结构构造	矿石结构有粒状结构、花岗变晶结构、显微细脉、网脉状结构、交代残余结构、包含结构、压碎结构、熔蚀结构、复聚片双晶结构,固熔体分解结构、胶状结构;矿石构造有块状构造、晶洞构造、细脉状构造、薄膜状构造、网脉状构造、胶状构造	次要
	蚀变特征	围岩蚀变以硅化、绿帘石化、绿泥石化、碳酸盐化等蚀变为主。与矿体有关的蚀变类型主要有硅化、绿帘石化、绿泥石化、黄铁矿化及碳酸盐化。其中硅化、黄铁矿化、绿帘石化与矿关系密切	重要
	控矿条件	地层控矿,含金石英脉受细碧岩、细碧玢岩层位控制;构造控矿,主矿体产于韧性剪切褶皱主界面旁沿褶皱枢纽分布	必要

2. 汪青县刺猬沟金矿床成矿要素

汪青县刺猬沟金矿床成矿要素见表 6-2-34。

表 6-2-34　汪清县刺猬沟金矿床成矿要素表

成矿要素		内容描述	成矿要素类别
特征描述		中低温浅成石英脉型金矿	
地质环境	岩石类型	安山质角砾凝灰熔岩和次火山岩	必要
	成矿时代	充填在成矿断裂中含矿脉体的$^{40}Ar/^{39}Ar$年龄为(178.0±3)Ma;赋矿屯田营组火山岩其 Rb-Sr 等值线年龄为 147.5Ma。由此推断成矿时代为燕山早期	必要

续表 6-2-34

<table>
<tr><td colspan="2">成矿要素</td><td>内容描述</td><td rowspan="2">成矿要素类别</td></tr>
<tr><td colspan="2">特征描述</td><td>中低温浅成石英脉型金矿</td></tr>
<tr><td rowspan="2">地质环境</td><td>成矿环境</td><td>矿区位于小兴安岭-张广才岭叠加岩浆弧(Ⅱ)、太平岭-英额岭火山-盆地区(Ⅲ)罗子沟-延吉火山盆地群(Ⅳ)内。受北北东向图门断裂带与北西向嘎呀河断裂复合部位控制</td><td>必要</td></tr>
<tr><td>构造背景</td><td>矿体受近火山口相辐射状断裂即沿成矿前的北西向(被次火山岩脉充填)和北北东向(次安山玄武岩充填)两组剪裂形成的追踪张裂控制</td><td>重要</td></tr>
<tr><td rowspan="4">矿床特征</td><td>矿物组合</td><td>矿石中金属硫化物含量少,主要是黄铁矿、辉银矿、银金矿,其次为闪锌矿、方铅矿、黝铜矿、针碲金矿、碲银矿、自然银、自然金、辉铜矿,局部出现硬锰矿、辰砂、硫锑铅矿、孔雀石、褐铁矿、菱铁矿等。脉石矿物主要是方解石、石英,其次有白云母、钾长石、重晶石、钠长石、绢云母、明矾石、冰长石、玉髓等</td><td>重要</td></tr>
<tr><td>结构构造</td><td>矿石结构有自形、半自形结构,浸染状结构,他形粒状结构,固溶体溶离结构,压碎结构,隔板状和交代状、港湾状结构。矿石构造有角砾状构造、晶洞(晶簇)构造、梳状构造</td><td>次要</td></tr>
<tr><td>蚀变特征</td><td>主要蚀变类型为青磐岩化、沸石化、赤铁矿化、冰长石化、黄铁矿化。碳酸盐化及硅化等</td><td>重要</td></tr>
<tr><td>控矿条件</td><td>区域上受近东西向百草沟-苍林断裂和北东向亲合屯-西大坡断裂及北西向大柳树河-海山断裂交会处形成的火山盆地控制;矿体赋存在中侏罗世屯田营组钙碱性安山质岩-次火山侵入杂岩及火山口相和断陷部位,主要含矿岩石为安山质角砾凝灰熔岩和次火山岩;矿体受叠加在火山口附近的北北东向断裂构造控制</td><td>必要</td></tr>
</table>

3.汪清县五凤金矿床成矿要素

汪清县五凤金矿床成矿要素见表 6-2-35。

表 6-2-35　汪清县五凤金矿床成矿要素表

<table>
<tr><td colspan="2">成矿要素</td><td>内容描述</td><td rowspan="2">成矿要素类别</td></tr>
<tr><td colspan="2">特征描述</td><td>中低温火山热液贫硫化物型脉状银-金矿床</td></tr>
<tr><td rowspan="4">地质环境</td><td>岩石类型</td><td>三叠统托盘沟组中上部安山岩、安山质角砾凝灰岩和集块岩</td><td>必要</td></tr>
<tr><td>成矿时代</td><td>矿体形成年龄 127.8～130.1Ma</td><td>必要</td></tr>
<tr><td>成矿环境</td><td>火山盆地边缘,破火山口放射状、环状裂隙</td><td>必要</td></tr>
<tr><td>构造背景</td><td>矿床位于晚三叠世—新生代东北叠加造山-裂谷系(Ⅰ)、小兴安岭-张广才岭叠加岩浆弧(Ⅱ)、太平岭-英额岭火山盆地区(Ⅲ)、罗子沟-延吉火山盆地群(Ⅳ),延吉盆地北缘</td><td>重要</td></tr>
<tr><td>矿床特征</td><td>矿物组合</td><td>金属矿物有黄铁矿、黄铜矿、黝铜矿、闪锌矿、方铅矿、银金矿、辉银矿、碲金矿、碲金银矿、碲银矿及磁铁矿、褐铁矿等;脉石矿物有石英、方解石、玉髓、蛋白石、冰长石、萤石、沸石、绢云母、绿泥石等</td><td>重要</td></tr>
</table>

续表 6-2-35

成矿要素		内容描述	成矿要素类别
特征描述		中低温火山热液贫硫化物型脉状银-金矿床	
矿床特征	结构构造	大量出现裂隙充填交代及近地表低温环境下的特征性结构构造类型。结构以他形—半自形粒状结构、交代结构、填隙结构为主，还有显微粒状结构、镶嵌结构、压碎结构等不常出现；构造有块状构造、晶洞晶簇构造、隔板状构造、浸染状构造、显微条带构造及角砾状构造等。浸染状和晶洞状构造含金性最好	次要
	蚀变特征	叠加于青磐岩化之上的硅化、绢云母化、黄铁矿化、冰长石化，纳长石化、绿泥石化及碳酸盐化、高岭土化	重要
	控矿条件	矿体呈脉状受破火山口构造的辐射状断裂和环状断裂控制，北东向辐射状断裂和北西向环状断裂则控制了矿体；受三叠系托盘沟组中上部安山岩、安山质角砾凝灰岩和集块岩层位控制	必要

4. 汪青县闹枝金矿床成矿要素

汪青县闹枝金矿床成矿要素见表 6-2-36。

表 6-2-36 汪青县闹枝金矿床成矿要素表

成矿要素		内容描述	成矿要素类别
特征描述		该矿床应属中低温火山热液型脉金矿床	
地质环境	岩石类型	屯田营组安山岩、次安山岩	必要
	成矿时代	成矿年龄为 140Ma，为燕山晚期	必要
	成矿环境	近东西向百草沟-金仓断裂带之南部隆起区内。北西向线性构造与其他方向的线性构造的复合部位	必要
	构造背景	矿床位于晚三叠世—新生代东北叠加造山-裂谷系（Ⅰ）、小兴安岭-张广才岭叠加岩浆弧（Ⅱ）、太平岭-英额岭火山盆地区（Ⅲ）、罗子沟-延吉火山盆地群（Ⅳ）	重要
矿床特征	矿物组合	金属矿物有黄铁矿、黄铜矿、方铅矿、闪锌矿、黝铜矿、方黄铜矿、斑铜矿、方钴矿、自然金、自然银、银金矿、碲金矿、辉银矿、螺状硫银矿、深红银矿、黄锡矿、别捷赫金矿、自然铜、磁铁矿、钛铁矿、白铁矿、蓝铜矿等。脉石矿物有石英、绢云母、方解石、斜长石、钾长石、黑云母、绿泥石、磷灰石、锆石等	重要
	结构构造	矿石结构主要为自形—半自形、他形粒状结构。碎裂—碎斑状结构、充填交代—交代胶结结构、溶蚀交代结构、固熔体分解结构；矿石构造为浸染状构造、细脉侵染状构造、块状构造及角砾状构造	次要
	蚀变特征	围岩蚀变，呈狭长弯曲的带状分布于含金破碎蚀变带及其两侧，矿区和外围发生了广泛的青磐岩化，近矿围岩蚀变较强，位于矿脉两侧，主要是硅化、织云母化、碳酸盐化、钾化、黄铁矿化，局部有矽卡岩化。蚀变是多次叠加，无明显分带现象。 （1）含金破碎蚀变带：主要蚀变类型为硅化绢云母化，碳酸盐化，高岭土化，黄铁矿化等，矿体位于该带中。 （2）黄铁绢英岩化蚀变带：为成矿期的近矿蚀变带，分布在含金破碎带的两侧，蚀变类型为硅化，绢云母化，黄铁矿化等，以交代为主。 （3）青磐岩化蚀变带：是成矿早期形成的远矿蚀变带，在火山岩中发育较普遍，主要蚀变类型的绿泥石化，绿帘石化，钠长石化，黄铁矿化等，以交代为主	重要

续表 6-2-36

成矿要素		内容描述	成矿要素类别
特征描述		该矿床应属中低温火山热液型脉金矿床	
矿床特征	控矿条件	屯田营组安山岩、次安山岩组合控矿。在闹枝地区,含金破碎蚀变带(矿体)与安山岩、次安山岩在空间上相依,时间上相近。闹枝火山机构主要受北西向线性构造控制。北西向线性构造与其他方向的线性构造的复合部位为火山喷发提供了良好的通道。伴随火山活动形成了一系列环绕火山口分布的半环状和涡轮状断裂。这些火山断裂由于线性构造和继承性活动的叠加改造作用,形成了良好的控矿和储矿构造,继之而来的火山热液活动,形成了含金蚀变破碎带型金矿体。燕山期强烈的火山岩-浆热液活动则提供了矿质和热水来源	必要

5. 永吉县倒木河金矿床成矿要素

永吉县倒木河金矿床成矿要素见表 6-2-37。

表 6-2-37　永吉县倒木河金矿床成矿要素表

成矿要素		内容描述	类别
特征描述		中高温火山热液脉状金-多金属矿床	
地质环境	岩石类型	晶屑岩屑凝灰岩及含砾晶屑岩屑凝灰岩	必要
	成矿时代	中侏罗世,即 164～175Ma	必要
	成矿环境	吉中弧形构造的外带北翼,北西向桦甸-岔路河断裂与北东向口前断裂交会处,永吉-四合屯火山岩盆地的中部,倒木河破火山口构造的北东边缘	必要
	构造背景	矿区位于东北叠加造山-裂谷系(Ⅰ)、小兴安岭-张广才岭叠加岩浆弧(Ⅱ)、张广才岭-哈达岭火山-盆地区(Ⅲ)、南楼山-辽源火山-盆地群(Ⅳ)	重要
矿床特征	矿物组合	金属矿物以黄铁矿、毒砂、样黄铁矿、方铅矿、闪锌矿、黄铜矿、自然金为主,黝铜矿、斑铜矿、磁铁矿、钛铁矿、辉铅铋矿、辉铅铋银矿、自然砷铋矿等次之;脉石矿物以石英、方解石、绿泥石为主,黑云母、绿帘石、阳起石、沸石、绢云次之,局部还有透闪石、透辉石、电气石等	重要
	结构构造	以半自形—他形粒状结构为主,乳滴状固溶体分离、溶蚀、压碎、变胶结构交之,以浸染状构造为主,网脉状、角砾块、块状构造次之	次要
	蚀变特征	以硅化、绢云母化为主,绿泥石化、绿帘石化、阳起石化、碳酸盐化、黑云母化等次之。毒砂、黄铜矿、黄铁矿、自然金多与硅化、绢云母化有关	重要
	控矿条件	燕山期闪长岩体是倒木河砷、金、多金属矿体的主要物质来源,成矿受该岩体控制;而断裂和裂隙是主要的导岩、导矿和容矿构造,并且不同序次构造对矿体的控制程度不同。北东向断裂对矿产起主要的控制作用,倒木河金矿位于两条北东向断裂之间,区内砷、金及多金属矿多位于该组断裂中间及断裂附近,赋存于断裂活动时及破火山口所形成的次一级裂隙构造中,次一级的裂隙构造是倒木河金矿的容矿构造。晶屑岩屑凝灰岩及含砾晶屑岩屑凝灰岩控制了矿体的空间分布和赋存层位	必要

(七)火山爆破角砾岩型金矿成矿要素特征

该类型矿床成矿要素图编图重点是突出侏罗纪流纹质含角砾岩屑晶屑凝灰岩及流纹质熔结凝灰岩及火山口构造。

梅河口市香炉碗子金矿床成矿要素见表6-2-38。

表6-2-38 梅河口市香炉碗子金矿床成矿要素表

成矿要素		内容描述	成矿要素类别
特征描述		低中温富硫化物型火山爆破角砾岩金矿床	
地质环境	岩石类型	流纹质含角砾岩屑晶屑凝灰岩及流纹质熔结凝灰岩	必要
	成矿时代	124~157Ma,燕山期	必要
	成矿环境	胶辽吉叠加岩浆弧(Ⅱ)吉南-辽东火山-盆地群(Ⅲ)柳河-二密火山-盆地区。北东向柳河断裂与北西向水道-香炉碗子西山断裂交叉部位	必要
	构造背景	东西向脆-韧性剪切带控制的裂隙式爆发隐爆角砾岩体。矿床赋存于中生代火山爆发角砾岩筒中	重要
矿床特征	矿物组合	金矿物有自然金、银金矿、金银矿等。金属矿物以黄铁矿为主,其次有方铅矿、闪锌矿、毒砂、辉铋铅矿、辉锑矿、黄铜矿等;脉石矿物有石英、绢云母、方解石、水云母等	重要
	结构构造	矿石结构有自形—半自形结构、他形晶结构、包含结构、交代结构、固熔体分解结构、显微碎裂结构等;矿石构造以块状构造、条带状、网脉状构造、细脉浸染状构造、角砾状构造、斑杂状构造为主	次要
	蚀变特征	主要有黄铁矿化、硅化、绢云母化、绿泥石化、碳酸盐化等蚀变。在空间上具有水平分带现象,蚀变强度由矿化带中部向两侧逐渐减弱。由中心向外可分为黄铁绢英岩化带、弱黄铁绢英岩化带、绢云母化带3个蚀变带	重要
	控矿条件	流纹质含角砾岩屑晶屑凝灰岩及流纹质熔结凝灰岩;烟囱桥子-龙头东西向脆-韧性剪切带是区内最主要的控岩控矿构造。剪切带控制的裂隙式爆发隐爆角砾岩体。矿床赋存于中生代火山爆发角砾岩筒中	必要

(八)侵入岩浆型金矿成矿要素特征

可分为斑岩型、矽卡岩型热液充填型、破碎带蚀变岩型。该类型矿床成矿要素图编图重点是突出表达中生代侵入岩浆岩建造。

1.安图县海沟金矿床成矿要素

安图县海沟金矿床成矿要素见表6-2-39。

2.珲春市小西南岔金铜矿床成矿要素

珲春市小西南岔金铜矿床成矿要素见表6-2-40。

表 6-2-39 安图县海沟金矿床成矿要素表

成矿要素		内容描述	成矿要素类别
特征描述		侵入岩浆热液型金矿床	
地质环境	岩石类型	斜长角闪岩、二云片岩、黑色板岩夹大理岩;燕山期二长花岗岩、闪长玢岩	必要
	成矿时代	燕山期	必要
	成矿环境	晚三叠世—新生代东北叠加造山-裂谷系(Ⅰ)、小兴安岭-张广才岭叠加岩浆弧(Ⅱ)、太平岭-英额岭火山-盆地区(Ⅲ)敦化-密山走滑-伸展复合地堑(Ⅳ)内。二道松花江断裂带金银别-四岔子近东西向韧-脆性剪切带东端与两江-春阳北东向断裂带交会处	必要
	构造背景	槽台边界超岩石圈断裂与北东向深断裂交会处控制岩浆侵入,北东向断裂、裂隙带属压扭性断裂发育地段与岩体周边内外接触带是控矿有利部位	重要
矿床特征	矿物组合	矿石矿物组合主要为自然金、方铅矿、黄铜矿,次之闪锌矿、磁黄铁矿、磁铁矿、白铁矿、铜蓝、蓝辉铜矿、黝铜矿、沥青铀矿、晶质铀矿、碲金矿、斜方碲金矿、碲铅矿等。脉石矿物主要为石英、方解石,少量为绢云母、绿泥石等	重要
矿床特征	结构构造	矿石结构为结晶结构,自形晶粒状结构、他形晶粒状结构、滴状结构、填隙结构,出溶结构(乳浊状结构、骨晶结构),交代结构(浸蚀结构、交代残余结构),动力结构(柔皱结构、压碎结构)等。矿石构造为细脉状和网脉状构造,稀疏浸染状构造等	次要
	蚀变特征	成矿前硅化—碱交代阶段:主要发育于二长花岗岩中,分布面积大,但不均匀。此期以面型蚀变为主,主要蚀变以钾长石化、钠长石化为主,除外,还有电气石化、绿帘石化、绢云母化、绿泥石化、黄铁矿化等蚀变。 成矿期硅化—绢云母化—绿泥石化—黄铁矿化阶段:以线型蚀变为主,在近矿脉处形成平行发育的硅化、绢云母化、绿泥石化、黄铁矿化等。近矿蚀变以硅化为主,远矿蚀变以绿泥石化为主。 成矿后绿泥石化—碳酸盐化阶段:该阶段无矿化	重要
	控矿条件	中元古代色洛河群红光组斜长角闪岩、二云片岩、黑色板岩夹大理岩;燕山期二长花岗岩、闪长玢岩成群成带。槽台边界超岩石圈断裂与北东向深断裂交会处控制岩浆侵入,北东向断裂、裂隙带属压扭性断裂发育地段与岩体周边内外接触带是控矿有利部位	必要

表 6-2-40 珲春市小西南岔金铜矿床成矿要素表

成矿要素		内容描述	类别
特征描述		斑岩型及火山次火山热液单脉-复脉状金铜矿床	
地质环境	岩石类型	花岗斑岩及次火山岩	必要
	成矿时代	137～107.2Ma	必要
	成矿环境	矿区位于晚三叠世—新生代东北叠加造山-裂谷系(Ⅰ),小兴安岭-张广才岭叠加岩浆弧(Ⅱ),太平岭-英额岭火山-盆地区(Ⅲ),罗子沟-延吉火山-盆地群(Ⅳ)构造单元内	必要
	构造背景	北西向断裂与北北东向断裂交会处	重要

续表 6-2-40

成矿要素		内容描述	类别
特征描述		斑岩型及火山次火山热液单脉-复脉状金铜矿床	
矿床特征	矿物组合	主要金属矿物有黄铜矿、黄铁矿、磁黄铁矿、自然金、银金矿；其次有毒砂、胶黄铁矿、斑铜矿、闪锌矿、方铅矿、斜长辉铅铋矿等；表生矿物有褐铁矿、针铁矿、孔雀石、铜蓝、自然铜、白铁矿、辉铜矿、沥青铜矿等。非金属矿物以石英、方解石为主，次要有绢云母、绿泥石、绿帘石、阳起石、沸石等	重要
	结构构造	矿石结构主要有半自形晶结构、文象结构、乳滴状结构、交代溶蚀结构、包含结构、填隙结构、胶结结构、斑状压碎结构、揉皱结构；矿石构造主要有块状构造、细脉浸染状构造、条带状构造、梳状构造、多孔状构造	次要
	蚀变特征	阳起石化及透闪石化，是成矿早期一种蚀变；硅化及绢云母化，是矿区最发育近矿围岩蚀变；碳酸盐化，是主成矿期硫化物—石英方解石脉阶段和硫化物—方解石脉阶段产生的蚀变类型	重要
	控矿条件	区域上东西向大断裂和其共轭断裂控制中生代火山盆地和隆起构造格架，在隆折带、断陷盆地带次级隆起区，主要出现铜-钼和金-铜系列成矿作用。而断陷带中次级凹陷区，则出现铅-锌和金-铜成矿系列。矿床受区域性断裂交切构造控制。在两组构造交切部位发育有燕山早期火山-深成杂岩体。岩浆控矿，小西南岔矿床形成主要与燕山早期火山-深成杂岩晚期中酸性次火山岩有关，尤其是中基性次火山岩与成矿关系密切	必要

3. 珲春市杨金沟金矿床成矿要素

珲春市杨金沟金矿床成矿要素见表 6-2-41。

表 6-2-41　珲春市杨金沟金矿床成矿要素表

成矿要素		内容描述	类别
特征描述		成因类型为岩浆热液	
地质环境	岩石类型	变质砂岩与砂质板岩、斜长角闪片岩与变质砂岩、黑云母绿泥片岩、绢云石英片岩，与黑云母斜长花岗岩	必要
	成矿时代	燕山期	必要
	成矿环境	位于晚三叠世—新生代东北叠加造山-裂谷系（Ⅰ），小兴安岭-张广才岭叠加岩浆弧（Ⅱ），太平岭-英额岭火山-盆地区（Ⅲ），罗子沟-延吉火山-盆地群（Ⅳ）构造单元内	必要
	构造背景	五道沟-大城断褶带的杨金沟向斜内的 NNE 向构造或 NE 向构造或构造的交会部位	重要

续表 6-2-41

成矿要素		内容描述	类别
特征描述		成因类型为岩浆热液	
矿床特征	矿物组合	金属矿物主要有自然金、银金矿、磁铁矿、钛铁矿、辉钼矿、黄铁矿、黄铜矿、黝铜矿、方铅矿、闪锌矿、磁黄铁矿及菱铁矿、锐钛矿，少量的白钨矿；脉石矿物有石英、绢云母、绿泥石、方解石、电气石、毒砂等	重要
	结构构造	矿石结构主要有他形粒状结构、半自形—自形粒状结构，次要结构有交代残余结构、环边结构、骸晶状结构、固熔体分解结构；矿石主要构造为稀疏浸染状构造，次要构造为细状构造、团块状构造、带状构造等	次要
	蚀变特征	黄铁矿化、毒砂矿化、硅化、绢云母化、绿泥石化、绿帘石化、高岭土化、碳酸盐化	重要
	控矿条件	矿床受五道沟-大城断褶带的杨金沟向斜内的 NNE 向构造或 NE 向构造控制；矿床产出于五道沟群地层与燕山期黑云母斜长花岗岩体的接触部位，即矿床形成受五道沟群地层与燕山期黑云母斜长花岗岩体的控制	必要

(九)砾岩型金矿成矿要素特征

该类型矿床成矿要素图编图重点是突出表达土门子组巨粒质中粗砾岩、中细砾岩建造。珲春市黄松甸子金矿床成矿要素见表 6-2-42。

表 6-2-42　珲春市黄松甸子金矿床成矿要素表

成矿要素		内容描述	类别
特征描述		沉积砾岩型	
地质环境	岩石类型	土门子组巨粒质中粗砾岩、中细砾岩	必要
	成矿时代	新生代古近纪	必要
	成矿环境	矿区位于晚三叠世—新生代东北叠加造山-裂谷系（Ⅰ），小兴安岭-张广才岭叠加岩浆弧（Ⅱ），太平岭-英额岭火山-盆地区（Ⅲ），罗子沟-延吉火山-盆地群（Ⅳ）构造单元内	必要
	构造背景	珲春组细碎屑岩系形成的向东、向北倾斜、舒缓波状的宽缓的古斜坡	重要
矿床特征	矿物组合	金属矿物主要为自然金、钛铁矿、磁黄铁矿、黄铁矿、赤铁矿、褐铁矿、锆石，脉石矿物主要为长石、石英、绢云母、角闪石、黑云母、绿帘石、绿泥石、石榴石、辉石、磷灰石、榍石	重要
	结构构造	矿石结构为砂状、砾状结构；矿石构造为层状、块状构造	次要
	控矿条件	区域上中性—中酸性岩类及其赋存于其中的热液脉状金矿化体；土门子组巨粒质中粗砾岩、中细砾岩；珲春组细碎屑岩系形成的向东、向北倾斜、舒缓波状的宽缓的古斜坡	必要

(十)沉积型金矿成矿要素特征

该类型矿床成矿要素图编图重点是突出表达现代河床冲洪积物建造。

珲春河砂金矿四道沟矿段成矿要素见表 6-2-43。

表 6-2-43 珲春市珲春河砂金矿四道沟矿段成矿要素表

成矿要素		内容描述	类别
特征描述		沉积型砂矿	
地质环境	岩石类型	砂及砾石,间夹有中细砂或粗砂透镜体	必要
	成矿时代	第四纪	必要
	成矿环境	晚三叠世—新生代东北叠加造山-裂谷系(Ⅰ),小兴安岭-张广才岭叠加岩浆弧(Ⅱ),太平岭-英额岭火山-盆地区(Ⅲ),罗子沟-延吉火山-盆地群(Ⅳ)	必要
	构造背景	珲春漫滩谷及其支流	重要
矿床特征	矿物组合	主要矿物砂金,伴生主要矿物有锆石、磷灰石、白钨矿、黄铁矿、钛铁矿、磁铁矿等	重要
	控矿条件	珲春河上有的金矿床、含金地质体控制了成矿物质的来源;区域上处于长期隆起大地构造环境,致使区域上的含金层位长期遭受剥蚀,成矿物质随流水不断的搬运汇集到珲春河谷;珲春河不断的更新改道,形成了现今的壮年期河谷地形,为漫滩砂金矿的形成提供了良好的赋存场所	必要

三、典型矿床成矿模式

1.桦甸市夹皮沟金矿床成矿模式

夹皮沟金矿床具有多成因、多期成矿特点,根据夹皮沟金矿几个主要矿床总结如下:

中太古代末—新太古代早期,原始古陆块之下异常地幔的活动,导致了上覆地壳的裂陷作用(类似于现代大陆边缘裂谷或弧后盆地),大量拉斑玄武岩及安山质长英质火山岩、火山碎屑岩、BIF 和沉积岩的堆积,形成了原始绿岩建造,并携带了地球深部的金进入地壳。

新太古代晚期,古老微板块的聚合,伴随裂谷或弧后盆地的闭合,导致了绿岩建造的深埋和变质变形,深部的镁铁质火山岩的部分熔融,产生了同构造的奥长花岗岩-英云闪长岩-花岗闪长岩的底辟侵入,形成了花岗岩-绿岩带。并在 2500～2600Ma 和 2000Ma 左右遭受了两次低角闪岩相和绿片岩相的区域变质及退变质作用。

新太古代晚期,沿龙岗古陆块边缘发育多期次的大型韧性剪切带系统,伴随低角闪岩相的区域变质和绿片岩相的退变质作用,岩石发生脱挥发分作用,释放出 Si、CO_2、H_2O 和 Au 等成矿物质,形成大量的变质含矿热液,并有同期可能的岩浆流体和深源(下地壳—地幔)含矿流体的混合,在深部形成低盐、偏碱、还原性的 CO_2-H_2O 含矿热流体。受温压梯度的影响,沿韧性剪切带向上运移,同时受到部分下渗循环天水或海水的加入,于是对围岩产生退变质作用,进一步获取成矿物质。当含矿热流体聚集到有利的构造扩容部位,由于温度的下降、溶解度降低,硫和铁及其他多金属元素组合,形成黄铁矿及其他多金属硫化物,同时金离子被还原沉淀在早期形成的矿物裂隙和晶隙间而形成金矿床。

海西—燕山期且以燕山期为主，在中生代中国东部受太平洋板块俯冲作用影响，产生了强烈的构造-岩浆作用。深部地壳的重熔形成了沿古陆边缘分布的大片花岗质侵入体和部分幔源、深源煌斑岩、辉绿岩等，对早期形成的金矿局部叠加、改造。

夹皮沟金矿成矿模式见图 6-2-54。

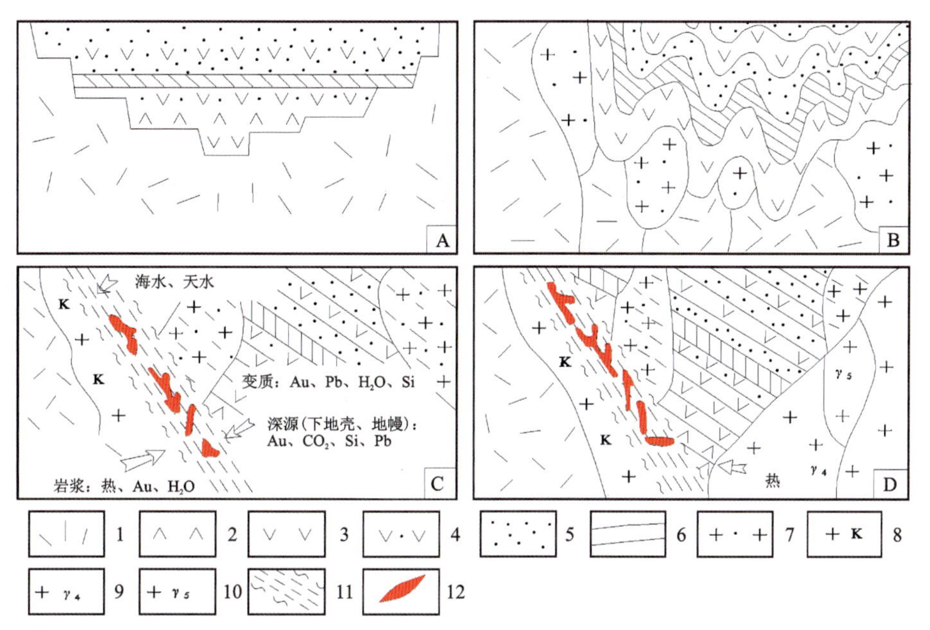

1. 古陆壳，超镁铁质岩；3. 镁铁质岩；4. 镁铁质-安山质火山岩；5. 长英质火山岩、火山碎屑岩；6. 硅铁质岩；7. 太古宙 TTG 岩石；8. 钾长花岗岩；9. 海西期花岗岩；10. 燕山期花岗岩；11. 韧性剪切带；12. 含金石英脉。

图 6-2-54 夹皮沟金矿成矿模式图

2. 桦甸市六批叶金矿床成矿模式

六批叶沟金矿床位于区域上 NW 向剪切带内，金矿体的分布受韧-脆性剪切带的严格控制。韧性剪切带切穿了由灰色片麻岩(TTG)组成的基底，说明剪切带形成的时间不早于晚太古宙。韧性剪切带形成时处于高温高压较封闭的条件下，金的迁出量十分有限，不可能在有限的气水溶液中富集大量的金。

太古宙末至古元古代的热事件使区内的 TTG 质岩石部分熔融，形成区内以 NW 向为主的较大范围的钾化及钾质花岗岩，并产生岩浆期后热液，在长期的构造岩浆活动中，使含金热水溶液有机会进入脆—韧性剪切带内，沿各种裂隙、面理发生交代、蚀变和矿化，这可能是该区最早的金矿化，但未形成金的工业矿体。

中生代时，由于受太平洋板块向华北陆台俯冲作用的影响，使剪切带逐步抬升、张开，渐入韧-脆性变形域，并有大量的脆性断裂作用叠加，在带内形成大量的碎裂岩，并伴有中基性岩浆沿剪切带 C 面理上侵，形成辉绿玢岩、微晶闪长岩、石英闪长岩等中基性脉岩的侵入和较强的金矿化。三叠纪晚期，区域东部有二长花岗岩沿东西向断裂侵入，不但带来了大量的热能和气水溶液，并有可能沟通了深部“流态矿源层”(张秋生、杨振升，1991)，使气水溶液中含有较多的 Au^+，大量的 SiO_2、H_2O、CO_2、Ca^{2+}、HS^-、HCO_3^- 等组分变成真正的矿液，在各种动力的驱使下，沿韧-脆性剪切构造带上升，并不断与围岩发生化学反应，萃取 Au 等有益元素；在物理化学条件发生剧变的情况下，导致热液中含金络合物失去平衡，金在适当的部位沉淀形成金矿(化)体。据此推测，中生代是韧-脆性剪切带内主要成矿期。

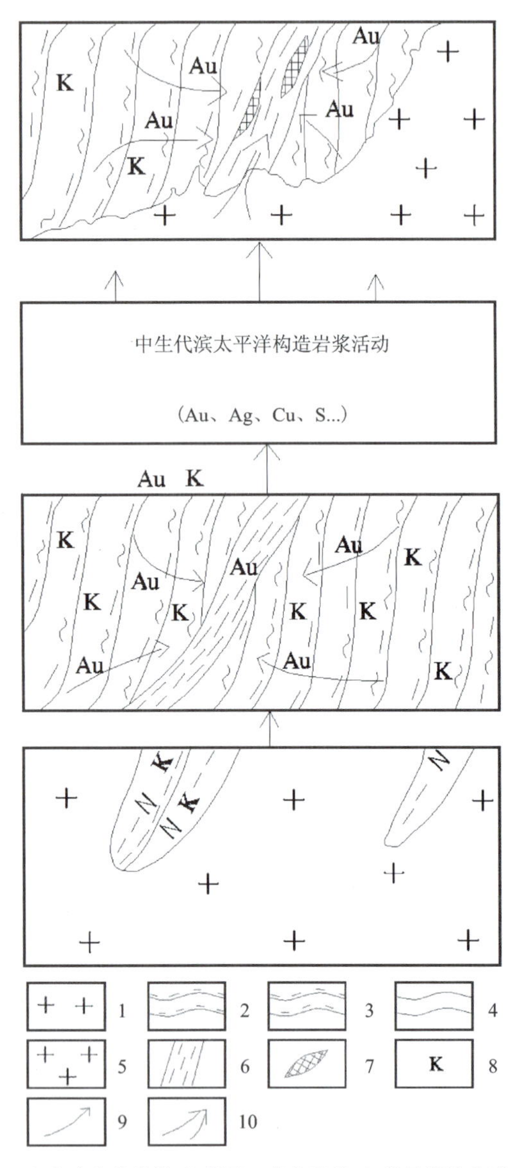

1. 太古宙花岗岩；2. 黑云二长片麻岩；3. 黑云斜长片麻岩；4. 灰色片麻岩；5. 中生代花岗岩；6. 韧性剪切带；7 矿体；8. 区域性钾化；9. 围岩中成矿物质的运移方向；10. 岩浆热液带来成矿物质的运移方向。

图 6-2-55　六批叶金矿成矿模式图

六批叶金矿成矿模式见图 6-2-55。

3. 通化县南岔金矿床成矿模式

古元古代海相沉积，形成金丰度值较高的初始矿源层，吕梁运动使老岭群发生了变形、变质，矿源层中金受到区域变质作用而活化，并向压力、温度降低方向迁移，使其初步富集，燕山期强烈多期构造岩浆活动，提供了热源、热液活动通道及部分成矿物质，在热液活动过程中吸取围岩中金元素，在燕山晚期伴随闪长岩脉侵入，含金热液在层间破碎带，褶皱有利部位及控制闪长岩就位构造裂隙充填交代成矿，成矿模式见图 6-2-56。

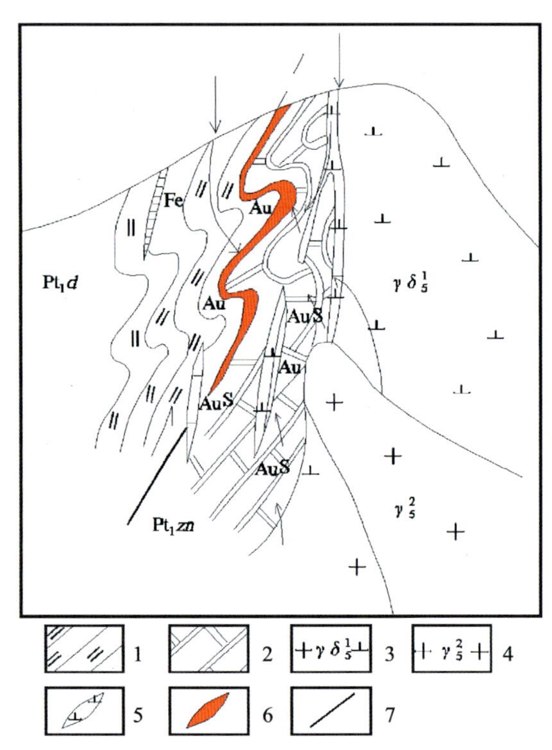

1. 二云片岩；2. 白云质大理岩；3. 印支期闪长岩；4. 燕山期花岗岩；5. 闪长岩脉；6. 矿体；7. 断层。

图 6-2-56　通化县南岔金矿床成矿模式图

4. 白山市荒沟山金矿床成矿模式

在 1800Ma 年以前，由海解作用、海底火山及热泉而来的成矿物质进入海水沉积物中，加之古陆风化剥蚀析出的成矿物质，经地表径流搬运、迁移进入海中沉积下来，由于成矿物质来源的差异，成岩后出现某些层位 Au 丰度偏高的所谓矿源层。

在吕梁运动(1700Ma)造成的区域变质作用中，主要表现物质均一化，从岩石中带出的富含金的变质热液向低温低压扩容带迁移，形成含金石英脉。

燕山期岩浆活动造成深部热液环流对流，同时萃取围岩中的特别是“矿源层”中的成矿物质，这些由岩浆提供和加温所平衡的成矿热液进入构造所造成的低压带内，由于 P、T、pH、Eh 等物化条件的变化，在适当空间充填交代成矿。成矿后由于断裂构造的复活或叠加，使矿体遭受破碎，形成角砾状或构造碎裂化矿石。成矿模式见图 6-2-57。

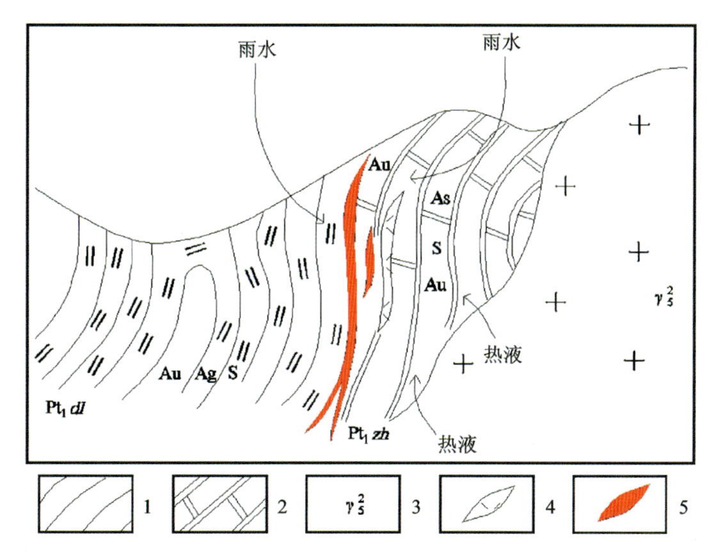

1. 大栗子组片岩；2. 珍珠门组白云质大理岩；3. 印支—燕山期花岗岩；5. 矿体。

图 6-2-57　荒山沟金矿床成矿模式图

在成矿后的表生阶段，金的次生富集部位发育于淋滤带下部，随着潜水面的变化而有所变化。产于氧化带中的自然金颗粒一般均比原生矿石中的自然金粒度粗大，而且金的纯度也在增高。

5. 集安市西岔金矿床成矿模式

荒岔沟组中—晚期在还原条件下基—中酸性火山碎屑及碳酸盐复理石建造，伴随携带的微量金等造矿元素，形成含微量金的初始矿源层。集安运动使荒岔沟组地层变质变形，在变质过程中 Au 等元素被活化初步富集，构成变质后的矿源层。

印支—燕山运动，多期次的岩浆侵入活动为成矿不断提供热源，逐步活化地层中的造矿元素，特别是斑状花岗岩侵入期，在提供热源、活化地层中成矿元素同时有后期热液的加入下，形成以含金氯络合物为主的矿液，在热动力驱赶下，矿液向低压的有利构造空间运移，充填交代，在弱碱性介质条件下，金沉淀富集成矿。形成层控破碎带蚀变岩型金矿。成矿模式图 6-2-58。

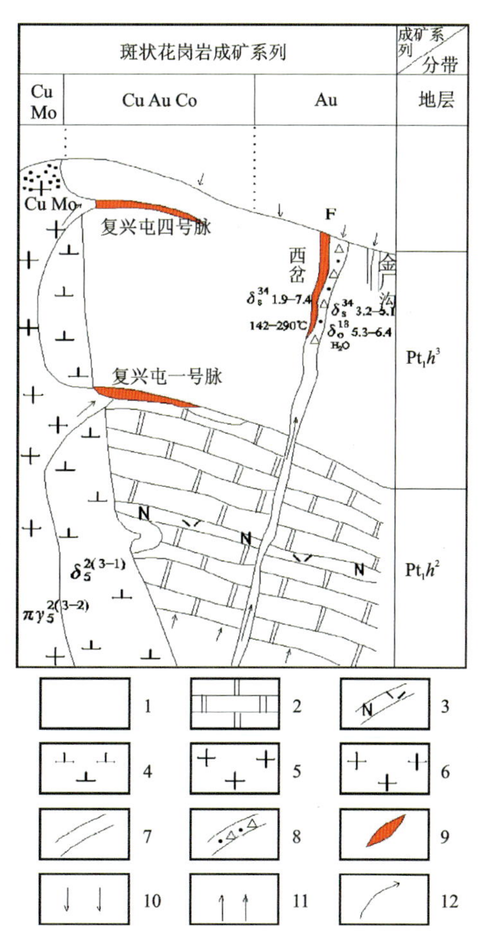

1. 石墨黑云变粒岩；2. 大理岩；3. 斜长角闪岩；4. 闪长岩；5. 斑状花岗岩；6. 斑状花岗岩铜钼矿化；7. 矽卡岩带；8. 破碎带；9. 金矿体；10. 大气降水渗入方向；11. 地下水运移方向；12. 岩浆水汇同地下水-矿液运移方向。

图 6-2-58　集安市西岔金矿床成矿模式图

6. 集安下活龙金矿成矿模式

古元古代海底中基性火山喷发-沉积形成含金丰度较高的初始矿源层，五台运动使集安群发生变质、变形及岩浆侵入，矿源层中的金得到初步活化、富集，燕山期强烈的多期构造、岩浆热液活动，为成矿提供热液活动通道、矿质沉淀的场所，并在岩浆侵入过程中，热液活动吸取围岩矿源层中金，同时岩浆热液也提供物质组分，在 110Ma 左右，伴随着闪长玢岩脉侵入，含金热液沿断裂带充填交代沉淀成矿。成矿模式见图 6-2-59。

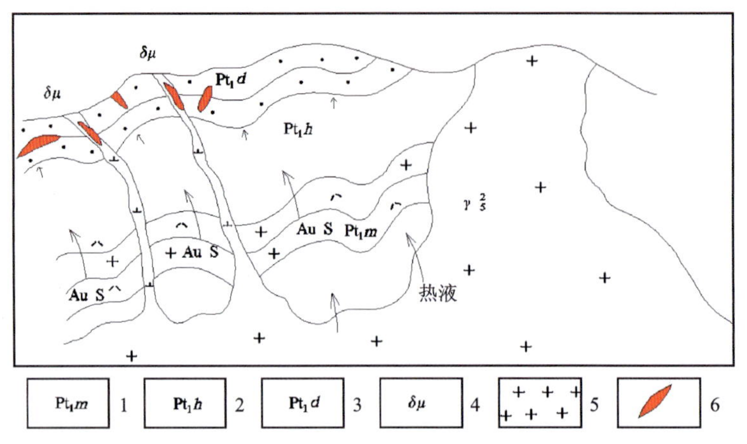

1.蚂蚁河组；2.荒岔沟组；3.大东岔组；4.闪长玢岩；5.燕山期花岗岩；6.矿体。

图 6-2-59　集安下活龙金矿床成矿模式图

7.白山市金英金矿床成矿模式

在太古宙基底上，古元古代珍珠门组与新元古代钓鱼台组之间形成一个沉积不整合面。由于地壳运动，沿此不整合面形成隆-滑型拆离性质的断裂构造，发育有厚大的构造角砾岩带。至中生代，由于太平洋板块的俯冲，本区再次发生强烈构造活动，沿隆-滑断裂形成大规模的北东向断裂束，地表和地下水环流，将地层中的含矿物质带出，在 F102 与 F100 构造扩容空间，由于温度、地球化学条件的改变，以及不整合面上盘的赤铁石英砂岩的氧化作用，以金-硫络合物形式迁移的金得以分解并沉淀，大多数 S^{2-} 被迅速氧化成 S^{6+}，形成大量重晶石。成矿模式见图 6-2-60。

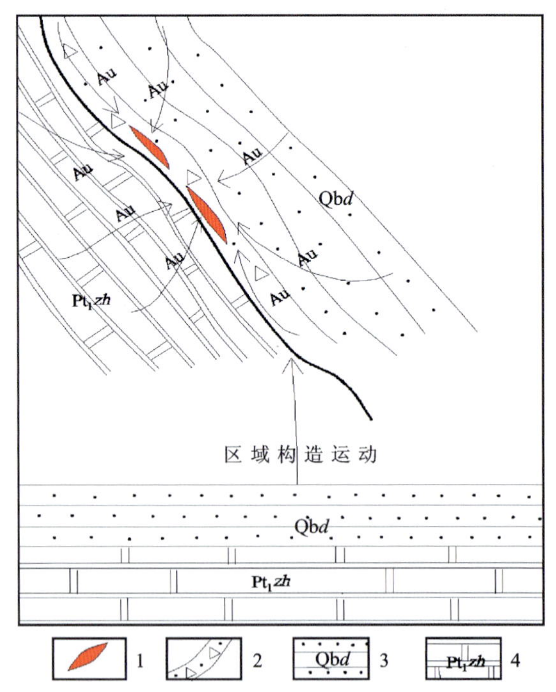

1.金矿体；2.构造角砾岩带；3.钓鱼台组砂岩；4.珍珠门岩组大理岩。

图 6-2-60　白山市金英金矿床成矿模式图

8. 东辽县弯月金矿床成矿模式

矿体中金属元素与矿区下古生界所含金属元素颇为一致，主要为 Au，伴生 Ag、Cu、Pb、Zn 等。地层中以变质砂岩、角岩中 Au 丰度高(0.005～0.017)，为地壳维氏值的 1～5 倍。矿体的直接围岩——变流纹岩(即过去所定的黑云石英片岩、绢云石英片岩)Au 丰度 0.01～0.013，亦高出同类岩石 2.5～3 倍。Ag 丰度 0.12～0.25(砂板岩)是地壳维氏值的 1～4 倍。反映了原始沉积成岩阶段有一个含金属元素较高的层位。燕山期岩浆-次火山岩浆活动进一步提供了部分成矿元素，并在热动力条件的驱使下使其活化富集。从矿石铅年龄的两个数据以及氧硫等同位素资料也可进一步说明。矿床离牛心岩体外接触带约 1.2km 范围内，岩体富硅碱质。矿石中石英 $\delta^{18}O$‰8.86～11.95，介于地层 $\delta^{18}O$‰12.88～19.29和牛心岩体 $\delta^{18}O$‰4.68～9.44 之间(王振中，1987)，且岩体人工重砂中含有较多的金属硫化物。矿石中石英和岩体中石英 U/Th 值分别为 0.72 和 0.82，两者近似。反映从燕山早期的岩浆侵位开始，由岩浆和地层的同化混染碱质交代作用过程中，就逐渐形成了以含金为主的气热流体。由此说明牛心岩体不但起到一部分物源的作用，而且它的热动力条件是矿床形成的早期媒介。直至燕山晚期次火山岩(变流纹岩)的活动，完成了矿体沿北西向主干断裂旁侧次级断裂的沉淀就位机制。北西向平行倒转背斜轴的侧翼压扭性断裂(牛心-西柳断裂)与近东西向的椅山弯月-西柳树河断裂，既是导岩导矿构造，也是储矿构造。两者的交会地带正是包括弯月(铜)矿床，及其外围众多贵金属-多金属矿点密集分布的有利空间。

综上所述，弯月金(铜)矿床主要是与早古生代沉积及燕山期岩浆活动有关的热液金(铜)矿床。成矿经历了沉积—区域变质—岩浆叠加改选的过程。矿床成因类型为沉积-次火山-热液金矿床。成矿温度为中低温。

9. 长春市兰家金矿床成矿模式

石英闪长岩的岩浆期后热液，与大理岩产生交代形成矽卡岩。靠近岩体一侧形成透灰石石榴石矽卡岩，向围岩一侧则以阳起石、磁铁矿为特征，伴随有钙铁辉石、钙铁榴石、黑柱石等矿物，是矽卡岩作用较晚的产物，形成阳起石矽卡岩。矽卡岩阶段结束后，则转入矽卡岩热液阶段，溶液开始表现为碱性环境，并有赤铁矿等矿物析出，而后慢慢向酸性过渡，出现了少量贫硫的自然金属及硫化物，这是金的主要沉淀时间，故金矿体多叠加于过渡带位置，自然金与伴生矿物：自然铋、辉铋矿、斜方辉铅铋矿、辉砷钴矿等矿物沿细微裂隙充填交代，形成矽卡岩金矿(19 号、20 号金矿体)。矽卡岩形成之后还有晚期热液，硫化物金矿化阶段，自然金与相伴的矿物：方铅矿、黄铁矿、磁黄铁矿、黄铜矿、闪锌矿等矿物沿裂隙充填交代，一部分叠加在矽卡岩上，一部分远离接触带形成单独中温热液型金矿(1 号金矿体)。成矿模式见图 6-2-61。

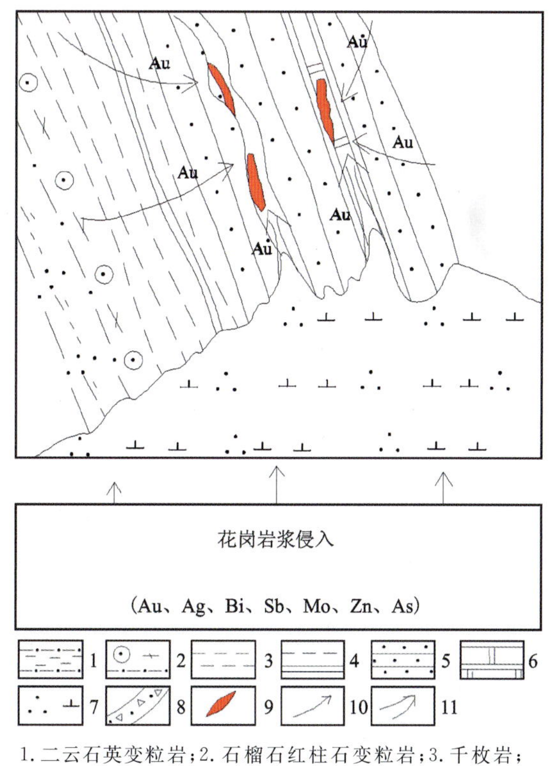

1. 二云石英变粒岩；2. 石榴石红柱石变粒岩；3. 千枚岩；4. 千枚状板岩；5. 变质粉砂岩、杂砂岩、泥质粉砂岩；6. 大理岩；7. 石英闪长岩；8. 构造破碎带；9. 矿体；10. 在岩浆热液和地表水环流作用下，地层中成矿物质运移方向；11. 岩浆成矿物质运移方向。

图 6-2-61　长春市兰家金矿床成矿模式图

10. 桦甸市二道甸子金矿床成矿模式

二道甸子金矿区位于华北地台北缘与地槽区的接壤部位，此外深大断裂长期活动，为金等成矿元素的不断活化和迁移，提供了足够的地质能量。燕山期黑云母花岗岩呈岩基状侵入，将周围地层中的有用元素重新活化，燕山期闪长岩株的侵入，携带含矿热液沿早期形成的构造裂隙运移，在温压及物理化学条件适合的地方形成含金石英脉。二道甸子金矿在成因上属于火山沉积-岩浆热液型矿床。成矿模式见图 6-2-62。

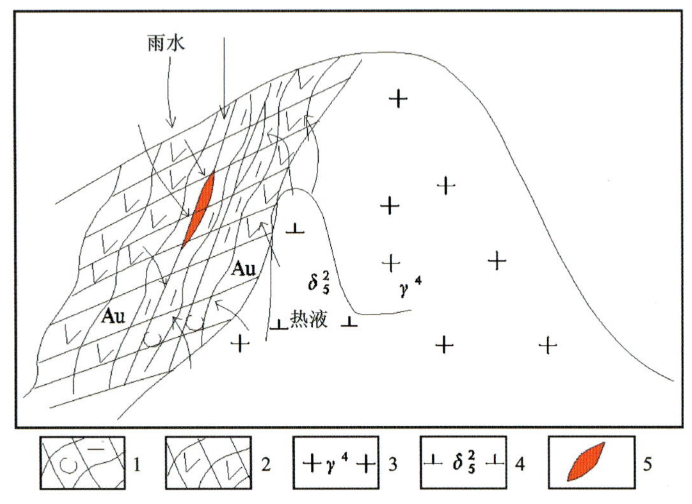

1. 含碳质角岩；2. 角闪石角岩；3. 海西期花岗岩；4. 燕山期闪长岩；5. 矿体。

图 6-2-62　二道甸子金矿床成矿模式图

11. 永吉头道川金矿床成矿模式

头道川金矿床，成矿物质主要来源于围岩中的细碧岩、细碧玢岩矿源层，矿源层经深部变形变质作用，易溶组分出熔，碱性变质热液活化了矿源层的 Au、Ag 等成矿元素，在变形应力作用下，易溶组分和矿液作短距离迁移，沿韧性剪切作用所形成的片理和褶皱转折端（应力最小部位）充填，形成与褶皱同构造的石英大脉和细脉。综上所述头道川金矿床属与韧性剪切作用有关的火山沉积-中—低温变质热液石英脉型金矿床。见图 6-2-63。

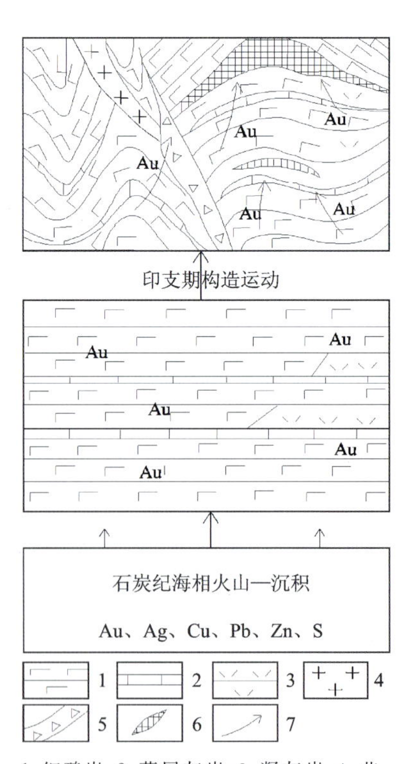

1. 细碧岩；2. 薄层灰岩；3. 凝灰岩；4. 花岗斑岩；5. 破碎带；6. 金矿体；7. 成矿物质搬运方向。

图 6-2-63　永吉头道川金矿床成矿模式图

12. 汪青县刺猬沟金矿床成矿模式

库拉板块→太平洋板块向欧亚板块俯冲引起的陆缘活动带内初始矿源岩部分熔融钙碱性安山质岩浆和幔源含金热流体的产生→屯田营期火山/次火山侵入杂岩的上侵就位→区域性断裂构造的多次发生和叠加→幔源含金流体上涌和与表生环流水体系的汇聚混合→热液蚀变作用的发生→金的富集沉淀定位。

刺猬沟金矿属低硫型，矿化体中金与硫呈负相关，说明金以络阳离子迁移可能性很小，矿床原生晕分带也反映出金与多金属硫化物在时空上有显著的差别，液体包裹体中阴离子以 HCO_3^- 为主，这与整个矿床中矿体主要由石英方解石脉组成是一致的，Ere 等认为还原态羟基络离子可以使金溶解、迁移，条件是一种低的氧化还原环境，并且出现金-碳酸盐组合。刺猬沟金矿有大量自然金、银金矿存在于方解石颗粒中与石英颗粒间，并且该矿床每个阶段皆有碳酸盐出现，因而推断金是以羟基络阴离子迁移的。沉淀机制可能系还原态羟基进一步氧化，在与钙结合成 $CaCO_3$ 的同时，使金离子还原而沉淀。体现了成矿作用在时间上长期性和多阶段性，在空间上严格受穿透性断裂多次发生和叠加造成的低压高热流区控制，成矿模式见图 6-2-64。

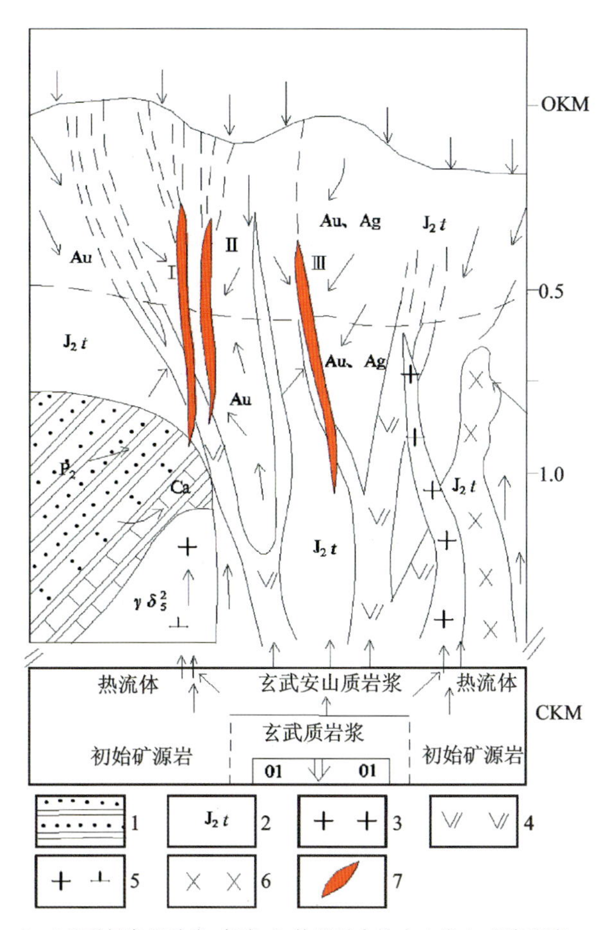

1. 二叠系柯岛组砂岩、灰岩；2. 侏罗系中性火山岩 3. 花岗斑岩；4. 次安山岩；5. 花岗闪长岩；6. 辉石闪长岩；7. 矿体。

图 6-2-64　刺猬沟金矿床成矿模式图

13. 汪清县五凤金矿床成矿模式

大洋板块快速斜向俯冲，形成一系列大型走滑剪切深大断裂带，沿大型剪切走滑构造带形成热幔柱构造环境。热幔柱的上升导致底侵作用的产生，热幔柱在约 100km 深处首先交代和部分熔融岩石圈地幔，形成初始玄武质岩浆，初始玄武质岩浆在上升过程中及地幔岩浆房分别发生橄榄石和辉石的分离结晶作用，当向上运移到 80～90km 时，其成分转化为玄武安山质或安山质高钾钙碱性火山岩系的成岩母岩浆。成岩母岩浆沿剪切构造带进入地壳并结晶形成偏碱质的钙碱性火山岩系。当深源流体及气体状态 Au、Ag、Cu 等元素随地幔热柱向上运移到较浅部位，一部分气体转变为液相，形成气液混合相的幔源混合流体，到 80～100km 深时，由于其热力和能量使地幔岩石部分熔融，因此含矿热液应是深源含矿流体与地幔岩部分熔融产生初始玄武岩浆过程中分离出来的含矿地幔气液流体的混合。地幔岩石部分熔融增加了成矿物质，并沿火山通道网络向上运移，岩浆多旋回喷发、多期次侵入，后期富含成矿物质的次火山岩和含矿热液的持续上侵，交代火山岩系，与地表异源环流水结合，沿火山机构及脆性断裂贯入成矿。

该矿床应属中低温火山热液贫硫化物型脉状银-金矿床。

14. 汪青县闹枝金矿床成矿模式

中生代时，本区火山岩活动强烈，伴随着深部岩浆的结晶分异，汽-水热液将分散金从熔体中淬取出来，聚集在与其平衡的汽水热液相中，此时构造作用发生，两相分离，H_2S 大量解离与金离子及其他金属阳离子结合成溶解度较大的络离子团，向古地表迁移。

当汽水热液迁移到距古地表 1000m 的构造空间时，压力系统平衡失调，压力降到 300Pa±，温度下降到 320℃±，少量地表水加入，挥发分大量逸出，热液由碱性转变为弱酸性，氧化还原环境，由深部还原转变弱氧化，大量 K^+、Na^+、Fe^{2+} 离子带入围岩，形成了绢云母化，硅化和黄铁矿化围岩蚀变，同时络合物解体，金开始沉淀成矿。

该矿床应属中低温火山热液型脉金矿床。

15. 永吉县倒木河金矿床成矿模式

矿体产在破火山口构造中的闪长岩及其接触带附近的火山喷出岩中，闪长岩为充填寄生火山口的火山颈相岩石，是火山岩同源岩浆晚期侵入的产物。矿体呈脉状严格受断理解裂隙控制，成矿作用以中高温为主,成矿物质来自深源。故该矿床应为中高温火山热液脉状金-多金属矿床。成矿模式见图6-2-65。

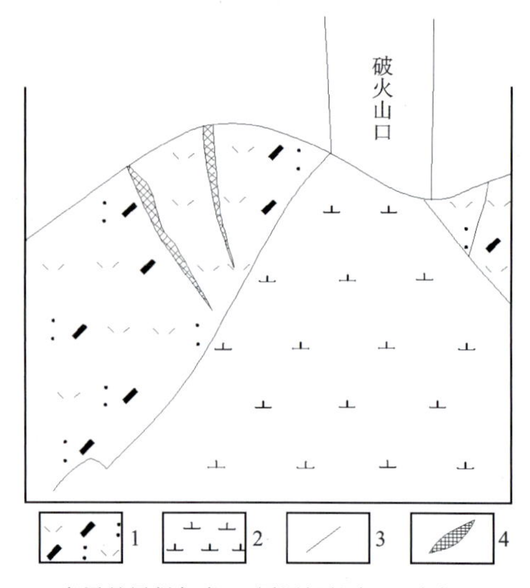

1.岩屑晶屑凝灰岩;2.同源闪长岩;3.破火山口次级断裂;4.矿体。

图6-2-65　永吉县倒木河金矿床成矿模式图

16.梅河口市香炉碗子金矿床成矿模式

香炉碗子金矿床具多期成矿(富集)的特点。成因为次火山热液型金矿床。在太古宙初期矿区有大量的超基性—中基性火山岩喷发,岩石中具有较高的金含量。后期的强烈变质作用,使金发生初步富集,为该区提供了第一代金源。太古宙末期烟囱桥子-龙头剪切带在韧性变形过程中,可活化和溶解大量的金,尤其在韧性剪切带内金更具有高度的聚集作用。随着地壳的逐渐抬升演化,到海西—燕山期,特别随燕山运动进入强烈活动时期,在区域构造岩浆活化作用的影响下,矿区附近的大陆壳深部,由于地幔热流的作用,大陆壳下部发生选择性重熔形成酸性岩浆。随区域构造运动的加强,剪切带也随之发生强烈活动,由原来韧-脆韧性到脆性构造叠加,深部岩浆沿剪切带向地表低压带运动,沿剪切带不断开拓上升通道。剪切带就成了一个有利于岩浆热液活动的纵向连续的高渗透带。岩浆上侵到近地表处,由于压力的突然释放,产生强烈的地下爆炸,形成矿区的次火山隐爆角砾岩体,这种地下爆炸可能经历了多次。其后由于压力的释放,岩浆房剩余岩浆已无力再次爆发,就沿火山作用时产生的构造裂隙侵入,形成后期的流纹斑岩、霏细岩。由于岩浆逐渐冷却并结晶分异,在岩浆房顶部分异出大量挥发组份的超临界流体(岩浆热液),其中含有大量的矿化剂(S等挥发组分)和矿化物质及少量岩浆水,它们沿不断活动的剪切带上升并与地下热水相混合,形成含矿热液。这种混合而成的成矿热液既含有从深部带来的矿化物质,如Pb、Zn、As、Bi、Ag及部分Au,同时又有丰富的矿化剂,如S、CO_2及H_2O等,使热液大大增强了淋取围岩中金的能力,使热液中金的含量显著增加,成为富含金的含矿热液,当成矿热液沿火山通道进入隐爆岩体中的构造裂隙发育地带时,成矿热液便渗透到裂隙中,并与火山岩发生强烈的交代,产生黄铁绢英岩化及绢云母化等蚀变作用,含矿热液与大气降水及其他成分相互作用,自由对流,反复流动,到达近地表的构造带时,温度、压力发生变化,又加之热液与围岩发生交换反应,使热液中pH值、*Eh*值均发生变化,因而促使了Au、Ag及其他元素的沉淀,形成了蚀变矿化带及金矿脉。成矿模式见图6-2-66。

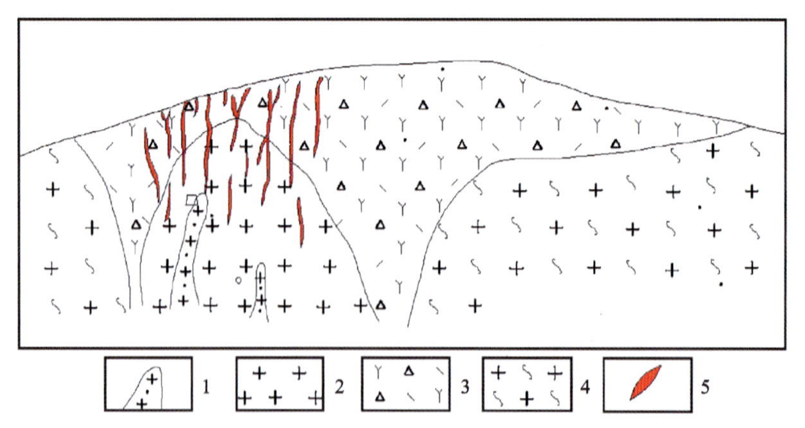

1.霏细岩;2.斜长花岗岩;3.含角砾流纹质凝灰岩;4.片麻岩;5.矿体。

图6-2-66　香炉碗子金矿成矿模式图

矿床属低中温富硫化物型火山爆破角砾岩金矿床。

17. 安图县海沟金矿床成矿模式

矿床形成及就位机制：在1600～1108Ma中条运动初期，随着裂陷槽的褶皱隆起，强烈的火山爆发和变质作用，大量的U、Th、Pb、Au、Bi、Ag、As、Sb、C进入了色洛河群地层中，其间，Pb、Au、Ag、S等成矿元素形成了本区的一次大规模的金矿化，构成海沟金矿的矿源层；进入滨太平洋板块的活化阶段，在大陆内部形成一些具有继承性的断裂带，由于地幔再次上涌，形成一些同熔型花岗岩浆并沿具拉张性深大断裂上侵，尤其是沿富尔河、两江两组大断裂的交叉处更为活跃，由于岩体富含卤族元素和碱金属元素，形成了较强的矿化剂，在上侵过程中的热力、动力和矿化剂的作用下，对围岩中的Au、Ag、Pb、Bi、As、Sb、S、C等矿质和矿化剂不断地进行浸出，使其成矿物质在岩体中及周围又一次富集。由于在岩浆分异过程中的强烈钾、钠质交代作用和矿化作用，使大量矿质进入含矿热水溶液，并富集到岩浆期后，形成了高盐度的成矿溶液，最后迁移到发育于花岗闪长岩中的NE向断裂裂隙中沉淀成矿。

成矿模式：燕山早期花岗闪长岩浆沿海沟复式背斜上侵，在结晶分异过程中分泌出初生岩浆水与部分大气降水的混合，形成"再平衡岩浆水"，并携带了大量的矿质和矿化剂（Au、Ag、Sb、Se、S、K^+、Na、Cl^-、F等；同时也加热了岩体周围的地下水（层间水、裂隙水），变热而环流的地下水浸虑出围岩中大量的金、银等成矿物质而形成富含矿质的热流体，随着花岗闪长岩的结晶固化和频繁的构造作用，在岩体顶部形成一组NE向构造糜棱岩带和片理化带，继而追踪该岩带又形成了张扭性的构造裂隙带，此时变热而环流的地下水与"再平衡岩浆水"混合，形成含矿热流体，并富集于张扭构造裂隙带中，形成含金石英脉群，构成大型海沟金矿床。成矿模式见图6-2-67。

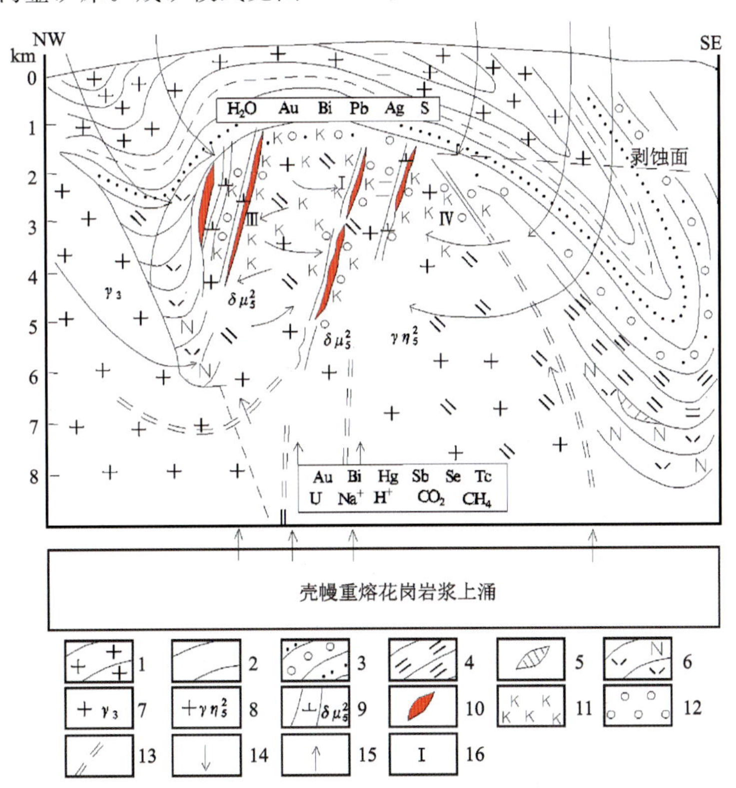

1. 变质英安岩、流纹岩及其凝灰岩；2. 板岩类；3. 变质砾岩、变质砂岩；4. 绿泥片岩、绢云片岩；5. 大理岩；6. 斜长角闪岩、角闪片岩；7. 加里东期花岗岩；8. 燕山期二长花岗岩；9. 闪长玢岩；10. 含金石英脉；11. 钾长石化；12. 绢英岩化；13. 运移流体的断裂；14. 岩浆热流体运移方向；15. 古大气降水-地下水流体运移方向；16. 矿带。

图6-2-67　安图县海沟金矿床成矿模式图

18. 珲春市小西南岔金铜矿床成矿模式

本区进入中生代后，由于受环太平洋活动带影响，沿近东西向和北东向深大断裂带喷发、侵入大量的中基性—酸性火山岩及花岗岩类，同时也从地壳深处随岩浆上侵带来了大量金、铜等有用元素，并经历了从高温到低温过程，在中温、低压、强还原性和碱性热水溶液形成易溶的稳定的络合物，并迁移、富集，当溶液内碱性向酸性演化接近中性环境时，开始电离，络合物解体，金和其他金属硫化物及二氧化硅开始沉淀成矿，热液活动到晚期，随着大量金属硫化物析出，热液碱性浓度相对增高，而出现碳酸盐化。成矿模式见图 6-2-68。

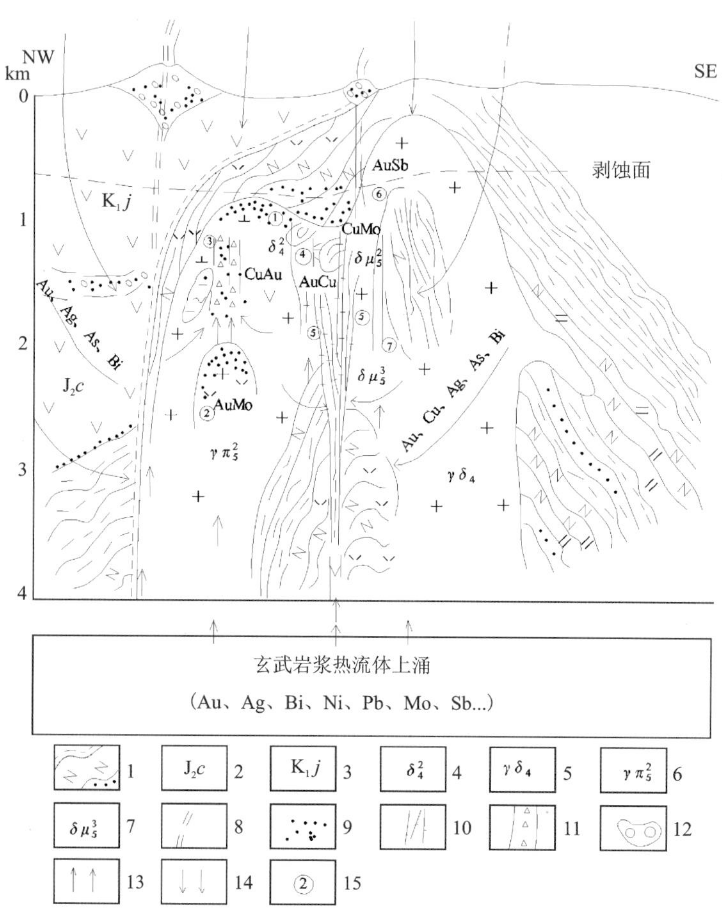

1. 下志留统五道沟群变质岩；2. 中侏罗统刺猬沟组安山岩-流纹岩；3. 下白垩统金沟岭组玄武安山岩-安山岩；4. 早海西期花岗斑岩；7. 燕山期闪长玢岩；8. 深断裂及大断裂；9. 细脉浸染状矿化；10. 石英脉型矿化；11. 角砾岩筒型矿化；12. 火山口硅化；13. 幔源岩浆热流体上涌；14. 古大气降水-地下水运移方向，15 矿化、矿床类型：①早海西期细脉浸染状 Cu、Mo 矿化，②燕山早期花岗斑岩顶部细脉浸染状斑岩型 Cu、Mo 矿化，③斑岩体. 上部角砾岩筒型 Au、Cu 矿化，④燕山晚期密脉带 Au、Cu 矿化，⑤单脉型 Au、Cu 矿化，⑥单脉型 Au、Sb 矿化，⑦大六道沟单脉型 Au、Cu 矿化。

图 6-2-68　珲春市小西南岔金铜矿床成矿模式图

19. 珲春市杨金沟金矿床成矿模式

当岩浆沿五道沟-大北城断褶带的杨金沟向斜侵入到五道沟群后，五道沟群中的金受岩浆热液驱动为矿床的形成提供了部分成矿物质。到岩浆演化的后期，含矿的热液在 NNE 向或 NE 向张扭性断裂构造空间内，在内接触带主要形成石英脉型金矿，外接触带上主要形成蚀变岩型金矿。

20. 珲春市黄松甸子金矿床成矿模式

黄松甸子地区的中性—中酸性岩类及其赋存于其中的热液脉状金矿化体在风化作用下形成富含金的碎屑物，在河流搬运作用下在黄松甸子的陆相山间盆地洪-冲积环境下形成扇积砾岩相和扇上河床相沉-堆积，金赋存在砾石之间的填隙物和胶结物中。矿床的成因类型属沉积砾岩型古砂金矿床。

21. 珲春河砂金矿四道沟矿段成矿模式

珲春河上有处于小西南岔金铜成矿集中区上，岩金矿产比较丰富，为砂金矿的形成提供了一定的物质基础；第三纪砾岩金及新老阶地的砂金，也为河漫滩砂金矿的形成提供了物质；总之，该矿床的成矿物质来源极其复杂。

根据以上研究，归纳总结出典型矿床预测类型见表6-2-44。

表6-2-44 典型矿床预测类型一览表

预测方法类型	典型矿床	预测类型	矿区代码	矿区顺序码	预测类型代码
火山岩型	汪清刺猬沟金矿	刺猬沟式火山热液型	CWGJ	1101	2211401
	梅河香炉碗子金矿	香炉碗子式火山热液型	XLWZ	1102	2211402
	汪清五凤金矿	刺猬沟式火山热液型	WFJK	1103	2211401
	永吉倒木河金矿	刺猬沟式火山热液型	DMHJ	1104	2211401
	永吉头道川金矿	头道川式变质火山岩型	TDCJ	1105	2211403
	汪清闹枝金矿	刺猬沟式火山热液型	NZJK	1106	2211401
	桦甸二道甸子金矿	二道甸子式变质火山岩型	EDDZ	1107	2211404
复合内生型	桦甸夹皮沟金矿	夹皮沟式绿岩型	JPGJ	1108	2211601
	桦甸六批叶金矿	六批叶式热液型	LPYJ	1111	2211602
层控内生型	辽源弯月金矿	弯月式沉积改造型	WYJK	1113	2211506
	通化南岔金矿	荒沟山式岩浆热液改造型	NCJK	1114	2211501
	白山荒沟山金矿	荒沟山式岩浆热液改造型	HGSJ	1115	2211501
	集安西岔金银矿	金厂沟式岩浆热液改造型	XCJK	1117	2211502
	集安下活龙金矿	下活龙式岩浆热液改造型	XHLJ	1118	2211503
	长春兰家金矿	兰家式矽卡岩型	LJJK	1119	2211504
	白山金英金矿	金英式热液改造型	JYJK	1120	2211505
侵入岩浆型	安图海沟金矿	海沟式岩浆热液型	HGJK	1121	2211201
	珲春小西南岔金铜矿	小西南岔式斑岩型	XXNC	1122	2211202
	珲春杨金沟金矿	杨金沟式岩浆热液型	YJGJ	1123	2211203
沉积型	浑春黄松甸子金矿	黄松甸子式砾岩型	HSDZ	1124	2211101
	珲春河砂金矿	珲春河式沉积型	HCHJ	1125	2211102

第三节 预测工作区成矿规律研究

一、预测工作区地质构造专题底图确定

1. 头道沟—吉昌预测工作区

预测的金矿类型为火山岩型。预测底图为火山建造构造图，重点突出与金成矿有关的目标层——石炭系余富屯组。区域矿产主要为金、铜。

2. 石咀一官马预测工作区

位于磐石县境内，预测的金矿类型为火山岩型。预测底图为火山建造构造图，充分利用最新研究成果和 1∶5 万及大比例尺地质调查资料和新编 1∶25 万吉林市幅、长春市幅建造构造图是最新研究成果，以此成果为基础，再合理、有效地利用大比例尺地质资料进行修订。如实反映图区内所有地质体已获得的实际实体，必须和各项原始资料及所用的地质底图吻合一致，如有不一致处必须说明更改的原因。标准化和规范化，必须统一要求、统一格式、统一图例，按技术要求进行操作，如有不规范之处应加以说明。图面上各种地质体(包括变质建造、侵入岩建造、火山岩建造、沉积岩建造和构造)均按有关编制地质图件的规范和技术要求执行。某些有意义的地质体采用相对夸大的方法表示。

区域矿产主要为金、铜。

3. 地局子—倒木河预测工作区

位于吉林市地局子—倒木河一带，预测的金矿类型为火山岩型。预测底图为火山建造构造图，将与金成矿有关的火山岩作为重点，即早侏罗世南楼山组、玉兴屯组火山岩地层，其次与之相关的侵入岩，即为早侏罗世二长花岗岩，相关的变质岩为寒武纪黄莺屯组，相关的沉积岩为二叠纪范家屯组，所以研究区内各世代火山岩、侵入岩、沉积岩、变质的岩石组合，沉积建造、火山岩建造、侵入岩建造、变质建造是研究本区成矿的最基础的资料。

区域矿产主要为金、铜、铅锌。

4. 香炉碗子—山城镇预测工作区

位于柳河县，预测的金矿类型为火山爆破角砾岩型。预测底图为火山建造构造图，充分利用最新研究成果和 1∶5 万及大比例尺和新编 1∶25 万辽源市幅、靖宇幅、通化市幅建造构造图是最新研究成果，以此成果为基础，再合理、有效地利用大比例尺地质资料进行修订。如实反映图区内所有地质体已获得的实际实体，必须和各项原始资料，图面上各种地质体(包括变质建造、火山岩建造、沉积岩建造和构造)均按有关编制地质图件的规范和技术要求执行。某些有意义的地质体采用相对夸大表示。

区域矿产主要为金。

5. 五凤预测工作区

位于延吉市西北部五凤、五星山一带，预测的金矿类型为火山岩型。预测底图为火山建造构造图，预测区金的成矿与晚侏罗世陆相火山岩关系密切，即为金的目的层，要重点研究含金目的层的岩石组合、火山岩相、火山建造和火山构造。充分利用实际材料，研究火山岩剖面和地质路线，划分的地质界线和火山岩相界线要保证精度。以实际材料为依据，划分图层编图，本着重点突出、详略适当的原则，重点

研究含金火山岩的岩石组合、控矿因素、矿化蚀变等内容。

区域矿产主要为金、铜。

6. 闹枝—棉田预测工作区

位于汪清县闹枝—棉田一带。区内的金矿产多与火山岩和侵入岩有关,要把火山岩的火山岩相、火山建造、火山构造等内容表达清楚。预测的金矿类型为火山岩型。预测底图为火山建造构造图,以实际材料为基础,研究与成矿背景有关的主要问题,重点要研究目的层,要认真查阅区内火山岩剖面,矿区大比例尺地质图和钻孔资料,划分图层,进行编图。

区域矿产主要为金。

7. 刺猬沟—九三沟预测工作区

位于汪清县东南部刺猬沟、九三沟一带,预测的金矿类型为火山岩型。预测底图为火山建造构造图,通过资料分析,区内已知金矿床矿点多与中生代陆相火山岩有关,所以区内陆相火山岩是含金的目的层,要重点研究目的层的岩石组合,火山岩相、火山建造和火山构造。充分利用实际材料,保证编图精度。利用中生代火山岩的实测剖面和地质路线,划分地质界线、岩相界线要保证精度。以实际材料为依据,划分图层,进行编图。

区域矿产主要为金。

8. 杜荒岭预测工作区

位于汪清县之东杜荒子一带,预测的金矿类型为火山岩型。预测底图为火山建造构造图,与金成矿有关的为陆相火山岩,具体为早白垩世金沟岭组火山岩的关系密切,为含金的目的层,所以研究该期火山岩的岩石组合、火山岩相、火山建造、火山构造等是金成矿的最基础的资料。以实际材料为依据进行综合,研究与成矿背景有关的主要因素。重点突出,详略适当,以达到金的预测具有实际效果为目的。

区域矿产主要为金、铜。

9. 金谷山—后底洞预测工作区

位于龙井市东部,预测的金矿类型为火山岩型。预测底图为火山建造构造图,以实际材料为依据,进行综合归纳整理,研究与成矿背景相关的主要问题,其中最主要的是研究含金岩系的地质剖面,区内已知金矿床的相关资料,确定金矿的形成机制,做到客观、准确地分析金的成矿环境和成矿背景。重点突出,详略适当的原则。注重研究金矿的围岩特征、矿化、蚀变特征。

10. 漂河川预测工作区

位于吉林市漂河川一带,预测的金矿类型为火山沉积-岩浆热液改造型。预测底图为综合建造构造图。与金成矿有关的变质岩为寒武纪黄莺屯组,侵入岩为中侏罗世花岗闪长岩,所以研究黄莺屯组的岩石组合、变质建造及中生代侵入岩建造是研究本区金成矿的最基础的资料。以实际材料为依据,以矿产资料为基础进行综合整理,研究与成矿背景有关的主要因素,如断裂构造、矿化类型、蚀变特征。本着重点突出、详略适当的原则并具有实际效果为目的,以达到对金的预测。

区域矿产主要为金、铜、镍。

11. 安口镇预测工作区

位于柳河县安口镇—时家店一带,预测的金矿类型为绿岩型。预测底图为综合建造构造图。与金成矿有关的主要为火山岩,具体说就是与新元古代万宝岩组中的火山碎屑岩的关系较为密切,其次与二叠纪庙岭组中的火山碎屑岩、凝灰岩，以及构造破碎带有关。因此研究区内新元古代万宝岩组和二叠纪庙岭组中火山岩的岩石组合、火山岩相、火山建造、火山构造，以及构造破碎带是预测区铜-多金属成矿的最基础的资料。以所获实际材料为主要地质依据，对其进行综合整理，特别是研究预测区内与成矿背景有关的主要因素。力求重点突出、详略适当，以达到对金矿的预测具有更实际的效果为主要目的。

区域矿产主要为金、铜。

12. 石棚沟—石道河子预测工作区

位于东部山区的石棚沟—石道河子一带，预测的金矿类型为绿岩型。预测底图为综合建造构造图。研究与金成矿有关的中—新太古代变质岩的变质作用，变质岩相，变质矿物组合，变质岩建造、变质构造等基础的资料。以实际材料为依据，以矿产资料为基础进行综合整理，研究与成矿背景有关的主要因素，如断裂构造、矿化类型、蚀变特征成果资料。

区域矿产主要为金、铜。

13. 夹皮沟—溜河预测工作区

位于东部山区的夹皮沟—二道溜河一带，预测的金矿类型为绿岩型。预测底图为综合建造构造图。与金成矿有关的变质岩，就是与金成矿关系密切的太古宙变质岩，研究该变质岩的岩石组合、变质变形构造等是金成矿的最基础的资料。以实际材料为依据，以矿产资料为基础进行综合整理，研究与成矿背景有关的主要因素，如区域断裂构造、矿化类型、蚀变特征。

区域矿产主要为金、铜。

14. 金城洞—木兰屯预测工作区

位于和龙市金城洞—木兰屯一带，预测的金矿类型为绿岩型。预测底图为综合建造构造图。研究和突出表达新太古代鸡南组官地组斜长角闪岩、浅粒岩、变粒岩或深成侵入体英云闪长质片麻岩，通过研究这些古老变质岩的实测剖面和实际材料图，划分变质岩的岩石组合、变质相、变质建造。对与矿有关的后期侵入岩、岩株、岩脉特征亦要通过实际资料整理梳理清楚。以收集的大量金的矿产资料为编图依据，以矿床、矿点、矿化点的时空分布成矿机理，研究成矿因素和控矿因素。

区域矿产主要为金、铜。

15. 四方山—板石预测工作区

位于通化市和白山市境内，预测的金矿类型为绿岩型。预测底图为综合建造构造图。利用最新研究成果和 1∶5 万和 1∶25 万白山市幅、靖宇幅、通化市幅建造构造图是最新研究成果，以此成果为基础，再合理、有效地利用大比例尺地质资料进行修订。如实反映图区内所有地质体已获得的实际实体，须和各项原始资料及所用的地质底图吻合一致，标准化和规范化，必须统一要求、统一格式、统一图例，按技术要求进行操作。图面上各种地质体(包括沉积岩建造、变质建造、火山岩建造、和构造)均按有关编制地质图件的规范和技术要求执行。某些有意义的地质体采用相对夸大表示。

区域矿产主要为金、铁。

16. 正岔—复兴屯预测工作区

位于南部山区之集安—复兴一带，预测的金矿类型岩浆热液改造型。预测底图为综合建造构造图。将与 Au 成矿有关的中温区域变质的、灰岩实际材料为依据，以矿产资料为基础进行综合整理，研究与成矿背景有关的主要因素，如断裂构造、矿化类型、蚀变特征。本着重点突出、详略适当的原则，以达到对 Au 的预测具有实际效果为目的。

区域矿产主要为金、铜、铅锌。

17. 荒沟山—南岔预测工作区

位于白山市荒山沟—南岔一带,预测的金矿类型岩浆热液改造型。预测底图为综合建造构造图。在荒山沟—南岔研究与成矿有关的中温区域变质的,大东岔岩组、珍珠门岩组、大栗子岩组的含纹线石榴变粒岩、条带状、角砾状大理岩、千枚岩、大理岩,金矿体赋存于珍珠门岩组与大栗子岩组的接触部位。以实际材料为依据,以矿产资料为基础进行综合整理,研究与成矿背景有关的主要因素,如断裂构造、矿化类型、蚀变特征。本着重点突出、详略适当的原则,以达到对金预测具有实际效果为目的。

区域矿产主要为金、铜、铅锌。

18. 冰湖沟预测工作区

位于浑江市东北,桦树、闹枝、蚂蚁河乡境内。预测的金矿类型岩浆热液改造型。预测底图为综合建造构造图。充分利用最新研究成果和 1∶5 万及新编 1∶25 万白山市幅、靖宇幅、建造构造图是最新研究成果,以此成果为基础,再合理、有效地利用大比例尺地质资料进行修订。如实反映图区内所有地质体已获得的实际实体,必须和各项原始资料及所用的地质底图吻合一致,标准化和规范化,必须统一要求、统一格式、统一图例,按技术要求进行操作。图面上各种地质体(包括变质建造、火山岩建造、沉积岩建造和构造)均按有关编制地质图件的规范和技术要求执行。某些有意义的地质体采用相对夸大表示。

区域矿产主要为金、铜、铅锌。

19. 六道沟—八道沟预测工作区

位于吉林省的东部长白县六道沟—八道沟一带,预测的金矿类型岩浆热液改造型。预测底图为综合建造构造图。在长白—十六道沟地区金的成矿预测区内,研究与金成矿有关的元古代地层,研究中地层的特点及区域展布规律。以实际材料为依据,以矿产资料为基础进行综合整理,研究与成矿背景有关的主要因素,诸如区域断裂构造、矿化类型、蚀变特征等。本着重点突出、详略适当的原则,以达到对该区金的预测具有实际效果为目的。

区域矿产主要为金、铜、铅锌。

20. 长白—十六道沟预测工作区

位于白山市长白县—十六道沟一带,预测的金矿类型岩浆热液改造型。预测底图为综合建造构造图。在长白—十六道沟地区金的成矿预测区内,研究与金成矿有关的元古代地层,研究中地层的特点及区域展布规律。以实际材料为依据,以矿产资料为基础进行综合整理,研究与成矿背景有关的主要因素,诸如区域断裂构造、矿化类型、蚀变特征等。本着重点突出、详略适当的原则,以达到对该区金的预测具有实际效果为目的。

区域矿产主要为金、铜、铅锌。

21. 山门预测工作区

位于四平市西南的山门一带,大地构造位置位于依舒地堑的东南部,大黑山条垒区的西段,预测的金矿类型矽卡岩型-破碎蚀变岩型。预测底图为综合建造构造图。以实际材料为依据,以地质、矿产实际资料为基础进行综合整理,研究与成矿背景有关的主要因素,如断裂构造、矿化类型、蚀变特征。

区域矿产主要为金、银。

22. 兰家预测工作区

位于长春南部兰家—波泥河一带，预测的金矿类型矽卡岩型-破碎蚀变岩型。预测底图为综合建造构造图。将与金成矿关系密切的沉积岩、岩浆岩编绘在预测区图上，研究其岩石组合；以及沉积建造、侵入岩建造等。是金成矿的最基础的资料。以实际地质资料为依据，以矿产资料为基础进行综合整理，研究与成矿背景有关的主要因素，包括预测区内的断裂构造性质、矿化类型、蚀变特征。

区域矿产主要为金、铜。

23. 万宝预测工作区

位于中东部山区之安图县海沟一带，预测的金矿类型矽卡岩型-破碎蚀变岩型。预测底图为综合建造构造图。以实际材料为依据，以地质、矿产实际资料为基础进行综合整理，研究与成矿背景有关的主要因素。

区域矿产主要为金、铜、铅锌。

24. 浑北预测工作区

位于白山市境内，预测的金矿类型热液改造型。预测底图为综合建造构造图。充分利用最新研究成果和 1∶5 万及大比例尺地质调查资料的原则。以此成果为基础，再合理、有效地利用大比例尺地质资料进行修订。如实反映图区内所有地质体已获得的实际实体。图面上各种地质体(包括沉积岩建造、变质建造、火山岩建造、和构造)均按有关编制地质图件的规范和技术要求执行。某些有意义的地质体采用相对夸大表示。

区域矿产主要为金。

25. 古马岭—活龙预测工作区

位于集安市榆树镇—大路镇—麻线镇一带，预测的金矿类型岩浆热液改造型。预测底图为综合建造构造图。与金成矿有关的变质岩，就是与金成矿关系密切的古元古代变质岩系，研究该变质岩系的岩石组合、变质变形构造等是金成矿的最基础的资料。以实际材料为依据，以矿产资料为基础进行综合整理，研究与成矿背景有关的主要因素，如区域断裂及变质变形构造、矿化类型、蚀变特征。本着重点突出、详略适当的原则，以达到对金的预测具有实际效果为目的。

区域矿产主要为金。

26. 海沟预测工作区

位于安图县海沟一带，预测的金矿类型侵入岩浆热液型。预测底图为侵入岩浆建造构造图。以实际材料为依据，查阅有关该区域内 1∶20 万区域地质和矿产地质资料，编制实际材料图。收集与这一区域内有关的矿床、矿点、矿化点资料，并编制出矿产卡片。以地质、矿产实际资料为基础进行综合整理，研究与成矿背景有关的主要因素，如断裂构造、矿化类型、蚀变特征等成果资料。充分利用微机制图技术，提高工作效率，利用数据库提取相关的编图资料，通过编图补充数据库数据。

区域矿产主要为金。

27. 小西南岔—杨金沟预测工作区

位于珲春市东北部五道沟—杨金沟—大小六道沟—小西南岔一带，预测的金矿类型侵入岩浆热液型。预测底图为侵入岩浆建造构造图。区内已知的金矿床、矿点、矿化点的成矿均与侵入岩有着密切的成生联系，遵照上级有关成矿预测区编图要求，这一预测区要编制侵入岩岩浆建造构造图，要将含矿目的层作为重点实现出来。以岩体剖面、路线实际材料图为依据。将与金成矿有关的地质矿产信息表达于图面，以矿产资料为依据。

区域矿产主要为金、铜。

28. 农坪—前山预测工作区

位于珲春市东北部平安—柳树河子—马滴达—闹枝沟一带，预测的金矿类型侵入岩浆热液型。

地质构造专题底图特征：预测底图为侵入岩浆建造构造图。区内已知的金铜钨矿床、矿点、矿化点的成矿均与侵入岩有着密切的成生联系，编制侵入岩浆建造构造图，要将含矿目的层作为重点实现出来。以岩体剖面、路线实际材料图为依据。将与金、铜、钨成矿有关的地质矿产信息表达于图面，以矿产数据为依据。

区域矿产主要为金。

29. 黄松甸子预测工作区

位于珲春市北东部，预测的金矿类型砾岩型。预测底图为沉积建造构造图。金与新近系中新统土门子组砂砾岩有密切的成生联系，所以在编制该区沉积建造构造图的过程中，以土门子组作为目的层，对目的层要作为重点的研究对象。要注重基础地质资料的研究与应用，如实测剖面、实际材料图等。重点突出，详略组合，对区内沉积岩编制沉积建造构造图，对区内零星分布的变质岩则不需编制变质建造图。

区域矿产主要为金。

30. 珲春河预测工作区

位于珲春市河北村—河东村、庙岭村—西北沟一带，预测的金矿类型沉积型。预测底图沉积建造构造图。砂金矿产预测图为第四纪地貌地质图，首先要划分区内第四纪地貌单元，在划分地貌单元的基础上编制第四纪地貌地质图。为研究砂金的成矿地质背景，必须保留区内不同地质体的地质界线，但为突显地貌特征，地层、火山岩、侵入岩、变质岩均不上建造花纹。对已知砂金矿床、矿点进行标注，对砂金矿体进行圈定。划分出找矿远景区，达到确定成矿预测区之目的。

区域矿产主要为金。

二、预测工作区成矿要素特征

1. 头道沟—吉昌预测工作区

预测工作区成矿要素见表 6-3-1。

表 6-3-1　头道沟—吉昌预测工作区头道川式变质火山岩型金矿成矿要素表

成矿要素	内容描述	类别
特征描述	火山沉积-中—低温变质热液石英脉型金矿床	
岩石类型	石炭纪余富屯组（黄莺屯组？）海相火山-沉积岩系的细碧角斑岩组合，以及灰岩、页岩及砂岩	必要
成矿时代	模式年龄为 338～200Ma，海西中期—印支期	必要
成矿环境	沿头道川-烟筒山韧性剪切构造带上。含金石英脉受韧性剪切褶皱构造控制，主矿体产于韧性剪切褶皱主界面旁沿褶皱枢纽分布，矿体沿褶皱转折端分布。除主矿体外，大量石英脉及细脉受韧性剪切褶皱形成的片理构造控制	必要

续表 6-3-1

成矿要素	内容描述	类别
特征描述	火山沉积-中—低温变质热液石英脉型金矿床	
构造背景	南华纪—中三叠世天山-兴蒙-吉黑造山带(Ⅰ),包尔汉图-温都尔庙弧盆系(Ⅱ),下二台-呼兰-伊泉陆缘岩浆弧(Ⅲ),磐桦上叠裂陷盆地(Ⅳ)内	重要
矿化蚀变	围岩蚀变以硅化、绿帘石化、绿泥石化、碳酸盐化等蚀变为主。与矿体有关的蚀变类型主要有硅化、绿帘石化、绿泥石化、黄铁矿化及碳酸盐化。硅化、黄铁矿化、绿帘石化与矿关系密切	重要
控矿条件	地层控矿,含金石英脉受细碧岩、细碧玢岩层位控制;构造控矿,主矿体产于韧性剪切褶皱主界面旁沿褶皱枢纽分布	必要

2. 石咀—官马预测工作区

预测工作区成矿要素编图重点突出石炭纪余富屯组海相火山-沉积岩系的细碧角斑岩组合,以及灰岩、页岩及砂岩。突出表达矿化蚀变、控矿构造信息。

预测工作区成矿要素见表 6-3-2。

表 6-3-2 石咀—官马预测工作区头道川式变质火山岩型金矿成矿要素表

成矿要素	内容描述	类别
特征描述	火山沉积-中—低温变质热液石英脉型金矿床	
岩石类型	石炭纪余富屯组(黄莺屯组?)海相火山-沉积岩系的细碧角斑岩组合,以及灰岩、页岩及砂岩	必要
成矿时代	模式年龄为 200Ma 和 338Ma,分属印支期和海西中期	必要
成矿环境	沿头道川-烟筒山韧性剪切构造带上。含金石英脉受韧性剪切褶皱构造控制,主矿体产于韧性剪切褶皱主界面旁沿褶皱枢纽分布,矿体沿褶皱转折端分布。除主矿体外,大量石英脉及细脉受韧性剪切褶皱形成的片理构造控制	必要
构造背景	南华纪—中三叠世天山-兴蒙-吉黑造山带(Ⅰ),包尔汉图-温都尔庙弧盆系(Ⅱ),下二台-呼兰-伊泉陆缘岩浆弧(Ⅲ),磐桦上叠裂陷盆地(Ⅳ)内	重要
矿化蚀变	围岩蚀变以硅化、绿帘石化、绿泥石化、碳酸盐化等蚀变为主。与矿体有关的蚀变类型主要有硅化、绿帘石化、绿泥石化、黄铁矿化及碳酸盐化。硅化、黄铁矿化、绿帘石化与矿关系密切	重要
控矿条件	地层控矿,含金石英脉受细碧岩、细碧玢岩层位控制;构造控矿,主矿体产于韧性剪切褶皱主界面旁沿褶皱枢纽分布	必要

3. 地局子—倒木河预测工作区

预测工作区成矿要素编图重点突出南楼山组,为中酸性火山熔岩及其碎屑岩建造,流纹岩、色安山岩、英安质含角砾凝灰岩安山质集块岩、安山质凝灰角砾岩、流纹质凝灰角砾岩岩石组合;玉兴屯组,中酸性火山碎屑岩及陆源碎屑岩建造,安山质火山角砾岩、流纹质凝灰岩、含角砾凝灰岩、火山角砾岩、砂岩岩石组合。突出表达矿化蚀变、控矿构造信息。

预测工作区成矿要素见表 6-3-3。

表 6-3-3 地局子—倒木河预测工作区刺猬沟式火山岩型金矿成矿要素表

成矿要素	内容描述	类别
特征描述	中高温火山热液脉状金-多金属矿床	
岩石类型	流纹岩、色安山岩、英安质含角砾凝灰岩安山质集块岩、安山质凝灰角砾岩、流纹质凝灰角砾岩岩石组合;安山质火山角砾岩、流纹质凝灰岩、含角砾凝灰岩、火山角砾岩、砂岩岩石组合	必要
成矿时代	中侏罗世,即 175~164Ma	必要
成矿环境	吉中弧形构造的外带北翼,永吉-四合屯火山岩盆地的中部,北西向断裂与北东向断裂交会处,破火山口构造的北东边缘	必要
构造背景	矿区位于东北叠加造山-裂谷系(Ⅰ)、小兴安岭-张广才岭叠加岩浆弧(Ⅱ)、张广才岭-哈达岭火山-盆地区(Ⅲ)、南楼山-辽源火山-盆地群(Ⅳ)	重要
矿化蚀变	以硅化、绢云母化为主,绿泥石化、绿帘石化、阳起石化、碳酸盐化、黑云母化等次之。硅化、绢云母化多与毒砂、黄铜矿、黄铁矿、自然金有关	重要
控矿条件	燕山期闪长岩体是倒木河砷、金、多金属矿体的主要物质来源,成矿受该岩体控制;而断裂和裂隙是主要的导岩,导矿和容矿构造,并且不同序次构造对矿体的控制程度不同。北东向断裂对矿产起主要的控制作用,倒木河金矿位于两条北东向断裂之间,区内砷、金及多金属矿多位于该组断裂中间及断裂附近,赋存于断裂活动时及破火山口所形成的次一级裂隙构造中,次一级的裂隙构造是倒木河金矿的容矿构造。晶屑岩屑凝灰岩及含砾晶屑岩屑凝灰岩控制了矿体的空间分布和赋存层位	必要

4. 香炉碗子—山城镇预测工作区

预测工作区成矿要素编图重点突出次火山岩,酸性晶屑岩屑凝灰熔岩、流纹岩组合。突出表达矿化蚀变、控矿构造信息。

预测工作区成矿要素见表 6-3-4。

表 6-3-4 香炉碗子—山城镇预测工作区香炉碗子式火山热液型金矿成矿要素表

成矿要素	内容描述	类别
特征描述	低中温富硫化物型火山爆破角砾岩金矿床	
岩石类型	次火山岩,酸性晶屑岩屑凝灰熔岩、流纹岩组合	必要
成矿时代	157~124Ma,燕山期	必要
成矿环境	区域上东西向脆-韧性剪切带控制的裂隙式爆发隐爆角砾岩体	必要
构造背景	胶辽吉叠加岩浆弧(Ⅱ)吉南-辽东火山-盆地群(Ⅲ)柳河-二密火山-盆地区。北东向柳河断裂与北西向水道-香炉碗子西山断裂交叉部位	重要
矿化蚀变	主要有黄铁矿化、硅化、绢云母化、绿泥石化、碳酸盐化等蚀变。在空间上具有水平分带现象,蚀变强度由矿化带中部向两侧逐渐减弱。由中心向外可分为黄铁绢英岩化带、弱黄铁绢英岩化带、绢云母化带 3 个蚀变带	重要
控矿条件	流纹质含角砾岩屑晶屑凝灰岩及流纹质熔结凝灰岩;烟囱桥子-龙头东西向脆-韧性剪切带是区内最主要的控岩控矿构造。剪切带控制的裂隙式爆发隐爆角砾岩体	必要

5. 五凤预测工作区

预测工作区成矿要素编图重点突出屯田营组(托盘沟组?)角闪安山岩、无斑安山岩、安山集块岩、安山质凝灰角砾岩、安山质凝灰岩组合。突出表达矿化蚀变、控矿构造信息。

预测工作区成矿要素见表 6-3-5。

表 6-3-5 五凤预测工作区刺猬沟式火山热液型金矿成矿要素表

成矿要素	内容描述	类别
特征描述	中低温火山热液贫硫化物型脉状银-金矿床	
岩石类型	屯田营组(托盘沟组?)角闪安山岩、无斑安山岩、安山集块岩、安山质凝灰角砾岩、安山质凝灰岩组合	必要
成矿时代	矿体形成年龄 130.1～127.8Ma	必要
成矿环境	火山盆地边缘,破火山口放射状、环状裂隙;北东向北西向断裂构造交会处	必要
构造背景	晚三叠世—新生代东北叠加造山-裂谷系(Ⅰ)、小兴安岭-张广才岭叠加岩浆弧(Ⅱ)、太平岭-英额岭火山盆地区(Ⅲ)、罗子沟-延吉火山盆地群(Ⅳ),延吉盆地北缘	重要
矿化蚀变	叠加于青磐岩化之上的硅化、绢云母化、黄铁矿化、冰长石化,纳长石化、绿泥石化及碳酸盐化、高岭土化	重要
控矿条件	矿体呈脉状受破火山口构造的辐射状断裂和环状断裂控制,北东向辐射状断裂和北西向环状断裂则控制了矿体;受屯田营组(托盘沟组?)中上部安山岩、安山质角砾凝灰岩和集块岩层位控制	必要

6. 闹枝—棉田预测工作区

预测工作区成矿要素编图重点突出屯田营组(刺猬沟组?)安山岩、英安岩、含角砾安山岩组合。金沟岭组安山岩、安山质角砾凝灰岩、安山质凝灰角砾岩、安山质角砾岩岩石组合。突出表达矿化蚀变、控矿构造信息。

预测工作区成矿要素见表 6-3-6。

表 6-3-6 闹枝—棉田预测工作区刺猬沟式火山热液型金矿成矿要素表

成矿要素	内容描述	类别
特征描述	属中低温火山热液型脉金矿床	
岩石类型	屯田营组(刺猬沟组?)安山岩、英安岩、含角砾安山岩组合。金沟岭组安山岩、安山质角砾凝灰岩、安山质凝灰角砾岩、安山质角砾岩岩石组合	必要
成矿时代	成矿年龄为 140Ma,为燕山晚期	必要
成矿环境	近东西向百草沟-金仓数据裂带之南部隆起区内。北西向线性构造与其他方向的线性构造的复合部位	必要
构造背景	晚三叠世—新生代东北叠加造山-裂谷系(Ⅰ)、小兴安岭-张广才岭叠加岩浆弧(Ⅱ)、太平岭-英额岭火山盆地区(Ⅲ)、罗子沟-延吉火山盆地群(Ⅳ)	重要

续表 6-3-6

成矿要素	内容描述	类别
特征描述	属中低温火山热液型脉金矿床	
矿化蚀变	围岩蚀变，呈狭长弯曲的带状分布于含金破碎蚀变带及其两侧，矿区和外围发生了广泛的青磐岩化，近矿围岩蚀变较强，位于矿脉两侧，主要是硅化、绢云母化、碳酸盐化、钾化、黄铁矿化，局部有矽卡岩化。蚀变是多次叠加，无明显分带现象	重要
控矿条件	屯田营组(刺猬沟组?)、金沟岭组火山岩。受北西向线性构造控制的火山机构。北西向线性构造与其他方向的线性构造的复合部位	必要

7. 刺猬沟—九三沟预测工作区

预测工作区成矿要素编图重点突出屯田营组(刺猬沟组?、托盘沟组?)安山岩、英安岩、含角砾安山岩组合。突出表达矿化蚀变、控矿构造信息。

预测工作区成矿要素见表 6-3-7。

表 6-3-7 刺猬沟—九三沟预测工作区刺猬沟式火山热液型金矿成矿要素表

成矿要素	内容描述	类别
特征描述	属中低温火山热液型脉金矿床	
岩石类型	屯田营组(刺猬沟组?、托盘沟组?)安山岩、英安岩、含角砾安山岩组合	必要
成矿时代	147.5Ma，为燕山早期	必要
成矿环境	受近火山口相辐射状断裂即沿成矿前的北西向和北北东向两组剪裂形成的追踪张裂控制	必要
构造背景	矿区位于小兴安岭-张广才岭叠加岩浆弧(Ⅱ)、太平岭-英额岭火山-盆地区(Ⅲ)罗子沟-延吉火山盆地群(Ⅳ)内。受北北东向图门断裂带与北西向嘎呀河断裂复合部位控制	重要
矿化蚀变	主要蚀变类型为青磐岩化、沸石化、赤铁矿化、冰长石化、黄铁矿化。碳酸盐化及硅化等	重要
控矿条件	区域上受近东西向百草沟-苍林断裂和北东向亲合屯-西大坡断裂及北西向大柳树河-海山断裂交会处形成的火山盆地控制；中侏罗世屯田营组钙碱性安山质岩-次火山侵入杂岩及火山口相和断陷部位，主要含矿岩石为安山质角砾凝灰熔岩和次火山岩；矿体受叠加在火山口附近的北北东向断裂构造控制	必要

8. 杜荒岭预测工作区

预测工作区成矿要素编图重点突出托盘沟组流纹质含角砾凝灰熔岩、色流纹岩、安山质含角砾凝灰熔岩夹安山质凝灰岩、安山岩、安山质角砾凝灰熔岩、安山质角砾岩和安山集块岩组合。突出表达矿化蚀变、控矿构造信息。

预测工作区成矿要素见表 6-3-8。

表 6-3-8　杜荒岭刺猬沟式火山热液型金矿成矿要素表

成矿要素	内容描述	类别
特征描述	属中低温火山热液型脉金矿床	
岩石类型	托盘沟组流纹质含角砾凝灰熔岩、色流纹岩、安山质含角砾凝灰熔岩夹安山质凝灰岩、安山岩、安山质角砾凝灰熔岩、安山质角砾岩和安山集块岩组合	必要
成矿时代	燕山期	必要
成矿环境	在北西向和北东向断裂的交会处火山口控制矿床分布	必要
构造背景	矿区位于小兴安岭-张广才岭叠加岩浆弧(Ⅱ)、太平岭-英额岭火山-盆地区(Ⅲ)罗子沟-延吉火山盆地群(Ⅳ)内。受北北东向图门断裂带与北西向嘎呀河断裂复合部位控制	重要
矿化蚀变	主要蚀变类型为青磐岩化、沸石化、赤铁矿化、冰长石化、黄铁矿化。碳酸盐化及硅化等	重要
控矿条件	区域上受近东西向断裂和北东向断裂及北西向断裂交会处形成的火山盆地控制;中侏罗世托盘沟组钙碱性安山质岩-次火山侵入杂岩及火山口相和断陷部位,主要含矿岩石流纹质含角砾凝灰熔岩、色流纹岩、安山质含角砾凝灰熔岩夹安山质凝灰岩、安山岩、安山质角砾凝灰熔岩、安山质角砾岩和安山集块岩	必要

9. 金谷山—后底洞预测工作区

预测工作区成矿要素编图重点突出二叠世庙岭组砂岩、粉砂岩组合,早白垩世金沟岭组中性火山岩和火山碎屑岩组合。突出表达矿化蚀变、控矿构造信息。

预测工作区成矿要素见表 6-3-9。

表 6-3-9　金谷山—后底洞预测工作区刺猬沟式火山热液型金矿成矿要素表

成矿要素	内容描述	类别
特征描述	中低温火山热液型脉金矿床	
岩石类型	二叠纪庙岭组砂岩、粉砂岩组合。早白垩世金沟岭组安山岩、凝灰质细砂岩、凝灰质粉砂岩组合	必要
成矿时代	燕山期	必要
成矿环境	金谷山向斜。有东西向断裂、南北向断裂、北东向断裂交会部位。四树坪沟韧性剪切带	必要
构造背景	和龙地块与兴凯地块之间的复合部位	重要
矿化蚀变	硅化、绢云母化、碳酸盐化、黄铁矿化,局部有砂卡岩化。蚀变是多次叠加,无明显分带现象	重要
控矿条件	二叠纪庙岭组砂岩、粉砂岩组合。早白垩世金沟岭组安山岩、凝灰质细砂岩、凝灰质粉砂岩组合。有东西向断裂、南北向断裂、北东向断裂交汇部位。四树坪沟韧性剪切带	必要

10. 漂河川预测工作区

预测工作区成矿要素编图重点突出寒武—奥陶纪(黄莺屯组?)变质岩系黑云母片麻岩、黑云母片岩、长石角闪石角岩夹薄层石英角页岩、碳质云英角页岩与长石角闪石角页岩互层组合。突出表达矿化蚀变、控矿构造信息。

预测工作区成矿要素见表 6-3-10。

表 6-3-10 漂河川预测工作区二道甸子式变质火山岩型金矿成矿要素

成矿要素	内容描述	类别
特征描述	属于火山沉积-岩浆热液型矿床	
岩石类型	寒武—奥陶纪(黄莺屯组?)变质岩系黑云母片麻岩、黑云母片岩、长石角闪石角岩夹薄层石英角页岩、碳质云英角页岩与长石角闪石角页岩互层组合	必要
成矿时代	(173.25±3.91)Ma 和(195.26±4.48)Ma,主成矿期应为燕山期	必要
成矿环境	二道甸子-漂河岭复背斜构造南西倾没端。北西向冲断层为主要控矿构造	必要
构造背景	南华纪—中三叠世天山-兴蒙-吉黑造山带(Ⅰ),包尔汉图-温都尔庙弧盆系(Ⅱ),下二台-呼兰-伊泉陆缘岩浆弧(Ⅲ),磐桦上叠裂陷盆地(Ⅳ)内	重要
矿化蚀变	主要有绢云母化、黄铁矿化、绿泥石化及黑云母化绢云母化与黄铁矿化和含金黄铁矿化阶段有关	重要
控矿条件	寒武—奥陶纪长石、角闪石角页岩、碳质云母角页岩等为含矿围岩,特别是条带状含碳围岩含金性更好。且为金矿的形成提供了成矿物质;燕山期闪长岩侵入,提供热源及岩浆水;北西向压扭性断层是主控矿构造,为金矿提供就位空间	必要

11. 安口镇预测工作区

预测工作区成矿要素编图重点突出新太古代表壳岩(也称花岗-绿岩地体)的斜长角闪岩、黑云变粒岩、角闪磁铁石英岩及少量超镁铁质变质岩组合。突出表达矿化蚀变、控矿构造信息。

预测工作区成矿要素见表 6-3-11。

表 6-3-11 安口镇预测工作区夹皮沟式绿岩型金矿成矿要素表

成矿要素	内容描述	类别
特征描述	火山沉积变质热液矿床,后期热液叠加	
岩石类型	中太古代其由表壳岩(也称花岗-绿岩地体)的斜长角闪岩、黑云变粒岩、角闪磁铁石英岩及少量超镁铁质变质岩组合	必要
成矿时代	新太古代—燕山期	必要
成矿环境	辉发河-古洞河深大断裂南侧。北东向皇平期褶皱轴及韧性剪切带	必要
构造背景	前南华纪华北东部陆块(Ⅱ)龙岗-陈台沟-沂水前新太古代陆块(Ⅲ),会全栈中太古代地块(Ⅳ)内	重要
矿化蚀变	绿泥石化、绢云母化、黄铁矿化、硅化、方解石化等	重要
控矿条件	中太古代其由表壳岩(也称花岗-绿岩地体)的斜长角闪岩、黑云变粒岩、角闪磁铁石英岩及少量超镁铁质变质岩组合。北东向皇平期褶皱轴及韧性剪切带	必要

12. 石棚沟—石道河子预测工作区

预测工作区成矿要素编图重点突出新太古代表壳岩(也称花岗-绿岩地体)的斜长角闪岩、黑云变粒岩、角闪磁铁石英岩及少量超镁铁质变质岩组合。突出表达矿化蚀变、控矿构造信息。

预测工作区成矿要素见表 6-3-12。

表 6-3-12　石棚沟—石道河子预测工作区夹皮沟式绿岩型金矿成矿要素表

成矿要素	内容描述	类别
特征描述	火山沉积变质热液矿床，后期热液叠加	
岩石类型	中太古界其由表壳岩（也称花岗-绿岩地体）的斜长角闪岩、黑云变粒岩、角闪磁铁石英岩及少量超镁铁质变质岩组合	必要
成矿时代	新太古代—燕山期	必要
成矿环境	辉发河-古洞河深大断裂向北突出弧形东部。北东向阜平期褶皱轴及韧性剪切带	必要
构造背景	前南华纪华北东部陆块（Ⅱ）龙岗-陈台沟-沂水前新太古代陆块（Ⅲ），会全栈中太古代地块（Ⅳ）内	重要
矿化蚀变	绿泥石化、绢云母化、黄铁矿化、硅化、方解石化等	重要
控矿条件	中太古界其由表壳岩（也称花岗-绿岩地体）的斜长角闪岩、黑云变粒岩、角闪磁铁石英岩及少量超镁铁质变质岩组合。北东向阜平期褶皱轴及韧性剪切带	必要

13. 夹皮沟—溜河预测工作区

预测工作区成矿要素编图重点突出新太古界三道沟组表壳岩（也称花岗-绿岩地体）的斜长角闪岩、超镁铁质变质岩夹黑云变粒岩和条带状磁铁石英岩组合。突出表达矿化蚀变、控矿构造信息。

预测工作区成矿要素见表 6-3-13。

表 6-3-13　夹皮沟—溜河预测工作区夹皮沟式绿岩型金矿成矿要素表

成矿要素	内容描述	类别
特征描述	火山沉积变质热液矿床，后期热液叠加	
岩石类型	新太古界其由表壳岩（也称花岗-绿岩地体）的斜长角闪岩、黑云变粒岩、角闪磁铁石英岩及少量超镁铁质变质岩组合	必要
成矿时代	新太古代—燕山期	必要
成矿环境	辉发河-古洞河深大断裂向北突出弧形顶部。北西向阜平期褶皱轴及韧性剪切，在韧性剪切带中有多次脆性构造叠加，形成了多条理行的挤压破碎带。大部分金矿床位于褶皱构造轴部、陡翼或倾没端，并与韧性剪切带空间呈现协调性	必要
构造背景	前南华纪华北东部陆块（Ⅱ）龙岗-陈台沟-沂水前新太古代陆块（Ⅲ），夹皮沟新太古代地块（Ⅳ）内	重要
矿化蚀变	绿泥石化、绢云母化、黄铁矿化、硅化、方解石化、铁白云石化等	重要
控矿条件	大陆边缘裂谷中的绿岩带下部层位。深大断裂、韧性剪切带控制了矿田的展布，叠加于韧性剪切带之上的线性构造为容矿构造。各期的中酸性岩体发育，与矿空间关系密切。晚期岩体及脉岩含金丰度较高	必要

14. 金城洞—木兰屯预测工作区

预测工作区成矿要素编图重点突出新太古界官地岩组和鸡南岩组表壳岩（也称花岗-绿岩地体）的浅粒岩、黑云变粒岩夹磁铁石英岩组合，斜长角闪岩、黑云变粒岩夹磁铁石英岩组合。突出表达矿化蚀变、控矿构造信息。

预测工作区成矿要素见表 6-3-14。

表 6-3-14　金城洞—木兰屯预测工作区夹皮沟式绿岩型金矿成矿要素表

成矿要素	内容描述	类别
特征描述	火山沉积变质热液矿床，后期热液叠加	
岩石类型	新太古界官地岩组和鸡南岩组表壳岩（也称花岗-绿岩地体）的浅粒岩、黑云变粒岩夹磁铁石英岩组合，斜长角闪岩、黑云变粒岩夹磁铁石英岩组合	必要
成矿时代	新太古代—燕山期	必要
成矿环境	古洞河深大断裂南部。北西向阜平期褶皱轴及韧性剪切，在韧性剪切带中有多次脆性构造叠加，形成了多条理行的挤压破碎带。大部分金矿床位于褶皱构造轴部、陡翼或倾没端，并与韧性剪切带空间呈现协调性	必要
构造背景	前南华纪华北东部陆块（Ⅱ）龙岗-陈台沟-沂水前新太古代陆块（Ⅲ），官地新太古代地块（Ⅳ）内	重要
矿化蚀变	绿泥石化、绢云母化、黄铁矿化、硅化、方解石化等	重要
控矿条件	中太古代由表壳岩（也称花岗-绿岩地体）的官地岩组和鸡南岩组表壳岩（也称花岗-绿岩地体）的浅粒岩、黑云变粒岩夹磁铁石英岩组合，斜长角闪岩、黑云变粒岩夹磁铁石英岩组合。北东向阜平期褶皱轴及韧性剪切带	必要

15. 四方山—板石预测工作区

预测工作区成矿要素编图重点突出中太古界表壳岩（也称花岗-绿岩地体）的道砬子河岩组斜长角闪岩与黑云变粒岩互层夹磁铁石英岩组合，杨家店岩组黑云片麻岩夹斜长角闪岩及磁铁石英岩组合，新太古界表壳岩老牛沟岩组（三道沟岩组?）斜长角闪岩夹黑云变粒岩、磁铁石英岩组合。突出表达矿化蚀变、控矿构造信息。

预测工作区成矿要素见表 6-3-15。

表 6-3-15　四方山—板石预测工作区夹皮沟式绿岩型金矿成矿要素表

成矿要素	内容描述	类别
特征描述	火山沉积变质热液矿床，后期热液叠加	
岩石类型	中太古代表壳岩（也称花岗-绿岩地体）的道砬子河岩组斜长角闪岩与黑云变粒岩互层夹磁铁石英岩组合，杨家店岩组黑云片麻岩夹斜长角闪岩及磁铁石英岩组合，新太古代表壳岩老牛沟岩组（三道沟岩组?）斜长角闪岩夹黑云变粒岩、磁铁石英岩组合	必要
成矿时代	新太古代—燕山期	必要
成矿环境	晚太古代绿岩地体内的褶皱构造的核部及翼部。北东向阜平期褶皱轴及韧性剪切带	必要
构造背景	前南华纪华北东部陆块（Ⅱ）龙岗-陈台沟-沂水前新太古代陆块（Ⅲ），板石新太古代地块（Ⅳ）内	重要
矿化蚀变	绿泥石化、绢云母化、黄铁矿化、硅化、方解石化等	重要
控矿条件	中太古代表壳岩（也称花岗-绿岩地体）的道砬子河岩组斜长角闪岩与黑云变粒岩互层夹磁铁石英岩组合，杨家店岩组黑云片麻岩夹斜长角闪岩及磁铁石英岩组合，新太古代表壳岩老牛沟岩组（三道沟岩组?）斜长角闪岩夹黑云变粒岩、磁铁石英岩组合。晚太古代绿岩地体内的褶皱构造的核部及翼部。北东向阜平期褶皱轴及韧性剪切带	必要

16. 正岔—复兴屯预测工作区

预测工作区成矿要素编图重点突出集安岩群荒岔沟岩组的变粒岩-斜长角闪岩类含石墨大理岩组合。突出表达中生代花岗岩类侵入体，以及矿化蚀变、控矿构造信息。

预测工作区成矿要素见表 6-3-16。

表 6-3-16　正岔—复兴屯预测工作区西岔式岩浆热液改造型金矿成矿要素表

成矿要素	内容描述	类别
特征描述	破碎带蚀变岩型金矿	
岩石类型	集安群荒岔沟岩组的变粒岩-斜长角闪岩类含石墨大理岩组合。中生代花岗岩类侵入体	必要
成矿时代	为印支至燕山期	必要
成矿环境	横切"背斜"北东—北北东向花甸子-头道-通化主干断裂地段控制成矿。主干断裂在该地段的次级分枝断裂和平行断裂以及南北向断裂或主干断裂本身是容矿构造	必要
构造背景	华北东部陆块(Ⅱ)胶辽吉古元古裂谷带(Ⅲ)，集安裂谷盆地(Ⅳ)内。辽吉裂谷中段北部边缘	重要
矿化蚀变	硅化、碳酸盐化、毒砂、黄铁矿化、绢云母化、重晶石化绿泥石化。毒砂黄铁矿化、硅化与金关系密切	重要
控矿条件	集安岩群荒岔沟岩组的变粒岩-斜长角闪岩类含石墨大理岩组合。中生代花岗岩类侵入体。横切"背斜"北东—北北东向花甸子-头道-通化主干断裂地段控制成矿。主干断裂在该地段的次级分枝断裂和平行断裂以及南北向断裂或主干断裂本身是容矿构造	必要

17. 荒沟山—南岔预测工作区

预测工作区成矿要素编图重点突出老岭群珍珠门组的厚层(块状)白云石大理岩顶部的碎裂化、构造角砾岩化、硅化白云石大理岩组合。突出表达中生代花岗岩类侵入体，以及矿化蚀变、控矿构造信息。

预测工作区成矿要素见表 6-3-17。

表 6-3-17　荒沟山—南岔预测工作区荒沟山式岩浆热液改造型金矿成矿要素表

成矿要素	内容描述	类别
特征描述	中低—中温热液矿床	
岩石类型	老岭群珍珠门组的厚层(块状)白云石大理岩顶部的碎裂化、构造角砾岩化、硅化白云石大理岩组合。中生代花岗岩类侵入体	必要
成矿时代	(1 244.35)～(72.39±31)Ma	必要
成矿环境	花山组片岩与珍珠门组大理岩接触构造带，即 S 形构造带	必要
构造背景	前南华纪华北东部陆块(Ⅱ)、胶辽吉元古代裂谷带(Ⅲ)老岭坳陷盆地(Ⅳ)	重要
矿化蚀变	蚀变类型以硅化、黄铁矿化、褐铁矿化为主，其次有毒砂化、绢云母化及碳酸盐化、黄铜矿化、辉锑矿化、方铅矿化、闪锌矿化等，偶见重晶石化。毒砂与金矿关系密切	重要
控矿条件	老岭群珍珠门组的厚层(块状)白云石大理岩顶部的碎裂化、构造角砾岩化、硅化白云石大理岩组合。中生代花岗岩类侵入体。花山组片岩与珍珠门组大理岩接触构造带，即 S 形构造带。平行于 S 形构造带在断裂带珍珠门组大理岩一侧，岩石多碎裂化和角砾岩化，形成构造角砾岩和碎裂岩，大栗子组片岩一侧，岩石多表现为片理化，形成片理化带。构造具多期活动和被晚期断裂构造叠加、改造的特征。局部见硅化蚀变，为本区控矿、容矿构造	必要

18. 冰湖沟预测工作区

参见荒沟山—南岔预测工作区。

19. 六道沟—八道沟预测工作区

参见荒沟山—南岔预测工作区。

20. 长白一十六道沟预测工作区

参见荒沟山—南岔预测工作区。

21. 山门预测工作区

预测工作区成矿要素编图重点突出山期花岗闪长岩(石英闪长岩),上奥陶统石缝组变质粉砂岩、大理岩层、粉砂岩组合。突出表达矿化蚀变、控矿构造信息。

预测工作区成矿要素见表 6-3-18。

表 6-3-18 山门预测工作区兰家式矽卡岩型金矿成矿要素表

成矿要素	内容描述	类别
特征描述	浅成低温热液矿床	
岩石类型	燕山期花岗闪长岩(石英闪长岩),上奥陶统石缝组变质粉砂岩、大理岩层、粉砂岩组合	必要
成矿时代	燕山期	必要
成矿环境	北东向依兰-伊通深断裂与北西向断裂交会处。矿体产在北东向依兰-伊通深断裂旁侧隆起区次级平行断裂带中	必要
构造背景	东北叠加造山-裂谷系(Ⅰ)小兴安岭-张广才岭叠加岩浆弧(Ⅱ),大兴安-哈达岭火山盆地区(Ⅲ),大黑山条垒火山-盆地群(Ⅳ)	重要
矿化蚀变	赤铁矿化(红化)、伊利石-绢云母化、黄铁矿化、硅化及碳酸盐化	重要
控矿条件	燕山期花岗闪长岩(石英闪长岩),上奥陶统石缝组变质粉砂岩、大理岩层、粉砂岩组合。北东向依兰-伊通深断裂与北西向断裂交会处	必要

22. 兰家预测工作区

预测工作区成矿要素编图重点突出二叠纪范家屯组二云母石英变粒岩、石榴石红柱石变粒岩、千枚岩、千枚状板夹大理岩、变质粉砂岩、杂砂岩、泥质粉砂质板岩组合。燕山期花岗闪长岩(石英闪长岩)。突出表达矿化蚀变、控矿构造信息。

预测工作区成矿要素见表 6-3-19。

表 6-3-19 兰家预测工作区兰家式矽卡岩型金矿成矿要素表

成矿要素	内容描述	类别
特征描述	中温热液叠加型-破碎蚀变岩型金矿	
岩石类型	二叠纪范家屯组二云母石英变粒岩、石榴石红柱石变粒岩、千枚岩、千枚状板夹大理岩、变质粉砂岩、杂砂岩、泥质粉砂质板岩组合。燕山期花岗闪长岩(石英闪长岩)	必要

续表 6-3-19

成矿要素	内容描述	类别
特征描述	中温热液叠加型-破碎蚀变岩型金矿	
成矿时代	205Ma	必要
成矿环境	走向北北东向褶皱，北西向、北西西向断裂构造	必要
构造背景	矿区位于晚三叠世—新生代华北叠加造山-裂谷系（Ⅰ）小兴安岭-张广才岭叠加岩浆弧（Ⅱ）张广才岭-哈达岭火山-盆地区（Ⅲ）大黑山条垒火山-盆地群（Ⅳ）内	重要
矿化蚀变	蚀变主要有绿帘石化、钠长石化、赤铁矿化、水云母化、阳起石化、硅化、绢云母化、电气石化、绿泥石化、钾长石化、沸石-萤石化、碳酸盐化等。其中赤铁矿化、硅化与金成矿关系密切	重要
控矿条件	二叠纪范家屯组二云母石英变粒岩、石榴石红柱石变粒岩、千枚岩、千枚状板夹大理岩、变质粉砂岩、杂砂岩、泥质粉砂质板岩组合。燕山期花岗闪长岩（石英闪长岩）。北西、北西西向断裂构造控矿	必要

23. 万宝预测工作区

预测工作区成矿要素编图重点突出万宝岩组变质细砂岩、粉砂岩互层夹大理岩透镜体、红柱石二云片岩组合，燕山期花岗岗岩。突出表达矿化蚀变、控矿构造信息。

预测工作区成矿要素见表 6-3-20。

表 6-3-20　万宝预测工作区兰家式矽卡岩型金矿成矿要素表

成矿要素	内容描述	类别
特征描述	中温热液叠加型-破碎蚀变岩型金矿	
岩石类型	万宝岩组变质细砂岩、粉砂岩互层夹大理岩透镜体、红柱石二云片岩组合。燕山期花岗岗岩	必要
成矿时代	燕山期	必要
成矿环境	北东向、北西向和近东西向断裂交会部位	必要
构造背景	天山-兴蒙-吉黑造山带（Ⅰ）包尔汉图-温都尔庙弧盆系（Ⅱ），清河-西保安-江域岩浆弧（Ⅲ），图门-山秀岭上叠裂陷盆地（Ⅳ）	重要
矿化蚀变	蚀变主要有绿帘石化、钠长石化硅化、绢云母化、绿泥石化、碳酸盐化等	重要
控矿条件	万宝岩组变质细砂岩、粉砂岩互层夹大理岩透镜体、红柱石二云片岩组合。燕山期花岗岗岩。北东向、北西向和近东西向断裂交会部位	必要

24. 浑北预测工作区

预测工作区成矿要素编图重点突出钓鱼台组石英砂岩、含海绿石石英砂岩、厚层状中粒石英砂岩、赤铁石英砂岩组合。突出表达矿化蚀变、控矿构造信息。

预测工作区成矿要素见表 6-3-21。

25. 古马岭—活龙预测工作区

预测工作区成矿要素编图重点突出大东岔组含矽线石、石榴黑云变粒岩为主夹浅粒岩、黑云变粒岩及长石石英岩、墨黑云矽线变粒岩组合。突出表达矿化蚀变、控矿构造信息。

表 6-3-21　浑北预测工作区金英式热液改造型金矿成矿要素表

成矿要素	内容描述	类别
特征描述	热液(改造)型	
岩石类型	钓鱼台组石英砂岩、含海绿石石英砂岩、厚层状中粒石英砂岩、赤铁石英砂岩组合	必要
成矿时代	推测成矿时代为燕山期	必要
成矿环境	有北东向的和北西向的两组。其中北东向的规模较大,与成矿关系密切;北西向的多横切地层和北东向断裂	必要
构造背景	矿区位于前南华纪华北东部陆块(Ⅱ)、胶辽吉元古代裂谷带(Ⅲ)老岭坳陷盆地(Ⅳ)内	重要
矿化蚀变	硅化黄铁矿化较为发育	重要
控矿条件	钓鱼台组石英砂岩、含海绿石石英砂岩、厚层状中粒石英砂岩、赤铁石英砂岩组合。北西向的多横切地层和北东向断裂	必要

预测工作区成矿要素见表 6-3-22。

表 6-3-22　古马岭—活龙预测工作区下活龙式岩浆热液改造型金矿成矿要素表

成矿要素	内容描述	类别
特征描述	沉积变质-岩浆热液矿床	
岩石类型	大东岔组含矽线石、石榴黑云变粒岩为主夹浅粒岩、黑云变粒岩及长石石英岩、墨黑云矽线变粒岩组合。燕山期花岗岩类	必要
成矿时代	(116.8±4.2)～(109.0±2.8)Ma	必要
成矿环境	东西向断裂,属鸭绿江断裂的低序级断裂属扭性,走向近东西,倾向与地层一致,倾角略小于地层倾角,规模大小不等,规模较小者断裂带常被含金热液充填交代,形成含金蚀变带;规模较大者,具明显金矿化,是主要容矿构造;北西向断裂,属张扭性,也是鸭绿江断裂低序次断裂,走向北西,断裂规模大小不等,规模较小者多被含金热液充填,形成含金蚀变带;近水平断裂,早期被闪长玢岩脉充填,成矿期继续活动,被含金热液充填交代,形成含金蚀变带	必要
构造背景	华北东部陆块(Ⅱ)胶辽吉古元古裂谷带(Ⅲ),集安裂谷盆地(Ⅳ)内。南侧鸭绿江断裂带中段	重要
矿化蚀变	硅化、绢云母化、黄铁矿化、毒砂化	重要
控矿条件	大东岔组含矽线石、石榴黑云变粒岩为主夹浅粒岩、黑云变粒岩及长石石英岩、墨黑云矽线变粒岩组合。燕山期花岗岩类。鸭绿江断裂带低序次东西向、北西向、近水平的断裂	必要

26. 海沟预测工作区

预测工作区成矿要素编图重点突出红光屯组含砾黑云斜长角闪片麻岩、斜长角闪岩、绢云片岩夹镁质大理岩磁铁石英岩、斜长角闪岩夹变粒岩、含石榴石斜长变粒岩、黑云斜长片岩、二云片岩、绢云绿泥片岩、变凝灰质板岩、变质砂岩夹钙质板岩、含碳泥质板岩组合。中生代花岗岩类、闪长玢岩。突出表达矿化蚀变、控矿构造信息。

预测工作区成矿要素见表 6-3-23。

表 6-3-23 海沟预测工作区海沟式岩浆热液型金矿成矿要素表

成矿要素	内容描述	类别
特征描述	侵入岩浆热液型金矿床	
岩石类型	红光屯组含砾黑云斜长角闪片麻岩、斜长角闪岩、绢云片岩夹镁质大理岩磁铁石英岩、斜长角闪岩夹变粒岩、含石榴石斜长变粒岩、黑云斜长片岩、二云片岩、绢云绿泥片岩、变凝灰质板岩、变质砂岩夹钙质板岩、含碳泥质板岩组合。中生代花岗岩类、闪长玢岩	必要
成矿时代	燕山期	必要
成矿环境	二道松花江断裂带金银别-四岔子近东西向韧-脆性剪切带东端与两江-春阳北东向断裂带交会处。槽台边界超岩石圈断裂与北东向深断裂交会处控制岩浆侵入，北东向断裂、裂隙带属压扭性断裂发育地段与岩体周边内外接触带是控矿有利部位	必要
构造背景	晚三叠世—新生代东北叠加造山-裂谷系(Ⅰ)、小兴安岭-张广才岭叠加岩浆弧(Ⅱ)、太平岭-英额岭火山-盆地区(Ⅲ)敦化-密山走滑-伸展复合地堑(Ⅳ)内	重要
矿化蚀变	硅化、绢云母化、绿泥石化、黄铁矿化等	重要
控矿条件	红光屯组含砾黑云斜长角闪片麻岩、斜长角闪岩、绢云片岩夹镁质大理岩磁铁石英岩、斜长角闪岩夹变粒岩、含石榴石斜长变粒岩、黑云斜长片岩、二云片岩、绢云绿泥片岩、变凝灰质板岩、变质砂岩夹钙质板岩、含碳泥质板岩组合。中生代花岗岩类、闪长玢岩。二道松花江断裂带金银别-四岔子近东西向韧-脆性剪切带东端与两江-春阳北东向断裂带交会处。槽台边界超岩石圈断裂与北东向深断裂交会处控制岩浆侵入，北东向断裂、裂隙带属压扭性断裂发育地段与岩体周边内外接触带是控矿有利部位	必要

27. 小西南岔—杨金沟预测工作区

预测工作区成矿要素编图重点突出青龙村群五道沟群斜长角闪岩、斜长角闪片麻岩黑云母片岩、石墨片岩、二云片岩、红柱石、矽线石板岩、砂质板岩组合。中生代花岗岩类、闪长玢岩。突出表达矿化蚀变、控矿构造信息。

预测工作区成矿要素见表 6-3-24。

表 6-3-24 小西南岔—杨金沟预测工作区小西南岔式斑岩型金铜矿成矿要素表

成矿要素	内容描述	类别
特征描述	斑岩型及火山次火山热液单脉-复脉状金铜矿床	
岩石类型	青龙村群五道沟群斜长角闪岩、斜长角闪片麻岩黑云母片岩、石墨片岩、二云片岩、红柱石、矽线石板岩、砂质板岩组合。中生代花岗岩类、闪长玢岩	必要
成矿时代	137～107.2Ma	必要
成矿环境	中生代构造岩浆岩带，北西向断裂与北北东向断裂交会处	必要
构造背景	晚三叠世—新生代东北叠加造山-裂谷系(Ⅰ)，小兴安岭-张广才岭叠加岩浆弧(Ⅱ)，太平岭-英额岭火山-盆地区(Ⅲ)，罗子沟-延吉火山-盆地群(Ⅳ)构造单元内	重要
矿化蚀变	阳起石化、透闪石化、硅化、绢云母化、碳酸盐化	重要
控矿条件	青龙村群五道沟群斜长角闪岩、斜长角闪片麻岩黑云母片岩、石墨片岩、二云片岩、红柱石、矽线石板岩、砂质板岩组合。中生代花岗岩类、闪长玢岩。中生代构造岩浆岩带，北西向断裂与北北东向断裂交会处	必要

28. 农坪—前山预测工作区

参见小西南岔—杨金沟预测工作区。

29. 黄松甸子预测工作区

预测工作区成矿要素编图重点突出古近系土门子组底部粗粒级砂岩。突出表达矿化蚀变、控矿构造信息。

预测工作区成矿要素见表 6-3-25。

表 6-3-25　黄松甸子预测工作区黄松甸子式砾岩型金矿成矿要素表

成矿要素	内容描述	类别
特征描述	沉积型	
岩石类型	古近系土门子组底部粗粒级砂岩	必要
成矿时代	新生代古近纪	必要
成矿环境	珲春组细碎屑岩系形成的向东、向北倾斜、舒缓波状的宽缓的古斜坡	必要
构造背景	晚三叠世—新生代东北叠加造山-裂谷系(Ⅰ),小兴安岭-张广才岭叠加岩浆弧(Ⅱ),太平岭-英额岭火山-盆地区(Ⅲ),罗子沟-延吉火山-盆地群(Ⅳ)构造单元内	重要
控矿条件	区域上中性—中酸性岩类及其赋存于其中的热液脉状金矿化体;土门子组巨粒质中粗砾岩、中细砾岩;珲春组细碎屑岩系形成的向东、向北倾斜、舒缓波状的宽缓的古斜坡	必要

30. 珲春河预测工作区

预测工作区成矿要素编图重点突出现代河床冲积砂及砾石,间夹有中细砂或粗砂透镜体。突出表达矿化蚀变、控矿构造信息。

预测工作区成矿要素见表 6-3-26。

表 6-3-26　珲春河预测工作区珲春河式砂金矿成矿要素表

成矿要素	内容描述	类别
特征描述	沉积型砂矿	
岩石类型	现代河床冲积砂及砾石,间夹有中细砂或粗砂透镜体	必要
成矿时代	第四纪	必要
成矿环境	珲春漫滩谷及其支流	必要
构造背景	晚三叠世—新生代东北叠加造山-裂谷系(Ⅰ),小兴安岭-张广才岭叠加岩浆弧(Ⅱ),太平岭-英额岭火山-盆地区(Ⅲ),罗子沟-延吉火山-盆地群(Ⅳ)	重要
控矿条件	珲春河上有的金矿床、含金地质体控制了成矿物质的来源;区域上处于长期隆起大地构造环境,致使区域上的含金层位长期遭受剥蚀,成矿物质随流水不断的搬运汇集到珲春河谷;珲春河不断的更新改道,形成了现今的壮年期河谷地形,为漫滩砂金矿的形成,提供了良好的赋存场所	必要

三、预测工作区区域成矿模式

1. 头道沟—吉昌预测工作区

参照石咀—官马预测工作区。

2. 石咀—官马预测工作区

(1)成矿时代:模式年龄为 338～200Ma,海西中期—印支期。

(2)大地构造位置:南华纪—中三叠世天山-兴蒙-吉黑造山带(Ⅰ),包尔汉图-温都尔庙弧盆系(Ⅱ),下二台-呼兰-伊泉陆缘岩浆弧(Ⅲ),磐桦上叠裂陷盆地(Ⅳ)内。

(3)赋矿层位:石炭纪余富屯组。

(4)矿体特征:金矿体由含金硫化物石英脉及其矿化围岩组成,矿体与围岩多呈整合产出,接触界线清楚,少数呈渐变过渡,含金石英脉主要受韧性剪切褶皱构造转折端控制,沿着柔性的片理化带充填,并表现为同生的特点,由于韧性剪切褶皱构造形态变化复杂多样,含金石英脉的形态也复杂多样,产状变化颇大。平均品位 3×10^{-6}。

(5)地球化学特征。

①微量位素特征:区域内细碧岩、细碧质糜棱岩富含 Au、Ag、Cu、As 等成矿元素,为金的矿源层。大理岩、结晶灰岩 Pb 元素含量较高。微晶灰岩中 Au、Ag、Cu、Pb、Zn、As 和 Sb 较地壳碳酸盐岩中同类元素含量高得多。

②稀土元素地球化学特征:火山岩稀土元素总量为 110.08×10^{-6}～255.90×10^{-6},δEu 为 0.5～0.93,具弱 Eu 负异常,δCe 为+1.03～+1.12,具有 Ce 弱正异常;$(Gd/Yb)_N$由 1.77～3.53,说明重稀土亏损型,$(La/Sm)_N$为 2.24～3.98,说明轻稀土之间有分馏相当 E 型、洋脊玄武岩。

大理岩$\sum$REE=6.380×10^{-6}含量低,$(\sum Ce/\sum Y)_N=2.311$ 相对富重稀土,属轻稀土富集型,δEu=1.11,具弱正异常,δCe=0.67 为弱负异常;$(La/Sm)_N=3.98$,$(Gd/Yb)_N=3.17$,轻稀土间,重稀土间都有分馏。

③硫同位素特征:$\delta^{34}S$ 变化为-7.50×10^{-3}～$+6.7\times10^{-3}$,硫同位素组成说明硫具有多源特征。

④氢氧同位素特征:区域石英脉型金矿石中石英 $\delta^{18}O$ 为 10.466×10^{-3},与区内产于石英闪长岩体中含铜石英脉中石英 $\delta^{18}O$ 的 9.427×10^{-3}有差别。具有变质分泌的特点。

⑤碳同位素:头道川金矿床方解石碳同位素 $\delta^{13}C$ 为-5.899×10^{-3},碳主要来源蚀变的细碧岩、细碧玢岩,属岩浆岩中氧和碳范围。

⑥铅同位素:矿石铅同位素组成$^{206}Pb/^{204}Pb$ 为 17.46～18.82,$^{207}Pb/^{204}Pb$ 为 14.65～15.42、$^{208}Pb/^{204}Pb$ 为 36.33～37.51,说明矿石铅与花岗岩无关。

(6)成矿物质来源:成矿物质主要来源于围岩中的细碧岩、细碧玢岩矿源层。

(7)成矿物理化学条件:矿床形成温度为 178～315℃,pH=3.49～6.07,*Eh* 为-0.22～0.47,成矿压力为 90MPa。

(8)控矿因素:区域金矿体受细碧岩、细碧玢岩层位控制,受区域韧性剪切褶皱控制,主矿体产于韧性剪切褶皱主界面旁沿褶皱枢纽分布。

(9)成矿作用及演化:早古生代火山沉积形成的细碧岩、细碧玢岩富含 Au、Ag 等成矿元素,形成矿源层,矿源层经深部变形变质作用,易溶组分出熔,碱性变质热液活化了矿源层的 Au、Ag 等成矿元素,在变形应力作用下,易溶组分和矿液作短距离迁移,沿韧性剪切作用所形成的片理和褶皱转折端(应力最小部位)充填,形成与褶皱同构造的石英大脉和细脉。

3. 地局子—倒木河预测工作区

参照刺猬沟—九三沟预测工作区。

4. 香炉碗子—山城镇预测工作区

(1)成矿时代：成矿年龄为157～124Ma。

(2)大地构造位置：胶辽吉叠加岩浆弧(Ⅱ)吉南-辽东火山-盆地群(Ⅲ)柳河-二密火山-盆地区。

(3)赋矿层位：侏罗世喷出岩为流纹质含角砾岩屑晶屑凝灰岩及流纹质熔结凝灰岩，次火山隐爆角砾岩体(脉)和太古宙花岗质岩石破碎蚀变带。

(4)矿体特征：矿体主要产于次火山隐爆角砾岩体(脉)和太古宙花岗质岩石破碎蚀变带内及霏细岩脉的上、下盘。在次火山隐爆角砾岩体(脉)中矿体产状与岩体产状基本一致，走向75°～105°，倾向北，倾角68°～85°，矿体沿走向、倾向呈波状弯曲，膨缩现象明显，矿体呈似脉状、网脉状、板状、透镜状。

(5)地球化学特征。

①微量元素特征：次火山隐爆角砾岩及霏细岩中的Au、Ag、Pb、Zn、As、Sb含量明显高于地壳丰度，表明它们提供了成矿物质来源。

②氢氧同位素特征：石英的$\delta^{18}O$值为$9.11\times10^{-3}\sim13.94\times10^{-3}$，$\delta^{18}O_{H_2O}$值为$0.72\times10^{-3}\sim6.2\times10^{-3}$；水云母的$\delta D$值为$-121.0\times10^{-3}\sim-72.9\times10^{-3}$，显示出矿床的成矿流体除了岩浆水外，还有大气降水加入。

③硫同位素特征：$\delta^{34}S$变化范围为$-3.98\times10^{-3}\sim10.7\times10^{-3}$，大多数集中在$-3.98\times10^{-3}\sim4.1\times10^{-3}$，接近陨石硫，表明硫主要来自深源。但少数样品较为弥散，有的偏向重硫，反映有其他成分硫的混入。

④铅同位素特征：矿石$^{206}Pb/^{204}Pb$为15.825～16.332；$^{207}Pb/^{204}Pb$为14.891～15.443；$^{208}Pb/^{204}Pb$为36.013～37.500，其数值变化范围较小，组成均一，表明铅来源单一。铅同位素μ值为8.99～9.55，东山平均值为9.09，西山平均值为9.08，两者数值十分接近，说明东、西山具有相同的铅源。铅具深源特征。

⑤锶同位素特征：$^{87}Sr/^{86}Sr$初始比值为0.714 546(平均值)，属壳幔混合型而接近壳源型。也说明矿区火山隐爆角砾岩体的岩浆主要来源于幔源与壳源的混合岩浆。

⑥稀土元素特征：ΣREE为$45.19\times10^{-6}\sim183.30\times10^{-6}$，LREE/HREE及$\Sigma Ce/\Sigma Y$分别为8.51～9.74和3.69～4.46，轻重稀土分异显著，稀土元素配分模式均呈右倾的轻稀土富集型，具较弱的铕负异常，δEu为0.75～0.90，金矿石与霏细岩脉、次火山隐爆角砾岩之间的配分曲线非常相近，且LREE/HREE、$\Sigma Ce/\Sigma Y$、Sm/Nd、La/Sm、$(La/Yb)_N$及$(Ce/Yb)_N$比值接近，这些特征显示出矿区内霏细岩脉及次火山隐爆角砾岩体与成矿关系密切，提供了成矿物质的来源。

(6)成矿物质来源：来源于中生代火山岩浆活动。

(7)成矿物理化学条件：主矿化期爆裂温度为180～360℃，成矿压力为35.0～50.5MPa。表明该矿床属于浅成矿床。

(8)控矿因素：流纹质含角砾岩屑晶屑凝灰岩及流纹质熔结凝灰岩；区域上韧性剪切带是最主要的控岩控矿构造。

(9)成矿作用及演化：在太古宙初期的超基性—中基性火山岩喷发，岩石中具有较高的金含量。后期的强烈变质作用，使金发生初步富集，燕山期在区域构造岩浆活化作用的影响下，矿区附近的大陆壳深部，由于地幔热流的作用，剪切带发生强烈活动，由原来韧-脆韧性到脆性构造叠加，深部岩浆沿剪切带向地表低压带运动，由于压力的突然释放，产生强烈的地下爆炸，形成矿区的次火山隐爆角砾岩体，含有大量的矿化剂(S等挥发组分)和矿化物质沿不断活动的剪切带上升并与地下热水相混合，形成含矿热液。这种混合而成的成矿热液既含有从深部带来的矿化物质如Pb、Zn、As、Bi、Ag及部分Au，同时又有丰富的矿化剂，如S、CO_2及H_2O等，使热液大大增强了淋取围岩中金的能力，使热液中金的含量显著增加，成为富含金的含矿热液，当成矿热液沿火山通道进入隐爆岩体中的构造裂隙发育地带时，成矿热液便渗透到裂隙中，并与火山岩发生强烈的交代，因而促使了Au、Ag及其他元素的沉淀，形成了蚀变矿化带及金矿脉。

5. 五凤预测工作区

参照刺猬沟—九三沟预测工作区。

6. 闹枝—棉田预测工作区

参照刺猬沟—九三沟预测工作区。

7. 刺猬沟—九三沟预测工作区

(1)成矿时代：为(178.0～127.8)±3Ma，燕山期。

(2)大地构造位置：晚三叠世—中生代小兴安岭-张广才岭叠加岩浆弧(Ⅱ)、太平岭-英额岭火山-盆地区(Ⅲ)罗子沟-延吉火山盆地群(Ⅳ)，张广才岭-哈达岭火山-盆地区(Ⅲ)、南楼山-辽源火山-盆地群(Ⅳ)。

(3)赋矿层位：在延边地区赋存于早侏罗世田营组火山岩中，在吉中地区赋存于早侏罗世南楼山组火山岩中。

(4)矿体特征：中生代火山岩型金矿主要产于近火山口相火山碎屑岩、火山熔岩及火山口相次火山岩体中。矿体受火山构造裂隙和破碎带控制，呈脉状、网脉状、细脉浸染状和囊状。

(5)地球化学特征。

①微量位素特征：该类金矿主要赋存于中侏罗世屯营子组、其次为上侏罗世林子头组，地层含金丰度较高。屯田营子组安山岩金丰度平均为0.07×10^{-6}，富集度为16.3。林子头组含角砾流纹质凝灰岩金丰度为33.4×10^{-9}，含角砾熔结凝灰岩金丰度为24.1×10^{-9}，角砾凝灰岩金丰度为22.7×10^{-9}。据刘文达的资料安山质角砾熔岩集块岩、角闪安山岩含金丰度平均为87.52×10^{-9}。据地院的资料，在刺猬沟一带，屯田营子组火山岩含金丰度很低，一旋回金的平均含量为$0.000\,6\times10^{-6}$；二旋回中金平均含量为$0.001\,3\times10^{-6}$，通过作地球化学剖面曲线图看，在刺猬沟矿床50m范围内、金矿化强度$>0.05\times10^{-6}$，而在远离矿体1500～2000m范围内、金出现高背景的正晕场，在2500～5000m范围内出现了低背景的低值场，5500m以外属于正常场，可见形成大面积的亏损场。虽然各家分析数字不同，但都说明了火山岩可提供一部分成矿物质、即为初始源一幔源。

伴矿的小岩体(岩株、岩脉、次火山岩)含金量较高，超出克拉克值的数倍，表明火山喷发晚期，次火山岩侵入时成矿元素富集，为成矿提供成矿物质。

②氢氧同位素特征：五凤金矿$\delta^{18}O_{H_2O}$值变化范围为$-3.185\times10^{-3}\sim7.25\times10^{-3}$；$\delta D$值变化范围为$-665\times10^{-3}\sim-98\times10^{-3}$。在$\delta D-\delta^{18}O$相关图上投影点落在大气水—岩浆水之间，更靠近雨水线；闹枝金矿$\delta^{18}O$为5.875×10^{-3}、δD为-94×10^{-3}；在δD-$\delta^{18}O$相关图上，靠近初始岩浆水但略向雨水线；刺猬沟金矿$\delta^{18}O_{H_2O}=0\times10^{-3}$，$\delta D$为$-94\times10^{-3}$，$\delta^{18}O_{H_2O}$为$-135\times10^{-3}\sim-0.56\times10^{-3}$，$\delta D$为$-93.625\times10^{-3}\sim-104.74\times10^{-3}$。在相关图上投影点落在大气降水—岩浆水之间，应为古大气降水与岩浆水之复合热液。

③碳同位素特征：刺猬沟金矿碳酸盐$\delta^{18}C$、$\delta^{18}O$组成，$\delta^{13}C$-PDB值变化范围$-9.5\times10^{-3}\sim5.6\times10^{-3}$，$\delta^{18}O$-SMOW值变化在$-4.44\times10^{-3}\sim-0.992\times10^{-3}$之间，反映矿床碳的可能来源岩浆。区域二

叠纪地层中碳酸盐 $\delta^{13}C$ 为 $2.46\times10^{-3}\sim3.05\times10^{-3}$，$\delta^{18}O$ 为 $-18.52\times10^{-3}\sim-7.72\times10^{-3}$，二叠系庙岭组大理岩 $\delta^{13}C$ 为 3.582×10^{-3}，$\delta^{18}O$(PDB)为 -9.93×10^{-3}，说明刺猬沟金矿床碳源不是来源于区域含碳层位——二叠系，而是来源于岩浆。五凤金矿碳氧同位素组成 $\delta^{18}O$‰SMOW 变化范围为 +0.8～+4.5，$\delta^{18}O$‰；$\delta^{13}C$‰PDB 变化范围为 −9.4～−6.9，$\delta^{13}C$‰PDB 平均值 −8.0。表明为深源岩浆成因碳。

④硫同位素特征：刺猬沟金矿硫同位素 $\delta^{34}S$ 仅少部分为正值，$\delta^{34}S$ 变化范围为 $-3.4\times10^{-3}\sim0.043\times10^{-3}$，极差 3.44×10^{-3}，总体特征变化范围小，偏负值区集中，具有较明显塔式效应，接近陨石硫值，说明硫同位素具有深成特点。闹枝金矿矿体中 $\delta^{34}S$ 为 −1.5‰～2.8‰，其差值小于 4.3‰，反映硫源是单一的，并且具幔源的特点。矿石硫同位素矿物说明成矿是在动荡和速冷环境下进行的。五凤金矿矿石中黄铁矿 $\delta^{34}S$ 变化范围为 0～+3.1‰，极差 3.1‰，均值 +1.2‰，接近陨石值，显然矿石硫来自上地幔。

⑤铅同位素特征：刺猬沟金矿方铅矿同位素组成为：$^{206}Pb/^{204}Pb$ 为 18.29～18.39、$^{207}Pb/^{204}Pb$ 为 15.41～15.56、$^{208}Pb/^{204}Pb$ 为 37.84～38.09，反映铅的深源性，说明该矿床属于广义岩浆热液矿床。闹枝金矿矿石铅具有单阶段演化历史的年青正常铅特征，而且与刺猬沟金矿相比，除了矿石铅同位素 $^{208}Pb/^{204}Pb$ 和 $^{207}Pb/^{204}Pb$ 值均相近。另外矿石与火山岩稀土模式一致，说明成矿质来自火山岩。

⑥锶同位素特征：闹枝金矿区只有次火山岩 $^{87}Sr/^{86}Sr$ 为 0.703 42（吉林地质六所，1986），认为该区的火山岩系可能来源于上地幔或深部地壳。五凤矿床次火山岩 $^{87}Sr/^{86}Sr$ 初始值为 0.701 9，表明该区与金铜矿床成矿有关的中生代火山-次火山岩浆来源于地幔源区。

⑦稀土元素特征：刺猬沟金矿矿石英中 ∑REE 为 $0.18\times10^{-6}\sim0.23\times10^{-6}$，而不含矿石英 REE 模式曲线大致平行，反映具有同源演化关系，反映矿液具有明显深源和浅源混合特点。闹枝金矿矿石稀土元素含量有一定的变化范围，稀土总量火山岩类为 $110.28\times10^{-6}\sim159.79\times10^{-6}$，平均为 134.51×10^{-6}；次火山岩类为 $158.40\times10^{-6}\sim251.57\times10^{-6}$，平均为 192.65×10^{-6}；近矿蚀变岩为 $119.35\times10^{-6}\sim187.23\times10^{-6}$，平均为 155.81×10^{-6}；而矿石为 $32.60\times10^{-6}\sim61.38\times10^{-6}$，平均为 45.02×10^{-6}，比前三类岩石低得多。在标准化模式图上，各岩矿石模式曲线的形态很相似，相似的稀土元素配分特征反映它们可能具有相似的演化历程，显示金矿与火山岩系的同源性。

（6）成矿物质来源：该类金矿的成矿作用与中生代的玄武安山质火山-次火山岩有密切关系，物质来源一部分是深部分离出的岩浆热流体，一部分是火山喷发形成的火山岩，这均为幔源。极少部分来自含金丰度较高的基底。

（7）成矿物理化学条件：该类金矿之成矿温度亦有独到之处，由于与成矿有关的火山岩、次火山岩可产于不同温度的条件下，以及由于火山喷发作用是多次重复，则使矿床的成矿温度重复变化。吉林省绝大多数火山岩型金矿、产于火山盖层中，矿床形成接近地表条件，如五凤、刺猬沟等，形成温度较低。但是整个成矿过程，在成矿早期阶段温度较低，在中期阶段温度有所增高；在晚期阶段温度又有所降低，显示了重复变化之特征。反映了火山成矿作用的特点有些则例外，如闹枝金矿、形成深度相对较深，温度较高、各成矿阶段分别为 340～330℃、290～310℃、210～230℃成矿温度是逐渐降低的则类似花岗岩型特点。

（8）控矿因素：该类金矿多数赋存于中晚侏罗世火山岩控制，这些火山岩地层含金丰度较高，岩浆侵入阶段形成了次火山岩及小侵入体，含金丰度较高，与成矿关系密切。控矿构造是破火山口构造。破火山口周围的辐射状、环状构造及火山喷发和次火山岩侵入之后，由区域构造应力场作用产生的断裂构造，都是主要的容矿构造。

（9）成矿作用及演化：库拉板块→太平洋板块向欧亚板块俯冲引起的陆缘活动带内初始矿源岩部分熔融钙碱性安山质岩浆和幔源含金热流体的产生→火山/次火山侵入杂岩的上侵就位→区域性断裂构造的多次发生和叠加→幔源含金流体上涌和与表生环流水体系的汇聚混合→热液蚀变作用的发生→金的富集沉淀定位。

8. 杜荒岭预测工作区

参照刺猬沟—九三沟预测工作区。

9. 金谷山—后底洞预测工作区

参照兰家预测工作区。

10. 漂河川预测工作区

(1)成矿时代:(195.26±4.48)～(173.25±3.91)Ma,主成矿期应为燕山期。

(2)大地构造位置:南华纪—中三叠世天山-兴蒙-吉黑造山带(Ⅰ),包尔汉图-温都尔庙弧盆系(Ⅱ),下二台-呼兰-伊泉陆缘岩浆弧(Ⅲ),磐桦上叠裂陷盆地(Ⅳ)。

(3)赋矿层位:寒武—奥陶纪碳质云英角页岩与长石角闪石角页岩互层为含矿层。

(4)矿体特征:矿体多呈脉状产于碳质云英角岩与长石角闪石角页岩岩互层带中,以产于片岩中为主。矿体在平面上呈脉状,剖面上呈板状或偏豆状。从南东至北西呈右行斜列。单脉长 80～650m,多数在 100～150m,厚度几十厘米至几十米。控制深度 500～600m。走向 315°,倾向南西或北东,倾角 60°～90°。金品位平均 10.5×10^{-6},最高 331.7×10^{-6}。

(5)地球化学特征。

①微量元素特征:区域上含层纹状硫化物碳质角岩有较高的含金量,尤其是在经过构造破碎之后,金有较显著的富集。

②硫同位素特征:矿石中硫同位素组成变化范围较大,$\delta^{34}S$‰一般为－12～－1.2,这是地层硫同位素混入的结果,而有些值又与外围产于岩浆岩中的辉锑矿硫同位素相近,说明与岩浆热液有一定关系。因此可以认为矿石中硫主要来自围岩地层,部分来自岩浆热液。

③氧同位素特征:石英样品氧同位素组成可分 3 个组:一组为花岗岩中的含金锑的石英,氧同位素组成为 $+8.23\times10^{-3}$～10.59×10^{-3},其成矿水接近岩浆水;第二组成矿水的氧同位素组成在 $+6.64\times10^{-3}$～9.40×10^{-3} 范围内,亦落在氢氧同位素组成图解岩浆水区域内;第三组为晚期不含金石英脉,氧同位素变化较大为 $+2.29\times10^{-3}$～8.02×10^{-3}。这是由随着温度下降氧同位素组成发生分馏或是大气降水渗入结果。

(6)成矿物质来源:主要来自周围的地层,部分来自于岩浆,而岩浆主要提供了热源及水源。

(7)成矿物理化学条件:成矿温度为 300～320℃,金矿的成矿深度为 1.38～1.5km。

(8)控矿因素:寒武—奥陶系长石、角闪石角页岩、碳质云母角页岩等为含矿围岩,特别是条带状含碳围岩含金性更好。且为金矿的形成提供了成矿物质;燕山期闪长岩侵入,提供热源及岩浆水;北西向压扭性断层是主控矿构造,为金矿提供就位空间,尤其产状变陡部位。

(9)成矿作用及演化:华北地台北缘与地槽区的深大断裂长期活动,为金等成矿元素的不断活化和迁移,提供了足够的地质能量。燕山期黑云母花岗岩呈岩基状侵入,将周围地层中的有用元素重新活化,燕山期闪长岩株的侵入,携带含矿热液沿早已形成的构造裂隙运移,在温压及物理化学条件适合的地方形成含金石英脉。

11. 安口镇预测工作区

参照夹皮沟—溜河预测工作区。

12. 石棚沟—石道河子预测工作区

参照夹皮沟—溜河预测工作区。

13. 夹皮沟—溜河预测工作区

(1)成矿时代:以夹皮沟矿田为例,新太古宙形成一套含金丰度较高的镁铁质火山岩系,经岩浆作用(奥长花岗岩等)金活化富集成矿。如在剪切带内发育有规模较小的含金石英脉,边界整齐,形态上可产生褶曲、透镜体、布丁状等。石英脉和围岩均有矿化,而且矿脉与围岩一道遭受了构造变形。反映含金石英脉形成较早。如小北沟、三道岔金矿就有此种矿脉出现。

夹皮沟金矿田与钾质花岗岩空间关系密切。侵入于钾质花岗岩体之中伟晶岩的同位素年龄值为1754Ma(黑云母 K-Ar 法),而三道岔、夹皮沟本区,二道沟金矿床矿石铅单阶段模式年龄为 1400Ma,板庙子含金石英脉年龄值为(1 864.34±45.44)Ma(K-Ar 稀释法)与钾质花岩活动时限很接近。

矿田内和周围又出露有海西晚期和燕山期花岗岩,脉岩也非常发育并且与矿体空间关系密切,矿体切穿岩脉较普遍,也可见到岩脉切穿矿体的现象,石英脉有脉岩包体,并且岩脉本身成矿。此外夹皮沟矿田构造年龄分析,东火炬水坝韧性剪切带中的绿泥片岩 K-Ar 稀释法年龄(绿泥石)为(258.47±35.51)Ma,提示了容矿构造的最后活动时间。另可查阅的成岩成矿年龄有(2469±33)Ma 及(2475±19)Ma(李俊建等,1996),1900~1800Ma(王义文),(1 864.34±45.44)Ma(戴薪义等,1986),1000Ma 及240~140Ma(陈尔臻,2001)。可见具有多期成矿特点,而主要成矿期为海西晚期—燕山早期。

(2)大地构造位置:矿床主要产出于前南华纪华北东部陆块(Ⅱ)龙岗-陈台沟-沂水前新太古代陆块(Ⅲ),夹皮沟新太古代地块(Ⅳ)、和龙残块(Ⅳ)、会全栈地块(Ⅳ)、板石沟地块(Ⅳ)、柳河-清原地块(Ⅳ)内。区域上主要受辉发河-古洞河深大断裂,以及地块内大型韧性剪切带控制。

(3)赋矿层位:从矿床分布来看该类金矿主要赋存于晚太古宙绿岩带下部镁铁质火山岩建造之中,显示了层控特征。围岩主要为斜长角闪岩,变质镁铁质火山岩,具有大洋拉斑玄武岩的特点。

晚太古宙绿岩带,主要有 3 条,从东向西有金城洞绿岩带、夹皮沟绿岩带、石棚沟绿岩带。90%以上金矿储量产于夹皮沟绿岩带之上。3 条绿岩带对比,夹皮沟绿岩带中的镁铁质火山岩(含超镁铁质火山岩):长英质火山岩:沉积岩大致为 74:17:9,金城洞绿岩带镁铁质火山岩(含超镁铁质火山岩):安山岩:长英质火山岩:沉积岩大致为 47:17:23:13。反映了夹皮沟地区以基性火山喷发为主的特点。

(4)矿体特征:矿体主要以含金石英脉为主,个别矿体或矿体的一部分破碎蚀变岩。矿体的走向与韧性剪切带展布大致吻合,而倾向常与围岩剪切片理倾向有一定交角。矿体呈脉状、似脉状、透镜状及串珠状。走向倾斜变化大,一般延长大于延深。

矿石矿物较复杂,从高温—低温矿物均有。主要金属矿物有黄铁矿、黄铜矿、方铅矿、次为磁黄铁矿、闪锌矿、磁铁矿、白铁矿、白钨矿、辉铋矿、辉银矿、铜银铅铋矿、菱铁矿等;金矿物有自然金、针碲金矿。金的载体矿物为黄铁矿、黄铜矿、方铅矿、磁铁矿、石英等。

金矿的几个矿化过程均有早期的石英黄铁矿阶段,多金属硫化物阶段以及晚期的石英-碳酸盐阶段,而金主要富集于石英-黄铁矿,多金属硫化物阶段。

(5)地球化学特征。

①微量元素特征:新太古代绿岩带下部含金 0.039×10^{-6},近克拉克值 10 倍。通过对东火炬、高梨屯的变质超镁质岩的分析,Au 含量为 0.03×10^{-6}~0.063×10^{-6},为金矿的形成提供了成矿物质。

黄铁矿单矿物的相关矩阵表明、黄铁矿中与金相关的元素为 Ag、Ba、Mo、Ni,说明大部分黄铁矿的物质成分来自围岩。

自然金中 REE 配分型式与绿岩带黑云母斜长片麻岩、角闪石岩基本相同,并且都有较明显的负 Eu 异常,说明两者有成因联系。

金城洞绿岩带中西沟矿体、围岩及岩体的微量元素分别进行 R 型聚类分析,金矿体含有一定量的 Co、Ni、Cr、Cu 等,说明物质来自围岩。

R 型聚类分析谱系图 2 表明，金矿谱系图微量元素基本分两组，一组为成矿代入元素 Au、Pb、Cu，其余为另一组。围岩谱系图亦分两组，一组金、铅，其余为另一组。两个谱系图之成矿元素共生组合相似，仅金矿的谱系图多个 Cu，可能后期叠加所致。

此外，成矿物质尚有叠加源，如本区中酸性岩脉及岩浆岩与矿体空间关系密切，而且晚古生代—三叠纪花岗岩以及岩脉含金丰度较高，为金的克拉克值的 6～110 倍，说明中酸性岩浆岩有提供成矿物质的条件。

②硫同位素特征：矿石 $\delta^{34}S$ 均正向偏离陨石值，矿田变化范围为 $+1.5\times10^{-3}\sim+11.9\times10^{-3}$，夹皮沟本区为 $+3.6\times10^{-3}\sim+2.8\times10^{-3}$，金城洞一带偏离较小，为 $+0.3\times10^{-3}\sim+4.3\times10^{-3}$，夹皮沟矿田偏离最大。另外，矿石与围岩硫同位素组成基本一致，表明矿石硫来自围岩。

③石英包体特征：通过对包体成分分析，含金石英脉与绿岩带及海西期花岗岩的石英包体，阴阳离子组成的含量比值、含盐度及 Na^+/K^++Na^+ 比值接近，表明成矿溶液与绿岩带及显生宙花岗岩存在着生成联系。从包体特征上看，含金石英脉包体较多，多数不规则，气液比值多数为 $10\times10^{-2}\sim20\times10^{-2}$，少数为 $25\times10^{-2}\sim35\times10^{-2}$；而花岗岩中的石英包体亦较多，形状不规则，气液为 $10\times10^{-2}\sim15\times10^{-2}$，两者包体特征较接近。此外，三道岔、四道岔、板庙子、二道沟等矿床含金石英脉与绿岩带岩石中石英包体成分十分类似。两者的石英包体的阴、阳离子组成的含量比值、含盐度及 Na^+/K^++Na^+ 比值很接近，反映了成矿物质主要来自围岩。

④氢、氧同位素特征。

据夹皮沟矿田的几个矿床含金石英脉氢、氧同位素组成，δD(sMDW)为 $-74.2\times10^{-3}\sim92.4\times10^{-3}$，平均为 -87.32×10^{-3}，与太古宙及中生代花岗岩 δD 值接近。矿石中的 $\delta^{18}O$ 变化范围为 $+7.64\times10^{-3}\sim+4.91\times10^{-3}$。$\delta D$-$\delta^{18}O$ 在相关图上投影点落在大气水—岩浆水之间，但靠近岩浆水，

(6)成矿物质来源：综上所述，本区金矿物质来源以绿岩带为主，叠加其他来源，显示成矿物质多源性的特点。可见早期成矿介质有变质水和岩浆热液；晚期成矿介质以岩浆水为主，有天水加入。

(7)成矿物理化学条件：金矿体(含金石英脉)包体数量多，类型简单，以气液比为 $10\times10^{-2}\sim35\times10^{-2}$ 的包体为主，CO_2 包裹体较多，液体 CO_2 占 $60\times10^{-2}\sim80\times10^{-2}$，无 NaCl 子晶此外，尚有少数纯液相或气相包裹体。表明为低盐度的 H_2O-CO_2 型与太古宙绿岩型金矿床特征类同。

该类金矿形成温度以中温为主，但是各矿床存在一定差异。石棚沟、金城洞金矿以中温度为主，而夹皮沟矿田成矿温度变化较大，其中板庙子—三道沟一带矿床为中低温(190～200℃)、小北沟—三道岔信庙岭一带以中温为主(200～280℃)，夹皮沟本区、二道沟及八家子一带矿床为中高温(300～360℃)。几乎所有大、中型矿床的不同矿体及其不同中段，成矿温度虽仍以中温为主，但都包括了从中低温到中高温，甚至高温的温度范围，反映了规模较大的矿床其成矿作用具有多期多阶段的特点。

(8)控矿因素。

①地层控矿：该类型金矿普遍产于绿岩中的，围岩主要为斜长角闪岩，变质镁铁质火山岩，具有大洋拉斑玄武岩的特点。

②构造控矿：位于大隆边缘裂谷之中。构造复杂，历经了阜平期及其以后的多次构造事件使褶皱作用，断裂作用以及岩浆活动相互叠加，形成了复杂的构造格局。以阜平期的几期构造变形所形成的褶皱构造和韧性剪切带为基础构造。区域性辉发河-古洞河深大断裂通过本区，矿床均傍近深大断裂带。金矿均产于韧性剪切带上，后期叠加有韧性剪切带之上的脆性构造，为赋矿构造。

③岩浆控矿：伴随多期构造运动，岩浆活动亦较频繁，以阜平期，五台—中条期和海西期最剧烈，燕山期次之，但延边地区燕山期活动较强烈，主要岩性有英云闪长岩、奥长花岗岩、钾长花岗岩、花岗岩，花岗闪长岩等。此外燕山期脉岩发育，主要有细晶岩、花岗斑岩、闪长玢岩、煌斑岩等。脉岩与金矿关系密切。

(9)成矿作用及演化：晚太古宙裂谷形成以后，深大断裂切穿地壳深部，发生火山喷发产生以拉斑玄

武岩为主的镁铁质-长英质-碱质火山岩建造，形成了底部含金丰度较高的初始矿源层。经阜平期、中条期构造-岩浆活动，提供了热源，使成矿物质活化、迁移进一步富集，形成变质后的矿源层，局部形成小矿体。又经海西—燕山期构造-岩浆活动，侵入岩为成矿提供部分成矿物质及充足的热源，并进一步地改造矿源层并加部分下渗天水，形成含矿的复合热液，热液在循环过程继续萃取地层中成矿物质，迁移至有利地段富集成矿。

14. 金城洞—木兰屯预测工作区

参照夹皮沟—溜河预测工作区。

15. 四方山—板石预测工作区

参照夹皮沟—溜河预测工作区。

16. 正岔—复兴屯预测工作区

(1)成矿时代：印支—燕山期。

(2)大地构造位置：该类矿床产出于前南华纪华北东部陆块(Ⅱ)胶辽吉古元古裂谷带(Ⅲ)，集安裂谷盆地(Ⅳ)内。辽吉裂谷中段北部边缘，北东—北北东向断裂带北西向构造交会部位。

(3)赋矿层位：金矿床分布于中、上段变粒岩层中。

(4)矿体特征：矿体主要赋存于北东—北北东向断裂弧形转弯处上盘次级分枝断裂及平行断裂中，以及其次一级南北向断裂中。矿体呈扁豆状、脉状分枝复合。矿体长度、厚度、品位变化较大。普遍伴生银。

矿石矿物成分相对较简单：矿石矿物主要为黄铁矿、毒砂、方铅矿。少量为：自然、自然银黝铜矿、辉银矿、黄铜矿、闪锌矿、深红银矿。极少量：碲金矿(?)、白钛石；脉石矿物有石英、方解石、重晶石、绢云母、绿泥石。

(5)地球化学特征。

①硫同位素特征：$\delta^{34}S$值变化范围为$1.9\times10^{-3}\sim-7.4\times10^{-3}$，离差5.5，地层$\delta^{34}S$值与矿床基本一致，都以富重硫为特点。

②微量元素特征：区域上荒岔沟组变粒岩层金均丰度为3.888×10^{-9}。高于其他几种岩石的金丰度($0.6\times10^{-9}\sim2.13\times10^{-9}$)。

③氧、碳同位素特征：区域上矿中方解石、石英与矿液平衡水的$\delta^{18}O_{H_2O}$值为$5.3\times10^{-3}\sim6.4\times10^{-3}$，属岩浆水($5\times10^{-3}\sim10\times10^{-3}$)范围，但近岩浆水下限。

(6)成矿物质来源：区域上荒沟组变粒岩层为本区金的富集层位，也可能有部分来自岩浆岩。

(7)成矿物理化学条件：成矿流体主要为氯化物水型，即$(K\cdot Na)Cl+(Ca\cdot Mg)Cl_2+H_2O$型。$CO_2/H_2O$为0.027～0.628。成矿温度为142～290℃。

(8)控矿因素：区域上该类型金矿受控于荒岔沟组变粒岩层、印支及燕山期中酸性岩类的侵入体、北北东向主干断裂。

(9)成矿作用及演化：荒岔沟组碎屑及碳酸盐复理石建造形成含微量金的初始矿源层。集安运动使Au被活化初步富集构成变质后的矿源层。印支—燕山运动，多期次的岩浆侵入活动为成矿不断提供热源，逐步活化地层中的成矿元素，在构造有利部位形成层控破碎带蚀变岩型金矿。

17. 荒沟山—南岔预测工作区

(1)成矿时代：该矿床成矿期为两期，早期应为中元古代，晚期为燕山期，但以晚期为主。另外在太古宙上壳岩与老秃顶子花岗岩外接触带中石英脉，含金 6.15×10^{-6}，矿脉铅模式年龄值为 168.886～155.167Ma，老秃顶子岩体模式年龄值为 186Ma。

(2)大地构造位置：该类矿床产出于前南华纪华北东部陆块(Ⅱ)、胶辽吉元古代裂谷带(Ⅲ)老岭坳陷盆地(Ⅳ)内。荒沟山 S 形断裂带上。

(3)赋矿层位：主要为珍珠门组大理岩和花山组片岩。

(4)矿体特征：矿体多呈透镜状、扁豆状、脉状、囊状、似脉状，并且具有分支复合类来再现之特点。

矿石矿物主要有自然金、黄铁矿、黄铜矿、毒砂等，有的矿床尚有方铅矿、闪锌矿、辉锑矿、辰砂等。矿石有益组分为 Au、Ag、伴有 Cu、Pb、Zn，个别矿床有 Sb；有害组分为 As。

围岩蚀变以硅化、黄铁矿化为主，还有毒砂矿化，重晶石化以及绢云母化。

(5)地球化学特征。

①微量元素特征：珍珠门组上部含金丰度为 0.06×10^{-6}～0.022×10^{-6}；花山组钙质片岩含金丰度为 0.0457×10^{-6}。从区域看，珍珠门组角砾状白云石大理岩含金丰度为 0.00182×10^{-6}，厚层大理岩为 0.00088×10^{-6}，薄层白云石大理岩含金丰度 0.0009×10^{-6}，花山组片岩为 0.0012×10^{-6}，均低于背景值，形成亏损场，说明花山组与珍珠门组为成矿提供成矿物质。

该类金矿之周围有太古宙上壳岩出露，可见基底为上壳岩。其含金丰度较高，如荒沟山铅锌矿，上壳岩含金为 0.009×10^{-6}，八里沟矿点太古宙上壳岩含金丰度为 0.0095×10^{-6}。说明太古宙壳岩基底，也可能提供少部成矿物质。

区内岩浆岩也可能为成矿提供部分成矿物质。如石家铺子附近的龙头岩体含金丰度为 0.0012×10^{-6}～0.013×10^{-6}，南岔矿区的岩脉含金丰度值普遍较高，如闪长岩为 0.015×10^{-6}～0.064×10^{-6}，霏细岩为 0.042×10^{-6}，而且部分脉岩本身也成矿，如闪长岩脉。另外，浑江四道羊岔铜铅矿点，在太古宙上壳岩与老秃顶子花岗岩外接触带中石英脉，含金 6.15×10^{-6}，矿脉铅模式年龄值为 155.167～168.886Ma，老秃顶子岩体模式年龄值为 186Ma，两者相近，说明铅可能来自老秃顶子岩体。上述说明本区中酸性岩浆岩也可能为成矿提供少量成矿物质。

②硫同位素特征，荒沟山金矿硫同位素 $\delta^{34}S$ 变化范围为 2.05×10^{-3}～31.48×10^{-3}，地层 $\delta^{34}S$ 为 -9.7×10^{-3}～18.1×10^{-3}；石家铺子 $\delta^{34}S$ 变化范围为 6.1×10^{-3}～6.8×10^{-3}；南岔金矿 $\delta^{34}S$ 变化范围为 -5×10^{-3}～$+5\times10^{-3}$，个别为 -24×10^{-3}。表明硫主要来自地层。

③碳同位素特征：仅石家铺子金矿测两件样品，分别为 $+0.259\times10^{-3}$，-0.326×10^{-3}，与大理岩 $\delta^{13}C$ 值接近，表明碳来自围岩。

④氢氧同位素特征：石家铺子金矿，早期 $\delta^{18}O_{H_2O}$ 为 12.12×10^{-3}，基本接近岩浆水，在变质水低值范围岩内；中期成矿液水 $\delta^{18}O_{H_2O}$ 为 5.69×10^{-3} 反映岩水特征；晚期成矿液水为 1.042×10^{-6}～5.889×10^{-3}，可见矿液中混入大量的大气降水。表明成矿介质为岩浆热液与大气降水形成的复合热液。

⑤稀土元素特征：荒沟山金矿与角砾岩化白云石大理岩的稀土模式比较接近，都是轻稀土富集，表明金矿物质来自地层；荒沟山金矿围岩白云石大理岩 $\delta^{18}O$ 值为 18.91×10^{-3}～21.0×10^{-3}，具典型区域变质水特点。而矿体中 $\delta^{18}O$ 值为 9.77×10^{-3}～14.64×10^{-3}，与地层中变质水 $\delta^{18}O$ 相近，当成矿温度为 205℃时，平衡水 $\delta^{18}O$ 值为 -1.74×10^{-3}～2.53×10^{-3}，值偏低，说明大气降水在成矿过程中参加了热液活动。

(6)成矿物质来源：上述研究说明该类金矿成矿物质主要来自地层。

(7)成矿物理化学条件：据爆裂法和均一法测试结果，成矿温度分别为 140～400℃。

(8)控矿因素：区域上珍珠门组大理岩和花山组片岩为主要控矿层位；荒沟山-南岔 S 形断裂带及其次一级构造为主要控矿构造；沿鸭绿江构造带侵入的燕山期老秃顶子岩体、幸福岩体等，以及晚期的中基性脉岩为成矿提供充足热源。

(9)成矿作用及演化:辽吉裂谷中晚期沉积补偿阶段沉积的含金丰度较高的片岩及白云石大理岩为初始矿源层。老岭运动使初始矿源层中的金受到改造进一步富集形成变质后的矿源层。中生代构造-岩浆活动提供充足热源、加热地下水,形成复合热液,在热循环过程中,萃取矿源层中金及其他成矿物质形成含矿热液。在热动力驱动下向低压低化学位的低扩容带运移,至有利空间沉淀成矿。

18. 冰湖沟预测工作区

参照荒沟山—南岔预测工作区。

19. 六道沟—八道沟预测工作区

参照荒沟山—南岔预测工作区。

20. 长白—十六道沟预测工作区

参照荒沟山—南岔预测工作区。

21. 山门预测工作区

参照漂河川预测工作区。

22. 兰家预测工作区

(1)成矿时代:为燕山早期。

(2)大地构造位置:晚三叠世—新生代华北叠加造山-裂谷系(Ⅰ)小兴安岭-张广才岭叠加岩浆弧(Ⅱ)张广才岭-哈达岭火山-盆地区(Ⅲ)大黑山条垒火山-盆地群(Ⅳ)内。

(3)赋矿层位:二叠系范家屯组碎屑岩-碳酸盐岩。

(4)矿体特征:矿体主要为矽卡岩型和破碎蚀变岩型。矿体长一般为69～180m,厚度一般为0.9～3m,平均品位7.9×10^{6}。

(5)地球化学特征。

①微量元素特征:地层中Ag浓集克拉克值大于1,Au、Ag、Zn在石英闪长岩中呈弱度富集。

②稀土元素特征:为轻稀土富集,重稀土亏损。石英闪长岩与金矿体分布模式,均表现出极好的相似性,脉状分布的硫铁矿体稀土元素分布表现出明显的差异性,显示成矿作用的多期性。

③硫同位素特征:$\delta^{34}S$值变化范围较窄,为-3.91×10^{-3}～$+3.37\times10^{-3}$,反映出金矿床的幔源特征。另外不同矿物的测定结果存在一定的差异,黄铁矿、磁黄铁矿$\delta^{34}S$平均值为$+2.50\times10^{-3}$,方铅矿-3.90×10^{-3},反映了成矿作用的多期性。

(6)成矿物质来源:少部分来源于地层,主要来源于燕山期岩浆活动。

(7)成矿物理化学条件:矽卡岩热液成矿阶段,成矿温度为270～300℃,晚期热液成矿阶段成矿温度为200～250℃。

(8)控矿因素:二叠系范家屯组碎屑岩-碳酸盐岩,燕山期石英闪长岩,区域上北西向、北西西向断裂构造控矿。

(9)成矿作用及演化:石英闪长岩的岩浆期后热液,与大理岩产生交代形成矽卡岩。则转入矽卡岩热液阶段,溶液开始表现为碱性环境,并有赤铁矿等矿物析出,而后慢慢向酸性过渡,出现了少量贫硫的自然金属及硫化物,这是金的主要沉淀时间,故金矿体多叠加于过渡带位置,矽卡岩形成之后还有晚期热液,硫化物金矿化阶段,自然金与相伴的矿物沿裂隙充填交代,一部分叠加在矽卡岩上,一部分远离接触带形成单独中温热液型金矿。

23. 万宝预测工作区

参照兰家预测工作区。

24. 浑北预测工作区

(1)成矿时代:推测成矿时代为燕山期。

(2)大地构造位置:矿区位于前南华纪华北东部陆块(Ⅱ)、胶辽吉元古代裂谷带(Ⅲ)老岭坳陷盆地(Ⅳ)内。

(3)赋矿层位:钓鱼台组褐红—紫红—紫灰色构造角砾岩带,是金矿的主要赋矿层位。

(4)矿体特征:金英金矿主要受区域性的断裂F102以及局部性的断裂F100的联合控制。F100断层叠加在先期存在的钓鱼台组石英砂岩与珍珠门组硅化白云质大理岩间的不整合面附近,表现为宽窄不一的硅化构造角砾岩带。金矿体赋存于硅化构造角砾岩带中的局部地段。在走向上及倾向上都有膨缩现象。矿体上部产状陡且走向上连续性好,沿倾向方向往深部产状变缓且变为多条矿体,但仍然位于沿不整合面发育的F100断裂构造角砾带中。

(5)成矿物质来源:成矿物质主要来源于含金硅化构造角砾岩。

(6)控矿因素:钓鱼台组褐红—紫红—紫灰色构造角砾岩带,是金矿的主要赋矿层位;北东向F100断裂是区域上的重要控矿和容矿构造。

(7)成矿作用及演化:在太古宙基底上,古元古代珍珠门组与新元古代钓鱼台组之间形成一个沉积不整合面。由于地壳运动,沿此不整合面形成隆-滑型拆离性质的断裂构造,发育有厚大的含金构造角砾岩带。至中生代,由于太平洋板块的俯冲,本区再次发生强烈构造活动,沿隆-滑断裂形成大规模的北东向断裂束,地表和地下水环流,将地层中的含矿物质带出,在F102与F100构造扩容空间沉淀。

25. 古马岭—活龙预测工作区

(1)成矿时代:主要成矿期为燕山期。

(2)大地构造位置:该类矿床产出于前南华纪华北东部陆块(Ⅱ)胶辽吉古元古裂谷带(Ⅲ),集安裂谷盆地(Ⅳ)内。辽吉裂谷中段北部边缘,北东—北北东向断裂带北西向构造交会部位。

(3)赋矿层位:古元古代集安群荒岔沟组。

(4)矿体特征:金矿化皆赋存于蚀变带内。矿体呈脉状、似脉状、扁豆状分布于蚀变带内矿体。与围岩呈过渡关系产状与蚀变带产状基本一致。

矿石矿物:主要为银金矿、黄铁矿、毒砂。次要矿物质有方铅矿、闪锌矿、黄铜矿、磁黄铁矿、辉钼矿、黝铜矿。脉石矿物主要为石英、绢云母;次要矿物有绿泥石、斜长石、石墨、方解石等。

该类型金矿伴生有Ag、Cu、Pb、Zn、Mo、Mn等,有害组分为As。

与成矿有关的蚀变主要为硅化、绢云母化、黄铁矿化及毒砂矿化。

(5)地球化学特征。

①微量元素特征:大东岔组含金丰度为1.45×10^{-9},但该层富碳。荒岔沟组斜长角闪岩中含Au平均为21.5×10^{-9},As达9.6×10^{-6}。可见能提供成矿物质。

榆树钾长花岗岩As、Mo丰度高于克拉克值2倍,与硅化绢云母化蚀变岩(矿石)As、Mo的高含量一致;晶洞钾长花岗岩Ag、Pb、Sn丰度高于克拉克值1.5～1.6倍,而且Ag与Pb、Zn之间显正相关,这与网状石英脉中Ag、Pb、Zn高含量和显著的相关关系特征相一致。反映成矿物质除Au,其他如Ag、Pb等部分来自岩浆源。

②硫同位素特征:矿石$\delta^{34}S$值为变化为$5.7\times10^{-3}\sim+8.8\times10^{-3}$,而围岩$\delta^{34}S$为$+7.8\times10^{-3}\sim+8.2\times10^{-3}$。并均富重硫,显示硫源以地层硫为主。

③铅同位素特征:矿石中方铅矿$^{207}Pb/^{204}Pb$-$^{206}Pb/Pb^{204}$回归直线有线性关系,斜率相关数为0.69,属异常铅。计算原始铅的年龄为27亿年左右,接近早元古地层年龄,反映矿石铅来自地层。综合分析本矿床中的异常铅是地层中的铅和后期岩浆热液带来的铅混合而成。据此推断成矿物质不是单源。

(6)成矿物质来源:古元古代集安群荒岔沟组地层。

(7)成矿物理化学条件:形成温度为290~320℃。

(8)控矿因素:构造对成矿控制:鸭绿江断裂带控制了区域矿产的分布,其上盘低序次东西向、北西向、近水平的断裂控制金矿床的矿体展布;集安群大东岔组含矽线石榴黑云变粒岩,蚂蚁河组中斜长角闪岩是金的主要来源;区域内大规模的燕山期岩浆活动形成了酸性侵入体及浅成脉岩,是矿床形成的热源和热液来源。

(9)成矿作用及演化:古元古代海底中基性火山喷发沉积形成了荒岔沟组矿源层。五台运动使早元古宙集安群地层发生褶皱变质、混合岩化,Au、As等成矿、成晕元素没有发生明显的贫化和浓集。燕山期强烈的构造岩浆活动,在地壳深部大量吸取了矿源层中的Au、As等元素,在岩浆期后热液中得到了浓集,岩浆中的Ag、Pb、Zn、Cu、Mo、Sn、Bi也富集于期后热液中。同时岩浆岩提供了充足的热液,加热了下渗天水,在热循环过程中萃取了矿源层中的成矿物质。形成以岩浆热液为主,并有大气水加入,沿断裂构造自深部向近地表浅部运移,由于大东岔组富碳,泥质易吸附Au等成矿物质、使其在矿床范围内形成高背景场。在适宜的物理化学、构造环境下沉淀成矿。

26.海沟预测工作区

(1)成矿时代:属燕山期。

(2)大地构造位置:晚三叠世—新生代东北叠加造山-裂谷系(Ⅰ)、小兴安岭-张广才岭叠加岩浆弧(Ⅱ)、太平岭-英额岭火山-盆地区(Ⅲ)敦化-密山走滑-伸展复合地堑(Ⅳ)。

(3)赋矿地层及岩体:色洛河群红光屯组,燕山早期二长花岗岩。

(4)矿体特征:该类金矿的围岩以二长花岗岩为主,部分矿体产于片岩及大理岩中。矿体呈脉状、厚板状、浸染状产出。但各个矿床差别较大。

矿石矿物各矿床均以硫化矿物为主,有自然金、黄铜矿、黄铁矿、磁黄铁矿、方铅矿、闪锌矿、毒砂等。尚有自然银、辉银矿、晶质铀矿、沥青铀矿等。

矿石化学成分:除Au以外,海沟金矿尚有U。

(5)地球化学特征。

①微量元素特征:区域上红光屯组变质岩中Au、Ag、Sb、Bi、Mo、Pb等一般高于克拉克值几倍至几十倍,脉岩含金丰度较高,闪长玢岩含金丰度为129.85×10^{-9},正长闪长斑岩为7.00×10^{-9},次安山岩为27.92×10^{-9}。

②硫同位素特征:矿石硫同位素$\delta^{34}S$变化范围为-23.2‰~0.5‰,二长花岗和闪长玢岩$\delta^{34}S$值变化范围为-10.1‰~0.5‰,表明矿石与围岩硫均以富集^{32}S为特征。方铅矿和黄铁矿的$\delta^{34}S$差别不大,具有硫源单一,并且经历了相同的地质演化。

③铅同位素:铅同位素变化范围为$^{206}Pb/^{204}Pb$为15.095 1~18.346,平均为16.944;$^{207}Pb/^{204}Pb$为15.126 7~15.615,平均为15.452 5,$^{208}Pb/^{204}Pb$为36.328 2~38.404,平均为37.151 2。除燕山期闪长岩富含的放射成因的^{206}Pb和色洛河群样品中含较多的放射成因的^{208}Pb外,大多数样品的铅同位素组成仍比较集中,均落在造山带演化曲线或其附近,次之落在地壳或下地壳演化曲线上。说明此矿床铅主要形成于造山带环境中。

(6)成矿物质来源:该类金矿物质来源通过资料分析来源有:老地层—矿源层和早期含金丰度较高的老岩体——矿源岩;另外成矿岩浆从深部带来——岩浆源。

(7)成矿物理化学条件:金矿化最佳温度为220~300℃。成矿压力变化范围为30~136MPa。

(8)控矿因素:中元古宙色洛河群红光屯组斜长角闪岩、二云片岩、黑色板岩夹大理岩;燕山期二长花岗岩、闪长玢岩。槽台边界超岩石圈断裂与北东向深断裂交会处控制岩浆侵入,北东向断裂、裂隙带属压扭性断裂发育地段与岩体周边内外接触带是控矿有利部位。

(9)成矿作用及演化:在1600～1108Ma中条运动初期,随着裂陷槽的褶皱隆起,强烈的火山爆发和变质作用,大量的U、Th、Pb、Au、Bi、Ag、As、Sb、C进入了色洛河群中,该类金矿的矿源层;到了滨太平洋活化阶段,由于地幔再次上涌,形成一些同熔型花岗岩浆并沿具拉张性深大断裂上侵,富含卤族元素和碱金属元素的矿化剂含矿热液,在上侵过程中的热力、动力和矿化剂的作用下,对围岩中的Au、Ag、Pb、Bi、As、Sb、S、C等矿质和矿化剂不断地进行浸出,使其成矿物质在岩体中及周围又一次富集。由于在岩浆分异过程中的强烈钾、钠质交代作用和矿化作用,使大量矿质进入含矿热水溶液,并富集到岩浆期后,形成了高盐度的成矿溶液,最后迁移到发育于花岗闪长岩中的NE向断裂裂隙中沉淀成矿。

27.小西南岔—杨金沟预测工作区

(1)成矿时代:130.1～107.2Ma。

(2)大地构造位置:晚三叠世—新生代东北叠加造山-裂谷系(Ⅰ),小兴安岭-张广才岭叠加岩浆弧(Ⅱ),太平岭-英额岭火山-盆地区(Ⅲ),罗子沟-延吉火山-盆地群(Ⅳ)构造单元内。

(3)赋矿层位及岩体:五道沟群变质岩,花岗斑岩、闪长岩。

(4)矿体特征:矿体严格受北北西向压性断裂及其次级断裂控制,略呈S形北北西向延伸。矿体呈复脉型、单脉型、密脉型和网脉或细脉浸染型等4种矿体类型。主要有益组分,Cu平均含量0.86×10^{-2},Au平均含量3.81×10^{-2},主要伴生有益组分元素:Ag、Te、Mo、Bi、Ga、Ge、In等。

(5)地球化学特征。

①微量元素特征:五道沟群上、中、下段金含量基本相似,平均为$0.021\,6\times10^{-6}$,是克拉克值的5倍。海西晚期闪长岩金含量高出地壳平均值4～5倍,并高于矿区未蚀变闪长岩4倍,闪长玢岩含金丰度也高于地壳平均值的4～5倍。

②硫同位素特征:矿石$\delta^{34}S‰$为$3.3\times10^{-3}\sim4.8\times10^{-3}$,为不大正值,均值为$4.1\times10^{-3}$,变异系数极低(0.095),具单一硫源一上地幔的特点和深成均一化特点。花岗闪长岩$\delta^{34}S‰$为4.5×10^{-3}。

③锶同位素组成:花岗闪长岩和闪长玢岩的$^{87}Sr/^{86}Sr$比值分别为0.704 825和0.705 036,略大于大西洋岛屿的玄武岩平均的$^{87}Sr/^{86}Sr$初始值$0.703\,7\pm0.001$,大于混染的新西兰安山岩的$^{87}Sr/^{86}Sr$初始值0.705 5,可认为这些岩石是同源于玄武岩熔浆经结晶分离作用和受不同程度壳层混染的产物。

(6)成矿物质来源:主要成矿物质来源于燕山早期的火山-深成杂岩岩浆。

(7)成矿物理化学条件:成矿温度变化范围在160～400℃。成矿压力400bar左右。

(8)控矿因素地层:五道沟群,燕山期花岗岩、二长花岗岩、似斑状花岗岩、花岗斑岩、闪长岩、石英闪长岩等,构造交叉部位往往是金矿床产出部位,区内次级的小断裂发育,往往是容矿构造。

(9)成矿作用及演化:本区进入中生代后,由于受环太平洋活动带影响,沿近东西向和北东向深大断裂带喷发、侵入大量的中基性—酸性火山岩及花岗岩类,同时也从地壳深处随岩浆上侵带来了大量Au、Cu等有用元素,并经历了从高温到低温过程,在中温、低压、强还原性和碱性热水溶液形成易溶的稳定的络合物,并迁移、富集,当溶液内碱性向酸性演化接近中性环境时,开始电离,络合物解体,金和其他金属硫化物及二氧化硅开始沉淀成矿。

28.农坪—前山预测工作区

参照小西南岔—杨金沟预测工作区。

29.黄松甸子预测工作区

(1)成矿时代:新生代古近纪。

(2)大地构造位置:晚三叠世—新生代东北叠加造山-裂谷系(Ⅰ),小兴安岭-张广才岭叠加岩浆弧(Ⅱ),太平岭-英额岭火山-盆地区(Ⅲ),罗子沟-延吉火山-盆地群(Ⅳ)构造单元。

(3)赋矿层位:古近系土门子组巨粒质中粗砾岩、中细砾岩、各粒级砂岩,底部粗粒级岩层为主要含金层位。

(4)矿体特征:金矿体位位于古近系土门子组下段含金砾岩层的底部砾岩层,矿体间有粉砂岩、泥岩、砂岩透镜体为夹石。

(5)成矿物质来源:金矿成矿物质主要来源于中性—中酸性岩类及其赋存于其中的热液脉状金矿化体。

(6)控矿因素:区域上中性—中酸性岩类及其赋存于其中的热液脉状金矿化体;土门子组巨粒质中粗砾岩、中细砾岩;珲春组细碎屑岩系形成的向东、向北倾斜、舒缓波状的宽缓的古斜坡。

(7)成矿作用及演化:区域上中性—中酸性岩类及赋存于其中的热液脉状金矿化体在风化作用下形成富含金的碎屑物,在河流搬运作用下在黄松甸子的陆相山间盆地洪-冲积环境下形成扇积砾岩相和扇上河床相沉-堆积,金赋存在砾石之间的填隙物和胶结物中。

30.珲春河砂金

砂金的形成的重要条件,必须有矿源层,在珲春河上游五道沟、杨金沟一带(本预测区之北),已知金矿床、金矿点有多处,说明砂金的矿源层在预测区之外的北部区域,含原生金的岩石经风化剥蚀,游离出的金粒混于河流的砂砾中顺流而下,在河曲发育的地段流速变慢,沉积下来,形成砂金矿,区内马滴达至上杨树河沟恰为河曲较为发育的区段,具备砂金的成矿条件,形成了砂金矿床。

各预测区预测类型见表6-3-27。

表6-3-27　预测工作预测类型一览表

序号	预测工作区	预测工作区代码	矿产预测类型
1	吉林省头道沟—吉昌地区	2211403101	头道川式变质火山岩型
2	吉林省石咀—官马地区	2211403102	头道川式变质火山岩型
3	吉林省地局子—倒木河地区	2211401103	刺猬沟式火山热液型
4	吉林省漂河川地区	2211404104	二道甸子式变质火山岩型
5	吉林省香炉碗子—山城镇地区	2211402105	香炉碗子式火山热液型
6	吉林省五凤地区	2211401106	刺猬沟式火山热液型
7	吉林省闹枝—棉田地区	2211401107	刺猬沟式火山热液型
8	吉林省刺猬沟—九三沟地区	2211401108	刺猬沟式火山热液型
9	吉林省杜荒岭地区	2211401109	刺猬沟式火山热液型
10	吉林省山门地区	2211504111	兰家式矽卡岩型
11	吉林省兰家地区	2211504112	兰家式矽卡岩型
12	吉林省万宝地区	2211504115	兰家式矽卡岩型
13	吉林省浑北地区	2211505116	金英式热液改造型
14	吉林省荒沟山—南岔地区	2211501117	荒沟山式岩浆热液改造型
15	吉林省冰湖沟地区	2211501118	荒沟山式岩浆热液改造型
16	吉林省古马岭—活龙地区	2211503119	下活龙式岩浆热液改造型

续表 6-3-27

序号	预测工作区	预测工作区代码	矿产预测类型
17	吉林省六道沟—八道沟地区	2211501120	荒沟山式岩浆热液改造型
18	吉林省长白—十六道沟地区	2211501121	荒沟山式岩浆热液改造型
19	吉林省海沟地区	2211201127	海沟式岩浆热液型
20	吉林省小西南岔—杨金沟地区	2211202128	小西南岔式斑岩型
21	吉林省农坪—前山地区	2211203129	杨金沟式岩浆热液型
22	吉林省安口镇地区	2211601130	夹皮沟式绿岩型
23	吉林省石棚沟—石道河子地区	2211601131	夹皮沟式绿岩型
24	吉林省金城洞—木兰屯地区	2211601132	夹皮沟式绿岩型
25	吉林省夹皮沟—溜河地区	2211601133	夹皮沟式绿岩型
26	吉林省四方山—板石地区	2211601134	夹皮沟式绿岩型
27	吉林省正岔—复兴屯地区	2211502135	西岔式岩浆热液改造型
28	吉林省金谷山—后底洞地区	2211401136	刺猬沟式火山热液型
29	吉林省黄松甸子地区	2211101137	黄松甸子式砾岩型
30	吉林省珲春河地区第四纪地貌地质图	2211102138	珲春河式沉积型

第七章　物化遥自然重砂应用

第一节　重　力

一、技术流程

根据预测工作区预测底图确定的范围，充分收集区域内的1∶20万重力资料，以及以往的相关资料，在此基础上开展预测工作区1∶5万重力相关图件编制，之后开展相关的数据解释，以满足预测工作对重力资料的需求。

二、资料应用情况

应用在2008—2009年1∶100万、1∶20万重力资料及综合研究成果，充分收集应用预测工作区的密度参数、磁参数、电参数等物性资料。预测工作区和典型矿床所在区域研究时，全部使用1∶20万重力资料。

三、数据处理

预测工作区，编图全部使用全国项目组下发的吉林省1∶20万重力数据。重力数据已经按《区域重力调查规范》(DZ/T 0082—2006)进行"五统一"改算。

布格重力异常数据处理采用中国地质调查局发展中心提供的RGIS2008重磁电数据处理软件，绘制图件采用MapGIS软件，按全国矿产资源潜力评价《重力资料应用技术要求》执行。

剩余重力异常数据处理采用中国地质调查局发展中心提供的RGIS重磁电数据处理软件，求取滑动平均窗口为14km×14km剩余重力异常，绘制图件采用MapGIS软件。

等值线绘制等项与布格重力异常图相同。

四、地质推断解释

1. 头道沟—吉昌预测工作区

在1∶5万布格重力异常图上，区内中部有一条北西西走向的重力梯度带，与著名的盘双接触带相对应，其南部为相对重力低异常区，其上分布有3处大小不等的似椭圆状局部重力低异常，走向为北西西向、南北向和东西向，与中生代花岗岩分布区相吻合。北西西走向梯度带北部区域分布有面积较大的三角形相对重力高异常区，其中心部位有一面积较小的北北东向椭圆状局部重力低异常，重力高异常为磨盘山组灰岩建造及鹿圈屯组砂岩、灰岩互层建造的反映，中心局部重力低异常推断为南楼山火山盆地的喷发中心。高异常区西北部分布有近等轴状重力低异常，为双阳盆地的反映。

吉昌—新立铁矿化集中区，位于沙河镇区域重力低异常与其北侧烟筒山重力高异常之间呈北西向分布伊通—桦甸重力梯级带的中段，吉昌—明城东西向重力梯级带南侧近南北分布的红石村—太平岭局部重力低异常的北半部。该异常在剩余重力等值线图上可分解成两个叠加局部异常(红石村和太平岭)。红石村异常南北条带状，长 20km，东西宽 10km，剩余强度 -3×10^{-5} m/s^2，其北部太平岭叠加异常则东西椭圆状，长 15km，宽 7.5km，强度－4mgl。吉昌铁矿位于此异常的西端。

2. 石咀—官马预测工作区

在 1∶5 万布格重力异常图上，主要分布有两条贯穿全区的北西向和东西向两条重力异常梯度带，东西向梯度带向西到明城与北西向梯度带相交并终止，分别与北西走向的盘双接触带及次一级断裂构造有关。北西向重力异常梯度带毗邻的北东侧分布有与其平行的重力高异常带，在官马附近被东西向重力梯度带截断；其南西侧石咀附近分布有一块状局部重力低异常，长、宽约 12.4km，最低值为 -28×10^{-5} m/s^2。

局部重力高异常区(带)地表分布有寒武纪黄莺屯岩组变粒岩与大理岩，石炭纪鹿圈屯组砂岩夹灰岩、磨盘山组灰岩，早三叠世四合屯组安山岩、石嘴子组砂岩与页岩互层夹灰岩、寿山沟组砂岩夹灰岩，早侏罗世南楼山组中酸性火山熔岩及其碎屑岩。重力低异常区(带)主要为侏罗纪花岗岩和新生代沉积地层分布区。

区内中部有官马镇火山热液型金矿、石嘴子铜矿、驿马火山热液型锑矿等，产于四合屯组和南楼山组火山岩中，在重力场上处于重力异常梯度带或局部重力高与重力低异常的过渡部位。

3. 地局子—倒木河预测工作区

在 1∶5 万布格重力异常图上，穿过区内中部有一条南北走向呈波状起伏的梯度带，其西部重力场值高于东部。两侧局部重力异常多，大小、规模不等，形态、走向各异。东北部分布有总体呈北西向在中段发生东西向错动重力梯度带，与南北走向梯度带在北部相交。布格重力最高值出现在西南部八道河子附近，为 -17×10^{-5} m/s^2，最低值出现在东北部，为 -40×10^{-5} m/s^2。重力高异常区地表分布有寒武纪黄莺屯组变质岩，早二叠世范家屯组浅海相陆源碎屑岩、火山碎屑岩，侏罗纪南楼山组中酸性火山熔岩及其碎屑岩；重力低异常区主要为侏罗纪花岗岩分布区；两条重力异常梯度带与区域性断裂构造有关。

区内已知共分布有 11 处矿床(点)，其中 7 处矿(床)点赋存于中生代火山岩中，另有 2 处矿床(点)与侵入岩有关，各有 1 处矿床(点)均赋存于寒武纪黄莺屯组及早二叠世范家屯组中，以火山热液型、中温热液型为主，少量为接触交代型。

4. 香炉碗子—山城镇预测工作区

典型矿床在 1∶25 万布格重力异常图上，香炉碗子火山热液型金矿床位于楔形相对重力高异常的东侧，该异常呈北东走向，楔形尖部指向北东，在杏岭附近，异常长 55km，宽 20.6km，布格重力异常最大值出现在姜家街东侧附近，为 -15×10^{-5} m/s^2。重力高异常由西南向北东在吉乐附近突然变窄，反映了北西向断裂的存在，其北东部布格重力异常等值线局部变宽缓处，为金矿床分布区，有中型金矿床(香炉碗子)1 处、小型金矿床 2 处、金矿点 1 处，楔形重力高异常在形态上与新太古代变质二长花岗岩、花岗闪长岩分布区完全吻合。以楔形重力高异常的两侧梯度带为界，东、西两侧为相对重力低异常分布区，两区均属敦-密断陷带在吉林省南段(山城—曙光，向阳—杏岭)区域。两侧线性梯度带密集且平直，走向延伸很长，东支恰好贯穿全区，西支贯穿全省，西支比东支更密集，反映出同为区域性深大断裂的场态特征，但西支是敦-密断裂的主体，规模更大。两侧梯度带为敦-密断陷带与新太古代中酸性岩体断层接触界线。金矿床与东支梯度带距离较近。在剩余重力异常图上，以水道及金矿床所处的近东西向异常突变带为界，北部重力高局部异常更为突出，异常规整，其形态与新太古代变质二长花岗岩分布区相吻合，花岗岩分布区内有呈岩墙侵入的古元古代变质辉长岩；与此不同，南部重力高异常则以宽缓为主，与新太古代花岗闪长岩分布区相对应。总之，从重力场上看，金矿床处于敦-密断裂带东支的西侧，楔形剩余重力高异常南北不同场态特征分界处，金矿床的形成应受新太古界花岗闪长岩内近东西向、北东向（与敦-密断裂平行的次一级断裂）交叉断裂的控制。

预测工作区在 1∶5 万布格重力异常图上，香炉碗子火山热液型金矿床位于横跨西部测区边界的楔形相对重力高异常东侧梯度带向内凹陷处，该异常呈北东走向，楔形尖部指向北东，在杏岭附近；异常长 55km，宽 20.6km，布格重力异常最大值出现在姜家街东侧附近，为 $-15\times10^{-5}\,m/s^2$。重力高异常由西南向北东在吉乐附近突然变窄，反映了北西向断裂的存在，其北东部布格重力异常等值线局部变宽缓处，为金矿床分布区，有中型金矿床（香炉碗子）1 处、小型金矿床 2 处、金矿点 1 处，楔形重力高异常在形态上与新太古代变质二长花岗岩、花岗闪长岩分布区完全吻合。以楔形重力高异常的两侧梯度带为界，东、西两侧为相对重力低异常分布区，两区均属敦-密断陷带在吉林省南段（山城—曙光，向阳—杏岭）区域。两侧线性梯度带密集且平直，走向延伸很长，东支恰好贯穿全区，西支贯穿全省，西支比东支更密集，反映出同为区域性深大断裂的场态特征，但西支是敦-密断裂的主体，规模更大。两侧梯度带为敦-密断陷带与新太古代中酸性岩体断层接触界线。金矿床与东支梯度带距离较近。在剩余重力异常图上，以水道及金矿床所处的近东西向异常突变带为界，北部重力高局部异常更为突出，异常规整，其形态与新太古代变质二长花岗岩分布区相吻合，花岗岩分布区内有呈岩墙侵入的古元古代变质辉长岩；与此不同，南部重力高异常则以宽缓为主，与新太古代花岗闪长岩分布区相对应。总之，从重力场上看，金矿床处于敦-密断裂带东支的西侧，楔形剩余重力高异常南北不同场态特征分界处，金矿床的形成应受新太古代花岗闪长岩内近东西向、北东向（与敦-密断裂平行的次一级断裂）交叉断裂的控制。

5. 五凤预测工作区

预测区工作区内重力场为一片重力低，在区域布格重力异常图上，在八道镇附近及朝阳川附近分别是两块北西走向的重力低，向东重力场值逐步升高。在重力剩余异常图上，五凤金矿处于北东向和北西向两组断裂交会处，并处于剩余重力高的边部，该重力高北西向分布，高点在预测区外，对照 1∶25 万地质图重力高处于二叠系庙岭组地层的残留体，推测重力高与二叠系地层有关。

6. 闹枝—棉田预测工作区

预测区工作区内重力场在区域布格异常图上，是一片重力低，主要反映了侵入岩及火山岩。在侧区南部，有一条东西向的梯度带，向南重力场升高，出现重力高异常，推断存在一条东西向的断裂带。在测区东部有一条北北西向梯度带，其东面是一条重力低异常。在区域剩余重力图上，显示更明显，可看出有 3 组断裂存在，即东西向、北西向和北东向 3 组断裂。东西向断裂和北西向断裂为区内容矿构造。本区闹枝沟金矿即在东西向的梯度带上。

7. 刺猬沟—九三沟预测工作区

典型矿床在 1∶25 万布格重力异常图上，矿床处于北西向和东西向重力梯度带交会处，北东侧为相对重力低异常分布区，在矿床处呈向南西凸起形态，西部、南部为相对重力高异常分布区。在剩余重力异常图上，近似环状局部重力高异常带内为重力低异常分布区，显示出中心式火山机构特征。矿床处于重力高异常带西部内侧向重力低异常区过渡部位，东侧附近有一规模较小的重力低局部异常。环状局部重力高异常带与二叠纪、三叠纪地层有关，其内部重力低异常区与刺猬沟组安山岩、英安岩及火山碎屑岩有关。

预测区工作内重力场呈北低南高、西低东高的趋势。在区域布格重力图上，西部南沟—汪清县城—

带为一北西向的重力低，北部较大范围的重力低，梯度带走向近东西向，反映了可能存在的东西向断裂。测区东南部位一近南北向的重力高。

在区域剩余重力异常图上，局部重力高及重力低十分清晰。从图上看，存在北西向、北东向及东西向断裂，刺猬沟金矿床、九三沟金矿床均处于东西向的梯度带上。与金属成矿密切相关的早白垩世刺猬沟组和金沟岭组火山岩处在重力低中。

8. 杜荒岭预测工作区

预测工作区在区域布格重力异常图上，预测区中部是一条北西向的重力低值带，两端延出区外，低值带大体与下白垩统金沟岭组火山岩的分布一致，反映出中生代火山盆地的轮廓。从重力场走向上看，区内存在东西向、北西向、南北向 3 组断裂，金矿床矿点处于东西向和北西向梯度带上，反映了金矿床、矿点产于火山岩的边部或断裂带上。预测区东北部为一重力高，反映了古生代基底隆起。

9. 金谷山—后底洞预测工作区

预测工作区在区域布格重力异常图上，预测区中部是一条近南北向的梯度带，其东部彩绣洞附近是一条近南北向的重力高。南北向梯度带西部是一条平行的重力低值带。预测区南部是一条近东西向的梯度带。从梯度带走向看，区内断裂主要是南北向和东西向，并且规模较大，延伸较长，分别延出测区。区内金矿分布在断裂东侧开山屯附近的重力高上，重力高反映了早二叠世大蒜沟组、中二叠世寺洞沟组地层。可以看出金矿的形成主要受断裂和地层控制。断裂西侧的重力低值区，反映了智新镇附近的中生代沉积盆地。

10. 漂河川预测工作区

典型矿床在 1∶25 万布格重力异常图上，二道甸子金矿床位于东南岔一带早古生代地层产生的块状局部重力高异常的南侧边缘北西西向梯度带上，该梯度带与矿床东侧分布的北北东向梯度带交会在一起，两梯度带陡且宽。南部重力低异常带（区）地表出露燕山期闪长岩体。剩余重力异常图上，局部重力高异常呈倒三角形形状，矿床所处边部梯度带上及东侧北北东向梯度带特征明显。

预测工作区在布格重力异常图上，出现 2 处重力低，主要反映了中生代断陷盆地。重力高也有 2 处，1 处在区内西部，呈近东西向分布，为寒武系变质岩的反映，在重力高的边部有二道甸子大型金矿分布，在重力高向重力低过渡的梯度带上有小型铜镍矿床分布。另一重力高分布在区内东北部近东西向分布，反映了寒武系黄莺屯组地层，两重力高之间的重力低是燕山期侵入岩的分布区。

区内断裂，从布格重力图上看，存在 4 条，分别是北东向、北西向、北北东向和东西向各 1 条。北东向断裂靠近敦密断裂，是敦密断裂的一部分。北东向、北西向断裂均为控矿断裂。其中二道甸子大型金矿即处于东西向断裂中。

11. 安口镇预测工作区

在 1∶5 万布格重力异常图上，区内以重力低场区为背景，分布有三处重力高异常区，北部重力高异常呈椭圆状，最大值 $-16\times10^{-5}\,m/s^2$，与古生代地层（包括寒武纪、奥陶纪地层）相对应；中部重力高异常形态特征不明显，为北部重力高异常向南伸出的次一级异常，该处出露有大面积的太古宙英云闪长质片麻岩及零星太古宙龙岗群杨家店岩组地层，最大值 $-27\times10^{-5}\,m/s^2$；南部重力高异常区整体呈条带状，其上分布有 3 个局部重力高异常，中间一个强度最大，为 $-23\times10^{-5}\,m/s^2$，地表全部为太古宙英云闪长质片麻岩分布区。南部呈条带状重力高异常区西侧北东向条带状重力低异常区分布区，与中新生代沉积盆地相对应。

12. 石棚沟—石道河子预测工作区

在 1∶5 万布格重力等值图上，以穿过预测区中部的北东向重力梯级带为界，南部为太古宙英云闪长质片麻岩古老基底隆起分布区，与重力高异常区相对应，重力高异常最大值出现在西南部和东南部两个局部异常上，为 $-18\times10^{-5}m/s^2$，两个局部异常之间重力高异常呈北东向条带状，强度略低，为 $-23\times10^{-5}m/s^2$。北部中生代沉积盆地与重力低异常区相对应，异常呈北东向分布，形态简单，向北西方向逐渐降低，重力异常最低值 $-35\times10^{-5}m/s^2$。北东向重力梯级带位于隆起区与沉积盆地界线的北侧，平行排列，相距约 3.8km。推断隆起区在深部北倾。该重力梯级带为台区和槽区之间的断裂带在深部位置的反映。

13. 夹皮沟—溜河预测工作区

夹皮沟金矿田在 1∶25 万布格重力异常图上，位于区域性会全栈似团块状相对重力高异常与其北东侧小黄泥河—大蒲紫河区域重力低异常间梯级带上。该重力梯级带是区域性开源—海尤—桦甸—和龙巨型重力梯级带中间组成部分，在本区呈北西向略向北东突出弧带状产出，长约 40km，宽 5～10km。梯级带等值线呈舒缓波状，局部有正向或负向变异，梯度变化较明显，一般每千米为 $(1\sim2)\times10^{-5}m/s^2$，最大 $2.5\times10^{-5}m/s^2$。往其西南侧会全栈区域重力高异常由中部重力高值区和其周边梯级带两部分组成，总面积为 $1200km^2$(30km×40km)，高值区可划分出几个大小不等，强度不一小的局部重力高异常，异常强度最高者达 $-24\times10^{-5}m/s^2$，如以异常下限定为 $-40\times10^{-5}m/s^2$，则其最大值为 $16\times10^{-5}m/s^2$，其北东侧小黄泥河—大蒲柴河重力低异常，规模大，宏观呈北西带状展布，强度最低为 $-58\times10^{-5}m/s$，绝对值达 $18\times10^{-5}m/s^2$，此外，会全栈布格重力高异常区 14km×14km 为窗口滑动平均剩余重力异常，出现了多个大小不等、方向各异、强度不一的似椭圆状正的剩余重力高异常，夹皮沟金矿田就处在这片正重力异常区北东的边缘相对重力低异常带上。

预测工作区在 1∶5 万布格重力等值图上，该区位于华北地台北缘上，桦甸和红石砬子之间的北东向的重力梯级带和夹皮沟北侧的北西向重力梯级带恰好与台区和槽区之间的断裂带位置吻合。以区内中部向北东向凸起呈起伏状的弧形梯度带为界，其内侧为相对重力高异常分布区，与太古宙表壳岩、TTG 组合出露区相对应，为老牛沟铁矿的赋矿层位。异常中心处最大值为 $-24\times10^{-5}m/s^2$。老牛沟铁矿分布在重力高异常北东侧边部弧形梯度带的内侧。弧形梯度带外侧，为相对重力低异常分布区，是低密度大面积侏罗世花岗闪长岩的重力异常反映，最低值 $-65\times10^{-5}m/s^2$，出现在预测区北东边部。

14. 金城洞—木兰屯预测工作区

在 1∶5 万布格重力异常图上，区内以重力低场区为背景。中北部分布有“入”字形相对重力高异常，主要与官地岩组浅粒岩-与黑云变粒岩互层夹磁铁石英岩分布区相对应，其上叠加 4 处椭圆状局部重力高异常，官地铁矿位于中部局部高异常的东南边缘，重力强度最大值为 $-28\times10^{-5}m/s^2$，分布在西南支。“入”字形重力高异常南北边部各有一条密集的重力梯级带分布，梯度较陡，北支梯级带北西走向，为台区和槽区之间的断裂带在深部位置的反映，南支梯级带呈向北凸起的弧形。重力高异常以北重力低异常分布区主要为古生代、中生代花岗岩及花岗闪长岩引起。弧形梯级带以南重力低异常分布区主要为太古宙英云闪长质片麻岩和新生代玄武岩的反映。

15. 四方山—板石预测工作区

板石沟铁矿异常带：是由 77-13、77-15、77-16、77-21、77-17、77-20、77-19、77-18 及 58-239 等异常组成了一个北东向展布的异常带。从异常特征来看，该异常带明显可分成两类：其一，分布在异常带北侧梯度陡的尖峰状局部异常如 77-13、77-15、77-16、77-21 及 58-239 等为地表或浅部铁矿引起；其二，分布于异常带南侧的低缓异常带，即77-17推断为深部铁矿的反映。其异常带是在杨家店组地层显示的平静负磁场背景上的醒目强磁异常带。异常强度为300～860nT，最大峰值2200nT。板石沟铁矿在1∶25万区域布格重力等值线图上处一相对局部重力高异常内。异常呈北东向规整椭圆状，长8km，宽4km，为一北东向重力高异常带上叠加异常，背景异常强度$3\times10^{-5}m/s^2$，矿区叠加剩余异常强度$3\times10^{-5}m/s^2$，其形态和范围与板石沟铁矿带基本吻合。

四方山(58-238)铁矿异常群：该异常组明显地分成两个特征截然不同的异常带，其北侧为高强度的尖峰状异常，异常峰值主要出现在两条测线上，极值1800γ，北侧伴生－600γ的负值；其南侧表现为宽缓异常，平面形态呈等轴状，最大强度约3000余γ，显然前者为地表或浅部铁矿所引起，而后者推断为深部铁矿的反映。其出现亦在鞍山群杨家店一片平静负磁场背景上的高峰值正异常群。矿体呈扁豆体赋存于杨家店组变质岩中，由于受混合岩化的破坏而形状极不规则。四方山铁矿在1∶25万布格重力等值图上处在通化重力高异常与其北侧光华重力低异常间，大安镇－马当镇近于东西分布梯级带中部向北突出的正向变异异常的边部。该异常是处于此东西向梯级带与四方山—板石沟北东向重力梯级带交会处。

16.正岔—复兴屯预测工作区

典型矿床在1∶25万布格重力异常图上，集安市西岔金矿床、正岔铅锌矿床所在区域全部为负重力异常区。金矿床处在江甸－财源相对重力高异常向北东和南东两个方向伸出的分岔部位，该处有一椭圆状布格重力低异常，走向北东，边部梯度陡(东部因有重力低异常相邻而变缓)，长5.4km、宽3.7km，最低值为$-30\times10^{-5}m/s^2$，其规模远小于北、西、南外侧环绕的重力高异常分布范围。重力低异常北侧边缘分布有复兴屯小型铜金矿，南侧边缘分布有西岔中型金矿床、水清沟小型金银矿和金厂沟中型金矿床，其东侧有一东西走向条带状重力低异常相邻，条带状重力低异常西北端部分布有正岔小型铅锌矿床，铅锌矿床附近布格重力最小值为$-33\times10^{-5}m/s^2$。矿床及其边部有长度较大的四条北东向线性梯度带穿过，长度在20km左右，北西线性梯度带及等值线错动带各有一条，长度较短；这些线性梯度带在矿床附近都出现程度不同的扭曲、错动。在剩余重力异常图上，上述金、铜金矿床位于椭圆状剩余重力低异常的北侧、南侧边缘，铅锌矿床则位于其东侧规模较小、梯度较缓的近等轴状剩余重力低异常北侧边缘，北、西、南外围环绕有大面积重力高异常区(带)。与1∶25万地质图对比，结合区域物性密度参数资料分析得知，重力高异常区(带)是密度较高的古元古界集安群荒岔沟岩组、大东岔岩组老变质岩地层所引起；西岔金矿床、金厂沟金矿床和正岔铅锌矿床所在处的两处剩余重力低异常均为已知晚印支期复兴村二长花岗岩、石英闪长岩岩体所引起，前者岩体规模大，重力低异常范围大、重力值也更低，后者岩体小，重力低异常范围也小、重力值稍低；布格重力异常等值线的线性梯度带及错动带多数与已知断裂构造位置吻合或部分吻合，部分吻合的推断为半隐伏断裂构造，个别无已知断裂构造相对应的则推断深部有隐伏的断裂构造存在。

预测工作区在1∶5万布格重力异常图上，区内全部为负重力场区。在花甸—清河有一条总体以北东走向为主重力梯度带，其中段沿北西方向有较大错动、转折，错动距离约6.7km，两个转折处集中分布有金矿床、金银矿、铜金矿及硼矿等中、小型矿床。花甸—清河重力梯度带以西，为相对重力高异常区，呈由西南向北东凸起状，最大值为$-12\times10^{-5}m/s^2$，出现在区内西北部吉林省与辽宁省交界处。花甸－清河重力梯度带以东，为相对重力低异常区，异常中心有两处，分别出现在南部花甸南侧和东北部清河东侧，异常最小值为$-51\times10^{-5}m/s^2$。

重力高异常区对应密度较高的古元古界集安群荒岔沟岩组、大东岔岩组老变质岩分布区。重力低异常区对应密度较低的古元古代花岗岩分布区；西岔金矿床、金厂沟金矿床、正岔铅锌矿床及复兴屯铜、金矿所在处的两处剩余重力低异常均为已知晚印支期复兴村二长花岗岩、石英闪长岩岩体所引起。金矿床、铅锌矿床、铜金矿床处重力梯度带的错动转折，基本上与已知的北东向区域性断裂构造及北西向一般性断裂构造位置、规模一致，反映出断裂构造的控岩、控矿作用。

17.荒沟山—南岔预测工作区

典型矿床在1∶25万布格重力异常图上，南岔金矿矿床处于七道沟—临江北东东向相对布格重力高异常带的南西段。在金矿床北东8km处出现布格重力异常最大值$-52\times10^{-5}m/s^2$，在此最大值处，布格重力高异常带最宽，往北东东方向逐渐变窄，异常强度也逐渐降低；往南西方向，布格重力高异常带在金矿床所在处异常宽度突然变窄，并且走向也由北东转为南北，这种变化从$-46\times10^{-5}m/s^2$、$-48\times10^{-5}m/s^2$及$-50\times10^{-5}m/s^2$等值线上看最为明显。重力高异常带南、北两侧梯度带走向为北东—北东东向。梯度带北侧比南侧陡。向东在临江附近交会在一起。重力高异常带的南部、北部为相对重力低异常带(区)。

在剩余重力异常图上，重力高、低异常带(区)特征更为明显。重力高异常带上有沿北东东向呈串珠状分布的7个局部重力高异常，这些重力高异常边缘梯度带上，或分布有沉积变质型铁矿、铜钴矿，或分布有岩浆热液改造型金矿。即南岔、大横路、错草沟、荒沟山、八里沟、老三队等金矿和荒沟山铅锌矿、天后沟铅锌矿、大横路铜钴、大栗子铁矿等。反应了这些与老岭群老地层有关的矿产和重力高异常的密切关系。南岔金矿床所在处重力高局部异常近似等轴状，直径约3.6km，剩余重力异常最大值为$5\times10^{-5}m/s^2$。

预测工作区在1∶5万布格重力异常图上，区内从西南部到东部，即南岔—临江—贾家营，有一带状布格重力高异常分布，异常强度从西向东逐渐降低。南岔—临江段北东东走向，南北两侧梯度带较陡，局部重力高异常特征明显，多为椭圆状，规模逐渐变小。在金矿床北东8km处出现布格重力异常最大值$-28\times10^{-5}m/s^2$；临江—贾家营段重力高异常东西走向，中间略低。此布格重力高异常带与老岭背斜基底隆起有关。重力高异常带的南部、北部为相对重力低异常带(区)。北部重力低局部异常区主要是侏罗系果松组、林子头组火山沉积盆地及梨树沟花岗岩体、草山花岗岩体、蚂蚁河花岗岩体的反应，两者分布范围大体一致。南部重力低异常区主要为印支期幸福山、头道沟花岗岩体及六道沟花岗岩体引起。重力高异常带南、北两侧梯度带为老岭群地层与青白口系沉积地层、印支期和燕山期侵入花岗岩体及侏罗系、白垩系火山沉积盆地的断层接触带的反应。

这些重力高异常边缘梯度带上，或分布有沉积变质型铁矿、铜钴矿，或分布有岩浆热液改造型金矿。即南岔、大横路、错草沟、荒沟山、八里沟、老三队等金矿和荒沟山铅锌矿、天后沟铅锌矿、大横路铜钴、大栗子铁矿等。反应了这些与老岭群老地层有关的矿产和重力高异常的密切关系。

18.冰湖沟预测工作区

冰湖沟预测区工作区在1∶5万布格重力异常图上，区内的西南部分布有规模较大的椭圆状局部重力低异常，走向北西，并延出区外，异常中心部分在区内，布格重力最低值为$-67\times10^{-5}m/s^2$，异常长23.6km，宽10.0km，边部梯度带较陡。局部重力低异常周围(主要在区外)有局部重力高异常环绕，仅在区内东侧环绕特征不甚明显，主要表现在有以东西走向为主的长条状局部重力低异常、局部重力高异常沿南北向相间分布，局部重力高异常较为明显，布格重力最大值为$-50\times10^{-5}m/s^2$。北部重力高异常呈长条状，边部梯度带南陡北缓，南部重力高异常呈北西西向椭圆状，边部梯度带较陡。在剩余重力异常图上，局部重力高、重力低异常的相对关系及形态特征更为醒目，突出反映出浅部地质体的密度差异及分布形态特征。

结合1∶5万地质图，西南部椭圆状局部重力低异常为蚂蚁河岩体即中侏罗世二长花岗岩引起。东部两处局部重力高异常地表分别出露有晚三叠世长白组火山岩和中侏罗世石英闪长岩。西北部局部重力高异常主要为花山岩组云母片岩夹大理岩和中太古代英云闪长质片麻岩分布区，前者密度高于后者。东北部相对重力低异常区出露有新生代新近纪军舰山组玄武岩及中更新统Ⅱ阶地堆积层。

19. 六道沟—八道沟预测工作区

在预测工作区 1∶5 万布格重力等值图上，预测区编图范围内以西全部为负重力场区，北东部以相对重力高分布区为背景，该背景上分布有数量较多，规模较小的重力高局部异常，最大值均在 $-52\times10^{-5}m/s^2$ 左右，东西向、北东东向、北西向及等轴状均有分布，其中以东西向为主，主要分布在靠近南部重力低异常区的北侧。重力高异常主要是元古宙大栗子岩组、早古生代灰岩及中生代沉积地层的反映，反映出基底隆起重力异常特征。

重力低分布区有两处，一处在南部，八道沟—宝泉山一线东西向梯度带以南，向南延至中朝国界。梯度带较宽且平直，在预测区东南角十二道沟东部出现重力最低值 $-79\times10^{-5}m/s^2$，其中心在预测区东南角外侧。另一处在六道沟北西部，整体呈北西向，向西延至中朝国界，异常中心分布有呈北东东向椭圆状重力低局部异常，最低值 $-75\times10^{-5}m/s^2$。两处重力低异常区与中生代晚期花岗岩分布区相对应。

20. 长白—十六道沟预测工作区

预测工作区重力场为大面积重力低，该重力低对应了长白山地区分布的长白组和军舰山组两期火山岩，反映了长白山火山岩洼地重力场特征。在区域布格重力异常图上，根据重力梯度带的分布情况看，区内存在 3 条断裂，即北西向、北东向、东西向断裂各 1 条，3 条断裂对区内多金属成矿都有重要意义。在剩余重力异常图上，有一条重力高异常沿江分布。在测区西部呈东西向，在东部呈北西向分布，推测该重力高异常与寒武纪、奥陶纪地层有关。

21. 山门预测工作区

在 1∶5 万布格重力异常图上，预测区刚好落在北东向展布大黑山条垒基底隆起的南段山门—孟家岭区域之上。布格重力异常总体以北东走向的布格重力高异常带（区）为特征，其上局部高异常则以南北、北东走向为主，最大值出现在南部，最大值为 $-2\times10^{-5}m/s^2$，最小值为 $-27\times10^{-5}m/s^2$，出现在东北角。以预测区东西边界外侧附近的北东向布格重力异常梯度带为界，两侧外部分布有与中新生代沉积地层有关的北东向展布重力低异常区。

在 14km×14km 窗口滑动平均剩余重力异常图上，浅部重力异常特征得到突出。局部重力高异常带（区）出露有奥陶纪黄顶子组灰岩，中石炭世磨盘山组灰岩，早寒武世片麻状角闪石闪长岩，晚志留世片麻状石英闪长岩，中二叠世石英闪长岩，早侏罗世花岗闪长岩、正长花岗岩，晚三叠世辉长岩。局部重力低异常带（区）出露有中新生代沉积地层和面积较小的中侏罗纪二长花岗岩。

山门银（金）矿位于石岭—叶赫梯级带北西侧太平屯重力高异常的南东侧。该重力异常呈椭圆状北东向展布，在省城内长约 20km，宽 7～10km，以 $-10\times10^{-5}m/s^2$ 等值线围圈面积约 $170km^2$。其形态规整并略向南东突出，重力强度由北向南逐渐增高，最高值为 $-2\times10^{-5}m/s^2$，异常幅值达 $8\times10^{-5}m/s^2$。

22. 兰家预测工作区

典型矿床在 1∶25 万布格异常图上，兰家金矿床位于呈北东向且近平行与四平—长春—榆树两条区域重力梯级带间挟持的大黑山断续分布的重力高异常带中段绿家湾重力高异常北东缘兰家村向北延伸“舌状”正向变异东侧。在 14km×14km 为窗口滑动平均剩余重力异常，矿床处于伊-舒重力梯级带西支大南—新安—桦皮厂重力梯级带北西侧相邻重力高异常带中部，新安镇长椭圆状重力高异常北西缘兰家村向北突出“舌状”正向变异异常南端东侧布格异常与剩余异常相比，后者是前者进一步分解细化结果，异常形态，分布更加具体、翔实，在一定程度上突出了地质浅源重力信息。

综合地质分析认为，布格与剩余异常所呈现出的北东向大南—新安—桦皮厂区域性重力梯级带系属伊-舒中新生代断陷带与其北西侧大里山条垒间深大断裂构造的反映。该断裂两侧沉积建造、岩浆活动、构造形态及矿产种类和分布截然不同，应是本区主要控岩控矿构造。绿家湾布格重力高异常反映了古生代变质岩基底隆起构造的分布，区内剩余重力异常与出露半出露或浅层的隐伏的古生界地层岩系分布有关，而重力低异常则多为印支晚期至燕山期中—酸性花岗岩类及中—新生代沉积盆地所以引起。由此可见，区域重力场特征反映了兰家金矿田呈北东向主体构造线，控制大黑山金多金属成矿带中段的一个矿化集中区，并且受次级近南北向与东西向断裂复合部位控制。同时还指出古生代基底隆起区是制约矿田产出的必要条件，基底隆起往往古生代地层出露和岩浆岩均很发育，为内生金属矿形成提供了有利条件。兰家金矿便处于绿家湾基底隆起北东边缘突起变异处。

预测工作区在1∶5万布格重力异常图上，区内西部和北部分布有布格重力正异常，中东部分布有布格重力负异常，西南部边界处重力正异常规模较大，强度在区内最高，最大值为$7\times10^{-5}m/s^2$，东部布格重力负异常北东向等值线密集带为伊通-舒兰断陷盆地的西界，该处在区内最低，最小值为$-16\times10^{-5}m/s^2$，场值相差$23\times10^{-5}m/s^2$。在剩余重力异常图上，测区西北边部分布有两处椭圆状局部重力高异常，沿北东方向分布；东南边部分布有北东走向条带状局部重力高异常带，其两处重力高异常中心出现在东南角和东北角；中部分布有北东走向的重力低异常带。局部重力高异常带（区）主要出露有石炭纪磨盘山组灰岩，三叠纪石英闪长岩，局部重力低异常带（区）主要出露有侏罗纪二长花岗岩、白垩纪花岗岩和白垩纪火山沉积地层。

兰家金矿床位于呈北东向且近平行于四平—长春—榆树两条区域重力梯级带间夹持的大黑山断续分布的重力高异常带中段绿家湾重力高异常北东缘兰家村向北延伸“舌状”正向变异东侧。在14km×14km为窗口滑动平均剩余重力异常，矿床处于伊-舒重力梯级带西支大南—新安—桦皮厂重力梯级带北西侧相邻重力高异带中部，新安镇长椭圆状重力高异常北西缘兰家村向北突出“舌状”正向变异异常南端东侧，该处为布格重力异常梯级带由北东向转为南北向的转折部位。剩余异常分布形态特征在一定程度上突出了地质浅源重力信息。

23. 万宝预测工作区

预测工作区内重力场由布格重力异常图上可知，全部处于东西向的重力低中，只有在万宝镇附近为一局部重力高。重力低主要反映了大面积花岗岩体的重力场特征，而重力高认为与新元古代万宝镇组变质岩有关。区内断裂从图上看存在两组，即东西向和南北向。东西向断裂与测区处南部深大断裂方向一致，南北向为局部小断裂。

24. 浑北预测工作区

预测工作区内马当—大安—板石—八道羊岔—爱林一线有一条总体北东走向并略向南东凸起的相对重力高异常带，该带在板石、八道羊岔两处呈“之”字形转折状。重力高异常带的两侧为重力低异常分布区。西北区域重力低异常呈似椭圆状，走向北东，一半在区外，最低值为$-46\times10^{-5}m/s^2$，以$-40\times10^{-5}m/s^2$异常值为背景，异常长25.6km，宽17.8km；爱林附近重力高局部异常的四周有重力低异常环绕，重力低异常延出区外。

与1∶5万地质图对比分析，重力高异常带主要出露有太古宙表壳岩（四道砬子河岩组与杨家店岩组）、古元古代珍珠门岩组、新元古代青白口系和震旦纪地层。重力低异常区主要与太古宙变质花岗岩、中生代火山沉积盆地分布区相吻合。

25. 古马岭—活龙预测工作区

在1∶5万布格重力异常图上，区域重力场总体上以北西向展布，沿北东向重力高重力低相间排列为特征。凉水—榆林一线以西，重力高重力低之间线性梯度带陡且平直，排列特征规律明显；以东区域重力高、重力低异常形态及规模发生变化，显示出似椭圆状局部重力低异常或分布近等轴状局部重力高异常，其中局部重力低异常规模较大。布格重力最高值出现在西南部，为$-17\times10^{-5}m/s^2$，最低值出现在东部榆林南侧，为$-48\times10^{-5}m/s^2$。

南部重力高异常带（区）形态与古元古代集安群荒岔沟岩组石墨变粒岩、含石墨透辉变粒岩、含石墨大理岩夹斜长角闪岩分布区相吻合。重力低异常带（区）形态与古元古代正长花岗岩及中—晚侏罗世果松组火山角砾岩分布区相吻合。

中部重力低异常带形态与早白垩世二长花岗岩分布区完全一致。

北部的北东、北西两处重力高异常带（区）分别与古元古代集安群大东岔岩组和寒武纪灰岩分布区大致吻合。

集安市古马岭金矿、集安市下活龙金矿分别处于南西和北东两处局部重力高异常的边部位置。

26.海沟预测工作区

典型矿床在1∶25万布格重力等值图上，矿床处于槽区和台区接触部位，表现为整体走向以北西向为主的S形重力梯级带，梯级带陡且宽，长度大，反映出区域性深大断裂特征。以此S形重力梯级带为界，南部古老基底为重力高异常分布区，最大值出现在东南部朝阳屯北部，为$-26\times10^{-5}m/s^2$。北部为重力低异常区为特征，其上分布多处形态各异的重力低局部异常，最低值$-65\times10^{-5}m/s^2$，为规模较大的侏罗纪花岗闪长岩分布中心。矿床处于北西—北东向重力梯级带的转折部位的顶端，反映出受两组断裂联合控制的特点。在剩余重力异常图上，处于西部重力高异常与北东侧重力高异常之间，北西部重力低局部异常向东南凸起的顶端。

预测工作区在1∶5万布格重力等值图上，槽区和台区接触部位表现为整体走向以北西向为主的S形重力梯级带，梯级带陡且宽，长度大，反映出区域性深大断裂特征。以此重力梯级带为界，南部古老基底为重力高异常分布区，最大值出现在东南部，为$-28\times10^{-5}m/s^2$。北部为重力低异常区为特征，其上分布多处形态各异的重力低局部异常，最低值$-65\times10^{-5}m/s^2$，为规模较大的侏罗世花岗闪长岩分布中心。

27.小西南岔—杨金沟预测工作区

典型矿床在1∶25万布格重力异常图上，小西南岔金铜矿床处于金泉岗—小西南岔—杨金沟南北向重力梯度带上，该梯度带西部为大面积的布格重力异常负场区，最低值为$-54\times10^{-5}m/s^2$，东侧为与之平行的南北走向重力高异常带，在其南北两端叠加有正重力高局部异常，最大值为$6\times10^{-5}m/s^2$，重力高异常带以东为重力异常负场区，最低值为$-22\times10^{-5}m/s^2$，负场区向东进入俄罗斯境内。

金泉岗—小西南岔—杨金沟南北向重力梯度带宽约5.0km，长约67km，向北延入黑龙江省，向南终止于中俄国界，梯度西缓东陡。重力梯度带沿南北向呈“波浪起伏状”，梯度陡缓也有变化。矿床处于梯度变陡处，梯度变化达每千米$3.75\times10^{-5}m/s^2$，其南部梯度带明显发生扭曲、错动。

在剩余重力异常图上，局部异常特征更为明显，金铜矿床处于重力高异常和重力低异常过渡带的零等值线上，同时也是梯度带弯转部位。重力高异常区与出露或隐伏的早古生代香房子岩组、杨金沟岩组、马滴达岩组等老变质岩有关。重力低异常区与印支期二长花岗岩、花岗闪长岩等酸性岩体及火山沉积盆地分布有关。

金泉岗—小西南岔—杨金沟南北向重力梯度带与区域性大断裂位置较为吻合。断裂东侧主要出露香房子岩组、杨金沟岩组、马滴达岩组等老变质岩，可引起重力高异常。断裂西侧分布有大范围的印支期酸性岩体，可引起重力低异常。这种重力异常特征与小西南岔金铜矿床分布在老变质岩与中酸性岩体（脉）的接触带附近，并赋存于岩体（脉）一侧是一致的。重力梯度带的扭曲、错动反映了断裂构造交叉、错断的存在，是寻找金铜矿的有利部位。

预测区工作区内重力曲线走向主要为南北向。在区域布格重力异常图上，梯度带南北走向，密集分布，小西南岔大型金铜矿床位于梯度带上，其西部为重力低，东西向重力高。南北向梯度带反映了小西南岔-四道沟断裂带，该断裂形成于古生代末，中生代再次活动，沿断裂带海西期中基性岩呈串珠状展布，燕山期闪长岩，花岗岩侵入，并控制了春化—四道沟中间凸起。是区内重要的控矿构造。在剩余重力异常图上，形态更清晰，南北向重力高反映了古生代基底隆起，两侧的重力低反映了海西期、燕山期闪长岩，花岗闪长岩等中酸性岩体。区内金矿床、矿点，主要分布在重力梯度带上。

28. 农坪—前山预测工作区

预测工作区在区内重力场中，梯度带走向为南北向、东西向、北东东向和北西向。反映了南北向、东西向等不同方向的断裂。以南北向断裂最长，南起闹枝沟，向北至小西南岔延出测区。沿断裂古生代地层呈南北向展布，并有闪长岩及次火山岩分布，是区内岩浆活动的重要通道。并且沿断裂矿化蚀变明显，地表有套合较好的化探异常，有大型金铜矿及金矿点，是区内重要的控矿构造。断裂东侧是寒武-奥陶系变质岩，南北向展布与重力高吻合。预测区南部是北东东向梯度带，推测为与图们江同方向断裂，其北侧重力低梯度带与中生代沉积盆地吻合。

29. 黄松甸子预测工作区

预测工作区区内重力场从区域上看，重力值升高，但仍处于重力低中，只在西部有一局部重力高，推测深部可能存在早古生代变质岩。区内重力低主要反映了沉积盆地或侵入岩的重力场特征。从重力场形态看，区内存在北东向，北西向，近南北向，近东西向几组断裂。南北向断裂位于区内西侧边部，是一条延伸较长的控岩控矿断裂，北西，北东，近东西向断裂则为局部小断裂。

30. 珲春河预测工作区

预测工作区区内重力场北部为重力低，东部、西部和南部为重力高。在预测区东部有一条近南北向的重力高异常带，主要反映了寒武-奥陶系五道沟群变质岩地层，是去内金铜等多金属矿产的主要矿源层。预测区西部重力高反映了二叠系解放村组沉积岩地层。预测区北部重力低与大面积分布的晚三叠世花岗闪长岩有关。从布格重力图上看，区内存在 3 条断裂。一是近南北向断裂，为小西南岔-四道沟断裂的南延，该断裂控制了春化-四道沟中间凸起，沿断裂矿化明显，是重要的控矿断裂。在预测区南部存在北东东向断裂，该断裂与图们江断裂平行。

第二节　磁　测

一、技术流程

根据预测工作区预测底图确定的范围，充分收集区域内的 1：20 万航磁资料，以及以往的相关资料，在此基础上开展预测工作区 1：5 万航磁相关图件编制，之后开展相关的数据解释，以满足预测工作对航磁资料的需求。

二、资料应用

应用收集了 19 份 1：10 万、1：5 万、1：2.5 万航空磁测成果报告，以及 1：50 万航磁图解释说明书等成果资料。根据国土资源航空物探遥感中心提供的吉林省 2km×2km 航磁网格数据和 1957 年至 1994 年间航空磁测 1∶100 万、1∶20 万、1∶10 万、1∶5 万、1∶2.5 万共计 20 个测区的航磁剖面数据，充分收集应用预测工作区的密度参数、磁参数、电参数等物性资料。预测工作区和典型矿床所在区域研究时，主要使用 1∶5 万资料，部分使用 1∶10 万、1∶20 万航磁资料。

三、数据处理

预测工作区，编图全部使用全国项目组下发的数据，按航磁技术规范，采用 RGIS 和 Surfer 软件网格化功能完成数据处理。采用最小曲率法，网格化间距一般为 1/2～1/4 测线距，网格间距分别为 150m×150m、250m×250m；然后应用 RGIS 软件位场数据转换处理，编制 1∶5 万航磁剖面平面图、航磁 ΔT 异常等值线平面图、航磁 ΔT 化极等值线平面图、航磁 ΔT 化极垂向一阶导数等值线平面图，航磁 ΔT 化极水平一阶导数(0°、45°、90°、135°方向)，航磁 ΔT 化极上延不同高度处理图件。

四、磁异常分析

1. 头道沟—吉昌预测工作区

本区大面积负磁场背景场上，异常成带出现。东部高值异常带，分布在余富屯、杨木桥、山河镇、黄榆乡、付村和一测区。东部边界构成的近似三角形的异常区，区内局部异常呈条带状，团块状或不规则形状，总体形成北东向排列。其中高值异常为吉 C-59-7，即和平 7 号，航磁最高值大于 400nT。异常附近出露的地层主要是石炭系下统鹿圈屯组的变质火山岩段，并且附近有花岗闪长岩，花岗斑岩，异常区内其他异常如吉 C-59-54，与玄武岩有关，吉 C-59-52，59-55，与侵入岩、火山岩有关。对应的地层主要是石炭系鹿圈屯组，余富屯组，磨盘山组及部分中生代地层，该地重力场呈重力高或重力梯度带上。石炭纪地层与多金属、贵金属成矿关系密切，如在头道沟川金矿，产在变质火山岩边部，航磁处于异常低缓处，山河镇金矿处于负航磁异常中。异常区内岩浆活动强烈，是寻找 Au 及多金属的有利地段。

在测区南部，吉昌镇、汶水屯、土顶镇、桦木沟、小河子村、范家街、新开村、东柳树河、五家子、烟筒山等范围内航磁为低缓正异常或负异常，中间有局部异常出现。该异常区对应大片的石炭系鹿圈屯组、余富屯组及磨盘山组地层。在其南部治国村、孟家村、河北屯至锅查顶子一带，是大面积出露的三叠系侵入岩。航磁为低缓正磁场、负磁场及局部强异常。

在测区北部，围旗山以北、贺家沟、佟家川、杜家村、官马村等一带，主要为第四系复盖区，航磁为大面积负磁场，局部有玄武岩、安山岩引起的异常带。

2. 石咀—官马预测工作区

预测工作区东南部，南小屯、永宁村、安乐乡、草明山屯一带，为局部强异常区，强度一般为 400～500nT。对应岩性为中侏罗世花岗闪长岩体。在预测区中部、余富屯、小新开岭、双合村至驿马镇一带，为一条北东向 6～8km 的宽缓异常带，中部连续性差，强度一般为 100～200nT。该异常带对应断续出露的中生代侵入岩体。在预测区内大面积负异常区，如北部、新立屯—明城镇、下鹿村——清村，赤卫机器厂—杨木顶子一带；在测区南部蛤蟆塘村，西北屯至自由屯一带，均为平稳负磁场。分别对应晚古生代、中生代沉积岩地层。

区内矿产如官马金矿、石咀子铜矿等均处于负磁场中或负异常梯度带上。

3. 地局子—倒木河预测工作区

本区磁场可分为两部分，一是二道沟组、活龙村、平安屯、中烟筒砬子、营椿村一线以东，航磁为一片平稳负磁场，并有局部异常，负磁场对应侏罗系花岗闪长岩、二长花岗岩，以及石炭系、二叠系、侏罗系。

其余在八道河子、新开河、吉庆屯、南沟村等地为正磁场，局部异常呈团块状，温度一般为200～400nT，并有一些狭窄，尖锐，强度大的异常，如吉C-72-158，强度大于1500nT，经查证，异常由蚀变安山岩引起。其他异常主要与侏罗系南楼山组火山岩及侏罗系、白垩系侵入岩有关。

4. 香炉碗子—山城镇预测工作区

预测区自下联合、干河子、榆木桥、桦皮村、集清村、进化镇至永兴村一带，分布了一条狭长的负异常带，在北端负异常带变宽。强度为－50～－100nT，局部有孤立正异常出现，主要由安山岩或玄武岩引起，负异常带对应了北东向分布的侏罗系大砂滩组、小东沟组，白垩系亨通山组，陆相碎屑岩及火山岩地层，区内北部主要为第四系及白垩系沉积物。

在预测区北西侧，即在候家村、胜利屯、大西岔、白石沟村以西，为一条宽缓波动的正异常带，强度为100～200nT。新太古代英云闪长岩、变质二长花岗岩等新太古代变质侵入岩与该磁场对应。区内香炉碗子金矿，处于北东向及东西向两组断裂构造的交会部位，而在烟筒桥村—龙头村的磁场低值带，推测与中生代酸性火山岩或断裂破碎带有关。

5. 五凤预测工作区

预测区位于延吉盆地北缘，大面积出露早侏罗世花岗闪长岩($J_1\gamma\delta$)及二长花岗岩($J_1\eta\gamma$)，主要分布于水库屯、石人村、合水村、莲花村等地，磁场为低缓正异常或负异常。预测区南部，西山村、八道村、五凤村、龙兴洞等地，分布晚侏罗世火山岩，其异常走向近南北，局部异常为北北东向，以串珠状或孤立异常出现，反映了火山岩的异常特征。区内五凤金矿处于火山岩中起伏变化的负磁场中。

6. 闹枝—棉田预测工作区

本区磁场以负背景场为主，局部异常为北西向、北东向及东西向分布。异常强度较高如吉C-60-123，最高1400nT。区内大面积出露中生代侵入岩。测区东部，南部，新柳村—棉田村一带，出露早白垩世石英闪长岩($K_1\zeta o$)，出露面积大于100km^2。石英闪长岩磁性较弱，岩体磁场以负为主，局部为低缓正异常。预测区东部东兴村永丰洞、长德、南城等地出露早侏罗世花岗闪长岩($J_1\gamma\delta$)，岩体磁场主要为负磁场及低缓正异常，与白垩系石英闪长岩差别很大。

预测区西北部中生代地层上，高值异常带对应早白垩世金沟岭组玄武岩、玄武安山岩、安山及火山碎屑岩等。负异常区对应晚白垩世龙升组砾岩、砂岩、粉岩、泥灰岩等无磁性沉积岩，以及早白垩世大砬子组砾岩、砂岩、粉砂岩、泥岩等沉积岩。本区异常分布上看，异常主要与火山岩有关。

吉C-78-13位于仲坪村东北2.3km处，走向北东。范围0.7km×0.5km。强度260nT。出现在负磁场中的尖陡狭窄孤立异常。处于泥盆系大理岩与花岗闪长岩接触带上，带上见矽卡岩化，经地面查证异常由矽卡岩型铁，铜矿引起，即已知的汪清县窟窿上矽卡岩型铜矿床。并做过地面详查工作认为规模小，远景很大。

吉C-60-123位于测区东部趟子沟村北1.5km。走向近东西。范围2.5km×1.1km，强度1400nT。异常处于二叠系柯岛组地层中，附近有大片黑云母花岗岩出露。经地面踏勘检查，认为异常由凝灰岩引起。但该异常呈单峰，形状规则，梯度大，北侧伴生200nT负值。异常规模较大，且成矿地质条件好，异常附近还有趟子沟斑岩型铜矿点，故认为该异常可能与矽卡岩型铁铜矿或斑岩型铜矿有关。

7. 刺猬沟—九三沟预测工作区

在预测区北部即新兴村、磨盘山村、满河村、庙沟村一线以北，为强磁异常区，局部异常呈团块状或条带状分布。在测区东部，异常呈北东向分布，在西部，异常多呈北西分布，反映北东向和北西向的构造线异常区对应中生代火山岩地层，岩性主要为安山岩类；磁性很强，异常最高强度达2400nT。预测区南部磁场相对较弱，磁场强度为0～100nT。主要是三叠系石英闪长岩、侏罗系花岗闪长岩的反映，以及中生代弱磁性地层的反映。局部出现一些孤立异常，可能和火山岩或基性岩有关。本区火山岩地区是寻找金、铜等多金属矿的有利地区。

吉C-94-129位于汪清县干河大顶子。波动正磁场中的负异常曲线规则，尖锐，北侧伴生正异常，轴向北东，范围1.2km×0.8km，强度－610nT。异常位于第四系玄武岩、橄榄玄武岩中，与已知火山口吻合。区内Au、Cu等化探异常较发育，附近有金矿点分布，异常区附近应注意寻找与火山机构有关的金、铜等多金属矿。

吉C-94-153位于预测区东部新发村。异常曲线规则，轴向北东，范围1km×0.7km。相对强度300nT。异常处在晚三叠世黑云母花岗岩与二叠系的侵入接触带上。异常附近有含铜黄铁矿点和铜矿点并有Au化探异常。

吉C-94-247位于测区中部满河村东。为一低缓异常，轴向北东，曲线规则，对称，范围1.8km×0.8km，相对强度200nT。异常附近见三叠系及花岗岩并见铜铅矿点及Au化探异常。

吉C-78-148位于测区中部金砂沟村北。异常曲线规则尖陡，轴向近东西，范围3km×1.5km，相对强度1000nT。异常处在侏罗系石英闪长岩与侏罗系刺猬沟组安山岩接触带火山岩一侧，见有花岗闪长岩、安山岩、次安山岩、闪长玢岩，硅化、黄铁矿化蚀变较发育，并有矿点3处。

吉C-94-127位于测区北部边部，林子沟村北3km。波动的正磁场中的孤立异常，曲线规则、尖锐，南侧伴生负异常，轴向北东，范围0.8km×0.4km，相对强度320nT。位于侏罗系安山岩、玄武安山岩中。推断异常由安山岩引起，但异常区附近有Au化探异常，应注意寻找火山岩型金矿。

吉C-78-143位于汪清县东光乡明星屯北3km。出现在低缓背场上的孤立异常，形态规则、梯度大。强度860nT。异常出现在三叠系托盘沟组火山岩中，推断异常由中基性火山岩引起，但在异常南部有一金矿点，应注意寻找火山岩型金矿。

8.杜荒岭预测工作区

预测区磁场东部呈平稳降低的负磁场，西部逐渐升高。根据1∶25万地质资料，区内除西部大面积分布的白垩系金沟岭组火山岩、火山碎屑岩，东部为三叠系大兴沟组火山碎屑岩，二叠系解放村组碎屑岩类磁场较弱。其余晚三叠世二长花岗岩、花岗闪长岩、区内中酸性花岗岩类磁性较弱，磁场强度为－20～100nT。预测区中部东西向分布的团块状异常组成的异常带即复兴村、杜荒岭一带，航磁报告中推断由火山机构引起是岩浆热液型多金属成矿的有利部位。

吉C-94-164异常位于杜荒岭西约5.5km处。处于波动的负磁场中的线性异常，曲线跳跃，尖锐，轴向东西，范围2km×0.7km，相对强度400nT。异常出现在侏罗系中上统以凝灰岩为主的中性喷出岩中。异常处在火山机构边缘，后期闪长岩，石英闪长岩比较发育，地表伴有Au、Ca、Pb、Zn等化探异常和高岭土化、绿泥石化、黄铁矿化现象，附近发现火山热液型、斑岩型金铜矿点。推断异常由矿化和火山机构密切相关的闪长岩引起。附近相似异常还有吉C-94-165、吉C-94-166。

吉C-60-76位于杜荒岭北东4km处。异常曲线呈双峰，尖锐轴向东西，范围2.5km×0.8km、相对强度700nT。异常出现在晚三叠系闪长岩中。地表高岭土化、黄铁矿化比较发育，并对应有金矿点和Au、As化探异常。异常由闪长岩引起在火山机构边缘，鉴于成矿地质条件较好，是寻找火山岩型金、铜等多金属矿的有利地区。

吉C-60-69位于复兴镇南西3.5km。异常走向东西，范围6.6km×2.5km，异常多呈多峰状，曲线跳跃、尖锐，相对强度600nT。异常出现在侏罗系金沟岭组辉石安山岩，斜长安山岩中，地表伴有Au、Cu、Pb、Zn化探异常，并见有多金属矿化现象。经吉林省第六地质调查所查证，异常由安山岩引起，但异常处在火山机构内。成矿地质条件好，是寻找火山岩型、金、铜等金属矿产的有利地段。

吉 C-94-161 位于复兴村南。异常走向东西，范围 2km×1.2km，曲线呈双峰，西侧有负值，相对强度 410nT。异常出现在侏罗系中上统以凝灰岩为主的中性喷出岩中。异常处在航磁确定的火山机构边缘，地表对应有 Au、Cu、Pb、Zn 化探异常和铜钼矿点，推断异常由次火山岩引起。

吉 C-94-178 异常位于杜荒子村北 11km 处。异常为波动的负磁场中的负异常，曲线规则，北陡南缓，北侧伴生正异常，梯度较大，轴向北东、范围 1km×2.7km，最低强度 −380nT。异常出现在晚三叠世大兴沟组凝角砾岩、角砾熔岩中，并与火山口位置基本吻合。推断异常由中基性火山熔岩引起，南西侧伴有强烈的硅化，并有 Au、Cu、Pb、Zn 化探异常。

吉 C-94-156 位于测区西部荒沟站，异常处在杂乱正磁场中，曲线呈双峰、尖锐；梯度大，轴向北西，范围 1.5km×2.8km。相对强度 800nT。异常出现在斜长花岗岩中，附近有石英闪长岩和玄武岩脉出露。异常处在航磁确定的火山机构边缘。附近见有铜矿点和 Au、Cu、Pb、Zn 等化探异常，推断异常可能由与火山机构密切相关的闪长岩引起。

9. 金谷山—后底洞预测工作区

预测区位于延吉盆地南侧紧靠盆地边缘，表现出正负变化的波动磁场特征。在测区西部长财村—智新镇一带，为一异常带，背景场为 100～200nT，并有 4 个局部异常最高异常值在 1000nT 左右。异常主要与火山岩有关。在测区东部有一近南北向高值异常，强度达 2200nT，与超基性岩有关。除异常外，测区呈现大面积负磁场，南部与侏罗系花岗岩有关，北部与三叠系、白垩系沉积岩有关。区内金矿处在强磁异常旁边的负磁场中。

吉 C-60-175 走向近南北，异常强度高，梯度陡，范围 4.8km×2km，极大值 2250nT。推断异常由中—基性岩引起，但在异常范围内有已知含铬铁矿的超基性岩，并有金矿点，故认为异常高值处与超基性岩有关，在异常周围是寻找金矿的有利地带。另外，还有吉 C-78-104 推断与沉积变质铁矿有关，吉 C-78-105、吉 C-78-106、吉 C-78-107 与安山岩有关。

10. 漂河川预测工作区

在 1∶5 万航磁化极图上，大面积负异常，构成区内背景场，对应岩性是侏罗系花岗闪长岩($J_2\gamma\delta$)侵入体和古生代变质岩地层(εhy)，和老地层比，花岗岩体上磁场更低。

测区东部寒葱沟村—新立屯一带，有一条东西向的异常带，最高强度在 200nT 以上，与中基性侵入岩有关。

测区中西部，西南岔—蛇岭沟一带，有一条北东向的异常带，异常连续性差，强度为 100～200nT。异常与玄武岩分布区吻合，推测异常由玄武岩引起。

测区东南部，八道河子以南，异常呈带状或团块状，梯度较陡，强度为 200～400nT，异常与玄武岩有关。

11. 安口镇预测工作区

测区东北部，何家屯、三人班至张家店、大砬子沟村一带，航磁以平稳负磁场为特征，强度为 −50～−1000nT，局部为低缓正异常，强度为 0～50nT。相对应岩性为泥质白云岩、灰岩、页岩、粉砂岩等。

预测区中部和南部，从老营沟、东兴、野猪沟至大顶子一带。出露新太古代雪花片麻岩(Ar_3xgH)、英云闪长质片麻岩。航磁为一条宽窄不等，强度为 100～200nT 的异常带，长约 42km。两侧负磁场为侏罗纪地层的反映。

12. 石棚沟—石道河子预测工作区

测区处于辉发和深大断裂带上，以四合堡、德隆堡、庆阳镇、六道岗、石门子村一线以北，航磁为大片平缓负异常，并有北东向的局部异常带，负异常带反映了中生代断陷盆地，及沿断裂分布的中生代火山岩。

庆阳堡、吊鹿沟村、石门子村一线以南，磁场明显增强，出现低缓异常带及局部异常。从地质图上看，测区南部是大面积出露的太古代变质岩，主要岩性为英云闪长质片麻岩(Ar_2ght)及零星分布的杨家点组地层(Ar_2y)。

区内石朋沟、石大院等金矿，分布在预测区西南部新太古代绿岩带上，磁场为低缓正异常或负异常带，局部有低缓小异常。

13. 夹皮沟—溜河预测工作区

区内异常走向为北西向或北北西向。测区中部苇厦子、菜抢子、老牛沟、夹皮沟一线是一条北西向的负异常带，异常带宽 6～9km，北西段窄向南东变宽，强度为－100～－200nT。负异常带中分布若干高值异常为老牛沟铁矿异常。该处地层为新太古代三道沟组，岩性为斜长角闪岩、绿泥角闪片岩、绢云绿泥片岩夹磁铁石英岩。

预测区南西侧，清水河村、老金厂—东北岔、郎家店一带，是一片呈北西向分布，局部异常方向不一的异常带。强度一般为 200～400nT，最高 800nT。岩性主要为杨家店组斜长角闪岩、黑云母片麻岩，以及新太古代侵入岩和脉岩等。局部异常多数与斜长角闪岩有关。

预测区北东侧的低缓正异常及负异常，由面积性出露的中侏罗世花岗闪长岩引起。

14. 金城洞—木兰屯预测工作区

预测区位于古洞河深大断裂以南，和龙晚太古宙绿岩带上。航磁异常呈带状北向不连续分布，强度一般为 200－300nT，局部异常方向为东西向或北西向，最高强度 700nT 以上。

北部的负异常区反映了沿断裂分布的晚古生代侵入岩，岩性主要为花岗闪长岩($P_3\gamma\delta$)，该岩性磁场较弱，据物性资料，花岗闪长岩磁化率。κ 为$(0～500)\times10^{-5}$SI。南部部分地区北玄武岩覆盖，使航磁异常变杂乱。

15. 四方山—板石预测工作区

区内航磁以负磁场或低缓正异常为背景，局部异常出现在区内西部、北部、东部，异常与太古宙变质岩系中铁矿有关。在四方山、板石沟异常带南东侧，为一片平缓的负值梯度带，主要反映了浑江上有凹褶断东中，中新元古界的白云质大理岩、砂岩、页岩、石英岩等及古生代碳酸型岩的磁性特征，太古宙变质岩与上中元古代地层呈断层接触。负场梯度带走向约北东 50°。场值由 0nT 降至－100nT。板石沟金矿产于北东向断裂带上，太古宙绿岩带边部，磁场为负值梯度带。

16. 正岔—复兴屯预测工作区

从预测区航磁化极图上可以看出，预测区磁场大体可分为两部分。西起青岭、高丽道沟、东沟村、东岔沟、獐子沟一线以南为高背景强磁场区。异常主要分布在新建村、柞树沟、宝甸村以南，东岔村、六道阳岔附近，异常大体呈东西向分布，强度为 300～500nT，最高在 800nT 以上。岩性为侏罗系火山岩。背景场由大面积分布的古元古代侵入岩磁场构成。北部异常区，以起伏不大的负异常为特征。其岩性由古中元古界集安群和老岭群中浅变质岩系组成，磁性除个别岩性外，均较弱。而局部异常则由中酸性侵入体或由隐伏岩体引起。在多金属矿区，磁异常都有较明显的反映，但复兴屯铜、金矿反映不明显。

吉 C-75-78 异常位于金珠村北 2km 处，异常规则，轴向近东西，范围 3.5km×0.7km。极大值 240nT，异常处于集安群大东岔组中，地表伴有 Cu、As、Au 化探异常，地表岩石磁性微弱，推断由隐伏的中酸性侵入体引起，是寻找 Au 及多金属矿的有利地段。

吉 C-90-29 位于金厂沟北东东 1km，曲线规则梯度小，强度 120nT。轴向北西长 2km，宽 1km。异常处于复兴屯闪长岩体与集安群清河组石墨大理岩的侵入接触带上。矽卡岩型矿化发育，有如西岔，杉松卧子铜、铅、锌矿化等。该异常位于闪长岩体，东南缘，异常东端为已知的西岔金矿和西岔铅银矿。矿体赋存于岩体东侧北东向断层接触带中或附近。矿体围岩主要是厚层大理岩段黑云变粒岩层或石墨大理岩，属中低温热液充填交代矿床。异常西端为金厂沟金矿床。处于闪长岩体，南西端接触带附近。矿体受南北向断裂构造控制。异常区有 Au、Ag、Cu、Pb、Zn 等化探异常，其中金是直接指示元素。金厂沟异常与金、银、铅矿区吻合较好。

吉 C-90-32 位于驮道一队南西 0.5km 处，轴向近东西，范围 2km×1km，ΔT 曲线宽缓圆滑、梯度变化小，仅在一条线上呈现双峰值，强度 60nT。异常处于集安群新开河组中，地表伴生 Au、Ag、Cu、Pb 化探组合异常，地表岩石磁性微弱，推断由与金、多金属矿产有关的中酸性侵入体引起。

吉 C-90-31 位于吉 C-90-29 东 4.5km 处。异常曲线光滑形态规则，轴向北东，长 2km，宽 0.8km，极大值 360nT。异常处于燕山期石英闪长岩，花岗斑岩与集安群新开河组荒岔沟岩体侵入接触带上，并与 As、Au、Ag、Cu、Pb 化探异常吻合，且区内有一条多金属矿点，推断异常为蚀变和多金属矿点的综合反映。

吉 C-90-33 位于驮道村，长 1.4km，宽 0.7km，弱磁场中的相对升高异常，仅反映在一条测线上，梯度缓，曲线圆滑，极大值 50nT。平面形态呈椭圆状，轴向近南北。异常处于清河组地层荒岔沟岩组中，周围见闪长岩和斑状花岗岩出露。地表伴有 Au、Ag、Cu 化探异常。南西侧有已知复兴屯热液型金、铜小型矿床和铅锌矿脉。异常区成矿条件有利。推断异常由与金、多金属矿有关的中酸性侵入岩引起，是寻找金、多金属矿的重要靶区。

吉 C-90-8 位于泉眼村北东 2km 处，异常处于负磁场中。ΔT 曲线圆滑呈双峰或多峰值，极大值 60nT，平面形态近圆形，直径约 2km。异常处于弱磁性的集安群清河组中，局部被第四系掩盖。地表伴生 Au、Ag、Cu、Mo 等化探异常。推断异常由与金、多金属矿化较密切的中酸性侵入体引起。据资料反映，前人做过地表查证工作。

吉 C-90-7 位于梨树村南东 2km 处，曲线波动形态不规则，轴向近东西长 4km，宽 1km，极大值 220nT。异常处于集安群中，地表有 Cu、Pb、Zn、Au 化探异常，推断为隐伏的侵入体引起，可作为寻找 Au、多金属矿的线索。

吉 C-90-159 位于腰莞村南西 2km 处，负磁场中升高的异常在一条测线上出现，极大值 20nT。异常处在集安群新开河组弱磁性地层中，周围有石英闪长岩体出露，并与 As、Au 化探异常对应，推断异常与隐伏侵入体有关，是寻找 Au 及多金属矿的有利地段。

17. 荒沟山—南岔预测工作区

预测区西部，大青沟，三道湖，护林村，石人镇一线以西，为大面积平稳负值区，异常值为－100～－200nT。负磁场主要反映了中新元古界白云质大理岩，砂岩，页岩，石英岩，及古生界的碳酸盐，砂，页岩无磁性等地层的磁场特征。在其东部银子沟，大黑松沟，前进沟，陆桩子村一带，一是宽 8～12km 的正异常带，异常值一般为 200～300nT。局部异常在 700nT 以上。与异常带对应的是太古代变质岩及侏罗系的侵入岩体。即梨树沟岩体，老秃顶岩体，在航磁图上很醒目，尤其是老秃顶子岩体，因有脉岩侵入，异常更高。而在其东部的草力岩体，则处于负磁场中。异常带东侧负异常梯度带反映了老岭群珍珠门组大理岩磁场与地质上确定的荒山 S 形构造带相对应。是区内一条重要的成矿构造带。

18. 冰湖沟预测工作区

区内为一片大面积波动负磁场，仅在义和村—砂金沟一带，高丽沟子—三硼湖村，杨不顶子附近出现正异常。

在预测区南部为蚂蚁河花岗岩体，在花岗岩磁性偏弱，磁场为－100～－50nT。而在中部近东西向分布的晚三叠世火山碎屑岩磁场略高于花岗岩磁场，强度为0～－50nT。二者差异较小。在义和村一带为早侏罗世义和组碎屑岩出露区，磁场低缓，其中部正异常可能与后期岩体有关。在测区北部冰湖沟村一横道河子一带，负场区反映了元古宙及太古代变质岩。

吉C-87-204：位于区内砂金沟南，异常走向近东西，长1km。宽0.5km，异常值为20nT左右。异常处在花岗岩与老岭群珍珠们组接触位置。异常区内有已知铜矿点和热液型磁铁矿点。

吉C-87-48：位于测区报马川附近，异常呈北东走向，长1.5km，宽0.5km，异常强度30～50nT。异常对应老岭群花山组中附近水系沉积物有Au异常，并有Au矿点。

吉C-87-48：位于坡口北2.5km，异常走向北东长2.5km，宽0.4～0.7km，两翼梯度缓，测区50～80nT。异常对应老岭群花山组地层，附近有水系沉积物Au异常，并有Au矿点。

19. 六道沟—八道沟预测工作区

预测区北部六道沟、东崴子、虎洞沟一线以北为侏罗系林子头组、果松组及新生代玄武岩，对应磁场强度较高，异常近东西向分布，在马鹿沟、头道北岔一带，异常较规则，强度为200～300nT，推断异常与白垩系闪长岩有关，在其东部八里坡附近，异常强度升高，梯度变陡，由新生代玄武岩引起。而在西部碾子房、桦皮村、望江楼一带，磁场低缓，强度一般为50～80nT，与白垩系二长花岗岩体（六道江岩体）有关。

在预测区南部沿江一带、龙岗村、下乱泥塘、北兴村，大平地一带，出露元古宇大票子组及青白口系，对应一条东西向的负异常带，其南部是古生代寒武—奥陶系，局部被玄武岩覆盖，出现高值异常。

吉C-87-233异常呈东西走向，长2km，宽0.8km。异常值150～200nT。异常位于玄武岩与花岗岩交界线位置。花岗岩中有热液型铅矿，并有金化探异常。

吉C-87-232异常呈东西走向，长2km，宽1km。异常最高值280nT。位于太古宙地层和花岗岩接触位置。北部有玄武岩，异常区南江边附近有砂金矿，有Pb化探异常。

20. 长白—十六道沟预测工作区

预测区处于漫江—长白杂乱强异常区的南部边缘，磁场强度有所降低。一般为200～300nT，最高为400～600nT。异常走向为南北向及北西、北东向，且正负相间。十三道沟—十四道沟，沿江分布有花岗闪长岩、花岗岩及闪长岩体，与低缓异常对应。十四道沟—十八道沟则分布有新元古代青白口系与震旦系及古生代寒武—奥陶系，因而显示为负磁场。测区北部为大面积玄武岩覆盖区，越向北磁场越强。

吉C-87-236，孤立异常只在一条测线上有反映，最高异常值150nT，北侧伴生40nT负值。异常处于侏罗系火山岩及老岭群大栗子组中，异常北缘有辰砂、银、铅化探异常。附近有热液型金矿点，是寻找金、银及多金属的有利线索。

21. 山门预测工作区

从1∶5化极图上可见，预测区北部和南部磁场高于中部磁场。在预测区北部，在拉腰子村—三间房的高值异常带，异常值高，杂乱，反映了火山岩的磁场特征。在苏家村、仙山村、中桦树沟一带，磁场中等强度，一般为200～300nT，波动不大，主要反映了泥盆纪—早石炭世角闪黑云母花岗闪长岩，中侏罗世细粒角闪石黑云母闪长岩，中侏罗世二长花岗岩，中三叠世黑云母正长花岗岩。不同期次侵入岩磁场，南部高值异常在王家瓦房，二道岭子一带北东向高值异常带，一般强度为300～500nT。主要岩性为中侏罗世角闪石黑云母闪长岩。

预测区中部，从龙王屯、胡家店、平方屯到蒙顶子一带，磁场较低缓，一般强度为0～150nT。波动起伏不大。岩性主要是中细粒二长花岗岩，中粒黑云母二长花岗岩，角闪石黑云母花岗闪长岩，以及石炭系磨盘山组。

吉C-89-9位于正负磁场交界处的低缓正异常带，呈圆滑单峰或双峰状，走向北东，长3km，宽0.5～0.7km，强度200～300nT。异常位于条垒东缘与叶赫盆地交界处，北部出露燕山期二长花岗岩，花岗斑岩脉发育，南部为印支期石英闪长岩，局部有中奥陶统黄莺屯组大理岩捕虏体。北西侧低值带中有Hg、Au矿点。并有水系沉积物Hg、Sb异常。推断异常由二长花岗岩和石英闪长岩引起，北西侧低磁场带为贵金属成矿有利地带。

吉C-89-9-2位于古洞村附近，为平稳异常带，走向北北东，长2.5km，宽0.4km，强度100～200nT。

南部处于燕山期二长花岗岩中，北部延入印支期石英闪长岩中，中部沿接触带有中奥陶系黄莺屯组大理岩，变质粉砂岩出露，呈北东向，糜棱岩化带，并有断裂穿过。有水系沉积物Ca、Zn、Ag、Sb异常。推断异常为二长花岗岩和石英闪长岩引起。中部糜棱岩化带及两侧的低磁带为成矿有利地段。

吉C-89-11位于古洞村附近，强磁场顶部的平稳异常带，走向北北东，长3km，宽0.5～0.7km，形态不一，呈尖峰状或双峰状，强度为400～600nT。异常西侧为石英闪长岩，与东侧糜棱岩带大致平行排列，北侧有Au、Ag、Cu、Zn水系沉积物异常。东侧的糜棱岩化带及磁场地值带中有Au矿点和矿化点，推断异常由石英闪长岩引起，糜棱岩化带及磁场低值带，为贵金属成矿有利地段。

吉C-89-15位于卧龙屯，正负磁场交界处的低缓异常带，走向北东，长约3km，宽0.5～0.7km，形态平缓圆滑，强度100～150nT。异常处于燕山期二长花岗岩边部，北西侧低磁区出露有北东向条带状的黄莺屯组大理岩、变质砂岩，呈糜棱岩化带，西为石英闪长岩，糜棱岩化带中有大型银、金矿床。并有水系沉积物Au、Ag、Pb、As异常。

吉C-89-15位于卧龙屯北。处于正负磁场交界处，升高的弱异常，走向北东，长2km，宽0.2km，西侧伴有负值，强度40～100nT。异常沿糜棱岩化带东缘断裂展布。处于燕山期二长花岗岩中，脉岩发育，并有黄莺组大理岩呈条带状分布，有水系沉积物Au、Cu、As、Sb异常。

吉C-89-22位于东山附近，处于正负磁场交界处的低缓正异常带，走向北东，长3km，宽0.4～0.6km，强度为200nT。异常处于燕山期二长花岗岩中，西侧低磁场中出露黄莺屯组大理岩，变质粉砂岩等，有金矿点和水系沉积物Au、Sb、Hg、As异常。

吉C-89-51位于小泉眼沟村东2km。近东西向的低缓小异常，长1.5km，宽0.5km。强度为250nT。异常被第三系覆盖，东侧为燕山期花岗岩，并有Au、Ag、Pb、Zn矿点，处于化探Au、Ag、Cu、Pb、Zn套合异常区南缘。据地检资料，$\Delta\varepsilon_{max}$=1800nT，低阻300～400Ω·m，有联剖正交点有化探Pb、Zn异常。

吉C-89-54位于前乌拉脚沟北2.5km，宽0.7～1.5km，中心强度为460nT。沿燕山期二长花岗岩与石炭系磨盘山组大理岩接触带展布西部延入石炭系中，围岩普遍矽卡岩化，有银锌、金银铅锌矿点2个，并处于Au、Ag、Cu、Pb、Zn组合异常内。

吉C-89-54位于前张家沟附近，为一平缓异常，走向北东、东转向南北，呈弧形，长1.5km，宽0.5～0.7km。异常强度300～400nT。南部为石炭系磨盘山组，北部为燕山期二长花岗岩，东侧有金矿点并有水系沉积物Ca、Pb、Zn、Au、Ag套合异常。

22. 兰家预测工作区

预测区位于大黑山条垒地区，东侧是伊-舒深大断裂带。在1∶5万航磁图上，区内磁场大体可分为两部分。预测区两侧为一条北东向的强磁异常带，在北部李家屯—新立屯一带，局部异常呈条带状或等轴状分布，强度为200～300nT。对应白垩系泉头组地层，岩性为砂岩、泥岩等，为弱磁性，推测白垩系下有隐伏岩体。在南部杨棚铺、大顶子、后双泉一带，呈三角形异常带，局部异常为北东向条带状，强度一般为300～500nT，最高达1300～1500nT。对应岩性为燕山期花岗岩、海西期花岗岩、海西期石英闪长岩及二叠系蚀变安山岩等。

预测区东侧为一相对弱磁场，负磁场中分布一些北东或东西向的正异常，强度为100～300nT，弱磁场对应二叠系的砂岩、页岩、灰岩等弱磁性岩石，正异常主要与燕山期花岗岩有关。兰家金矿分布在磁异常边部，梯度带附近。

吉C-89-149强磁区东缘叠加次级异常带，走向北东，长2km，宽0.4km，强度为600nT。异常区被第四系覆盖，北端有燕山期石英闪长岩和二叠系范家屯组灰岩，东风硫铁-金矿在其东侧，北部有Cu、Pb、Hg、Bi、Sb化探异常。异常与石英闪长岩和接触带有关，是找Au及多金属有利地带。

吉C-89-150强磁区东侧的叠加异常，走向北东，长1.5km，宽0.5km，强度为500～700nT。异常处于燕山期石英闪长岩中。南侧有二叠系灰岩捕虏体，东风硫铁-金矿在异常南侧，有Cu、Pb、Zn、Ag、Hg、Bi、Sb化探异常，推断异常由石英闪长岩引起，并与磁铁矿有关，为寻找多金属和Au、Ag等贵金属有利地带。

吉C-89-153强磁区北端小异常，近南北向，长1km，宽0.3～0.4km，强度为200～300nT，异常处于燕山期石英闪长岩与二叠系范家屯组接触带上，北部延至营城组中，有化探Au、Cu异常。

吉C-89-155异常走向北西，长2.5km，宽1km，中心强度为450nT。异常西北部处于二叠系范家屯组，东南部延入燕山期花岗岩，北侧有近东西向断裂。地层中见矽卡岩化，并有化探Bi、Zn、Ag、Hg异常，西北部与金矿化带相吻合。

23.万宝预测工作区

预测区位于夹皮沟-和龙地块北部陆缘活动带，海西晚期侵入岩大面积分布。岩性为闪长岩、花岗闪长岩、二长花岗岩等中酸性侵入岩。磁场正负波动变化，只在江源村—新舍村一带及腰岔村以北等地出现局部正异常。零星分布的孤立小异常多由基性岩或闪长玢岩引起。

在太平村—新合村一带，是北东向分布的新元古代万宝岩组变质岩，岩性为变质砂岩、粉砂岩夹大理岩，对应航磁为平稳负磁场，在与闪长岩的接触带上有局部异常出现。

24.浑北预测工作区

预测区处于四方山—板石沟一线的龙岗褶断带上，南部是浑江断褶带，北东向构造发育，局部有脉岩分布。区内出露地层主要是中元古代老岭岩群、新元古代青白口系、震旦系及部分早古生代地层。

区内磁场，在预测区南部，孤砬子村、高丽沟子、新民屯、吊水壶村一带，为一片平稳负磁场区，主要反映了中元古界白云质大理岩、砂岩、页岩、石英岩及新元古界石英砂岩、页岩、灰岩等岩性的磁性特征，场值为－50～－100nT。

北部是四方山、板石沟、爱林铁矿异常带，异常呈北东向不连续分布在太古界龙岗群变质岩中，异常强度较高，一般为500～1000nT。

25.古马岭—活龙预测工作区

区内磁场以宽缓波动的正磁场为主要特征，局部为条带状负磁场。场强一般为100～250nT。异常北东向展布。

由1∶25万地质图可知，在区内，以集安群大东岔组变质岩、白垩系花岗岩为主，其次为零星出露的震旦—奥陶系碎屑岩，侏罗系火山岩，碎屑岩及元古界变质岩等。白垩系花岗岩呈北西向条带状分布在测区北部，磁性中等，平均磁化率为335×10^{-5}SI。大面积分布的大东岔组磁化率变化在$0\sim35\times10^{-5}$

SI之间，磁性较弱。从而说明区内背景场除花岗岩引起外，与变质岩地区及更古老的结晶基底有关。在榆树林子岩体北侧，即复兴村一带呈北西向展布的负磁场区与古生代盆地范围吻合，主要与弱—无磁性的震旦—奥陶系碎屑岩、碎屑灰岩有关。位于榆树林子岩体两侧，沿鸭绿江北西侧分布的弱磁异常与出露的双岔岩体一致，故认为异常由岩体引起。

吉C-90-69异常位于测区南部通天村南1.5km处，异常正负伴生，曲线波动，形态不规则，范围1.5km×1.5km^2，极大值540nT。异常处于侏罗系过松组中，对应有Ag、Au、Pb、Zn、Cu化探异常，推断由隐伏的花岗岩引起，有利于寻找Au及多金属矿。

吉C-90-62异常位于石青沟附近，曲线形态规则，轴向北西，范围1.5km×1km。极大值50nT异常处在晚侏罗世侵入的花岗岩体震旦—寒武系接触带上，附近有一多金属矿点，并对应有Zn、Ag化探异常。推断异常由多金属矿化带引起。是寻找多金属矿的有利地区。附近还有吉C-90-63地质条件与吉C-90-62同。

26.海沟预测工作区

预测区位于富尔河深大断裂带上，区内异常走向多为北西向，磁场东强西弱。东部强磁异常分布密集，强度较高，一般为300～500nT。最高1000～1300nT。岩性是早三叠—晚二叠世花岗闪长岩、中侏罗世花岗岩等侵入岩体。异常带与北西向的糜棱岩一致或平行，反映了区内异常与断裂构造具有密切关系。

测区西部异常以负磁场为背景，并分布有北西向条带状异常或孤立小异常，岩性为早三叠—晚二叠世花岗闪长岩。

测区西南部平稳负磁场则对应了侏罗系，白垩系局部有玄武岩分布。

据重力资料，测区北部为重力低，反映了中酸性侵入体的分布，南部为重力高，反映了中生代覆盖层下为隐伏的老地层。

27.小西南岔—杨金沟预测工作区

从杨金沟—大北沟是区内大体呈北东向的高磁异常带分布区。高值异常主要与闪长花岗岩有关。据物性资料，闪长岩磁性较强，κ值平均为2300×10^{-5}SI，Jr平均值为1000×10^{-3}A/m。在闪长岩体上，磁场一般为400～600nT，最大在1200nT以上，如吉C-94-227为700nT，吉C-94-228为900nT，吉C-60-144为1300nT。物性参数与航磁反映结果基本一致，区内闪长岩与多金属成矿关系密切。如小西南岔斑岩型金铜矿床与闪长岩有关，是区内重要的成矿母岩。闪长岩体的集中分布，对在区内寻找多金属矿床十分有利。

在高值航磁异常范围内有一条南北向分布的低缓异常带，对应寒武—奥陶系变质岩组成的春化—四道沟中间凸起。位于小西南岔至区外的马滴达一带，由一套海底火山-碎屑岩建造组成。在该地层中发现大量的金铜矿化及化探组合异常，是区内金铜矿等多金属矿产的主要矿源层。

在预测区东部分布大片负磁场区，局部为低缓正异常。分别对应二叠系解放村组碎屑及二叠系花岗闪长岩。二叠系与中酸性岩体接触带往往形成蚀变带，并发现矽卡岩型铁铜矿化，是寻找矽卡岩型矿产的有利地带。

吉C-94-226位于测区西部938高点，异常位于波动的正磁场中，曲线呈双峰，梯度大，轴向东西，范围0.9km×1.9km，相对强度600nT。异常处在后期脉岩比较发育的斜长花岗岩、闪长岩中，地表矿化明显，伴有Au、Cu、Pb、Zn化探异常，并见有铁，铜，铅矿点。据ΔT异常特征，推断由闪长玢岩引起，鉴于异常处在火山机构边缘，且硫化明显，认为是寻找斑岩型或热液型金铜等多金属矿的有利地区。

吉C-94-227位于测区797高点，异常处在磁场变异带中，曲线较规则，尖锐，梯度大，轴向北东，范围1.9km×3km，相对强度700nT。异常处在寒武-奥陶系变质岩与二叠系闪长岩接触带上，地表矿化明显，并伴有 Au、Cu、Pb、Zn 化探异常。异常附近有金矿点，异常北部 1.5km 处是小西南岔金铜矿，推断异常由闪长岩引起，但区内成矿地质条件有利，应注意寻找斑岩型或接触交代型多金属矿。

吉 C-94-240 位于测区东部 409 高点，春化镇北 5km 处，为磁场变异带上的孤立异常，曲线规则，低缓，范围 0.7km×0.7km，相对强度 140nT，异常位于二叠系花岗闪长岩内，附近有铜铅矿点和 Au 化探异常，推断异常由闪长岩引起，区内成矿条件较好。

吉 C-94-241 位于大六道沟西 4km 处，处在负磁场中的低缓正异常，东走向曲线规则，对称，范围 0.8km×0.6km，相对强度 45nT。经地面检查，认为异常由闪长岩引起，但两侧伴生的次级异常与接触蚀变带相对应，并发现 Ag、Cu、Pb、Zn 化探异常，应注意多金属矿产。

吉 C-94-242 位于测区南部 221 高点杨金沟北西西 4km，处于平静负磁场中的弱异常，曲线规则，范围 0.6km×0.8km，相对强度 30nT，异常处于晚期脉岩发育的寒武-奥陶系变质岩中，其位置与杨金沟金属矿吻合，推断异常由与杨金沟金矿密切关系的中酸性侵入体引起。

吉 C-94-243 位于测区西部，西南岔知情点北 2.2km，负磁场中的低缓异常，曲线波动不规则，梯度小。轴向北西，范围 1.6km×2.8km，相对强度 150nT。异常处在二叠系与晚三叠世花岗闪长岩接触带上，地表伴有 Au、Cu、Pb、Zn 化探异常和金铜矿点，异常区内成矿地质条件较好，推断异常由矿化蚀变带引起。

吉 C-94-244 位于吉 C-94-277 北 2km 处，大异常旁侧小异常，曲线规则，低缓，轴向北东，范围 0.5km×0.7km，相对强度 150nT。异常处在小西南岔金铜矿区内，断裂构造和脉岩发育的寒武—奥陶系变质岩与二叠系内闪长岩接触带上，地表伴有 Au、Cu、Pb、Zn 化探异常，并见有金矿脉。推断为矿化蚀变岩引起，是寻找金铜矿的有利地区。

吉 C-94-245 位于吉 C-94-244 东 1km 处，大异常之间的弱小异常，曲线规则，低缓，轴向北东，范围 0.5km×1km，处在后期脉岩发育的寒武—奥陶系变质岩内，地表伴有 Au、Cu、Pb、Zn 化探异常和金铜矿化。推断异常由矿化蚀变岩引起，是寻找金铜矿的有利地区。

吉 C-94-220 位于测区南部 784 高点，杨金沟西 7.2km。平稳磁场中的近等轴状异常曲线规则梯度较大，走向北东，范围 1.4km×1.8km，相对强度 520nT。异常位于闪长岩与寒武-奥陶系变质岩接触带上，接触带后期脉岩发育。并见有矽卡岩带和 Au 矿脉，地表伴有 Au、Ag、Cu、As 化探异常，推断由蚀变岩或中酸性侵入体引起，但异常区上成矿地质条件有利。

吉 C-60-145 位于测区中部 562 高点，小西南岔北 3.5km。异常走向北北东向，曲线较规则，梯度陡，范围 2km×3km，相对强度 800nT。异常处在花岗闪长岩，闪长岩内。地表伴有 Au,Cu 化探异常，周围有二叠系和寒武—奥陶系变质岩地层出露，并见有 Au、Cu、Pb 矿化。经查证，异常有闪长岩引起，但区内成矿地质条件较好，是寻找斑岩型金铜矿的有利地区。

区内异常带较多，除上述异常外，尚有一些异常较好，如吉 C-94-231、吉 C-94-232、吉 C-94-233。吉 C-60-143 等。处在多金属成矿有利地带，不能忽视。

28. 农坪—前山预测工作区

从区内磁场形态看，除北部马营附近有一处强异常带外，其余均为负异常或低缓异常。强磁异常与晚二叠世闪长岩有关。区内大面积出露晚三叠世中酸性花岗岩，主要对应低缓正异常及负异常。古生代二叠纪海陆交互相碎屑岩无磁性，航磁表现为负异常，分布在一松亭村至八道沟一带，而在与花岗岩接触部位往往形成局部异常。

吉 C-60-146 位于测区北部马营附近，异常走向北东，曲线规则，梯度陡，带状，范围 2.7km×4km，相对强度 900nT。异常处于晚三叠世闪长岩带中，其南西侧为古生代(T—O)地层。地表对应有 Au、Cu、Ag 化探异常。经六所地面查证，异常由闪长岩引起，但地质成矿条件较好，是寻找 Au、Cu、Ag 等多金属矿物有利地区。

吉 C-94-263 位于雪带山村北东 5.5km 处，在正异常的梯度带上，曲线宽缓，近等轴状。范围 2km×2km，相对强度 120nT。异常位于晚三叠世二长花岗岩与古生代寒武—奥陶系侵入接触带上，地表对应有 Au、Cu、Ag 化探异常，推断异常由矿化蚀变岩引起。

吉 C-94-219 位于 60-146 北东 3.8km，异常孤立，曲线较规则。北陡南缓，范围 0.4km×4km，相对强度 210nT。异常处在晚三叠世闪长岩与古生代寒武—奥陶系地层的侵入接触带上，附近有热液铜矿点，推断由矿化蚀变岩引起。

吉 C-94-221 位于测区北部河东村西 5.4km，异常位于测区边缘，区内不完整，曲线不规则，宽缓，轴向北西，范围 0.9km×1.7km，相对强度 100nT。异常处于南北向断裂东侧，寒武—奥陶系变质岩中，西侧是晚三叠世花岗闪长岩，东侧有闪长岩出露，地表伴有 Au、Ag、Ca、As 化探异常及金铜矿点。

29.黄松甸子预测工作区

预测区东南部太平沟村—太阳川一带为航磁高值异常带，主要反映了晚三叠世花岗闪长岩及闪长岩、闪长玢岩等中酸性侵入岩的磁场。

在中土门子村、营城子古城一桦树咀子村、兰家趟子村、黄芪地等大片地区，航磁为波动的负磁场，主要反映了二叠系解放村组砂岩、粉砂岩及新近系土门子组砾岩、砂岩、泥岩等沉积岩磁场。土门子组砂砾岩含金，是区内砾岩型金矿的赋矿层位。

30.珲春河预测工作区

预测区磁场，以负磁场为背景，局部为低缓，正异常。在庙岭、柳树河子、四道沟一线以北为大面积出露的晚三叠世花岗闪长岩，磁场以波动变化的异常场为主，局部为负磁场。

在东部曙光一河东村一带是北东向分布的二叠系侵入岩，主要是闪长岩及辉长岩，航磁反映为一条异常带，局部异常与辉长岩有关。

在沙金沟—马滴达村一带，磁场以负为主，对应新生代珲春组沉积岩，岩性为砾岩、砂岩、粉砂岩等，局部异常可能与晚三叠系花岗岩有关，珲春组是区内砂金矿的赋矿层位。

五、磁法推断地质构造特征

1.头道沟—吉昌预测工作区

推断断裂 F9 位于测区南部，北西向，沿大帽山、汶水屯、土顶镇、桦木沟一线，长 27.2km。断裂南西侧，主要是三叠系不同期次的侵入岩体，而在北东侧为石炭系，两者为侵入接触；F2 位于测区北部，沿太平镇、东升村、永盛兴小河沿村一线，北东向分布，长 25.6km。断裂处于第四系覆盖及石炭系中，沿断裂有火山岩及侵入岩出露，在南西段有金矿床分布；F11 位于测区南部，沿腰沟屯、长崴子、民主村、东梨河村一向北东向分布 28.4km。断裂两侧磁场不同，南东侧为负磁场，北东侧以低缓正异常为主。断裂处于石炭系及三叠系中，沿断裂有花岗斑岩脉及火山岩分布；F4 位于测区北部，北东向，沿黄榆乡、付村一线长 10.5km，断裂沿河流分布，处于第四系中，北西一侧石炭系及二叠系岩体出露，南东侧为白垩系沉积岩；区内推断断裂 19 条，其中北东向 14 条，北西向 3 条，东西向 2 条。

三叠系侵入岩，包括黑云母二长花岗岩（T_2y），黑云母正长花岗岩（T_2T），黑云母二长花岗岩（T_3D），角闪石正长花岗岩（T_3Hs），角闪石石英正常岩（T_3Q）等不同期的侵入岩体成面积性出露，分布在吉昌镇—土顶镇一线以南，航磁为正负变化的低缓磁场，并有局部异常出现。

二叠系黑云母花岗闪长岩（PHj），在土顶山附近出露，二叠系角闪石石英二长岩（PS），角闪石英闪长岩（PL），在北部官马村—小河沿村一带出露。二叠系侵入岩磁性均较弱，处于低缓磁场中。

基性岩，区内 2 处。杨木桥附近，异常吉 C-59-16，异常强度高形态不规则，经查证，由基性岩引起。

石朋村附近异常吉 C-72-144，孤立异常，强度较高，经查证由基性岩引起，异常附近有化探 As、Au、Pb、Zn 异常，为找 Au 多金属提供线索。

火山岩为中生代安山岩，处于不同时期地层中。太平镇附近火山岩（K_1j）异常呈条带状北东向分布。朝阳村—东升村一带火山岩（J_3j）异常由多个孤立异常组成，等轴状异常带。烟筒山附近火山岩（T_3S），由孤立异常组成异常带，呈弧形分布。

石炭系：区内出露面积较大，主要在吉昌镇、土顶镇、桦木沟、太平、黄榆镇等地范围内，早石炭世余富屯组、鹿圈屯组，晚石炭世磨盘山组，区内均有出露对应航磁以负磁场为主，局部异常多与侵入岩或变质火山岩有关，区内金矿或矿点若干处，多处于负磁场中。

2. 石咀—官马预测工作区

F8、F12 位于测区南部北西向，自泉眼村、朱奇至余庆屯一线，长约 20.5km。断裂南东段两侧磁场不同，南西侧强异常带出露侏罗系花岗闪长岩，北东侧负磁场区为二叠系寿山沟组。北西段负磁场对应花岗闪长岩体。F6 位于测区西部，沿七间房—上鹿一线，北东向，长约 13km。断裂北侧为平稳负磁场，对应石炭系，南侧低缓正异常带，对应侏罗系花岗闪长岩及部分石炭系。F4 位于测区北部，沿北东向串珠状异常分布，长约 11km，串珠状异常推断侵入岩引起，断裂南东侧负磁场对应晚三叠世四合屯组火山碎屑岩。断裂南段有金矿分布。区内推断断裂 13 条，其中北东向 5 条，北西向 3 条，东西向 4 条，南北向 1 条。

区内侵入岩主要是中侏罗世花岗闪长岩（$J_2\gamma\delta$）、二长花岗岩（$J_2\eta\delta$）、石英闪长岩（$J_2\delta o$）。出露于东南部余庆屯、永丰南屯、南小屯、杨木岗村、草明山屯一带，航磁为高磁异常带，中等强度异常带；东部双鸭子、二道甸子村、驿马一带，北西西向分布；北部官马镇—碱草村一带，北东向分布，磁场中等强度，异常呈带状或串珠状。

区内火山岩出现在北部黄河南、帚条村、官马村一带，异常多呈团块状或孤立异常，强度高梯度陡。主要岩性为早侏罗世南楼山组安山岩等。另一处在东部悬羊砬子、七五三、保安村一带，异常呈北东向条带状，中等强度。岩性为晚三叠世四合屯组安山岩类。

区内古生代地层主要是晚古生代石炭系、二叠系。石炭系出现在西部明城镇、七间房村、下鹿村、一清村一带，航磁为一片平稳负异常，与周围的侏罗系侵入岩及侏罗系火山岩磁场有一定的差异。石炭系，特别是晚石炭石咀子组对本区金矿成矿起重要作用。

区内二叠系地层出现在南部蛤蟆塘村、西北屯、柳杨村一带。航磁为负异常，有局部正异常出现。

3. 地局子—倒木河预测工作区

F6 断层位于测区南部，沿新乡屯、横道河子复安屯、朝阳林场、大河深村一线北东向分布，长 27.2km。断裂北东段处于二叠系大河深组，南西段处于二叠系与石炭系、二叠系与侏罗系的接触部位；F1 断层位于测区北部，沿南沟村、新范村一线，北西向分布，长 12km。断裂处于侏罗系二长花岗岩和侏罗系南楼山组火山岩地层中；F13 断层位于测区中部，沿前蜂蜜顶子、活龙村、地局子、营林村、玉兴村一线，北东向分布长 37.5km。断裂南东侧负磁场对应二叠系范家屯组，北西侧正磁场反映了侏罗系，断裂南西段处于侏罗系中。区内推断断裂 17 条，其中，北东向 9 条，北西向、北北西向 8 条。

早侏罗世花岗闪长岩（$J_1\gamma\delta$）、石英闪长岩（$J_1\delta o$），于测区南部，石头扁子、腰岭子、兴隆屯一带出露，对应磁场为正或负的低缓弱磁场。

中侏罗世花岗闪长岩（$J_2\gamma\delta$）、二长花岗岩（$J_2\eta\gamma$），主要位于测区西部，八道河子、新开河、贺家屯、小山屯及常山林场一带，对应磁场中等强度，为 100～200nT，局部高值异常与闪长岩或安山岩有关。

早白垩世花岗岩（$K_1\gamma\pi$），在测区北部常山林场工地一带，呈低缓带状异常。

火山岩主要分布在前蜂蜜顶子、王家、大范沟、西南岔、王兴屯等地的南楼山组，王兴屯组的侏罗纪中，主要岩性为安山、安山质凝灰等，异常较明显。

石炭系分布在测区南部四道屯河向阳屯一带，主要是四道砾岩组(C_2sd)砂岩，砾岩等，磁场为负值。

二叠系主要是范家屯组，分布在活龙屯文华屯一带以及地局子营林屯一带。大河深组(P_2d)分布于四合屯、大河深村一带，均处于负磁场中。区内活龙屯附近的金矿，处于二叠系范家屯组边部，西部是侏罗系南楼山组，周围是侏罗系的花岗闪长岩。金矿北侧是一处东西向分布的高值磁异常吉 C-72-158。金矿处在磁异常的边部梯度带上，据航磁资料，异常由蚀变安山岩引起，故认为金矿形成可能与蚀变安山岩有关。

4.香炉碗子—山城镇预测工作区

典型矿床特征：在 1∶5 万航磁异常图上，香炉碗子金矿床处在北东东走向低磁异常带中，以航磁等值线 40～60nT 圈定的背景磁异常区内分布有 4 处负磁异常，中部龙头村及西南处两处负磁异常面积较大；西部边界两处负磁异常面积较小，其中一处未封闭。以北东东向低磁异常带南北两侧边部梯度带为界，北部分布有总体呈东西走向的串珠状正磁异常带，最大强度为 160nT，南部则分布有呈北东走向的雁形排列的正磁异常带，最大强度为 220nT，两异常带走向规模较大，向西延出区外。北支烟筒桥子—龙头梯度带呈东西走向，在龙头以西位置向东南凸起，此梯度带贯穿全区，与已知烟筒桥子—龙头东西向脆-韧性剪切带位置吻合，梯度带向东南凸起处推断有隐伏的北西向断裂存在。南支梯度带西起小吉乐村，位于两处雁形排列的正磁异常带的北侧，呈北东走向，小吉乐所在正磁异常带北侧梯度带与已知北东向断裂位置一致，两处雁形排列正磁异常带间推断有隐伏的北东向断裂分布，造成异常错动而产生雁形排列。雁形排列正磁异常带东南边部陈家屯附近有一北东向梯度带，梯度带东南一侧异常等值线平直宽缓，梯度带亦为不同场区分界线，与已知的敦-密断裂带东支的西侧位置相当。

预测工作区：在航磁化极等值线图上，矿床处于北东东向低磁异常带边部，同时也是局部低磁异常的边角部，局部低磁异常走向北西，其边部梯度带明显。在航磁化极垂向一阶导数等值线图上，矿床处于局部负磁异常边部零等值线上及北西梯度带的端部。

结合 1∶5 万地质图分析，北东东走向低磁异常带推断为新太古代花岗岩、构造蚀变带及构造破碎带的综合反映。香炉碗子金矿床所在处似三角形负磁异常、龙头瓢形负磁异常为已知或推断次火山岩体及构造蚀变带引起，两个负磁异常以北西向梯度带相隔，推断次火山岩体在深部同源且为一整体，南北两侧串珠状正磁异常带、雁形排列的正磁异常带推断为新太古代变英云闪长岩引起。金矿床处于东西向、北东向及北西向交汇部位，其东南部陈家屯一带有北东向的区域性敦-密断裂带穿过。

在 1∶5 万航磁异常图上，香炉碗子金矿床处在北东东走向低磁异常带中，推断断裂 F7 位于预测区西侧，北东向，自候家屯、胜利屯、大西岔至白石沟村一线，沿线性梯度带展布，长约 39.7km，断裂两侧磁场明显不同，北西侧正磁场，为云英闪长岩及变质二长花岗岩等新太古代变质侵入体，南东侧负磁场为侏罗系中酸性火山岩；F8 位于测区南西部，东西向，自烟筒桥村、龙头村至包木桥村一线，沿梯度带，磁场低值带展布，长约 18.5km。香炉碗子金矿处于东西向的低值带上，该断裂对金矿有控制作用；F2 位于测区北东部，北西向，自文明村，小城子村，徐家炉村一蚂蚁沟一线，沿不同场区分界线展布，长 15.2km，断裂北东侧为平缓负磁场，南西侧与北东侧磁场不同，在波动负磁场中，有火山岩异常分布。区内推断断裂 8 条，北东向 5 条，北西向 2 条，东西向 1 条。

新太古代英云闪长岩($Ar_3\gamma\delta o$)：主要分布于测区北西侧，处于大片正磁场中，与区外岩体连成一片。

新太古代变质二长花岗岩($Ar_3\eta\gamma$)：主要分布在预测区南东一侧，范围较小，处于正磁场或局部负磁场中。

白垩系碱长花岗岩($\kappa_1 KP\gamma$)：位于测区北部马家街南西，航磁对应负异常，中生代侵入岩出露较少，只见 1 处。

推断中生代中酸性隐伏侵入体 3 处，在吉乐村、小吉乐村、龙头村一带，为北东走向的 3 处未编号异常，异常较低缓，梯度不大。

火山岩：安山岩，分布在负磁场中的孤立正异常，异常呈圆形或椭圆形，强度较高，处于侏罗系或白垩系中，共7处，其中有5处做过航检，证实为安山岩。玄武岩主要在预测区南部，异常强度高，梯度陡，并且正负伴生，区内有2处，分别与1∶25万地质图上的2块玄武岩相对应。区内香炉碗子金矿处于新太古代夹皮沟组变质岩中，海西期和燕山期岩浆岩发育，成矿类型为燕山期酸性火山岩、次火山岩，金矿受北东向断裂控制。金矿磁场处于磁异常边部或异常梯度带上，磁场强度一般为50～150nT。

5. 五凤预测工作区

推断断裂F2位于测区西南部，沿北北东向梯度带及磁场低值带延伸，长约12km，断裂处于火山岩中，为金矿的控矿构造；F5位于测区南部，沿磁场低值带东西向分布，长14.5km，断裂处于侏罗系二长花岗岩中；F6位于测区东南部，沿近南北向梯度带及磁场低值带分布，长12.5km，沿断裂有玄武岩出露；区内推断断裂6条，北东向4条，东西向2条。

侵入岩在区内大面积出露，主要分布在测区北部新井、莲花村、朝阳门、太阳屯一带，南部四龙山、水库屯一带。岩性为侏罗系二长花岗岩($J_1\eta\gamma$)，花岗闪长岩($J_1\gamma\delta$)，以及白垩系石英闪长岩($K_1\delta o$)。航磁为变化的低缓磁场或负磁场，各岩体之间磁场差别大。

侏罗系火山岩：分布于预测区南部五凤金矿周围，岩性为侏罗系屯田营组安山岩、集块岩、安山质凝灰岩等，磁场为北东向或北北东向的异常带。金矿体呈石英脉状赋存于屯田营组安山岩裂隙中，处于火山岩异常的边部负异常中。

新生代玄武岩：中新世老爷山岭玄武岩，在预测区南部利民村—延大基地一带分布，异常强度为300～500nT。

6. 闹枝—棉田预测工作区

F7位于测区西部，高城村—安田村一线东西向分布，长12.7km，断裂两侧岩性不同南侧是白垩系火山岩，磁场较强，北侧是侏罗系侵入岩，磁性较弱。F8位于测区东南部，永昌村—新星村北西向沿梯度带展布，长17.5km。断裂处于侏罗系花岗闪长岩中，沿断裂有脉岩及白垩系刺猬沟组火山岩分布。F4位于东北部，新兴村—沙北村，北西向沿梯度带延伸，长12.2km。断裂北段处于早侏罗世花岗闪长岩中，南端西侧为花岗闪长岩，东侧为白垩系大砬子组，该断裂与地质实测断裂吻合。区内推断断裂12条共4组，北东、北西、东西、南北各3条。

早侏罗世花岗闪长岩($J_1\gamma\delta$)：在区内大面积出露，主要分布在测区东部、北部及西部，航磁图上对应低缓正异常，一般为50～100nT，局部为负异常。其边界主要根据磁场特征并结合1∶25万地质图圈定。

早白垩世石英闪长岩($K_1\zeta$)：位于测区西南部新柳村—新田村一带，对应航磁为低缓正异常(50～100nT)或负异常，依据磁场特征圈定。

区内火山岩主要是早白垩系金沟岭组(K_1j)玄武岩、玄武安山岩、安山岩等，以及刺猬沟组(K_1cw)安山岩、英安岩、火山碎屑岩等。由于玄武岩，安山岩磁性强，火山岩异常很明显，强度一般为600～800nT，最高1400nT。便于圈定。区内火山岩发育，含矿性好，并且受后期热液作用，是寻找火山岩型Au、Cu矿产的有利地区。

寒武—奥陶系五道沟岩组群，由一套海底火山-碎屑岩建造组成，在本套地层中发现大量的金铜矿化及化探组合异常，是金铜等多金属矿产的主要矿源层。区内五道沟群变质岩对应航磁弱磁场，一般为50～100nT。局部磁场升高，可达100～300nT。区内共圈出变质岩地层2处。

7. 刺猬沟—九三沟预测工作区

典型矿床特征：在 1∶5 万航磁异常图上，矿床处于北西走向楔形低磁异常中心部位，该处最低值为 −50nT，异常北西窄，东南宽，西南及东南两侧梯度带较陡，低磁异常中心靠近两条梯度带交会处。显示出火山口断陷部位为北西向和北东向断裂构造交会的特点。在航磁异常化极等值线图上，矿床处负值区向北西明显扩大，其北东部有 3 处较小的负磁异常沿北西向排列。负磁异常镶嵌在低缓正磁场中，周边有强磁异常分布，北西和南东出现最强磁异常，为 1260nT。低缓正磁场分布区推断为火山机构分布范围。

预测工作区：推断断裂 F1 位于测区西部，北西向沿梯度带，磁场低值带展布，两端延出测区，由北西向南东经金城村、小汪清村、磨盘山村一直到测区边部，区内长 28.5km。沿断裂有串珠状小异常分布，可能为小基性岩体，断裂控制了二叠系及三叠系火山岩的分布。中酸性火山岩体的侵入，其位置相当于地质上确认的断裂；F6 位于测区东部，南起长兴纪红星、新发、苍林延出测区，区内长 24km。断裂北东向，沿梯度带磁场低值带展布。断裂切割了二叠系地层，沿断裂有脉岩及玄武岩分布；F8 位于测区西南部，大坎子村—松林村附近，北西向展布，区内长 15km，断裂沿梯度带展布，北西段控制了中生代地层的分布；预测区内共推断断裂 11 条，其中北西向 3 条，北东向 5 条，东西向 2 条，南北向 1 条。

区内大面积出露中生代地层及小范围二叠系地层，只在西部和东部有岩体出露。

三叠系石英闪长岩（$T_3\delta_0$）：在测区东南部有出露，磁场较弱，一般为 −50～50nT。

侏罗系花岗闪长岩（$J_1\gamma\delta$）：区内有两处，一处在测区西南部，磁场强度在 0～100nT。另一处在海沟村以东，磁场强度为 50～150nT。

区内中酸性火山岩分布在北部，以升高的正异常为主，呈条带状、团块状展布，曲线规则，梯度陡，强度高，如吉 C-78-147，主要岩性为安山质角砾凝灰岩等，最高强度 1600nT。区内共圈定火山岩 8 处。

古生代中二叠世地层，庙岭组（P_2m）分布在西部，明月沟村、磨盘山村附近，以及红星村、长荣村附近。解放村组（P_2j）分布在庙沟村东。根据重、磁特征并结合 1∶25 万地质图圈出二叠系地层与中酸性岩体接触带往往形成蚀变带，并发现矽卡岩型铁、铜矿。

8. 杜荒岭预测工作区

F2 位于测区中部，在磁场上以梯度带磁场线性变异带、低值带为特征，北东向分布区内长约 31km。断裂北东段控制了古生代地层的展布及闪长岩的侵入；南西段制约了中生代火山岩的分布；F3 位于测区南部，北东走向，西端延出测区，区内长 30km。断裂以梯度带、异常低值带展布。沿断裂有中酸性侵入体分布，并且断裂一侧有火山口分布；F7 位于测区南部，呈东西走向分布于荒沟村、东南岔、杜荒村一线。东部延出测区，表现为一条东西向的梯度带及磁场变异带，区内长约 37.8km。在 ΔT 化极图上，南北两侧磁场不同。断裂的地质特征明显，控制了中生代火山喷发、并在新生代继续活动造成玄武岩的喷溢。沿断裂一线化探异常发育，呈串珠状展布，是区内重要的控矿构造之一。区内共推断断裂 8 条，其中北东向 4 条，东西向 4 条。

晚三叠世闪长岩（$T_3\delta$）：主要出现在断裂附近、多为孤立小异常，在杜荒岭附近成片出现。强度一般为 300～600nT。区内共圈定 11 处。

晚三叠世石英闪长岩（$T_3\delta_0$）：出现在测区东南部，石英闪长岩磁性弱于闪长岩，航磁表现为负磁场。据地质资料，该类岩石与古生界地层的侵入接触带往往形成侵入接触带。是寻找铜铁矿的有利部位，同时由于后期热液叠加发生强烈混染的闪长岩内已发现斑岩型矿床，是金铜矿的成矿母岩之一。

晚三叠世花岗闪长岩（$T_3\gamma\delta$）、二长花岗岩（$T_3n\gamma$）：区内大面积出露，主要出现在预测区北部和南部。航磁表现为 0～100nT 的低缓正异常或负异常。沿着与古生代地层的侵入接触带往往形成矽卡岩化，是寻找铁铜等多金属的有利地段。

火山岩主要出现在预测区中部和西部，岩性为中生代中酸性火山岩。异常形态多为团块状和条带状，强度高梯度陡，强度为600～1000nT，异常在ΔT化极图上十分醒目。

古生代变质岩主要是中二叠世解放村组(P_2j)，岩性为海陆交互相碎屑沉积岩系，砂岩、细砂岩、泥质粉砂岩等。航磁表现为负磁场，出现在预测区东部和北部。该地层与中酸性岩体的接触带可能形成矽卡岩型矿化蚀变带，并出现局部磁异常。

9. 金谷山—后底洞预测工作区

推断断裂F1位于测区西北部，南洞—平登屯一线，北西向沿梯度带展开，长14km。断裂两侧磁场不同。该断裂处于白垩系大拉子组及龙井组地层中，与地质上确定的断裂吻合；F2位于测区北部，南阳村一龙岩村一线。区内长9.0km，北东向沿梯度带展布。断裂两侧磁场明显不同，西侧较东侧磁场强。断裂处于白垩系大拉子组中；F5位于测区西部，柞树洞—南洞一线，长约8km。近南北向沿磁场低值带展布。处于白垩系大拉子组中，两侧均有火山岩分布。区内共推断7条断裂，其中北西2条，南北2条，东西2条，北东1条。

侏罗系二长花岗及花岗闪长岩($J_1\eta\gamma$、$J_1\gamma\delta$)：主要在测区南部大面积出露，对应负磁场区。

早侏罗世闪长岩($J_1\delta$)在区内零星分布，处于弱磁场中。

晚二叠世闪长岩($P_3\delta$)主要在西部和东部有零星分布，磁场强度为50～150nT。

中—基性侵入体，即由吉C-60-175异常反映的地质体。

火山岩：位于测区西部智新镇附近，有3处航磁异常，强度高、梯度陡，处在白垩系大拉子组中，岩石有页岩、砂岩、砾岩夹安山岩，安山岩有较强的磁性，故推断异常由安山岩引起。

古生代地层：由1∶25万地质图看出，在测区东部，厚底洞以南，有一条南北向的二叠系寺洞沟组地层，在北兴村附近，有江城组变质岩出露；在测区西部，有寒武-奥陶系马滴达组变质岩地层，但磁场反应均不明显，因而不易圈定。

10. 漂河川预测工作区

典型矿床特征：在1∶5万航磁异常剖面平面图和等值线平面图上，矿床位于北西部大面积宽缓负磁场与东南部局部低磁异常西侧边缘北北东向梯度带转向南西方向并突然发散处，并有北西向一侧变异带显示，推断为北北东向、北西向断裂交汇部位。

预测工作区：推断断裂F6位于测区东部，北东向，沿梯度带及低值带展布，两端延出测区，长25km。断裂控制了中酸性侵入岩及火山岩的分布，并且沿断裂形成了中生代沉积盆地。该断裂为敦-密断裂的一部分；F3位于测区中部，北东向，沿梯度带展布，长34km，沿断裂有玄武岩分布，为敦-密断裂的次级断裂；F1、F8原为一条断裂，位于测区中部，北西走向，沿梯度带异常低值带展布，长37km，该断裂为敦-密断裂的次级断裂。断裂控制了区内基性岩的分布；F5位于测区东部漂河川附近，沿梯度带东西向展布，长15.7km，断裂两侧磁场明显不同，北侧为升高的磁场，南侧为低磁场。东西向断裂控制基性岩的分布，与铜镍矿成矿起重要作用。区内共推断断裂8条，北东向4条，北西向2条，东西向2条。

中侏罗世花岗闪长岩($J_2\gamma\delta$)：大面积出露，遍及全区。航磁为平缓负磁场。主要出现在测区西部西元兴、柳树河子一带，测区北部三道沟、头道沟下屯一带，西北岔-东北岔一带及测区东北部二道漂河上屯等地。区内花岗岩对本区金矿成矿起重要作用。

晚三叠世基性岩带($T_3\upsilon$)：位于测区东部漂河川一带，航磁有两处，正异常近东西向分布。异常处在寒武系黄莺屯组变质岩中。据地质资料，晚三叠世辉长岩($T_3\upsilon$)为Cu、Ni矿的含矿岩体，部分辉长岩体上航磁反映不明显，但地磁均有很好的异常对应。

位于南岗子附近，异常近等轴状，中等强度异常处于寒武系黄莺屯组变质地层中。

位于东南岔北。异常等轴状，中等强度，处于寒武系黄莺屯组变质岩地层中。基性岩带3处。

区内火山岩航磁对应正异常，在八道河子以南成片分布，强度较高并有负值相伴。另一类以负异常为主，如在牛头山附近及大暖木条子村以东。根据航磁异常特征。结合1∶5万地质图共圈出玄武岩4处。

区内寒武系黄莺组变质岩系大致呈北东向分布，岩性为变粒岩与大理岩互层，夹斜长角闪岩，黄莺屯组变质岩系是区内金矿的重要赋矿层位，分布较广，主要在梨树沟、蛇岭沟、漂河川、暖木条子、八道河子等地。对应航磁为负磁场，如在预测区南部的二道甸子金矿床，即处于负磁场中。

11. 安口镇预测工作区

F2位于测区南部，南起富源村附近，经老鹰沟，大兴村，北东向，沿梯度带呈弧形展布，长约24.2km。断裂两侧磁场不同，北西侧负磁场区对应中生代侏罗系及白垩系，南东侧为一条正异常带，出露新太古代雪花片麻岩；F7位于预测区东部北东向，沿梯度带展布，长13.7km，断裂南东侧负磁场反映了侏罗系沉积岩地层。北西侧异常带对应太古代英云闪长岩；F6位于测区西部跃进、苇塘沟、安口镇一线，北东向，沿梯度带延伸，长14.3km。断裂北西侧负异常区对应白垩系，南东侧正异常带对应新太古代英云闪长岩，沿断裂有玄武岩分布；F15位于测区东北部小泉眼、福民村、罗通山一线，北西向，沿不同场区分界线展布，长约11.0km。断裂北东侧为负磁场，南西侧为低缓磁场，断裂处在古生界寒武系中。区内北东向、北西向断裂发育，推断北东向断裂6条，北西向4条，东西向4条，南北向1条。

太古宙英云闪长岩（$Ar_3\gamma\delta o$）（或雪花片麻岩 Ar_3xgH）：分布于预测区南部，南起老营场，经老鹰沟，至大兴村、东兴一带，磁场以低缓正异常为背景，叠加若干带状异常，两侧负磁为中生代地层，对应重力场为重力高。

另一处营运闪长岩位于测区中部，南起跃进、翁圆岭，向北至长兴村。该岩体上航磁呈低缓异常带，与两侧侏罗系地层磁场明显不同。本区中生代侵入岩很发育，但在区内未见出露。

火山岩：新生代军舰山组玄武岩（βQP_1j）沿断裂有零星出露，航磁图上多为孤立的局部异常。

中太古代变质岩红透山岩组（Ar_3h），岩性为芝麻点状、条带状斜长角闪岩、磁铁石英岩，呈小面积分散在英云闪长岩和变质二长花岗岩中，构成花岗-绿岩带，是Fe、Au矿产的矿源层。沿花岗-绿岩带即航磁反映的低缓异常带，是寻找Au矿的有利地带。

12. 石棚沟—石道河子预测工作区

推断断裂F05于测区中部，北东向，岩梯度带及不同场区分界线分布，区内长46km，断裂北侧为中生代沉积岩，磁性较弱，为负磁场，局部有火山岩异常出现。断裂南侧为太古宙片麻岩，北东段磁场稍强，南西段较弱。断裂控制了新老地层的分布，为辉发河深大断裂的一部分；F1位于侧区北侧边部，从王家屯村、集贤村、宝亚沟、玉恒村、安山至前进村一线，北东向，沿梯度带展布长45km。断裂南侧为中生代沉积岩，航磁为负异常区，北侧为侏罗系火山岩带，断裂与北东向的条带状火山岩带平行；F3位于测区西部，走向近南北，长14km。断裂大部分处于负磁场梯度带上，北段在中生代地层中，南段在太古代地层中，沿断裂有玄武岩出露；F7位于测区南部，桶子沟、太平村、玉德、东德屯一线，北东向，沿梯度带分布，长23km。断裂北侧低缓异常带，对应太古宙片麻岩，另一侧负磁场对应中生代沉积岩地层，该断裂与地质上确定的断裂一致。区内推断断裂8条，北东向4条，北西向3条，南北向1条。

中生代侵入岩除在水葫芦、安山村一带有一条带状岩体出露外，其他均有零星分布，磁性不强，与中生代沉积岩在磁场上差异不大。

区内火山岩以中生代安山岩居多，主要分布在测区北部长青村、民主村、玉恒村一带，呈条带状断裂分布，异常较明显。

太古宙变质岩分布在测区南部，岩性为英云闪长质片麻岩。在片麻岩中零星分布杨家店组及三道沟组地层，构成花岗岩-绿岩带，磁场较弱，呈负异常或低缓正异常。局部异常多与铁矿或基性岩有关。花岗-绿岩带上金矿均出现在负磁场中。

13. 夹皮沟—溜河预测工作区

典型矿床特征：本区1∶5万航磁平剖图（或等值线平面图）宏观磁场总体上展现出北西向正、负条带相间磁场特征。夹皮沟金矿田磁场是在这片条带状磁场中五道沟—菜抢子和老金厂一东北岔两条正异常带间所夹持的呈北西向展布的负磁异常带。该异常带规模较大，两端在图幅内均为封闭，控制长度约为50km，宽5～10km。负异常强度一般为－600～－200nT，曲线高低波动变化不大，规律性较明显。在这负场区中间赋存一条呈北西向断续分布的狭窄尖峰状强异常带，又将其划分南北两条小的负异常带，其中南带分布于苇厦子—老牛沟—六批叶一带，在空间上与夹皮沟金矿带相吻合。

综合地质构造分析，该负磁场带恰处槽台边界过渡带上，为太古宙龙岗古陆核北部边缘晚太古宙裂陷槽分布区，是新太古界夹皮沟群绿岩集中产出地段。区内经历了阜平、中条、加里东、海西及燕山等多旋回构造岩浆活动，致使地层岩系遭受了多期强烈变形及变质作用，褶皱及断裂构造发育，混合岩化及花岗岩化强烈，矿化蚀变普遍，形成了受富尔河超岩石圈断裂控制的次一级老金厂-夹皮沟构造韧性剪切带。据此推断，夹皮沟金矿田的负（弱）磁场带应是老金厂-夹皮沟构造韧性剪切蚀变破碎带的属性。此外，按该负（弱）磁场空间分布，内部磁场结构等特征，可进一步提出如下两点新的找矿有用信息：①关于控制夹皮沟金矿带的构造韧性剪切带向东南延伸问题，可依据磁场特征推断，其向东南延伸较远，可达六批叶以远，为找矿拓达了空间；②该负（弱）磁场带规模较大，其内又可分为南北两支亚带，南带控制了已知夹皮沟金矿带的产出，应值得重视的是北带找矿的研究。

预测工作区：F4位于测区东北部，北西向，沿梯度带及不同场区分界线延伸长24.5km，断裂两侧磁场明显不同，北东侧异常带，对应中侏罗世花岗闪长岩，南西侧负磁场对应新元古代色洛河群达连沟组沉积变质岩地层；F16位于测区中部，苇厦子、锦山村、老牛沟村、二道沟、云峰村一线，北西西、北西向展布，在苇厦子—老牛沟村段为北西西向，老牛沟村一云峰村为北西向，断裂两侧磁场明显不同，北东侧为弱磁场，南西侧为强磁场。区内长51km。断裂为老牛沟-大断裂带内的一条断裂，沿断裂有强烈的片理化、糜棱岩化现象，该断裂对夹皮沟、板庙子一带的金、铜及多金属内生矿的生成有明显的控制作用，为区内主要成矿断裂；F19位于测区北部老牛沟附近，东西向磁场低值带延伸，长约7.5km。断裂北侧为杨家店组及老牛沟组地层，南侧新太古代紫苏花岗岩（$Ar_3 \nu r$），沿断裂有晚海西期基性岩脉出露；F21位于测区西部，清水河村西2km，有北向长约13.4km。断裂西侧磁场低缓，东侧略有升高；沿断裂有串珠状异常分布。断裂处于杨家店组及新太古代变二长花岗岩中。沿断裂有基性岩出露。区内北西向构造控制了区内铁，金，铜等多金属成矿及分布，区内推断断裂21条，北西向12条，东西向6条，南北向3条。

太古代侵入岩，云英闪长岩质片麻岩（$Ar_2 g\eta t$），主要分布于测区中部及南部，板庙子—夹皮沟一带的英云质片麻岩，磁场强弱不一，板庙子—夹皮沟一带为负值，在西侧则为正异常。

变质二长花岗岩（$Ar_3 \eta r$），分布在测区的中—西部，对应磁场为低缓正异常。

早侏罗世五道溜河岩体（$J_1 B\eta r$），位于测区南部，磁场为连续的低缓正异常，椭圆状，长轴14km，短轴6km，岩性为中粒二长花岗岩，岩体周围形成的环状异常带，推断由接触蚀变引起。岩体对金成矿起重要作用，提供了金的物质来源及成矿热动力。

中侏罗世天岗岩体（$J_2 r\delta$），位于测区东北部面积性出露。磁场为中等强度，一般为200～300nT，向北东向磁场变弱。

本区火山岩主要是新生代玄武岩（$N_2 B$），测区西北部蛤蟆屯附近、测区北东端及东南端的宝石村附近等3处，均属强度大、梯度陡的孤立状异常。

中太古代四道砬子河岩组（$Ar_2 sd$）、杨家店组（$Ar_2 y$）、四道砬子河组区内有零星出露，杨家店组呈小块面积性出露，磁场为中等强度，处在东北岔—马家店以西的异常带上。

新太古代三道沟组（Ar_3sd）、老牛沟组（Ar_3ln）分布在板庙子，老牛沟，夹皮沟一带。岩性主要是斜长角闪，角闪片岩，黑云变粒岩等，航次为一条北西向的负异常带，夹皮沟金矿赋存于三道沟组变质岩中，金矿带与北西向的负异常带一致，最近异常带的边部。

新元古代色洛河岩群达连沟岩组（Pt_3d）、红旗沟岩组（$Ptzh$）主要岩性为变质砂岩、变质粉砂岩、大理岩等弱磁性地层，分布在老牛沟成矿地的北东一侧，航磁表现为负异常带。

14. 金城洞—木兰屯预测工作区

F1、F3、F5 位于测区北部，北西向，沿线性梯度带延伸，长 25km，两端延出测区。断裂北东侧负磁场对应大面积沿断裂侵入的晚二叠世花岗闪长岩，岩体磁性较弱。南西侧带状异常带由新太古代官地岩组和鸡南岩组变质岩引起，该断裂为古洞河神断裂的一部分；F7 位于测区西部，北西向，沿线性梯度带及不同场区分界线延伸，长 13km。断裂北东侧主要为正磁场，局部为负磁场。对应官地岩组变质岩以中生代侵入岩体及玄武岩。断裂南西侧大片负磁场为中生代地层及新太古代英云闪长岩；F11 位于测区中部，北东向，沿梯度带及磁场低值带延伸，长 11.5km，南段处于新太古代英云闪长岩中，北端在新太古代鸡南组与晚二叠世花岗闪长岩接触带上，断裂与北东向的河道吻合；F13 位于测区中部，北东向，处于梯度带及磁场低值带上，长 11.5km。断裂南段在新太古代英云闪长岩中，向南进入玄武岩覆盖区。北段切割了鸡南组、官地组，该断裂与地质上实测断裂吻合；F14 位于测区东部，本部—鸡南村一线，东西向，沿梯度带及磁场低值带延伸，长 11.7km，断裂北侧为晚二叠世二长花岗岩侵入体及新太古代鸡南组变质岩，南侧为鸡南组变质岩及新太古代英云闪长岩，与地质实测断裂部分吻合。区内推断断裂 14 条，北西向 4 条，北东向 5 条，东西向 5 条。

新太古代英云闪长岩（$Ar_3\gamma\delta o$）：区内出露广泛，多处在负异常内，局部为正异常。

晚二叠世花岗闪长岩（$P_3\gamma\delta$）、二长花岗岩（$P_3\eta\delta$）：花岗闪长岩在测区北部及区外的庙岭林场。新兴屯一带大面积出露，航磁为平稳负磁场。二长花岗岩在测区中部及东部均有出露，航磁为低缓正异常或负异常。

早侏罗世花岗斑岩（$J_1\gamma\pi$）：在测区南部东南村一带有出露，呈小岩株侵入新太古代地层中，斑岩磁场与老地层磁场没有明显差异。

早白垩世石英二长岩（$K_1\eta o$）：在测区西部，金城村以东有出露，磁场以负异常为主。据地质资料，燕山期侵入岩对金矿成矿起重要作用。

火山岩：区内玄武岩分布在南部，磁场较杂乱，正负相间。

新太古代变质岩，在区内呈北西向带状分布，磁场以正为主，局部为负磁场，重力场表现为重力高。新太古代变质岩（或花岗绿岩带）是 Fe，Au 矿成矿的有利地带，区内有官地、鸡南铁矿和金城洞、穷棒子沟金矿均产于绿岩带或其边部。

15. 四方山—板石预测工作区

推断断裂 F2、F5 位于测区中部，沿北东向延伸 60km 以上，区内长 38.2km，断裂南北两侧磁显著不同。北侧为四方山—板石沟高磁异常区，异常不连贯，为太古宙变质岩的反映。南侧是一片平稳负异常区，为元古界弱磁性变质岩的反映。以往资料表明，这是一条较大的逆掩断层，使龙岗群地层推覆到元古界上，沿断裂线受后期次级断裂影响，常有错动现象，使断层线出现曲折并略呈弯曲。岩该段北侧分布有多个规模不等的鞍山式铁矿床（点）及后期发现的板石沟金矿；F6 位于测区中部，沿北东向梯度带延伸，长 15.8km。断裂两侧磁场不同，东段南侧为板石沟强磁异常带，西段在负磁场区，断裂处在太古宙变质岩中，为北东向次级小断裂；F7 位于测区东部，断裂东段近东西向，西段转为北西向，呈弧形延伸，长 10km。两侧磁场形态不同，南侧为中—强异常带，北侧为平缓负磁场区，断裂处于太古宙变质岩中，为次级小断裂。区内推断断裂7条，北东向4条，北西向3条。

太古宙鞍山群变质岩：区内以四方山-板石沟断裂(F2,F5)为界，以北为鞍山群变质岩，该岩性磁场特征较明显，低缓正异常上叠加不连续的高峰值异常，对比重力资料，鞍山群对应重力高，或重力高的过渡带。四方山—板石沟属于太古宙南端绿岩成矿带，金属矿产于大断裂的一侧，航磁负磁场中。

元古代地层分布在四方山-板石沟断裂以南，航磁表现为平稳负磁场，重力场为重力高。

16. 正岔—复兴屯预测工作区

典型矿床特征：在1∶5万航磁异常图上，区内以负磁场为背景，大面积负磁场区内分布有大小3处正磁异常，编号为吉C-1990-29、吉C-1990-31、吉C-1990-32。前两个异常分布在南部，规模较大，后一个异常分别在中东部，规模较小。C-1990-31异常为区内最高，强度最大值280nT。在C-1990-29北西侧出现最低值，为−200nT，结合地质图分析，大面积负磁场区与集安群荒岔沟岩组有关，正磁异常与中酸性侵入体及周边蚀变带有关。C-1990-31异常西侧边部有一北北西走向，由南向北强度逐渐降低的条带状异常，长4.2km，宽0.4km，并有伴生条带状负异常断续出现，推断此异常为沿北北西向断裂构造侵入的中酸性岩脉引起。

C-1990-29正磁异常呈扁豆状，最大强度60nT，周围为大面积负磁异常分布区，以北侧伴生负异常为最低，最小值−200nT。正磁异常北东侧有次一级异常出现，连在一起呈北东走向瓢形异常，其北部边缘有向南东方向凸起的弧形梯度带，梯度带长且宽，梯度陡，西岔金矿床即位于该弧形梯度带的顶部，也是北西西向和北东向线性梯度带的交会处；南部边缘有向南凸起的弧形梯度带，梯度带短且窄，梯度陡，金厂沟金矿位于南部弧形梯度带的西端外侧梯度带弯转处，北西向和北东向线性梯度带在此处相交，根据以往对C-1990-29的航检结果，该异常位于西部复兴村岩体的南部边缘，为与集安群荒岔沟岩组接触部位蚀变带异常。

在航磁异常化极等值线图上，已知及推断中酸性侵入体(脉)所引起磁异常的特征明显增强，并去除了斜磁化的影响。西岔金矿床位于瓢形异常主体部分北东侧端部，也是与北东次一级异常的连接部位。金厂沟金矿床所在处的化极前、后磁异常特征基本相同。

在航磁异常化极垂向一阶导数等值线图上，正磁异常细节更突出。西部异常呈环状分布于西部复兴村岩体的接触带内外两侧，说明接触蚀变带是引起磁异常的主要因素。

预测工作区：推断断裂F2位于测区北部，沿新民村—江甸镇一线，沿梯度带及磁场低值带东西向展布。长12.3km。沿带断裂磁场特征明显。断裂北侧为中元古界珍珠门组及花山组，南侧为古元古界大东岔组及荒岔沟组；F20位于测区东部，在东沟村、东岔沟獐子沟一线，北东向，沿梯度带，磁场低值带展布，长20.5km。断裂两侧磁场显明不同，北侧低背景磁场分布双岔沟岩组，南侧高背景磁场出露钱桌沟花岗岩体，并且有侏罗系安山岩分布；F11位于测区东部，沿南岔、青沟村一线，北西向，沿梯度带展布，长15.4km，断裂一侧有古元古代山城子花岗岩体分布，并有闪长玢岩脉出露；F9位于测区中部，从双兴村、南沟村至团结村，北东向，沿磁场线性梯度带展布，长24.5km。断裂处于荒沟岔变质岩地层中，断裂从复兴村二长花岗岩($T_3F\eta\gamma$)西侧通过。区内推断断裂23条，其中北东向或北东东向17条，北西向4条，东西向2条。

古元古代钱桌沟岩体(Pt_1Q)：在测区南部宝甸村、刘家村台上镇、矿山村一带出露，磁场中等强度(100～200nT)，以及在测区西部、二道沟村一带和测区东北部黑窝附近，共3处，根据磁场特征并结合1∶25万地质图圈出。

古元古代双岔岩体(Pt_1S)：在测区南部柞树村、兴安村、荒崴村一带，大面积出露，岩性为巨斑状花岗岩，磁场强度100nT左右，区内1处。

三叠系复兴村二长花岗岩体($T_3F\eta\gamma$)及复兴村石英闪长岩体($T_3F\delta o$)：在测区中部，二道村一带出露，二长花岗岩磁场强度100nT左右，石英闪长岩略强，在200nT左右。

白垩系花岗斑岩体($K_1x\gamma\pi$):位于测区东部,磁场较弱,场值在－100nT 左右,综合 1∶25 万地质图圈出 1 处。

区内火山岩主要是侏罗系果松组中的安山岩类,分布于测区南部,异常醒目,强度较高。一般为 300～500nT,最高为 600～800nT。共圈出 6 处。

荒岔沟组(Pt_1h):区内分布面积较大,从财源向北东方向至驮道村、二道村一带,大面积出露,航磁表现为弱背景磁场,局部异常多数与岩体有关。正岔铅锌矿即赋存在荒岔沟组花岗斑岩、闪长岩梯度带部位,矿体赋存于斜长角闪岩夹石墨大理岩中。

大东岔组地层(Pt_1d):位于测区南部,二道阳岔附近,呈北东向分布,对应磁场略高在 150nT 左右,区内圈出 2 处,另 1 处在江甸子镇附近。

珍珠门组地层(Pt_2zh):为预测区北部姚家街附近,东西向分布,对应磁场 0～50nT。

花山组地层(Pt_2h):位于江甸镇北万盛街—西鲜村一带,对应磁场－50～－100nT。

17.荒沟山—南岔预测工作区

典型矿床特征:在 1∶5 万航磁异常图上,南岔金矿床位于负磁场区内局部相对高磁异常范围的东南边缘部位。以－160nT 等值线圈定的局部高磁异常呈似椭圆状,走向北东,长 1.17km,宽 0.63km,最大磁异常强度为－136nT。其东、西两侧为两片大面积的低于－160nT 的负磁场区,最小值出现在金矿床东南一带,场值为－200nT。

矿床附近磁场形态复杂,为变化的负磁场,水平梯度较缓。负磁场是无磁性的老岭群大理岩、片岩的反映,磁场形态复杂变化是大理岩、片岩内部和大理岩、片岩之间断层接触的反映。金矿床所在处局部相对高磁异常为与北东走向的金矿脉伴生磁铁矿体引起的。磁铁矿体与金矿脉走向平行,且分布在金矿脉的北西一侧,同样沿北东向断续分布,这与金矿床处于局部相对高磁异常的东南边缘部位是一致的。因此,在本区磁铁矿体产生的磁异常可作为找金的指示信息。

负磁场区外围北部、北东部及东南部分别分布有吉 C-1987-64-1、吉 C-1987-64、吉 C-1987-65 和吉 C-1987-68-1 航磁异常。吉 C-1987-64-1 和吉 C-1987-64 总体呈条带状,走向东西。C-1987-64-1 为低缓异常,异常强度为－40nT,为已知铁矿引起;吉 C-1987-64 异常强度为 40nT,为凝灰质安山岩引起的叠加异常。吉 C-1987-65 呈椭圆状,北东走向,异常强度为 20nT,地磁剖面查证结果为混染蚀变带引起。吉 C-1987-68-1 为幸福山花岗岩岩体引起,异常强度为 276nT。

在航磁异常化极等值线图上,东南部正磁异常分布形态与幸福山花岗岩岩体范围更为一致。矿床西北、东北部大理岩和片岩分布区与平稳宽缓的负磁异常相对应。金矿床则处在磁异常由东南向北西凸起转为向北凸起的东侧转折部位上,此处南北向梯度带较陡,这些磁异常特征与实测的北东向、北西向、南北向交叉断裂的分布比较吻合。向北凸起的局部磁异常南北两端同时分布有金、铁矿床(点),南端分布有小型沉积变质型铁矿床一处,热液改造型金矿床小型、中型各一处,北端分布有小型沉积变质型铁矿床一处,小型热液改造型金矿床一处,说明此磁异常为与金矿体伴生或共生的磁铁矿体引起的。

在航磁异常化极垂向一阶导数等值线图上,所反映的浅部正磁异常及剩余磁异常特征更加显著,金矿床、铁矿床分布在正磁异常边缘梯度带上。正磁异常西、北、东三面负异常区围绕,向南突然变窄且强度突然变低,并与南部的北西西向的磁异常西北端部相连。

预测工作区解释推断:F1 位于测区西部,北东向,沿小涛沟里、三道湖、护林村、小石人村一线梯度带延伸,长 21km 南端转为南北向。断裂东侧为中元古代老岭岩群和太古代变质岩及侏罗系侵入岩航磁一条北东向的异常带。西侧主要为侏罗系及白垩系。航磁为负异常区,断裂控制新老地层的分布;F3 位于测区南部南北向,沿板子庙、浑江铅锌矿、杉松岗、周家窝林场、珍珠门、四棚湖,铁石沟一线延伸,南段转为东西向。长约 25km。断裂处于负磁场中,对应中元古代珍珠门组和花山组地层。该断裂为地质上确认的 S 型构造和一部分,处于铅锌等多金属成矿带上;F9 位于测区中部,北西西向,沿岗顶、大黑松沟、古石砬子一线延伸，长约 9.5km。断裂处在南北两片正异常之间的低值带上，南侧为老秃顶子岩体，北侧为中太古代英云闪长质片麻岩及侏罗纪侵入岩；F6 位于测区东部，自东沟、小西沟、天桥沟至七十二道河子一线，北北东向沿梯度带延伸，长约 19km。断裂东侧为一异常带，西侧为负异常区。断裂北段处于花山组地层，南段在草山岩体。东侧的异常带为沿断裂产生的磁性蚀变带，如吉 C-87-53，吉 C-87-54，附近均有 Cu 化探异常，87-62-1 附近有磁黄铁矿点，是寻找多金的有利地段。区内推断断裂 42 条，北东向 19 条，东西向 6 条，北西向 16 条，南北向 1 条。

区内岩体有梨树沟、老秃顶子及草山岩体，梨树沟岩体和老秃顶子岩航磁反映明显，异常很醒目，而草山岩体，则异常不明显。在测区南部还有早白垩系碱长花岗岩岩体，航磁为负磁场。本区岩体，如梨树沟、老秃顶子、草山岩体与 Pb、Zn、Ag、Au 等多金属及贵金属成矿有密切关系，围绕岩体的周边，是寻找上述矿产的有利地带。

区内出露地层主要为老岭岩群花山组、达台山组和珍珠门组。荒沟山铅锌矿区主要为珍珠门组，是一套白云质大理岩。老岭岩群地质主要处于航磁负磁场中。铅锌矿区处于负磁场梯度带上。

据地质资料，南岔金矿位于荒山沟—南岔 S 形断裂带南部，矿体赋存在花山组下部与珍珠门组白云质大理岩接触面的构造蚀变岩中，或珍珠门组厚层的白云质大理岩破碎蚀变岩中。严格受北东向、北西向及东西向构造控制。金矿主要位于－100nT 的平静负磁场中。

18. 冰湖沟预测工作区

推断断裂 F1 位于测区北部，冰湖沟—坡口一带，沿梯度带北西西向展布，长 16.5km 断裂南北两侧磁场不同，北侧为 Pt_2h、Pt_2zh 及 Ar_2ght。南侧为中生代火山碎屑岩（T_3ch）及义和组（J_1yh）；F6 位于义和村南，沿磁场梯度带，近东西向展布，长 8km，断裂两侧磁场不同，北侧磁场略高，为侏罗系义和组碎屑岩类。南侧为晚三叠世长白组火山碎屑岩等。该断裂与地质实测断裂吻合；F3 位于测区北部破口一桦树/镇附近。北东向沿梯度带展布，长约 10.5km。断裂北西侧为中太古代片麻岩，南东侧为晚三叠世长白组火山碎屑岩。区内推断断裂 7 条，其中北东向 4 条，北西向，北西西向 2 条，东西向 1 条。上述断裂均为Ⅲ级断裂。

蚂蚁河岩体（$J_2\eta\gamma$）：主要测区南部板庙子沟，榆树川，新立村一带出露岩性为二长花岗岩磁场波动较低，一般为－100～－50nT。近东西向分布于测区外西部的老秃顶子岩体，草山岩体，岩性相同，对 Au 多金属成矿专属性，岩体周围是找矿的有利地段。结合磁场特征及 1∶25 万地质图圈出。

中侏罗世石英闪长岩（$J_2\delta o$）：该岩性磁性高于二长花岗岩，磁场为 50～150nT，最高 200nT，区内圈出义和村、高丽沟子 2 处。

火山岩：区内有两处玄武岩，北部的杨不顶附近和南部的三硼湖村。磁场强度为 50～100nT。

中元古代花山组（Pt_2h）和珍珠门组（Pt_2z）变质岩地层，主要出现在测区北部冰湖村附近，对应磁场强度为－50～－100nT。

珍珠门组（Pt_2z），有 2 处，墩子场（出露）和砂金沟南（隐伏）出露。对应磁场为－50～－100nT。

中元古代变质岩与金矿成矿有极为密切的关系，如在测区外西部，五道小沟、二道羊岔一报马川一带，在一条宽为 3km 的北东向负异常带上分布十几处小型金矿和矿点，对应地层为花山组合珍珠门组变质岩地层。因此区内，变质岩地层附近是寻找金矿的有利地段。

19. 六道沟—八道沟预测工作区

推断断裂 F12 位于测区南部，西起西马村，向东经下乱泥塘、马鞍山、西大坡北岗一线，沿线性梯度带，异常低值带近东西向延伸，长约 28.5km，在断裂西段，北侧正异常，对应了侏罗系地层，南侧负异常带，对应青白口系及中元古代大票子组，东西向断裂为区内控矿构造；F13 位于测区南部马东村、套圈里一线，东西向延伸，长 17.7km。断裂北侧为青白口系及大票子组，南侧为寒武系、奥陶系；F17 六道沟镇、仁德村、临江铜矿一线，北东向，沿异常低值带展布，长 14.2km，断裂处于侏罗系中，沿断裂分布有白垩系闪长岩及花岗斑岩。该断裂为控制构造，沿断裂是寻找多金属矿的有利地段；F9 孙家大院，石门子，错草村一线，北北东向，沿梯度带及异常低值展布，长 12.5km。断裂处于侏罗系地层及玄武岩覆盖区，断裂与一条河流一致。断裂 13 条，其中北东向 5 条，东西向 6 条，北西向 2 条。

早白垩世二长花岗岩（$K_1\eta\gamma$）：位于六道沟，桦皮村，马鹿沟碾子房一带出露，磁场低缓，强度为 50～80nT。（六道沟岩体）在八道沟镇，金厂村附近等沿江一带，有 4 处，花岗小岩体。二长花岗岩对于金矿成矿起重要作用。

早白垩世闪长岩（$K_1\delta$）：东桦皮甸子附近，近东西向分布，异常强度 200nT。葫芦套村、九道沟村、小蛤蟆川村一带，条带状近东西向分布长约 8km，异常强度为 220nT。

早白垩世花岗闪长岩（$K_1\gamma\delta$）：位于头道北岔、沙松树底一带，异常近东西向分布，长约 9km，宽 2～4km，异常强度为 200～250nT。

区内火山岩以新生代玄武岩为主，玄武岩在区内大面积覆盖，根据异常形态，共圈出小块玄武岩约 30 处。

中元古代大票子组及青白口系，在测区南部龙岗村、北兴村至孤山子村一带，局部被玄武岩覆盖，岩性为千枚岩、大理岩、石英岩等，大票子组是区内铁、金的赋矿层位，金矿处于负磁场中，为石英岩、砂岩、页岩等无磁性地层，对应航磁为一条东西向的负异常带，长约 25km。重力场对应为重力高。

在南部沿江一带，东马鹿沟、栾家店、宝泉山镇附近有寒武系、奥陶系及青白口系出露，大部分被玄武岩覆盖，磁场低缓变化且正负相间，重力场为重力高，反映出玄武岩盖层下为古生代、元古宙老地层。

20. 长白—十六道沟预测工作区

推断断裂 F3 位于测区中部，十四道沟—暖泉子附近断裂沿沟分布为一条南北向的负异常带，向北延出测区。区内长约 7.5km，沿断裂出露古生代及中生代地层。断裂为鸭绿江大断裂的次级断裂。F6 位于测区东部，十九道沟村，北西向负异常带，沿沟分布，沿断裂出露中生代地层，为大断裂的次级断裂；F10 位于测区南部冷沟子村一干沟子村附近，东西向沿梯度带分布，断裂两侧磁场不同，岩性亦不同，南侧为中生代侵入岩，北侧为古生代或元古代地层，断裂与该处鸭绿江走向平行，重力图上是一条东西向的梯度带，该断裂为鸭绿江断裂的一部分，断裂控制了古生代、元古宙地层及中生代侵入岩的分布；F12 位于测区南部，河口村一马鹿沟一线，北东向，沿梯度带，磁场低值带沿江分布，长 9.5km。断裂处于古生代地层及长白组火山岩中，为鸭绿江断裂中的局部断裂，对多金属成矿有控制作用，沿江村附近的金矿点就在断裂的一侧。区内推断 12 条断裂，北东向 5 条，北西向 3 条，东西向 2 条，南北向 2 条。

古元古代花岗岩（$Pt_1\gamma$）：在测区南部，十三道沟附近，沿江分布，岩体与负磁场区吻合，区内 1 处。

早白垩世碱长花岗岩（$K_1\gamma\nu$）：在测区南部，冷沟子村、中和村附近，沿江分布，岩体与低缓异常吻合，区内圈定 1 处。

早白垩世花岗闪长岩（$K_1\gamma\delta$）：位于测区南部岭东附近，沿江分布，岩体与低缓异常吻合，区内圈出 1 处。

火山岩：玄武岩在区内大面积分布，为军舰山组玄武岩（N_2j），磁场强度高，并有负值相伴。

元古宙震旦系、青白口系主要在十四道沟、金华乡附近，沿江有大栗子组，零星分布，区内金矿点产于该地层中，对应磁场低缓。

古生代寒武、奥陶系在鸠谷村、南尖头村等地沿江分布，对应负磁场或低缓异常。

21. 山门预测工作区

推断断层 F2 位于测区东部，走向北北东向，沿梯度带、异常低值带展布，区内 63.5km，沿断裂有中—基性侵入岩分布，在南端大型山门银矿位于断裂旁。该断裂为伊-舒深断裂的次级断裂。是区内控矿构造;F4 位于测区东部,为伊通-舒兰深断裂的一部分,沿断裂磁场反映明显,南东一侧为一条狭长的负异常带,磁场强度为−100～−200nT,反映了基底埋藏较深,沉积了巨厚的中生代、新生代陆相碎屑岩,形成狭长的伊-舒地堑,断裂的北西侧为大黑山条垒,磁异常为不同期次的侵入体的反映,伊-舒断裂为条长期活动的断裂;F10 位于测区中部平房屯,营城子村一带,北西向,沿梯度带,磁场低值带展布,长约 14.5km。该断裂为伊-舒断裂的次级断裂;F6 位于测区北部,走向近东西,沿梯度带及磁场低值带展布,长约 14.9km。该断裂为伊-舒断裂的次级断裂。本区共推断断裂 13 条,其中北东向为主要断裂共有 5 条,北西向 3 条,东西向 3 条,南北向 2 条。

泥盆纪—早石炭世黑云母花岗闪长岩($D\text{-}C_1SC$):在预测区北部有出露,磁场平稳,强度为 100～200nT,根据磁场特征,结合 1∶25 万地质图圈出 1 处。

二叠纪黑云母花岗闪长岩(Phj):在预测区中部胡家店附近有出露,磁场平稳,强度较弱,为 0～100nT。区内圈出 1 处。

中侏罗世黑云母二长花岗岩(J_2D):二长花岗岩磁场较弱,强度为 100～150nT。岩体与银金矿成矿关系密切。预测区内共圈出 5 处。

中侏罗世角闪石黑云母闪长岩(J_2K):该岩体磁性较强度为 400～600nT,但处于破碎带附近的黑云母闪长岩磁性降低一般为 100～200nT。该岩体与银金矿成矿关系密切。区内共圈出 3 处。

中三叠世黑云母正长花岗岩(T_2T):在岩体上磁场中等强度,为 200～300nT,在区内圈出 2 处。

早寒武世片麻状细粒黑云母花岗闪长岩(ϵ_1F)片麻岩上磁场低缓且不均匀,结合 1∶25 万地质图,区内圈出 1 处。

区内火山岩圈出 2 处,1 处在测区北部霍家屯,1 处在测区南部老城村。异常均为北东向分布,强度高,异常杂乱,分布在中生代地层中,故推断为火山岩。

中奥陶统黄莺屯组变质地层(O_2h):主要在张家村、吴家屯、营盘村、卧龙屯、黄家屯附近有出露。主要岩性是含红柱石、电气石云母片岩,含石墨大理岩,变质砂岩。该地层与银金矿成矿关系密切。地层对应磁场较弱。一般为 0～100nT。结合 1∶25 万地质图及编号航磁异常,区内共圈出地层 5 处。

上石炭统磨盘山组地层(C_2m):该统岩性为灰岩夹页岩及砂质碎屑灰岩,下部流纹岩,英安岩夹凝灰岩,对应磁场较弱,一般为 0～100nT。区内圈出 1 处。

22.兰家预测工作区

典型矿床特征:在 1∶25 万航磁图上兰家金矿处在伊-舒北东向负磁异常带北西大黑山断续分布的高磁异常带中段东风局部高磁异常带内。在化极重向一阶导致异常图上,东风局部异常呈北东向带状产出,由多个长轴为北东向的椭圆状小异常斜列式排布而成,化极后异常强度多为 200～300nT。该异常带大体以兰家村为界可划为南北两端,南端称同心异常,北段称钱家屯异常,后者相对前者延长线方向在兰家村北发生横向水平错位。兰家金矿便处在南北两异常间方向错位变异线上。

区域性大黑断续分布高磁异常中的局部高磁异常,多半是显生宙以来加里东期、海西期、印支期及燕山期多旋回岩浆活动的结果,区内基性—超基性、基性、中基性、中性、中酸性、酸性岩等均较发育,特别是晚印支一燕山期岩浆活动更为强烈,分布广泛,形成了大黑山构造岩浆带的主体。物探测定表明,区内各类侵入岩均具一定磁性,尤其印支晚期石英闪长岩、闪长岩、花岗岩、花岗闪长岩和燕山早期的二长花岗岩、黑云母花岗岩等,由于侵位规模较大,在大—中比例尺航磁图均有不同程正异常反映。东风高磁异常带内的局部异常多呈中—酸性花岗质类的反映。按其磁异常的走向及其变化特征,可推断本区区域主体构造线方向应是以北东向为主,此外,在兰家村北侧存在有北西西(或东西向)较大次一级断裂构造并错断了北东方向主体构造。

综合上述分析,区域磁场特征,指出了兰家地区晚印支一早燕山期中酸性花岗岩十分发育。其分布受区域主构造线控制而呈北东向带状产出,这种多旋回、多期次岩浆活动无疑会给本区域成矿提供丰富矿质来源和成矿所必需的热源。兰家金矿就与晚印支期南泉眼单元石英闪长岩侵位关系密切。此外，该区域成矿除与岩浆活动有关外，区域北东向主构造线控矿大黑山金多金属成矿带的分布，兰家金矿田则分布在北东与北西向（或东西）向断裂交会处，是控制矿田的主要构造系统。

在1∶5万航磁平剖图及平面等值线图上。兰家矿田处南部东风异常带同心北东向椭圆状高磁异常北半部北东侧边缘。同心高磁异常在兰家地区大体呈北东楔状（南西出图幅），属于一两级叠加异常，Ⅱ级异常呈北东条带状叠加在Ⅰ级高背景磁异常上，大体分为东西两个异常带，西带规模要大于东带。在航磁等值线上，两异常带均由多个串珠状局部小异常组成，异常排布规律明显，尤其东带与兰家金、铁、铜、硫等矿产空间分布关系密切，反映了兰家矿田的磁场特征。

综合地质分析，同心高异常是多期岩浆活动的反映，Ⅱ级串珠状叠加异常推断为晚期构造岩浆岩所引起。东异常带局部异常地区检查，认为其与晚印支期石英闪长岩、燕山早期花岗闪长岩、二长花岗岩体有关。区内负磁异常多是晚古生代范家屯组及中新生代白垩系和第三系的反映。依据兰家矽卡岩型金、铜、铁矿床成矿地质特征，该异常带中的局部高磁异常边缘是寻找矽卡岩型矿床的有利部位。

预测工作区特征：F2位于测区西部，自闫家屯、杨家屯、甘家岭村一线，北东向，沿梯度带分布，长22.6km。断裂北东段处于白垩系地层中，其北东侧出露石炭系余富屯组，升高的磁场可能与侵入体有关，断裂南西段西侧高磁场为侏罗系花岗岩中，东侧为白垩系，该断裂与地质上实测断层部分吻合；F6位于测区北部，自团山子村—李家屯一线，沿北东向梯度带及异常低值带分布，长8.5km，断裂北东段处于石英闪长岩中，并有蚀变安山岩，南西段处于第四系覆盖中，断裂属于大断裂带中的次级断裂；F10位于测区中部，李家屯—林山村一线，北东向，沿梯度带弧形分布，长12.6km，磁场北西侧弱，南东侧强，断裂处于侏罗系二长花岗岩中，为大断裂的次级断裂；F14位于测区中部，大蒋家屯附近，沿梯度带南北向分布，长约4km，东侧负磁场主要与二叠系地层有关，西侧正负异常与石英闪长岩引起，断裂的一侧，有兰家金矿分布，该断裂与金矿成矿有关。区内推断断裂，共15条，其中北东向、北东东向10条，北西3条，南北、东西各1条。

区内侵入岩发育，除少量基性—超基性岩类外，主要为中性、中酸性和酸性岩类，岩浆活动频繁。往往成多次侵入的复式岩体，岩体反映的磁场较为复杂，表现为多个岩体磁性的叠加。在预测区南部后双泉—乌龙泉一带有两条并列的北东向条带状异常，最高强度分别为1370nT和1540nT，根据其形态强度高，梯度陡，推断为两个闪长岩体。在上三家子，烧锅甸子，杨棚铺一带，北东向的带状异常带稳伏的为中生代闪长岩或花岗闪长岩体。

在预测区北部，团山子村以北东向的高值异常推断两处基性岩体。在四家乡、杂木村、王家瓦房村出露3处侏罗系黑云母碱长花岗岩，磁场处于低缓异常带或负磁场中。

在兰家金矿附近，成矿岩体为石英闪长岩，其含矿性较好，磁性较弱，区内有多处分布。

下二叠统范家屯组，劝农山及石头口门附近出露岩性为粉砂岩、砂板岩、灰岩、凝灰岩、凝灰质砂岩等，该地层与Au、S、Fe成矿关系密切。对应航磁为负磁场。

23. 万宝预测工作区

F7位于测区东部，北东向，沿线性梯度带分布，长22km，断裂大部分处于第四系河道中，两侧有闪长岩出露；F1位于测区北部，沿梯度带东西向分布，长16km，断裂处于小蒲柴河黑云母花岗岩中，但南北两侧磁场明显不同，南侧为正磁场，而北侧为升高的正异常区，沿断裂有石英闪长玢岩分布；F8位于测区西南部，沿北西向梯度带及不同场区分界线展布，长12km，断裂处于花岗闪长岩中，北西向糜棱岩带一侧，与地质实测断裂一致。据地质资料，北东向、北西向断裂为区内控矿构造。本区推断9条断裂，北东向，北西向，东西向各3条。

小蒲柴河黑云母花岗闪长岩（P_3-T_1）$X\gamma\delta$：分布在西部王福岭—大蒲柴河一带，二长花岗岩（P_3-T_1）$J\eta\gamma$，分布在东部清沟子村一带，两者磁场相同，均为平稳负磁场。

太平屯闪长岩(P_3-T_1)Tδ：在万宝镇及太平村附近出露，岩体对应低缓正异常或孤立异常。

小湾沟二长花岗岩($J_1X\eta\gamma$)：零星分布在早三叠—晚二叠世花岗闪长岩，二长花岗岩中，无明显异常反映。

新元古代万宝组变质岩地层：位于万宝镇一带，北东向展布，对应磁场以负为主，局部为低缓异常，岩性为变质砂岩、粉砂岩夹大理岩，周围与花岗闪长岩、闪长岩接触，具有成矿有利条件。

在预测区西北部及东部分别有小型铜矿和铜铅矿点，并有多金属化探异常，是寻找多金属的有利地带。

24. 浑北预测工作区

推断断裂 F6、F7 位于测区中部，沿砬子门里、小围子、黑沟村、里岔西沟一线北东向分布，长45.8km，中部被错断。断裂两侧磁场不同，北西侧为太古界龙岗群变质岩磁场，南东侧为元古界及古生界岩性所反映的负磁场，该断裂为区较大的一条断裂，控制了两侧铁、金矿床的分布；F04 位于测区西部，仙一洞—旱沟村一线，沿北西向梯度带分布，长 6.7km。断裂西侧是太古界龙岗群变质岩系，东侧主要是中元古界珍珠门组变质岩地层；区内共推断 8 条断裂，北东向 5 条，北西向 3 条。

区内岩浆岩较少出露，仅在袁家沟、兔尾巴沟附近，有花岗斑岩脉分布，在测区边部沿北东向有零星脉岩出露，反映了沿浑江断裂的岩浆活动，为区内金矿成矿提供了热源。花岗斑岩脉，磁性较弱，在大面积负磁场中无反映。

太古宙龙岗群变质岩：主要分布于四方山-板石沟断裂以北，磁性特征明显，低缓磁场上叠加高峰值异常带，背景场为太古代变质岩，异常带与铁矿对应、

元古宙变质岩：分布在四方山-板石沟断裂以南，对应平缓波动的负磁场，其北部是中元古代老龄岩群珍珠门组大理岩，南部是新元古代青白口系钓鱼台组石英砂岩、南芬组页岩、粉砂岩等岩性。青白口系南芬组是区内金英金矿的赋矿层位。矿区附近磁场为平缓负磁场。

25. 古马岭—活龙预测工作区

推断断裂 F3 位于测区南东缘，南起杨木林村、凉水乡、五道岭、太平村，经斜沟，延出测区，区内长约39.5km，沿北东向梯度带展布，该断裂在磁场图上标志明显地显示出一条降低的线性梯度带。断裂为鸭绿江大断裂的一部分，该断裂属长期活动的深大断裂，不仅制约了两侧的沉积建造，岩浆活动，而且对有色金属、贵金属有明显的控制作用，成为重要的构造岩浆岩带和多金属成矿带；F2 于测区北部，处样子沟—斜沟一带，沿梯度带北西西向展布长约 13.6km，两侧磁场明显不同，北侧高磁场区为侏罗系果松组地层，南侧低磁场区为古生代寒武—奥陶系变质岩地层，以及元古宙侵入岩体，断裂控制了中生代沉积岩的分布。区内推断断裂 6 条，其中北东向 2 条，其余为北西向或北西西向。F3 为 Ⅰ 断裂，其余为Ⅲ级。

榆树林子二长花岗岩($K_1ys\eta\gamma$)和花岗斑岩($K_1ys\gamma\pi$)：区内在爬宝村、荒岔村、江口村一带出露，磁场波动不大，强度在 50～200nT。

双岔巨斑状花岗岩(Pt_1s)：区内腰岭子和处样子沟树一带有出露，磁场平稳，强度为－50～100nT。

火山岩：在测区北部，兴安村附近，侏罗系果松组中有零星分布。为中性火山岩，场强在 200～300nT。

集安群(Pt_1d)，主要分布在沿江一带，杨木林子—小东沟，上东沟—迎水村，下活龙村～上活龙村。对应磁场波动较大，一般为 0～300nT。根据磁场特征，结合 1∶25 万地质图及重力资料，共圈出地层 3 处。该地层与金矿关系密切，古马岭金矿、下活龙金矿均产于该地层破碎带或变粒岩中。磁场梯度带边部或磁场降低部分是寻找金矿的有利部位。

古生代地层，包括寒武、奥陶系，分布于测区北部治安村—复兴村一带，岩性主要有灰岩、页岩、砂岩等。对应磁场平稳低缓，一般为－100～－50nT。

26. 海沟预测工作区

典型矿床特征：在1∶5万航磁异常剖面平面图和等值线平面图上，矿床的多数矿段位于北部强磁场区南部边缘和局部强磁异常的边部及边部梯度带上，并处在北西向和北东向线性梯度带交会位置。与北部强磁场区相邻的南部低磁场区近东西向分布，最低值为－60nT。

北部强磁场区主要出露有侏罗纪二长花岗岩、石英闪长岩、花岗闪长岩。南部低磁场区主要出露有元古宙东方红岩组、团结岩组老变质岩。

预测工作区：推断断裂F5位于测区北部，北西走向，沿梯度带及异常低值带展布长18km。断裂处在花岗闪长岩中，北侧异常带与北西向德縻棱岩化带吻合，并且沿断裂有玄武岩分布，该断裂为深断裂的次级断裂；F2位于测区西部，北西向沿梯度带展布长12.4km，断裂北东侧为元古代变质岩地层和早三叠—晚二叠世花岗闪长岩，南西侧为中生代地层。该断裂与地层上实测断裂吻合；F11位于测区南部，东西向，沿线性梯度带展布，长约25km。断裂两侧磁场不同，北侧为高值异常区，沿断裂有中—酸性脉岩出露。南侧磁场明显降低，沿断裂有晚三叠系汉阳屯花岗岩侵入体分布。海沟金矿位于断裂带上，该断裂带控制了金矿的形成。区内断裂以北西向为主要构造线方向，推断断裂7条，北东向1条，东西向各1条，南北向呈弧形分布1条。

早三叠—晚二叠世黑云母花岗闪长岩(P_3-T_1)Xγδ，在区内大面积出露主要是小蒲柴河岩体，分布范围在F11号断裂以北。F4号断裂以东。磁场东部高西部低，是因为东部中—基性脉岩及火山岩发育加上四岔子。铁矿异常影响所致。

晚三叠世中细粒碱长花岗岩、汉阳屯岩体(T_3HKPγ)，位于预测区南部，团结村附近，呈面积性分布，向南延出测区。磁场呈低缓正异常或负异常，海沟金矿即在岩体附近，金矿成矿受构造控制，并与花岗岩有密切关系。

中侏罗世二长花岗岩(J_2Xηγ)沿断裂带不连续分布，多呈小面积出露，二长花岗岩磁性较弱，在图上无明显反映。

火山岩：区内火山岩出露较少，仅在断裂附近有零星分布。玄武岩有二处，为吉C-76-118和吉C-76-119，根据其形态，孤立异常强度高，梯度陡并且异常附近有玄武岩，故推断二处异常为玄武岩异常。安山岩在测区南部，吉C-77-129，异常尖锐，孤立，温度高，出现在侏罗系中，推断有安山岩引起。

元古宙变质岩地层：张三沟岩组(Pt_1*zh*)位于测区西部，北西向分布，岩性为黑云变粒岩，角闪变粒岩，变质砾岩，角闪片岩等对应为负磁场中的北西向正异常带。据磁场特征，并集合1∶25万地质图圈出。东方红岩组(Pt_2*df*)位于测区中部，阳宝太顶子附近，岩性为片理化英安岩，流纹岩夹凝灰质砂岩。对应磁场为中等强度的北西向异常带，四金矿处在该地层中。另外还有一处，在该地层西部，磁场为负场。

27. 小西南岔—杨金沟预测工作区

典型矿床特征：在1∶5万航磁异常图上，小西南岔铜金矿床位于北东向条带状低磁异常西南端负异常北侧边缘即北东向线性梯度带上。矿区外围有数十个航磁异常环绕分布，这些异常梯度陡、强度大、形态多样，一般为200～500nT，最大值为900nT，为磁性较强的印支期、海西期中酸性侵入岩体所引起的磁异常。而矿区周围的低磁异常区是遭受强烈混染(可能是引起闪长岩退磁的主要原因)的闪长岩引起，矿床所在的线性梯度带北东段平直，走向较稳定，规模较大，梯度较陡。西南段梯度缓，有北西向线性梯度带存在，横跨并垂直于北东向线性梯度带的两侧，且相互平行，推断是北西向断裂构造被后期的北东向断裂构造错断，并沿北东向发生位移所致。北东向线性梯度带东南侧分布有条带状低磁异常区，其西南端有一等轴状负异常，矿床即位于负异常北侧边缘上。条带状低磁异常区为断裂构造带的反映，等轴状负异常为北东向、北西向、东西向断裂构造交会和矿化蚀变带(热液蚀变退磁)综合反映。

预测工作区：推断断裂F2沿南北向梯度带，磁梯度带延伸，南起上四道沟，向北至大北城附近，全长38km，区内长27km，沿断裂古生代地层呈南北向展布，并有闪长岩分布，是区内岩浆活动的重要通道，沿断裂有矿化蚀变现象。地表伴有化探异常，是区内重要的控矿构造；F10位于测区中西部，沿东西向磁场梯度带，异常低值带延伸，长19.5km。断裂两侧有闪长岩分布，是汪清-金仓东西向断裂的次级断裂，与南北向断裂交会部位，即小西南岔附近是寻找多金属矿床的有利部位；F6位于测区中部，沿北东向梯度带，磁场突变带延伸全长40km，区内长27km，断裂两侧磁场不同，南东侧为平静负磁场，沿断裂有闪长岩出露，北东向断裂控制了侵入岩的分布。区内推断断裂11条。其中北东5条。东西向4条，北西，南北向各1条。

闪长岩：在小西南岔金铜矿区进行的地面磁测及磁化率测定结果，遭受强烈混染的中细闪长 κ 变化仅在 $(20\sim50)\times10^{-5}$SI之间。在航磁圈上反映低背景场。

中二叠世闪长岩($P_2\delta$)：在区内主要分布在高磁异常带上，在航磁图上反映明显，以强度大、梯度陡为特征，并且沿最高强度可达800～1200nT，平均磁化率为 2300×10^{-5}SI，断裂。在区内分布较为密集。该闪长岩与多金属成矿关系密切。

晚三叠世闪长岩($T_3\delta$)：位于测区西部磁场强度100～200nT，低于二叠系闪长岩强度，区内圈定1处。

花岗闪长岩：中二叠世花岗闪长岩($P_2\gamma\delta$)位于测区中南部，航磁处于负异常或低缓正异常中，区内圈出1处；晚三叠世花岗闪长岩($T_3\gamma\delta$)区内大面积出露，遍布全区。

寒武—奥陶系香房子岩组、杨金沟岩组、马滴达岩组，主要呈南北向展布于小西南岔—马滴达一带。航磁呈负异常或低缓正异常，圈定依据是根据磁场特征，结合1∶25万地质图及重力资料圈定，但各岩组之间不易区分。

二叠系解放村组(P_2j)：岩性为海陆交互相破碎沉积岩系、砂岩、细砂岩、泥质粉砂岩等。在测区北部有出露，航磁对应负异常及低缓正异常。结合地质资料及重力资料进行圈定。

28. 农坪—前山预测工作区

F3位于测区西部，北东向延伸，南起平安村，经一松亭村、雪带山村等地，长约28km。沿断裂有闪长岩分布，对岩浆热液型矿产分布起到了控制作用；F8位于测区北部，南北向分布，为小西南岔-四道沟断裂的南部，区内长约11km。断裂控制了古生代地层的分布和中酸性岩浆侵入，是区内控矿构造；F6位于测区东部北东向展布，北段延出测区。区内长约12km，沿断裂有闪长岩分布，航磁呈带状正异常带；F9位于测区南部沿梯度带东西向展布。西起上杨树沟，农坪，四道沟村，至镇安岭村，长约24km。沿断裂有闪长岩出露，并控制了花岗岩体及古生代地层的分布。区内共推断9条，其中北东向F1、F3、F4、F6、F7共5条，东西向F2、F7、F9共3条。南北向F5，1条。

中二叠世闪长岩($P_2\delta$)：主要在预测区东部，沿断裂呈北东向分布，形态为平缓小异常，强度在100nT左右。或负磁场中的相对高值，区内圈出4处。

晚三叠世闪长岩($T_3\delta$)：多为孤立弱异常，强度一般为50～100nT，但在马营村近为强异常。区内共圈定6处。

花岗岩与花岗闪长岩：晚三叠世花岗闪长岩遍及全区，多呈岩基产出，航磁曲线波浪起伏，呈团块状或条带状的正磁场。磁场强度变化较大，一般强度为100～300nT，二长花岗岩磁场略低，一般为50～100nT，局部为负值。

寒武—奥陶系变质岩：在区内分布在闹枝沟、四道沟、向北至小西南岔一带。由一套海底火山—碎屑建造组成。在本地层内发现金铜矿化及化探异常，是区内含铜等多金属矿产的主要矿源层。航磁表现为低缓正异常，重力场为重力高。

二叠系解放村组，关门咀子组地层：岩性有轻微变质为火山岩，碎屑岩组成。航磁以负磁场为主，局部为低缓正异常，重力场为重力高。圈定了八道沟、一松亭村、松林村、马滴达村等6处。

29. 黄松甸子预测工作区

推断断裂F5位于测区南部，北东向，沿梯度带，突变带分布，区内长约7km，沿断裂有闪长岩体侵入；F1位于测区北部，沿兰家趟子—黄芪地一线，北西向负磁场梯度带，长约14.8km。断裂位于二叠系解放组地层与新近系土门子组地层接触线附近，与地层走向一致，并与河流平行。区内推断断裂6条，北东向5条，北西向1条。

区内侵入岩主要是晚三叠世花岗闪长岩，在东南部太阳川—老头沟一带出露，对应低缓正异常场。二叠系闪长岩则形成局部异常。

火山岩分布在测区北部，牛心顶，四方顶子等地为新近系老爷岭玄武岩，航磁对应波动负磁场及局部低缓异常。

解放村组(P_2j)：在测区北部黄芪地—兰家趟子一带出露，岩性为细砂岩，粉砂岩夹粉砂质斑岩。

土门子组(N_1t)：在中土门子村、四方顶子、草坪村、桦树咀子村等地有出露，岩性为砾岩、砂岩、含砂砾岩。

本区砾岩金矿赋存于土门子组砂砾岩中。区内沉积岩地层对应航磁为波动的负磁场。

30. 珲春河预测工作区

推断断裂F4位于测区北部，北东向，沿梯度带分布，长约10.5km，断裂处在晚三叠世花岗闪长岩中，沿断裂有闪长玢岩细脉分布；F5位于测区中部，沿负磁场梯度带延伸，断裂近南北向，北段通过小西南岔金铜矿，是金铜矿的主要控矿构造，区内长约10km。本区推断7条断裂，北东向3条，东西向2条，北西、南北向各1条。

中二叠世闪长岩($P_2\delta$)、辉长岩($P_2\nu$)：主要在测区东部闹枝沟附近有出露，磁场为负值，局部有异常出现。

晚三叠世花岗闪长岩($T_3\gamma\delta$)：在区内北侧，南侧和东侧均呈面积性出露，磁场为低缓异常和负磁场。

寒武—奥陶系杨金沟岩组($\in$—Oy)：岩性为变质火山岩，黑色角闪石英片岩，绿色角闪黑云母夹条带状大理岩和变质砂岩。该地层在以前的报告中称为五道沟群，是金铜等多金属矿产的主要矿源层。航磁对应为负磁场。

二叠系解放村组(P_2j)：地层在马滴达村附近出露，岩性为湾陆交互相碎屑沉积岩系、砂岩、细砂岩、泥质粉砂岩。对应航磁负磁场。

本区砂金矿床与珲春河水系第四纪冲积层有关，柳树河子砂金矿产于珲春河现代砂砾石层中，金主要赋存其底部。含金矿带处于波动的负磁场中。

第三节　化　探

一、技术流程

由于该区域仅有1∶20万化探资料，所以用该数据进行数据处理，编制地区化学异常图，将图件再放大到1∶5万。

二、资料应用

应用1∶5万或1∶20万化探资料。

三、化探资料应用异常解释及推断

1.头道沟—吉昌预测工作区

应用1∶5万水系沉积物测量数据，制作头道沟—吉昌预测工作区金元素地球化学异常图。共圈定金元素异常15处，其中，7号、11号、17号异常具有清晰的三级分带，浓集中心明显，异常强度较高，极大值达36×10^{-9}。面积分别为$10.8km^2$、$12.9km^2$和$24.2km^2$。7号金异常由于数据不完整，而呈开放式，没有封闭；11号金异常近椭圆状，而17号金异常则因为预测区范围而人为切割。三者轴向均为东西向延伸。

2号、4号、8号、9号、10号、13号、16号异常具有比较明显的二级分带，中带面积较小，主要以外带为主，极大值达3.5×10^{-9}。异常形态不规则，北东或近东西向延伸。

3号、5号、6号、14号、15号只有外带异常，以3号、5号异常面积最小。显示的异常信息较弱。

以元素的共伴生组合关系，列出两种金元素组合，即Au-Ag、Cu、Pb；Au-As、Sb、Bi。

以金为主体，围绕7号金异常伴生的元素是Ag、Cu、Sb，空间上与Au具有一定的套合关系，异常规模较大，呈开放式分布。

与11号金异常关系密切的是Ag、Cu、As、Bi、Sb元素；Ag、Cu、Bi与Au具有明显的同心套合特征，Cu异常以较大规模存在；而As、Sb异常则以地球化学省围绕11号金异常分布。

17号金组合异常落位在工作区的南侧，主要成矿元素Cu仅以较小的异常规模伴生在金的外带，而与金空间套合紧密的是As、Bi、Sb。

上述金组合异常均表现出较复杂元素组分富集的特点以及以低温为主的成矿地球化学环境。

围绕8号、9号金异常分布的元素较多，有Ag、Cu、Pb；As、Sb、Bi，其中Pb与8号金异常成同心套合状，Ag、Cu、Bi分布在8号、9号金异常的外带，As、Sb以地球化学省存在。

围绕6号金异常分布的元素有Ag、Cu、As、Sb，均以较大的异常规模存在，亦表现出中、低温的成矿地球化学环境。

其余的金组合异常简单，或以金独立存在，或有1～2个元素与之伴生，表现为简单元素组分富集的叠生地球化学场。

该区的金综合异常共圈出8处，其中甲级1处(1号)，乙级3处(2号、5号、8号)，丙级4处(3号、4号、6号、7号、)。4处丙级综合异常均分布在工作区的南部。

1号甲级综合异常落位在东柳树河东侧，由6号金组合异常构成，面积近$3km^2$，似椭圆状，北东向展布。地质背景主要为上石炭统磨盘山组灰岩以及燕山期的花岗岩侵入体，具有较好的成矿条件和找矿前景。有一处金矿床分布在综合异常内，因此认为1号金综合异常是矿致异常，可为寻找深部盲矿提供依据。

2号乙级综合异常落位在区内中西部的小石村，由7号金组合异常构成，面积约$9km^2$，近椭圆状，北西向展布。地质背景主要是石炭系的灰岩、细碧岩、角斑岩以及白垩系下统砂岩、砾岩，综合异常处于北东向与北西向断裂交会处，显示良好的成矿条件和找矿前景，是区内扩大找矿的重要靶区。

5号、8号乙级综合异常分别位于区内的烟筒山镇和明城镇，分别由11号、17号金组合异常构成，面积分别为$12km^2$、$21km^2$。成晕环境以中、低温地球化学环境为主，分布有石炭系灰岩、砂岩以及燕山期花岗岩侵入体。异常周围有金、铜矿化点分布，为找矿有望异常。

3 号丙级综合异常面积为 $6km^2$，由 8 号金组合异常构成，表现为复杂组分含量富集场，是一处值得重视的金综合异常。

根据以上对头道沟—吉昌预测工作区地质、地球化学元素异常的总体描述，我们做如下的解释与评价：

(1)该区主要的预测矿种为金矿，预测的主要成矿类型为火山岩型。

(2)该区属于亲石、稀有、稀土元素同生地球化学场。

(3)金是主要成矿元素，伴生元素为 Ag、Cu、Pb、As、Sb、Bi，对找矿有重要指示作用。Ag、As、Sb 异常发育表明矿化应以中、低温的地球化学环境为主。

(4)金的单元素异常表现出很好的分带性和明显的浓集中心。以金为主体的组合异常具有较复杂组分富集的特点，显示出后期叠加改造作用的强烈。

(5)与成矿关系密切的是石炭系下统的细碧角斑岩、石英角斑岩。1 号、2 号、5 号、8 号金综合异常均具备良好的成矿条件，且与分布的金、铜矿化积极响应，具有良好的找矿前景。

2. 石咀—官马预测工作区

应用 1∶5 万化探数据圈出金异常 9 处。其中 1 号、4 号、5 号、8 号金异常具有清晰的三级分带和明显的浓集中心，异常强度较高，内带值达到 39×10^{-9}。统计异常面积分别为 $44km^2$、$6km^2$、$22km^2$、$33km^2$，形状不规则，东西向或北东向延伸的趋势。

2 号、9 号金异常具有完整、清晰的二级分带，面积分别为 $3.4km^2$ 和 $7.7km^2$，显示较小的异常规模。异常形态似椭圆状，轴向延伸呈北西向的趋势。

3 号、6 号异常只具外带，异常规模小，显示的评价信息弱。

以金为主体的组合异常有三种表现形式：Au-Cu、Pb、Ag；Au-As、Sb、Hg；Au-W、Bi、Mo。

1 号金组合异常位于区内的西北角，与金空间组合紧密的元素只有 Pb、W，而且 Pb 局部伴生在金的外带，W 则分布在金的内带，具有简单元素组分富集的特点。

4 号金组合异常中，有 W、Sb 与金空间紧密伴生，构成金的中带，显示出简单元素组分富集的叠生地球化学场。

5 号金组合异常中，与金空间套合紧密的元素为 Ag、As、Sb、W。其中 Ag、As、Sb 构成金的外带，W 构成金的内带，形成较复杂元素组分富集的叠生地球化学场。

8 号金组合异常中，与金空间套合紧密的元素为 Cu、Pb、Ag、W、Bi、Mo、As、Hg。其中 Cu、Pb、Ag、W、Bi、Mo 与金呈同心套合状，而 W、Bi 则以较大的异常规模分布，构成的是金的内带和中带，As、Hg 局部伴生在金的外带。这种组合特征表明在以亲石、稀有、稀土元素为主的同生地球化学场中，主成矿元素金受 Cu、Pb、Ag、W、Bi、Mo、As、Hg 等元素的叠加改造作用强烈，共同形成复杂组分含量富集的叠生地球化学场，并在高—中温的成矿地球化学环境中，金元素进一步富集成矿。

2 号、9 号金组合异常同样显示简单元素组分富集的特点，不利于金的富集成矿。

金的综合异常圈出 6 处，甲级 2 处(4 号、5 号)，乙级 1 处(2 号)，丙级 3 处(1 号、3 号、6 号)。

4 号甲级综合异常落位在粗榆村，由 5 号组合异常构成，面积 $21km^2$，不规则状，北西向展布。地质背景为下石炭统鹿圈屯组砂岩，上石炭统流纹岩、凝灰岩夹灰岩以及侏罗系的流纹岩、安山岩，侵入体以燕山期的花岗闪长岩、花岗斑岩为主，出现北东向、北西向的断裂构造，显示良好的成矿条件和找矿前景。综合异常内分布有一处金矿产，表明异常的矿致性。

5 号甲级综合异常落位在石咀镇，由 8 号组合异常构成，面积 $26km^2$，不规则状，北东向展布。地质背景与 4 号甲级综合异常所表现的一致，石咀铜矿位于其中，是矿致异常，可成为进一步寻找金矿的重要靶区。

2 号乙级综合异常落位在明城镇，由 1 号金组合异常构成，面积 $34km^2$，不规则状，南北向展布。地质背景为下石炭统鹿圈屯组砂岩，磨盘山组灰岩以及中生界的中酸性火山岩；侵入岩为海西期的石英正长岩，燕山期的正长花岗岩和花岗斑岩；北东向、北西向的断裂构造交叉出现，具备一定的成矿条件及找矿前景，是另一处寻找金矿的有望靶区。

总结工作区金矿的地球化学找矿模式如下：

(1)工作区属于亲石、稀有、稀土元素为主的同生地球化学场，为丘陵、低山森林景观区。

(2)主成矿元素金具有清晰的三级分带，明显的浓集中心和较高的异常强度，是金富集成矿的结果。

(3)以金为主体的组合异常组分复杂，Au、Cu、Pb、Ag、As、Sb、Hg、W、Bi、Mo 共同构成复杂组分含量富集的叠生地球化学场，分布的金、铜矿产形成于叠生地球化学场中。

(4)金综合异常显示优良的成矿条件和进一步找矿前景，并与分布的矿产具有积极的响应关系，是矿化的结果。

(5)金综合异常具有明显的水平分带现象：内带 W、Bi、Mo，中带 Cu、Pb、Ag，外带 As、Hg。

(6)主要的找矿指示元素为 Au、Cu、Pb、Ag、As、Sb、Hg、W、Bi、Mo。近矿指示元素为 Au、Cu、Pb、Ag；尾部指示元素为 W、Bi、Mo；远程指示元素为 As、Hg。

(7)该工作区金成矿主要经历了高、中温复杂的过程。

3. 地局子一倒木河预测工作区

由于该工作区没有收集到 1∶5 万数据，因此应用 1∶20 万化探数据，重新制作了工作区内金元素异常图。

金共圈出 5 处异常。以 3 号异常表现最突出，具有清晰的三级分带，3 处明显的浓集中心，而且异常强度高，内带极大值达到 30×10^{-9}。统计其异常总面积达到 $138km^2$，呈带状分布，是一处良好的异常集中区。

4 号、5 号金异常只具有中带、外带，异常面积较小，分别为 $10km^2$、$11km^2$，分布在 3 号异常的左下方。

1 号、2 号金异常只具有外带，且异常规模小，用于评价的异常信息弱。

以金为主体的元素组合有两种：Au-Cu、Pb、Zn 和 Au-W、Sn、Mo、Bi。

在 3 号金组合异常中，与金异常空间关系密切的伴生元素多，有 Cu、Pb、Zn、W、Sn、Mo、Bi。其中 W、Sn、Mo、Bi 构成金组合的内带，Cu、Pb、Zn 构成金的中带、外带，Cu、Pb、Zn、W 以较大的异常规模分布，显示出在中、高温的成矿地球化学环境中，金组合异常形成复杂元素组分富集的叠生地球化学场。

围绕 4 号、5 号金异常分布的伴生元素只有 Cu，具有简单元素组分富集的特点。

该区的金综合异常共圈出 4 处，乙级 2 处(1 号、2 号)，丙级 2 处(3 号、4 号)。

1 号乙级综合异常落位在区内头道—平安屯，由 3-1 号、3-2 号金组合异常构成，面积为 $37km^2$，呈条带状东西向展布；2 号金综合异常落位在活龙村，由 3-3 号金组合异常构成，面积 $25km^2$，近椭圆形状，南北向展布。二者地质背景是一套由安山岩和凝灰岩构成的火山岩建造，燕山晚期的花岗岩侵入频繁，显示北东向的断裂构造，空间上与分布的矿产具有一定的响应关系，具备良好的成矿条件和找矿前景。

总结工作区金矿的地球化学找矿模式为：

(1)该区主要的预测矿种为金矿，预测的主要成矿类型为火山岩型。

(2)该区属于亲石、稀有、稀土元素同生地球化学场。

(3)金是主要成矿元素，伴生元素为 Cu、Pb、Zn。

(4)金的单元素异常表现出清晰的分带性和浓集中心，异常强度较高，达到 30×10^{-9}，面积较大，是主要的找矿标志。

(5)以金为主体的组合异常具有较复杂组分富集的特点，显示出后期叠加改造作用的强烈，利于金的进一步迁移、富集、成矿。

(6)与成矿关系密切的是石炭系与侏罗系的安山岩和凝灰岩。1号、2号金综合异常均具备此良好的成矿条件,且与分布的金、铜铅锌矿及矿点积极响应,具有优良的找矿前景。

(7)Au、Cu、Pb、Zn、W、Sn、Mo、Bi是重要的找矿指示元素。其中Au、Cu、Pb、Zn是近矿指示元素,W、Sn、Mo、Bi为尾部指示元素。

(8)W、Sn、Mo、Bi异常发育表明区内成矿应以高温的成矿地球化学环境为主。

4.香炉碗子—山城镇预测工作区

应用1∶20万化探数据,工作区内共圈出金异常18处。其中11号金异常具有清晰的分带性,浓集中心大且明显,具有较高的异常强度,极大值达220×10^{-9},统计其内带面积为$31km^2$,总面积为$55km^2$,呈椭圆状分布,轴向北东。

1号、6号、8号、10号、14号、16号、18号金异常均具备二级分带现象(中带、外带),异常规模均较小,形态不规则。

区内的组合异常有3种表现形式:Au-Cu、Pb、Zn;Au-Ag、As、Hg;Au-Ni、Co。以金为主体,空间上与11号金异常套合紧密的伴生元素有Cu、Pb、Zn、Ni、Co、Ag、As、Hg。其中Cu、Pb、Zn、Ag、As、Hg同心套合于金的内带;Ni、Co呈开放式伴生于金的中带、外带,表现为复杂组分含量富集场。

14号金组合落位在11号金组合异常的东南部,与金套合紧密的元素是Cu、Pb、Zn、Ag、As、Ni,表现为较复杂组分含量富集场。

其余组合表现的元素组分比较简单,在空间上呈现局部套合。

综合异常圈出9处,甲级1处(6号),丙级8处(1号、2号、3号、4号、5号、7号)。

6号甲级综合异常落位在区内的烟筒桥村一龙头村,由11号金组合异常构成,面积达$44km^2$,近椭圆形状,北东向展布。地质背景主要为新太古代变质英云闪长岩以及与成矿关系密切的流纹岩,具有优良的成矿条件和找矿前景。香炉碗子金矿即分布在该综合异常中,表明异常矿致性质。为进一步扩大找矿规模提供化探依据。

总结工作区金矿地球化学找矿模式为:

(1)该区主要的预测矿种为金矿,预测的主要成矿类型为火山岩型。

(2)该区属于亲铁元素同生地球化学场。

(3)金是主要成矿元素,伴生元素为Cu、Pb、Zn。

(4)金组合异常组分复杂,显示出在以Ni、Co为主要组分的铁组元素同生地球化学场的基础上,主要成矿元素Au在后期的岩浆侵入活动过程中,受Cu、Pb、Zn、Ag、As、Hg的叠加改造作用强烈,形成复杂组分含量富集场。

(5)金综合异常具有优良成矿地质条件,与分布的矿产积极响应,是优质的矿致异常。其综合异常范围可为扩大已知金矿规模提供帮助。

(6)主要的找矿指示元素为Au、Cu、Pb、Zn、Ag、As、Hg。其中Au、Cu、Pb、Zn、Ag是近矿指示元素,As、Hg是远程指示元素,尾部指示元素为Ni、Co。

(7)As、Hg异常发育表明区内矿化应以高温的成矿地球化学环境为主。

5.五凤预测工作区

应用1∶5万化探数据圈出金元素异常5处,以4号异常表现最好,具有清晰的分带性,浓集中心明显,强度很高,达到1179×10^{-9},面积为$83.5km^2$。带状分布,轴向北东。

1号、2号、6号具中带、外带,表现较小的异常规模。

5号异常只具外带,面积为$4km^2$,分布在工作区的东侧,异常没有闭合,显示较弱的异常信息。

金组合异常只有一种表现形式:Au-As、Sb、Hg、Ag。从图上看,空间上与5号金异常呈同心套合的元素是 As、Sb、Hg、Ag，构成金的内带、中带，表现为较复杂组分含量富集区。

与 5 号、6 号金异常局部套合的伴生元素是 As、Sb、Ag，主要构成金的外带，具有简单组分富集的特点。而 1 号、2 号则以金独立异常存在。

综合异常圈出 4 处，以 4 号金组合异常为基础圈定的综合异常，落位在五凤村，评定为甲级。面积约 $66km^2$。地质背景为与成矿关系密切的中基性的火山岩（安山质凝灰岩、安山岩）。五凤金矿及多处金矿点即位于该综合异常中。1 号、2 号、3 号均为丙级综合异常，内部没有矿产分布。

总结工作区金矿的地球化学找矿模式为：

(1)该区主要的预测矿种为金矿，预测的主要成矿类型为火山岩型。

(2)该区属于亲石、碱土金属元素同生地球化学场。

(3)金是主要成矿元素，伴生元素为 Cu、Pb、Zn、Ag、As、Sb、Hg。

(4)找矿的主要指示元素为 Au、Cu、Pb、Zn、Ag、As、Sb、Hg。其中 Au、Cu、Pb、Zn、Ag 为近矿指示元素，As、Sb、Hg 为找矿的远程指示元素。

(5)4 号综合异常组分复杂，显示复杂组分含量富集区，并显示一定的分带性。空间上与已知矿产积极响应，是优质的矿致异常。4 号综合异常的范围可为扩大典型矿床规模提供依据。

6. 闹枝—棉田预测工作区

由 1∶5 万水系沉积物测量数据圈定出 4 处金异常。其中 1 号金异常三级分带清晰，浓集中心明显，异常强度高，极大值达到 798×10^{-9}。该异常具备 6 个浓集中心，中心规模偏小，中带面积较大，为 $93.9km^2$，总面积达 $221km^2$。异常呈带状分布，北西向延伸的趋势。

以金为主体确定的元素组合异常有 3 种形式：Au-Cu、Pb、Zn、Ag；Au-As、Sb、Hg、Ag；Au-W、Sn、Bi、Mo。此 3 种金元素组合空间套合紧密，Cu、Pb、Zn、As、Sb、Hg、Ag、W、Sn、Bi、Mo 与金的内带、中带、外带均紧密相连，构成复杂元素组分富集的叠生地球化学场，同时表明该区域金成矿的多阶段性、复杂性。

金综合异常圈定 2 处，甲级 1 处(1 号)，丙级 1 处(2 号)。

1 号甲级综合异常落位在百草沟镇，由 1 号金异常构成。面积为 $106km^2$，形状不规则。地质背景为富含金元素的古生界五道沟变质岩群以及中生界的中基性火山岩。闹枝金矿床和多处金矿点、铜矿点落位其中，显示优质的矿致异常。

总结该区金矿的地球化学找矿模式为：

(1)该区主要的预测矿种为金矿、铜矿，预测的主要成矿类型为火山岩型。

(2)该区属于亲铁元素同生地球化学场，同时具有亲石、稀有、稀土元素同生地球化学场的特征。

(3)金是主要成矿元素，具有异常规模较大、异常分带清晰，浓集中心明显，异常强度高的基本特征。主要的伴生元素为 Cu、Pb、Zn、Ag。

(4)金组合异常显示的地球化学意义为：主要成矿元素金受后期的 Pb、Zn、Ag、As、Sb、Hg、W、Sn、Bi、Mo 等元素强烈的叠加改造作用，在形成的复杂元素组分富集的叠生地球化学场中进一步迁移、富集、成矿。

(5)1 号综合异常组分复杂，显示复杂组分含量富集区，并有一定的异常分带性。空间上与已知矿产积极响应，是优质的矿致异常。1 号综合异常的圈定范围可为扩大典型矿床规模提供依据。

(6)找矿的主要指示元素为 Au、Cu、Pb、Zn、Ag、As、Sb、Hg、W、Sn、Bi、Mo。其中 Au、Cu、Pb、Zn、Ag 为近矿指示元素，As、Sb、Hg 为找矿的远程指示元素，W、Sn、Bi、Mo 成为评价典型矿床的尾缘元素。

(7)成矿地球化学环境复杂，成矿经历了高—中—低温的多阶段过程，但主要以中—低温为主。中生代的火山活动为工作区金矿的形成提供了重要的物源与热源。

7. 刺猬沟—九三沟预测工作区

应用 1∶5 万化探数据在工作区内圈定金异常 19 处。其中，4 号、9 号、15 号、20 号异常具清晰的三级分带，浓集中心明显，异常强度高，内带极大值达 175×10^{-9}。

4 号金异常形状似哑铃状，呈北西向延伸，内带面积最大，为 $7km^2$；其次为 20 号异常，内带面积为 $5.5km^2$，近椭圆状；而 9 号、15 号异常内带规模较小，整体形状不规则，有北东向延伸的趋势。统计 4 号、9 号、15 号、20 号异常总面积分别为 $28km^2$、$5km^2$、$13km^2$、$15km^2$。

1 号、3 号、12 号、14 号、16 号、17 号、18 号、19 号异常具有二级分带（中带、外带），以 1 号、3 号、14 号展示较大异常规模，而且具有较好的中级分带。

2 号、5 号、6 号、7 号、8 号、11 号、13 号异常只具有外带，异常规模小，显示的异常信息很弱。

工作区金组合异常有 3 种表现方式：Au-Cu、Pb、Zn、Ag；Au-As、Sb、Hg、Ag；Au-W、Sn、Bi、Mo。以金为主体，空间组合表现较好的有 4 号、9 号、15 号、20 号、1 号、3 号、14 号、19 号金组合异常。

4 号金组合组分较复杂，与金空间套合紧密的元素有 Cu、Pb、Ag、W、Sn、Bi、Mo、As。其中 Cu、Pb、Ag、As 以较小的异常规模分布在金的内带、中带；Sn、Mo 主要构成金的内带，Bi、W 置于金的外带。这种组合特征表明 4 号金组合在成矿成晕过程中，叠加改造活动强烈，具有多阶段、复杂的特点，同时亦显示出该处剥蚀程度较深。

9 号金组合落位在工作区的西北侧，Pb、Zn、Ag、Hg、Sn 与金呈现局部套合关系，Sb 以较大异常面积包围 9 号金组合异常。此种组合显示中—低温的成矿地球化学环境，而且后期的叠加改造作用相对较弱。

15 号金组合空间的表现形式为，Pb、Zn、Ag、As、Sb、Hg、W、Sn、Bi、Mo 与金空间套合紧密，As、Sb、Hg 以较大异常规模分布，显示在以中—低温为主的成矿地球化学环境中，主要成矿元素金受后期强烈的叠加改造作用，形成复杂组分的叠生地球化学场。

20 号金组合较其他组分少，有 Cu、Pb、Zn、Ag、Sn 伴生。其中 Pb、Zn 与金呈同心套合状，构成金的内带；Ag、Sn 局部伴生在金的中带、外带；而 Cu 异常以较大规模将其包围，显示较复杂组分的含量富集场。

1 号金组合中，Cu、Pb、Ag、Hg、Bi、Mo 与金空间套合完整，显示后期对主成矿元素叠加改造作用比较强烈，形成比较复杂组分含量富集场。

3 号、12 号、14 号、19 号异常金组合中，伴生元素与金的空间组合程度有限，多呈局部套合，显示的叠加改造作用较上述的要弱一些。

根据金组合异常圈定的综合异常有 13 处，其中甲级 1 处(7 号)，乙级 2 处(2 号、4 号)，丙级 10 处 9（1 号、3 号、5 号、6 号、8 号、9 号、10 号、11 号、12 号、13 号）。

7 号甲级综合异常是根据 4 号金组合异常圈定而成，落为在刺猬沟区域，面积为 $18km^2$，近椭圆形状。地质背景主要为与成矿关系密切的三叠系的中基性火山岩建造（安山岩、安山质凝灰岩），中型刺猬沟金矿落位在该综合异常的中心，显示优质的矿致异常。

2 号、4 号乙级综合异常均位于 7 号甲级综合异常的北侧，面积分别为 $9km^2$，$5km^2$，近椭圆形状。所处的地质背景为中生代的(K_1cw、T_3t)安山质凝灰角砾岩、安山岩、流纹岩，北东、北西向断裂发育，空间上与分布的金矿点有一定的响应关系，显示出良好的成矿条件和找矿前景。

9 号、10 号丙级综合异常亦显示出较复杂组分含量富集特点。其主成矿元素金异常及其组合的良好表现，值得在今后的找矿评价中引起重视。

总结上述异常特征，得出如下关于金矿的地球化学找矿模式：

(1)该区主要的预测矿种为金矿，预测的主要成矿类型为火山岩型。

(2)该区属于亲铁元素同生地球化学场，主成矿元素 Au 在后期的 Cu、Pb、Zn、Ag、As、Sb、Hg、W、

Sn、Bi、Mo 等元素强烈的叠加改造作用中，进一步迁移、富集，最终形成复杂组分叠生地球化学场。

(3)金是主要成矿元素，具有异常规模较大、异常分带清晰，浓集中心明显，异常强度高的基本特征。主要的伴生元素为 Cu、Pb、Zn、Ag。

(4)找矿的主要指示元素为 Au、Cu、Pb、Zn、Ag、As、Sb、Hg、W、Sn、Bi、Mo。其中 Au、Cu、Pb、Zn、Ag 为近矿指示元素，As、Sb、Hg 为找矿的远程指示元素，W、Sn、Bi、Mo 成为评价典型矿床的尾缘元素。

(5)7 号、2 号、4 号综合异常组分复杂，显示复杂组分含量富集区，并有一定的异常分带性。空间上与已知矿产积极响应，是优良的矿致异常。7 号综合异常的圈定范围可为扩大区内典型矿床规模提供依据。

(6)区内成矿经历了高—中—低温的复杂阶段过程。中生代的火山活动为工作区矿产的形成提供了重要的物源与热源。

8. 杜荒岭预测工作区

应用 1∶20 万化探数据圈出金异常 6 处。其中 2 号金异常具有清晰的三级分带，并显示两个浓集中心，异常强度较高，内带值达到 20×10^{-9}，面积约为 108km^2。条带状，轴向近东西。

4 号金异常显示较好的二级分带，面积约 5km^2，椭圆状。

其余异常只具有外带或中带狭小而以外带为主，形状不规则，显示的异常信息弱。

以金为主体的组合异常有两种形式，即 Au-Pb、Zn、Ag、As；Au-W、Bi、Mo。

2 号金组合异常中，与金空间上有一定套合关系的元素为 Pb、Zn、Ag、As、W、Bi、Mo。其中 Ag 分布在金的内带，Pb、Zn、As、W、Bi 则与金的中带、外带均有套合关系，Mo 局部伴生在金的外带。Pb、Zn、Ag、As、W、Bi、Mo 均以较小的异常规模存在，构成较复杂元素组分富集的叠生地球化学场，利于金的成矿。

其他金组合异常，元素组分简单，显示简单元素组分富集的叠生地球化学场，不利于金的成矿。

金综合异常圈出 4 处，甲级 1 处(2 号)，丙级 3 处(1 号、3 号、4 号)。

2 号甲级综合异常落位在杜荒岭区域，由 2 号金组合异常构成，面积约 100km^2，条带状，东西向展布。地质背景主要为二叠系解放村组的砂岩以及白垩系金沟岭组闪长玢岩、安山岩；侵入岩以燕山期的闪长岩、花岗闪长岩和花岗斑岩为主；分布东西向断裂构造。围岩蚀变有黄铁矿化、绢云母化、硅化、绿帘石化、绿泥石化、高岭土化等，显示良好的成矿条件和找矿前景。杜荒岭金矿及金铜矿点落位其中，表明异常的矿致性质。

总结该工作区金矿地球化学找矿模式为：

(1)工作区属于亲石、碱土金属元素同生地球化学场和中低山森林沼泽景观区。

(2)金异常具有分带清晰、浓集中心明显、异常规模大、强度较高的基本特征。极大值为 20×10^{-9}。

(3)金组合异常组分复杂，空间套合紧密，构成较复杂元素组分富集的叠生地球化学场，利于金的迁移、成矿。

(4)金的甲级综合异常规模大，显示良好的成矿地质背景，空间上与分布的金矿产积极响应，是矿致异常，同时为扩大找矿规模提供重要的化探依据。

(5)综合异常具有一定的异常分带，即内带有 Ag，中带和外带有 Pb、Zn、As、W、Bi。

(6)主要找矿指示元素为 Au、Pb、Zn、Ag、As、W、Bi、Mo。近矿指示元素为 Au、Pb、Zn、Ag；远程指示元素为 Ag、As；尾部指示元素为 W、Bi、Mo。

(7)金成矿主要以高一中温的成矿地球化学环境为主。

9. 金谷山—后底洞预测工作区

应用 1∶20 万化探数据圈出金异常 6 处。其中 2 号金异常具有清晰的三级分带和明显的浓集中心，异常强度达到 13×10^{-9}，规模较大，面积为 $94km^2$。条带状，呈现东西向延伸的趋势。

1 号、3 号、4 号、5 号、6 号异常显示较好的二级分带，4 号呈椭圆状，面积为约 $8km^2$。1 号、3 号、5 号、6 号因预测工作区范围问题而被切割成开放状态。

以金为主体的组合异常有良种表现形式：Au-Cu、As、Sb；Au-Ni、Cr。

2 号金组合异常中，与金空间上套合较紧密的元素为 Cu、As、Sb、Ni、Cr。构成金内带的是 Cu，构成中带的是 As、Sb，而 Ni、Cr 则主要分布在金的外带。显示出在以 Ni、Cr 为主要成分的同生地球化学场中，主成矿元素金经受后期 Cu、As、Sb 的叠加改造作用，并于中—低温的成矿地球化学环境内形成较复杂元素组分富集的叠生地球化学场，区内分布的金、铜矿点即落位于此。

其余金组合异常显示简单元素组分的叠生地球化学场，没有矿产分布，需进一步工作。

金的综合异常圈出 4 处，甲级 1 处(1 号)，丙级 3 处(2 号、3 号、4 号)。

1 号甲级综合异常落位在后底洞南侧，由 2 号金组合异常构成，面积 $74km^2$，带状分布，北西向展布。地质背景比较复杂，主要为二叠系、三叠系砂岩和白垩系安山岩以及海西晚期的橄榄岩、燕山早期的花岗闪长岩侵入体，此外还分布有闪长玢岩脉、花岗斑岩脉。区内围岩蚀变强烈，北东、北西向断裂构造交叉出现，分布有金、铜矿产，显示优良的成矿条件和找矿前景。

总结该工作区近况地球化学找矿模式为：

(1)工作区属于铁族元素同生地球化学场，并具备亲石、碱土金属元素同生地球化学场的特点。

(2)金元素异常具有规模较大、分带清晰、浓集中心明显的基本特征，异常强度达到 13×10^{-9}。

(3)金的组合异常表现较复杂的元素组分，而且与金空间套合紧密，形成较复杂元素组分富集的叠生地球化学场。

(4)主要的找矿指示元素有 Au、Cu、As、Sb、Ni、Cr。其中 Au、Cu 是近矿指示元素；As、Sb 是远程指示元素；Ni、Cr 为尾部指示元素。

(5)金甲级综合异常具有优良的成矿条件和找矿前景，空间上与分布的金、铜矿产积极响应，为矿致异常。其异常范围为扩大找矿规模提供重要的化探依据。

(6)综合异常分带明显，内带有 Cu，中带的是 As、Sb，而 Ni、Cr 则主要分布在金的外带。

(7)成矿显示中—低温的成矿地球化学环境。

10. 漂河川预测工作区

用 1∶20 万化探数据圈出金异常 14 处。其中 1 号、4 号、11 号、12 号具有清晰的三级分带和浓集中心，异常强度较高，极大值达到 68×10^{-9}，统计面积分别为 $21km^2$、$15km^2$、$4km^2$、$12km^2$。异常形态方面，1 号、4 号近似椭圆状，轴向呈北西向延伸的趋势。而 11 号、12 号金异常由于工作区范围限制，被切割成不规则状态，并向南呈开放式。

5 号、6 号、8 号、9 号具有二级分带现象，其中 6 号金异常表现较好，而 5 号、8 号、9 号金异常规模较小。统计面积分别 $3km^2$、$7km^2$、$3km^2$、$1.2km^2$。异常形态除 9 号异常外，均呈近椭圆状。

3 号、7 号、10 号、13 号、14 号金异常只具有外带，且异常规模小，分布零散，显示的异常信息弱。

金组合异常有一种表现形式，即 Au-Cu、Co、Ni。总体看，Cu、Co、Ni 异常与金在空间上的组合关系有限，只有 7 号、8 号、14 号金组合异常有 Cu、Co、Ni 异常的分布，而分带较好的金异常显示的是金的独立组合。因此该工作区以金为主体的组合异常具有简单元素组分富集的特点。

金的综合异常圈出 10 处，甲级 1 处(8 号)，乙级 3 处(1 号、2 号、9 号)，丙级 6 处(3 号、4 号、5 号、6 号、7 号、10 号)。

8 号甲级综合异常落位在区内东南岔的东南侧，由 12 号金独立组合异常构成，面积约 $15km^2$，近椭圆状，东西向展布。地质背景主要为寒武系的黑云斜长变粒岩和角闪斜长变粒岩，印支期的辉长岩以及燕山期的花岗闪长岩，空间上与分布的金矿产积极响应，显示出一定的找矿前景，是寻找金矿的有望靶区。

1 号乙级综合异常落位在区内的下崴子村，由 1 号金独立组合异常构成，面积约 $20km^2$，近椭圆状，北西向展布。地质背景主要为寒武系的黑云斜长变粒岩和角闪斜长变粒岩，是区内寻找金矿的有望靶区。

2 号乙级综合异常落位在区内的寒葱沟村，由 4 号金独立组合异常构成，面积约 $13km^2$，近椭圆状，北西向展布。地质背景主要为燕山期的花岗岩类侵入体，是区内寻找金矿的有望靶区。

9 号乙级综合异常落位在区内的西南角，由 11 号金独立组合异常构成，面积为 $4km^2$，近椭圆状，东西向展布。地质背景主要为燕山期的花岗闪长岩以及上新世橄榄玄武岩建造，是区内寻找金矿的有望靶区。

总结该工作区地球化学找矿标志为：

(1)该工作区具有亲铁元素同生地球化学场和亲石、稀有、稀土元素同生地球化学场的双重性质。属于丘陵、低山森林景观区。

(2)主成矿元素金具有清晰的三级分带和浓集中心，异常规模较大，强度较高，极大值达到 68×10^{-9}。

(3)组合异常以金的独立异常为主，显示的是简单元素组分富集的叠生地球化学场。

(4)金的综合异常具备一定的成矿条件和找矿前景，是区内寻找金矿的有望靶区。

(5)主要的找矿指示元素有 Au、Cu、Co、Ni。

11. 安口镇预测工作区

应用 1∶20 万化探数据圈出金异常 12 处。其中 3 号、7 号异常具备比较清晰的三级分带和明显的浓集中心，异常强度达到 9×10^{-9}，统计面积分别为 $11km^2$、$39km^2$，不规则状，北东向延伸的趋势。

2 号、5 号、6 号、10 号、11 号具有比较清晰的二级分带，统计面积分别为 $9km^2$、$7km^2$、$12km^2$、$2km^2$、$7km^2$，不规则状，北西或北东向延伸。

其余金异常只具有外带，异常规模小，分布零散，显示的评价信息弱。

以金为主体的组合异常有两种形式：Au-Cr、Co、Ni；Au-Cu、Hg。

3 号金组合异常中只有 Hg 局部伴生在金的中带、外带，构成简单元素组分。

富集的叠生地球化学场。

7 号金组合异常显示的元素组分较复杂，有 Cr、Co、Ni、Cu、Hg 在空间上与金紧密套合，构成的是较复杂元素组分富集的叠生地球化学场。

2 号、5 号、6 号、10 号、11 号金元素组合异常有简单元素组分富集的特点，有的则表现出独立的金元素组合。

金的综合异常圈定 6 处，甲级 1 处(3 号)，乙级 2 处(1 号、6 号)，丙级 3 处(2 号、4 号、5 号)。

3 号甲级综合异常落位在中心村，由 7 号金组合异常构成，面积 $25km^2$，不规则状，北东向展布。地质背景为新太古界斜长角闪岩、斜长变粒岩、变质辉长岩及变花岗岩类建造，与北东向的韧性剪切带关系密切，围岩蚀变有硅化、黄铁矿化、绿泥石化等，有铁矿产分布。具备一定的成矿条件和找矿前景。

1 号乙级综合异常落位在项家，由 3 号金组合异常构成，面积 $25km^2$，长条状，北东向展布。地质背景为新太古界变二长花岗岩及下古生界的砂岩、灰岩构成的沉积建造，北东、北西向的断裂构造交叉出现，显示一定的成矿条件和找矿前景。

6 号乙级综合异常落位在五凤楼村，由 10 号金组合异常构成，面积约 $3km^2$，不规则状，北东向展布。地质背景主要为侏罗系砂岩，有金矿点与之积极响应，是寻找金矿的有望靶区。

12. 石棚沟—石道河子预测工作区

应用 1∶20 万化探数据圈出金异常 4 处。其中 2 号、3 号金异常具备三级分带和较明显的浓集中心，异常强度达到 7×10^{-9}，统计面积分别为 $8km^2$、$48km^2$。异常形态方面，2 号金异常呈带状分布，3 号金异常近椭圆状，轴向延伸为北东向趋势。

1 号、4 号异常具有二级分带现象，由于工作区范围问题而被切割成开放状态，统计面积分别为 $2km^2$、$11km^2$，轴向延伸为北西向趋势。

金组合异常有两种表现形式：Au-Pb、Ag；Au-As、Sb、Bi。

2 号金组合异常中有 Pb、Ag、Sb、Bi 与金存在较密切的组合关系，其中 Sb、Bi 置于金的内带，Pb、Ag、Sb 分布在金的中带，Pb、Ag 构成金的外带。构成较复杂元素组分富集的叠生地球化学场。

3 号金组合异常显示比较简单的元素组分，即只有 Sb、Bi 与金存在较密切的组合关系。而且 Bi 主要分布在金的中带，Sb 则局部伴生在金的外带。

金的综合异常圈出 4 处，甲级 1 处(3 号)，乙级 1 处(4 号)，丙级 2 处(1 号、2 号)。

3 号甲级综合异常落位在得胜村—桶子沟区域，由 2 号金组合异常构成，面积 $40km^2$，带状分布，北东向展示。地质背景主要为与成矿关系密切的中太古界杨家店组黑云片麻岩夹斜长角闪岩(Ar_2y)和英云闪长质片麻岩(Ar_2gnt)变质建造，其次为利于金元素迁移的白垩系下统小南沟组砂砾岩，北东向断裂构造极其发育，显示出优良的成矿条件和找矿前景。有石朋沟金矿和金矿点分布其中，表明异常的矿致性质，并为扩大区内金矿的找矿规模提供重要的化探依据。

4 号乙级综合异常落位在区内的金山屯，由 4 号金组合异常构成，面积 $8km^2$，不规则状，南北向展布。地质背景主要为太古界杨家店组黑云片麻岩夹斜长角闪岩和英云闪长质片麻岩，空间上与分布的金矿产积极响应，显示出良好的成矿条件和找矿前景，是区内寻找金矿的重要靶区。

总结该工作区的地球化学找矿标志为：

(1)工作区具有铁族元素同生地球化学场及亲石、稀有、稀土元素同生地球化学场的双重特征。

(2)主成矿元素金具有分带清晰、浓集中心明显、异常强度较高的基本特征。

(3)金组合异常形成的是较复杂元素组分富集的叠生地球化学场，利于金的富集成矿。

(4)金甲、乙综合异常具有良好的成矿地质条件和找矿前景，空间上与分布的金矿产积极响应，是区内寻找金矿的重要靶区。

(5)主要的找矿指示元素为 Au、Pb、Ag、As、Sb、Bi。其中 Au、Pb、Ag 为近矿指示元素，As、Sb 为远程指示元素，Bi 是评价矿体的尾部指示元素。

(6)金成矿主要形成于中—低温的成矿地球化学环境。

13. 夹皮沟—溜河预测工作区

应用 1∶20 万化探数据共圈出金异常 5 处，其中 1 号金异常规模大，分带清晰，浓集中心明显，强度高，达到 546×10^{-9}。统计其面积为 $228km^2$，呈带状分布，轴向延伸北西向。

2 号金异常亦具有比较清晰的三级分带和浓集中心，面积较小，为 $33km^2$，近椭圆状，北东向延伸。

4 号异常具备完整的二级分带，面积约 $32km^2$，不规则形状，呈北东向延伸。

3 号、5 号异常只具有外带，其中 5 号异常落位在工作区的东南角，面积约 $34km^2$，条带状分布，轴向延伸北西。

以金为主体圈定的组合异常有 4 种表现形式：Au-Cu、Pb、Zn、Ag；Au-As、Sb、Hg、Ag；Au-W、Sn、Bi、Mo；Au-Ni、Cr。

1 号金组合异常落位在老牛沟—夹皮沟区域，与金空间组合紧密的伴生元素有 Cu、Pb、Zn、Ag、As、Sb、Hg、Ag、W、Sn、Bi、Mo。其中 As、Sb、Hg、Ni、Cr 同心套合在金的内带，Cu、Pb、Zn、Ag 构成金的中带，Cu 以较大的异常规模分布，W、Sn、Bi、Mo 明显构成金的中带、外带，W、Bi 显示的异常规模较大。

该组合规律表明，在以 Ni、Cr 为基础的同生地球化学场中，成矿元素金经历了从高温组合 W、Sn、Bi、Mo，到中温组合 Cu、Pb、Zn、Ag，再经过低温组合 As、Sb、Hg、Ag 的复杂的叠加过程，形成了极复杂组分含量富集的叠生地球化学场，夹皮沟金矿田即产于其中。而 W、Sn、Bi、Mo 组合规模整体覆盖 As、Sb、Hg、Ag 之上，也从另一层次反映出该组合异常区处于较深的剥蚀程度。

2 号金组合异常中，与金空间组合紧密的元素是 Cu、Pb、Zn、Ag、W、Bi。

其中，Pb、W、Bi 与金呈同心套合状，构成金的中带；Zn、Ag 局部伴生在金的中带、外带；分布的 Cu 异常是 1 号金组合异常中 Cu 异常的延续，构成较复杂组分含量富集的叠生地球化学场。

4 号金组合异常落位在金银别，与金空间组合紧密的元素是 Pb、Zn、Ag、W、Bi、Mo，显示为较复杂组分含量富集的叠生地球化学场。

3 号、5 号金组合异常也表现出较复杂组分含量富集的特点，有 Pb、Zn、Ag、W、Sn、Bi、Mo、As、Sb、Hg、Ni、Cr 元素与金具有空间套合现象。不同的是 5 号金组合异常表现出高、中、低温的成矿地球化学环境；而 3 号金组合异常则以高、中温的元素富集阶段为主。

金综合异常共圈出 4 处，其中甲级 2 处(1 号、2 号)；乙级 1 处(4 号)；丙级 1 处(3 号)。

1 号甲级综合异常落位在板庙子林场—夹皮沟镇，是由 1 号金组合异常构成，面积 $208km^2$，带状分布，北西向延伸。地质背景主要为富含 Au、Cu 的太古宇古老变质岩群，受近东西向的深大断裂控制，具有优良的成矿条件和进一步找矿前景。夹皮沟金矿田主要位于其中，是优质的矿致异常。

2 号甲级综合异常落位在苇沙河—老金厂镇，是由 2 号、3 号金组合异常构成，面积 $50km^2$，近椭圆状，东西向展布。地质背景与 1 号甲级异常相同，空间上与分布的金矿产积极响应，是优良的矿致异常。

4 号乙级综合异常由 5 号金组合异常构成，面积 $50km^2$，不规则形状，北西向展布。地质背景主要为太古宇夹皮沟岩群老牛沟组变质岩以及大面积的阜平期、五台期变质二长花岗岩。六批叶金矿落位其中，显示优良的矿致性，是扩大找矿的重要靶区。

3 号丙级综合异常由 4 号金组合异常构成，面积 $36km^2$，近椭圆状，东西向展布。地质背景主要为新太古界金银别组角闪片岩、英云闪长质片麻岩以及燕山期的花岗侵入体，表现出一定的成矿条件和找矿前景。

14. 金城洞—木兰屯预测工作区

应用 1∶20 万化探数据圈定金元素异常 16 处，其中 1 号、11 号异常具备清晰的三级分带，浓集中心明显，内带异常强度高，峰值达 142×10^{-9}。面积分别为 $85km^2$、$79km^2$。异常呈带状分布，轴向北东。

2 号、3 号、7 号、8 号、9 号、13 号异常具有较好的二级分带，位于工作区的中部和东侧，异常规模较小，统计面积分别为 $6km^2$、$5km^2$、$9km^2$、$6km^2$、$10km^2$、$12km^2$。多为椭圆形态或不规则状，轴向延伸不明显。

其他异常只具外带，分布零散，异常规模小，显示的异常信息较弱。

以金为主体的组合异常有 3 种表现形式：Au-Cu、Hg、Ag；Au-Ni、Co、Mn；Au-W、Sn、Bi、Mo。

1 号金组合异常中，与金空间组合紧密的伴生元素有 Hg、Mn、Sn、Bi、Mo。其中 Mn、Sn、Bi 以较小的异常规模与金呈同心套合状，构成金的内带。Hg、Sn、Mo 以较大的异常规模构成金的中带与外带。具有较复杂元素组分富集的特点。

11 号金组合异常中，与金空间组合紧密的伴生元素有 Cu、Ag、Ni、Co、Mn、W、Mo。其中 Cu 只局部伴生在金的外带，Ag、Ni、Co、Mn、W、Mo 主要分布在金的中带，亦显示较复杂组分含量富集的叠生地球化学场。

2 号、3 号、7 号、9 号、13 号金组合异常显示的组分相对简单，Hg、Mo、Sn、Ni、Co、Mn 元素或 1 种或 2～3 种与金有空间套合关系，具有简单元素组分富集的特征。

8 号金组合异常显示的是金的独立异常。

14 号金组合异常中，有 Hg、Mn、Ni、Co、W、Bi、Mo 与金存在较紧密的套合关系。虽然金只具有外带，没有浓集中心，但该组合异常可形成较复杂元素组分富集的叠生地球化学场，因此在评价深部找矿时应予以重视。

金的综合异常圈定5处,2处评定为甲级(1号),1处评定为乙级异常,2处评定为丙级(2号)。

1号甲级综合异常落位在区内的金城洞村,面积51km²,近椭圆状,北东向延伸。地质背景主要为Au、Cu等主要元素呈高背景的新太古界南岗变质岩群以及区域变质程度很深的花岗岩类侵入体。区内遍布北东、北西向的断裂构造,显示良好的成矿条件和进一步找矿前景。金城洞金矿及大沙河、穷棒子沟金矿点即分布其中。

15.四方山—板石预测工作区

应用1∶20万化探数据圈出金异常12处。其中1号、2号、4号、9号金异常具有非常清晰的三级分带及明显的浓集中心,异常强度达到7×10^{-9},统计面积分别为25km²、6km²、26km²、7km²。形态方面1号、4号呈条带状分布,2号、9号金异常呈近椭圆状分布,异常轴向为北东向或南北向。

3号、5号、6号、7号、8号、10号、11号、12号金异常分带不明显,显示的异常规模较小且分布零散,显示的异常信息弱。

以金为主体的组合异常有一种主要的表现形式:Au-Pb、Sb。

整体看,1号金组合异常表现的是金的独立异常,2号、4号金组合异常中有Pb、Sb伴生,Sb以较大异常规模存在,Pb以局部伴生在金的外带,而9号金组合异常同样只有Pb伴生在金的外带,显示出在以低温为主的成矿地球化学环境中,金的组合异常具有简单元素组分富集的特点。

金综合异常圈出5处,甲级1处(5号),乙级1处(1号),丙级3处(2号、3号、4号)。

3号甲级综合异常位于珍珠门村,由4号金组合异常构成,面积23km²,长条状,北东向展布。地质背景主要为四道砬子岩组的斜长角闪岩与黑云变粒岩,珍珠门岩组、大栗子岩组的千枚岩夹白云质大理岩以及新太古界的变花岗岩类。北东和北西向的断裂构造交叉出现,围岩蚀变强烈,分布有金矿点,显示出较好的成矿条件及找矿前景。

1号乙级综合异常落位区内的朝阳村,由1号、3号金组合异常构成,面积25km²,长条状,北东向展布。地质背景主要为英云闪长质片麻岩、变质花岗岩以及燕山晚期的花岗斑岩,北东向断裂横贯异常中,具备一定的成矿条件及找矿前景,是区内进行金成矿预测的重要靶区。

16.正岔—复兴屯预测工作区

应用1∶5万化探数据圈出金异常11处。其中11号异常具有非常清晰的三级分带和显著的浓集中心,异常强度很高,达到193×10^{-9},内带面积为38km²,中带面积为35km²,总面积为90km²,显示较大的异常规模。异常形态不规则状,轴向延伸北东。

具有较好二级分带的金异常有2号、3号、4号、7号,具有一定的异常规模,统计异常面积分别为8km²、9km²、45km²、20km²,均呈不规则状,北东向或北西向延伸。

1号、5号、6号、8号、9号、10号异常显示的异常分带不明显,且异常规模较小,分布零散。

以金为主体的组合异常有3种表现形式:Au-Cu、Pb、Zn;Au-As、Ag;Au-W、Mn、Bi。

11号金组合异常中,与金空间上紧密套合的元素有Cu、Pb、Zn、As、Ag、W、Mn、Bi。其中,W、Mn、Bi构成金的内带,Cu、Pb、Zn、As则主要构成金的中带、外带。显示出在中—高温的成矿地球化学环境中,形成复杂元素组分富集的叠生地球化学场,利于金的迁移、富集。

2号、3号金组合异常显示的是金的独立组合,没有伴生元素分布,具有简单元素组分富集的特点。

4号金组合异常中,有Cu、Pb、Ag、As、W、Mn、Bi与金存在较紧密的组合关系。其中Pb、As、W、Bi分布在金的中带,Cu、Ag、As、Mn伴生在金的外带,形成的是较复杂元素组分富集的叠生地球化学场,亦利于金的迁移、富集。

7号金组合异常中,与金存在较紧密空间组合关系的元素为Cu、Pb、Zn、Ag、As、W、Bi。其中,Cu、

Ag As、W、Bi 置于金的中带，Pb、Zn 局部伴生在金的外带，显示较复杂元素组分富集的特点。

其余金组合异常均具有简单元素组分富集的特点，不利于该工作区金的富集、成矿。

金综合异常圈出 9 处，甲级 1 处(9 号)，乙级 4 处(1 号、3 号、5 号、6 号)，丙级(2 号、4 号、7 号、8 号)。

9 号甲级综合异常落位在区内财源镇，由 11 号金组合异常构成，面积 73km^2，不规则状，北西向展布。地质背景主要为集安岩群组蚂蚁河岩组的黑云变粒岩-浅粒岩夹大理岩、斜长角闪岩及荒沟岔岩组的变粒岩、斜长角闪岩夹大理岩，部分大东岔岩组的变粒岩夹石榴斜长片麻岩，侵入岩以吕梁期的正长花岗岩，印支期的二长花岗岩为主，分布北东向、北西向的断裂构造，显示出较好的成矿条件和找矿前景。空间上与分布的金银矿产积极响应，是矿致异常。该综合异常为扩大区内金银找矿规模提供重要的化探依据。

1 号乙级综合异常落位在区内东北角，由 3 号金独立组合异常构成，面积 11km^2，不规则状，南北向展布。地质背景主要为荒沟岔岩组的变粒岩、斜长角闪岩夹大理岩及大东岔岩组的变粒岩夹石榴斜长片麻岩，有古元古代正长花岗岩侵入，显示北东向断裂构造。具有一定的成矿条件和找矿前景，为区内寻找金矿的有望靶区。

3 号乙级综合异常落位在区内的金珠村一泉眼村，由 4 号金组合异常构成，面积 38km^2，不规则状，北西向展布。地质背景主要为荒沟岔岩组的变粒岩、斜长角闪岩夹大理岩及大东岔岩组的变粒岩夹石榴斜长片麻岩，部分蚂蚁河岩组的黑云变粒岩-浅粒岩夹大理岩、林家沟岩组变粒岩夹白云质大理岩以及珍珠门岩组的厚层大理岩。分布北东向、北西向的断裂构造。具有一定的成矿条件和找矿前景，为区内寻找金矿的有望靶区。

5 号乙级综合异常落位在区内的荣胜村，由 2 号金组合异常构成，面积 7km^2，长条状，北东向展布。地质背景主要为林家沟岩组及钠长变粒岩夹白云质大理岩珍珠门岩组的厚层大理岩，部分侏罗系果松组安山质火山碎屑岩、安山岩，综合异常的南侧分布有金矿点，显示一定的成矿条件和找矿前景，为区内寻找金矿的有望靶区。

6 号乙级综合异常落位在区内的南沟村，由 7 号金组合异常构成，面积 17km^2，长条状，北西向展布。地质背景主要为荒沟岔岩组的变粒岩、斜长角闪岩夹大理岩及大东岔岩组的变粒岩夹石榴斜长片麻岩，侵入体以古元古代正长花岗岩、花岗闪长岩和印支期的二长花岗岩为主，分布北东向的断裂构造，显示出较好的成矿条件和找矿前景。空间上与分布的金铜矿产积极，是矿致异常。该综合异常是区内寻找金矿的重要靶区。

总结工作区金矿地球化学找矿标志为：

(1)工作区具有亲石、稀有、稀土元素同生地球化学场和亲铁元素同生地球化学场的双重特征。属于中低山森林景观区。

(2)主要成矿元素金具有非常清晰的三级分带和显著的浓集中心，异常强度很高，达到 193×10^{-9}，并显示较大的异常规模。

(3)金组合异常形成复杂元素组分富集的叠生地球化学场，显示出伴生元素对金的强烈叠加改造作用。

(4)金的甲、乙综合异常具有较好的成矿地质条件和找矿前景，空间上与分布的矿产积极响应，是区内寻找金矿的重要靶区。

(5)主要找矿指示元素有 Au、Cu、Pb、Zn、As、Ag、W、Mn、Bi。其中 Cu、Au、Au、Cu、Pb、Zn、Ag 为近矿指示元素，Ag 为远程指示元素，W、Mn、Bi 为评价成矿的尾部指示元素。

17. 荒沟山—南岔预测工作区

应用 1∶5 万化探数据共圈出金元素异常 26 处，其中具有清晰三级分带和明显浓集中心的异常是

1号、5号、8号、13号、14号、18号、20号、26号、36号，整体沿北东向呈带状分布。

1号异常落位在工作区的最北端，具备两个浓集中心，但规模较小，统计异常总面积为 22km²，不规则形态，开放式没有封闭。

5号异常落位在工作区西侧的珠宝沟村，浓集中心较大，达 4km²，内带异常强度为 313×10^{-9}，总面积为 11km²，开放式没有封闭。

8号异常落位在工作区的最东端，具备一个浓集中心，规模较小，总面积为 21km²，不规则形态，呈北东向延伸趋势。

13号异常落位在工作区的东沟村，规模小，异常面积约 3km²，椭圆形态。

14号异常落位在工作区的错草村，浓集中心规模较小，异常总面积约 23km²，长条状，异常轴向北东向延伸。

18号异常落位在工作区的高丽村，规模小，异常面积约 5km²，椭圆形态。

20号异常落位在工作区的南岔一三道阳岔，为工作区异常规模最大的异常，具备5个浓集中心，六个主要的中带。浓集中心规模较小，总面积约为 159km²，条带状，异常轴向北东向延伸。

26号异常落位在工作区的西南端，面积约 10km²，不规则形态，开放式没有封闭。

36号异常落位在大西岔一三江里，在工作区外围最南端。具备3个浓集中心，但规模较小，总面积约为 129km²，不规则形态，异常轴向有东西延伸的趋势。

具有较好二级分带的是9号、17号、23号，面积分别为 9km²，9km²，19km²，均为不规则形态。

金组合异常有3种形式：Au-Cu、Pb、Zn、Ag；Au-As、Hg、Ag 以及 Au-W、Sn、Mo。同时借鉴区内锑矿的元素组合加以说明（参见荒沟山—南岔预测工作区锑矿一节）。

1号金组合异常中，与金空间套合紧密的有 Ag、Hg、Cu、Zn，其中 Cu、Zn 以较小的异常规模伴生在金的外带，Ag、Hg 构成金的内带、中带，表现出较复杂组分含量富集区。

5号金组合异常表现的组分较简单，只有 Pb 局部伴生在金的中带、外带，具有简单组分含量富集的特点，对金的富集成矿不利。

8号金组合异常中，有 Cu、Pb、As、Hg、Sb、Sn 元素与金空间套合紧密，Cu、Pb 构成金的中带，As、Hg、Sb、Sn 分布在金的外带，表现为较复杂组分含量富集区。

13号金组合异常中，只有 As、Hg 与金套合，As、Hg 以较大的异常规模存在，Sb 是8号金组合异常中 Sb 的延续。

14号金组合异常表现的异常组分复杂，有 Cu、Pb、Zn、Ag、As、Sb、Hg、W、Sn、Mo。空间上均与金紧密套合，其中 Cu、Pb、Ag、As、Hg、Sb 以较大的异常规模存在。高温组合 W、Sn、Mo 主要构成金的内带、中带。具有复杂组分含量富集的特点。

18号金组合异常中，Cu、Pb、Ag、W、Mo 与金空间套合完整，W、Mo 以较大的异常规模将金围在其中。在形成较复杂组分含量富集区的同时，显示出中—高温的成矿地球化学环境。

20号金组合异常表现出很复杂的异常组分，Cu、Pb、Zn、Ag、Sb 在靠近北侧的浓集中心中，与金呈同心套合状，W、Sn、Mo 较完整套合在金的中带、外带。

而分布在中央及南侧的浓集中心，显示的是 W、Sn、Mo、Ag、As、Hg、Sb 元素，其他主要成矿元素没有体现。表明该组合异常在构成复杂组分含量富集区的同时，经历了高、中、低温复杂的过程。并且 Cu、Pb、Zn 有往北富集的趋势。

26号金组合异常表现出的异常组分简单，只有 Mo、Hg，而且与金呈局部套合。

工作区中圈定的综合异常有14处，其中甲级4处（1号、7号、9号、11号），乙级3处（2号、5号、8号），丙级7处（3号、4号、6号、12号、13号、14号）。

4处甲级综合异常面积分别为 20km²、27km²、35km²、88km²。落位处的地质背景均为富含主要成矿元素的古元古界老岭变质岩群以及呈岩株存在的燕山期花岗岩浆侵入体，北东向呈蛇形延伸的韧性剪切带贯穿于4处甲级综合异常，而且分布的金矿产均在其中，显示出优质的矿致异常以及成矿地质条件和进一步找矿前景。

3处乙级综合异常面积分别为8km²、8km²、17km²。落位处的地质背景与甲级综合异常相同，分布的矿产围绕其周围分布，显示出一定的空间响应关系，是扩大典型矿床外围找矿的重要靶区。

7处丙级综合异常分布在韧性剪切带的两侧，显示的矿化信息较弱，找矿意义有限。

18. 冰湖沟预测工作区

应用1∶5万化探数据圈出金异常4处，其中2号金异常具有清晰的三级分带及明显的浓集中心，异常强度达到6×10^{-9}，显示较小的异常规模，统计面积为5km²，椭圆状，北西向延伸的趋势。

1号、3号金异常具有二级分带现象。1号异常由于工作区范围问题而被切割成向北、向西开放式状态。3号金异常中带分级小，以外带为主，统计其面积为33.5km²，条带状，东西向展布。

4号金异常只具有外带，异常规模很小，分布在区内的南部中央，不做重点描述。

以金为主体的组合异常有两种形式：Au-Cu、Ag；Au-Mo、Bi。

2号金组合异常中只有Cu、Ag与金呈局部伴生关系，主要构成金的外带。形成的是简单元素组分富集的叠生地球化学场。

3号金组合异常中有Ag、Mo、Bi与金存在较紧密的空间套合关系，Ag、Mo以较大异常规模分布，显示在高—中温的成矿地球化学环境中，形成简单元素组分富集的叠生地球化学场。

1号金组合异常没有伴生元素分布，显示独立的金组合异常。

金的综合异常圈出3处，乙级2处(1号、2号)，丙级(3号)。

1号乙级综合异常落位在工作区的西北角，由1号金组合异常构成，面积4km²。地质背景主要显示为老岭岩群珍珠门岩组的片岩夹大理岩，出现北西向的断裂构造，空间上与分布的金矿产积极响应，具有矿致性，是区内寻找金矿的有望靶区。

2号乙级综合异常落位在徐家沟的东北侧，面积3km²，椭圆状态。地质背景主要为中太古界英云闪长质片麻岩，是已知的主要含金层位，北西向的断裂构造横贯其中，具备一定的找矿前景，是寻找金矿的重要靶区。

3号丙级综合异常落位在四方顶子西坡，由3号金组合异常构成，面积13km²，长条状，东西向展布。地质背景主要显示为燕山早期的二长花岗岩，是已知的金、铜、铅、锌含矿层位，是找矿有望靶区。

总结工作区地球化学找矿标志为：

(1)工作区具有亲石、稀有、稀土元素同生地球化学场和亲石、碱土金属元素同生地球化学场的双重特征。前者是成矿的主要区域。

(2)主要成矿元素金具有分带清晰、浓集中心明显的基本特征。

(3)金组合异常显示简单的元素组分，形成的是简单元素组分富集的叠生地球化学场。

(4)金综合异常落位在富含金、铜、铅、锌的含矿层位上，并与分布的矿产存在积极的响应关系，具有矿致性，是找矿预测的重要靶区。

(5)主要的找矿指示元素有Au、Cu、Ag、Mo、Bi。其中Au、Cu、Ag为近矿指示元素，Mo、Bi是评价成矿的尾部指示元素。

(6)金富集成矿显示的主要是高—中温的成矿地球化学环境。

19. 六道沟—八道沟预测工作区

应用1∶5万化探数据圈出金异常9处。其中4号金异常具有清晰的三级分带和4个明显的浓集中心，异常强度较高，为20×10^{-9}，规模较大，统计其面积约为103km²，带状分布，轴向延伸北东。

1号、2号、8号金异常具有较好的二级分带，面积分别为5km²、3km²、13km²，不规则形状，轴向延伸北东或北西。

3号、4号、5号、6号、7号金异常只具有外带，异常规模小，分布零散，不做重点描述。

以金为主体的组合异常有三种形式：Au-Cu、Pb、Zn、Ag；Au-As、Sb；Au-Mo、Bi。

4号金组合异常中，与金在空间上紧密套合的元素为Cu、Pb、Zn、Ag、As、Sb、Mo、Bi。其中，Cu、Pb、Zn、Ag、Sb、Mo、Bi与金呈同心套合状，Pb、Zn、Ag、Sb构成金的内带，Cu、Mo、Bi、Ag、As、Bi构成金的中带、外带。形成复杂元素组分富集的叠生地球化学场，并显示出高、中、低温复杂的成矿地球化学环境。

1号金组合异常显示为独立的金异常，没有伴生元素分布。

2号金组合异常中，有Zn、Mo、As与金存在较密切的组合关系，而且Zn、Mo、As均以较大的异常规模存在，形成简单元素组分富集的叠生地球化学场，不利于金的成矿。

8号金组合异常只显示有Cu元素的伴生，亦具有简单元素组分富集的特点。

金的综合异常圈定2处，甲级1处(2号)，丙级1处(1号)。

2号甲级综合异常落位在上乱泥塘一头道北岔区域，由4号金组合异常构成，面积约$88km^2$，带状分布，北动向展布。地质背景主要为古元古界老岭岩群大栗子岩组千枚岩夹大理岩变质成矿建造，侏罗系的中酸性火山岩建造以及下古生界的砂岩、灰岩，侵入岩建造由燕山期的闪长岩、花岗闪长岩、花岗斑岩构成，北东向鸭绿江断裂横贯其中，显示出优良的成矿条件和找矿前景。区内分布有金、铜矿产，表明异常的矿致性。

20. 长白一十六道沟预测工作区

应用1∶5万化探数据圈出金异常8处。其中7号金异常具有清晰的三级分带和明显的浓集中心，异常强度达到19×10^{-9}，面积$21km^2$，不规则形状，轴向北东向延伸。

4号金异常有二级分带现象，中带分级较小，面积为$7.3km^2$，不规则形状，轴向北东向延伸。

其余异常以外带为主，异常规模小，分布零散，不连续。

以金为主体的组合异常有两种形式：Au-Ag、Pb；Au-As、Sb、Hg。

7号金组合异常中，有Pb、Ag、As、Sb与金存在较紧密的空间组合关系，Pb、Ag构成金的内带、中带，As、Sb构成金的外带，显示为在中—低温的成矿地球化学环境中，形成较复杂元素组分富集的叠生地球化学场。

4号金组合异常中，有Pb、Ag、As、Sb、Hg与金有较好的空间套合关系，显示为较复杂元素组分富集的特点。

金的综合异常圈出5处，乙级1处(5号)，丙级4处(1号、2号、3号、4号)。

5号乙级综合异常落位在十八道沟村南侧，由7号金组合异常构成，面积$16km^2$，不规则状态，北东向展布。地质背景主要为古生界的砂岩、灰岩以及三叠系长白组的流纹岩、安山岩，具有一定的成矿条件和找矿前景。

4号丙级综合异常落位在长白朝鲜族自治县，由4号金组合异常构成，面积约$8km^2$，长条状，北东向展布。地质背景主要为三叠系长白组的流纹岩、安山岩，具有一定的成矿条件和找矿前景。

总结该工作区地球化学找矿标志为：

(1)工作区具有亲石、碱土金属元素同生地球化学场的特征，北侧局部显示为亲石、稀有、稀土分散元素富集区。属于中低山森林沼泽景观区。

(2)主要成矿元素金具有分带清晰、浓集中心明显、异常强度较高的基本特征。极大值为19×10^{-9}。

(3)金组合异常中，伴生元素与金空间套合比较紧密，形成较复杂元素组分富集的叠生地球化学场。

(4)金综合异常显示较好的水平分带性，即Pb、Ag构成金的内带、中带，As、Sb构成金的外带，同时具备一定的成矿地质背景和成矿地质条件，是区内找矿预测的重要靶区。

(5)主要的找矿指示元素有 Au、Ag、Pb、As、Sb、Hg。

(6)元素的富集成矿主要显示为在中—低温的成矿地球化学环境。

21. 山门预测工作区

应用1∶20万化探数据在山门预测工作区共圈出金元素异常13处,其中1号、11号异常具有清晰的三级分带,浓集中心明显,内带异常强度高,极大值390×10^{-9}。

1号金异常具有2个浓集中心,形态不规则,轴向均北东向延伸,面积为$105km^2$。11号金异常没有封闭,轴向仍有北东向延伸的趋势,面积为$25km^2$。

3号、8号异常具有中带、外带,没有内带。异常形态椭圆状或不规则状,面积分别为$9km^2$、$13km^2$。

其他异常只具外带,而且以较小的异常规模零散存在,显示的找矿信息较弱。

区内金组合异常有两种形式:Au-Cu、Pb、Zn、Ag 和 Au-As、Sb、Hg。在1号金组合异常中,以金为主体,与之空间上紧密伴生的元素有 Cu、Pb、Zn、Ag、As、Sb、Hg,表现出中—低温的成矿地球化学和复杂组分含量富集场。

11号金组合异常亦表现出较复杂组分含量富集场。Cu、Zn、Ag、As、Sb、Hg 与金空间套合程度高,Sb、Hg 主要构成金的内带,Cu、Zn、Ag、As 则构成金的中带、外带。

围绕8号金组合紧密分布的元素只有 Cu 和 As,Zn 局部伴生在金的外带,具有简单组分含量富集特点。

3号组合以金独立存在为特征,有 Cu 异常在其边部分布,形成简单组分含量富集场,对成矿不利。

7号金组合异常中,Pb、Ag 与金空间上呈同心套合状态,值得重视。

根据上述金组合圈定的金综合异常有3处,其中1号评定为乙级,2号评定为丙级,3号评定为甲级。

3号甲级综合异常落位在工作区东南侧的古洞村,面积为$16km^2$。地质背景为奥陶系石缝组海相中酸性火山岩、碎屑岩和灰岩,并有燕山期侵入岩体分布。与分布的银矿、金矿积极响应,显示为优质的矿致异常,为扩大找矿提供依据。

1号乙级综合异常落位在工作区中的孟家岭区域,面积较大,为$107km^2$。地质背景与3号甲级综合异常非常相似,而且有一处铜铅锌矿点分布其中,表现出优良的成矿条件和找矿前景,成为山门预测工作区重要的找矿靶区。1∶20万化探数据具有同样的预测效果。

2号丙级综合异常落位在工作区中的山门镇,面积$18km^2$。地质背景仍为与成矿密切的奥陶系石缝组海相中酸性火山岩。虽然空间上没有矿产与之响应,但仍表现出较复杂组分含量富集特点,在找矿预测评价中仍值得重视。

总结工作区金矿地球化学找矿模式为:

(1)该区主要的预测矿种为金矿、银矿,预测的主要成矿类型为层控内生型(岩浆热液型)。

(2)该区属于亲石、碱土金属元素同生地球化学场,同时还富含有亲铁元素组分。主成矿元素 Au、Ag 在后期的 Pb、Zn、Cu、As、Sb、Hg 等元素强烈的叠加改造作用中,进一步迁移、富集,最终形成较复杂组分叠生地球化学场。

(3)叠生地球化学场中,Cu、Sb 元素具有区域性富集的特点,而 As、Hg 异常的大面积展示,一方面表明在区域成岩、成矿过程中,断裂构造的发育和岩浆活动的频繁程度;另一方面显示成矿物质具有深源性的可能。

(4)主要成矿元素为 Au、Ag,具有异常规模较大、异常分带清晰,浓集中心明显,异常强度高的基本特征。主要的伴生元素为 Cu、Pb、Zn、As、Sb、Hg。

(5)找矿的主要指示元素为 Au、Ag、Cu、Pb、Zn、As、Sb、Hg。其中 Au、Ag、Cu、Pb、Zn 为近矿指示元素,As、Sb、Hg 为找矿的远程指示元素。

(6)区内成矿以中—低温的地球化学环境为主。

22. 兰家预测工作区

应用1:20万化探数据在区内圈出金异常7处，其中5号异常具有清晰的三级分带现象，浓集中心明显，内带异常强度不高，达到5×10^{-9}，总面积为$6.2km^2$，近椭圆状。

3号、6号异常具有两级分带(中带、外带)，面积分别为$12.6km^2$、$31.3km^2$，以6号异常中带表现明显。不规则形态，北东向延伸的趋势。

1号、7号金异常只具有外带，异常规模小，评价信息弱。

以金为主体展示的组合异常有一种：Au-As、Sb、Hg、Ag。

先看5号金组合异常，围绕其紧密分布的元素有As、Ag，空间呈现局部套合。而与3号金异常有组合关系的是Hg，局部伴生在外带。这两组金元素组合显示出简单元素组分富集特点，同时也显示出受后期伴生元素的叠加改造作用弱。对金的进一步富集成矿不利。

6号组合比3号、5号组分复杂一些，有As、Sb、Hg、Ag，而且与金的空间套合也比较完整，在后期形成的叠生地球化学场中，利于金的富集成矿。

As、Sb、Hg组合异常的发育，从另一方面表明该区金矿的剥蚀程度较低，应注意深部寻找矿体。

由上述金组合圈定的金综合异常有4处，甲级1处(4号)，丙级3处(1号、2号、3号)。

4号甲级综合异常落位在区内的史家屯南沟—大蒋家屯，由6号金组合异常构成，面积约$17km^2$，近椭圆状，东西向展布。地质背景主要为侏罗系的中基性火山岩以及燕山期的花岗岩侵入体，具备良好的成矿条件，小型兰家金矿即落位其中，显示异常的矿致性。

该区具有亲石、碱土金属元素和亲铁元素共同富集的双重特征，主成矿元素金在As、Sb、Hg、Ag元素的叠加改造中，得到进一步迁移和富集，并在具有简单元素组分富集的叠生地球化学场中成矿。

Au、Ag、As、Sb、Hg是主要的找矿指示元素，其中Au、Ag为近矿指示元素，As、Sb、Hg是远程指示元素。同时As、Sb、Hg组合显示成矿主要是在低温的成矿地球化学环境中进行。

4号综合异常可为扩大已知矿床规模提供重要的化探依据。

23. 万宝预测工作区

应用1:5万化探数据在区内圈出金异常24处。其中3号、24号金异常具有清晰的三级分带和明显的浓集中心，异常强度达到11×10^{-9}，面积分别为$4km^2$、$8km^2$，不规则形状，北西向延伸的趋势。

1号、17号、20号异常具有较好的二级分带现象，1号金异常由于工作区范围而被切割成向北呈开放式状态。统计17号、20号异常面积分别为$13km^2$、$3km^2$，不规则形态，亦呈北西向延伸的趋势。

其余异常以外带为主，或分带较差，分布零散且不连续，显示的评价信息弱。

以金为主体的组合异常有两种形式：Au-Ag、As、Sb；Au-W、Bi、Mo。

3号金组合异常中，有Ag、Bi、Mo与金有一定的空间套合关系，Ag构成金的内带、中带，Bi、Mo局部伴生在金的外带。形成简单元素组分富集的叠生地球化学场，并显示高温的成矿地球化学环境。

24号金组合异常中，只有Sb、Mo与金有较好的套合关系，其中Mo构成金的内带，中带，Sb伴生在金的中带及外带，形成简单元素组分富集的叠生地球化学场，并显示高、中、低温的成矿地球化学环境。

1号金组合异常中，有Ag、W、Bi、Mo与金存在一定的空间套合关系，构成的是简单元素组分富集的叠生地球化学场，并显示高温的成矿地球化学环境。

17号金组合异常中，有As、Sb、Mo与金存在明显的套合关系，Mo构成金的中带，As、Sb构成金的外带，形成简单元素组分富集的叠生地球化学场。

20号金组合异常中，只有Mo局部与金套合，形成简单元素组分富集的叠生地球化学场。

金综合异常7处，其中乙级4处(1号、2号、4号、6号)，丙级3处(3号、5号、7号)。

1号乙级综合异常落位在工作区的东北角，由3号金组合异常构成，不规则状，北西向展布的趋势。地质背景为新元古界万宝组变质砂岩及燕山早期的二长花岗岩体，显示北西向的断裂构造，具备一定的成矿条件和找矿前景。

2号乙级综合异常落位在工作区的西北角，由1号、9号、14号金组合异常构成，条带状，北动向展布。地质背景主要显示为海西晚期的二长花岗岩以及燕山期的花岗闪长岩、花岗斑岩，有北西向的断裂构造穿过，综合异常的西北侧分布一处铜矿点，具备一定的找矿前景。

4号乙级综合异常落位在工作区的东安村—矿山村，由17号、22号金组合异常构成，不规则形状，北西向展布。地质背景为白垩系大砬子组砾岩、砂岩以及燕山早期的花岗闪长岩，显示北东向的断裂构造，具备一定的成矿条件和找矿前景。

6号乙级综合异常落位在工作区的南部中央，由24号金组合异常构成，近椭圆状，北西向展布。地质背景主要为燕山早期的花岗闪长岩，显示北东向和北西向的断裂构造。具备一定的成矿条件和找矿前景。

总结工作区金矿地球化学找矿模式为：

(1)工作区具有亲石、稀有、稀土元素同生地球化学场和亲石、碱土金属元素同生地球化学场的双重特性。为中低山森林景观区。

(2)金异常具有分带清晰、浓集中心明显的基本特征，且具有较好的连续性。

(3)金组合异常显示为简单元素组分富集的叠生地球化学场及高、中温的成矿地球化学环境。

(4)金的乙级综合异常具备一定的成矿条件和找矿前景。

(5)主要的找矿指示元素有Au、Ag、As、Sb、W、Bi、Mo。其中Au、Ag为近矿指示元素，As、Sb为远程指示元素，W、Bi、Mo是评价成矿的尾部指示元素。

24.浑北预测工作区

应用1∶20万化探数据圈出金异常19处。其中7号、9号金异常具有清晰的三级分带和较明显的浓集中心，异常强度不高，只为8×10^{-9}，面积分别为$11km^2$、$15km^2$，由于缺少数据，加之工作区的边界问题，7号、9号金异常向东南呈开放式状态存在。

3号、4号、6号、10号显示较好的二级分带现象，异常连续性较好，面积分别为$5km^2$、$5km^2$、$26km^2$、$7km^2$，长条状或近椭圆状，北东向及北西向延伸的趋势。

其余异常以外带为主，异常规模小，分布零散，不做重点描述。

以金为主体的组合异常有两种形式：Au-Cu、Pb、Ag；Au-As、Sb、Hg。

7号金组合异常只有As、Sb、Ag与金存在一定的套合关系，Ag伴生在金的外带，As、Sb则构成金的内带、中带，而且As、Sb以较大的异常规模分布，显示低温为主的成矿地球化学环境和简单元素组分富集的叠生地球化学场。

9号金组合异常中，有Cu、Pb、Ag、As、Sb与金存在较好的空间套合关系。其中As、Sb主要构成金的内带，而Cu、Pb、Ag在金的内带、中带、外带均有分布。显示在低温为主的成矿地球化学环境中，形成的是较复杂元素组分富集的叠生地球化学场。利于金的富集成矿。

3号、4号金组合异常中显示的元素组分简单，只有Cu、Ag、Sb局部伴生在金的外带，具有简单元素组分富集的特征。

6号金组合异常有Ag、As、Sb与金空间套合紧密，其中As、Sb置于金的中带，Ag分布在金的外带，同样具有简单元素组分富集的特征。

10号金组合异常显示的是金的独立组合，没有伴生元素分布。

金的综合异常圈定9处，甲级1处(6号)，乙级2处(4号、5号)，丙级3处(1号、2号、3号)。

6号甲级综合异常落位在区内的江家沟区域，由9号金组合异常构成，面积$18km^2$，近椭圆状，北东向展布。地质背景主要为古元古界老岭岩群珍珠门组的白云质大理岩、条带状、角砾状大理岩；下古生界的砂岩、碎屑灰岩以及燕山晚期的花岗斑岩，分布北西、北东向的断裂构造，具有良好的成矿条件和找矿前景。空间上与金英金矿，铜矿点、金银矿点紧密相邻，显示矿致性质，为扩大金的找矿规模提供重要的化探依据。

4 号乙级综合异常落位在区内的珍珠门村，面积约 23km²，长条状，北东向展布。地质背景主要为中太古界龙岗岩群四道砬子河岩组斜长角闪岩、黑云变粒岩，古元古界老岭岩群大栗子组千枚岩、大理岩以及新太古界的斜长花岗岩、二长花岗岩，发育北东向、北西向断裂，空间上有一处金矿点落位在该综合异常的东南角，显示出较好的成矿条件和找矿前景。

5 号乙级综合异常落位在区内的小板石沟，面积约 10km²，长条状，北东向展布。地质背景主要为寒武系砂岩、灰岩及侏罗系的细砂岩，分布伟晶岩脉，北东向、北西向断裂交叉出现，具备一定的找矿前景。

4 号、5 号乙级综合异常是区内寻找金矿的重要靶区。

丙级综合异常分布在区内南北两侧，可作为进一步工作的目标。

总结工作区地球化学找矿标志为：

(1)工作区主要为铁族元素同生地球化学场，同时东南局部具有亲石、碱土金属元素同生地球化学场性质。属于中低山森林景观区。

(2)主成矿元素金具有比较清晰的异常分带和浓集中心，且异常连续性较好。

(3)金的组合异常显示较复杂的元素组分，并利于金的富集成矿。

(4)金的甲、乙级综合异常具备良好的成矿地质背景、成矿地质条件，空间上与分布的矿产积极响应，是进一步找矿的重要靶区。

(5)主要的找矿指示元素有 Au、Cu、Pb、Ag、As、Sb、Hg。其中 Au、Cu、Pb、Ag 是近矿指示元素，As、Sb、Hg 为远程指示元素。

(6)金元素的富集成矿主要经历中—低温的成矿过程。

25. 古马岭—活龙预测工作区

应用 1∶5 万化探数据圈出金异常 14 处。其中 8 号金异常显示出较清晰的三级分带和较明显的浓集中心。由于缺少数据加上工作区范围问题，使 8 号金异常残缺不全，呈开放式存在。

3 号、9 号、10 号、12 号、13 号、14 号金异常具有较好的二级分带现象，不规则状，统计面积分别为 10km²、3km²、4km²、20km²、4km²、3km²，均呈北西向延伸。

1 号、2 号、4 号、5 号、6 号、7 号、11 号异常只具有外带，规模较小，分布零散，显示的地球化学信息较弱。

金组合异常有两种形式：Au-Cu、Pb；Au-Mo、Bi。

8 号金组合异常显示的是金的独立异常，缺少伴生元素，有一处金矿点置于异常的中带内，表明该异常与成矿的紧密关系。

3 号金组合异常显示的元素组分只有 Cu、Bi，形成简单元素组分富集的叠生地球化学场。

9 号、10 号、12 号、14 号金组合异常亦显示出简单元素组分富集的特点，即空间上与金有紧密套合关系的元素 Cu、Pb 或者 Mo、Bi，其中 Cu 以较大的异常规模存在。

13 号金组合异常显示的同样是金的独立异常，没有伴生元素分布，也没有矿产响应。

金综合异常圈出 10 处。其中甲级 1 处(2 号)，乙级 4 处(7 号、8 号、9 号、10 号)，丙级 5 处(1 号、3 号、4 号、5 号、6 号)。

2 号甲级综合异常落位在下活龙村西侧，由 3 号金组合异常构成，不规则状，北西向展布。地质背景为集安岩群大东岔组的黑云变粒岩及古元古代的斑状花岗岩，北东向断裂构造横穿其中，具备优良的成矿条件，下活龙金矿分布在该综合异常内，表明异常的矿致性质，是扩大找矿规模的重要靶区。

7 号乙级综合异常落位在工作区的海关村，由 9 号、10 号、11 号金组合异常构成，面积 $11km^2$，长条状，北西向展布。

9 号乙级综合异常落位在工作区的杨木林村，由 12 号金组合异常构成，面积 $11km^2$，长条状，北东向展布。

10 号乙级综合异常落位在工作区的石诚村，由 13 号、14 号金组合异常构成，面积 $6km^2$，长条状，北东向展布。

7 号、9 号、10 号乙级综合异常围绕通天村分布，具有相同的地质背景，即主要分布安山岩群荒沟岔岩组变粒岩、斜长角闪岩及侏罗系果松组安山质火山碎屑岩，有已知含金的古元古代黑云二长花岗岩侵入和北东向断裂构造，有一处铅锌矿点置于 10 号乙级综合异常，显示出一定的找矿前景，是区内找矿预测的重要靶区。

8 号乙级综合异常落位在工作区的古马岭村，由 8 号金组合异常构成，面积 $4km^2$，不规则状。地质背景主要分布安山岩群荒沟岔岩组变粒岩、斜长角闪岩，有一处金矿点分布在该综合异常内，显示出一定的找矿前景，为寻找金矿的重要靶区。

总结工作区地球化学找矿标志为：

（1）工作区具有亲石、碱土金属元素同生地球化学场的特征。属于中低山森林景观小区。

（2）主成矿元素金具有较好的异常分带性，连续性好，受北东向断裂构造控制。

（3）金组合异常组分简单，特征组合为 Au-Cu、Pb、Mo、Bi。形成简单元素组分富集的叠生地球化学场。

（4）金综合异常具有较好的成矿条件和找矿前景，空间上与分布的矿产积极响应，是区内进一步进行找矿预测的重要靶区。

（5）主要找矿指示元素有 Au、Cu、Pb、Mo、Bi。其中 Au、Cu、Pb 为近矿指示元素，Mo、Bi 是评价矿体的尾部指示元素。

（6）金的富集成矿主要显示高－中温的成矿地球化学环境。

26. 海沟预测工作区

应用 1∶20 万化探数据圈定工作区金元素异常 9 处，其中 3 号金元素异常具有清晰的三级分带，明显的浓集中心，异常强度达到 41×10^{-9}，统计其面积为 $28km^2$，近椭圆形状，异常轴向有呈北西向延伸的趋势。

1 号、2 号、4 号、5 号、6 号异常具有完整的二级分带（中带、外带）现象，以 1 号、4 号、5 号分级明显。统计其面积分别为 $11km^2$、$3km^2$、$8km^2$、$28km^2$、$5km^2$，形状椭圆状或不规则状，异常轴向延伸有北北东向和东西向。

7 号、8 号、9 号异常规模很小，呈开放式状态，分布在工作区的南侧，表现的异常信息弱。

区内以金为主体列出的元素组合有 3 种：Au-Ag、Cu、Pb、Zn；Au-As、Sb、Hg 和 Au-W、Bi、Mo。

1 号金组合落位在工作区的西北侧，Cu 异常与金构成组合的中带，Pb 局部伴生在金的外带，显示为简单组分含量富集场。

2 号金组合中，As 与金空间套合完整，Sb 以较大的异常规模伴生在其北侧，亦显示出简单组分含量富集的特点。

3 号金组合落位在工作区的中部偏东，与金空间上有一定套合关系的元素是 Ag、Pb、Zn、Mo。其中 Pb 与金呈同心套合状，Ag、Zn、Mo 局部伴生在金的中带、外带，构成简单组分含量富集场。

4 号金组合落位在区内沿江村的西侧，与金空间上有一定组合关系的元素为 Ag、Cu、Pb、As、Sb、Hg。其中 Pb、Ag、As、Sb、Hg 与金套合较紧密，而且 Ag、As、Sb、Hg 以较大的异常规模包围金异常而存在，具有较复杂组分含量富集的特点。

5号金组合落位在区内中部偏南，有Ag、Cu、As、Sb、Hg、W、Bi、Mo异常在空间上与金有一定的组合关系。其中Cu、Ag、As、Hg与金套合比较紧密，Sb、W、Bi、Mo局部伴生在金的中带、外带，构成较复杂组分含量富集场。

6号金组合落位在区内西南部，与金空间有紧密套合关系的元素为Cu、As、Hg、W。其中W与金同心套合，Cu、As、Hg以较大的异常面积开放式分布，构成简单组分含量富集场。

金综合异常圈出7处，甲级1处(5号)，乙级1处(3号)，丙级5处(1号、2号、4号、6号)。

5号甲级综合异常是由3号金组合异常构成的，面积约23km^2，近椭圆状。地质背景为新太古界(Ar_3)、元古宇(Pt_1、Pt_3)变质火山岩建造以及燕山早期的二长花岗岩，综合异常处在断裂构造的交会处，显示出良好的成矿条件和进一步找矿前景。该综合异常与分布的矿产积极响应，为优质的矿致异常。

3号乙级综合异常位于甲级综合异常的西侧，由5号金组合异常构成，面积约24km^2。所处的地质背景与5号甲级综合异常相近，海沟金矿落位于其的东侧，同样显示出一定的找矿前景，可成为海沟金矿外围找矿的重要靶区。

总结工作区金矿地球化学找矿模式为：

(1)该区主要的预测矿种为金矿，预测的成矿类型为侵入岩浆型。

(2)该区属于铁族元素同生地球化学场，同时具有亲石、稀有、稀土元素富集的特点。属于中低山森林景观区。

(3)主成矿元素金，具有清晰的三级分带，明显的浓集中心，异常强度达到41×10^{-9}。伴生元素以Ag、Cu、As、Sb、Hg为主。

(4)以金为主体的组合异常主要显示出简单组分富集的叠生地球化学场，并在中—低温的地球化学环境中富集成矿。同时也显示出区内成矿具有隐伏特征。

(5)5号甲级综合异常具备优良的成矿地质背景，为海沟金矿的直接显示异常，可为扩大海沟金矿的找矿规模提供依据。

(6)3号乙级综合异常是类比寻找海沟式金矿的重要靶区。

(7)主要的找矿指示元素为Au、Ag、Cu、Pb、Zn、As、Sb、Hg、W、Bi、Mo。其中Au、Ag、Cu、Pb、Zn为近矿指示元素；As、Sb、Hg为远程指示元素；W、Bi、Mo为评价矿体的尾部指示元素。

27. 小西南岔—杨金沟预测工作区

应用1∶5万化探数据在该工作区中共圈出金异常20处，其中4号异常规模大，具有清晰的三级分带现象和7个明显的浓集中心，内带强度达505×10^{-9}。异常总面积为99km^2。带状分布，异常轴向为北西向。

具有清晰完整的二级分带异常是3号、13号、14号。面积分别为4km^2、16km^2、5km^2。形状椭圆或不规则状，异常轴向具有北东向延伸的趋势。

其他异常规模较小，且分布零散，显示较弱的异常信息。

以金为主体的元素组合异常有Au-Cu、Pb、Zn、Ag；Au-As、Sb、Hg、Ag；Au-W、Bi、Mo三种表现形式。

4号金组合空间表现突出，与金套合紧密的元素为Cu、Pb、Zn、Ag、As、Sb、Hg、W、Bi、Mo。其中Ag、W、As、Hg与金呈同心套合状，构成金的中带，Cu、Sb、Bi、Mo以较大的异常规模围绕金存在。显示出复杂组分含量富集的特征。也显示出金富集成矿经历了高、中、低温多阶段、复杂的过程。

3号金组合中，只有Pb、Sb局部伴生在金的外带。

13号金组合中，与金空间组合较紧密的元素为Cu、Ag、W、Sb、Mo。其中Cu、Mo与金具有同心套合的态势，Ag、W、Sb 则呈开放式异常状态存在，显示为较复杂组分含量富集场。

14 号金组合中，Ag、Sb、Hg、As 呈开放式与金伴生。

金综合异常圈定 4 处，甲级 2 处(3 号、4 号)，乙级 1 处(2 号)，丙级 1 处(1 号)。

3 号甲级综合异常落位在珲春的小西南岔区域，以 4 号金组合异常为基础圈定，面积为 $77km^2$。地质背景主要为富含 Au、Cu、W 的寒武-奥陶系五道沟群的香房子和杨金沟岩组地层以及海西晚期黑云母斜长花岗岩、花岗闪长岩侵入体，显示优良的成矿条件和进一步找矿前景。区内分布有小西南岔铜-金矿，东南岔金矿点，表明该综合异常矿致性。

4 号甲级综合异常落位在 3 号甲级综合异常的西南侧，面积 $45km^2$，是由 13 号和 14 号金组合异常构成。地质背景为寒武—奥陶系杨金沟岩组地层，侵入岩体主要为海西晚期的石英闪长岩，表现出优良的成矿条件和进一步找矿前景。区内分布有杨金沟金矿以及桃源洞金矿点，显示 4 号甲级综合异常的矿致性。

2 号乙级综合异常落位 3 号甲级综合异常的西侧，面积接近 $5km^2$。地质背景主要为海西晚期的石英闪长岩，与 3 号甲级综合异常相邻紧密，具备一定的找矿前景，是小西南岔铜-金矿外围找矿的重要目标。

总结工作区金矿地球化学找矿模式为：

(1)工作区主要的预测矿种为金矿、铜矿，预测的成矿类型为侵入岩浆型。

(2)该区属于亲石、碱土金属元素同生地球化学场，同时具有铁族元素富集的特征。

(3)主成矿元素金，异常规模较大，分带清晰，浓集中心明显，强度高，是金矿的最主要找矿标志。

(4)以金为主体的元素组合，组分复杂，表现的叠加改造作用强烈，构成复杂组分含量富集的叠生地球化学场，同时显示高、中、低温多阶段、复杂的成矿地球化学环境。

(5)找矿的指示元素为 Au、Cu、Pb、Zn、Ag、As、Sb、Hg、W、Bi、Mo。

其中，Au、Cu、Pb、Zn、Ag 为近矿指示元素，As、Sb、Hg 是远程找矿指示元素，W、Bi、Mo 成为评价矿体剥蚀程度的尾部元素。

(6)3 号、4 号综合异常与分布的矿产积极响应，是优质的矿致异常，可为扩大找矿规模提供重要的化探信息。

28. 农坪—前山预测工作区

应用 1∶5 万化探数据圈定金元素异常 7 处，其中 3 号异常规模大，分带清晰，具备 4 处浓集中心，异常强度达 44×10^{-9}，总面积为 $161km^2$。异常呈带状分布，轴向呈东西向延伸的趋势。

5 号异常具有完整的二级分带，面积 $14km^2$。形状不规则，轴向呈东西向延伸。

其余异常只具有外带，分布零散，表现的异常信息较弱。

金组合异常以 Au-Cu、Pb、Ag 和 Au-W、Mo、Bi 为代表。

3 号金组合异常表现最好，Cu、Pb、Ag、W、Mo、Bi 均以较大的异常规模空间上与金紧密套合，构成较复杂组分含量富集的叠生地球化学场，并显示出在高温的成矿地球化学环境中迁移、富集的态势。

5 号金组合异常落位在区内的大红旗河，与金空间套合较紧密的元素有 Pb、Ag、Cu、Mo、Bi，主要构成金的外带。其中 Cu 呈局部伴生 Pb、Bi 以较大的异常规模存在。

以金组合异常为基础圈定的综合异常有两处，1 处为甲级(1 号)，1 处为丙级(2 号)。

1 号甲级综合异常落位在区内的桃源洞—农坪，异常面积为 $147km^2$。地质背景为与成矿关系密切的寒武—奥陶系地层构成的变质岩建造以及中生代的流纹岩、安山岩构成的火山岩建造；侵入岩体主要为海西晚期的闪长岩、花岗闪长岩、二长花岗岩；综合异常处在断裂构造的交会处，显示良好的成矿条件和找矿前景。该综合异常与区内分布的矿产积极响应，是优质的矿致异常。

总结工作区地球化学找矿标志如下：

(1)该区属于亲石、碱土金属元素同生地球化学场,同时具有铁族元素富集的特征。

(2)主成矿元素金,异常规模较大,分带清晰,浓集中心明显,强度高,是金矿的最主要找矿标志。

(3)以金为主体的元素组合,组分复杂,表现的叠加改造作用强烈,构成较复杂组分含量富集的叠生地球化学场,同时显示高温阶段为主的成矿地球化学环境。

(4)找矿的指示元素为 Au、Cu、Pb、Ag、W、Bi、Mo。其中,Au、Cu、Pb、Ag 为近矿指示元素,W、Bi、Mo 成为评价矿体剥蚀程度的尾部元素。

(5)1 号甲级综合异常与分布的矿产积极响应,为优质的矿致异常,是区内扩大找矿规模的重要靶区。

29. 黄松甸子预测工作区

应用 1∶5 万化探数据圈出金异常 4 处。其中 4 号异常具有比较清晰的三级分带及明显的浓集中心,异常强度达到 300×10^{-9},统计区内分布的面积为 $45km^2$,呈带状分布。由于预测工作区范围而被切割成开放式。

1 号、3 号异常出现二级分带现象,同样由于预测工作区范围而被切割成开放式。

金组合异常有 3 种形式:Au-Cu、Pb、Zn、Ag;Au-As、Sb、Hg、Ag;Au-W、Bi、Mo。

4 号金组合异常中,与金异常空间套合紧密的元素为 Cu、Pb、Zn、Ag、As、Sb、Hg、W、Bi、Mo。其中 Cu、Pb、Zn、Ag、As、Sb、Hg、Bi、Mo 与金呈同心套合状,并构成金的内带、中带,而 Pb、W、Bi、Hg 又构成金的中带和外带,W 以较大的异常规模分布。显示出原生的主成矿元素金经受 Cu、Pb、Zn、Ag、As、Sb、Hg、W、Bi、Mo 后期强烈的叠加改造作用,在高—中—低温的成矿地球化学环境中,构成复杂元素组分富集的叠生地球化学场,并进一步迁移、富集、成矿。

1 号、3 号金组合异常显示的是金的独立异常,具有简单元素组分富集的特点。

金综合异常圈出 2 处,甲级 1 处(2 号),丙级 1 处(1 号)。

2 号甲级综合异常落位在太平沟村—老头沟区域,由 4 号金组合异常构成,面积 $30km^2$,长条状,北东向展布的趋势。地质背景主要为寒武—奥陶系五道沟群香房子岩组二云片岩与石英片岩互层,构成变质岩建造,含有 Au、Cu、W 成矿元素,侵入体以海西期的花岗闪长岩为主,显示良好的成矿条件和找矿前景。区内分布有金矿产,表明异常的矿致性。

总结工作区地球化学找矿标志为:

(1)该区属于亲石、碱土金属元素同生地球化学场,同时具有铁族元素富集的特征。

(2)主成矿元素金,异常规模较大,分带清晰,浓集中心明显,异常强度高,达到 300×10^{-9},是金矿的最主要找矿标志。

(3)以金为主体的元素组合,组分复杂,表现的叠加改造作用强烈,构成复杂元素组分富集的叠生地球化学场,同时显示高、中、低温多阶段、复杂的成矿地球化学环境。

(4)金甲级综合异常与分布的矿产积极响应,是优质的矿致异常,可为扩大找矿规模提供重要的化探信息。

(5)找矿的指示元素为 Au、Cu、Pb、Zn、Ag、As、Sb、Hg、Ag、W、Bi、Mo。其中,Au、Cu、Pb、Zn、Ag 为近矿指示元素,As、Sb、Hg 是远程找矿指示元素,W、Bi、Mo 成为评价矿体剥蚀程度的尾部元素。

30. 珲春河预测工作区

应用 1∶5 万化探数据圈出金异常 5 处。其中 2 号异常具备清晰的三级分带和 4 个明显的浓集中心,异常强度较高,峰值达到 43×10^{-9}。统计面积为 $143km^2$,带状分布,轴向延伸北东。

1 号、3 号具有较清晰的二级分带,面积分别为 $3.6km^2$ 和 $11.3km^2$。不规则状,1 号异常由于工作区范围而成不完整的开放式,3 号异常呈东西向延伸。金组合异常以 Au-Cu、As 和 Au-W、Mo、Bi 为代表。

2号金组合异常显示复杂的元素组分，有Cu、As、W、Mo、Bi与金空间套合紧密，其中W、Mo、Bi构成金的内带，中带主要由Cu构成，外带为As。形成复杂元素组分富集的叠生地球化学场，是主要的成矿场所。

3号金组合异常中，有Mo、Bi、As与金存在空间组合关系，As显示较大的异常规模，具有较复杂元素组分富集的特点。

1号金组合异常由金的独立异常构成，只在外围有一处Cu异常分布，显示简单元素组分富集区，不利于原生金矿的形成。

第四节　遥　感

一、技术流程

根据预测工作区预测底图确定的范围，充分收集区域内的1∶20万航磁资料，以及以往的相关资料，在此基础上开展预测工作区1∶5万航磁相关图件编制，之后开展相关的数据解释，以满足预测工作对航磁资料的需求。

二、资料应用

应用收集了19份1∶10万、1∶5万、1∶2.5万航空磁测成果报告及1∶50万航磁图解释说明书等成果资料。根据国土资源航空物探遥感中心提供的吉林省2km×2km航磁网格数据和1957年至1994年间航空磁测1∶100万、1∶20万、1∶10万、1∶5万、1∶2.5万共计20个测区的航磁剖面数据，充分收集应用预测工作区的密度参数、磁参数、电参数等物性资料。预测工作区和典型矿床所在区域研究时，主要使用1∶5万资料，部分使用1∶10万、1∶20万航磁资料。

三、数据处理

预测工作区，编图全部使用全国项目组下发的数据，按航磁技术规范，采用RGIS和Surfer软件网格化功能完成数据处理。采用最小曲率法，网格化间距一般为1/2～1/4测线距，网格间距分别为150m×150m、250m×250m。然后应用RGIS软件位场数据转换处理，编制1∶5万航磁剖面平面图、航磁ΔT异常等值线平面图、航磁ΔT化极等值线平面图、航磁ΔT化极垂向一阶导数等值线平面图，航磁ΔT化极水平一阶导数(0°、45°、90°、135°方向)，航磁ΔT化极上延不同高度处理图件。

四、遥感地质特征和异常提取及地质构造与矿产特征的推断解译

1. 头道沟—吉昌预测工作区

线要素解译：本预测工作区内解译出1条大型断裂(带)，敦化-密山岩石圈断裂。从区域上看，双阳盆地、烟筒山西的晚三叠世盆地、明城东的中侏罗世盆地和石咀东的中侏罗世盆地等沿断裂带分布，北段西南侧七顶子—磐石一带燕山早期的花岗岩体和基性岩体群，中段石咀红旗岭、黑石一带众多的燕山早期花岗岩小岩株和海西期基性—超基性岩体群均沿此断裂带呈北西向展布。该断裂带沿本预测工作

区中部呈北西向斜穿整个预测工作区。本预测工作区内的小型断裂比较发育，并且以北北东向为主，次为北西向及近南北向小型断裂，局部见近东西向及北东向断裂。其中北西向、北北西向断裂多表现为张性特点，其他方向断裂多表现为压性特征。区内的铁矿、金-多金属矿床、点多分布于不同方向小型断裂的交汇部位。

环要素解译：本预测工作区内的环形构造比较发育，共圈出 40 个环形构造。它们主要集中于不同方向断裂交会部位。按其成因类型分为 4 类，其中与隐伏岩体有关的环形构造 24 个、古生代花岗岩类引起的环形构造 1 个、中生代花岗岩类引起的环形构造 14 个，闪长岩类引起的环形构造 1 个。这些环形构造与铁矿、金、多金属矿床(点)的关系均较密切。

色要素解译：本预测工作区内共解译出色调异常 11 处，全部由绢云母化、硅化引起，它们在遥感图像上均显示为浅色色调异常。从空间分布上看，区内的色调异常明显与断裂构造及环形构造有关，在不同方向断裂交会部位以及环形构造集中区，色调异常呈不规则状分布。

羟基异常：面积 4 239 443.488m^2，其中一级异常 1 069 106.126m^2，二级异常 894 413.125m^2，三级异常 2 275 924.238m^2。预测区东南部，柳河-吉林断裂带附近羟基异常集中分布，与矿化有关。预测区北部，双阳-长白断裂带与北东向断裂构造交会处有羟基异常零星分布。浅色色调异常区与环形构造交会处有羟基异常分布。

铁染异常：面积 7 341 164.052m^2，其中一级异常 5 082 194.799m^2，二级异常 1 336 103.479m^2，三级异常 922 865.774m^2。浅色色调异常区内，铁染异常分布广泛，与成矿关系密切。

2. 石咀一官马预测工作区

线要素解译：本预测工作区内解译出 3 条中型断裂(带)，柳河-吉林断裂带为北北东向和北东向。该断裂切割了两个Ⅰ级构造单元，切割不同时代地质体，该带及其附近矿产较为丰富，有钼矿、钨矿、铜矿、金、铁和多金属矿等，该带形成于侏罗纪以前，但不早于晚古生代末，中生代活动较为强烈，新生代仍有活动。伊通-辉南断裂带呈北西向。断裂切割早古生代及海西晚期、燕山早期花岗岩，沿断裂有花岗斑岩、流纹斑岩等次火山岩侵入和石英脉填充，老母猪山-团山子基性岩体群沿断裂走向展布。双阳-长白断裂带呈北西向。双阳盆地、烟筒山西的晚三叠世盆地、明城东的中侏罗世盆地和石咀东的中侏罗世盆地等沿断裂带分布，北段西南侧七顶子—磐石一带燕山早期的花岗岩体和基性岩体群，中段石咀红旗岭、黑石一带众多的燕山早期花岗岩小岩株和海西期基性—超基性岩体群均沿此断裂带呈北西向展布。本预测工作区内的小型断裂比较发育，预测区内的小型断裂以北东向和北西向为主，北北东向、北东东向和东西向次之，局部见北北东向、北北西向和近南北向小型断裂，北西向断裂多表现为张性特征，其他方向断裂多表现为压性特征。区内的金-多金属矿床、点多分布于不同方向小型断裂的交会部位。

环要素解译：本预测工作区内的环形构造比较发育，共圈出 8 个环形构造。它们主要集中于不同方向断裂交会部位。按其成因类型分为 1 类，中生代花岗岩类引起的环形构造。他形成的环形构造与铁矿、金、多金属矿床(点)的关系均较密切。

色要素解译：本预测工作区内共解译出色调异常 5 处，全部由绢云母化、硅化引起，它们在遥感图像上均显示为浅色色调异常。从空间分布上看，区内的色调异常明显与断裂构造及环形构造有关，在不同方向断裂交会部位以及环形构造集中区，色调异常呈不规则状分布。

羟基异常：面积 783 899.125m^2，其中一级异常 205 681.625m^2，二级异常 131 400.000m^2，三级异常 446 817.500m^2。柳河一吉林断裂带与双阳-长白断裂带交会有羟基异常零星分布。交会处东部有少量羟基异常集中分布。

铁染异常：面积 2 069 356.425m^2，其中一级异常 1 537 905.275m^2，二级异常 302 851.150m^2，三级异常 228 600m^2。浅色色调异常区内，铁染异常相对集中，与矿化有关。石嘴镇环形构造与柳河-吉林断裂带交会处，铁染异常集中分布，与成矿关系密切。

3. 地局子一倒木河预测工作区

线要素解译：本区内共解译出 1 条中型断裂(带)，即柳河-吉林断裂带，该断裂切割了两个Ⅰ级构造单元，切割不同时代地质体，该带及其附近矿产较为丰富，有钼矿、钨矿、铜矿、金、铁和多金属矿等，该带形成于侏罗纪以前，但不早于晚古生代末，中生代活动较为强烈，新生代仍有活动。该断裂带呈北北东向通过本预测区中部。本预测工作区内的小型断裂比较发育，并解译出 1 条小型断裂(带)，为桦甸-双河镇断裂带，以北西向为主，次为北北西向。限于依兰-伊通与敦化-密山两深断裂带之间，控制加里东晚期(大玉山花岗岩)—海西晚期—燕山期花岗岩及基性岩体和中酸性脉岩，岩体均呈北西走向成群分布。其他小型断裂以北东向和北西向为主，次为北北西向和北西西向断裂，分布在侏罗纪花岗岩体中。局部见北东东向断裂。不同方向断裂交会部位是重要的金成矿地段。

环要素解译：本预测工作区内共圈出 7 个环形构造。它们在空间分布上有明显的规律，主要分布在不同方向断裂交会部位。按其成因类型分为 2 类，其中与隐伏岩体有关的环形构造 4 个、中生代花岗岩类引起的环形构造 3 个。这些环形构造与铁矿、铜矿、金矿的关系均较密切。

色要素解译：本预测工作区内共解译出色调异常 1 处，为绢云母化、硅化引起，它们在遥感图像上均显示为浅色色调异常。从空间分布上看，区内的色调异常明显与断裂构造有关。

羟基异常：面积 4 706 693.825m^2，其中一级异常 1 132 118.450m^2，二级异常 994 370.250m^2，三级异常 2 580 205.125m^2。预测区北西向，羟基异常集中分布在侏罗纪花岗岩中，与矿化有关；预测区北东部，北东向断裂与北西向断裂交会处，羟基异常集中分布；桦甸-双河镇断裂带南部倾没端，多向断裂交会处有羟基异常沿主断裂分布。

铁染异常：面积 172.491m^2，其中一级异常 122.058m^2，二级异常 25.222m^2，三级异常 25.212m^2。预测区内铁染异常零星分布，其中桦甸-双河镇断裂带附近铁染异常相对集中，南部铁染异常分布不均，榆木桥子镇东环形构造附近有异常分布。

4. 香炉碗子—山城镇预测工作区

线要素解译：本预测要作区内解译出 2 条大型断裂(带)。向阳-柳河断裂带为北东向，主要由两条近于平行的断裂组成，控制中新生界盆地分布，两侧为太古宙变质岩系。该断裂带沿吉林省山门地区矽卡岩型金矿预测工作区中部呈北东向斜穿预测区。该断裂带附近的次级断裂是重要的金-多金属矿产的容矿构造；敦化-密山岩石圈断裂为北东向，由两条近于平行的高角度逆断层构造，并相向对冲。西支断裂：山城镇一带表现为太古宙地层逆冲在第三系和白垩系之上，桦甸一带表现为下古生界、石炭系、海西期和燕山期花岗岩逆冲到侏罗—白垩系之上；东支断裂：南段位于柳河盆地西侧，古老的太古界逆覆于中生代地层之上。本预测工作区内解译出 2 条中型断裂(带)。柳河-靖宇断裂带：呈东西向和北东东向分布在本预测区，主要分布于太古宙绿岩地体中，金龙顶子玄武岩在该带上呈近东西向展布，该带东段南坪组黑色斑状和巨斑状玄武岩(现代火山口)成群分布；柳河-吉林断裂带：呈北北东向分布在本预测区，该断裂切割了两个Ⅰ级构造单元，切割不同时代地质体，该带及其附近矿产较为丰富，有钼矿、钨矿、铜矿、金、铁和多金属矿等，该带形成于侏罗纪以前，但不早于晚古生代末，中生代活动较为强烈，新生代仍有活动；本预测工作区内的小型断裂比较发育，预测区内的小型断裂以北东向和北西向为主，北北东向、北北西向和东西向次之，局部见北西西向、北东东向和近南北向小型断裂，各方向断裂多表现为压性特征。区内的金-多金属矿床、点多分布于不同方向小型断裂的交会部位。

环要素解译：本预测工作区内的环形构造比较发育，共圈出 35 个环形构造。它们主要集中于不同方向断裂交会部位。按其成因类型分为 2 类，其中与隐伏岩体有关的环形构造 27 个(形成于晚侏罗世)和成因不明 8 个(形成于元古界陆源碎屑岩中)。隐伏岩体形成的环形构造与铁矿、金、多金属矿床(点)的关系均较密切。

色要素解译：本预测工作区内共解译出色调异常 6 处，分别为由绢云母化、硅化引起和侵入岩体内外接触带及残留顶盖引起。它们在遥感图像上均显示为浅色色调异常。从空间分布上看，区内的色调异常明显与断裂构造及环形构造有关，在不同方向断裂交会部位以及环形构造集中区，色调异常呈不规则状分布。

羟基异常：面积 3 730 259.198m^2，其中一级异常 393 700.251m^2，二级异常 344 089.701m^2，三级异常 2 992 469.246m^2。遥感浅色色调异常区内及附近，羟基异常集中分布，与矿化有关。

铁染异常：面积 204 003.925m^2，其中一级异常 68 348.576m^2，二级异常 4 388.400m^2，三级异常 121 266.949m^2。预测区铁染异常分布不明显，西南部，浅色色调异常区内，有零星铁染异常分布。

5. 五凤预测工作区

线要素解译：预测工作区内共解译出 1 条中型断裂(带)，为敦化－杜荒子断裂带，为一条北西西向较大型波状断裂带，西段汪清—复兴一带的晚三叠世火山岩及杜荒子一带的古近系受此断裂控制，同时走向东西和脉岩群十分发育，东段尚有海西晚期东南岔基性岩侵入。北西向冲沟、洼地及陡坎，通过山鞍。该断裂带与其他方向断裂交会部分，为金-多金属矿产形成的有利部位；本预测区内的小型断裂比较发育，并且以北东向、北西向为主，北北西向次之，局部见近东西向、近东西向、北西西向和北东东向小型断裂，其中的北北西向小型断裂多为正断层，形成时间较晚，多错断其他方向的断裂构造，其他方向的小型断裂多为逆断层，形成时间明显早于北北西向断裂。不同方向小型断裂的交会部位，是重要的金、多金属成矿区；预测区内解译出 1 条脆韧变形趋势带，为区域性规模脆韧性变形构造，为晚石炭世花岗闪长岩、晚二叠世花岗闪长岩、三叠世花岗岩、晚侏罗世花岗岩沿该带呈较宽带状分布，沿该带有青龙村群黑云斜长片麻岩、角闪斜长片麻岩捕虏体分布，为一条总体走向为北东向的 S 形变形带，该带与金、铁、铜、铅、锌矿产均有密切的关系。

环要素解译：本预测区内的环形构造比较发育，共圈出 11 个环形构造。它们在空间分布上有明显的规律，主要分布在不同方向断裂交会部位。按其成因类型分为 1 类，其中与隐伏岩体有关的环形构造形成于晚侏罗世。区内的金矿点多分布于环形构造内部或边部。

色要素解译：本预测区内共解译出色调异常 3 处，全为绢云母化、硅化引起，它们在遥感图像上均显示为浅色色调异常。从空间分布上看，区内的色调异常明显与断裂构造及环形构造有关，在北东向断裂带上及北东向断裂带与其他方向断裂交会部位以及环形构造集中区，色调异常呈不规则状分布。

区内的铁、金-多金属矿床(点)在空间上与遥感色调异常有较密切的关系，多形成于遥感色调异常区。

羟基异常：面积 21 599 154.371m^2，其中一级异常 4 835 775.044m^2，二级异常 3 715 392.614m^2，三级异常 13 047 986.712m^2。预测区羟基异常较发育，预测区南部，羟基异常集中分布，呈左倾 S 形，其余地区广泛并零星分布。浅色色调异常区发育的花岗岩类所引起的矿化与羟基异常有关。

铁染异常：面积 204 003.925m^2，其中一级异常 68 348.576m^2，二级异常 14 388.400m^2，三级异常 121 266.949m^2。预测区内铁染异常分布广泛并密集。浅色色调异常区内及附近，铁染异常广泛分布，与成矿关系密切。

6. 闹枝—棉田预测工作区

线要素解译：预测工作区共解译出 2 条中型断裂(带)。智新-长安断裂带为北北东向。该断裂带对晚侏罗世二长花岗岩、晚二叠世闪长岩、寒武纪花岗闪长岩等均有控制作用，控制延吉盆地东侧边缘；春阳—汪清断裂带为北西向。该断裂带南段海西期花岗闪长岩普遍片理化；中部控制侏罗—白垩纪火山岩呈北西向线状分布；北段天桥岭一带由于该断层东弱盘相对西南盘发生顺时针错动，使北东走向的二叠系和上三叠统发生 2～3km 位移；本预测工作区内的小型断裂比较发育，以北西向和北东向为主，次为近东西向和北北西向断裂，局部见北西西向、北北东向、北东东向和南北向断裂。其中北西向和北北西向小型断裂多显示张性特点，其他方向小型断裂多为压性断层。北东向断裂与北西向断裂的交会部位是环形构造的聚集区，也是形成金矿的有利部位；预测工作区内的脆韧变形趋势带比较发育，共解译出 2 条，全部为区域性规模脆韧性变形构造。晚石炭世花岗闪长岩、晚二叠世花岗闪长岩、晚三叠世花岗岩、晚侏罗世花岗岩沿该带呈较宽带状分布，沿该带有青龙村群黑云斜长片麻岩、角闪斜长片麻岩捕虏体分布。该带与金矿有较密切的关系。

环要素解译：本预测工作区内共圈出 1 个环形构造。它在空间分布上有明显的规律，主要分布在不同方向断裂交会部位。按其成因类型分为与隐伏岩体有关的环形构造，形成于晚侏罗世。

色要素解译：本预测要作区内共解译出色调异常 1 处，为绢云母化、硅化引起，它在遥感图像上显示为浅色色调异常。从空间分布上看，该色调异常区内有北东，北西向等断裂通过。该色调异常与金矿有较密切的关系。

羟基异常：面积 5 214 051.595m^2，其中一级异常 650 378.574m^2，二级异常 584 039.098m^2，三级异常 3 979 633.923m^2。预测区西北部，北东向、北西向、南东东向断裂交会部位附近有大面积羟基异常零星分布。遥感浅色色调异常区西南部有少量羟基分布。

铁染异常：面积 5 100 898.787m^2，其中一级异常 1 023 690.500m^2，二级异常 812 094.102m^2，三级异常 3 265 114.184m^2。预测区北部，北西西向断裂与北东向断裂交会部位附近有大面积铁染异常集中分布。预测区北东向、北西向断裂，北东向、东西向断裂交会处，铁染异常零星分布。遥感浅色色调异常区内铁染异常广泛分布。

7. 刺猬沟—九三沟预测工作区

线要素解译：预测工作区内共解译出 2 条中型断裂（带）。智新-长安断裂带为一条北北东向较大型波状断裂带，该断裂带对晚侏罗世二长花岗岩、晚二叠世闪长岩、寒武纪花岗闪长岩等均有控制作用，控制延吉盆地东侧边缘。该断裂带与其他方向断裂交会处，为金-多金属矿产形成的有利部位；春阳-汪清断裂带北西向，断裂带南段海西期花岗们长岩普遍片理化；中部控制侏罗—白垩纪火山岩呈北西向线状分布；北段天桥岭一带由于该断层东弱盘相对西南盘发生顺时针错动，使北东走向的二叠系和上三叠统发生 2～3km 位移；本预测区内的小型断裂比较发育，并且以北东向和北西向为主，北东东向次之，局部见近东西向小型断裂，其中的北西向及北北西向向小型断裂多为性质不明断层，形成时间较晚，多错断其他方向的断裂构造，其他方向的小型断裂多为正断层。不同方向小型断裂的交会部位，是重要的金、多金属成矿区；预测区内的脆韧变形趋势带共解译出 4 条，即区域性规模脆韧性变形构造，由晚石炭世花岗闪长岩、晚二叠世花岗闪长岩、三叠世花岗岩、晚侏罗世花岗岩沿该带呈较宽带状分布，沿该带有青龙村群黑云斜长片麻岩、角闪斜长片麻岩捕虏体分布，为一条总体走向北东的 S 形变型带，该带与金、铁、铜、铅、锌矿产均有密切的关系。

环要素解译：本预测区内共圈出 7 个环形构造。它们在空间分布上有明显的规律，主要分布在不同方向断裂交会部位。按其成因类型分为 1 类，即与隐伏岩体有关的环形构造。区内的金矿点多分布于环形构造内部或边部。

羟基异常：面积 107 099m^2，其中二级异常 1800m^2，三级异常 105 299m^2。预测区南部，春阳-汪清断裂带与北东东向断裂交会处有零星羟基异常分布。

铁染异常：面积 5 378 517.273m^2，其中一级 310 060.975m^2，二级异常 651 295.500m^2，三级异常 4 417 160.799m^2。预测区中部春阳-汪清断裂带与北东向断裂交会处铁染异常集中分布。智新-长安断裂带内黑云斜长片麻岩、角闪斜长片麻岩与铁染异常分布有关。

8. 杜荒岭预测工作区

线要素解译：预测工作区内共解译出 3 条中型断裂（带）。长白-图们断裂带呈北东向，切割二叠纪—

三叠纪地层及岩体，沿断裂带有晚二叠世的中性、基性及超基性岩浆侵入；珲春-杜荒子断裂带呈北东向。切割晚侏罗世石英闪长岩、早三叠世花岗闪长岩，带内有晚三叠世中酸性火山岩分布，控制珲春盆地东侧边缘；鸡冠-复兴断裂带呈北西向，切割晚二叠世—白垩纪地层及岩体，复兴东南，珲春组砂砾岩沿该断裂带方向展布。预测工作区内的小型断裂比较发育，并且以北西向和北东向为主，北北东向、北北西向和北东东向次之。其中北西向和北北东向小型断裂多显张性特征，其他方向小型断裂多表现为压性特点。不同方向小型断裂交会部位是重要的铁、金成矿地段；预测工作区内共解译出 1 条脆韧性变形构造带，为区域性规模脆韧性变形构造。晚石炭世花岗闪长岩、晚二叠世花岗闪长岩、晚三叠世花岗岩、晚侏罗世花岗岩沿该带呈较宽带状分布，沿该带有青龙村群黑云斜长片麻岩、角闪斜长片麻岩俘虏体分布。

环要素解译：预测工作区内共圈出 8 个环形构造。它们在空间分布上有明显的规律，主要分布在不同方向断裂交会部位。其成因类型分为与隐伏岩体有关的环形构造、中生代花岗岩引起的环形构造、古生代花岗岩引起的环形构造。这些环形构造与铁矿、金矿的关系均较密切。

羟基异常：面积 117 755.573m^2，其中二级异常 3 600.000m^2，三级异常 114 155.573m^2。预测区南东部，鸡冠-复兴断裂带与北东向长白-图们断裂带交会处，羟基异常零星分布，为矿化引起的羟基异常。

铁染异常：面积 2 085 017.349m^2，其中一级异常 131 433.050m^2，二级异常 222 598.775m^2，三级异常 1 730 985.525m^2。鸡冠-复兴断裂带东部铁染异常零星分布。古生代花岗岩类引起的环形构造附近有铁染异常集中分布。预测区西南部北东向断裂与北北西向断裂交会处有铁染异常分布。

9. 金谷山—后底洞预测工作区

线要素解译：预测工作区内共解译出 3 条中型断裂(带)。长白-图们断裂带为北东向，切割二叠—三叠纪地层及岩体，沿断裂带有晚二叠世的中性、基性及超基性岩浆侵入；新安-龙井断裂带断层切割海西晚期和印支期花岗岩及晚二叠世地层，断裂东南段即蛟河前进东南一带沿断裂有新生代玄武岩岩浆喷出，该断裂带呈北西向通过本预测区中部；智新-长安断裂带：该断裂带对晚侏罗世二长花岗岩、晚二叠世闪长岩、寒武纪花岗闪长岩等均有控制作用，控制延吉盆地东侧边缘。该带呈北北东向通过本预测区；预测工作区内解译出和龙-春化断裂带 1 条，呈北东向分布，切割中元古代花岗闪长岩、侏罗—白垩纪地层及岩体，控制延吉盆地东南侧边缘及珲春盆地的分布。其他小型断裂以北西向和北东向为主，东西向和北西西向次之，偶见北北西和北东东向小型断裂，各方向小型断裂多表现为压性特点。不同方向小型断裂交会部位是重要的铁、金成矿地段。

环要素解译：预测要作区内的环形构造比较发育，共圈出 10 个环形构造。它们在空间分布上有明显的规律，主要分布在不同方向断裂交会部位。其成因类型分为与隐伏岩体有关的环形构造和中生代花岗岩类引起的环形构造两类。与隐伏岩体有关的环形构造：与隐伏岩体有关，形成于晚侏罗世。中生代花岗岩类引起环形构造：形成于中生代花岗岩中。这些环形构造与铁矿、金矿的关系均较密切，金矿均分布于环形构造边部。

色要素解译：预测要作区内共解译出色调异常 1 处，为绢云母化、硅化引起，它们在遥感图像上显示为浅色色调异常。从空间分布上看，区内的色调异常明显与断裂构造及环形构造有关，在北东向断裂带上及北东向断裂带与其他方向断裂交会部位以及环形构造集中区，色调异常呈不规则状分布。

区内的矿床(点)在空间上与遥感色调异常有较密切的关系，其中一些铁、金矿点等均形成于遥感色调异常区。

羟基异常：面积 2 042 037.822m^2，其中一级异常 728 209.574m^2，二级异常 198 133.724m^2，三级异常 1 115 694.524m^2。长白-图们断裂带南西向，遥感浅色色调异常交会处，以及环形构造集中区，羟基异常集中分布，为矿化引起的羟基异常。

铁染异常：面积 976 942.749m^2，其中一级异常 63 899.950m^2，二级异常 52 199.800m^2，三级异常

860 842.999m^2。新安-龙井断裂带与遥感浅色色调异常交会处,以及环形构造集中区,铁染异常集中分布,为矿化引起的铁染异常。

10. 漂河川预测工作区

线要素解译:预测工作区内解译出敦化-密山岩石圈断裂1条大型断裂带,呈北东向分布,它由两条近于平行的高角度逆断层构成,并相向对冲。西支断裂:山城镇一带表现为太古宙地层逆冲在第三系和白垩系之上,桦甸一带表现为下古生界、石炭系、海西期和燕山期花岗岩逆冲到侏罗—白垩系之上;东支断裂:南段位于柳河盆地西侧,古老的太古界逆覆于中生代地层之上,该断裂带附近的次级断裂是重要的金-多金属矿产的容矿构造;共解译出4条中型断裂(带),桦甸—蛟河断裂带为一条北东向较大型波状断裂带,切割奥陶—白垩纪地层及岩体,控制蛟河盆地总体走向,该断裂带形成于晚侏罗纪,多次活动并切割敦-密断裂,该断裂带与其他方向断裂交会部分,为金-多金属矿产形成的有利部位。三源浦—样子哨断裂带为一条北东向较大型波状断裂带,该断裂带主要由两条断裂组成,构成三源浦—样子哨断陷盆地之西北侧和东南侧边缘城压性断裂,控制新元古—古生代地层沉积,南段限制三源浦—三棵榆树中生代火山洼地的西北缘,由于北西向断裂的切割破坏,使两个分支断裂沿新发—石家店一线发生北西-南东向位移,该断裂带与其他方向断裂交会部分,为金-多金属矿产形成的有利部位。江源-新合断裂带为一条北西向较大型波状断裂带,该断裂带对新元古界青龙村岩群有明显的控制作用,但对其及寒武—三叠纪地层及岩体进行切割,为一条形成较早,后期又有活动的断裂带。断裂带与其他方向断裂交会部分,为金-多金属矿产形成的有利部位。丰满—崇善断裂带:为一条北西向较大型波状断裂带,由吉林丰满向东南经横道子切过敦-密断裂带并进行台区,再经崇善后进入朝鲜,断裂带切割由二叠系组成的北东向褶皱及中新生代地层,沿断裂带有第四纪玄武岩溢出。断裂带与其他方向断裂交会部分,为金-多金属矿产形成的有利部位;预测区内的小型断裂比较发育,并且以北东向、北西和北东东向为主,北北东向、北北西向和北西西向次之,局部见近东西向、近北东向和近北西向小型断裂,其中的北西向及北北西向小型断裂多为正断层,形成时间较晚,多错断其他方向的断裂构造,其他方向的小型断裂多为逆断层,形成时间明显早于北西向断裂。不同方向小型断裂的交会部位,是重要的金、多金属成矿区。预测区内解译出1条脆韧变形趋势带,为区域性规模脆韧性变形构造,分布于敦化-密山岩石圈断裂带内,为该断裂带同其形成的韧性变形构造带,为一条总体走向为北东向的变形带,该带与金、铁、铜、铅、锌矿产均有密切的关系。

环要素解译:预测区内的环形构造比较发育,共圈出9个环形构造,它们在空间分布上有明显的规律,主要分布在不同方向断裂交会部位。按其成因类型分为4类,其中与隐伏岩体有关的环形构造2个、中生代花岗岩类引起的环形构造1个、古生代花岗岩类引起的环形构造4个、和成因不明2个。区内的金矿点多分布于环形构造内部或边部。

色要素解译:预测区内共解译出色调异常3处,其中的1处为绢云母化、硅化引起,2处为侵入岩体内外接触带及残留顶盖引起,它们在遥感图像上均显示为浅色色调异常。从空间分布上看,区内的色调异常明显与断裂构造及环形构造有关,在北东向断裂带上及北东向断裂带与其他方向断裂交会部位以及环形构造集中区,色调异常呈不规则状分布。区内的铁、金-多金属矿床(点)在空间上与遥感色调异常有较密切的关系,多形成于遥感色调异常区。

羟基异常:面积5 778 592.635m^2,其中一级异常1 044 561.152m^2,二级异常1 261 865.127m^2,三级异常3 472 166.357m^2。丰满-崇善断裂带下盘,遥感浅色色调异常区西侧,有羟基异常集中分布,东侧有羟基异常零星分布。预测区东北部,北北西向断裂、北西向断裂、北东向断裂交会处有羟基异常分布,但不集中。

铁染异常:面积5 344 811.100m^2,其中一级异常3 528 598.526m^2,二级异常965 197.550m^2,三级异常851 015.025m^2。铁染异常在整个预测区内多有分布,其中浅色色调异常区内,铁染异常相对比较集中，与成矿关系密切。漂河镇环形构造与北东向断裂交会处，铁染异常集中分布，与成矿有关。

11. 安口镇预测工作区

线要素解译：预测工作区内解译出2条大型断裂(带)。分别为敦化-密山岩石圈断裂和向阳-柳河断裂带。敦化-密山岩石圈断裂通过本预测区西北角，向阳-柳河断裂带通过本预测区西南角。预测工作区内解译出3条中型断裂(带)，分别为柳河-靖宇断裂带，呈近东西向通过本预测区中部。三源浦-样子哨断裂带，仅分布在本预测区东南部边缘。兴华-长白山断裂带，呈近东西向通过本预测区中南部；预测工作区内的小型断裂比较发育，预测区内的小型断裂以北东向、北北东向和北西向为主，局部见近东西向小型断裂，其中北西向断裂多表现为张性特点，其他方向断裂多表现为压性特征。区内的铁矿、金-多金属矿床、点多分布于不同方向小型断裂的交会部位。

环要素解译：预测要作区内的环形构造比较发育，共圈出49个环形构造。它们主要集中于不同方向断裂交会部位。按其成因类型分为2类，其中与隐伏岩体有关的环形构造38个、中生代花岗岩类引起的环形构造1个、成因不明的环形构造10个。隐伏岩体形成的环形构造与铁矿、金、多金属矿床(点)的关系均较密切。

色要素解译：本预测要作区内共解译出色调异常10处，有7处由绢云母化、硅化引起，3处为侵入岩体内外接触带及残留顶盖引起，它们在遥感图像上均显示为浅色色调异常。从空间分布上看，区内的色调异常明显与断裂构造及环形构造有关，在不同方向断裂交会部位以及环形构造集中区，色调异常呈不规则状分布。

羟基异常：面积3 165 734m^2，其中一级异常544 746m^2，二级异常404 651m^2，三级异常2 216 337m^2。预测区东北部，不同方向断裂交会部位以及环形构造集中区，羟基异常集中分布，为矿化引起的羟基异常。遥感浅色色调异常区，羟基异常集中分布，与矿化有关。北东向、南东向断裂附近及它们的交会部位，有羟基异常分布，与矿化有关。

铁染异常：面积1 125 754.727m^2，其中一级异常341 514.825m^2，二级异常75 580.725m^2，三级异常708 659.177m^2。预测区西南部，向阳-柳河断裂带南部倾没端铁染异常发育，与太古宙变质岩系相关。遥感浅色色调异常区，铁染异常集中分布，与矿化有关。向阳-柳河断裂带与北西向、东西向断裂带交会处，羟基异常零星分布。

12. 石棚沟—石道河子预测工作区

线要素解译：预测工作区内共解译出敦化-密山断裂带1条，该断裂带由辽宁省清源循浑河进入吉林省，越海龙县山城镇—辉南—桦甸—敦化一线循辉发河呈北东方向延入黑龙江省，省内长近360km，由两条近于平行的高角度逆断层构成，并相向对冲。该断裂带除具逆冲特点外，还有左旋特点，东盘向北东移动约120km。该断裂带呈北东向斜穿本预测工作区；区内共解译出双阳-长白断裂带1条，北段西南侧七顶子—磐石一带燕山早期的花岗岩体和基性岩体群，中段石咀红旗岭、黑石一带众多的燕山早期花岗岩小岩株和海西期基性—超基性岩体群均沿此断裂带呈北西向展布。该带内分布有多处金、铜矿床(点)。该断裂带呈北西向通过预测区东北部。预测工作区内的小型断裂以北东向和近南北向为主，次为北西向及北东东向小型断裂。其中北西向小型断裂多显示张性特点，其他方向小型断裂多为压性断层，不同方向断裂交会部位是重要的铁、金成矿地段。本预测工作区内解译出2条遥感脆韧性变形构，为区域性规模脆韧性变形构造，分布于敦化-密山岩石圈断裂带内，为该断裂带同其形成的韧性变形构造带。

环要素解译：本预测要作区内共圈出18个环形构造。它们在空间分布上有明显的规律，主要分布在不同方向断裂交会部位。其成因类型分全部为与隐伏岩体有关的环形构造。

羟基异常：面积60 300m^2，其中一级异常12 600m^2，二级异常8100m^2，三级异常39 600m^2。预测区

中部，敦化-密山岩石圈断裂与北北西断裂交会处，羟基异常集中分布。庆阳镇南环形构造附近有零星的羟基异常分布，与隐伏矿体有关。

铁染异常：面积 692 160.901m^2，其中一级异常 574 706.626m^2，二级异常 78 754.275m^2，三级异常 38 700m^2。北东向的区域性规模脆韧性变形构造或构造带上，有铁染异常零星分布。

13. 夹皮沟—溜河预测工作区

线要素解译：预测工作区内解译出华北地台北缘断裂带 1 条巨型断裂带，该断裂带横贯吉林省南部，由辽宁省西丰县进入，经海龙、桦甸、安图、和龙，向东延伸至朝鲜境内，省内长达 260km。由于受后期断裂干扰、错动，使其走向在不同地段发生北东、北西向偏转和位移，敦化-密山岩石圈断裂带使其南东盘向北东位移约 120km，并使该断裂带变为北西西向；集安-松江岩石圈断裂使其南东盘向北东位移约 20km，并使该断裂带变为北西向。因此，该断裂带在吉林省内大体分为三段，分别为小四平—海龙段（西段）、柳树河子—大蒲柴河段（中段）、古洞河—白金段（东段）。本预测区内分布该断裂带的柳树河子—大蒲柴河段，位于敦化县柳树河子至敦化县大蒲柴河一带，北西至敦-密断裂，南东止集安-松江断裂，断裂带的主要特征是以强烈挤压逆冲为主，伴有太古宙、元古宙、古生代的酸性、基性岩浆侵入和喜马拉雅期玄武岩浆喷发；区内共解译出敦化-密山岩石圈断裂 1 条大型断裂，该断裂带由辽宁省清源循浑河进入吉林省，越海龙县山城镇—辉南—桦甸—敦化一线循辉发河呈北东方向延入黑龙江省，省内长近 360km。由两条近于平行的高角度逆断层构成，并相向对冲。西支断裂：山城镇一带表现为太古宙地层逆冲在第三系和白垩系之上，桦甸一带表现为下古生界、石炭系、海西期和燕山期花岗岩逆冲到侏罗—白垩系之上；东支断裂：南段位于柳河盆地西侧，古老的太古界逆覆于中生代地层之上。该断裂带除具逆冲特点外，还有左旋特点，东盘向北东移动约 120km。该断裂带通过本预测区的西北角。区内共解译出 3 条中型断裂（带）。抚松一蛟河断裂带：切割两个Ⅰ级构造单元地质体，蛟河盆地分布在该断裂带上，该断裂带与其他方向断裂交会处，为金-多金属矿产形成的有利部位，该断裂带呈近南北向通过本预测区中部。富江-景山断裂带：由两条主要断裂和数条与之平行的断裂组成，切割自太古宇至白垩世地层及岩体，西南段晚侏罗世辉长岩岩株成群分布，该断裂带呈北东向斜穿本预测区西北部。三源浦-样子哨断裂带：该断裂带主要由两条断裂组成，构成三源浦—样子哨断陷盆地之西北侧和东南侧边缘挤压性断裂，控制新元古—古生代地层沉积，南段限制三源浦—三棵榆树中生代火山洼地的西北缘，该断裂带与北西向断裂交会部位为金矿成矿有利地段。该断裂带在本预测区西北部有所显示；区内的小型断裂比较发育，并且以北西向和北东向为主，次为近南北向断裂，局部见近东西向断裂。不同方向断裂交会部位以及北西向弧形断裂是重要的铁、金成矿地段。区内的脆韧变形趋势带比较发育，共解译出 14 条，全部为区域性规模脆韧性变形构造。其中总体呈北西走向的脆韧性变形构造与华北地台北缘断裂带相伴生，形成一条北东向韧性变形构造带，该带与铁矿、金矿均有较密切的关系。

环要素解译：预测工作区内的环形构造比较发育，共圈出 56 个环形构造。它们在空间分布上有明显的规律，主要分布在不同方向断裂交会部位。按其成因类型分为 2 类，其中与隐伏岩体有关的环形构造 49 个、古生代花岗岩类引起的环形构造 7 个。这些环形构造与铁矿、铜矿、金矿的关系均较密切，桦甸市老牛沟铁矿分布于两个环形构造相切部位。

色要素解译：预测工作区内共解译出色调异常 5 处，其中的 3 处为绢云母化、硅化引起，2 处为侵入岩体内外接触带及残留顶盖引起，它们在遥感图像上均显示为浅色色调异常。从空间分布上看，区内的色调异常明显与断裂构造及环形构造有关，在北东向断裂带上及北东向断裂带与其他方向断裂交会部位以及环形构造集中区，色调异常呈不规则状分布。

羟基异常：面积 2 142 763.748m^2，其中一级异常 554 982.625m^2，二级异常 495 457.398m^2，三级异常 1 092 323.724m^2。预测工作区北部，不同方向断裂交会部位，羟基异常集中分布，为矿化引起的羟基异常。

铁染异常：面积 2 142 763.748m²，其中一级异常 554 982.625m²，二级异常 495 457.398m²，三级异常 1 092 323.724m²。预测工作区北部，不同方向断裂交会部位，铁染异常集中分布，为矿化引起的铁染异常。

14. 金城洞—木兰屯预测工作区

线要素解译：预测工作区内解译出华北地台北缘断裂带 1 条巨型断裂带，由辽宁省西丰县进入，经海龙、桦甸、安图、和龙，向东延伸至朝鲜境内，省内长达 260km。由于受后期断裂干扰、错动，使其走向在不同地段发生北东、北西向偏转和位移，敦化-密山岩石圈断裂带使其南东盘向北东位移约 120km，并使该断裂带变为北西西向；集安-松江岩石圈断裂使其南东盘向北东位移约 20km，并使该断裂带变为北西向。因此，该断裂带在吉林省内大体分为三段，分别为小四平一海龙段（西段）、柳树河子一大蒲柴河段（中段）、古洞河一白金段（东段）。本预测区内分布该断裂带的柳树河子一大蒲柴河段，位于敦化县柳树河子至敦化县大蒲柴河一带，北西至敦-密断裂，南东止集安-松江断裂，断裂带的主要特征是以强烈挤压逆冲为主，伴有太古宙、元古宙、古生代的酸性、基性岩浆侵入和喜马拉雅期玄武岩浆喷发；解译出敦化-密山岩石圈断裂 1 条大型断裂，该断裂带由辽宁省清源循浑河进入吉林省，越海龙县山城镇一辉南一桦甸一敦化一线循辉发河呈北东方向延入黑龙江省，省内长近 360km。由两条近于平行的高角度逆断层构成，并相向对冲。西支断裂：山城镇一带表现为太古代地层逆冲在第三系和白垩系之上，桦甸一带表现为下古生界、石炭系、海西期和燕山期花岗岩逆冲到侏罗一白垩系之上；东支断裂：南段位于柳河盆地西侧，古老的太古界逆覆于中生代地层之上。该断裂带除具逆冲特点外，还有左旋特点，东盘向北东移动约 120km。该断裂带通过本预测区的西北角；本区内共解译出 3 条中型断裂（带），抚松-蛟河断裂带，切割两个Ⅰ级构造单元地质体，蛟河盆地分布在该断裂带上，该断裂带与其他方向断裂交会处，为金-多金属矿产形成的有利部位。该断裂带呈近南北向通过本预测区中部。富江-景山断裂带：由两条主要断裂和数条与之平行的断裂组成，切割自太古宙至白垩纪地层及岩体，西南段晚侏罗世辉长岩岩株成群分布，该断裂带呈北东向斜穿本预测区西北部。三源浦-样子哨断裂带主要由两条断裂组成，构成三源浦一样子哨断陷盆地之西北侧和东南侧边缘挤压性断裂，控制晚元古一古生代地层沉积，南段限制三源浦一三棵榆树中生代火山洼地的西北缘。该断裂带与北西向断裂交会部位为金矿成矿有利地段。该断裂带在本预测区西北部有所显示；区内的小型断裂比较发育，并且以北西向和北东向为主，次为近南北向断裂，局部见近东西向断裂。不同方向断裂交会部位以及北西向弧形断裂是重要的铁、金成矿地段；区内的脆韧变形趋势带比较发育，共解译出 14 条，全部为区域性规模脆韧性变形构造。其中总体呈北西走向的脆韧性变形构造与华北地台北缘断裂带相伴生，形成一条北东向韧性变形构造带，该带与铁矿、金矿均有较密切的关系。

环要素解译：预测工作区内的环形构造比较发育，共圈出 56 个环形构造。它们在空间分布上有明显的规律，主要分布在不同方向断裂交会部位。按其成因类型分为 2 类，其中与隐伏岩体有关的环形构造 49 个、古生代花岗岩类引起的环形构造 7 个。这些环形构造与铁矿、铜矿、金矿的关系均较密切，桦甸市老牛沟铁矿分布于两个环形构造相切部位。

色要素解译：预测工作区内共解译出色调异常 5 处，其中的 3 处为绢云母化、硅化引起，2 处为侵入岩体内外接触带及残留顶盖引起，它们在遥感图像上均显示为浅色色调异常。从空间分布上看，区内的色调异常明显与断裂构造及环形构造有关，在北东向断裂带上及北东向断裂带与其他方向断裂交会部位以及环形构造集中区，色调异常呈不规则状分布。

羟基异常：面积 2 142 763.748m²，其中一级异常 554 982.625m²，二级异常 495 457.398m²，三级异常 1 092 323.724m²。预测工作区北部，不同方向断裂交会部位，羟基异常集中分布，为矿化引起的羟基异常。

铁染异常：面积 4 226 803m²，其中一级异常 669 365m²，二级异常 614 866m²，三级异常 2 942 572m²。

预测工作区北部，敦化-密山岩石圈断裂北部倾没端与北西向断裂交会处，铁染异常集中分布，为矿化引起的铁染异常。

15. 四方山—板石预测工作区

线要素解译：预测工作区内共解译出2条中型断裂(带)，分别为大川-江源断裂带和兴华-长白山断裂带；区内的小型断裂比较发育，并且以北西向为主，局部发育北西西向、北东向及近南北向小型断层，其中的北西向及近南北向小型断裂多为正断层，形成时间较晚，多错断其他方向的断裂构造，北东向的小型断裂多为逆断层，形成时间明显早于北西向断裂；区内的脆韧变形趋势带比较发育，共解译出17条，全部为区域性规模脆韧性变形构造。其中呈北东走向的脆韧性变形构造与大川-江源断裂带相伴生，形成一条北东向韧性变形构造带，该带与铁矿、金矿均有较密切的关系。近东西向的脆韧性变形构造与兴华-白头山断裂带相伴生，空间上与金-多金属关系密切。

环要素解译：本预测区内的环形构造比较发育，共圈出31个环形构造。它们在空间分布上有明显的规律，主要分布在大川-江源断裂带与其他方向断裂交会部位。

按其成因类型分为2类，其中与隐伏岩体有关的环形构造28个、古生代花岗岩类引起的环形构造2个。这些环形构造与铁矿、铜矿、金矿的关系均较密切，通化四方山铁矿、浑江板石沟铁矿以及一些铁、铜、金矿点分布于环形构造内部或边部。

色要素解译：本预测区内共解译出色调异常6处，其中的3处为绢云母化、硅化引起，3处为侵入岩体内外接触带及残留顶盖引起，它们在遥感图像上均显示为浅色色调异常。从空间分布上看，区内的色调异常明显与断裂构造及环形构造有关，在北东向断裂带上及北东向断裂带与其他方向断裂交会部位以及环形构造集中区，色调异常呈不规则面状分布。

区内的矿床(点)在空间上与遥感色调异常有较密切的关系，其中通化四方山铁矿、浑江板石沟铁矿以及一些铁、铜、金矿点等均形成于遥感色调异常区。

带要素解译：本预测共解译出6处遥感带要素，均由变质岩组成，其中一处为中太古界英云闪长片麻岩、斜长角闪岩夹磁铁石英岩，分布于浑江上游凹褶断束与龙岗断块接触带附近，该带与铁矿、金矿关系密切；5处由钓鱼台组、南芬组石英砂岩、页岩组成，分布于浑江上游凹褶断束内，该种成因类型的带要素与铁矿及金矿的关系密切。

块要素解译：本预测内共解译出5处遥感块要素，其中1处为区域压扭应力形成的构造透镜体，4处为小规模块体所受应力形成的菱形块体，它们全呈北东向展布，分布于大川-江源断裂带内。这些块体与矿产在空间上有一定的关系。

羟基异常：面积558 013.575m^2，其中一级异常47 700m^2，二级异常60 786.725m^2，三级异常449 526.850m^2。大川-江源断裂带西侧有零星羟基异常分布，预测区内羟基异常不明显。

铁染异常：面积1 197 197.525m^2，其中一级异常478 774.550m^2，二级异常154 783.200m^2，三级异常563 639.775m^2。浅色色调异常区内，铁染异常零星分布，与矿化有关。青白口系钓鱼台组、南芬组内有铁染异常分布，与铁矿有关。中太古界英云闪长片麻岩内存在铁染异常，与铁矿有关。

16. 正岔—复兴屯预测工作区

线要素解译：预测工作区内解译出3条中型断裂(带)。头道-长白山断裂带呈东西向和北东东向分布在本预测区，该断裂带为太子河-浑江陷褶束和营口-宽甸台拱Ⅲ级构造单元的分界线，断裂切割元古宇、古生界及侏罗系，并切割海西期、燕山期侵入岩。断裂发生于下元古界，海西期和燕山期均有强烈活动，东段乃至喜马拉雅期仍继续活动；大川-江源断裂带呈北东向分布在本预测区，由通化县向北东经白山至抚松后被第四纪玄武岩覆盖，向西南进入辽宁省，由数十条近于平行的断裂构造组成，切割自太古宇—侏罗系的地层及岩体，控制中元古代、新元古代和古生代的沉积。该断裂带为多期活动断裂，早期为压性,晚期为张性,在二道江—板石一带形成一系列滑脱构造。该断裂带沿吉林省正岔一复兴屯地区岩浆热液改造型金矿预测工作区中部呈北东向斜穿预测区;大路-仙人桥断裂带:呈北东向分布在本预测区,为一条北东南西向较大型波状断裂带,切割自太古宙—侏罗纪的地层及岩体,控制中元古界、新元古界和古生界的沉积,与兴华-长白山断裂带、果松-花山断裂带共同组成“荒沟山 S 形构造”;区内的小型断裂比较发育,预测区内的小型断裂以北东向和北西向为主,北北东向和北北西向次之,局部见北西西向、东西向、北东东向和近南北向小型断裂,北西向小型断裂多表现为张性特征,其他各方向断裂多表现为压性特征。区内的金-多金属矿床、点多分布于不同方向小型断裂的交汇部位。

环要素解译:预测工作区内的环形构造比较发育,共圈出 69 个环形构造。它们主要集中于不同方向断裂交汇部位。按其成因类型分为 6 类,其中与隐伏岩体有关的环形构造 55 个(形成于晚侏罗世)、中生代花岗岩引起的环形构造 2 个、古生代花岗岩引起的环形构造 5 个、褶皱引起的环形构造 3 个(分布于中下元古界变质岩系中)、闪长岩类引起的环形构造 1 个和成因不明 3 个(分布于元古界变质岩中)。隐伏岩体形成的环形构造与铁矿、金、多金属矿床(点)的关系均较密切。

色要素解译:预测工作区内共解译出色调异常 5 处,分别为由绢云母化、硅化引起和侵入岩体内外接触带及残留顶盖引起。它们在遥感图像上均显示为浅色色调异常。从空间分布上看,区内的色调异常明显与断裂构造及环形构造有关,在不同方向断裂交会部位以及环形构造集中区,色调异常呈不规则状分布。区内的铁、金-多金属矿床(点)在空间上与遥感色调异常有较密切的关系,多形成于遥感色调异常区。

羟基异常:面积 6 553 960.927m^2,其中一级异常 1 544 506.150m^2,二级异常 961 830.175m^2,三级异常 4 047 624.601m^2。预测工作区西北部、南部不同方向断裂交会部位以及环形构造集中区,羟基异常集中分布,为矿化引起的羟基异常。

铁染异常:面积 204 003.925m^2,其中一级异常 68 348.576m^2,二级异常 14 388.400m^2,三级异常 121 266.949m^2。预测工作区西北部,环形构造异常区与各向断裂交会处,铁染异常分布相对集中。与成矿关系密切。浅色色调异常区内,铁染异常零星分布,与矿化有关。

17. 荒沟山—南岔预测工作区

线要素解译:预测工作区内解译出集安-松江岩石圈断裂 1 条大型断裂带,以松江一带为界分西南和东北两段,西南段为台区Ⅲ、Ⅳ级构造单元分界线,在绿江村、杨木林子屯一带控制侏罗纪地层堆积,断裂切割晚三叠世、中晚侏罗世地层及中生代侵入岩,使古老的太古宙变质岩系、震旦纪与侏罗纪地层呈压剪性断层接触。该断裂带附近的次级断裂是重要的金-多金属矿产的容矿构造;解译出 5 条中型断裂(带),大路一仙人桥断裂带:为一条北东南西向较大型波状断裂带,切割自太古宙一侏罗纪的地层及岩体,控制中元古界、新元古界和古生界的沉积,该断裂带与其他方向断裂交会处,为金-多金属矿产形成的有利部位。该断裂带沿吉林省荒沟山—南岔地区岩浆热液改造型金矿预测工作区中部斜穿预测区;大川-江源断裂带:北东向,由通化县向北东经白山至抚松后被第四纪玄武岩覆盖,向西南进入辽宁省,由数十余条近于平行的断裂构造组成,为一中段宽,两端窄的较大型断裂构造带,中部较宽部位是重要的铁矿成矿带,其边部及两端收敛部位为金-多金属矿产聚集区。该断裂带沿吉林省荒沟山—南岔地区岩浆热液改造型金矿预测工作区北西侧斜穿预测区;果松-花山断裂带:切割中、古元古代地层及侏罗纪火山岩,三道沟北,太古宙花岗片麻岩逆冲于元古宇珍珠门组大理岩之上。沿断裂带有小型铁矿、铅锌矿、金矿分布。该断裂带沿吉林省荒沟山—南岔地区岩浆热液改造型金矿预测工作区北中南部呈北东向斜穿预测区;兴华-长白山断裂带:近东西向通过预测区南部,断裂带西段切割地台区老基底岩系、古生代盖层及中生代地层。该断裂带又控制晚三叠世中酸性火山岩。沿断裂带侵入燕山期和印支期花岗岩。该带与北东向断裂交会处为重要的金、多金属成矿区。该断裂带沿吉林省荒沟山—南岔地区岩浆热液改造型金矿预测工作区北中北部呈近东西向横穿预测区;头道-长白山断裂带:该断裂带为太子河-浑江陷褶束和营口-宽甸台拱Ⅲ级构造单元的分界线，断裂切割元古宇、古生界及侏罗系，并切割海西期、燕山期侵入岩。断裂发生于下元古界，海西期和燕山期均有强烈活动，东段乃至喜马拉雅期仍继续活动；区内的小型断裂比较发育，并且以北北西向和北西向为主，北东向次之，局部见近南北向和近东西向小型断裂，其中的北西向及北北西向小型断裂多为正断层，形成时间较晚，多错断其他方向的断裂构造，其他方向的小型断裂多为逆断层，形成时间明显早于北西向断裂。不同方向小型断裂的交会部位，是重要的金、多金属成矿区；脆韧变形趋势带比较发育，共解译出19条，其中的18条为区域性规模脆韧性变形构造和1条节理劈理断裂密集带构造。区域性规模脆韧性变形构造组成一条较大规模的脆韧性变形构造带，南段与果松-华山断裂带重合，中段与大路-仙人桥断裂带重合，北段与兴华-白头山断裂带重合，为一条总体走向北东的S形变型带，该带与金、铁、铜、铅、锌矿产均有密切的关系。

环要素解译：区内的环形构造比较发育，共圈出118个环形构造。它们在空间分布上有明显的规律，主要分布在不同方向断裂交会部位。按其成因类型分为4类，其中与隐伏岩体有关的环形构造104个、中生代花岗岩类引起的环形构造8个、褶皱引起的环形构造3个和火山机构或通道引起的环形构造3个。区内的金矿点多分布于环形构造内部或边部，

色要素解译：区内共解译出色调异常17处，其中的6处为绢云母化、硅化引起，11处为侵入岩体内外接触带及残留顶盖引起，它们在遥感图像上均显示为浅色色调异常。从空间分布上看，区内的色调异常明显与断裂构造及环形构造有关，在北东向断裂带上及北东向断裂带与其他方向断裂交会部位以及环形构造集中区，色调异常呈不规则状分布。

区内的铁、金-多金属矿床(点)在空间上与遥感色调异常有较密切的关系，多形成于遥感色调异常区。

带要素解译：共解译出7处遥感带要素，均由变质岩组成，其中5处为青白口系钓鱼台组、南芬组并层，分布于和龙断块内，该带与铁矿关系密切；一处为中元古界老岭群珍珠门组与花山组接触带附近，由白云质大理岩、透闪石化、硅化白云质大理岩、二云片岩夹大理岩组成，该带与铁、金-多金属的关系密切，另一处为中太古界英云闪长片麻岩。

块要素解译：区内共解译出8处遥感块要素，其中2处为区域压扭应力形成的构造透镜体，形成于老岭造山带中。6处为小规模块体所受应力形成的菱形块体，它们全呈北东向展布，两处分布于大川-江源断裂带内，一处分布于老岭造山带中。

18.冰湖沟预测工作区

线要素解译：预测工作区内解译出集安-松江岩石圈断裂1条大型断裂带，以松江一带为界分西南和东北两段，西南段为台区Ⅲ、Ⅳ级构造单元分界线，在绿江村、杨木林子屯一带控制侏罗绿地层堆积，断裂切割晚三叠世、中晚侏罗世地层及中生代侵入岩，使古老的太古代变质岩系、震旦系与侏罗纪地层呈压剪性断层接触；解译出2条中型断裂(带)，抚松-蛟河断裂带切割两个Ⅰ级构造单元地质体，蛟河盆地分布在该断裂带。兴华-长白山断裂带：断裂带西段切割地台区老基底岩系、古生代盖层及中生代地层，老岭群花山组大理岩逆冲于侏罗系下统义和组砂面岩之上，沿断层面有安山岩岩床分布。该断裂带又控制晚三叠世中酸性火山岩。沿断裂带侵入燕山期和印支期花岗岩，断裂西段柳河县向阳镇一带有燕山早期基性岩侵入；区内的小型断裂以北西向和北东向为主，次为近东西向断裂，局部见近南北向断裂。其中北西向小型断裂多显示张性特点，其他方向小型断裂多为压性断层。北东向断裂与北西向断裂的交汇部位是环型构造的聚集区，也是形成金矿的有利部位；区内的脆韧变形趋势带比较发育，共解译出3条，全部为区域性规模脆韧性变形构造。形成于中生界以前的地层及岩体中，与兴华-长白山断裂带为同期形成，该带与金矿有较密切的关系。

环要素解译：预测工作区内的环形构造比较发育，共圈出12个环形构造。它们在空间分布上有明显的规律，主要分布在不同方向断裂交会部位。按其成因类型分为2类，其中与隐伏岩体有关的环形构

造9个，古生代花岗岩类引起的环形构造3个。

色要素解译：预测工作区内共解译出色调异常1处，为侵入岩体内外接触带及残留顶盖引起，它在遥感图像上均显示为浅色色调异常。从空间分布上看，该色调异常区内有北东，北西及近东西向断裂通过并有环形构造分布。

带要素解译：预测工作区共解译出1处遥感带要素，由变质岩组成，为中元古界老岭群珍珠门组与花山组接触带附近，由白云质大理岩、透闪石化、硅化白云质大理岩、二云片岩夹大理岩组成，该带与金、铜、铅、锌-多金属的关系密切。

羟基异常：面积2 154 668.123m²，其中一级异常171 907.050m²，二级异常192 664.200m²，三级异常2 154 668.123m²。预测区南部，南东向断裂与北东向、北北东向断流交会处，羟基异常集中分布，为矿化引起的羟基异常。预测区西部，北西向、北北西向、北东向、北北东向断裂以及环形构造交会处有较密集的羟基异常分布，与矿化有关。

铁染异常：面积3 313 561.900m²，其中一级异常1 511 207.825m²，二级异常334 800m²，三级异常1 467 554.075m²。预测区内铁染异常发育，浅色色调异常区内，铁染异常广泛分布，与矿化有关。集安-松江岩石圈断裂与抚松-蛟河断裂带之间铁染异常集中分布，与晚侏罗世隐伏岩体有关。预测区东南部，多向构造交会处铁染异常零星分布。

19.六道沟—八道沟预测工作区

线要素解译：区内共解译出1条中型断裂(带)，为头道-长白山断裂带，该断裂带为太子河-浑江陷褶束和营口-宽甸台拱Ⅲ级构造单元的分界线，断裂切割元古宇、古生界及侏罗系，并切割海西期、燕山期侵入岩。该带与其他方向断裂交会部位是重要的金、多金属成矿区。该断裂带呈东西向横穿本预测区；预测工作区内的小型断裂以北西向和北东向为主，局部见近东西向和北北东向小型断裂。其中北西向小型断裂多显示张性特点，其他方向小型断裂多为压性断层，不同方向断裂交会部位是重要的铁、金成矿地段。

环要素解译：区内共圈出18个环形构造。它们在空间分布上有明显的规律，主要分布在不同方向断裂交会部位。按其成因类型分为2类，其中与隐伏岩体有关的环形构造16个、中生代花岗岩类引起的环形构造2个。

羟基异常：面积2 046 209.749m²，其中一级异常75 600.000m²，二级异常72 704.525m²，三级异常1 897 905.224m²。预测区东部，不同方向断裂交会部位以及环形构造集中区，羟基异常集中分布，为矿化引起的羟基异常。遥感浅色色调异常区，羟基异常集中分布，与矿化有关。北东向、北西向断裂附近及它们的交会部位，有羟基异常分布，与矿化有关。

铁染异常：面积3 366 344.424m²，其中一级异常505 870.225m²，二级异常302 400.000m²，三级异常2 558 074.199m²。预测区西北部，北东东向断裂附近，铁染异常集中分布。预测区东南部，北东东向断裂与南北向断裂交会处，铁染异常集中分布。

20.长白—十六道沟预测工作区

线要素解译：预测工作区内解译出4条中型断裂带。长白-图们断裂带位于北东段，它切割二叠—三叠纪地层及岩体，沿断裂带有晚二叠世的中性、基性及超基性岩浆侵入。双阳-长白断裂带位于西北段，为双阳盆地、烟筒山西的晚三叠世盆地、明城东的中侏罗世盆地和石咀东的中侏罗世盆地等沿断裂带分布，北段西南侧七顶子—磐石一带燕山早期的花岗岩体和基性岩体群，中段石咀红旗岭、黑石一带众多的燕山早期花岗岩小岩株和海西期基性—超基性岩体群均沿此断裂带呈北西向展布。头道-长白山断裂带位于北东东和东西两段。该断裂带为太子河-浑江陷褶束和营口-宽甸台拱Ⅲ级构造单元的分界线，断裂切割元古宇、古生界及侏罗系，并切割海西期、燕山期侵入岩，断裂发生于古元古界，海西期和燕山期均有强烈活动，东段乃至喜马拉雅期仍继续活动。望天鹅-春阳断裂带，该断裂带切割中生代及新生代地层及岩体，控制晚侏罗—早白垩世春阳盆地的展布，望天鹅及长白山火山口分布在该带上，认为是一条形成于侏罗纪，第四纪仍在活动的断裂带；区内的小型断裂比较发育，并且以北西向和北东向为主，北北东向和北北西向次之，局部见近南北向小型断裂，其中的北西向及北北西向小型断裂多为正断层，北东向、北北东向及南北向小型断裂多为逆断层。不同方向小型断裂的交汇部位，是重要的金、多金属成矿区。

环要素解译：区内共圈出5个环形构造。按其成因类型分为3类，其中与隐伏岩体有关的环形构造3个、中生代花岗岩类引起的环形构造1个、成因不明引起的环形构造1个。区内的金矿点分布于环形构造内部或边部。

羟基异常：面积4 493 627m^2，其中一级异常593 859m^2，二级异常531 886m^2，三级异常3 367 882m^2。预测区北部，不同方向断裂交汇部位，羟基异常集中分布，为矿化引起的羟基异常。预测区中部，望天鹅-春阳断裂带与头道-长白山断裂带交会处，羟基异常分布密集，与矿化有关。预测区东部，各构造断裂带与环形构造交会处有零星羟基异常分布。

铁染异常：面积3 765 310.699m^2，其中一级异常1 158 354.301m^2，二级异常560 699.174m^2，三级异常2 046 257.224m^2。预测区北部，不同方向断裂交会部位，铁染异常集中分布，为矿化引起的铁染异常。预测区中部，望天鹅-春阳断裂带与头道-长白山断裂带交会处，铁染异常分布密集，与矿化有关。预测区东部，各构造断裂带与环形构造交会处有零星铁染异常分布。

21. 山门预测工作区

线要素解译：预测工作区内解译出2条大型断裂(带)。四平-德惠岩石圈断裂为北东向，为松辽平原与大黑山条垒分界线，即“松辽盆地东缘断裂”，沿此断裂古新世早期玄武岩浆喷发活动强烈，形成如范家屯平顶山、尖山和大屯富峰山、小南山等火山锥。依兰-伊通断裂带为北东向，为近于平行的两组断裂组成，西侧断裂位于伊通-乌拉街槽地西缘与大黑山条垒交界，东侧断裂为伊通-乌拉街槽地东缘，两条断裂间的狭长槽地中堆积巨厚的新生代陆相碎屑岩，断裂带两侧的老地层和侵入岩向新生代槽地仰冲，槽地下降而接受新生代沉积物。区内解译出东辽-桦甸断裂带1条中型断裂(带)，呈近东西向通过本预测区底部，切割侏罗纪以前的地层及岩体，被敦-密断裂带截断；区内的小型断裂比较发育，预测区内的小型断裂以北东向和北西向为主，北北东向、北东东向和东西向次之，局部见北西西向和北北西向小型断裂，各方向断裂多表现为压性特征。区内的金-多金属矿床、点多分布于不同方向小型断裂的交会部位；区内解译出2条脆韧变形趋势带，为区域性规模脆韧性变形构造，分布于依兰-伊通断裂带附近，与依兰-伊通断裂带同期形成，为总体走向为北东向的变形带，该带与金、铁、铜、铅、锌矿产均有密切的关系。

环要素解译：预测工作区内的环形构造比较发育，共圈出42个环形构造。它们主要集中于不同方向断裂交会部位。按其成因类型分为6类，其中与隐伏岩体有关的环形构造8个、中生代花岗岩类引起的环形构造28个、与火山口有关的环形构造1个、成因不明的环形构造2个、火山机构或通道引起的环形构造2个、闪长岩类引起的环形构造1个。隐伏岩体形成的环形构造与铁矿、金、多金属矿床(点)的关系均较密切。

色要素解译：本预测工作区内共解译出色调异常8处，全部由绢云母化、硅化引起，它们在遥感图像上均显示为浅色色调异常。从空间分布上看，区内的色调异常明显与断裂构造及环形构造有关，在不同方向断裂交会部位以及环形构造集中区，色调异常呈不规则状分布。

羟基异常：面积86 143.550m^2，其中一级异常21 539.350m^2，二级异常897.525m^2，三级异常63 706.675m^2。龙山满族乡环形构造内有少量羟基异常集中分布，与中生代花岗岩有关系。伊通断裂带北东向倾没端，羟基异常较少。预测区中部浅色调异常区，南部有零星的羟基异常分布。

铁染异常:面积 176 801.800m^2,其中一级异常 897.775m^2,二级异常 15 261.250m^2,三级异常 160 642.775m^2。四平-德惠岩石圈断裂与北东东向断裂交会处,铁染异常呈线性分布。前乌拉脚沟环形构造附近铁染异常零星分布,与矿化有关。

22.兰家预测工作区

线要素解译:测要作区内解译出 2 条大型断裂(带)。四平-德惠岩石圈断裂呈北东向,为松辽平原与大黑山条垒分界线,即"松辽盆地东缘断裂",沿此断裂古新世早期玄武岩浆喷发活动强烈,形成如范家屯平顶山、尖山和大屯富峰山、小南山等火山锥。依兰-伊通断裂带呈北东向,为近于平行的两组断裂组成,西侧断裂位于伊通-乌拉街槽地西缘与大黑山条垒交界,东侧断裂为伊通-乌拉街槽地东缘,两条断裂间的狭长槽地中堆积巨厚的新生代陆相碎屑岩,断裂带两侧的老地层和侵入岩向新生代槽地仰冲,槽地下降而接受新生代沉积物;区内解译出双阳-长白断裂带 1 条中型断裂(带),呈北西向,双阳盆地、烟筒山西的晚三叠世盆地、明城东的中侏罗世盆地和石咀东的中侏罗世盆地等沿断裂带分布,北段西南侧七顶子—磐石一带燕山早期的花岗岩体和基性岩体群,中段石咀红旗岭、黑石一带众多的燕山早期花岗岩小岩株和海西期基性—超基性岩体群均沿此断裂带呈北西向展布;区内的小型断裂比较发育,预测区内的小型断裂以北东向、北北东向和北西向为主,北北东向、北北西向、东西向和南北向次之,局部见北东东向、北西西向和北西向小型断裂,其中北西向断裂多表现为张性特点,其他方向断裂多表现为压性特征。区内的铁矿、金-多金属矿床、点多分布于不同方向小型断裂的交会部位。

环要素解译:本预测要作区内的环形构造比较发育,共圈出 25 个环形构造。它们主要集中于不同方向断裂交汇部位。按其成因类型分为 2 类,其中与隐伏岩体有关的环形构造 21 个、中生代花岗岩类引起的环形构造 4 个。隐伏岩体形成的环形构造与隐伏岩体有关,形成于晚侏罗世与铁矿、金、多金属矿床(点)的关系均较密切。

羟基异常:面积 523 969.755m^2,其中一级异常 138 764.525m^2,二级异常 41 434.175m^2,三级异常 343 771.054m^2。预测区东北部,北东向断裂、北西向断裂交会部位,羟基异常分布比较集中。与隐伏矿体有关的环形构造和四平-德惠岩石圈断裂附近有零星羟基异常分布。

铁染异常:面积 1 089 790.778m^2,其中一级异常 26 981.651m^2,二级异常 41 368.599m^2,三级异常 1 021 440.528m^2。四平-德惠岩石圈断裂附近铁染异常呈线性分布,双阳-长白断裂带与北东向断裂,泉眼镇环形构造交会处有铁染异常集中分布。

23.万宝预测工作区

线要素解译:预测工作区内共解译出 3 条中型断裂(带)。江源-新合断裂带为北西向和北西西向的断裂带。该断裂带对新元古界青龙村岩群有明显的控制作用,但其对寒武—三叠纪地层及岩体进行切割,为一条形成较早,后期又有活动的断裂带。该断裂带与其他方向断裂交会部分,为金-多金属矿产形成的有利部位;丰满-崇善断裂带为一条北西向较大型波状断裂带,由吉林丰满向东南经横道子切过敦-密断裂带并进入台区,再经崇善后进入朝鲜,断裂带切割由二叠系组成的北东向褶皱及中新生代地层,沿断裂带有第四纪玄武岩溢出。该断裂带与其他方向断裂交会部分,为金-多金属矿产形成的有利部位;敦化-杜荒子断裂带呈东西向。西段汪清一复兴一带的晚三叠世火山岩及杜荒子一带的古近系受此断裂控制,同时走向东西和脉岩群十分发育,东段尚有海西晚期东南岔基性岩侵入。该断裂带与其他方向断裂交会处,为金-多金属矿产形成的有利部位;区内的小型断裂比较发育,并且以北东向为主,北北西向、北东东向和北西西向次之,局部见近北北东向、近北西向和近南北向小型断裂,其中的北北西向、北东东向和北西向小型断裂多为正断层,形成时间较晚,多错断其他方向的断裂构造,其他方向的小型断裂多为逆断层,形成时间明显早于北西向断裂。不同方向小型断裂的交会部位,是重要的金、多金属成矿区;区内解译出 1 条脆韧变形趋势带,为区域性规模脆韧性变形构造,分布于华北地台北缘断裂带内,为该断裂带同期形成的韧性变形构造带。为一条总体走向为北西向的变形带,该带与金、铁、铜、铅、锌矿产均有密切的关系。

环要素解译:预测区内的环形构造比较发育,共圈出4个环形构造。它们在空间分布上有明显的规律,主要分布在不同方向断裂交会部位。按其成因类型分为2类,其中中生代花岗岩类引起的环形构造2个和与浅层、超浅层次火山岩体引起的环形构造2个。

色要素解译:本预测区内共解译出色调异常1处,为绢云母化、硅化引起,它在遥感图像上显示为浅色色调异常。从空间分布上看,区内的色调异常明显与断裂构造及环形构造有关。金-多金属矿床(点)在空间上与遥感色调异常有较密切的关系,多形成于遥感色调异常区。

羟基异常:面积1 648 562.172m^2,其中一级异常189 076.175m^2,二级异常178 130.376m^2,三级异常1 281 355.621m^2。预测区东部,北西西江源-新合断裂带附近羟基异常集中分布,为矿化引起的羟基异常。预测区东南部,多向断裂交会处,有羟基异常零星分布。

铁染异常:面积474 887.249m^2,其中一级异常127 852.900m^2,二级异常54 230.300m^2,三级异常292 804.050m^2。预测区东北部,江源-新合断裂带和北东向断裂交会处铁染异常集中分布。丰满-崇善断裂带与北东向断裂交会处,铁染异常分布广泛。

24.浑北预测工作区

线要素解译:预测工作区内共解译出3条中型断裂(带)。大川-江源断裂带北东向,由通化县向北东经白山至抚松后被第四纪玄武岩覆盖,向西南进入辽宁省,由数十条近于平行的断裂构造组成,为一中段宽、两端窄的较大型断裂构造带,中部较宽部位是重要的铁矿成矿带,其边部及两端收敛部位为金-多金属矿产聚集区。吉林省浑北地区海相沉积型铁矿预测工作区处于该带北东端收敛部位;柳河-靖宇断裂带近东西向通过预测工作区北部,主要分布于太古宙绿岩地体中,金龙顶子玄武岩在该带上呈近东西向展布,该带东段南坪组黑色斑状和巨斑状玄武岩(现代火山口)成群分布;兴华-长白山断裂带近东西向通过预测工作区南部,断裂带西段切割地台区老基底岩系、古生代盖层及中生代地层。该断裂带又控制晚三叠世中酸性火山岩。沿断裂带侵入燕山期和印支期花岗岩。该带与北东向断裂交会处为重要的金、多金属成矿区;区内的小型断裂比较发育,并且以北西向为主,局部发育北西西向、北东向及近南北向小型断层,其中的北西向及近南北向小型断裂多为正断层,形成时间较晚,多错断其他方向的断裂构造,北东向的小型断裂多为逆断层,形成时间明显早于北西向断裂。区内的脆韧变形趋势带比较发育,共解译出20条,全部为区域性规模脆韧性变形构造。其中呈北东走向的脆韧性变形构造与大川-江源断裂带相伴生,形成一条北东向韧性变形构造带,该带与铁矿、金矿均有较密切的关系。近东西向的脆韧性变形构造与兴华-白头山断裂带相伴生,空间上与金-多金属关系密切。

环要素解译:预测工作区内的环形构造比较发育,共圈出45个环形构造。它们在空间分布上有明显的规律,主要分布在大川-江源断裂带与其他方向断裂交会部位。按其成因类型分为3类,其中与隐伏岩体有关的环形构造33个、古生代花岗岩类引起的环形构造9个、与火山口有关的环形构造3个。这些环形构造与铁矿、铜矿、金矿的关系均较密切,通化四方山铁矿、浑江板石沟铁矿以及一些铁、铜、金矿点分布于环形构造内部或边部。

色要素解译:预测工作区内共解译出色调异常5处,其中的2处为绢云母化、硅化引起,3处为侵入岩体内外接触带及残留顶盖引起,它们在遥感图像上均显示为浅色色调异常。从空间分布上看,区内的色调异常明显与断裂构造及环形构造有关,在北东向断裂带上及北东向断裂带与其他方向断裂交会部位以及环形构造集中区,色调异常呈不规则状分布。

区内的矿床(点)在空间上与遥感色调异常有较密切的关系,其中通化四方山铁矿、浑江板石沟铁矿以及一些铁、铜、金矿点等均形成于遥感色调异常区。

带要素解译:预测共解译出6处遥感带要素,均由变质岩组成,其中一处为中太古界英云闪长片麻岩、斜长角闪岩夹磁铁石英岩，分布于浑江上游凹褶断束与龙岗断块接触带附近，该带与铁矿关系密切，通化四方山铁矿、浑江板石沟铁均分布于该带内；5 处由钓鱼台组、南芬组石英砂岩、页岩组成，分布于浑江上游凹褶断束内，该种成因类型的带要素与铁矿及金矿的关系密切，通化二道江铁矿及数处铁矿点分布于此类带内。

块要素解译：预测内共解译出 5 处遥感块要素，其中 1 处为区域压扭应力形成的构造透镜体，4 处为小规模块体所受应力形成的菱形块体，它们全呈北东向展布，分布于大川-江源断裂带内。这些块体与矿产在空间上有一定的关系，通化四方山铁矿及浑江板石沟铁矿均形成于板石块状构造边部。

羟基异常：面积 1 025 365.025m^2，其中一级异常 130 334.750m^2，二级异常 137 668.350m^2，三级异常 757 361.925m^2。预测区东北部，大川-江源断裂带与不同方向断裂交会部位，羟基异常集中分布，为矿化引起的羟基异常。遥感浅色色调异常区，羟基异常集中分布，与矿化有关。

铁染异常：面积 2 451 740.975m^2，其中一级异常 772 119.350m^2，二级异常 311 142.475m^2，三级异常 1 368 479.150m^2。预测区西南部，大川-江源断裂带与北西向断裂交会部位，铁染异常集中分布，为矿化引起的铁染异常。遥感浅色色调异常区，铁染异常集中分布，与矿化有关。预测区东北部，各项构造交会处，羟基铁染异常零星分布。

25. 古马岭一活龙预测工作区

线要素解译：预测工作区内解译出集安-松江岩石圈断裂 1 条大型断裂带，它以松江一带为界分西南和东北两段，西南段为台区Ⅲ、Ⅳ级构造单元分界线，在绿江村、杨木林子屯一带控制侏罗绿地层堆积，断裂切割晚三叠世、中晚侏罗世地层及中生代侵入岩，使古老的太古宙变质岩系、震旦系与侏罗纪地层呈压剪性断层接触，该断裂带附近的次级断裂是重要的金-多金属矿产的容矿构造；区内共解译出 1 条中型断裂(带)，为大路-仙人桥断裂带，为一条北东南西向较大型波状断裂带，切割自太古宙—侏罗纪的地层及岩体，控制中元古界、新元古界和古生界的沉积，与兴华-白头山断裂带、果松-花山断裂带共同组成“荒沟山‘S’型构造”。该断裂带与其他方向断裂交会部位，为金-多金属矿产形成的有利部位；预测区内的小型断裂比较发育，并且以北西向和北东向为主，北北东向和东西向次之，局部见近南北向和近北西西向小型断裂，其中的北西向及北西西向小型断裂多为正断层，其他方向的小型断裂多为逆断层。不同方向小型断裂的交会部位，是重要的金、多金属成矿区。

环要素解译：预测区内的环形构造比较发育，共圈 20 个环形构造。它们在空间分布上有明显的规律，主要分布在不同方向断裂交会部位。按其成因类型分为 2 类，其中与隐伏岩体有关的环形构造 12 个、中生代花岗岩类引起的环形构造 8 个。区内的金矿点多分布于环形构造内部或边部。

色要素解译：本预测区内共解译出色调异常 8 处，其中的 4 处为绢云母化、硅化引起，4 处为侵入岩体内外接触带及残留顶盖引起，它们在遥感图像上均显示为浅色色调异常。从空间分布上看，区内的色调异常明显与断裂构造及环形构造有关，在北东向断裂带上及北东向断裂带与其他方向断裂交会部位以及环形构造集中区，色调异常呈不规则状分布。区内的铁、金-多金属矿床(点)在空间上与遥感色调异常有较密切的关系，多形成于遥感色调异常区。

块要素解译：本预测内共解译出 2 处遥感块要素，都为小规模块体所受应力形成的构造透镜体，它们全呈北东向展布，分布于鸭绿江断裂带内。

羟基异常：面积 107 099m^2，其中二级异常 1800m^2，三级异常 105 299m^2。预测区东北部，集安-松江岩石圈断裂与南北向断裂及遥感浅色色调异常区附近，羟基异常集中分布，多分布于新生代侵入岩中，为矿化引起的羟基异常。预测区西北部，各个方向的断裂构造以及与隐伏矿体有关的环形构造附近，羟基异常分布密集，预测区南部，羟基异常零星分布。

铁染异常：面积 107 099m^2，其中一级异常 46 098.175m^2，二级异常 11 736.575m^2，三级异常 101 057.199m^2。集安-松江岩石圈断裂东部浅色异常区内有零星铁染异常分布。

26. 海沟预测工作区

线要素解译：预测工作区内解译出华北地台北缘1条巨型断裂带，该断裂带横贯吉林省南部，呈北西西向通过本预测区中部。断裂带的主要特征是以强烈挤压逆冲为主，伴有太古宙、元古宙、古生代的酸性、基性岩浆侵入和喜马拉雅期玄武岩浆喷发；区内共解译出为丰满—崇善1条中型断裂（带），由吉林丰满向东南经横道子切过敦-密断裂带并进行台区，再经崇善后进入朝鲜，断裂带切割由二叠系组成的北东向褶皱及中新生代地层，沿断裂带有第四纪玄武岩溢出。断裂带内有多处金、铁、钼矿点分布。该断裂带呈北西向通过本预测区东北部；区内的小型断裂以北西向和北东向为主，次为近南北向断裂，局部见近东西向断裂。其中北西向小型断裂多显示张性特点，其他方向小型断裂多为压性断层，不同方向断裂交会部位是重要的铁、金成矿地段；区内的脆韧变形趋势带比较发育，共解译出4条，全部为区域性规模脆韧性变形构造。构成与华北地台北缘断裂带相伴生的脆韧性变形构造带，该带与铁矿、金矿均有较密切的关系。

环要素解译：本预测工作区内的环形构造比较发育，共圈出22个环形构造。它们在空间分布上有明显的规律，主要分布在不同方向断裂交会部位。按其成因类型分为3类，其中与隐伏岩体有关的环形构造15个、中生代花岗岩类引起的环形构造1个，古生代花岗岩类引起的环形构造6个。

羟基异常：面积401 916.271m²，其中一级异常59 051.975m²，二级异常22 612.825m²，三级异常320 251.470m²。华北地台断裂带东部，羟基异常发育，与古生代海相火山-碎屑及陆源碎屑和碳酸盐岩为主的火山沉积岩有关。

铁染异常：面积1 510 788.971m²，其中一级异常118 231.425m²，二级异常275 072.875m²，三级异常1 117 484.671m²。预测区西南部，北西向断裂，北东向断裂、南北向断裂交会处铁染异常集中分布。预测区西北部，北西向断裂，滩头村环形构造附近铁染异常零星分布。

27. 小西南岔—杨金沟预测工作区

线要素解译：预测区内共解译出2条中型断裂（带）。鸡冠-复兴断裂带呈北西向，该断裂切割晚二叠世—白垩纪地层及岩体，复兴东南，珲春组砂砾岩沿该断裂带方向展布。该断裂带与其他方向断裂交会部分，为金-多金属矿产形成的有利部位；珲春-杜荒子断裂带为一条北东向较大型波状断裂带，切割晚侏罗世石英闪长岩、早三叠世花岗闪长岩，带内有晚三叠世中酸性火山岩分布，控制珲春盆地东侧边缘。该断裂带与其他方向断裂交会部位，为金-多金属矿产形成的有利部位；区内的小型断裂比较发育，并在本预测区内解译出1条小型断裂（带），即和龙-春化断裂带。呈北东向分布，该断裂带切割中元古代花岗闪长岩、侏罗—白垩纪地层及岩体，控制延吉盆地东南侧边缘及珲春盆地的分布。

其他小型断裂以北东向、北西和北东东向为主，北东东向、北北西向次之，局部见近东西向、北北东向和近北西西向小型断裂，其中的北西向小型断裂少数为正断层，形成时间较晚，多错断其他方向的断裂构造，其他方向的小型断裂多为逆断层，形成时间明显早于北西向断裂。不同方向小型断裂的交会部位，是重要的金、多金属成矿区；预测区内解译出3条脆韧变形趋势带，为区域性规模脆韧性变形构造，为晚石炭世花岗闪长岩、晚二叠世花岗闪长岩、晚三叠世花岗岩、晚侏罗世花岗岩沿该带呈较宽带状分布，沿该带有青龙村群黑云斜长片麻岩、角闪斜长片麻岩捕虏体分布。为该断裂带同其形成的韧性变形构造带。它们为总体走向为东西向的S形变形带，该带与金、铁、铜、铅、锌矿产均有密切的关系。

环要素解译：预测区内的环形构造比较发育，共圈出13个环形构造。它们在空间分布上有明显的规律，主要分布在不同方向断裂交会部位。按其成因类型分为3类，其中与隐伏岩体有关的环形构造5个（形成于晚侏罗世）、中生代花岗岩类引起的环形构造7个、古生代花岗岩类引起的环形构造1个。区内的金矿点多分布于环形构造内部或边部。

色要素解译：预测区内共解译出色调异常1处，为绢云母化、硅化引起，它在遥感图像上均显示为浅色色调异常。从空间分布上看，区内的色调异常明显与断裂构造及环形构造有关。该区内的金-多金属矿床（点）在空间上与遥感色调异常有较密切的关系，多形成于遥感色调异常区。

羟基异常：面积527 520.674m²，其中一级异常507 720.674m²，二级异常18 000.000m²，三级异常507 720.674m²。预测区羟基异常不发育，预测区东北部，浅色色调异常区有羟基异常零星分布。

铁染异常：面积204 003.925m²，其中一级异常68 348.576m²，二级异常14 388.400m²，三级异常121 266.949m²。预测区铁染异常不发育，浅色色调异常区有铁染异常零星分布。

28. 农坪—前山预测工作区

线要素解译：预测工作区内共解译出2条中型断裂（带）。珲春-杜荒子断裂带为一条北东向较大型波状断裂带，切割晚侏罗世石英闪长岩、早三叠世花岗闪长岩，带内有晚三叠系中本酸性火山岩分布，控制珲春盆地东侧边缘。该断裂带与其他方向断裂交汇部分，为金-多金属矿产形成的有利部位。敦化-杜荒子断裂带北西西向，西段汪清一复兴一带的晚三叠世火山岩及杜荒子一带的第三系受此断裂控制，同时走向东西和脉岩群十分发育，东段尚有海西晚期东南岔基性岩侵入，该断裂带与其他方向断裂交汇部位，为金-多金属矿产形成的有利部位；区内的小型断裂比较发育，并且以北北西向和北西向为主，北东向次之，局部见近南北向和近东西向小型断裂，其中的北西向及北北西向小型断裂多为正断层，形成时间较晚，多错断其他方向的断裂构造，其他方向的小型断裂多为逆断层，形成时间明显早于北西向断裂。不同方向小型断裂的交会部位，是重要的金、多金属成矿区。

环要素解译：预测区内的环形构造比较发育，共圈出13个环形构造。它们在空间分布上有明显的规律，主要分布在不同方向断裂交会部位。按其成因类型分为4类，其中与隐伏岩体有关的环形构造7个、中生代花岗岩类引起的环形构造3个、古生代花岗岩类引起的环形构造2个和基性岩类引起的环形构造1个。区内的金矿点多分布于环形构造内部或边部。

色要素解译：预测区内共解译出色调异常2处，全为绢云母化、硅化引起，它在遥感图像上均显示为浅色色调异常。从空间分布上看，区内的色调异常明显与断裂构造及环形构造有关，在北东向断裂带上及北东向断裂带与其他方向断裂交会部位以及环形构造集中区，色调异常呈不规则状分布。

区内的铁、金-多金属矿床（点）在空间上与遥感色调异常有较密切的关系，多形成于遥感色调异常区。

羟基异常：面积356 914.775m²，其中二级异常7 063.250m²，三级异常349 851.525m²。预测区东北部，北东向和龙-春化断裂带与北西西向的敦化-杜荒子断裂带交会部位羟基异常零星分布，与古生代花岗岩类引起的环形构造密切相关。

铁染异常：面积829 705.750m²，其中一级异常8100m²，二级异常11 700m²，三级异常809 905.750m²。浅色色调异常区内，铁染异常零星分布，与矿化有关。预测区东南部，多向断裂交会处，有少量铁染异常分布。

29. 黄松甸子预测工作区

线要素解译：预测区内的小型断裂比较发育，并在预测区内解译出和龙-春化断裂带1条小型断裂（带），此断裂带呈北东向，切割中元古代花岗闪长岩、侏罗—白垩纪地层及岩体，控制延吉盆地东南侧边缘及珲春盆地的分布。其他小型断裂以北西向和北东向为主，北北东向次之，局部见近北北西向小型断裂，其中的北东向及北北东向小型断裂多为逆断层，其他方向的小型断裂多为正断层。不同方向小型断裂的交会部位，是重要的金、多金属成矿区。

色要素解译：本预测区内共解译出色调异常1处，为绢云母化、硅化引起，它在遥感图像上显示为浅色色调异常。从空间分布上看，区内的色调异常明显与断裂构造有关，它位于断裂交会部位集中区，色调异常分布在本预测区西南部。

区内的铁、金-多金属矿床(点)在空间上与遥感色调异常有较密切的关系,多形成于遥感色调异常区。

羟基异常:面积 419 698.474m^2,其中二级异常 18 000.000m^2,三级异常 401 698.474m^2。遥感浅色色调异常区东部,羟基异常零星分布,与矿化有关。

铁染异常:面积 53 858m^2,其中一级异常 40 358m^2,二级异常 18 000m^2,三级异常 10 800m^2。遥感浅色色调异常区东部,铁染异常零星分布,与矿化有关。预测区南部北北东向断裂、北西向断裂交会处有铁染异常分布。

30.珲春河预测工作区

线要素解译:预测工作区内共解译出 2 条中型断裂(带)。敦化-杜荒子断裂带为北西西向。西段汪清一复兴一带的晚三叠世火山岩及杜荒子一带的古近系受此断裂控制,同时走向东西和脉岩群十分发育,东段尚有海西晚期东南岔基性岩侵入。该断裂带与其他方向断裂交会部位,为金-多金属矿产形成的有利部位;珲春-杜荒子断裂带为北东向。切割晚侏罗世石英闪长岩、早三叠世花岗闪长岩,带内有晚三叠世中酸性火山岩分布,控制珲春盆地东侧边缘。该带与北东向断裂交会处为重要的金、多金属成矿区;预测工作区内的小型断裂比较发育,并解译出 1 条小型断裂(带),和龙-春化断裂带且位于北东向。此断裂带切割中元古代花岗闪长岩、侏罗—白垩纪地层及岩体,控制延吉盆地东南侧边缘及珲春盆地的分布。其他小型断裂以北西向和北东向为主,北北东向和北北西向次之,局部见北东东向和北西西向小型断裂,其中的北西向及北东向小型断裂多为逆断层,其他方向的小型断裂多为正断层,不同方向小型断裂的交会部位,是重要的金、多金属成矿区。

环要素解译:预测区内的环形构造比较发育,共圈出 11 个环形构造。它们在空间分布上有明显的规律,主要分布在不同方向断裂交会部位。按其成因类型分为 4 类,其中与隐伏岩体有关的环形构造 7 个、中生代花岗岩类引起的环形构造 2 个、古生代花岗岩类引起的环形构造 1 个、和基性岩类引起的环形构造 1 个。区内的金矿点多分布于环形构造内部或边部。

色要素解译:预测区内共解译出色调异常 1 处,为绢云母化、硅化引起,它在遥感图像上均显示为浅色色调异常。从空间分布上看,区内的色调异常明显与断裂构造及环形构造有关,在北东向断裂带上及北东向断裂带与其他方向断裂交会部位以及环形构造集中区,色调异常呈不规则状分布。

区内的金-多金属矿床(点)在空间上与遥感色调异常有较密切的关系,多形成于遥感色调异常区。

羟基异常:面积 48 225.850m^2,其中三级异常 14 624.925m^2,四级异常 33 600.925m^2。预测区东部,不同方向断裂交会部位以及环形构造集中区,羟基异常零星分布,为矿化引起的羟基异常。预测区北部,北动向断裂和北北东向断裂交会处,有少量羟基异常分布。

铁染异常:面积 109 800m^2,其中三级异常 109 800m^2。浅色调异常区内,有铁染异常零星分布,与成矿有关。

第五节　自然重砂

一、技术流程

按照自然重砂基本工作流程,在矿物选取和重砂数据准备完善的前提下,根据《重砂资料应用技术要求》,应用吉林省 1∶20 万重砂数据制作吉林省自然重砂工作程度图,自然重砂采样点位图,以选定的 20 种自然重砂矿物为对象,相应制作重砂矿物分级图、有无图、等量线图、八卦图,并在这些基础图件的基础上，结合汇水盆地圈定自然重砂异常图，自然重砂组合异常图，并进行异常信息的处理。

预测工作区重砂异常图的制作仍然以吉林省 1∶20 万重砂数据为基础数据源，以预测工作区为单位制作图框，截取 1∶20 万重砂数据制作单矿物含量分级图，在单矿物含量分级图的基础上，依据单矿物的异常下限绘制预测工作区重砂异常图。

预测工作区矿物组合异常图是在预测工作区单矿物异常图的基础上，以区内存在的典型矿床或矿点所涉及的重砂矿物选择矿物组合，将单矿物异常空间套合较好的部分，以人工方法进行圈定，制作预测工作区矿物组合异常图。

二、资料应用

预测工作区自然重砂基础数据，主要源于全国 1∶20 万的自然重砂数据库。本次工作对吉林省 1∶20 万自然重砂数据库的重砂矿物数据进行了核实、检查、修正、补充和完善，重点针对参与重砂异常计算的字段值：包括重砂总重量、缩分后重量、磁性部分重量、电磁性部分重量、重部分重量、轻部分重量、矿物鉴定结果进行核实检查，并根据实际资料进行修整和补充完善。数据评定结果质量优良，数据可靠。

三、自然重砂异常及特征分析

1. 头道沟—吉昌预测工作区

磁铁矿异常共圈定 5 个；Ⅱ级异常 1 个，矿物含量分级以 3～4 级为主；不规则形态，异常轴向北西，中等规模。Ⅲ级异常 4 个，矿物含量分级低，长条状，轴向北东或北西，规模较小一中等。

黄铁矿共圈定 1 个Ⅰ级异常；矿物含量分级 3～4 级，个别达 5 级，形状不规则，轴向近北东，规模大。

磷灰石共圈定 2 个Ⅱ级异常；矿物含量分级 3～4 级，形状不规则，轴向均北东，1 个规模大，1 个规模小。

磁铁矿、黄铁矿、磷灰石组合异常圈出 1 处，条带形，异常轴向北东，规模较大矿物含量分级以 3～4 级为主，评定为Ⅱ级组合异常。

上述重砂异常分布明显受断裂构造控制。

工作区内金重砂异常呈弱势，矿物含量分级较低，只圈出两处金重砂异常，评定为Ⅲ级。

解释评价：预测区内磁铁矿、黄铁矿、磷灰石重砂异常发育，单矿物异常形态及其组合异常形态沿断裂构造展布。追溯异常水系源头有铁、金、铜等矿产分布，显示出重砂异常较强的矿致性质。对比 Au、Cu 化探异常亦与重砂异常有一定程度的吻合。

结论：磁铁矿、黄铁矿、磷灰石、金重砂异常及工作区内组合异常，可为在本区寻找吉昌式铁矿、金矿提供重要的重砂找矿信息。

2. 石咀—官马预测工作区

黄铜矿重砂异常圈出 1 处，金重砂异常圈出 2 处，均落位在石炭系鹿圈屯组（C_1l）和石咀组（C_2s）地层上，并有燕山早期的花岗岩侵入。根据 1∶5 万石咀一官马预测工作区火山岩岩相构造图可知，鹿圈屯组（C_1l）地层含有 Au，石咀组（C_2s）地层含有 Cu，而且黄铜矿和金重砂异常与区内的典型矿床空间关系密切，依此表明重砂异常具有矿致性质，同时推测鹿圈屯组（C_1l）和石咀组（C_2s）地层有可能是区内金、铜的矿源层。

代表预测工作区矿物组合的是黄铜矿、金、辰砂、毒砂，共圈出1处Ⅱ级组合异常，矿物含量分级以3～4级为主，中等规模，并与黄铜矿和金重砂异常具备相同的成矿背景和成矿条件。结合化探异常在空间上的分布特征，得出结论：区内成矿以金、铜规模大，分带清晰；从成矿温度上看，石咀铜矿主要是中、低温成矿，这与预测工作区发育辰砂、毒砂矿物特点相吻合；从构造上看，化探异常和重砂异常均处于断裂构造发育地段。因此，重砂异常可为区内寻找矽卡岩型和火山热液型金、铜矿提供重要的找矿信息。

3. 地局子—倒木河预测工作区

从分级图上看，金的矿物含量分级较低，分级点稀少，而白钨矿、毒砂、锡石有一定程度的异常反应。由白钨矿、毒砂、锡石圈出的组合异常有1处，规模较小，为Ⅲ级组合异常。比较化探异常，Au、Cu、Pb、Zn、W、Sn、Mo元素在该工作区都有良好的异常显示，而且强度高，分带清晰。与金、白钨矿、毒砂、锡石的重砂异常在空间上完全吻合。再追溯该组合异常的水系源头有金矿、铜铅锌矿和钼矿点分布。因此，推断白钨矿、毒砂、锡石可作为在该工作区寻找金矿、钨钼矿、锡矿及铜铅锌多金属矿的标型矿物组合。

4. 香炉碗子—山城镇预测工作区

重砂异常不明显。

5. 五凤预测工作区

金重砂异常有4处，追踪3号、4号异常上游水系是屯田营组(J_3t)的安山质火山碎屑岩建造和安山岩建造。工作区火山建造构造图显示，安山质火山碎屑岩建造含有Au、Cu，再依据3号、4号重砂异常与五凤金矿的响应关系，推测3号、4号重砂异常为矿致异常，成矿物质来源与安山质火山碎屑岩建造关系密切。

金、白钨矿、辰砂、泡铋矿是区内主要重砂矿物组合，共圈出组合异常2处，分Ⅰ级和Ⅱ级；规模较大至中等，矿物含量分级为3～4级；Ⅰ级组合异常具备与3号、4号重砂异常同样的地质背景，为矿致异常。对比Au化探异常与重砂异常吻合完好。

结论：五凤预测工作区金重砂异常和重砂组合异常，矿致性明显，可作为该区内火山热液型金矿的找矿标志之一。

6. 闹枝—棉田预测工作区

区内圈出金重砂异常4处，Ⅰ级1处(1号)，Ⅱ级2处(2号、4号)，Ⅲ级1处(3号)。查看闹枝—棉田预测工作区建造构造图可知，1号金重砂异常规模较大，落位在与成矿关系密切的安山岩构成的火山岩建造中，其水系源头是含金的五道沟岩群马滴达岩组的变质砂岩建造，而且闹枝金矿与其紧密相连，证明1号金重砂异常优良的矿致性质。

2号、4号金重砂异常背景是燕山早期的花岗岩体，其水系源头亦是含金的变质砂岩建造，有强烈的矿化蚀变带存在，与金矿点、铜矿点积极响应，亦显示2号、4号金重砂异常的矿化性。

区内黄铜矿重砂异常圈出一处，与3号金重砂异常一定程度的套合，有矿化迹象，可作为寻找金矿的重要指示性矿物。

代表区内重砂矿物组合的是金、方铅矿、黄铜矿、白钨矿、辰砂，共圈出组合异常3处，其中，Ⅰ级2处，规模较大，矿物含量分级以4～5级为主；Ⅱ级1处，规模中等，矿物含量分级以3～4级为主。对比Au、Cu化探异常与该重砂组合异常吻合程度高。

结论：区内自然金、黄铜矿重砂异常与成矿关系密切，金、方铅矿、黄铜矿、白钨矿、辰砂的矿物组合形式是区内寻找火山热液型金矿的重要重砂指标。

7. 刺猬沟—九三沟预测工作区

主要重砂矿物金圈出4处异常，其中，1号(Ⅱ级)、2号(Ⅰ级)异常规模大，级别高。1∶5万建造构造图显示，1号、2号重砂异常上游是早白垩系刺猬沟组构成的安山岩、英安岩建造，均有金矿脉存在，而且分布的砂岩地层含有Au、Cu。因此，可以认为1号、2号异常是优质的矿致异常，追踪异常上游的火山岩建造群是Au、Cu成矿的重要物质来源。

由金、辰砂、毒砂、泡铋矿构成的组合异常有1处，评定为Ⅰ级；异常轴向北西，规模较大，矿物含量分级以4～5级为主；与2号金重砂异常重叠在同一汇水盆地中，具有同效的成矿地质背景和异常性质。比较金、铜化探异常的空间分布，金重砂异常和该组合异常均与金、铜化探异常有一定程度的吻合。

结论：本区是火山热液型金矿的富集区，金、辰砂、毒砂、泡铋矿重砂组合为寻找火山热液型金矿提供重要的重砂信息。

8. 杜荒岭预测工作区

主要重砂矿物金有3处异常，Ⅱ级1处(1号)，Ⅲ级2处(2号、3号)。查看杜荒岭预测工作区火山建造构造图可知，白垩系金沟岭组安山质火山碎屑岩建造和安山质集块岩角砾岩建造是该区金矿的主要矿源层。追踪1号异常上游水系，分布的正是金沟岭组安山质火山碎屑岩以及安山质集块岩角砾岩，以此推测1号金重砂异常可能为矿致异常。

工作区内圈定的金、白钨矿、磷灰石组合异常只有1处，为Ⅱ级，规模中等，矿物含量分级以3～4级为主。分布的地质背景与1号金重砂异常相同，亦可认为具有矿化性质。对比铜、金化探异常，与1号金重砂异常和组合异常空间吻合程度高，可视为该区重要的找矿靶区。

9. 金谷山—后底洞预测工作区

金重砂异常圈出2处，Ⅰ级和Ⅱ级，1∶5万建造构造图显示，金重砂异常落位在三叠系、白垩系砂岩、粉砂岩之上，其水系源头为含Cu的二叠系庙岭组砂岩、粉砂岩，根据金、铜矿点的分布特征，推测金重砂异常应为矿化异常，而且，成矿物质与沉积岩建造有关。

预测工作区金、重晶石、辰砂、黄铁矿组合异常圈出2处，Ⅱ级和Ⅲ级，Ⅱ级异常规模中等，矿物含量分级为3～4级，分布位置与金重砂异常紧密。结合Au、Cu化探异常，预测在金古山—后底洞预测工作区有寻找热液型金铜矿、沉积型砂金矿的可能。

10. 漂河川预测工作区

重砂异常不明显。

11. 安口镇预测工作区

重砂异常不明显。

12. 石棚沟—石道河子预测工作区

金重砂异常有6处，Ⅱ级2处(4号、5号)，Ⅲ级4处(1号、2号、3号、6号)。石棚沟—石道河子预测工作区建造构造图显示，2号、3号、4号、5号、6号金重砂异常上游分布有杨家店组含Au地层和大面积的含Au英云闪长质片麻岩，以此推测金重砂异常与该两组地层有关。

由金、白钨矿、辰砂、黄铁矿组成的重砂组合异常圈定两个：Ⅱ级和Ⅲ级。Ⅱ级组合异常规模较大，矿物含量分级以4～5级为主。两个组合异常都分布在含Au英云闪长质片麻岩内，表明重砂组合异常和金重砂异常都具备矿化性质。比较区内化探综合异常与金、白钨矿、辰砂、黄铁矿组合异常叠合完整。据此得出结论:金重砂异常和重砂组合异常可为在预测工作区内寻找变质-热液型(绿岩型)金矿提供帮助。

13. 夹皮沟—溜河预测工作区

主要重砂矿物金圈出10处异常,Ⅰ级1处(1号),Ⅱ级4处(3号、6号、7号、10号),Ⅲ级5处(2号、4号、5号、8号、9号)。夹皮沟—溜河预测工作区综合建造构造图显示,该10处重砂异常的上游均存在含有Au的英云闪长质片麻岩(Ar_2gnt)、老牛沟组(Ar_3ln)和三道沟组(Ar_3sd)地层,同时还分布有金矿床(点),以此推测金重砂异常应为矿致异常,并依据金重砂异常的分布特征进一步证实,太古界各岩组是本省金矿主要矿源层。

该预测区除金以外,白钨矿、独居石、黄铁矿、方铅矿、黄铜矿、泡铋矿亦有异常显示。由金、白钨矿、独居石、黄铁矿构成的重砂组合异常圈定3处,Ⅰ级1处,Ⅱ级2处。Ⅰ级组合异常条带状分布,轴向北西,规模大,矿物含量分级为4~5级,Ⅱ级组合异常规模较大—中等,轴向均为北西,矿物含量分级以3~4级为主。分析该组合异常成矿地质背景与金重砂异常一致,同样具有矿化性质。结合Au、Cu、Pb等元素化探异常得出结论:金-白钨矿、黄铁矿、独居石及金-方铅矿、黄铜矿、泡铋矿重砂组合,可以为寻找夹皮沟式金矿作出贡献。

14. 金城洞—木兰屯预测工作区

金重砂异常圈出8处,Ⅱ级5处(1号、4号、5号、6号、7号),Ⅲ级3处(2号、3号、8号)。追踪其水系源头均是鸡南岩组(Ar_3j)和官地岩组(Ar_3g)地层,建造构造图显示,鸡南岩组(Ar_3j)和官地岩组(Ar_3g)地层含有Au。而且,金城洞金矿以及金矿点亦分布在鸡南岩组(Ar_3j)和官地岩组(Ar_3g)地层中。

工作区圈出金、重晶石、辰砂、黄铁矿组合异常2处,均为Ⅰ级异常,规模较小,矿物含量分级主要为4~5级,地质背景与1号、2号、3号、4号、5号、6号金重砂异常相同。分析金化探异常分布特征与金重砂异常及其组合异常叠加完整。

结论:区内金重砂异常与组合异常矿化信息显著,鸡南岩组(Ar_3j)和官地岩组(Ar_3g)地层为金成矿提供物质,预测在金城洞—木兰屯预测工作区有寻找热液脉型金矿的可能。

15. 四方山—板石预测工作区

磁铁矿重砂异常只出现面积很小的一处,主要以黄铁矿和磷灰石为主。黄铁矿共圈定1个Ⅱ级异常,1个Ⅲ级异常。面积分别为61km²和27km²。形态长条状,轴向北东或北西。

磷灰石共圈定2个Ⅱ级异常,面积分别为75km²,112km²。不规则状,轴向北东或北西。磁铁矿、黄铁矿、磷灰石组合异常没有圈出。

金、黄铜矿重砂异常信息很弱。

解释评价:板石沟铁矿为沉积变质成因。追溯黄铁矿和磷灰石重砂异常水系源头,分布的是铁矿建造中的主要岩石类型,即:黑云片麻岩夹斜长角闪岩、斜长角闪岩等,并有铁矿、金矿等矿产分布,显示出区内重砂异常的矿致性质。对比Au化探异常,与黄铁矿和磷灰石重砂异常吻合较好。

结论:区内黄铁矿和磷灰石可作为标型重砂矿物为四方山铁矿、板石沟铁矿成矿预测提供矿物学标志。同时,也应注意金矿的勘查工作。

铬铁矿分布稀少,异常规模小,异常信息显示弱。因此,铬铁矿重砂异常在上述典型矿床中指导找矿作用有限。

16. 正岔—复兴屯预测工作区

金重砂异常有 4 处，Ⅰ级 2 处(2 号、4 号)，Ⅲ级 2 处(1 号、3 号)。方铅矿异常 3 处，Ⅱ级 2 处(1 号、2 号)，Ⅲ级 1 处(3 号)。正岔—复兴预测工作区建造构造图显示，金、方铅矿重砂异常的源头均分布有集安岩群地层(Pt_1m、Pt_1h、Pt_1d)，燕山期花岗闪长岩有部分分布。化探异常研究表明，集安岩群和燕山期花岗闪长岩以 Au、Cu、Pb 丰度高、浓集比值大为特征，而且集安岩群中的斜长角闪岩是金成矿的初始矿源层，并在中生代岩浆活动和构造有利部位聚集成矿。经对比，金、方铅矿重砂异常与 Au、Cu、Pb 化探异常叠合完整，由此推测金、方铅矿重砂异常为矿致异常，与集安岩群富含 Au、Cu、Pb 有密切关系。

预测工作区共圈出金、方铅矿、重晶石、(磷钇矿)矿物组合异常 3 处，Ⅰ级 1 处，Ⅲ级 2 处。Ⅰ级组合异常规模中等，矿物含量分级以 3～4 级为主，组合异常地质背景与金、方铅矿重砂异常相同，而且与金、铅矿点积极响应，矿致异常亦十分明显。对比 Au、Pb、Zn 等化探异常，与重砂组合异常完全吻合。

结论：正岔—复兴预测工作区是金、铜、铅找矿的代表区域，区内重砂异常可为寻找金、铅锌多金属矿提供找矿标志。

17. 荒沟山—南岔预测工作区

重砂异常不明显。

18. 冰湖沟预测工作区

重砂异常不明显。

19. 六道沟—八道沟预测工作区

重砂异常不明显。

20. 长白—十六道沟预测工作区

重砂异常不明显。

21. 山门预测工作区

区内圈出金重砂异常 5 处，Ⅰ级 1 处(5 号)，Ⅲ级 4 处(1 号、2 号、3 号、4 号)。其中以 5 号异常规模最大，山门 Au-Ag 矿及金、银矿点均分布在 5 号异常的周围，表明 5 号金重砂异常与矿化关系密切，是优良的矿致异常。1 号、2 号、3 号、4 号金重砂异常规模较小，轴向北北东延伸，呈条带状分布在工作区的北侧。其存在的地质条件继承了 5 号金重砂异常所表现出的背景，并且其水系上游亦存在铜-铅-锌的矿化点，具有一定的矿化异常迹象，值得重视。

方铅矿异常圈出 2 处，Ⅰ级 1 处(2 号)，Ⅱ级 1 处(1 号)。2 号方铅矿异常与 5 号金重砂异常在空间上有一定的叠加，是矿致异常。1 号方铅矿异常以哑铃形状分布在预测工作区的东北侧，空间上与1 号、2 号、3 号、4 号金重砂异常相呼应。

金、方铅矿是区内寻找 Au-Ag 矿床的重要指示性矿物。

工作区内代表的矿物组合为金、方铅矿、白钨矿、辰砂，组成 1 个Ⅰ级组合异常，异常有一定程度的套合，矿物含量分级较高，规模较大。而且正分布在山门 A 级找矿远景区内的石缝组地层与印支期、燕山期侵入岩体的接触带上，显示强烈的矿致性质。化探资料研究表明，山门银矿金化探异常富集规模大，而银异常呈隐伏状态与金异常紧密相连；二者浓集中心明显，分带清晰；成矿温度为高中温的金到中低温的银富集过程，而且与重砂异常吻合程度高。这一成矿条件与山门预测工作区主要矿物组合所展示出的重砂找矿信息相一致。因此,金、方铅矿、白钨矿、辰砂矿物组合可作为山门预测工作区金、银重要的重砂找矿标志。

22. 兰家预测工作区

区内出现的重砂矿物有自然金、辰砂、黄铁矿、磁铁矿、磷灰石、独居石等。与兰家金矿关系密切的重砂矿物选择自然金、辰砂、黄铁矿、独居石。以 1∶20 万重砂数据为基础,按照《自然重砂应用技术要求》,应用 ZSAPS2.0 和 MapGIS 软件操作系统,在兰家预测工作区圈出自然金重砂异常 1 处,矿物含量分级较低,面积为平方千米(km^2),评定为Ⅱ级。兰家金矿落位在该异常内,而且建造构造图显示,金重砂异常上游为含金碳酸盐岩建造,表明该异常的矿致性。

辰砂异常圈出 1 处,矿物含量分级较低,规模中等,评定为Ⅲ级。

黄铁矿异常圈出 1 处,矿物含量分级较低,规模较小,评定为Ⅲ级。

独居石异常圈出 1 处,矿物含量分级达 3～4 级,规模较大,面积为 90.55km^2,评定为Ⅱ级。

将辰砂、黄铁矿、独居石重砂异常落位在矿产底图上可知,三者与兰家金矿存在积极响应的关系,对寻找金矿有重砂指示作用。

由自然金、辰砂、黄铁矿、独居石构成的组合异常圈出 1 处,分布在燕山期侵入体与含金碳酸盐岩建造的接触带上。由此推断该组合异常是矿化引起的异常,其异常范围可为扩大兰家金矿找矿规模提供重砂依据。

23. 万宝预测工作区

工作区圈出金重砂异常 4 处,Ⅱ级 2 处(1 号、3 号),Ⅲ级 2 处(2 号、4 号)。

规模均较小,形状近椭圆,轴向北东为主。查看万宝预测工作区建造构造图,4 处金重砂异常背景为晚元古界万宝岩组的变质砂岩夹大理岩建造,追索水系源头为燕山期的花岗岩体,这为寻找矽卡岩型金、铜矿创造了条件。

辰砂异常圈出 1 处Ⅱ级异常,面积 47.53km^2,北西向延伸,与金重砂异常紧密相连,其水系源头有铜矿点分布。

区内圈出的金、白钨矿、辰砂、独居石重砂组合异常有 2 处,Ⅰ级组合异常 1 处,矿物含量分级以 4～5 级为主,Ⅱ级组合异常 1 处,矿物含量分级以 3～4 级为主,规模均较大。比较 Au、Cu、Pb、Zn、Hg 等元素化探异常都较发育,且与区内的重砂组合异常都存在一定的响应程度,显示重砂异常源于成矿元素高背景地层及分布的矿点。

结论:万宝预测工作区是金矿、铜矿、汞矿的有利找矿区域,金、白钨矿、辰砂、独居石重砂组合可为找矿预测作出贡献。

24. 浑北预测工作区

重砂异常不明显。

25. 古马岭—活龙预测工作区

重砂异常不明显。

26. 海沟预测工作区

区内 1∶5 万比例尺的金重砂异常有 3 处(1 号、2 号、3 号)。其中,2 号异常级别为Ⅱ级,面积 17.56km^2,与海沟金矿积极响应。同时追踪汇水盆地上游地层是变质流纹岩夹片岩变质建造,为含金地层。因此，认为2号金重砂异常为矿致异常，而且金可能源于该含金地层。

1号、3号评定为Ⅲ级，地质背景为燕山期侵入体和白垩系沉积砾岩，矿化指示信息较弱。

该区共圈定金、白钨矿、独居石、黄铁矿重砂组合异常2处，Ⅰ级和Ⅱ级，Ⅰ级组合异常规模大，矿物含量分级以4～5级为主，Ⅱ级组合异常规模较小，矿物含量分级以3～4级为主，2处组合异常与金矿床(点)关系密切，而且覆盖于变质流纹岩夹片岩变质建造之上，也显示出组合异常的矿化性质。

分析区内Au、Cu、La、Y、Th等元素异常，强度高，分带清晰，与金、白钨矿、独居石、黄铁矿重砂组合异常吻合程度高。

结论：金、白钨矿、独居石、黄铁矿重砂组合异常可为在该区内寻找金矿、稀土矿提供重要的重砂信息。

27. 小西南岔—杨金沟预测工作区

金重砂异常圈出4处，以2号异常规模大，异常级别高(Ⅰ级)，白钨矿异常圈出2处，以1号异常规模大，异常级别高(Ⅰ级)。1号、2号异常与小西南岔铜金矿，珲春杨金沟金矿积极响应，是优质的矿致异常。同时追溯其上游地层是含Au、Cu、W的寒武—奥陶系五道沟群的香房子和杨金沟岩组，还有含Cu的二叠系关门咀子组安山岩夹灰岩。而且，海西晚期和燕山早期花岗岩侵入体大面积出现共同实现了铜、金元素的富集与成矿。由此推测1号、2号重砂异常是矿致异常，该含矿建造可能是此预测工作区Au、Cu、W成矿的主要矿源层。

以金、白钨矿、黄铁矿、方铅矿重砂组合为代表(黄铜矿重砂信息表现弱势)，共圈出组合异常1处，评定为Ⅱ级异常，不规则状、异常轴向北东展布，规模较大，矿物含量分级以3～4级为主；与金、钨重砂异常具备同样的推测结果。

以上重砂异常与铜、金、钨化探异常完全吻合，这更进一步明确了小西南岔－杨金沟预测工作区重砂异常找矿的重要性。

28. 农坪—前山预测工作区

区内主要的重砂矿物金圈出4处异常，其中1号金异常规模最大，评定为Ⅰ级异常。追溯1号金异常的上游地层是寒武—奥陶系的马滴达岩组，为变质砂岩夹变安山岩变质建造，含Au、Cu、W。还有含Cu的二叠系关门咀子组安山岩夹灰岩建造。因此，认为1号金异常应来源于此类建造的含矿层位。

白钨矿异常圈出4处，其中2号、3号异常分别覆盖在含Au、Cu、W的变质砂岩夹变安山岩变质建造和二云片岩与石英片岩互层夹变质砂岩变质建造上，表明2号、3号异常与该含矿变质建造关系密切。

由金、白钨矿、黄铁矿构成的矿物组合圈出1处Ⅱ级组合异常，异常轴向北东，规模中等，矿物含量分级以3～4级为主。与1号金异常具备相同的成矿背景，是很有价值的找矿异常。结合铜、金化探异常的强势表现，该组合异常可作为小西南岔金铜矿床的外围找矿靶区。

29. 黄松甸子预测工作区

黄松甸子地区主要的找矿目标是砾岩型的砂金矿，建造构造图表明其成矿物质来源于寒武-奥陶系五道沟群香房子岩组、杨金沟岩组和马滴达岩组地层的变质砂砾岩中。主要的重砂矿物金圈出一处面积为171.28km^{2}的Ⅰ级异常。该异常与黄松甸子砂金矿积极响应，是矿致异常。追索水系上游，仍存在含金的变质砂砾岩，而且金重砂异常亦有一定的显示。因此，应加强该区水系上游金重砂异常的检查与评价。同时，根据圈出的金重砂异常范围进一步扩大黄松甸子砂金矿的找矿规模。

30. 珲春河预测工作区

珲春河汇水流域主要包括古洞河和苇沙河，找矿对象是第四纪的冲积型砂金矿，成矿物质来源于含Au、Cu、W的变质砂岩。著名的珲春砂金矿置于金、白钨矿、黄铁矿组合异常的西侧，其组合异常内分布有多处砂金矿点。查看由1∶20万金重砂数据绘制的分级图，整个珲春河流域金重砂异常比较发育，而且亦分布有大面积的含Au、Cu、W变质砂岩夹变安山岩变质建造和含Cu的二叠系关门咀子组安山岩夹灰岩建造，成矿条件优良。因此，继续追溯珲春河水系上游应存在寻找相同砂金矿的可能。

第八章 矿产预测

第一节 矿产预测方法类型及预测模型区选择

一、矿产预测方法类型

根据预测金矿的成因类型选择预测方法类型如下：

与新太古代火山-沉积建造受多期岩浆热液改造有关的所谓古绿岩型金矿。代表性矿床有夹皮沟金矿、六批叶金矿。选择预测方法类型为复合内生型。

与古元古代火山-沉积建造受多期岩浆热液改造有关的碎屑岩-碳酸盐岩型金矿，代表性的矿床有南岔金矿、荒沟山金矿、西岔金银矿、下活龙金矿。选择预测方法类型为层控内生型。

与中元古代碎屑岩建造有关的沉积-热液改造型金矿，代表性的矿床是金英金矿。选择预测方法类型为层控内生型。

与早古生代火山-沉积建造受岩浆热液改造有关的碎屑岩-碳酸盐岩型金矿，代表性的矿床为弯月金矿。选择预测方法类型为层控内生型。

与晚古生代火山-沉积建造受岩浆热液改造有关的碎屑岩-碳酸盐岩型金矿，代表性的矿床为兰家金矿。选择预测方法类型为层控内生型。

与早古生代火山沉积建造有关的火山岩型金矿，代表性的矿床为二道甸子金矿。选择预测方法类型为火山岩型。

与晚古生代火山-沉积建造有关的火山岩型金矿，代表性的矿床为头道川金矿。选择预测方法类型为火山岩型。

与中生代火山-岩浆活动有关的火山岩型金矿，代表性的矿床有刺猬沟金矿、香炉碗子金矿、五凤金矿、闹枝金矿、倒木河金矿。选择预测方法类型为火山岩型。

侵入岩浆热液型，可分为斑岩型、矽卡岩型热液充填型、破碎带蚀变岩型。代表型矿床有海沟金矿、小西南岔金矿、杨金沟金矿。选择预测方法类型为侵入岩浆型。

沉积型，沉积金矿又可分为古砾岩型金矿和现代砂金矿，代表型矿床为黄松甸子砾岩型金矿床、珲春和砂金矿床。选择的预测方法类型为沉积型。

二、典型矿床成矿要素图编图

编图重点突出控矿建造、控矿构造。突出矿化标志。

三、模型区的选择

模型区选择典型矿床所在的最小预测区为模型区，无典型矿床的预测区选择成矿时代相同或相近、控矿建造相同或相近、成因类型相同的、大地构造位置相同的其他预测工作区的模型区，见表 8-1-1。

表 8-1-1　预测工作区预测类型一览表

序号	矿种	预测工作区	典型矿床	预测类型	预测方法类型
1	金	吉林省地局子—倒木河地区	倒木河金矿	刺猬沟式火山热液型	火山岩型
2	金	吉林省五凤地区	五凤金矿		火山岩型
3	金	吉林省闹枝—棉田地区	闹枝		火山岩型
4	金	吉林省刺猬沟—九三沟地区	刺猬沟		火山岩型
5	金	吉林省杜荒岭地区			火山岩型
6	金	吉林省金谷山—后底洞地区			火山岩型
7	金	吉林省漂河川地区	二道甸子金矿	二道甸子式变质火山岩型	火山岩型
8	金	吉林省海沟地区	海沟	海沟式岩浆热液型	岩浆岩型
9	金	吉林省荒沟山—南岔地区	荒沟山金矿、南岔金矿	荒沟山式岩浆热液改造型	层控内生型
10	金	吉林省冰湖沟地区			层控内生型
11	金	吉林省六道沟—八道沟地区			层控内生型
12	金	吉林省长白—十六道沟地区			层控内生型
13	金	吉林省黄松甸子地区	黄松甸子金矿	黄松甸子式砾岩型	沉积型
14	金	吉林省珲春河地区第四纪地貌地质图	珲春河砂金矿	珲春河式沉积型	沉积型
15	金	吉林省安口镇地区		夹皮沟式绿岩型	复合内生型
16	金	吉林省石棚沟—石道河子地区			复合内生型
17	金	吉林省金城洞—木兰屯地区			复合内生型
18	金	吉林省夹皮沟—溜河地区	夹皮沟、六批叶金矿		复合内生型
19	金	吉林省四方山—板石地区			复合内生型
20	金	吉林省浑北地区	金英金矿	金英式热液改造型	层控内生型
21	金	吉林省山门地区		兰家式矽卡岩型	层控内生型
22	金	吉林省兰家地区	兰家金矿		层控内生型
23	金	吉林省万宝地区			层控内生型
24	金	吉林省头道沟—吉昌地区	头道川金矿	头道川式变质火山岩型	火山岩型
25	金	吉林省石咀—官马地区			火山岩型
26	金	吉林省正岔—复兴屯地区	西岔金矿	西岔式岩浆热液改造型	层控内生型
27	金	吉林省古马岭—活龙地区	下活龙	下活龙式岩浆热液改造型	层控内生型
28	金	吉林省香炉碗子—山城镇地区	香炉碗子金矿	香炉碗子式火山热液型	火山岩型
29	金	吉林省小西南岔—杨金沟地区	小西南岔、杨金沟金矿	小西南岔式斑岩型	岩浆岩型
30	金	吉林省农坪—前山地区		杨金沟式岩浆热液型	岩浆岩型

第二节　矿产预测模型与预测要素图编制

一、典型矿床预测模型

1. 桦甸市夹皮沟金矿床

预测模型见表 8-2-1。

表 8-2-1　桦甸市夹皮沟金矿床预测模型

预测要素		内容描述	类别
地质条件	岩石类型	斜长角闪岩、超镁铁质变质岩，夹黑云变粒岩和条带状磁铁石英岩，金矿床赋存于镁铁质火山岩之中。各时代花岗岩类	必要
	成矿时代	新太古代—燕山期	必要
	成矿环境	前南华纪华北东部陆块（Ⅱ）龙岗-陈台沟-沂水前新太古代陆块（Ⅲ），夹皮沟新太古代地块（Ⅳ）内	必要
	构造背景	辉发河-古洞河深大断裂向北突出弧形顶部。北西向阜平期褶皱轴及韧性剪切，在韧性剪切带中有多次脆性构造叠加，形成了多条理行的挤压破碎带。大部分金矿床位于褶皱构造轴部、陡翼或倾没端，并与韧性剪切带空间呈现协调性	重要
矿床特征	控矿条件	大陆边缘裂谷中的绿岩带下部层位。深大断裂、韧性剪切带控制了矿田的展布，叠加于韧性剪切带之上的线性构造为容矿构造。各期的中酸性岩体发育，与矿空间关系密切。晚期岩体及脉岩含金丰度较高	必要
	蚀变特征	绿泥石化、绢云母化、黄铁矿化、硅化、方解石化、铁白云石化等	重要
	矿化特征	矿体以含金石英脉为主，其次破碎蚀变硐。含金石脉多以单脉和复脉产出，呈脉状，似脉状及透镜状、串珠状。沿走向及倾向变化复杂，分支复合、尖灭再现明显。矿脉产关变化较大，自南向北走向由 NE→NEE→NNW→NW→NNE→EW，倾角由缓（20°～45°）逐渐变陡（75°～85°），而倾向则由 SE 变为 SW 向。倾向与围岩剪切理有一定交角，走向与韧性剪切带基本一致。 含金石英脉的厚度变化较大，最薄 0.1m，最厚达 22m，一般为 0.5～1.5m，长度一般为 50～200m，最长为 770m，延深往往大于延长，一般为 100～300m，最大可达 670m。 近矿围岩为斜长角闪岩、绿泥片岩、角闪斜长片麻岩。 控矿构造为北西向韧性剪切带外缘、夹皮沟向斜陡翼	重要
综合信息	地球化学	区域化探异常具有规模大，分带清晰，浓集中心明显，强度高的基本特征，是主要找矿信息。组合异常构成的复杂元素组分富集叠生地球化学场利于主成矿元素的进一步迁移、富集、成矿。金综合异常是区内进一步找矿的重要靶区。 1∶5 万水系沉积异常，1∶1 万土壤化探异常，主要以金、银、铅、锌、铜、铋等元素异常为主。其组合异常可为指示矿体的存在部位提供依据	重要
	地球物理	关于控制夹皮沟金矿带的构造韧性剪切带向东南延伸问题，可依据磁场特征推断，其向东南延伸较远，可达六批叶以远，为找矿拓展了空间。 该负（弱）磁场带规模较大，其内又可分为南北两支亚带，南带控制了已知夹皮沟金矿带的产出，应值得重视的是被带找矿的研究	重要

续表 8-2-1

预测要素		内容描述	类别
综合信息	重砂	金、白钨矿、独居石、黄铁矿、方铅矿、黄铜矿、泡铋矿均有异常显示。由金、白钨矿、独居石、黄铁矿构成的重砂组合异常是重要找矿标志	重要
	遥感	沿华北地台北缘断裂带台缘一侧分布，多分布于北东向和北西向、不同规模断裂构造密集分布区及其交汇部位，各个方向脆韧性变形构造带较发育，与隐伏岩体有关的环形构造集中分布区，遥感浅色色调异常区，矿区及周围遥感羟基异常、铁染异常均匀分布	次要
找矿标志	蚀变是本区的重要找矿标志，蚀变类型有硅化、绿泥石化、绢云母化、黄铁矿化、方解石化及白铁矿化为主。地球化学标志：1∶20 万、1∶5 万水系沉积异常，1∶1 万土壤化探异常，主要以金、银、铅、锌、铜、铋等元素异常为主。重砂异常标志：金重砂异常明显。地球物理标志：矿体具有高阻、低激化异常特征		重要

2. 桦甸市六批叶金矿床

预测模型见表 8-2-2。

表 8-2-2　桦甸市六批叶金矿床预测模型

预测要素		内容描述	预测要素类别
地质条件	岩石类型	蚀变花岗质碎斑(粉)岩、糜棱岩、蚀变微晶闪长岩等	必要
	成矿时代	主要成矿年代是 190Ma 左右，属燕山早期	必要
	成矿环境	NW 向、近 EW 向的剪切构造带的带内，既有早期韧性变形特征，又有大量晚期脆性断裂叠加的特点，同时伴有各种中基性脉岩侵入，而且矿化蚀变广泛而强烈，是区域内最重要的控矿构造	必要
	构造背景	矿区位于华北东部陆块(Ⅱ)、龙岗-陈台沟-沂水前新太古代陆核(Ⅲ)夹皮沟新太古代陆块(Ⅳ)南部，该区是一个经历了多期构造活动及热事件的太古宙高级变质岩区	重要
矿床特征	控矿条件	目前在矿内所发现的金矿体、银矿体、铅矿(化)体，均产在韧(脆)性剪切带内，构造是区内重要控矿因素； 岩性控矿：显生宙辉绿岩、辉石闪长岩等，经微量元素分析，铅、银含量是维氏值数倍至几十倍，为铅、银矿体形成可能提供矿质。铅、银矿体的产出位置与上述岩体、岩脉存在相关性。晚期石英硫化物脉是载金脉体。因此，矿质来源丰富程度和岩性因素密切相关	必要
	蚀变特征	本矿区因受长期区域构造作用和热液活动的影响，导致岩石变质变形强烈。围岩蚀变沿 NW 向韧脆性剪切带呈带状分布。常见硅化、绢云母化、绿泥石化、绿帘石化、碳酸盐化、高岭土化、钾化。与金、银矿关系密切的蚀变主要为硅化、绢云母化。与铅矿关系密切的蚀变主要为硅化	重要
	矿化特征	金矿体主要分布在Ⅰ号矿化带及Ⅱ号矿化带内，且集中在 8-11 线间和韧脆性剪切带上盘至Ⅱ号矿化带东部边缘宽约 150m 范围内。目前已圈出金矿体十条。赋矿围岩主要是蚀变花岗质碎斑(粉)岩、糜棱岩、蚀变微晶闪长岩等。金矿体呈脉状、似脉状、长扁豆状平行侧列产出，局部膨缩现象明显，深部有分支复合现象。一般矿体与围岩无明显界线	重要

续表 8-2-2

预测要素		内容描述	预测要素类别
综合信息	地球化学	金单元素异常规模较大，强度较高，是金矿的主要找矿标志。 次生晕 Au、Ag 元素异常，已视为一种直接的找矿信息。Au、Ag 元素异常强度高，元素组合好，浓集中心明显的异常，见矿几率高。 原生晕异常以破碎带中的蚀变岩含量最高，达到 275×10^{-9}，品位最高达到 16.2g/t	重要
	地球物理	在较低异常内呈局部高阻异常显示，近一步划分矿体提供了依据。 矿石相对围岩具有低磁性，高极化率，高电阻率特征，激电法寻找和圈定矿体。此外，含矿蚀变带岩性相对围岩均属弱磁场。 物探电法异常对区内深部找矿也具有指示意义，通常矿体规模比较大，硫化物含量相对较高，一般有激电异常反映，异常呈低阻高极化特征；个别矿体，硅化强或石英网脉密集出现的部位，一般呈高阻高极化特征	重要
	重砂	主要重砂矿物金、白钨矿、独居石、黄铁矿、方铅矿、黄铜矿、泡铋矿均有异常显示	重要
	遥感	矿区位于不同方向断裂密集处，与隐伏岩体有关的环形构造比较发育，矿区周围铁染异常零星分布	次要
找矿标志	构造标志：NW 向韧性剪切带是金、银、铅矿体的主要赋存部位。如Ⅰ、Ⅱ、Ⅲ号矿化带。 蚀变标志：已知矿体都伴有围岩热液蚀变，尤其是硅化与金、银、铅矿体的关系非常密切，硅化强或石英网脉密集的部位，一般都预示着有金、银、铅矿体产出。 脉岩标志：金、银、铅矿体与脉岩在空间上相伴生，所以脉岩密集分布地段也往往为金、银、铅矿体产出部位。 矿物学标志：细粒他形黄铁矿、方铅矿与石英细脉伴生，是金、银、铅矿体直接找矿标志。如果只见呈浸染状立方体黄铁矿，一般含金性差		重要

3. 通化县南岔金矿床

预测模型见表 8-2-3。

表 8-2-3 通化县南岔金矿床预测模型

预测要素		内容描述	预测要素类别
地质条件	岩石类型	石榴绿泥片岩、钙质片岩、白云质大理岩、蚀变闪长岩	必要
	成矿时代	早期为中元古 1200Ma 左右，晚期为燕山期(72.39±31)Ma，但以晚期为主	必要
	成矿环境	矿床位于前南华纪华北东部陆块(Ⅱ)、胶辽吉元古代裂谷带(Ⅲ)老岭坳陷盆地(Ⅳ)内。荒沟山 S 形断裂带西南端	必要
	构造背景	发育在珍珠门组大理岩与花山组片岩接触界面的断裂构造，背形褶曲、层间断裂、层间剥离构造	重要

续表 8-2-3

预测要素		内容描述	预测要素类别
矿床特征	控矿条件	地层控矿,矿体及矿化多分布于白云质大理岩与片岩接触面近片岩一侧。少量矿体分布于白云质大理岩中;构造控矿,发育在珍珠门组大理岩与花山组片岩接触界面是主要容矿构造。片岩型矿体多产于此断裂中背形褶曲转折部位的层间断裂、层间剥离及裂隙中,呈厚大的似层状、鞍状矿体;脉岩控矿,少量矿体赋存于大理岩内北东向闪长岩脉上盘接触带断裂中近闪长岩一侧	必要
	蚀变特征	主要有硅化,毒砂化、黄铁矿化、碳酸盐化,绿泥石化、绢云母化、褐铁矿化等,金矿主要与硅化、毒砂化、黄铁矿化关系密切	重要
	矿化特征	片岩型金矿赋存在珍珠门组上段与大栗子组下段接触界面近片岩一侧,受层间断裂控制,深部沿倾斜方向呈褶曲状。片岩型金矿体主要赋存背形褶曲鞍部,大部分为盲矿体;闪长岩型金矿体赋存在侵入于珍珠门组上段白云质大理岩中蚀变闪长岩中,位于片岩型矿体的下部,为盲矿体	重要
综合信息	地球化学	金单元素异常分带清晰,浓集中心明显,异常强度高,金组合异常构成较复杂元素组分富集场,是成矿的主要场所。金综合异常具备较好的成矿条件,是扩大找矿的有望靶区。主要的找矿指示元素有 Au、Ag、As、Sb、Bi、Hg,是重要找矿标志	重要
	地球物理	在电法 M_S、ρs 由高异常区(低异常)转化为低异常(高异常)区变化带上出现磁法 ΔE 异常附近,地电断面上 M_S 高异常圈闭内,往往是金属硫化物富集地段	重要
	遥感	在果松-花山断裂带的中间部位,有北西向断裂通过;与隐伏岩体有关的环形构造集中分布,遥感浅色色调异常区分布在矿区的北部和南部,遥感羟基异常、铁染异常零星分布在矿区周围	次要
找矿标志	片岩型金矿,珍珠门组上段白云质大理岩与花山组下段片岩接触界面的背形褶曲鞍部是容矿的有利部位。毒砂矿化,尤其是针状毒砂矿化是直接的找矿标志。闪长岩型金矿,珍珠门组上段白云质大理岩层中的蚀变闪长岩脉是直接找矿标志。北东向构造,尤其同北西向断裂构造复合部位是构造找矿标志。强烈蚀变带,其中硅化、绢云母化、绿泥石化、碳酸盐化以及岩石退色等蚀变岩是找矿标志		重要

4. 白山市荒沟山金矿床

预测模型见表 8-2-4。

表 8-2-4　白山市荒沟山金矿床预测模型

预测要素		内容描述	预测要素类别
地质条件	岩石类型	厚层(块状)白云石大理岩顶部的碎裂化、构造角砾岩化、硅化白云石大理岩	必要
	成矿时代	矿体形成年龄 1 244.35Ma,具有两期成矿特征	必要
	成矿环境	花山组片岩与珍珠门组大理岩接触构造带,即 S 形构造带	必要
	构造背景	前南华纪华北东部陆块(Ⅱ)、胶辽吉元古代裂谷带(Ⅲ)老岭坳陷盆地(Ⅳ)	重要

续表 8-2-4

预测要素		内容描述	预测要素类别
矿床特征	控矿条件	珍珠门组第三段巨厚层(块状)白云石大理岩顶部的碎裂化、构造角砾岩化、硅化白云石大理岩，含矿层厚80～240m左右；区域内的印支期花岗质岩浆活动及后期脉岩侵入为成矿物质的迁移富集提供了热源；花山组片岩与珍珠门组大理岩接触构造带为区域内的导矿和容矿构造	必要
	蚀变特征	矿区内围岩蚀变类型以硅化、黄铁矿化、褐铁矿化为主，其次有毒砂化、绢云母化及碳酸盐化、黄铜矿化、辉锑矿化、方铅矿化、闪锌矿化等，偶见重晶石化。毒砂与金矿关系密切，可作为本区找金的矿物学标志	重要
	矿化特征	矿体赋存于距石灰沟-荒沟山-杉松岗断裂30～150m范围内碎裂化、角砾岩化、硅化白云石大岩中。各矿体产状基本一样，与断裂带近似平行，矿体形态为柱状、脉状、透镜状。矿体与围岩界线清楚，以隐状矿体为主	重要
综合信息	地球化学	应用1∶20万、1∶5万水系沉积物测量数据圈定的异常具有清晰的三级分带和明显的浓集中心，强度达到313×10^{-9}，带状分布，多为北东向延伸。金组合异常组分复杂，构成复杂元素组分富集区，是成矿的重要场所。金综合异常具备优良的成矿地质条件，是进一步找矿的重要靶区。 土壤化探异常，其元素组合有两种系列 Au-Ag-As-Sb-Hg 及 Pb-Zn-Cu，分别代表不同的成矿组合，即以金为主的矿化系列及以铅锌、铜为主的矿化系列。 原生晕异常亦表现出两种系列元素组合，即 Au、Ag、As、Sb、Hg 和 Cu、Pb、Zn、Sn、Mo，显示的地球化学意义与上同	重要
	地球物理	局部重力高异常边部。航磁异常宽缓的低磁场区、负磁场区过渡带上。珍珠门组为平稳负磁场。珍珠门组大理岩为高阻低极化率，大栗子组片岩为低阻高极化率	重要
	重砂	矿物组合主要为金、辰砂、泡铋矿、毒砂、方铅矿、黄铁矿；次要为赤铁矿、白钨矿、重晶石、刚玉。泡铋矿分布普遍，为标型矿物。针状，板条状毒砂与金关系密切，成正消长关系	重要
	遥感	分布在果松-花山断裂带边部，有北西向断裂通过，北东向脆韧性变形构造带通过矿区；8个与隐伏岩体有关的环形构造集中分布，老秃顶块状构造边部，绢云母化、硅化引起的遥感浅色色调异常区，中元古界老岭群形成的带要素中，矿区及其周围遥感羟基异常、铁染异常零星分布	次要
找矿标志	珍珠门组厚层角砾状大理岩是有利的找矿层位；珍珠门组与大栗子组韧脆性构造接触带及其次级构造是找矿的构造标志；有重熔型花岗岩体及派生各类脉岩是找矿的岩浆岩标志；围岩蚀变，即从矿体到围岩其分带是硅化一碳酸盐化一绢云母化。矿体为强硅化蚀变岩，具有棕红色、黄褐色、灰黑色、杂色多孔洞粗细角砾的硅化蚀变岩是找矿直接标志；化探异常是重要找矿标志，1∶20万、1∶5万水系沉积物异常、土壤化探异常，其元素组合是金、银、砷、锑、汞套合异常		重要

5. 集安市西岔金矿床

预测模型见表 8-2-5。

表 8-2-5　集安市西岔金矿床预测模型

预测要素		内容描述	预测要素类别
地质条件	岩石类型	石墨透辉变粒岩、石墨黑云变粒岩、黑云斜长片麻岩、斜长角闪岩	必要
	成矿时代	为印支至燕山期	必要
	成矿环境	华北东部陆块(Ⅱ)胶辽吉古元古裂谷带(Ⅲ),集安裂谷盆地(Ⅳ)内。辽吉裂谷中段北部边缘,北东—北北东向花甸子-头道-通化断裂带横切“背斜”中段的交会部位	必要
	构造背景	横切“背斜”北北东向主干断裂略向东突出的弧形地段控制矿区。主干断裂在该地段的次级分枝断裂和平行断裂以及南北向断裂或主干断裂本身是容矿构造	重要
矿床特征	控矿条件	荒岔沟组变粒岩层为赋矿层位;印支及燕山期中酸性岩类的侵入岩;横切“背斜”北北东向主干断裂略向东突出的弧形地段控制矿区。主干断裂在该地段的次级分枝断裂和平行断裂以及南北向断裂或主干断裂本身是容矿构造	必要
	蚀变特征	硅化、碳酸盐化、毒砂、黄铁矿化、绢云母化、重晶石化绿泥石化。毒砂黄铁矿化、硅化与金关系密切	重要
	矿化特征	岔金矿体赋存于主干断裂(F7)上盘及分枝断裂、平行断裂中,矿体处于隐伏半隐伏状态,只有 3 号矿体中部露出地表,由 Tc496 号槽控制。矿体呈扁豆状、脉状分枝复合。矿体倾向南东 127°,倾角 60°～75°。矿体长 100～572m,厚 0.5～7.3m,厚度变化系数 68%。最大延深 550m。Au 平均品 3.3×10^{-6},品位变化系数 107%。Ag 平均品 30.55×10^{-6},Au∶Ag=1∶11。赋矿标高 529～21m	重要
综合信息	地球化学	用 1∶5 万化探数据圈出的金异常具有非常清晰的三级分带和显著的浓集中心,异常强度很高,达到 193×10^{-9},是直接找矿标志。组合异常具有复杂元素组分富集特点,是成矿中心。综合异常显示的成矿条件优良,为找矿重要靶区。 在区域铜铅锌的异常与已知矿(化)体位置相当吻合,并且矿(化)体大小与异常值和范围有正相关关系。在土壤地球化学异常中,金、砷以 0.02×10^{-6}、10×10^{-6} 为异常下限,圈定的异常多数是由已知矿(化)体引起;在岩石地球化学异常中,同样是金异常为直接找矿标志,砷异常为指示标志	重要
	地球物理	负磁场区和重力高异常与集安群荒岔沟岩组有关,正磁异常与重力低异常叠加区与中酸性侵入体及周边蚀变带有关。线性梯度带及错动带与断裂有关,重力低异常边缘、磁异常交会部位为找矿有利地带。 该矿田位于北北东向负重力梯级带向西弯曲部位,也即北北东向与东西向重力梯级带交会部位。矿床(点)多位于−100～500nT 的波动磁场中及位于磁场曲线梯度变化部位。该矿田位于北北东向负重力梯级带向西弯曲部位,也即北北东向与东西向重力梯级带交会部位。矿床(点)多位于−100～500nT 的波动磁场中及位于磁场曲线梯度变化部位	重要
	重砂	矿物组合复杂,主要为金、辰砂、黄铁矿、黄铜矿、方铅矿,次要矿物为金银矿、白钨矿、锐钛矿、雄黄、重晶石,少见矿物银黝铜矿,辉银矿、深红银矿、毒砂、碲金矿。复杂的银矿物是矿物组合特征。扩散晕为 1.0～1.5km,金 20 粒以上异常为近矿异常	重要
	遥感	沿头道—长白山断裂带一侧分布,不同方向小型断裂密集分布区及其交会部位,闪长岩类引起的环形构造边缘,与隐伏岩体有关的环形构造集中分布,遥感浅色色调异常区,矿区及其周围遥感羟基异常、铁染异常零星分布	次要

续表 8-2-5

预测要素	内容描述	预测要素类别
找矿标志	荒岔沟组变粒岩层出露区;荒岔沟组变粒岩层内蚀变破碎带;断裂附近的褐铁矿化、黄铁矿化石英脉及铁帽转石;胶状黄铁矿化、硅化、灰黑色碳酸盐化的构造角砾岩、碎裂岩为金的矿化岩石或金矿石。荒岔沟组变粒岩层硅化、碳酸盐化、黄铁矿化、毒砂化、黄铜矿化等蚀变是重要的找矿标志。1∶5万化探异常分布区。孤立的弱的化探异常,金异常可以作为直接找矿标志,砷、银异常可以作为金的指示元素	重要

6. 集安下活龙金矿床

预测模型见表 8-2-6。

表 8-2-6 集安下活龙金矿床预测模型

预测要素		内容描述	预测要素类别
地质条件	岩石类型	斜长角闪岩、含墨矽线石榴黑云变粒岩,硅质蚀变岩与蚀变闪长玢岩脉	必要
	成矿时代	(116.8±4.2)~(109.0±2.8)Ma	必要
	成矿环境	矿区位于华北东部陆块(Ⅱ)胶辽吉古元古裂谷带(Ⅲ),集安裂谷盆地(Ⅳ)内。南侧鸭绿江断裂带中段	重要
	构造背景	鸭绿江构造带与低序次北西向、东西向断裂构造交会处	必要
矿床特征	控矿条件	鸭绿江断裂带低序次东西向、北西向、近水平的断裂;集安群大东岔组含矽线石榴黑云变粒岩对成矿更有利;燕山期岩浆活动是矿床形成的热源和热液来源,并提供了部分成矿物质	必要
	蚀变特征	硅化、绢云母化、黄铁矿化、毒砂化	重要
	矿化特征	矿区 14 个蚀变带,它们分别受近东西、北西向及近水平三组断裂控制;金矿体呈脉状、扁豆状分布于蚀变带内,沿倾向上矿体具有平行产出,尖灭再现、尖灭侧现特征,矿体长 40~120m,最大者 360m,斜深长 50~100m,最长者 240m,厚度为 0.26~3.19m,金品位 1.57×10^{-6}~19.34×10^{-6},矿体多分布于 150m 标高以上	重要
综合信息	地球化学	3 号、8 号金异常均与分布的金矿产积极响应,是区内找矿的主要标志。 特征元素组合为 Au-Cu-Pb-Mo-Bi,形成简单元素组分富集叠生地球化学场。金的甲、乙综合异常具有较好的成矿条件和找矿前景,空间上与分布的矿产积极响应,是区内进一步进行找矿预测的重要靶区。 主要找矿指示元素有 Au、Cu、Pb、Mo、Bi。其中 Au、Cu、Pb 为近矿指示元素,Mo、Bi 是评价矿体的尾部指示元素	重要
	地球物理	矿床处于重力高异常边部梯度带上,梯度陡;局部低磁异常边缘弧形梯度带上。一般为岩体与地层接触带的异常反映	重要
	重砂	呈孤立异常。矿物组合简单,主要有金、重晶石、石榴石	次要
	遥感	集安-松江岩石圈断裂边部,下活龙村环形构造边缘,遥感浅色色调异常区,矿区周围羟基异常较密集,铁染异常零星分布	次要

续表 8-2-6

预测要素		内容描述	预测要素类别
找矿标志		鸭绿江构造带与低序次北西向、东西向断裂构造交会处，是成矿的有利部位；矿区含金硅质蚀变岩与蚀变闪长玢岩脉空间上密切相伴，时间上含金硅质蚀变岩稍晚于蚀变闪长玢岩脉。蚀变闪长玢岩脉为间接找矿标志；蚂蚁河组斜长角闪岩、大东岔组含墨矽线石榴黑云变粒岩，是含矿有利部位；硅化、绢云母化、黄铁矿化、毒砂化是寻找金矿重要标志；Au、Ag、As 及 Pb、Mo 为矿床的特征元素组合。As 异常明显的指示蚀变带的存在，Au、Ag、As 异常可指示矿体赋存的具体部位	重要

7. 白山市金英金矿床

预测模型见表 8-2-7。

表 8-2-7　白山市金英金矿床预测模型

预测要素		内容描述	预测要素类别
地质条件	岩石类型	褐红一紫红一紫灰色构造角砾岩。角砾成分主要有赤铁石英砂岩，石英砂岩，少量赤铁矿，石英岩和石英大理岩的角砾	必要
	成矿时代	推测成矿时代为燕山期	必要
	成矿环境	矿区位于前南华纪华北东部陆块（Ⅱ）、胶辽吉元古代裂谷带（Ⅲ）老岭坳陷盆地（Ⅳ）内	必要
	构造背景	主要受区域性的断裂 F102 以及局部性的断裂 F100 的联合控制。F100 断层叠加在先期存在的钓鱼台组石英砂岩与珍珠门组硅化白云质大理岩间的不整合面附近，表现为宽窄不一的硅化构造角砾岩带。金矿体赋存于硅化构造角砾岩带中的局部地段	重要
矿床特征	控矿条件	钓鱼台组褐红一紫红一紫灰色构造角砾岩带，是金矿的主要赋矿层位；北东向 F100 断裂是区域上的重要控矿和容矿构造	必要
	蚀变特征	围岩蚀变以上盘围岩赤铁石英砂岩最为明显。硅化黄铁矿化较为发育，有时星点状黄铁矿化范围可达数十米宽。下盘围岩大理岩中主要发育硅化，但范围明显较上盘窄。下盘围岩为泥灰岩时可见星点状及脉状黄铁矿化，这些黄铁矿化蚀变不构成工业矿体	重要
	矿化特征	金英金矿主要受区域性的断裂 F102 以及局部性的断裂 F100 的联合控制。F100 断层叠加在先期存在的钓鱼台组石英砂岩与珍珠门组硅化白云质大理岩间的不整合面附近，表现为宽窄不一的硅化构造角砾岩带。金矿体赋存于硅化构造角砾岩带中的局部地段	重要
综合信息	地球化学	规模较大的带状金次生晕异常与硅化构造角砾岩带相吻合；构造原生晕异常元素组合为 Au、Ag(Cu、Pb、Zn)As、Sb、Hg、V、Mo、Co、Ni 的 12 种元素，其中 As、Sb、Hg、V 为矿体的前缘晕	重要
	地球物理	区域重力高异常，航磁宽缓低异常、负异常，规则带状的、柱状的高阻（＞300Q）、高极化率（3×10^{-2}）综合异常	重要

续表 8-2-7

预测要素		内容描述	预测要素类别
综合信息	重砂	重砂异常主要以黄铁矿和磷灰石表现突出，有较弱的金、黄铜矿重砂异常分布	次要
	遥感	位于大川-江源断裂带附近，脆韧性变形构造带分布密集，与隐伏岩体有关的环形构造比较发育，白山块状构造边部，遥感浅色色调异常区，青白口系和中元古界形成的带要素之间，矿区及周围遥感羟基异常密集，铁染异常零星分布	次要
找矿标志	硅化构造角砾岩的标志；颜色为褐红—紫红色—赤红—紫灰色；蚀变为强硅化、褐铁矿化和重晶石化发育（局部黄铁矿化发育）；裂隙、孔穴、晶洞发育的强硅化构造角砾岩带		重要

8. 东辽县弯月金矿床

预测模型见表 8-2-8。

表 8-2-8　东辽县弯月金矿床预测模型

预测要素		内容描述	类别
地质条件	岩石类型	奥陶系的大理岩和燕山期的片理化流纹岩，燕山期的花岗岩	必要
	成矿时代	173Ma	必要
	成矿环境	矿区位于东北叠加造山-裂谷系（Ⅰ）小兴安岭-张广才岭叠加岩浆弧（Ⅱ）张广才岭-哈达岭火山-盆地区（Ⅲ）南楼山-辽源火山-盆地群（Ⅳ）	必要
	构造背景	北西向压扭性断裂，东西向张扭性断裂控矿	重要
矿床特征	控矿条件	奥陶系的大理岩和燕山期的片理化流纹岩，燕山期的花岗岩控矿，北西向压扭性断裂，东西向张扭性断裂控矿	必要
	蚀变特征	区内围岩蚀变类型较多，而且较为发育，其特点主要决定于围岩特征，气液性质、交代作用方式。区内蚀变作用方式以渗透作用为主，贯入充填为辅。主要有硅化、黄铁矿化、黄铜矿化、闪锌矿化、菱铁矿化、红化、绢云母化、碳酸盐化、黝帘石化、绿泥石化、重晶石化。其中硅化、黄铁矿化、黄铜矿化、闪锌矿化、菱铁矿化、红化、绢云母化与成矿关系密切	重要
	矿化特征	矿区矿化主要在北西向压扭性断裂上下盘的平行断裂和裂隙中。东西向张扭性断裂平行的次级裂隙中见有脉状金铅银矿体	重要
综合信息	地球化学	应用 1∶20 万化探数据圈出的金异常具有清晰的三级分带和明显的浓集中心，异常强度达到 26×10^{-9}，面积 $42km^2$，带状分布，东西向延伸的趋势。金组合异常组分较复杂，有 Cu、Pb、W、Bi，与金空间套合紧密，是重要的找矿综合性指标。金综合异常具备良好的成矿条件，是找矿有望靶区。 土壤及岩石中 Au、Cu、Pb、Ag、Bi 异常值显著高于丰度值，而且峰值主要集中于下古生界地层内，表明下古生界地层是成矿元素的主要矿源层。原生晕指示元素为 Au、Ag、Cu、Pb、Zn 等	重要

续表 8-2-8

预测要素		内容描述	类别
综合信息	地球物理	在重力异常图上，矿床处于局部高异常边缘，局部重力高异常向内凹陷部位的顶端位置；附近分布有规模较大的北西走向重力梯度带。 矿床处于航磁负磁场区内的局部负磁异常边缘，有规模较小的南北向、北东向梯度带分布，附近分布有规模较大的北西走向条带状航磁高异常带	重要
	重砂	有重砂异常显示的矿物主要为磁铁矿、磷灰石，自然金异常分布稀少，矿物含量分级低，重砂评价信息呈弱势	重要
	遥感	形成于近东西向弧形断裂边部，中生代花岗岩类引起的环形构造集中分布，绢云母化、硅化等形成遥感浅色色调异常区	次要
找矿标志		近矿围岩蚀变，如硅化、绢云母化、孔雀石化、黄铁矿化、碳酸岩化、褐铁矿化等。地表所见矿体原生露头和转石、铁锰帽	重要

9. 长春市兰家金矿床

预测模型见表 8-2-9。

表 8-2-9　长春市兰家金矿床预测模型

预测要素		内容描述	预测要素类别
地质条件	岩石类型	变质粉砂岩、杂砂岩、泥质粉砂质板岩、斑点板岩组合，大理岩（灰岩），燕山期花岗岩	必要
	成矿时代	205Ma	必要
	成矿环境	矿区位于晚三叠世—新生代华北叠加造山-裂谷系（Ⅰ）小兴安岭-张广才岭叠加岩浆弧（Ⅱ）张广才岭-哈达岭火山-盆地区（Ⅲ）大黑山条垒火山-盆地群（Ⅳ）内	必要
	构造背景	走向北北东向褶皱，北西向、北西西向断裂构造	重要
矿床特征	控矿条件	范家屯组一段地层控矿，1号金矿体赋存在该层变质粉砂岩、杂砂岩、泥质粉砂质板岩、斑点板岩中。20、19号金矿体赋存于该层大理岩（灰岩）中；走向北北东向褶皱控矿，矽卡岩型金矿体、铁矿体、含铜硫铁矿体均赋存在该构造中。北西向、北西西向断裂构造控矿。石英闪长岩控矿	必要
	蚀变特征	矽卡岩型金矿：围岩蚀变主要有绿帘石化、钠长石化、赤铁矿化、水云母化、硅化、电气石化、沸石—萤石化、碳酸盐化等。其中赤铁矿化、硅化与金成矿关系密切。蚀变岩型金矿：围岩蚀变强烈，种类较多，主要有阳起石化、硅化、绢云母化、电气石化、矽卡岩化、绿泥石化、碳酸盐化、钾长石化等蚀变作用	重要
	矿化特征	分布于矿区西部东风矿段主要为矽卡岩型金矿，分布于矿区东部蒋家矿段为破碎蚀变岩型金矿。矽卡岩型金矿中19号、20号为工业矿体，余者均为单孔控制，与20号主矿体平行，品位与厚度均低于工业指标的矿体。破碎蚀变岩型金矿中工业矿体为1号矿体，余者品位或厚度均低于工业指标的矿体	重要
综合信息	地球化学	金单元素异常具有三级分带现象，浓集中心明显，内带异常强度不高。组合异常构成简单元素组分富集区。原生晕异常显示的Au、Ag、Cu、Pb、Zn及伴生元素As、Sb、Hg异常，都体现出较高的异常强度和富集能力，尤以Au最突出。区域元素组合与原生晕元素组合特征都指出此处应注重深部找矿	重要

续表 8-2-9

预测要素		内容描述	预测要素类别
综合信息	地球物理	高精度重力测量寻找隐伏矿床的有效性。矿区重力异常中部高而周围低结构特征，较好反映了中部下二叠统范家屯组以捕虏体产于南泉眼单元石英闪长岩中的空间分布形态	重要
	遥感	形成于依兰-伊通断裂带与双阳-长白断裂带交会处，与隐伏岩体有关的环形构造比较发育，矿区内及周围遥感铁染异常零星分布	次要
找矿标志		臭松石、黄钾铁矾、铁帽、褐铁矿化板岩、角岩、石英脉等是破碎蚀变岩型金矿氧化矿石标志；阳起石化矽卡岩、金属硫化物矿化矽卡岩、磁铁矿化阳起石化矽卡岩是矽卡岩型原生金矿找矿标志；磁异常、激电异常、重力异常，特别是套合异常是金矿的间接找矿标志；金及指示元素组合复杂，又具分带特征的套合异常，是金矿的化探找矿标志	重要

10. 桦甸市二道甸子金矿床

预测模型见表 8-2-10。

表 8-2-10 桦甸市二道甸子金矿预测模型

预测要素		内容描述	类别
地质条件	岩石类型	碳质云英角页岩与长石角闪石角页岩互层。燕山期侵入岩	必要
	成矿时代	(173.25±3.91)Ma 和(195.26±4.48)Ma，主成矿期应为燕山期	必要
	成矿环境	二道甸子-漂河岭复背斜构造南西倾没端。北西向冲断层为主要控矿构造	必要
	构造背景	南华纪—中三叠世天山-兴蒙-吉黑造山带(Ⅰ)，包尔汉图-温都尔庙弧盆系(Ⅱ)，下二台-呼兰-伊泉陆缘岩浆弧(Ⅲ)，磐桦上叠裂陷盆地(Ⅳ)内	重要
矿床特征	控矿条件	寒武—奥陶系长石、角闪石角页岩、碳质云母角页岩等为含矿围岩，特别是条带状含碳围岩含金性更好。且为金矿的形成提供了成矿物质；燕山期闪长岩侵入，提供热源及岩浆水；北西向压扭性断层是主控矿构造，为金矿提供就位空间，尤其产状变陡部位，石英脉变薄但金品位提高，产状变缓，脉宽，品位低	必要
	蚀变特征	主要有绢云母化、黄铁矿化、绿泥石化及黑云母化，由于围岩性质不同而蚀变也不同，绢云母化、绿泥石化发育于碳质岩层及石英脉体，黑云母化仅发育在绿色岩层地段。绢云母化与黄铁矿化和含金黄铁矿化阶段有关	重要
	矿化特征	北西向冲断层为主要控矿构造。断裂产状南山走向为 300°～330°，北山大致与地层线状构造一致，呈向西突出弧形。断层中充填石英脉平面呈右行斜列，单脉呈舒缓波状，较规整，局部有收缩膨胀现象，石英脉产状变陡时脉变薄，反之变厚。石英脉斜切岩层，含矿裂隙面平直，延长较远，相互平行。矿体多呈脉状产于碳质云英角岩与长石角闪石角页岩岩互层带中，以产于片岩中为主。矿体在平面上呈脉状，剖面上呈板状或偏豆状。矿带由 12 条含金石英脉组成，单脉长 80～650m，多数为 100～150m，厚度几十厘米至几十米。控制深度 500～600m。走向 315°，倾向南西或北东，倾角 60°～90°。金品位平均 10.5×10^{-6}，最高 331.7×10^{-6}	重要

续表 8-2-10

预测要素		内容描述	类别
综合信息	地球化学	应用1∶20万化探数据圈出一处金异常，有清晰的三级分带和明显的浓集中心，异常强度达到256×10^{-9}，面积$342km^2$，带状分布，轴向延伸北东。与金套合较好的伴生指示元素主要是Ni、Cr、Co、As、Sb，置于金的外带，异常规模较大。W、Bi、Mo以较小规模构成内带，Cu异常表现零散，与Au、Ni共同构成成矿的主体。 次生晕异常显示特征元素组合为Au-Ag-As-Sb，组合异常规模大，浓集中心明显，异常下限Au1.5×10^{-9}，Ag0.173×10^{-6}，As$\times10^{-6}$，Sb$\times10^{-6}$。预测的主要矿种为金矿、锑矿	重要
	地球物理	矿床位于局部重力高异常边部梯度带转折处，重力高与重力低过渡带；航磁负异常边缘，异常梯度略陡。重力异常梯度带及航磁异常梯度带交会部位或转折处。以上为成矿有利部位	重要
	遥感	形成于北东向、北西向和北北西向断裂交会处，二道甸子环形构造内部，遥感浅色色调异常区，矿区内及周围遥感羟基异常、铁染异常集中分布	次要
找矿标志		物、化、遥异常是寻找金矿的找矿标志。石英脉呈钢灰—烟灰色、暗绿色油质光泽强，性脆含金性好。围岩蚀变主要为绢云母化、黄铁矿化、绿泥石化及黑云母化，是寻找金矿重要标志，特别是细粒、结晶差的硫化物常与金共生。矿脉在空间出现分带和富集中心	重要

11. 永吉头道川金矿床

预测模型见表8-2-11。

表 8-2-11　永吉县头道川金矿床预测模型

预测要素		内容描述	预测要素类别
地质条件	岩石类型	细碧岩、细碧玢岩	必要
	成矿时代	模式年龄为200Ma和338Ma，分别属印支期和海西中期	必要
	成矿环境	沿头道川-烟筒山韧性剪切构造带上。含金石英脉受韧性剪切褶皱构造控制，主矿体产于韧性剪切褶皱主界面旁沿褶皱枢纽分布，矿体沿褶皱转折端分布。除主矿体外，大量石英脉及细脉受韧性剪切褶皱形成的片理构造控制	必要
	构造背景	南华纪—中三叠世天山-兴蒙-吉黑造山带(Ⅰ)，包尔汉图-温都尔庙弧盆系(Ⅱ)，下二台-呼兰-伊泉陆缘岩浆弧(Ⅲ)，磐桦上叠裂陷盆地(Ⅳ)内	重要
矿床特征	控矿条件	地层控矿，含金石英脉受细碧岩、细碧玢岩层位控制；构造控矿，主矿体产于韧性剪切褶皱主界面旁沿褶皱枢纽分布	必要
	蚀变特征	围岩蚀变以硅化、绿帘石化、绿泥石化、碳酸盐化等蚀变为主。与矿体有关的蚀变类型主要有硅化、绿帘石化、绿泥石化、黄铁矿化及碳酸盐化。其中，硅化、黄铁矿化、绿帘石化与矿关系密切	重要
	矿化特征	金矿体由含金硫化物石英脉及其矿化围岩组成，矿体与围岩多呈整合产出，接触界线清楚，少数呈渐变过渡，含金石英脉主要受韧性剪切褶皱构造转折端控制，沿着柔性的片理化带充填，并表现为同生的特点，由于韧性剪切褶皱构造形态变化复杂多样，含金石英脉的形态也复杂多样，产状变化颇大	重要

续表 8-2-11

预测要素		内容描述	预测要素类别
综合信息	地球化学	金单元素异常分带清晰，浓集中心明显，异常强度较高，是主要找矿标志。金元素组合代表为 Au-Ag、Cu、Pb；Au-As、Sb、Bi。构成较复杂元素组分富集区，是主要的成矿场所。金综合异常具备良好的成矿条件，是找矿的重要靶区。 次生晕显示的特征元素组合为 Au-Cu-Pb-Zn，其组合异常中心可指示矿体的位置。而不同岩性的土壤测量数据表明，变质火山岩中 Au、Cu、Pb、Zn 含量高，是主要的成矿建造。原生晕异常显示，金主要以石英脉形式赋存在硫化物中，最高品位达到 562.4g/t，一般为 0.01～0.1g/t。Au、Cu、Pb 为正消长关系，表现为石英脉中含量高，围岩中趋于低值	重要
	地球物理	矿床处于北北西向的重力梯度带的局部弧形凸起部位，梯度带较陡。梯度带两侧分别为相对重力高异常和重力低异常分布区。 矿床处于高背景带状磁异常带上的局部高磁异常走向端部边缘，梯度带交叉部位	重要
	遥感	北北东向断裂通过矿区，矿区南北两侧环形构造比较发育，遥感浅色色调异常区，矿区周围遥感羟基异常和铁染异常零星分布	次要
找矿标志	石英脉露头及其转石是直接找矿标志，区域内硅化、绿泥石化、黄铁矿化等蚀变较强部位常含微量金；挤压断裂带是找金的重要标志		重要

12. 汪青县刺猬沟金矿床

预测模型见表 8-2-12。

表 8-2-12　汪清县刺猬沟金矿床预测模型

预测要素		内容描述	预测要素类别
地质条件	岩石类型	安山质角砾凝灰熔岩和次火山岩	必要
	成矿时代	充填在成矿断裂中含矿脉体的 $^{40}Ar/^{39}Ar$ 年龄为(178.0±3)Ma；赋矿屯田营组火山岩其 Rb-Sr 等值线年龄为 147.5Ma。由此推断成矿时代为燕山早期	必要
	成矿环境	矿区位于小兴安岭-张广才岭叠加岩浆弧(Ⅱ)、太平岭-英额岭火山-盆地区(Ⅲ)罗子沟-延吉火山盆地群(Ⅳ)内。受北北东向图门断裂带与北西向嘎呀河断裂复合部位控制	必要
	构造背景	矿体受近火山口相辐射状断裂即沿成矿前的北西向(被次火山岩脉充填)和北北东向(次安山玄武岩充填)两组剪裂形成的追踪张裂控制	重要
矿床特征	控矿条件	区域上受近东西向百草沟-苍林断裂和北东向亲合屯-西大坡断裂及北西向大柳树河-海山断裂交会处形成的火山盆地控制；矿体赋存在中侏罗世屯田营组钙碱性安山质岩-次火山侵入杂岩及火山口相和断陷部位，主要含矿岩石为安山质角砾凝灰熔岩和次火山岩；矿体受叠加在火山口附近的北北东向断裂构造控制	必要
	蚀变特征	主要蚀变类型为青磐岩化、沸石化、赤铁矿化、冰长石化、黄铁矿化、碳酸盐化及硅化等	重要

续表 8-2-12

预测要素		内容描述	预测要素类别
矿床特征	矿化特征	金矿床由3条含金方解石石英脉组成，脉体产在中侏罗世第一次火山喷发旋回的安山质凝灰角砾熔岩和安山岩中，沿走向和倾向延至二叠纪地层中，但脉体迅速变窄、尖灭。 3条含金方解石石英脉相邻很近，其中Ⅰ、Ⅱ号脉相距80m，Ⅱ、Ⅲ号脉相距400m，3条脉走向上近平行，Ⅰ号脉规模最大，Ⅱ号脉次之，Ⅲ号脉最小。 含矿脉体类型有冰长石-石英脉。粗晶方解石脉，脉体规模大，以单脉和复脉产出，是Ⅰ、Ⅱ号脉主体，但含金性差。中细粒石英方解石脉，多沿主脉体裂隙充填，走向上呈串珠状，多为单脉，具分枝、复合特征，含金性好，是主含金脉体。含硫化物石英方解石脉，规模小，不连续，充填在中细粒石英方解石脉体中。含白云石、重晶石方解石脉，脉体规模小，形成晚，穿切以上4种类型。 金矿体严格受石英方解石脉制约，并产于其中，金矿主要赋存于细粒方解石脉和冰长石-石英脉体之中。脉体的围岩主要为安山岩、安山质角砾熔岩和次火山岩	重要
综合信息	地球化学	1∶5万化探金异常具有清晰的三级分带，明显的浓集中心，异常强度高，达到798×10^{-9}，面积为$221km^2$。是主要的找矿条件。金组合异常中，Cu、Pb、Zn、Ag、As、Sb、Hg、W、Sn、Bi、Mo与金空间套合紧密，构成复杂元素组分富集的叠生地球化学场。是金成矿的主要场所。 土壤化探异常，前缘元素为Hg、Sb，中部元素为W、Ti、Cu、Bi、As等，下部元素为Cr、Ni、Mo、Pb、Be、Ag、Au等	重要
	地球物理	矿床处于重力低异常边部，正、负重力异常的过渡带上；低磁异常中心部位，不同走向磁异常梯度带交会处。电性是低阻、高激化异常	重要
	遥感	春阳-汪清断裂带和智新-长安断裂带交会处东侧边缘，S形韧性变形趋势带北侧，矿区周围环形构造发育，遥感铁染异常分布相对集中	次要
找矿标志	安山质角砾凝灰熔岩和次火山岩出露区；近火山口相辐射状断裂即沿成矿前的北西向(被次火山岩脉充填)和北北东向(次安山玄武岩充填)两组剪裂形成的追踪张裂；主要蚀变类型为青磐岩化、沸石化、赤铁矿化、冰长石化、黄铁矿化。碳酸盐化及硅化等		重要

13. 汪清县五凤金矿床

预测模型见表8-2-13。

表 8-2-13 汪清县五凤金矿床预测模型

预测要素		内容描述	预测要素类别
地质条件	岩石类型	上叠统托盘沟组中上部安山岩、安山质角砾凝灰岩和集块岩	必要
	成矿时代	矿体形成年龄127.8～130.1Ma	必要
	成矿环境	火山盆地边缘，破火山口放射状、环状裂隙	必要
	构造背景	矿床位于晚三叠世—新生代东北叠加造山-裂谷系(Ⅰ)、小兴安岭-张广才岭叠加岩浆弧(Ⅱ)、太平岭-英额岭火山盆地区(Ⅲ)、罗子沟-延吉火山盆地群(Ⅳ)，延吉盆地北缘	重要

续表 8-2-13

预测要素		内容描述	预测要素类别
矿床特征	控矿条件	矿体呈脉状受破火山口构造的辐射状断裂和环状断裂控制,北东向辐射状断裂和北西向环状断裂则控制了矿体;受三叠统托盘沟组中上部安山岩、安山质角砾凝灰岩和集块岩层位控制	必要
	蚀变特征	叠加于青磐岩化之上的硅化、绢云母化、黄铁矿化、冰长石化,纳长石化、绿泥石化及碳酸盐化、高岭土化	重要
	矿化特征	矿体为含金方解石石英脉型,严格受北东、北西两组断裂构造控制,呈脉状充填于近火山口相火山岩中,剖面上穿切火山岩层;以中低温矿物的大量出现和贫硫化物为其特点	重要
综合信息	地球化学	应用 1∶5 万化探数据圈出金元素异常 5 处,以 4 号异常表现最好,具有清晰的分带性,浓集中心明显,强度很高,达到 1179×10^{-9},面积为 $83.5km^2$。带状分布,轴向北东,是主要的找矿标志。金组合异常只有一种表现形式:Au-As、Sb、Hg、Ag,形成为较复杂组分含量富集区,是金成矿的有利场所。金甲级综合异常具有良好的成矿条件和找矿前景。空间上与分布的矿产积极响应,为矿致异常,是扩大找矿规模的重要靶区	重要
	地球物理	在 1∶25 万布格重力异常图上,矿床位置北、东、东南三面局部重力低异常围绕,西侧为形态特征不明显的、强度不大的相对重力高异常区,矿床位置布格重力异常值为 $-37\times10^{-5}m/s^2$。在 1∶5 万航磁异常图,矿床处于航磁负异常区,强度较弱的相对高磁异常带向南东方向延伸的北段,北东向梯度带与此高磁异常带在矿床处交汇。反映出北西向和北东向断裂构造交汇的特点。 电法处于高阻异常带	重要
	遥感	北东向与北北东向断裂交汇部位,S 形北东向脆韧性变形构造带通过矿区,与隐伏岩体有关的环形构造集中分布,遥感浅色色调异常区,矿区及周围遥感羟基异常、铁染异常分布较密集	次要
找矿标志	三叠系托盘沟组中上部安山岩、安山质角砾凝灰岩和集块岩层位;火山盆地边缘,破火山口放射状、环状裂隙;叠加于青磐岩化之上的硅化、绢云母化、黄铁矿化、冰长石化,纳长石化、绿泥石化及碳酸盐化、高岭土化带		重要

14. 汪青县闹枝金矿床

预测模型见表 8-2-14。

表 8-2-14 汪青县闹枝金矿床预测模型

预测要素		内容描述	预测要素类别
地质条件	岩石类型	屯田营组安山岩、次安山岩	必要
	成矿时代	成矿年龄为 140Ma,为燕山晚期	必要

续表 8-2-14

预测要素		内容描述	预测要素类别
地质条件	成矿环境	近东西向百草沟-金仓断裂带之南部隆起区内。北西向线性构造与其他方向的线性构造的复合部位	必要
	构造背景	矿床位于晚三叠世—新生代东北叠加造山-裂谷系(Ⅰ)、小兴安岭-张广才岭叠加岩浆弧(Ⅱ)、太平岭-英额岭火山盆地区(Ⅲ)、罗子沟-延吉火山盆地群(Ⅳ)	重要
矿床特征	控矿条件	屯田营组安山岩、次安山岩组合控矿。在闹枝地区,含金破碎蚀变带(矿体)与安山岩、次安山岩在空间上相依,时间上相近。 闹枝火山机构主要受北西向线性构造控制。北西向线性构造与其他方向的线性构造的复合部位为火山喷发提供了良好的通道。伴随火山活动形成了一系列环绕火山口分布的半环状和涡轮状断裂。这些火山断裂由于线性构造和继承性活动的叠加改造作用,形成了良好的控矿和储矿构造,继之而来的火山热液活动,形成了含金蚀变破碎带型金矿体。 燕山期强烈的火山岩-浆热液活动则提供了矿质和热水来源	必要
	蚀变特征	近矿主要蚀变类型为硅化绢云母化、碳酸盐化、高岭土化、黄铁矿化等	重要
	矿化特征	矿体呈不规则脉状,赋存在海西期花岗闪长岩中的破碎蚀变带内,并严格受其控制。空间上与次火山岩脉密切伴生。闹枝金矿床共有含金脉体 8 条,展布方向为北西、北西西向,受北西向大断裂派生的次级的帚状断裂控制	重要
综合信息	地球化学	金单元素异常具有异常规模大、分带清晰、浓集中心明显的基本特征,强度达到 798×10^{-9}。带状分布,北西向延伸,是金矿的主要找矿标志。金组合异常,即 Au-Cu、Pb、Zn、Ag;Au-As、Sb、Hg、Ag;Au-W、Sn、Bi、Mo,构成复杂元素组分富集的叠生地球化学场,是金成矿的主要场所。金甲级综合异常具备优良的成矿条件,是扩大找矿的重要靶区	重要
	地球物理	在 1∶25 万相对重力低异常区与相对重力高异常区之间东西向线性梯度带的上。在 1∶5 万航磁异常处于负磁异常场背景,异常两侧梯度陡,受北北东向、北东向、北西向断裂构造控制	重要
	遥感	不同方向断裂密集处,S 形北东向脆韧性变形构造带通过矿区,遥感浅色色调异常区,矿区西侧遥感铁染异常相对集中	次要
找矿标志		百草沟-金仓断裂带之南部隆起区内,屯田营组安山岩、次安山岩出露区;北西向线性构造与其他方向的线性构造的复合部位;面型的青磐岩化带叠加硅化、绢云母化、碳酸盐化、钾化、黄铁矿化区域	重要

15. 永吉县倒木河金矿床

预测模型见表 8-2-15。

表 8-2-15　永吉县倒木河金矿床预测模型

预测要素		内容描述	类别
地质条件	岩石类型	晶屑岩屑凝灰岩及含砾晶屑岩屑凝灰岩	必要
	成矿时代	中侏罗世,即 164～175Ma	必要

续表 8-2-15

预测要素		内容描述	类别
矿床特征	成矿环境	吉中弧形构造的外带北翼，北西向桦甸-岔路河断裂与北东向口前断裂交会处，永吉-四合屯火山岩盆地的中部，倒木河破火山口构造的北东边缘	必要
	构造背景	矿区位于东北叠加造山-裂谷系(Ⅰ)、小兴安岭-张广才岭叠加岩浆弧(Ⅱ)、张广才岭-哈达岭火山-盆地区(Ⅲ)、南楼山-辽源火山-盆地群(Ⅳ)	重要
	控矿条件	燕山期闪长岩体是倒木河砷、金、多金属矿体的主要物质来源，成矿受该岩体控制；而断裂和裂隙是主要的导岩，导矿和容矿构造，并且不同序次构造对矿体的控制程度不同。北东向断裂对矿产起主要的控制作用，倒木河金矿位于两条北东向断裂之间，区内砷、金及多金属矿多位于该组断裂中间及断裂附近，赋存于断裂活动时及破火山口所形成的次一级裂隙构造中，次一级的裂隙构造是倒木河金矿的容矿构造。晶屑岩屑凝灰岩及含砾晶屑岩屑凝灰岩控制了矿体的空间分布和赋存层位	必要
	蚀变特征	以硅化、绢云母化为主，绿泥石化、绿帘石化、阳起石化、碳酸盐化、黑云母化等次之。硅化、绢云母化多与毒砂、黄铜矿、黄铁矿、自然金有关	重要
	矿化特征	矿体主要产在闪长岩体南北两侧接触带附近的晶屑岩屑凝灰岩中，个别矿体产于闪长岩体内部。已知 59 条大小矿脉组成南北两脉群带。脉体严格受断裂构造控制，多呈平行复脉状，并具尖灭再现现象。矿体走向 0°～35°，倾向北—北西，倾角 80°左右。从矿体规模、品位可见，该矿主要为砷-多金属矿床，金的品位低，规模也小。体分带性明显，金砷矿体多在北带出现，南带则以硫、铜、铅、锌为主，局部出现砷金矿体。矿体均赋存于 180～300m 标高以上，略具有垂直分带，上部为砷、金或硫、铜、铅、锌，下部则以硫为主，还有砷、金、锌等	重要
综合信息	地球化学	金单元素异常规模大、分带清晰、浓集中心明显，异常强度较高。元素组合为 Au-Cu、Pb、Zn、W、Sn、Mo、Bi，由此构成的元素富集区和综合异常是重要的找矿靶区。次生晕异常显示的特征元素组合为 Cu-Pb-Zn-Mo-Bi-As。原生晕中 Cu、Pb、Zn、As 反应明显，其中 Cu、As 晕带较宽，Pb、Zn 稍窄，晕带延伸方向与矿化蚀变带一致，垂直方向上原生晕含量由 As→Cu→Pb→Zn 依次递减，表明深处 As 既是主要的矿化剂元素，亦是热液型硫化物矿床的重要找矿标志	重要
	地球物理	矿床处于局部重力高异常的边缘梯度带上，在矿床附近梯度带产生扭曲。航磁局部低异常边缘，不同方向梯度带交会处	重要
	遥感	柳河-吉林断裂带附近，基性岩类引起的环形构造和隐伏岩体引起的环形构造位于矿区东侧，遥感浅色色调异常区，矿区周围遥感羟基异常、铁染异常分布集中	次要
找矿标志	构造标志，南楼闪火山洼地中的北东向构造带的次级构造；燕山期闪长岩体于南楼山组接触带内外，具有以硅化、绢云母化为主，绿泥石化、绿帘石化、阳起石化、碳酸盐化、黑云母化等次之的带状蚀变		重要

16. 梅河口市香炉碗子金矿床

预测模型见表 8-2-16。

表 8-2-16 梅河口市香炉碗子金矿床预测模型

预测要素		内容描述	预测要素类别
地质条件	岩石类型	流纹质含角砾岩屑晶屑凝灰岩及流纹质熔结凝灰岩	必要
	成矿时代	124～157Ma,燕山期	必要
	成矿环境	胶辽吉叠加岩浆弧(Ⅱ)吉南-辽东火山-盆地群(Ⅲ)柳河-二密火山-盆地区。北东向柳河断裂与北西向水道-香炉碗子西山断裂交叉部位	必要
	构造背景	东西向脆-韧性剪切带控制的裂隙式爆发隐爆角砾岩体。矿床赋存于中生代火山爆发角砾岩筒中	重要
矿床特征	控矿条件	流纹质含角砾岩屑晶屑凝灰岩及流纹质熔结凝灰岩;烟囱桥子-龙头东西向脆-韧性剪切带是区内最主要的控岩控矿构造。剪切带控制的裂隙式爆发隐爆角砾岩体。矿床赋存于中生代火山爆发角砾岩筒中	必要
	蚀变特征	主要有黄铁矿化、硅化、绢云母化、绿泥石化、碳酸盐化等蚀变。在空间上具有水平分带现象,蚀变强度由矿化带中部向两侧逐渐减弱。由中心向外可分为黄铁绢英岩化带、弱黄铁绢英岩化带、绢云母化带 3 个蚀变带	重要
	矿化特征	矿体主要产于次火山隐爆角砾岩体(脉)和太古代花岗质岩石破碎蚀变带内及霏细岩脉的上、下盘。矿体状与岩体产状基本一致,走向 75°～105°,倾向北,倾角 68°～85°,矿体沿走向、倾向呈波状弯曲,膨缩现象明显,矿体呈似脉状、网脉状、板状、透镜状。矿石品位变化一般较大,矿化极不均匀	重要
综合信息	地球化学	金异常具有清晰的份带性,浓集中心大且明显,具有较高的异常强度,极大值达 220×10^{-9},呈椭圆状分布。金组合异常中,与金空间套合紧密的元素有 Cu、Pb、Zn、Ni、Co、Ag、As、Hg。表现为复杂元素组分富集场。金的甲级综合异常具有良好的成矿地质条件,与分布的矿产积极响应,是优质的矿致异常。其综合异常范围可为扩大已知金矿规模提供帮助	重要
	地球物理	从重磁场上看,金矿床处于敦-密断裂带东支的西侧,楔形重磁异常南北不同场态特征分界处,磁异常平稳宽缓,是金矿床的形成受新太古界花岗闪长岩内近东西向、北东向(与敦-密断裂平行的次一级断裂)交叉断裂的控制所致	重要
	遥感	矿区位于敦-密断裂带和向阳-柳河断裂带之间,北东向与北北东向断裂交会处,水道镇南环形构造边部,遥感浅色色调异常分布区,矿区周围遥感羟基异常相对集中,铁染异常零星分布	次要
找矿标志		流纹质含角砾岩屑晶屑凝灰岩及流纹质熔结凝灰岩出露区;岩烟囱桥子-龙头东西向脆-韧性剪切带是区内最主要的控岩控矿构造。区域上强黄铁矿化、硅化、绢云母化、绿泥石化、碳酸盐化等蚀变边区,特别是见有黄铁绢英岩化带	重要

17. 安图县海沟金矿床

预测模型见表 8-2-17。

表 8-2-17 安图县海沟金矿床预测模型

预测要素		内容描述	预测要素类别
地质条件	岩石类型	斜长角闪岩、二云片岩、黑色板岩夹大理岩;燕山期二长花岗岩、闪长玢岩	必要
	成矿时代	燕山期	必要
	成矿环境	晚三叠世—新生代东北叠加造山-裂谷系(Ⅰ)、小兴安岭-张广才岭叠加岩浆弧(Ⅱ)、太平岭-英额岭火山-盆地区(Ⅲ)敦化-密山走滑-伸展复合地堑(Ⅳ)内。二道松花江断裂带金银别-四岔子近东西向韧-脆性剪切带东端与两江-春阳北东向断裂带交会处	必要
	构造背景	槽台边界超岩石圈断裂与北东向深断裂交会处控制岩浆侵入,北东向断裂、裂隙带属压扭性断裂发育地段与岩体周边内外接触带是控矿有利部位	重要
矿床特征	控矿条件	中元古代色洛河群红光组斜长角闪岩、二云片岩、黑色板岩夹大理岩;燕山期二长花岗岩、闪长玢岩成群成带。槽台边界超岩石圈断裂与北东向深断裂交会处控制岩浆侵入,北东向断裂、裂隙带属压扭性断裂发育地段与岩体周边内外接触带是控矿有利部位	必要
	蚀变特征	成矿前硅化-碱交代阶段:主要发育于二长花岗岩中,分布面积大,但不均匀。此期以面型蚀变为主,主要蚀变以钾长石化、钠长石化为主,除外,还有电气石化、绿帘石化、绢云母化、绿泥石化、黄铁矿化等蚀变。 成矿期硅化-绢云母化-绿泥石化-黄铁矿化阶段:以线型蚀变为主,在近矿脉处形成平行发育的硅化、绢云母化、绿泥石化、黄铁矿化等。近矿蚀变以硅化为主,远矿蚀变以绿泥石化为主。 成矿后绿泥石化-碳酸盐化阶段:该阶段无矿化	重要
	矿化特征	早期沿北北东或北东向片理化带上充填含金石英脉。中期大量含金石英脉贯入后,沿断裂裂隙充填交代形成硫化物细脉。黄铁矿细脉产状为北西向与北东向两组共轭组成。晚期方铅矿及铀矿化形成	重要
综合信息	地球化学	主要成矿元素规模大、强度高,峰值达到 41×10^{-9},NAP 值为 1000 左右。 化探异常主要指示元素 Au、U、Pb、Bi、Mo,次要指示元素 Ag、Cu、Zn、Sn、Ni、Co、V、As、Sb 异常区,异常内带为 Au、U、Pb	重要
	地球物理	矿床处于重力高异常分布区与重力低异常区之间北西向-北东向重力梯级带的转折部位的顶端,反映出受两组断裂联合控制的特点。航磁局部磁异常的边部及边部梯度带上,多数矿段处在北西向和北东向线性梯度带交汇位置	重要
	重砂	金重砂异常	重要
	遥感	沿华北地台北缘断裂带台缘一侧分布,北东向与北西向断裂交汇部位,环形构造边部,遥感羟基异常、铁染异常零星分布	次要
找矿标志	中元古宙色洛河群红光组分布区。区域上北西向深大断裂与北东向深大断裂交会处,矿体受次一级北东向压扭性构造控制。燕山期二长花岗岩、闪长玢岩。硅化、钾长石化、钠长石化、电气石化、绿帘石化、绢云母化、绿泥石化、黄铁矿化,特别是线型分布的硅化—绢云母化—绿泥石化—黄铁矿化是找矿直接标志		重要

18. 珲春市小西南岔金铜矿床

预测模型见表 8-2-18。

表 8-2-18　珲春市小西南岔金铜矿床预测模型

预测要素		内容描述	类别
地质条件	岩石类型	花岗斑岩及次火山岩	必要
	成矿时代	137～107.2Ma	必要
	成矿环境	矿区位于晚三叠世—新生代东北叠加造山-裂谷系(Ⅰ),小兴安岭-张广才岭叠加岩浆弧(Ⅱ),太平岭-英额岭火山-盆地区(Ⅲ),罗子沟-延吉火山-盆地群(Ⅳ)构造单元内	必要
	构造背景	北西向断裂与北北东向断裂交会处	重要
矿床特征	控矿条件	区域上东西向大断裂和其共轭断裂控制中生代火山盆地和隆起构造格架,在隆折带、断陷盆地带次级隆起区,主要出现铜-钼和金-铜系列成矿作用。而断陷带中次级凹陷区,则出现铅-锌和金-铜成矿系列。矿床受区域性断裂交切构造控制。在两组构造交切部位发育有燕山早期火山-深成杂岩体。岩浆控矿,小西南岔矿床形成主要与燕山早期火山-深成杂岩晚期中酸性次火山岩有关,尤其是中基性次火山岩与成矿关系密切	必要
	蚀变特征	阳起石化及透闪石化,是成矿早期一种蚀变;硅化及绢云母化,是矿区最发育近矿围岩蚀变;碳酸盐化,是主成矿期硫化物-石英方解石脉阶段和硫化物-方解石脉阶段产生的蚀变类型	重要
	矿化特征	矿体严格受北北西向压性断裂及其次级断裂控制。总的矿化范围长 2.51km,宽 0.8km,已圈出大小矿体 34 个,略呈 S 形北北西向延伸,以香房沟为界,北山矿段 12 个矿组,共 22 个矿体,矿体多向东倾或近直立。根据矿体形态、产状等特点分复脉型、单脉型、密脉型和网脉或细脉浸染型等四种矿体类型;南山矿段已圈出 7 个矿体,其中 11 号矿体、22 号矿体为主矿体,该矿段矿体产状稳定、连续性好,规模大,均为单脉型矿体	重要
综合信息	地球化学	原生晕标志:如果金 $0.1\times10^{-6}\sim1\times10^{-6}$,铜 $500\times10^{-6}\sim1000\times10^{-6}$ 高异常边部出现 Hg、Pb、Sb,可作为找矿直接标志	重要
	地球物理	激电异常显示的是区内大面积分布的花岗岩、闪长岩引起的正常场特征及区内含矿热液活动受广泛发育的北北西走向断裂构造控制有关	重要
	遥感	珲春-杜荒子断裂带和鸡冠-复兴断裂带交会处附近,S 形韧性剪切带北部,矿区周围环形构造发育,遥感浅色色调异常区,遥感铁染异常分布集中	次要
找矿标志		早期钾长石—黑云母—绿帘石和阳起石—透闪石—绿泥石,是早期花岗闪长岩、花岗斑岩有关铜、铜-钼矿化阶段产物,蚀变范围广。中期硅化—绢云母化、碳酸盐化是与金铜矿化阶段产物,是近矿蚀变组合,晚期碳酸盐化—绿泥石化为近矿蚀变外带	重要

19. 珲春市杨金沟金矿床

预测模型见表 8-2-19。

表 8-2-19 珲春市杨金沟金矿床预测要素表

预测要素		内容描述	类别
地质条件	岩石类型	变质砂岩与砂质板岩、斜长角闪片岩与变质砂岩、黑云母绿泥片岩、绢云石英片岩，与黑云母斜长花岗岩	必要
	成矿时代	燕山期	必要
	成矿环境	位于晚三叠世—新生代东北叠加造山-裂谷系(Ⅰ)，小兴安岭-张广才岭叠加岩浆弧(Ⅱ)，太平岭-英额岭火山-盆地区(Ⅲ)，罗子沟-延吉火山-盆地群(Ⅳ)构造单元内	必要
	构造背景	五道沟—大城断褶带的杨金沟向斜内的 NNE 向构造或 NE 向构造的交会部位	重要
矿床特征	控矿条件	矿床受五道沟-大城断褶带的杨金沟向斜内的 NNE 向构造或 NE 向构造控制；矿床产出于五道沟群地层与燕山期黑云母斜长花岗岩体的接触部位，即矿床形成受五道沟群地层与燕山期黑云母斜长花岗岩体的控制	必要
	蚀变特征	黄铁矿化、毒砂矿化、硅化、绢云母化、绿泥石化、绿帘石化、高岭土化、碳酸盐化	重要
	矿化特征	杨金沟金矿区 1 号含金蚀变带(简称 1 号脉)，位于矿区中部，是区内已知的唯一具有工业的含金蚀变带，地表控制长大于 1000m，一般宽为 4～5m；最大宽达 14m，平均 6.5m，最大延深 435m。总体走向为北北东 30°左右，倾向北北西—北西，倾角 38°～70°之间变化，一般 50°～55°，产状稳定。从地表形态上看，其轮廓为带锯齿状(或羽状)的不规则脉状；从剖面上看，呈舒缓波状的厚板状或透镜状。矿体主要赋存于含金蚀变带或石英脉中，其形态产状与蚀变带基本一致	重要
	地球化学	应用 1∶5 万化探数据圈出的金异常具有较清新的二级分带，异常强度高，达到 166×10^{-6}，不规则形态，北东向延伸。空间上与金套合紧密的元素有 Cu、Ag、W、Bi、Mo、As、Sb、Hg。其中 W、Bi、Mo 构成金的内带，Cu、Ag 分布在金的中带，而 As、Sb、Hg 主要伴生在金的外带。金组合异常形成较复杂元素组分富集区，是主要成矿场所。金综合异常具备优良成矿条件，是扩大找矿规模的重要靶区。 土壤测量显示的特征元素组合为 Au-Cu-Ag-Mo-As-Sb。原生晕显示的主要找矿指示元素为 Au、Ag、Pb、Zn、W、Bi、Mo、As、Sb、Hg。土壤组合异常和原生晕组合异常在空间上紧密套合处可推测矿体存在的位置	重要
	地球物理	矿床处于重力梯度带或重力梯度带转折处及附近。航磁异常宽缓平稳的低磁场区中。附近有磁异常梯度带分布	重要
	重砂	主要的重砂矿自然金、白钨矿异常显示较好，方铅矿、黄铜矿重砂异常弱	重要
	遥感	和龙-春化断裂带边部，不同类型环形构造集中分布，遥感浅色色调异常区，遥感铁染异常分布密集	次要
找矿标志		五道沟-大城断褶带的杨金沟向斜内的 NNE 向构造或 NE 向构造或构造的交会部位；五道沟群地层与燕山期黑云母斜长花岗岩体的接触部位；以硅化、绢云母化黄铁矿化、毒砂矿化为主，次有绿泥石化、碳酸盐化、叶腊石化、绿帘石化、电气石化、岭土化和褐铁矿化、黄铜矿化、方铅矿化、闪锌矿化等蚀变是找矿的蚀变标志；原生晕主要指示元素为 Au、Ag、Pb、Zn、As、Hg、W 主，次要元素有 Cu、Mn、Co、Ni 等	重要

20. 珲春市黄松甸子金矿床

预测模型见表 8-2-20。

表 8-2-20　珲春市黄松甸子金矿床预测模型

预测要素		内容描述	类别
地质条件	岩石类型	土门子组巨粒质中粗砾岩、中细砾岩	必要
	成矿时代	新生代古近纪	必要
	成矿环境	矿区位于晚三叠世—新生代东北叠加造山-裂谷系（Ⅰ），小兴安岭-张广才岭叠加岩浆弧（Ⅱ），太平岭-英额岭火山-盆地区（Ⅲ），罗子沟-延吉火山-盆地群（Ⅳ）构造单元内	必要
	构造背景	珲春组细碎屑岩系形成的向东、向北倾斜、舒缓波状的宽缓的古斜坡	重要
矿床特征	控矿条件	区域上中性—中酸性岩类及其赋存于其中的热液脉状金矿化体；土门子组巨粒质中粗砾岩、中细砾岩；珲春组细碎屑岩系形成的向东、向北倾斜、舒缓波状的宽缓的古斜坡	必要
	矿化特征	黄松甸子砾岩型金矿床赋存层位主要为古近系土门子组下段含金砾岩层的底部砾岩层，该砾岩层赋存有下部Ⅰ号矿体、上部Ⅱ号矿体，Ⅰ号矿体、Ⅱ号矿体间有粉砂岩、泥岩、砂岩透镜体为夹石，最大夹石厚度 2.75m，最小 2.00m，平均 2.35m。Ⅰ号矿体又分Ⅰ-1、Ⅰ-2 两个矿体，Ⅰ-1 矿体为黄松甸子砾岩型金矿床的主要矿体，分布于 8—19 线间。Ⅰ-2 两个矿体分布于Ⅰ-1 矿体的西端，分布于 12—16 线间。Ⅱ号矿体位于Ⅰ号矿体的上部，位于 1—11 线间，分为Ⅱ-1、Ⅱ-2 号矿体。Ⅲ号矿体赋存于老头沟西部砾岩层中	重要
综合信息	地球化学	矿床区域化探显示金具有比较清晰的三级分带及明显的浓集中心，异常强度达到 300×10^{-9}。是直接找矿标志。金组合异常有 3 种形式：Au-Cu、Pb、Zn、Ag；Au-As、Sb、Hg、Ag；Au-W、Bi、Mo。与金异常空间套合紧密的元素为 Cu、Pb、Zn、Ag、As、Sb、Hg、W、Bi、Mo。构成复杂元素组分富集的叠生地球化学场，并进一步迁移、富集、成矿。金综合异常显示良好的成矿条件和找矿前景，是区内重要的找矿靶区	重要
	地球物理	矿床处于局部重力低异常的边缘梯度带上。航磁异常低强度扰动变化的负磁场区中	重要
	重砂	主要的重砂矿物金是找矿主要重砂标志	
	遥感	位于鸡冠一复兴断裂带右侧，北东向与北西向断裂交会处，矿区西南部为花岗岩引起的环形构造集中分布区，遥感浅色色调异常分布区，矿区周围遥感羟基异常、铁染异常零星分布	次要
找矿标志	土门子组巨粒质中粗砾岩、中细砾岩出露区；珲春组细碎屑岩系形成的向东、向北倾斜、舒缓波状的宽缓的古斜坡构造区		重要

21. 珲春河砂金矿四道沟矿段

预测模型见表 8-2-21。

表 8-2-21　珲春市珲春河砂金矿四道沟矿段预测要素表

预测要素		内容描述	类别
地质条件	岩石类型	砂及砾石，间夹有中细砂或粗砂透镜体	必要
	成矿时代	第四纪	必要

续表 8-2-21

预测要素		内容描述	类别
地质条件	成矿环境	晚三叠世—新生代东北叠加造山-裂谷系（Ⅰ），小兴安岭-张广才岭叠加岩浆弧（Ⅱ），太平岭-英额岭火山-盆地区（Ⅲ），罗子沟-延吉火山-盆地群（Ⅳ）	必要
	构造背景	珲春漫滩谷及其支流	重要
矿床特征	控矿条件	珲春河上有的金矿床、含金地质体控制了成矿物质的来源；区域上处于长期隆起大地构造环境，致使区域上的含金层位长期遭受剥蚀，成矿物质随流水不断地搬运汇集到珲春河谷；珲春河不断地更新改道，形成了现今的壮年期河谷地形，为漫滩砂金矿的形成，提供了良好的赋存场所	必要
	矿化特征	发育在现代河床两侧，一般呈条带状分布，一般向河床一侧倾斜，上部沉积物特征表现为前缘比后缘粒度粗，下部比上部粒度粗。而本河谷砂金矿多富集于下部粗粒级之砂砾层中	重要

二、模型区深部及外围资源潜力预测分析

（一）典型矿床已查明资源储量及其估算参数

1. 火山岩型金矿预测工作区（火山岩型）

1）头道沟—吉昌预测工作区

查明资源储量：头道川典型矿床所在区，以往工程控制实际查明的并且已经在储量登记表中上表的全部资源储量为 1517kg。

面积：头道川典型矿床所在区域经 1∶1000 地质填图确定的勘探评价区，并经山地工程验证的矿体、矿带聚集区段边界范围为 81 806m^2。根据构造及脉岩推测含矿层位的平均倾角 60°。

延深：头道川矿床勘探控制矿体的最大延深为 350m。

品位、体重：头道川矿区矿石平均品位 11.24g/t，体重 2.8。

体积含矿率：体积含矿率＝查明资源储量/（面积×sinα×延深），其中 α 为含矿层位的平均倾角，计算得出头道川矿床体含矿率为 0.000 061 18。

查明资源储量见表 8-2-22。

表 8-2-22　火山岩型头道沟—吉昌预测工作区典型矿床查明资源储量表

序号	名称	查明资源储量（规模）	面积/m^2	延深/m	品位/(g/t)	体重	体积含矿率
1	永吉县头道川金矿	小型	81 806	350	11.24	2.8	0.000 061 18

2）地局子—倒木河预测工作区

查明资源储量：倒木河金矿床所在区，以往工程控制实际查明的全部资源储量为 324kg。

面积：倒木河典型矿床所在区域经 1∶1 万地质填图确定的勘探评价区，并经山地工程验证的矿体、矿带聚集区段边界范围为 10 992 580m^2。根据构造及脉岩推测含矿层位的平均倾角 80°。

延深：倒木河矿床勘探控制矿体的最大延深为 200m。

品位、体重：倒木河矿区矿石平均品位 1.72～30.29g/t，体重 3.52。

体积含矿率：体积含矿率＝查明资源储量/（面积×sinα×延深），其中α为含矿层位的平均倾角，计算得出倒木河矿床体含矿率为0.000 000 15。

查明资源储量见表8-2-23。

表8-2-23　火山岩型地局子—倒木河预测工作区典型矿床查明资源储量表

序号	名称	查明资源储量（规模）	面积/m^2	延深/m	品位/(g/t)	体重	体积含矿率
2	永吉县倒木河金矿	小型	10 992 580	200	1.72～30.29	3.52	0.000 000 15

3)漂河川预测工作区

查明资源储量：漂河川金矿床所在区，以往工程控制实际查明的全部资源储量为18 467kg。

面积：漂河川典型矿床所在区域经1∶1万地质填图确定的勘探评价区，并经山地工程验证的矿体、矿带聚集区段边界范围为6 929 169m^2。根据构造及脉岩推测含矿层位的平均倾角45°。

延深：漂河川矿床勘探控制矿体的最大延深为430m。

品位、体重：漂河川矿区矿石平均品位5.75g/t，体重2.8。

体积含矿率：体积含矿率＝查明资源储量/（面积×sinα×延深），其中α为含矿层位的平均倾角，计算得出漂河川矿床体含矿率为0.000 008 8。

查明资源储量见表8-2-24。

表8-2-24　火山岩型漂河川预测工作区典型矿床查明资源储量表

序号	名称	查明资源储量（规模）	面积/m^2	延深/m	品位/(g/t)	体重	体积含矿率
3	桦甸市二道甸子金矿	大型	6 929 169	430	5.75	2.8	0.000 008 8

4)香炉碗子—山城镇预测工作区

查明资源储量：香炉碗子金矿床所在区，以往工程控制实际查明的全部资源储量为6045kg。

面积：香炉碗子典型矿床所在区域经1∶2000地质填图确定的勘探评价区，并经山地工程验证的矿体、矿带聚集区段边界范围为469 331m^2。根据构造及脉岩推测含矿层位的平均倾角70°。

延深：香炉碗子矿床勘探控制矿体的最大延深为450m。

品位、体重：香炉碗子矿区矿石平均品位5.12g/t，体重2.8。

体积含矿率：体积含矿率＝查明资源储量/（面积×sinα×延深），其中α为含矿层位的平均倾角，计算得出香炉碗子矿床体含矿率为0.000 030 46。

查明资源储量见表8-2-25。

表8-2-25　火山岩型香炉碗子—山城镇预测工作区典型矿床查明资源储量表

序号	名称	查明资源储量（规模）	面积/m^2	延深/m	品位/(g/t)	体重	体积含矿率
4	梅河口市香炉碗子金矿	中型	469 331	450	5.12	2.8	0.000 030 46

5)五凤预测工作区

查明资源储量：五凤金矿床所在区，以往工程控制实际查明的全部资源储量为1450kg。

面积：五凤典型矿床所在区域经1∶1000地质填图确定的勘探评价区，并经山地工程验证的矿体、矿带聚集区段边界范围为21 688 580m^2。根据构造及脉岩推测含矿层位的平均倾角45°。

延深：五凤矿床勘探控制矿体的最大延深为300m。

品位、体重：五凤矿区矿石平均品位4～7.87g/t，体重2.8。

体积含矿率：体积含矿率＝查明资源储量/(面积×sinα×延深)，其中α为含矿层位的平均倾角，计算得出五凤矿床体含矿率为0.000 000 32。

查明资源储量见表8-2-26。

表8-2-26　火山岩型五凤预测工作区典型矿床查明资源储量表

序号	名称	查明资源储量（规模）	面积/m^2	延深/m	品位/(g/t)	体重	体积含矿率
5	汪清县五凤金矿床	小型	21 688 580	300	4～7.87	2.8	0.000 000 32

6)闹枝—棉田预测工作区

查明资源储量：闹枝金矿床所在区，以往工程控制实际查明的全部资源储量为2450kg。

面积：闹枝典型矿床所在区域经1∶1000地质填图确定的勘探评价区，并经山地工程验证的矿体、矿带聚集区段边界范围为277 905m^2。根据构造及脉岩推测含矿层位的平均倾角50°。

延深：闹枝矿床勘探控制矿体的最大延深为600m。

品位、体重：闹枝矿区矿石平均品位4.36g/t，体重3.01。

体积含矿率：体积含矿率＝查明资源储量/(面积×sinα×延深)，其中α为含矿层位的平均倾角，计算得出闹枝矿床体含矿率为0.000 019 18。

查明资源储量见表8-2-27。

表8-2-27　火山岩型闹枝—棉田预测工作区典型矿床查明资源储量表

序号	名称	查明资源储量（规模）	面积/m^2	延深/m	品位/(g/t)	体重	体积含矿率
6	汪清县闹枝金矿床	小型	277 905	600	4.36	3.01	0.000 019 18

7)刺猬沟—九三沟预测工作区

查明资源储量：刺猬沟金矿床所在区，以往工程控制实际查明的全部资源储量为6084kg。

面积：刺猬沟典型矿床所在区域经1∶1000地质填图确定的勘探评价区，并经山地工程验证的矿体、矿带聚集区段边界范围为12 450 280m^2。根据构造及脉岩推测含矿层位的平均倾角30°。

延深：刺猬沟矿床勘探控制矿体的最大延深为300m。

品位、体重：刺猬沟矿区矿石平均品位10.21g/t，体重2.61。

体积含矿率：体积含矿率＝查明资源储量/(面积×sinα×延深)，其中α为含矿层位的平均倾角，计算得出刺猬沟矿床体含矿率为0.000 003 6。

查明资源储量见表8-2-28。

表8-2-28　火山岩型刺猬沟—九三沟预测工作区典型矿床查明资源储量表

序号	名称	查明资源储量（规模）	面积/m^2	延深/m	品位/(g/t)	体重	体积含矿率
7	汪清县刺猬沟金矿	中型	12 450 280	300	10.21	2.61	0.000 003 6

2.岩浆热液改造型金矿预测工作区(层控内生型)

1)矽卡岩型-破碎蚀变岩型兰家预测工作区

查明资源储量：兰家金矿床所在区，以往工程控制实际查明的全部资源储量为4891kg。

面积：兰家典型矿床所在区域经 1∶2000 地质填图确定的勘探评价区，并经山地工程验证的矿体、矿带聚集区段边界范围为 845 262m^2。根据构造及脉岩推测含矿层位的平均倾角 50°。

延深：兰家矿床勘探控制矿体的最大延深为 390m。

品位、体重：兰家矿区矿石平均品位 7.91g/t，体重 3.48。

体积含矿率：体积含矿率＝查明资源储量/(面积×sinα×延深)，其中 α 为含矿层位的平均倾角，计算得出兰家矿床体含矿率为 0.000 019 37。

查明资源储量见表 8-2-29。

表 8-2-29　矽卡岩型-破碎蚀变岩型兰家预测工作区典型矿床查明资源储量表

序号	名称	查明资源储量（规模）	面积/m^2	延深/m	品位/(g/t)	体重	体积含矿率
8	长春市兰家金矿	小型	845 262	390	7.91	3.48	0.000 019 37

2)热液改造型浑北预测工作区

查明资源储量：金英金矿床所在区，以往工程控制实际查明的全部资源储量为 26 304kg。

面积：金英典型矿床所在区域经 1∶1 万地质填图确定的勘探评价区，并经山地工程验证的矿体、矿带聚集区段边界范围为 3 553 442m^2。根据构造及脉岩推测含矿层位的平均倾角 50°。

延深：金英矿床勘探控制矿体的最大延深为 480m。

品位、体重：金英矿区矿石平均品位 3.4g/t，体重 2.8。

体积含矿率：体积含矿率＝查明资源储量/(面积×sinα×延深)，其中 α 为含矿层位的平均倾角，计算得出金英矿床体含矿率为 0.000 020 14。

查明资源储量见表 8-2-30。

表 8-2-30　热液改造型浑北预测工作区典型矿床查明资源储量表

序号	名称	查明资源储量（规模）	面积/m^2	延深/m	品位/(g/t)	体重	体积含矿率
9	白山市金英金矿	大型	3 553 442	480	3.4	2.8	0.000 020 14

3)岩浆热液改造型荒沟山—南岔预测工作区

荒沟山金矿：

查明资源储量：荒沟山金矿床所在区，以往工程控制实际查明的全部资源储量为 10 336kg。

面积：荒沟山典型矿床所在区域经 1∶1 万地质填图确定的勘探评价区，并经山地工程验证的矿体、矿带聚集区段边界范围为 14 071 470m^2。根据构造及脉岩推测含矿层位的平均倾角 45°。

延深：荒沟山矿床勘探控制矿体的最大延深为 580m。

品位、体重：荒沟山矿区矿石平均品位 10.96g/t，体重 2.61。

体积含矿率：体积含矿率＝查明资源储量/(面积×sinα×延深)，其中 α 为含矿层位的平均倾角，计算得出荒沟山矿床体含矿率为 0.000 001 79。

南岔金矿：

查明资源储量：南岔金矿床所在区，以往工程控制实际查明的全部资源储量为 6781kg。

面积：南岔典型矿床所在区域经 1∶1 万地质填图确定的勘探评价区，并经山地工程验证的矿体、矿带聚集区段边界范围为 8 284 584m^2。根据构造及脉岩推测含矿层位的平均倾角 55°。

延深：南岔矿床勘探控制矿体的最大延深为 600m。

品位、体重：南岔矿区矿石平均品位 6.59g/t，体重 2.62～3.02。

体积含矿率：体积含矿率＝查明资源储量/(面积×sinα×延深)，其中 α 为含矿层位的平均倾角，计算得出南岔矿床体含矿率为 0.000 001 67。

查明资源储量见表 8-2-31。

表 8-2-31 岩浆热液改造型荒沟山—南岔预测工作区典型矿床查明资源储量表

序号	名称	查明资源储量（规模）	面积/m^2	延深/m	品位/(g/t)	体重	体积含矿率
10	临江市荒沟山金矿	大型	14 071 470	580	10.96	2.61	0.000 001 79
11	通化县南岔金矿	中型	8 284 584	600	6.59	2.62～3.02	0.000 001 67

4)岩浆热液改造型古马岭—活龙预测工作区

(1)查明资源储量：下活龙金矿床所在区，以往工程控制实际查明的全部资源储量为 3053kg。

(2)面积：下活龙典型矿床所在区域经 1∶2000 地质填图确定的勘探评价区，并经山地工程验证的矿体、矿带聚集区段边界范围为 3 295 644m^2。根据构造及脉岩推测含矿层位的平均倾角 45°。

(3)延深：下活龙矿床勘探控制矿体的最大延深为 400m。

(4)品位、体重：下活龙矿区矿石平均品位 6.77g/t，体重 2.78。

(5)体积含矿率：体积含矿率＝查明资源储量/(面积×sinα×延深)，其中 α 为含矿层位的平均倾角，计算得出下活龙矿床体含矿率为 0.000 003 28。

查明资源储量见表 8-2-32。

表 8-2-32 岩浆热液改造型古马岭—活龙预测工作区典型矿床查明资源储量表

序号	名称	查明资源储量（规模）	面积/m^2	延深/m	品位/(g/t)	体重	体积含矿率
12	集安下活龙金矿	小型	3 295 644	400	6.77	2.78	0.000 003 28

3. 绿岩型金矿预测工作区(复合内生型)

1)夹皮沟—溜河预测工作区

夹皮沟金矿：

查明资源储量：夹皮沟金矿床所在区，以往工程控制实际查明的全部资源储量为 37 669kg。

面积：夹皮沟典型矿床所在区域经 1∶1 万地质填图确定的勘探评价区，并经山地工程验证的矿体、矿带聚集区段边界范围为 59 200 000m^2。根据构造及脉岩推测含矿层位的平均倾角 60°。

延深：夹皮沟矿床勘探控制矿体的最大延深为 800m。

品位、体重：夹皮沟矿区矿石平均品位 2.99～11.15g/t，体重 3.0。

体积含矿率：体积含矿率＝查明资源储量/(面积×sinα×延深)，其中 α 为含矿层位的平均倾角，计算得出夹皮沟矿床体含矿率为 0.000 000 918。

六批叶金矿：

查明资源储量：六批叶金矿床所在区，以往工程控制实际查明的全部资源储量为 9318kg。

面积：六批叶典型矿床所在区域经 1∶1 万地质填图确定的勘探评价区，并经山地工程验证的矿体、矿带聚集区段边界范围为 15 220 890m^2。根据构造及脉岩推测含矿层位的平均倾角 80°。

延深：六批叶矿床勘探控制矿体的最大延深为410m。

品位、体重：六批叶矿区矿石平均品位5.96g/t，体重2.8。

体积含矿率：体积含矿率＝查明资源储量/(面积×sinα×延深)，其中α为含矿层位的平均倾角，计算得出六批叶矿床体含矿率为0.000 001 53。

查明资源储量见表8-2-33。

表8-2-33　绿岩型夹皮沟—溜河预测工作区典型矿床查明资源储量表

序号	名称	查明资源储量（规模）	面积/m^2	延深/m	品位/(g/t)	体重	体积含矿率
13	桦甸市夹皮沟金矿	大型	59 200 000	800	2.99～11.15	3.0	0.000 000 918
14	桦甸市六批叶金矿	中型	15 220 890	410	5.96	2.8	0.000 001 53

2)岩浆热液改造型正岔—复兴预测工作区

查明资源储量：西岔金矿床所在区，以往工程控制实际查明的全部资源储量为4650kg。

面积：西岔典型矿床所在区域经1∶2000地质填图确定的勘探评价区，并经山地工程验证的矿体、矿带聚集区段边界范围为1 317 278m^2。根据构造及脉岩推测含矿层位的平均倾角50°。

延深：西岔矿床勘探控制矿体的最大延深为760m。

品位、体重：西岔矿区矿石平均品位4.18g/t，体重2.85。

体积含矿率：体积含矿率＝查明资源储量/(面积×sinα×延深)，其中α为含矿层位的平均倾角，计算得出西岔矿床体含矿率为0.000 006 06。

查明资源储量见表8-2-34。

表8-2-34　岩浆热液改造型正岔—复兴预测工作区典型矿床查明资源储量表

序号	名称	查明资源储量（规模）	面积/m^2	延深/m	品位/(g/t)	体重	体积含矿率
15	集安市西岔金矿	小型	1 317 278	760	4.18	2.85	0.000 006 06

4.侵入岩浆热液型

1)侵入岩浆热液型海沟预测工作区

查明资源储量：海沟金矿床所在区，以往工程控制实际查明的全部资源储量为20 879kg。

面积：海沟典型矿床所在区域经1∶1万千地质填图确定的勘探评价区，并经山地工程验证的矿体、矿带聚集区段边界范围为3 950 007m^2。根据构造及脉岩推测含矿层位的平均倾角60°。

延深：海沟矿床勘探控制矿体的最大延深为470m。

品位、体重：海沟矿区矿石平均品位4.67g/t，体重2.62。

体积含矿率：体积含矿率＝查明资源储量/(面积×sinα×延深)，其中α为含矿层位的平均倾角，计算得出海沟矿床体含矿率为0.000 015 22。

查明资源储量见表8-2-35。

表8-2-35　侵入岩浆热液型海沟预测工作区典型矿床查明资源储量表

序号	名称	查明资源储量（规模）	面积/m^2	延深/m	品位/(g/t)	体重	体积含矿率
16	安图县海沟金矿	大型	3 950 007	470	4.67	2.62	0.000 015 22

2）侵入岩浆热液型小西南岔—杨金沟预测工作区

小西南岔金矿床：

查明资源储量：小西南岔金矿床所在区，以往工程控制实际查明的全部资源储量为 36 075kg。

面积：小西南岔典型矿床所在区域经 1∶1 万地质填图确定的勘探评价区，并经山地工程验证的矿体、矿带聚集区段边界范围为 3 592 586m^2。根据构造及脉岩推测含矿层位的平均倾角 75°。

延深：小西南岔矿床勘探控制矿体的最大延深为 350m。

品位、体重：小西南岔矿区矿石平均品位 2.46g/t，体重 2.69。

体积含矿率：体积含矿率＝查明资源储量/（面积×sinα×延深），其中 α 为含矿层位的平均倾角，计算得出小西南岔矿床体含矿率为 0.000 002 97。

杨金沟金矿床：

查明资源储量：杨金沟金矿床所在区，以往工程控制实际查明的全部资源储量为 2036kg。

面积：杨金沟典型矿床所在区域经 1∶1 万千地质填图确定的勘探评价区，并经山地工程验证的矿体、矿带聚集区段边界范围为 6 044 944m^2。根据构造及脉岩推测含矿层位的平均倾角 70°。

延深：杨金沟矿床勘探控制矿体的最大延深为 450m。

品位、体重：杨金沟矿区矿石平均品位 5.38g/t，体重 2.71。

体积含矿率：体积含矿率＝查明资源储量/（面积×sinα×延深），其中 α 为含矿层位的平均倾角，计算得出杨金沟矿床体含矿率为 0.000 000 797。

查明资源储量见表 8-2-36。

表 8-2-36　侵入岩浆热液型小西南岔—杨金沟预测工作区典型矿床查明资源储量表

序号	名称	查明资源储量（规模）	面积/m^2	延深/m	品位/(g/t)	体重	体积含矿率
17	珲春市小西南岔金铜矿	大型	3 592 586	350	2.46	2.69	0.000 002 97
18	珲春市杨金沟金矿	小型	6 044 940	450	5.38	2.71	0.000 000 797

5. 沉积型

1）砾岩型黄松甸子预测工作区

查明资源储量：黄松甸子金矿床所在区，以往工程控制实际查明的全部资源储量为 6 434.8kg。

面积：黄松甸子典型矿床所在区域经 1∶1 万地质填图确定的勘探评价区，并经山地工程验证的矿体、矿带聚集区段边界范围为 4 852 111m^2。根据构造及脉岩推测含矿层位的平均倾角很小，近于 0°，含矿层厚度 36.5m。

延深：黄松甸子矿床勘探控制矿体的最大延深为 119.65m。

品位、体重：黄松甸子矿区矿石平均品位 1.003 4g/m^3，体重 2.8。

体积含矿率：体积含矿率＝查明资源储量/（面积×sinα×延深），其中 α 为含矿层位的平均倾角，计算得出黄松甸子矿床体含矿率为 0.000 011 08。

查明资源储量见表 8-2-37。

表 8-2-37　沉积型黄松甸子预测工作区典型矿床查明资源储量表

序号	名称	查明资源储量（规模）	面积/m^2	延深/m	品位/(g/t)	体重	体积含矿率
19	珲春市黄松甸子金矿	中型	4 852 111	119.65	1.003 4	2.8	0.000 011 08

2)沉积型珲春河预测工作区

查明资源储量:珲春河砂金矿四道沟矿段金矿床所在区,以往工程控制实际查明的全部资源储量为935kg。

面积:珲春河砂金矿四道沟矿段典型矿床所在区域经1∶1000地质填图确定的勘探评价区,并经山地工程验证的矿体、矿带聚集区段边界范围为12 849 340m^2。根据构造及脉岩推测含矿层位的平均倾角0°。

延深:珲春河砂金矿四道沟矿段矿床勘探控制矿体的最大延深为40m。

品位、体重:珲春河砂金矿四道沟矿段矿区矿石平均品位0.197 6g/m^3,体重2.3。

体积含矿率:体积含矿率=查明资源储量/(面积×sinα×延深),其中α为含矿层位的平均倾角,计算得出珲春河砂金矿四道沟矿段矿床体含矿率为0.000 001 819。

查明资源储量见表8-2-38。

表8-2-38　沉积型珲春河预测工作区典型矿床查明资源储量表

序号	名称	查明资源储量(规模)	面积/m^2	延深/m	品位/(g/t)	体重	体积含矿率
20	珲春市珲春河砂金矿四道沟矿段	小型	12 849 340	40	0.197 6	2.3	0.000 001 819

(二)典型矿床深部及外围预测资源量及其估算参数

1.火山岩型金矿预测工作区(火山岩型)

火山岩型头道沟—吉昌预测工作区

头道川金矿深部资源量预测:矿体沿倾向最大延深350m,矿体倾角60°,实际垂深300m。根据含矿层位在区域上的产状比较稳定,以及矿床勘探剖面情况显示,该套层位在700m深度仍然稳定延深,所以本次对该矿床的深部预测垂深选择700m。矿床深部预测实际深度为400m。面积仍然采用原矿床含矿的最大面积,预测其深部资源量。应用预测资源量=面积×延深×体积含矿率。

查明资源储量见表8-2-39。

表8-2-39　火山岩型头道沟—吉昌典型矿床深部预测资源量表

序号	名称	预测资源量(规模)	面积/m^2	延深/m	体积含矿率
1	永吉县头道川金矿	小型	81 806	400	0.000 061 18

2)火山岩型地局子—倒木河预测工作区

倒木河子金矿矿体沿倾向最大延深200m,矿体倾角80°,实际垂深190m,本次对该矿床的深部预测垂深选择500m。矿床深部预测实际深度为310m。面积仍然采用原矿床含矿的最大面积。见表8-2-40。

表8-2-40　火山岩型地局子—倒木河工作区典型矿床深部预测资源量表

序号	名称	预测资源量(规模)	面积/m^2	延深/m	体积含矿率
1	永吉县倒木河金矿	小型	10 992 580	310	0.000 000 15

3)火山岩型五凤预测工作区

五凤金矿床矿体沿倾向最大延深300m,矿体倾角45°,实际垂深210m。根据该含矿层位在区域上的产状、走向、延伸等均比稳定,推断该套含矿层位和矿体在700m深度仍然存在,所以本次对该矿床的深部预测垂深选择490m。面积仍然采用原矿床含矿的最大面积,预测其深部资源量。应用预测资源量=面积×延深×体积含矿率。见表8-2-41。

表8-2-41 火山岩型五凤预测工作区典型矿床深部预测资源量表

序号	名称	预测资源量(规模)	面积/m²	延深/m	体积含矿率
1	汪清县五凤金矿床	小型	21 688 580	490	0.000 000 32

4)火山岩型闹枝一棉田预测工作区

闹枝金矿矿体沿倾向最大延深600m,矿体倾角50°,实际垂深460m。根据该含矿层位在区域上的产状、走向、延伸等均比稳定,推断该套地层和矿体在700m深度仍然存在,所以本次对该矿床的深部预测垂深选择700m。矿床深部预测实际深度为240m。面积仍然采用原矿床含矿的最大面积,预测其深部资源量。应用预测资源量=面积×延深×体积含矿率。见表8-2-42。

表8-2-42 沉积变质型闹枝一棉田预测工作区典型矿床深部和外围预测资源量表

序号	名称	预测资源量(规模)	面积/m²	延深/m	体积含矿率
1	汪清县闹枝金矿床	小型	277 905	240	0.000 019 18

5)火山岩型刺猬沟—九三沟预测工作区

刺猬沟金矿矿体沿倾向最大延深300m,矿体倾角30°,实际垂深150m。根据该含矿层位在区域上的产状、走向、延伸等均比稳定,推断该套地层和矿体在700m深度仍然存在,所以本次对该矿床的深部预测垂深选择700m。矿床深部预测实际深度为550m。面积仍然采用原矿床含矿的最大面积。预测其深部资源量。应用预测资源量=面积×延深×体积含矿率。见表8-2-43。

表8-2-43 火山岩型刺猬沟—九三沟工作区典型矿床深部预测资源量表

序号	名称	预测资源量(规模)	面积/m²	延深/m	体积含矿率
1	汪清县刺猬沟金矿	大型	12 450 280	550	0.000 003 26

2.岩浆热液改造型金矿预测工作区(层控内生型)

1)岩浆热液改造型兰家预测工作区

兰家金矿矿体沿倾向最大延深390m,矿体倾角50°,实际垂深300m。根据该含矿层位在区域上的产状、走向、延伸等均比稳定,推断该套地层和矿体在800m深度仍然存在,所以本次对该矿床的深部预测垂深选择800m。矿床深部预测实际深度为500m。面积仍然采用原矿床含矿的最大面积。预测其深部资源量。应用预测资源量=面积×延深×体积含矿率。见表8-2-44。

表8-2-44 岩浆热液改造型兰家预测工作区典型矿床深部预测资源量表

序号	名称	预测资源量(规模)	面积/m²	延深/m	体积含矿率
1	长春市兰家金矿	中型	845 262	500	0.000 019 37

2)岩浆热液改造型浑北预测工作区

金英金矿床:金英金矿矿体沿倾向最大延深480m,矿体倾角50°,实际垂深360m。根据该含矿层位在区域上的产状、走向、延伸推断，该套地层和矿体在1400m深度仍然存在，所以本次对该矿床的深部预测垂深选择1400m。矿床深部预测实际深度为1040m。面积仍然采用原矿床含矿的最大面积。预测其深部资源量。应用预测资源量=面积×延深×体积含矿率。见表8-2-45。

表8-2-45　岩浆热液改造型浑北预测工作区典型矿床深部预测资源量表

序号	名称	预测资源量(规模)	面积/m^2	延深/m	体积含矿率
1	白山市金英金矿	大型	3 553 442	1040	0.000 020 14

3)岩浆热液改造型荒沟山—南岔预测工作区

荒沟山金矿：矿体沿倾向最大延深580m，矿体倾角45°，实际垂深410m。根据该含矿层位在区域上的产状、走向、延伸推断，该套地层和矿体在1000m深度仍然存在，所以本次对该矿床的深部预测垂深选择1000m。矿床深部预测实际深度为590m。面积仍然采用原矿床含矿的最大面积。预测其深部资源量。应用预测资源量=面积×延深×体积含矿率。见表8-2-48。

南岔金矿：

矿体沿倾向最大延深600m，矿体倾角55°，实际垂深490m。根据该含矿层位在区域上的产状、走向、延伸推断，该套地层和矿体在1000m深度仍然存在，所以本次对该矿床的深部预测垂深选择1000m。矿床深部预测实际深度为510m。面积仍然采用原矿床含矿的最大面积。预测其深部资源量。应用预测资源量=面积×延深×体积含矿率。见表8-2-46。

表8-2-46　岩浆热液改造型浑北预测工作区典型矿床深部预测资源量表

序号	名称	预测资源量(规模)	面积/m^2	延深/m	体积含矿率
1	临江市荒沟山金矿	大型	14 071 470	590	0.000 001 79
2	通化县南岔金矿	中型	8 284 584	510	0.000 001 67

4)岩浆热液改造型古马岭—活龙预测工作区

下活龙金矿：矿体沿倾向最大延深400m，矿体倾角45°，实际垂深280m。根据该含矿层位在区域上的产状、走向、延伸推断，该套地层和矿体在900m深度仍然存在，所以本次对该矿床的深部预测垂深选择900m。矿床深部预测实际深度为720m。面积仍然采用原矿床含矿的最大面积。预测其深部资源量。应用预测资源量=面积×延深×体积含矿率。见表8-2-47。

表8-2-47　岩浆热液改造型古马岭—活龙工作区典型矿床深部预测资源量表

序号	名称	预测资源量(规模)	面积/m^2	延深/m	体积含矿率
1	集安下活龙金矿	中型	3 295 644	720	0.000 003 28

3.岩浆热液改造型金矿预测工作区(复合内生型)

1)岩浆热液改造型夹皮沟—溜河预测工作区

夹皮沟金矿：

矿体沿倾向最大延深800m，矿体倾角60°，实际垂深690m。根据该含矿层位在区域上的产状、走向、延伸推断，该套地层和矿体在2000m深度仍然存在，所以本次对该矿床的深部预测垂深选择2000m。矿床深部预测实际深度为1310m。面积仍然采用原矿床含矿的最大面积。预测其深部资源量。应用预测资源量=面积×延深×体积含矿率。见表8-2-48。

六批叶金矿：

矿体沿倾向最大延深410m，矿体倾角80°，实际垂深400m。根据该含矿层位在区域上的产状、走向、延伸推断，该套地层和矿体在1400m深度仍然存在，所以本次对该矿床的深部预测垂深选择1400m。矿床深部预测实际深度为1000m。面积仍然采用原矿床含矿的最大面积。预测其深部资源量。应用预测资源量=面积×延深×体积含矿率。见表8-2-48。

表8-2-48　岩浆热液改造型夹皮沟—溜河工作区典型矿床深部预测资源量表

序号	名称	预测资源量(规模)	面积/m^2	延深/m	体积含矿率
1	桦甸市夹皮沟金矿	大型	59 200 000	1310	0.000 000 918
2	桦甸市六批叶金矿	大型	15 220 890	1000	0.000 001 53

2)岩浆热液改造型正岔—复兴预测工作区

西岔金矿：

矿体沿倾向最大延深760m，矿体倾角50°，实际垂深580m。根据该含矿层位在区域上的产状、走向、延伸推断，该套地层和矿体在1300m深度仍然存在，所以本次对该矿床的深部预测垂深选择1300m。矿床深部预测实际深度为720m。面积仍然采用原矿床含矿的最大面积。预测其深部资源量。应用预测资源量=面积×延深×体积含矿率。见表8-2-49。

表8-2-49　岩浆热液改造型正岔—复兴预测工作区典型矿床深部预测资源量表

序号	名称	预测资源量(规模)	面积/m^2	延深/m	体积含矿率
1	集安市西岔金矿	中型	1 317 278	720	0.000 006 06

4. 侵入岩浆热液型

1)侵入岩浆热液型海沟预测工作区

矿体沿倾向最大延深470m，矿体倾角60°，实际垂深410m。根据该含矿层位在区域上的产状、走向、延伸推断，该套地层和矿体在1600m深度仍然存在，所以本次对该矿床的深部预测垂深选择1600m。矿床深部预测实际深度为1190m。面积仍然采用原矿床含矿的最大面积。预测其深部资源量。应用预测资源量=面积×延深×体积含矿率。见表8-2-50。

表8-2-50　侵入岩浆热液型海沟预测工作区典型矿床深部预测资源量表

序号	名称	预测资源量(规模)	面积/m^2	延深/m	体积含矿率
1	安图县海沟金矿	大型	3 950 007	1190	0.000 015 22

2)侵入岩浆热液型小西南岔—杨金沟预测工作区

小西南岔金矿床：

矿体沿倾向最大延深350m，矿体倾角75°，实际垂深340m。根据该含矿层位在区域上的产状、走向、延伸推断，该套地层和矿体在1000m深度仍然存在，所以本次对该矿床的深部预测垂深选择1000m。矿床深部预测实际深度为660m。面积仍然采用原矿床含矿的最大面积。预测其深部资源量。应用预测资源量=面积×延深×体积含矿率。见表8-2-51。

杨金沟金矿床：

矿体沿倾向最大延深450m，矿体倾角70°，实际垂深420m。根据该含矿层位在区域上的产状、走向、延伸推断，该套地层和矿体在1000m深度仍然存在，所以本次对该矿床的深部预测垂深选择

1000m。矿床深部预测实际深度为580m。面积仍然采用原矿床含矿的最大面积。预测其深部资源量。应用预测资源量＝面积×延深×体积含矿率。见表8-2-51。

表8-2-51 侵入岩浆热液型小西南岔—杨金沟预测工作区典型矿床深部预测资源量表

序号	名称	预测资源量(规模)	面积/m^2	延深/m	体积含矿率
1	珲春市小西南岔金铜矿	大型	3 592 586	660	0.000 029 7
2	珲春市杨金沟金矿	中型	6 044 940	580	0.000 000 797

5.沉积型

1)沉积型黄松甸子预测工作区

矿体平均倾角很小近于水平，最大勘探深度119.65m，根据该含矿层位在区域上的产状、走向、延伸推断，该套地层和矿体在300m深度仍然存在，所以本次对该矿床的深部预测垂深选择300m。矿床深部预测实际深度为180.35m。面积仍然采用原矿床含矿的最大面积。预测其深部资源量。应用预测资源量＝面积×延深×体积含矿率。见表8-2-52。

表8-2-52 沉积型黄松甸子预测工作区典型矿床深部预测资源量表

序号	名称	预测资源量(规模)	面积/m^2	延深/m	体积含矿率
1	珲春市黄松甸子金矿	中型	4 852 111	180.35	0.000 011 08

2)沉积型珲春河预测工作区

矿体最大勘探深度40m，根据该含矿层位在区域上的产状、走向、延伸推断，矿体在深部延深很小，推断在50m，所以本次对该矿床的深部预测垂深选择50m。矿床深部预测实际深度为10m。面积仍然采用原矿床含矿的最大面积。预测其深部资源量。应用预测资源量＝面积×延深×体积含矿率。见表8-2-53。

表8-2-53 沉积型珲春河预测工作区典型矿床深部预测资源量表

序号	名称	预测资源量(规模)	面积/m^2	延深/m	体积含矿率
1	珲春市珲春河砂金矿四道沟矿段	小型	12 849 340	10	0.000 001 819

(三)模型区预测资源量及估算参数确定

1.模型区估算参数确定

1)火山岩型金矿预测工作区(火山岩型)

(1)火山岩型头道沟—吉昌预测工作区。

模型区：头道川金矿典型矿床所在的最小预测区。

模型区预测资源量：头道川典型矿床探明和典型矿床深部预测资源量的总资源量，即查明资源量＋深部预测资源量。

面积：典型矿床含矿建造的出露面积叠加化探异常，参考航磁异常和自然重砂异常，加以人工修正后的最小预测区面积。

延深：模型区内典型矿床的总延深，即最大预测深度。矿床勘探控制延深350m，对比区域上该套地层延深和产状，在700m深仍然存在，参考磁异常数据，模型区的预测深度选择700m。

含矿地质体面积参数：为含矿地质体面积/模型区面积，当含矿地质体面积＝模型区面积，其为1，含矿地质体面积小于模型区面积，其小于1。头道川典型矿床所在的最小预测区内出露为含矿建造的面积。见表8-2-54。

表8-2-54　模型区预测资源量及其估算参数

序号	编号	预测资源量（规模）	面积/m^2	延深/m	含矿地质体面积/m^2	含矿地质体面积参数
1	A2211403003	小型	33 585 487.602 5	700	81 806	0.002 4

（2）火山岩型地局子—倒木河预测工作区。

模型区：倒木河金矿典型矿床所在的最小预测区。

模型区预测资源量：倒木河典型矿床探明和典型矿床深部预测资源量的总资源量，即查明资源量＋深部预测资源量。

面积：典型矿床含矿建造的出露面积叠加化探异常，参考航磁异常和自然重砂异常，加以人工修正后的最小预测区面积。

延深：模型区内典型矿床的总延深，即最大预测深度。矿床勘探控制延深200m，对比区域上该套地层延深和产状，在500m深仍然存在，参考磁反演数据，模型区的预测深度选择500m。

含矿地质体面积参数：为含矿地质体面积/模型区面积，当含矿地质体面积＝模型区面积，其为1，含矿地质体面积小于模型区面积，其小于1。典型矿床所在的最小预测区内出露为含矿建造的面积。见表8-2-55。

表8-2-55　模型区预测资源量及其估算参数

序号	编号	预测资源量（规模）	面积/m^2	延深/m	含矿地质体面积/m^2	含矿地质体面积参数
1	A2211401041	小型	17 062 541.3	500	10 992 580	0.58

（3）火山岩型漂河川预测工作区。

模型区：二道甸子金矿典型矿床所在的最小预测区。

模型区预测资源量：二道甸子典型矿床探明和典型矿床深部预测资源量的总资源量，即查明资源量＋深部预测资源量。

面积：典型矿床含矿建造的出露面积叠加化探异常，参考航磁异常和自然重砂异常，加以人工修正后的最小预测区面积。

延深：模型区内典型矿床的总延深，即最大预测深度。矿床勘探控制延深430m，对比区域上该套地层延深和产状，在1000m深仍然存在，参考磁反演数据，模型区的预测深度选择1000m。

含矿地质体面积参数：为含矿地质体面积/模型区面积，当含矿地质体面积＝模型区面积，其为1，含矿地质体面积小于模型区面积，其小于1。典型矿床所在的最小预测区内出露为含矿建造的面积。见表8-2-56。

表8-2-56　模型区预测资源量及其估算参数

序号	编号	预测资源量（规模）	面积/m^2	延深/m	含矿地质体面积/m^2	含矿地质体面积参数
1	A2211404058	大型	8 375 000	1000	6 929 169	0.82

(4)火山岩型香炉碗子—山城镇预测工作区。

模型区:香炉碗子金矿典型矿床所在的最小预测区。

模型区预测资源量:香炉碗子典型矿床探明和典型矿床深部预测资源量的总资源量,即查明资源量+深部预测资源量。

面积:典型矿床含矿建造的出露面积叠加化探异常,参考航磁异常和自然重砂异常,加以人工修正后的最小预测区面积。

延深:模型区内典型矿床的总延深,即最大预测深度。矿床勘探控制延深450m,对比区域上该套地层延深和产状,在1000m深仍然存在,参考磁反演数据,模型区的预测深度选择1000m。

含矿地质体面积参数:为含矿地质体面积/模型区面积,当含矿地质体面积=模型区面积,其为1,含矿地质体面积小于模型区面积,其小于1。典型矿床所在的最小预测区内出露为含矿建造的面积。见表8-2-57。

表8-2-57　模型区预测资源量及其估算参数

序号	编号	预测资源量(规模)	面积/m^2	延深/m	含矿地质体面积/m^2	含矿地质体面积参数
1	A2211402102	中型	30 250 482.13	1000	469 331	0.015

(5)火山岩型五凤预测工作区。

模型区:五凤金矿典型矿床所在的最小预测区。

模型区预测资源量:五凤典型矿床探明和典型矿床深部预测资源量的总资源量,即查明资源量+深部预测资源量。

面积:典型矿床含矿建造的出露面积叠加化探异常,参考航磁异常和自然重砂异常,加以人工修正后的最小预测区面积。

延深:模型区内典型矿床的总延深,即最大预测深度。矿床勘探控制延深300m,对比区域上该套地层延深和产状,在700m深仍然存在,参考磁反演数据,模型区的预测深度选择700m。

含矿地质体面积参数:为含矿地质体面积/模型区面积,当含矿地质体面积=模型区面积,其为1,含矿地质体面积小于模型区面积,其小于1。典型矿床所在的最小预测区内出露为含矿建造的面积。见表8-2-58。

表8-2-58　模型区预测资源量及其估算参数

序号	编号	预测资源量(规模)	面积/m^2	延深/m	含矿地质体面积/m^2	含矿地质体面积参数
1	A2211401064	小型	42 459 799.37	700	21 688 580	0.51

(6)火山岩型闹枝—棉田预测工作区。

模型区:闹枝金矿典型矿床所在的最小预测区。

模型区预测资源量:闹枝典型矿床探明和典型矿床深部预测资源量的总资源量,即查明资源量+深部预测资源量。

面积:典型矿床含矿建造的出露面积叠加化探异常,参考航磁异常和自然重砂异常,加以人工修正后的最小预测区面积。

延深:模型区内典型矿床的总延深,即最大预测深度。矿床勘探控制延深600m,对比区域上该套地层延深和产状,在700m深仍然存在,参考磁反演数据,模型区的预测深度选择700m。

含矿地质体面积参数：为含矿地质体面积/模型区面积，当含矿地质体面积＝模型区面积，其为1，含矿地质体面积小于模型区面积，其小于1。典型矿床所在的最小预测区内出露为含矿建造的面积。见表8-2-59。

表8-2-59　模型区预测资源量及其估算参数

序号	编号	模型区预测资源量（规模）	模型区面积/m²	延深/m	含矿地质体面积/m²	含矿地质体面积参数
1	A2211401048	小型	10 259 442.94	700	277 905	0.027

(7)火山岩型刺猬沟—九三沟预测工作区。

模型区：刺猬沟金矿典型矿床所在的最小预测区。

模型区预测资源量：刺猬沟典型矿床探明和典型矿床深部预测资源量的总资源量，即查明资源量＋深部预测资源量。

面积：典型矿床含矿建造的出露面积叠加化探异常，参考航磁异常和自然重砂异常，加以人工修正后的最小预测区面积。

延深：模型区内典型矿床的总延深，即最大预测深度。矿床勘探控制延深300m，对比区域上该套地层延深和产状，在700m深仍然存在，参考磁反演数据，模型区的预测深度选择700m。

含矿地质体面积参数：为含矿地质体面积/模型区面积，当含矿地质体面积＝模型区面积，其为1，含矿地质体面积小于模型区面积，其小于1。典型矿床所在的最小预测区内出露为含矿建造的面积。见表8-2-60。

表8-2-60　模型区预测资源量及其估算参数

序号	编号	模型区预测资源量（规模）	模型区面积/m²	延深/m	含矿地质体面积/m²	含矿地质体面积参数
1	A2211401012	大型	19 756 196.13	700	12 450 280	0.63

2)岩浆热液改造型金矿预测工作区（层控内生型）

(1)岩浆热液改造型兰家预测工作区。

模型区：兰家金矿典型矿床所在的最小预测区。

模型区预测资源量：兰家典型矿床探明和典型矿床深部预测资源量的总资源量，即查明资源量＋深部预测资源量。

面积：典型矿床含矿建造的出露面积叠加化探异常，参考航磁异常和自然重砂异常，加以人工修正后的最小预测区面积。

延深：模型区内典型矿床的总延深，即最大预测深度。矿床勘探控制延深390m，对比区域上该套地层延深和产状，在800m深仍然存在，模型区的预测深度选择800m。

含矿地质体面积参数：为含矿地质体面积/模型区面积，当含矿地质体面积＝模型区面积，其为1，含矿地质体面积小于模型区面积，其小于1。典型矿床所在的最小预测区内出露为含矿建造的面积。见表8-2-61。

表8-2-61　模型区预测资源量及其估算参数

序号	编号	预测资源量（规模）	面积/m²	延深/m	含矿地质体面积/m²	含矿地质体面积参数
1	A2211504002	中型	16 007 090.13	800	845 262	0.053

(2)岩浆热液改造型浑北预测工作区。

模型区:金英金矿典型矿床所在的最小预测区。

模型区预测资源量:金英典型矿床探明和典型矿床深部预测资源量的总资源量,即查明资源量+深部预测资源量。

面积:典型矿床含矿建造的出露面积叠加化探异常,参考航磁异常和自然重砂异常,加以人工修正后的最小预测区面积。

延深:模型区内典型矿床的总延深,即最大预测深度。矿床勘探控制延深480m,对比区域上该套地层延深和产状,在1400m深仍然存在,模型区的预测深度选择1400m。

含矿地质体面积参数:为含矿地质体面积/模型区面积,当含矿地质体面积=模型区面积,其为1,含矿地质体面积小于模型区面积,其小于1。典型矿床所在的最小预测区内出露为含矿建造的面积。见表8-2-62。

表8-2-62　模型区预测资源量及其估算参数

序号	编号	模型区预测资源量(规模)	模型区面积/m^2	延深/m	含矿地质体面积/m^2	含矿地质体面积参数
65	A2211505117	大型	4 233 249.955	1400	3 553 442	0.83

(3)岩浆热液改造型荒沟山—南岔预测工作区。

荒沟山:

模型区:荒沟山金矿典型矿床所在的最小预测区。

模型区预测资源量:荒沟山典型矿床探明和典型矿床深部预测资源量的总资源量,即查明资源量+深部预测资源量。

面积:典型矿床含矿建造的出露面积叠加化探异常,参考航磁异常和自然重砂异常,加以人工修正后的最小预测区面积。

延深:模型区内典型矿床的总延深,即最大预测深度。矿床勘探控制延深580m,对比区域上该套地层延深和产状,在1000m深仍然存在,模型区的预测深度选择1000m。

含矿地质体面积参数:为含矿地质体面积/模型区面积,当含矿地质体面积=模型区面积,其为1,含矿地质体面积小于模型区面积,其小于1。典型矿床所在的最小预测区内出露为含矿建造的面积。见表8-2-63。

南岔:

模型区:南岔金矿典型矿床所在的最小预测区。

模型区预测资源量:南岔典型矿床探明和典型矿床深部预测资源量的总资源量,即查明资源量+深部预测资源量。

面积:典型矿床含矿建造的出露面积叠加化探异常,参考航磁异常和自然重砂异常,加以人工修正后的最小预测区面积。

延深:模型区内典型矿床的总延深,即最大预测深度。矿床勘探控制延深600m,对比区域上该套地层延深和产状,在1000m深仍然存在,模型区的预测深度选择1000m。

含矿地质体面积参数:为含矿地质体面积/模型区面积,当含矿地质体面积=模型区面积,其为1,含矿地质体面积小于模型区面积,其小于1。典型矿床所在的最小预测区内出露为含矿建造的面积。见表8-2-63。

表 8-2-63 模型区预测资源量及其估算参数

序号	编号	模型区预测资源量（规模）	模型区面积/m²	延深/m	含矿地质体面积/m²	含矿地质体面积参数
1	A2211501127	大型	18 518 230	1000	8 284 584	0.75
2	A2211501132	中型	10 653 774.41	1000	14 071 470	0.77

(4)岩浆热液改造型古马岭—下活龙预测工作区。

模型区：下活龙金矿典型矿床所在的最小预测区。

模型区预测资源量：下活龙典型矿床探明和典型矿床深部预测资源量的总资源量，即查明资源量+深部预测资源量。

面积：典型矿床含矿建造的出露面积叠加化探异常，参考航磁异常和自然重砂异常，加以人工修正后的最小预测区面积。

延深：模型区内典型矿床的总延深，即最大预测深度。矿床勘探控制延深 400m，对比区域上该套地层延深和产状，在 900m 深仍然存在，模型区的预测深度选择 900m。

含矿地质体面积参数：为含矿地质体面积/模型区面积，当含矿地质体面积=模型区面积，其为 1，含矿地质体面积小于模型区面积，其小于 1。典型矿床所在的最小预测区内出露为含矿建造的面积。见表 8-2-64。

表 8-2-64 模型区预测资源量及其估算参数

序号	编号	模型区预测资源量（规模）	模型区面积/m²	延深/m	含矿地质体面积/m²	含矿地质体面积参数
1	A2211503142	中型	10 329 321.07	900	3 295 644	0.319

3)岩浆热液改造型金矿预测工作区(复合内生型)

(1)岩浆热液改造型夹皮沟—溜河预测工作区。

夹皮沟：

模型区：夹皮沟金矿典型矿床所在的最小预测区。

模型区预测资源量：夹皮沟典型矿床探明和典型矿床深部预测资源量的总资源量，即查明资源量+深部预测资源量。

面积：典型矿床含矿建造的出露面积叠加化探异常，参考航磁异常和自然重砂异常，加以人工修正后的最小预测区面积。

延深：模型区内典型矿床的总延深，即最大预测深度。矿床勘探控制延深 800m，对比区域上该套地层延深和产状，在 2000m 深仍然存在，模型区的预测深度选择 2000m。

含矿地质体面积参数：为含矿地质体面积/模型区面积，当含矿地质体面积=模型区面积，其为 1，含矿地质体面积小于模型区面积，其小于 1。典型矿床所在的最小预测区内出露为含矿建造的面积。见表 8-2-65。

六批叶：

模型区：六批叶金矿典型矿床所在的最小预测区。

模型区预测资源量：六批叶典型矿床探明和典型矿床深部预测资源量的总资源量，即查明资源量+深部预测资源量。

面积：典型矿床含矿建造的出露面积叠加化探异常，参考航磁异常和自然重砂异常，加以人工修正后的最小预测区面积。

延深:模型区内典型矿床的总延深,即最大预测深度。矿床勘探控制延深410m,对比区域上该套地层延深和产状,在1500m深仍然存在,模型区的预测深度选择1500m。

含矿地质体面积参数:为含矿地质体面积/模型区面积,当含矿地质体面积=模型区面积,其为1,含矿地质体面积小于模型区面积,其小于1。典型矿床所在的最小预测区内出露为含矿建造的面积。见表8-2-65。

表8-2-65　模型区预测资源量及其估算参数

序号	编号	模型区预测资源量(规模)	模型区面积/m^2	延深/m	含矿地质体面积/m^2	含矿地质体面积参数
1	A2211601079	大型	158 839 684.8	2000	59 200 000	0.373
2	A2211601087	大型	13 076 772.05	1500	15 220 890	0.9

(2)岩浆热液改造型正岔—复兴预测工作区

模型区:西岔金矿典型矿床所在的最小预测区。

模型区预测资源量:西岔典型矿床探明和典型矿床深部预测资源量的总资源量,即查明资源量+深部预测资源量。

面积:典型矿床含矿建造的出露面积叠加化探异常,参考航磁异常和自然重砂异常,加以人工修正后的最小预测区面积。

延深:模型区内典型矿床的总延深,即最大预测深度。矿床勘探控制延深760m,对比区域上该套地层延深和产状,在1300m深仍然存在模型区的预测深度选择1300m。

含矿地质体面积参数:为含矿地质体面积/模型区面积,当含矿地质体面积=模型区面积,其为1,含矿地质体面积小于模型区面积,其小于1。典型矿床所在的最小预测区内出露为含矿建造的面积。见表8-2-66。

表8-2-66　模型区预测资源量及其估算参数

序号	编号	模型区预测资源量(规模)	模型区面积/m^2	延深/m	含矿地质体面积/m^2	含矿地质体面积参数
1	A2211502141	中型	23 262 586.85	1300	1 317 278	0.057

4)侵入岩浆热液型

(1)侵入岩浆热液型海沟预测工作区。

模型区:海沟金矿典型矿床所在的最小预测区。

模型区预测资源量:海沟典型矿床探明和典型矿床深部预测资源量的总资源量,即查明资源量+深部预测资源量。

面积:典型矿床含矿建造的出露面积叠加化探异常,参考航磁异常和自然重砂异常,加以人工修正后的最小预测区面积。

延深:模型区内典型矿床的总延深,即最大预测深度。矿床勘探控制延深470m,对比区域上该套地层延深和产状,在1600m深仍然存在,模型区的预测深度选择1600m。

含矿地质体面积参数:为含矿地质体面积/模型区面积,当含矿地质体面积=模型区面积,其为1,含矿地质体面积小于模型区面积,其小于1。典型矿床所在的最小预测区内出露为含矿建造的面积。见表8-2-67。

表 8-2-67　模型区预测资源量及其估算参数

序号	编号	模型区预测资源量（规模）	模型区面积/m^2	延深/m	含矿地质体面积/m^2	含矿地质体面积参数
1	A2211201085	大型	41 643 220.8	1600	3 950 007	0.095

(2)侵入岩浆热液型小西南岔—杨金沟预测工作区

小西南岔：

模型区：小西南岔金铜矿典型矿床所在的最小预测区。

模型区预测资源量：小西南岔典型矿床探明和典型矿床深部预测资源量的总资源量，即查明资源量+深部预测资源量。

面积：典型矿床含矿建造的出露面积叠加化探异常，参考航磁异常和自然重砂异常，加以人工修正后的最小预测区面积。

延深：模型区内典型矿床的总延深，即最大预测深度。矿床勘探控制延深 350m，对比区域上该套地层延深和产状，在 1000m 深仍然存在，模型区的预测深度选择 1000m。

含矿地质体面积参数：为含矿地质体面积/模型区面积，当含矿地质体面积=模型区面积，其为 1，含矿地质体面积小于模型区面积，其小于 1。典型矿床所在的最小预测区内出露为含矿建造的面积。见表 8-2-68。

杨金沟：

模型区：杨金沟金矿典型矿床所在的最小预测区。

模型区预测资源量：杨金沟典型矿床探明和典型矿床深部预测资源量的总资源量，即查明资源量+深部预测资源量。

面积：典型矿床含矿建造的出露面积叠加化探异常，参考航磁异常和自然重砂异常，加以人工修正后的最小预测区面积。

延深：模型区内典型矿床的总延深，即最大预测深度。矿床勘探控制延深 450m，对比区域上该套地层延深和产状，在 1000m 深仍然存在，模型区的预测深度选择 1000m。

含矿地质体面积参数：为含矿地质体面积/模型区面积，当含矿地质体面积=模型区面积，其为 1，含矿地质体面积小于模型区面积，其小于 1。典型矿床所在的最小预测区内出露为含矿建造的面积。见表 8-2-68。

表 8-2-68　模型区预测资源量及其估算参数

序号	编号	模型区预测资源量（规模）	模型区面积/m^2	延深/m	含矿地质体面积/m^2	含矿地质体面积参数
1	A2211202020	大型	70 744 655.13	1000	3 592 586	0.5
2	A2211202056	小型	7 000 555.55	1000	6 044 940	0.86

5)沉积型

(1)沉积型黄松甸子预测工作区。

模型区：黄松甸子金矿典型矿床所在的最小预测区。

模型区预测资源量：黄松甸子典型矿床探明和典型矿床深部预测资源量的总资源量，即查明资源量+深部预测资源量。

面积：典型矿床含矿建造的出露面积叠加化探异常，自然重砂异常，加以人工修正后的最小预测区面积。

延深:模型区内典型矿床的总延深,即最大预测深度。矿床勘探控制延深 119.65m,对比区域上该套地层延深和产状,在 300m 深仍然存在,模型区的预测深度选择 300m。

含矿地质体面积参数:为含矿地质体面积/模型区面积,当含矿地质体面积=模型区面积,其为 1,含矿地质体面积小于模型区面积,其小于 1。典型矿床所在的最小预测区内出露为含矿建造的面积。见表 8-2-69。

表 8-2-69 模型区预测资源量及其估算参数

序号	编号	模型区预测资源量(规模)	模型区面积/m^2	延深/m	含矿地质体面积/m^2	含矿地质体面积参数
1	A2211101022	中型	8 661 582.933	300	4 852 111	0.56

(2)沉积型珲春河预测工作区。

模型区:珲春河砂金矿典型矿床所在的最小预测区。

模型区预测资源量:珲春河砂金矿典型矿床探明和典型矿床深部预测资源量的总资源量,即查明资源量+深部预测资源量。

面积:典型矿床含矿建造的出露面积叠加化探异常,自然重砂异常,加以人工修正后的最小预测区面积。

延深:模型区内典型矿床的总延深,即最大预测深度。矿床勘探控制延深 40m,该套地层延深不大,模型区的预测深度选择 50m。

含矿地质体面积参数:为含矿地质体面积/模型区面积,当含矿地质体面积=模型区面积,其为 1,含矿地质体面积小于模型区面积,其小于 1。典型矿床所在的最小预测区内出露为含矿建造的面积。见表 8-2-70。

表 8-2-70 模型区预测资源量及其估算参数

序号	编号	模型区预测资源量(规模)	模型区面积/m^2	延深/m	含矿地质体面积/m^2	含矿地质体面积参数
1	A2211102069	小型	30 882 708.46	50	12 849 340	0.41

2.模型区含矿系数确定

含矿地质体含矿系数确定公式为:含矿地质体含矿系数=模型区资源总量/含矿地质体总体积。实际工作中用典型矿床含矿地质体面积与模型区含矿地质体面积相比得出含矿地质体面积参数来修正典型矿床的含矿地质体含矿率,从而得出体含矿系数。见表 8-2-71。

表 8-2-71 模型区含矿地质体含矿系数表

预测工作区	序号	模型区编号	模型区含矿系数	典型矿床体含矿率	含矿地质体面积参数
头道沟—吉昌	1	A2211403003	0.000 000 147	0.000 061 18	0.002 4
地局子—倒木河	23	A2211401041	0.000 000 087	0.000 000 15	0.58
漂河川	25	A2211404058	0.000 007 216	0.000 008 8	0.82
香炉碗子—山城镇	33	A2211402102	0.000 000 456	0.000 030 46	0.015
五凤	36	A2211401064	0.000 000 163	0.000 000 32	0.51

续表 8-2-71

预测工作区	序号	模型区编号	模型区 含矿系数	典型矿床 体含矿率	含矿地质体 面积参数
闹枝—棉田	38	A2211401048	0.000 000 518	0.000 019 18	0.027
刺猬沟—九三沟	44	A2211401012	0.000 002 268	0.000 003 6	0.63
兰家	61	A2211504002	0.000 001 027	0.000 019 37	0.053
浑北	65	A2211505117	0.000 016 716	0.000 020 14	0.83
荒沟山—南岔	72	A2211501127	0.000 001 342	0.000 001 79	0.75
	0.77	73	A2211501132	0.000 001 285	0.000 001 67
古马岭—活龙	87	A2211503142	0.000 001 046	0.000 003 28	0.319
夹皮沟—溜河	110	A2211601087	0.000 001 377	0.000 001 53	0.9
	0.373	113	A2211601079	0.000 000 342	0.000 000 918
正岔—复兴	119	A2211502141	0.000 000 345	0.000 006 06	0.057
海沟	127	A2211201085	0.000 001 445	0.000 015 22	0.095
小西南岔—杨金沟	130	A2211202056	0.000 000 685	0.000 000 797	0.86
	0.5	133	A2211202020	0.000 001 485	0.000 002 97
黄松甸子	142	A2211101022	0.000 006 204	0.000 011 08	0.56
珲春河	145	A2211102069	0.000 000 147	0.000 001 819	0.41

三、预测工作区预测模型

1. 头道沟—吉昌预测工作区

参见石咀—官马预测工作区。

2. 石咀—官马预测工作区

预测模型见表 8-2-72。

表 8-2-72 石咀—官马预测工作区头道川式火山岩型金矿预测模型

预测要素	内容描述	类别
特征描述	火山沉积-中—低温变质热液石英脉型金矿床	
岩石类型	石炭纪余富屯组(黄莺屯组?)海相火山-沉积岩系的细碧角斑岩组合,以及灰岩、页岩及砂岩	必要
成矿时代	模式年龄为 200Ma 和 338Ma,分属印支期和海西中期	必要
成矿环境	沿头道川-烟筒山韧性剪切构造带上。含金石英脉受韧性剪切褶皱构造控制,主矿体产于韧性剪切褶皱主界面旁沿褶皱枢组分布,矿体沿褶皱转折端分布。除主矿体外,大量石英脉及细脉受韧性剪切褶皱形成的片理构造控制	必要
构造背景	南华纪—中三叠世天山-兴蒙-吉黑造山带(Ⅰ),包尔汉图-温都尔庙弧盆系(Ⅱ),下二台-呼兰-伊泉陆缘岩浆弧(Ⅲ),磐桦上叠裂陷盆地(Ⅳ)内	重要

续表 8-2-72

预测要素	内容描述	类别
特征描述	火山沉积-中—低温变质热液石英脉型金矿床	
矿化蚀变	围岩蚀变以硅化、绿帘石化、绿泥石化、碳酸盐化等蚀变为主。与矿体有关的蚀变类型主要有硅化、绿帘石化、绿泥石化、黄铁矿化及碳酸盐化。硅化、黄铁矿化、绿帘石化与矿关系密切	重要
控矿条件	地层控矿，含金石英脉受细碧岩、细碧玢岩层位控制；构造控矿，主矿体产于韧性剪切褶皱主界面旁沿褶皱枢纽分布	必要
化探特征	主成矿元素金具有清晰的三级分带，明显的浓集中心和较高的异常强度，是金富集成矿的结果；以金为主体的组合异常组分复杂，Au、Cu、Pb、Ag、As、Sb、Hg、W、Bi、Mo共同构成复杂组分含量富集的叠生地球化学场。分布的金、铜矿产形成于叠生地球化学场中；金综合异常显示优良的成矿条件和进一步找矿前景，并与分布的矿产具有积极的响应关系，是矿化的结果；金综合异常具有明显的水平分带现象：内带 W、Bi、Mo，中带 Cu、Pb、Ag，外带 As、Hg。主要的找矿指示元素为 Au、Cu、Pb、Ag、As、Sb、Hg、W、Bi、Mo。近矿指示元素为 Au、Cu、Pb、Ag；尾部指示元素为 W、Bi、Mo；远程指示元素为 As、Hg	重要
物探特征	北北西向的重力梯度带的局部弧形凸起部位，梯度带较陡。梯度带两侧分别为相对重力高异常和重力低异常分布区。 高背景带状磁异常带上的局部高磁异常走向端部边缘，梯度带交叉部位	重要
遥感特征	北北东向断裂通过矿区，矿区南北两侧环形构造比较发育，遥感浅色色调异常区，矿区周围遥感羟基异常和铁染异常零星分布	重要
找矿标志	石英脉露头及其转石是直接找矿标志，区域内硅化、绿泥石化、黄铁矿化等蚀变较强部位常含微量金；挤压断裂带是找金的重要标志	重要

3. 地局子—倒木河预测工作区

预测模型见表 8-2-73。

表 8-2-73 地局子—倒木河预测工作区刺猬沟式火山岩型金矿预测模型

预测要素	内容描述	类别
特征描述	中高温火山热液脉状金-多金属矿床	
岩石类型	流纹岩、色安山岩、英安质含角砾凝灰岩安山质集块岩、安山质凝灰角砾岩、流纹质凝灰角砾岩岩石组合；安山质火山角砾岩、流纹质凝灰岩、含角砾凝灰岩、火山角砾岩、砂岩岩石组合	必要
成矿时代	中侏罗世，即 175～164Ma	必要
成矿环境	吉中弧形构造的外带北翼，永吉—四合屯火山岩盆地的中部，北西向断裂与北东向断裂交会处，破火山口构造的北东边缘	必要
构造背景	矿区位于东北叠加造山-裂谷系（Ⅰ）、小兴安岭-张广才岭叠加岩浆弧（Ⅱ）、张广才岭-哈达岭火山-盆地区（Ⅲ）、南楼山-辽源火山-盆地群（Ⅳ）	重要

续表 8-2-73

预测要素	内容描述	类别
特征描述	中高温火山热液脉状金-多金属矿床	
矿化蚀变	以硅化、绢云母化为主，绿泥石化、绿帘石化、阳起石化、碳酸盐化、黑云母化等次之。硅化、绢云母化多毒砂、黄铜矿、黄铁矿、自然金与有关	重要
控矿条件	燕山期闪长岩体是倒木河砷、金、多金属矿体的主要物质来源，成矿受该岩体控制；而断裂和裂隙是主要的导岩，导矿和容矿构造，并且不同序次构造对矿体的控制程度不同。北东向断裂对矿产起主要的控制作用，倒木河金矿位于两条北东向断裂之间，区内砷、金及多金属矿多位于该组断裂中间及断裂附近，赋存于断裂活动时及破火山口所形成的次一级裂隙构造中，次一级的裂隙构造是倒木河金矿的容矿构造。晶屑岩屑凝灰岩及含砾晶屑岩屑凝灰岩控制了矿体的空间分布和赋存层位	必要
化探特征	金的单元素异常表现出清晰的分带性和浓集中心，异常强度较高，达到 30×10^{-9}，面积较大，是主要的找矿标志；以金为主体的组合异常具有较复杂组分富集的特点，显示出后期叠加改造作用的强烈，利于金的进一步迁移、富集、成矿。与成矿关系密切的是石炭系与侏罗系的安山岩和凝灰岩。1号、2号金综合异常均具备此良好的成矿条件，且与分布的金、铜铅锌矿及矿点积极响应，具有优良的找矿前景；Au、Cu、Pb、Zn、W、Sn、Mo、Bi是重要的找矿指示元素；其中 Au、Cu、Pb、Zn 是近矿指示元素。W、Sn、Mo、Bi 为尾部指示元素；W、Sn、Mo、Bi 异常发育表明区内成矿应以高温的成矿地球化学环境为主	重要
物探特征	局部重力高异常的边缘梯度带上，在矿床附近梯度带产生扭曲。航磁局部低异常边缘，不同方向梯度带交会处	重要
遥感特征	柳河-吉林断裂带附近，基性岩类引起的环形构造和隐伏岩体引起的环形构造位于矿区东侧，遥感浅色色调异常区，矿区周围遥感羟基异常、铁染异常分布集中	重要
找矿标志	构造标志，南楼闪火山洼地中的北东向构造带的次级构造；燕山期闪长岩体于南楼山组接触带内外，具有以硅化、绢云母化为主，绿泥石化、绿帘石化、阳起石化、碳酸盐化、黑云母化等次之的带状蚀变	重要

4. 香炉碗子—山城镇预测工作区

预测模型见表 8-2-74。

表 8-2-74　香炉碗子—山城镇预测工作区香炉碗子式火山岩型金矿预测模型

预测要素	内容描述	类别
特征描述	低中温富硫化物型火山爆破角砾岩金矿床	
岩石类型	次火山岩，酸性晶屑岩屑凝灰熔岩、流纹岩组合	必要
成矿时代	157～124Ma，燕山期	必要
成矿环境	区域上东西向脆-韧性剪切带控制的裂隙式爆发隐爆角砾岩体	必要
构造背景	胶辽吉叠加岩浆弧（Ⅱ）吉南-辽东火山-盆地群（Ⅲ）柳河-二密火山-盆地区。北东向柳河断裂与北西向水道-香炉碗子西山断裂交叉部位	重要

续表 8-2-74

预测要素	内容描述	类别
特征描述	低中温富硫化物型火山爆破角砾岩金矿床	
矿化蚀变	主要有黄铁矿化、硅化、绢云母化、绿泥石化、碳酸盐化等蚀变。在空间上具有水平分带现象，蚀变强度由矿化带中部向两侧逐渐减弱。由中心向外可分为黄铁绢英岩化带、弱黄铁绢英岩化带、绢云母化带3个蚀变带	重要
控矿条件	流纹质含角砾岩屑晶屑凝灰岩及流纹质熔结凝灰岩；烟囱桥子-龙头东西向脆-韧性剪切带是区内最主要的控岩控矿构造。剪切带控制的裂隙式爆发隐爆角砾岩体	必要
化探特征	金组合异常组分复杂，显示出在以Ni、Co为主要组分的铁组元素同生地球化学场基础上，主要成矿元素Au在后期的岩浆侵入活动过程中，受Cu、Pb、Zn、Ag、As、Hg的叠加改造作用强烈，形成复杂组分含量富集场；金综合异常具有优良成矿地质条件，与分布的矿产积极响应，是优质的矿致异常。其综合异常范围可为扩大已知金矿规模提供帮助；主要的找矿指示元素为Au、Cu、Pb、Zn、Ag、As、Hg。其中Au、Cu、Pb、Zn、Ag是近矿指示元素。As、Hg是远程指示元素，尾部指示元素为Ni、Co	重要
物探特征	从重磁场上看，金矿床处于敦-密断裂带东支的西侧，楔形重磁异常南北不同场态特征分界处，磁异常平稳宽缓，是金矿床的形成受新太古界花岗闪长岩内近东西向、北东向（与敦-密断裂平行的次一级断裂）交叉断裂的控制所致	重要
遥感特征	矿区位于敦化-密山断裂带和向阳-柳河断裂带之间，北东向与北北东向断裂交会处，水道镇南环形构造边部，遥感浅色色调异常分布区，矿区周围遥感羟基异常相对集中，铁染异常零星分布	重要
找矿标志	流纹质含角砾岩屑晶屑凝灰岩及流纹质熔结凝灰岩出露区；岩烟囱桥子-龙头东西向脆-韧性剪切带是区内最主要的控岩控矿构造。区域上强黄铁矿化、硅化、绢云母化、绿泥石化、碳酸盐化等蚀变边区，特别是见有黄铁绢英岩化带	重要

5. 五凤预测工作区

预测模型见表8-2-75。

表 8-2-75　五凤预测工作区刺猬沟式火山岩型金矿预测模型

预测要素	内容描述	类别
特征描述	中低温火山热液贫硫化物型脉状银-金矿床	
岩石类型	屯田营组（托盘沟组?）角闪安山岩、无斑安山岩、安山集块岩、安山质凝灰角砾岩、安山质凝灰岩组合	必要
成矿时代	矿体形成年龄130.1～127.8Ma	必要
成矿环境	火山盆地边缘，破火山口放射状、环状裂隙；北东向北西向断裂构造交会处	必要
构造背景	晚三叠世—新生代东北叠加造山-裂谷系（Ⅰ）、小兴安岭-张广才岭叠加岩浆弧（Ⅱ）、太平岭-英额岭火山盆地区（Ⅲ）、罗子沟-延吉火山盆地群（Ⅳ），延吉盆地北缘	重要
矿化蚀变	叠加于青磐岩化之上的硅化、绢云母化、黄铁矿化、冰长石化，纳长石化、绿泥石化及碳酸盐化、高岭土化	重要

续表 8-2-75

预测要素	内容描述	类别
特征描述	中低温火山热液贫硫化物型脉状银-金矿床	
控矿条件	矿体呈脉状受破火山口构造的辐射状断裂和环状断裂控制，北东向辐射状断裂和北西向环状断裂则控制了矿体；受屯田营组（托盘沟组?）中上部安山岩、安山质角砾凝灰岩和集块岩层位控制	必要
化探特征	Au是主要成矿元素，伴生元素为Cu、Pb、Zn、Ag、As、Sb、Hg；找矿的主要指示元素为Au、Cu、Pb、Zn、Ag、As、Sb、Hg。其中Au、Cu、Pb、Zn、Ag为近矿指示元素，As、Sb、Hg为找矿的远程指示元素；4号综合异常组分复杂，显示复杂组分含量富集区，并显示一定的分带性。空间上与已知矿产积极响应，是优质的矿致异常。4号综合异常的范围可为扩大典型矿床规模提供依据	重要
物探特征	在1∶25万布格重力异常图上，局部重力低异常围绕，西侧为形态特征不明显的、强度不大的相对重力高异常区，布格重力异常值为$-37\times10^{-5}m/s^2$。在1∶5万航磁异常图航磁负异常区，强度较弱的相对高磁异常带向南东方向延伸的北段，北东向梯度带与此高磁异常带在矿床处交汇。反映出北西向和北东向断裂构造交汇的特点	重要
遥感特征	北东向与北北东向断裂交汇部位，S形北东向脆韧性变形构造带通过矿区，与隐伏岩体有关的环形构造集中分布，遥感浅色色调异常区，矿区及周围遥感羟基异常、铁染异常分布较密集	重要
找矿标志	三叠系托盘沟组中上部安山岩、安山质角砾凝灰岩和集块岩层位；火山盆地边缘，破火山口放射状、环状裂隙；叠加于青磐岩化之上的硅化、绢云母化、黄铁矿化、冰长石化，纳长石化、绿泥石化及碳酸盐化、高岭土化带	重要

6.闹枝—棉田预测工作区

预测模型见表8-2-76。

表8-2-76 闹枝—棉田预测工作区刺猬沟式火山岩型金矿预测模型

预测要素	内容描述	类别
特征描述	属中低温火山热液型脉金矿床	
岩石类型	屯田营组（刺猬沟组?）安山岩、英安岩、含角砾安山岩组合。金沟岭组安山岩、安山质角砾凝灰岩、安山质凝灰角砾岩、安山质角砾岩岩石组合	必要
成矿时代	成矿年龄为140Ma，为燕山晚期	必要
成矿环境	近东西向百草沟-金仓数据裂带之南部隆起区内。北西向线性构造与其他方向的线性构造的复合部位	必要
构造背景	晚三叠世—新生代东北叠加造山-裂谷系（Ⅰ）、小兴安岭-张广才岭叠加岩浆弧（Ⅱ）、太平岭-英额岭火山盆地区（Ⅲ）、罗子沟-延吉火山盆地群（Ⅳ）	重要
矿化蚀变	围岩蚀变，呈狭长弯曲的带状分布于含金破碎蚀变带及其两侧，矿区和外围发生了广泛的青磐岩化，近矿围岩蚀变较强，位于矿脉两侧，主要是硅化、绢云母化、碳酸盐化、钾化、黄铁矿化，局部有矽卡岩化。蚀变是多次叠加，无明显分带现象	重要

续表 8-2-76

预测要素	内容描述	类别
特征描述	属中低温火山热液型脉金矿床	
控矿条件	屯田营组(刺猬沟组?)、金沟岭组火山岩。受北西向线性构造控制的火山机构。北西向线性构造与其他方向的线性构造的复合部位	必要
化探特征	金是主要成矿元素,具有异常规模较大、异常分带清晰,浓集中心明显,异常强度高的基本特征。主要的伴生元素为Cu、Pb、Zn、Ag;金组合异常显示的地球化学意义为:主要成矿元素金受后期的Pb、Zn、Ag、As、Sb、Hg、W、Sn、Bi、Mo等元素强烈的叠加改造作用,在形成的复杂元素组分富集的叠生地球化学场中进一步迁移、富集、成矿;1号综合异常组分复杂,显示复杂组分含量富集区,并有一定的异常分带性。空间上与已知矿产积极响应,是优质的矿致异常。1号综合异常的圈定范围可为扩大典型矿床规模提供依据;找矿的主要指示元素为Au、Cu、Pb、Zn、Ag、As、Sb、Hg、W、Sn、Bi、Mo。其中Au、Cu、Pb、Zn、Ag为近矿指示元素,As、Sb、Hg为找矿的远程指示元素,W、Sn、Bi、Mo成为评价典型矿床的尾缘元素	重要
物探特征	在1∶25万相对重力低异常区与相对重力高异常区之间东西向线性梯度带的上。在1∶5万航磁异常处于负磁异常场背景,异常两侧梯度陡,受北北东向、北东向、北西向断裂构造控制	重要
遥感特征	不同方向断裂密集处,S形北东向脆韧性变形构造带通过矿区,遥感浅色色调异常区,矿区西侧遥感铁染异常相对集中	重要
找矿标志	百草沟—金仓断裂带之南部隆起区内,屯田营组安山岩、次安山岩出露区;北西向线性构造与其他方向的线性构造的复合部位;面型的青磐岩化带叠加硅化、绢云母化、碳酸盐化、钾化、黄铁矿化区域	重要

7. 刺猬沟—九三沟预测工作区

预测模型见表8-2-77。

表 8-2-77　刺猬沟—九三沟预测工作区刺猬沟式火山岩型金矿预测模型

预测要素	内容描述	类别
特征描述	属中低温火山热液型脉金矿床	
岩石类型	屯田营组(刺猬沟组?、托盘沟组?)安山岩、英安岩、含角砾安山岩组合	必要
成矿时代	147.5Ma,为燕山早期	必要
成矿环境	受近火山口相辐射状断裂即沿成矿前的北西向和北北东向两组剪裂形成的追踪张裂控制	必要
构造背景	矿区位于小兴安岭-张广才岭叠加岩浆弧(Ⅱ)、太平岭-英额岭火山-盆地区(Ⅲ)罗子沟-延吉火山盆地群(Ⅳ)内。受北北东向图门断裂带与北西向嘎呀河断裂复合部位控制	重要
矿化蚀变	主要蚀变类型为青磐岩化、沸石化、赤铁矿化、冰长石化、黄铁矿化、碳酸盐化及硅化等	重要

续表 8-2-77

预测要素	内容描述	类别
特征描述	属中低温火山热液型脉金矿床	
控矿条件	区域上受近东西向百草沟-苍林断裂和北东向亲合屯-西大坡断裂及北西向大柳树河-海山断裂交会处形成的火山盆地控制;中侏罗世屯田营组钙碱性安山质岩-次火山侵入杂岩及火山口相和断陷部位,主要含矿岩石为安山质角砾凝灰熔岩和次火山岩;矿体受叠加在火山口附近的北北东向断裂构造控制	必要
化探特征	Au是主要成矿元素,具有异常规模较大、异常分带清晰,浓集中心明显,异常强度高的基本特征。主要的伴生元素为Cu、Pb、Zn、Ag;找矿的主要指示元素为Au、Cu、Pb、Zn、Ag、As、Sb、Hg、W、Sn、Bi、Mo。其中Au、Cu、Pb、Zn、Ag为近矿指示元素,As、Sb、Hg为找矿的远程指示元素,W、Sn、Bi、Mo成为评价典型矿床的尾缘元素;7号、2号、4号综合异常组分复杂,显示复杂组分含量富集区,并有一定的异常分带性。空间上与已知矿产积极响应,是优良的矿致异常。7号综合异常的圈定范围可为扩大区内典型矿床规模提供依据	重要
物探特征	矿床处于重力低异常边部,正、负重力异常的过渡带上;低磁异常中心部位,不同走向磁异常梯度带交会处。电性是低阻、高激化异常	重要
遥感特征	春阳-汪清断裂带和智新-长安断裂带交会处东侧边缘,S形韧性变形趋势带北侧,矿区周围环形构造发育,遥感铁染异常分布相对集中	重要
找矿标志	安山质角砾凝灰熔岩和次火山岩出露区;近火山口相辐射状断裂即沿成矿前的北西向(被次火山岩脉充填)和北北东向(次安山玄武岩充填)两组剪裂形成的追踪张裂;主要蚀变类型为青磐岩化、沸石化、赤铁矿化、冰长石化、黄铁矿化、碳酸盐化及硅化等	重要

8. 杜荒岭预测工作区

参见刺猬沟—九三沟预测工作区。

9. 金谷山—后底洞预测工作区

参见刺猬沟—九三沟预测工作区。

10. 漂河川预测工作区

预测模型见表8-2-78。

表 8-2-78 漂河川预测工作区二道甸子式变质火山岩型金矿预测模型

预测要素	内容描述	类别
特征描述	属于火山沉积-岩浆热液型矿床	
岩石类型	寒武—奥陶系(黄莺屯组?)变质岩系黑云母片麻岩、黑云母片岩、长石角闪石角岩夹薄层石英角页岩、碳质云英角页岩与长石角闪石角页岩互层组合	必要
成矿时代	(173.25±3.91)Ma和(195.26±4.48)Ma,主成矿期应为燕山期	必要
成矿环境	二道甸子-漂河岭复背斜构造南西倾没端。北西向冲断层为主要控矿构造	必要

续表 8-2-78

预测要素	内容描述	类别
特征描述	属于火山沉积-岩浆热液型矿床	
构造背景	南华纪—中三叠世天山-兴蒙-吉黑造山带(Ⅰ),包尔汉图-温都尔庙弧盆系(Ⅱ),下二台-呼兰-伊泉陆缘岩浆弧(Ⅲ),磐桦上叠裂陷盆地(Ⅳ)内	重要
矿化蚀变	主要有绢云母化、黄铁矿化、绿泥石化及黑云母化绢云母化与黄铁矿化和含金黄铁矿化阶段有关	重要
控矿条件	寒武—奥陶系长石、角闪石角页岩、碳质云母角页岩等为含矿围岩,特别是条带状含碳围岩含金性更好。且为金矿的形成提供了成矿物质;燕山期闪长岩侵入,提供热源及岩浆水;北西向压扭性断层是主控矿构造,为金矿提供就位空间	必要
化探特征	主成矿元素金具有清晰的三级分带和浓集中心,异常规模较大,强度较高,极大值达到 68×10^{-9};组合异常以金的独立异常为主,显示的是简单元素组分富集的叠生地球化学场;金的综合异常具备一定的成矿条件和找矿前景,是区内寻找金矿的有望靶区;主要的找矿指示元素有 Au、Cu、Co、Ni	重要
物探特征	局部重力高异常边部梯度带转折处,重力高与重力低过渡带;航磁负异常边缘,异常梯度略陡。重力异常梯度带及航磁异常梯度带交会部位或转折处。以上为成矿有利部位	重要
遥感特征	形成于北东向、北西向和北北西向断裂交会处,二道甸子环形构造内部,遥感浅色色调异常区,矿区内及周围遥感羟基异常、铁染异常集中分布	重要
找矿标志	物、化、遥异常是寻找金矿的找矿标志。石英脉呈钢灰—烟灰色、暗绿色油质光泽强,性脆含金性好。围岩蚀变主要为绢云母化、黄铁矿化、绿泥石化及黑云母化,是寻找金矿重要标志,特别是细粒、结晶差的硫化物常与金共生。矿脉在空间出现分带和富集中心	重要

11. 安口镇预测工作区

参见夹皮沟—溜河预测工作区。

12. 石棚沟—石道河子预测工作区

参见夹皮沟—溜河预测工作区。

13. 夹皮沟—溜河预测工作区

预测模型见表 8-2-79。

表 8-2-79 夹皮沟—溜河预测工作夹皮沟式复合内生型金矿预测模型

预测要素	内容描述	类别
特征描述	火山沉积变质热液矿床,后期热液叠加	
岩石类型	新太古界其由表壳岩(也称花岗-绿岩地体)的斜长角闪岩、黑云变粒岩、角闪磁铁石英岩及少量超镁铁质变质岩组合	必要
成矿时代	新太古代—燕山期	必要

续表 8-2-79

预测要素	内容描述	类别
特征描述	火山沉积变质热液矿床，后期热液叠加	
成矿环境	辉发河-古洞河深大断裂向北突出弧形顶部。北西向阜平期褶皱轴及韧性剪切，在韧性剪切带中有多次脆性构造叠加，形成了多条理行的挤压破碎带。大部分金矿床位于褶皱构造轴部、陡翼或倾没端，并与韧性剪切带空间呈现协调性	必要
构造背景	前南华纪华北东部陆块（Ⅱ）龙岗-陈台沟-沂水前新太古代陆块（Ⅲ），夹皮沟新太古代地块（Ⅳ）内	重要
矿化蚀变	绿泥石化、绢云母化、黄铁矿化、硅化、方解石化、铁白云石化等	重要
控矿条件	大陆边缘裂谷中的绿岩带下部层位。深大断裂、韧性剪切带控制了矿田的展布，叠加于韧性剪切带之上的线性构造为容矿构造。各期的中酸性岩体发育，与矿空间关系密切。晚期岩体及脉岩含金丰度较高	必要
化探特征	主要的成矿元素为 Au，异常规模大，具有分带清晰，浓集中心明显的基本特征，强度值达到 546×10^{-9}。主要的伴生元素有 Cu、Pb、Zn、Ag、W、Bi、Mo、As、Sb、Hg 等。在后期的岩浆侵入活动中，对 Au 进行了强烈的叠加改造作用，共同构成复杂组分富集的叠生地球化学场。利于 Au 的迁移、富集。主要的找矿指示元素为 Au、Cu、Ag、W、Mo、Sn、Bi、As、Sb、Hg。近矿指示元素为 Au、Cu、Ag；远程找矿指示元素为 As、Sb、Hg；评价成矿的尾部指示元素为 W、Sn、Mo、Ni、Co、Mn。甲级综合异常具有较好分带现象，As、Sb、Hg、Ni、Cr 同心套合在金的内带，中带 Au、Cu、Ag，外带为 W、Mo、Sn、Bi	重要
物探特征	关于控制夹皮沟金矿带的构造韧性剪切带向东南延伸问题，可依据磁场特征推断，其向东南延伸较远，可达六批叶以远，为找矿拓达了空间。 该负（弱）磁场带规模较大，其内又可分为南北两支亚带，南带控制了已知夹皮沟金矿带的产出，应值得重视的是被带找矿的研究	重要
遥感特征	沿华北地台北缘断裂带台缘一侧分布，多分布于北东向和北西向、不同规模断裂构造密集分布区及其交会部位，各个方向脆韧性变形构造带较发育，与隐伏岩体有关的环形构造集中分布区，遥感浅色色调异常区，矿区及周围遥感羟基异常、铁染异常均匀分布	重要
重砂特征	金、白钨矿、独居石、黄铁矿、方铅矿、黄铜矿、泡铋矿均有异常显示。由金、白钨矿、独居石、黄铁矿构成的重砂组合异常是重要找矿标志	重要
找矿标志	蚀变是本区的重要找矿标志，蚀变类型有硅化、绿泥石化、绢云母化、黄铁矿化、方解石化及白铁矿化为主。地球化学标志：1∶20 万、1∶5 万水系沉积异常。重砂异常标志：金重砂异常明显。地球物理标志：矿体具有高阻、低激化异常特征	重要

14. 金城洞—木兰屯预测工作区

参见夹皮沟—溜河预测工作区。

15. 四方山—板石预测工作区

参见夹皮沟—溜河预测工作区。

16. 正岔—复兴屯预测工作区

预测模型见表 8-2-80。

表 8-2-80　正岔—复兴屯预测工作区西岔式层控内生型金矿预测模型

预测要素	内容描述	类别
特征描述	破碎带蚀变岩型金矿	
岩石类型	集安岩群荒岔沟岩组的变粒岩-斜长角闪岩类含石墨大理岩组合。中生代花岗岩类侵入体	必要
成矿时代	为印支至燕山期	必要
成矿环境	横切“背斜”北东-北北东向花甸子-头道-通化主干断裂地段控制成矿。主干断裂在该地段的次级分枝断裂和平行断裂以及南北向断裂或主干断裂本身是容矿构造	必要
构造背景	华北东部陆块(Ⅱ)胶辽吉古元古裂谷带(Ⅲ),集安裂谷盆地(Ⅳ)内。辽吉裂谷中段北部边缘	重要
矿化蚀变	硅化、碳酸盐化、毒砂、黄铁矿化、绢云母化、重晶石化绿泥石化。毒砂黄铁矿化、硅化与金关系密切	重要
控矿条件	集安岩群荒岔沟岩组的变粒岩-斜长角闪岩类含石墨大理岩组合。中生代花岗岩类侵入体。横切“背斜”北东-北北东向花甸子-头道-通化主干断裂地段控制成矿。主干断裂在该地段的次级分枝断裂和平行断裂以及南北向断裂或主干断裂本身是容矿构造	必要
化探特征	主要成矿元素金具有非常清晰的三级分带和显著的浓集中心,异常强度很高,达到 193×10^{-9},并显示较大的异常规模;金组合异常形成复杂元素组分富集的叠生地球化学场,显示出伴生元素对金的强烈叠加改造作用;金的甲、乙综合异常具有较好的成矿地质条件和找矿前景,空间上与分布的矿产积极响应,是区内寻找金矿的重要靶区;主要找矿指示元素有 Au、Cu、Pb、Zn、As、Ag、W、Mn、Bi。其中 Cu、Au、Au、Cu、Pb、Zn、Ag 为近矿指示元素,Ag 为远程指示元素,W、Mn、Bi 为评价成矿的尾部指示元素	重要
物探特征	负磁场区和重力高异常与集安群荒岔沟岩组有关,正磁异常与重力低异常叠加区与中酸性侵入体及周边蚀变带有关。线性梯度带及错动带与断裂有关,重力低异常边缘、磁异常交会部位为找矿有利地带。 该矿田位于北北东向负重力梯级带向西弯曲部位,也即北北东向与东西向重力梯级带交会部位。矿床(点)多位于−100～500nT 的波动磁场中及位于磁场曲线梯度变化部位。 该矿田位于北北东向负重力梯级带向西弯曲部位,也即北北东向与东西向重力梯级带交会部位。矿床(点)多位于−100～500nT 的波动磁场中及位于磁场曲线梯度变化部位	重要
遥感特征	沿头道-长白山断裂带一侧分布,不同方向小型断裂密集分布区及其交会部位,闪长岩类引起的环形构造边缘,与隐伏岩体有关的环形构造集中分布,遥感浅色色调异常区,矿区及其周围遥感羟基异常、铁染异常零星分布	重要
重砂特征	矿物组合复杂,主要为金、辰砂、黄铁矿、黄铜矿、方铅矿,次要矿物为金银矿、白钨矿、锐钛矿、雄黄、重晶石,少见矿物银黝铜矿,辉银矿、深红银矿、毒砂、碲金矿。复杂的银矿物是矿物组合特征。扩散晕为 1.0～1.5km,金 20 粒以上异常为近矿异常	重要

续表 8-2-80

预测要素	内容描述	类别
特征描述	破碎带蚀变岩型金矿	
找矿标志	荒岔沟组变粒岩层出露区;荒岔沟组变粒岩层内蚀变破碎带;断裂附近的褐铁矿化、黄铁矿化石英脉及铁帽转石;胶状黄铁矿化、硅化、灰黑色碳酸盐化的构造角砾岩、碎裂岩为金的矿化岩石或金矿石。荒岔沟组变粒岩层硅化、碳酸盐化、黄铁矿化、毒砂化、黄铜矿化等蚀变是重要的找矿标志。1∶5 万化探异常分布区。孤立的弱的化探异常、金异常可以作为直接找矿标志,砷、银异常可以作为金的指示元素	重要

17.荒沟山—南岔预测工作区

预测模型见表 8-2-81。

表 8-2-81 荒沟山—南岔预测工作区荒沟山式层控内生型金矿预测模型

预测要素	内容描述	类别
特征描述	中低一中温热液矿床	
岩石类型	老岭群珍珠门组的厚层(块状)白云石大理岩顶部的碎裂化、构造角砾岩化、硅化白云石大理岩组合。中生代花岗岩类侵入体	必要
成矿时代	(1 244.35)~(72.39±31)Ma	必要
成矿环境	花山组片岩与珍珠门组大理岩接触构造带,即 S 形构造带	必要
构造背景	前南华纪华北东部陆块(Ⅱ)、胶辽吉元古代裂谷带(Ⅲ)老岭坳陷盆地(Ⅳ)	重要
矿化蚀变	蚀变类型以硅化、黄铁矿化、褐铁矿化为主,其次有毒砂化、绢云母化及碳酸盐化、黄铜矿化、辉锑矿化、方铅矿化、闪锌矿化等,偶见重晶石化。毒砂与金矿关系密切	重要
控矿条件	老岭群珍珠门组的厚层(块状)白云石大理岩顶部的碎裂化、构造角砾岩化、硅化白云石大理岩组合。中生代花岗岩类侵入体。花山组片岩与珍珠门组大理岩接触构造带,即 S 形构造带。平行于 S 形构造带在断裂带珍珠门组大理岩一侧,岩石多碎裂化和角砾岩化,形成构造角砾岩和碎裂岩,大栗子组片岩一侧,岩石多表现为片理化,形成片理化带。构造具多期活动和被晚期断裂构造叠加、改造的特征。局部见硅化蚀变,为本区控矿、容矿构造	必要
化探特征	主要的成矿元素为 Au,具有分带清晰,浓集中心明显的基本特征,强度值达到 313×10^{-9}。主要的伴生元素 Cu、Pb、Zn、W、Sn、Mo、Ag、As、Hg 在后期的岩浆侵入活动中,对 Au 进行了强烈的叠加改造作用,共同构成复杂组分富集的叠生地球化学场,利于金的迁移、富集。主要的成矿指示元素为 Au、Cu、Pb、Zn、W、Sn、Mo、Ag、As、Hg。近矿指示元素为 Au、Cu、Pb、Zn;远程指示元素为 Ag、As、Hg,评价成矿的尾部指示元素为 W、Sn、Mo	重要
物探特征	局部重力高异常边部。航磁异常宽缓的低磁场区、负磁场区过渡带上。珍珠门组为平稳负磁场。珍珠门组大理岩为高阻低极化率,大栗子组片岩为低阻高极化率	重要
遥感特征	分布在果松-花山断裂带边部,有北西向断裂通过,北东向脆韧性变形构造带通过矿区;8 个与隐伏岩体有关的环形构造集中分布,老秃顶块状构造边部,绢云母化、硅化引起的遥感浅色色调异常区,中元古界老岭群形成的带要素中,矿区及其周围遥感羟基异常、铁染异常零星分布	重要

续表 8-2-81

预测要素	内容描述	类别
特征描述	中低—中温热液矿床	
重砂特征	矿物组合主要为金、辰砂、泡铋矿、毒砂、方铅矿、黄铁矿;次要为赤铁矿、白钨矿、重晶石、刚玉。泡铋矿分布普遍,为标型矿物。针状、板条状毒砂与金关系密切,成正消长关系	重要
找矿标志	珍珠门组厚层角砾状大理岩是有利的找矿层位;珍珠门组与大栗子组韧脆性构造接触带及其次级构造是找矿的构造标志;有重熔型花岗岩体及派生各类脉岩是找矿的岩浆岩标志;围岩蚀变,即从矿体到围岩其分带是硅化-碳酸盐化-绢云母化。矿体为强硅化蚀变岩,具有棕红色、黄褐色、灰黑色、杂色多孔洞粗细角砾的硅化蚀变岩是找矿直接标志;化探异常是重要的找矿标志,1∶20万、1∶5万水系沉积物异常	重要

18. 冰湖沟预测工作区

参见荒沟山—南岔预测工作区。

19. 六道沟—八道沟预测工作区

参见荒沟山—南岔预测工作区。

20. 长白—十六道沟预测工作区

参见荒沟山—南岔预测工作区。

21. 山门预测工作区

参见兰家预测工作区。

22. 兰家预测工作区

预测模型见表 8-2-82。

表 8-2-82　兰家预测工作区兰家式层控内生型金矿预测模型

预测要素	内容描述	类别
特征描述	中温热液叠加型-破碎蚀变岩型金矿	
岩石类型	二叠纪范家屯组二云母石英变粒岩、石榴石红柱石变粒岩、千枚岩、千枚状板夹大理岩、变质粉砂岩、杂砂岩、泥质粉砂质板岩组合。燕山期花岗闪长岩(石英闪长岩)	必要
成矿时代	205Ma	必要
成矿环境	走向北北东向褶皱,北西向、北西西向断裂构造	必要
构造背景	矿区位于晚三叠世—新生代华北叠加造山-裂谷系(Ⅰ)小兴安岭-张广才岭叠加岩浆弧(Ⅱ)张广才岭-哈达岭火山-盆地区(Ⅲ)大黑山条垒火山-盆地群(Ⅳ)内	重要
矿化蚀变	蚀变主要有绿帘石化、钠长石化、赤铁矿化、水云母化、阳起石化、硅化、绢云母化、电气石化、绿泥石化、钾长石化、沸石-萤石化、碳酸盐化等。其中赤铁矿化、硅化与金成矿关系密切	重要

续表 8-2-82

预测要素	内容描述	类别
特征描述	中温热液叠加型-破碎蚀变岩型金矿	
控矿条件	二叠纪范家屯组二云母石英变粒岩、石榴石红柱石变粒岩、千枚岩、千枚状板夹大理岩、变质粉砂岩、杂砂岩、泥质粉砂质板岩组合。燕山期花岗闪长岩(石英闪长岩)。北西向、北西西向断裂构造控矿	必要
化探特征	Au、Ag、As、Sb、Hg 是主要的找矿指示元素，其中 Au、Ag 为近矿指示元素，As、Sb、Hg 是远程指示元素。同时 As、Sb、Hg 组合显示成矿主要是在低温的成矿地球化学环境中进行	重要
物探特征	高精度重力测量寻找隐伏矿床的有效性。矿区重力异常中部高而周围低结构特征，较好反映了中部下二叠统范家屯组以捕虏体产于南泉眼单元石英闪长岩中的空间分布形态	重要
遥感特征	形成于依兰-伊通断裂带与双阳-长白断裂带交会处，与隐伏岩体有关的环形构造比较发育，矿区内及周围遥感铁染异常零星分布	重要
找矿标志	臭松石、黄钾铁矾、铁帽、褐铁矿化板岩、角岩、石英脉等是破碎蚀变岩型金矿氧化矿石标志；阳起石化矽卡岩、金属硫化物矿化矽卡岩、磁铁矿化阳起石化矽卡岩是矽卡岩型原生金矿找矿标志；磁异常、激电异常、重力异常，特别是套合异常是金矿的间接找矿标志；金及指示元素组合复杂，又具分带特征的套合异常，是金矿的化探找矿标志	重要

23. 万宝预测工作区

参见兰家预测工作区。

24. 浑北预测工作区

预测模型见表 8-2-83。

表 8-2-83 浑北预测工作区金英式层控内生型金矿预测模型

预测要素	内容描述	类别
特征描述	热液(改造)型	
岩石类型	钓鱼台组石英砂岩、含海绿石石英砂岩、厚层状中粒石英砂岩、赤铁石英砂岩组合	必要
成矿时代	推测成矿时代为燕山期	必要
成矿环境	有北东向的和北西向的两组。其中北东向的规模较大，与成矿关系密切；北西向的多横切地层和北东向断裂	必要
构造背景	矿区位于前南华纪华北东部陆块(Ⅱ)、胶辽吉元古代裂谷带(Ⅲ)老岭坳陷盆地(Ⅳ)内	重要
矿化蚀变	硅化黄铁矿化较为发育	重要
控矿条件	钓鱼台组石英砂岩、含海绿石石英砂岩、厚层状中粒石英砂岩、赤铁石英砂岩组合。北西向的多横切地层和北东向断裂	必要
化探特征	主成矿元素金具有比较清晰的异常分带和浓集中心，且异常连续性较好。主要的找矿指示元素有 Au、Cu、Pb、Ag、As、Sb、Hg。其中 Au、Cu、Pb、Ag 是近矿指示元素，As、Sb、Hg 为远程指示元素	重要

续表 8-2-83

预测要素	内容描述	类别
特征描述	热液(改造)型	
物探特征	区域重力高异常，航磁宽缓低异常、负异常，规则带状的、柱状的高阻(>300Ω)、高极化率(3×10^{-2})综合异常	重要
遥感特征	位于大川-江源断裂带附近，脆韧性变形构造带分布密集，与隐伏岩体有关的环形构造比较发育，白山块状构造边部，遥感浅色色调异常区，青白口系和中元古界形成的带要素之间，矿区及周围遥感羟基异常密集，铁染异常零星分布	重要
重砂特征	重砂异常主要以黄铁矿和磷灰石表现突出，有较弱的金、黄铜矿重砂异常分布	重要
找矿标志	硅化构造角砾岩的标志；颜色为褐红—紫红—赤红—紫灰色；蚀变为强硅化、褐铁矿化和重晶石化发育(局部黄铁矿化发育)；裂隙、孔穴、晶洞发育的强硅化构造角砾岩带	重要

25. 古马岭—活龙预测工作区

预测模型见表 8-2-84。

表 8-2-84　古马岭—活龙预测工作区下活龙式层控内生型金矿预测模型

预测要素	内容描述	类别
特征描述	沉积变质-岩浆热液矿床	
岩石类型	大东岔组含矽线石、石榴黑云变粒岩为主夹浅粒岩、黑云变粒岩及长石石英岩、墨黑云矽线变粒岩组合。燕山期花岗岩类	必要
成矿时代	(116.8±4.2)～(109.0±2.8)Ma	必要
成矿环境	东西向断裂，属鸭绿江断裂的低序级断裂属扭性，走向近东西，倾向与地层一致，倾角略小于地层倾角，规模大小不等，规模较小者断裂带常被含金热液充填交代，形成含金蚀变带；规模较大者，具明显金矿化，是主要容矿构造；北西向断裂，属张扭性，也是鸭绿江断裂低序次断裂，走向北西，断裂规模大小不等，规模较小者多被含金热液充填，形成含金蚀变带；近水平断裂，早期被闪长玢岩脉充填，成矿期继续活动，被含金热液充填交代，形成含金蚀变带	必要
构造背景	华北东部陆块(Ⅱ)胶辽吉古元古裂谷带(Ⅲ)，集安裂谷盆地(Ⅳ)内。南侧鸭绿江断裂带中段	重要
矿化蚀变	硅化、绢云母化、黄铁矿化、毒砂化	重要
控矿条件	大东岔组含矽线石、石榴黑云变粒岩为主夹浅粒岩、黑云变粒岩及长石石英岩、墨黑云矽线变粒岩组合。燕山期花岗岩类。鸭绿江断裂带低序次东西向、北西向、近水平的断裂	必要
化探特征	金综合异常具有较好的成矿条件和找矿前景，空间上与分布的矿产积极响应，是区内进一步进行找矿预测的重要靶区；主要找矿指示元素有 Au、Cu、Pb、Mo、Bi。其中 Au、Cu、Pb 为近矿指示元素，Mo、Bi 是评价矿体的尾部指示元素	重要
物探特征	重力高异常边部梯度带上，梯度陡；局部低磁异常边缘弧形梯度带上。一般为岩体与地层接触带的异常反映	重要

续表 8-2-84

预测要素	内容描述	类别
特征描述	沉积变质-岩浆热液矿床	
遥感特征	集安-松江岩石圈断裂边部，下活龙村环形构造边缘，遥感浅色色调异常区，矿区周围羟基异常较密集，铁染异常零星分布	重要
重砂特征	呈孤立异常。矿物组合简单，主要有金、重晶石、石榴石	重要
找矿标志	鸭绿江构造带与低序次北西向、东西向断裂构造交会处，是成矿的有利部位；矿区含金硅质蚀变岩与蚀变闪长玢岩脉空间上密切相伴，时间上含金硅质蚀变岩稍晚于蚀变闪长玢岩脉。蚀变闪长玢岩脉为间接找矿标志；蚂蚁河组斜长角闪岩、大东岔组含墨矽线石榴黑云变粒岩，是含矿有利部位；硅化、绢云母化、黄铁矿化、毒砂化是寻找金矿重要标志；Au、Ag、As 及 Pb、Mo 为矿床的特征元素组合。As 异常明显地指示蚀变带的存在，Au、Ag、As 异常可指示矿体赋存的具体部位	重要

26. 海沟预测工作区

预测模型见表 8-2-85。

表 8-2-85 海沟预测工作区海沟式侵入岩浆型金矿预测模型

预测要素	内容描述	类别
特征描述	侵入岩浆热液型金矿床	
岩石类型	红光屯组含砾黑云斜长角闪片麻岩、斜长角闪岩、绢云片岩夹镁质大理岩磁铁石英岩、斜长角闪岩夹变粒岩、含石榴石斜长变粒岩、黑云斜长片岩、二云片岩、绢云绿泥片岩、变凝灰质板岩、变质砂岩夹钙质板岩、含碳泥质板岩组合。中生代花岗岩类、闪长玢岩	必要
成矿时代	燕山期	必要
成矿环境	二道松花江断裂带金银别-四岔子近东西向韧-脆性剪切带东端与两江-春阳北东向断裂带交会处。槽台边界超岩石圈断裂与北东向深断裂交会处控制岩浆侵入，北东向断裂、裂隙带属压扭性断裂发育地段与岩体周边内外接触带是控矿有利部位	必要
构造背景	晚三叠世—新生代东北叠加造山-裂谷系（Ⅰ）、小兴安岭-张广才岭叠加岩浆弧（Ⅱ）、太平岭-英额岭火山-盆地区（Ⅲ）敦化-密山走滑-伸展复合地堑（Ⅳ）内	重要
矿化蚀变	硅化、绢云母化、绿泥石化、黄铁矿化等	重要
控矿条件	红光屯组含砾黑云斜长角闪片麻岩、斜长角闪岩、绢云片岩夹镁质大理岩磁铁石英岩、斜长角闪岩夹变粒岩、含石榴石斜长变粒岩、黑云斜长片岩、二云片岩、绢云绿泥片岩、变凝灰质板岩、变质砂岩夹钙质板岩、含碳泥质板岩组合。中生代花岗岩类、闪长玢岩。二道松花江断裂带金银别-四岔子近东西向韧-脆性剪切带东端与两江-春阳北东向断裂带交会处。槽台边界超岩石圈断裂与北东向深断裂交会处控制岩浆侵入，北东向断裂、裂隙带属压扭性断裂发育地段与岩体周边内外接触带是控矿有利部位	必要
化探特征	5 号甲级综合异常具备优良的成矿地质背景，为海沟金矿的直接显示异常，可为扩大海沟金矿的找矿规模提供依据；3 号乙级综合异常是类比寻找海沟式金矿的重要靶区；主要的找矿指示元素为 Au、Ag、Cu、Pb、Zn、As、Sb、Hg、W、Bi、Mo。其中 Au、Ag、Cu、Pb、Zn 为近矿指示元素；As、Sb、Hg 为远程指示元素；W、Bi、Mo 为评价矿体的尾部指示元素	重要

续表 8-2-85

预测要素	内容描述	类别
特征描述	侵入岩浆热液型金矿床	
物探特征	矿床处于重力高异常分布区与重力低异常区之间北西—北东向重力梯级带的转折部位的顶端，反映出受两组断裂联合控制的特点。航磁局部磁异常的边部及边部梯度带上，多数矿段处在北西向和北东向线性梯度带交汇位置	重要
遥感特征	金重砂异常	重要
重砂特征	沿华北地台北缘断裂带台缘一侧分布，北东向与北西向断裂交汇部位，环形构造边部，遥感羟基异常、铁染异常零星分布	重要
找矿标志	中元古宙色洛河群红光组分布区。区域上北西向深大断裂与北东向深大断裂交会处，矿体受次一级北东向压扭性构造控制。燕山期二长花岗岩、闪长玢岩。硅化、钾长石化、钠长石化、电气石化、绿帘石化、绢云母化、绿泥石化、黄铁矿化，特别是线型分布的硅化—绢云母化—绿泥石化—黄铁矿化是找矿直接标志	重要

27. 小西南岔—杨金沟预测工作区

预测模型见表 8-2-86。

表 8-2-86　小西南岔—杨金沟预测工作区小西南岔式侵入岩浆型金矿预测模型

预测要素	内容描述	类别
特征描述	斑岩型及火山次火山热液单脉—复脉状金铜矿床	
岩石类型	青龙村群五道沟群斜长角闪岩、斜长角闪片麻岩黑云母片岩、石墨片岩、二云片岩、红柱石、矽线石板岩、砂质板岩组合。中生代花岗岩类、闪长玢岩	必要
成矿时代	107.2～137Ma	必要
成矿环境	中生代构造岩浆岩带，北西向断裂与北北东向断裂交会处	必要
构造背景	晚三叠世—新生代东北叠加造山-裂谷系（Ⅰ），小兴安岭-张广才岭叠加岩浆弧（Ⅱ），太平岭-英额岭火山-盆地区（Ⅲ），罗子沟-延吉火山-盆地群（Ⅳ）构造单元内	重要
矿化蚀变	阳起石化、透闪石化、硅化、绢云母化、碳酸盐化	重要
控矿条件	青龙村群五道沟群斜长角闪岩、斜长角闪片麻岩黑云母片岩、石墨片岩、二云片岩、红柱石、矽线石板岩、砂质板岩组合。中生代花岗岩类、闪长玢岩。中生代构造岩浆岩带，北西向断裂与北北东向断裂交会处	必要
化探特征	主成矿元素金，异常规模较大，分带清晰，浓集中心明显，强度高，是金矿的最主要找矿标志。找矿的指示元素为 Au、Cu、Pb、Zn、Ag、As、Sb、Hg、W、Bi、Mo；其中，Au、Cu、Pb、Zn、Ag 为近矿指示元素，As、Sb、Hg 是远程找矿指示元素，W、Bi、Mo 成为评价矿体剥蚀程度的尾部元素。3 号、4 号综合异常与分布的矿产积极响应，是优质的矿致异常，可为扩大找矿规模提供重要的化探信息	重要

续表 8-2-86

预测要素	内容描述	类别
特征描述	斑岩型及火山次火山热液单脉—复脉状金铜矿床	
物探特征	1∶25 万布格重力异常图,处于负场区沿南北向呈波浪起伏状梯度带上,矿床梯度陡缓变化剧烈北东与北西交会处。南部梯度带明显发生扭曲、错动。 1∶25 万剩余重力异常图,处于重力高异常和重力低异常过渡带的零等值线上,同时也是梯度带弯转部位。矿床位于 1∶5 万航磁异常图北东向条带状低磁异常西南端负异常北侧边缘即北东向线性梯度带上。矿区外围有数十个航磁异常环绕分布,这些异常梯度陡、强度大	重要
遥感特征	珲春-杜荒子断裂带和鸡冠-复兴断裂带交会处附近,S 形韧性剪切带北部,矿区周围环形构造发育,遥感浅色色调异常区,遥感铁染异常分布集中	重要
找矿标志	早期钾长石—黑云母—绿帘石和阳起石—透闪石—绿泥石,是早期花岗闪长岩、花岗斑岩有关铜、铜—钼矿化阶段产物,蚀变范围广。中期硅化—绢云母化、碳酸盐化是与金铜矿化阶段产物,是近矿蚀变组合,晚期碳酸盐化—绿泥石化为近矿蚀变外带	重要

28. 农坪—前山预测工作区

参见小西南岔—杨金沟预测工作区。

29. 黄松甸子预测工作区

预测模型见表 8-2-87。

表 8-2-87 黄松甸子预测工作区黄松甸子式沉积型金矿预测模型

预测要素	内容描述	类别
特征描述	沉积型	
岩石类型	古近系土门子组底部粗粒级砂岩	必要
成矿时代	新生代古近纪	必要
成矿环境	珲春组细碎屑岩系形成的向东、向北倾斜、舒缓波状的宽缓的古斜坡	必要
构造背景	晚三叠世—新生代东北叠加造山-裂谷系(Ⅰ),小兴安岭-张广才岭叠加岩浆弧(Ⅱ),太平岭-英额岭火山-盆地区(Ⅲ),罗子沟-延吉火山-盆地群(Ⅳ)构造单元内	重要
控矿条件	区域上中性—中酸性岩类及其赋存于其中的热液脉状金矿化体;土门子组巨粒质中粗砾岩、中细砾岩;珲春组细碎屑岩系形成的向东、向北倾斜、舒缓波状的宽缓的古斜坡	必要
化探特征	主成矿元素金,异常规模较大,分带清晰,浓集中心明显,异常强度高,达到 300×10^{-9},是金矿的最主要找矿标志;以金为主体的元素组合,组分复杂,表现的叠加改造作用强烈,构成复杂元素组分富集的叠生地球化学场,同时显示高、中、低温多阶段、复杂的成矿地球化学环境;金甲级综合异常与分布的矿产积极响应,是优质的矿致异常,可为扩大找矿规模提供重要的化探信息;找矿的指示元素为 Au、Cu、Pb、Zn、Ag、As、Sb、Hg、Ag、W、Bi、Mo。其中,Au、Cu、Pb、Zn、Ag 为近矿指示元素,As、Sb、Hg 是远程找矿指示元素,W、Bi、Mo 成为评价矿体剥蚀程度的尾部元素	重要
重砂特征	金重砂异常	重要

30. 珲春河预测工作区

预测模型见表 8-2-88。

表 8-2-88 珲春河预测工作珲春河式沉积型金矿预测模型

预测要素	内容描述	类别
特征描述	沉积型砂矿	
岩石类型	现代河床冲积砂及砾石，间夹有中细砂或粗砂透镜体	必要
成矿时代	第四纪	必要
成矿环境	珲春漫滩谷及其支流	必要
构造背景	晚三叠世—新生代东北叠加造山-裂谷系（Ⅰ），小兴安岭-张广才岭叠加岩浆弧（Ⅱ），太平岭-英额岭火山-盆地区（Ⅲ），罗子沟-延吉火山-盆地群（Ⅳ）	重要
矿化蚀变	珲春河上有的金矿床、含金地质体控制了成矿物质的来源；区域上处于长期隆起大地构造环境，致使区域上的含金层位长期遭受剥蚀，成矿物质随流水不断的搬运汇集到珲春河谷；珲春河不断的更新改道，形成了现今的壮年期河谷地形，为漫滩砂金矿的形成，提供了良好的赋存场所	重要
化探特征	具备清晰的三级分带和 4 个明显的浓集中心，异常强度较高，峰值达到 43×10^{-9}	重要
重砂特征	金重砂异常	重要

四、预测要素图编制及解释

预测底图编制方法：在 1∶5 万成矿要素图的基础上，叠加化探、遥感、物探、自然重砂信息，细化找矿标志，形成预测要素图。

第三节 预测区圈定

一、预测区圈定方法及原则

预测工作区内最小预测区的确定主要依据是在含矿建造存在的基础上，叠加物探、化探、遥感、自然重砂异常，圈定有找矿前景的区域，参考航磁异常、重力异常、自然重砂异常并经地质矿产专业人员人工修改后的最小区域。

二、圈定预测区操作细则

在突出表达含矿建造、矿化蚀变标志的 1∶5 万成矿要素图的基础上，以含矿建造和化探异常为主要预测要素与定位变量，参考遥感、物探、自然重砂信息，最后由地质专家确认修改，形成最小预测区。

第四节 预测要素变量的构置与选择

一、预测要素及要素的数字化及定量化

预测工作区预测要素构置使用潜力评价

综合信息网格单元法进行预测时，首选对预测工作区地质及综合信息的复杂程度进行评价，从而来确定网格单元的大小，MARS 能提供网格单元大小的建议值，一般情况下都比较大，需要人工进行修正，比如，进行取整等干预。根据本省金矿成矿特征，矿化多数在 2km 左右，因此，人工选择时使用小一点的网格单元，以增加预测的精度，网格单元选择 20×20 网格，相当于 1km×1km 的单元网格。

对预测工作区的地质，也就是含矿建造进行提取，对矿产地和矿（化）体进行提取，提取的矿产地和矿（化）体进行缓冲区分析，形成面图层，为空间叠加准备图层。

将物探、化探、遥感、自然重砂各专题提供的异常要素进行叠加。对物探、化探、遥感、自然重砂各专题提供线要素类图层进行缓冲区分析。

对上述的图层内要素信息进行量化处理，进行有无的量化处理。形成原始的要素变量矩阵。

二、变量的初步优选研究

根据含矿建造的空间分布情况，对其他预测要素进行相关性分析，初步进行变量的优选，选择相关性好的要素参与预测。可能含矿的建造是最重要的也是必要的要素。化探异常的元素选取，一般选择 3～5 个与主成矿元素相关性好的元素参与计算。物探一般选择重力和磁的异常要素，特别是重力梯度带，用零等值线进行缓冲区分析，分析出的缓冲区参与计算，重力和航磁数据由于多数是 1∶20 万精度的数据，对预测意义不大。自然重砂选择 3～5 个与主成矿元素有关的矿物的异常图，这些矿种的异常要素参与计算。

初步选择的要素叠加后进行初步计算，这样很多要素参与计算往往得不到理想的效果。还要进行变量的优选。再进行变量相关性研究，去掉一些相关性相对较差的要素。实践证明，参与计算的要素不能太多，一般 5～7 个要素参与计算，效果相对较好。

量化后要素为网格单元进行有无的赋值，用一定的阈值对每个网格单元进行分类，分出 A、B、C 三类，一般情况下网格单元值 3～4 的网格单元应该是 A 类网格单元，2～3 的网格单元一般为 B 类。分析结果如图 8-4-1～图 8-4-20。

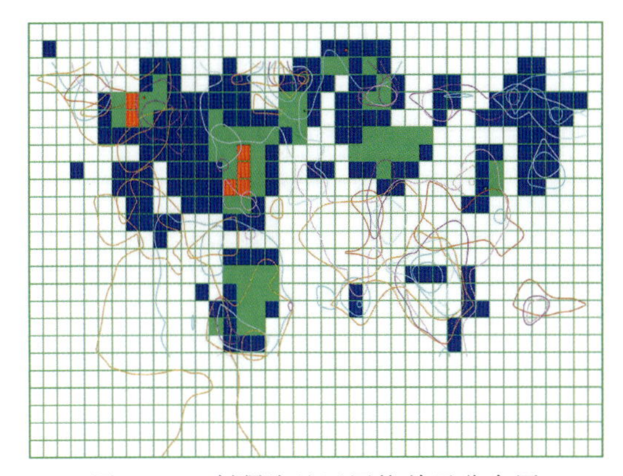

图 8-4-1 刺猬沟地区网格单元分布图

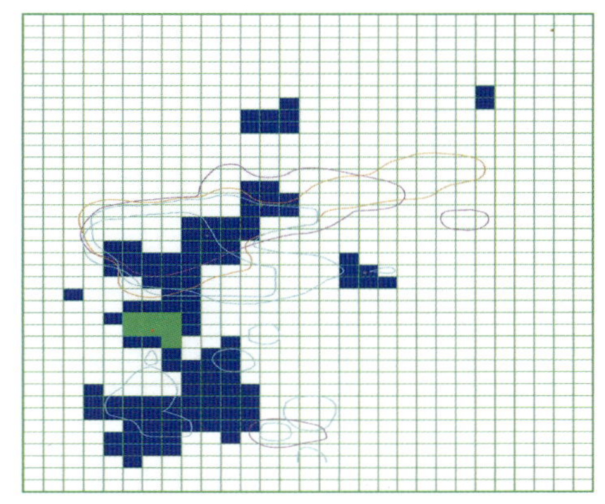

图 8-4-2 地局子—倒木河地区网格单元分布图

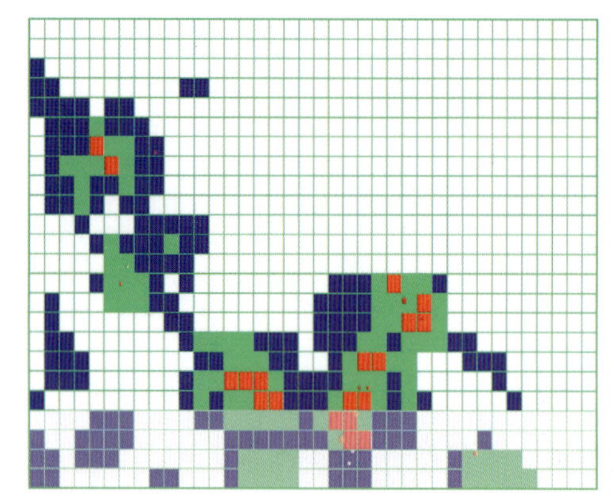

图 8-4-3 海沟地区网格单元分布图

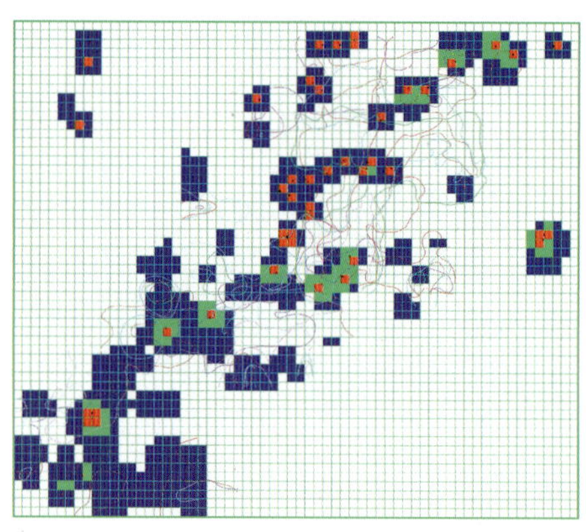

图 8-4-4 荒沟山—南岔地区网格单元分布

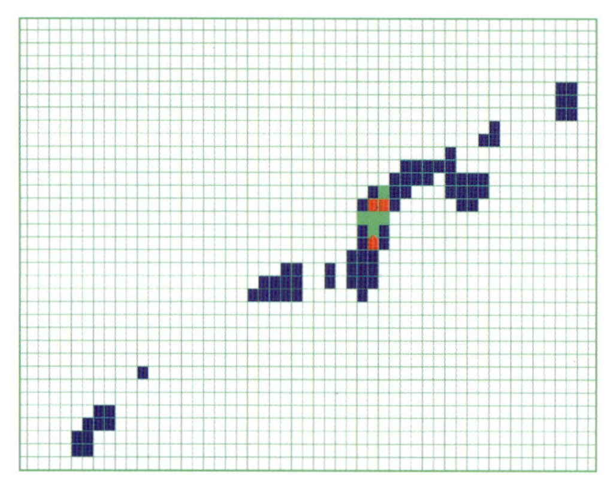

图 8-4-5 浑北地区网格单元分布图

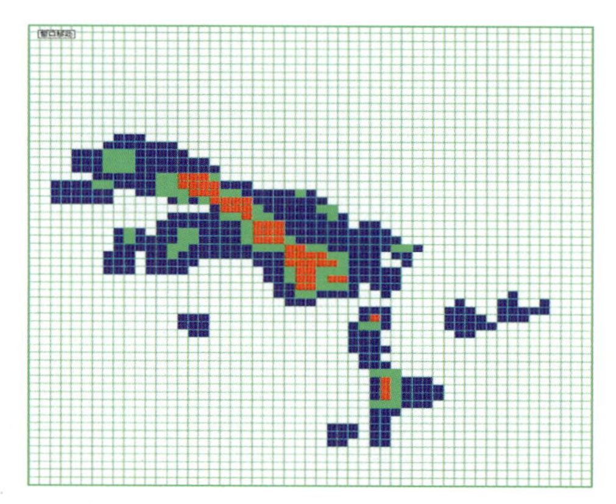

图 8-4-6 夹皮沟地区网格单元分布图

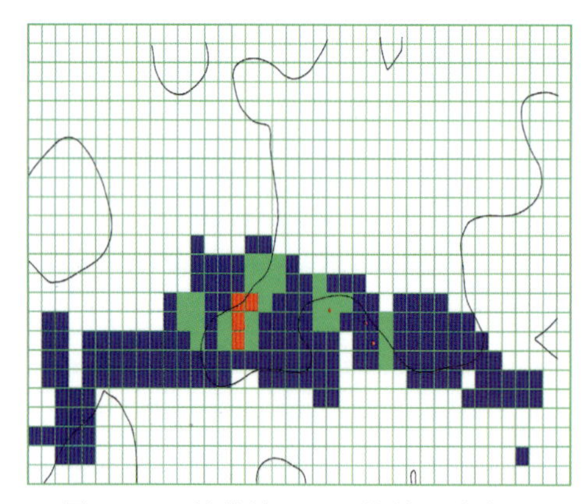

图 8-4-7 杜荒岭地区网格单元分布图

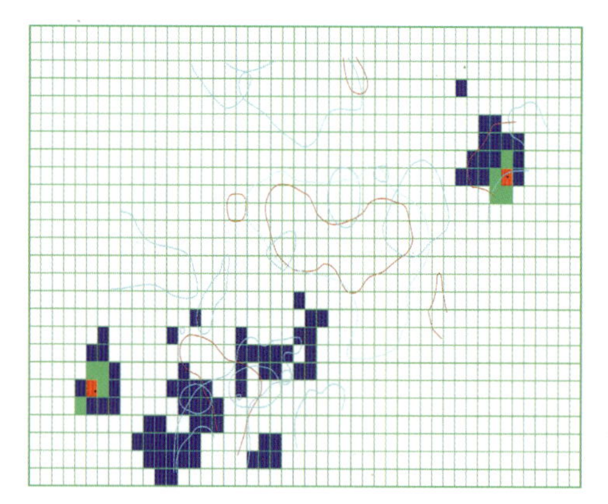

图 8-4-8 古马岭—活龙地区网格单元分布图

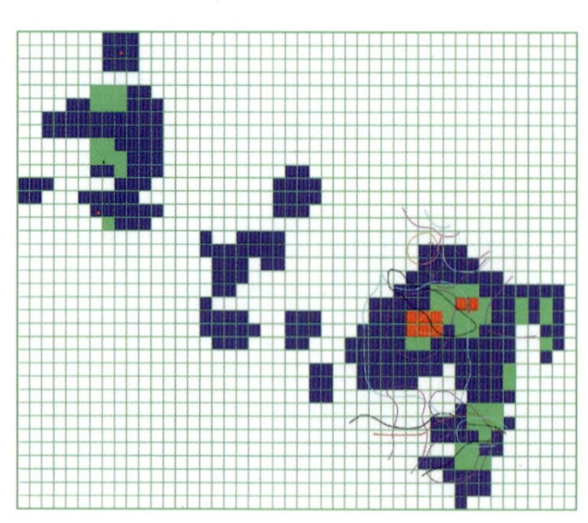

图 8-4-9 金城洞—木兰屯地区网格单元分布图

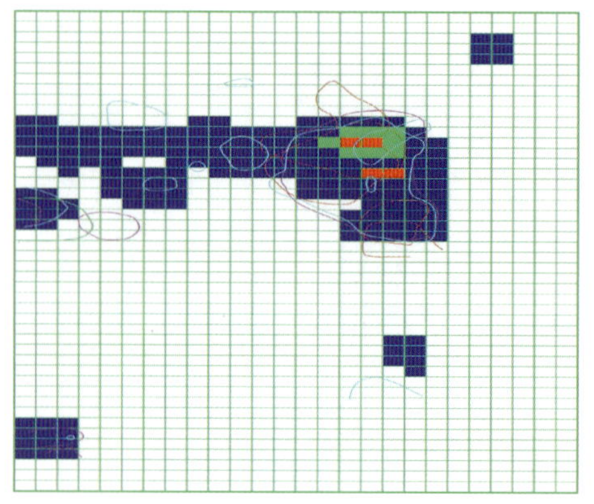

图 8-4-10 金谷山—后底洞地区网格单元分布图

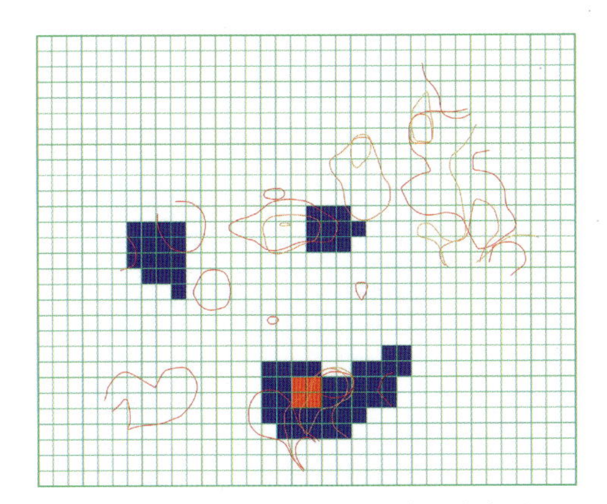

图 8-4-11　兰家地区网格单元分布图

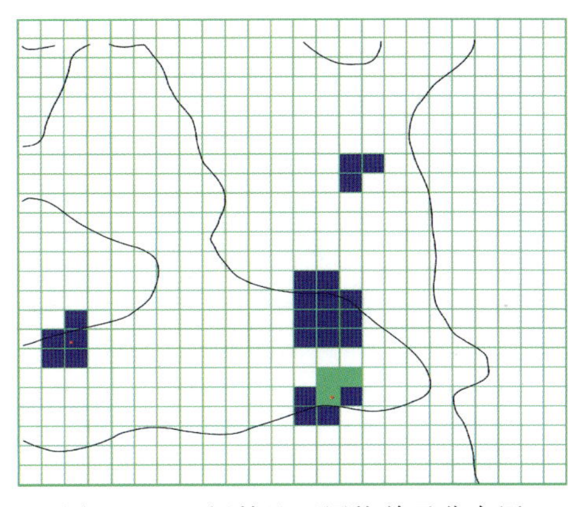

图 8-4-12　闹枝地区网格单元分布图

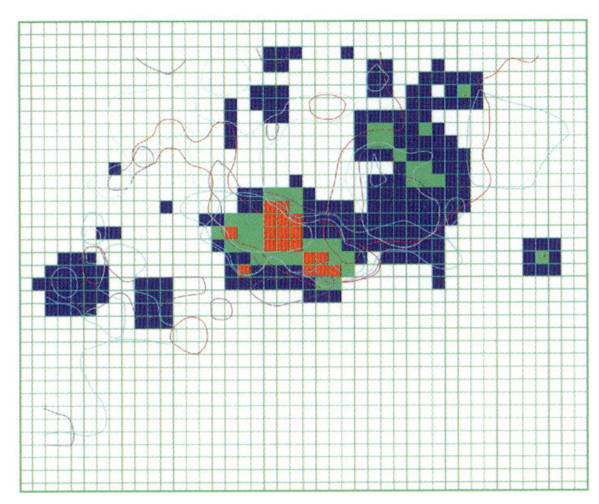

图 8-4-13　农坪—前山地区网格单元分布图

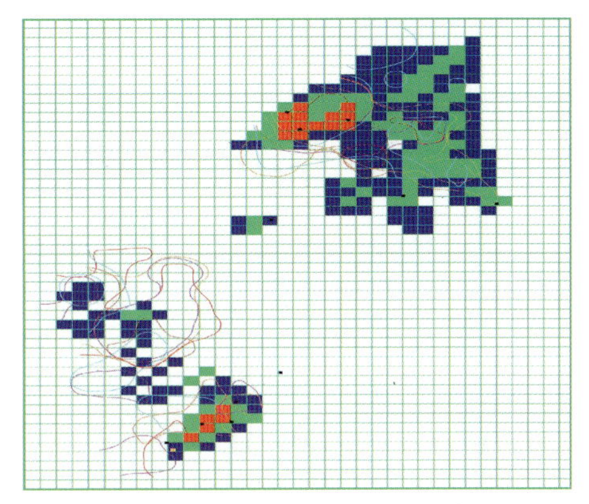

图 8-4-14　山门地区网格单元分布图

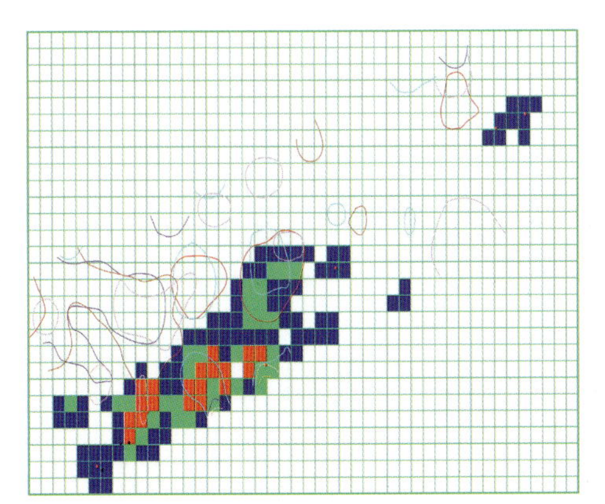

图 8-4-15　石棚沟—石道河子地区网格单元分布图

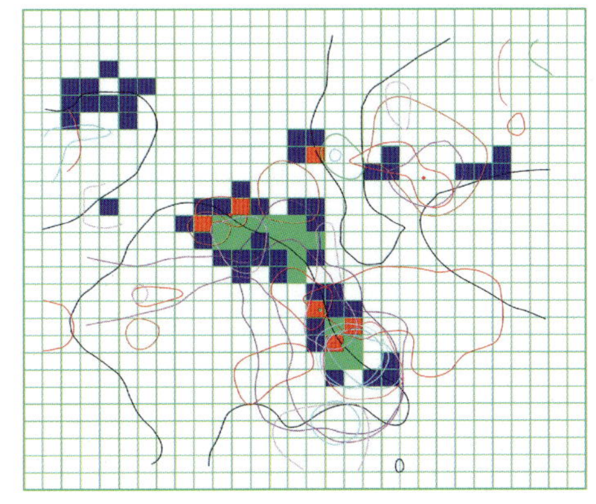

图 8-4-16　石嘴地区网格单元分布图

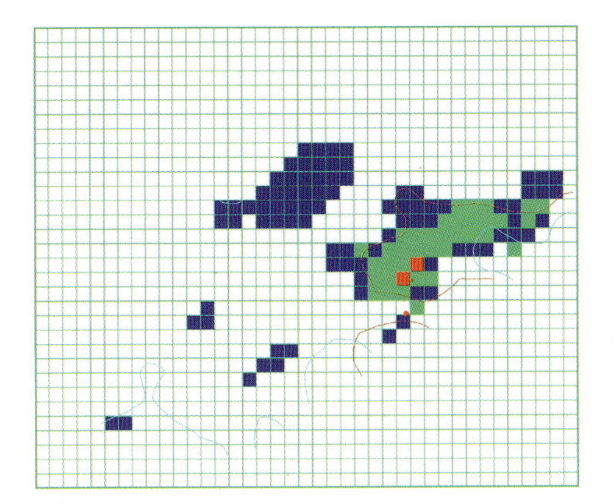

图 8-4-17　四方山—板石地区网格单元分布图

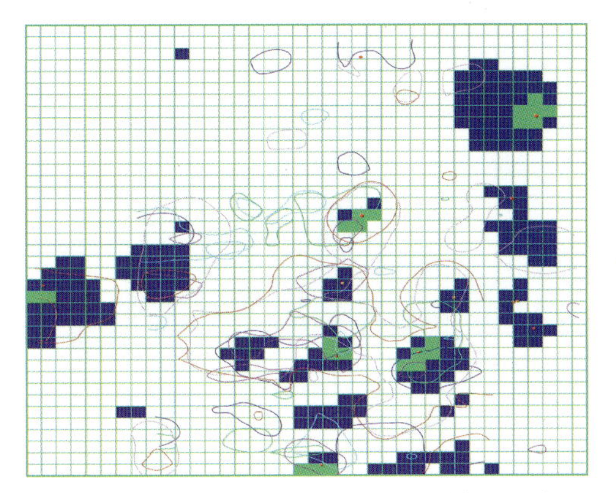

图 8-4-18　头道沟—吉昌地区网格单元分布图

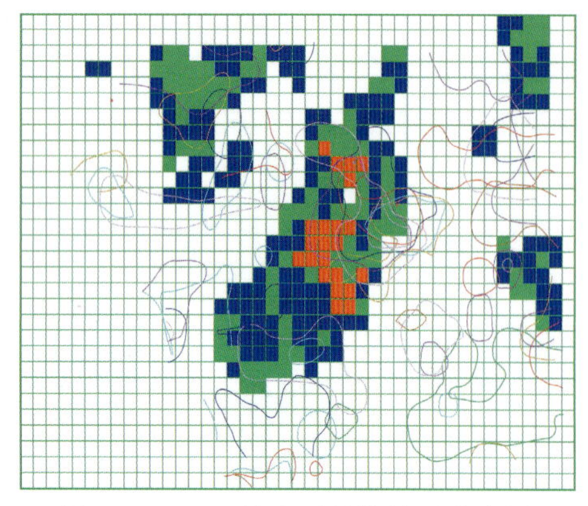

图 8-4-19 五凤地区网格单元分布图

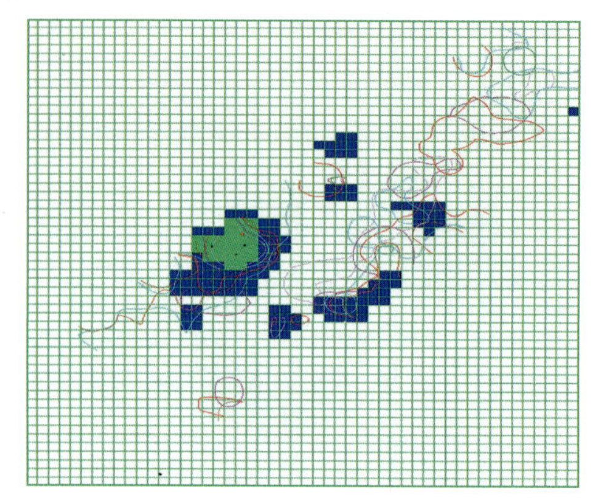

图 8-4-20 香炉碗子地区网格单元分布图

得出的网格单元分布图能够帮助地质人员更加客观地认识预测工作区，增加客观性，从而能避免一些人为的主观因素参与到预测中。

第五节 预测网格单元优选

在网格单元图基础上，由地质工作经验丰富的老专家特别是在这些预测工作区工作过的专家进行预测工作区网格单元的优选，包括网格单元是否合理，网格单元级别是否合理，得出网格单元优选图。网格单元优选结果见图 8-5-1～图 8-5-20。

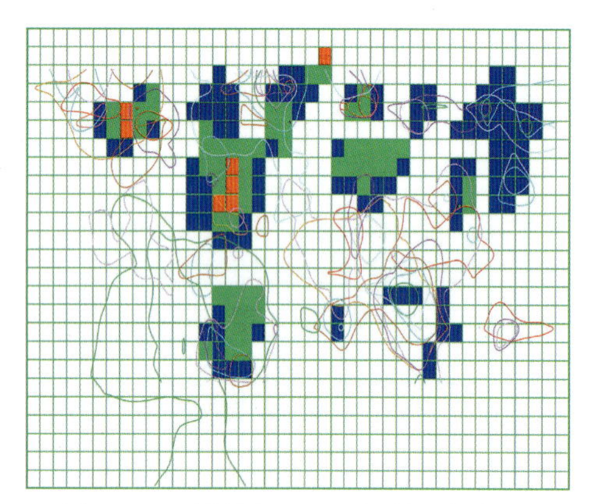

图 8-5-1 刺猬沟地区网格单元优选图

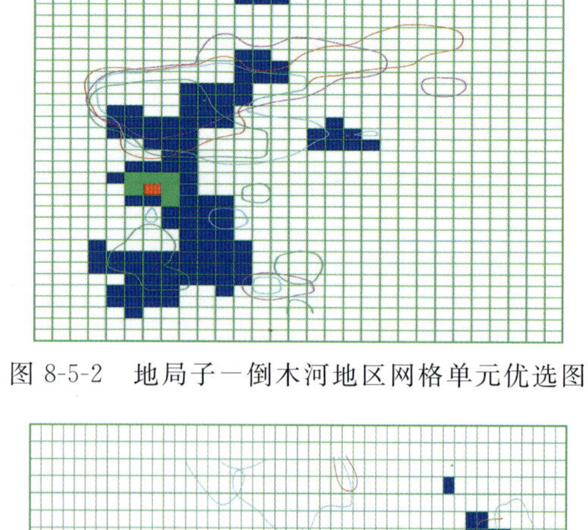

图 8-5-2 地局子—倒木河地区网格单元优选图

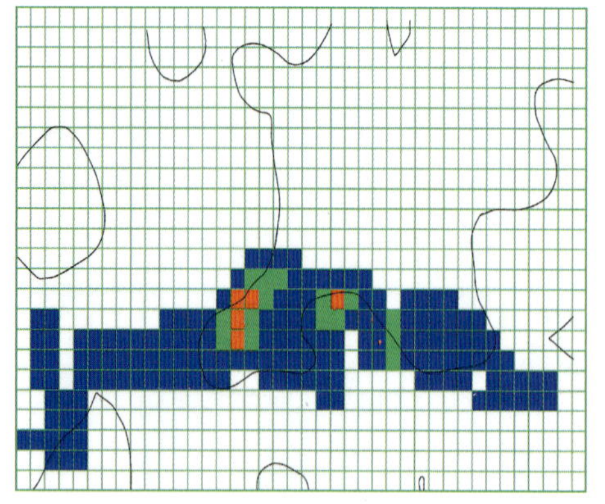

图 8-5-3 杜荒岭地区网格单元优选图

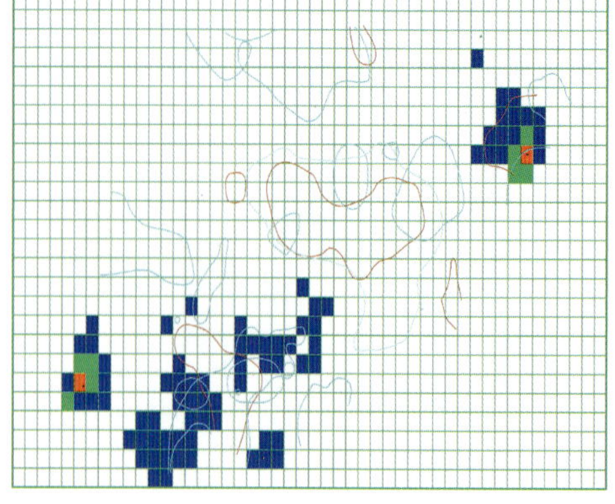

图 8-5-4 古马岭—活龙地区网格单元优选图

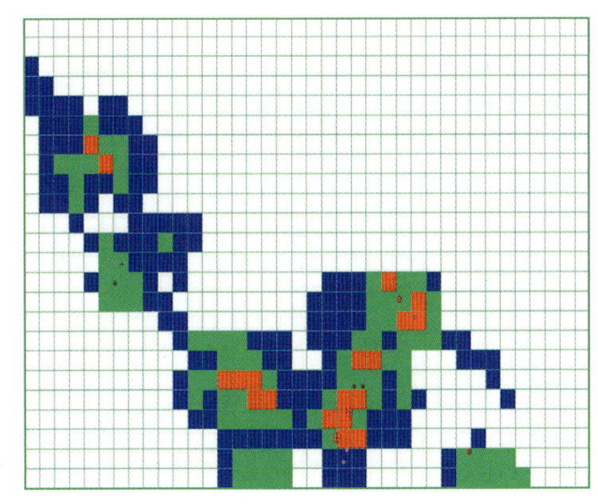

图 8-5-5　海沟地区网格单元优选图

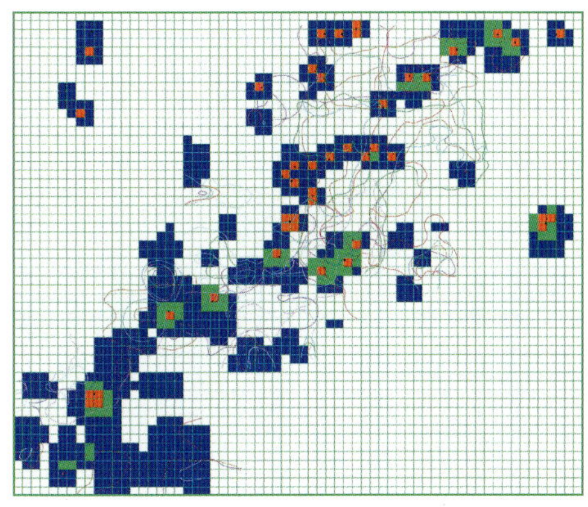

图 8-5-6　荒沟山—南岔地区网格单元优选图

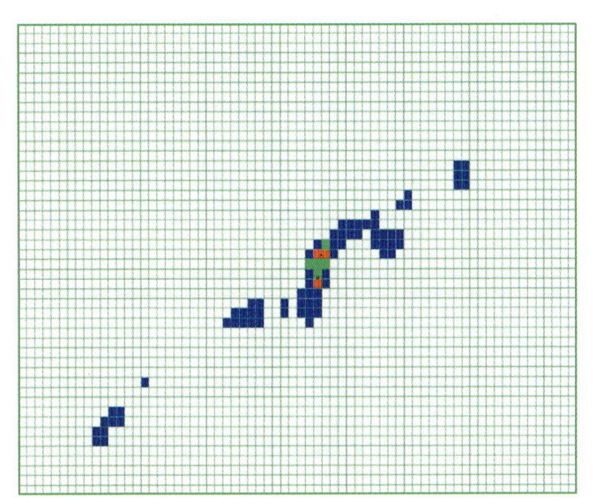

图 8-5-7　浑北地区网格单元优选图

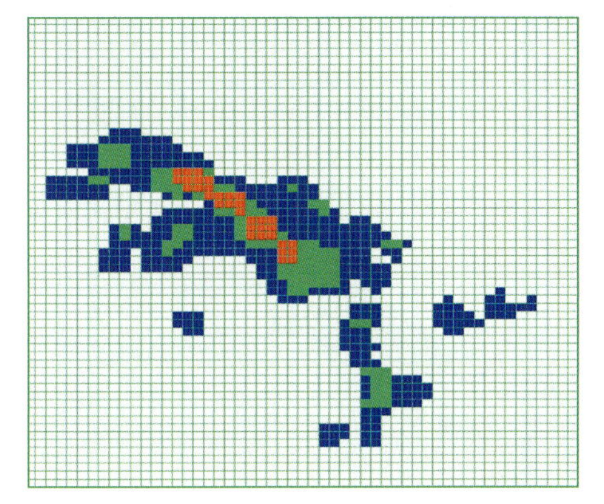

图 8-5-8　夹皮沟地区网格单元优选图

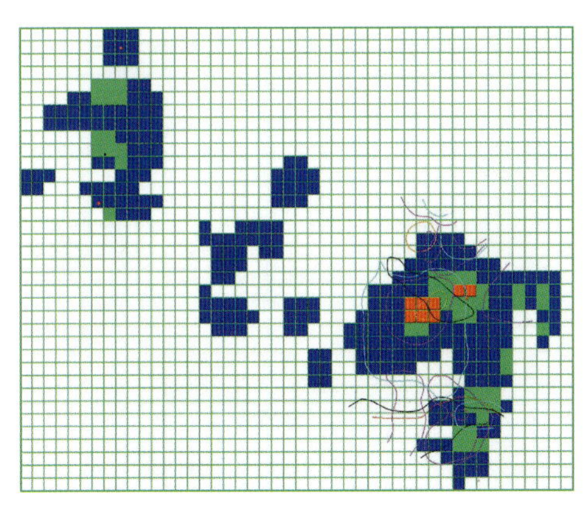

图 8-5-9　金城洞—木兰屯地区网格单元优选图

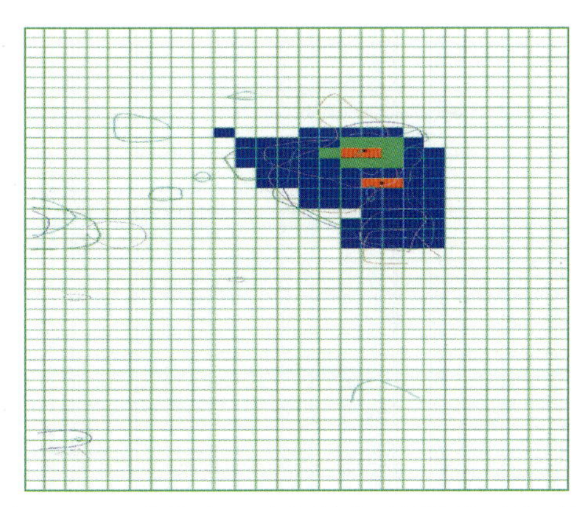

图 8-5-10　金谷山—后底洞地区网格单元优选图

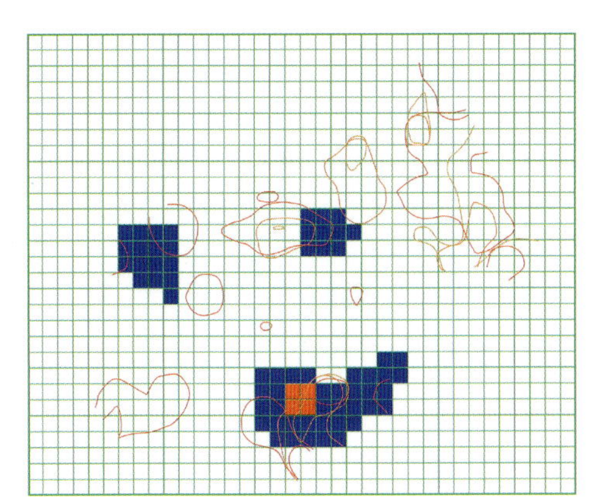

图 8-5-11　兰家地区网格单元优选图

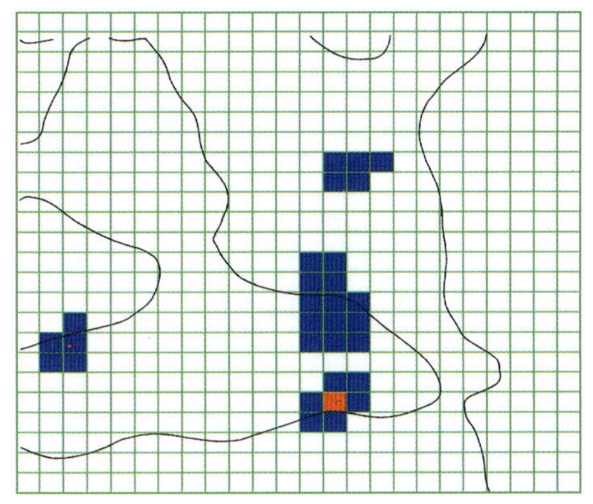

图 8-5-12　闹枝地区网格单元优选图

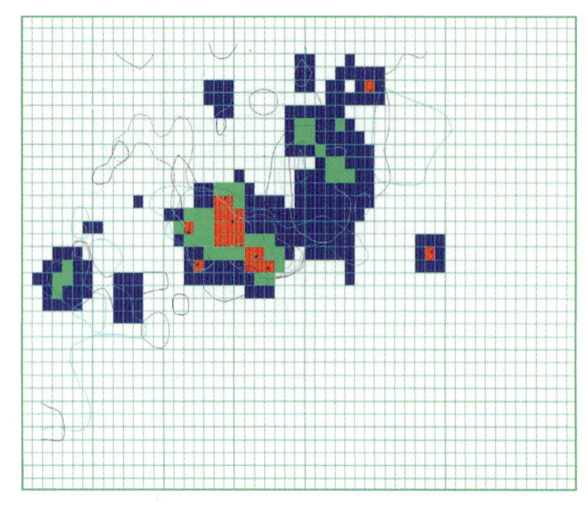

图 8-5-13　农坪—前山地区网格单元优选图

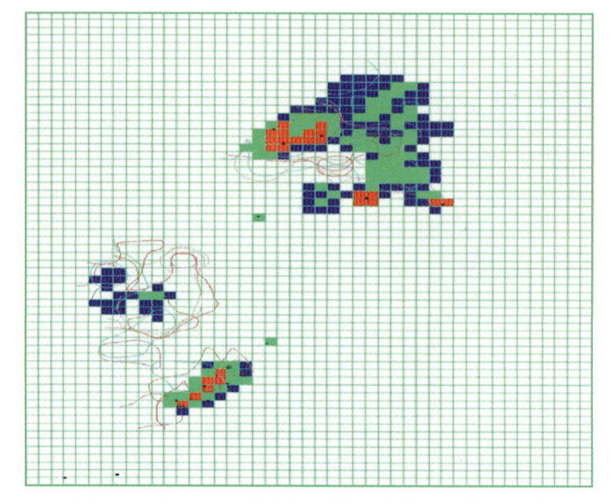

图 8-5-14　山门地区网格单元优选图

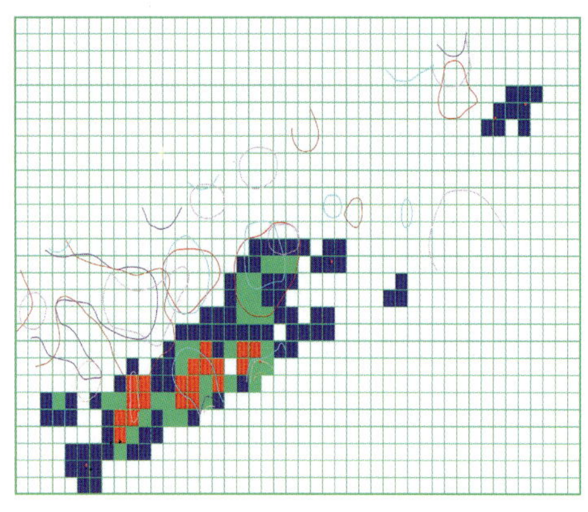

图 8-5-15　石棚沟—石道河子地区网格单元优选图

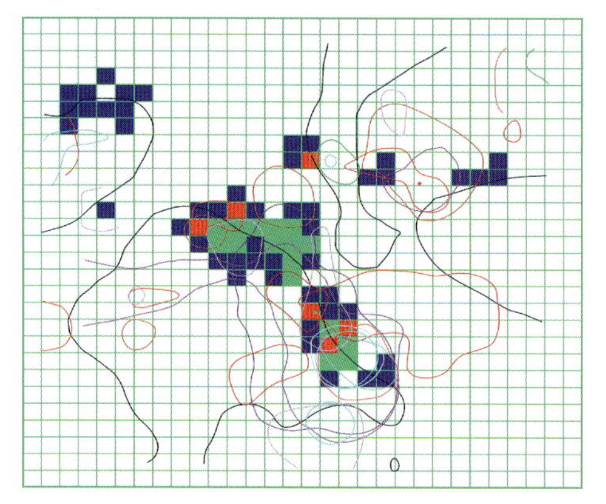

图 8-5-16　石嘴地区网格单元优选图

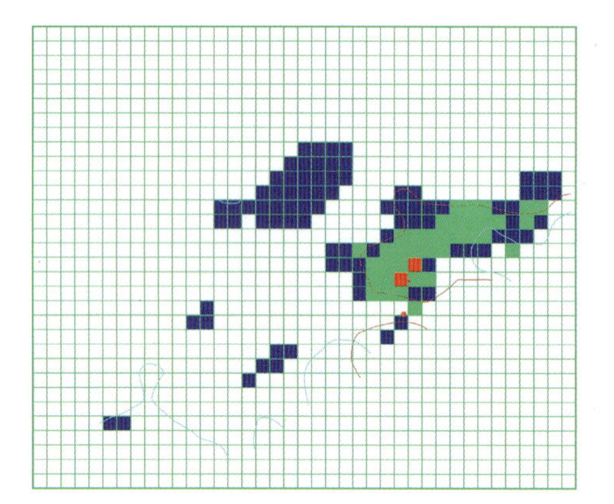

图 8-5-17　四方山—板石地区网格单元优选图

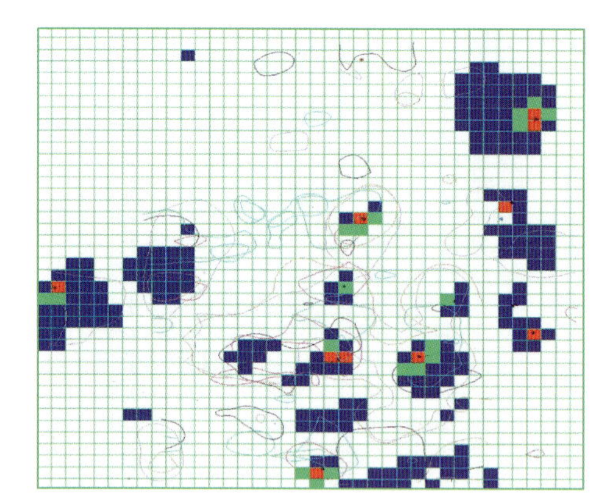

图 8-5-18　头道沟—吉昌地区网格单元优选图

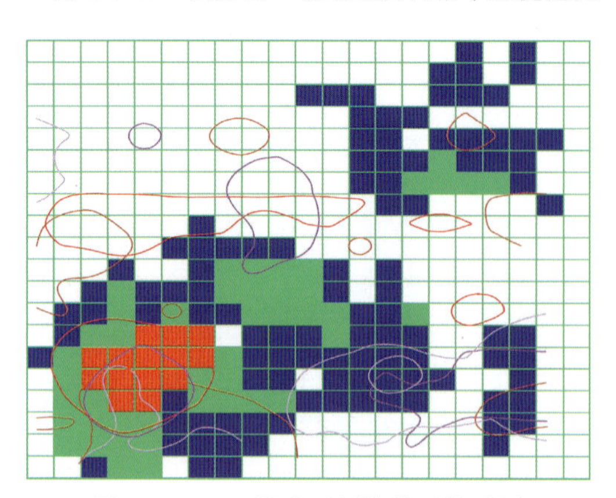

图 8-5-19　五凤地区网格单元优选图

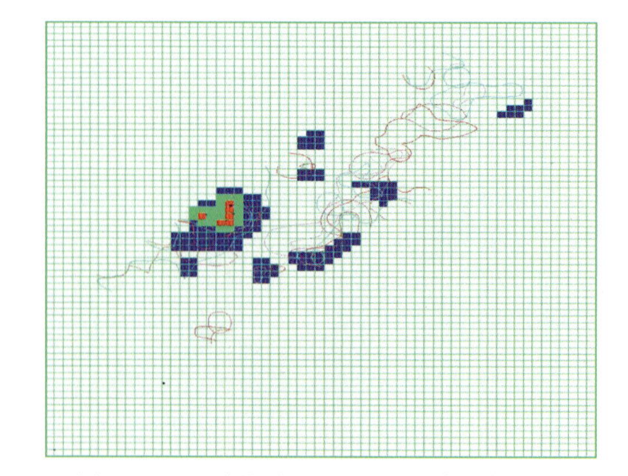

图 8-5-20　香炉碗子地区网格单元优选图

第六节　资源量定量估算

一、最小预测区含矿系数确定

最小预测区含矿系数确定，依据模型区含矿系数，考虑到现有工作程度，模型区之外的最小预测区工作程度低于模型区，因此，在现有工作程度情况下，这些最小预测区显然找矿条件和远景比模型差，这仅仅是在现有工作程度下的判断。根据潜力评价项目技术要求对于模型区之外的最小预测区按照预测区内具体的预测要素与模型区的预测要素对比，分别估算最小预测区的含矿系数。依据各个预测要素的可信度，综合评价各个最小预测区的含矿系数。评价结果如表 8-6-1 所示。

表 8-6-1　最小预测区含矿系数表

预测工作区	最小预测区序号	最小预测区编号	模型区含矿系数	最小预测区含矿系数
头道沟—吉昌	2	B2211403007	0.000 061 18	0.000 000 080 757 6
	3	A2211403008	0.000 061 18	0.000 000 117 466
	4	C2211403013	0.000 061 18	0.000 000 044 049 6
	5	C2211403018	0.000 061 18	0.000 000 044 049 6
	6	B2211403016	0.000 061 18	0.000 000 080 757 6
	7	C2211403021	0.000 061 18	0.000 000 044 049 6
	8	C2211403023	0.000 061 18	0.000 000 044 049 6
	9	B2211403030	0.000 061 18	0.000 000 080 757 6
	10	C2211403031	0.000 061 18	0.000 000 044 049 6
	11	B2211403033	0.000 061 18	0.000 000 080 757 6
	12	B2211403051	0.000 061 18	0.000 000 080 757 6
石嘴—官马	13	A2211403057	0.000 061 18	0.000 000 117 466 0
	14	A2211403062	0.000 061 18	0.000 000 117 466 0
	15	B2211403072	0.000 061 18	0.000 000 080 757 6
	16	C2211403053	0.000 061 18	0.000 000 044 049 6
	17	C2211403059	0.000 061 18	0.000 000 044 049 6
	18	C2211403060	0.000 061 18	0.000 000 044 049 6
地局子—倒木河	19	C2211401006	0.000 000 15	0.000 000 026 100 0
	20	C2211401019	0.000 000 15	0.000 000 026 100 0
	21	C2211401032	0.000 000 15	0.000 000 026 100 0
	22	C2211401039	0.000 000 15	0.000 000 026 100 0
漂河川	24	A2211404042	0.000 008 8	0.000 005 772 800 0
	26	B2211404047	0.000 008 8	0.000 003 968 8

续表 8-6-1

预测工作区	最小预测区序号	最小预测区编号	模型区含矿系数	最小预测区含矿系数
漂河川	27	B2211404050	0.000 008 8	0.000 003 968 8
	28	C2211404035	0.000 008 8	0.000 002 164 8
	29	C2211404040	0.000 008 8	0.000 002 164 8
	30	C2211404043	0.000 008 8	0.000 002 164 8
香炉碗子	31	C2211402105	0.000 030 46	0.000 000 137 07
	32	C2211402103	0.000 030 46	0.000 000 137 07
	34	C2211402100	0.000 030 46	0.000 000 137 07
	35	C2211402099	0.000 030 46	0.000 000 137 07
五凤	37	C2211401052	0.000 000 32	0.000 000 048 96
闹枝—棉田	39	A2211401045	0.000 019 18	0.000 000 414 288
	40	C2211401026	0.000 019 18	0.000 000 155 358
	41	C2211401034	0.000 019 18	0.000 000 155 358
	42	C2211401037	0.000 019 18	0.000 000 155 358
刺猬沟	43	A2211401011	0.000 003 6	0.000 001 814 400
	45	B2211401025	0.000 003 6	0.000 001 247 400
	46	C2211401024	0.000 003 6	0.000 000 680 400
	47	C2211401028	0.000 003 6	0.000 000 680 400
	48	C2211401014	0.000 003 6	0.000 000 680 400
	49	C2211401044	0.000 003 6	0.000 000 680 400
	50	C2211401036	0.000 003 6	0.000 000 680 400
杜荒岭	51	A2211401009	0.000 003 26	0.000 001 643 040
金谷山—后底洞	52	A2211401092	0.000 003 26	0.000 001 643 040
	53	A2211504074	0.000 019 37	0.000 000 821 288
山门地区	54	B2211504029	0.000 019 37	0.000 000 564 636
	55	B2211504049	0.000 019 37	0.000 000 564 636
	56	B2211504046	0.000 019 37	0.000 000 564 636
	57	B2211504063	0.000 019 37	0.000 000 564 636
	58	B2211504065	0.000 019 37	0.000 000 564 636
	59	C2211504015	0.000 019 37	0.000 000 307 983
	60	C2211504038	0.000 019 37	0.000 000 307 983
兰家	62	C2211504001	0.000 019 37	0.000 000 307 983
万宝预测	63	C2211504077	0.000 019 37	0.000 000 307 983
	64	C2211504080	0.000 019 37	0.000 000 307 983
浑北	66	B2211505119	0.000 020 14	0.000 009 193 910
	67	C2211505121	0.000 010 07	0.000 002 507 430

续表 8-6-1

预测工作区	最小预测区序号	最小预测区编号	模型区含矿系数	最小预测区含矿系数
荒沟山南岔	68	A2211501111	0.000 001 79	0.000 001 074 000
	69	A2211501113	0.000 001 79	0.000 001 074 000
	70	A2211501118	0.000 001 79	0.000 001 074 000
	71	A2211501123	0.000 001 79	0.000 001 074 000
	74	B2211501114	0.000 001 79	0.000 000 738 375
	75	B2211501112	0.000 001 79	0.000 000 738 375
	76	B2211501120	0.000 001 79	0.000 000 738 375
	77	B2211501122	0.000 001 79	0.000 000 738 375
	78	B2211501125	0.000 001 79	0.000 000 738 375
	79	B2211501124	0.000 001 79	0.000 000 738 375
	80	B2211501126	0.000 001 79	0.000 000 738 375
	81	B2211501129	0.000 001 79	0.000 000 738 375
	82	C2211501128	0.000 001 79	0.000 000 402 750
	83	C2211501133	0.000 001 67	0.000 000 385 770
	84	C2211501134	0.000 001 67	0.000 000 385 770
冰湖沟	85	C2211501110	0.000 001 79	0.000 000 402 750
	86	C2211501115	0.000 001 79	0.000 000 402 750
	88	A2211503144	0.000 003 28	0.000 000 837 056
古马岭	89	C2211503143	0.000 003 28	0.000 000 313 896
	90	C2211503145	0.000 003 28	0.000 000 313 896
六道沟八道沟	91	A2211501135	0.000 001 79	0.000 001 074 000
	92	C2211501130	0.000 001 79	0.000 000 402 750
	93	C2211501131	0.000 001 79	0.000 000 402 750
长白	94	B2211501140	0.000 001 79	0.000 000 738 375
	95	C2211501139	0.000 001 79	0.000 000 402 750
安口	96	C2211601116	0.000 000 918	0.000 000 102 724
	97	C2211601101	0.000 000 918	0.000 000 102 724
	98	C2211601104	0.000 000 918	0.000 000 102 724
	99	B2211601106	0.000 000 918	0.000 000 188 328
石棚沟—石道河子	100	B2211601098	0.000 000 918	0.000 000 188 328
	101	A2211601097	0.000 000 918	0.000 000 273 931
金城洞—木兰屯	102	A2211601086	0.000 000 918	0.000 000 273 931
	103	C2211601090	0.000 000 918	0.000 000 102 724
	104	C2211601094	0.000 000 918	0.000 000 102 724

续表 8-6-1

预测工作区	最小预测区序号	最小预测区编号	模型区含矿系数	最小预测区含矿系数
金城洞—木兰屯	105	B2211601096	0.000 000 918	0.000 000 188 328
	106	A2211601095	0.000 000 918	0.000 000 273 931
夹皮沟—溜河	107	A2211601076	0.000 000 918	0.000 000 273 931
	108	A2211601075	0.000 000 918	0.000 000 273 931
	109	B2211601078	0.000 000 918	0.000 000 188 328
	111	A2211601083	0.000 001 53	0.000 001 101 600
	112	C2211601081	0.000 000 918	0.000 000 102 724
四方—板石	114	C2211601107	0.000 000 918	0.000 000 102 724
	115	C2211601108	0.000 000 918	0.000 000 102 724
	116	A2211601109	0.000 000 918	0.000 000 273 931
正岔—复兴	117	C2211502137	0.000 006 06	0.000 000 103 626
	118	B2211502138	0.000 006 06	0.000 000 189 981
	120	B2211502136	0.000 006 06	0.000 000 189 981
海沟	121	B2211201088	0.000 015 22	0.000 000 795 245
	122	A2211201084	0.000 015 22	0.000 001 156 720
	123	C2211201089	0.000 015 22	0.000 000 433 770
	124	C2211201091	0.000 015 22	0.000 000 433 770
	125	C2211201082	0.000 015 22	0.000 000 433 770
	126	A2211201093	0.000 015 22	0.000 001 156 720
小西南岔—杨金沟	128	A2211202017	0.000 002 97	0.000 001 188 000
	129	C2211202054	0.000 000 797	0.000 000 205 626
	131	A2211202055	0.000 000 797	0.000 000 548 336
	132	C2211202010	0.000 002 97	0.000 000 445 500
农坪	134	C2211203073	0.000 000 797	0.000 000 205 626
	135	C2211203066	0.000 000 797	0.000 000 205 626
	136	B2211203061	0.000 000 797	0.000 000 376 981
	137	B2211203070	0.000 000 797	0.000 000 376 981
	138	A2211203068	0.000 000 797	0.000 000 548 336
黄松甸子	139	C2211101004	0.000 011 08	0.000 001 861 440
	140	C2211101005	0.000 011 08	0.000 001 861 440
	141	C2211101027	0.000 011 08	0.000 001 861 440
珲春河	143	C2211102067	0.000 001 819	0.000 000 223 737
	144	C2211102071	0.000 001 819	0.000 000 223 737

二、最小预测区预测资源量及估算参数

1. 估算方法

应用含矿地质体预测资源量公式：

$$Z_{体}=S_{体}\times H_{预}\times K\times\alpha$$

式中：$Z_{体}$为模型区中含矿地质体预测资源量；$S_{体}$为含矿地质体面积；$H_{预}$为含矿地质体延深（指矿化范围的最大延深），即最大预测深度；K为模型区含矿地质体含矿系数；α为相似系数。

2. 估算参数及结果

估算参数及结果见表 8-6-2。

三、最小预测区资源量可信度估计

最小预测区资源量可信度估计见表 8-6-3。

1. 面积可信度

最小预测区内存在含矿建造，与已知模型区比含矿建造相同，同时存在 1∶5 万化探异常，并且最小预测区内存在已知的矿床，这样的最小预测区面积可信度确定为 0.8。

最小预测区存在含矿建造，与已知模型区比含矿建造相同，同时存在 1∶5 万化探异常，并且最小预测区内存在已知的矿点，这样的最小预测区面积可信度确定为 0.55。

最小预测区只存在 1∶5 万化探异常或者存在矿点，并且最小预测区的圈定是根据 1∶5 万化探异常圈定的最小区域，最小预测区面积可信度确定为 0.3。

2. 延深可信度

根据已知模型区的最大勘探深度、同时结合区域含矿建造的勘探深度确定的预测深度，模型区延深可信度确定为 1。最小预测区中含有已知矿床，有含矿建造的存在，物化探异常反映良好的延深可信度定为 0.9，最小预测区中含有已知矿点，有含矿建造的存在，物化探异常反映良好的延深可信度定为 0.7，最小预测区中有含矿建造的存在，物化探异常反映良好的延深可信度定为 0.5。

根据化探和物探磁法反演确定的预测深度，确定的延深可信度为 0.7。

根据专家分析确定因素的预测深度，确定的延深可信度为 0.5。

3. 含矿系数可信度

最小预测区内存在含矿建造，与已知模型区比含矿建造相同，同时存在 1∶5 万化探异常，并且最小预测区内存在已知的矿床，这样的最小预测区含矿系数可信度确定为 0.7。

最小预测区存在含矿建造，与已知模型区比含矿建造相同，同时存在 1∶5 万化探异常，并且最小预测区内存在已知的矿点，这样的最小预测区含矿系数可信度确定为 0.5。

最小预测区只存在 1∶5 万化探异常或者存在矿点，并且最小预测区的圈定是根据 1∶5 万化探异常圈定的最小区域，最小预测区含矿系数可信度确定为 0.3。

表 8-6-2　吉林省预测工作区预测资源量规模估算结果表

预测工作区	序号	最小预测区编号	面积	延深	含矿系数	相似系数	500m 以浅预测资源量	1000m 以浅预测资源量	2000m 以浅预测资源量
头道沟—吉昌	2	B2211403007	13 375 298.4	700	0.000 000 080 757 6	0.5	小型	小型	小型
	3	A2211403008	4 909 776.368	700	0.000 000 117 466 0	0.75	小型	小型	小型
	4	C2211403013	5 946 562.303	700	0.000 000 044 049 6	0.25	小型	小型	小型
	5	C2211403018	1 606 117.563	700	0.000 000 044 049 6	0.25	小型	小型	小型
	6	B2211403016	15 396 493.64	700	0.000 000 080 757 6	0.5	小型	小型	小型
	7	C2211403021	3 147 915.143	700	0.000 000 044 049 6	0.25	小型	小型	小型
	8	C2211403023	2 805 463.965	700	0.000 000 044 049 6	0.25	小型	小型	小型
	9	B2211403030	1 729 233.593	700	0.000 000 080 757 6	0.5	小型	小型	小型
	10	C2211403031	2 643 254.525	700	0.000 000 044 049 6	0.25	小型	小型	小型
	11	B2211403033	12 093 063.03	700	0.000 000 080 757 6	0.5	小型	小型	小型
	12	B2211403051	6 684 074.893	700	0.000 000 080 757 6	0.5	小型	小型	小型
石嘴—官马	13	A2211403057	4 767 500	700	0.000 000 117 466 0	0.75	小型	小型	小型
	14	A2211403062	10 045 000	700	0.000 000 117 466 0	0.75	小型	小型	小型
	15	B2211403072	26 682 500	700	0.000 000 080 757 6	0.5	小型	小型	小型
	16	C2211403053	11 125 000	700	0.000 000 044 049 6	0.25	小型	小型	小型
	17	C2211403059	4 605 000	700	0.000 000 044 049 6	0.25	小型	小型	小型
	18	C2211403060	4 205 000	700	0.000 000 044 049 6	0.25	小型	小型	小型
地局子—倒木河	19	C2211401006	10 392 849.54	500	0.000 000 026 100 0	0.25	小型	小型	小型
	20	C2211401019	17 464 322.68	500	0.000 000 026 100 0	0.25	小型	小型	小型
	21	C2211401032	18 151 911.99	500	0.000 000 026 100 0	0.25	小型	小型	小型
	22	C2211401039	24 656 706.44	500	0.000 000 026 100 0	0.25	小型	小型	小型

续表 8-6-2

预测工作区	序号	最小预测区编号	面积	延深	含矿系数	相似系数	500m 以浅预测资源量	1000m 以浅预测资源量	2000m 以浅预测资源量
漂河川	24	A2211404042	1 310 000	1000	0.000 005 772 800 0	0.75	小型	中型	中型
	26	B2211404047	1 310 000	1000	0.000 003 968 800 0	0.5	小型	小型	小型
	27	B2211404050	1 355 000	1000	0.000 003 968 800 0	0.5	小型	小型	小型
	28	C2211404035	4 967 500	1000	0.000 002 164 800 0	0.25	小型	小型	小型
	29	C2211404040	2 400 000	1000	0.000 002 164 800 0	0.25	小型	小型	小型
	30	C2211404043	3 525 000	1000	0.000 002 164 800 0	0.25	小型	小型	小型
香炉碗子—山城镇	31	C2211402105	4 020 648	1000	0.000 000 137 070	0.25	小型	小型	小型
	32	C2211402103	8 221 010.55	1000	0.000 000 137 070	0.25	小型	小型	小型
	34	C2211402100	4 213 123.225	1000	0.000 000 137 070	0.25	小型	小型	小型
	35	C2211402099	13 946 489.18	1000	0.000 000 137 070	0.25	小型	小型	小型
五凤	37	C2211401052	7 224 154.098	700	0.000 000 048 960	0.25	小型	小型	小型
闹枝—棉田	39	A2211401045	4 643 875.553	700	0.000 000 414 288	0.75	小型	小型	小型
	40	C2211401026	11 585 516.35	700	0.000 000 155 358	0.25	小型	小型	小型
	41	C2211401034	5 602 483.32	700	0.000 000 155 358	0.25	小型	小型	小型
	42	C2211401037	7 094 860.905	700	0.000 000 155 358	0.25	小型	小型	小型
刺猬沟—九三沟	43	A2211401011	14 535 231.8	700	0.000 001 814 400	0.75	中型	大型	大型
	45	B2211401025	9 614 554.048	700	0.000 001 247 400	0.5	小型	小型	小型
	46	C2211401024	9 662 565.233	700	0.000 000 680 400	0.25	小型	小型	小型
	47	C2211401028	5 830 750.168	700	0.000 000 680 400	0.25	小型	小型	小型
	48	C2211401014	13 564 179.22	700	0.000 000 68 040 0	0.25	小型	小型	小型
	49	C2211401044	686 427.462 5	700	0.000 000 680 400	0.25	小型	小型	小型
	50	C2211401036	8 408 669.568	700	0.000 000 680 400	0.25	小型	小型	小型

续表 8-6-2

预测工作区	序号	最小预测区编号	面积	延深	含矿系数	相似系数	500m 以浅预测资源量	1000m 以浅预测资源量	2000m 以浅预测资源量
杜荒岭	51	A2211401009	43 237 631.47	700	0.000 001 643 040	0.75	大型	大型	大型
金谷山后底洞	52	A2211401092	31 757 500	700	0.000 001 643 040	0.75	大型	大型	大型
山门	53	A2211504074	20 751 406.18	800	0.000 000 821 288	0.75	中型	大型	大型
	54	B2211504029	22 457 622.43	800	0.000 000 564 636	0.5	小型	中型	中型
	55	B2211504049	1 495 268.275	800	0.000 000 564 636	0.5	小型	小型	小型
	56	B2211504046	1 445 466.338	800	0.000 000 564 636	0.5	小型	小型	小型
	57	B2211504063	9 845 122.125	800	0.000 000 564 636	0.5	小型	小型	小型
	58	B2211504065	1 787 885.563	800	0.000 000 564 636	0.5	小型	小型	小型
	59	C2211504015	36 587 922.44	800	0.000 000 307 983	0.25	小型	小型	小型
	60	C2211504038	17 402 157.07	800	0.000 000 307 983	0.25	小型	小型	小型
兰家	62	C2211504001	6 795 854.475	800	0.000 000 307 983	0.25	小型	小型	小型
万宝	63	C2211504077	6 444 954.618	800	0.000 000 307 983	0.25	小型	小型	小型
	64	C2211504080	3 815 197.935	800	0.000 000 307 983	0.25	小型	小型	小型
浑北	66	B2211505119	6 074 986.855	1400	0.000 009 193 910	0.5	大型	大型	大型
	67	C2211505121	4 446 848.808	1400	0.000 002 507 430	0.25	小型	小型	小型
荒沟山—南岔	68	A2211501111	27 298 409.14	1000	0.000 001 074 000	0.75	大型	大型	大型
	69	A2211501113	2 122 708.825	1000	0.000 001 074 000	0.75	小型	小型	小型
	70	A2211501118	2 141 895.903	1000	0.000 001 074 000	0.75	小型	小型	小型
	71	A2211501123	59 359 126.42	1000	0.000 001 074 000	0.75	大型	大型	大型
	74	B2211501114	4 920 456.855	1000	0.000 000 738 375	0.5	小型	小型	小型
	75	B2211501112	970 807.895	1000	0.000 000 738 375	0.5	小型	小型	小型
	76	B2211501120	939 737.905	1000	0.000 000 738 375	0.5	小型	小型	小型
	77	B2211501122	1 380 887.815	1000	0.000 000 738 375	0.5	小型	小型	小型

续表 8-6-2

预测工作区	序号	最小预测区编号	面积	延深	含矿系数	相似系数	500m 以浅预测资源量	1000m 以浅预测资源量	2000m 以浅预测资源量
荒沟山—南岔	78	B2211501125	1 736 626.945	1000	0.000 000 738 375	0.5	小型	小型	小型
	79	B2211501124	7 287 049.733	1000	0.000 000 738 375	0.5	小型	小型	小型
	80	B2211501126	3 370 866.875	1000	0.000 000 738 375	0.5	小型	小型	小型
	81	B2211501129	30 541 810.95	1000	0.000 000 738 375	0.5	中型	大型	大型
	82	C2211501128	5 061 610.795	1000	0.000 000 402 750	0.25	小型	小型	小型
	83	C2211501133	1 566 803.168	1000	0.000 000 385 770	0.25	小型	小型	小型
冰湖沟	84	C2211501134	6 580 627.063	1000	0.000 000 385 770	0.25	小型	小型	小型
	85	C2211501110	3 164 414.528	1000	0.000 000 402 750	0.25	小型	小型	小型
	86	C2211501115	2 750 028.045	1000	0.000 000 402 750	0.25	小型	小型	小型
古马岭—活龙	88	A2211503144	2 947 991.065	900	0.000 000 837 056	0.75	小型	小型	小型
	89	C2211503143	6 208 231.468	900	0.000 000 313 896	0.25	小型	小型	小型
	90	C2211503145	8 462 688.185	900	0.000 000 313 896	0.25	小型	小型	小型
六道沟—八道沟	91	A2211501135	39 713 035.68	1000	0.000 001 074 000	0.75	大型	大型	大型
	92	C2211501130	8 621 115.358	1000	0.000 000 402 750	0.25	小型	小型	小型
	93	C2211501131	15 515 648.76	1000	0.000 000 402 750	0.25	小型	小型	小型
长白十六道沟	94	B2211501140	2 062 584.883	1000	0.000 000 738 375	0.5	小型	小型	小型
	95	C2211501139	16 927 024.63	1000	0.000 000 402 750	0.25	小型	小型	小型
安口	96	C2211601116	7 165 130.325	1000	0.000 000 102 724	0.25	小型	小型	小型
	97	C2211601101	7 143 668.6	1000	0.000 000 102 724	0.25	小型	小型	小型
	98	C2211601104	20 652 034.65	1000	0.000 000 102 724	0.25	小型	小型	小型
	99	B2211601106	48 585 102.28	1000	0.000 000 188 328	0.5	小型	小型	小型
石棚沟—石道河子	100	B2211601098	23 132 756.2	1000	0.000 000 188 328	0.5	小型	小型	小型
	101	A2211601097	37 392 194.63	1000	0.000 000 273 931	0.75	中型	中型	中型

续表 8-6-2

预测工作区	序号	最小预测区编号	面积	延深	含矿系数	相似系数	500m 以浅预测资源量	1000m 以浅预测资源量	2000m 以浅预测资源量
金城洞木兰屯	102	A2211601086	30 169 135.05	1000	0.000 000 273 931	0.75	小型	中型	中型
	103	C2211601090	9 245 993.875	1000	0.000 000 102 724	0.25	小型	小型	小型
	104	C2211601094	6 304 691.225	1000	0.000 000 102 724	0.25	小型	小型	小型
	105	B2211601096	11 803 217.45	1000	0.000 000 188 328	0.5	小型	小型	小型
	106	A2211601095	49 521 240.85	1000	0.000 000 273 931	0.75	中型	大型	大型
夹皮沟溜河	107	A2211601076	24 870 856	1500	0.000 000 273 931	0.75	中型	中型	中型
	108	A2211601075	41 920 993.75	1500	0.000 000 273 931	0.75	小型	中型	大型
	109	B2211601078	40 140 945.48	1500	0.000 000 188 328	0.5	中型	中型	中型
	111	A2211601083	20 466 412.1	1500	0.000 001 101 600	0.75	中型	大型	大型
	112	C2211601081	33 227 883.05	1500	0.000 000 102 724	0.25	小型	小型	小型
四方山—板石	114	C2211601107	20 144 919.28	1000	0.000 000 102 724	0.25	小型	小型	小型
	115	C2211601108	3 823 453.3	1000	0.000 000 102 724	0.25	小型	小型	小型
	116	A2211601109	30 934 848.8	1000	0.000 000 273 931	0.75	中型	中型	中型
正岔—复兴	117	C2211502137	8 808 260.303	1300	0.000 000 103 626	0.25	小型	小型	小型
	118	B2211502138	7 090 302.518	1300	0.000 000 189 981	0.5	小型	小型	小型
	120	B2211502136	3 874 610.568	1300	0.000 000 189 981	0.5	小型	小型	小型
海沟	121	B2211201088	15 509 622.95	1600	0.000 000 795 245	0.5	中型	中型	中型
	122	A2211201084	6 354 822.925	1600	0.000 001 156 720	0.75	中型	中型	中型
	123	C2211201089	8 066 445.3	1600	0.000 000 433 770	0.25	小型	小型	小型
	124	C2211201091	4 280 166.95	1600	0.000 000 433 770	0.25	小型	小型	小型
	125	C2211201082	7 529 047.25	1600	0.000 000 433 770	0.25	小型	小型	·
	126	A2211201093	2 397 373.725	1600	0.000 001 156 720	0.75	小型	小型	小型

续表 8-6-2

预测工作区	序号	最小预测区编号	面积	延深	含矿系数	相似系数	500m 以浅预测资源量	1000m 以浅预测资源量	2000m 以浅预测资源量
小西南岔杨金沟	128	A2211202017	2 420 226.35	1000	0.000 001 188 000	0.75	小型	小型	小型
	129	C2211202054	3 447 965.225	1000	0.000 000 205 626	0.25	小型	小型	小型
	131	A2211202055	14 125 181.98	1000	0.000 000 548 336	0.75	中型	中型	中型
	132	C2211202010	2 458 786.525	1000	0.000 000 445 500	0.25	小型	小型	小型
农坪—前山	134	C2211203073	11 928 289.85	1000	0.000 000 205 626	0.25	小型	小型	小型
	135	C2211203066	13 008 971.08	1000	0.000 000 205 626	0.25	小型	小型	小型
	136	B2211203061	2 289 937.825	1000	0.000 000 376 981	0.5	小型	小型	小型
	137	B2211203070	6 044 515.975	1000	0.000 000 376 981	0.5	小型	小型	小型
	138	A2211203068	41 692 658.6	1000	0.000 000 548 336	0.75	中型	大型	大型
黄松甸子	139	C2211101004	4 676 912.485	300	0.000 001 861 440	0.25	小型	小型	小型
	140	C2211101005	3 345 595.478	300	0.000 001 861 440	0.25	小型	小型	小型
	141	C2211101027	3 352 035.36	300	0.000 001 861 440	0.25	小型	小型	小型
珲春河	143	C2211102067	2 415 719.438	50	0.000 000 223 737	0.25	小型	小型	小型
	144	C2211102071	4 790 638.08	50	0.000 000 223 737	0.25	小型	小型	小型

表 8-6-3　最小预测区预测资源量可信度统计表

预测区序号	最小预测区编号	面积		延深		含矿系数		资源量综合	
		可信度	依据	可信度	依据	可信度	依据	可信度	依据
1	A2211403003	1	含矿建造+化探异常	1	最大勘探深度+含矿建造推断+参考磁异常反演	1	模型区预测资源总量/含矿地质体总体积	1	模型区
2	B2211403007	0.55	与模型区对比+含矿建造+化探异常	0.7	与模型区对比	0.5	与模型区类比具有相同的构造环境+含矿建造+化探异常+已知矿(化)点	0.5	综合面积、延深、含矿系数可信度
3	A2211403008	0.8		0.9		0.7	与模型区类比具有相同的构造环境+含矿建造+化探异常+已知矿床	0.75	
4	C2211403013	0.3		0.5		0.3	与模型区类比具有相同的构造环境+含矿建造+化探异常	0.25	
5	C2211403018	0.3		0.5		0.3		0.25	
6	B2211403016	0.55		0.7		0.5	与模型区类比具有相同的构造环境+含矿建造+化探异常+已知矿(化)点	0.5	
7	C2211403021	0.3		0.5		0.3	与模型区类比具有相同的构造环境+含矿建造+化探异常	0.25	
8	C2211403023	0.3		0.5		0.3		0.25	
9	B2211403030	0.55		0.7		0.5	与模型区类比具有相同的构造环境+含矿建造+化探异常+已知矿(化)点	0.5	
10	C2211403031	0.3		0.5		0.3	与模型区类比具有相同的构造环境+含矿建造+化探异常	0.25	
11	B2211403033	0.55		0.7		0.5	与模型区类比具有相同的构造环境+含矿建造+化探异常+已知矿(化)点	0.5	

续表 8-6-3

预测区序号	最小预测区编号	面积		延深		含矿系数		资源量综合	
		可信度	依据	可信度	依据	可信度	依据	可信度	依据
12	B2211403051	0.55	与模型区对比＋含矿建造＋化探异常	0.7	与模型区对比	0.5	与模型区类比具有相同的构造环境＋含矿建造＋化探异常＋已知矿(化)点	0.5	综合面积、延深、含矿系数可信度
13	A2211403057	0.8		0.9		0.7	与模型区类比具有相同的构造环境＋含矿建造＋化探异常＋已知矿床	0.75	
14	A2211403062	0.8		0.9		0.7		0.75	
15	B2211403072	0.55		0.7		0.5	与模型区类比具有相同的构造环境＋含矿建造＋化探异常＋已知矿(化)点	0.5	
16	C2211403053	0.3		0.5		0.3	与模型区类比具有相同的构造环境＋含矿建造＋化探异常	0.25	
17	C2211403059	0.3		0.5		0.3		0.25	
18	C2211403060	0.3		0.5		0.3		0.25	
19	C2211401006	0.3		0.5		0.3		0.25	
20	C2211401019	0.3		0.5		0.3		0.25	
21	C2211401032	0.3		0.5		0.3		0.25	
22	C2211401039	0.3		0.5		0.3		0.25	
23	A2211404042	0.8		0.9		0.7	模型区预测资源总量	0.75	
24	A2211401041	1		1	最大勘探深度＋含矿建造推断＋参考磁异常反演	1		1	模型区
25	A2211404058	1	含矿建造＋化探异常	1		1	含矿地质体总体积	1	
26	B2211404047	0.55	与模型区对比＋含矿建造＋化探异常	0.7	与模型区对比	0.5	与模型区类比具有相同的构造环境＋含矿建造＋化探异常＋已知矿(化)点	0.5	综合面积、延深、含矿系数可信度
27	B2211404050	0.55		0.7		0.5		0.5	
28	C2211404035	0.3		0.5		0.3	与模型区类比具有相同的构造环境＋含矿建造＋化探异常	0.25	

续表 8-6-3

预测区序号	最小预测区编号	面积		延深		含矿系数		资源量综合	
		可信度	依据	可信度	依据	可信度	依据	可信度	依据
29	C2211404040	0.3	与模型区对比＋含矿建造＋化探异常	0.5	与模型区对比	0.3	与模型区类比具有相同的构造环境＋含矿建造＋化探异常	0.25	综合面积、延深、含矿系数可信度
30	C2211404043	0.3		0.5		0.3		0.25	
31	C2211402105	0.3		0.5		0.3		0.25	
32	C2211402103	0.3		0.5		0.3		0.25	
33	A2211402102	1	含矿建造＋化探异常	1	最大勘探深度＋含矿建造推断＋参考磁异常反演	1	与模型区类比具有相同的构造环境＋含矿建造＋化探异常＋已知矿床	1	模型区
34	C2211402100	0.3	与模型区对比＋含矿建造＋化探异常	0.5	与模型区对比	0.3	与模型区类比具有相同的构造环境＋含矿建造＋化探异常	0.25	综合面积、延深、含矿系数可信度
35	C2211402099	0.3		0.5		0.3		0.25	
36	A2211401064	1	含矿建造＋化探异常	1	最大勘探深度＋含矿建造推断＋参考磁异常反演	1	与模型区类比具有相同的构造环境＋含矿建造＋化探异常＋已知矿床	1	模型区
37	C2211401052	0.3	与模型区对比＋含矿建造＋化探异常	0.5	与模型区对比	0.3	与模型区类比具有相同的构造环境＋含矿建造＋化探异常	0.25	综合面积、延深、含矿系数可信度
38	A2211401048	1	含矿建造＋化探异常	1	最大勘探深度＋含矿建造推断＋参考磁异常反演	1	模型区预测资源总量/含矿地质体总体积	1	模型区
39	A2211401045	0.8	与模型区对比＋含矿建造＋化探异常	0.9	与模型区对比	0.7	与模型区类比具有相同的构造环境＋含矿建造＋化探异常＋已知矿床	0.75	综合面积、延深、含矿系数可信度
40	C2211401026	0.3		0.5		0.3	与模型区类比具有相同的构造环境＋含矿建造＋化探异常	0.25	

续表 8-6-3

预测区序号	最小预测区编号	面积		延深		含矿系数		资源量综合	
		可信度	依据	可信度	依据	可信度	依据	可信度	依据
41	C2211401034	0.3	与模型区对比+含矿建造+化探异常	0.5	与模型区对比	0.3	与模型区类比具有相同的构造环境+含矿建造+化探异常	0.25	综合面积、延深、含矿系数可信度
42	C2211401037	0.3		0.5		0.3		0.25	
43	A2211401011	0.8		0.9		0.7	与模型区类比具有相同的构造环境+含矿建造+化探异常+已知矿床	0.75	
44	A2211401012	1	含矿建造+化探异常	1	最大勘探深度+含矿建造推断+参考磁异常反演	1	模型区预测资源总量/含矿地质体总体积	1	模型区
45	B2211401025	0.55	与模型区对比+含矿建造+化探异常	0.7	与模型区对比	0.5	与模型区类比具有相同的构造环境+含矿建造+化探异常+已知矿(化)点	0.5	综合面积、延深、含矿系数可信度
46	C2211401024	0.3		0.5		0.3	与模型区类比具有相同的构造环境+含矿建造+化探异常	0.25	
47	C2211401028	0.3		0.5		0.3		0.25	
48	C2211401014	0.3		0.5		0.3		0.25	
49	C2211401044	0.3		0.5		0.3		0.25	
50	C2211401036	0.3		0.5		0.3		0.25	
51	A2211401009	0.8		0.9		0.7	与模型区类比具有相同的构造环境+含矿建造+化探异常+已知矿床	0.75	
52	A2211401092	0.8		0.9		0.7		0.75	
53	A2211504074	0.8		0.9		0.7		0.75	
54	B2211504029	0.55		0.7		0.5	与模型区类比具有相同的构造环境+含矿建造+化探异常+已知矿(化)点	0.5	
55	B2211504049	0.55		0.7		0.5		0.5	
56	B2211504046	0.55		0.7		0.5		0.5	
57	B2211504063	0.55		0.7		0.5		0.5	
58	B2211504065	0.55		0.7		0.5		0.5	

续表 8-6-3

预测区序号	最小预测区编号	面积		延深		含矿系数		资源量综合	
		可信度	依据	可信度	依据	可信度	依据	可信度	依据
59	C2211504015	0.3	与模型区对比＋含矿建造＋化探异常	0.5	与模型区对比	0.3	与模型区类比具有相同的构造环境＋含矿建造＋化探异常	0.25	综合面积、延深、含矿系数可信度
60	C2211504038	0.3		0.5		0.3		0.25	
61	A2211504002	1	含矿建造＋化探异常	1	最大勘探深度＋含矿建造推断＋参考磁异常反演	1	模型区预测资源总量/含矿地质体总体积	1	模型区
62	C2211504001	0.3	与模型区对比＋含矿建造＋化探异常	0.5	与模型区对比	0.3	与模型区类比具有相同的构造环境＋含矿建造＋化探异常	0.25	综合面积、延深、含矿系数可信度
63	C2211504077	0.3		0.5		0.3		0.25	
64	C2211504080	0.3		0.5		0.3		0.25	
65	A2211505117	1	含矿建造＋化探异常	1	最大勘探深度＋含矿建造推断＋参考磁异常反演	1	模型区预测资源总量/含矿地质体总体积	1	模型区
66	B2211505119	0.55		0.7	与模型区对比	0.5	与模型区类比具有相同的构造环境＋含矿建造＋化探异常＋已知矿(化)点	0.5	综合面积、延深、含矿系数可信度
67	C2211505121	0.3		0.5		0.3	与模型区类比具有相同的构造环境＋含矿建造＋化探异常	0.25	
68	A2211501111	0.8		0.9		0.7	与模型区类比具有相同的构造环境＋含矿建造＋化探异常＋已知矿床	0.75	
69	A2211501113	0.8		0.9		0.7		0.75	
70	A2211501118	0.8		0.9		0.7		0.75	
71	A2211501123	0.8		0.9		0.7		0.75	
72	A2211501127	1		1	最大勘探深度＋含矿建造推断＋参考磁异常反演	1	模型区预测资源总量/含矿地质体总体积	1.00	模型区
73	A2211501132	1		1		1		1.00	

续表 8-6-3

预测区序号	最小预测区编号	面积		延深		含矿系数		资源量综合	
		可信度	依据	可信度	依据	可信度	依据	可信度	依据
74	B2211501114	0.55	与模型区对比＋含矿建造＋化探异常	0.7	与模型区对比	0.5	与模型区类比具有相同的构造环境＋含矿建造＋化探异常＋已知矿(化)点	0.50	综合面积、延深、含矿系数可信度
75	B2211501112	0.55		0.7		0.5		0.50	
76	B2211501120	0.55		0.7		0.5		0.50	
77	B2211501122	0.55		0.7		0.5		0.50	
78	B2211501125	0.55		0.7		0.5		0.50	
79	B2211501124	0.55		0.7		0.5		0.50	
80	B2211501126	0.55		0.7		0.5		0.50	
81	B2211501129	0.55		0.7		0.5		0.50	
82	C2211501128	0.3		0.5		0.3	与模型区类比具有相同的构造环境＋含矿建造＋化探异常	0.25	
83	C2211501133	0.3		0.5		0.3		0.25	
84	C2211501134	0.3		0.5		0.3		0.25	
85	C2211501110	0.3		0.5		0.3		0.25	
86	C2211501115	0.3		0.5		0.3		0.25	
87	A2211503142	1	含矿建造＋化探异常	1	最大勘探深度＋含矿建造推断＋参考磁异常反演	1	模型区预测资源总量/含矿地质体总体积	1.00	模型区
88	A2211503144	0.8	与模型区对比＋含矿建造＋化探异常	0.9	与模型区对比	0.7	与模型区类比具有相同的构造环境＋含矿建造＋化探异常＋已知矿床	0.75	综合面积、延深、含矿系数可信度
89	C2211503143	0.3		0.5		0.3	与模型区类比具有相同的构造环境＋含矿建造＋化探异常	0.25	
90	C2211503145	0.3		0.5		0.3		0.25	
91	A2211501135	0.8		0.9		0.7	与模型区类比具有相同的构造环境＋含矿建造＋化探异常＋已知矿床	0.75	
92	C2211501130	0.3		0.5		0.3	与模型区类比具有相同的构造环境＋含矿建造＋化探异常	0.25	

续表 8-6-3

预测区序号	最小预测区编号	面积		延深		含矿系数		资源量综合	
		可信度	依据	可信度	依据	可信度	依据	可信度	依据
93	C2211501131	0.3	与模型区对比＋含矿建造＋化探异常	0.5	与模型区对比	0.3	与模型区类比具有相同的构造环境＋含矿建造＋化探异常	0.25	综合面积、延深、含矿系数可信度
94	B2211501140	0.55		0.7		0.5	与模型区类比具有相同的构造环境＋含矿建造＋化探异常＋已知矿(化)点	0.5	
95	C2211501139	0.3		0.5		0.3	与模型区类比具有相同的构造环境＋含矿建造＋化探异常	0.25	
96	C2211601116	0.3		0.5		0.3		0.25	
97	C2211601101	0.3		0.5		0.3		0.25	
98	C2211601104	0.3		0.5		0.3		0.25	
99	B2211601106	0.55		0.7		0.5	与模型区类比具有相同的构造环境＋含矿建造＋化探异常＋已知矿(化)点	0.5	
100	B2211601098	0.55		0.7		0.5		0.5	
101	A2211601097	0.8		0.9		0.7	与模型区类比具有相同的构造环境＋含矿建造＋化探异常＋已知矿床	0.75	
102	A2211601086	0.8		0.9		0.7		0.75	
103	C2211601090	0.3		0.5		0.3	与模型区类比具有相同的构造环境＋含矿建造＋化探异常	0.25	
104	C2211601094	0.3		0.5		0.3		0.25	
105	B2211601096	0.55		0.7		0.5	与模型区类比具有相同的构造环境＋含矿建造＋化探异常＋已知矿(化)点	0.5	
106	A2211601095	0.8		0.9		0.7	与模型区类比具有相同的构造环境＋含矿建造＋化探异常＋已知矿床	0.75	
107	A2211601076	0.8		0.9		0.7		0.75	
108	A2211601075	0.8		0.9		0.7		0.75	
109	B2211601078	0.55		0.7		0.5	与模型区类比具有相同的构造环境＋含矿建造＋化探异常＋已知矿(化)点	0.5	

续表 8-6-3

预测区序号	最小预测区编号	面积		延深		含矿系数		资源量综合	
		可信度	依据	可信度	依据	可信度	依据	可信度	依据
110	A2211601087	1	含矿建造+化探异常	1	最大勘探深度+含矿建造推断+参考磁异常反演	1	模型区预测资源总量/含矿地质体总体积	1	模型区
111	A2211601083	0.8	与模型区对比+含矿建造+化探异常	0.9	与模型区对比	0.7	与模型区类比具有相同的构造环境+含矿建造+化探异常+已知矿床	0.75	综合面积、延深、含矿系数可信度
112	C2211601081	0.3		0.5		0.3	与模型区类比具有相同的构造环境+含矿建造+化探异常	0.25	
113	A2211601079	1	含矿建造+化探异常	1	最大勘探深度+含矿建造推断+参考磁异常反演	1	与模型区类比具有相同的构造环境+含矿建造+化探异常+已知矿床	1	模型区
114	C2211601107	0.3	与模型区对比+含矿建造+化探异常	0.5	与模型区对比	0.3	与模型区类比具有相同的构造环境+含矿建造+化探异常	0.25	综合面积、延深、含矿系数可信度
115	C2211601108	0.3		0.5		0.3		0.25	
116	A2211601109	0.8		0.9		0.7		0.75	
117	C2211502137	0.3		0.5		0.3		0.25	
118	B2211502138	0.55		0.7		0.5	与模型区类比具有相同的构造环境+含矿建造+化探异常+已知矿(化)点	0.50	
119	A2211502141	1	含矿建造+化探异常	1	最大勘探深度+含矿建造推断+参考磁异常反演	1	模型区预测资源总量/含矿地质体总体积	1.00	模型区
110	A2211601087	1		1		1		1	
111	A2211601083	0.8	与模型区对比+含矿建造+化探异常	0.9	与模型区对比	0.7	与模型区类比具有相同的构造环境+含矿建造+化探异常+已知矿床	0.75	综合面积、延深、含矿系数可信度
112	C2211601081	0.3		0.5		0.3	与模型区类比具有相同的构造环境+含矿建造+化探异常	0.25	

续表 8-6-3

预测区序号	最小预测区编号	面积		延深		含矿系数		资源量综合	
		可信度	依据	可信度	依据	可信度	依据	可信度	依据
113	A2211601079	1	含矿建造+化探异常	1	最大勘探深度+含矿建造推断+参考磁异常反演	1	与模型区类比具有相同的构造环境+含矿建造+化探异常+已知矿床	1	模型区
114	C2211601107	0.3	与模型区对比+含矿建造+化探异常	0.5	与模型区对比	0.3	与模型区类比具有相同的构造环境+含矿建造+化探异常	0.25	综合面积、延深、含矿系数可信度
115	C2211601108	0.3		0.5		0.3		0.25	
116	A2211601109	0.8		0.9		0.7		0.75	
117	C2211502137	0.3		0.5		0.3		0.25	
118	B2211502138	0.55		0.7		0.5	与模型区类比具有相同的构造环境+含矿建造+化探异常+已知矿(化)点	0.50	
119	A2211502141	1	含矿建造+化探异常	1	最大勘探深度+含矿建造推断+参考磁异常反演	1	模型区预测资源总量/含矿地质体总体积	1.00	模型区
120	B2211502136	0.55	与模型区对比+含矿建造+化探异常	0.7	与模型区对比	0.5	与模型区类比具有相同的构造环境+含矿建造+化探异常+已知矿(化)点	0.50	综合面积、延深、含矿系数可信度
121	B2211201088	0.55		0.7		0.5		0.50	
122	A2211201084	0.8		0.9		0.7	与模型区类比具有相同的构造环境+含矿建造+化探异常+已知矿床	0.75	
123	C2211201089	0.3		0.5		0.3	与模型区类比具有相同的构造环境+含矿建造+化探异常	0.25	
124	C2211201091	0.3		0.5		0.3		0.25	
125	C2211201082	0.3		0.5		0.3		0.25	
126	A2211201093	0.8		0.9		0.7	与模型区类比具有相同的构造环境+含矿建造+化探异常+已知矿床	0.75	
127	A2211201085	1	含矿建造+化探异常	1	最大勘探深度+含矿建造推断+参考磁异常反演	1	模型区预测资源总量/含矿地质体总体积	1.00	模型区

续表 8-6-3

预测区序号	最小预测区编号	面积		延深		含矿系数		资源量综合	
		可信度	依据	可信度	依据	可信度	依据	可信度	依据
128	A2211202017	0.8	与模型区对比＋含矿建造＋化探异常	0.9	与模型区对比	0.7	与模型区类比具有相同的构造环境＋含矿建造＋化探异常＋已知矿床	0.75	综合面积、延深、含矿系数可信度
129	C2211202054	0.3		0.5		0.3	与模型区类比具有相同的构造环境＋含矿建造＋化探异常	0.25	
130	A2211202056	1	含矿建造＋化探异常	1	最大勘探深度＋含矿建造推断＋参考磁异常反演	1	模型区预测资源总量/含矿地质体总体积	1.00	模型区
131	A2211202055	0.8	与模型区对比＋含矿建造＋化探异常	0.9	与模型区对比	0.7	与模型区类比具有相同的构造环境＋含矿建造＋化探异常＋已知矿床	0.75	综合面积、延深、含矿系数可信度
132	C2211202010	0.3		0.5		0.3	与模型区类比具有相同的构造环境＋含矿建造＋化探异常	0.25	
133	A2211202020	1	含矿建造＋化探异常	1	最大勘探深度＋含矿建造推断＋参考磁异常反演	1	模型区预测资源总量/含矿地质体总体积	1.00	模型区
134	C2211203073	0.3	与模型区对比＋含矿建造＋化探异常	0.5	与模型区对比	0.3	与模型区类比具有相同的构造环境＋含矿建造＋化探异常	0.25	综合面积、延深、含矿系数可信度
135	C2211203066	0.3		0.5		0.3		0.25	
136	B2211203061	0.55		0.7		0.5	与模型区类比具有相同的构造环境＋含矿建造＋化探异常＋已知矿(化)点	0.50	
137	B2211203070	0.55		0.7		0.5		0.50	
138	A2211203068	0.8		0.9		0.7	与模型区类比具有相同的构造环境＋含矿建造＋化探异常＋已知矿床	0.75	
139	C2211101004	0.3		0.5		0.3	与模型区类比具有相同的构造环境＋含矿建造＋化探异常	0.25	
140	C2211101005	0.3		0.5		0.3		0.25	
141	C2211101027	0.3		0.5		0.3		0.25	

续表 8-6-3

预测区序号	最小预测区编号	面积		延深		含矿系数		资源量综合	
		可信度	依据	可信度	依据	可信度	依据	可信度	依据
142	A2211101022	1	含矿建造+化探异常	1	最大勘探深度+含矿建造推断+参考磁异常反演	1	模型区预测资源总量/含矿地质体总体积	1.00	模型区
143	C2211102067	0.3	与模型区对比+含矿建造+化探异常	0.5	与模型区对比	0.3	与模型区类比具有相同的构造环境+含矿建造+化探异常	0.25	综合面积、延深、含矿系数可信度
144	C2211102071	0.3		0.5		0.3		0.25	
145	A2211102069	1	含矿建造+化探异常	1	最大勘探深度+含矿建造推断+参考磁异常反演	1	模型区预测资源总量/含矿地质体总体积	1.00	模型区

第七节 预测区地质评价

一、预测区级别划分

最小预测区存在含矿建造，与已知模型区比较含矿建造相同，且存在矿床或矿点，并且最小预测区的圈定是在含矿建造出露区上圈定最小区域，最小预测区确定为A级。

最小预测区存在含矿建造，与已知模型区比较含矿建造相同，且存在矿化体，并且最小预测区的圈定是在含矿建造出露区上圈定最小区域，最小预测区确定为B级。

最小预测区存在含矿建造，与已知模型区比较含矿建造相同，最小预测区的圈定是在含矿建造出露区上圈定的最小区域，最小预测区确定为C级。

二、预测区地质评价

依据预测区划分依据，对30个预测工作区进行了最小预测区圈定，共圈定出145个最小预测区，其中A类预测区47个，B类预测区33个，C类预测区65个。每个预测区地质评价见表8-7-1。

表8-7-1 预测区地质评价一览表

序号	最小预测区编号	最小预测区级别	预测区地质评价
1	A2211403003	A类预测区	构造环境有利于成矿，出露有含矿建造，并有套合的以金为主的多元素化探异常，并有已知的矿床
2	B2211403007	B类预测区	与已知矿床具有相同的构造环境，出露有含矿建造，以金为主的化探异常显示，并有已知矿床(点)
3	A2211403008	A类预测区	与已知矿床具有相同的构造环境，出露有含矿建造，以金为主的化探异常显示，并有已知矿床(点)
4	C2211403013	C类预测区	与已知矿床具有相同的构造环境，出露有含矿建造，以金为主的化探异常显示
5	C2211403018	C类预测区	与已知矿床具有相同的构造环境，出露有含矿建造，以金为主的化探异常显示
6	B2211403016	B类预测区	与已知矿床具有相同的构造环境，出露有含矿建造，以金为主的化探异常显示，并有已知矿床(点)
7	C2211403021	C类预测区	与已知矿床具有相同的构造环境，出露有含矿建造，以金为主的化探异常显示
8	C2211403023	C类预测区	与已知矿床具有相同的构造环境，出露有含矿建造，以金为主的化探异常显示
9	B2211403030	B类预测区	与已知矿床具有相同的构造环境，出露有含矿建造，以金为主的化探异常显示，并有已知矿床(点)

续表 8-7-1

序号	最小预测区编号	最小预测区级别	预测区地质评价
10	C2211403031	C类预测区	与已知矿床具有相同的构造环境，出露有含矿建造，以金为主的化探异常显示
11	B2211403033	B类预测区	与已知矿床具有相同的构造环境，出露有含矿建造，以金为主的化探异常显示，并有已知矿床（点）
12	B2211403051	B类预测区	与已知矿床具有相同的构造环境，出露有含矿建造，以金为主的化探异常显示，并有已知矿床（点）
13	A2211403057	A类预测区	与已知矿床具有相同的构造环境，出露有含矿建造，以金为主的化探异常显示，并有已知矿床（点）
14	A2211403062	A类预测区	与已知矿床具有相同的构造环境，出露有含矿建造，以金为主的化探异常显示，并有已知矿床（点）
15	B2211403072	B类预测区	与已知矿床具有相同的构造环境，出露有含矿建造，以金为主的化探异常显示，并有已知矿床（点）
16	C2211403053	C类预测区	与已知矿床具有相同的构造环境，出露有含矿建造，以金为主的化探异常显示
17	C2211403059	C类预测区	与已知矿床具有相同的构造环境，出露有含矿建造，以金为主的化探异常显示
18	C2211403060	C类预测区	与已知矿床具有相同的构造环境，出露有含矿建造，以金为主的化探异常显示
19	C2211401006	C类预测区	与已知矿床具有相同的构造环境，出露有含矿建造，以金为主的化探异常显示
20	C2211401019	C类预测区	与已知矿床具有相同的构造环境，出露有含矿建造，以金为主的化探异常显示
21	C2211401032	C类预测区	与已知矿床具有相同的构造环境，出露有含矿建造，以金为主的化探异常显示
22	C2211401039	C类预测区	与已知矿床具有相同的构造环境，出露有含矿建造，以金为主的化探异常显示
23	A2211401041	A类预测区	构造环境有利于成矿，出露有含矿建造，并有套合的以金为主的多元素化探异常，并有已知的矿床
24	A2211404042	A类预测区	与已知矿床具有相同的构造环境，出露有含矿建造，以金为主的化探异常显示，并有已知矿床（点）
25	A2211404058	A类预测区	构造环境有利于成矿，出露有含矿建造，并有套合的以金为主的多元素化探异常，并有已知的矿床
26	B2211404047	B类预测区	与已知矿床具有相同的构造环境，出露有含矿建造，以金为主的化探异常显示，并有已知矿床（点）
27	B2211404050	B类预测区	与已知矿床具有相同的构造环境，出露有含矿建造，以金为主的化探异常显示，并有已知矿床（点）

续表 8-7-1

序号	最小预测区编号	最小预测区级别	预测区地质评价
28	C2211404035	C类预测区	与已知矿床具有相同的构造环境,出露有含矿建造,以金为主的化探异常显示
29	C2211404040	C类预测区	与已知矿床具有相同的构造环境,出露有含矿建造,以金为主的化探异常显示
30	C2211404043	C类预测区	与已知矿床具有相同的构造环境,出露有含矿建造,以金为主的化探异常显示
31	C2211402105	C类预测区	与已知矿床具有相同的构造环境,出露有含矿建造,以金为主的化探异常显示
32	C2211402103	C类预测区	与已知矿床具有相同的构造环境,出露有含矿建造,以金为主的化探异常显示
33	A2211402102	A类预测区	与已知矿床具有相同的构造环境,出露有含矿建造,以金为主的化探异常显示,并有已知矿床(点)
34	C2211402100	C类预测区	与已知矿床具有相同的构造环境,出露有含矿建造,以金为主的化探异常显示
35	C2211402099	C类预测区	与已知矿床具有相同的构造环境,出露有含矿建造,以金为主的化探异常显示
36	A2211401064	A类预测区	构造环境有利于成矿,出露有含矿建造,并有套合的以金为主的多元素化探异常,并有已知的矿床
37	C2211401052	C类预测区	与已知矿床具有相同的构造环境,出露有含矿建造,以金为主的化探异常显示
38	A2211401048	A类预测区	构造环境有利于成矿,出露有含矿建造,并有套合的以金为主的多元素化探异常,并有已知的矿床
39	A2211401045	A类预测区	与已知矿床具有相同的构造环境,出露有含矿建造,以金为主的化探异常显示,并有已知矿床(点)
40	C2211401026	C类预测区	与已知矿床具有相同的构造环境,出露有含矿建造,以金为主的化探异常显示
41	C2211401034	C类预测区	与已知矿床具有相同的构造环境,出露有含矿建造,以金为主的化探异常显示
42	C2211401037	C类预测区	与已知矿床具有相同的构造环境,出露有含矿建造,以金为主的化探异常显示
43	A2211401011	A类预测区	与已知矿床具有相同的构造环境,出露有含矿建造,以金为主的化探异常显示,并有已知矿床(点)
44	A2211401012	A类预测区	构造环境有利于成矿,出露有含矿建造,并有套合的以金为主的多元素化探异常,并有已知的矿床
45	B2211401025	B类预测区	与已知矿床具有相同的构造环境,出露有含矿建造,以金为主的化探异常显示,并有已知矿床(点)

续表 8-7-1

序号	最小预测区编号	最小预测区级别	预测区地质评价
46	C2211401024	C 类预测区	与已知矿床具有相同的构造环境,出露有含矿建造,以金为主的化探异常显示
47	C2211401028	C 类预测区	与已知矿床具有相同的构造环境,出露有含矿建造,以金为主的化探异常显示
48	C2211401014	C 类预测区	与已知矿床具有相同的构造环境,出露有含矿建造,以金为主的化探异常显示
49	C2211401044	C 类预测区	与已知矿床具有相同的构造环境,出露有含矿建造,以金为主的化探异常显示
50	C2211401036	C 类预测区	与已知矿床具有相同的构造环境,出露有含矿建造,以金为主的化探异常显示
51	A2211401009	A 类预测区	与已知矿床具有相同的构造环境,出露有含矿建造,以金为主的化探异常显示,并有已知矿床(点)
52	A2211401092	A 类预测区	与已知矿床具有相同的构造环境,出露有含矿建造,以金为主的化探异常显示,并有已知矿床(点)
53	A2211504074	A 类预测区	与已知矿床具有相同的构造环境,出露有含矿建造,以金为主的化探异常显示,并有已知矿床(点)
54	B2211504029	B 类预测区	与已知矿床具有相同的构造环境,出露有含矿建造,以金为主的化探异常显示,并有已知矿床(点)
55	B2211504049	B 类预测区	与已知矿床具有相同的构造环境,出露有含矿建造,以金为主的化探异常显示,并有已知矿床(点)
56	B2211504046	B 类预测区	与已知矿床具有相同的构造环境,出露有含矿建造,以金为主的化探异常显示,并有已知矿床(点)
57	B2211504063	B 类预测区	与已知矿床具有相同的构造环境,出露有含矿建造,以金为主的化探异常显示,并有已知矿床(点)
58	B2211504065	B 类预测区	与已知矿床具有相同的构造环境,出露有含矿建造,以金为主的化探异常显示,并有已知矿床(点)
59	C2211504015	C 类预测区	与已知矿床具有相同的构造环境,出露有含矿建造,以金为主的化探异常显示
60	C2211504038	C 类预测区	与已知矿床具有相同的构造环境,出露有含矿建造,以金为主的化探异常显示
61	A2211504002	A 类预测区	构造环境有利于成矿,出露有含矿建造,并有套合的以金为主的多元素化探异常,并有已知的矿床
62	C2211504001	C 类预测区	与已知矿床具有相同的构造环境,出露有含矿建造,以金为主的化探异常显示
63	C2211504077	C 类预测区	与已知矿床具有相同的构造环境,出露有含矿建造,以金为主的化探异常显示

续表 8-7-1

序号	最小预测区编号	最小预测区级别	预测区地质评价
64	C2211504080	C类预测区	与已知矿床具有相同的构造环境,出露有含矿建造,以金为主的化探异常显示
65	A2211505117	A类预测区	构造环境有利于成矿,出露有含矿建造,并有套合的以金为主的多元素化探异常,并有已知的矿床
66	B2211505119	B类预测区	与已知矿床具有相同的构造环境,出露有含矿建造,以金为主的化探异常显示,并有已知矿床(点)
67	C2211505121	C类预测区	与已知矿床具有相同的构造环境,出露有含矿建造,以金为主的化探异常显示
68	A2211501111	A类预测区	与已知矿床具有相同的构造环境,出露有含矿建造,以金为主的化探异常显示,并有已知矿床(点)
69	A2211501113	A类预测区	与已知矿床具有相同的构造环境,出露有含矿建造,以金为主的化探异常显示,并有已知矿床(点)
70	A2211501118	A类预测区	与已知矿床具有相同的构造环境,出露有含矿建造,以金为主的化探异常显示,并有已知矿床(点)
71	A2211501123	A类预测区	与已知矿床具有相同的构造环境,出露有含矿建造,以金为主的化探异常显示,并有已知矿床(点)
72	A2211501127	A类预测区	构造环境有利于成矿,出露有含矿建造,并有套合的以金为主的多元素化探异常,并有已知的矿床
73	A2211501132	A类预测区	构造环境有利于成矿,出露有含矿建造,并有套合的以金为主的多元素化探异常,并有已知的矿床
74	B2211501114	B类预测区	与已知矿床具有相同的构造环境,出露有含矿建造,以金为主的化探异常显示,并有已知矿床(点)
75	B2211501112	B类预测区	与已知矿床具有相同的构造环境,出露有含矿建造,以金为主的化探异常显示,并有已知矿床(点)
76	B2211501120	B类预测区	与已知矿床具有相同的构造环境,出露有含矿建造,以金为主的化探异常显示,并有已知矿床(点)
77	B2211501122	B类预测区	与已知矿床具有相同的构造环境,出露有含矿建造,以金为主的化探异常显示,并有已知矿床(点)
78	B2211501125	B类预测区	与已知矿床具有相同的构造环境,出露有含矿建造,以金为主的化探异常显示,并有已知矿床(点)
79	B2211501124	B类预测区	与已知矿床具有相同的构造环境,出露有含矿建造,以金为主的化探异常显示,并有已知矿床(点)
80	B2211501126	B类预测区	与已知矿床具有相同的构造环境,出露有含矿建造,以金为主的化探异常显示,并有已知矿床(点)
81	B2211501129	B类预测区	与已知矿床具有相同的构造环境,出露有含矿建造,以金为主的化探异常显示,并有已知矿床(点)

续表 8-7-1

序号	最小预测区编号	最小预测区级别	预测区地质评价
82	C2211501128	C类预测区	与已知矿床具有相同的构造环境,出露有含矿建造,以金为主的化探异常显示
83	C2211501133	C类预测区	与已知矿床具有相同的构造环境,出露有含矿建造,以金为主的化探异常显示
84	C2211501134	C类预测区	与已知矿床具有相同的构造环境,出露有含矿建造,以金为主的化探异常显示
85	C2211501110	C类预测区	与已知矿床具有相同的构造环境,出露有含矿建造,以金为主的化探异常显示
86	C2211501115	C类预测区	与已知矿床具有相同的构造环境,出露有含矿建造,以金为主的化探异常显示
87	A2211503142	A类预测区	构造环境有利于成矿,出露有含矿建造,并有套合的以金为主的多元素化探异常,并有已知的矿床
88	A2211503144	A类预测区	与已知矿床具有相同的构造环境,出露有含矿建造,以金为主的化探异常显示,并有已知矿床(点)
89	C2211503143	C类预测区	与已知矿床具有相同的构造环境,出露有含矿建造,以金为主的化探异常显示
90	C2211503145	C类预测区	与已知矿床具有相同的构造环境,出露有含矿建造,以金为主的化探异常显示
91	A2211501135	A类预测区	与已知矿床具有相同的构造环境,出露有含矿建造,以金为主的化探异常显示,并有已知矿床(点)
92	C2211501130	C类预测区	与已知矿床具有相同的构造环境,出露有含矿建造,以金为主的化探异常显示,并有已知矿床(点)
93	C2211501131	C类预测区	与已知矿床具有相同的构造环境,出露有含矿建造,以金为主的化探异常显示
94	B2211501140	B类预测区	与已知矿床具有相同的构造环境,出露有含矿建造,以金为主的化探异常显示,并有已知矿床(点)
95	C2211501139	C类预测区	与已知矿床具有相同的构造环境,出露有含矿建造,以金为主的化探异常显示
96	C2211601116	C类预测区	与已知矿床具有相同的构造环境,出露有含矿建造,以金为主的化探异常显示
97	C2211601101	C类预测区	与已知矿床具有相同的构造环境,出露有含矿建造,以金为主的化探异常显示
98	C2211601104	C类预测区	与已知矿床具有相同的构造环境,出露有含矿建造,以金为主的化探异常显示
99	B2211601106	B类预测区	与已知矿床具有相同的构造环境,出露有含矿建造,以金为主的化探异常显示,并有已知矿床(点)

续表 8-7-1

序号	最小预测区编号	最小预测区级别	预测区地质评价
100	B2211601098	B类预测区	与已知矿床具有相同的构造环境,出露有含矿建造,以金为主的化探异常显示,并有已知矿床(点)
101	A2211601097	A类预测区	与已知矿床具有相同的构造环境,出露有含矿建造,以金为主的化探异常显示,并有已知矿床(点)
102	A2211601086	A类预测区	与已知矿床具有相同的构造环境,出露有含矿建造,以金为主的化探异常显示,并有已知矿床(点)
103	C2211601090	C类预测区	与已知矿床具有相同的构造环境,出露有含矿建造,以金为主的化探异常显示
104	C2211601094	C类预测区	与已知矿床具有相同的构造环境,出露有含矿建造,以金为主的化探异常显示
105	B2211601096	B类预测区	与已知矿床具有相同的构造环境,出露有含矿建造,以金为主的化探异常显示,并有已知矿床(点)
106	A2211601095	A类预测区	与已知矿床具有相同的构造环境,出露有含矿建造,以金为主的化探异常显示,并有已知矿床(点)
107	A2211601076	A类预测区	与已知矿床具有相同的构造环境,出露有含矿建造,以金为主的化探异常显示,并有已知矿床(点)
108	A2211601075	A类预测区	与已知矿床具有相同的构造环境,出露有含矿建造,以金为主的化探异常显示,并有已知矿床(点)
109	B2211601078	B类预测区	与已知矿床具有相同的构造环境,出露有含矿建造,以金为主的化探异常显示,并有已知矿床(点)
110	A2211601087	A类预测区	构造环境有利于成矿,出露有含矿建造,并有套合的以金为主的多元素化探异常,并有已知的矿床
111	A2211601083	A类预测区	与已知矿床具有相同的构造环境,出露有含矿建造,以金为主的化探异常显示,并有已知矿床(点)
112	C2211601081	C类预测区	与已知矿床具有相同的构造环境,出露有含矿建造,以金为主的化探异常显示
113	A2211601079	A类预测区	构造环境有利于成矿,出露有含矿建造,并有套合的以金为主的多元素化探异常,并有已知的矿床
114	C2211601107	C类预测区	与已知矿床具有相同的构造环境,出露有含矿建造,以金为主的化探异常显示
115	C2211601108	C类预测区	与已知矿床具有相同的构造环境,出露有含矿建造,以金为主的化探异常显示
116	A2211601109	A类预测区	与已知矿床具有相同的构造环境,出露有含矿建造,以金为主的化探异常显示,并有已知矿床(点)
117	C2211502137	C类预测区	与已知矿床具有相同的构造环境,出露有含矿建造,以金为主的化探异常显示

续表 8-7-1

序号	最小预测区编号	最小预测区级别	预测区地质评价
118	B2211502138	B类预测区	与已知矿床具有相同的构造环境,出露有含矿建造,以金为主的化探异常显示,并有已知矿床(点)
119	A2211502141	A类预测区	构造环境有利于成矿,出露有含矿建造,并有套合的以金为主的多元素化探异常,并有已知的矿床
120	B2211502136	B类预测区	与已知矿床具有相同的构造环境,出露有含矿建造,以金为主的化探异常显示,并有已知矿床(点)
121	B2211201088	B类预测区	与已知矿床具有相同的构造环境,出露有含矿建造,以金为主的化探异常显示,并有已知矿床(点)
122	A2211201084	A类预测区	与已知矿床具有相同的构造环境,出露有含矿建造,以金为主的化探异常显示,并有已知矿床(点)
123	C2211201089	C类预测区	与已知矿床具有相同的构造环境,出露有含矿建造,以金为主的化探异常显示
124	C2211201091	C类预测区	与已知矿床具有相同的构造环境,出露有含矿建造,以金为主的化探异常显示
125	C2211201082	C类预测区	与已知矿床具有相同的构造环境,出露有含矿建造,以金为主的化探异常显示
126	A2211201093	A类预测区	与已知矿床具有相同的构造环境,出露有含矿建造,以金为主的化探异常显示,并有已知矿床(点)
127	A2211201085	A类预测区	构造环境有利于成矿,出露有含矿建造,有套合的以金为主的多元素化探异常,并有已知的矿床
128	A2211202017	A类预测区	与已知矿床具有相同的构造环境,出露有含矿建造,以金为主的化探异常显示,并有已知矿床(点)
129	C2211202054	C类预测区	与已知矿床具有相同的构造环境,出露有含矿建造,以金为主的化探异常显示
130	A2211202056	A类预测区	构造环境有利于成矿,出露有含矿建造,有套合的以金为主的多元素化探异常,并有已知的矿床
131	A2211202055	A类预测区	与已知矿床具有相同的构造环境,出露有含矿建造,以金为主的化探异常显示,并有已知矿床(点)
132	C2211202010	C类预测区	与已知矿床具有相同的构造环境,出露有含矿建造,以金为主的化探异常显示
133	A2211202020	A类预测区	构造环境有利于成矿,出露有含矿建造,并有套合的以金为主的多元素化探异常,并有已知的矿床
134	C2211203073	C类预测区	与已知矿床具有相同的构造环境,出露有含矿建造,以金为主的化探异常显示
135	C2211203066	C类预测区	与已知矿床具有相同的构造环境,出露有含矿建造,以金为主的化探异常显示

续表 8-7-1

序号	最小预测区编号	最小预测区级别	预测区地质评价
136	B2211203061	B 类预测区	与已知矿床具有相同的构造环境,出露有含矿建造,以金为主的化探异常显示,并有已知矿床(点)
137	B2211203070	B 类预测区	与已知矿床具有相同的构造环境,出露有含矿建造,以金为主的化探异常显示,并有已知矿床(点)
138	A2211203068	A 类预测区	与已知矿床具有相同的构造环境,出露有含矿建造,以金为主的化探异常显示,并有已知矿床(点)
139	C2211101004	C 类预测区	与已知矿床具有相同的构造环境,出露有含矿建造,以金为主的化探异常显示
140	C2211101005	C 类预测区	与已知矿床具有相同的构造环境,出露有含矿建造,以金为主的化探异常显示
141	C2211101027	C 类预测区	与已知矿床具有相同的构造环境,出露有含矿建造,以金为主的化探异常显示
142	A2211101022	A 类预测区	构造环境有利于成矿,出露有含矿建造,并有套合的以金为主的多元素化探异常,并有已知的矿床
143	C2211102067	C 类预测区	与已知矿床具有相同的构造环境,出露有含矿建造,以金为主的化探异常显示
144	C2211102071	C 类预测区	与已知矿床具有相同的构造环境,出露有含矿建造,以金为主的化探异常显示
145	A2211102069	A 类预测区	构造环境有利于成矿,出露有含矿建造,有套合的以金为主的多元素化探异常,并有已知的矿床

三、评价结果综述

本次预测了吉林省金矿资源潜力,从吉林省几十年金矿的找矿经验和吉林省金矿成矿地质条件看,在目前的经济技术条件下,吉林省金矿找矿潜力巨大。

第九章　单矿种(组)成矿规律总结

第一节　成矿区带划分

吉林省成Ⅰ、Ⅱ、Ⅲ级成矿区带的划分是采用中国成矿区带划分方案(徐志刚等,2008),Ⅳ、Ⅴ级成矿区带及找矿远景区的划分是在对吉林省大地构造演化与区域矿产时空演化的关系、区域控矿因素、区域成矿特征、矿床成矿系列、区域成矿规律研究,以及物探、化探、遥感信息特征的研究的基础上划分的。

Ⅳ级成矿带的具体划分原则为:

不同级别的大地构造单元控制不同级别的成矿(区)带;

同一成矿(区)带控矿地质条件相同或相似;

区域矿产空间分布的集中性和区域成矿作用的统一性;

按地、物、化、遥多信息标志综合圈定的原则;

成矿(区)带的边界一般在地质变化最大的急变带上;

逐级划分。

Ⅴ找矿远景区的具体划分原则为:

矿产相对集中区;

有已知矿床或矿化点区域;

成矿地质条件与已知找矿远景区相同或相近并且存在物化探异常区;

1∶5万化探异常集中区。

吉林省成矿区带划分见表9-1-1。

表9-1-1　吉林省成矿区带划分表

<table>
<tr><th>Ⅰ</th><th>板块</th><th>Ⅱ</th><th>Ⅲ</th><th>Ⅳ</th><th>Ⅴ</th></tr>
<tr><td rowspan="8">Ⅰ-4 滨太平洋成矿域</td><td>西伯利亚板块</td><td>Ⅱ-12 大兴安岭成矿省</td><td>Ⅲ-50 突泉-翁牛特 PbZnFeSn REE 成矿带</td><td>Ⅳ1 万宝-那金 PbZnAgAu CuMo 成矿带</td><td>Ⅴ1 闹牛山-编坡营子 AuCuMo 找矿远景区</td></tr>
<tr><td rowspan="7">吉黑板块</td><td rowspan="7">Ⅱ-13 吉黑成矿省</td><td rowspan="7">Ⅲ-55-①吉中 Mo AgAsAuFeNi CuZnW 成矿带</td><td rowspan="2">Ⅳ2 山门-乐山 AgAuCuFe PbZnNi 成矿带</td><td>Ⅴ2 山门 AgAu 找矿远景区</td></tr>
<tr><td>Ⅴ3 放牛沟 AuCuPbZn 找矿远景区</td></tr>
<tr><td rowspan="3">Ⅳ3 兰家-八台岭 AuFeCu Ag 成矿带</td><td>Ⅴ4 兰家 AuFeCuAg 找矿远景区</td></tr>
<tr><td>Ⅴ5 八台岭 AuAg 找矿远景区</td></tr>
<tr><td>Ⅴ6 上河湾 AuCuFe 找矿远景区</td></tr>
<tr><td rowspan="2">Ⅳ4 那丹伯-一座营 AuMo AgPbZn 成矿带</td><td>Ⅴ7 西苇 AuCuAgMo 找矿远景区</td></tr>
<tr><td>Ⅴ8 沙河镇 AuAgCuPbZn 找矿远景区</td></tr>
</table>

续表 9-1-1

Ⅰ	板块	Ⅱ	Ⅲ	Ⅳ	Ⅴ
Ⅰ-4 滨太平洋成矿域	吉黑板块	Ⅱ-13 吉黑成矿省	Ⅲ-55-①吉中 Mo Ag As Au Fe Ni Cu Zn W 成矿带	Ⅳ5 山河-榆木桥子 Au Ag Mo Cu Fe Pb Zn 成矿带	Ⅴ9 头道-吉昌 AuFeAg 找矿远景区
					Ⅴ10 石咀-官马 AuFeCu 找矿远景区
					Ⅴ11 大黑山 MoCuAuFe 找矿远景区
					Ⅴ12 倒木河 AuCuPbZn 找矿远景区
					Ⅴ13 大绥和 CuFe 找矿远景区
				Ⅳ6 上营-蛟河 FeMoW Au PbZnAg 成矿带	Ⅴ15 上营 MoAu 多金属找矿远景区
					Ⅴ16 柳树河子-团北林场 Mo Au Ag Pb 找矿远景区
					Ⅴ17 大荒顶子 Mo Au Ag Pb 找矿远景区
					Ⅴ18 火炬沟 MoAuAgPb 找矿远景区
					Ⅴ19 马鹿沟 MoFeCuAuAg 找矿远景区
					Ⅴ20 额穆 AuCu 找矿远景区
					Ⅴ21 塔东 FeAuCu 找矿远景区
				Ⅳ7 红旗岭-漂河川 NiAu Cu 成矿带	Ⅴ22 红旗岭 NiCuAu 找矿远景区
					Ⅴ23 漂河川 NiCuAu 找矿远景区
			Ⅲ-55-②延边 Au Cu Pb Zn Fe Ni W 成矿带	Ⅳ8 海沟 AuFeAg 成矿带	Ⅴ24 海沟 AuFeAg 找矿远景区
				Ⅳ9 大蒲柴河-天桥岭 CuPb ZnAuFeMoNi 成矿带	Ⅴ25 大蒲柴河 Au Cu Fe Ag 找矿远景区
					Ⅴ27 红太平 PbZnCu AuvAg 找矿远景区
					Ⅴ28 新华村 PbZnAgFeMoAuCu 找矿远景区
				Ⅳ10 百草沟-复兴 Au Cu 成矿带	Ⅴ29 石门 AuCuFe 找矿远景区
					Ⅴ30 五凤 Au 找矿远景区
					Ⅴ31 百草沟 AuCuAg 找矿远景区
					Ⅴ32 石砚 AuPbZnFeCu 找矿远景区
					Ⅴ33 九三沟 AuCuAg 找矿远景区
					Ⅴ34 杜荒岭 AuCu 找矿远景区
				Ⅳ11 春化-小西南岔 AuW CuFePbZnPEG 成矿带	Ⅴ35 小西南岔 AuCuW 找矿远景区
					Ⅴ36 农坪 AuCuWPtPd 找矿远景区
				Ⅳ12 天宝山-开山屯 PbZn AuNiMoCuFe 成矿带	Ⅴ37 天宝山 Pb Zn Mo Ni Cu 找矿远景区
					Ⅴ38 长仁 NiCu 找矿远景区
					Ⅴ39 开山屯 AuCuFe 找矿远景区

续表 9-1-1

Ⅰ	板块	Ⅱ	Ⅲ	Ⅳ	Ⅴ
Ⅰ-4 滨太平洋成矿域	华北板块	Ⅱ-14 华北(陆块)成矿省	Ⅲ-56 辽东(隆起)FeCuPbZnAuUBP菱镁矿滑石石墨金刚石成矿带	Ⅳ13 柳河-那尔轰 AuFeCu 成矿带	Ⅴ40 山城镇 AuFeCu 找矿远景区
					Ⅴ41 安口镇 AuFe 找矿远景区
					Ⅴ42 辉南 AuFe 找矿远景区
					Ⅴ43 样子哨 Fe 找矿远景区
					Ⅴ44 王家店 AuFeNi 找矿远景区
					Ⅴ45 那尔隆 AuCuFe 找矿远景区
				Ⅳ14 夹皮沟-金城洞 AuFeCuNi 成矿带	Ⅴ46 夹皮沟 AuFe 找矿远景区
					Ⅴ47 两江 AuCuPbZnNi 找矿远景区
					Ⅴ48 金城洞 AuFeNiCu 找矿远景区
					Ⅴ49 百里坪 AgFeCu 找矿远景区
				Ⅳ15 二密-靖宇 CuNiFe 成矿带	Ⅴ52 四方山-板石 AuFe 找矿远景区
				Ⅳ16 通化-抚松 AuFePbZnCu 成矿带	Ⅴ53 金厂 AuFePbZnCu 找矿远景区
					Ⅴ54 大安 AuFeCu 找矿远景区
					Ⅴ55 抚松 PbZn 找矿远景区
				Ⅳ17 集安-长白 AuPbZnFeAgBP 成矿带	Ⅴ56 正岔-复兴 AuBPbZnAg 找矿远景区
					Ⅴ57 古马岭 AuPbZn 找矿远景区
					Ⅴ58 青石 PbZnCu 找矿远景区
					Ⅴ59 南岔-荒沟山 AuFePbZn 找矿远景区
					Ⅴ60 闹枝镇 AuCuFe 找矿远景区
					Ⅴ61 六道沟 AuFeCuPbZnWMo 找矿远景区
					Ⅴ62 长白 AuCuFeMoW 找矿远景区

第二节　成矿规律总结

一、控矿因素

(一)地层控矿因素

吉林省金矿根据含矿建造划分的金矿类型,除外生金矿外,其他类型金矿均与地层有成因联系。控矿作用主要表现为赋矿的层位,更主要的是提供成矿物质,构成矿源层。现将可视为矿源层的金矿层位简述如下。

1. 新太古代绿岩

本建造出露于大陆边缘裂谷之内，有产于绿岩中的金矿，主要分布于桦甸—安图、石棚沟等地，含矿层为夹皮沟群，已知大、中、小型金矿二十余处，探明储量 200t 左右，为吉林省的主要储矿层位。

金矿主要形成于绿岩带中含铁层偏下部，在绿岩带中有 3 个层位赋矿，其中主要为夹皮沟绿岩带下部层序的中部，变质镁铁质火山岩。该层中有大、中、小型金矿 13 处，储量近百吨，占建造中金矿储量的 90%以上。含金丰度为 0.039×10^{-6}，近克拉克值的 10 倍。夹皮沟本区矿石 $\delta^{34}S+3.6\times10^{-3}\sim+8.2\times10^{-3}$，围岩 $\delta^{34}S$ $4.1\times10^{-3}\sim+6.3\times10^{-3}$，两者基本一致，仅矿石硫略重。矿石铅单阶段模式年龄为 1500～1000Ma，说明该层为矿源层。金城洞绿岩带中部层序的下部，其围岩为镁铁质—安山质火山岩，该层赋存有金城洞、小西沟金矿，而且在其附近的石英二长岩（重熔型）中有穷棒子沟金矿，其矿石铅模式年龄为 600Ma±，说明成矿物质来自绿岩带。石棚沟绿岩带中偏上部有石棚沟小型金矿赋存，赋矿层主要为长英质火山岩。后两个层位至今未找到规模可观的矿床。

2. 古元古代含矿层

荒岔沟组：主要分布于通化、集安地区。该组中上部变粒岩其原岩为一套中酸性火山岩，是西岔、金厂沟金矿的赋存层位，探明储量 6.368t。变粒岩含金丰度平均为 3.99×10^{-9}，高于其他岩石金的丰度（$0.6\times10^{-9}\sim2.13\times10^{-9}$）；矿石 $\delta^{34}S$ 值分别为 $+7.4\times10^{-3}\sim+1.9\times10^{-3}$，$+5.1\times10^{-3}\sim+3.2\times10^{-3}$，地层 $\delta^{34}S+5.9\times10^{-3}\sim+0.8\times10^{-3}$，两者相似，$\delta^{13}C$ 为 -6.1×10^{-3}，与本区大理岩 $\delta^{13}C-1.8\times10^{-3}\sim3.1\times10^{-3}$ 接近，推测碳可能来自地层。

该组的中基性火山岩-沉积岩系（原新开河组），其中斜长角闪岩含金丰度平均为 21.5×10^{-9}，As 达 9.6×10^{-6}；矿石和围岩 $\delta^{34}S$ 分别为 $+5.7\times10^{-3}\sim+8.8\times10^{-3}$、$+7.8\times10^{-3}\sim+8.2\times10^{-3}$，两者基本一致，并均富重硫。矿石铅年龄值为 27 亿左右，接近古元古地层年龄。上覆大东岔组有活龙金矿赋存于其中，储量 3.053t，该组金含量低较均匀。所以荒岔山组提供成矿物质。

珍珠门组：主要分布于通化、浑江等地，是荒沟山金矿、石家铺子金矿，以及南岔金矿矿体的赋存层位，探明储量 10t 左右，容矿围岩主要是角砾状白云石大理岩、白云质大理岩与千枚岩的接触部位。珍珠门组上部含金丰度为 $0.060\times10^{-6}\sim0.022\times10^{-6}$，而区域上含金丰度较低，形成亏损场。荒沟山金矿 $\delta^{34}S$ 为 $+2.05\times10^{-3}\sim31.48\times10^{-3}$，地层 $\delta^{34}S-9.7\times10^{-3}\sim18.1\times10^{-3}$，石家铺子 $\delta^{34}S$ 为 $+6.1\times10^{-3}\sim6.8\times10^{-3}$；碳同位素金矿石为 $+0.259\times10^{-3}\sim0.326\times10^{-3}$，与地层相似。荒沟山金矿与角砾化白云石大理岩的稀土模式比较接近，都是轻稀土富集。表明金矿主要来自珍珠门组，可视为金的矿源层。

花山组：主要分布于通化、集安、浑江等地，是南岔金矿的赋存层位。探明储量为 6.782t。金矿主要赋存于花山组钙质片岩中，含金丰度为 0.045×10^{-6}，区域上含金丰度较低，均低于背景值，形成亏损场，矿石 $\delta^{34}S$ 变化范围为 $-5\times10^{-3}\sim+5\times10^{-3}$，个别为 -24×10^{-3}，说明该层可作为金的矿源层。

3. 新元古代含矿层

色洛河群：主要分布于桦甸、安图一带。红旗沟矿点赋存于其中；海沟金矿是赋存于侵入色洛河群中的二长花岗岩中（金的来源是色洛河群），探明金矿储量（包括海沟）大于 20t。该群由斜长角闪岩、角闪片岩、片岩变粒岩、大理岩及砂岩组成。原岩属中—基性火山夹火山碎屑岩及碳酸盐岩建造。于红旗沟一带，色洛河群下部的薄层大理岩、砂岩、片岩互层带中含金丰度一般平均为 $0.059\times10^{-6}\sim0.128\times10^{-6}$，局部可达 0.145×10^{-6}。在海沟一带，矿区红光屯组 Au 平均值低于维氏值，区域上红光屯组 Au 高于克拉克值几倍至几十倍，这可能由二长花岗岩改造所致。红旗沟金矿 $\delta^{34}S$ 平均值 $+9.1\times10^{-3}\sim10.4\times10^{-3}$，海沟金矿 $\delta^{34}S$ 变化范围为 $-23.22\times10^{-3}\sim0.5\times10^{-3}$。红旗沟金矿计算铅模式年龄为 9 亿年，海沟金矿矿石铅年龄大约为 10 亿年，可见金矿成矿物质来自地层，色洛河群为矿源层。

4. 古生代的含矿层

五道沟群：主要分布于延边珲春地区，杨金沟金矿主要赋存于五道沟群中段，主要由斜长角闪片岩，角闪片岩夹少量流纹岩和黑云绿泥片岩，二云片岩组成。探明储量 2.251 吨位。围岩为二云片岩和角闪片岩，部分矿体在花岗岩中。五道沟群上、中、下段含金丰度均较高，金的平均丰度值 0.021×10^{-6}，为地壳同类岩石丰度值 5～7 倍。矿石 $\delta^{34}S$ 的变化范围为 $-3.3\times10^{-3}\sim+5.74\times10^{-3}$，与地层硫同位素接近，五道沟群为矿源层。

早古生界呼兰群(漂河川组)：主要分布在桦甸，是二道甸子金矿赋存层位。已探明储量 20.125 吨。金矿主要赋存下部，原岩为中—基性火山岩碎屑岩、黏土岩建造。金矿主要赋存于碳质云英角岩与斜长角闪片岩互层带中。中基性火山岩中含金丰度最高，其中角闪岩含金丰度最高，达 0.013×10^{-6}。矿石 $\delta^{34}S$ 值平均为 -4.5×10^{-3}，围岩 $\delta^{34}S$ 平均值为 -3.0×10^{-3}。矿石铅为异常铅，年龄值为 4 亿年。表明了漂河川组是提供成矿物质的矿源层。

下石炭统鹿圈屯组：主要分布永吉县，是头道川金矿的赋存层位。探明储量 1.169t。含矿围岩主要为细碧岩及其凝灰岩，原岩为中基性火山岩。鹿圈屯组细碧岩、板岩中含金丰度为 $0.006\,5\times10^{-6}$。矿石 $\delta^{34}S$ 值以负值为主，变化范围 $+2.30\times10^{-3}\sim7.5\times10^{-3}$。与金共生的碲铅矿模式年龄都是负值，属异常铅，可能为围岩中 ^{238}U 变而成。可见鹿圈屯组是金的供给者。

二叠系范家屯组：东风金矿、兰家金矿赋存该组第二段(其中东风金矿在内外接触带上)。岩性有板岩、变质砂岩、大理岩。板岩、大理岩的含金丰度平均为 12.3×10^{-9}，可提供部分成矿物质。

5. 中生代火山岩

中生代火山岩金矿，其物质来源主要是幔源。幔源物质上侵，分离形成含金较高的熔浆及富矿质、富碱质的热液流体。熔浆喷至地表形成金含量较高的火山岩，近地表环流体系摄取其中的部分成矿物质，汇合富矿质的热液流体沉淀成矿。所以中生代火山岩为成矿提供部分成矿物质。

中侏罗世屯田营组：是五凤、闹枝、五星山、刺猬沟金矿赋存层位，已探明储量 16t。岩性主要为安山质角砾凝灰岩、安山质集块岩、安山岩、辉石安山岩、角闪安山岩等。安山含金丰度平均为 0.07×10^{-6}。据刘文达资料，安山质角砾熔岩、集块岩、角闪安山岩等含金丰度平均为 87.52×10^{-9}。据地院资料，刺猬沟地区屯田营组其金含量很低，一旋回金平均含量为 $0.000\,6\times10^{-6}$；二旋回为 $0.001\,3\times10^{-6}$。但出现 3000m 亏损场，所以也证实了为成矿提供大量成矿物质。矿石 $\delta^{34}S$ 为 $+3.1\times10^{-3}\sim1.5\times10^{-3}$，碳同位素 $\delta^{13}C$ 为 $-6.9\times10^{-3}\sim9.4\times10^{-3}$。刺猬沟铅模式年龄为 140Ma，而地院 $^{40}Ar/^{39}Ar$ 快中子活化阶段加热法测得成矿年龄(176.3±0.1)Ma，另外矿石与火山岩稀土模式一致。所以屯田营组为矿源层。

林子头组：香炉碗子金矿赋存于该层中，探明储量 10t 左右。围岩主要是含角砾流纹质凝灰岩、流纹质含角砾熔结凝灰岩。含角砾流纹质凝灰岩含金丰度为 33.4×10^{-9}，含角砾熔结凝灰岩含金丰度为 24.1×10^{-9}，角砾凝灰岩含金丰度为 22.7×10^{-9}。$\delta^{34}S$ 变化范围为 $-3.81\times10^{-3}\sim+3.06\times10^{-3}$。为矿源层。

(二)岩浆岩的控矿作用

岩浆岩控矿是脉金的主要控矿因素之一。主要表现在为成矿提供热源(包括热液)和提供部分成矿物质。

吉林省各类脉金矿床，无不显示热液成矿的特点，而且有些金矿其成矿物质主要来自矿源层或矿源岩，所以这些金矿具有改造和叠加的特征(如产于绿岩中的金矿、碎屑岩-碳酸盐中的金矿)，显示了岩浆热液及由其加热的古大气降水的改造作用。尽管火山岩-次火山岩金矿，成矿物质来自幔源，但有一部分成矿物质随熔浆喷溢至地表，在分异出来的热液流体及受热的古大气降水形成的环流体系运移过程中摄取火山岩中的一部分成矿物质，汇集成矿。所以岩浆岩为成矿提供热源，是成矿不可缺少的因素。

岩浆岩除提供热源、尚能提成矿物质，在这方面岩浆演化对金成矿起着控制作用。幔源岩浆或同熔岩浆在上侵过程中，发生分离或结晶分异作用，分泌出热液流体富含矿质、碱质以及矿化剂，在运移过程中摄取流经岩石中的成矿物质，使其更富有成矿物质，在有利的空间沉淀成矿。如海沟金矿，燕山早期同深花岗岩浆上侵，在结晶分异过程中，分泌出热液流体，晚期碱质交代作用和矿化作用明显，表明晚期热液更富碱质和大量的成矿物质与古大气降水形成的环流体系汇合，并摄取围岩中的成矿物质在有利条件成矿。

中生代火山岩和次山岩金矿，岩浆分异控矿作用更为明显。以刺猬沟金矿为例，屯田营组安山岩系列，岩石从辉石安山岩到安山岩到流纹岩形成一个完整的火山旋回，次火山岩相的岩石也是从次辉石安山岩到次安山岩到次英安岩系列的演化特征明显，晚期还伴有一套偏酸性的小侵入体。火山岩向晚期演化由富 Ca、Na 向富 K 的趋势演化；由富 Fe、Mg 向富碱的方向演化。从金顿镐的报告，次火山岩较同源火山岩更富硅、富碱、富成矿物质，所以次火山岩和小侵入体易成矿。根据地院报告，对尖晶石二辉橄榄岩幔源包体研究发现其中有气液流体存在，可以认为深部有富硫含金流体体系存在。说明幔源物质上侵发生分离形成含金较高熔浆和富矿质、碱质，硫等的热液流体，流体上侵又摄取火山岩中的金矿与受热古大气降水形成的环流热液汇合成矿。由于各岩体之期次、构造环境、产状、岩石化学特征之不同，对成矿也有差异。

1. 不同时代的岩体与成矿

吉林省岩浆活动从阜平期、中条期、加里东期、海西期、印支期、燕山期均有活动。

阜平期岩浆活动，主要分布于晚太古代裂谷及辽吉地块上壳岩中，岩性为英云闪长岩-奥长花岗岩。该期成矿作用不太明显，仅在夹皮沟矿田中显示了对矿源层改造，使之初步富集。

中条期钾质花岗岩，主要分布于晚太古宙裂谷之中。该期花岗岩主要对产于绿岩中的金成矿起一定影响。夹皮沟矿田中 13 处大、中、小型金矿均坐落于钾质花岗岩附近或其中。该期花岗岩主要提供热源，对矿源层进行改造，使成矿物质活化、富集成矿。

海西期花岗岩、闪长岩分布较广，但与矿关系较密切者，有二道甸子金矿、小西南岔金矿、杨金沟金矿等。这期岩体也是改造矿源层使金进一步富集，尚有些如小西南岔闪长岩含金丰度较高，为以后成矿提供成矿物质。

从国内外与岩浆作用有关的内生金矿床的统计资料看，金矿成矿作用主要与岩浆期后的热液(包括火山、次火山热液)作用有关。发现的金矿多数呈热液脉状产出，成矿温度一般小于 400℃，后来强烈的构造活动，岩浆温度很高，也会将早期形成的金矿熔融萃取成矿物质所以早期成矿不太明显。

燕山期岩体与全省内生含金矿关系密切，矿床周围均有燕山期—酸性侵入岩。如金厂沟、西岔金矿有燕山期闪长岩、斜长花岗斑岩、钠长斑岩；头道川附近有黑云母花岗岩；活龙金矿附近有二长花岗岩；荒沟山金矿有老秃顶子岩体；海沟金矿赋存于二长花岗岩中等。吉林省金矿床绝大部分是燕山期成矿，有些矿床如夹皮沟金矿田，具有多期成矿之特征，但主要成矿期为燕山期。而且有些类型金矿成矿物质以地层来源为主，而燕山期岩浆活动，主要提供热源(包括热液)，加热古大气降水，两者汇合并在流经过程中摄取围岩中成矿物质，富集成矿。另外一些金矿，如中生代火山-次火山岩金矿其物质来源于中生代火山喷发作用，可见燕山期岩浆活动控制成矿。

2. 构造岩浆类型与成矿

从现有资料看：Ⅰ型侵入岩与成矿关系最为密切，我省现有的已知矿床附近的岩体多为Ⅰ型，尤其是燕山期小岩体，这些岩体不但供给热源而且尚为成矿提供成矿物质，如中生代火山岩金矿，受中生代构造-岩浆演化序列到晚期属中、高钾钙碱性安山岩及其密切成因关系的辉石闪长石、石英闪长岩斜长花岗岩或花岗斑岩构成 $Ⅰ_{N\text{-}M}$ 火山侵入杂岩系列控制。至于 S 型花岗岩与成矿关系，对成矿不利，因为该类型岩体多数为大面积出露，所以不利成矿。

3. 产于不同构造环境中的岩浆岩与成矿

吉林省中酸性侵入岩具有多期性，而且各期侵入岩出露的构造环境也有差异，与成矿的关系也各不相同。

产于中生代以前的裂谷、海沟、岛弧或弧后盆地中的中酸性侵入岩，这些侵入岩形成较早，而矿床形成多数为燕山期，所以这些岩体基本没有直接成矿。但是，对那些具有多期成矿特征的矿床，如夹皮沟金矿，中条期钾质花岗岩，前文已谈过，该期岩体对矿源层进行改造使成矿物质富集形成变质矿源层。同时也形成了初具规模的矿体，即或成矿也被后期强烈构造岩浆活动熔融或摄取。所以这些构造单元的早期岩体，多数为改造矿源层，使之再次富集。

产于中生代陆缘弧中(与其同期)的岩浆岩对成矿非常有利。这些岩体与金矿空间分布关系密切，矿床周围都出露有该期岩体，而且吉林省金矿主要成矿期为燕山期，所以产于陆缘弧上燕山期中酸性侵入岩直接影响成矿，它们为成矿提供热源及成矿物质。如中生代火山岩金矿与期同源同期的小侵入体及次火山岩对成矿有利。

4. 岩体产状与成矿

岩体产状对成矿也有一定影响。从已知矿床资料看，与成矿有关的岩体多数为小岩株、岩脉、这些小岩体往往含金丰度较高，如五星山细粒花岗岩，呈小岩俅产出，其含金丰度为 0.015×10^{-6}；闹枝石英闪长岩呈小岩株，含金丰度为 0.009×10^{-6}，花岗闪长斑岩含金丰度为 0.007×10^{-6}，次安山岩含金丰度为 $0.011\times10^{-6}\sim0.017\times10^{-6}$。这些小岩体不但为成矿提供热源，而且提供部分成矿物质，有的小岩体本身就成矿，所以小岩体对成矿有利。

大面积分布的大岩基，含金丰度往往很低，如五星山碱长花岗岩含丰度为 $0.002\,2\times10^{-6}$；闹枝花岗闪长岩含金丰度为 0.003×10^{-6}；倒木河子前撮落后山花岗岩含金丰度为 0.005×10^{-6}；上兴花岗斑岩为 0.002×10^{-6}等。从岩浆分异角度看，大岩基与同源同期小岩体相比应小岩体富矿。另外，从提供热源对矿源层改造成来讲，大岩体，热源太充足，易使成矿物质分散，所以也不利成矿。

5. 岩体化学成分与成矿

岩体之成分对成矿亦有一定的关系，吉林省与金矿有成因关系的岩体多为钙碱系列。而且与成矿有关的花岗岩和闪长岩多数富碱，如海沟二长花岗岩 $Na_2O+K_2O=9.48$，穷棒子沟石英二长岩 $Na_2O+K_2O=9.06$，石家铺子龙头花岗岩 $Na_2O+K_2O=8.34$，活龙高台花岗岩 $Na_2O+K_2O=7.98$，榆林花岗岩 $Na_2O+K_2O=8.75$，金厂沟复兴屯闪长岩 $Na_2O+K_2O=7.18$。中生代火山岩伴生的小岩体较同源的火山岩更富碱。这些岩体多数 Na＞K。但也有些如夹皮沟钾质花岗岩、五星山钾质花岗岩、活龙高台花岗岩 K＞Na。另外，少数岩体碱质偏低，如杨金沟花岗斑岩，小西南岔闪长岩。总的来看，富碱的岩体对成矿有利。

(三)构造的控矿作用

吉林省的金矿床，都与一定的构造有紧密的联系，是成矿不可少的三要素之一。

1. 构造环境的控矿作用

吉林省金矿类型较全，围岩时代也较广泛，影响成矿的构造环境也较复杂。

新太古代产于绿岩中的金矿，是赋存于边缘裂谷之中，断裂切穿地壳深部，形成一套超镁铁质—镁铁质—钙碱性系列的火山岩，经区域变质作用，形成一套含矿绿岩建造——矿源层。经后期多期岩浆构造作用的改造，使之活化富集成矿。表明构造环境控制了矿源层的展布。

元古宙形成的辽吉裂谷，裂谷内堆积了玄武岩、拉斑玄武岩、富碱性中酸性火山岩及沉积岩系，形成了荒岔沟组，以及老岭群的珍珠门组、花山组含矿层位——矿源层。经后期改造使金活化富集成矿。古构造环境亦控制矿源层分布。

中生代本区属滨太平洋花岗岩-火山岩陆缘弧的一部分，伴随切穿地壳深部的断裂产生强烈的火山喷发及岩浆侵入，沿断裂形成断陷盆地和火山岩-花岗岩隆起带。在火山喷发阶段形成一套含矿地层，经后期侵入岩及次火山岩的双重改造作用，使之成矿。

上述说明古构造环境，控制了矿源层的形成和展布，是成矿的先决条件。

2. 褶皱构造的控矿作用

各类金矿床的构造特征表明，褶皱构造有明显的控矿作用，很多金矿床的展布与褶皱构造有关，褶皱构造的脆弱部位如褶皱构造的轴部及陡倾斜岩层的弯曲部位等，往往是矿体的赋存场所。夹皮沟本区金矿床赋存于夹皮沟向斜的陡翼；三道岔金矿赋存于大线沟向斜的翘起部位；八家子金矿位于八家子背斜脊部；活龙金矿位于桦树岭向斜南翼；金厂沟、西岔金矿分布虾蠓-四道阳岔褶皱构造的轴部附近等。显示褶皱构造的控矿作用。

3. 断裂构造的控矿作用

吉林省金矿无一处不是受断裂构造控制，由于断裂规模之差别，控矿作用亦不同。

超壳层、壳层断裂控制了矿源层和岩浆岩的展布。如赤峰-铁岭-安图深大断裂控制了镁铁质火山岩的展布。北东向的超壳断裂与活化的东向断裂及北西向断裂交会控制了火山构造盆地和火山口的分布，形成含金丰度高的火山岩、次火山岩及小侵入体，所以也控制了火山岩金矿展布。沿大断裂带往往有岩体和火山岩分布，如北东西向超壳断裂，有中生代的侵入岩及次火山岩出露，这些岩体对成矿很有利。

从空间分布上看，吉林省很多金矿傍近深大断裂或大断裂。如夹皮沟矿田傍近赤峰-铁岭-安图及辉发河-古洞河深林断裂；荒沟山、南岔、石家铺子等金矿傍近鸭绿江深大断裂。两组大断裂交会处易成矿，往往是矿田、矿化集中出露部位。如夹皮沟矿田处于敦密大断裂与辉发河深大断裂交会处；古洞河断裂与两江断裂交会处海沟金矿、穷棒子沟金矿产出。可见超壳层，壳层断裂是导矿、导岩构造。

从全省脉金矿床看，所有含矿体均受浅成小断裂裂隙构造控制，所以容矿构造是次级的小断裂裂隙构造，以北东、北北东为主，其次是北西、南北向、东西向断裂。

4. 韧性剪切带的控矿作用

在吉林省很多金矿床与韧性剪切带关系密切，其控矿作用主要表现在：

(1)控制金矿的展布，如夹皮沟金矿田中13处在、中、小型金矿床均分布于老牛沟—夹皮沟韧性剪切带中。

(2)在韧性变形和退化变质过程中，有大量的流体注入(变质水、岩浆水、天水)加剧了退化作用，产生了以 SiO_2 为主体的流体，并从围岩中淋滤出一些成矿物质，使其在适宜的位置沉淀，如小北沟金矿。

(3)韧性剪切带本身是低压，低化学位的低扩容带，高压高化学位的围岩中的成矿物质可以向低扩容带扩散和渗透，使之富集。另外韧性剪切带本身是构造脆弱带，后期构造作用最易叠加，形成构造破碎带，这种叠加在剪切带上的脆性构造是矿体的容矿构造。

5. 火山构造的控矿作用

火山构造往往受区域性的古构造控制，本区几乎都由北东向及北西向或东西向断裂交叉处，或与主干断裂相平行的断裂带控制。如五凤构造盆地处于北东向鸭绿江大断裂平行的五凤-汪清断裂与北东西向的图门-秃老婆山顶断裂交会处；刺猬沟火山盆地由五凤-汪清断裂与密江-东新（或天桥岭）断裂交会处控制。吉林省中生代火山岩、次火山岩型金矿主要产于火山构造盆地、破火山口中或其周围，仅个别产于小隆起上。矿体多数受破火山口周围的辐射状、环状、火山通道等火山机制的控制。

二、成矿规律

（一）空间分布规律

吉林省金矿产资源分布较普遍，主要在通化、吉林、延边地区成群分布，金矿床主要分布于坳陷区，而有些金矿如火山岩-次山岩型金矿，分布隆中之拗，总的看也是坳陷区。

新太古代的边缘裂谷，它是在古太古代古陆边缘形成的，受其制约形成了夹皮沟岩群，为绿岩中金矿的赋矿层位。

元古宙辽吉裂谷，它形成于龙岗古陆、辽南古陆和狼林古陆之间，受其制约形成了集安群、老岭群。赋存有金厂沟、西岔、荒沟山、南岔、石家铺子，活龙等金矿。海沟金矿，是在龙岗古陆北侧边缘之中。

早古生代形成海沟-岛弧带，二道甸子金矿就赋存海沟区。

晚古生界，头道川金矿产于弧后盆地之中。

中生界形成陆缘火山弧，属滨太平洋花岗岩-火山弧带的一部分。沿断裂带形成断陷盆地和火山岩-花岗岩隆起带，矿床赋存断陷盆地之中。显出矿床赋存部位是隆起中之凹。

空间分布第二个特点是，多数矿床傍近深大断裂，如夹皮沟矿田傍近辉发河深大断裂；荒沟山、南岔、石家铺子、金厂沟等金矿傍近鸭绿江大断裂等。这些大断裂控制了侵入岩及矿田的展布。

吉林省内生金矿都受不同程度的岩浆岩活动的控制，尤其是燕山期岩浆活动控制更为明显。表现在含矿热液叠加成矿，或者提供热源促使矿源层中的成矿元素活化、迁移富集成矿。因此，区内金矿床均围绕花岗岩展布（中生代花岗岩为主），也显示空间分布的特征。

（二）时间分布规律

吉林省金矿床在时间分布上也有一定的规律。产于绿岩中的金矿，其成矿作用时间上的演化反映了古陆裂谷成矿特征与滨太平洋成矿特征相互重叠的特色，基本上与地质构造运动的叠加相吻合，在成矿地质特征上有多期多阶段性，但主要成矿期属燕山期。这类金矿是经过了阜平期、中条期、格林威尔期、海西期以及燕山期多期次的成矿作用相互叠加，显示了多期多源的叠生矿床的特征。

产于碎屑岩、碎屑岩-碳酸盐、变质火山岩、侵入体及内外接触带中的金矿，是继承了古构造环境中矿源层的成矿物质，在滨太平洋成矿作用的影响下，燕山期岩浆活动，改造成了矿源层，使之活化、迁移、富集成矿。

火山岩、次火山岩金矿，主要产于中侏罗世、晚侏罗世火山岩、次火山岩或同源同期侵入体中，其成矿时代与火山岩、次火山岩时代相一致，成矿时代属燕山期。

总观全省的金矿，尽管成矿围岩时代差异很大，然而其成矿均受滨太平洋成矿作用的影响，成矿期主要为燕山期。

第三节　矿床成矿系列

吉林省金矿成矿系列见表 9-3-1。

表 9-3-1 吉林省成矿系列划分

矿床成矿系列类型	矿床成矿系列	矿床成矿亚系列	矿床式	典型矿床(点)	成矿时代
Ⅰ大兴安岭南段晚古生代、中生代 Au Cu Pb Zn Mo Ag 矿床成矿系列类型	Ⅰ-1 万宝-那金与晚古生代海相火山-沉积作用有关的 Pb Zn Ag Cu Au 矿床成矿系列	暂时无具体划分			
	Ⅰ-2 万宝-那金与燕山期中酸性火山岩、侵入岩作用有关的 AuCuMo 矿床成矿系列	暂时无具体划分			
Ⅱ张广才岭-吉林哈达岭新元古代、古生代、中生代 Fe Au Cu Mo Ni Ag Pb Zn Sb P S 成矿系列类型	Ⅱ-2 吉中地区与古生代火山-沉积作用有关的 PbZnAuCuFeSP 重晶石成矿系列	Ⅱ-2-①吉中地区与早古生代海相火山沉积作用有关的 Pb Zn Au S P 重晶石成矿亚系列	弯月式	弯月金矿	
		Ⅱ-2-②吉中地区与晚古生代中生代火山作用有关的 Au Pb Zn Cu 矿成矿亚系列	头道川式	头道川金矿	338～200Ma
		Ⅱ-2-③二道甸子地区与晚古生代火山-沉积及侵入岩浆作用有关的 Au 矿成矿亚系列	二道甸子式	二道甸子金矿	(195.26±4.48)～(173.2±3.91)Ma (陈尔臻,2001)
	Ⅱ-4 吉中地区与燕山期中酸性岩浆作用有关的 Au Cu Mo Ag Pb Zn Sb Fe 矿床成矿系列	Ⅱ-4-②吉中地区与燕山期中酸性岩浆作用有关的 Cu Mo Au Sb Fe 矿床成矿亚系列	倒木河式	倒木河金矿	
			官马式	官马金矿	193.6Ma(李之彤,2005)
			兰家式	兰家金矿	205Ma(张文博,1998)
		Ⅱ-4-④山门地区与燕山期中晚期岩浆和地下热水作用有关的 Ag 矿床成矿亚系列	山门式	山门银矿	122～67Ma (陈尔臻,2001)

续表 9-3-1

矿床成矿系列类型	矿床成矿系列	矿床成矿亚系列	矿床式	典型矿床(点)	成矿时代
Ⅲ兴凯南缘延边古生代、中生代、新生代 Au Cu Ni W Pb Zn Mo Ag Sb Fe Pt Pd 矿床成矿系列类型	Ⅲ-1 庙岭-开山屯与古生代岩浆-沉积作用有关的 Pb Zn Cu Mo Ag Au 矿床成矿系列 Ⅲ-2 延边地区与燕山期岩浆作用有关的 Au Pb Zn Mo W Cu Sb 矿床成矿系列	Ⅲ-1-①庙岭-开山屯与古生代海相火山-沉积作用有关的 Cu Pb Zn Au Ag 矿床成矿亚系列	红太平式	红太平多金属矿	Pb 模式 208.81Ma (金丕兴,1992)
			金谷山式	金谷山金矿	
		Ⅲ-1-②天宝山地区与新元古代—燕山期火山—岩浆作用有关的 Pb Zn Cu Mo Ag 矿床成矿亚系列	天宝山式	天宝山多金属矿	289～224Ma
		Ⅲ-2-①海沟地区与燕山期岩浆热液作用有关的 Au 矿床成矿亚系列	海沟式	海沟金矿	143.95Ma
		Ⅲ-2-②小西南岔-五风地区与燕山期火山岩浆作用有关的 Au Cu Pb Zn 矿床成矿亚系列	小西南岔式	小西南岔金矿	380～240Ma 137～107.2Ma (陈尔臻,2001)
			刺猬沟式	刺猬沟金矿	$^{40}Ar/^{39}Ar$ 178.0±3Ma (陈尔臻,2001) 137～129Ma (金丕兴,1992)
华北陆块北缘东段太古代、元古宙、古生代、中生代 Au Fe Cu Ag Pb Zn Ni Co Mo Sb Pt Pd B S P 石墨滑石矿床成矿系列类型	Ⅳ-1 吉南地区与太古代表壳岩变质热液作用有关的 Au Fe Cu 矿床成矿系列	暂时无具体划分	夹皮沟式	夹皮沟金矿	(2469±33)Ma 及(2475±19)Ma(李俊建等,1996);1900～1800Ma(王义文);(1 864.34±45.44)Ma(戴薪义等,1986);1000Ma,240～140Ma(陈尔臻,2001)

续表 9-3-1

矿床成矿系列类型	矿床成矿系列	矿床成矿亚系列	矿床式	典型矿床(点)	成矿时代
华北陆块北缘东段太古代、元古宙、古生代、中生代 Au Fe Cu Ag Pb Zn Ni Co Mo Sb Pt Pd B S P 石墨滑石矿床成矿系列类型	Ⅳ-2 吉南地区与古元古代火山岩浆作用有关的 FeCuPbZnNiAgBS 石墨矿床成矿系列	Ⅳ-2-①集安地区与古元古代裂谷火山-沉积变质作用有关的 AuPbZnFeB 石墨矿床成矿亚系列	西岔式	西岔金银矿	
			金英式	金英金矿	
	Ⅳ-6 吉南地区与燕山期岩浆热液作用有关的 AuCuPbZnSbAgMo 矿床成矿系列	Ⅳ-6-①龙岗复合地块区 TTG 岩系与燕山期岩浆热液作用有关的 Au 矿床成矿亚系列	六批叶沟式	六批叶沟金矿	(190.28±0.30)Ma
		Ⅳ-6-②吉南地区与燕山期岩浆热液作用有关的 AuPbZnSbAg 矿床成矿亚系列	荒沟山式	荒沟山金矿、南岔金矿	铷-锶等时(1 313.06±7.93)Ma(王魁元);215~197Ma(四所)
		Ⅳ-6-②吉南地区与燕山晚期中酸性次火山-侵入岩浆热液作用有关的 AuCuAgMoPbZn 矿床成矿亚系列	香炉碗子式	香炉碗子金矿	157~124Ma

第十章　结　论

一、取得的主要成果

(1)系统地总结了吉林省金矿勘查研究历史及存在的问题、资源分布;划分了金矿矿床类型;研究了金矿成矿地质条件及控矿因素。

(2)从空间分布、成矿时代、大地构造位置、赋矿层位、围岩蚀变特征、成矿作用及演化、矿体特征、控矿条件等方面总结了预测区及全区金矿成矿规律。

(3)建立了金矿典型矿床成矿模式和预测模型。

(4)确立了预测工作区的成矿要素和预测要素,建立了预测工作区的成矿模式和预测模型。

(5)研究了吉林省金矿勘查工作部署,对未来矿产开发基地进行了预测。

(6)用地质体积法预测吉林省500m以浅、1000m以浅和2000m以浅金矿资源量规模。

二、本次预测工作需要说明的问题

(1)本次预测工作采用的典型矿床的探明资源储量是引用原勘探地质报告的上表储量,部分矿区后期进一步开展工作所探明的资源储量因资料问题,没有统计,所求的典型矿床的体积含矿系数相应偏小,由此也造成模型区的含矿地质体的含矿系数偏小,预测的总资源量相对偏低。

(2)本次预测工作的全部技术流程完全是按照全国项目办的铁矿预测技术要求和预测资源量技术估算技术要求(2010年补充)开展的,由此认为本次预测的技术含量较高,预测的资源量可靠。

三、存在问题及建议

建议将来再开展此项工作时要调整技术流程。开展金矿的预测工作,首先应该在1∶25万或1∶20万建造构造图的基础上,叠加1∶20万物探、化探异常,在此基础上圈定1∶25万或1∶20万尺度的预测区;在1∶25万或1∶20万尺度预测区的范围内编制1∶5万构造建造图,叠加1∶5万物探化探异常,得到1∶5万最小预测区,开展资源储量预测;在1∶5万最小预测区的基础上亦可开展更大比例尺的资源预测。

主要参考文献

陈毓川,2010.重要矿产和区域成矿规律研究技术要求[M].北京:地质出版社.

陈毓川,2010.重要矿产预测类型划分方案[M].北京:地质出版社.

范正国,黄旭钊,熊胜青,等,2010.磁测资料应用技术要求[M].北京:地质出版社.

冯守忠,1999.吉林海沟金矿床地质特征及成矿模式[J].地质与勘探,35(1):10-14.

冯守忠,1999.香炉碗子金矿床成矿物质来源及矿床成因[J].桂林工学院学报,19(2):9-15.

冯守忠,2000.西岔、金厂沟金矿床地质特征及成矿机理[J].黄金科学技术,8(3):29-35.

侯镳,杨桐国,张继武,2004.吉林六批叶沟金矿地质特征及成因探讨[J].黄金,25(12):14-18.

黄圭成,1997.闹枝金矿与中生代火山岩系的成因关系探讨[J].矿产与地质,11(1):33-39.

黄云波,张洪武,2002.吉林金厂沟金矿石英的标型特征及应用[J].黄金地质,8(4):56-60.

贾大成,胡瑞忠,冯本智,等,2001.吉林延边地区中生代火山岩金铜成矿系列及区域成矿模式[J].长春科技大学学报,31(3):224-229.

贾大成,孙鹏惠,徐志勇,等,1998.吉林省永吉县倒木河金矿控矿构造特征[J].吉林地质,17(2):42.

李长顺,于文卿,1996.香炉碗子金矿床稳定同位素研究及矿床成因探讨[J].黄金地质,2(2):51-56.

李之彤,李长庚,1994.吉林磐石—双阳地区金银多金属矿床地质特征成矿条件和找矿方向[M].长春:吉林科学技术出版社.

沈保丰,李俊建,毛德宝,等,1988.吉林夹皮沟金矿地质与成矿预测[M].北京:地质出版社.

孙超,1997.吉林延边地区浅成热液型金(铜)矿床稳定同位素组成特征[J].黄金,18(1):8-13.

孙景贵,邢树文,郑庆道,2006.中国东北部陆缘有色、贵金属矿床的地质、地球化学[M].长春:吉林大学出版社.

向运川,任天祥,牟绪赞,等,2010.化探资料应用技术要求[M].北京:地质出版社.

谢贵明,1992.吉林延边金矿区金矿成矿地质背景和成矿规律[J].黄金科学技术,5(1):7-13.

熊先孝,薛天兴,商朋强,等,2010.重要化工矿产资源潜力评价技术要求[M].北京:地质出版社.

于学政,曾朝铭,燕云鹏,等,2010.遥感资料应用技术要求[M].北京:地质出版社.

张文博,1998.吉林省大黑山条垒北东段金、银成矿系列的划分[J].黄金,19(1):13-18.

张文博,侯树桓,2006.吉林六批叶沟金矿床流体包裹体研究[J].地质与勘探,42(4):36-40.